Berkeley Physik Kurs

Band 1

MECHANIK

Berkeley Physik Kurs

Band 1

Band 1 Mechanik

Band 2 Elektrizität und Magnetismus

Band 3 Schwingungen und Wellen

Band 4 Quantenphysik

Band 5 Statistische Physik

Charles Kittel / Walter D. Knight / Malvin A. Ruderman

MECHANIK

Mit 530 Bildern

V

Friedr. Vieweg + Sohn · Braunschweig

Originalausgabe

Charles Kittel, Walter D. Knight, Malvin A. Ruderman
Mechanics
Berkeley Physics Course – Volume 1

Published by McGraw-Hill Book Company, a Division of McGraw-Hill, Inc., in 1965.

Die Herausgabe der Originalausgabe des „Berkeley Physik Kurs" wurde durch eine finanzielle Untersützung der National Science Foundation an Educational Services Incorporated ermöglicht.

Deutsche Ausgabe

Wissenschaftlicher Beirat:
Prof. Dr. *Karl-Heinz Althoff,* Physikalisches Institut der Universität Bonn
Prof. Dr. *Ulrich Hauser,* I. Physikalisches Institut der Universität Köln
Prof. Dr. *Christoph Schmelzer,* GSI Gesellschaft für Schwerionenforschung, Darmstadt

Übersetzung aus dem Englischen: Dipl.-Phys. *Robin Pestel*

Wissenschaftliche Redaktion: Dr. *Klaus Richter,* I. Physikalisches Institut der Universität Köln

Verlagsredaktion: *Alfred Schubert*

1973

Satz: Friedr. Vieweg + Sohn, Braunschweig
Druck: E. Hunold, Braunschweig
Buchbinder: W. Langelüddecke, Braunschweig
Umschlaggestaltung: Peter Morys, Wolfenbüttel

Printed in Germany-West

ISBN 3 528 08351 4

Geleitwort

Eines der wichtigsten Probleme, das die Universitäten heute zu lösen haben, ist die Ausbildung der Studenten in den Anfangssemestern. Je stärker der Dozent mit Forschungsaufgaben betraut wurde, um so mehr ergab sich häufig eine „schleichende Entwertung der Lehrtätigkeit" — so der Philosoph *Sidney Hook*. Neue Wissenserkenntnisse und -strukturen als Ergebnisse der Forschung weckten zusätzlich den Wunsch nach einer Überprüfung der Curricula. Dies gilt insbesondere für die Naturwissenschaften.

Aus diesen Gründen habe ich sehr gerne das Geleitwort zum Berkeley Physik Kurs übernommen. Dieser Kurs mit dem Ziel, die enormen Umwälzungen in der Physik während der letzten hundert Jahre widerzuspiegeln, ist ein bedeutender Beitrag zur Curriculumentwicklung für den ersten Studienabschnitt. Viele Wissenschaftler an der vordersten Front der physikalischen Forschung haben an dem Berkeley Physik Kurs mitgewirkt, und die National Science Foundation hat ihn durch einen Zuschuß an die Educational Services Incorporated gefördert. Er wurde außerdem an der University of California in Berkeley während einiger Semester mit Studenten im ersten Studienabschnitt erfolgreich erprobt. So hoffe ich, daß dieser Kurs, der in didaktischer Hinsicht einen merklichen Fortschritt darstellt, in breitem Umfang eingesetzt werden wird.

Die University of California hat mit Freude die Rolle des Gastgebers für die interuniversitäre Gruppe, die diesen neuen Kurs verantwortlich entwickelte, übernommen. Wir freuen uns auch darüber, daß eine Anzahl unserer Studenten freiwillig an der Erprobung des Kurses mitwirkte. Die finanzielle Unterstützung durch die National Science Foundation und die Zusammenarbeit mit Educational Services Incorporated schätzen wir sehr. Die größte Genugtuung bereitete uns aber wohl das starke Interesse, das eine beträchtliche Anzahl unserer Fakultätsmitglieder der Curriculumentwicklung für den ersten Studienabschnitt entgegenbrachte. Die Tradition von Forschung und Lehre ist alt und ehrwürdig; die Arbeit an dem neuen Physik Kurs zeigt, daß diese Tradition auch heute noch an der University of California gepflegt wird.

Clark Kerr

Vorwort zum Berkeley Physik Kurs

Dieser Kurs ist ein zweijähriger Physiklehrgang für Studenten mit naturwissenschaftlich-technischen Hauptfächern. Es war das Ziel der Autoren, die Physik so weit wie möglich aus der Sicht des Physikers darzustellen, der auf dem jeweiligen Gebiet forschend arbeitet. Wir haben versucht, einen Kurs zu gestalten, der die Grundsätze der Physik klar und deutlich herausstellt. Insbesondere sollten die Studenten frühzeitig mit den Ideen der speziellen Relativitätstheorie, der Quantenmechanik und statistischen Physik vertraut gemacht werden, dies aber so, daß alle Studenten mit den in der Sekundarstufe II erworbenen Physikkenntnissen angesprochen werden. Eine Vorlesung über Höhere Mathematik sollte gleichzeitig mit diesem Kurs gehört werden.

In den letzten Jahren wurden in den USA verschiedene neue Physiklehrgänge für Colleges geplant und entwickelt. Angesichts der Neuentwicklung in Naturwissenschaft und Technik und der steigenden Bedeutung der Wissenschaft im Primar- und Sekundarbereich der Schulen erkannten viele Physiker die Notwendigkeit neuer Physikkurse. Der Berkeley Physik Kurs wurde durch ein Gespräch zwischen *Philip Morrison*, der jetzt am Massachusetts Institute of Technology tätig ist, und *C. Kittel* Ende 1961 begründet. Wir wurden dann durch *John Mays* und seine Kollegen von der National Science Foundation und durch *Walter C. Michels*, dem damaligen Vorsitzenden der Commission on College Physics, unterstützt und ermutigt. Ein provisorisches Komitee unter dem Vorsitz von *C. Kittel* führte den Kurs durch das Anfangsstadium.

Ursprünglich gehörten dem Komitee *Luis Alvarez, William B. Fretter, Charles Kittel, Walter D. Knight, Philip Morrison, Edward M. Purcell, Malvin A. Ruderman* und *Jerrold R. Zacharias* an. Auf der ersten Sitzung im Mai 1962 in Berkeley entstand in groben Zügen der Plan für einen völlig neuen Lehrgang in Physik. Wegen dringender anderweitiger Verpflichtungen einiger Komiteemitglieder war es nötig, das Komitee im Januar 1964 neu zu bilden; es besteht jetzt aus den Unterzeichnern dieses Vorworts. Auf Beiträge von Autoren, die dem Komitee nicht angehören, nehmen die Vorworte zu den einzelnen Bänden Bezug.

Die von uns entwickelte Rohkonzeption und unsere Begeisterung dafür hatten einen maßgeblichen Einfluß auf das Endprodukt. Diese Konzeption umfaßte die Themen und Lernziele, von denen wir glaubten, sie sollten und könnten allen Studenten naturwissenschaftlicher und technischer Studienrichtungen in den ersten Semestern vermittelt werden. Es war aber niemals unsere Absicht, einen Kurs zu entwickeln, der nur besonders begabte oder weit fortgeschrittene Studenten anspricht. Wir beabsichtigen, die Grundlagen der Physik aus einer unvorbelasteten Gesamtsicht darzustellen; Teile des Kurses werden daher vielleicht dem Dozenten gleichermaßen neu erscheinen wie dem Studenten.

Die fünf Bände des Berkeley Physik Kurses sind

1. Mechanik (*Kittel, Knight, Ruderman*)
2. Elektrizität und Magnetismus (*Purcell*)
3. Schwingungen und Wellen (*Crawford*)
4. Quantenphysik (*Wichmann*)
5. Statistische Physik (*Reif*)

Bei der Erarbeitung des Manuskriptes war jedem Autor freigestellt, den für sein Thema geeigneten Stil und die ihm passend erscheinenden Methoden zu wählen.

In Vorbereitung zu dem vorliegenden Kurs stellte *Alan M. Portis* ein neues physikalisches Einführungspraktikum zusammen, das nun unter der Bezeichnung Berkeley Physics Laboratory (Berkeley Physik Praktikum) läuft. Da der Physik Kurs sich im wesentlichen mit den Grundprinzipien der Physik befaßt, werden manche Lehrer der Ansicht sein, er befasse sich nicht ausreichend mit experimenteller Physik; das Laborpraktikum ermöglicht jedoch die Durchführung eines reichhaltigen Programms an Experimenten, das das theoretisch-experimentelle Gleichgewicht des gesamten Lehrgangs garantieren soll.

Die Finanzierung des Kurses wurde von der National Science Foundation ermöglicht, beträchtliche indirekte Unterstützung kam aber auch von der University of California. Die Geldmittel wurden von Educational Services Incorporated (ESI), einer gemeinnützigen Organisation zur Curriculumentwicklung, verwaltet. Im besonderen sind wir *Gilbert Oakley, James Aldrich* und *William Jones* von ESI für ihre tatkräftige und verständnisvolle Unterstützung verpflichtet. ESI hat eigens in Berkeley ein Büro eingerichtet, das unter der kompetenten Führung von Mrs. *Minty R. Maloney* steht und bei der Entwicklung des Lehrgangs und des Laborpraktikums eine große Hilfe ist.

Zwischen der University of California und unserem Programm bestand keine offizielle Verbindung, doch ist uns von dieser Seite verschiedentlich wertvolle Hilfe gewährt worden. Dafür danken wir den Direktoren des Physik Departments, *August C. Helmholz* und *Burton J. Moyer*; den wissenschaftlichen und nichtwissenschaftlichen Mitarbeitern des Departments; *Donald Coney* und vielen anderen von unserer Universität. *Abraham Olshen* half uns sehr bei der Bewältigung organisatorischer Probleme in der Anlaufzeit.

Hinweise auf Fehler und Verbesserungsvorschläge nehmen wir immer gern entgegen.

Eugene D. Commins
Frank S. Crawford, Jr.
Walter D. Knight
Philip Morrison
Alan M. Portis
Edward M. Purcell
Frederick Reif
Malvin A. Ruderman
Eyvind H. Wichmann
Charles Kittel, Vorsitzender

Berkeley, California

Vorwort zu Band 1 Mechanik

Dieser Band des Berkeley Physik Kurses behandelt die elementare Mechanik. Obwohl wir keineswegs die bisherigen Erfahrungen außer acht gelassen haben, dürfte sich die gewählte Darstellung durch folgende Merkmale von vielen Lehrbüchern unterscheiden:

1. Die Folgerungen aus der speziellen Relativitätstheorie werden detailliert abgeleitet. Die wichtigsten, hier gewonnenen Ergebnisse haben für die Entwicklung der Elektrizität und des Magnetismus in Band 2 eine tragende Bedeutung.
2. Wir haben die Bewegung geladener Teilchen in elektrischen und magnetischen Feldern besonders herausgestellt. Denn hier gibt es einfache und wichtige Anwendungen und einen direkten Bezug zu den ersten Experimenten im Berkeley Physik Praktikum.
3. Wir versuchten, die elementare Mechanik so darzustellen, daß bereits von hier aus die Einstiege in viele andere Gebiete der Physik, in die Astronomie, Geophysik und so weit wie möglich auch in die Chemie und Biophysik sichtbar werden. Viele Aufgaben und Beispiele aus der Astronomie kommen vor.
4. Wir gehen an die gestellten Probleme so heran, wie es wohl die meisten Physiker tun würden. Dadurch hoffen wir, die Studenten schon sehr frühzeitig an einige wesentliche Verfahrensweisen der wissenschaftlichen Forschung und des wissenschaftlichen Denkens heranzuführen. Besonderes Augenmerk legten wir auf Größenordnungsschätzungen und Dimensionsbetrachtungen.
5. Für fortgeschrittene Studenten finden sich am Ende jedes Kapitels Zusatzaufgaben zu wichtigen Fragestellungen.

Die erste Fassung dieses Bandes stammte von *M. A. Ruderman.* Nachdem sie im Frühjahr 1963 mit einer Studentengruppe in Berkeley erprobt worden war, wurde sie von *C. Kittel* unter Mitwirkung von *W. D. Knight* überarbeitet. Dabei konnten wir uns auf die Kritik von *Philip Morrison, Edward M. Purcell, A. C. Helmholz, Allan M. Portis, Eyvind H. Wichmann, David Korff, Bernard Friedman, Allan Kaufman, W. A. Nierenberg* und anderen stützen. Die vielen Bilder, die einen entscheidenden Teil dieses Buches ausmachen, entwarf *Eugene D. Commins*, die Reinzeichnungen stammen von *Felix Cooper.*

Die zweite Fassung wurde im Herbst 1963 abermals bei Versuchsgruppen in Berkeley und Maryland eingesetzt. Nach einer nochmaligen Umarbeitung wurde die neue Fassung im Frühjahr 1964 mit allen Hörern der entsprechenden Vorlesungen, mit 230 Studenten in Berkeley und 45 Studenten an der University of Texas, erprobt. Der begeisterte Anklang, den das Material bei den Studenten fand, gab den erschöpften Autoren neuen Mut. Sie überarbeiteten im Sommer 1964 diese bereits revidierte zweite Fassung ein weiteres Mal.

Nun unterzog *Simon Pasternack* das gesamte Material einer kritischen Überprüfung und brachte umfangreiche Verbesserungen an. *R. McPherron, H. Ohanian, A. Felzer, R. Kirschman* und andere halfen bei den Übungsaufgaben, *Michael Rossman* unterstützte die Autoren beim Sammeln und Verfassen des Hilfsmaterials. Die stilistische Kritik von *Thomas Parkinson* kam dem Buch sehr zugute. Für Ratschläge bei geophysikalischen Problemen sind wir *John Verhoogen, Bruce Bolt* und *J. H. Reynolds* verbunden. Auf dem Gebiet der Astronomie beriet uns dankenswerterweise *Paul Hodge,* und bei der Biophysik unterstützten uns *R. C. Williams, G. Stent, W. D. Phillips* und *H. K. Schachman.*

Für seinen fachmännischen Rat über sehenswerte Filme möchten wir *Robert Hulsizer* danken. Durch *Robert R. Davis* und andere Mitarbeiter von Physics Today fanden wir viele Photographien. Mrs. *G. Titus* und Mrs. *Kimio Hom* bibliographierten für uns viele schwer greifbare Literaturstellen. Die durchgehende und wertvolle Rückkopplung der Erfahrungen der Studenten und Assistenten wurde von *Charles LeVine* während der dritten Erprobung der vorläufigen Fassung organisiert. Er überprüfte auch den endgültigen Text und ist für die den Übungsaufgaben beigegebenen Ergebnisse verantwortlich. *J. Ryuns* war beim Lesen der Korrekturen eine wertvolle Hilfe, und Mrs. *Madeline Moore* beteiligte sich an der Organisation des Manuskriptes. Viele andere halfen gelegentlich bei der Bewältigung noch ausstehender Probleme.

C. Kittel   *W. D. Knight*   *M. A. Ruderman*

Hinweise für Dozenten

Band 1 enthält absichtlich mehr an Stoff als in einer normalen Vorlesung für Studenten der ersten Semester gebracht werden kann. 1963 und 1964 behandelten wir in Berkeley die wichtigsten Teile dieses Bandes in einem 15-wöchigen Semester mit wöchentlich drei mal 50 Minuten Vorlesung und einer Übung von 50 Minuten. Die Studenten waren im 2. Semester; sie hatten im 1. Semester eine Analysisvorlesung gehört, die aber nicht auf die Bedürfnisse des Physikstudiums abgestimmt war. Die folgenden Ratschläge ergaben sich aus dieser Erprobung und aus den vielen Hinweisen, die wir von den Studenten erhielten.

Als Bedingung für den Mechanikteil des Berkeley Physik Kurses gilt, daß *die Lorentz-Transformation der Länge und der Zeit (Kapitel 11) und das Kapitel 12 über Impuls und Energie in aller Ausführlichkeit behandelt werden müssen, da sie für die Darstellung der Elektrizität und des Magnetismus in Band 2 eine notwendige Voraussetzung darstellen.* Unserer Meinung nach *muß man mit dem 10. Kapitel spätestens am Ende der ersten zwei Drittel des Semesters beginnen, und das unabhängig davon, wieviel an Stoff aus den vorhergehenden Kapiteln dadurch ausgelassen wird.*

Einige Themen, wie Wellen und Wärme, die man üblicherweise im Mechanikteil der Anfängervorlesung bringt, haben wir in Band 3 bzw. Band 5 behandelt. Die weiterführenden Probleme und der mathematische Anhang zu einzelnen Kapiteln sind, wenn nicht anders vermerkt, kein Pflichtstoff. Die meisten Studenten werden die historischen Anmerkungen von sich aus lesen.

Unsere Auswertung der Hinweise von Studenten ergab, daß die Übungsstunden ein ungewöhnlich wichtiges Element für den erfolgreichen Einsatz des Kurses darstellen. Möglicherweise ist sogar ein Verhältnis von 2 : 2 zwischen Vorlesung und Übung wirkungsvoller als das von uns gewählte Verhältnis 3 : 1. Die Vorlesung sollte Demonstrationsexperimente enthalten. Nach einer Anregung der Studenten sollte in der Vorlesung der Text erläutert und zusammenfassend wiederholt werden, statt die Ableitungen Schritt für Schritt zu entwickeln.

Beispiele, Übungen und weiterführende Probleme

Der Kurs enthält viele durchgerechnete *Beispiele.* Sie sind meistens für das Verständnis der folgenden Schritte wichtig und damit ein integrierender Bestandteil des Textes. Die *Übungen* am Ende jedes Kapitels sollen dem Studenten helfen, die in den einzelnen Kapiteln behandelten Grundlagen auf Probleme aus der Praxis anzuwenden. Die einfacheren Übungen stehen gewöhnlich jeweils am Anfang. Ein beträchtlicher Teil der Übungen enthält das Ergebnis. Die *weiterführenden Probleme* sollen fortgeschrittene oder besonders begabte Studenten an neue Gebiete der Physik heranführen; sie dienen auch dazu, die in dem Kapitel behandelten Methoden voll auszuschöpfen.

Mathematischer Anhang

Verschiedenen Kapiteln ist ein mathematischer Anhang angefügt. Dieser gibt jeweils dem Studenten rechtzeitig das für die Physik erforderliche mathematische Rüstzeug an die Hand, das möglicherweise in den Mathematikvorlesungen erst später behandelt wird. Wir zögerten nicht, auf Integraltafeln zu verweisen, um dadurch das Ausmaß der in dem Kurs behandelten Mathematik zu beschränken.

Historische Anmerkungen

Band 1 enthält an vielen Stellen fragmentarische historische Anmerkungen. Einige von ihnen bestehen aus gekürzten Wiedergaben der großen Originalarbeiten aus einem bestimmten Teilgebiet der Physik. Unsere vorrangige Absicht war es, mit diesen von Fachleuten geschriebenen Auszügen die Klarheit, die Energie und den Mut zu zeigen, der für große Entdeckungen charakteristisch ist. Die durchsichtigste Veröffentlichung zu einem bestimmten Thema ist gewöhnlich die erste, und sie kann die *einzige* bleiben, aus der die Motivation für den Versuch, einen neuen Weg zu beschreiten, hervorgeht. Der Mut, der darin besteht, nicht davor zurückzuschrecken, etwas Neues zu tun, spielt in der Forschung eine außerordentlich wichtige Rolle. Die Auszüge der „Historischen Anmerkungen" sollen den Studenten außerdem dazu anregen, sich mit der physikalischen Originalliteratur zu beschäftigen.

Inhalt

Kapitel 1 (Einleitung). Es enthält ziemlich leichten Lesestoff. Das *weiterführende Problem* über einfache Astronomie im Sonnensystem spricht Studenten sehr an; es könnte als einzige Aufgabe zu diesem Kapitel gestellt werden. Der Student sollte Größenordnungsprobleme, die vom Atom bis zum Universum reichen, diskutieren.

Kapitel 2 (Vektoren). Dieses Kapitel ist einfach vorzutragen. Die Ableitungen der Sinus- und Kosinusfunktion werden für die Anwendung in Kapitel 3 bereitgestellt. Werden in den Mathematikvorlesungen diese Funktionen nicht rechtzeitig behandelt, muß sie der Physikdozent selbst einführen. Demonstrationsversuche eignen sich gut, um die Vektoraddition von Geschwindigkeiten und Kräften vorzuführen und um zu zeigen, was das Drehmoment ist.

Kapitel 3 (Galilei-Invarianz). Bei einem Minimalprogramm bleibt die Behandlung der Coriolisbeschleunigung als weiterführendes Problem freigestellt. Durch Behandlung des Sonderfalles eines ruhenden Teilchens in einem rotierenden Bezugssystem kommt man zur Zentripetalbeschleunigung, die an vielen Stellen dieses Bandes benötigt wird. Der Film *Bezugssysteme* ("Frames of Reference") von *Hume* und *Ivey* sollte auf jeden Fall vorgeführt werden. Ein anschauliches Experiment besteht darin, eine Metallkugel in Farbe zu tauchen und sie über eine rotierende Scheibe zu rollen.

Kapitel 4 (Einfache Probleme der nichtrelativistischen Dynamik). Obwohl es hier um elementare Probleme geht, sollte der Stoff dieses Kapitels nicht zu schnell behandelt werden. Einige Studenten haben damit anfangs Schwierigkeiten, da es hier zum erstenmal um die Anwendung der Mathematik in der Physik geht. Das Hauptargument für die frühzeitige Behandlung dieses Themas sehen wir in seinem Bezug zum Berkeley Physik Praktikum. *Analogien mit der Bewegung in einem Gravitationsfeld sollten besonders betont werden,* da diese dem Studenten vom Physikunterricht in der Sekundarstufe II her vertraut sind. An den Begriff „Feld" gehen die Studenten oft überängstlich heran. Bei einem Minimalprogramm brauchen die komplexen Zahlen nicht behandelt zu werden. Vorlesungsversuche können die geradlinig beschleunigte Bewegung, die gleichförmige Kreisbewegung, Formen von Wellen (mit Hilfe eines Projektionsoszilloskops) und das rollende Rad zeigen.

Kapitel 5 (Erhaltung der Energie). Die Themen in diesem Kapitel entsprechen etwa der üblichen Vorgangsweise. Die Unterscheidung zwischen äußeren und inneren Kräften kann zu Verständnisschwierigkeiten führen; am besten löst man diese dadurch, daß man einige Probleme an der Tafel vorrechnet. Versuche mit Federn und Pendeln sind hier angebracht. Der Begriff des Linienintegrals kann entfallen.

Kapitel 6 (Die Erhaltung des linearen und des Drehimpulses). Der Stoß und die Satellitenprobleme verdienen eine ausführliche Behandlung. Die Gleichungen für die Rutherfordstreuung könnten aufgestellt werden (Lösung in Kapitel 15). Obwohl die Beispiele aus der Astronomie interessierte Studenten begeistern, können sie in einem Minimalprogramm entfallen. Vorlesungsexperimente beinhalten düsengetriebene Spielzeugraketen, das ballistische Pendel und den rotierenden Stuhl.

Kapitel 7 (Der harmonische Oszillator). Die linearen Probleme, insbesondere die erzwungene harmonische Schwingung, sind sehr wichtig. Selbst in einem Minimalprogramm sollte das erste der drei nichtlinearen Beispiele diskutiert werden; dies gibt den Studenten das Vertrauen, die Fehler beim linearisierten Pendelproblem abschätzen zu können. Der Begriff der Phase bei der erzwungenen harmonischen Schwingung ist nicht allen Studenten sofort einsichtig — hier können entsprechende Demonstrationsversuche helfen. Da die elektrischen Analogien in diesem Stadium Verwirrung stiften, überläßt man ihre Behandlung vielleicht zunächst dem Praktikum. Versuche zur Schwingung einer Stimmgabel (Verstärken, Hören des Tons und Betrachten der Schwingungsform am Bildschirm eines Oszillographen), zur erzwungenen Schwingung eines Masse-Feder-Systems und eines elektrischen Schwingkreises (mit einem Signalgenerator) sind hier angebracht; schließlich auch die Pringsheimsche Apparatur und Versuche zur gekoppelten Schwingung.

Kapitel 8 (Elementare Dynamik starrer Körper). Bei einem Minimalprogramm kann dieses Kapitel entfallen. Versuche mit Kreiseln, NMR und ESR.

Kapitel 9 ($(1/r^2)$-Kraftgesetz). Das Problem der Umlaufbahn läßt sich in der gewählten Form leicht abhandeln. Es ist das klassische Problem der klassischen Mechanik. Sind bereits zwei Drittel der gesamten, für die Vorlesung vorgesehenen Zeit vergangen, sollte es ausgelassen werden. Als Demonstrationsversuche empfehlen wir das Cavendish-Experiment, die Masse an einer Feder in einer horizontalen Umlaufbahn mit kontrahierendem Radius und die Rotation eines Hantelmodells des Systems Erde—Mond, um eine dynamische Methode zur Bestimmung des gemeinsamen Schwerpunktes zu zeigen.

Kapitel 10 (Die Lichtgeschwindigkeit). Dieses Kapitel ist vor allem für das Selbststudium gedacht. Der Dopplereffekt sollte sehr ausführlich diskutiert werden. Die Probleme entstammen größtenteils der Astronomie. Ein Experiment zur Bestimmung der Lichtgeschwindigkeit sollte vorgeführt werden, wenn möglich auch der Dopplereffekt nach *Mössbauer.* Vorführung eines Interferometers.

Kapitel 11 (Die Lorentz-Transformation der Länge und der Zeit). Dieses Kapitel spielt eine zentrale Rolle. Es ist überraschend einfach vorzutragen. Die Studenten sollten hier in Übungen viele Aufgaben selbst lösen. Eine Wiederholung der Diskussion über die Koordinatentransformation in Kapitel 3 (und Kapitel 4) ist angebracht. Immer wieder muß die Invarianz von c hervorgehoben werden. Diskussion des Experiments von *Ives* und *Stillwell.*

Kapitel 12 (Relativistische Dynamik: Impuls und Energie). Die Ergebnisse der frühzeitigen Behandlung der speziellen Relativitätstheorie zeigen sich in den Kapiteln 12 und 13. Die leicht verständliche historische Anmerkung zur Masse-Energie-Beziehung ist unabhängig von diesem Kapitel. In der Vorlesung sollte die Konstruktion eines Strahlablenkers und der Bucherer-Versuch behandelt werden.

Kapitel 13 (Einfache Probleme der relativistischen Dynamik). Dieses Kapitel bereitet keine Schwierigkeiten. Es hilft dem Studenten, mit der Welt der speziellen Relativitätstheorie vertraut zu werden.

Kapitel 14 (Das Äquivalenzprinzip). Auch hier gibt es keine besonderen Schwierigkeiten. Die Details des Pound-Rebka-Versuches sollten in der Vorlesung diskutiert werden.

Kapitel 15 (Die moderne Elementarteilchenphysik). Eine kurze Behandlung der wichtigsten Elementarteilchen.

Hinweis für Prüfungen

Den Studenten muß klar gesagt werden, wie sie sich auf die Prüfung vorbereiten müssen; andernfalls erdrückt sie die Stoffmenge dieses Kurses. Ein Teil der Prüfungsthemen ist den Studenten vielleicht nicht so vertraut und erscheint ihnen möglicherweise auch schwieriger als der Stoff in anderen Lehrbüchern. Dem sollten die Prüfungen dadurch Rechnung tragen, daß sie einfachere und nicht besonders verzwickte Fragestellungen bevorzugen. Schließlich ist es selbst Aufgabe der Prüfung, Physik zu lehren und nicht ein Intelligenztest zu sein.

Hinweise für Studenten

Das erste Jahr des Physikstudiums ist bei weitem das schwierigste. Denn in diesem Jahr ist die Anzahl der neu auftretenden Begriffe, Denkvorstellungen und Methoden viel größer als in späteren Studienjahren. Ein Student, der die in diesem ersten Band behandelten physikalischen Grundtatsachen völlig verstanden hat, hat damit gleichzeitig die meisten gefährlichen Klippen des Physikstudiums hinter sich gebracht; dies gilt auch dann, wenn er diese Grundtatsachen noch nicht mühelos auf kompliziertere Problemstellungen anwenden kann.

Was sollte aber ein Student tun, der mit den Übungen nicht zu Rande kommt und trotz zweimaligen Lesens Teile des Kurses nicht versteht? Zunächst ist es da angebracht, den betreffenden Sachverhalt in dem Physiklehrbuch der Sekundarstufe II nachzulesen und den PSSC-Physikband zu studieren (deutsche Ausgabe: Verlag Vieweg, Braunschweig, 1973). Er kann auch andere Physiklehrbücher zu Rate ziehen, die noch einfacher und elementarer als dieses Buch sind; die Aufgaben, die in diesen Büchern vorkommen, verdienen besondere Beachtung. Eine für das Selbststudium hervorragend geeignete Einführung in die Infinitesimalrechnung gibt das Buch „Quick Calculus" von *Daniel Kleppner* und *Norman Ramsey* (John Wiley and Sons, New York, 1965. Deutsche Ausgabe: „Lehrprogramm Differential- und Integralrechnung", Verlag Chemie, Weinheim, 1972). Dieses Handbuch bringt in kurzer Zeit die Analysiskenntnisse vom Stand Null auf den hier benötigten Stand.[1)]

---

1) A.d.Ü.: Deutsche Leser seien auch auf das Buch Wygodski „Höhere Mathematik griffbereit" (Verlag Vieweg, Braunschweig, 1973) verwiesen.

Einheiten und Symbole

Einheiten

Jede ausgereifte Wissenschaft verfügt über eigene Spezialeinheiten für häufig vorkommende Größen. Der *Morgen* beispielsweise ist für einen Agronomen eine ganz natürliche Flächeneinheit. Das MeV oder *Millionen Elektronenvolt* ist die natürliche Energieeinheit des Kernphysikers, während der Chemiker die *Kilokalorie* und der Starkstromingenieur die *Kilowattstunde* als Energieeinheit bevorzugt benützen. Nach Meinung vieler theoretischer Physiker wählt man die Einheiten am besten so, daß die Lichtgeschwindigkeit gleich Eins wird. Der forschende Naturwissenschaftler verliert selten seine Zeit damit, von einem Einheitensystem in ein anderes umzurechnen; viel wichtiger ist es ihm, die Spur eines Faktors 2 oder eines Plus- bzw. Minuszeichens in seinen Rechnungen zu verfolgen. Er gibt sich auch selten mit dem Für und Wider des einen oder anderen Einheitensystems ab, denn aus solchen Diskussionen ist noch nie ein wesentliches Forschungsergebnis entsprungen.

In der physikalischen Forschung und Literatur sind drei Einheitensysteme gebräuchlich: Das Gaußsche CGS-System, das Internationale Einheitensystem SI [1]), auch MKSA-System genannt, und das sogenannte praktische Maßsystem. Jeder Naturwissenschaftler und Ingenieur, der ohne Schwierigkeiten Zugang zur physikalischen Literatur haben will, muß mit allen drei Einheitensystemen vertraut sein.

In diesem Buch verwenden wir das Gaußsche CGS-System. Das Praktikum nimmt in gewissem Ausmaß auf alle drei Systeme Bezug. Diese Entscheidung wurde einstimmig von allen Mitgliedern unseres ursprünglichen Komitees gefällt, sie stimmt mit unserem Ziel überein, die Physik aus der Sicht des Physikers darzustellen. Eine Durchsicht der wichtigsten Physik-Zeitschriften zeigt, daß das Gaußsche CGS-System öfter verwendet wird als jedes andere Einheitensystem. Wir meinen, ein Physik Kurs soll nicht zuletzt dem späteren Naturwissenschaftler und Ingenieur den Zugang zur Zeitschriftenliteratur so einfach wie möglich machen.

[1]) A.d.Ü.: Das SI-System ist entsprechend dem „Gesetz über Einheiten im Meßwesen" vom 2. Juli 1969 und der „Ausführungsverordnung zum Gesetz über Einheiten im Meßwesen" vom 26. Juni 1970 für das gesamte Meßwesen in der Bundesrepublik Deutschland vorgeschrieben. Der Vorteil dieses Einheitensystems liegt darin, daß alle Einheiten kohärent sind. Das diesem Buch zugrunde liegende CGS-System wurde beibehalten (an wichtigen Stellen wurde jedoch auf die SI-Einheit verwiesen), da nur so die bewährte methodische und didaktische Konzeption des Buches unangetastet bleiben konnte.

Physikalische Konstanten

Näherungswerte physikalischer Konstanten und wichtige numerische Größen sind auf dem vorderen und hinteren Vorsatz dieses Bandes abgedruckt. Weitere und genauere Werte physikalischer Konstanten enthält *Physics Today*, S. 48–49, Februar 1964.[2])

Zeichen und Symbole

Im allgemeinen haben wir uns an die in der physikalischen Literatur gebräuchlichen Symbole und Abkürzungen gehalten, die meisten von ihnen sind ohnehin durch internationale Übereinkunft festgelegt. In einigen wenigen Fällen haben wir aus didaktischen Gründen andere Bezeichnungen gewählt.

Das Symbol $\sum\limits_{j=1}^{n}$ oder $\sum\limits_{j}$ gibt an, daß der rechts von Σ stehende Ausdruck über alle j von j = 1 bis j = n summiert werden soll. Die Schreibweise $\sum\limits_{i,j}$ gibt eine Doppelsummation über alle i und j an. $\sum\limits_{i,j}'$ oder $\sum\limits_{\substack{i,j\\ i\neq j}}$ bedeutet schließlich eine Summation über alle Werte von i und j mit Ausnahme von i = j.

Größenordnung

Unter dem Hinweis auf die Größenordnung versteht man gewöhnlich „etwa innerhalb eines Faktors 10". Häufige Größenordnungsabschätzungen kennzeichnen die Arbeits- und Sprechweise des Physikers, ein sehr nützlicher Berufsbrauch, der allerdings dem Studienanfänger enorme Schwierigkeiten bereitet. Wir stellen beispielsweise fest, daß 10^4 die Größenordnung der Zahlen 5500 und 25 000 ist. In CGS-Einheiten ist die Größenordnung der Elektronenmasse 10^{-27}g, ihr genauer Wert hingegen $(0{,}910\,72 \pm 0{,}000\,02) \cdot 10^{-27}$g.

Oft begegnen wir auch der Feststellung, daß eine Lösung bis auf Glieder der Ordnung x^2 oder E genau ist, welche Größen dies auch immer sein mögen. Man schreibt dafür auch $O(x^2)$ bzw. $O(E)$. Diese Aussage meint, daß Glieder mit höheren Potenzen (z.B. x^3 oder E^2), die in der vollständigen Lösung auftreten, unter gewissen Umständen im Vergleich zu den in der Näherungslösung vorhandenen Gliedern vernachlässigt sind.

[2]) A.d.Ü.: Siehe auch H. Ebert, Physikalisches Taschenbuch, Verlag Vieweg, Braunschweig, und B.M. Jaworski/A. A. Detlaf, Physik griffbereit, Verlag Vieweg, Braunschweig, 1972.

Das griechische Alphabet

A	α	Alpha
B	β	Beta
Γ	γ	Gamma
Δ	δ	Delta
E	ϵ	Epsilon
Z	ζ	Zeta
H	η	Eta
Θ	θ	Theta
I	ι	Jota
K	κ	Kappa
Λ	λ	Lambda
M	μ	My
N	ν	Ny
Ξ	ξ	Xi
O	o	Omikron
Π	π	Pi
P	ρ	Rho
Σ	σ	Sigma
T	τ	Tau
Υ	υ	Ypsilon
Φ	ϕ φ	Phi
X	χ	Chi
Ψ	ψ	Psi
Ω	ω	Omega

Griechische Buchstaben, die nur sehr selten als Symbole Verwendung finden, sind grau unterlegt; meist sind sie lateinischen Buchstaben so ähnlich, daß sie sich als Symbole nicht eignen.

Vosätze zur Kennzeichnung dezimaler Vielfacher oder Bruchteile von Einheiten

Die Tabelle zeigt für einige gebräuchliche Vorsätze die Kurzzeichen und deren Bedeutung

Vorsatz	Kurzzeichen	Bedeutung
Tera	T	10^{12} Einheiten
Giga	G	10^{9} Einheiten
Mega	M	10^{6} Einheiten
Kilo	k	10^{3} Einheiten
Milli	m	10^{-3} Einheiten
Mikro	μ	10^{-6} Einheiten
Nano	n	10^{-9} Einheiten
Piko	p	10^{-12} Einheiten

Inhaltsverzeichnis

1. Einleitung

1.1. Das Universum

Die Welt erscheint uns unermeßlich in ihrer Vielfalt. Dennoch ist es möglich, über einige ihrer Größen zahlenmäßige Angaben herzuleiten. Wir wollen uns hier nicht darum kümmern, wie diese ermittelt wurden und mit welchen Ungenauigkeiten sie behaftet sind. Das erstaunlichste an solchen Zahlen ist vielleicht schon ihre bloße Kenntnis. Beginnen wir mit dem

Radius des Universums. Aus astronomischen Beobachtungen schließen wir auf 10^{28} cm oder 10^{10} Lichtjahre als eine charakteristische Länge, die wir ungenau als Radius des Universums bezeichnen. Der Wert ist etwa um den Faktor 3 unbestimmt. Zum Vergleich betragen die Entfernung Erde–Sonne $1{,}5 \cdot 10^{13}$ cm und der Erdradius $6{,}4 \cdot 10^{8}$ cm.

Die Anzahl der Atome im Universum. Man nimmt an, daß die Gesamtzahl der Protonen und Neutronen im Universum in der Größenordnung 10^{80} liegt. Dieser Wert ist bis auf den Faktor 100 genau. Die Sonne besteht aus 10^{57} und die Erde aus $4 \cdot 10^{51}$ Nukleonen. Wir würden somit im Universum $10^{80}/10^{57}$ ($= 10^{23}$) Sterne erhalten, die die gleiche Masse wie unsere Sonne haben. (Dieser Wert stimmt größenordnungsmäßig mit der *Loschmidtschen Zahl* überein.) Man nimmt an, daß der größte Teil der Masse des Alls in den Sternen konzentriert ist. Alle bekannten Sterne haben Massen, die 0,01 ... 100-mal so groß wie die unserer Sonne sind.

Das Leben als das komplexeste Phänomen im All. Der Mensch, der eine der komplexeren Lebensformen darstellt, setzt sich aus etwa 10^{16} Zellen zusammen. Eine Zelle gilt als eine elementare physiologische Einheit, die aus ungefähr $10^{12} \ldots 10^{14}$ Atomen besteht. Man nimmt an, daß in jeder Zelle aller Tier- oder Pflanzenarten wenigstens eine lange Molekülkette DNS (Desoxyribonukleinsäure) existiert. Die DNS-Ketten in einer Zelle enthalten alle zur Bildung eines Menschen, eines Vogels, einer Bakterie oder eines Baumes notwendigen chemischen Instruktionen oder genetischen Informationen. In einem DNS-Molekül, das aus $10^{8} \ldots 10^{10}$ Atomen besteht, kann die Anordnung der Atome sich bereits von Individuum zu Individuum unterscheiden; stets ist sie von Gattung zu Gattung unterschiedlich.[1]) Über 10^{6} Gattungen sind auf unserem Planeten beschrieben und benannt worden.

Leblose Materie tritt ebenfalls in vielen Formen auf. Protonen, Neutronen und Elektronen verbinden sich zu etwa 100 verschiedenen chemischen Elementen und zu mehr als 10^{3} Isotopen. Die einzelnen Elemente wiederum bilden wahrscheinlich mehr als 10^{6} bisher analysierte chemisch verschiedene Verbindungen; zu diesen zählen wir die ungeheure Zahl der flüssigen und festen Lösungen und Legierungen hinzu, deren physikalische Eigenschaften sehr empfindlich von der prozentualen Zusammensetzung abhängen können.

Durch die Experimentalwissenschaft gelang es, diese Fakten über das Universum zu erfahren, die Sterne zu klassifizieren und ihre Massen, Zusammensetzungen, Entfernungen und Geschwindigkeiten abzuschätzen, lebende Gattungen zu klassifizieren und ihre genetischen Beziehungen zu entwirren, anorganische Kristalle, biochemische Stoffe und neue chemische Elemente zu synthetisieren, Emissionsspektrallinien der Atome und Moleküle über einen Frequenzbereich von $100 \ldots 10^{20}$ Hz zu messen und neue Elementarteilchen im Labor zu erzeugen.

Die von uns gegebene Beschreibung des Universums als unermeßlich und komplex ist natürlich einseitig, denn theoretisches Verständnis läßt manche Teile des Weltbildes wesentlich einfacher erscheinen. Wir haben ein bemerkenswertes Verständnis einiger zentraler und wichtiger Aspekte der Welt erlangt. Die unten aufgezählten Gebiete gehören zusammen mit der Relativitätstheorie und der statistischen Mechanik vielleicht zu den größten geistigen Leistungen der Menschheit.

1. Die Gesetze der klassischen Mechanik (Band 1), die es gestatten, mit erstaunlicher Genauigkeit die Bewegung der verschiedenen Teile des Sonnensystems (einschließlich der Kometen und Asteroiden) vorauszubestimmen, haben zur Voraussage und Entdeckung neuer Planeten geführt. Diese Gesetze bieten ferner eine Vorstellung über die Entstehungsweise der Sterne und Galaxien und liefern zusammen mit den Strahlungsgesetzen eine gute Berechnung des beobachteten Zusammenhangs zwischen Masse und Leuchtkraft der Sterne. Die astronomischen Anwendungen der Gesetze der klassischen Mechanik gehören zwar zu den schönsten, aber bei weitem nicht zu den einzig erfolgreichen. Wir arbeiten z.B. täglich in der Physik und in den Ingenieurwissenschaften mit diesen Gesetzen.

2. Die Gesetze der Quantenmechanik (Band 4) liefern eine sehr gute Beschreibung atomarer Phänomene. Für einfache Atome konnten Voraussagen gemacht werden, die mit dem Experiment auf 10^{-5} genau oder besser übereinstimmen. Wenden wir die Gesetze der Quantenmechanik auf makroskopische Ereignisse an, so stimmen sie in ausgezeichneter Näherung mit den Gesetzen der klassischen Mechanik überein. Die Quantenmechanik liefert im Prinzip eine präzise theoretische Basis für die gesamte Chemie sowie für einen großen Teil der Physik, aber oftmals können wir die Gleichungen nicht mit existierenden oder bisher in der Entwicklung stehenden Rechenanlagen lösen. Auf einigen Gebieten scheinen sich nahezu alle Probleme einer direkten, auf ersten Prinzipien beruhenden Behandlung zu entziehen.

[1]) Den Begriff *Gattung* können wir grob so definieren, daß zwei Populationen dann zu verschiedenen Gattungen gehören, wenn wir einige beschreibbare Unterschiede zwischen ihnen feststellen können und sie sich nicht natürlich miteinander kreuzen.

3. Die Gesetze der klassischen Elektrodynamik, die außer im atomaren Bereich eine ausgezeichnete Erfassung aller elektrischen und magnetischen Effekte gestatten, bilden die Grundlage der Elektrotechnik. Elektrische und magnetische Effekte im atomaren Bereich werden exakt durch die Quantenelektrodynamik beschrieben. Die klassische Elektrodynamik behandeln wir in den Bänden 2 und 3; einige Aspekte der Quantenelektrodynamik berühren wir in Band 4 - eine vollständige Behandlung muß auf einen späteren Band zurückgestellt werden.

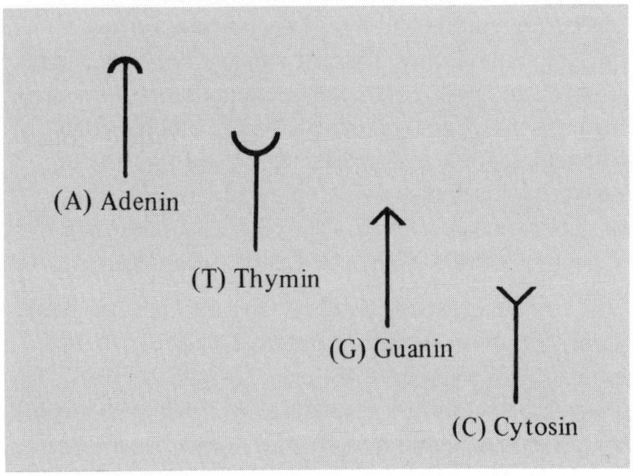

Bild 1.1. Schematische Darstellung der vier Nukleotidbasen, aus denen ein DNS-Molekül abgeleitet wird

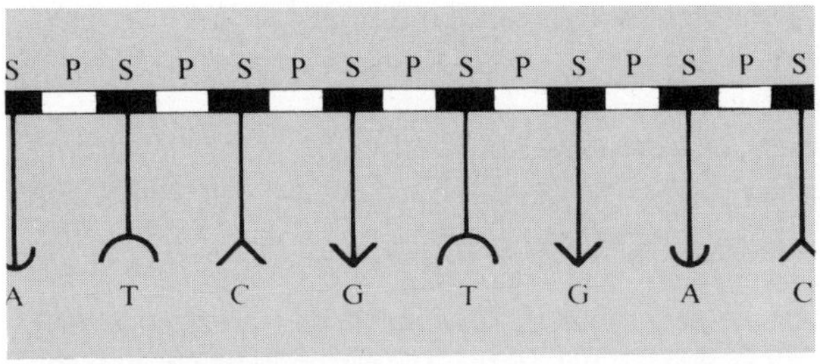

Bild 1.2. Die Nukleotide sind mit Zuckergruppen S verbunden, die wiederum abwechselnd mit Phosphatgruppen P eine Kette bilden. Das gesamte DNS-Molekül besteht ...

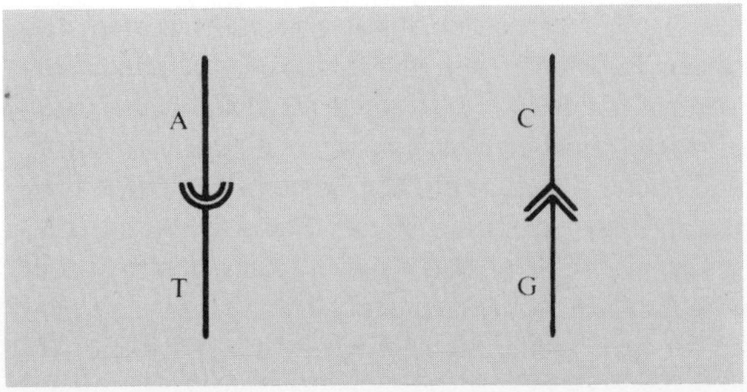

Bild 1.3. ... aus einer spiralförmigen Doppelkette. Die beiden Stränge sind durch Wasserstoffbrücken zwischen den Adenin- und Thymingruppen oder den Guanin- und Cytosingruppen verbunden.

4. In einem speziellen Beispiel auf einer anderen Ebene scheint jetzt die Arbeitsweise des genetischen Codes verstanden zu sein; wir stellen fest, daß der Informationsspeicher einer Zelle eines einfachen Lebewesens denjenigen des besten heute handelsüblichen Computers übertrifft. Diese Themen behandelt die Molekularbiologie: In nahezu allem Leben auf unserem Planeten wird die gesamte Codierung der genetischen Information im DNS-Molekül von einer linearen Folge von vier verschiedenen Molekülgruppen getragen, die aus den organischen Basen *Adenin, Thymin, Guanin* und *Cytosin* abgeleitet sind (Bilder 1.1 bis 1.6). Die gesamte genetische Information der Zelle ist durch die Reihenfolge bestimmt, in der die Nukleotidbasen auftreten. Ihre chemischen Formeln sind für uns hier belanglos; wir nennen sie A, T, G und C. Wichtig ist, daß in der biologischen Vermehrung der DNS-Moleküle ein A der neuen (oder Tochter-)Kette nur gegenüber einem T der alten (oder Eltern-)Kette Platz findet; ähnlich paart ein G nur mit einem C (Bild 1.3). Schreiben wir Zufallskombinationen der vier Buchstaben A, T, G, C in eine Zeile, so erhalten wir durch die A–T- und G–C-Paarung eine spezifische, eindeutige Instruktion zum Schreiben einer zweiten Zeile:

TACGAACTTATCGCAA
ATGCTTGAATAGCGTT

Die Zeilen müßten, um der Wirklichkeit zu entsprechen, bis auf etwa 10^6 Glieder und für die Zelle eines komplexen Organismus, wie den des Menschen, bis auf ungefähr 10^9 verlängert werden.

Die in den obigen Beispielen erwähnten physikalischen Gesetze und deren theoretisches Verständnis unterscheiden sich in ihrem Charakter von den direkten Ergebnissen aus experimentellen Beobachtungen. Diese Gesetze fassen die wesentlichen Teile einer großen Anzahl von Beobachtungen zusammen und ermöglichen es, gewisse Arten von Vorhersagen erfolgreich zu treffen, die in der Praxis nur durch die Komplexität des Systems begrenzt sind. Oftmals geben sie den Anstoß zu neuen und ungewöhnlichen Experimenten. Obwohl die Gesetze der theoretischen Physik meistens kompakt formuliert werden können, [1]) erfordert ihre Anwendung oft eine langwierige mathematische Analyse und Berechnung.

[1]) Der erste Satz in einem kurzen Taschenbuch lautet: „Diese Vorträge behandeln die gesamte Physik.“ *R. Feynman,* “Theory of fundamental processes” (W. A. Benjamin, New York, 1961).

Die fundamentalen Gesetze der Physik haben noch einen anderen Aspekt. Jene Gesetze, die wir zu verstehen gelernt haben, sind von erstaunlicher Einfachheit und Schönheit.[1]) Das bedeutet nicht, daß die Experimentalphysik überflüssig geworden ist, denn ein Gesetz wird im allgemeinen nur nach gewissenhaftem und sinnvollem Experimentieren entdeckt. Andererseits wären wir sehr überrascht, wenn zukünftige Darstellungen der theoretischen Physik häßliche und umständliche Elemente enthielten. Die ästhetische Qualität der bisher entdeckten physikalischen Gesetze färbt unsere Erwartungen bezüglich der noch unbekannten Gesetze. Wir neigen dazu, eine Hypothese attraktiv zu nennen, wenn sie sich durch ihre Einfachheit und Eleganz aus einer großen Anzahl denkbarer aber inkorrekter Theorien hervorhebt.

In diesem Band werden wir uns bemühen, einige physikalische Gesetze unter Betonung des Aspektes der Einfachheit und Eleganz aufzustellen. Wir werden nebenbei versuchen, einen Geschmack guter Experimentalphysik zu vermitteln, obwohl sich dies in einem Lehrbuch schwer verwirklichen läßt; das Labor ist der natürliche Ort dafür.

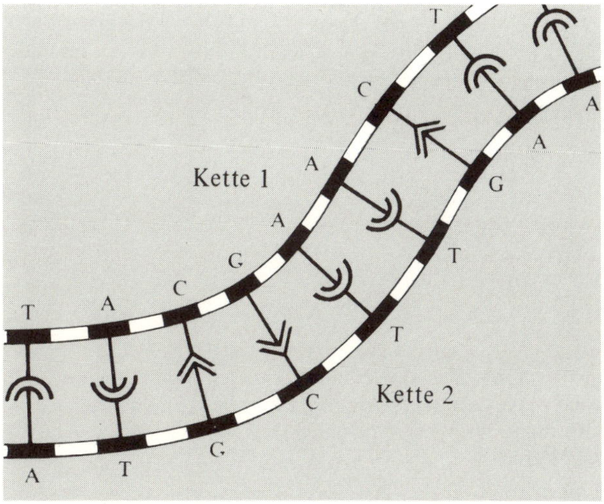

Bild 1.4. Die gesamte genetische Information der Zelle ist durch die Reihenfolge bestimmt, in der die Nukleotidbasen auftreten.

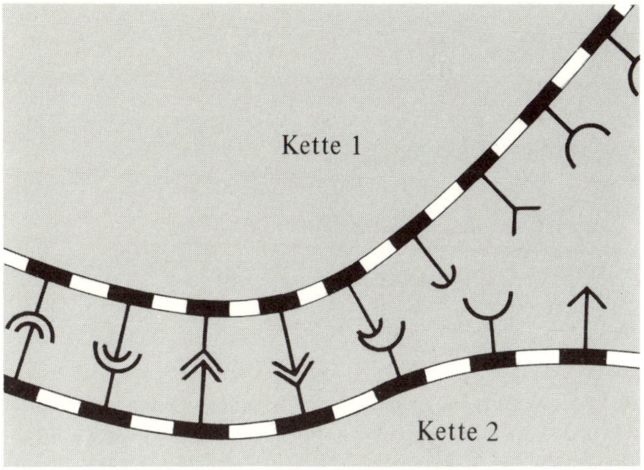

Bild 1.5. Erneuert sich die Zelle, so spaltet sich jedes DNS-Molekül in zwei getrennte Ketten. Jede freie Kette bildet eine Komplementärkette aus dem vorhandenen Zellenmaterial, ...

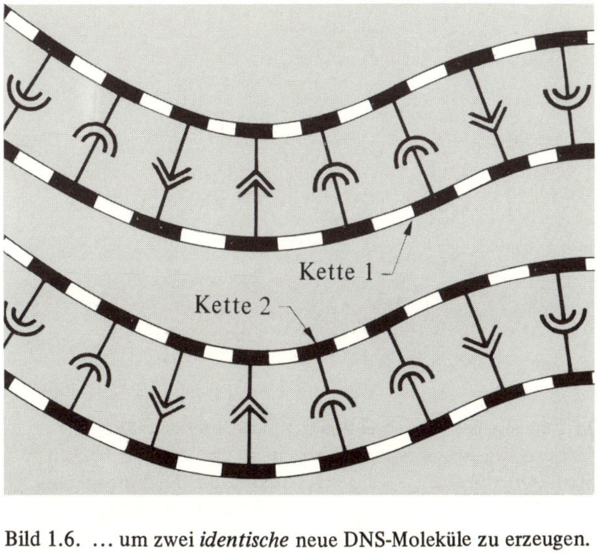

Bild 1.6. ... um zwei *identische* neue DNS-Moleküle zu erzeugen.

1.2. Geometrie und Physik

Die Sprache der Physik ist die Mathematik; sie liefert die Einfachheit und Kompaktheit des Ausdrucks, die wir für eine vernünftige Diskussion der physikalischen Gesetze und ihrer Konsequenzen benötigen. Diese Sprache hat spezielle Regeln. Durch Befolgen der Regeln können nur korrekte Aussagen gemacht werden: Die Quadratwurzel von 2 ist 1,414 ... oder $\sin 2\alpha = 2 \sin\alpha \cos\alpha$.

Wir dürfen derartige Wahrheiten nicht mit exakten physikalischen Aussagen verwechseln. Die Frage, ob das gemessene Verhältnis aus Umfang und Durchmesser eines „physikalischen" Kreises wirklich 3,14159... beträgt, ist eine Frage des Experiments und nicht der Überlegung. Geometrische Messungen gehören zu den Grundlagen der Physik, und wir müssen solche Fragen erst experimentell entscheiden, bevor wir zur Beschreibung der Natur die euklidische oder eine andere Geometrie benutzen. Hier taucht sicherlich eine Frage bezüglich des Universums auf: Gelten für physikalische Messungen die euklidischen Axiome und Theoreme?

---

[1]) „Ein sicherer Weg zum Fortschritt scheint darin gegeben zu sein, daß wir uns beim Aufstellen der Gleichungen (einer neuen Theorie) vom Aspekt der Ästhetik leiten lassen; tiefe Einsicht ("sound insight") in das Problem ist dabei Voraussetzung." *P. A. M. Dirac,* "Scientific American" 208 (5), 45–53 (1963). Die meisten Physiker glauben allerdings, daß für sie – mit Ausnahme der ganz Großen unserer Zeit wie ***Einstein, Dirac*** oder ein Dutzend anderer – die Wirklichkeit für derart kühne Angriffe zu subtil ist.

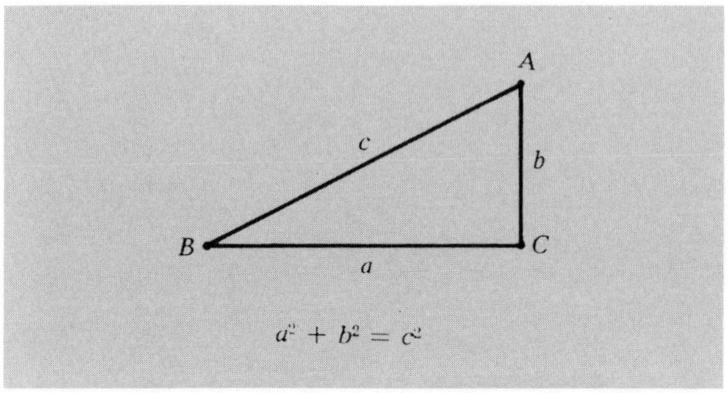

Bild 1.7. Beschreiben die Axiome der euklidischen Geometrie, aus denen der Satz des Pythagoras sich logisch herleiten läßt, die physikalische Welt exakt? Nur das Experiment kann eine Antwort liefern.

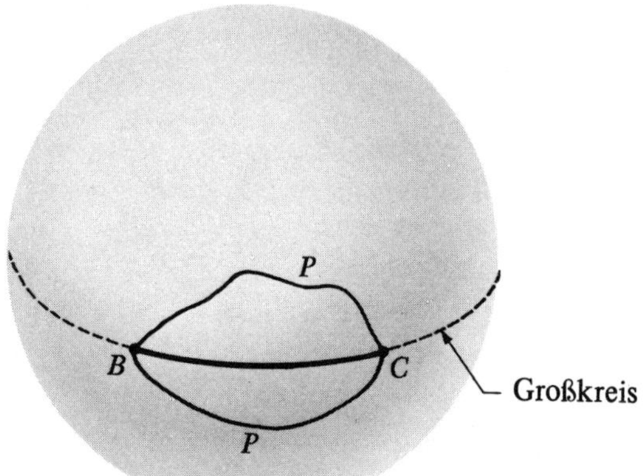

Bild 1.8. Der kürzeste „geradlinige" Abstand zwischen den Punkten B und C auf einer Kugel verläuft entlang des Großkreises durch diese Punkte und nicht entlang irgendeines anderen Weges P.

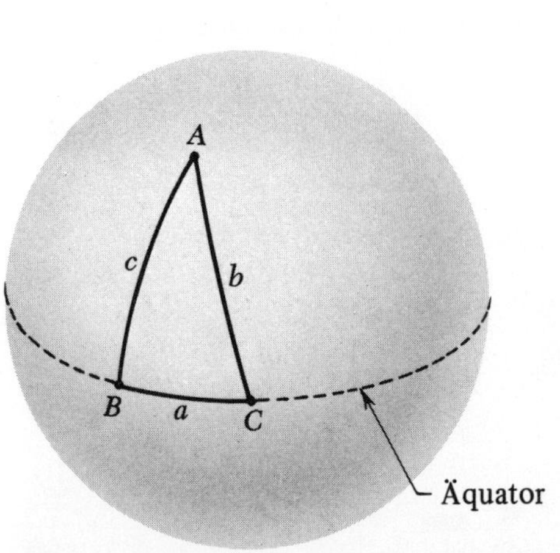

Bild 1.9. Zu gegebenen drei Punkten ABC könnten die zweidimensionalen Lebewesen ein Dreieck mit „geraden Linien" als Seiten konstruieren. Sie würden feststellen, daß für kleine rechtwinklige Dreiecke $a^2 + b^2 \approx c^2$ gilt und daß die Winkelsumme des Dreiecks geringfügig größer als 180° ist.

Wir können ohne aufwendige Mathematik nur einige einfache Aussagen über die experimentellen Eigenschaften des Raumes machen.

Das wohl bekannteste Theorem der Mathematik ist der Satz des Pythagoras (Bild 1.7): In einem rechtwinkligen Dreieck ist das Hypotenusenquadrat gleich der Summe der Kathetenquadrate. Trifft dies auch in der Physik zu? Könnte es anders sein? Bloßes Nachdenken über diese Frage führt zu keinem Ergebnis; dazu müssen wir auf das Experiment zurückgreifen. Wir führen hier nicht ganz lückenlose Argumente an, da wir noch nicht in der Lage sind, mit der Mathematik des gekrümmten dreidimensionalen Raumes zu arbeiten.

Versetzen wir uns einmal in die Lage zweidimensionaler Lebewesen, deren Universum eine Kugeloberfläche sei. Ihre Mathematiker haben ihnen die Eigenschaften von Räumen mit drei oder mehr Dimensionen beschrieben, aber sie können sich diese ebenso schlecht vorstellen, wie wir einen vierdimensionalen Raum zu zeichnen vermögen. Wie können sie feststellen, ob sie auf einer gekrümmten Oberfläche leben? Eine Möglichkeit besteht darin, die Axiome der ebenen Geometrie zu prüfen, indem sie einige der euklidischen Sätze experimentell zu bestätigen versuchen. Sie werden gerade Linien als kürzesten Weg zwischen irgendwelchen zwei Punkten B und C auf einer Kugeloberfläche konstruieren. Wir würden eine derartige Verbindung als Kreisbogen (Abschnitt eines Großkreises) bezeichnen.

Danach könnten sie Dreiecke konstruieren, um den Satz des Pythagoras zu prüfen. Für ein sehr kleines Dreieck, dessen Seiten klein im Vergleich zum Kugelradius sind, gilt der Satz mit großer aber nicht völliger Genauigkeit; bei einem großen Dreieck treten meßbare Abweichungen auf.

Sind B und C Punkte auf dem Äquator der Kugel, so bildet der Abschnitt des Äquators von B nach C die sie verbindende „Gerade" (Bilder 1.8 bis 1.10). Die kürzeste Verbindung von C auf dem Äquator zum Nordpol A ist eine Linie, die den Äquator BC unter einem rechten Winkel schneidet. Wir erhalten ein rechtwinkliges Dreieck mit $b = c$. Der Satz des Pythagoras gilt aber nicht, da sich $c^2 \neq b^2 + a^2$ ergibt und die Summe der Innenwinkel des Dreiecks stets größer als 180° ist. Somit sind die zweidimensionalen Bewohner ohne äußere Hilfe in der Lage, durch Messungen auf der gekrümmten Oberfläche zu beweisen, daß ihre Welt tatsächlich gekrümmt ist.

Die Bewohner können allerdings noch immer behaupten, daß die Gesetze der ebenen Geometrie ihre Welt ausreichend beschreiben und daß die Schwierigkeit im Meßstab liegt, der zur Messung der kürzesten Verbindung benutzt wurde und so die gerade Linie definiert. Sie könnten sagen, daß die Meßstäbe keine konstante Länge haben, sondern bei der Verschiebung von einem Ort der Oberfläche an einen anderen schrumpfen oder sich dehnen.

Nur wenn durch fortgesetzte Messungen auf verschiedene Art bestätigt wird, daß stets die gleichen Ergebnisse gelten, ist offensichtlich, daß die einfachste Erklärung für das Versagen der euklidischen Geometrie in der Krümmung der Oberfläche begründet liegt.

Die Axiome der ebenen Geometrie sind in dieser gekrümmten zweidimensionalen Welt keine selbstverständlichen Wahrheiten. Wir sehen, daß die tatsächliche Geometrie des Universums einen Zweig der Physik darstellt, den wir experimentell erforschen müssen. Wir brauchen gewöhnlich nicht die Gültigkeit der euklidischen Geometrie zur Beschreibung von Messungen in unserer eigenen dreidimensionalen Welt in Frage zu stellen, da sie eine so gute Näherung der Geometrie des Universums bildet, daß irgendwelche Abweichungen in praktischen Messungen nicht auftreten. Damit ist jedoch die Anwendbarkeit der euklidischen Geometrie nicht selbstverständlich oder gar exakt. *Carl Friedrich Gauß*, der große Mathematiker des neunzehnten Jahrhunderts, schlug vor, die euklidische Flachheit des dreidimensionalen Raumes durch Messung der Summe der Innenwinkel eines großen Dreiecks zu prüfen; er bemerkte, daß im gekrümmten dreidimensionalen Raum die Summe der Winkel eines *genügend großen* Dreiecks von 180° meßbar verschieden sein muß.

Gauß [1]) benutzte in den Jahren 1821 bis 1823 Vermessungsinstrumente, um das Dreieck zwischen Brocken, Hohehagen und Inselsberg exakt auszumessen (Bild 1.11). Die größte Seite des Dreiecks hatte eine Länge von ungefähr 100 km. Die gemessenen Innenwinkel betrugen

$$\begin{array}{r} 86^\circ 13'58{,}366'' \\ 53^\circ \;\; 6'45{,}642'' \\ \underline{40^\circ 39'30{,}165''} \\ 180^\circ 00'14{,}173'' \end{array}$$

(Wir haben keine Angabe über die Genauigkeit dieser Werte gefunden; wahrscheinlich sind die beiden letzten Dezimalstellen nicht signifikant.) Da die Vermessungsinstrumente in allen drei Eckpunkten *lokal* horizontal aufgestellt wurden, waren diese drei horizontalen Ebenen nicht parallel. Eine berechnete Korrektur des *sphärischen Exzesses* von 14,853 Bogensekunden muß von der Winkelsumme abgezogen werden. Die so korrigierte Summe

$$179^\circ 59'59{,}320''$$

weicht um 0,680 Bogensekunden von 180° ab. *Gauß* nahm an, daß diese Abweichung innerhalb des Beobachtungsfehlers lag und schloß daraus, daß der Raum mit der Genauigkeit der Beobachtungen euklidisch ist.

[1]) *C. F. Gauß*, „Werke", Band 9, hierzu besonders die Seiten 299, 300, 314 und 319. Die gesammelten Werke von *Gauß* geben ein bemerkenswertes Beispiel dafür, wieviel ein begabter Mensch in einem Leben bewerkstelligen kann.

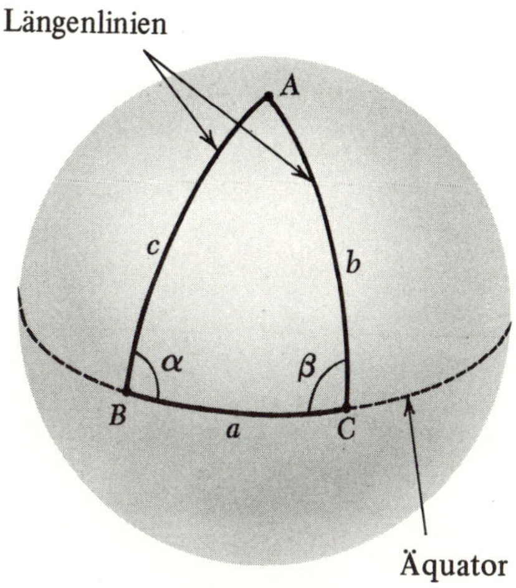

Bild 1.10. Bei größeren Dreiecken würde die Winkelsumme zunehmend größer als 180° werden. Im dargestellten Fall, mit B und C auf dem Äquator und A am Pol, sind α und β rechte Winkel. Augenscheinlich gilt $a^2 + b^2 \neq c^2$, da b = c.

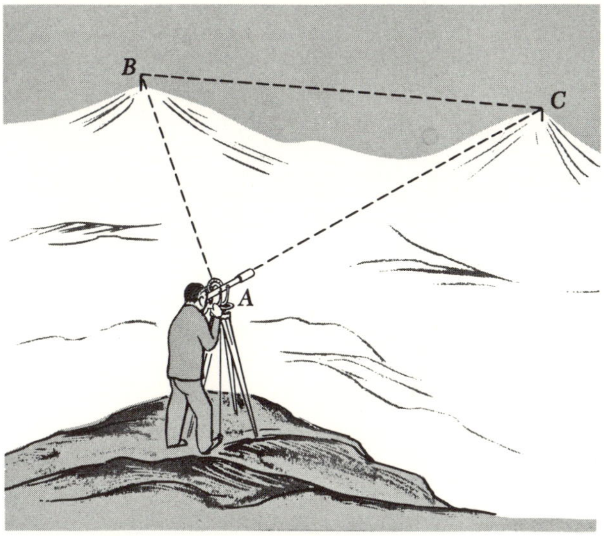

Bild 1.11. *Gauß* bestimmte die Winkel eines Dreiecks mit den Eckpunkten auf drei Bergspitzen und fand innerhalb der Meßgenauigkeit keine Abweichung von 180°.

Wir sahen in einem früheren Beispiel, daß die euklidische Geometrie ein kleines Dreieck auf der zweidimensionalen Kugel angemessen beschreibt, die Abweichungen aber mit zunehmender Seitenlänge offenkundiger werden. Um zu sehen, ob unser eigener Raum tatsächlich flach ist, müssen wir sehr große Dreiecke vermessen, deren Eckpunkte durch die Erde und entfernte Sterne oder sogar Galaxien gebildet werden. Hier taucht jedoch eine Schwierigkeit auf: Unsere Lage ist durch die der Erde festgelegt, und wir können uns noch nicht frei mit Meßstäben im Raum bewegen, um astronomische Dreiecke zu vermessen. Wie können wir die Gültigkeit der euklidischen Geometrie bei Messungen im Weltraum prüfen?

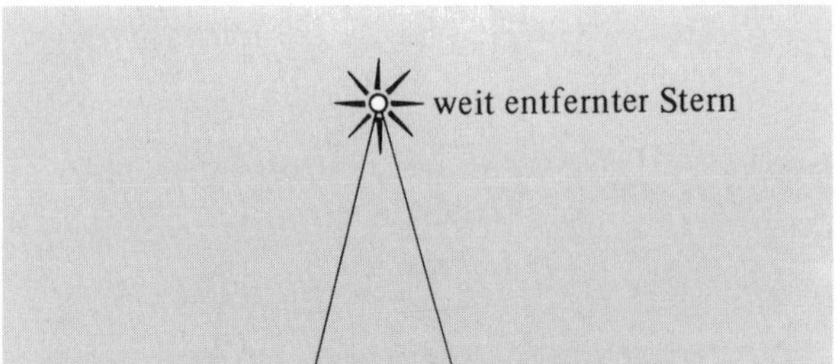

Bild 1.12. *Schwarzschilds* Demonstration, daß in einer Ebene $\alpha + \beta < 180^\circ$ ist. Die *Parallaxe* eines Sterns ist definiert als $\frac{1}{2}\,(180^\circ - \alpha - \beta)$.

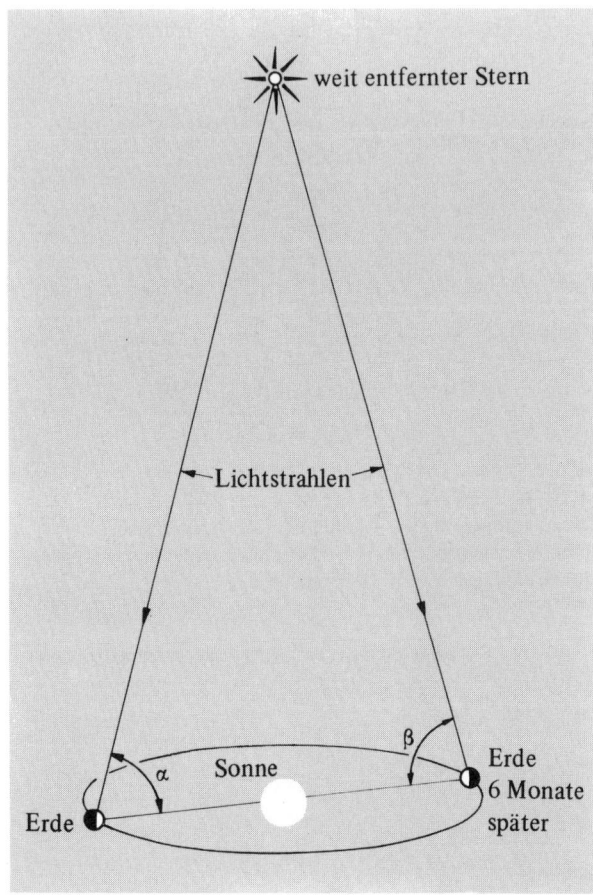

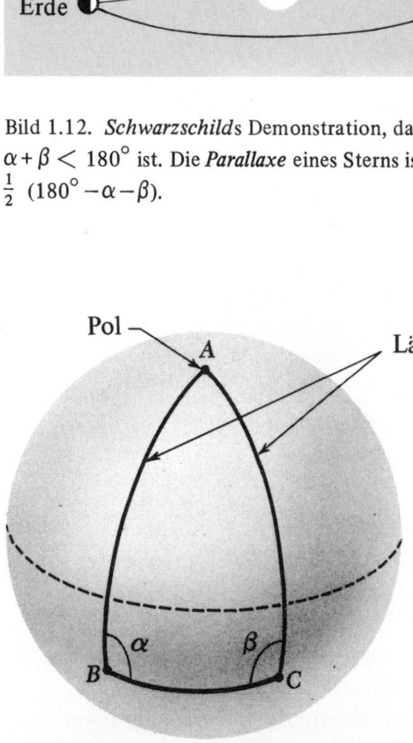

Bild 1.13. Bei diesem Dreieck mit B und C unterhalb des Äquators gilt $\alpha + \beta > 180^\circ$, was nur wegen des gekrümmten zweidimensionalen „Raumes" auftreten kann. Ein ähnliches Argument können wir auf den dreidimensionalen Raum anwenden. Der Krümmungsradius des hier gezeigten zweidimensionalen Raumes ist gleich dem Kugelradius.

Abschätzungen der Raumkrümmung. *Planetarische Vorhersage.* Ein erster unterer Grenzwert von $3 \cdot 10^{17}$ cm für den Krümmungsradius unseres eigenen Universums folgt bereits aus den astronomischen Beobachtungen im Sonnensystem. Zum Beispiel wurden die Lagen der Planeten Neptun und Pluto durch Berechnungen bestimmt, bevor sie optisch durch Teleskopbeobachtungen bestätigt wurden. Geringe Perturbationen der Umlaufbahnen bekannter Planeten führten zur Entdeckung von Neptun und Pluto in unmittelbarer Nähe der für sie berechneten Lagen. Wir können leicht einsehen, daß ein geringer Fehler in den geometrischen Gesetzen diese Koinzidenz unmöglich gemacht hätte. Der entfernteste Planet im Sonnensystem ist Pluto. Seine Umlaufbahn hat einen durchschnittlichen Radius von $6 \cdot 10^{14}$ cm; die Genauigkeit der Übereinstimmung zwischen den vorhergesagten und beobachteten Lagen führt auf einen Krümmungsradius des Raumes von wenigstens $5 \cdot 10^{17}$ cm. Ein endlicher Krümmungsradius (flacher Raum) läßt sich ebenfalls mit diesen Daten vereinbaren. Es würde uns zu weit von unserer gegenwärtigen Absicht abbringen, die numerischen Einzelheiten zu diskutieren, die zu der Schätzung von $5 \cdot 10^{17}$ cm führen, oder präzise zu formulieren, was wir unter der Krümmung eines dreidimensionalen Raumes verstehen. Uns muß das zweidimensionale Analogon der Kugeloberfläche an dieser Stelle als Ersatzvorstellung genügen.

Trigonometrische Parallaxe (Bild 1.12). Ein anderes Experiment wurde von *Schwarzschild* [1]) vorgeschlagen. In zwei 6 Monate auseinanderliegenden Beobachtungen ändert sich die Lage der Erde relativ zur Sonne um $3 \cdot 10^{13}$ cm (Durchmesser der Erdumlaufbahn). Wir beobachten zu diesen beiden Zeitpunkten einen Stern und messen die Winkel α und β. Im flachen Raum ist die Summe der Winkel α und β stets kleiner als 180°, nähert sich aber diesem Wert für sehr ferne Sterne. Die Hälfte der Abweichung von $\alpha + \beta$ von 180° bezeichnen wir als *trigonometrische Parallaxe.* Im gekrümmten Raum muß $\alpha + \beta$ nicht unbedingt stets kleiner als 180° sein.

Wir kehren zu unseren zweidimensionalen, auf einer Kugeloberfläche lebenden Astronomen zurück, um zu erfahren, wie sie aus einer Messung der Summe $\alpha + \beta$ entdecken, daß ihr Raum gekrümmt ist. Aus unserer früheren Diskussion am Dreieck ABC wissen wir, daß $\alpha + \beta = 180^\circ$ ist, wenn der Stern ein Viertel des Umfangs entfernt liegt. Ist der Stern näher, gilt $\alpha + \beta < 180^\circ$; liegt er weiter entfernt, dann ist $\alpha + \beta > 180^\circ$ (Bild 1.13). Der Astronom braucht nur Sterne in wachsender Entfernung zu beobachten und $\alpha + \beta$ zu messen, um festzustellen, wann die Summe über 180° hinausgeht. Der gleiche Versuch zur Bestimmung der Raumkrümmung gilt innerhalb unseres dreidimensionalen Raumes.

[1]) *K. Schwarzschild,* „Vierteljahresschrift der astronomischen Gesellschaft" **35**, 337 (1900).

Alle bisherigen Beobachtungen der Astronomen, unter Berücksichtigung einer angemessenen Korrektur für die Bewegung der Sonne relativ zum Mittelpunkt unserer Galaxis, *haben noch nicht auf eine Summe* $\alpha + \beta > 180°$ *geführt.* Mit Werten für $\alpha + \beta$ kleiner als 180° bestimmen wir durch Dreiecksmessung die Entfernung nahegelegener Sterne. Werte kleiner als 180° können bis zu einer Entfernung von $3 \cdot 10^{20}$ cm beobachtet werden,[1]) womit die Grenze für Winkelmessungen mit den heutigen Teleskopen erreicht ist. Wir können hieraus nicht direkt folgern, daß der Krümmungsradius des Raumes mehr als $3 \cdot 10^{20}$ cm betragen muß, da für einige Arten gekrümmter Räume andere Argumente gelten. Es ergibt sich schließlich, daß der Krümmungsradius (durch Dreiecksmessungen bestimmt) größer als $6 \cdot 10^{19}$ cm sein muß.

Am Anfang des Kapitels 1 sagten wir, daß mit dem Universum eine charakteristische Länge in der Größenordnung von 10^{28} cm = 10^{10} Lichtjahren verknüpft ist. Nach der oberflächlichsten Interpretation könnten wir diese Länge als Radius des Universums auffassen. Eine andere mögliche Erklärung gibt sie als Krümmungsradius des Raumes an. Was bedeutet das? Dies ist eine Frage der Kosmologie; *Bondi* liefert in seinem im Abschnitt 1.3 aufgeführten Buch eine ausgezeichnete Einführung in die spekulative Wissenschaft der Kosmologie. Wir fassen unser Wissen über den Krümmungsradius des Raumes in der Aussage zusammen, daß er nicht kleiner als 10^{28} cm ist und daß wir nicht wissen, ob der Weltraum nicht doch auch im Großen euklidisch ist.

Geometrie im mikroskopischen Bereich. Die obigen Beobachtungen beziehen sich auf den mittleren Krümmungsradius des Raumes und berücksichtigen nicht die „Unebenheiten", die man in der unmittelbaren Nachbarschaft einzelner Sterne vermutet und die eine örtliche Rauheit des ansonsten flachen oder leicht gekrümmten Raumes bewirken. Experimentelle Daten, die diese Frage betreffen, sind selbst für die Nachbarschaft unserer Sonne äußerst schwer zu erhalten. Schwierige, mit größter Sorgfalt durchgeführte Beobachtungen an Sternen, die während einer Sonnenfinsternis in der Nähe des Sonnenrandes sichtbar sind (Bild 1.14), haben bestätigt, daß Lichtstrahlen geringfügig gekrümmt werden, wenn sie genügend nahe am Sonnenrand oder an irgendeinem anderen ähnlich massiven Stern vorbeistreifen. Ein sonnennaher Strahl besitzt einen sehr geringen Ablenkungswinkel von nur 1,75″ (Bild 1.15). Von der Sonne fast verdeckte Sterne würden demnach, wenn wir sie tagsüber sehen könnten, so erscheinen, als ob sie sich geringfügig aus ihrer normalen Lage verschoben hätten. Dies besagt lediglich, daß

[1]) Man könnte einwenden, daß die Entfernungsmessungen selbst die Anwendbarkeit der euklidischen Geometrie voraussetzen. Jedoch stehen andere Methoden der Entfernungsmessung zur Verfügung, die in der moderneren Astronomieliteratur beschrieben werden.

Bild 1.14. Sonnenfinsternis am 20. Juli 1963 (photographiert von *C. H. Cleminshaw*, Griffith Observatory)

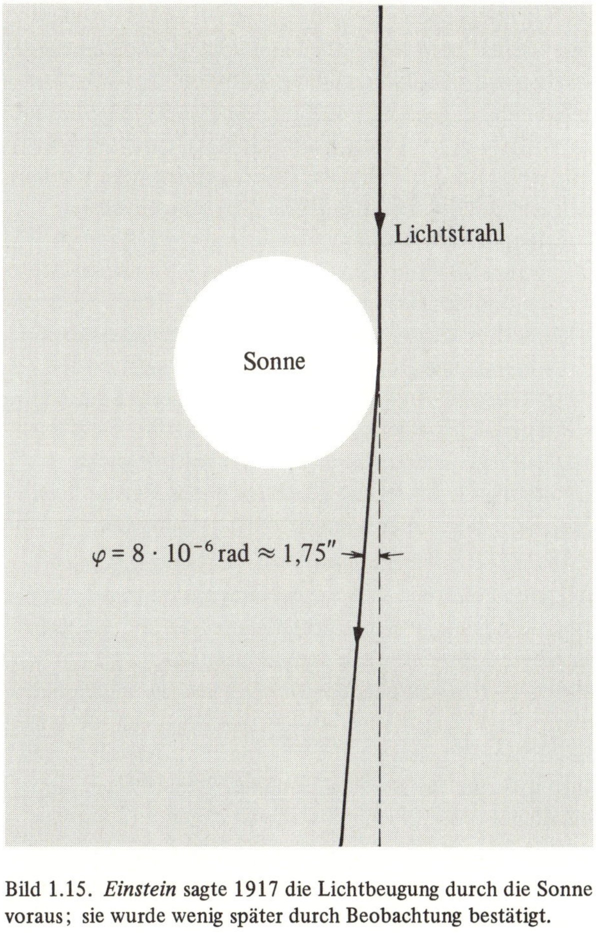

Bild 1.15. *Einstein* sagte 1917 die Lichtbeugung durch die Sonne voraus; sie wurde wenig später durch Beobachtung bestätigt.

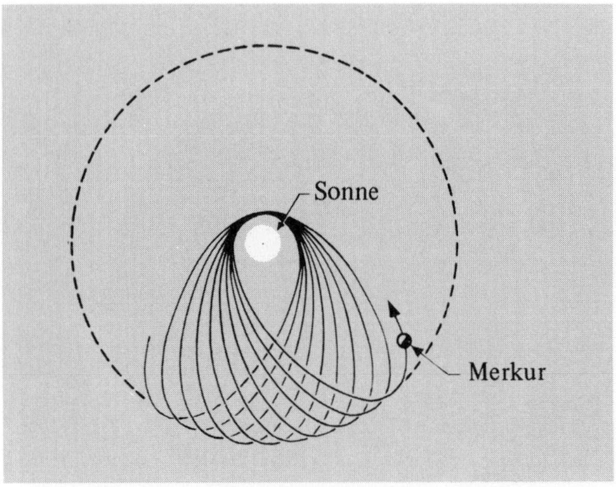

Bild 1.16. Die Präzession der Bahn des Merkur, wie sie nach der allgemeinen Relativitätstheorie erwartet wird. Die Umlaufbahn liegt in der Papierebene, ihre Exzentrizität haben wir zur Veranschaulichung stark übertrieben dargestellt. Ohne Präzession würde das Bild eine stationäre Ellipse wiedergeben.

sich das Licht in der Nähe der Sonne auf einer gekrümmten Bahn bewegt; die Aussage fordert nicht die eindeutige Interpretation, daß der Raum um die Sonne gekrümmt ist. Nur mit genauen Messungen, die wir mit Meßstäben aus verschiedenen Materialien in der Nähe der Sonnenoberfläche durchführen müßten, könnten wir direkt feststellen, ob ein gekrümmter Raum die zweckmäßigste und natürlichste Beschreibung darstellt. Noch eine Beobachtung weist auf die Möglichkeit eines gekrümmten Raumes hin (Bild 1.16). Die Umlaufbahn des sonnennächsten Planeten, Merkur, weicht geringfügig von der Bahn ab, die aus den Newtonschen Gesetzen der universellen Gravitation und der Bewegung folgt, sogar nachdem bestimmte kleine Korrekturen der speziellen Relativitätstheorie in die berechnete Umlaufbahn mit einbezogen werden. Könnte dies die Auswirkung eines gekrümmten Raumes in Sonnennähe bedeuten? Zur Beantwortung einer derartigen Frage müßten wir wissen, wie eine mögliche Krümmung die Bewegungsgleichungen des Merkur beeinflußt, und das beinhaltet mehr als nur Geometrie.

In einer Reihe berühmter Veröffentlichungen schrieb *Einstein* (1917) eine Theorie der Gravitation und Geometrie, die allgemeine Relativitätstheorie, die in quantitativer Übereinstimmung mit den Beobachtungen gerade der beiden oben beschriebenen Effekte stand. Sie bilden noch immer die einzigen zuverlässigen Bestätigungen der geometrischen Voraussagen der Theorie. Trotz der dürftigen Anzahl der Belege ist die allgemeine Theorie wegen ihrer grundlegenden Einfachheit weltweit akzeptiert worden.

Wir schlossen aus astronomischen Messungen, daß die euklidische Geometrie eine außerordentlich gute Beschreibung von Längen-, Flächen- und Winkelmessungen liefert, zumindest bis zu Längen der Größenordnung 10^{28} cm. Aber bisher haben wir nichts über die Anwendung der euklidischen Geometrie zur Beschreibung sehr kleiner Gebilde gesagt, die in ihren Abmessungen mit den 10^{-8} cm eines Atoms oder den 10^{-12} cm eines Kerns vergleichbar sind. Die Frage nach der Gültigkeit der euklidischen Geometrie müssen wir letzten Endes so stellen: Können wir die subatomare Welt sinnvoll beschreiben, wenn wir in ihr die Gültigkeit der euklidischen Geometrie annehmen? Können wir diese Frage bejahen, so gibt es zur Zeit keinen Grund, die euklidische Geometrie nicht als gute Näherung zu akzeptieren. Wir werden in Band 4 sehen, daß die Theorie der atomaren und subatomaren Phänomene bisher zu keinen Paradoxien führte, die ihr Verständnis erschweren. Viele Tatsachen bleiben noch unverstanden, doch scheinen sich aus ihnen keine Widersprüche zu ergeben. In diesem Sinne hat die euklidische Geometrie die experimentelle Prüfung hinab bis zu mindestens 10^{-13} cm bestanden.

Invarianz. Wir wollen nun einige der Folgerungen aus der experimentellen Gültigkeit der euklidischen Geometrie zusammenfassen:

Invarianz gegenüber Translation (Bilder 1.17 und 1.18). Hierunter verstehen wir die Homogenität unseres Raumes, d.h. er ist in jedem Punkt gleichgeartet. Bewegt sich ein Gegenstand ohne zu rotieren, so ändern sich seine Eigenschaften nicht.

Invarianz bezüglich Rotation (Bilder 1.19 und 1.20). Aus Experimenten wissen wir, daß der Raum mit großer Genauigkeit isotrop ist, so daß es keine bevorzugte Richtung gibt; Gegenstände bleiben bei einer Rotation unverändert. Es ist durchaus möglich, sich einen flachen anisotropen Raum vorzustellen. Zum Beispiel könnte die Lichtgeschwindigkeit in einer bestimmten Richtung doppelt so groß wie in einer anderen Richtung rechtwinklig zur ersten sein. Im freien Raum gibt es allerdings keinen Nachweis für einen derartigen Effekt. In Kristallen jedoch stoßen wir auf viele anisotrope Erscheinungen.

Die Eigenschaft der Invarianz bezüglich Translation führt zur Erhaltung des Impulses, Invarianz gegenüber Rotation führt auf die Erhaltung des Drehimpulses. Diese Themen behandeln wir in den Kapiteln 3 und 6. Den Begriff der Invarianz entwickeln wir in Kapitel 2 und am Ende von Kapitel 3.

1.3. Literatur

Physical Science Study Comittee (PSSC), „College Physics" (deutsche Übersetzung Friedr. Vieweg + Sohn, Braunschweig, 1973).

R. H. Baker, „Astronomy", 7. Auflage (Van Nostrand, Princeton, New York, 1959).

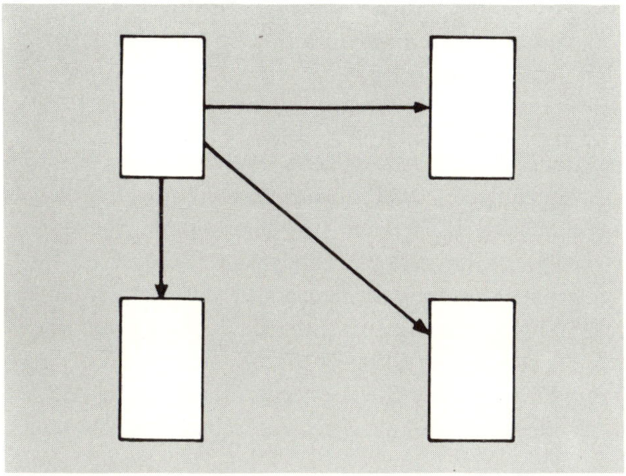

Bild 1.17. Invarianz gegenüber Translation. Beliebiges Parallelverschieben eines Gegenstandes ändert weder seine Größe noch seine Form.

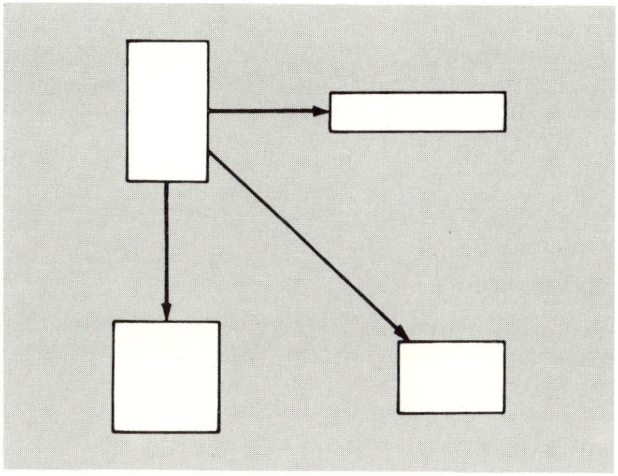

Bild 1.18. Nichtinvarianz gegenüber Translation in einer hypothetischen Welt. Parallelverschiebung kann Größe oder Form verändern.

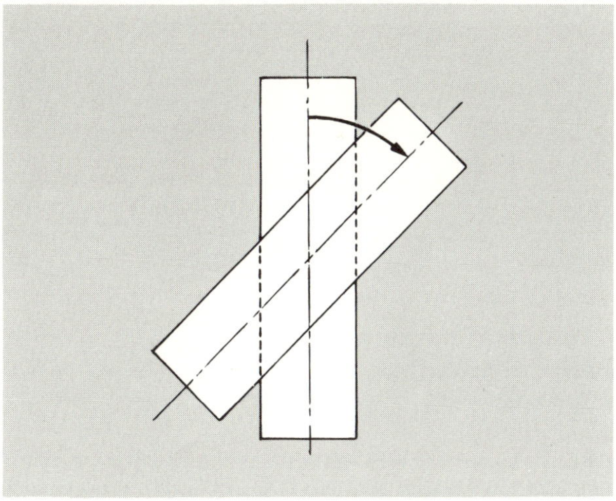

Bild 1.19. Invarianz bezüglich Rotation. Die Rotation eines Gegenstandes ändert weder Größe noch Form.

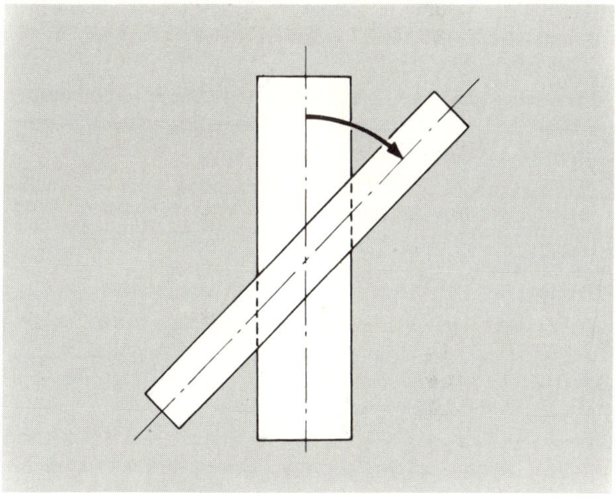

Bild 1.20. Nichtinvarianz bezüglich Rotation in einer hypothetischen Welt. Die Rotation des Objektes kann seine Größe oder seine Form ändern.

H. Bondi, „Cosmology", 2. Auflage (Cambridge University Press, New York, 1960). Ein knapper, autoritativer Bericht mit Schwerpunkt auf Beobachtungsergebnissen.

A. Einstein, „Autobiographical notes", aus „Albert Einstein: philosopher-scientist", herausgegeben von P. A. Schilpp (Library of Living Philosophers, Evanston, 1949). Eine ausgezeichnete kurze Autobiographie. Es ist bedauerlich, daß es nur so wenige wirklich gute Biographien über hervorragende Wissenschaftler gibt, wie z.B. die von *Ernest Jones* über *Freud.* Nur wenige sind mit den großen Literatenbiographien in Tiefe und Unvoreingenommenheit vergleichbar, wie *James Joyce* von *Richard Ellman.* Die Autobiographie von *Charles Darwin* bildet eine rühmliche Ausnahme. Über Wissenschaftler schreibende Autoren scheinen übermäßig von *Einsteins* Ausspruch, „Das Wesentliche im Leben eines Mannes liegt präzise in dem, was er denkt und wie er denkt, nicht darin, was er tut und erleidet", beeindruckt zu sein.

„Larousse encyclopedia of astronomy" (Prometheus Press, New York, 1962). Ein ansprechendes, informatives Buch.

D. J. de Solla Price, Little Science, big science" (Columbia University Press, New York, 1963). Eine statistische und soziologische Studie über die Wissenschaft.

Ann Roe, „The making of a scientist" (Dodd Mead and Co., New York, 1953; Apollo-Neudruck 1961). Eine ausgezeichnete Sozialstudie über eine Gruppe führender amerikanischer Wissenschaftler der späten 40er Jahre. Seitdem das Buch 1953 zum ersten Male erschien, sind wahrscheinlich einige signifikante Änderungen in der wissenschaftlichen Bevölkerung eingetreten.

O. Struwe, B. Lynds und *H. Pillans,* „Elementary astronomy" (Oxford University Press, New York, 1959). Betont die Hauptgedanken der Physik bezüglich des Universums; ausgezeichnet.

1.4. Filmliste

„Measuring large Distances“ (29 min) *F. Watson* (PSSC-MLA 0103). Er zeigt, wie durch Dreiecks- und Parallaxenmessungen die Entfernung des Mondes wie auch die von bis zu 500 Lichtjahren entfernten Sternen bestimmt werden kann.

1.5. Übungen

1. *Das bekannte Universum.* Schätzen Sie mit den Angaben im Text:
   a) Die Gesamtmasse des bekannten Universums.
   Lösung: Ungefähr 10^{56} g.
   b) Die durchschnittliche Dichte der Materie im Universum.
   Lösung: Ungefähr 10^{-29} gcm^{-3}; das entspricht 100 Wasserstoffatomen/cm^3.
   c) Das Verhältnis des Radius des bekannten Universums zum Protonenradius. (Nehmen Sie den Protonenradius zu 10^{-13}cm und die Protonenmasse zu $1{,}7 \cdot 10^{-24}$ g an.)
2. *Signale durch ein Proton hindurch.* Schätzen Sie die Zeit, die ein sich mit Lichtgeschwindigkeit ausbreitendes Signal benötigt, um eine Strecke zurückzulegen, die gleich dem Protonendurchmesser ist. Nehmen Sie den Protonendurchmesser zu $2 \cdot 10^{-13}$ cm an.
3. *Entfernung des Sirius.* Die Parallaxe eines Sterns ist definiert als die Hälfte des Winkels, den die Verbindungsstrecken vom Stern zu den Scheitelpunkten der Erdumlaufbahn um die Sonne bilden. Die Parallaxe des Sirius beträgt 0,371″. Bestimmen Sie seine Entfernung von der Erde in Zentimetern, Lichtjahren und Parsec. (Benutzen Sie die Tafel im Innern des Einbandes.)
   Lösung: $8{,}3 \cdot 10^{18}$ cm; 8,8 Lichtjahre; 2,7 Parsec.
4. *Größe der Atome.* Bestimmen Sie mit Hilfe der in der Tabelle angegebenen Avogadroschen Zahl und Ihrer Schätzung der durchschnittlichen Dichte gewöhnlicher fester Körper überschlägig den Durchmesser eines mittleren Atoms.
5. *Der vom Mond gebildete Winkel.* Nehmen Sie eine Millimeterskala und versuchen Sie bei guten Sichtverhältnissen folgendes Experiment: Halten Sie die Skala mit gestrecktem Arm und messen Sie den Monddurchmesser. Messen Sie den Abstand der Skala von Ihrem Auge. (Der Radius der Mondumlaufbahn beträgt $3{,}8 \cdot 10^{10}$ cm, der Mondradius $1{,}7 \cdot 10^8$ cm.)
   a) Welches Ergebnis haben Sie bei geglückter Durchführung des Experiments erhalten?
   b) Wenn Sie nicht in der Lage waren, die Messung durchzuführen, berechnen Sie aus den obigen Daten den Öffnungswinkel des Mondes.
   Lösung: $9 \cdot 10^{-3}$ rad.
   c) Wie groß ist umgekehrt der von der Erde gebildete Winkel, vom Mond aus betrachtet?
   Lösung: $3{,}4 \cdot 10^{-2}$ rad.
6. *Compton-Wellenlänge.* Bilden Sie einen Ausdruck für eine Größe, die die Dimension einer Länge hat, ausgehend von der Lichtgeschwindigkeit c, der Elektronenmasse m und der Planckschen Konstante h. Die Plancksche Konstante (Wirkungsquantum) hat die Dimension [Energie · Zeit] oder [Masse] [Länge^2/Zeit^2] [Zeit]. Bestimmen Sie die Länge aus den in der Wertetafel angegebenen Größen c, m und h. Diese Länge spielt in der Atomphysik eine wichtige Rolle; wir bezeichnen sie mit λ_C.

1.6. Weiterführendes Problem. Einfache Astronomie innerhalb des Sonnensystems

(Bilder 1.21 bis 1.28)

Zwei Amateurastronomen setzen sich das Ziel, den Durchmesser und die Masse der Sonne zu bestimmen. Beim Durchdenken des Problems bemerken sie, daß sie vorerst mehrere Hilfsgrößen aufstellen müssen. Zuerst bestimmen sie den Erdradius, indem sie zunächst mit Hilfe genauer Karten auf einem geographischen Längenkreis 500 Meilen auseinanderliegende Positionen einnehmen. Sie stehen über Kurzwellenfunk miteinander in Verbindung. Der südliche Beobachter S wählt einen Stern, der zu einem bestimmten Zeitpunkt seinen Zenit durchläuft (Bild 1.21).

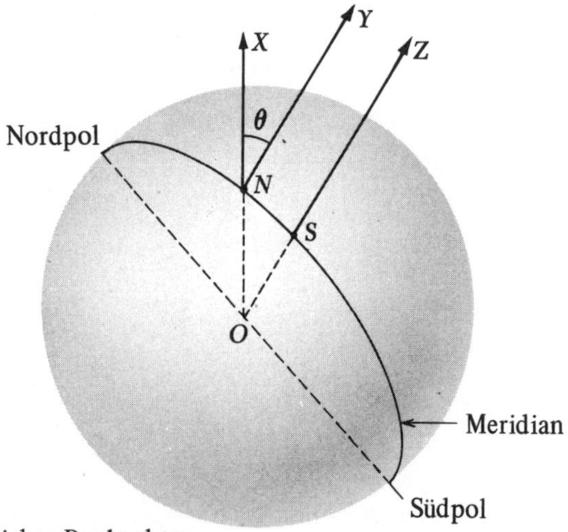

N nördlicher Beobachter
S südlicher Beobachter
O Erdmittelpunkt

Bild 1.21. Licht von einem weit entfernten, im Zenit stehenden Stern wird von S entlang der Linie $\overline{ZSO}$ (senkrecht zum Zenit in S) empfangen.
Das Licht desselben Sterns wird von N entlang der Linie $\overline{YN} \parallel \overline{ZSO}$ empfangen.
Die Linie $\overline{XNO}$ ist für N senkrecht zum Zenit gerichtet. $\overline{YN}$ und $\overline{XNO}$ bilden den Zenitwinkel θ.

Zu dem Zeitpunkt, in dem der gewählte Stern sich durch den Zenit des südlichen Beobachters bewegt, kreuzt er auch den Längenkreis des nördlichen Beobachters N, jedoch unterhalb des Zenits, als Folge der Erdkrümmung.

a) Zeigen Sie, daß der Erdradius sich zu $6{,}4 \cdot 10^8$ cm ergibt, wenn der nördliche Beobachter einen Zenitwinkel von $\theta = 7{,}2°$ mißt.

Die beiden Amateure stellen im nächsten notwendigen Schritt die Geschwindigkeit des Mondes auf seiner Umlaufbahn um den Erdmittelpunkt fest. Das gelingt ihnen indirekt durch Bestimmung der Zeiten, zu denen ein besonderer Stern, von zwei verschiedenen Punkten auf der Erdoberfläche betrachtet, vom Mond verdeckt wird. Um

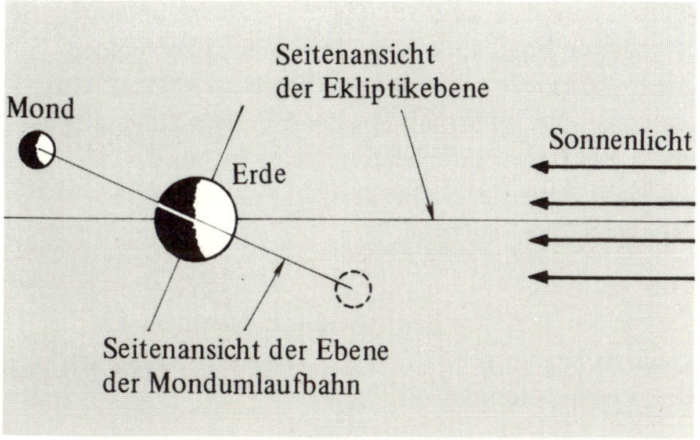

Bild 1.22. Tatsächliche relative Lage von Erde, Mond und Sonne

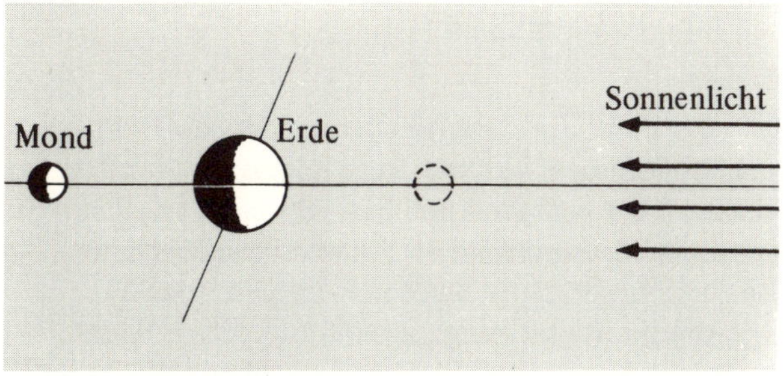

Bild 1.23. Zum Zweck der Diskussion angenommene relative Lage von Erde, Mond und Sonne

die Schwierigkeiten der geometrischen und mathematischen Berechnung zu vermindern, treffen sie eine Anzahl vereinfachender Annahmen: Der Mond und der Stern liegen in der Ekliptik (der Sonnenbahn der Erde); der Stern bewegt sich direkt hinter dem Mond, d.h., auf einem Durchmesser; die Beobachtungen werden um Mitternacht bei Vollmond durchgeführt. Die Erdkrümmung, atmosphärische Brechungseffekte und weitere Korrekturen werden vernachlässigt. Die Bilder 1.22 und 1.23 zeigen die geometrische Situation.

Die beiden Beobachter O_W und O_E empfangen parallele Lichtstrahlen von einem weit entfernten Stern. Der westliche Beobachter O_W notiert die Zeit $t_W(1)$, zu der der Stern hinter dem Mond verschwindet, und später die Zeit $t_W(2)$, zu der er wieder erscheint (Bilder 1.24 und 1.25). Entsprechende Beobachtungen, $t_E(1)$ und $t_E(2)$, führt der östliche Beobachter durch (Bilder 1.26 und 1.27).

b) Zeigen Sie, daß die Mondgeschwindigkeit v_M relativ zum Erdmittelpunkt durch den Ausdruck

$$v_M = v_0 + \frac{S}{t_E(1) - t_W(1)}$$

gegeben ist, wobei S der Abstand der Beobachter zueinander, v_0 die lineare Geschwindigkeit der beiden, v_M die lineare Mondgeschwindigkeit und $t_E(1)$ und $t_W(1)$ die oben definierten Zeiten bedeuten.

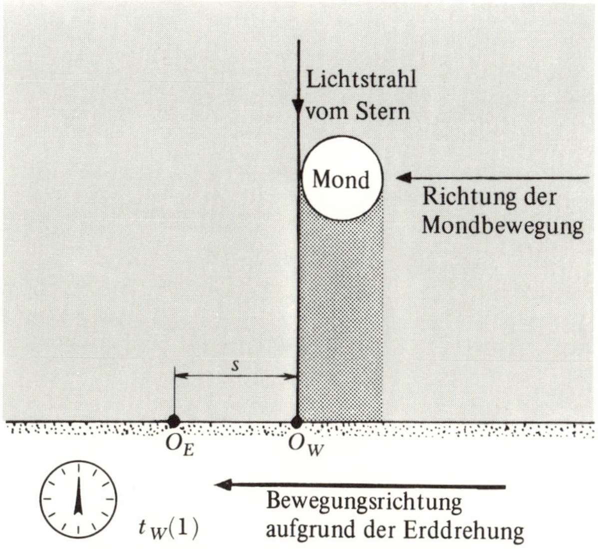

Bild 1.24. Lage des Mondes und der Beobachter O_W und O_E zur Zeit t_W (1). Wir nehmen an, das Sternenlicht kommt aus unendlicher Entfernung, die Strahlen verlaufen daher parallel.

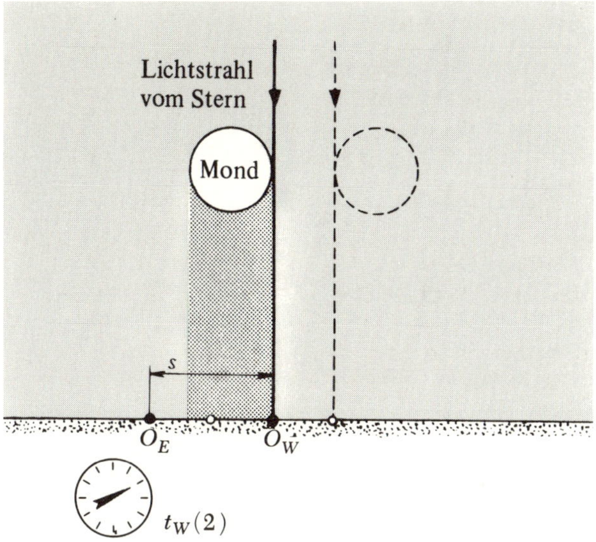

Bild 1.25. Zur Zeit $t_W(2)$ hat sich der Mond in die gezeigte Lage bewegt, und das Sternenlicht erscheint dem Beobachter O_W wieder, der sich inzwischen aufgrund der Erdrotation in der neuen hier eingezeichneten Lage befindet.

Mit der nun bekannten Mondgeschwindigkeit ist jeder der beiden Beobachter in der Lage, aus der Gesamtzeit, in der der Mond den Stern verdeckt, den Monddurchmesser zu bestimmen.

c) Zeigen Sie, daß der Monddurchmesser $2R_M$ aus

$$2R_M = (v_M - v_0)(t_2 - t_1)$$

folgt, mit $(t_2 - t_1)$ als das von beiden Beobachtern gemessene Zeitintervall.

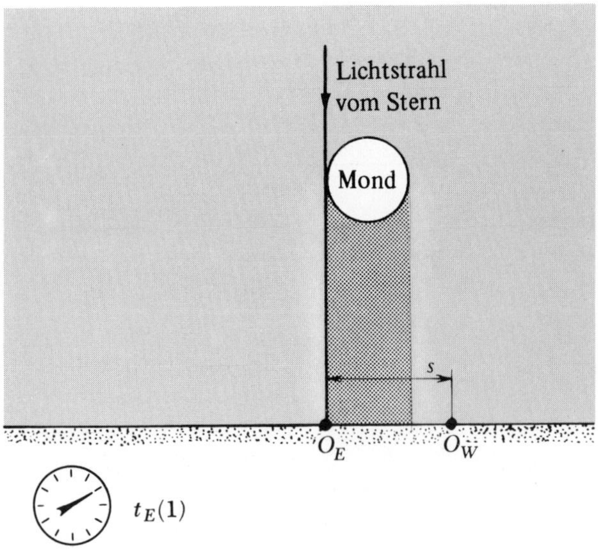

Bild 1.26. Entsprechend sieht O_E den Stern zur Zeit t_E (1) verschwinden und etwas später ...

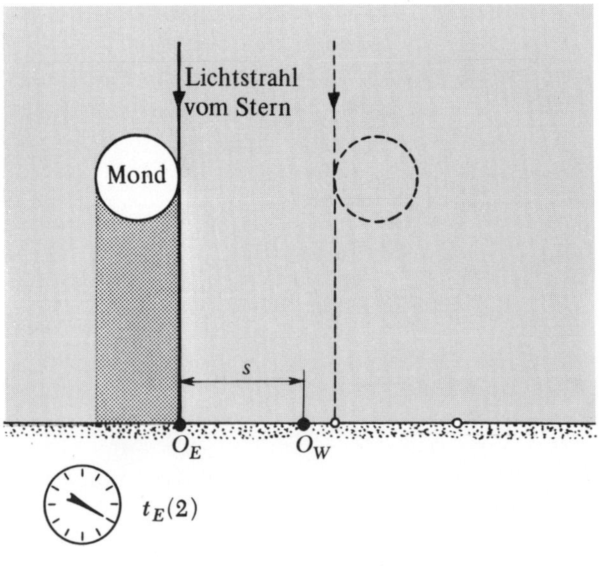

Bild 1.27. ... zur Zeit t_E (2) wieder erscheinen.

d) Bestimmen Sie aus dem oben ermittelten Erddurchmesser und der bekannten Periodendauer der Erdrotation die Oberflächengeschwindigkeit der Erde bei 30° nördlicher Breite relativ zum Erdmittelpunkt. *Lösung:* $4{,}04 \cdot 10^4$ cm/s.

Die folgende Tabelle gibt typische Beobachtungswerte wieder, die die beiden Amateure erhalten haben könnten:

Beobachtung	$t_W(1)$	$t_W(2)$	$t_E(1)$	$t_E(2)$
Zeit (min)	0,0	95,6	22,0	117,7

e) Zeigen Sie unter Verwendung dieser Daten und der vorherigen Ergebnisse, daß die Mondgeschwindigkeit $10{,}1 \cdot 10^4$ cm/s und sein Durchmesser $3{,}48 \cdot 10^8$ cm betragen. Nach Bestimmung der Mondumlaufgeschwindigkeit berechnen die beiden Amateure aus der bekannten Umlaufperiodendauer ($2{,}36 \cdot 10^6$ s) den Radius der Umlaufbahn.

f) Zeigen Sie, daß Ihre Beobachtungen zu einem mit genauen Messungen ($3{,}8 \cdot 10^{10}$ cm) übereinstimmenden Ergebnis führen.

Bei einer kreisförmigen Umlaufbahn eines Satelliten ist es verhältnismäßig einfach, die Masse des anziehenden Körpers zu berechnen. Mit dem Newtonschen Gravitationsgesetz $F = GM_EM_M/r^2$ für die Kraft zwischen Erde und Mond zeigen wir in Kapitel 3, daß

$$GM_E = v_M^2 r = R^2 g$$

gilt, wobei G die Gravitationskonstante, M_E die Erdmasse, v_M die Mondgeschwindigkeit, r der Radius der Mondumlaufbahn, R der Erdradius und g (= 980 cm/s²) die Gravitationsbeschleunigung an der Erdoberfläche bedeuten. Diese Gleichung erhalten wir durch Gleichsetzen von Gravitationskraft und Zentrifugalkraft $M_M v_M^2/r$, mit M_M als Mondmasse.

g) Berechnen Sie die Größe der Konstanten GM_E.

Nach erheblichen Anstrengungen kommen die Amateure zu dem Schluß, daß sie ein weiteres Experiment durchführen müssen, da sie keine ausreichende Information zur Berechnung der Erdmasse erhalten haben. Ideal wäre es, die Gravitationskonstante G zu messen. Da sich dieses Experiment nur schwer durchführen läßt, beschließen sie, stattdessen die Erddichte zu schätzen. Aus einer Untersuchung von Oberflächenproben erhalten sie den Wert 5 g/cm³.

h) Wie groß ist die ungefähre Erdmasse auf dieser Basis? Bis auf welchen prozentualen Fehler stimmt dies tatsächlich?

i) Berechnen Sie mit dieser Schätzung und den vorherigen Ergebnissen die Größenordnung von G.

Als nächstes bestimmen die beiden Amateure den Abstand zur Sonne, indem sie mit den bekannten Daten über die Mondumlaufbahn wie in Bild 1.28 vorgehen. Zu einem bestimmten Zeitpunkt haben Sonne, Mond und Erde eine derartige Lage, daß der Schattenrand mit dem Hauptdurchmesser des Mondes (der einem Beobachter als Rand eines exakten Halbmondes erscheint) zusammenfällt. Zu diesem Zeitpunkt mißt der Beobachter den Winkel α zwischen den Verbindungslinien zum Mond und zur Sonne.

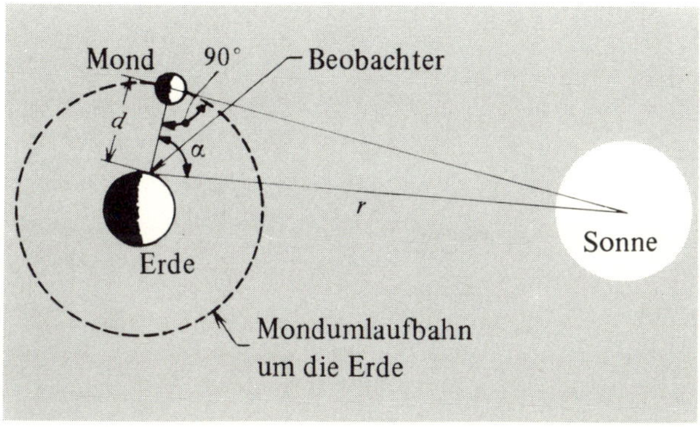

Bild 1.28. Methode zur Bestimmung der Entfernung Sonne–Erde unter Anwendung bekannter Daten bezüglich der Mondumlaufbahn.

k) Berechnen Sie für einen Winkel $\alpha = 89° 51'$ den Abstand r von der Erde zur Sonne.

Nachdem nun die beiden Amateure die Entfernung Erde–Sonne bestimmt haben, erkennen sie, daß das dritte Kepplersche Gesetz (in Verbindung mit dem Newtonschen Bewegungsgesetz) es ihnen gestattet, die Sonnenmasse zu berechnen (siehe PSSC).

l) Berechnen Sie die Sonnenmasse.

Schließlich erinnern sich die beiden Amateure, die das Glück hatten, 1963 die totale Sonnenfinsternis zu beobachten, daran, daß der Mond die Sonne fast vollständig verdeckte. Berechnen Sie den Sonnenradius R_S.

m) Bestimmen Sie mit den obigen Informationen den Sonnendurchmesser.

Derartige Bestimmungen mit extremer Genauigkeit durchzuführen, erfordert einen großen Aufwand an Instrumentation, eine Vielzahl von Beobachtungen, Interpretationen und Berechnungen und viel Theorie – Umstände, die den Geist vieler Männer über Jahrhunderte beschäftigt haben und von anhaltendem Interesse sind. Genauigkeitserwägungen haben die Wissenschaftler jedoch nicht davon abgehalten, auf neuen Gebieten Messungen durchzuführen. Müßte die Physik auf die Perfektion höchst präziser Instrumente warten, würde sie überhaupt nicht weiter fortschreiten. So manche vollendete Apparatur, so wird gesagt, ist eher ein Hemmschuh.

1.7. Das Rüstzeug der Experimentalphysik

Die folgenden Photographien zeigen einige der Apparate und Maschinen, die aktiv zum Fortschritt der Physik beitragen.

Bild 1.29. Ein KMR-Labor (KMR kernmagnetische Resonanz) zur Untersuchung chemischer Strukturen (*ASUC-Photo*)

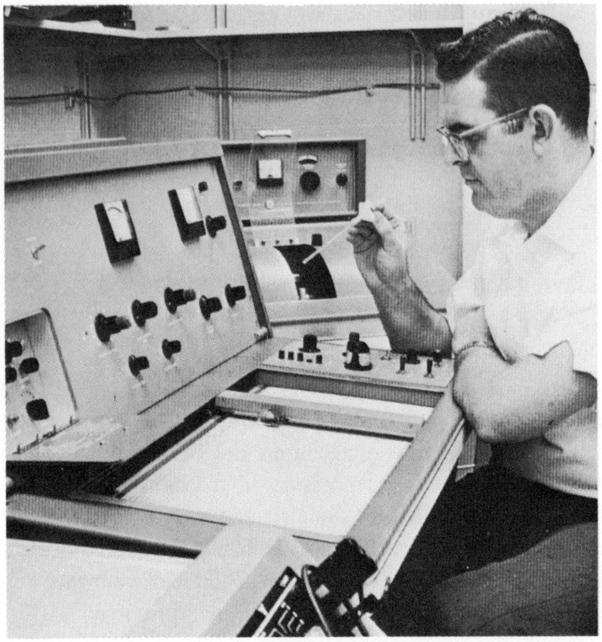

Bild 1.30. Laborant im KMR-Labor, der dabei ist, eine Probe in den Meßkopf des veränderlichen Temperaturreglers zu bringen, in dem die Probe rotiert. (*Esso-Research*)

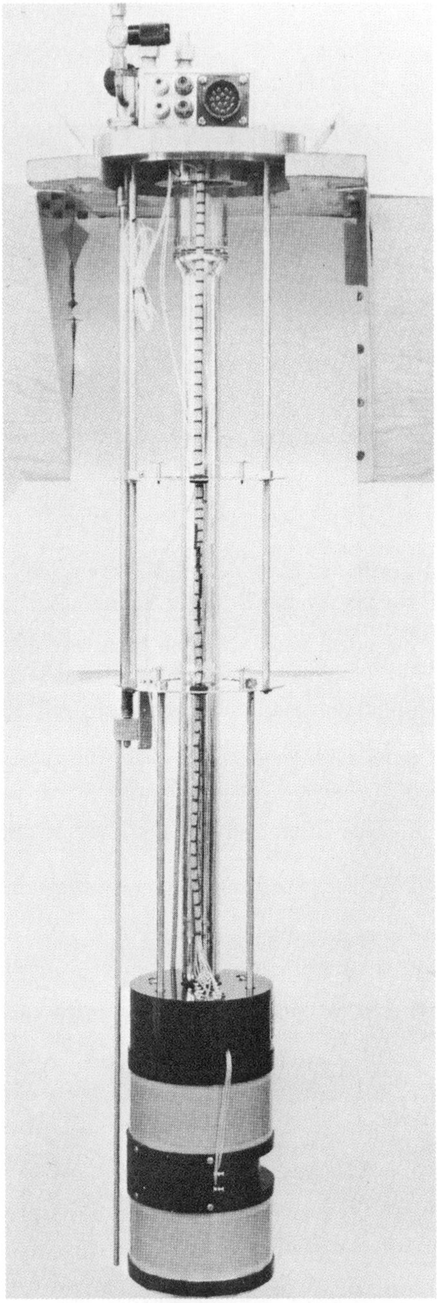

Bild 1.32. Ein Magnet aus supraleitendem Draht zur Anwendung bei tiefen Temperaturen. Die gezeigten Spulen sind so dimensioniert, daß sie ein Magnetfeld von 54 kG erzeugen. Ein derartiger Apparat bildet das Herzstück eines modernen Tieftemperaturlabors. (*Varian Associates*)

Bild 1.31. Untersuchung von KMR-Spektren: Wir sehen eine zwischen den Polschuhen eines Elektromagneten sich befindende Probe, die zur Ausmittelung von Magnetfeldvariationen schnell rotiert. (*Esso-Research*)

Bild 1.33. Ein Hochenergie-Teilchenbeschleuniger: Das Bevatron in Berkeley. Protonen werden unten rechts eingeschossen. (*Lawrence Radiation Laboratory*)

Bild 1.34. Das riesige Radioteleskop in Australien. Der Schirm hat einen Durchmesser von 210 Fuß. Das Teleskop steht in einem ruhigen Tal 200 Meilen westlich von Sydney, New South Wales. An diesem entlegenen Ort ist ein Minimum an elektrischer Interferenz gewährleistet. (*Australian News and Information Bureau*)

Bild 1.35. Das in Richtung Zenit weisende 200-Zoll-Hale-Teleskop in der Südansicht. (*Mount Wilson and Palomar Observatories*)

Bild 1.36. NGC 4594 Spiralnebel im Virgo, Kantenansicht; 200-Zoll-Photo. (*Mount Wilson and Palomar Observatories*)

Bild 1.37. Reflexionsoberfläche des 200-Zoll-Spiegels im Hale-Teleskop und Beobachter in der Primärfokus-Kabine. (*Mount Wilson and Palomar Observatories*)

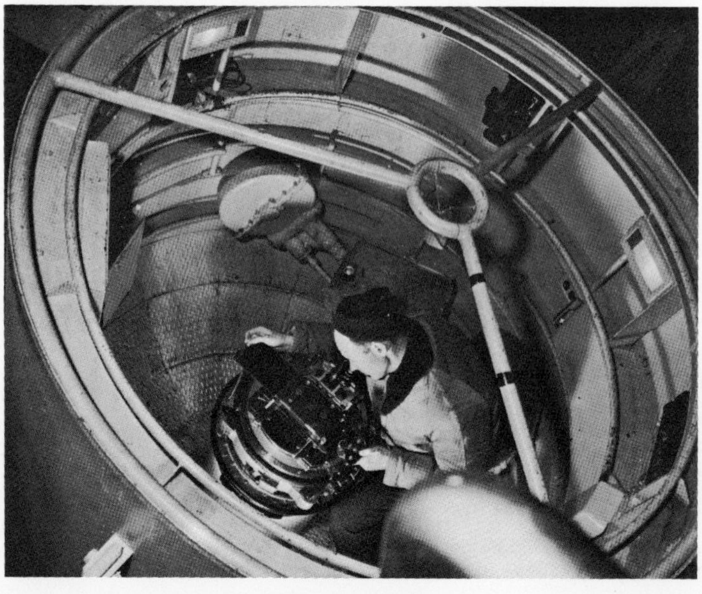

Bild 1.38. Beobachter in der Primärfokus-Kabine beim Auswechseln des Films im 200-Zoll-Hale-Teleskop. (*Mount Wilson and Palomar Observatories*)

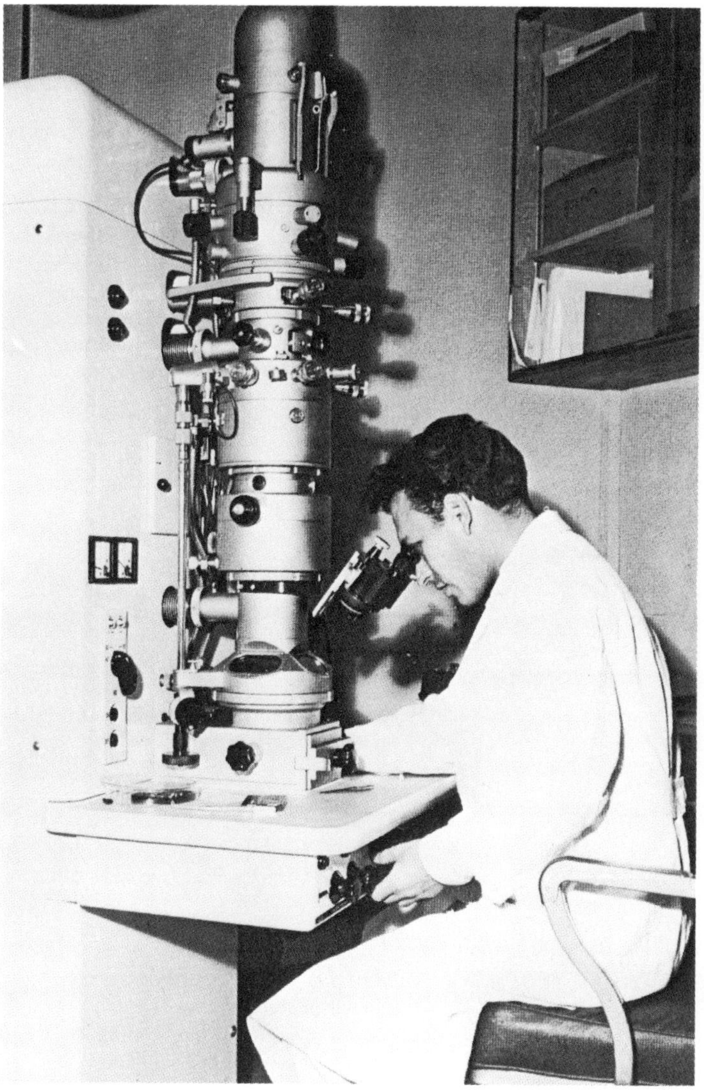

Bild 1.39. Ein Elektronenmikroskop der Firma Siemens, das mit 50 ... 100 kV arbeitet und ein Auflösungsvermögen von 10^{-7}cm hat. Die aufeinandergesetzten Zylinder auf dem Photo enthalten Magnetlinsen. Die Elektronenquelle befindet sich in der Spitze, und das endgültige vergrößerte Bild wird auf einen Fluoreszenzschirm am Fuß abgebildet. Photographische Platten können in dieser Ebene eingeschoben werden, um eine photographische Wiedergabe zu erhalten. Die Fokussierung wird durch Verändern der Stromstärke in den Magnetlinsen vorgenommen. (*Photographie von R. C. Williams, Virus Laboratory, University of California, Berkeley*)

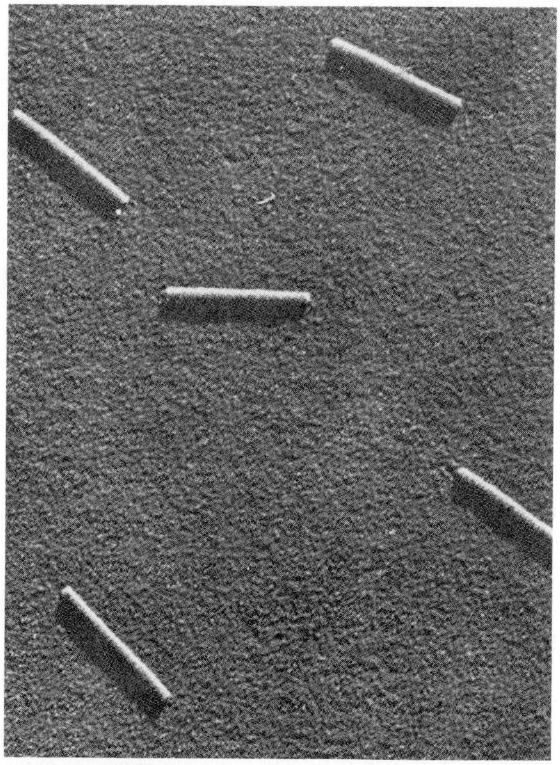

Bild 1.40. Ein Elektronenmikrophotogramm von Tabakmosaikvirusteilchen bei einer Vergrößerung von 70 000. Die Stäbe bestehen aus Proteinen und Ribonukleinsäure und sind ansteckend, wenn sie auf den Blättern von Tabakpflanzen verrieben werden. Röntgenstrahlanalyse zeigt, daß die Teilchen als Spiralen mit etwa 2000 Windungen geformt sind, wobei sowohl die Proteine als auch die Nukleinsäure die Spralwindungen ausmachen. (*Photographie von R. C. Williams, Virus Laboratory, University of California, Berkeley*)

Mondschuß des Ranger

Das Jet Propulsion Laboratory des California Institute of Technology ist dem National Aeronautics and Space Administration für das Ranger-Programm verantwortlich. Am 31. Juli 1964 zerschellte Ranger VII nach einem 68-Stunden-Flug auf dem Mond. Während der letzten 10 Flugminuten wurden Photographien zur Erde gesendet, während sich Ranger der Mondoberfläche mit 6000 Meilen je Stunde näherte. Die schwarzen Netzmarkierungen auf den Photographien ermöglichen die Ausmessung der Bilder.

Bild 1.41. Nahaufnahme der sechs Fernsehkameras (zwei Weitwinkel- und vier Schmalwinkelkameras), die in Ranger VII zum Photographieren der Mondoberfläche eingebaut waren. (*NASA*)

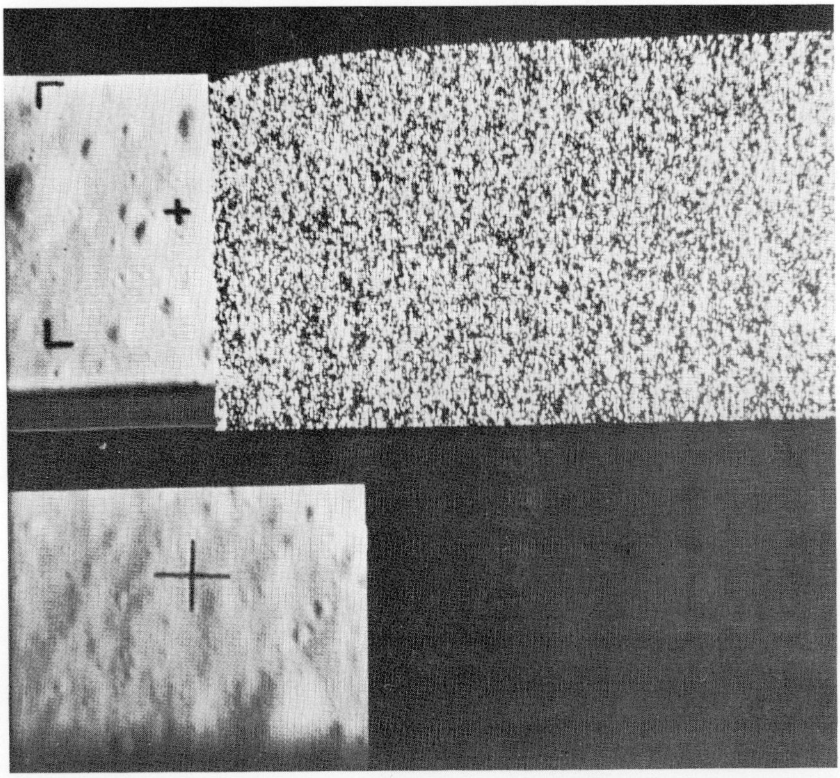

Bild 1.42. *Die letzten Aufnahmen* (oben liegt Norden)

Oberes Bild

Höhe 1000 Fuß (≈ 305 m). Das Teilphoto wurde als letztes mit der P-3-Kamera mit einer Linse von 25 mm, f/1 aufgenommen, bevor Ranger VII auf dem Mond aufschlug. Das Raumschiff wurde während des Sendens zerstört, was zu dem rechts gezeigten Geräuschmuster auf dem Empfänger führte. Das Photo zeigt ein Gebiet von etwa 100 x 60 Fuß (≈ 30,5 x 18,3 m) mit einer Auflösung, die 1000mal besser als bei Beobachtungen von der Erde aus ist. Die kleinsten Krater haben einen Durchmesser von etwa 3 Fuß (≈ 0,9 m) und eine Tiefe von 1 Fuß (≈ 0,3 m).

Unteres Bild

Ungefähre Höhe 3000 Fuß (≈ 914 m). Das vollständige Bild, das ein Gebiet von ungefähr 100 Fuß (≈ 30,5 m) Länge und Breite zeigt, wurde von der P-1-Teilabtastungskamera mit einer Linse von 75 mm, f/2 aufgenommen. Viele der gezeigten Krater haben abgerundete Ränder im Gegensatz zu den meisten größeren Mondkratern. (*NASA*)

2. Vektoren

2.1. Allgemeines

Sprache und Begriff. Die Sprache ist ein wesentlicher Bestandteil des abstrakten Denkens. Es ist schwierig, klar und leicht über komplizierte und abstrakte Begriffe in einer Sprache nachzudenken, der dafür der geeignete Wortschatz fehlt. Um neue wissenschaftliche Begriffe auszudrücken, erfinden wir neue Wörter und erweitern damit bereits vorhandene Sprachen. Viele solcher Wörter haben ihre Wurzeln in der griechischen oder in der lateinischen Sprache. Wenn ein Wort für den wissenschaftlichen Sprachschatz von wesentlicher Bedeutung ist, kann es in viele moderne Sprachen eingehen. So heißt *Vektor* auf französisch *vecteur,* auf englisch *vector* und ВЕКТОР im Russischen. *Ein Vektor ist eine Größe, die sowohl durch den Betrag als auch durch die Richtung bestimmt wird.* Diese Bedeutung des Wortes Vektor folgt aus einer natürlichen Erweiterung eines früheren Sprachgebrauches in der Astronomie, wo Vektor eine fiktive gerade Linie bezeichnete, die einen in elliptischer Bahn kreisenden Planeten mit dem Brennpunkt oder dem Zentrum der Ellipse verbindet.

Vektornotation. Symbole sind die Elemente der Sprache der Mathematik. In der Kunst der mathematischen Analyse ist daher die Technik des richtigen Gebrauches einer Notation wesentlich. Die Vektorschreibweise hat zwei nützliche Eigenschaften:

1. Die Formulierung eines physikalischen Gesetzes mit Hilfe von Vektoren ist unabhängig von der Wahl des Koordinatensystems. Die Vektorschreibweise gleicht einer Sprache, in der Sätze bereits ohne Einführung von Koordinaten einen physikalischen Inhalt haben.
2. Die Vektorschreibweise ist kurz. Viele physikalische Gesetze erhalten eine einfache und durchsichtige Form, die verborgen bleibt, wenn diese Gesetze in einem besonderen Koordinatensystem geschrieben werden.

Obwohl es bei der Lösung von Aufgaben oft wünschenswert erscheint, in einem speziellen Bezugssystem zu arbeiten, formulieren wir die Gesetze der Physik wo immer möglich vektoriell. Für manche komplizierteren Gesetze, die sich so nicht schreiben lassen, gelingt noch eine tensorielle Fassung. Ein *Tensor* ist eine Verallgemeinerung eines Vektors und damit der Vektor ein Spezialfall des Tensors. Die uns geläufige Vektoranalysis verdanken wir größtenteils den Arbeiten von *Josiah Willard Gibbs* und *Oliver Heaviside* (Ende des 19. Jahrhunderts).

Wir halten uns an folgende Vektorschreibweise (Bilder 2.1 bis 2.4): Vektoren werden durch fettgedruckte Buchstaben, z.B. **A**, wiedergegeben, während der Betrag durch Normaldruck oder Betragszeichen, z.B. |**A**|, gekennzeichnet ist. Einen Vektor vom Betrage 1 nennen wir Einheitsvektor und schreiben ihn mit dem Zeichen ˆ , z.B.

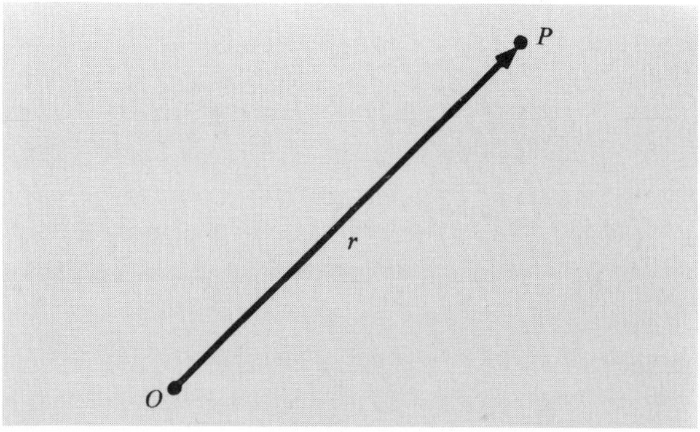

Bild 2.1. Der Vektor **r** stellt den Ort des Punktes **P** relativ zum Ursprung O dar.

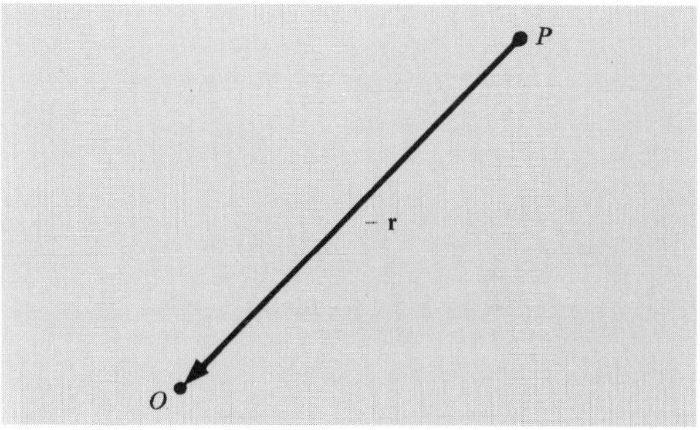

Bild 2.2. Der Vektor **– r** hat den gleichen Betrag wie **r**, aber die entgegengesetzte Richtung.

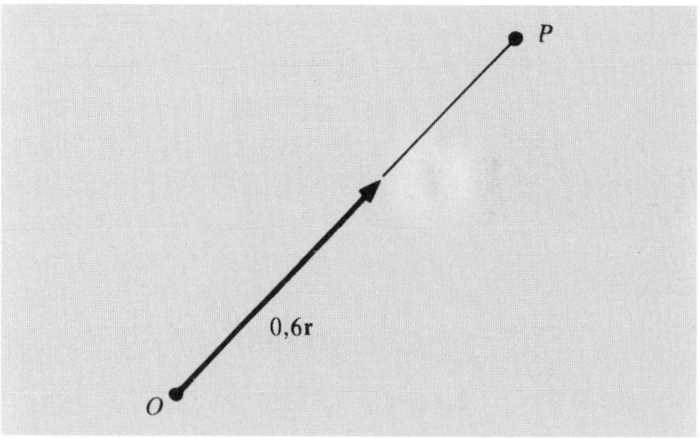

Bild 2.3. Der Vektor 0,6 **r** liegt richtungsgleich zu **r** und hat den Betrag 0,6 r.

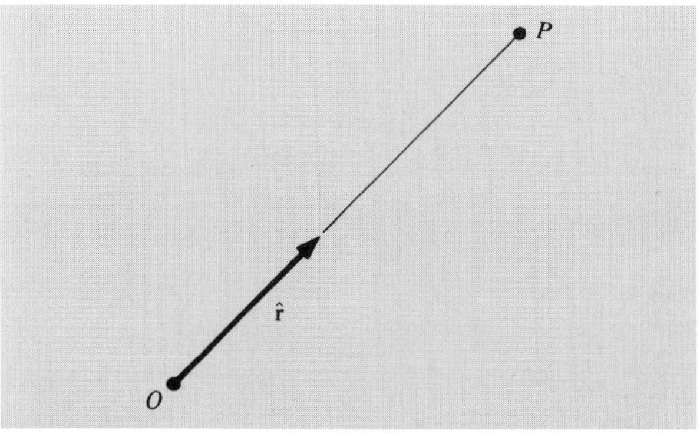

Bild 2.4. Der Vektor $\hat{\mathbf{r}}$ ist der Einheitsvektor in Richtung **r**, also gilt: $\mathbf{r} = \hat{\mathbf{r}} r$.

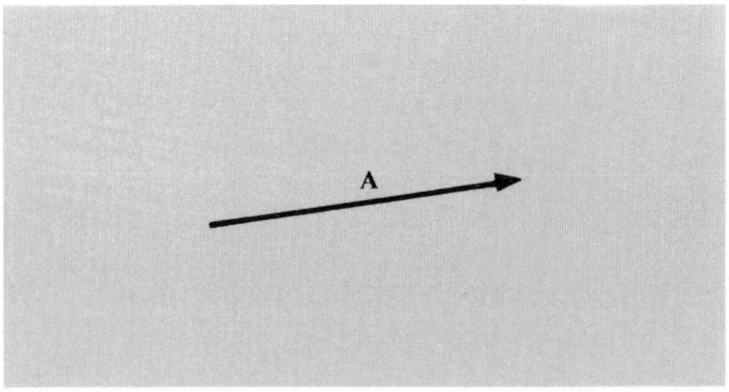

Bild 2.5. Der Vektor **A**

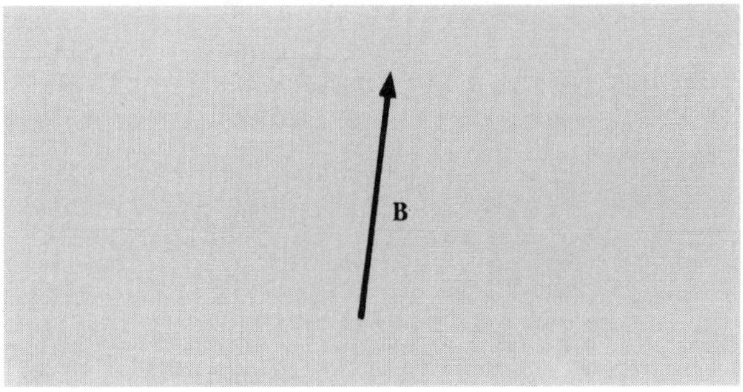

Bild 2.6. Der Vektor **B**

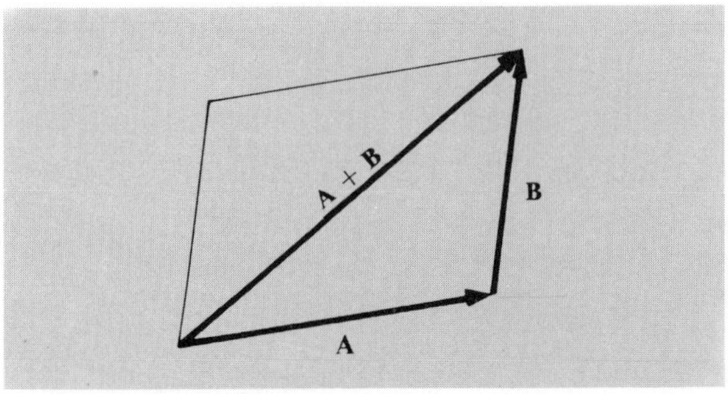

Bild 2.7. Die Vektorsumme **A** + **B**

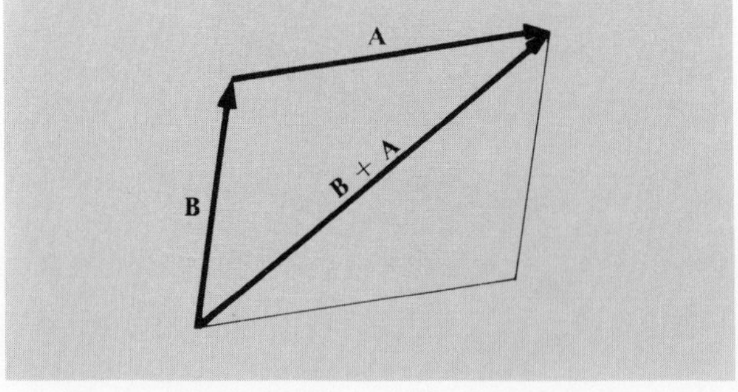

Bild 2.8. Die Vektorsumme **B** + **A** ist gleich **A** + **B**

$\hat{A}$, gelesen „A Dach". Wir fassen die Schreibweise eines Vektors in der folgenden Identität zusammen:

$$\mathbf{A} \equiv \hat{A}A. \qquad (2.1)$$

Die Anwendung von Vektoren auf physikalische Problemstellungen setzt meist die Gültigkeit der euklidischen Geometrie voraus. Ist die zugrunde gelegte Geometrie nicht euklidisch, gibt es möglicherweise keine einfache und eindeutige Additionsvorschrift für zwei Vektoren. In den gekrümmten Räumen der allgemeinen Relativitätstheorie gilt die allgemeinere Sprache der metrischen Differentialgeometrie.

Wir haben den Vektor als eine Größe mit Betrag und Richtung kennengelernt. Diese Eigenschaft gilt unabhängig vom Bezugssystem.[1]) Es gilt jedoch nicht die Umkehrung, daß alle Größen mit Betrag und Richtung notwendig Vektoren sein müssen. Wir kommen im Abschnitt über die Kreisbewegung darauf zurück. Als ***Skalar*** bezeichnen wir eine Größe, die nicht richtungsabhängig ist, also keine räumliche Orientierung besitzt. Der Betrag eines Vektors z.B. ist ein Skalar; die x-Koordinate eines festen Punktes dagegen nicht, weil ihr Wert abhängt von der Richtung, in der die x-Achse gewählt wird. Die Temperatur T ist wieder ein Skalar, die Geschwindigkeit **v** ein Vektor.

Vektorgleichheit. Zwei Vektoren **A** und **B** definieren wir als gleich, wenn sie in Betrag und Richtung übereinstimmen. Ein Vektor ist nicht notwendigerweise räumlich fixiert, obwohl er sich auf eine räumlich fixierte Größe beziehen kann. Zwei Vektoren lassen sich auch dann vergleichen, wenn sie als Maß zweier räumlich und physikalisch getrennter Größen dienen. Wüßten wir nicht aus experimenteller Erfahrung, daß in guter Näherung, außer vielleicht für astronomische Abmessungen, der physikalische Raum euklidisch ist, dann dürften wir nicht ohne weiteres zwei räumlich getrennte Vektoren vergleichen (siehe 2.9).

Vektoraddition. Die Konstruktion der Summe zweier Vektoren entnehmen wir den Bildern 2.5 bis 2.8. Diese Konstruktion ist als Parallelogrammgesetz der Vektoraddition bekannt. Wir erhalten die Summe **A + B** durch Parallelverschiebung von **B** derart, daß sich das Ende von **B** und die Spitze von **A** berühren. Die Vektorsumme **A + B** entspricht dann der Verbindung zwischen dem Ende von **A** und der Spitze von **B**. Aus der Figur folgt **A + B = B + A**, d.h. bei der Addition von Vektoren gilt das kommutative Gesetz.

Die Subtraktion von Vektoren veranschaulichen die Bilder 2.9 und 2.10.

[1]) Wir setzen voraus, daß man die Richtung eines Vektors definieren kann. Wir können sie beispielsweise auf Laborkoordinaten oder auf die Fixsterne beziehen.

Für die Vektoraddition gilt auch das assoziative Gesetz $\mathbf{A} + (\mathbf{B} + \mathbf{C}) = (\mathbf{A} + \mathbf{B}) + \mathbf{C}$ (Bild 2.11). Die Summe einer endlichen Anzahl von Vektoren ist also unabhängig von der Reihenfolge, in der sie addiert werden. Aus $\mathbf{A} - \mathbf{B} = \mathbf{C}$ erhält man durch Addition von $\mathbf{B}$ auf beiden Seiten $\mathbf{A} = \mathbf{B} + \mathbf{C}$. Vektoren können in jeder Weise wie Zahlen addiert und subtrahiert werden. Ist beispielsweise k ein Skalar, so gilt

$$k(\mathbf{A} + \mathbf{B}) = k\mathbf{A} + k\mathbf{B}, \qquad (2.2)$$

d.h. für die Multiplikation mit einem Skalar gilt das distributive Gesetz.

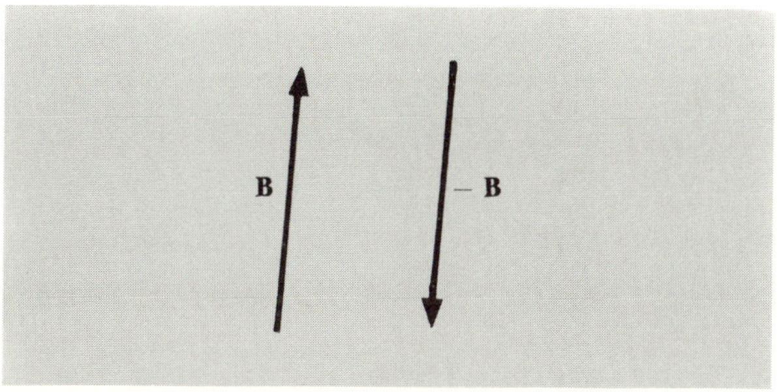

Bild 2.9. Die Vektoren **B** und **– B**

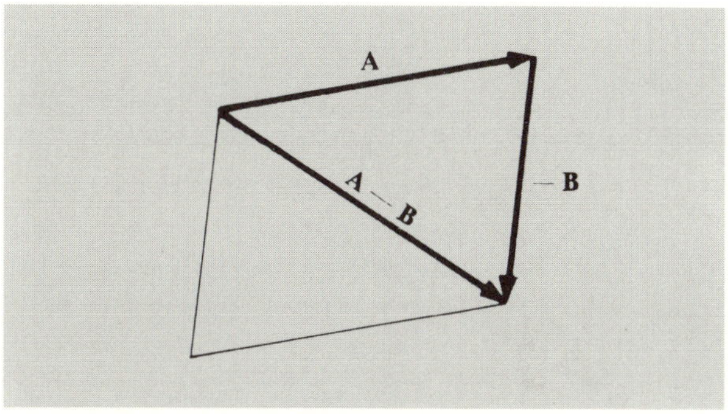

Bild 2.10. Die Vektorsubtraktion **A – B**

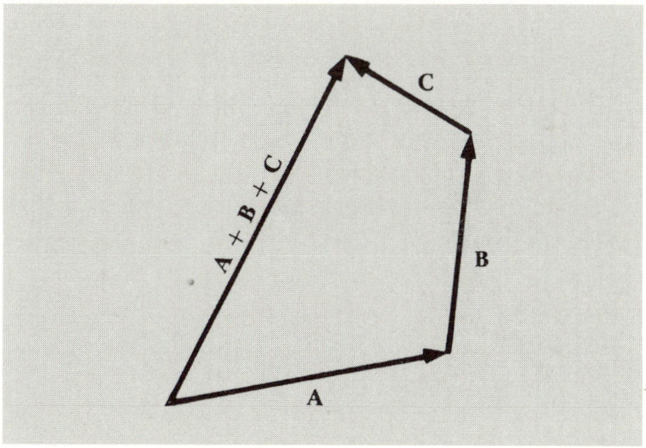

Bild 2.11. Die Summe dreier Vektoren: **A + B + C**. Überzeugen Sie sich selbst, daß die Summe gleich **B + A + C** ist.

Wann läßt sich eine physikalische Größe als Vektor darstellen? Wir führten die Vektorsprache ein, um Verschiebungen im euklidischen Raum zu beschreiben. Darüber hinaus gibt es andere physikalische Größen mit den gleichen Verknüpfungsgesetzen und Invarianzeigenschaften wie die der Verschiebungen. Solche Größen können also durch Vektoren beschrieben werden. Eine Größe muß als Vektor zwei Bedingungen erfüllen:

1. Für die Addition muß das Parallelogrammgesetz gelten.
2. Betrag und Richtung der Größe müssen unabhängig von der Wahl des Koordinatensystems sein.

Vektordifferentiation. Die Geschwindigkeit $\mathbf{v}$ eines Teilchens ist ein Vektor, ebenfalls seine Beschleunigung $\mathbf{a}$. Den Vektor von einem festen Punkt O zum Teilchen bezeichnen wir als dessen Ortsvektor $\mathbf{r}(t)$ (Bild 2.12). Mit fortschreitender Zeit bewegt sich das Teilchen weiter, und sein Ortsvektor ändert sich nach Betrag und Richtung (Bild 2.13). Er gibt damit den Ort des Teilchens als Funktion der Zeit an. Dessen Geschwindigkeit ist nichts anderes als ein Maß für die Änderung des Ortsvektors in der Zeit. Die Differenz der beiden Ortsvektoren $\mathbf{r}(t_1)$ und $\mathbf{r}(t_2)$

$$\Delta\mathbf{r} = \mathbf{r}(t_2) - \mathbf{r}(t_1) \qquad (2.3)$$

ist selbst wieder ein Vektor (Bild 2.14), der durch t_1 und t_2 vollständig bestimmt ist, sofern wir $\mathbf{r}$ als (Vektor-) Funktion einer einzigen skalaren Variablen t betrachten können. $\Delta\mathbf{r}$ stellt nach Bild 2.15 die Sehne P_1P_2 Dar. Richtungsgleich mit $\Delta\mathbf{r}$ ist der Vektor

$$\frac{\Delta\mathbf{r}}{\Delta t},$$

aber um $\frac{1}{\Delta t}$ gestreckt. Strebt Δt gegen 0, so nähert sich P_2 dem Punkt P_1 und damit die Sehne $\overline{P_1P_2}$ der Tangente in P_1. Das bedeutet, auch der Vektor

$$\frac{\Delta\mathbf{r}}{\Delta t} \quad \text{nähert sich} \quad \frac{d\mathbf{r}}{dt}$$

einem Tangentenvektor an die Kurve in P_1 (Bild 2.16). Wir setzen *die Ableitung von* $\mathbf{r}$ *nach der Zeit* t,

$$\frac{d\mathbf{r}}{dt} = \lim_{\Delta t \to 0} \frac{\Delta\mathbf{r}}{\Delta t}, \qquad (2.4)$$

der Geschwindigkeit $\mathbf{v}(t)$ definitionsgemäß gleich, also

$$\mathbf{v}(t) \equiv \frac{d\mathbf{r}}{dt}. \qquad (2.5)$$

Der Betrag der Geschwindigkeit $v = |\mathbf{v}|$, die *Schnelligkeit* des Teilchens, ist ein Skalar.

Die Beschleunigung ist ebenfalls ein Vektor. Wir erhalten sie aus der Geschwindigkeit $\mathbf{v}$ des Teilchens wie diese aus $\mathbf{r}$. Wir definieren die Beschleunigung $\mathbf{a}$ zu

$$\mathbf{a} \equiv \frac{d\mathbf{v}}{dt} = \frac{d^2\mathbf{r}}{dt^2}. \qquad (2.6)$$

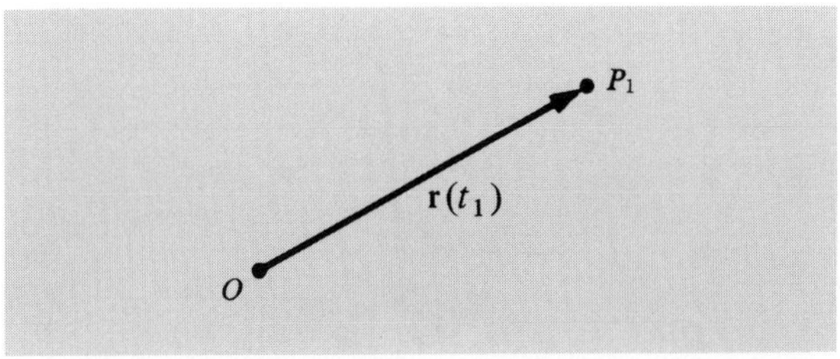

Bild 2.12. Die Lage P_1 eines Teilchens zur Zeit t_1 bezüglich des festen Ursprungs in Punkt O wird beschrieben durch den Vektor $\mathbf{r}(t_1)$.

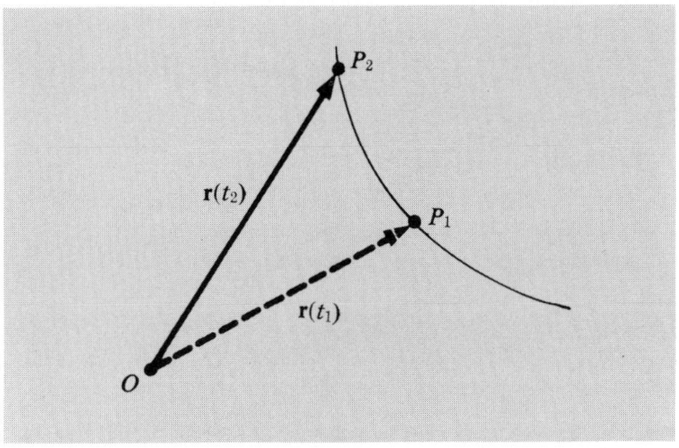

Bild 2.13. Das Teilchen ist zur Zeit t_2 zum Punkt P_2 vorgerückt.

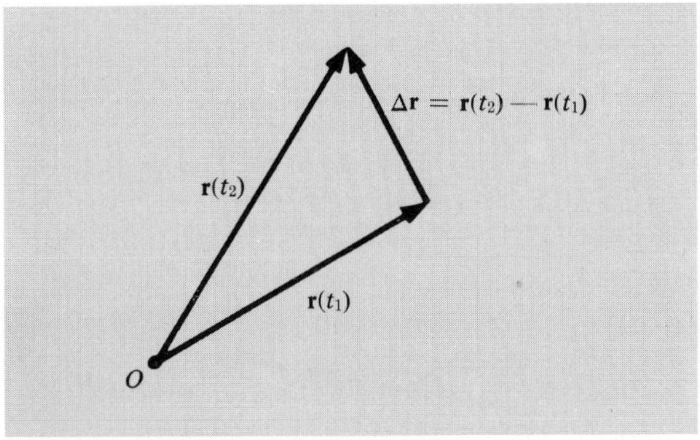

Bild 2.14. Der Vektor $\Delta\mathbf{r}$ ist die Differenz zwischen $\mathbf{r}(t_2)$ und $\mathbf{r}(t_1)$.

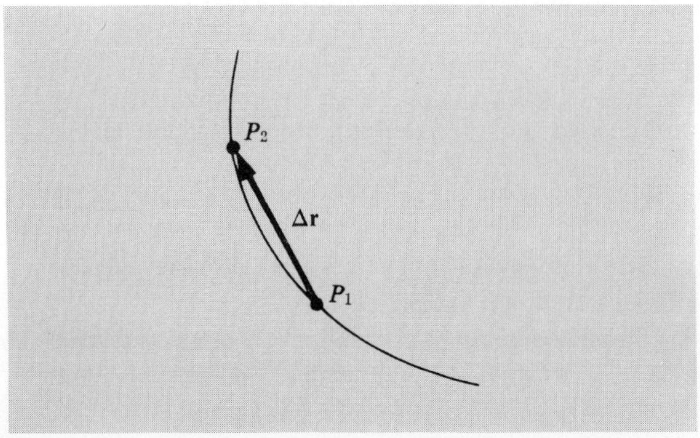

Bild 2.15. $\Delta\mathbf{r}$ ist die Sekante der Bahnkurve des Teilchens zwischen den Punkten P_1 und P_2.

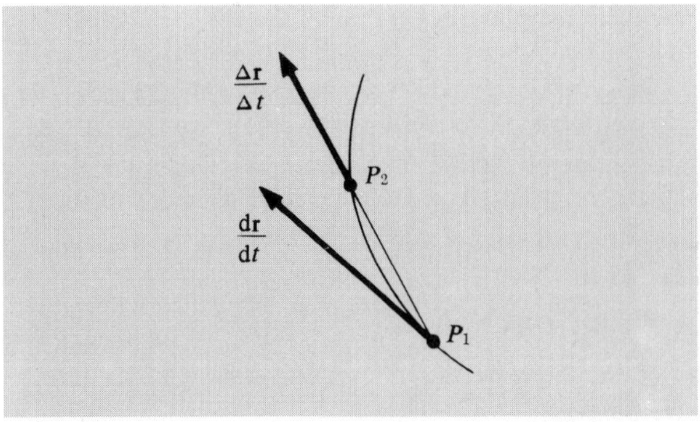

Bild 2.16. Für $\Delta t = t_2 - t_1 \to 0$ nähert sich der mit der Sehne richtungsgleiche Vektor $\Delta\mathbf{r}/\Delta t$ dem Geschwindigkeitsvektor $d\mathbf{r}/dt$ in P_1, dessen Richtung mit der Tangente an die Bahnkurve in P_1 übereinstimmt.

Der Ort eines Teilchens ist zu jeder Zeit t durch den Ortsvektor $\mathbf{r}(t)$ gegeben. Dann können wir $\mathbf{r}(t)$ in der Form

$$\mathbf{r}(t) = r(t)\,\hat{\mathbf{r}}(t) \tag{2.7}$$

darstellen. Der Skalar $r(t)$ bezeichnet die Länge des Vektors und $\hat{\mathbf{r}}(t)$ den Einheitsvektor in Richtung $\mathbf{r}$. Die Ableitung von $\mathbf{r}(t)$ nach der Zeit ist definiert als

$$\begin{aligned}\frac{d\mathbf{r}}{dt} &= \frac{d}{dt}\,r(t)\,\hat{\mathbf{r}}(t) \\ &= \lim_{\Delta t \to 0} \frac{r(t+\Delta t)\,\hat{\mathbf{r}}(t+\Delta t) - r(t)\,\hat{\mathbf{r}}(t)}{\Delta t}\end{aligned} \tag{2.8}$$

Durch Umformen des Zählers erhalten wir

$$\begin{aligned}&\left[r(t) + \frac{dr}{dt}\Delta t\right]\left[\hat{\mathbf{r}}(t) + \frac{d\hat{\mathbf{r}}}{dt}\Delta t\right] - r(t)\,\hat{\mathbf{r}}(t) \\ &= \Delta t\left[\frac{dr}{dt}\hat{\mathbf{r}} + r\frac{d\hat{\mathbf{r}}}{dt}\right] + (\Delta t)^2\left[\frac{dr}{dt}\frac{d\hat{\mathbf{r}}}{dt}\right].\end{aligned} \tag{2.9}$$

Beim Grenzübergang $\Delta t \to 0$ kann der letzte Term auf der rechten Seite vernachlässigt werden, und wir erhalten

$$\mathbf{v} = \frac{d\hat{\mathbf{r}}}{dt} = \frac{dr}{dt}\hat{\mathbf{r}} + r\frac{d\hat{\mathbf{r}}}{dt}\,. \tag{2.10}$$

Gl. (2.10) ist ein Beispiel für das allgemeine Gesetz der Ableitung eines Produktes aus einem Skalar $a(t)$ und einem Vektor $\mathbf{b}(t)$:

$$\frac{d}{dt}a\mathbf{b} = \frac{da}{dt}\mathbf{b} + a\frac{d\mathbf{b}}{dt}\,. \tag{2.11}$$

Der zweite Anteil an der Geschwindigkeit in Gl. (2.10) stellt die Änderung der Richtung, der erste die Längenänderung des Vektors $\mathbf{r}$ dar.

• **Beispiel**: *Kreisbewegung.* Dieses Beispiel ist besonders wichtig! Wir suchen explizite Ausdrücke für die Geschwindigkeit und für die Beschleunigung eines Massenpunktes, der sich auf einer Kreisbahn mit festem Radius r gleichförmig bewegt. Eine derartige Bahn läßt sich durch den Vektor

$$\mathbf{r}(t) = r\,\hat{\mathbf{r}}(t) \tag{2.12}$$

beschreiben, vorausgesetzt, daß der Einheitsvektor $\hat{\mathbf{r}}$ gleichförmig umläuft. Für $\hat{\mathbf{r}}$ können wir

$$\mathbf{r}(t) = \cos\omega t\,\hat{\mathbf{x}} + \sin\omega t\,\hat{\mathbf{y}} \tag{2.13}$$

setzen, wobei $\hat{\mathbf{x}}$ und $\hat{\mathbf{y}}$ die Einheitsvektoren in x- bzw. in y-Richtung darstellen (Bild 2.17). Die Konstante ω heißt *Kreisfrequenz* oder *Winkelgeschwindigkeit* der Bewegung. Sie wird in rad [1]) je Zeiteinheit gemessen. Für positives ω rotiert der Vektor $\hat{\mathbf{r}}$ im Gegenuhrzeigersinn. Nach der Zeit t bildet er mit der x-Richtung den Winkel ωt. Gl. (2.13) folgt direkt aus den trigonometrischen Definitionen von Sinus und Kosinus. Wir stellen fest, daß für $t = 0$ der Einheitsvektor $\hat{\mathbf{r}}$ gleich $\hat{\mathbf{x}}$ ist, also längs der x-Achse verläuft.

Betrachten wir weiter den Zeitpunkt $t = \frac{\pi}{4\omega}$, der einem Winkel von 45° entspricht. Wir wissen, daß $\sin\frac{\pi}{4} = \cos\frac{\pi}{4} = \frac{1}{\sqrt{2}}$ ist, so daß sich der Vektor

$$\hat{\mathbf{r}} = \frac{1}{\sqrt{2}}\hat{\mathbf{x}} + \frac{1}{\sqrt{2}}\hat{\mathbf{y}} \tag{2.14}$$

ergibt, um 45° im Gegenuhrzeigersinn gegenüber der Lage zur Zeit $t = 0$ gedreht. Zu einem späteren Zeitpunkt $t = \frac{\pi}{2\omega}$ – gleichbedeutend mit 90° – erhalten wir aus $\cos\frac{\pi}{2} = 0$, $\sin\frac{\pi}{2} = 1$ den Einheitsvektor

$$\hat{\mathbf{r}} = \hat{\mathbf{y}}. \tag{2.15}$$

Er liegt also jetzt in y-Richtung.

Zur Bestimmung der Geschwindigkeit eines kreisförmig bewegten Massenpunktes setzen wir in Gl. (2.10) $\frac{dr}{dt} = 0$ wegen $r = \text{const}$. So ergibt sich schließlich mit den Gln. (2.12) und (2.13)

$$\begin{aligned} \mathbf{v} &= \frac{d\mathbf{r}}{dt} = \frac{r\,d\hat{\mathbf{r}}}{dt} \\ &= r\left(\hat{\mathbf{x}}\frac{d}{dt}\cos\omega t + \hat{\mathbf{y}}\frac{d}{dt}\sin\omega t\right). \end{aligned} \tag{2.16}$$

Wir benötigen jetzt die Ableitungen von Sinus und Kosinus und erinnern uns dazu aus der Differentialrechnung an die Gleichungen

$$\frac{d}{dt}\sin t = \cos t; \quad \frac{d}{dt}\sin\omega t = \omega\cos\omega t; \tag{2.17}$$

$$\frac{d}{dt}\cos t = -\sin t; \quad \frac{d}{dt}\cos\omega t = -\omega\sin\omega t. \tag{2.18}$$

[1]) 1 rad = 1 Radian = 1 Bogeneinheit = $360°/2\pi \approx 57{,}29578°$.

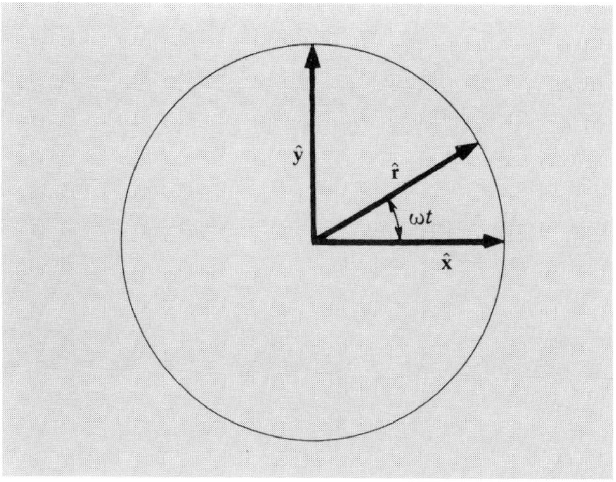

Bild 2.17. Ein Teilchen bewegt sich mit der Winkelgeschwindigkeit ω auf dem Einheitskreis. Die Geschwindigkeit des Teilchens folgt aus Gl. (2.19) und die Beschleunigung aus Gl. (2.22).

Wir können diese Beziehungen auch leicht herleiten:
Die Ableitung von sin t nach t ergibt sich definitionsgemäß zu

$$\begin{aligned} \frac{d}{dt}\sin t &= \lim_{\Delta t\to 0}\frac{\sin(t+\Delta t) - \sin t}{\Delta t} \\ &= \lim_{\Delta t\to 0}\frac{\sin t\cos\Delta t + \cos t\sin\Delta t - \sin t}{\Delta t} \end{aligned}$$

wobei wir die trigonometrische Identität

$$\sin(a+b) = \sin a\cos b + \cos a\sin b$$

verwendet haben. Nun gilt, wie man aus den trigonometrischen Definitionen von Sinus und Kosinus leicht einsieht,

$$\lim_{\Delta t\to 0}\cos\Delta t = 1; \qquad \lim_{\Delta t\to 0}\frac{\sin\Delta t}{\Delta t} = 1.$$

Setzen wir diese beiden Grenzwerte oben ein, dann erhalten wir

$$\frac{d}{dt}\sin t = \cos t.$$

Ganz analog kann man

$$\frac{d}{dt}\cos t$$

bestimmen.

Mit den Gln. (2.17) und (2.18) läßt sich Gl. (2.16) zu

$$\mathbf{v} = \frac{d\mathbf{r}}{dt} = r(-\omega\sin\omega t\,\hat{\mathbf{x}} + \omega\cos\omega t\,\hat{\mathbf{y}}) \tag{2.19}$$

umformen. Den Betrag der Geschwindigkeit $\mathbf{v}$ erhalten wir, wenn wir die Definition des Skalarprodukts wie in Gl. (2.28) vorwegnehmen und das Skalarprodukt

$$\begin{aligned} v^2 &= \mathbf{v}\cdot\mathbf{v} = \omega^2 r^2(-\sin\omega t\hat{\mathbf{x}} + \cos\omega t\hat{\mathbf{y}})\cdot(-\sin\omega t\hat{\mathbf{x}} + \cos\omega t\hat{\mathbf{y}}) \\ &= \omega^2 r^2(\sin^2\omega t + \cos^2\omega t) = \omega^2 r^2 \end{aligned} \tag{2.20}$$

bilden. Wir haben hier die Identität $\cos^2 + \sin^2 \equiv 1$ und die Beziehung $\hat{\mathbf{x}}\cdot\hat{\mathbf{y}} = 0$ benutzt. Für die Geschwindigkeit

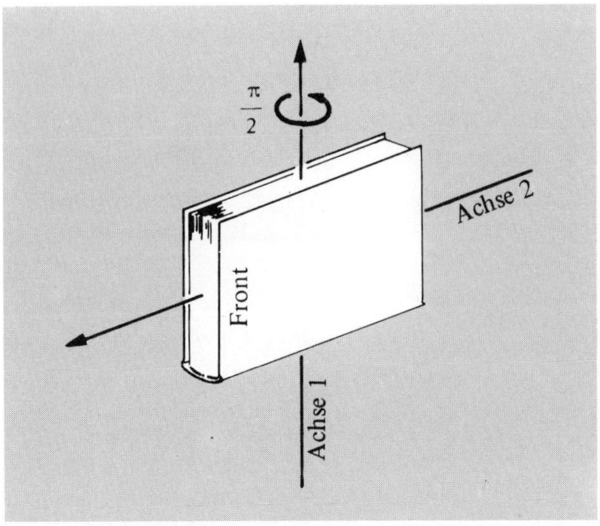

Bild 2.18. Ursprüngliche Lage des Buches. Es wird jetzt um $\pi/2$ um Achse 1 gedreht.

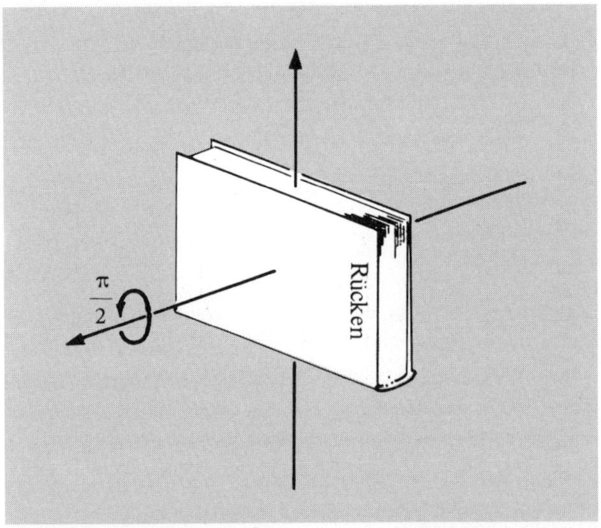

Bild 2.19. Lage nach einer Rotation von $\pi/2$ um Achse 1.

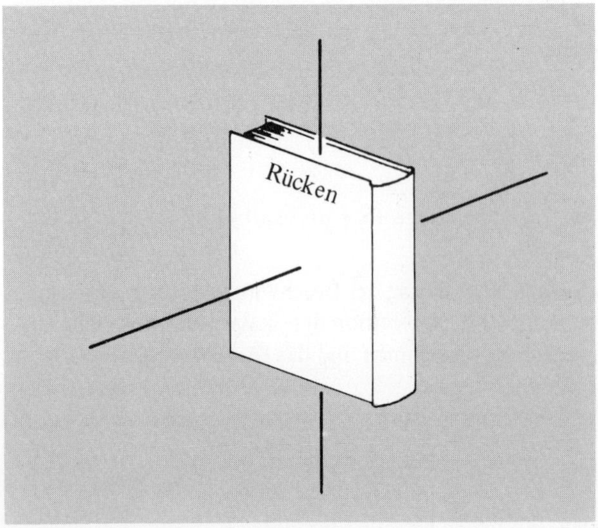

Bild 2.20. Lage nach einer anschließenden Rotation von $\pi/2$ um Achse 2.

eines gleichförmig auf einem Kreis bewegten Massenpunktes erhalten wir damit

$$\boxed{v = \omega r.} \tag{2.21}$$

Aus der Differentiation von Gl. (2.19) ergibt sich die mit der Kreisbewegung verbundene Beschleunigung

$$\mathbf{a} = \frac{dv}{dt} = r\,(-\,\omega^2 \cos\omega t\,\hat{\mathbf{x}} - \omega^2 \sin\omega t\,\hat{\mathbf{y}}\,)\,. \tag{2.22}$$

Ein Vergleich mit den Gln. (2.12) und (2.13) zeigt uns sofort, daß die rechte Seite der Gl. (2.22) gerade $-\,\omega^2\,\mathbf{r}$ ist; also gilt

$$\begin{aligned} \mathbf{a} &= -\,\omega^2 r\,(\cos\omega t\,\hat{\mathbf{x}} + \sin\omega t\,\hat{\mathbf{y}}) \\ &= -\,\omega^2\,\mathbf{r}\,. \end{aligned} \tag{2.23}$$

Somit erhalten wir für die Beschleunigung bei einer gleichförmigen Kreisbewegung den Betrag

$$\boxed{a = \omega^2 r.} \tag{2.24}$$

Die Richtung der Beschleunigung ist negativ, d.h. zur Kreismitte gerichtet. Mit $v = \omega r$ aus Gl. (2.21) können wir Gl. (2.24) in

$$\boxed{a = \frac{v^2}{r}} \tag{2.25}$$

umformen. Diese Beschleunigung heißt *Zentripetalbeschleunigung* und dürfte noch aus der Physik des Gymnasiums bekannt sein.

Die Kreisfrequenz ω hängt mit der gewöhnlichen Frequenz f in einfacher Weise zusammen. In der Zeit t überstreicht der Vektor $\hat{\mathbf{r}}$ aus Gl. (2.13) den Bogen ωt. Die Frequenz f ist aber definiert als die Anzahl der Zyklen, die je Zeiteinheit durchlaufen werden. Da in einem Umlauf der Bogen 2π beträgt, erhalten wir

$$\boxed{2\pi f = \omega.} \tag{2.26}$$

Die *Periode* T der Bewegung ist definiert als die für einen vollen Umlauf benötigte Zeit. Aus Gl. (2.13) entnehmen wir, daß für sie $\omega T = 2\pi$ oder

$$\boxed{T = \frac{2\pi}{\omega} = \frac{1}{f}} \tag{2.27}$$

gelten muß.

Betrachten wir dazu ein Zahlenbeispiel: Die Frequnz f betrage 60 Schwingungen je Sekunde oder 60 Hz. Dann erhalten wir für die Periode T den Wert

$$T = \frac{1}{f} = \frac{1}{60\ s^{-1}} \approx 0{,}017\ s$$

und für die Kreisfrequenz

$$\omega = 2\pi f \approx 377 \text{ rad/s} .$$

Bei einer Kreisbahn mit dem Radius r = 10 cm ergibt sich die Geschwindigkeit v zu

$$v = \omega r \approx 377 \cdot 10 \text{ cm/s} \approx 3{,}8 \cdot 10^3 \text{cm/s}$$

und die Beschleunigung a in jedem Punkt der Umlaufbahn ist

$$a = \omega^2 r \approx (3{,}8 \cdot 10^2)^2 \cdot 10 \text{ cm/s}^2 \approx 10^6 \text{cm/s}^2 .$$

In Kapitel 3 werden wir an einem Beispiel zeigen, daß die aus der Erdrotation resultierende Beschleunigung eines Punktes am Äquator etwa 3,4 cm/s² beträgt. •

Von den Größen **r**, **v** und **a** wissen wir, daß sie per definitionem Vektoren sind. Auch die Kraft **F** sowie die elektrische und magnetische Feldstärke **E** bzw. **B** sind Vektoren, aber wir müssen experimentell nachweisen, daß sie die geforderten Vektoreigenschaften wirklich besitzen.

Aus Experimenten wissen wir, daß **F** = m**a** gilt, wobei die Masse m ein konstanter Skalar ist.[1]) Die Beschleunigung **a** ist uns bereits als Vektor bekannt, also muß auch **F** ein Vektor sein. Für die elektrische Feldstärke **E** folgt die Vektoreigenschaft aus ihrer Definition: **E** = **F**/Q, wobei **F** die auf die ruhende Ladung Q wirkende Kraft bedeutet. Die Ladung Q ist ein Skalar. Ferner ergibt sich aus Versuchen, daß magnetische Felder sich vektoriell addieren.

Nicht alle Größen mit Betrag und Richtung sind notwendigerweise Vektoren. So hat z.B. die Rotation eines starren Körpers um eine feste Achse im Raum einen Betrag (den Rotationswinkel) und eine Richtung (die Richtung der Achse). Trotzdem lassen sich zwei beliebige Rotationen nicht vektoriell addieren, außer bei unendlich kleinen Rotationswinkeln. Das ist leicht einzusehen, wenn wir z.B. um zwei zueinander senkrechte Rotationsachsen jeweils eine Rotation um 90° ausführen. Betrachten wir ein einfaches Objekt, z.B. ein Buch wie in den Bildern 2.18 bis 2.23. Nach der ersten Rotation finden wir die Lage wie in Bild 2.19 vor, nach der folgenden Drehung die wie in Bild 2.20. Lassen wir das gleiche Objekt aus seiner Ausgangslage (Bild 2.18) die Rotationen in umgekehrter Reihenfolge durchlaufen, erhalten wir über die Zwischenlage (Bild 2.22) die Endlage von Bild 2.23. Die räumliche Lage ist aber jetzt nicht die gleiche wie in Bild 2.20. Offensichtlich ist das kommutative Additionsgesetz nicht erfüllt. Obwohl Rotationen Betrag und Richtung haben, ist es nicht möglich, sie vektoriell zu addieren. Damit fehlt ihnen eine wesentliche Eigenschaft des Vektors.

[1]) Ist m nicht konstant, so gilt

$$F = \frac{d}{dt}(mv) = \frac{dm}{dt} v + m \frac{dv}{dt} = \frac{dm}{dt} v = ma .$$

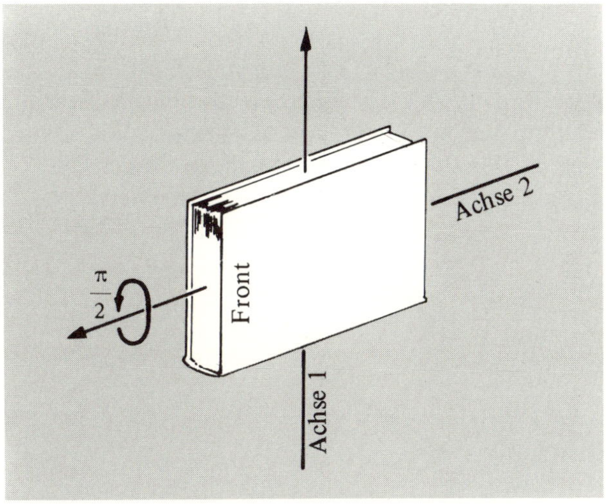

Bild 2.21. Ursprüngliche Lage des Buches

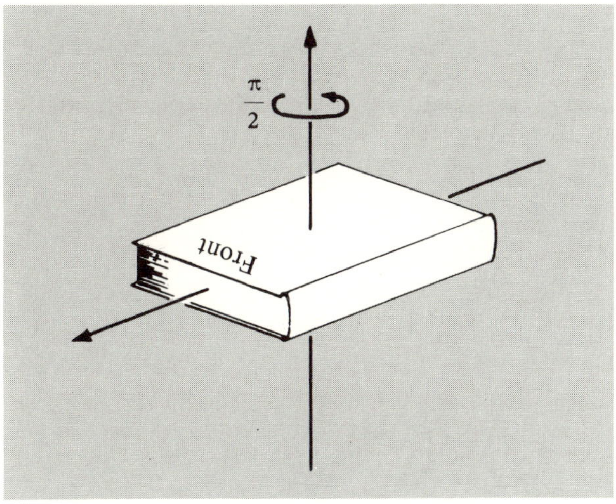

Bild 2.22. Orientierung nach einer Drehung von $\pi/2$ um Achse 2

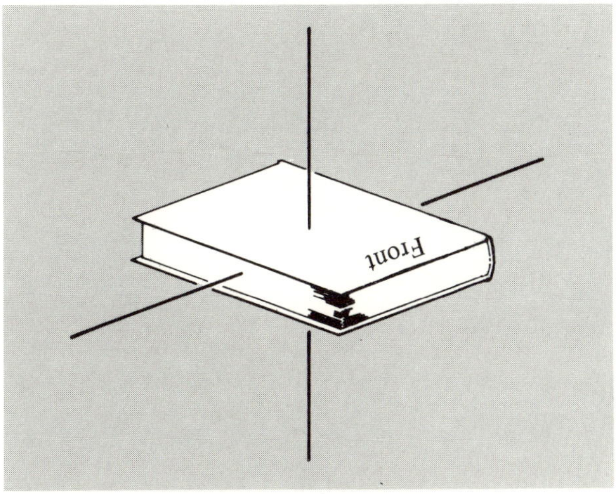

Bild 2.23. Endlage nach anschließender Rotation von $\pi/2$ um Achse 1

2.2. Produkte von Vektoren

Es gibt zwei sinnvolle Definitionen des Vektorproduktes. Beide Produkte genügen dem distributiven Gesetz der Multiplikation: Das Produkt aus Vektor **A** und Vektorsumme (**B** + **C**) ist gleich der Summe der beiden Produkte aus **A** und **B** sowie **A** und **C**. Die erste Produktdefinition führt auf einen Skalar, die zweite auf einen Vektor. Beide Produkte erweisen sich in der Physik als sehr nützlich. Andere theoretisch mögliche Definitionen eines Vektorproduktes sind dagegen wenig vernünftig. So ist z.B. AB, das Produkt der Beträge der Vektoren **A** und **B**, keine sinnvolle Definition eines Vektorproduktes, da aus der Beziehung **D** = **B** + **C** im allgemeinen *nicht* folgt AD = AB + AC; m.a.W. das distributive Gesetz ist nicht erfüllt. Das allein macht AB als Definition eines Vektorproduktes aus **A** und **B** ungeeignet.

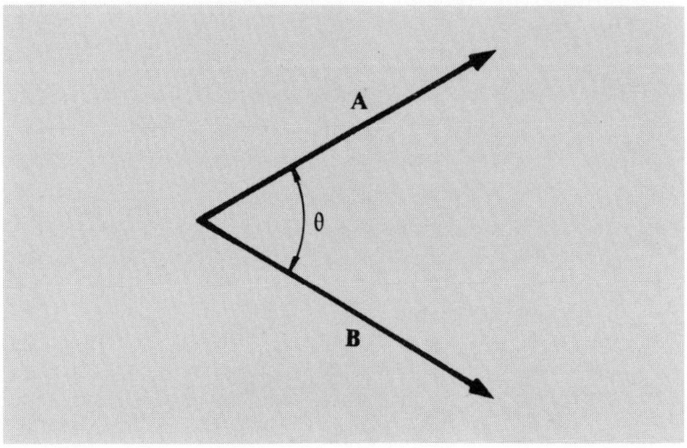

Bild 2.24. Zur Bildung von **A · B** verschieben wir die Vektoren **A** und **B** an einen gemeinsamen Ausgangspunkt.

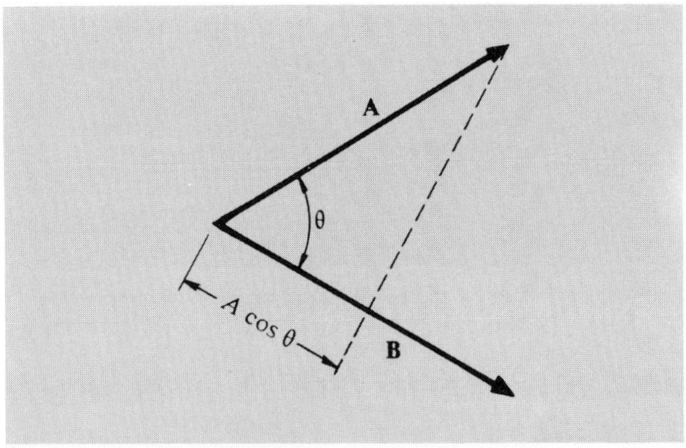

Bild 2.25. B(A cos θ) = **A · B**

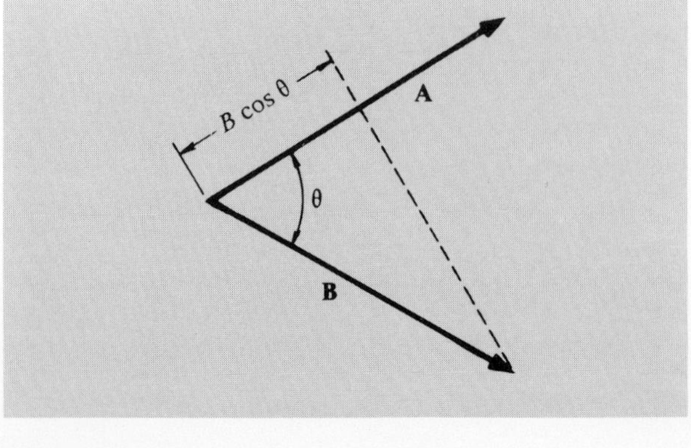

Bild 2.26. A (B cos θ) = **A·B**. Der griechische Buchstabe θ bezeichnet hier den Winkel zwischen **A** und **B**.

Das Skalarprodukt zweier Vektoren. Das Skalarprodukt von A und B ist definiert als das Produkt aus den Beträgen der Vektoren **A** und **B** und dem Kosinus des von ihnen eingeschlossenen Winkels. Das Ergebnis ist ein Skalar. Nach der Schreibweise

$$\boxed{\mathbf{A} \cdot \mathbf{B} \equiv AB \cos(\mathbf{A}, \mathbf{B})} \tag{2.28}$$

wird das Skalarprodukt auch Punktprodukt genannt (lies „A Punkt B"). Wir erkennen, daß in die Definition des Skalarproduktes kein Koordinatensystem eingeht und daß wegen cos(**A**, **B**) = cos(**B**, **A**) das kommutative Gesetz

$$\mathbf{A} \cdot \mathbf{B} = \mathbf{B} \cdot \mathbf{A} \tag{2.29}$$

gilt (Bild 2.24).

Liegt der Winkel zwischen **A** und **B** im Bereich $\frac{\pi}{2}$ bis $\frac{3\pi}{2}$, so werden cos(**A**, **B**) und **A** · **B** negativ. Aus **A** = **B** folgt cos(**A**, **B**) = 1 und damit

$$\mathbf{A} \cdot \mathbf{B} = A^2 = |\mathbf{A}|^2. \tag{2.30}$$

Verschwindet das Produkt **A** · **B** mit A, B ≠ 0, so stehen beide Vektoren *senkrecht* aufeinander. Beachten Sie die Beziehung cos(**A**, **B**) = $\hat{\mathbf{A}} \cdot \hat{\mathbf{B}}$, d.h. das Skalarprodukt zweier Einheitsvektoren ergibt den Kosinus des von ihnen eingeschlossenen Winkels (Bilder 2.25 und 2.26). Die Projektion von **B** auf **A** ist

$$B \cos(\mathbf{A}, \mathbf{B}) = B\hat{\mathbf{A}} \cdot \hat{\mathbf{B}} = \mathbf{B} \cdot \hat{\mathbf{A}} \tag{2.31}$$

mit $\hat{\mathbf{A}}$ als Einheitsvektor in Richtung **A**. Für die Projektion von **A** auf **B** folgt entsprechend

$$A \cos(\mathbf{A}, \mathbf{B}) = \mathbf{A} \cdot \mathbf{B}. \tag{2.32}$$

Zum Skalarprodukt exisitert keine inverse Operation. Aus **A** · **X** = b läßt sich keine eindeutige Lösung für **X** angeben. Die Division durch einen Vektor können wir nicht sinnvoll definieren.

Wir behandeln einige Anwendungen des Skalarproduktes:

1. Der Kosinussatz. Es sei **A** − **B** = **C** (Bilder 2.27 und 2.28). Bilden wir auf beiden Seiten das Skalarprodukt der Ausdrücke mit sich selbst, so ergibt sich

$$(\mathbf{A} - \mathbf{B}) \cdot (\mathbf{A} - \mathbf{B}) = \mathbf{C} \cdot \mathbf{C} \tag{2.33}$$

oder

$$A^2 + B^2 - 2\mathbf{A}\cdot\mathbf{B} = C^2, \tag{2.34}$$

was genau die bekannte trigonometrische Beziehung

$$\boxed{A^2 + B^2 - 2\,AB\cos(\mathbf{A},\mathbf{B}) = C^2} \tag{2.35}$$

ergibt.

2. Der Richtungskosinus. $\hat{\mathbf{x}}, \hat{\mathbf{y}}$ und $\hat{\mathbf{z}}$ seien die drei orthogonalen [1]) Einheitsvektoren eines kartesischen Koordinatensystems. Ein beliebiger Vektor **A** läßt sich dann schreiben als

$$\mathbf{A} = \hat{\mathbf{x}}(\mathbf{A}\cdot\hat{\mathbf{x}}) + \hat{\mathbf{y}}(\mathbf{A}\cdot\hat{\mathbf{y}}) + \mathbf{z}(\mathbf{A}\cdot\hat{\mathbf{z}}) \tag{2.36}$$

$(\mathbf{A}\cdot\hat{\mathbf{x}}), (\mathbf{A}\cdot\hat{\mathbf{y}})$ und $(\mathbf{A}\cdot\hat{\mathbf{z}})$ heißen die Komponenten von **A**; wir bezeichnen sie oft kurz mit A_x, A_y und A_z. Diese Beziehung läßt sich beweisen, wenn wir Gl. (2.36) auf beiden Seiten skalar mit $\hat{\mathbf{x}}$ multiplizieren. Aus der Definition der orthogonalen Einheitsvektoren folgen die Beziehungen $\hat{\mathbf{x}}\cdot\hat{\mathbf{x}} = 1$; $\hat{\mathbf{x}}\cdot\hat{\mathbf{y}} = 0$; $\hat{\mathbf{x}}\cdot\hat{\mathbf{z}} = 0$. Damit erhält man über

$$(\mathbf{A}\cdot\hat{\mathbf{x}}) = (\hat{\mathbf{x}}\cdot\hat{\mathbf{x}})(\mathbf{A}\cdot\hat{\mathbf{x}}) + (\hat{\mathbf{y}}\cdot\hat{\mathbf{x}})(\mathbf{A}\cdot\hat{\mathbf{y}}) + (\hat{\mathbf{z}}\cdot\hat{\mathbf{z}})(\mathbf{A}\cdot\hat{\mathbf{z}}) \tag{2.37}$$

schließlich

$$(\mathbf{A}\cdot\hat{\mathbf{x}}) = (\mathbf{A}\cdot\hat{\mathbf{x}}) \text{ q.e.d.}$$

Für $\hat{\mathbf{A}}$, den Einheitsvektor in Richtung von **A** können wir

$$\mathbf{A} = \hat{\mathbf{x}}\cos(\hat{\mathbf{A}},\hat{\mathbf{x}}) + \hat{\mathbf{y}}\cos(\hat{\mathbf{A}},\hat{\mathbf{y}}) + \hat{\mathbf{z}}\cos(\hat{\mathbf{A}},\hat{\mathbf{z}}) \tag{2.38}$$

schreiben. Die drei Kosinusse in dieser Gleichung heißen *Richtungskosinusse* von $\hat{\mathbf{A}}$ oder **A**, bezogen auf die Einheitsvektoren $\hat{\mathbf{x}}, \hat{\mathbf{y}}, \hat{\mathbf{z}}$ des orthogonalen kartesischen Koordinatensystems (Bilder 2.29 und 2.30). Wir bilden das Skalarprodukt beider Seiten der Gl. (2.38) mit sich selbst und finden eine weitere, gut bekannte Beziehung

$$\boxed{1 = \cos^2(\hat{\mathbf{A}},\hat{\mathbf{x}}) + \cos^2(\hat{\mathbf{A}},\hat{\mathbf{y}}) + \cos^2(\hat{\mathbf{A}},\hat{\mathbf{z}})} \tag{2.39}$$

die Summe der Quadrate der drei Richtungskosinusse ist gleich 1.

3. Die Ebenengleichung. Wir bezeichnen mit **N** die Normale zu einer Ebene von einem außerhalb liegenden Punkt O (Bild 2.31). Der Vektor **r** verbindet O mit einem beliebigen Punkt P der Ebene. Die Projektion von **r** auf **N** muß stets gleich N sein. Folglich kann die Ebene durch die Gleichung

$$\boxed{\mathbf{r}\cdot\mathbf{N} = N^2} \tag{2.40}$$

beschrieben werden. Um die Übereinstimmung dieses kompakten Ausdruckes mit der bekannten Formel aus der analytischen Geometrie für die Gleichung einer Ebene

[1]) Orthogonal wird hier im Sinne von senkrecht aufeinander benutzt.

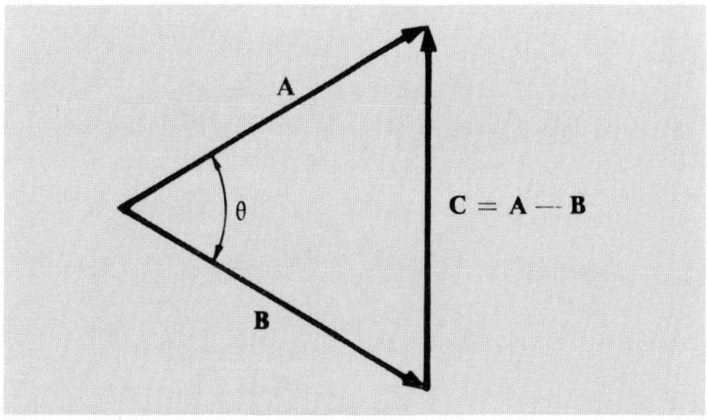

Bild 2.27. $\mathbf{C}\cdot\mathbf{C} = C^2 = (\mathbf{A}-\mathbf{B})\cdot(\mathbf{A}-\mathbf{B})$
$= A^2 + B^2 - 2\,\mathbf{A}\cdot\mathbf{B}$
$= A^2 + B^2 - 2\,AB\cos\theta$

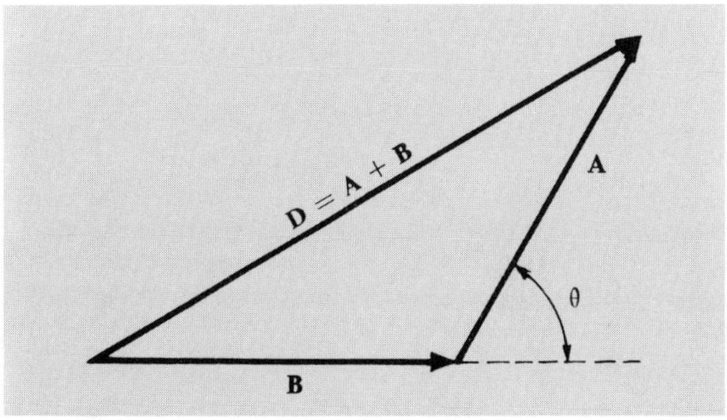

Bild 2.28. $\mathbf{D}\cdot\mathbf{D} = D^2 = (\mathbf{A}+\mathbf{B})\cdot\mathbf{A}+\mathbf{B}$
$= A^2 + B^2 + 2\,AB\cos\theta$

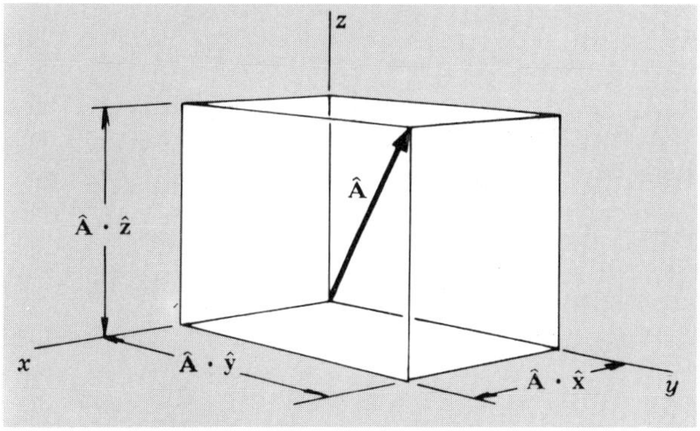

Bild 2.29. Die Richtungskosinusse $\hat{\mathbf{A}}\cdot\hat{\mathbf{z}}$; $\hat{\mathbf{A}}\cdot\hat{\mathbf{y}}$; $\hat{\mathbf{A}}\cdot\hat{\mathbf{x}}$, als Projektionen dargestellt.

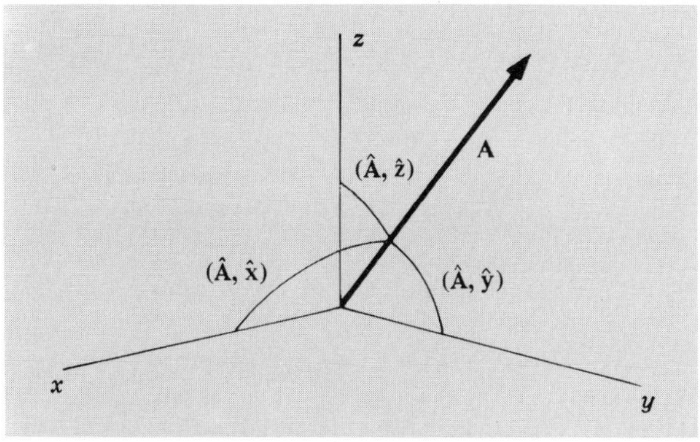

Bild 2.30. Die Richtungskosinusse beziehen sich auf die angegebenen Winkel.

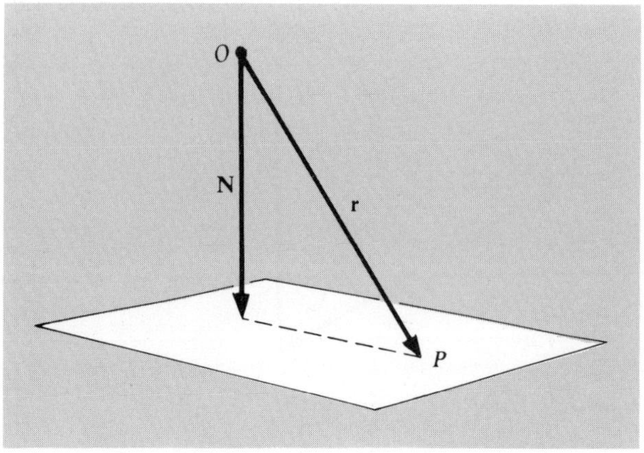

Bild 2.31. Die Ebenengleichung; **N** ist die Normale auf die Ebene vom Ursprung O. Die Ebenengleichung ist $\mathbf{N} \cdot \mathbf{r} = N^2$.

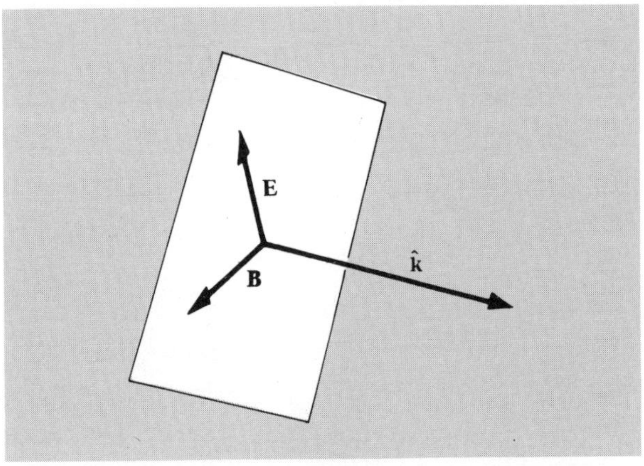

Bild 2.32. Elektrische und magnetische Felder einer ebenen elektrischen Welle im freien Raum stehen senkrecht auf der Ausbreitungsrichtung $\hat{\mathbf{k}}$. Folglich gilt $\hat{\mathbf{k}} \cdot \mathbf{E} = \hat{\mathbf{k}} \cdot \mathbf{B} = 0$.

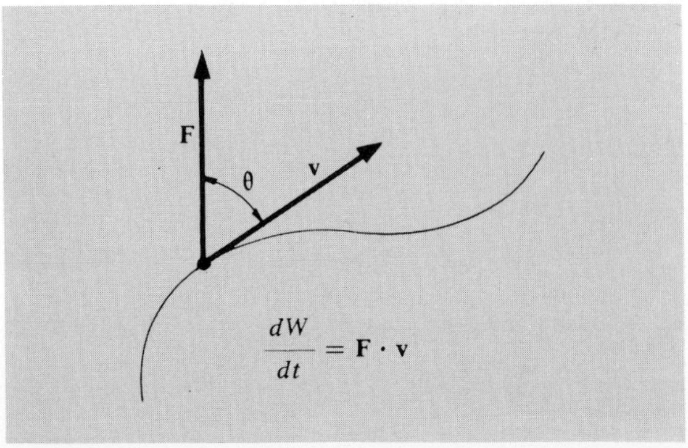

Bild 2.33. Die von einer Kraft **F** an einem bewegten Teilchen erbrachte Leistung ist gleich dem Skalarprodukt aus **F** und der Geschwindigkeit **v** des Teilchens.

zu beweisen, schreiben wir **N** und **r** in ihren Komponenten im kartesischen Koordinatensystem, verwenden also N_x, N_y, N_z und x, y, z. Damit erhält Gl. (2.40) die Form

$$(\hat{x}x + \hat{y}y + \hat{z}z) \cdot (\hat{x}N_x + \hat{y}N_y + \hat{z}N_z) = N^2 \tag{2.41}$$

oder

$$xN_x + yN_y + zN_z = N^2 . \tag{2.42}$$

In einem weiteren Beispiel betrachten wir $\hat{\mathbf{k}}$, den Einheitsvektor in der Ausbreitungsrichtung einer ebenen elektromagnetsichen Welle im freien Raum (Bild 2.32); dann müssen – wie wir in Band 3 zeigen – die Vektoren der elektrischen und magnetischen Feldstärke **E** und **B** in einer Ebene senkrecht zu $\hat{\mathbf{k}}$ liegen. Diese geometrische Bedingung können wir durch die Gleichungen

$$\hat{\mathbf{k}} \cdot \mathbf{E} = 0 ; \qquad \hat{\mathbf{k}} \cdot \mathbf{B} = 0 \tag{2.43}$$

ausdrücken.

4. Die Leistung. Aus der Schulphysik (siehe auch Kapitel 5) wissen wir, daß die Leistung, die eine Kraft **F** an einem mit der Geschwindigkeit **v** sich bewegenden Massenpunkt verrichtet, gleich Fv cos (**F**, **v**) ist, also gleich dem Skalarprodukt **F** · **v** (Bild 2.33). Bezeichnen wir die bei der Verschiebung d**r** verrichtete Arbeit **F** · d**r** mit dW, so erhalten wir aus $\mathbf{F} \cdot \mathbf{v} = \mathbf{F} \cdot \frac{d\mathbf{r}}{dt} = \frac{dW}{dt}$ die Gleichung

$$\boxed{\frac{dW}{dt} = \mathbf{F} \cdot \mathbf{v}.} \tag{2.44}$$

5. Volumenerzeugung durch eine bewegte Fläche. **S** ist ein Vektor senkrecht zu einer ebenen Fläche der Größe S und **v** die Geschwindigkeit, mit der sich diese Fläche bewegt. Wir erkennen: Das in der Zeit dt von der Fläche S überstrichene Volumen dV ist ein Zylinder mit der Grundfläche S und der „schrägen Höhe" vdt (Bild 2.34). Also gilt

$$\frac{dV}{dt} = \mathbf{S} \cdot \mathbf{v}. \tag{2.45}$$

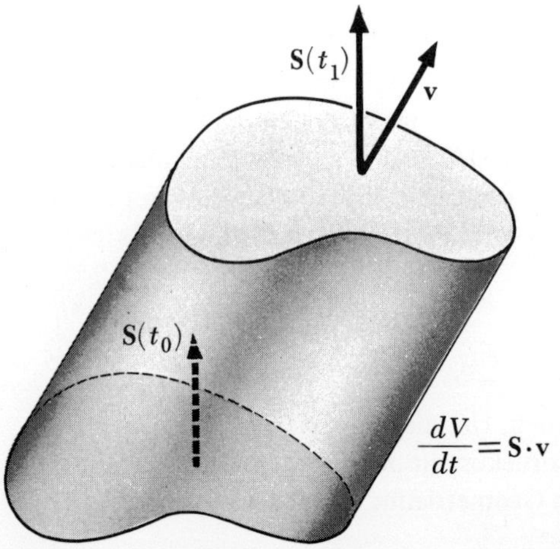

Bild 2.34. Die Volumenerzeugungsgeschwindigkeit dV/dt einer Fläche **S**, die mit der Geschwindigkeit **v** bewegt wird.

Das Vektorprodukt. In der Physik verwenden wir eine weitere Definition für das Produkt zweier Vektoren. Das *Vektorprodukt* $\mathbf{A} \times \mathbf{B} = \mathbf{C}$ definieren wir als einen Vektor senkrecht zur Ebene, die von **A** und **B** aufgespannt wird und mit dem Betrage AB |sin (**A**, **B**)| ; also gilt

$$\boxed{\mathbf{C} = \mathbf{A} \times \mathbf{B} = \hat{\mathbf{C}}\, AB\, |\sin(\mathbf{A}, \mathbf{B})|\ .} \tag{2.46}$$

Wir lesen **A** × **B** als „A Kreuz B". Der Richtungssinn von **C** wird durch die *Rechte-Hand-Regel* festgelegt (Bild 2.37). Den an erster Stelle des Produkts stehenden Vektor **A** drehen wir durch den kleinsten Winkel, der ihn in eine Richtung mit **B** bringt. Die Richtung von **C** entspricht dann der einer Rechtsschraube, die wie **A** gedreht wird.

Wir wollen diese Regel für den Richtungssinn von **C** in noch anderer Weise verdeutlichen: Die Vektoren **A** und **B** werden zunächst an ihren Enden zusammengefügt. Dadurch spannen sie ein Parallelogramm auf. Der Vektor **C** steht senkrecht auf diesem, d.h. das Vektorprodukt **A** × **B** ist sowohl zu **A** wie zu **B** orthogonal (Bild 2.35).

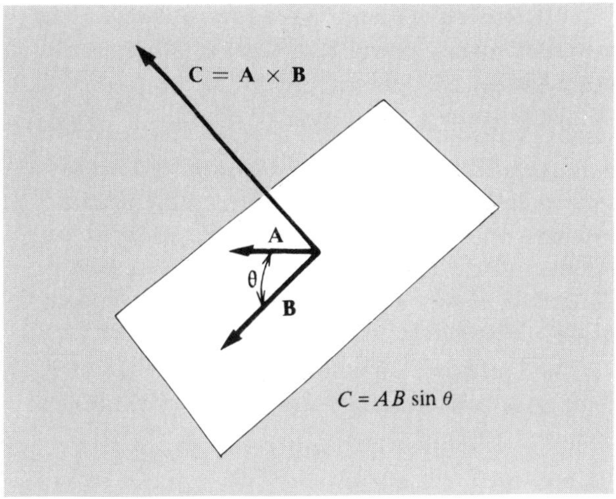

Bild 2.35. Das Vektorprodukt C = A × B

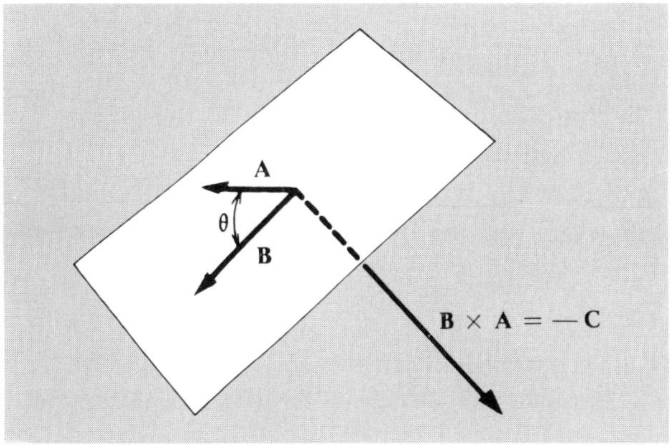

Bild 2.36. Das Vektorprodukt B × A ist entgegengesetzt A × B.

Wir drehen **A** durch den kleineren der beiden möglichen Winkel in die Richtung von **B** und krümmen die Finger der rechten Hand in die Richtung, in der **A** gedreht wurde; dann zeigt der Daumen in die Richtung von **C** = **A** × **B** (Bild 2.37). Beachten Sie, daß wegen dieser Vorzeichenfestlegung **B** × **A** das entgegengesetzte Vorzeichen wie **A** × **B** erhält, also

$$\mathbf{B} \times \mathbf{A} = -\mathbf{A} \times \mathbf{B} \tag{2.47}$$

gilt (Bild 2.36). Das Vektorprodukt erfüllt mithin nicht das kommutative Gesetz. Aus Gl. (2.47) folgt, daß das Vektorprodukt eines Vektors mit sich selbst, **A** × **A**, verschwindet. Für das Vektorprodukt gilt jedoch das distributive Gesetz:

$$\mathbf{A} \times (\mathbf{B} + \mathbf{C}) = \mathbf{A} \times \mathbf{B} + \mathbf{A} \times \mathbf{C}\ . \tag{2.48}$$

Den etwas aufwendigen Beweis finden Sie in jedem Buch über Vektoranalysis.

In den folgenden Abschnitten behandeln wir mehrere Anwendungen des Vektorprodukts.

1. Die Fläche eines Parallelogramms. Der Betrag des Vektorprodukts **A** × **B**,

$$|\mathbf{A} \times \mathbf{B}| = AB\, |\sin(\mathbf{A}, \mathbf{B})| \tag{2.49}$$

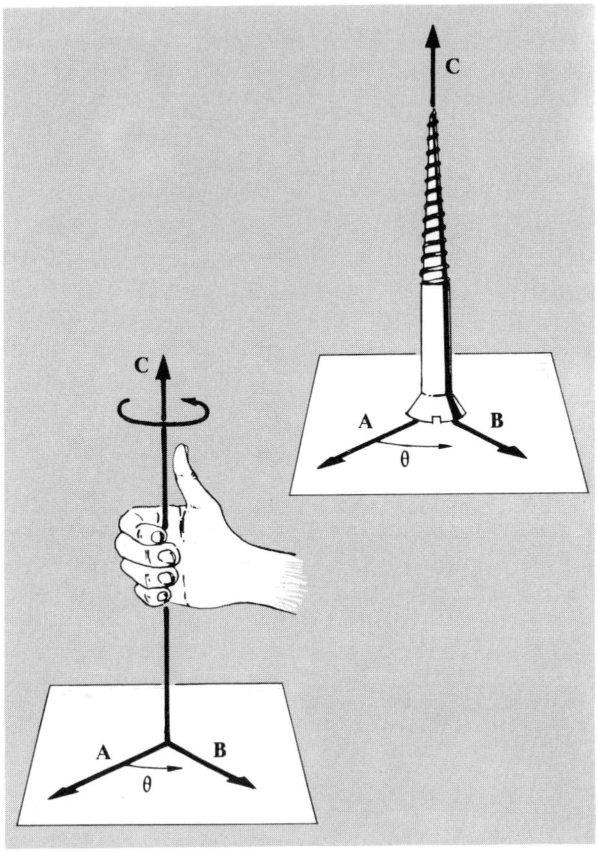

Bild 2.37. Oben: Die Rechtsschrauben-Regel. Unten: Dieselbe Regel als Rechte-Hand-Regel.

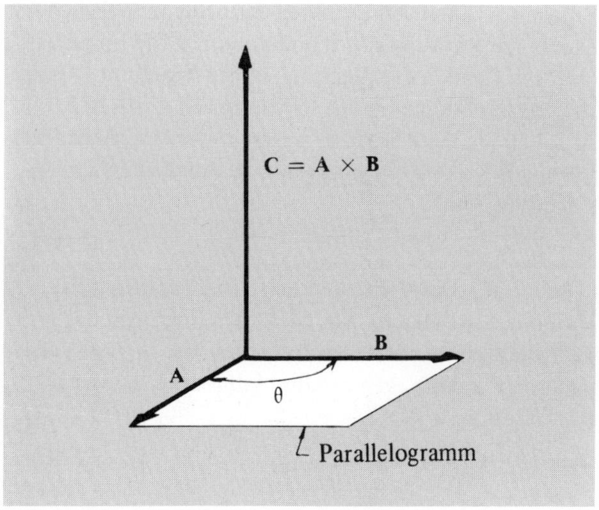

Bild 2.38. Die Vektorfläche des Parallelogramms ist $\mathbf{C} = \mathbf{A} \times \mathbf{B} = AB|\sin\theta|\hat{\mathbf{C}}$.

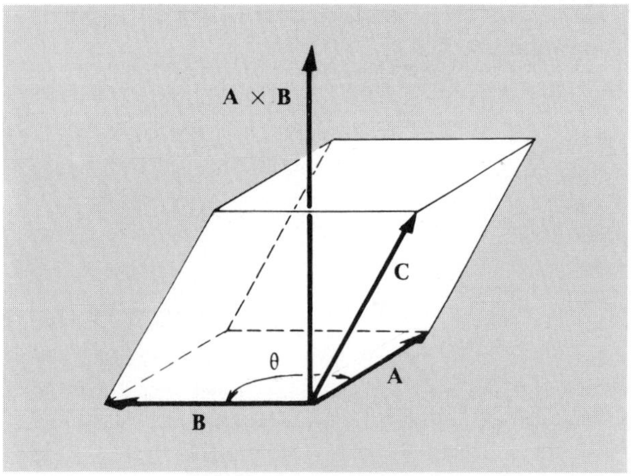

Bild 2.39. $\mathbf{A} \times \mathbf{B} \cdot \mathbf{C}$ = Grundfläche × Höhe = Volumen des Parallelepipeds.

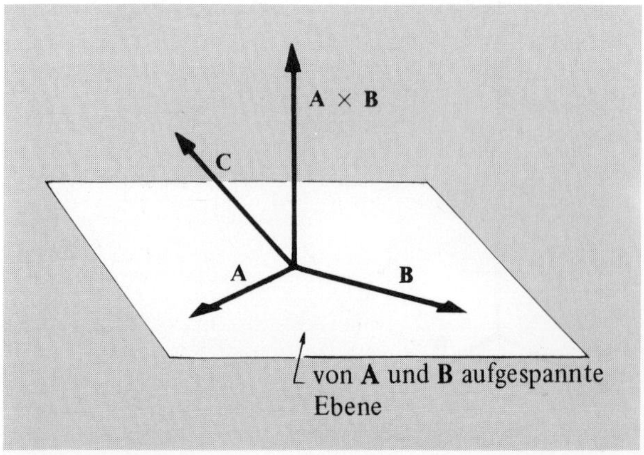

Bild 2.40. **A, B** und **C** sind Vektoren. $\mathbf{A} \times \mathbf{B}$ steht senkrecht auf der Ebene von **A** und **B**.

stimmt mit der Fläche des Parallelogramms mit den Seiten **A** und **B** überein (Bild 2.38). Die Richtung des Vektorproduktes $\mathbf{A} \times \mathbf{B}$ ist orthogonal zur Ebene des Parallelogramms. Wir können uns daher $\mathbf{C} = \mathbf{A} \times \mathbf{B}$ als *Vektorfläche* des Parallelogramms denken. Da wir den Seiten **A** und **B** Vorzeichen gegeben haben, ordnen wir der Vektorfläche eine Richtung zu. Es gibt nämlich physikalische Anwendungen, bei denen es von Vorteil ist, einer Fläche eine Richtung zuzuweisen.

2. Das Volumen eines Parallelepipeds. Die skalare Größe

$$\boxed{|(\mathbf{A} \times \mathbf{B}) \cdot \mathbf{C}| = V} \tag{2.50}$$

stimmt mit dem Volumen eines Parallelepipeds der Grundfläche $|\mathbf{A} \times \mathbf{B}|$ und der Kantenhöhe **C** überein (Bild 2.39). Wenn die drei Vektoren **A, B** und **C** in derselben Ebene liegen, ist das Volumen gleich null. Umgekehrt gilt: Drei Vektoren liegen dann und nur dann in der gleichen Ebene, wenn $(\mathbf{A} \times \mathbf{B}) \cdot \mathbf{C}$ verschwindet.

Aus Bild 2.39 erkennen wir, daß

$$\mathbf{A} \cdot (\mathbf{B} \times \mathbf{C}) = (\mathbf{A} \times \mathbf{B}) \cdot \mathbf{C} \tag{2.51}$$

ist, so daß *Punkt und Kreuz im gemischten Produkt oder Spatprodukt ohne Änderung des Ergebnisses vertauscht werden können,* daß jedoch

$$\mathbf{A} \cdot (\mathbf{B} \times \mathbf{C}) = -\mathbf{A} \cdot (\mathbf{C} \times \mathbf{B}) \tag{2.52}$$

gilt. Ein gemischtes Produkt ändert seinen Wert nicht, wenn wir die Anordnung der Vektoren zyklisch vertauschen, aber sein Vorzeichen kehrt sich um, sobald dieser Zyklus geändert wird. Zyklische Vertauschungen von ABC sind BCA und CAB, antizyklische Vertauschungen von ABC dagegen BAC und ACB.

3. Der Sinussatz. Wir betrachten das durch $\mathbf{C} = \mathbf{A} + \mathbf{B}$ definierte Dreieck und bilden das Vektorprodukt beider Seiten der Gleichung mit **A**:

$$\mathbf{A} \times \mathbf{C} = \mathbf{A} \times \mathbf{A} + \mathbf{A} \times \mathbf{B} \tag{2.53}$$

Wegen $\mathbf{A} \times \mathbf{A} = 0$ folgt sofort

$$AC\,|\sin(\mathbf{A}, \mathbf{C})| = AB\,|\sin(\mathbf{A}, \mathbf{B})| \tag{2.54}$$

oder

$$\frac{\sin(\mathbf{A}, \mathbf{C})}{B} = \frac{\sin(\mathbf{A}, \mathbf{B})}{C}, \tag{2.55}$$

das ist der Sinussatz für Dreiecke.

4. Produkte aus drei Vektoren (Bilder 2.40 bis 2.43). Es gibt zwei Arten von Dreifachprodukten, bei denen sich Vektoren ergeben. Der Vektor

$$(\mathbf{A} \cdot \mathbf{B})\mathbf{C} \tag{2.56}$$

ist einfach das Produkt des Vektors **C** mit dem Skalar $\mathbf{A} \cdot \mathbf{B}$. Das andere Produkt heißt *zweifaches Kreuzprodukt* und hat die Form

$$\mathbf{A} \times (\mathbf{B} \times \mathbf{C}); \tag{2.57}$$

dieser Vektor [1]) steht senkrecht zu **A** und zu **B** × **C**. Da **B** × **C** senkrecht auf der von **B** und **C** aufgespannten Ebene steht, muß **A** × (**B** × **C**) in dieser Ebene liegen (Bild 2.41). Ähnlich ist

$$(\mathbf{A} \times \mathbf{B}) \times \mathbf{C} = \mathbf{C} \times (\mathbf{B} \times \mathbf{A}) \qquad (2.58)$$

ein Vektor in der Ebene von **A** und **B** und senkrecht zu **C**. Es ist klar, daß die Ausdrücke der Gln. (2.57) und (2.58) verschieden sind; die Stellung der Klammern ist also hier wesentlich.

Das zweifache Kreuzprodukt kann auch als Summe zweier Terme dargestellt werden:

$$\mathbf{A} \times (\mathbf{B} \times \mathbf{C}) = \mathbf{B}(\mathbf{A} \cdot \mathbf{C}) - \mathbf{C}(\mathbf{A} \cdot \mathbf{B}) . \qquad (2.59)$$

Beweise für diese nützliche Beziehung findet man in den Standardbüchern über Vektoranalysis.

5. Kraftwirkung auf eine Ladung in einem magnetischen Feld. Die Kraftwirkung auf eine bewegte elektrische Punktladung im magnetischen Feld **B** ist proportional der zur Geschwindigkeit der Ladung senkrechten Komponente von **B** (Bild 2.44). Diese Beziehung wird in einfacher Weise durch das Vektorprodukt

$$\mathbf{F} = \frac{Q}{c} \mathbf{v} \times \mathbf{B} \qquad \text{(CGS-Einheiten)} \qquad (2.60)$$

bzw.

$$\mathbf{F} = Q\mathbf{v} \times \mathbf{B} \qquad \text{(MKSA-Einheiten)} \qquad (2.61)$$

ausgedrückt. Q ist jeweils die Ladung des Teilchens und c die Lichtgeschwindigkeit. In Band 2 wird Gl. (2.61) ausführlich hergeleitet.

2.3. Vektoren im kartesischen Koordinatensystem

Wegen seiner großen Einfachheit spielt das kartesische Koordinatensystem in der Physik eine bevorzugte Rolle. So elegant und ökonomisch es auch ist, physikalische Gesetze vektoriell zu diskutieren, irgendwann einmal müssen wir die Konsequenzen, die sich aus der Anwendung

[1]) Zum Beginn des Kapitels hatten wir unsere Definition des Vektors als einer mit Betrag und Richtung behafteten Größe dahingehend qualifiziert, daß ihre Umkehrung nicht gelten sollte: Nicht jede Größe mit Betrag und Richtung ist ein Vektor. Endliche Rotationen sind, wie wir gesehen haben, keine Vektoren, da für sie das kommutative Gesetz der Addition nicht gilt. Das einfache Kreuzprodukt ist fast ein Vektor, doch es besitzt nicht alle *Transformationseigenschaften* eines „wahren" Vektors. Für Vektoren dieser Art hat sich die Bezeichnung Pseudovektor (axialer Vektor) eingebürgert. Infinitesimale Rotationen sind ihrem Wesen nach Pseudovektoren. Das dreifache Kreuzprodukt **A** × (**B** × **C**) – wir erkennen es als das Kreuzprodukt aus dem „wahren" Vektor **A** und und dem Pseudovektor **B** × **C** – ist wieder ein „wahrer" Vektor. Erst später, in der Vorlesung über theoretische Mechanik, kommt der Unterschied zwischen Vektor und Pseudovektor zum Tragen. (Anm. d. Übersetzers.)

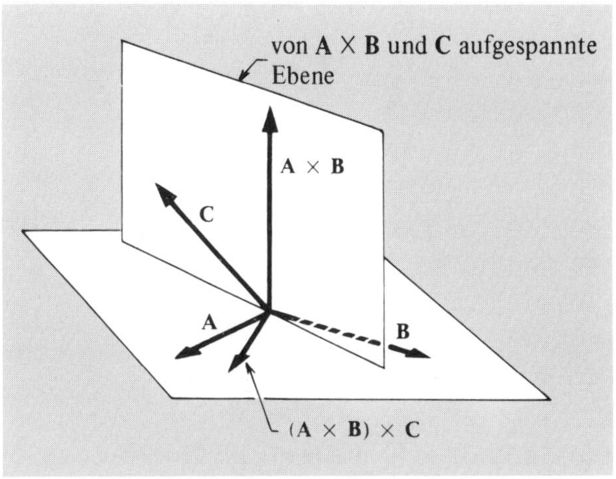

Bild 2.41. (**A** × **B**) × **C** steht senkrecht auf der von **A** × **B** und **C** aufgespannten Ebene und liegt damit in der Ebene von **A** und **B**.

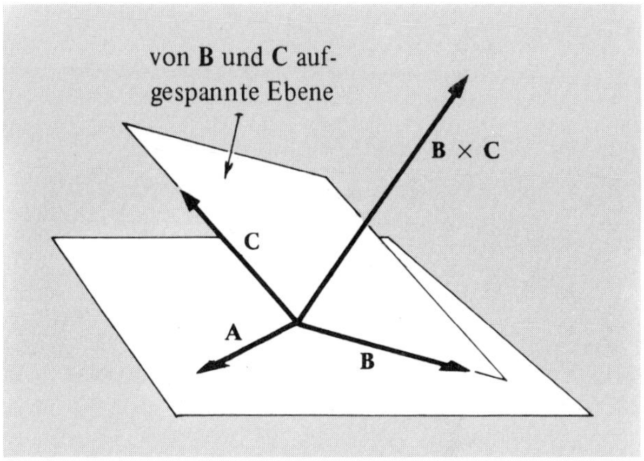

Bild 2.42. **B** × **C** steht senkrecht auf der Ebene von **B** und **C**.

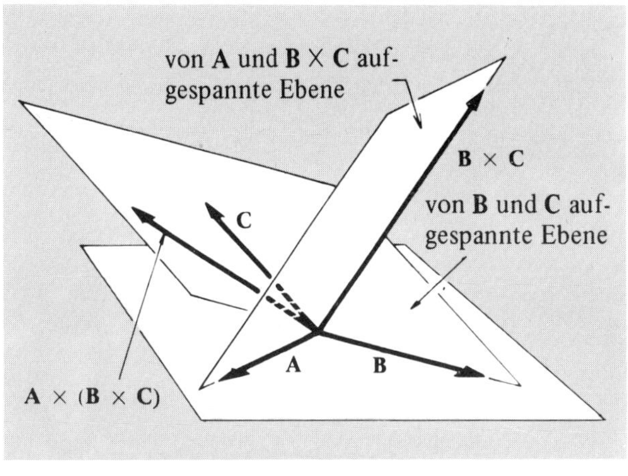

Bild 2.43. **A** × (**B** × **C**) steht senkrecht auf der Ebene von **A** und (**B** × **C**) und liegt somit in der Ebene von **B** und **C**. Offensichtlich sind **A** × (**B** × **C**) und (**A** × **B**) × **C** verschiedene Vektoren.

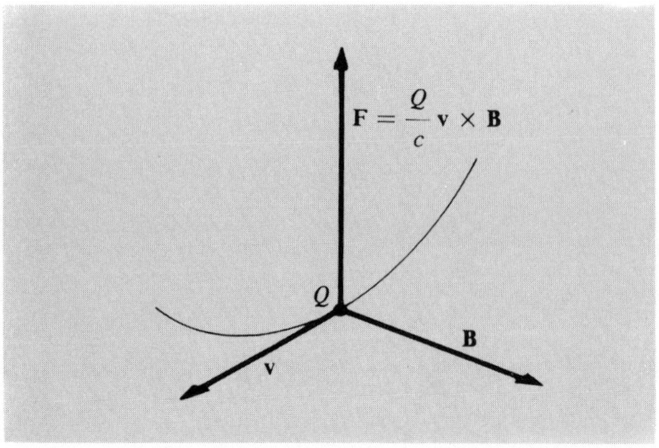

Bild 2.44. Kraft auf eine positive Ladung im magnetischen Feld.

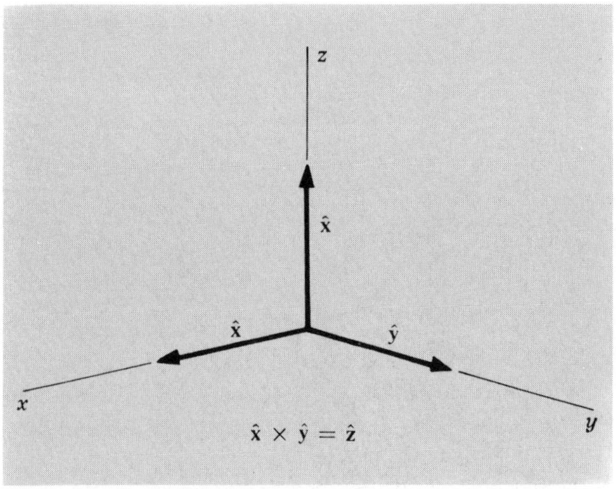

Bild 2.45. Kartesische orthogonale Einheitsvektoren $\hat{\mathbf{x}}, \hat{\mathbf{y}}, \hat{\mathbf{z}}$.

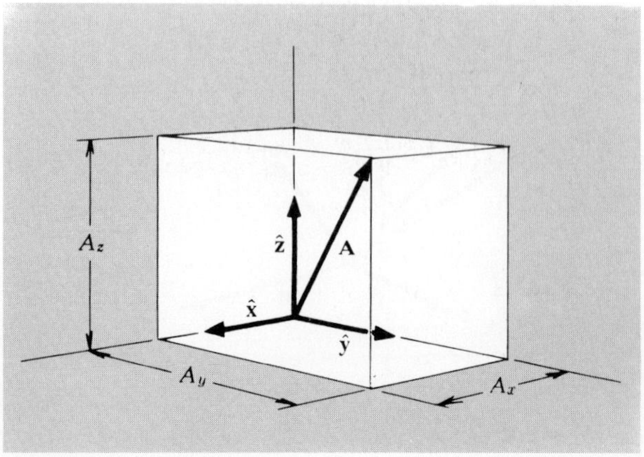

Bild 2.46. $\mathbf{A} = \mathrm{x}\,A_x + \mathrm{y}\,A_y + \mathrm{z}\,A_z$

der Gesetze auf sehr spezielle physikalische Situationen ergeben, zahlenmäßig fassen. Dann ist es günstig, einen Vektor in einem geeigneten Koordinatensystem darzustellen. Meist fällt die Wahl auf das kartesische Koordinatensystem, das durch die Angabe von drei beliebigen orthogonalen Einheitsvektoren $\hat{\mathbf{x}}$, $\hat{\mathbf{y}}$ und $\hat{\mathbf{z}}$ festgelegt ist (Bild 2.45).Auch die Schreibweise $\hat{\mathbf{i}}, \hat{\mathbf{j}}$ und $\hat{\mathbf{k}}$ ist üblich. Die Richtung von $\hat{\mathbf{z}}$ relativ zu $\hat{\mathbf{x}}$ und $\hat{\mathbf{y}}$ ergibt sich aus der Rechte-Hand-Regel, die schon oben im Zusammenhang mit dem Vektorprodukt beschrieben wurde. Danach gilt

$$\hat{\mathbf{z}} = \hat{\mathbf{x}} \times \hat{\mathbf{y}} . \tag{2.62}$$

Wir haben uns damit auf ein rechtshändig orientiertes Koordinatensystem festgelegt. Wie können wir diese Definition eines rechtshändigen Systems einem Wesen in einem anderen Sonnensystem unserer Milchstraße mitteilen? Als Signalträger können wir zirkular polarisierte Radiowellen benutzen. Das Signal enthält die Nachricht für den entfernten Beobachter, in welcher Weise wir den Polarisationssinn der Wellen definiert haben. Dieser kann nun mit zwei gegensinnig empfindlichen Empfängern aus der unterschiedlichen Stärke der beiden Empfangssignale den Polarisationssinn feststellen. Jede Methode verlangt eindeutige Begriffsbestimmungen: So hatte bei der erstmaligen Analyse des spektroskopischen Zeeman-Effektes sein Entdecker fälschlicherweise den oszillierenden Ladungen im Atom ein positives Vorzeichen zugeordnet, da er den Umlaufssin der zirkular polarisierten Strahlung mißverstanden hatte.[1])

Jeder Vektor **A** (im dreidimensionalen Raum) kann in der Form

$$\mathbf{A} = \hat{\mathbf{x}} A_x + \hat{\mathbf{y}} A_y + \hat{\mathbf{z}} A_z \tag{2.63}$$

dargestellt werden (Bild 2.46). Hier sind A_x, A_y, A_z die Projektionen von **A** auf die entsprechenden Koordinatenachsen, also

$$A_x = \mathbf{A} \cdot \hat{\mathbf{x}} = A \cos(\mathbf{A}, \hat{\mathbf{x}}) , \tag{2.64}$$

entsprechendes gilt für A_y und A_z. Wir werden **A** ab und zu als Zahlentripel (A_x, A_y, A_z) schreiben. Für das Quadrat von **A** erhalten wir

$$A^2 = A_x^2 + A_y^2 + A_z^2 . \tag{2.65}$$

Invarianz des Betrages von **A** *bei Rotation des Bezugssystems.* Die Richtung des Vektors **A** bleibe unverändert. Wir lassen nun das Bezugssystem mit den Koordinatenachsen um seinen Ursprung rotieren und erhalten so einen

[1]) Siehe *P. Zeeman,* Philosophical Magazine, Ser. 5, 43, 55 und 226 (1897). In einem ähnlichen Zusammenhang wurde die erste Telstar-Übertragung am 11. Juli 1962 in Großbritannien nur schwach empfangen wegen der „Umkehrung einer kleinen Komponente in der Antennenzuführung, die aus einer Zweideutigkeit in der angenommenen Definition des Umlaufssinns von Radiowellen herrührte." *Times (London)*, 13. Juli 1962, S. 11.

neuen Satz von orthogonalen Einheitsvektoren $\hat{x}'$, $\hat{y}'$ und $\hat{z}'$ (Bild 2.47). Die Komponenten des Vektors **A** im neuen Koordinatensystem bezeichnen wir mit $A_{x'}$, $A_{y'}$, $A_{z'}$:

$$\mathbf{A} = \hat{x}'A_{x'} + \hat{y}'A_{y'} + \hat{z}'A_{z'} . \tag{2.66}$$

Die Vorstellung, daß die Richtung des Vektors **A** unverändert bleibt, ist unproblematisch – wir fassen **A** als fest gegenüber den Fixsternen oder einfacher als fest gegenüber der Buchseite auf. Lediglich das neue Bezugssystem ist gegenüber dem alten gedreht. Die Länge von **A** muß aber unabhängig von der Orientierung des Bezugssystems sein, folglich muß auch der Wert von A^2 aus Gl. (2.66) identisch mit dem aus Gl. (2.65) sein:

$$A_{x'}^2 + A_{y'}^2 + A_{z'}^2 = A_x^2 + A_y^2 + A_z^2 . \tag{2.67}$$

Das ist unser erstes Beispiel für eine *Forminvariante*.[1]) Die Form des Vektorbetrages bleibt dieselbe in allen kartesischen Koordinatensystemen, die sich durch starre Drehungen der Koordinatenachsen ineinander überführen lassen. So ist sofort einsichtig, daß wir im Skalarprodukt

$$\mathbf{A} \cdot \mathbf{B} = A_x B_x + A_y B_y + A_z B_z \tag{2.68}$$

aufgrund seiner geometrischen Definition als einer Projektion ein weiteres Beispiel für eine Forminvariante haben.

Auch das Vektorprodukt zählt aufgrund seiner geometrischen Definition dazu. Wir erhalten dafür in kartesischen Koordinaten

$$\begin{aligned} \mathbf{A} \times \mathbf{B} &= (\hat{x}A_x + \hat{y}A_y + \hat{z}A_z) \times (\hat{x}B_x + \hat{y}B_y + \hat{z}B_z) \\ &= (\hat{x} \times \hat{y}) A_x B_y + (\hat{x} \times \hat{z}) A_x B_z + (\hat{y} \times \hat{x}) A_y B_x \\ &\quad + (\hat{y} \times \hat{z}) A_y B_z + (\hat{z} \times \hat{x}) A_z B_x + (\hat{z} \times \hat{y}) A_z B_y , \end{aligned} \tag{2.69}$$

wobei wir die Beziehungen $\hat{x} \times \hat{x} = 0$ usw. benutzt haben. Nun wissen wir aus der Definition des Vektorproduktes, daß die Verknüpfungen

$$\hat{x} \times \hat{y} = \hat{z} ; \quad \hat{y} \times \hat{z} = \hat{x} ; \quad \hat{z} \times \hat{x} = \hat{y} \tag{2.70}$$

gelten. Beachten Sie, daß die drei Vektoren in Gl. (2.70) jeweils in der Reihenfolge xyz oder einer zyklischen Permutation davon angeschrieben sind (Bild 2.48). Bei Umkehrung dieser Reihenfolge der Faktoren kehrt sich auch das Vorzeichen um, denn wir erhalten dann eine antizyklische Folge von xyz (Bild 2.49):

$$\hat{y} \times \hat{x} = -\hat{z} ; \quad \hat{z} \times \hat{y} = -\hat{x} ; \quad \hat{x} \times \hat{z} = -\hat{y} . \tag{2.71}$$

Mit diesen Ergebnissen vereinfacht sich Gl. (2.69) zu

$$\begin{aligned} \mathbf{A} \times \mathbf{B} &= \hat{x}(A_y B_z - A_z B_y) + \hat{y}(A_z B_x - A_x B_z) \\ &\quad + \hat{z}(A_x B_y - A_y B_x) . \end{aligned} \tag{2.72}$$

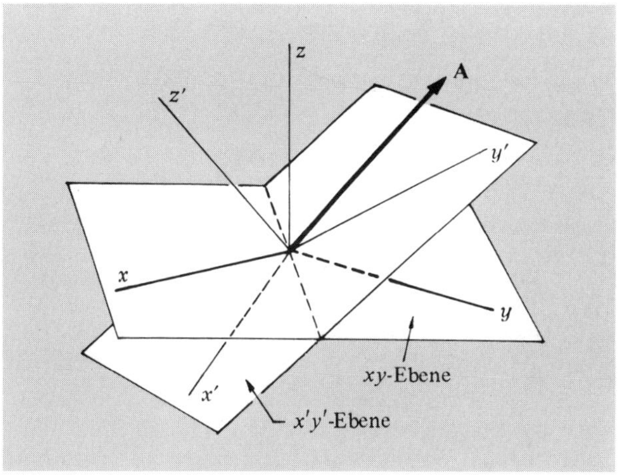

Bild 2.47. Der Vektor **A** läßt sich in xyz- oder in x'y'z'-Koordinaten darstellen, die aus xyz durch beliebige Rotation hervorgehen. Wir sagen $\mathbf{A}^2$ ist eine Forminvariante bezüglich der Rotation. Das bedeutet $A_x^2 + A_y^2 + A_z^2 = A_{x'}^2 + A_{y'}^2 + A_{z'}^2$.

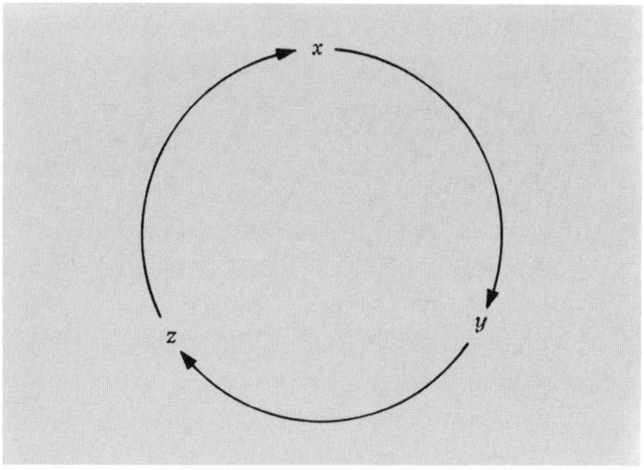

Bild 2.48. Zyklischer Umlaufssinn für xyz

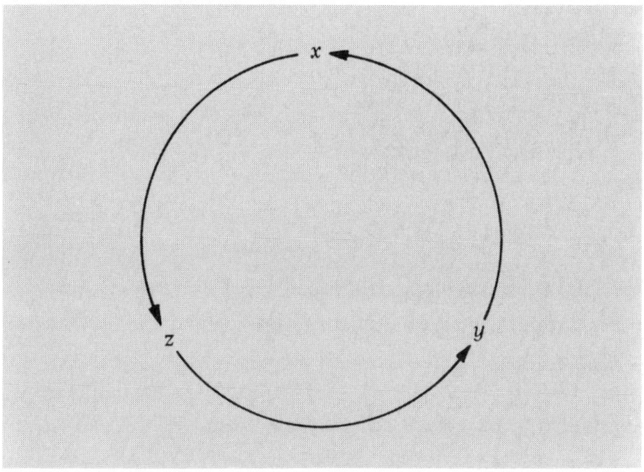

Bild 2.49. Antizyklischer Umlauf für xyz

[1]) *P. A. M. Dirac:* „Die wichtigen Dinge in dieser Welt erscheinen als Invarianten (oder allgemeiner, nahezu als Invarianten bzw. als Größen, die sich leicht transformieren lassen) dieser Transformation." *Principles of Quantum Mechanics,* 1. Ausg. (Clarendon Press, Oxford, 1930).

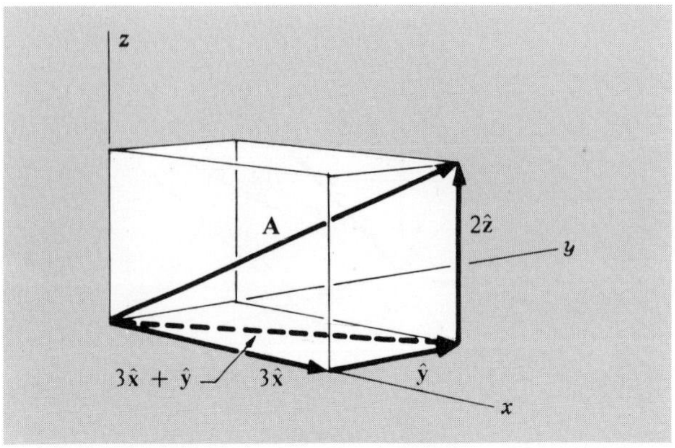

Bild 2.50. Der Vektor $\mathbf{A} = 3\hat{x} + \hat{y} + 2\hat{z}$ und seine Projektion auf die xy-Ebene.

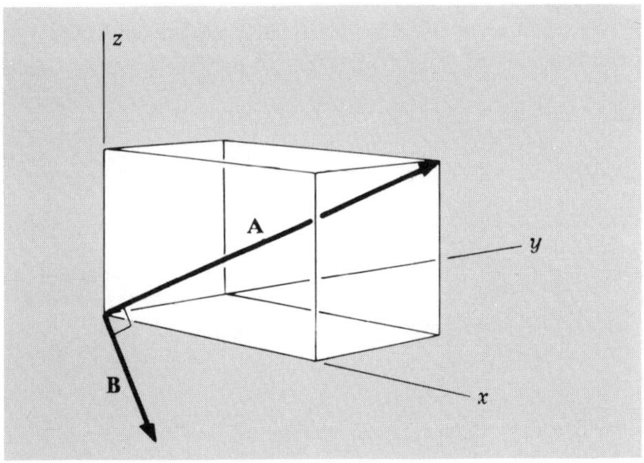

Bild 2.51. Der Vektor **B** liegt in der xy-Ebene und steht senkrecht auf A.

Wir halten fest: Wenn die Indizes eines Summanden in der Reihenfolge xyz oder einer zyklischen Vertauschung hiervon stehen, dann tritt der Summand mit positivem Vorzeichen im Vektorprodukt auf, anderenfalls mit negativem Vorzeichen. Gl. (2.72) läßt sich in Form einer Determinante schreiben

$$\mathbf{A} \times \mathbf{B} = \begin{vmatrix} \hat{x} & \hat{y} & \hat{z} \\ A_x & A_y & A_z \\ B_x & B_y & B_z \end{vmatrix} \qquad (2.73)$$

diese Darstellung ist leichter zu behalten.

- **Beispiele**: *Verschiedene elementare Vektoroperationen.* Betrachten wir den Vektor (Bild 2.50)

$$\mathbf{A} = 3\hat{\mathbf{x}} + \hat{\mathbf{y}} + 2\hat{\mathbf{z}}.$$

a) Gesucht ist die Länge von **A**. Wir bilden A^2:

$$A^2 = \mathbf{A} \cdot \mathbf{A} = 3^2 + 1^2 + 2^2 = 14,$$

woraus $A = \sqrt{14}$ folgt.

b) Gesucht ist die Länge der Projektion von **A** auf die xy-Ebene. Der Projektionsvektor ist $3\hat{\mathbf{x}} + \hat{\mathbf{y}}$; seine Länge ergibt sich zu $\sqrt{3^2 + 1^2} = \sqrt{10}$.

c) Welcher Vektor in der xy-Ebene steht senkrecht auf **A**? Der gesuchte Vektor hat die Form

$$\mathbf{B} = B_x\hat{\mathbf{x}} + B_y\hat{\mathbf{y}}$$

(Bild 2.51) und genügt der Bedingung $\mathbf{A} \cdot \mathbf{B} = 0$ bzw. nach Einsetzen

$$(3\hat{\mathbf{x}} + \hat{\mathbf{y}} + 2\hat{\mathbf{z}}) \cdot (B_x\hat{\mathbf{x}} + B_y\hat{\mathbf{y}}) = 0.$$

Wir erhalten

$$3B_x + B_y = 0$$

oder

$$\frac{B_y}{B_x} = -3.$$

Zur Bestimmung der Länge des Vektors **B** reichen die Angaben der Aufgabenstellung nicht aus.

d) Gesucht ist der Einheitsvektor $\hat{\mathbf{B}}$. Es muß gelten

$$\hat{B}_x^2 + \hat{B}_y^2 = 1$$

oder

$$\hat{B}_x^2(1^2 + 3^2) = 1 = 10\hat{B}_x^2.$$

Daraus folgt

$$\mathbf{B} = \sqrt{\frac{1}{10}}\hat{\mathbf{x}} - \sqrt{\frac{9}{10}}\hat{\mathbf{y}} = \frac{\hat{\mathbf{x}} - 3\hat{\mathbf{y}}}{\sqrt{10}}.$$

e) Gesucht ist das Skalarprodukt von **A** mit dem Vektor $\mathbf{C} = 2\hat{\mathbf{x}}$ (Bild 2.52). Wir können direkt ablesen $(2) \cdot (3) = 6$.

f) Wir suchen die Form von **A** und **C** in einem Bezugssystem, das aus dem alten durch Rotation um die z-Achse mit dem Rotationswinkel $\frac{\pi}{2}$ im Uhrzeigersinn entstanden ist (Bild 2.53). Zwischen den neuen Einheitsvektoren $\hat{\mathbf{x}}', \hat{\mathbf{y}}', \hat{\mathbf{z}}'$ und den alten $\hat{\mathbf{x}}, \hat{\mathbf{y}}, \hat{\mathbf{z}}$ besteht dann die Beziehung

$$\hat{\mathbf{x}}' = \hat{\mathbf{y}}; \quad \hat{\mathbf{y}}' = -\hat{\mathbf{x}}; \quad \hat{\mathbf{z}}' = \hat{\mathbf{z}}.$$

An die Stelle von $\hat{\mathbf{x}}$ ist nun $-\hat{\mathbf{y}}'$ gerückt, und $\mathbf{x}'$ nimmt den Platz von $+\mathbf{y}$ ein, so daß sich

$$\mathbf{A} = \hat{\mathbf{x}}' - 3\hat{\mathbf{y}}' + 2\hat{\mathbf{z}}'; \quad \mathbf{C} = -2\hat{\mathbf{y}}'$$

ergibt.

g) Wie groß ist das Skalarprodukt $\mathbf{A} \cdot \mathbf{C}$ in dem neuen Koordinatensystem? Aus dem Ergebnis von f) erhalten wir $(-3) \cdot (-2) = 6$, genau wie vorher.

h) Gesucht ist das Vektorprodukt $\mathbf{A} \times \mathbf{C}$. Wir erhalten in dem ursprünglichen System

$$\begin{vmatrix} \hat{\mathbf{x}} & \hat{\mathbf{y}} & \hat{\mathbf{z}} \\ 3 & 1 & 2 \\ 2 & 0 & 0 \end{vmatrix} = 4\hat{\mathbf{y}} - 2\hat{\mathbf{z}}.$$

Durch Bildung der Skalarprodukte läßt sich leicht bestätigen, daß dieser Vektor senkrecht sowohl zu **A** wie zu **C** ist.

i) Bilden Sie den Vektor **A** – **C** (Bild 2.54). Wir erhalten
$\mathbf{A}-\mathbf{C}=(3-2)\hat{\mathbf{x}}+\hat{\mathbf{y}}+2\hat{\mathbf{z}}=\hat{\mathbf{x}}+\hat{\mathbf{y}}+2\hat{\mathbf{z}}$. •

Das Vektorprodukt hat sich als besonders nützlich zur Beschreibung der Winkelgeschwindigkeit und Winkelbeschleunigung eines rotierenden Körpers erwiesen. Wir haben gesehen, daß Rotationen um endliche Winkel keine Vektoren sind, weil zwei solche Rotationen sich nicht vektoriell addieren lassen. Die *Winkelgeschwindigkeit* ist jedoch definiert als der Grenzwert des Quotienten aus dem Rotationswinkel $\Delta\varphi$ und der Rotationsdauer Δt, mit $\Delta t \to 0$. Die Reihenfolge, in der zwei solche infinitesimal kleine Rotationen erfolgen, beeinflußt nicht die Endlage eines Objektes, bis auf Terme von der Größenordnung des Betragsquadrates dieser Rotationen. Diese Ausdrücke verschwinden jedoch in dem entsprechenden Grenzwert. Eine elementare Einführung in die Mechanik rotierender Körper sowie den Beweis für die obige Feststellung finden Sie in Kapitel 8.

Wir sprechen bisweilen von einer skalaren Ortsfunktion – z.B. der der Temperatur $T(x, y, z)$ im Punkte (x, y, z) – als einem *skalaren Feld.* Ähnlich sprechen wir bei einem Vektor, dessen Wert eine Funktion des Ortes ist – wie z.B. die Geschwindigkeit $\mathbf{v}(x, y, z)$ am Ort (x, y, z) – von einem *Vektorfeld.* Ein großer Teil der Vektoranalysis beschäftigt sich mit skalaren Feldern und Vektorfeldern und speziell mit vektoriellen Differentialoperationen, die wir in Band 2 ausführlich behandeln.

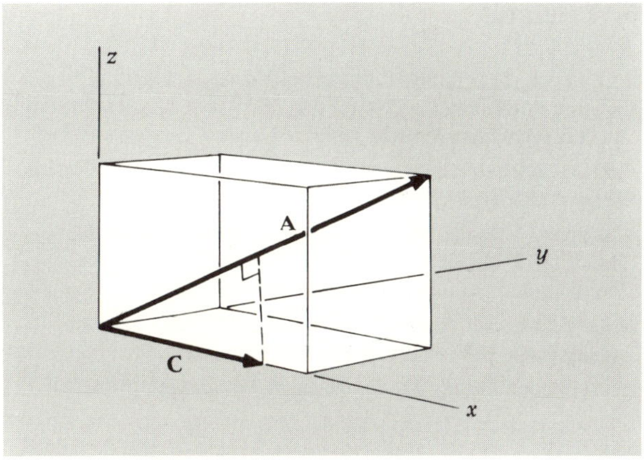

Bild 2.52. Projektion von $\mathbf{C} = 2\hat{\mathbf{x}}$ auf den Vektor **A**

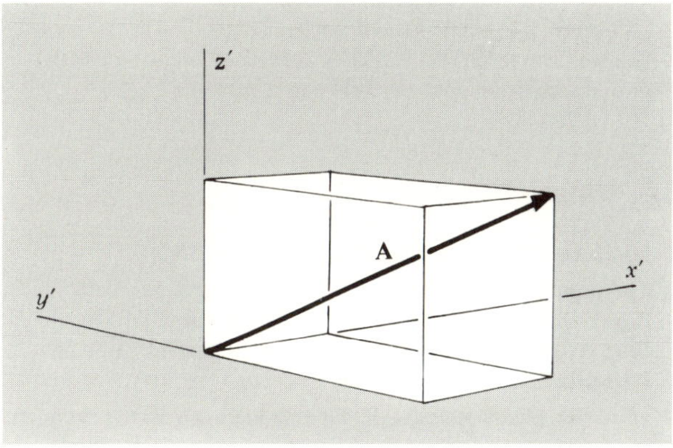

Bild 2.53. Das Bezugssystem x', y', z' wird aus dem System x, y, z durch Rotation von $+\pi/2$ um die z-Achse erzeugt.

2.4. Nützliche Vektoridentitäten

$$\mathbf{A}\cdot\mathbf{B}=A_xB_x+A_yB_y+A_zB_z\,; \tag{2.74}$$

$$\mathbf{A}\times\mathbf{B}=\hat{\mathbf{x}}(A_yB_z-A_zB_y)+\hat{\mathbf{y}}(A_zB_x-A_xB_z)+\hat{\mathbf{z}}(A_xB_y-A_yB_x)\,; \tag{2.75}$$

$$(\mathbf{A}\times\mathbf{B})\times\mathbf{C}=(\mathbf{A}\cdot\mathbf{C})\,\mathbf{B}-(\mathbf{B}\cdot\mathbf{C})\,\mathbf{A}\,; \tag{2.76}$$

$$\mathbf{A}\times(\mathbf{B}\times\mathbf{C})=(\mathbf{A}\cdot\mathbf{C})\,\mathbf{B}-(\mathbf{A}\cdot\mathbf{B})\,\mathbf{C}\,; \tag{2.77}$$

$$(\mathbf{A}\times\mathbf{B})\cdot(\mathbf{C}\times\mathbf{D})=(\mathbf{A}\cdot\mathbf{C})(\mathbf{B}\cdot\mathbf{D})-(\mathbf{A}\cdot\mathbf{D})(\mathbf{B}\cdot\mathbf{C})\,; \tag{2.78}$$

$$(\mathbf{A}\times\mathbf{B})\times(\mathbf{C}\times\mathbf{D})=[\mathbf{A}\cdot(\mathbf{B}\times\mathbf{D})]\,\mathbf{C}-[\mathbf{A}\cdot(\mathbf{B}\times\mathbf{C})]\,\mathbf{D}\,; \tag{2.79}$$

$$\mathbf{A}\times[\mathbf{B}\times(\mathbf{C}\times\mathbf{D})]=(\mathbf{A}\times\mathbf{C})(\mathbf{B}\cdot\mathbf{D})-(\mathbf{A}\times\mathbf{D})(\mathbf{B}\cdot\mathbf{C})\,. \tag{2.80}$$

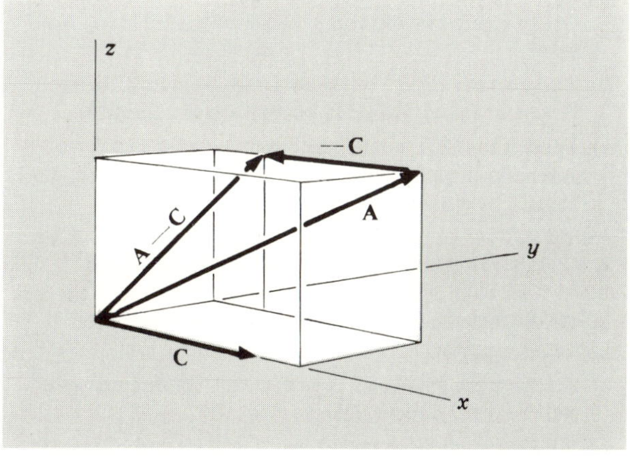

Bild 2.54. Der Vektor **A** - **C**

2.5. Literatur

M. R. Spiegel, Theory and Problems of Vector Analysis, Schaum Publishing Co., New York, 1959. Ein ausgezeichnetes Buch für Anfänger, enthält mehrere hundert Übungsaufgaben.

H. Parkus, Mechanik der festen Körper, 2. Aufl., Springer-Verlag, Wien – New York, 1966.

H. Goldstein, Classical Mechanics, Addison-Wesley, Reading, Mass., 1959. Mit dem Inhalt dieses Buches sollte sich der Physikstudent so früh wie möglich beschäftigen.

J. W. Gibbs, Vector Analysis, Herausg. *E. B. Wilson,* Yale University Press, New Haven, 1901. Ein Klassiker.

(Eventuell noch *Lagally-Franz, Duschek-Hochrainer, Klingbeil.*)

2.6. Filmliste

„Vector Kinematics" (16 min) *F. Friedman* (PSSC-MLA 0109). Ein Rechner zeichnet auf einer Kathodenstrahlröhre die Geschwindigkeits- und Beschleunigungsvektoren zu verschiedenen Bewegungstypen eines Punktes: kreisförmig, einfach harmonisch und frei fallend.

„Elektronen in einem gleichförmigen Magnetfeld" *D. Montgomery* (PSSC-MLA 0412). Zeigt das Verhalten eines Elektronenstrahls in einer Leybold e/m-Röhre.

2.7. Übungen

Lösen Sie diese Aufgaben, wenn möglich vektoriell:

1. *Komponenten eines Vektors.* Zeichnen Sie auf ein Blatt Papier zwei Punkte und bezeichnen Sie sie mit O und P (Bild 2.55). Zeichnen Sie eine Linie von O nach P mit einer Pfeilspitze bei P.
   a) Geben Sie die x- und y-Komponenten des Vektors in cm an.
   b) Zeichnen Sie parallel zu diesen Achsen zwei neue Vektoren durch den Punkt O; was sind die neuen x'- und y'-Komponenten?
   c) Drehen Sie das zweite Achsenkreuz um 30° im Gegenuhrzeigersinn und geben Sie die x''- und y''-Komponenten an.
2. *Addition von Vektoren.* Zeichnen Sie das Ergebnis der folgenden Vektoradditionen:
   a) Addieren Sie einen Vektor von 2 cm Länge und Richtung Ost zu einem zweiten von 3 cm Länge mit Richtung Nordwest.
   b) Addieren Sie einen Vektor der Länge 8 cm in Richtung Ost zu einem der Länge 12 cm in Richtung Nordwest.
   c) Vergleichen Sie die Ergebnisse von a) und b) und formulieren Sie einen Satz über die Addition von Vektoren, die Mehrfache eines zweiten Paares sind.
3. *Multiplikation mit einem Skalar.* Gegeben sind zwei Vektoren **A** = 2,0 cm mit der Richtung 70° östlich von Nord und **B** = 3,5 cm mit der Richtung 130° östlich von Nord. Benutzen Sie für die folgenden Lösungen zweckmäßigerweise Polarkoordinatenpapier.
   a) Zeichnen Sie die oben beschriebenen Vektoren und zwei weitere von 2,5-facher Länge.
   b) Multiplizieren Sie **A** mit −2 und **B** mit +3 und bilden Sie die Vektorsumme.
   Lösung: 9,4 cm bei 150°.

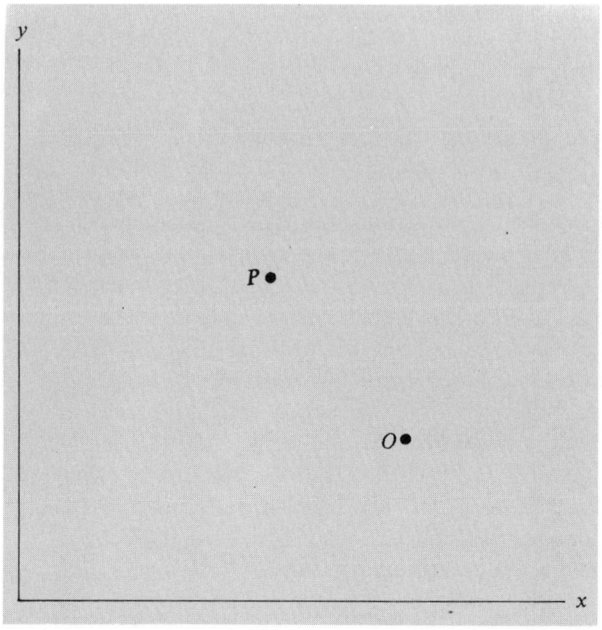

Bild 2.55

   c) Zeichnen Sie einen Punkt 10 cm nördlich des Ursprungs. Suchen Sie Mehrfache von **A** und **B**, deren Vektorsumme gleich dem Vektor vom Ursprung zu diesem Punkt ist.
4. *Einheitsvektoren.*
   a) Zeichnen Sie einen Vektor der Länge 1; multiplizieren Sie ihn mit 4, und zeichnen Sie den neuen Vektor.
   b) Zeichnen Sie einen zweiten Einheitsvektor im rechten Winkel zum ersten. Multiplizieren Sie diese mit −3 und addieren Sie ihn zum zweiten Vektor der Aufgabe a).
   c) Benutzen Sie Koordinatenachsen in Richtung dieser Einheitsvektoren und bilden Sie die x- und y-Komponenten des Summenvektors.
   d) Ein beliebiger Vektor läßt sich als Vektorsumme bestimmter Vielfacher von zwei beliebigen Vektoren ausdrücken. Welche besonders nützliche Eigenschaft haben zwei zueinander senkrechte Einheitsvektoren? (*Hinweis:* Denken Sie an das Skalarprodukt zweier Vektoren.)
5. *Skalar- und Vektorprodukt zweier Vektoren.* Gegeben sind zwei Vektoren $\mathbf{a} = 3\hat{\mathbf{x}} + 4\hat{\mathbf{y}} - 5\hat{\mathbf{z}}$ und $\mathbf{b} = -\hat{\mathbf{x}} + 2\hat{\mathbf{y}} + 6\hat{\mathbf{z}}$. Berechnen Sie mit Hilfe der Vektorrechnung:
   a) Die Länge beider Vektoren;
   Lösung: $a = \sqrt{50}$; $b = \sqrt{41}$;
   b) das Skalarprodukt $\mathbf{a} \cdot \mathbf{b}$;
   Lösung: −25;
   c) den von ihnen eingeschlossenen Winkel;
   Lösung: 123,5°;
   d) die Richtungskosinusse beider Vektoren;
   e) die Vektorsumme und -differenz $\mathbf{a} + \mathbf{b}$ und $\mathbf{a} - \mathbf{b}$;
   Lösung: $\mathbf{a} + \mathbf{b} = 2\hat{\mathbf{x}} + 6\hat{\mathbf{y}} + \hat{\mathbf{z}}$;
   f) das Vektorprodukt $\mathbf{a} \times \mathbf{b}$;
   Lösung: $34\hat{\mathbf{x}} - 13\hat{\mathbf{y}} + 10\hat{\mathbf{z}}$.
6. *Vektoralgebra.* Gegeben sind zwei Vektoren durch die Beziehungen $\mathbf{a} + \mathbf{b} = 11\hat{\mathbf{x}} - \hat{\mathbf{y}} + 5\hat{\mathbf{z}}$ und $\mathbf{a} - \mathbf{b} = -5\hat{\mathbf{x}} + 11\hat{\mathbf{y}} + 9\hat{\mathbf{z}}$:
   a) Bestimmen Sie **a** und **b**.
   b) Bestimmen Sie den von **a** und $(\mathbf{a} + \mathbf{b})$ eingeschlossenen Winkel mit Hilfe der Vektorrechnung.

7. *Zusammengesetzte Geschwindigkeiten.* Der Pilot eines Flugzeuges möchte einen Punkt 400 km östlich seiner gegenwärtigen Position erreichen. Ein Wind bläst mit einer Geschwindigkeit von 60 km/h von Nordwest. Berechnen Sie seine vektorielle Geschwindigkeit unter Berücksichtigung der Windgeschwindigkeit, wenn er seinen Bestimmungsort in 40 min erreichen muß.
Lösung: $\mathbf{v} = (558\hat{x} + 42\hat{y})$km/h; $\hat{x}$ = Ost, $\hat{y}$ = Nord.
8. *Inversion der Koordinatenachsen.* Es ist möglich, ein rechtshändig orientiertes Koordinatensystem von Einheitsvektoren in ein linkshändig orientiertes umzuwandeln, indem man alle drei Einheitsvektoren mit demselben Skalar multipliziert. Welche Zahl ist gemeint?
9. *Vektoroperationen; der relative Lagevektor.* Aus einer gemeinsamen Quelle werden zwei Teilchen emittiert. Nach einer bestimmten Zeit haben sie folgende Punkte erreicht:
$\mathbf{r}_1 = 4\hat{x} + 3\hat{y} + 8\hat{z}$; $\mathbf{r}_2 = 2\hat{x} + 10\hat{y} + 5\hat{z}$.
   a) Skizzieren Sie die Lage beider Teilchen, und geben Sie die Verschiebung $\mathbf{r}$ des zweiten Teilchens relativ zum ersten an.
   b) Bestimmen Sie den Betrag jedes der drei Vektoren mit Hilfe des Skalarproduktes.
   Lösung: $r_1 = 9{,}4$; $r_2 = 11{,}3$; $r = 7{,}9$.
   c) Berechnen Sie die eingeschlossenen Winkel zu allen möglichen Paaren aus den drei Vektoren.
   d) Berechnen Sie die Projektion von $\mathbf{r}$ auf $\mathbf{r}_1$.
   Lösung: $-1{,}2$.
   e) Berechnen Sie das Vektorprodukt $\mathbf{r}_1 \times \mathbf{r}_2$.
   Lösung: $-65\hat{x} - 4\hat{y} + 34\hat{z}$.
10. *Größte Annäherung zweier Teilchen.* Zwei Teilchen 1 und 2 wandern entlang der x- bzw. y-Achse mit den Geschwindigkeiten $\mathbf{v}_1 = 2\hat{x}$ cm/s und $\mathbf{v}_2 = 3\hat{y}$ cm/s. Zum Zeitpunkt $t = 0$ befinden sie sich bei $x_1 = -3$ cm, $y_1 = 0$; $x_2 = 0$, $y_2 = -3$ cm.
   a) Der Vektor $\mathbf{r}_2 - \mathbf{r}_1$ gibt die Lage des Teilchens 2 relativ zum Teilchen 1 an. Bestimmen Sie ihn als Funktion der Zeit.
   Lösung: $\mathbf{r} = [(3 - 2t)\hat{x} + (3t - 3)\hat{y}]$ cm.
   b) Wann und wo haben die Teilchen den geringsten Abstand voneinander?
   Lösung: $t = 1{,}15$ s.
11. *Raumdiagonalen eines Würfels.* Wie groß ist der Winkel zwischen zwei sich schneidenden Raumdiagonalen eines Würfels? (Eine *Raumdiagonale* verbindet zwei Ecken und verläuft durch das Innere des Würfels. Eine *Flächendiagonale* verbindet ebenfalls zwei Ecken, läuft aber über eine Fläche des Würfels.)
12. *Bedingung für* $\mathbf{a} \perp \mathbf{b}$. Zeigen Sie, daß $\mathbf{a}$ dann senkrecht zu $\mathbf{b}$ steht, wenn $|\mathbf{a} + \mathbf{b}| = |\mathbf{a} - \mathbf{b}|$ ist.
13. *Die Fläche eines Tetraeders.* Betrachten Sie ein Tetraeder, dessen Scheitelpunkte O, A, B und C im Ursprung bzw. auf den x, y, z-Achsen liegen. (Der Lagevektor von A ist $\mathbf{a} = a\hat{x}$ usw.) Entwickeln Sie einen Ausdruck für die Gesamtoberfläche, die sich aus den vier Dreiecksflächen zusammensetzt.
14. *Das Volumen eines Parallelepipeds.* Bestimmen Sie das Volumen eines Parallelepipeds, das von den drei Vektoren $\hat{x} + 2\hat{y}$, $4\hat{y}$ und $\hat{y} + 3\hat{z}$ aufgespannt wird.
Lösung: 12.
15. *Gleichgewicht der Kräfte.* Drei Kräfte $\mathbf{F}_1$, $\mathbf{F}_2$ und $\mathbf{F}_3$ wirken gleichzeitig auf ein punktförmiges Teilchen. Die resultierende Kraft $\mathbf{F}_R$ ist einfach die Vektorsumme der Kräfte. Das Teilchen befindet sich im Gleichgewicht, wenn $\mathbf{F}_R$ verschwindet.
   a) Zeigen Sie, daß im Gleichgewichtszustand die drei Vektoren ein Dreieck bilden.
   b) Kann für $\mathbf{F}_R = 0$ einer der drei Vektoren außerhalb der Ebene liegen, die von den anderen beiden aufgespannt wird?
   c) Auf ein an einem Faden hängendes Teilchen wirkt eine senkrecht nach unten gerichtete Kraft von 10 N. Der Faden ist aus der Vertikalen um 0,1 rad ausgelenkt, und die Fadenspannung beträgt 15 N; das Teilchen kann so nicht im Gleichgewicht sein. Welche dritte Kraft wäre für den Gleichgewichtszustand erforderlich? Ist die Lösung eindeutig?
16. *Die Verschiebungsarbeit.* Zwei konstante Kräfte $\mathbf{F}_1 = (\hat{x} + 2\hat{y} + 3\hat{z})$ in dyn und $\mathbf{F}_2 = (4\hat{x} - 5\hat{y} - 2\hat{z})$ in dyn wirken zusammen auf ein Teilchen, das sich vom Punkt A (20, 15, 0) cm zum Punkt B (0, 0, 7) cm bewegt.
   a) Welche Arbeit in erg wird an dem Teilchen verrichtet? Die Arbeit (siehe Kapitel 5) ergibt sich aus $\mathbf{F} \cdot \mathbf{r}$, wobei $\mathbf{F}$ die Resultierende (hier $\mathbf{F} = \mathbf{F}_1 + \mathbf{F}_2$) und $\mathbf{r}$ die Auslenkung ist.
   Lösung: -48 erg.
   b) Nehmen wir an, dieselben Kräfte wirken, aber die Bewegung geht diesmal von B nach A. Welche Arbeit wird dann an dem Teilchen verrichtet?
17. *Das Drehmoment um einen Punkt.* Das Drehmoment $\mathbf{T}$ in einer Kraft $\mathbf{F}$ um einen gegebenen Punkt ergibt sich aus $\mathbf{r} \times \mathbf{F}$, wobei $\mathbf{r}$ der Vektor vom gegebenen Punkt zum Angriffspunkt von F ist. Gegeben ist eine Kraft $\mathbf{F} = (-3\hat{x} + \hat{y} + 5\hat{z})$ in dyn, die am Ort $(7\hat{x} + 3\hat{y} + \hat{z})$ in cm angreift. Beachten Sie, daß $\mathbf{F} \times \mathbf{r} = -\mathbf{r} \times \mathbf{F}$ gilt.
   a) Wie groß ist das Drehmoment in dyn · cm um den Ursprung? (Geben Sie das Ergebnis für $\mathbf{T}$ als Linearkombination von $\hat{x}$, $\hat{y}$ und $\hat{z}$ an).
   Lösung: $(14\hat{x} - 38\hat{y} + 16\hat{z})$ dyn cm.
   b) Wie groß ist das Drehmoment um den Punkt (0, 10, 0)?
   Lösung: $(36\hat{x} - 38\hat{y} - 14\hat{z})$ dyn cm.
18. *Das Vektorprodukt als Determinante.* Bei der Entwicklung des Kreuzproduktes $\mathbf{A} \times \mathbf{B}$ in seine Komponenten treten Ausdrücke der Form $A_iB_j - B_iA_j$ auf. Das ist gerade die Entwicklung der zweireihigen Determinante
$$\begin{vmatrix} A_i & A_j \\ B_i & B_j \end{vmatrix}$$
   a) Behandelt man die Einheitsvektoren wie Zahlen, so läßt sich das Kreuzprodukt $\mathbf{A} \times \mathbf{B}$ in folgender Form schreiben:
$$\mathbf{A} \times \mathbf{B} = \begin{vmatrix} \hat{x} & \hat{y} & \hat{z} \\ A_x & A_y & A_z \\ B_x & B_y & B_z \end{vmatrix}$$
   Zeigen Sie, daß diese Beziehung gilt.
   b) Prüfen Sie ferner die Richtigkeit der Determinantendarstellung des Spatproduktes:
$$\mathbf{C} \cdot (\mathbf{A} \times \mathbf{B}) = \begin{vmatrix} C_x & C_y & C_z \\ A_x & A_y & A_z \\ B_x & B_y & B_z \end{vmatrix}$$
19. *Zufällige Bewegung.* Ein Teilchen beschreibt im Raum einen Weg der aus N gleichen Teilschritten besteht, jeder von der Länge s. Die Richtung jedes Teilschrittes im Raum ist völlig zufällig, d.h., zwischen zwei beliebigen Schritten besteht keinerlei Beziehung oder Korrelation. Die gesamte Verschiebung ist dann
$$\mathbf{S} = \sum_{i=1}^{N} \mathbf{s}_i .$$
Zeigen Sie, daß für das mittlere Verschiebungsquadrat zwischen Anfangs- und Endposition $\langle S^2 \rangle = Ns^2$ gilt, wobei $\langle\,\rangle$ den Mittelwert bezeichnet. [*Hinweis:* Die Annahme, daß die Richtung jedes Teilschrittes unabhängig von der Richtung jedes anderen ist, bedeutet, daß $\langle \mathbf{s}_i \cdot \mathbf{s}_j \rangle$ für alle $i \neq j$ verschwindet.]

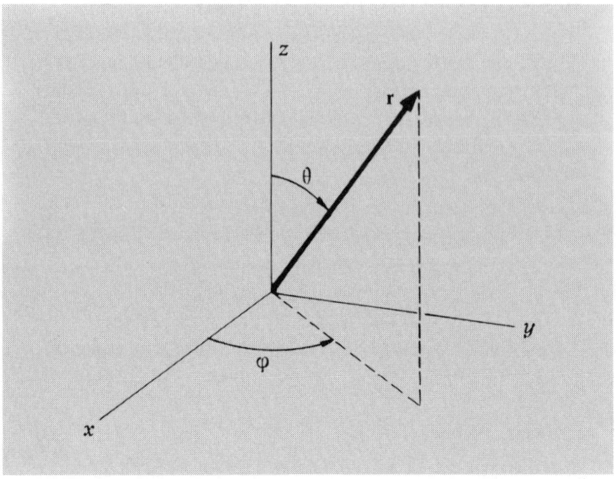

Bild 2.56

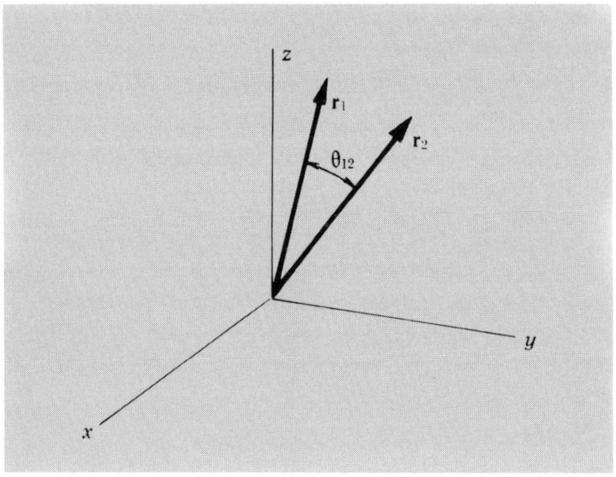

Bild 2.57

2.8. Weiterführende Probleme

1. Vektoren und Kugelkoordinaten. In Kugelkoordinaten ist die Lage eines Teilchens durch die Größen r, θ und φ gegeben. Hierbei ist r der Betrag des Vektors $\mathbf{r}$ vom Ursprung zu dem Teilchen, θ ist der Winkel zwischen $\mathbf{r}$ und der polaren Achse z und φ der Winkel zwischen der x-Achse und der Projektion von $\mathbf{r}$ auf die xy-Ebene (Bild 2.56). Wir betrachten θ in dem Bereich $0 \leqslant \theta \leqslant \pi$. Der Betrag der Projektion von $\mathbf{r}$ auf die xy-Ebene ist gleich $r \sin\theta$. In kartesischen Koordinaten erhalten wir für die Lage eines Teilchens

$$x = r\sin\theta\cos\varphi; \quad y = r\cos\theta\sin\varphi; \quad z = r\cos\theta. \qquad (2.81)$$

a) Gegeben ist ein Teilchen bei $\mathbf{r}_1 \equiv (r_1, \theta_1, \varphi_1)$ und ein zweites bei $\mathbf{r}_2 \equiv (r_2, \theta_2, \varphi_2)$ (Bild 2.57). θ_{12} ist der Winkel zwischen $\mathbf{r}_1$ und $\mathbf{r}_2$. Bestimmen Sie das Skalarprodukt $\hat{\mathbf{r}}_1 \cdot \hat{\mathbf{r}}_2 = \cos\theta_{12}$ in Abhängigkeit von $\hat{\mathbf{x}}$, $\hat{\mathbf{y}}$ und $\hat{\mathbf{z}}$. Beweisen Sie damit die Gültigkeit der Beziehung

$$\cos\theta_{12} = \sin\theta_1\sin\theta_2\cos(\varphi_1 - \varphi_2) + \cos\theta_1\cos\theta_2 \qquad (2.82)$$

unter Anwendung der trigonometrischen Identität

$$\cos(\varphi_1 - \varphi_2) \equiv \cos\varphi_1\cos\varphi_2 + \sin\varphi_1\sin\varphi_2. \qquad (2.83)$$

Hier haben wir ein eindrucksvolles Beispiel für die Wirksamkeit vektorieller Methoden. [Versuchen Sie, Gl. (2.82) auf anderem Wege zu finden!]

b) Leiten Sie entsprechend aus dem Vektorprodukt einen Ausdruck für $\sin\theta_{12}$ ab.

Die orthogonalen Zylinderkoordinaten ρ, φ und z sind durch $x = \rho\cos\varphi$; $y = \rho\sin\varphi$ und $z = z$ definiert. Für zweidimensionale Anwendungen reduziert sich das System auf ρ und φ allein.

2. Kristallgitter und reziprokes Gitter. Bisher haben wir bei unseren Betrachtungen fast immer angenommen, daß der Raum euklidisch ist. Mit anderen Worten: Solange *jede* eine Messung oder Beobachtung beeinflussende vektorielle Größe dieselbe Vektorverschiebung $\mathbf{t}$ erfährt, bleibt das Ergebnis der Messung bei der Verschiebung unverändert. Wir sagen dann, die physikalischen Gesetze sind invariant gegenüber allen Translationen $\mathbf{t}$. Zum Beispiel genügt es nicht, ein Pendel von der Meereshöhe zur Spitze des Mount Everest zu versetzen; denn wir wissen, daß eine derartige Verrückung relativ zur Umgebung wegen der veränderten Erdbeschleunigung g die Pendelfrequenz ändert.

Ein Kristall ist eine regelmäßige Anordnung von Atomen im Raum. Denken wir uns den Kristall *festgehalten,* während wir uns selbst innerhalb des Kristalles bewegen, dann sehen wir eine sich beträchtlich von Punkt zu Punkt wandelnde Umgebung. Diese Welt, wie sie ein innerhalb des fixierten Kristalles bewegtes Elektron sieht, besitzt nicht die volle Invarianz gegenüber Translationen wie die Welt außerhalb des Kristalles im freien Raum. Die Umgebung eines Punktes $\mathbf{r}'$ im Kristall ist nur dann die gleiche wie die eines Punktes $\mathbf{r}$, wenn beide Punkte um ein Vielfaches des Gitterabstandes voneinander entfernt sind.

Wir sprechen dann von einem Idealkristall, wenn eine Translation nach Gl. (2.84) existiert, mit der Eigenschaft, daß sie die Umgebung der Punkte $\mathbf{r}$ und $\mathbf{r}'$ bei einer geeigneten Wahl der ganzen Zahlen n_1, n_2 und n_3 in jeder Beziehung unverändert läßt:

$$\mathbf{r}' = \mathbf{r} + n_1\mathbf{a} + n_2\mathbf{b} + n_3\mathbf{c}. \qquad (2.84)$$

Die Größen $\mathbf{a}$, $\mathbf{b}$ und $\mathbf{c}$ bezeichnen die fundamentalen Translationsvektoren, die wir nicht mit den Einheitsvektoren verwechseln dürfen; ihre Beträge liegen in der Größenordnung der atomaren Gitterabstände (Bild 2.58). Gilt Gl. (2.84) bei geeigneter Wahl von n_1, n_2 und n_3 für beliebige $\mathbf{r}$ und $\mathbf{r}'$ mit gleicher Umgebung, so heißen die fundamentalen Translationsvektoren *primitiv.*

Die Welt innerhalb eines festgehaltenen Kristalles ist folglich nicht unter jeder Verschiebung, sondern nur unter solchen der Form

$$\mathbf{t} = n_1\mathbf{a} + n_2\mathbf{b} + n_3\mathbf{c} \qquad (2.85)$$

invariant. Die Gesetze der Mechanik für ein bewegtes Kristallelektron können also völlig verschieden von den einfachen Gesetzen sein, die im freien Raum gelten.[1])

In der überwiegenden Zahl der Fälle stehen die primitiven Translationsvektoren **a, b** und **c** nicht senkrecht aufeinander. Die mathematische Behandlung von Kristallproblemen, insbesondere der Beugung von Röntgenstrahlen und Elektronen durch Kristallgitter, läßt sich wesentlich vereinfachen mit Hilfe der von *J. W. Gibbs* eingeführten reziproken Gittertrnasformation. Die Basisvektoren **a*, b*** und **c*** des reziproken Gitters ergeben sich aus den primitiven Basisvektoren **a, b** und **c** des wirklichen Gitters zu

$$\mathbf{a}^* = 2\pi \frac{\mathbf{b} \times \mathbf{c}}{\mathbf{a} \cdot (\mathbf{b} \times \mathbf{c})}; \quad \mathbf{b}^* = 2\pi \frac{\mathbf{c} \times \mathbf{a}}{\mathbf{a} \cdot (\mathbf{b} \times \mathbf{c})};$$
$$\mathbf{c}^* = 2\pi \frac{\mathbf{a} \times \mathbf{b}}{\mathbf{a} \cdot (\mathbf{b} \times \mathbf{c})} \quad . \tag{2.86}$$

Diese Definition schließt den Faktor 2π ein, der in der üblichen kristallographischen Definition fehlt.

Anmerkung: Die Einheit von Vektoren im reziproken Gitter ist keine Längeneinheit. Werden **a, b** und **c** in cm gemessen, dann haben **a*, b*** und **c*** die Einheit cm^{-1}.

a) Zeigen Sie, daß $\mathbf{a}^* \cdot \mathbf{a} = 2\pi$ und $\mathbf{a}^* \cdot \mathbf{b} = 0$ gelten.

b) Für ein zweidimensionales Kristallgitter ist in geeigneten Einheiten

$\mathbf{a} = 2\hat{\mathbf{x}}$; $\mathbf{b} = \hat{\mathbf{y}}$,

wobei $\hat{\mathbf{x}}$ und $\hat{\mathbf{y}}$ orthogonale kartesische Achsen festlegen (Bild 2.59). Zeichnen Sie einen Teil des Gitters. Bestimmen Sie **a*** und **b*** und zeichnen Sie einen Teil des reziproken Gitters (Bild 2.60). [*Hinweis:* Setzen Sie $\mathbf{c} = \hat{\mathbf{z}}$, wenn Ihnen das hilft, die geeigneten Definitionen im Zweidimensionalen zu finden.]

c) Für ein weiteres zweidimensionales Gitter gilt

$\mathbf{a} = \hat{\mathbf{x}}, \ \mathbf{b} = \hat{\mathbf{x}} \cos\frac{\pi}{3} + \hat{\mathbf{y}} \sin\frac{\pi}{3}$.

Zeichnen Sie einen Teil des Gitters, bestimmen Sie die reziproken Gittervektoren und zeichnen Sie das reziproke Gitter.

d) Zeigen Sie, daß

$$V^* = \frac{(2\pi)^3}{V}$$

gilt, wobei V das Volumen $\mathbf{a} \cdot (\mathbf{b} \times \mathbf{c})$ einer primitiven Zelle des wirklichen Gitters und V* das entsprechende Volumen $\mathbf{a}^* \cdot (\mathbf{b}^* \times \mathbf{c}^*)$ im reziproken Gitter ist.

[1]) Vgl. *Ch. Kittel,* Einführung in die Festkörperphysik, R. Oldenbourg, München und Wien, 1968. Nach Studium des 4. Bandes des Berkeley Physics Course wird Ihnen diese Darstellung leicht zugänglich sein.

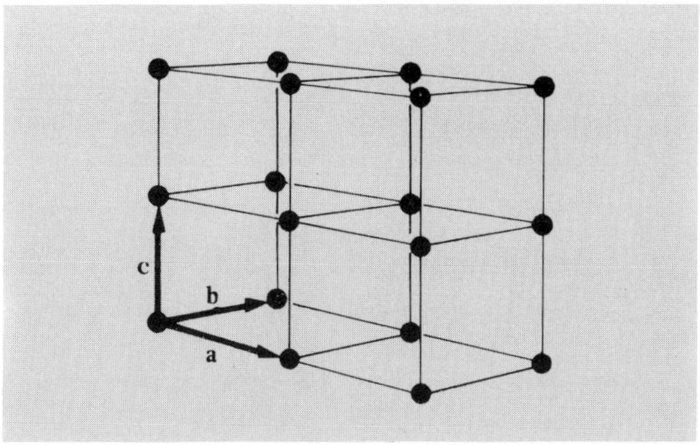

Bild 2.58. Ein Ausschnitt aus einem Kristallgitter mit den fundamentalen Translationsvektoren **a, b** und **c**. Im gezeigten Sonderfall sind **a, b** und **c** orthogonal, was für viele Kristalle nicht zutrifft.

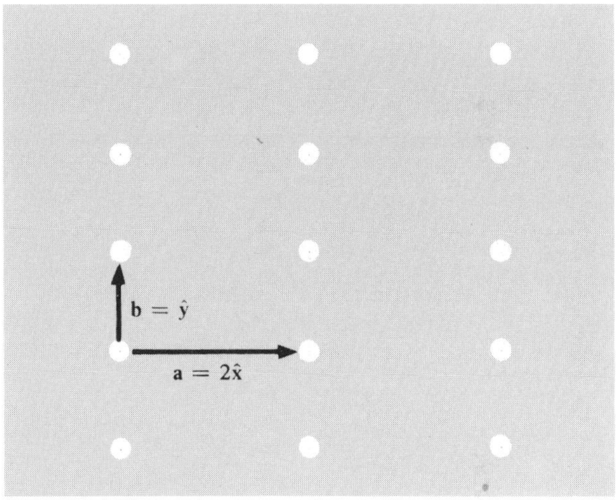

Bild 2.59. Ein Kristallgitter mit $a = 2\hat{x}$ und $b = \hat{y}$

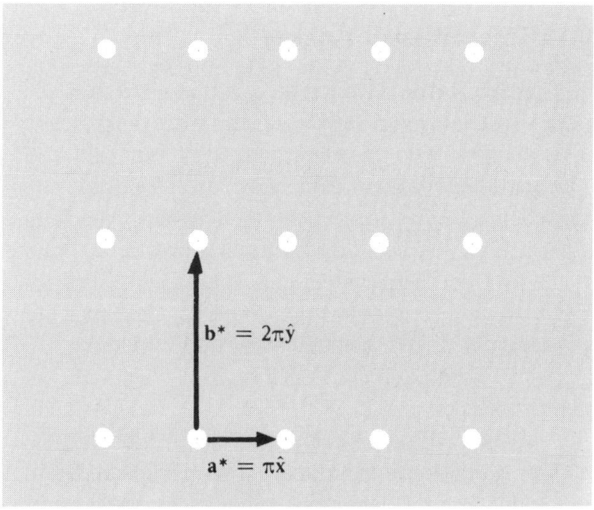

Bild 2.60. Das reziproke Gitter mit $\mathbf{a}^* = \pi\hat{\mathbf{x}}$ und $\mathbf{b}^* = 2\pi\hat{\mathbf{y}}$. Der Maßstab ist nicht der gleiche wie im Bild 2.59.

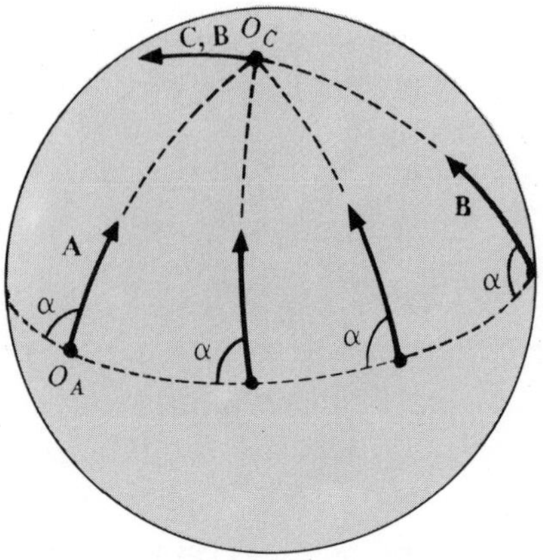

Bild 2.61. Eine Möglichkeit, die Richtung von **B** mit der von **A** zu vergleichen, besteht darin, **B** entlang dem Großkreissegment O_BO_A nach O_A unter Einhaltung des Winkels α zu verschieben.

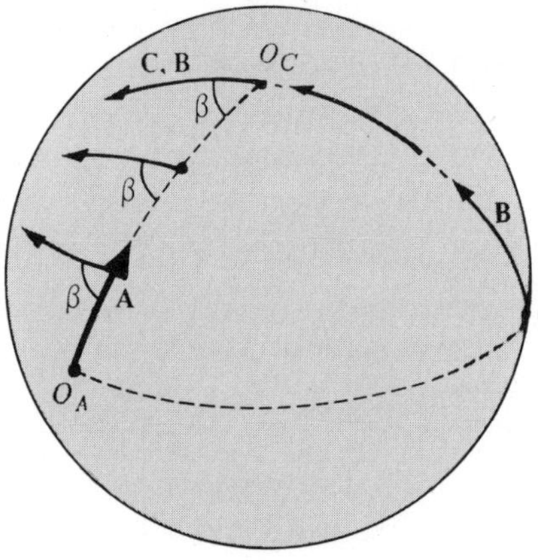

Bild 2.62. Hier wird **B** auf seinem Meridian nach O_C verschoben und gleitet von dort unter Einhaltung von β nach O_A.

2.9. Mathematischer Anhang

1. Gleichheit von Vektoren im gekrümmten Raum. Unsere Vorstellung von der Gleichheit zweier Vektoren steht und fällt mit der Annahme, daß der Raum euklidisch ist. Im gekrümmten Raum können wir zwei Vektoren an verschiedenen Stellen nicht mehr zweifelsfrei vergleichen. Wir betrachten den zweidimensionalen gekrümmten Raum, der von der Oberfläche einer dreidimensionalen Kugel gebildet wird. In diesem definieren wir als gerade Linien die Großkreise der Kugel; denn die kürzeste Verbindung zwischen zwei Punkten der Kugeloberfläche liegt auf einem Großkreis.

Wir wollen in diesem Raum zwei Vektoren **A** und **B** nach Betrag und Richtung miteinander vergleichen. Dazu müssen wir **B** ohne Veränderung seiner Richtung verschieben, bis sein Anfangspunkt mit dem von **A** zusammenfällt. Die Frage ist, was auf der gekrümmten Fläche „ohne Änderung der Richtung" heißt. Der Konstruktion für die Ebene folgend, zeichnen wir eine Gerade von O_A nach O_B. Wir bewegen dann **B** entlang dieser Linie in der Weise auf **A** zu, daß der Winkel von **B** mit der Geraden $\overline{O_A O_B}$ unverändert bleibt.

Wir können unser Verfahren prüfen, indem wir **B** zunächst nach O_C bewegen (zum Vergleich mit **C**) und dann entlang der Linie $\overline{O_C O_A}$ zum erneuten Vergleich mit **A** weiterschieben. Doch diese beiden verschiedenen Wege, **B** mit **A** zu vergleichen, führen zu verschiedenen Ergebnissen. Betrachten wir dazu den Sonderfall, daß **A** und **B** auf $\overline{O_A O_B}$ senkrecht stehen und folglich zueinander parallel sind. Entsprechend soll **C** parallel zu **B** sein, indem beide den gleichen Winkel mit der Linie $\overline{O_C O_B}$ einschließen. Aus Bild 2.61 geht nun klar hervor, daß **C** nicht parallel zu **A** verläuft, da beide verschiedene Winkel mit der Verbindungslinie $\overline{O_C O_A}$ bilden. Damit ergibt sich der Widerspruch, daß **A** und **C** nicht parallel sind, obwohl sie beide parallel zu einem dritten Vektor **B** verlaufen. Verschieben wir andererseits **B** über O_C parallel nach O_A, dann sind **B** und **A** nicht parallel (Bild 2.62).

Nehmen Sie zur Übung an, wir haben bei der zweiten Verschiebung über O_C festgestellt, daß **B** senkrecht auf **A** steht. Wie lang sind dann die Seiten des sphärischen Dreiecks im Verhältnis zum Kugelumfang?

2. Verallgemeinerte Vektornotation in kartesischen Koordinaten. Man kann die Berechnung und Handhabung von vektoriellen Ausdrücken im kartesischen Koordinatensystem durch eine leichte Änderung der Notation wesentlich vereinfachen. In der neuen Notation lassen sich insbesondere die kartesischen Komponenten vektorieller Produkte in kürzerer expliziter Form als bisher darstellen.

Wir bezeichnen die kartesischen Basisvektoren mit $\hat{\mathbf{e}}_1$, $\hat{\mathbf{e}}_2$ und $\hat{\mathbf{e}}_3$ und definieren das *Kronecker-Delta-Symbol* als

$$d_{ij} \equiv \begin{cases} 1 \text{ für } i = j \\ 0 \text{ für } i \neq j \end{cases}, \tag{2.87}$$

wobei i und j von 1 bis 3 laufen. In kartesischen Koordinaten hat dann ein Vektor **A** die Form

$$\mathbf{A} = A_1\hat{\mathbf{e}}_1 + A_2\hat{\mathbf{e}}_2 + A_3\hat{\mathbf{e}}_3 = \sum_{i=1}^{3} A_i\hat{\mathbf{e}}_i. \tag{2.88}$$

Das griechische Σ gibt an, daß die nachfolgende Größe über den Wertebereich der Indizes über und unter dem Σ aufsummiert wird. Wir verabreden weiter, daß die Summation über jeden *wiederholten griechischen Index* ausgeführt werden muß, d.h.

$$A_\mu e_\mu \equiv \sum_{i=1}^{3} A_i\hat{\mathbf{e}}_i = \mathbf{A}. \tag{2.89}$$

Damit erhalten wir z.B. für das Skalarprodukt

$$\mathrm{A}\cdot\mathrm{B}=\left(\sum_{i=1}^{3}\mathrm{A_i}\hat{\mathrm{e}}_i\right)\cdot\left(\sum_{j=1}^{3}\mathrm{B_j}\hat{\mathrm{e}}_j\right)$$
$$=\sum_{ij=1}^{3}\mathrm{A_iB_j}\hat{\mathrm{e}}_i\cdot\hat{\mathrm{e}}_j=\sum_{i=1}^{3}\mathrm{A_iB_i}=\mathrm{A}_\mu\mathrm{B}_\mu\ , \qquad (2.90)$$

mit der Beziehung

$$\hat{\mathrm{e}}_i\cdot\hat{\mathrm{e}}_j=\delta_{ij}\ . \qquad (2.91)$$

Entsprechend ergibt sich

$$\mathbf{A}(\mathbf{B}\cdot\mathbf{C})=\hat{\mathrm{e}}_\mu\mathrm{A}_\mu\mathrm{B}_\nu\mathrm{C}_\nu\ . \qquad (2.92)$$

Beachten Sie nun die Beziehungen

$$\hat{\mathrm{e}}_1\cdot(\hat{\mathrm{e}}_2\times\hat{\mathrm{e}}_3)=\hat{\mathrm{e}}_3\cdot(\hat{\mathrm{e}}_1\times\hat{\mathrm{e}}_2)=\hat{\mathrm{e}}_2\cdot(\hat{\mathrm{e}}_3\times\hat{\mathrm{e}}_1)=1; \qquad (2.93)$$
$$\hat{\mathrm{e}}_1\cdot(\hat{\mathrm{e}}_3\times\hat{\mathrm{e}}_2)=\hat{\mathrm{e}}_3\cdot(\hat{\mathrm{e}}_2\times\hat{\mathrm{e}}_1)=\hat{\mathrm{e}}_2\cdot(\hat{\mathrm{e}}_1\times\hat{\mathrm{e}}_3)=-1; \qquad (2.94)$$
$$\hat{\mathrm{e}}_1\cdot(\hat{\mathrm{e}}_1\times\hat{\mathrm{e}}_2)=\hat{\mathrm{e}}_1\cdot(\hat{\mathrm{e}}_2\times\hat{\mathrm{e}}_1)=\ldots\qquad=0, \qquad (2.95)$$

wobei die Auslassung in Gl. (2.95) sich auf die weiteren Produkte $\hat{\mathrm{e}}_i\cdot(\hat{\mathrm{e}}_j\times\hat{\mathrm{e}}_k)$ bezieht, in denen mindestens zwei gleiche Indizes vorkommen. Man kann die Ausdrücke (2.93) bis (2.95) bequem zusammenfassen durch Einführung eines neuen Symbols, des sogenannten *Levi-Civita-Tensors* ϵ_{ijk}.

$$\epsilon_{ijk}\equiv\begin{cases}1 & \text{für Indizes in zyklischer Anordnung}\\ -1 & \text{für Indizes in antizyklischer Anordnung}\\ 0 & \text{wenn mindestens zwei Indizes gleich sind;}\end{cases} \qquad (2.96)$$

die Indizes i, j und k laufen von 1 bis 3. Ihre *zyklischen* Anordnungen sind 123, 231 und 312, ihre *antizyklischen* 132, 321 und 213. Die Gln. (2.93) bis (2.95) erhalten jetzt die Form

$$\hat{\mathrm{e}}_i\cdot(\hat{\mathrm{e}}_j\times\hat{\mathrm{e}}_k)=\epsilon_{ijk}\qquad(\mathrm{i,j,k}=1,2,3). \qquad (2.97)$$

Der Ausdruck für das Vektorprodukt in kartesischen Komponenten wird

$$\mathbf{A}\times\mathbf{B}=\sum_{i,j,k=1}^{3}\epsilon_{ijk}\hat{\mathrm{e}}_i\mathrm{A_j}\mathrm{B_k}=\epsilon_{\lambda\mu\nu}\hat{\mathrm{e}}_\lambda\mathrm{A}_\mu\mathrm{B}_\nu\ . \qquad (2.98)$$

Bestimmen Sie zur Übung mit Hilfe von Gl. (2.98) $(\mathbf{A}\times\mathbf{B})^2$.

2.10. Historische Anmerkung. J. W. Gibbs

Einen Abriß über die Anfänge der Vektoranalysis gibt *Lynde Phelps Wheeler* in Kapitel 7 seines Buches *„Josiah Willard Gibbs:* The history of a great mind" (Yale University Press, New Haven, Conn., paperback edition, 1962).

Gibbs geht wohl in seinen Bedenken bei Notationsfragen ein wenig zu weit, wenn er unter anderem schreibt: „Meine Zweifel an den Vorzügen der verschiedenen Schreibweisen hielten mich bisher davon ab, irgend etwas über dieses Thema zu veröffentlichen oder auch jetzt regelmäßig zu publizieren. Das Gefühl, daß ich den mathematischen Apparat irgendwie ungeschickt anwende, hielt mich zurück." Die Punkt- und Kreuzschreibweise für das Skalar- bzw. Vektorprodukt stammt von *Gibbs.* Die Entwicklung der Vektoranalysis bezeichnet eine charakteristische Haltung von *Gibbs:* „Wenn ich irgendeinen Erfolg in der mathematischen Physik hatte, dann vielleicht, weil ich fähig war, mathematische Schwierigkeiten zu vermeiden." Elegante und klare Vorlesungen von *Gibbs* über die Vektoranalysis wurden veröffentlicht in *J. W. Gibbs,* Vectoranalysis, herausgegeben von *E. B. Wilson* (Yale University Press, New Haven, 1901).

3. Galilei-Invarianz

3.1. Wiederholung: Die Newtonschen Gesetze

In diesem Kapitel wollen wir hauptsächlich die Newtonschen Gesetze behandeln, die Ihnen sicher noch aus der Schulzeit bekannt sind. Wir wiederholen sie zunächst für Körper mit konstanter Masse.

Erstes Newtonsches Gesetz. Wirken keine äußeren Kräfte auf einen Körper, so verharrt er im Zustand der Ruhe oder der gleichförmigen geradlinigen Bewegung, d.h. es ist

$$\mathbf{a} = 0, \quad \text{wenn } \mathbf{F} = 0 \quad \text{ist.}$$

Zweites Newtonsches Gesetz. Die gesamte auf einen Körper wirkende Kraft ist gleich dem Produkt aus der Masse des Körpers und seiner Beschleunigung:

$$\mathbf{F} = m \cdot \mathbf{a}.$$

Drittes Newtonsches Gesetz. Bei der Wechselwirkung zweier Körper ist die Kraft $\mathbf{F}_{12}$, die der Körper (1) auf den Körper (2) ausübt, entgegengesetzt gleich der Kraft $\mathbf{F}_{21}$, die (2) auf (1) ausübt:

$$\mathbf{F}_{12} = -\mathbf{F}_{21}.$$

Das dritte Gesetz ist nur begrenzt gültig: Wir müssen nämlich annehmen, wie wir in Kapitel 10 noch erörtern werden, daß alle Signale und Kräfte eine endliche Ausbreitungsgeschwindigkeit haben. Das dritte Gesetz besagt aber, daß $\mathbf{F}_{12}$ und $\mathbf{F}_{21}$ bei *gleichzeitiger* Messung entgegengesetzt gleich sind. Hierbei wird jedoch nicht berücksichtigt, daß das eine Teilchen eine gewisse Zeit benötigt, um die Kraft des anderen Teilchens zu spüren. Deshalb stellt das dritte Newtonsche Gesetz bei atomaren Stoßprozessen nicht immer eine ausreichende Näherung dar. Bei Autozusammenstößen ist es eine recht gute Näherung, weil die Stoßdauer lang ist im Vergleich zu der Zeit, die ein Lichtsignal braucht, um eine Strecke von der Größenordnung der Abmessungen eines Autos zurückzulegen. Diese Zeit hat etwa die Größe

$$\frac{L}{c} \approx \frac{300\ \text{cm}}{3 \cdot 10^{10}\ \text{cm/s}} = 10^{-8}\ \text{s},$$

wobei L die Länge des Autos ist. (Ein Auto mit einer Geschwindigkeit von 100 km/h, d.h. etwa $3 \cdot 10^3$ cm/s, legt in 10^{-8} s eine Strecke von ungefähr $3 \cdot 10^{-5}$ cm zurück.)

Die ersten beiden Gesetze gelten nur in nichtbeschleunigten Bezugssystemen, wie die alltägliche Erfahrung bestätigt. Ist das Bezugssystem dagegen fest mit einem rotierenden Karussell verbunden, so treten auch beim Fehlen äußerer Kräfte Beschleunigungen auf. Sie können auf einem Karussell nur stehen bleiben, wenn auf ihren Körper eine Kraft von der Größe $m\omega^2 r$ wirkt, die auf die Achse gerichtet ist. m ist die Masse des Körpers, ω die Winkelgeschwindigkeit und r der Abstand zur Rotationsachse. Oder nehmen Sie an, das Bezugssystem ruht in einem Flugzeug, das beim Start stark beschleunigt. Dann werden Sie in den Sitz zurückgepreßt und dort von Kräften, die von der Rückenlehne auf Ihren Körper wirken, in Ruhe gehalten.

Wenn Sie in einem nichtbeschleunigten Bezugssystem in Ruhe oder in gleichförmiger geradliniger Bewegung bleiben wollen, benötigten Sie keine Kräfte. Wollen Sie dagegen in einem beschleunigten System in Ruhe bleiben, dann müssen Sie Kräfte ausüben oder erfahren, z.B. indem Sie sich an einem Seil festhalten oder von einem Sitz gestützt werden. Die Kräfte, die in beschleunigten Bezugssystemen auftreten, sind in der Physik bedeutungsvoll. Es ist besonders wichtig, die Kräfte zu verstehen, die in rotierenden Bezugssystemen auftreten.

• **Beispiel:** *Die Ultrazentrifuge.* Befindet sich ein Körper *nicht* in einem Inertialsystem, so können die Wirkungen sehr groß und u.U. von praktischer Bedeutung sein. Ein Molekül befindet sich in einer Flüssigkeit in der Kammer einer Ultrazentrifuge. Wenn sich die Kammer 1000

Bild 3.1. Rotor einer Ultrazentrifuge. Sie arbeitet bei 60 000 Umdr./min und erzeugt eine Zentrifugalbeschleunigung, die wenig unter dem 300 000-fachen der Erdbeschleunigung liegt. (*Beckmann Spinco Division*)

mal in der Sekunde dreht ($6 \cdot 10^4$ Umdr./min), beträgt die Winkelgeschwindigkeit

$$\omega = 2\pi \cdot 10^3 \approx 6 \cdot 10^3 \text{ rad/s}.$$

Ist das Teilchen 10 cm von der Drehachse entfernt, so hat seine Bahngeschwindigkeit den Wert

$$v = \omega \cdot r \approx 6 \cdot 10^3 \cdot 10 \text{ cm/s} = 6 \cdot 10^4 \text{ cm/s}.$$

Die Beschleunigung, die durch die Kreisbewegung hervorgerufen wird, hat die Größe (siehe Kapitel 2)

$$a = \omega^2 \cdot r \approx (6 \cdot 10^3)^2 \cdot 10 \text{ cm/s}^2 \approx 4 \cdot 10^8 \text{ cm/s}^2.$$

Vergleichsweise beträgt die Fallbeschleunigung an der Erdoberfläche nur 980 cm/s^2, so daß sich ein Verhältnis von Rotations- zu Erdbeschleunigung von

$$\frac{a}{g} \approx \frac{4 \cdot 10^8}{10^3} = 4 \cdot 10^5$$

ergibt. Die Beschleunigung in der Ultrazentrifuge ist also etwa $4 \cdot 10^5$-fach größer als die Fallbeschleunigung. (Dieser Wert wird von der Ultrazentrifuge in Bild 3.1 erreicht.) Moleküle, deren *Dichte (Masse/Volumen) sich* von der umgebenden Flüssigkeit *unterscheidet*, erfahren in der Zentrifugenkammer eine starke Zentrifugalkraft, die sie von der Flüssigkeit trennen kann. Bei gleicher Dichte tritt keine Trennung ein.

Vom Labor aus gesehen ist nach dem ersten Newtonschen Gesetz das Molekül bestrebt, in Ruhe zu bleiben oder sich mit konstanter Geschwindigkeit geradlinig zu bewegen. (Das Labor stellt eine gute Näherung für ein nichtbeschleunigtes Bezugssystem dar.) Das Molekül versucht, dem Zwang der Rotationsbewegung in der Ultrazentrifuge auszuweichen. Einem in der Ultrazentrifuge ruhenden Beobachter scheint das Molekül mit einer Kraft $m\omega^2 r$ radial nach außen beschleunigt zu werden. Wie groß ist diese Kraft? Angenommen, das Molekulargewicht sei 10^5, also ungefähr das 10^5-fache der Masse eines Protons:

$$m \approx 10^5 \cdot 1{,}7 \cdot 10^{-24} \text{ g} \approx 2 \cdot 10^{-19} \text{ g}.$$

(Die Masse eines Protons entspricht etwa einer Atommasseneinheit.) Damit ergibt sich für die Kraft, die durch die Rotationsbeschleunigung hervorgerufen wird, bei Benutzung des Beschleunigungswertes aus dem vorangegangenen Abschnitt:

$$m \cdot a = m\omega^2 r \approx 2 \cdot 10^{-19} \cdot 4 \cdot 10^8 \text{ dyn} = 8 \cdot 10^{-11} \text{ dyn}.$$

Diese Kraft, die das Molekül in der Zentrifugenkammer nach außen zieht, nennt man *Zentrifugalkraft*. Sind mehrere Molekülsorten mit unterschiedlicher Dichte in der Flüssigkeit suspendiert, dann werden sie durch die Wirkung der Zentrifugalbeschleunigung so angeordnet, daß sich die Moleküle mit der größten Dichte ganz außen absetzen. Darüber folgen in Schichten die Molekülsorten mit abnehmender Dichte. Mit der Ultrazentrifuge läßt sich eine hervorragende Trennung von verschiedenartigen Molekülsorten erreichen. Das Verfahren zeigt die besten Ergebnisse bei großen Molekülen, die von besonderem Interesse für die Biologie sind. Deshalb ist die Frage, ob ein Molekül bezüglich eines beschleunigten oder nichtbeschleunigten Bezugssystems in Ruhe ist, für die biologische und medizinische Forschung von besonderer Bedeutung. •

3.2. Inertialsysteme

Die Grundlage der klassischen Mechanik ist das zweite Newtonsche Gesetz:

$$\text{Kraft} = \frac{d}{dt}(\text{Impuls}); \quad \mathbf{F} = \frac{d}{dt}\mathbf{p}, \tag{3.1}$$

wobei $\mathbf{F}$ die Kraft ist und $\mathbf{p} \equiv m\mathbf{v}$ der Impuls. Dieses Gesetz ist für einen Beobachter gültig, der sich in einem unbeschleunigten Bezugssystem befindet (Bilder 3.2 bis 3.5). Ein solches Bezugssystem nennt man *Inertialsystem.* Für einen Körper konstanter Masse m gilt:

$$\mathbf{F} = m\frac{d\mathbf{v}}{dt} \equiv m\frac{d^2\mathbf{r}}{dt^2} \equiv m \cdot \mathbf{a} \tag{3.2}$$

mit der Beschleunigung $\mathbf{a}$. Mitunter ist die Masse nicht konstant; z.B. bei einem Satelliten, der Treibstoff ausstößt oder bei irgendeinem Körper im Bereich relativistischer Geschwindigkeiten (nahezu Lichtgeschwindigkeit). Die Gln. (3.1) und (3.2) können als eindeutige Definition der *wahren Kraft* $\mathbf{F}$ angesehen werden, die auf einen Körper wirkt.

Kann ein auf der Erdoberfläche fixiertes Labor als gutes Inertialsystem gelten? Wenn nicht, wie ist $\mathbf{F} = m \cdot \mathbf{a}$ zu korrigieren, um die Beschleunigung des Labors zu berücksichtigen?

Für viele Zwecke ist die Erde eine ziemlich gute Näherung für ein Inertialsystem. Die Beschleunigung eines Labors auf der Erdoberfläche resultiert aus der Erdrotation. Diese Rotation führt zu einer geringen Beschleunigung des Labors, die nicht in allen Fällen völlig vernachlässigt werden kann. Ein Massenpunkt am Äquator erfährt eine Zentripetalbeschleunigung

$$a = \frac{v^2}{R_E} = \omega^2 R_E, \tag{3.3}$$

bezogen auf den Erdmittelpunkt. Hierbei ist $\omega = 2\pi f$ die Winkelgeschwindigkeit und R_E der Erdradius. Die Erde dreht sich um 2π rad je Tag. (Ein Tag hat etwa $8{,}6 \cdot 10^4$ s.) Die Winkelgeschwindigkeit der Erde hat den Wert

$$\omega = \frac{2\pi}{8{,}6 \cdot 10^4 \text{ s}} \approx 0{,}73 \cdot 10^{-4} \text{ s}^{-1}. \tag{3.4}$$

Mit $R_E \approx 6{,}4 \cdot 10^8$ cm wird die Beschleunigung

$$a \approx (0{,}73 \cdot 10^{-4})^2 \cdot (6{,}4 \cdot 10^8) \text{ cm/s}^2 \approx 3{,}4 \text{ cm/s}^2. \tag{3.5}$$

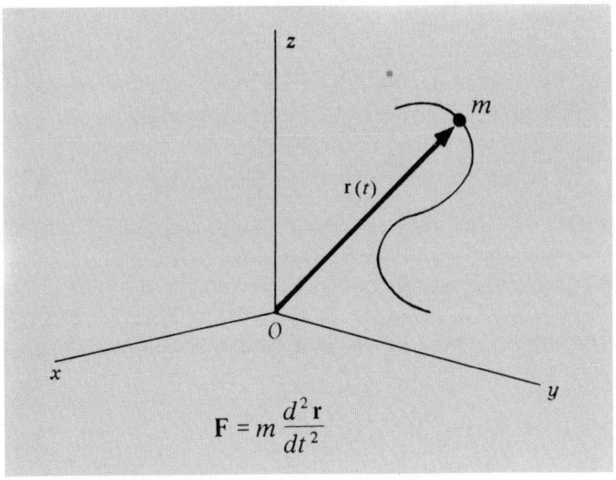

Bild 3.2. Das zweite Newtonsche Gesetz lautet: Kraft = Masse · Beschleunigung. Aber, Beschleunigung relativ zu welchem System?

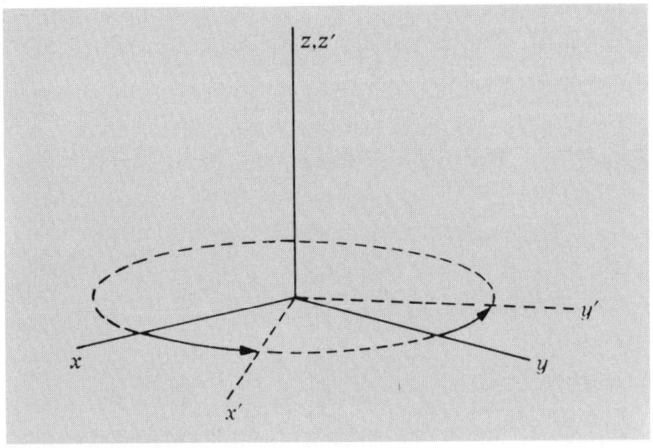

Bild 3.3. Beispielsweise rotiert das System S′(x′, y′, z′) relativ zum System S(x, y, z). Die Beschleunigung der Masse m ist in beiden Systemen verschieden ...

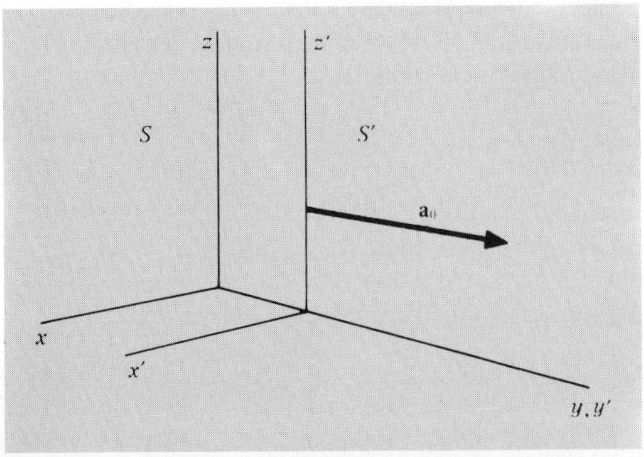

Bild 3.4. ... oder z.B. erhält System S′ die Beschleunigung a_0 gegenüber System S. Die Beschleunigung der Masse m ist auch hier in den Systemen unterschiedlich.

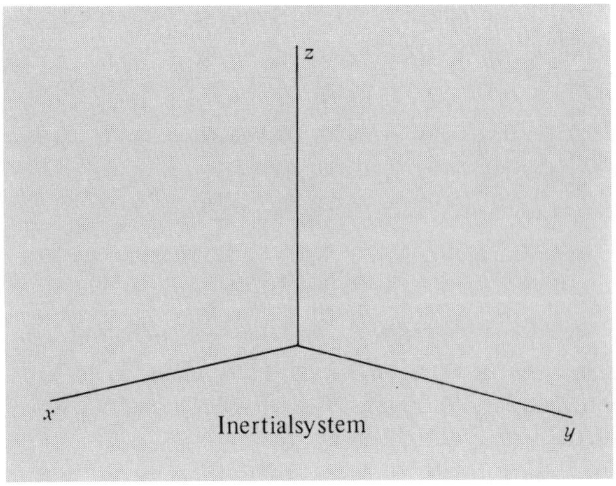

Bild 3.5. Gibt es *Inertialsysteme*, in denen wir **a** mit der Gleichung **F** = m · **a** berechnen würden?

Dies ist ein wesentlicher Teil des Bėtrages, um den die am Nordpol gemessene Fallbeschleunigung (g ≈ 980 cm/s²) diejenige am Äquator übertrifft. Der restliche Beitrag zu dieser Abweichung wird durch die abgeplattete Gestalt der Erde hervorgerufen. Die Differenz der Fallbeschleunigungen am Nordpol (oder Südpol) und am Äquator beträgt 5,2 cm/s². Ehe Satelliten zur Verfügung standen, war die Messung der Gravitationsvariation über die Erde der beste Weg, die Abplattung an den Polen zu bestimmen

Tabelle 3.1: *Werte von* g *in verschiedenen Breiten*

Ort	geogr. Breite	g (cm/s²)
Nordpol	90° N	983,245
Karajak Glacier, Grönland	70° N	982,53
Reykjavik, Island	64° N	982,27
Leningrad	60° N	981,93
Paris	49° N	980,94
New York	41° N	980,27
San Franzisko	38° N	979,96
Honolulu	21° N	978,95
Monrovia, Libera	6° N	978,16
Batavia, Java	6° S	978,18
Melbourne, Australien	38° S	979,99

Wir werden später in diesem Kapitel eine kompliziertere Form für das zweite Newtonsche Gesetz finden. Sie gilt für ein Koordinatensystem, dessen Achsen auf der Erdoberfläche fixiert sind. Aber um ein gültiges Gesetz in der einfachen Form von Gl. (3.1) oder (3.3) zu erhalten, ***müssen wir die Beschleunigung auf ein nichtbeschleunigtes System beziehen.*** Man spricht in diesem Fall von einem ***inertialen*** oder ***galileischen*** Bezugssystem. In einem beschleunigten (nichtinertialen) Bezugssystem ist **F** nicht gleich m · **a**, wenn **a** die im nichtinertialen System gemessene Beschleunigung ist.

Es ist üblich, die Fixsterne als unbeschleunigtes System zu betrachten. Hierin liegt ein gewisser metaphysischer Gedanke, denn die Behauptung, die Fixsterne seien unbeschleunigt, liegt jenseits experimenteller Bestätigung. Es ist unwahrscheinlich, daß unsere Instrumente die Beschleunigung eines entfernten Sterns oder Sternhaufens von weniger als $10^{-4}\,cm/s^2$ feststellen können, auch wenn wir 100 Jahre lang sorgfältig beobachten. In der Praxis ist es angebracht, Richtungen im Weltraum auf Sterne zu beziehen. Wir können aber auch experimentell ein annähernd unbeschleunigtes Bezugssystem konstruieren. Selbst wenn die Erde dauernd von einem dichten Nebel umgeben wäre, könnten wir ohne große Schwierigkeiten ein Inertialsystem aufbauen.

Die Zentrifugalbeschleunigung, die die Erde auf ihrer Bahn um die Sonne erfährt, ist um eine Größenordnung kleiner als die aus der Erdrotation herrührende Beschleunigung. Da ein Jahr $\approx 3 \cdot 10^7\,s$ hat, beträgt die Winkelgeschwindigkeit der Erde um die Sonne

$$\omega \approx \frac{2\pi}{3 \cdot 10^7\,s} \approx 2 \cdot 10^{-7}\,s^{-1}. \tag{3.6}$$

Mit $R \approx 1{,}5 \cdot 10^{13}\,cm$ ist die Zentripetalbeschleunigung der Erde auf ihrer Bahn um die Sonne

$$a = \omega^2 R \approx 4 \cdot 10^{-14} \cdot 1{,}5 \cdot 10^{13}\,cm/s^2 = 0{,}6\,cm/s^2 \tag{3.7}$$

Die Beschleunigung der Sonne in Richtung des Zentrums unserer Galaxis [1]) ist experimentell nicht gemessen worden. Aber die Doppler-Verschiebung von Spektrallinien (Kapitel 10) läßt auf eine Geschwindigkeit der Sonne relativ zum Mittelpunkt der Galaxis von etwa $3 \cdot 10^7\,cm/s$ schließen. Beschreibt die Sonne eine Kreisbahn um das Zentrum der Galaxis, das etwa $3 \cdot 10^{22}\,cm$ entfernt ist, dann wird die Beschleunigung der Sonne

$$a = \omega^2 R = \frac{v^2}{R} \approx \frac{9 \cdot 10^{14}}{3 \cdot 10^{22}}\,cm/s^2 = 3 \cdot 10^{-8}\,cm/s^2. \tag{3.8}$$

Das ist ein ziemlich kleiner Wert. Wir können auf Grund von Beobachtungen nicht beurteilen, ob die Sonne nicht viel stärker beschleunigt wird und ob der Mittelpunkt der Galaxis nicht selbst eine erhebliche Beschleunigung erfährt.

Aus der Praxis wissen wir jedoch, daß die Grundannahmen der klassischen Mechanik in sich außerordentlich geschlossen sind:

[1]) Die Sterne sind nicht zufällig im Universum verteilt, sondern in großen Systemen zusammengefaßt, die weit voneinander entfernt sind. Jedes System enthält größenordnungsmäßig 10^{10} Sterne. Diese Systeme nennt man Galaxien. Auch unser Sonnensystem befindet sich in einer Galaxis, die man auch speziell „Galaxis" nennt. Die Milchstraße ist ein Teil von ihr. Auch die Galaxien selbst sind nicht gleichmäßig im Raum verteilt. Sie bilden sogenannte Cluster. Unsere Galaxis gehört mit 18 anderen zu einem Cluster, das mit Local Group bezeichnet wird. Sie bildet ein durch Gravitationskräfte gebundenes physikalisches System

1. Der Raum ist *euklidisch.*
2. Der Raum ist *isotrop,* d.h. die physikalischen Eigenschaften sind in allen Richtungen gleich.
3. Die *Newtonschen Gesetze* gelten für einen Beobachter in einem Inertialsystem, das auf der Erde fixiert ist, wenn man die Zentripetalbeschleunigung auf Grund der Erdrotation und auf Grund der Bewegung um die Sonne berücksichtigt.
4. Das *Newtonsche Gravitationsgesetz* ist gültig. Dieses Gesetz definiert eine Anziehungskraft $F = Gm_1m_2/R^2$ zwischen zwei Punktmassen m_1, m_2 mit dem Abstand R; hier ist G eine Konstante.

Es ist schwierig, diese Annahmen unabhängig voneinander mit großer Genauigkeit zu überprüfen. Die präzisesten Verfahren, die sich auf die Bewegungen der Planeten im Sonnensystem beziehen, beinhalten im allgemeinen alle vier Behauptungen gleichzeitig. Einige besonders exakte Testmethoden des klassischen Systems werden in den historischen Anmerkungen am Ende des Kapitels 5 diskutiert.

Kräfte in Inertialsystemen. Galilei sagte, daß *ein Körper, der keinen Kräften ausgesetzt ist, konstante Geschwindigkeit hat.* [1]) Wir haben gesehen, daß diese Behauptung nur in einem Inertialsystem stimmt – sie definiert ein solches Inertialsystem.

Diese Behauptung erscheint unbefriedigend, denn wie können wir überhaupt feststellen, daß auf einen Körper keine Kräfte ausgeübt werden? Kräfte können nämlich nicht nur durch direkten Kontakt auf den Körper wirken, sondern auch dann, wenn der Körper isoliert ist. Gravitations- und elektrische Kräfte treten auch auf, wenn keine anderen Körper in unmittelbarer Nähe sind. Wir können also nie sicher sein, daß keine Kräfte auf einen Körper ausgeübt werden. Aber wenn wir nicht *a priori* entscheiden können, ob ein Probekörper einer Kraft ausgesetzt ist oder nicht, bereitet die Formulierung von Bewegungsgesetzen, die Kräfte und Beschleunigungen in Beziehung setzen, große Schwierigkeiten. Wir benötigen ein unbeschleunigtes Bezugssystem, bezüglich dessen wir Beschleunigungen messen können. Um ein derartiges System zu definieren, geht *Galilei* von der Annahme aus, daß es eine unabhängige Methode zur Nachprüfung gibt, daß auf das System keine Kräfte wirken. Wir können es aber nicht nachprüfen, weil unser Kriterium für Kräftefreiheit das Fehlen von Beschleunigungen ist. Dazu brauchen wir jedoch wieder ein Bezugssystem – und so drehen wir uns mit der Argumentation im Kreis.

Die Situation ist nicht hoffnungslos. Wir wissen nämlich, daß die Kräfte zwischen zwei Körpern mit wachsender Entfernung recht schnell abnehmen (Bilder 3.6 und 3.7). Wäre das nicht der Fall, könnten wir die Wechselwirkung zwischen zwei Körpern niemals von der zwischen

[1]) Das wird oft als erstes Newtonsches Gesetz bezeichnet.

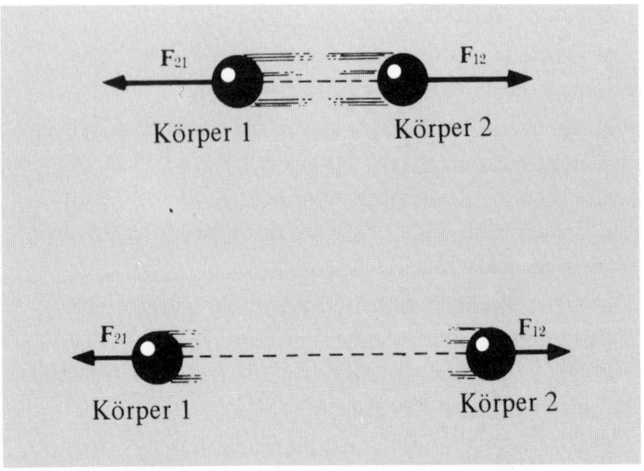

Bild 3.6. *Im Experiment* nimmt die Kraft, die ein Körper auf den anderen ausübt, schnell ab, wenn die Körper immer weiter voneinander getrennt werden. Deshalb ...

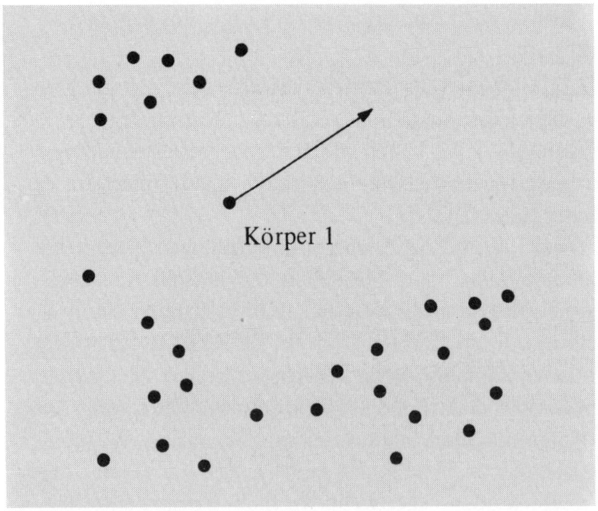

Bild 3.7. ... wirken keine Kräfte auf den Körper 1, wenn er weit genug von allen anderen entfernt ist.

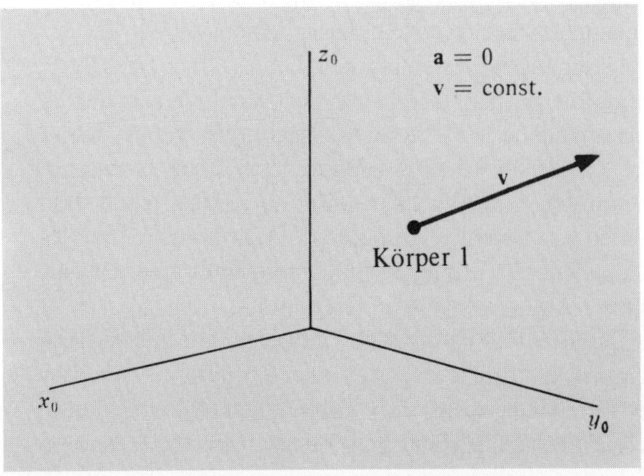

Bild 3.8. Das *System ist inertial*, wenn darin der Körper 1 keine Beschleunigung erfährt.

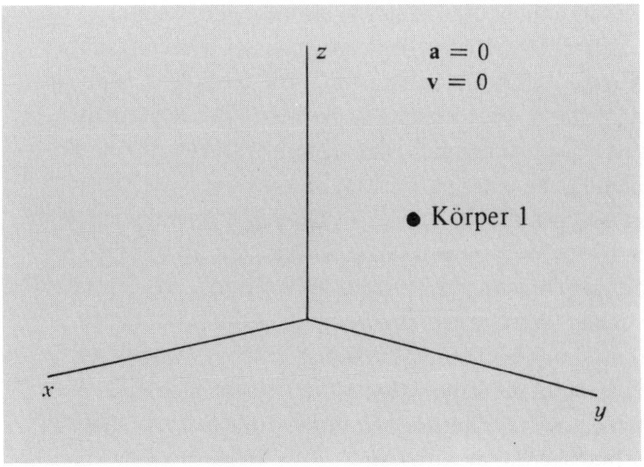

Bild 3.9. Insbesondere gibt es Inertialsysteme, in denen der Körper 1 in Ruhe ist und bleibt.

allen anderen Körpern des Universums trennen. Alle bekannten Kräfte zwischen Körpern nehmen mindestens mit $(1/r)^2$ ab. Wir und alle anderen Körper auf der Erde werden am stärksten zum Erdmittelpunkt gezogen und nicht zu irgendeinem entfernten Punkt im Weltall. Ohne Fußboden würden wir mit 980 cm/s^2 in Richtung auf den Erdmittelpunkt beschleunigt. Von der Sonne werden wir weniger stark angezogen, und zwar nach Gl. (3.7) mit einer Beschleunigung von 0,6 cm/s^2. Es erscheint sinnvoll zu sagen, daß auf einen Körper, der von allen anderen Körpern weit entfernt ist, praktisch keine Kraft wirkt und er deshalb auch nicht beschleunigt wird. Ein typischer Stern ist mindestens 10^{18} cm von seinem nächsten Nachbarn [1]) entfernt und erfährt dementsprechend nur eine geringe Beschleunigung. Deshalb können wir erwarten, daß die Fixsterne in guter Näherung ein unbeschleunigtes Koordinatensystem definieren (vgl. auch die Bilder 3.8 bis 3.14).

Eine gute Erörterung der Konstruktion eines unbeschleunigten Bezugssystems gibt *P. W. Bridgman* in Am. J. Phys. **29**, 32 (1961). Hier sind einige Auszüge: „Ein System von drei starren orthogonalen Achsen fixiert ein Galileisches System, wenn drei kräftefreie Massenteilchen, die sich parallel zu den Koordinatenachsen mit beliebigen Geschwindigkeiten bewegen, Richtung und Geschwindigkeit beibehalten. Unsere irdischen Laboratorien erfüllen diese Bedingungen nicht. Wir können ein solches System in unseren Labors konstruieren, wenn wir die experimentellen Abweichungen der drei genannten Bewegungsabläufe von den verlangten Bedingungen messen ... und diese Differenzen als negative Korrekturen in die Definition unseres Galileischen Systems aufnehmen. Ein Bezugnehmen auf die Sterne ist also nicht nötig.

[1]) Doppelsterne machen hier eine Ausnahme.

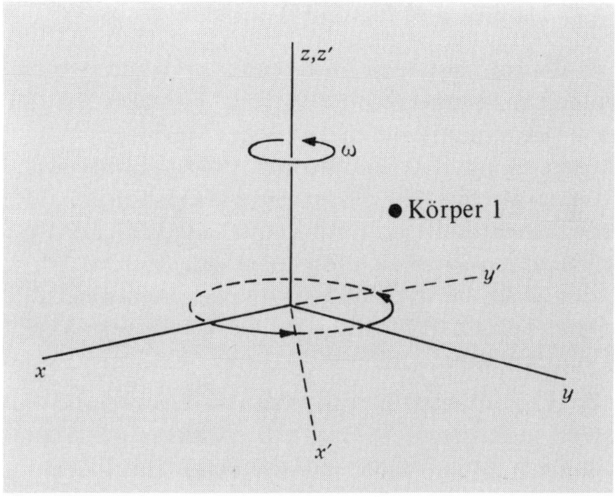

Bild 3.10. Wenn S(x, y, z) ein solches Inertialsystem ist, dann kann S'(x', y', z'), das um die z-Achse von S rotiert, *nicht* inertial sein. Denn ...

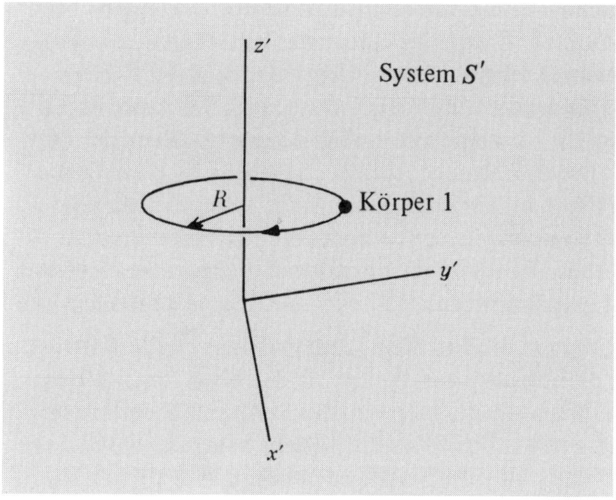

Bild 3.11. ... im System S' erfährt der Körper 1 eine Beschleunigung, obwohl er sehr weit von allen anderen Körpern entfernt ist. (Er scheint zu rotieren.) z.B. ...

Auch so können die Bewegungen von Körpern praktisch beschrieben werden unter der Benutzung meßbarer Abläufe wie die Rotation der Schwingungsebene eines Foucaultschen Pendels gegen die Erdoberfläche oder die Abweichung eines fallenden Körpers von der Senkrechten. Auch wenn sich eine Bodenstation, die einen Satelliten in seine Umlaufbahn bringen will, vorteilhafterweise zum Teil nach dem Polarstern orientiert, muß der Flugkörper schließlich in erdbezogenen Angaben dirigiert werden. Ein in einem Galileischen System kräftefrei rotierender Körper behält seine Rotationsebene im System bei und folglich auch die Richtung seiner Rotationsachse."

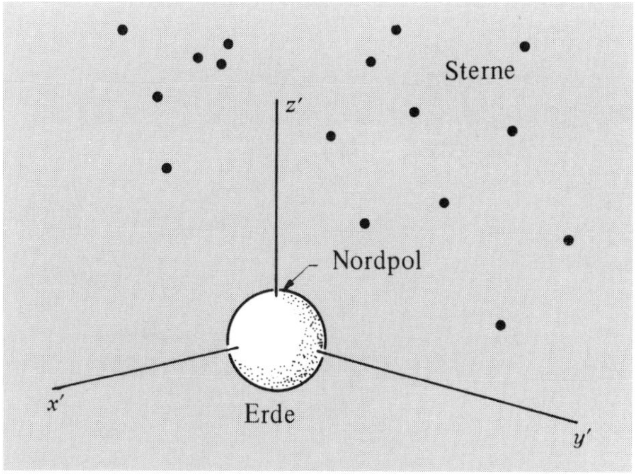

Bild 3.12. ... rotieren die entfernten Sterne, die dem Körper 1 vergleichbar sind, wenn man sie vom System S'(x', y', z') aus betrachtet, das auf der Erde fixiert ist. Ein mit der Erde fest verbundenes System ist nicht inertial, weil die Erde rotiert und sich um die Sonne bewegt.

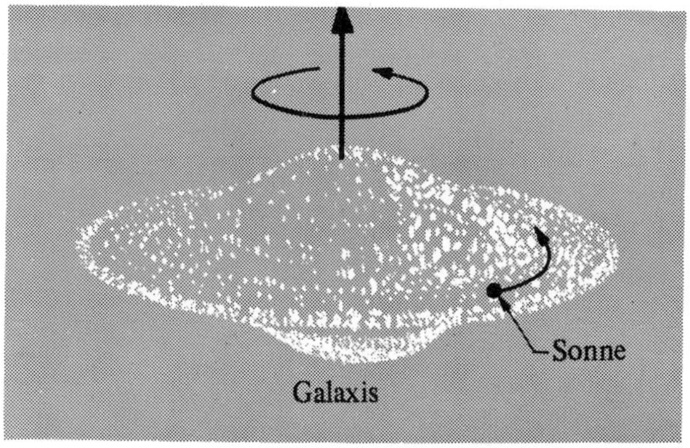

Bild 3.13. Ist ein auf der Sonne verankertes Bezugssystem inertial? Auch die Sonne bewegt sich auf einer Bahm um den Mittelpunkt der Galaxis. Die Beschleunigung ist jedoch vernachlässigbar klein ...

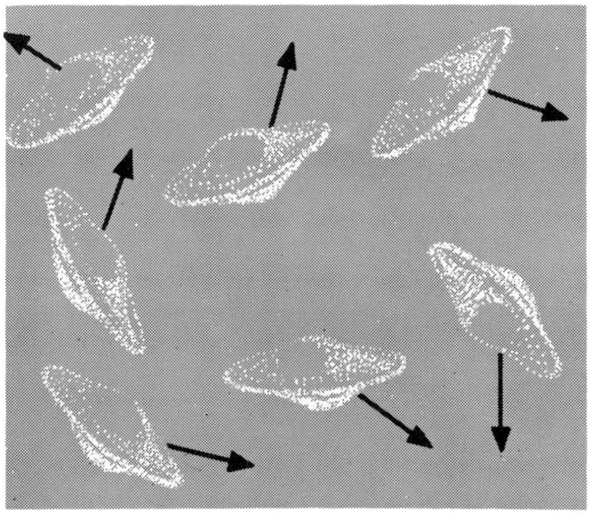

Bild 3.14. ... und anscheinend können wir auch die Beschleunigung unserer Galaxis relativ zu anderen Galaxien vernachlässigen.

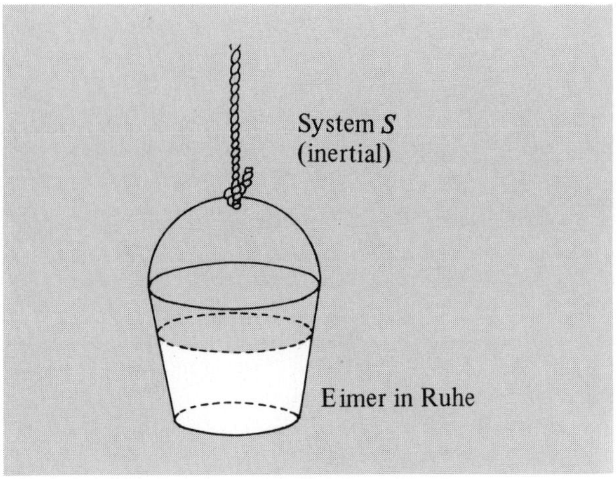

Bild 3.15. Ein Beispiel für Scheinkräfte, die in einem nichtinertialen System auftreten: Wenn der Eimer in S in Ruhe ist, bleibt die Wasseroberfläche eben. S sei relativ zu den Sternen unbeschleunigt.

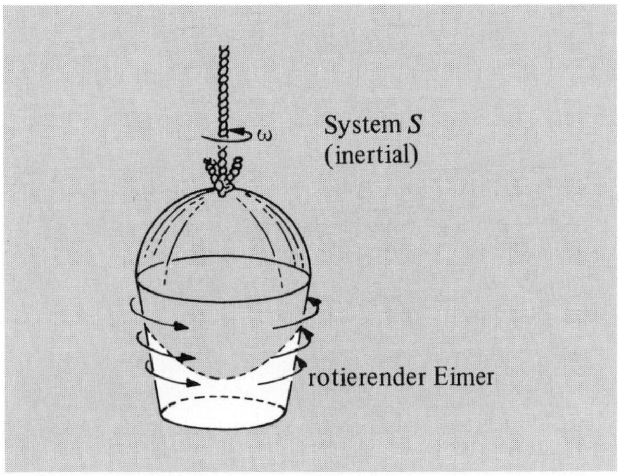

Bild 3.16. Wenn der Eimer in S rotiert, nimmt die Wasseroberfläche Paraboloidform an.

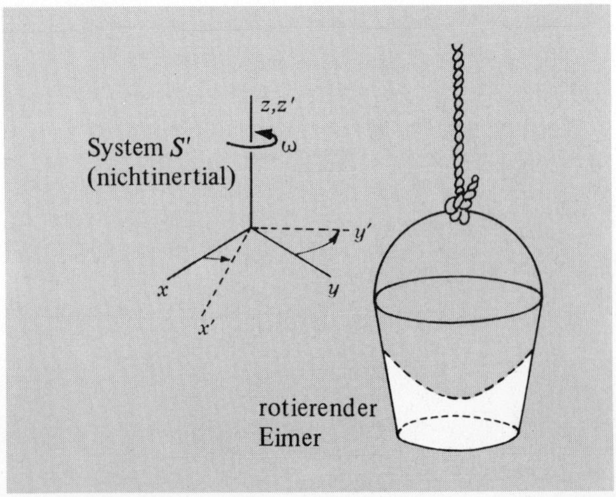

Bild 3.17. Im rotierenden System S' ist der Eimer in Ruhe. Aber die Wasseroberfläche ist parabolisch! Im nichtinertialen System S' wirkt eine fiktive Zentrifugalkraft auf das Wasser.

3.3. Absolute und relative Beschleunigung

Es gibt Inertialsysteme, in denen $\mathbf{F} = m \cdot \mathbf{a}$ sehr genau stimmt. Das ist experimentell bestätigt. Wir stellen fest, daß in einem Inertialsystem die zur Beschreibung der Bewegungen von Galaxien, Sternen, Atomen, Elektronen usw. geforderten Kräfte die gemeinsame Eigenschaft haben, daß die Kraft auf einen Körper tatsächlich mit wachsendem Abstand zu seinem Nachbarn abnimmt. Wir werden sehen, daß in einem Nicht-Inertialsystem *scheinbar* Kräfte existieren, die nicht auf die Nähe anderer Körper zurückzuführen sind.

Die Existenz eines Inertialsystems wirft eine schwierige und unbeantwortete Frage auf: Welchen Einfluß hat die gesamte übrige Materie im Universum auf ein Experiment in einem irdischen Labor? Angenommen, die ganze Materie im Weltall, außer der in der Nachbarschaft unserer Erde, erfährt eine starke Beschleunigung **a**. Ein kräftefreies Partikel auf der Erde hat die Beschleunigung Null relativ zu den Fixsternen. Wird dieses Teilchen – ursprünglich kräftefrei – beim Beschleunigen der Fixsterne die Beschleunigung Null relativ zur nichtbeschleunigten Umgebung der Erde beibehalten oder wird es eine Bewegungsänderung relativ zu seiner Umgebung erfahren? Ist es überhaupt ein Unterschied, ob man ein Teilchen mit $+\mathbf{a}$ oder die Fixsterne mit $-\mathbf{a}$ beschleunigt? Wenn nur die relative Beschleunigung ausschlaggebend ist, dann ist die Antwort auf die letzte Frage *Nein*; wenn aber die absolute Beschleunigung von Bedeutung ist, lautet die Antwort *Ja.* Dieses ist ein grundlegendes ungelöstes Problem, das experimentellen Methoden nicht leicht zugänglich ist.

Newton drückte diese Frage und seine eigene Antwort sehr anschaulich aus. Stellen Sie sich einen Eimer Wasser vor. Wenn wir ihn relativ zu den Sternen in Rotation versetzen, nimmt die Wasseroberfläche eine paraboloide Form an; das wird jeder bestätigen (Bilder 3.15 bis 3.17). Nun lassen wir statt des Wassereimers die Sterne um den Eimer rotieren, so daß die relative Bewegung die gleiche ist. *Newton* glaubte, daß dann die Wasseroberfläche glatt bliebe. Dieser Gesichtspunkt verleiht den Begriffen der absoluten Rotation und der absoluten Beschleunigung große Bedeutung. Empirisch wissen wir, daß alle Phänomene des rotierenden Wassereimers vollständig beschrieben und mit den Ergebnissen aus Labormessungen in Einklang gebracht werden können ohne jede Bezugnahme auf die Fixsterne.

Die gegenteilige Ansicht, daß *nur eine Beschleunigung relativ zu den Fixsternen Bedeutung hat,* ist eine Vermutung, die gemeinhin als Machsches Prinzip bezeichnet wird. Obwohl es weder experimentelle Bestätigungen noch Gegenbeweise für diese These gibt, fanden sie viele Physiker, einschließlich *Einstein, a priori* attraktiv; andere wiederum nicht. Das ist ein Thema für die spekulative Kosmologie.

Wenn wir annehmen, daß die mittlere Bewegung des restlichen Universums das Verhalten irgendeines einzelnen Teilchens beeinflußt, drängen sich einige damit verknüpfte Fragen auf, die jedoch nicht die geringsten Hinweise auf ihre Beantwortung geben. Gibt es andere Beziehungen zwischen den Eigenschaften eines einzelnen Teilchens und dem Zustand des übrigen Universums? Wird sich die Ladung eines Elektrons oder seine Masse oder die Wechselwirkungsenergie zwischen Kernteilchen [1]) ändern, wenn die Zahl der Partikel im Weltall oder ihre Dichte irgendwie variiert wird? Bis jetzt ist die tiefgreifende Frage nach dem Zusammenhang zwischen dem entfernten Universum und den Eigenschaften eines Einzelteilchens unbeantwortet geblieben.

3.4. Absolute und relative Geschwindigkeit

Hat der physikalische Begriff der absoluten Geschwindigkeit irgendeine Bedeutung? Nach allen bisher durchgeführten Experimenten muß man diese Frage verneinen. Das führt zu einer fundamentalen Hypothese, der Hypothese der *Galilei-Invarianz*:

> *Die grundlegenden Gesetze der Physik sind identisch in allen den Bezugssystemen, die sich gegeneinander mit gleichförmiger Geschwindigkeit bewegen.*

Nach dieser Hypothese kann ein Beobachter, der in einem fensterlosen Kasten eingeschlossen ist, durch kein Experiment feststellen, ob er relativ zu den Fixsternen in Ruhe oder im Zustand der gleichförmigen Bewegung ist. Nur wenn er durch ein Fenster sieht und seine Bewegung mit der der Sterne vergleicht, kann er erkennen, ob er sich relativ zu ihnen gleichförmig bewegt. Selbst dann kann er nicht sagen, wer sich bewegt, er oder die Sterne. Das Galileische Invarianzprinzip war eines der ersten, die in der Physik definiert wurden. Es bildete die Grundlage für *Newtons* Auffassung vom Universum. Es hat wiederholten Experimenten standgehalten und dient als einer der Eckpfeiler der speziellen Relativitätstheorie. Die Hypothese ist so bemerkenswert einfach, daß sie auch ernsthaft in Betracht gezogen würde, wenn jeglicher strenger Beweis fehlte. Die Hypothese der *Galilei-Invarianz* steht in voller Übereinstimmung mit der speziellen Relativitätstheorie, wie wir in Kapitel 11 sehen werden.

Was können wir mit dieser Hypothese anfangen? Die Hypothese, daß der Begriff einer absoluten Geschwindigkeit in der Physik keinen Sinn hat, schränkt teilweise Form und Inhalt aller bereits bekannten und noch nicht entdeckten physikalischen Gesetze ein. Wenn die Galilei-Invarianz stimmt, dann müssen dieselben Gesetze für zwei Beobachter gelten, die sich mit unterschiedlicher Geschwindigkeit, jedoch ohne relative Beschleunigung bewegen. Angenommen, beide beobachten ein bestimmtes Phänomen, wie den Zusammenstoß zweier Teilchen. Auf Grund ihrer unterschiedlichen Geschwindigkeiten werden die Beobachter den Vorgang verschieden beschreiben. Mit Hilfe der Gesetze der Physik können wir vorhersagen, was der eine Beobachter sehen wird, wie die Teilchen wechselwirken und wie sie dem anderen Beobachter erscheinen werden.

Demnach können die physikalischen Gesetze des zweiten Beobachters auf zwei Wegen aus denen des ersten gewonnen werden. Einerseits sind sie nach der Hypothese identisch. Andererseits können wir aus der Phänomenbeschreibung und den Gesetzen des ersten Beobachters die Beschreibung des zweiten Beobachters voraussagen. Und daraus können wir die Gesetze herleiten, die der zweite Beobachter finden wird. Die beiden Methoden liefern dieselben tatsächlichen physikalischen Gesetze. Ehe wir fortfahren, wollen wir einige empirische Ergebnisse des folgenden Falles festhalten: Zwei Beobachter beschreiben denselben physikalischen Vorgang; der eine bewegt sich in Relation zum anderen mit gleichbleibender Geschwindigkeit.

3.5. Die Galilei-Transformation

Wenn wir uns nun überlegen, wie zwei Beobachter eine vorgegebene Länge und ein Zeitintervall messen, dann können wir folgern, wie ihre Meßergebnisse anderer physikalischer Größen aussehen (Bilder 3.18 bis 3.24). S bezeichnet ein bestimmtes kartesisches Inertialsystem und S' ist ein zweites, das sich mit der Geschwindigkeit $\mathbf{V}$ relativ zum ersten bewegt. Die Achsen x', y', z' von S' sind parallel zu den Achsen x, y, z von S angeordnet. $\mathbf{V}$ zeige in x-Richtung. Wir wollen Messungen von Zeit und Länge vergleichen, die Beobachter im System S' bzw. S machen. Das Ergebnis des Vergleiches kann letztlich nur experimentell gefunden werden.

Mit identischen Uhren können die Beobachter folgendes Experiment durchführen: Der Beobachter in S verteilt seine Uhren entlang der x-Achse und stellt sie alle auf die gleiche Zeit (Bild 3.22). Das ist nicht unbedingt sehr einfach, wie wir in einer genaueren Untersuchung solcher Messungen anhand eines analogen Experiments in der speziellen Relativitätstheorie in Kapitel 11 sehen werden. Wir nehmen hier die Lichtgeschwindigkeit als unendlich an.[1]) Nun brauchen wir nur auf alle Uhren zu

---

[1]) Ein Nukleon ist ein Proton oder ein Neutron; ein Antinukleon ist ein Antiproton oder ein Antineutron.

[1]) Dieses Verfahren kann einfach durch eine Korrektur verbessert werden, die berücksichtigt, daß ein entferntes Bild eine gewisse Zeit braucht, um unser Auge zu erreichen. Eine l cm entfernte Uhr scheint gegenüber einer Uhr in unserer Nähe l/c Sekunden nachzugehen, wobei $c \approx 3 \cdot 10^{10}$ cm/s die Lichtgeschwindigkeit ist.

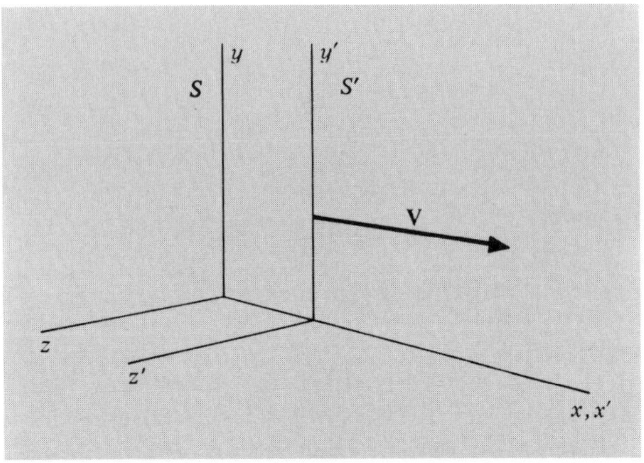

Bild 3.18. Ist S ein Inertialsystem, und bewegt sich S′ mit konstanter Geschwindigkeit v relativ zu S, dann muß S′ auch inertial sein.

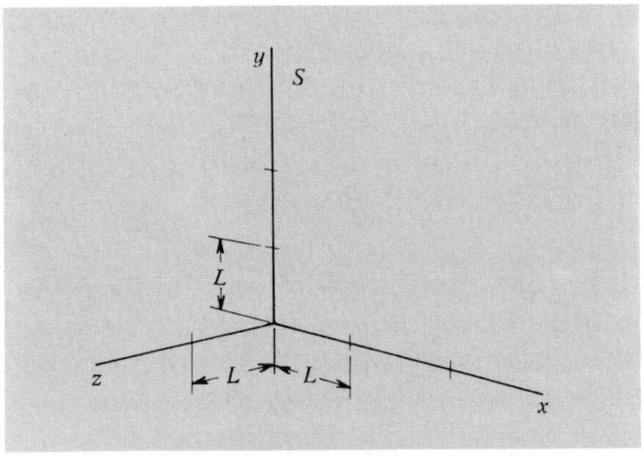

Bild 3.19. Gleiche Längen L werden auf den (x, y, z)-Achsen von S ...

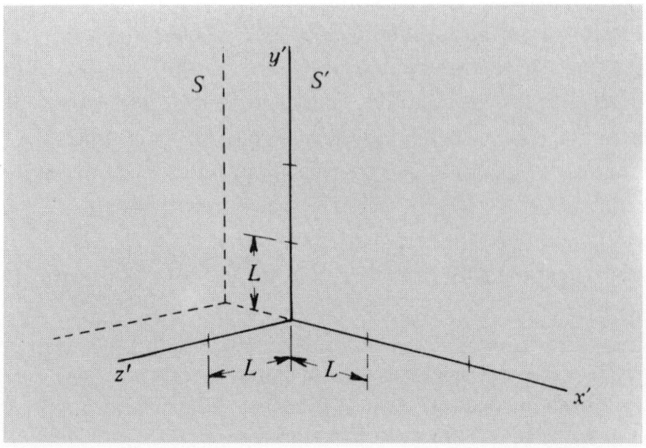

Bild 3.20. ... und auf den (x′, y′, z′)-Achsen von S′ markiert.

sehen, um uns davon zu überzeugen, daß sie alle die gleiche Anfangsstellung haben. Während S′ diese Uhren passiert, können wir die Zeigerstellungen der Uhren in S′ mit denen der Uhren 1, 2, 3... in S vergleichen (Bild 3.23). Wird dieses Experiment mit makroskopischen Uhren durchgeführt, ist die Geschwindigkeit V von S′ aus technischen Gründen auf einen höchsten Wert der Größenordnung 10^6 cm/s beschränkt. Das ist eine typische Satellitengeschwindigkeit. In dem Bereich $V/c \ll 1$ bestätigt das Experiment, daß eine Uhr in S′, die mit Uhr 1 in S übereinstimmte, auch mit den Uhren 2, 3, 4... in S übereinstimmt. Bei Berücksichtigung der Meßgenauigkeit [1]) unter diesen Bedingungen behaupten wir, daß

$$t = t', \tag{3.9}$$

d.h. die Zeitanzeigen in S′ und S sind gleich. Hierbei bezieht sich die Zeit t auf ein Ereignis in S und t′ auf ein Ereignis in S′.

Dieses Ergebnis ist weder selbstverständlich noch für alle Geschwindigkeiten V exakt gültig, wie Kapitel 11 zeigen wird.

Wir können auch die relativen Längen eines ruhenden und eines bewegten Meterstabes bestimmen (Bilder 3.18 bis 3.21). Wir benutzen wieder die Uhren, um festzustellen, wie lang einem Beobachter in S der Meterstab im bewegten System S′ erscheint. Wir markieren einfach die Lage der Stabenden zur gleichen Zeit, d.h. wenn die Uhren am anfang und am Ende in S die gleiche Zeit angeben. Das Experiment [2]) liefert

$$L = L', \tag{3.10}$$

vorausgesetzt, daß $V \ll c$.

Wir können die Gln. (3.9) und (3.10) im Sinne einer Transformation addieren. Sie ordnet die Koordinaten x′, y′, z′ und die Zeit t′, gemessen in S′, den Koordinaten x, y, z und der Zeit t, gemessen in S, zu. Das System S′ bewegt sich von S aus gesehen mit der Geschwindigkeit $V\hat{x}$. Für $t = 0$ ist $t' = 0$. Die Koordinatenschnittpunkte O und O′ sollen sich zu dieser Zeit decken. Mit identischen Entfernungseinheiten erhalten wir die folgenden Transformationsgleichungen:

$$\boxed{t = t'; \quad x = x' + Vt'; \quad y = y'; \quad z = z'.} \tag{3.11}$$

[1]) Nach der Relativitätstheorie ist bei einer Geschwindigkeit $V = 10^6$ cm/s die Differenz zwischen t und t′ nur $2 \cdot 10^{-9}$ oder weniger als 1 Sekunde in 50 Jahren. Obwohl man heutzutage Uhren mit solchem Gleichlauf bauen kann, gab es vor den Satellitenstarts keine Möglichkeit, eine Uhr mit 10^6 cm/s lange genug zu bewegen, um eine Messung durchführen zu können. Die Gleichung $t = t'$ für $V \ll c \approx 3 \cdot 10^{10}$ cm/s ist eine einfache Herleitung des Experiments. Sie begründet sich nicht auf äußerst genaue Messungen.

[2]) Ein solches Experiment ist noch nicht mit großer Genauigkeit durchgeführt worden. Die Gleichung $L = L'$ ist hauptsächlich deshalb akzeptabel, weil sie sich auf qualitative Versuche stützt, die Hypothese sehr einfach ist und diese Annahme zu keinen Widersprüchen führt.

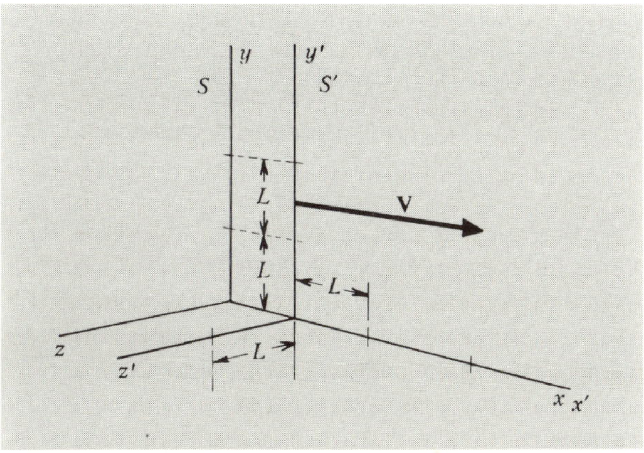

Bild 3.21. Gemäß der Galilei-Transformation erscheinen einem Beobachter in S die Längen in S' unverändert, obwohl sich S bewegt.

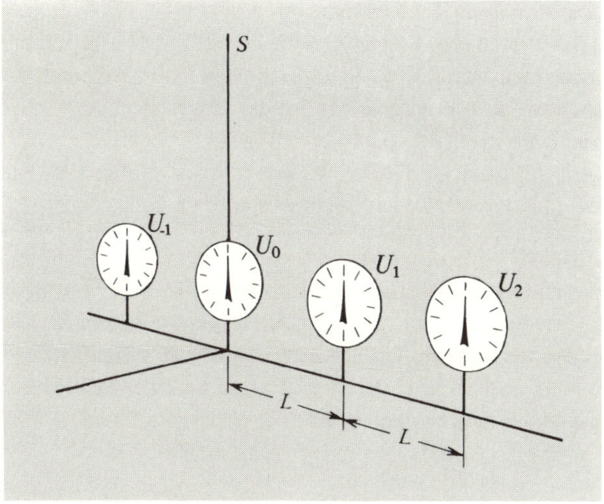

Bild 3.22. Synchron laufende Uhren U_0, U_1 usw. sind in Abständen L entlang der x-Achse im System S stationär angeordnet.

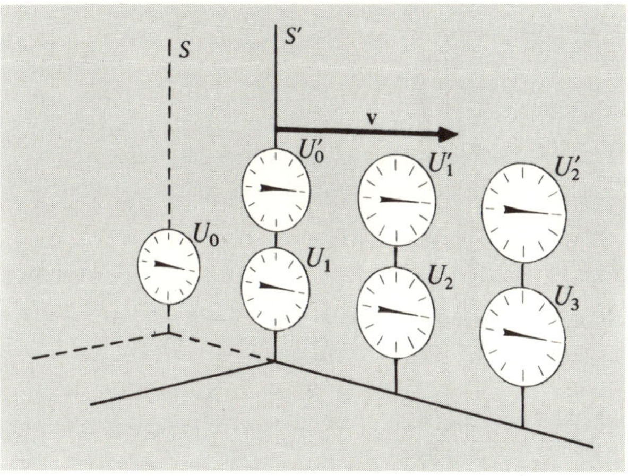

Bild 3.23. In gleicher Weise werden die Uhren U_0', U_1' usw. im System S' aufgestellt. Für einen Beobachter in S laufen diese Uhren untereinander und mit U_0, U_1 usw. synchron, gemäß der Galilei-Invarianz.

Das sind die Gleichungen für eine *Galilei-Transformation* (Bild 3.24).

Eine unmittelbare Folge der Gln. (3.11) ist das Gesetz von der Addition der Geschwindigkeiten:

$$v_x = \frac{x}{t} = \frac{x}{t'} = \frac{x'}{t'} + V = v_x' + V \tag{3.12}$$

oder in Vektorschreibweise

$$\mathbf{v} = \mathbf{v}' + \mathbf{V}. \tag{3.13}$$

Dabei ist $\mathbf{v}'$ die in S' und $\mathbf{v}$ die in S gemessene Geschwindigkeit. Die inverse Transformation zu (3.13) ist einfach $\mathbf{v}' = \mathbf{v} - \mathbf{V}$.

Kombiniert man die Definition (3.11) einer Galilei-Transformation zwischen S und S' mit der Grundforderung, daß die von Physikern in S und S' festgestellten Gesetze identisch sind, können wir die folgende Behauptung aufstellen:

> ***Die grundlegenden Gesetze der Physik bleiben in ihrer Form in zwei Bezugssystemen unverändert, wenn diese durch eine Galilei-Transformation verbunden sind.***

Diese Formulierung ist etwas spezieller als unsere frühere allgemeine Aussage, daß die physikalischen Gesetze in allen Bezugssystemen identisch sind, die sich relativ zueinander mit gleichmäßiger Geschwindigkeit bewegen. Die speziellere Form bedingt z.B. die Annahme, daß t = t'. Wir werden in Kapitel 11 sehen, daß diese Annahme noch modifiziert werden muß. Das allgemeine Prinzip der Invarianz wird immer als gültig angenommen. Die geeigneten exakten Transformationsgleichungen sind die *Lorentz-Transformationsgleichungen* und nicht die Gln. (3.11).

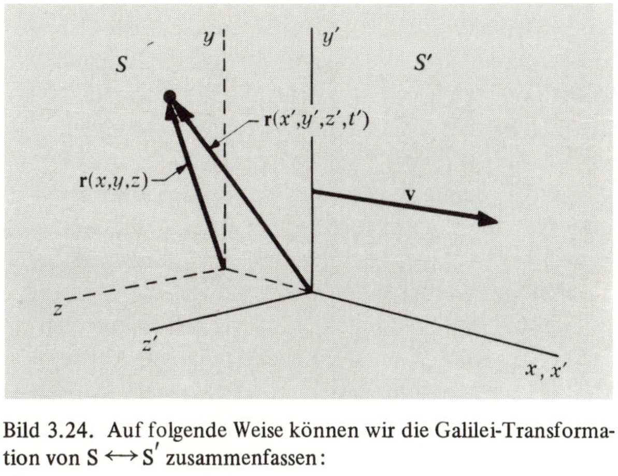

Bild 3.24. Auf folgende Weise können wir die Galilei-Transformation von S ⟷ S' zusammenfassen:

$x' = x - Vt \qquad z' = z$

$y' = y \qquad t' = t.$

Die Annahme der Invarianz mit den Gln. (3.11) bedeutet, daß die physikalischen Gesetze, ausgedrückt mit den gestrichenen Variablen, genau die gleiche Form haben müssen wie ihre Beschreibung mit den ungestrichenen Variablen (siehe Gln. (3.16) bis (3.18)).

Aus der Relation $\mathbf{v} = \mathbf{v}' + \mathbf{V}$, wobei $\mathbf{V}$ die relative Geschwindigkeit der beiden Bezugssysteme ist, folgt, daß

$$\Delta \mathbf{v} = \Delta \mathbf{v}', \tag{3.14}$$

d.h. eine Geschwindigkeitsänderung in S gleich der von S' aus gemessenen Geschwindigkeitsänderung ist. S und S' sind Inertialsysteme. Wir erinnern daran, daß $\mathbf{V}$ sich zeitlich nicht ändern soll. Da $\Delta t = \Delta t'$, sind Beschleunigungen von S und S' aus gesehen gleich:

$$\mathbf{a} \equiv \frac{\Delta \mathbf{v}}{\Delta t} = \frac{\Delta \mathbf{v}'}{\Delta t'} \equiv \mathbf{a}'. \tag{3.15}$$

Wie wird die Kraft $\mathbf{F}$ von S nach S' transformiert? Die Annahme, daß die physikalischen Gesetze in dem gestrichenen und im ungestrichenen System gleich sind, bedeutet, daß

$$\mathbf{F}' = m \cdot \mathbf{a}' \tag{3.16}$$

$$\mathbf{F} = m \cdot \mathbf{a} \tag{3.17}$$

unter der Voraussetzung, daß die Größe der Masse m unabhängig von der Geschwindigkeit ist. Da nach Gl. (3.15) $\mathbf{a}' = \mathbf{a}$, gilt

$$\mathbf{F} = m \cdot \mathbf{a}' = \mathbf{F}'. \tag{3.18}$$

Deshalb sind auch die Kräfte gleich: $\mathbf{F} = \mathbf{F}'$. Wird also die Gleichung $\mathbf{F} = m \cdot \mathbf{a}$ zur Definition der Kraft benutzt, stimmen die Angaben über Größe und Richtung der Kraft $\mathbf{F}$ aus allen Bezugssystemen überein, unabhängig von ihren relativen Geschwindigkeiten.

3.6. Die Impulserhaltung

Unter den physikalischen Gesetzen, die mit der Galilei-Invarianz vereinbar sind, haben die Impulserhaltung und die Erhaltung von Masse und Energie eine besondere Bedeutung. Diese Sätze sind bereits bekannt, jedoch nicht bezüglich ihrer Invarianz. Der Energieerhaltungssatz besagt, daß die gesamte Energie des Universums konstant ist. Das Gesetz von der Erhaltung der Masse beinhaltet, daß die gesamte Masse des Universums konstant bleibt. Wir werden im Grunde nichts Neues entdecken, wenn wir diese Gesetze vom Standpunkt der Invarianz aus betrachten. Aber wir werden einen Einblick gewinnen, der uns hilft, den Impulserhaltungssatz auf relativistische Probleme anzuwenden, bei denen $\mathbf{F} = m \cdot \mathbf{a}$ kein exaktes Naturgesetz mehr ist. Schließlich werden wir die entsprechenden Gesetze der Massen-, Energie- und Impulserhaltung im Bereich relativistischer Geschwindigkeiten erörtern.

Angewendet auf den Stoß zweier Körper, 1 und 2, besagt der Impulserhaltungssatz, daß die Summen der Impulse vor und nach dem Stoß gleich sind:

$$\mathbf{p}_1\,(\text{vorher}) + \mathbf{p}_2\,(\text{vorher}) = \mathbf{p}_1\,(\text{nachher}) + \mathbf{p}_2\,(\text{nachher}) \tag{3.19}$$

wobei der Impuls $\mathbf{p}$ definiert ist als

$$\mathbf{p} \equiv m \cdot \mathbf{v}. \tag{3.20}$$

Der Stoß soll in einem Raum stattfinden, der von äußeren Kräften isoliert ist. Der Stoß kann elastisch oder unelastisch sein. Beim elastischen Stoß erscheint die gesamte kinetische Energie der zusammentreffenden Teilchen wieder in den nach dem Stoß auseinanderstrebenden Teilchen. Bei einem gewöhnlichen unelastischen Stoß tritt ein Teil der kinetischen Energie nach dem Stoß als *innere* Anregungsenergie (z.B. Wärme) in einem oder mehreren Teilchen auf. Es ist wichtig, einzusehen, daß der Impulserhaltungssatz *auch* auf *unelastische* Stöße anwendbar ist.

Nach dem Gesetz von der Erhaltung der Masse ist die Summe der Massen vor dem Stoß gleich der Summe der Massen nach dem Stoß:

$$(m_1 + m_2)_{\text{vorher}} = (m_1 + m_2)_{\text{nachher}} \tag{3.21}$$

In Kapitel 12 werden die Gln. (3.20) und (3.21) für relativistische Geschwindigkeiten verallgemeinert.

Wir nehmen zunächst an, daß die Masse jedes Teilchens beim Stoß erhalten bleibt. Wir geben nun zwei unabhängige Herleitungen für das Gesetz der Erhaltung des Impulses an. Die erste Herleitung basiert auf der Annahme von *Newtonschen Kräften.* Die zweite ist besser und allgemeiner; sie stützt sich auf die Annahme von *Galilei-Invarianz* und *Energieerhaltung.*

Erste Herleitung. Die Erhaltung des Impulses folgt nicht notwendigerweise aus $\mathbf{F} = m \cdot \mathbf{a}$ allein. Die hier betrachteten Kräfte zwischen Teilchen sollen von besonderer Art sein; sie genügen dem dritten Newtonschen Gesetz. Man nennt sie deshalb *Newtonsche Kräfte.* Eine Newtonsche Kraft wird durch die Eigenschaft definiert, daß die Kraft $\mathbf{F}_{12}$, die Teilchen 1 auf Teilchen 2 ausübt, entgegengesetzt gleich der Kraft $\mathbf{F}_{21}$ ist, mit der 2 auf 1 wirkt:

$$\mathbf{F}_{12} = -\mathbf{F}_{21}. \tag{3.22}$$

Für ein Zeitintervall Δt gilt nach dem zweiten Newtonschen Gesetz, daß

$$\mathbf{F}_{12} = m_2 \frac{\Delta \mathbf{v}_2}{\Delta t} \quad \text{und} \quad \mathbf{F}_{21} = m_1 \frac{\Delta \mathbf{v}_1}{\Delta t} \tag{3.23}$$

ist. Mit $\mathbf{F}_{12} = -\mathbf{F}_{21}$ folgt der Impulserhaltungssatz

$$m_1 \Delta \mathbf{v}_1 + m_2 \Delta \mathbf{v}_2 = 0 \tag{3.24}$$

oder

$$(m_1 \mathbf{v}_1 + m_2 \mathbf{v}_2)_{\text{vorher}} = (m_1 \mathbf{v}_1 + m_2 \mathbf{v}_2)_{\text{nachher}}. \tag{3.25}$$

Zu jedem Zeitpunkt bleibt die Summe der Impulse $m_1 \mathbf{v}_1 + m_2 \mathbf{v}_2$ der kollidierenden Teilchen konstant, wenn die Wechselwirkungskräfte Newtonsche Kräfte sind.

Diese einfache Bedingung ist oft nicht streng erfüllt. Der Impulserhaltungssatz ist jedoch exakt. In Wirklichkeit kann die Wechselwirkung zwischen den Teilchen nicht instantan sein, da sie sich nicht mit unendlicher Geschwindigkeit, sondern höchstens mit Lichtgeschwindigkeit ausbreitet (Kapitel 10). Darum ist $\mathbf{F}_{12}$ nicht zu jedem Zeitpunkt genau gleich $-\mathbf{F}_{21}$. Erst wenn die Teilchen ihren endgültigen Impuls bekommen haben, können wir erwarten, daß die Summe der Endimpulse gleich der Summe der Anfangsimpulse wird. Es ist ausgesprochen unbefriedigend, die Impulserhaltung auf der speziellen Voraussetzung Newtonscher Kräfte aufzubauen.

Für Newtonsche Kräfte gilt die Erhaltung des Impulses streng zu jedem Zeitpunkt; sogar während des Stoßprozesses selbst. Aber für nicht instantan auftretende physikalische Kräfte gibt es Stadien der Wechselwirkung zweier Teilchen, in denen der Impuls nicht erhalten ist.

Zweite Herleitung. Hierbei setzen wir die Gültigkeit der *Galilei-Invarianz,* des *Massen-* und des *Energieerhaltungssatzes* voraus. Wir betrachten zwei freie Teilchen 1 und 2, die die Anfangsgeschwindigkeiten $\mathbf{v}_1$ und $\mathbf{v}_2$ haben. Die Anfangs- (und End-)Positionen sollen weit auseinanderliegen, so daß die Wechselwirkung der Teilchen an diesen Punkten vernachlässigt werden kann. In Kapitel 5 werden wir erfahren, daß die kinetische Anfangsenergie der Teilchen

$$\frac{1}{2}m_1v_1^2 + \frac{1}{2}m_2v_2^2 \tag{3.26}$$

ist. Nach dem Stoß, ganz gleich, ob er elastisch oder unelastisch war, ist die kinetische Energie

$$\frac{1}{2}m_1w_1^2 + \frac{1}{2}m_2w_2^2, \tag{3.27}$$

wobei $\mathbf{w}_1$ und $\mathbf{w}_2$ die Geschwindigkeiten nach dem Stoß sind, und zwar an Punkten, an denen die Teilchen nicht mehr aufeinander wirken. Der Energieerhaltungssatz sagt uns, daß

$$\frac{1}{2}m_1v_1^2 + \frac{1}{2}m_2v_2^2 = \frac{1}{2}m_1w_1^2 + \frac{1}{2}m_2w_2^2 + \Delta\epsilon \tag{3.28}$$

ist. $\Delta\epsilon$ (das positiv oder negativ sein kann) ist die Änderung der inneren Anregungsenergie der Teilchen, die durch den Stoß verursacht wurde. Die innere Anregung kann eine Rotation oder eine Schwingung sein; sie kann auch die Anhebung eines gebundenen Elektrons von einem niedrigen Energieniveau auf ein höheres sein. Bei einem elastischen Stoß ist $\Delta\epsilon = 0$; aber wir brauchen diese Herleitung nicht auf elastische Stöße zu beschränken: [1])
Wir haben hier vorausgesetzt, daß sich die Teilchenmassen m_1 und m_2 beim Stoß nicht ändern.

[1]) Auch beim unelastischen Stoß gilt die Energieerhaltung. Die kinetische Energie wird teilweise in Schwingungs- oder Rotationsenergie oder in andere Formen innerer Energie umgewandelt. Solche Arten von innerer Bewegung bezeichnet man als thermische Bewegung oder allgemeiner als Wärme (Band 5).

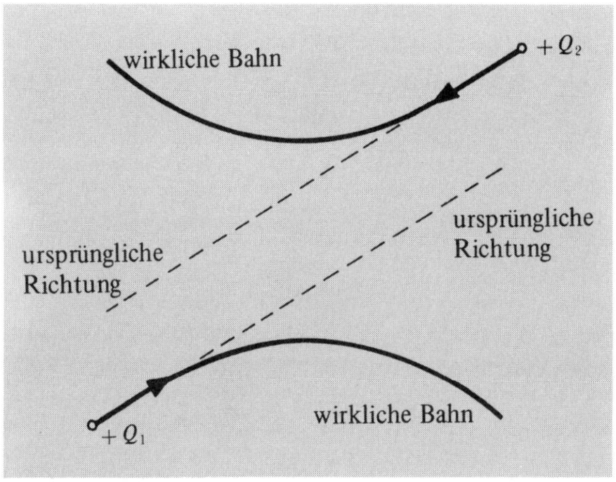

Bild 3.25. Wenn zwei Punktladungen Q_1 und Q_2 dicht aneinander vorbeifliegen, werden ihre Bahnen aus der ursprünglichen Richtung abgelenkt. Der Impuls bleibt bei diesem Stoß erhalten, aber die Kräfte sind nicht newtonisch. Die Abweichung vom newtonischen Verhalten wird entscheidend, wenn sich die Teilchen sehr schnell bewegen.

Nun betrachten wir denselben Stoß vom gestrichenen Bezugssystem aus, das sich mit gleichmäßiger Geschwindigkeit $\mathbf{V}$ im Verhältnis zum ungestrichenen System bewegt. Im gestrichenen System sind die Anfangsgeschwindigkeiten $\mathbf{v}_1', \mathbf{v}_2'$ und die Endgeschwindigkeiten $\mathbf{w}_1', \mathbf{w}_2'$. Wir haben demnach

$$\begin{aligned} \mathbf{v}_1' &= \mathbf{v}_1 - \mathbf{V}; \quad \mathbf{v}_2' = \mathbf{v}_2 - \mathbf{V}; \\ \mathbf{w}_1' &= \mathbf{w}_1 - \mathbf{V}; \quad \mathbf{w}_2' = \mathbf{w}_2 - \mathbf{V}. \end{aligned} \tag{3.29}$$

Im gestrichenen System lautet der Energieerhaltungssatz:

$$\frac{1}{2}m_1(v_1')^2 + \frac{1}{2}m_2(v_2')^2 = \frac{1}{2}m_1(w_1')^2 + \frac{1}{2}m_2(w_2')^2 + \Delta\epsilon. \tag{3.30}$$

Wir wollen annehmen, daß sich die Anregungsenergie $\Delta\epsilon$ beim Übergang zum gestrichenen System nicht ändert, was mit dem Experiment übereinstimmt.

Wenn der Energieerhaltungssatz einer Galilei-Transformation gegenüber invariant ist, dann muß in beiden Systemen die kinetische Anfangsenergie gleich der kinetischen Endenergie plus $\Delta\epsilon$, der inneren Anregungsenergie, sein. D.h. die beiden Gln. (3.28) und 3.30) müssen erfüllt sein. Der Energieerhaltungssatz im gestrichenen System kann auch durch Einsetzen der Transformation (3.29) in Gl. (3.30) ausgedrückt werden. Unter Beachtung, daß $(v_1')^2 = v_1^2 - 2\mathbf{v}_1 \cdot \mathbf{V} + V^2$ usw. gilt, wird aus Gl. (3.30)

$$\frac{1}{2}m_1(v_1^2 - 2\mathbf{v}_1 \cdot \mathbf{V} + V^2) + \frac{1}{2}m_2(v_2^2 - 2\mathbf{v}_2 \cdot \mathbf{V} + V^2) =$$

$$\frac{1}{2}m_1(w_1^2 - 2\mathbf{w}_1 \cdot \mathbf{V} + V^2) + \frac{1}{2}m_2(w_2^2 - 2\mathbf{w}_2 \cdot \mathbf{V} + V^2) + \Delta\epsilon. \tag{3.31}$$

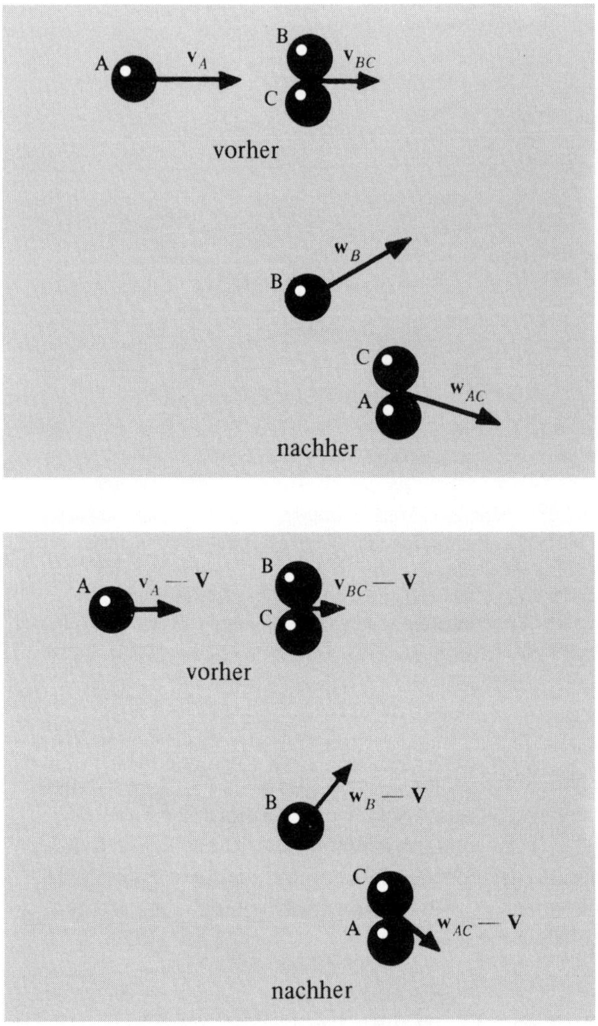

Bilder 3.26 und 3.27. Stoß zwischen Atom A und Molekül BC mit dem Ergebnis Atom B und Molekül AC. Der Stoß wird von zwei verschiedenen Bezugssystemen aus betrachtet.

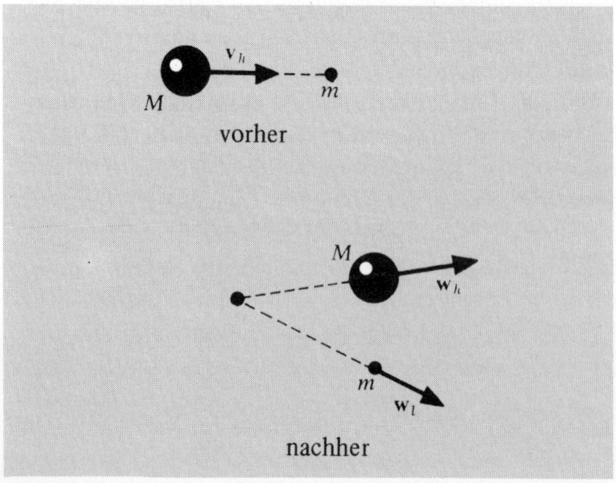

Bild 3.28. Stoß zwischen einem schweren und einem leichten Teilchen.

Beachten Sie, daß sich V^2 rechts und links vom Gleichheitszeichen aufhebt. Diese Gleichung ist identisch mit dem Energieerhaltungssatz (3.28) im ungestrichenen System, vorausgesetzt, daß die Skalarprodukte in Gl. (3.31) gleich sind:

$$(m_1 \mathbf{v}_1 + m_2 \mathbf{v}_2) \cdot \mathbf{V} = (m_1 \mathbf{w}_1 + m_2 \mathbf{w}_2) \cdot \mathbf{V}. \qquad (3.32)$$

Die Gl. (3.32) muß für alle Werte von **V** gelten. Deshalb ist die allgemeine Lösung von Gl. (3.32)

$$\boxed{m_1 \mathbf{v}_1 + m_2 \mathbf{v}_2 = m_1 \mathbf{w}_1 + m_2 \mathbf{w}_2.} \qquad (3.33)$$

Das ist genau der *Impulserhaltungssatz.*

Zur Wiederholung: Wir haben angenommen, daß Energie und Masse beim Stoß erhalten bleiben und daß diese Gesetze in jedem Inertialsystem gültig sind, d.h. wir haben Galilei-Invarianz vorausgesetzt. Wir haben gesehen, daß die Gesetze *nur* dann in verschiedenen Inertialsystemen gelten, wenn der Impuls beim Stoß erhalten bleibt. Das Gesetz von der Erhaltung der Masse haben wir nicht in seiner vollsten Allgemeinheit benutzt. Das folgende Beispiel wird zeigen, daß man auf analogem Wege den Impulserhaltungssatz auch herleiten kann, wenn beim Stoß ein Massenaustausch stattfindet, so daß m_1 übergeht in $\overline{m_1}$ und m_2 in $\overline{m_2}$, wenn nur $m_1 + m_2 = \overline{m_1} + \overline{m_2}$ erfüllt bleibt.

3.7. Chemische Reaktionen

Wir zeigen, daß der Gesamtimpuls bei einer chemischen Reaktion erhalten bleibt, bei der die reagierenden Atome „umgestaltet" oder ausgetauscht werden, die Gesamtmasse jedoch nicht verändert wird. Wir nehmen an, daß keine äußeren Kräfte wirken.

Die Reaktion wird beschrieben durch

$$A + BC \longrightarrow B + AC. \qquad (3.34)$$

BC symbolisiert ein Molekül aus den Atomen B und C. Bei der Reaktion verbindet sich Atom A mit Atom C zum Molekül AC (Bilder 3.26 und 3.27).

In einem Inertialsystem kann der Energieerhaltungssatz geschrieben werden als

$$\begin{aligned}&\frac{1}{2} m_A v_A^2 + \frac{1}{2}(m_B + m_C) v_{BC}^2 \\ &\qquad = \frac{1}{2} m_B w_B^2 + \frac{1}{2}(m_A + m_C) w_{AC}^2 + \Delta\epsilon.\end{aligned} \qquad (3.35)$$

$\Delta\epsilon$ repräsentiert hier Änderungen in der Bindungsenergie der reagierenden Moleküle. In einem zweiten Inertialsystem, das sich relativ zum ersten mit der Geschwindigkeit **V** bewegt, kann der Energieerhaltungssatz folgendermaßen geschrieben werden:

$$\begin{aligned}&\frac{1}{2} m_A (\mathbf{v}_A - \mathbf{V})^2 + \frac{1}{2}(m_B + m_C)(\mathbf{v}_{BC} - \mathbf{V})^2 \\ &= \frac{1}{2} m_B (\mathbf{w}_B - \mathbf{V})^2 + \frac{1}{2}(m_A + m_C)(\mathbf{w}_{AC} - \mathbf{V})^2 + \Delta\epsilon,\end{aligned} \qquad (3.36)$$

wobei $\mathbf{v}_A$ übergeht in $\mathbf{v}_A - \mathbf{V}$ usw. Nach dem Ausrechnen der Klammern sehen wir, daß die Gln. (3.35) und (3.36) konsistent sind, wenn

$$m_A\mathbf{v}_A + (m_B + m_C)\mathbf{v}_{BC} = m_B\mathbf{w}_B + (m_A + m_C)\mathbf{w}_{AC}. \quad (3.37)$$

Das ist genau die Behauptung des Impulserhaltungssatzes.

• **Beispiel**: *Der Stoß eines schweren Teilchens mit einem leichten.* Ein schweres Teilchen der Masse M kollidiert elastisch mit einem leichten Teilchen der Masse m (Bild 3.28). Das leichte Teilchen befindet sich ursprünglich in Ruhe. Die Anfangsgeschwindigkeit des schweren Teilchens sei $\mathbf{v}_s = v_s\hat{\mathbf{x}}$, seine Endgeschwindigkeit sei $\mathbf{w}_s$. Wie groß ist die Endgeschwindigkeit $\mathbf{w}_l$ des leichten Teilchens, wenn es bei diesem Stoß die Richtung $+\hat{\mathbf{x}}$ erhält? Wieviel Energie gibt das schwere Teilchen dabei ab?

Nach dem Impulserhaltungssatz kann in der Endgeschwindigkeit des schweren Teilchens bei diesem Stoß keine $\hat{\mathbf{y}}$-Komponente auftreten, so daß

$$Mv_s\hat{\mathbf{x}} = Mw_s\hat{\mathbf{x}} + mw_l\hat{\mathbf{x}} \quad (3.38)$$

oder

$$Mv_s = Mw_s + mw_l. \quad (3.39)$$

Der Energieerhaltungssatz liefert (mit $\Delta\epsilon = 0$ für den elastischen Stoß)

$$\frac{1}{2}Mv_s^2 = \frac{1}{2}Mw_s^2 + \frac{1}{2}mw_l^2. \quad (3.40)$$

Mit Hilfe der Gl. (3.39) können wir schreiben:

$$\frac{1}{2}M\left(w_s^2 + \frac{2m}{M}w_sw_l + \frac{m^2}{M^2}w_l^2\right) = \frac{1}{2}Mw_s^2 + \frac{1}{2}mw_l^2. \quad (3.41)$$

Für $m \ll M$ kann der Term m^2/M^2 vernachlässigt werden, so daß sich Gl. (3.41) reduziert zu

$$mw_sw_l \approx \frac{1}{2}mw_l^2 \quad (3.42)$$

oder

$$w_l \approx 2w_s. \quad (3.43)$$

Das leichte Teilchen fliegt also mit der nahezu doppelten Geschwindigkeit des schweren Teilchens weg. Durch Substitution von Gl. (3.43) in Gl. (3.39) folgt außerdem:

$$Mv_s \approx Mw_s + 2mw_s \quad (3.44)$$

oder

$$\frac{\Delta v_s}{v_s} \approx \frac{v_s - w_s}{w_s} \approx \frac{2m}{M}. \quad (3.45)$$

Der Energieverlust des schweren Teilchens ist unter Verwendung der Gl. (3.45):

$$\frac{\Delta(\frac{1}{2}Mv_s^2)}{\frac{1}{2}Mv_s^2} = \frac{Mv_s\Delta v_s}{\frac{1}{2}Mv_s^2} = \frac{2\Delta v_s}{v_s} \approx \frac{4m}{M}. \quad (3.46)$$

Andere Beispiele zur Anwendung der Impulserhaltung werden in Kapitel 6 behandelt. •

3.8. Scheinkräfte

Vom zweiten Newtonschen Gesetz wissen wir, daß in einem Inertialsystem

$$\mathbf{F} = m \cdot \mathbf{a}_I \quad (3.47)$$

gilt. $\mathbf{F}$ ist die einwirkende Kraft und $\mathbf{a}_I$ die im Inertialsystem beobachtete Beschleunigung. Der Index I soll dabei *inertial* kennzeichnen. Die Masse wird als konstant angenommen. In einem Nicht-Inertialsystem, wie z.B. auf der rotierenden Erde, gilt Gl. (3.47) in dieser Form nicht, da nicht die Beschleunigung $\mathbf{a}_0$ des Nicht-Inertialsystems relativ zum Inertialsystem berücksichtigt wurde. Bezeichnen wir die im Nicht-Inertialsystem gemessene Beschleunigung eines Körpers mit $\mathbf{a}$, so ist $\mathbf{a} + \mathbf{a}_0 = \mathbf{a}_I$ oder

$$\boxed{\mathbf{F} = m(\mathbf{a} + \mathbf{a}_0).} \quad (3.48)$$

Bei Experimenten in nichtinertialen Bezugssystemen müssen wir in der Kraftgleichung immer die Beschleunigung $\mathbf{a}_0$ berücksichtigen. Es empfiehlt sich dabei im allgemeinen, eine Größe $\mathbf{F}_0$ einzuführen. Gl. (3.48) erhält dann die Form

$$\boxed{\mathbf{F} + \mathbf{F}_0 = m \cdot \mathbf{a},} \quad (3.49)$$

in der

$$\boxed{\mathbf{F}_0 \equiv -m \cdot \mathbf{a}_0} \quad (3.50)$$

die *Scheinkraft* oder *Pseudokraft* ist. Nach der Definition ist sie gleich dem negativen Produkt aus der Masse und der Beschleunigung im nichtinertialen System. Sie ist die Größe, die wir zur wahren Kraft $\mathbf{F}$ addieren müssen, um das *im Nicht-Inertialsystem gemessene Produkt* $m \cdot \mathbf{a}$ zu erhalten. Scheinkräfte können sie verwirren; durch Zurückgreifen auf Gl. (3.48) kann jedoch jede Aufgabe gelöst werden.

• **Beispiele**: *1. Ein Beschleunigungsmesser.* Auf eine Masse m wirke die Kraft einer Feder in x-Richtung von der Größe $F_x = -Cx$, wobei C eine Konstante ist. Stellen Sie sich ein nichtinertiales System vor, das mit $\mathbf{a}_0 = a_0\hat{\mathbf{x}}$ in x-Richtung beschleunigt wird. Ist die Feder in diesem System in Ruhe, so ist ihre Beschleunigung $\mathbf{a} = 0$, und $\mathbf{F} = m \cdot (\mathbf{a} + \mathbf{a}_0)$ reduziert sich zu $F_x = m \cdot a_0$ und aus $\mathbf{F} + \mathbf{F}_0 = m \cdot \mathbf{a}$ wird

$$F_x + F_{0x} = 0. \quad (3.51)$$

Folglich ist

$$-Cx + F_{0x} = 0; \quad -Cx - m \cdot a_0 = 0 \quad (3.52)$$

oder

$$x = -\frac{ma_0}{C}. \quad (3.53)$$

Die Auslenkung x ist proportional zur Beschleunigung a_0 des Nicht-Inertialsystems. Das kann ein Auto oder ein Flugzeug sein. Gl. (3.53) beschreibt die Arbeitsweise eines

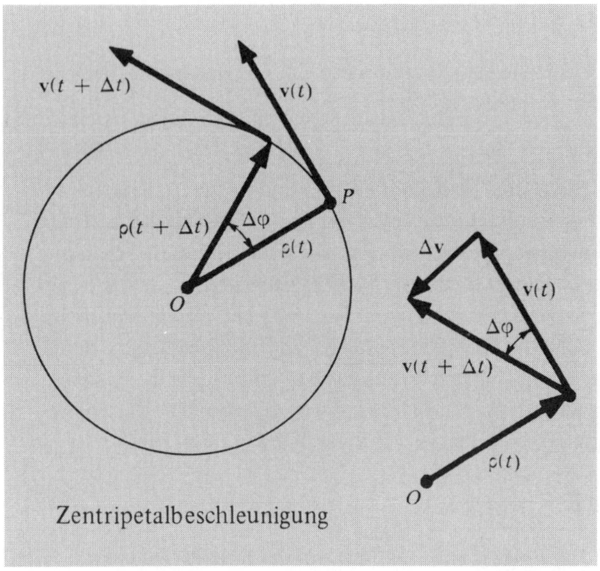

Bild 3.29. Der Punkt P bewegt sich mit konstanter Geschwindigkeit v auf einer Kreisbahn mit dem Radius ρ. Der Beschleunigungsvektor **a** ist dabei immer auf das Zentrum O gerichtet. Die Länge von **a** beträgt $a = v^2/\rho = \omega^2\rho$, wobei $\omega = d\varphi/dt = v/\rho$ ist. Denn

$$a = \lim_{\Delta t \to 0} \left|\frac{\Delta v}{\Delta t}\right| = \lim_{\Delta t \to 0} \frac{v \sin \Delta\varphi}{\Delta t} = \lim_{\Delta t \to 0} v \frac{\Delta\varphi}{\Delta t}.$$

So folgt für $a = v\omega = v^2/\rho = \omega^2/\rho$. Diese Beziehung wurde auch analytisch in Kapitel 2 hergeleitet.

Beschleunigungsmessers, in dem sich die an einer Feder befestigte Masse m nur in einer Richtung bewegen kann. Die Auslenkung der Masse ist ein Maß für die Beschleunigung a_0 des nichtinertialen Systems. •

• *2. Zentrifugalkraft und Zentripetalbeschleunigung in einem gleichförmig rotierenden System.* Obwohl wir sehr bald rotierende Systeme eingehend behandeln werden, lohnt es sich, schon jetzt ein einfaches Standardbeispiel zu besprechen. Eine Punktmasse m ruht in einem Nicht-Inertialsystem, so daß in diesem System $\mathbf{a} = 0$ ist. Das System rotiert gleichmäßig um eine in einem Inertialsystem fixierte Achse. Gemäß Kapitel 2 ist die Beschleunigung der Punktmasse relativ zum Inertialsystem

$$\mathbf{a}_0 = -\omega^2\rho. \tag{3.54}$$

Der Vektor ρ steht senkrecht auf der Achse und ist auf die Punktmasse gerichtet. Wir verwenden hier ρ als zweidimensionales Analogon zum dreidimensionalen Ortsvektor **r**.

Gl. (3.54) definiert die bekannte *Zentripetalbeschleunigung*. Die Masse wird von einer Feder in der Ruhelage gehalten. Aus der Bedingung, daß im Nicht-Inertialsystem $\mathbf{a} = 0$ ist, folgt mit Hilfe der Gl. (3.49)

$$\mathbf{F} = -\mathbf{F}_0 = m \cdot \mathbf{a}_0 = -m\omega^2\rho. \tag{3.55}$$

In diesem Beispiel ist die Scheinkraft eine sogenannte *Zentrifugalkraft.* Sie ist $\mathbf{F}_0 = m\omega^2\rho$ und von der Achse weggerichtet. Die Zentrifugalkraft wird in diesem Beispiel von der Federkraft kompensiert, so daß in dem rotierenden Nicht-Inertialsystem keine Beschleunigung auftritt (Masse in Ruhe).

Wie groß ist die Zentrifugalkraft, wenn m = 100 g, ρ = 10 cm und das System mit 100 Umdrehungen pro Sekunde rotiert? Wir erhalten

$$F_0 = m\omega^2\rho = (10^2)(2\pi \cdot 100)^2(10)\,\text{dyn} \approx 4 \cdot 10^8\,\text{dyn}.$$

•

• *3. Experimente in einem frei fallenden Aufzug.* Die Beschleunigung des nichtinertialen Systems (frei fallender Aufzug) ist

$$\mathbf{a}_0 = -g\hat{\mathbf{z}}. \tag{3.56}$$

$\hat{\mathbf{z}}$ wird von der Erdoberfläche aus nach oben gemessen, g ist die Fallbeschleunigung. Diese Beschleunigung entspricht der des freien Falls auf Grund der Gravitation. Nach Gl. (3.50) ist die Scheinkraft, die auf die Masse m im Nicht-Inertialsystem wirkt,

$$\mathbf{F}_0 = -m \cdot \mathbf{a}_0 = mg\hat{\mathbf{z}}. \tag{3.57}$$

Auf einen unbefestigten Körper im Aufzug wirkt die Summe von Gravitationskraft $\mathbf{F} = -m \cdot g \cdot \hat{\mathbf{z}}$ und Scheinkraft $\mathbf{F}_0 = m \cdot g \cdot \hat{\mathbf{z}}$, so daß die resultierende Kraft im Aufzug Null wird:

$$\mathbf{F} + \mathbf{F}_0 = 0. \tag{3.58}$$

Der Körper wird in dem Nicht-Inertialsystem also nicht beschleunigt. Das ist eine Form der „Schwerelosigkeit". Der Körper scheint im Raum aufgehängt zu sein, wenn er keine Aufangsgeschwindigkeit relativ zum Aufzug hat. •

• *4. Das Foucaultsche Pendel.* Das Foucaultsche Pendel dient zur Demonstration der Erdrotation und beweist damit, daß die Erde kein Inertialsystem ist (Bild 3.30). Das Experiment wurde zum ersten Male von *Foucault* unter der großen Kuppel des Pantheons in Paris, im Jahre 1851, öffentlich vorgeführt. Er benutzte dazu eine Masse von 28 kg an einem fast 70 m langen Draht. Die obere Befestigung des Drahtes erlaubt der Masse, in allen Richtungen frei zu schwingen. Die Schwingungsdauer (siehe Kapitel 7) eines Pendels dieser Länge beträgt etwa 17 s.

Auf dem Fußboden war um den Punkt, direkt unter der Aufhängung, ein kreisförmiges Geländer von etwa 3 m Radius aufgebaut. Auf dieses Geländer war Sand gestreut, so daß ein Metallstift an der Unterseite der Pendelmasse bei jeder Schwingung eine Spur im Sand hinterließ.

Nach mehreren Schwingungen zeigt sich, daß sich die Schwingungsebene von oben gesehen im Uhrzeigersinn drehte. In einer Stunde drehte sie sich um mehr als 11 Grad. Eine volle Umdrehung dauerte ungefähr 32 Stunden. Bei einer Schwingung bewegte sich die Ebene um 3 mm weiter, wie auf dem Sandring gemessen werden konnte.

Bild 3.30. Das Foucaultsche Pendel im Hauptgebäude der Vereinten Nationen in New York. Die vergoldete Kugel links im Bild wiegt ungefähr 100 kg. Sie hängt an einem 75 Fuß ($\approx 22{,}9$ m) langen, rostfreien Stahlseil, das an der Decke der Eingangshalle so befestigt ist, daß die Kugel in allen Richtungen frei schwingen kann. Sie schwingt dauernd über einem Metallring von etwa 6 Fuß ($\approx 1{,}83$ m) Durchmesser, wobei sich ihre Schwingungsebene langsam im Uhrzeigersinn dreht. Dadurch wird der sichtbare Beweis erbracht, daß die Erde sich dreht. Eine volle Umdrehung der Schwingungsebene dauert etwa 36 h und 45 min. Das Pendel trägt als Inschrift einen Ausspruch von *Königin Juliana der Niederlande:* „It is a privilege to live today and tomorrow.“ *(Photographie: United Nations)*

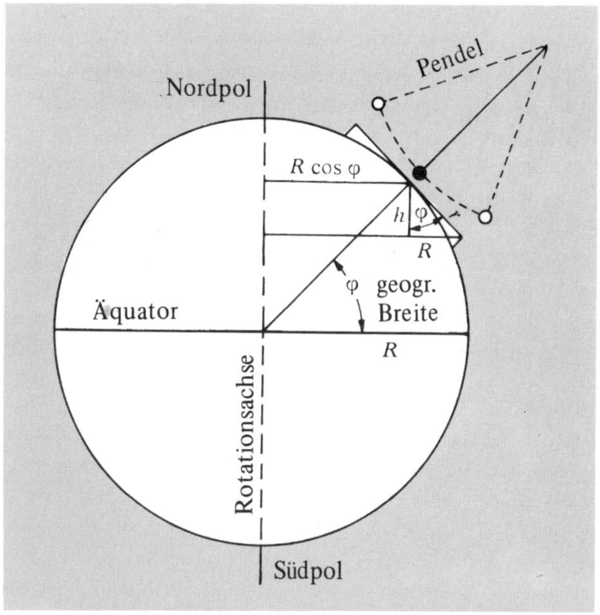

Bild 3.31. Das Foucaultsche Pendel, im Verhältnis zur Erde stark vergrößert, unter einem Winkel gezeichnet, der etwa der geographischen Breite φ von Paris entspricht. Der Sandring unter dem Pendel hat den Radius r. Der Abstand des Ringmittelpunktes zur Erdachse beträgt R $\cos\varphi$. Bei der Erdrotation bewegt sich der südlichste Punkt des Ringes schneller als der nördlichste (relativ zu einem Inertialsystem).

Warum rotiert die Schwingungsebene des Pendels? Wird das Foucault-Experiment am Nordpol durchgeführt, können wir sofort sehen, daß die Schwingungsebene des Pendels in einem Inertialsystem fest bleibt, während die Erde unter dem Pendel in 24 Stunden eine Umdrehung ausführt. Die Erde dreht sich, von einem Punkt über dem Nordpol (z.B. vom Polarstern) aus gesehen, gegen den Uhrzeigersinn. Deshalb scheint für einen Beobachter auf einer Leiter am Nordpol die Schwingungsebene im Uhrzeigersinn relativ zu ihm zu rotieren.

Die Situation wird anders (und schwieriger zu analysieren), wenn wir den Nordpol verlassen, und dabei die Zeit für einen vollen Umlauf der Pendelebene länger wird. Wir betrachten die relativen Geschwindigkeiten des nördlichsten und des südlichsten Punktes des Foucaultschen Sandringes mit dem Radius r (Bild 3.31). Da der Südpunkt weiter von der Drehachse entfernt ist, bewegt er sich schneller durch den Raum als der Nordpunkt. Die Winkelgeschwindigkeit der Erde ist ω, der Erdradius R. Dann bewegt sich das Zentrum des Kreises mit der Geschwindigkeit $\omega \cdot R \cdot \cos\varphi$, wobei φ die geographische Breite von Paris ($48° 51'$ N) ist. Der nördlichste Punkt des Kreises bewegt sich mit der Geschwindigkeit

$$v_N = \omega R \cos\varphi - \omega r \sin\varphi, \qquad (3.58a)$$

wie aus der Zeichnung zu entnehmen ist, und der südlichste Punkt bewegt sich mit der Geschwindigkeit

$$v_S = \omega R \cos\varphi + \omega r \sin\varphi. \qquad (3.58b)$$

Die Differenz der Zentrumsgeschwindigkeit zu den anderen beiden Geschwindigkeiten ist

$$\Delta v = \omega r \sin\varphi. \qquad (3.58c)$$

Wird das Pendel durch einen Stoß aus der Ruhelage in einer Nord-Süd-Richtung angeregt, so ist die Ost-West-Komponente seiner Geschwindigkeit im Raum dieselbe wie die des Kreiszentrums.

Der Umfang des Kreises ist $2\pi r$, so daß bei konstantem Δv auf der Ringbahn sich die Zeit T_0 für eine volle Umdrehung der Schwingungsebene errechnet mit

$$T_0 = \frac{2\pi r}{\omega r \sin\varphi} = \frac{24 \text{ Stunden}}{\sin\varphi}. \qquad (3.58d)$$

Am Äquator ist $\sin\varphi = 0$. T_0 wird unendlich.

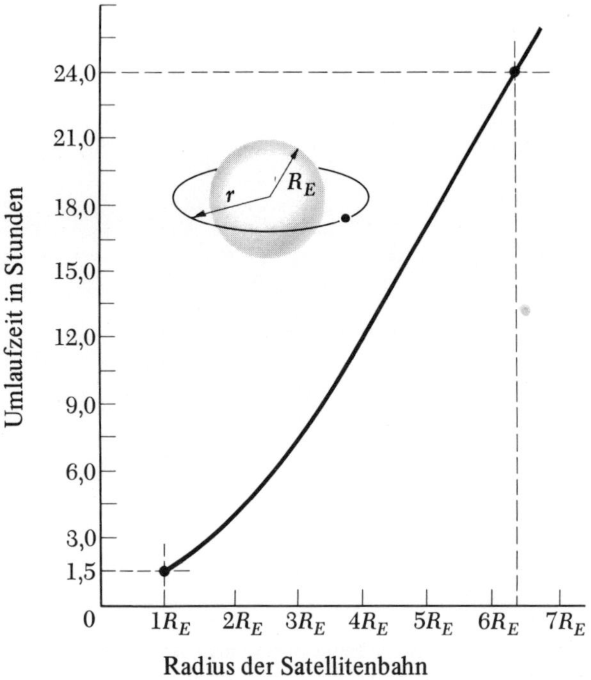

Bild 3.32. Die Umlaufzeit eines künstlichen Satelliten auf einer Kreisbahn um die Erde. Zum Zeichnen der Kurve wurde Gl. (3.61) benutzt.

Was geschieht, wenn die Schwingungsebene des Pendels schließlich in Ost-West-Richtung steht? Warum sollte hier Δv denselben Wert behalten wie in Nord-Süd-Richtung? Das kann man sich an einem Globus anschaulich machen. Dazu nehme man ein Stück starkes Papier, halte es senkrecht auf Paris und richte es in Ost-West-Richtung aus. Die Normalenrichtung auf der Oberfläche des Globus fällt mit der Pendelaufhängung in der Ruhelage zusammen. Mit einer Hand halte man das Papier auf dem Globus fest, während man ihn mit der anderen Hand langsam dreht. Dabei scheint sich die eine Hälfte der Linie durch den Berührungspunkt von Papier und Globus nach Süden zu bewegen und die andere Hälfte nach Norden. Eine genaue Analyse führt zu dem gleichen Wert von Δv wie oben: Die Schwingungsebene des Pendels dreht sich tatsächlich mit konstanter Winkelgeschwindigkeit $\omega \sin\varphi$ relativ zu dem Sandring auf dem Fußboden des Pantheons. •

3.9. Das Newtonsche Gravitationsgesetz

Es ist empfehlenswert, sich auf die folgenden Kapitel mit einer Wiederholung des Gravitationsgesetzes vorzubereiten. Es besagt, daß jede Masse m_1 jede andere Masse m_2 im Universum anzieht mit der Kraft

$$\mathbf{F} = -\gamma \frac{m_1 \cdot m_2}{r^2} \hat{\mathbf{r}} . \tag{3.59}$$

r ist der Vektor von m_1 nach m_2 und γ eine Konstante von der Größe

$$6{,}67 \cdot 10^{-8}\,\text{dyn} \cdot \text{cm}^2/\text{g}^2 \quad \text{oder} \quad 6{,}67 \cdot 10^{-11}\,\text{N} \cdot \text{m}^2/\text{kg}^2 .$$

Die Gravitationskraft ist eine Zentralkraft: Sie wirkt in Richtung der Verbindungslinie der beiden Punktmassen. Das klassische Experiment zur Bestimmung des Wertes von γ ist das von *Cavendish*.

Man weiß auch aus sehr genauen Experimenten, daß träge Masse und Gravitationsmasse eines Körpers gleich sind (siehe Kapitel 14). Das bedeutet, daß für einen bestimmten Körper der Wert der Masse m in der obigen Gravitationskraft-Gleichung derselbe ist wie im zweiten Newtonschen Gesetz $\mathbf{F} = m \cdot \mathbf{a}$. Die Masse in der Gravitationsgleichung wird *schwere Masse* und die Masse im zweiten Newtonschen Gesetz *träge Masse* genannt. Die klassischen Experimente für die Gleichheit der beiden Massen wurden von *Eötvös* durchgeführt; ein neueres Experiment wird von *R. H. Dicke* [Sci. American **205**, 84 (Dezember 1961)] beschrieben. Wir erörtern es in Kapitel 14.

• **Beispiel**: *Satellit auf einer Kreisbahn.* Ein Satellit befindet sich auf einer konzentrischen Kreisbahn um die Erde in der Äquatorebene (Bild 3.32). Welchen Radius r muß die Kreisbahn haben, damit der Satellit einem auf der Erde stehenden Beobachter feststehend erscheint? Eine Voraussetzung dafür ist: Der Satellit muß gleichsinnig mit der Erdrotation umlaufen.

In einer Kreisbahn ist die Anziehungskraft entgegengesetzt gleich der Zentrifugalkraft:

$$\gamma \frac{m_e \cdot m_s}{r^2} = m_s \omega^2 r. \tag{3.60}$$

m_e ist die Erdmasse, m_s die Masse des Satelliten. Durch Umstellung von Gl. (3.60) erhalten wir:

$$r^3 = \gamma \frac{m_e}{\omega^2} = \gamma \frac{m_e T^2}{(2\pi)^2} , \tag{3.61}$$

wobei T die Umlaufzeit ist. In unserem Problem soll die Winkelgeschwindigkeit ω des kreisenden Satelliten gleich der Winkelgeschwindigkeit ω_e der rotierenden Erde sein. Die Winkelgeschwindigkeit der Erde ist

$$\omega_e = \frac{2\pi}{8{,}64 \cdot 10^4}\,\text{s}^{-1} = 7{,}3 \cdot 10^{-5}\,\text{s}^{-1} . \tag{3.62}$$

Mit $\omega = \omega_e$ erhält man aus Gl. (3.61)

$$r^3 \approx \frac{(6{,}67 \cdot 10^{-8})(5{,}98 \cdot 10^{27})}{(7{,}3 \cdot 10^{-5})^2}\,\text{cm}^3 \approx 75 \cdot 10^{27}\,\text{cm}^3 \tag{3.63}$$

oder

$$r \approx 4{,}2 \cdot 10^9\ \text{cm}. \tag{3.64}$$

Der Radius der Erde beträgt $6{,}38 \cdot 10^8$ cm. Die Entfernung aus Gl. (3.64) ist rund ein Zehntel der Entfernung bis zum Mond. •

3.10. Übungen

1. *Bahngeschwindigkeit der Erde um die Sonne.*
   a) Wie groß ist die Geschwindigkeit des Erdmittelpunktes um die Sonne? (Die Bahn ist als kreisförmig anzusehen.)
   Lösung: $3{,}0 \cdot 10^6$ cm/s.
   b) Wie groß ist das Verhältnis dieser Geschwindigkeit zur Lichtgeschwindigkeit?
   Lösung: 10^{-4}.
2. *Geschwindigkeit auf Grund der Erdrotation.* Wie groß ist die Geschwindigkeit eines Punktes am Äquator relativ zum Erdmittelpunkt?
   Lösung: $4{,}7 \cdot 10^4$ cm/s.
3. *Freier Fall.* Ein massiver Körper fällt aus einer Höhe von 100 m. Wie lange braucht er, um den Boden zu erreichen?
4. *Beschleunigung bei kreisförmiger Bewegung.*
   a) Wie groß ist die Zentripetalbeschleunigung in cm/s^2 eines Körpers der Masse m = 1 kg (= 1000 g), der sich auf einer Kreisbahn mit dem Radius r = 100 cm und der Winkelgeschwindigkeit $\omega = 10\ s^{-1}$ bewegt?
   Lösung: 10^4 cm/s^2.
   b) Wie groß ist die Zentrifugalkraft in dyn?
   Lösung: 10^7 dyn.
5. *Kreisfrequenz und Periode.* Eine Stimmgabel schwingt mit einer Frequenz von f = 60 Schwingungen pro Sekunde.
   a) Wie groß ist die Kreisfrequenz ω in rad/s? Beachten Sie, daß bei jeder periodischen Schwingung und nicht nur im Zusammenhang mit Kreisbewegungen von einer Kreisfrequenz gesprochen werden kann.
   b) Wie groß ist die Periode T der Bewegung in Sekunden? (Eine Periode ist die Zeit eines vollen Umlaufs.)
6. *Beschleunigung der Erde.* Die Erde sei von einer undurchsichtigen Wolkendecke eingehüllt. Beschreiben Sie ein Experiment, das eindeutig (bezüglich Rotations- und Translationsbeschleunigung) zeigt, ob die Erde ein Inertialsystem ist oder nicht!
7. *Flugbahn, freie Bewegung.* Ein Körper wird horizontal geschleudert mit einer Geschwindigkeit von 1000 cm/s zur Zeit t = 0 in einem System, das zur Zeit t = 0 am Boden beginnend, eine Aufwärtsbeschleunigung von 300 cm/s^2 erfährt.
   a) Beschreiben Sie die Flugbahn eines Körpers in x = f(t) und y = F(t) relativ zu einem Inertialsystem mit dem Ursprung im Startpunkt auf dem Boden! (Die Erdrotation ist zu vernachlässigen.)
   b) Skizzieren Sie die Bahn des Körpers einmal vom beschleunigten und zum anderen vom inertialen System aus gesehen.
8. *Beschleunigung bei einer Kreisbewegung.* Ein Körper bewegt sich auf einer Kreisbahn mit der konstanten Geschwindigkeit v = 50 cm/s. Der Geschwindigkeitsvektor **v** ändert seine Richtung in 2 s um 30°.
   a) Errechnen Sie die Geschwindigkeitsänderung $\Delta \mathbf{v}$.
   b) Errechnen Sie die mittlere Beschleunigung während des Zeitintervalls.
   c) Wie groß ist die Zentripetalbeschleunigung der gleichförmigen Kreisbewegung?
   Lösung: 13,1 cm/s^2.
9. *Resultierende Kraft auf einem rotierenden Planeten.* Ein Körper befindet sich auf einem rotierenden Planeten relativ zu dessen Oberfläche in Ruhe. Der Planet entspreche in Masse und Radius der Erde. Der Körper erfahre am Äquator die Gravitationsbeschleunigung Null. Wie lange dauert ein Tag auf diesem Planeten?
   Lösung: 1,3 h.

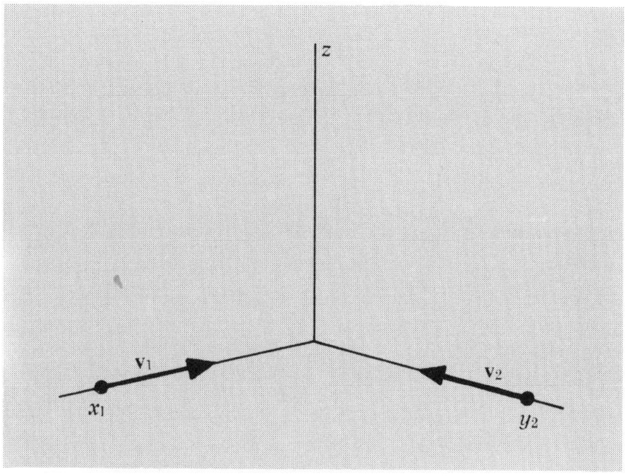

Bild 3.33. Stoßbahnen

10. *Stoßbahnen.* Anfangs seien zwei Teilchen an den Punkten $x_1 = 5$ cm, $y_1 = 0$; $x_2 = 0$, $y_2 = 10$ cm mit den Geschwindigkeiten $\mathbf{v}_1 = -4 \cdot 10^4 \hat{\mathbf{x}}$ cm/s und $\mathbf{v}_2$ entlang $-\hat{\mathbf{y}}$ wie in Bild 3.33 in Bewegung.
    a) Welchen Wert muß $\mathbf{v}_2$ haben, wenn die Teilchen zusammenstoßen sollen?
    Lösung: $-8 \cdot 10^4 \hat{\mathbf{y}}$ cm/s.
    b) Wie groß ist die relative Geschwindigkeit $\mathbf{v}_r$?
    Lösung: $4 \cdot 10^4 (2\hat{\mathbf{y}} - \hat{\mathbf{x}})$ cm/s.
    c) Stellen Sie mit den Positionen $\mathbf{r}_1, \mathbf{r}_2$ und den Geschwindigkeiten $\mathbf{v}_1, \mathbf{v}_2$ zweier Körper ein allgemeines Kriterium auf, an dem man erkennen kann, daß die beiden Körper kollidieren werden!
11. *Stoßkinematik.* Zwei Massen bewegen sich auf einer horizontalen Ebene und stoßen zusammen. Gegeben sind die Größen:
    $m_1 = 85$ g, $m_2 = 200$ g,
    $\mathbf{v}_1 = 6{,}4\,\hat{\mathbf{x}}$ cm/s, $\mathbf{v}_2 = -6{,}7\,\hat{\mathbf{x}} - 2{,}0\,\hat{\mathbf{y}}$ cm/s.
    a) Gesucht ist die Geschwindigkeit des Massenmittelpunktes (Schwerpunkt). Die Lage des Schwerpunktes ist definiert als $\mathbf{R}_s = (m_1\mathbf{r}_1 + m_2\mathbf{r}_2)/(m_1 + m_2)$, so daß die Geschwindigkeit
    $$\dot{\mathbf{R}} = \frac{m_1\mathbf{v}_1 + m_2\mathbf{v}_2}{m_1 + m_2}$$
    Lösung: $-2{,}8\hat{\mathbf{x}} - 1{,}4\hat{\mathbf{y}}$ cm/s.
    b) Berechnen Sie den Gesamtimpuls!
    Lösung: $-796\hat{\mathbf{x}} - 400\hat{\mathbf{y}}$ g · cm/s.
    c) Ermitteln Sie die Geschwindigkeiten in einem Bezugssystem, in dem der Schwerpunkt in Ruhe ist!
    Lösung: $\mathbf{v}_1' = 9{,}2\hat{\mathbf{x}} + 1{,}4\hat{\mathbf{y}}$ cm/s; $\mathbf{v}_2 = -3{,}9\hat{\mathbf{x}} - 0{,}6\hat{\mathbf{y}}$ cm/s.
    Nach dem Stoß ist $|\mathbf{w}_1| = 9{,}2$ cm/s;
    $\mathbf{w}_2 = -4{,}4\hat{\mathbf{x}} + 1{,}9\hat{\mathbf{y}}$ cm/s.
    d) Welche Richtung hat $\mathbf{w}_1$?
    Lösung: −84° zur x-Achse.
    e) Wie groß ist die relative Geschwindigkeit $\mathbf{w}_r = \mathbf{w}_1 - \mathbf{w}_2$?
    Lösung: $5{,}4\hat{\mathbf{x}} - 11\hat{\mathbf{y}}$ cm/s.
    f) Wie groß sind die kinetischen Gesamtenergien am Anfang und am Ende im Labor- und im Schwerpunktsystem? Ist der Stoß elastisch oder unelastisch?

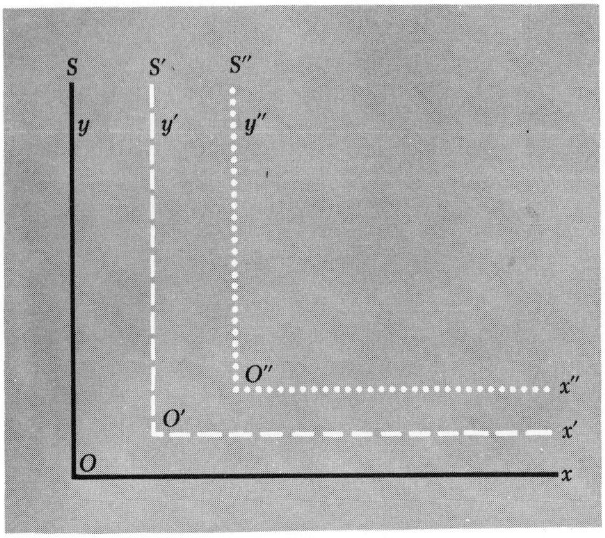

Bild 3.34. Inertialsystem S und Nicht-Inertialsysteme S' und S''

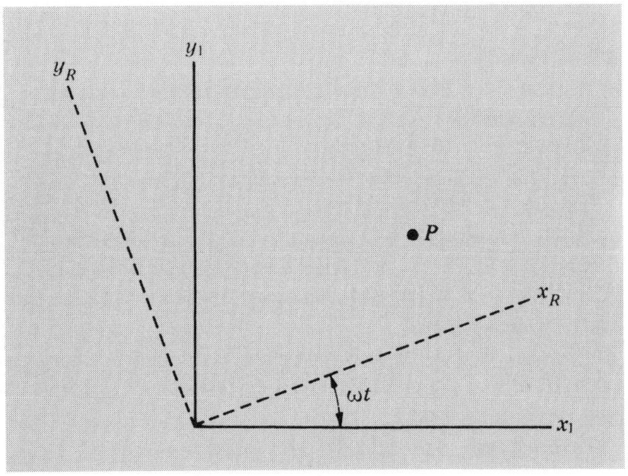

Bild 3.35. Rotierendes Koordinatensystem

12. *Unelastischer Stoß.* Zwei Körper (m_1 = 2g, m_2 = 5g) besitzen die Geschwindigkeiten $\mathbf{v}_1 = 10\hat{\mathbf{x}}$ cm/s und $\mathbf{v}_2 = 3\hat{\mathbf{x}} + 5\hat{\mathbf{y}}$ cm/s vor dem Stoß, bei dem sie dauerhaft aneinander geheftet werden.
    a) Wie groß ist die Geschwindigkeit des Schwerpunktes nach der Definition in Aufgabe 11?
    b) Wie groß ist der Impuls nach dem Stoß im Laborsystem?
    c) Wie groß ist der Impuls nach dem Stoß im Schwerpunktsystem?
    d) Welcher Bruchteil der kinetischen Gesamtenergie vor dem Stoß tritt hinterher noch als kinetische Energie auf? *Lösung:* 0,72.

13. *Bewegung in nichtinertialen Systemen* (Bild 3.34). Zwei Nicht-Inertialsysteme S' und S'' decken sich zur Zeit t = 0 mit einem Inertialsystem S. S'' hat eine Anfangsgeschwindigkeit v_0 entlang der x-Achse, während S' in Ruhe ist. Zur Zeit t = 0 setzt bei beiden Systemen die gleiche Beschleunigung a in x-Richtung ein.
    a) Geben sie die Lage der Punkte O' und O'' relativ zu O als Funktion der Zeit an.
    b) Stellen sie Beziehungen der Orte x', x'' eines Teilchens in S' und S'' zu dem Ort x in S auf.
    c) Schreiben Sie die Bewegungsgleichung eines Teilchens hin, auf das in S die konstante Kraft **F** wirkt! Transformieren Sie diese Gleichung in S' und S''! Treten in den transformierten Gleichungen irgendwelche Scheinkräfte auf?
    d) Sind die aufgewandten und fiktiven Kräfte in den beiden bewegten Systemen gleich? Wie groß ist die Geschwindigkeit von S'' relativ zu S'?
    e) Allgemein: Was können Sie über reale und fiktive Kräfte in zwei nichtinertialen Systemen sagen, wenn diese sich mit einer konstanten relativen Geschwindigkeit bewegen?

14. *Gravitationskraft Erde–Mond.* Berechnen Sie die Anziehungskraft in dyn zwischen Erde und Mond.
    Lösung: $2 \cdot 10^{25}$ dyn.

15. *Satellitenbahn.* Stellen sie sich eine kreisförmige Satellitenbahn dicht über dem Äquator eines homogenen, kugelförmigen Planeten der Dichte ρ vor! Zeigen Sie, daß die Umlaufzeit T eines Satelliten nur von der Dichte des Planeten abhängt. (Geben Sie die Gleichung an!)

3.11. Weitere Anwendungen. Geschwindigkeit und Beschleunigung in rotierenden Koordinatensystemen [1])

Wir betrachten nun ein nichtinertiales Bezugssystem, das mit konstanter Winkelgeschwindigkeit ω um die z-Achse eines Inertialsystems rotiert (Bild 3.35). Dieser Fall ist wichtig, weil die Erde selbst rotiert und deshalb ein auf der Erdoberfläche fixiertes System kein Inertialsystem ist. Wir müssen Terme zu **F** = m · **a** addieren, um der Beschleunigung eines solchen Systems Rechnung zu tragen. Neben der Zentripetalbeschleunigung analysieren wir auch die *Coriolisbeschleunigung*, die wichtig für die sich in großen Maßstäben bewegenden Wasser- und Luftströmungen ist.

Die Koordinaten (x_R, y_R, z_R) eines Punktes P im rotierenden System stehen in einer einfachen Beziehung zu den Koordinaten (x_I, y_I, z_I) desselben Punktes im Inertialsystem. Aus der Geometrie des Bildes 3.36 sehen wir, daß

$$x_I = x_R \cos\omega t - y_R \sin\omega t \tag{3.65a}$$
$$y_I = x_R \sin\omega t + y_R \cos\omega t \tag{3.65b}$$
$$z_I = z_R\,. \tag{3.65c}$$

Die Beziehungen der Geschwindigkeitskomponenten in den beiden Systemen erhalten Sie durch Differentiation der Gln. (3.65) nach der Zeit. (Der Einfachheit halber setzen wir zur Kennzeichnung der Ableitung nach der Zeit

[1]) Dieser Abschnitt und die fünf unmittelbar folgenden Beispiele können im Bedarfsfall weggelassen werden.

einen Punkt über die betreffende Größe. Also $\dot{x} \equiv dx/dt \equiv v_x$ und $\ddot{x} \equiv d^2x/dt^2 \equiv \dot{v}_x \equiv dv_x/dt$.) Wir erhalten

$$\dot{x}_I = \dot{x}_R \cos\omega t - \omega x_R \sin\omega t - \dot{y}_R \sin\omega t - \omega y_R \cos\omega t \tag{3.66a}$$

$$\dot{y}_I = \dot{x}_R \sin\omega t - \omega x_R \cos\omega t + \dot{y}_R \cos\omega t - \omega y_R \sin\omega t \tag{3.66b}$$

$$\dot{z}_I = \dot{z}_R \tag{3.66c}$$

Zur Vereinfachung setzen wir ω = const. Für ein im rotierenden System ruhendes Teilchen ($\dot{x}_R = \dot{y}_R = \dot{z}_R = 0$) reduziert sich Gl. (3.66) zu

$$\dot{x}_I = -\omega x_R \sin\omega t - \omega y_R \cos\omega t; \qquad \dot{y}_I = \omega x_R \cos\omega t - \omega y_R \sin\omega t. \tag{3.67}$$

Analog erhalten wir für ein im Inertialsystem ruhendes Teilchen ($\dot{x}_I = \dot{y}_I = \dot{z}_I = 0$) aus den Gln. (3.66)

$$\dot{x}_R - \omega y_R = 0; \quad \dot{y}_R + \omega x_R = 0; \quad \dot{z}_I = 0. \tag{3.68}$$

Die Komponenten des Beschleunigungsvektors werden durch Differentiation der Gln. (3.66) nach der Zeit gewonnen:

$$\ddot{x}_I = \ddot{x}_R \cos\omega t - 2\omega\dot{x}_R \sin\omega t - \omega^2 x_R \cos\omega t - \ddot{y}_R \sin\omega t - 2\omega\dot{y}_R \cos\omega t + \omega^2 y_R \sin\omega t \tag{3.69a}$$

$$\ddot{y}_I = \ddot{x}_R \sin\omega t + 2\omega\dot{x}_R \cos\omega t - \omega^2 x_R \sin\omega t + \ddot{y}_R \cos\omega t - 2\omega\dot{y}_R \sin\omega t - \omega^2 y_R \cos\omega t \tag{3.69b}$$

$$\ddot{z}_I = \ddot{z}_R. \tag{3.69c}$$

Mit Hilfe der Gl. (3.65) vereinfachen sich die Gln. (3.69) für ein im rotierenden System ruhendes Teilchen:

$$\ddot{x}_I = -\omega^2 (x_R \cos\omega t - y_R \sin\omega t) = -\omega^2 x_I \tag{3.70a}$$

$$\ddot{y}_I = -\omega^2 (x_R \sin\omega t + y_R \cos\omega t) = -\omega^2 y_I. \tag{3.70b}$$

Die Gln. (3.70) können in Vektorform geschrieben werden:

$$\mathbf{a}_I = -\omega^2 \rho_I. \tag{3.71}$$

$\mathbf{a}_I = \ddot{\mathbf{r}}_I$ ist die Beschleunigung des Teilchens im Inertialsystem, und $\rho_I = x_I\hat{\mathbf{x}}_I + y_I\hat{\mathbf{y}}_I$ wie in Gl. (3.54). Gl. (3.71) ist der allgemeine Ausdruck für die Zentripetalbeschleunigung.

Die wichtigen physikalischen Ergebnisse enthalten die Gln. (3.69). Es ist nützlich, sie in Vektorform umzuschreiben. Nach einiger Rechnung (die wir unten angeben), erhalten wir das wichtige Ergebnis

$\mathbf{a}_I$	$=$ $\mathbf{a}_R$	$+ 2\omega \times \mathbf{v}_R$	$+ \omega \times (\omega \times \mathbf{r}_R)$
Beschleunigung im Inertial-system	**Beschleunigung im rotierenden System**	**Coriolis-beschleuni-gung**	**Zentripetal-beschleuni-gung**

(3.72)

Die Größen mit Index R beziehen sich auf das rotierende System. Die Winkelgeschwindigkeit wurde als konstant angenommen. Die beiden Terme auf der rechten Seite haben wir mit ihren gebräuchlichen Namen bezeichnet.

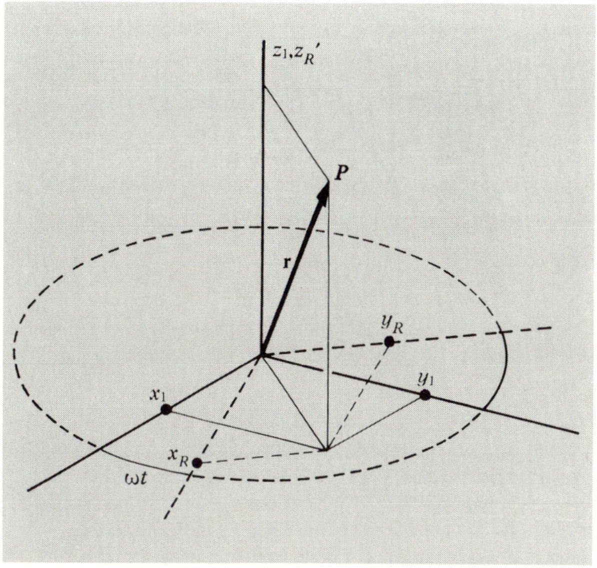

Bild 3.36. Der Punkt P kann im Inertialsystem mit den Koordinaten x_I, y_I, z_I oder im rotierenden System mit den Koordinaten x_R, y_R, z_R beschrieben werden. Die Drehung erfolgt um die z-Achse.

$x_I = x_R \cos\omega t - y_R \sin\omega t$
$y_I = x_R \sin\omega t + y_R \cos\omega t$
$z_I = z_R$

Wir können beweisen, daß sich Gl. (3.72) auf die Gln. (3.69) zurückführen läßt, wenn $\omega = \omega\hat{\mathbf{z}}$. Bei der Projektion der Größen auf *beiden Seiten* der Gl. (3.72) auf die x_I-Achse erhalten wir

$$(\mathbf{a}_I)_{x_I} = (\mathbf{a}_R)_{x_I} + 2(\omega \times \mathbf{v}_R)_{x_I} + [\omega \times (\omega \times \mathbf{r}_R)]_{x_I}. \tag{3.72a}$$

Wir haben dieses explizit hingeschrieben, um die Projektion auf die x_I-Achse hervorzuheben. Beispielsweise ist die Projektion des Vektors $\mathbf{a}_R$ auf die x_I-Achse

$$(\mathbf{a}_R)_{x_I} = \ddot{x}_R \cos\omega t - \ddot{y}_R \sin\omega t, \tag{3.72b}$$

und jeder Vektor des rotierenden Systems muß auf die gleiche Weise auf die x_I-Achse projiziert werden. Aus Gl. (3.65a) sehen wir, wie der Vektor $\mathbf{r}_R$ auf x_I projiziert wird, und wir gehen in der gleichen Weise vor, wenn wir $\mathbf{a}_R$ auf x_I projizieren. Das führt zu Gl. (3.72b). Der nächste Term in Gl. (3.72a) ist

$$2(\omega \times \mathbf{v}_R)_{x_I} = 2\omega_{y_I}(\mathbf{v}_R)_{z_I} - 2\omega_{z_I}(\mathbf{v}_R)_{y_I} = -2\omega(\dot{x}_R \sin\omega t + \dot{y}_R \cos\omega t). \tag{3.72c}$$

Dabei haben wir die Tatsache ausgenutzt, daß $\omega = \omega_{z_I}\hat{\mathbf{z}}$, und wir haben $\mathbf{v}_R$ auf die y_I-Achse projiziert, gemäß Gl. (3.65b). Der letzte Term in Gl. (3.72a) ist

$$[\omega \times (\omega \times \mathbf{r}_R)]_{x_I} = -\omega(\omega \times \mathbf{r}_R)_{y_I} = -\omega^2(\mathbf{r}_R)_{x_I} = -\omega^2(x_R \cos\omega t - y_R \sin\omega t). \tag{3.72d}$$

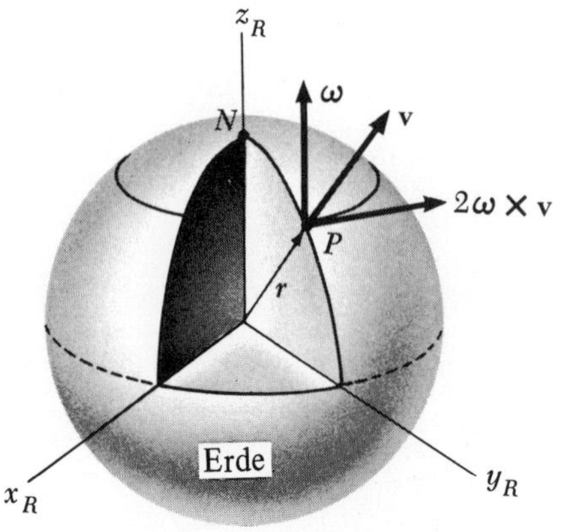

Bild 3.37. Beispiel einer Coriolisbeschleunigung in einem rotierenden Koordinatensystem: Das rotierende System ist auf der Erde fixiert; ω ist parallel zu z_R. Ein vom Punkt P vertikal nach oben geschleuderter Körper hat die Anfangsgeschwindigkeit v. Die Coriolisbeschleunigung $2\omega \times v$ ist tangential zum geographischen Breitengrad durch P gerichtet; N ist der Nordpol. Würde ein Körper aus einer gewissen Höhe auf die Erdoberfläche fallen, so wäre die Coriolisbeschleunigung entgegengesetzt gerichtet. Warum?

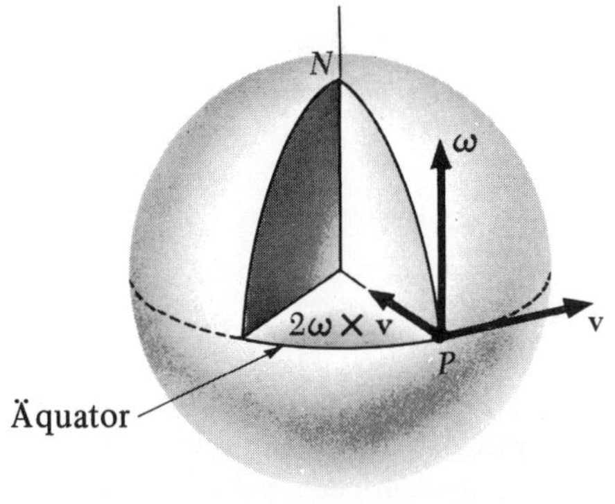

Bild 3.38. Weiteres Beispiel zur Coriolisbeschleunigung: Ein Körper im Punkt P am Äquator hat die Geschwindigkeit v (relativ zur Erdoberfläche) tangential zum Äquator. Er erfährt eine Beschleunigung in Richtung Erdmittelpunkt von der Größe $2\omega v$ zusätzlich zur Gravitation g. Was passiert, wenn v statt nach Osten nach Westen gerichtet ist?

Durch Addition der Gln. (3.72b), (3.72c) und (3.72d) erhalten wir

$$\begin{aligned}\ddot{x}_I &= (\mathbf{a}_R)_{x_I} - 2\omega(\mathbf{v}_R)_{y_I} - \omega^2(\mathbf{r}_R)_{x_I}\\ &= \ddot{x}_R\cos\omega t - \ddot{y}_R\sin\omega t - 2\omega\dot{x}_R\sin\omega t - 2\omega\dot{y}_R\cos\omega t\\ &\quad - \omega^2 x_R\cos\omega t + \omega^2 y_R\sin\omega t \end{aligned}\qquad (3.73)$$

in Übereinstimmung mit Gl. (3.69a). Das beweist, daß die Vektorgleichung (3.72) identisch ist mit den Komponentengleichungen (3.69).

Die Gln. (3.69) und die Gl. (3.72a) sind sehr wichtig. Sie setzen die Beschleunigung $\mathbf{a}_R$ in einem rotierenden System in Beziehung zur Beschleunigung $\mathbf{a}_I$ in einem Inertialsystem. Wir brauchen $\mathbf{a}_I$, um das zweite Newtonsche Gesetz anwenden zu können. Alle Größen auf der rechten Seite der Gl. (3.72a) beziehen sich auf das rotierende System. Der erste Term $\mathbf{a}_R$ ist die Beschleunigung im rotierenden System; den zweiten Term $2\omega \times \mathbf{v}_R$ bezeichnet man als *Coriolisbeschleunigung* (siehe auch Bilder 3.37 und 3.38); der dritte Term $\omega \times (\omega \times \mathbf{r}_R)$ ist die gewöhnliche Zentripetalbeschleunigung eines Teilchens in einer Kreisbahn. Zur Vereinfachung haben wir einen Term $(d\omega/dt) \times \mathbf{r}_R$ weggelassen, der auftritt, wenn sich die Winkelgeschwindigkeit ω ändert.

Die Gln. (3.50) und (3.72a) liefern den Ausdruck für die Scheinkraft $\mathbf{F}_0$ bei gleichmäßiger Rotation ($\dot{\omega} = 0$). Aus $\mathbf{F}_0 = -m\mathbf{a}_0$ erhalten wir

$$\mathbf{F}_0 = \underbrace{-2m\omega \times \mathbf{v}_r}_{\text{Corioliskraft}} \underbrace{- m\omega \times (\omega \times \mathbf{r}_R)}_{\text{Zentrifugalkraft}} \qquad (3.74)$$

Die Zentrifugalkraft ist bekannt. Sie ist die einzige Scheinkraft, die auf ein ruhendes Teilchen ($\mathbf{v}_R = 0$) in einem rotierenden System wirkt. Die Zentrifugalkraft kann auch in folgender Form geschrieben werden:

$$-m\omega \times (\omega \times \mathbf{r}_R) = m\omega^2\rho, \qquad (3.74a)$$

wobei ρ der Vektor von der Achse zum Teilchen ist, und zwar senkrecht zur Achse. Das ist gerade unser Ergebnis von Gl. (3.55).

Die Corioliskraft ist eine Scheinkraft, die in einem rotierenden System nur auf einen sich bewegenden Körper wirkt.

• **Beispiele**: *1. Gleichförmige geradlinige Bewegung, Inertialsysteme.* In einem Inertialsystem bewegt sich ein Körper frei auf einer Bahn, die gegeben ist durch

$$x_I = v_0 t; \quad y_I = 0; \quad z_I = 0. \qquad (3.75)$$

Wie sieht die Bahn in einem System aus, das mit konstanter Winkelgeschwindigkeit ω im Gegenuhrzeigersinn um die z_I-Achse rotiert?

Aus den Gln. (3.65) folgt mit den Werten aus Gl. (3.75)

$$\begin{aligned} v_0 \cdot t &= x_R\cos\omega t - y_R\sin\omega t\\ 0 &= x_R\sin\omega t + y_R\cos\omega t\\ 0 &= z_R. \end{aligned}\qquad (3.76)$$

Wir lösen die Gln. (3.76) und erhalten

$$x_R = v_0 t\cos\omega t; \quad y_R = -v_0 t\sin\omega t; \quad z_R = 0. \qquad (3.77)$$ •

• *2. Der freie Fall von einem Turm.* Wir betrachten einen Körper, der unter der Wirkung der Schwerkraft fällt. Er befindet sich im Punkt $(x_R^0, 0, 0)$ nahe der Erdoberfläche am Äquator in Ruhe ($\mathbf{v}_R = 0$), und wird zur Zeit t = 0 losgelassen (Bild 3.39). Der Ursprung des x_R, y_R, z_R-Systems ist der Erdmittelpunkt. Die Erde rotiert um die z-Achse. Gesucht ist die Koordinate y_R, bei der der Körper die Erdoberfläche trifft!

Im rotierenden System (i.a. das auf der Erde fixierte System) erscheint die wahre Beschleunigung (aufgrund der Gravitation) in der Richtung $-\mathbf{x}_R$ und hat die Größe g. Es gibt keine wahre Kraftkomponente in der Richtung $\hat{\mathbf{y}}_R$. Die Projektion der Beschleunigungsgleichung (3.72) auf die $\hat{\mathbf{y}}_R$-Richtung ist deshalb

$$0 = \ddot{y}_R + 2\omega\dot{x}_R - \omega^2 y_R. \tag{3.78}$$

In der niedrigsten Ordnung können wir $\dot{x}_R = -gt$ setzen. Wir vernachlässigen den Term $-\omega^2 y_R$, denn y_R ist ursprünglich Null. Dann ist

$$\ddot{y}_R \approx 2\omega gt; \quad \dot{y}_R \approx \omega gt^2. \tag{3.79}$$

Die Abweichung ist

$$y_R \approx \frac{1}{3}\omega gt^3. \tag{3.80}$$

Die Abweichung geht nach Osten, denn die Erde rotiert im positiven Drehsinn.

Diese Abweichung können Sie leicht beobachten. Der Auslösepunkt auf dem Turm ist 100 m über dem Boden. Dann erhalten wir aus der Relation $\Delta x_R \approx -\frac{1}{2}gt^2$ für einen frei fallenden Körper

$$t^2 \approx -\frac{2\Delta x_R}{g} \approx \frac{2\cdot 10^4}{10^3}\,s^2 = 20\,s^2. \tag{3.81}$$

Daraus folgt mit $\omega \approx 0{,}7\cdot 10^{-4}\,s^{-1}$

$$y_R \approx \frac{1}{3}\omega gt^3 \approx \frac{(10^{-4})(10^3)(10^2)}{3}\,\text{cm} = 3\,\text{cm}. \tag{3.82}$$

Wie würden Sie die wahre Vertikale des Turms messen, im Vergleich zu der die Abweichung beobachtet wird? •

• *3. Gleichförmige geradlinige Bewegung, rotierende Systeme.* Welche Kraft muß aufgebracht werden, um einen Körper der Masse m auf einer geraden Linie mit gleichmäßiger Geschwindigkeit in einem gleichförmig rotierenden System durch die Drehachse und rechtwinklig zu ihr zu führen (Bilder 3.40 und 3.41)?

Die Beschleunigungsbeziehung ist

$$\mathbf{a}_I = \mathbf{a}_R + 2\omega \times \mathbf{v}_R + \omega \times (\omega \times \mathbf{r}_R). \tag{3.83}$$

Wir fordern $\mathbf{a}_R = 0$ und $\mathbf{v}_R = v_0\hat{\boldsymbol{\rho}}_R$. $\hat{\boldsymbol{\rho}}_R$ ist ein Einheitsvektor von der Achse zum Teilchen. Er steht im rechten Winkel zur Rotationsachse. Deshalb gilt, wenn $\hat{\boldsymbol{\varphi}}_R$ ein Einheitsvektor in Richtung des Umfanges ist,

$$\mathbf{a}_I = 2\omega v_0\hat{\boldsymbol{\varphi}}_R - \omega^2 v_0 t\hat{\boldsymbol{\rho}}_R \tag{3.84}$$

und

$$\mathbf{F} = 2m\omega v_0\hat{\boldsymbol{\varphi}}_R - m\omega^2 v_0 t\hat{\boldsymbol{\rho}}_R. \tag{3.85}$$

Wir brauchen also eine konstante Kraft in Richtung $\hat{\boldsymbol{\varphi}}_R$ und die gewöhnliche Zentripetalkraft in radialer Richtung $\hat{\boldsymbol{\rho}}_R$ senkrecht zur Achse. •

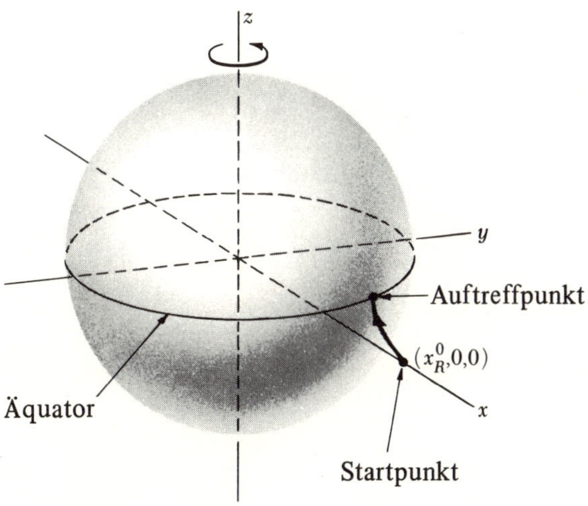

Bild 3.39. Freier Fall

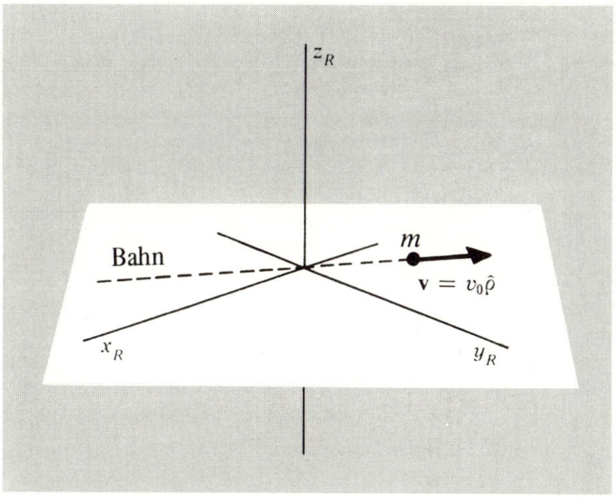

Bild 3.40. Ein Körper der Masse m bewegt sich auf einer geraden Linie (in der x_r, y_r-Ebene) durch die Drehachse in einem System, das gleichförmig rotiert.

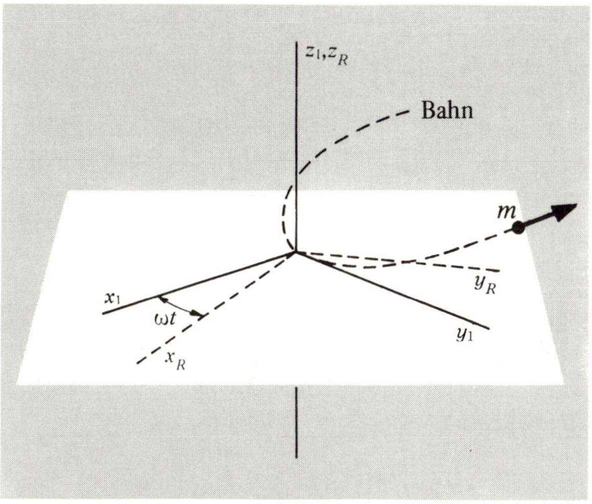

Bild 3.41. Die Bahn desselben Körpers vom Inertialsystem aus gesehen.

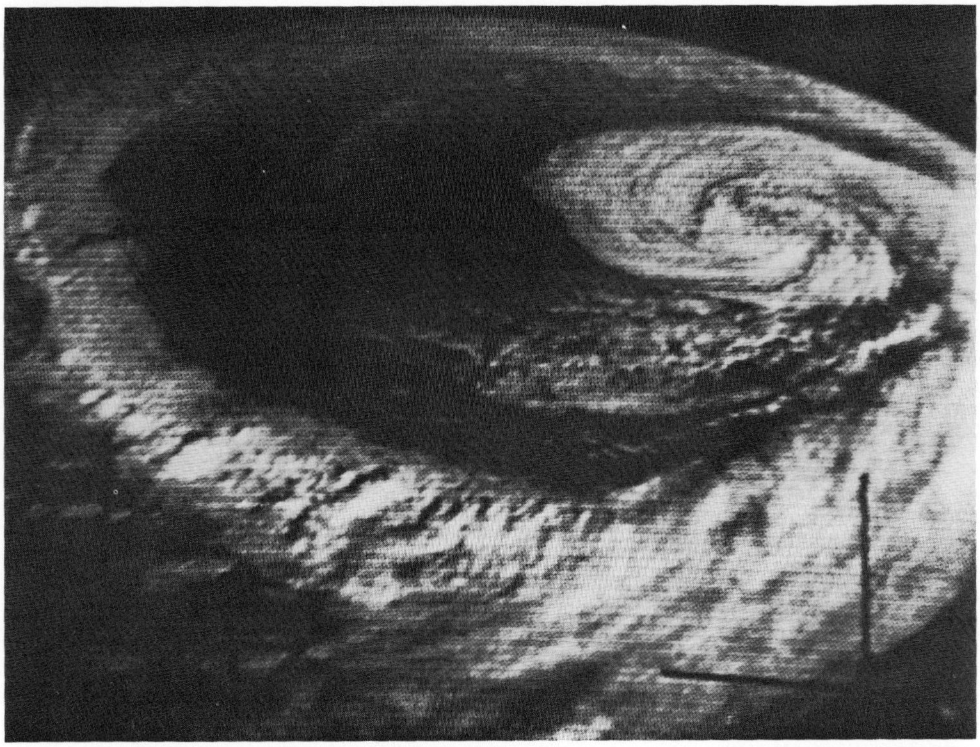

Bild 3.42
Wirbel in der Atmosphäre in der Nähe von Nova Scotia. Aufgenommen vom Satelliten TIROS VI am 29. Mai 1963. *(Mit freundlicher Genehmigung von Dr. F. Singer und NASA)*

• *4. Die Zentrifugalkorrektur zu* g. Wenn g_R in einem mit der Erde rotierenden System die Schwerkraft am Äquator ist, wie groß ist dann der wirkliche Wert g_I der Schwerkraft bei Berücksichtigung der Zentrifugalkraft?

Für die effektive Beschleunigung im rotierenden System, mit $\hat{\mathbf{z}}_R$ nach außen gerichtet und senkrecht zur Erdoberfläche, erhalten wir

$$\mathbf{F}_I + \mathbf{F}_0 = -mg_R\hat{\mathbf{z}}_R. \quad (3.86)$$

Ist ist aber $\mathbf{F}_0 = -m \cdot \mathbf{a}_0$ mit $\mathbf{a}_0 = -\omega^2 \rho$, so daß in dem Moment, wenn $\hat{\mathbf{z}}_R$, $\hat{\mathbf{z}}_I$ und $\hat{\rho}$ zusammenfallen,

$$(F_I)_{z_R} = -mg_I = -m(g_R + \omega^2 \rho). \quad (3.87)$$

Am Äquator ist $\rho = R$ und damit

$$g_I = g_R + \omega^2 R. \quad (3.88)$$ •

• *5. Windrichtungen.* Ungleiche Erwärmungen der Erdatmosphäre in äquatorialen und polaren Gegenden führen zu horizontalen Druckabweichungen in Nord-Süd-Richtung. Trotzdem haben Winde eine überwiegende Geschwindigkeitskomponente in der Ost-West-Ebene. Das erklärt sich aus der Rotation der Erde. Zeigen Sie, daß die ständige Bewegung eines nichtviskosen Gases auf der Erdoberfläche parallel zu den Isobaren (Linien gleichen Druckes) verläuft! Welche Windrichtungen treten um eine lokale Hochdruckzone (Anticyclone) auf der nördlichen Halbkugel auf?

Die Kraft auf Grund des Druckgradienten wirkt in Nord-Süd-Richtung rechtwinklig zu den Isobaren. Durch die Erdrotation scheint die Nord-Süd-Strömung jedoch eine Ost-West-Komponente relativ zur rotierenden Erde zu haben. Dieses Phänomen kann man unmittelbar aus der Analyse des Foucaultschen Pendels verstehen.

Auf der nördlichen Halbkugel bläst der Wind im Uhrzeigersinn um eine Hochdruckzone herum, da die Luft, die radial aus dem Hochdruckgebiet herausströmt, von unten aus gesehen nach rechts abgelenkt wird (vgl. auch Bild 3.42). •

3.12. Mathematischer Anhang

1. Die Differentiation des vektoriellen und des skalaren Produkts von zwei Vektoren. In Kapitel 2 haben wir die Differentiation von Vektoren behandelt; insbesondere war, wenn

$$\mathbf{r} = x\hat{\mathbf{x}} + y\hat{\mathbf{y}} + z\hat{\mathbf{z}} \quad (3.89)$$

und die Basis der Vektoren konstant blieb, die Ableitung

$$\dot{\mathbf{r}} = \dot{x}\hat{\mathbf{x}} + \dot{y}\hat{\mathbf{y}} + \dot{z}\hat{\mathbf{z}}. \quad (3.90)$$

Wir wollen nun die Beziehung herleiten:

$$\frac{d}{dt}(\mathbf{A} \times \mathbf{B}) = \dot{\mathbf{A}} \times \mathbf{B} + \mathbf{A} \times \dot{\mathbf{B}}. \quad (3.91)$$

$\mathbf{P}(t)$ bezeichne das vektorielle Produkt $\mathbf{A}(t) \times \mathbf{B}(t)$. Nun betrachten wir den Ausdruck

$$\begin{aligned}\mathbf{P}(t+\Delta t) - \mathbf{P}(t) &= \mathbf{A}(t+\Delta t) \times \mathbf{B}(t+\Delta t) - \mathbf{A}(t) \times \mathbf{B}(t)\\ &\approx \left[\mathbf{A}(t) + \frac{d\mathbf{A}}{dt}\Delta t\right] \times \left[\mathbf{B}(t) + \frac{d\mathbf{B}}{dt}\Delta t\right] - \mathbf{A}(t) \times \mathbf{B}(t)\\ &= \Delta t\left[\frac{d\mathbf{A}}{dt} \times \mathbf{B} + \mathbf{A} \times \frac{d\mathbf{B}}{dt}\right] + (\Delta t)^2\left[\frac{d\mathbf{A}}{dt} \times \frac{d\mathbf{B}}{dt}\right]. \quad (3.92)\end{aligned}$$

Also ist

$$\dot{\mathbf{P}} = \lim_{\Delta t \to 0} \frac{\mathbf{P}(t + \Delta t) - \mathbf{P}(t)}{\Delta t} = \dot{\mathbf{A}} \times \mathbf{B} + \mathbf{A} \times \dot{\mathbf{B}}. \quad (3.93)$$

Beachten Sie, daß die Reihenfolge der Terme im Vektorprodukt nicht vertauschbar ist.

Nach ähnlicher Rechnung erhalten wir

$$\frac{d}{dt}(\mathbf{A} \cdot \mathbf{B}) = \dot{\mathbf{A}} \cdot \mathbf{B} + \mathbf{A} \cdot \dot{\mathbf{B}}. \quad (3.94)$$

2. Die Winkelgeschwindigkeit als vektorielle Größe (Bild 3.43). In Kapitel 2 sahen wir, daß endliche Drehungen keine Vektoren sind, denn zwei solcher Rotationen genügen nicht dem Additionsgesetz für Vektoren. Diese Schwierigkeit tritt nicht im Bereich infinitesimaler Rotation auf, weil die Reihenfolge von zwei infinitesimalen Rotationen die Endlage eines Körpers nicht beeinflußt (außer bei Termen in der Größenordnung des Quadrates der infinitesimalen Rotationen, und das ist in diesem Bereich vernachlässigbar). Wird ein Körper um einen kleinen Winkel $\Delta\varphi_1$ um die $\hat{\mathbf{e}}_1$-Achse und um einen kleinen Winkel $\Delta\varphi_2$ um die $\hat{\mathbf{e}}_2$-Achse gedreht, so ist für hinreichend kleine Winkel $\Delta\varphi_1$ und $\Delta\varphi_2$ die Reihenfolge der Rotationen für das Ergebnis ohne Bedeutung. (Alle Achsen sollen durch einen gemeinsamen Punkt gehen.) Die beiden Drehungen können durch eine einzige ersetzt werden, und es gibt einen Winkel $\Delta\varphi_3$ um eine Achse $\hat{\mathbf{e}}_3$, der die Summe der Drehungen 1 und 2 darstellt. Diese Drehung wird dargestellt durch die Vektorgleichung

$$\Delta\varphi_3 \hat{\mathbf{e}}_3 = \Delta\varphi_1 \hat{\mathbf{e}}_1 + \Delta\varphi_2 \hat{\mathbf{e}}_2. \quad (3.95)$$

Wenn diese kleinen Drehungen in dem kleinen Zeitintervall Δt stattfinden, können wir den Vektor der Winkelgeschwindigkeit definieren:

$$\omega \equiv \lim_{\Delta t \to 0} \frac{\Delta\varphi\hat{\mathbf{e}}}{\Delta t} \quad (3.96)$$

und $\omega_3 = \omega_1 + \omega_2$. Das definiert einen Winkelgeschwindigkeitsvektor, der die Richtung der momentanen Drehachse hat und dessen Länge gleich der Rotationsgeschwindigkeit in Radian pro Sekunde ist.

Um den Drehsinn (die Polarität von $\hat{\mathbf{e}}$) festzulegen, richten wir uns wieder nach der Rechte-Hand-Regel: Wenn die Finger der rechten Hand die Drehachse in Rotationsrichtung umschließen, so zeigt der Daumen in die Richtung von ω. Die Geschwindigkeit jedes festen Punktes in einem rotierenden starren Körper kann mit der Winkelgeschwindigkeit ω ausgedrückt werden. Vom Punkt O auf der Rotationsachse aus wird ein bestimmter Punkt eines starren Körpers im Laborsystem mit dem Vektor $\mathbf{r}$ bezeichnet. Einen Moment später wird derselbe Punkt wegen der Rotation durch ein anderes $\mathbf{r}$ gekennzeichnet, und die Geschwindigkeit $\mathbf{v} = \dot{\mathbf{r}}$ hat die Größe

$$v = \lim_{\Delta t \to 0} \frac{\Delta s}{\Delta t} = \rho \frac{d\varphi}{dt} = \rho|\omega| = |\mathbf{r}| \sin\theta \, |\omega|. \quad (3.97)$$

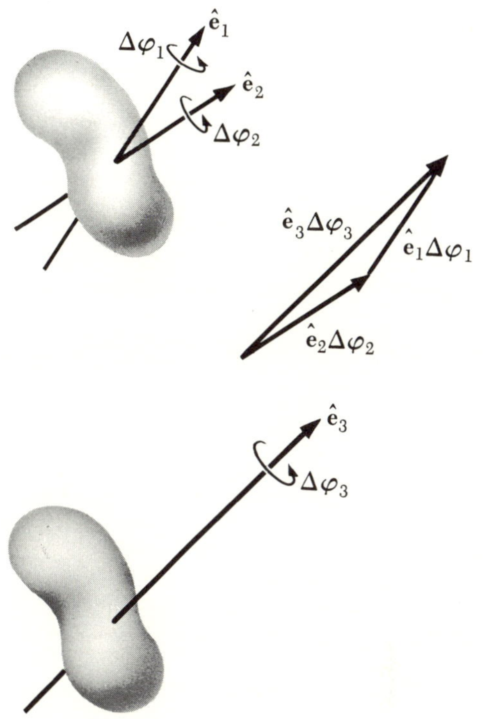

Bild 3.43. Die Winkelgeschwindigkeit als vektorielle Größe.

θ ist der polare Winkel zwischen ω und $\mathbf{r}$. Die gesamte Information steckt in der Vektorgleichung

$$\mathbf{v} = \frac{d\mathbf{r}}{dt} = \omega \times \mathbf{r} \quad (3.98)$$

für einen festen Punkt in einem rotierenden Körper.

3.13. Historische Anmerkung: Der rotierende Eimer – Newtons Deutung

Das folgende Zitat ist eine Übersetzung der 1686 veröffentlichten Newtonschen Principia Mathematica.

„Die Wirkungen, durch die sich absolute und relative Bewegungen voneinander unterscheiden, sind Zentrifugalkräfte oder solche Kräfte, die bei Kreisbewegungen eine Tendenz des Sich-Entfernens von der Achse hervorrufen. Denn bei Kreisbewegungen, die rein relativ sind, treten solche Kräfte nicht auf; aber bei einer wahren und absoluten Kreisbewegung existieren sie und sind größer oder kleiner, gemäß der Größe der (absoluten) Bewegung.

Zum Beispiel: Wenn ein an einem langen Seil aufgehängter Eimer so oft gedreht wird, daß das Seil schließlich stark verdrillt ist, dann mit Wasser gefüllt und mit dem Wasser in einer Ruhelage gehalten wird, dann durch die Wirkung einer zweiten Kraft sich plötzlich in der entgegengesetzten Richtung zu drehen beginnt, während das Seil sich entdrillt, so wird die Wasseroberfläche zunächst waagerecht sein wie vorher, als der Eimer noch in Ruhe war. Aber langsam wird der Behälter das Wasser in Rotation versetzen, indem er nach und nach die Bewegung darauf überträgt, und Stück für Stück wird das Wasser von der Mitte zurückweichen und an den Seiten des Behälters hochsteigen, wobei die Oberfläche eine konkave Form annimmt. (Dieses Experiment habe ich selbst durchgeführt.)

... Zuerst, als die *relative* Bewegung des Wassers in dem Eimer *am größten* war, rief diese Bewegung keinerlei Zurückweichen von der Drehachse hervor; das Wasser zeigte kein Bestreben, sich nach außen zu bewegen und an den Wänden hochzusteigen, sondern behielt seine waagerechte Oberfläche; seine *wahre* Kreisbewegung hatte also noch nicht begonnen. Aber nachher, als die relative Bewegung des Wassers abgenommen hatte, zeigte das Hochsteigen an den Wänden des Behälters das Bestreben an, von der Achse zurückzuweichen; und dieses Bestreben offenbarte die wirkliche Kreisbewegung des Wassers, kontinuierlich wachsend, bis sie ihren größten Wert erreichte, als das Wasser *relativ* zum Behälter in Ruhe war ...

Es ist in der Tat eine große Schwierigkeit, die *wahren* Bewegungen eines bestimmten Körpers zu entdecken und sie von den scheinbaren zu unterscheiden; denn die Teile jenes unbeweglichen Raumes, in dem sich die Körper in Wirklichkeit bewegen, entziehen sich der Beobachtung unserer Sinne.

Trotzdem ist die Angelegenheit nicht hoffnungslos; denn zur Orientierung existieren gewisse Anzeichen, abgeleitet teilweise von den scheinbaren Bewegungen, die im Gegensatz zu den wahren Bewegungen stehen, und teilweise von den Kräften, die die Ursachen und die Wirkungen der wahren Bewegungen sind. Wenn beispielsweise zwei Kugeln, die durch ein Verbindungsseil in konstanter Entfernung voneinander gehalten werden, um ihren gemeinsamen Schwerpunkt in Rotation versetzt werden, so könnte man einfach auf Grund der Spannung des Seiles das Bestreben der Kugeln entdecken, sich von ihrer Drehachse zu entfernen, und auf dieser Grundlage kann die Größe ihrer Kreisbewegung errechnet werden. Sollten gleichgroße Kräfte simultan an entgegengesetzten Seiten der Kugeln angreifen und dadurch ihre Kreisbewegung vergrößern oder verkleinern, könnten wir vom Anwachsen oder Abnehmen der Seilspannung auf die Zunahme oder Verringerung ihrer Bewegung schließen. Es kann auch festgestellt werden, an welchen Stellen Kräfte angreifen müssen, um die Bewegung der Kugeln am stärksten zu vermehren; das sind nämlich ihre Rückseiten, beziehungsweise die Seiten, die bei der Kreisbewegung hinterdrein gehen. Aber sobald wir wüßten, welche Seiten nachfolgen und welche vorangehen, sollten wir auch wissen, in welcher Richtung die Drehung erfolgt. Auf diese Weise könnten wir Größe und Richtung der Kreisbewegung herausfinden, sogar in einem riesigen Vakuum, wo nichts Äußeres und kein Anhaltspunkt ist, mit dem die Kugeln in Relation gesetzt werden können..."

4. Einfache Probleme der nichtrelativistischen Dynamik

Wir wiederholen in diesem Kapitel kurz drei Gebiete: die bereits in der Oberstufe behandelte Dynamik des Massenpunktes, einige Grundlagen der Infinitesimalrechnung und die Vektoranalysis aus Kapitel 2. Dann stellen wir die Bewegungsgleichungen für verschiedene einfache Meßanordnungen auf, die zur Standardausrüstung eines Physiklabors gehören, und lösen sie. Bei den hier betrachteten Systemen geht es um die Bewegung eines geladenen Teilchens in gleichförmigen elektrischen und magnetischen Feldern. Das Kapitel schließt mit einer ausführlichen Erörterung mehrerer nützlicher Transformationen von einem Bezugssystem in ein anderes.

Wir setzen voraus, daß die Teilchengeschwindigkeit immer weit unter der Lichtgeschwindigkeit liegt und beschränken uns damit auf nichtrelativistische Probleme und auf nichtrelativistische Transformationen von Bezugssystemen (Bild 4.1). In den Kapiteln 12 und 13 wird der Einfluß der speziellen Relativitätstheorie auf unsere Ergebnisse behandelt. Wir nehmen ferner an, daß für unsere Zwecke die Gesetze der klassischen Physik eine hinreichend gute Näherung an die quantenphysikalischen Gesetze darstellen; letztere bilden den Stoff von Band 4.

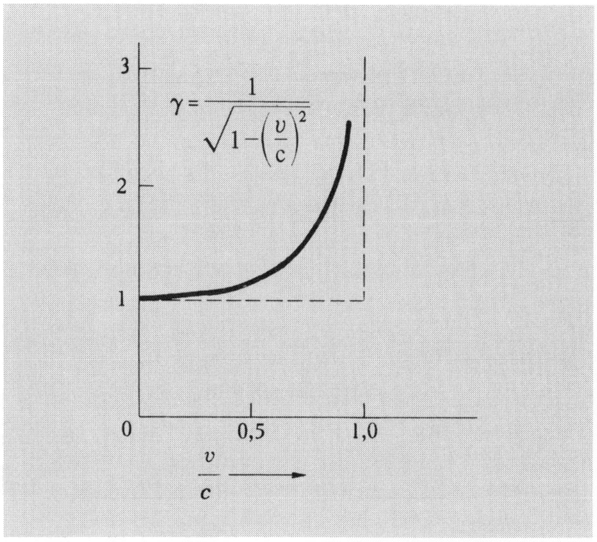

Bild 4.1. Die nichtrelativistische Mechanik liefert eine angemessene Beschreibung von Teilchenbewegungen der Geschwindigkeit v, solange wir die Differenz zwischen

$$\frac{1}{\sqrt{1 - v^2/c^2}}$$

und 1 vernachlässigen können. c ist hierbei die Lichtgeschwindigkeit.

4.1. Kraft auf ein geladenes Teilchen

Aus Kapitel 3 wissen wir, daß für konstante Masse das 2. Newtonsche Gesetz die Form

$$\mathbf{F} = m\frac{d^2\mathbf{r}}{dt^2} \tag{4.1}$$

annimmt. In der Physik kennen wir mehrere Kraftarten, darunter Gravitationskräfte, elektrostatische und magnetische Kräfte sowie verschieden starke Kernkräfte mit sehr kurzer Reichweite. Die elementare Mechanik kann recht langweilig werden, wenn die behandelten Beispiele auf Gravitationskräfte beschränkt bleiben. Wir wollen hier Aufgaben betrachten, in denen elektrische und magnetische Kräfte auf ein geladenes Teilchen wirken. Hierbei tritt vielleicht die Schwierigkeit auf, daß Elektrizität und Magnetismus aus Zeitmangel im Physikunterricht der Schule nicht immer ausreichend behandelt worden sind. Sollte das auch bei Ihnen der Fall gewesen sein, so nehmen Sie sich am besten Ihr Schulbuch wieder vor und lesen die Kapitel über Elektrizität und Magnetismus sorgfältig durch. Zum Vergleich mögen Sie sich daran erinnern, daß die Gravitationskraft $\mathbf{F}$ auf ein Teilchen der Masse m an der Erdoberfläche $\mathbf{F} = -mg\hat{\mathbf{z}}$ beträgt. Dabei ist $\hat{\mathbf{z}}$ der radial vom Erdmittelpunkt fortweisende Einheitsvektor.

Sie werden sich erinnern, daß gleichnamige elektrische Ladungen sich mit einer Kraft abstoßen, die umgekehrt proportional zum Quadrat des Abstandes ist und deren Wirkungslinie mit der gedachten Verbindungslinie beider Teilchen übereinstimmt. Dies ist bekannt als *Coulombsches Gesetz*. Der Betrag der Kraft ist

$$F = \frac{Q_1 Q_2}{r^2} \tag{4.2}$$

mit den Ladungen Q_1 und Q_2. Gl. (4.2) stellt das Coulombsche Gesetz dar, wenn man die Einheiten cm, g und s benutzt. Wir werden es in dieser Form im vorliegenden Buch benutzen.

Die Dimension der elektrischen Ladung ergibt sich aus Gl. (4.2). Das Produkt $Q_1 Q_2$ muß die gleiche Dimension haben wie $r^2 F$, nämlich

$$[\text{Länge}]^2\,[\text{Masse}]\,[\text{Länge}]\,[\text{Zeit}]^{-2}.$$

Somit gilt

$$[Q^2] = [\text{Masse}]\,[\text{Länge}]^3\,[\text{Zeit}]^{-2},$$

damit hat die Ladung die Dimension

$$[Q] = [\text{Masse}]^{\frac{1}{2}}\,[\text{Länge}]^{\frac{3}{2}}\,[\text{Zeit}]^{-1}.$$

Wir sehen, daß wir die Ladung in $g^{1/2}cm^{3/2}s^{-1}$ messen können. Zwei gleiche Punktladungen, die einen Abstand von 1 cm voneinander haben und sich gegenseitig mit der Kraft F = 1 dyn = 10 mN [1]) abstoßen, haben somit die Ladung $Q = 1\,g^{1/2}cm^{3/2}s^{-1}$.

[1]) Nach dem seit 1969 gültigen Einheitengesetz ist der Gebrauch der Krafteinheit dyn nur bis 31. 12. 1977 zulässig.

Da dieser Ausdruck doch recht umständlich ist, sagen wir lieber abkürzend, diese obige Ladung betrage 1 Franklin (Fr) oder 1 esE (1 elektrostatische Ladungseinheit). Das heißt, zwei gleiche Punktladungen mit je 1 esE und dem Abstand 1 cm stoßen sich gegenseitig mit der Kraft F = 1 dyn ab. Das Franklin oder esE ist die Ladungseinheit im Gaußschen CGS-System. Zwischen diesen Einheiten und den SI-Einheiten besteht die Beziehung $1\ \mathrm{Fr} = \frac{10}{c}\ \mathrm{C}$, wobei c die Lichtgeschwindigkeit im Vakuum bedeutet.

Die Ladung Q_p eines Protons wird mit e bezeichnet: $e = +4{,}8022 \cdot 10^{-10}\,\mathrm{esE}$. Wir nennen e die *Elementarladung*. Experimentell hat man ermittelt, daß ein Elektron die Ladung −e hat.

Aus Gl. (4.2) ergibt sich für den Betrag der Kraft zwischen zwei Protonen, die einen Abstand von 10^{-12} cm zueinander haben,

$$F \approx \frac{(4{,}8 \cdot 10^{-10}\,\mathrm{esE})^2}{(10^{-12}\,\mathrm{cm})^2} \approx \frac{23 \cdot 10^{-20}}{10^{-24}}\,\mathrm{dyn} \approx 2{,}3 \cdot 10^5\,\mathrm{dyn} = 2{,}3 \cdot 10^6\,\mathrm{mN} \tag{4.3}$$

Zwei Protonen stoßen sich ab. Der Betrag der zwischen einem Proton und einem Elektron wirkenden Kraft ergibt sich bei gleichem Abstand ebenfalls aus Gl. (4.3); allerdings ziehen sich Proton und Elektron an, da sie entgegengesetzte Ladungen haben.

Zur Vereinfachung, besonders bei der Behandlung komplizierter Anordnungen von mehreren Ladungen, führen wir die Kraft je Ladungseinheit ein. Hierzu stellen wir uns eine positive Probeladung vom Betrag 1 esE vor. Wir nehmen weiter an, daß wir die Probeladung von einem Punkt zu einem anderen räumlich bewegen können, während alle anderen Ladungen fest bleiben. Die auf die Probeladung wirkende Kraft wird für beliebige Punkte gemessen; wir führen die Messung durch, wenn die Probeladung in dem jeweiligen Punkt ruht. Diese gemessene Kraft pro positive Ladungseinheit ist eine Vektorgröße; wir bezeichnen sie als *elektrische Feldstärke* **E**.

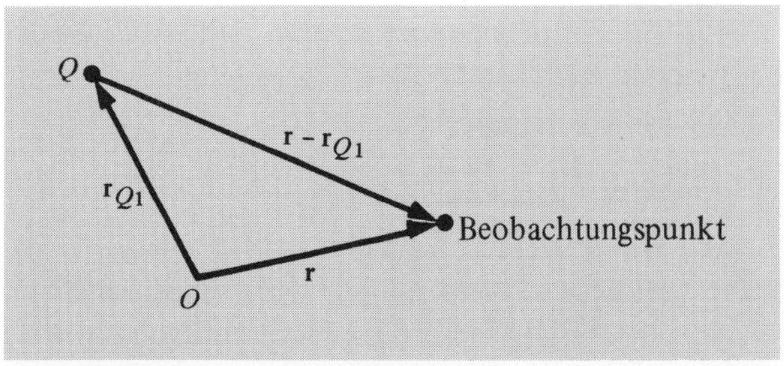

Bild 4.2. Das durch eine in $\mathbf{r}_{Q_1}$ befindliche Ladung Q_1 erzeugte elektrische Feld **E** hat im Punkt **r** den Wert

$$\mathbf{E}(\mathbf{r}) = \frac{Q_1}{|\mathbf{r} - \mathbf{r}_{Q_1}|^3}\,(\mathbf{r} - \mathbf{r}_{Q_1}).$$

E hat die Dimension Kraft durch Ladung. Die Kraft wird in dyn und die Ladung in esE angegeben, so daß die Einheit der elektrischen Feldstärke dyn/esE ist. Hierfür ist auch ein anderer Name üblich. Wir definieren neu

$$1\,\frac{\mathrm{statvolt}}{\mathrm{cm}} \equiv 1\,\frac{\mathrm{dyn}}{\mathrm{esE}}\ .$$

Im SI-System ist die Einheit der elektrischen Feldstärke

$$1\,\frac{\mathrm{V}}{\mathrm{m}}\ .$$

Die Einheit [1]) statvolt/cm haben wir eingeführt, da es (wie wir in Kapitel 5 im einzelnen sehen werden) angebracht ist, einen Begriff (statvolt) für das Produkt aus elektrischem Feld und Entfernung zu definieren. Geben wir dem Produkt die Einheit statvolt, so hat das Feld die Einheit statvolt/cm. Wir kommen auch ohne besondere Einheitenbezeichnungen für Ladung und Feld aus, definieren Sie dennoch zum bequemeren Gebrauch. Merken Sie sich einfach, daß eine Punktladung von 1 esE in einer Entfernung von 1 cm ein elektrisches Feld der Größe 1 statvolt/cm hervorruft!

Wir können eine dreidimensionale Abbildung oder „Karte" eines durch eine statische Ladungsanordnung bedingten Feldes konstruieren. Jedem Punkt auf der Karte ordnen wir einen Vektor zu, der die Größe und Richtung der elektrischen Feldstärke **E** hat. Das heißt, wir ordnen jedem Punkt auf der Karte ein Zahlentripel zu, das die Werte der Komponenten E_x, E_y, E_z repräsentiert. Eine derartige Karte ist als Vektorfeld bekannt.

Nehmen Sie einmal an, wir haben das elektrische Feld **E** in einem Raumgebiet bestimmt. Damit können wir jetzt in diesem Gebiet die Kraft auf irgendeine Ladung der Größe Q als

$$\mathbf{F} = Q\mathbf{E} \tag{4.4}$$

schreiben. Hierbei hängt **F** von der Lage von Q ab, da **E** an dieser Stelle gemessen werden muß. Wird **E** durch eine Ladung Q_1 im Punkt $\mathbf{r}_{Q_1}$ erzeugt, so können wir den Vektor **E** in Abhängigkeit von **r** mit Gl. (4.2) als

$$\mathbf{E}(\mathbf{r}) = \frac{Q_1}{|\mathbf{r} - \mathbf{r}_{Q_1}|^3}\,(\mathbf{r} - \mathbf{r}_{Q_1}) \tag{4.5}$$

schreiben (Bild 4.2). Hier tritt $|\mathbf{r} - \mathbf{r}_{Q_1}|$ im Nenner in der dritten Potenz auf, da im Zähler ein Vektor vom Betrag $|\mathbf{r} - \mathbf{r}_{Q_1}|$ steht. Legen wir den Ursprung und die Ladung Q_1 in einen Punkt, so gilt $\mathbf{r}_{Q_1} = 0$, und wir können für Gl. (4.5)

$$\mathbf{E}(\mathbf{r}) = \frac{Q_1}{r^3}\,\mathbf{r} = \frac{Q_1}{r^2}\,\hat{\mathbf{r}} \tag{4.6}$$

[1]) Die Einheit der elektrischen Feldstärke im verallgemeinerten CGS-System ist eigentlich das dyn/esE oder dyn/Fr. Um die Formeln des Originals übernehmen zu können, lassen wir auch das weniger übliche statvolt/cm zu (Anm. d. Übers.).

schreiben. Im Zähler steht der vom Ursprung zum Punkt **r**, in dem das Feld gemessen wird, gerichtete Einheitsvektor $\hat{\mathbf{r}}$. Mit Gl. (4.6) beträgt die auf eine in **r** gelegene Ladung Q wirkende Kraft

$$\mathbf{F}(\mathbf{r}) = Q\,\mathbf{E}(\mathbf{r}) = \frac{Q\,Q_1}{r^2}\hat{\mathbf{r}} \ , \tag{4.7}$$

was mit Gl. (4.2) übereinstimmt.

Die elektrostatische Kraft

$$\mathbf{F}_{el} = Q\,\mathbf{E} \tag{4.8}$$

ist der Anteil des elektrischen Feldes zur Kraft auf die Ladung Q. Ruht Q relativ zum Beobachter, so wirkt u.U. keine andere Kraft auf die Ladung (abgesehen von der Gravitationskraft, die im allgemeinen im Vergleich zur elektrostatischen Kraft sehr schwach ist). Es ist jedoch eine Frfahrungstatsache, daß ein zusätzlicher Anteil zu der auf die Ladung wirkenden Kraft auftreten kann, wenn Q sich bewegt. Die zusätzliche Kraft ist zur Geschwindigkeit **v**, mit der sich die Ladung relativ zum Beobachter bewegt, direkt proportional, vorausgesetzt, die Geschwindigkeit ist konstant. Aus Experimenten wissen wir, daß wir die zusätzliche Bewegungs- oder magnetische Kraft in der Form

$$\mathbf{F}_{mag} = \frac{Q}{c}\mathbf{v} \times \mathbf{B} \tag{4.9}$$

schreiben können, wobei c die Lichtgeschwindigkeit, **v** die Teilchengeschwindigkeit und die Vektorgröße **B** die magnetische Feldstärke ist (Bild 4.3). Wir können **B** als durch diese Gleichung definiert betrachten. Band 2 liefert hierzu eine ausführliche Diskussion. Willkürlich erscheint zu diesem Zeitpunkt das Auftreten von c in Gl. (4.9) in der Definition von **B**. Ein erfreuliches Ergebnis aus der obigen Schreibweise ist jedoch die Tatsache, daß dadurch **B** die gleiche Dimension wie die elektrische Feldstärke **E** besitzt. Da wir **v** durch c dividiert haben, erhalten wir für **B** und **E** die gleiche Dimension. Die auf eine Ladung in einem Magnetfeld wirkende Kraft $\mathbf{F}_{mag}$ entspricht der Kraft, die einen stromdurchflossenen Draht aus einem senkrecht zum Draht stehenden Magnetfeld hinausdrängt. Die Einheit der magnetischen Feldstärke im Gaußschen CGS-System ist das Gauß (G). Die SI-Einheit der magnetischen Feldstärke ist A/m.

Wie groß ist beispielsweise die Kraft auf ein Elektron, das sich in einem Magnetfeld von 10 kG bewegt, das mit einem kleinen Elektromagneten erzeugt werden kann? Hat das Elektron senkrecht zum Magnetfeld **B** die Geschwindigkeit $3 \cdot 10^8$ cm/s, dann erhalten wir für den Betrag der Kraft nach Gl. (4.9)

$$F = 4{,}8 \cdot 10^{-10}\,\text{esE}\ \frac{3 \cdot 10^8\ \text{cm/s}}{3 \cdot 10^{10}\ \text{cm/s}} \cdot 10^4\ \text{G}$$

$$= 4{,}8 \cdot 10^{-8}\,\text{dyn}\ .$$

Aus diesem Ausdruck geht hervor, daß das Magnetfeld ebenso wie das elektrische Feld die Dimension Kraft je

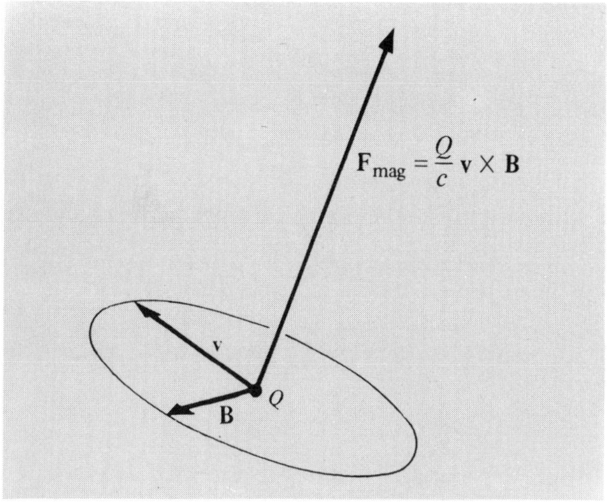

Bild 4.3

Ladungseinheit hat. Jedoch ist es bequem, zwei verschiedene Einheiten einzuführen, nämlich für das elektrische Feld dyn/esE und für das magnetische Feld Gauß (G).

Die Ursache für ein Magnetfeld kann z.B. eine Stromschleife, eine Magnetspule oder ein Dauermagnet sein. Die magnetische Kraft $\mathbf{F}_{mag}$ steht senkrecht auf der aus **v** und **B** gebildeten Ebene (Bild 4.3). Später werden wir in diesem Kapitel sehen, daß ein geladenes Teilchen in einem reinen Magnetfeld sich auf einem Kreis (oder allgemeiner auf einer Helix um eine durch die Richtung des Magnetfeldes gebildete Achse) bewegt. Es läßt sich im Labor leicht zeigen, daß ein senkrecht zur Elektronenstrahlrichtung im Oszillographen wirkendes Magnetfeld den Strahl in senkrechter Richtung sowohl zu **v** als auch zu **B** ablenkt. Die magnetische Kraft, Magnetspulen und Magnete werden in Band 2 ausführlich behandelt.

Die gesamte Kraft auf ein gleichförmig bewegtes Teilchen der Ladung Q ergibt sich aus der Summe der elektrostatischen und der magnetischen Kraft (Gln. (4.8) und (4.9)). Die Summe (oder auch nur den Anteil aus Gl. (4.9)) bezeichnen wir als *Lorentzkraft*:

$$\boxed{\mathbf{F} = Q\mathbf{E} + \frac{Q}{c}\mathbf{v} \times \mathbf{B}\ .} \tag{4.10}$$

Ein großer Teil der Physik läßt sich aus dem 2. Newtonschen Gesetz $\mathbf{F} = m\mathbf{a}$ in Verbindung mit Gl. (4.10) ableiten; selbstverständlich zeigt die Geschichte der Physik, daß es ein langer Weg bis zur Aufstellung dieser Gleichungen war. Wenn wir hier auch Gl. (4.10) als Erfahrungstatsache einführen, so müssen wir uns dennoch eingehend mit ihr in Band 2 beschäftigen.

In diesem Kapitel nehmen wir die kinetische Energie des Teilchens zu $\frac{1}{2}mv^2$ an und betrachten lediglich Probleme in gleichförmigen elektrischen und magnetischen

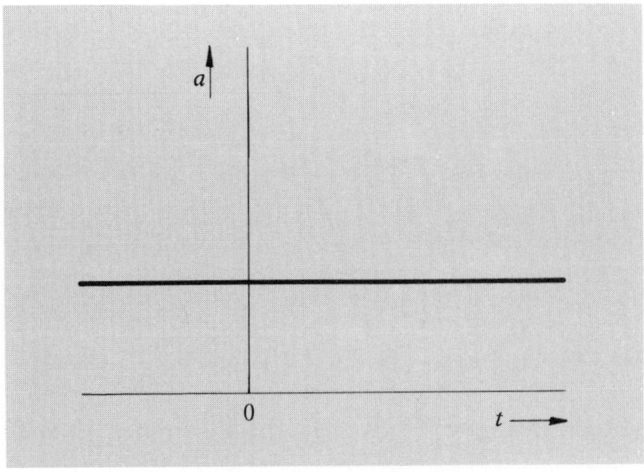

Bild 4.4. Ein Teilchen erfährt im homogenen Feld **E** die konstante Beschleunigung

$a = \frac{Q}{m} \mathbf{E}, \ldots$

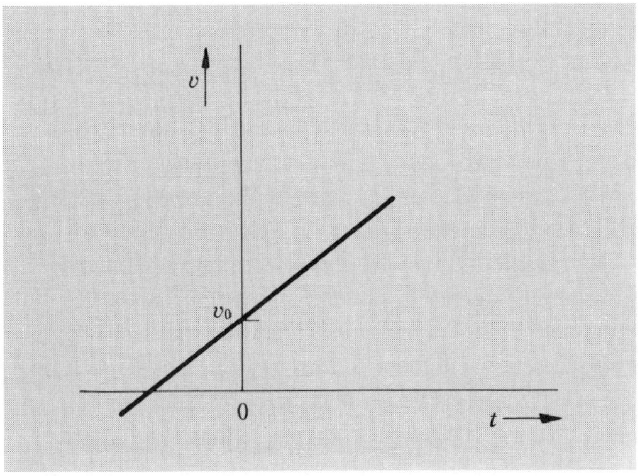

Bild 4.5. ... die Geschwindigkeit wächst linear mit der Zeit:
$v = \int a\,dt = at + v_0, \ldots$

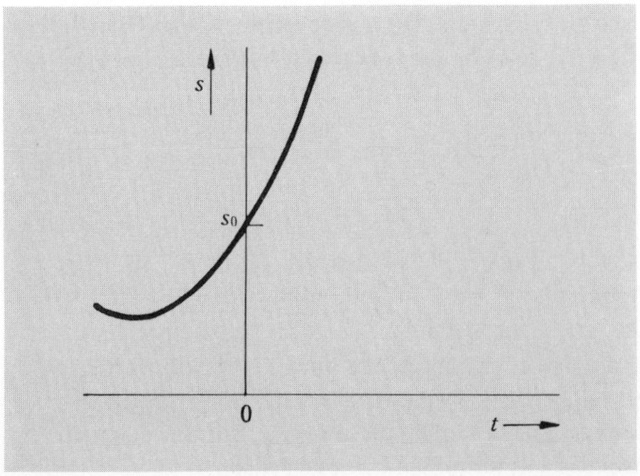

Bild 4.6. ...und die Verschiebung s ist eine quadratische Funktion der Zeit:
$s = \int v\,dt = \frac{1}{2}at^2 + v_0 t + s_0$.

Feldern. (*Gleichförmig* bedeutet lageunabhängig, *konstant* bedeutet zeitunabhängig.) Wir stellen die Behandlung des elektrostatischen Potentials und der Spannung bis Kapitel 5 zurück.

In diesem Kapitel benötigen wir folgende numerischen Werte:

die Lichtgeschwindigkeit c:

$$c = 2{,}9979 \cdot 10^{10}\,\mathrm{cm/s}\,,$$

die Elektronenmasse m_e:

$$m_e = 0{,}9107 \cdot 10^{-27}\,\mathrm{g}\,,$$

die Protonenmasse m_p:

$$m_p = 1{,}6724 \cdot 10^{-24}\,\mathrm{g}\,.$$

Behandeln wir die Lorentzkraft im Gaußschen CGS-System, so drücken wir F in dyn, E in statvolt/cm, v in cm/s und B in G. Aus. Die folgenden Umwandlungsfaktoren (hergeleitet in Band 2) benutzen wir, um die in SI-Einheiten geschriebenen Werte in das CGS-System umzuschreiben: Wir erhalten F in dyn, indem wir die in N angegebenen Werte für F mit 10^5 multiplizieren. Wir erhalten E in dyn/esE oder statvolt/cm, indem wir die in V/m oder N/c angegebenen Werte mit $10^6/c \approx 1/3 \cdot 10^{-4}$ multiplizieren. Ist E in V/cm angegeben, so erhalten wir es in dyn/esE durch Multiplikation mit $10^8/c \approx 1/300$.
B ergibt sich in G, wenn wir den Wert in Weber/m^2 mit 10^4 multiplizieren. Machen Sie sich über diese Umwandlungsfaktoren augenblicklich keine großen Gedanken, sondern wenden Sie sie einfach an, wenn es erforderlich ist.

4.2. Ein geladenes Teilchen in einem gleichförmigen konstanten elektrischen Feld
(Bilder 4.4 bis 4.6)

Für die Kraft auf eine Ladung Q mit der Masse m in einem (räumlich) gleichförmigen und (zeitlich) konstanten elektrischen Feld gilt die Gleichung

$$\mathbf{F} = m\mathbf{a} = Q\mathbf{E}\,. \tag{4.11}$$

Aus Gl. (4.11) erhalten wir die Beschleunigung **a** der Ladung zu

$$\mathbf{a} = \frac{d^2\mathbf{r}}{dt^2} = \frac{Q}{m}\mathbf{E}\,. \tag{4.12}$$

Das Ergebnis ähnelt der für die Bewegung eines Teilchens in einem gleichförmigen Gravitationsfeld auf der Erdoberfläche erhaltenen Gleichung $\mathbf{F} = -mg\hat{\mathbf{z}}$, in der $\hat{\mathbf{z}}$ ein entgegengesetzt zum Erdmittelpunkt gerichteter Einheitsvektor ist. Für das Gravitationsproblem lautet die Bewegungsgleichung $m\mathbf{a} = -mg\hat{\mathbf{z}}$ oder $\mathbf{a} = -g\hat{\mathbf{z}}$. Falls Sie anfangs Schwierigkeiten haben, sich die Bewegung eines Teilchens in einem elektrischen Feld vorzustellen, denken

Sie statt dessen an die Bewegung in einem in die gleiche Richtung weisenden Gravitationsfeld. Die letztere Bewegung wird fast immer in der Schulphysik erschöpfend behandelt. Für Gl. (4.12) können wir durch Probieren oder direktes Integrieren die allgemeine Lösung

$$\mathbf{r}(t) = \frac{Q}{2}\frac{\mathbf{E}}{m}t^2 + \mathbf{v}_0 t + \mathbf{r}_0 \tag{4.13}$$

erhalten. Wir erinnern uns dabei an die Differentiationsregel

$$\frac{d}{dt}t^n = nt^{n-1}. \tag{4.14}$$

Sie werden sich natürlich fragen, woher der Term $\mathbf{v}_0 t + \mathbf{r}_0$ in Gl. (4.13) stammt. Es ist klar, daß der Ausdruck

$$\mathbf{r}(t) = \frac{Q\mathbf{E}}{2m}t^2 \tag{4.15}$$

für sich allein die Gl. (4.12) befriedigt. Wir nennen Gl. (4.12) eine *Differentialgleichung*, da in ihr eine Ableitung auftritt, in diesem Fall die zweite Ableitung von $\mathbf{r}$ nach der Zeit. Gl. (4.15) ergibt $\mathbf{r} = 0$ im Zeitpunkt $t = 0$. Aber in der Differentialgleichung (4.12) wird nichts darüber gesagt, daß sich das Teilchen für $t = 0$ im Ursprung befinden muß. Die Ladung kann eine beliebige Anfangslage $\mathbf{r}_0$ haben. Wir berücksichtigen die tatsächliche Anfangslage in der Lösung für $\mathbf{r}$ durch Einfügen des konstanten Ausdrucks $\mathbf{r}_0$:

$$\mathbf{r}(t) = \frac{Q\mathbf{E}}{2m}t^2 + \mathbf{r}_0. \tag{4.16}$$

Da $\mathbf{r}_0$ konstant ist, können wir es zur Lösung hinzuaddieren und erfüllen weiterhin die Differentialgleichung (4.12).

Die Geschwindigkeit $\mathbf{v}$ ergibt sich durch Differentiation von $\mathbf{r}$ nach der Zeit t. Setzen wir für $\mathbf{r}$ Gl. (4.16) ein, erhalten wir für die Geschwindigkeit

$$\mathbf{v}(t) = \frac{d\mathbf{r}}{dt} = \frac{d}{dt}\frac{Q\mathbf{E}}{2m}t^2 = \frac{Q\mathbf{E}}{m}t. \tag{4.17}$$

Diese ist Null für $t = 0$. Die Differentialgleichung (4.12) sagt jedoch nicht aus, daß die Geschwindigkeit Null sein muß für $t = 0$; die Geschwindigkeit kann einen beliebigen Anfangswert $\mathbf{v}_0$ haben. Wir berücksichtigen die Anfangsgeschwindigkeit in der Lösung für $\mathbf{r}$ durch Hinzuaddieren des Ausdrucks $\mathbf{v}_0 t$ in Gl. (4.16). Dieser Ausdruck stört weder die Differentialgleichung noch ändert er die Anfangslage, da $\mathbf{v}_0 t = 0$ für $t = 0$ gilt. Der Term genügt der Anfangsbedingung bezüglich der Geschwindigkeit, da jetzt $\mathbf{r}$ durch Gl. (4.13) wiedergegeben ist, woraus sich

$$\mathbf{v}(t) = \frac{d\mathbf{r}}{dt} = \frac{d}{dt}\left(\frac{Q\mathbf{E}}{2m}t^2 + \mathbf{v}_0 t + \mathbf{r}_0\right) = \frac{Q\mathbf{E}}{m}t + \mathbf{v}_0 \tag{4.18}$$

ergibt. Es ist also wie gefordert $\mathbf{v} = \mathbf{v}_0$ für $t = 0$. Die Lösung (4.13) genügt der Differentialgleichung (4.12) und den *Anfangs-* oder *Randbedingungen* bezüglich des Ortes und der Geschwindigkeit.

• **Beispiele**: *1. Longitudinalbeschleunigung eines Protons.* Ein Proton wird durch ein elektrisches Feld $E_x = 1$ dyn/esE aus der Ruhelage 1 ns ($= 10^{-9}$ s) lang beschleunigt. Wie groß ist die Endgeschwindigkeit?

Die Geschwindigkeit erhalten wir aus Gl. (4.18):

$$\frac{d\mathbf{r}}{dt} = \frac{e}{m_{Pr}}\mathbf{E}t + \mathbf{v}_0; \tag{4.19}$$

für unser Problem vereinfacht sie sich auf [1])

$$v_x(t) = \frac{e}{m_{Pr}}E_x t \qquad v_y = v_z = 0, \tag{4.20}$$

da wir $\mathbf{v} = 0$ für $t = 0$ vorgegeben haben. Somit beträgt die Endgeschwindigkeit bei $t = 1 \cdot 10^{-9}$ s

$$v_x \approx \frac{5 \cdot 10^{-10}\,\text{esE} \cdot 1\,\text{dyn/esE} \cdot 1 \cdot 10^{-9}\,\text{s}}{2 \cdot 10^{-24}\,\text{g}}$$

$$\approx 3 \cdot 10^5\,\text{cm/s}. \tag{4.21}$$

Beachten Sie bitte, daß 1 esE · 1 dyn/esE ≡ 1 dyn ≡ 1 g cm/s² gilt. Wir haben $2 \cdot 10^{-24}$ g als Größenordnung für die Protonenmasse angesetzt. •

• *2. Longitudinale Elektronenbeschleunigung.* Ein anfangs ruhendes Elektron wird auf einer Strecke von 1 cm durch ein elektrisches Feld von 1 dyn/esE (1 statvolt/cm) beschleunigt. Wie groß ist die Endgeschwindigkeit?

Aus Gl. (4.18) erhalten wir mit der Ladung $-e$ und der Elektronenmasse m

$$v_x(t) = -\frac{e}{m}E_x t; \qquad x(t) = -\frac{e}{2m}E_x t^2. \tag{4.22}$$

Wir eliminieren t in v_x, indem wir t^2 durch x ausdrücken. Dazu bilden wir v_x^2, stellen die Faktoren um und erhalten mit Gl. (4.22)

$$v_x^2 = \left(\frac{e}{m}E_x t\right)^2 = \left(\frac{2e}{m}E_x\right)\left(\frac{e}{2m}E_x t^2\right) = -\frac{2e}{m}E_x x$$

$$\approx \frac{2 \cdot 5 \cdot 10^{-10}\,\text{esE}}{10^{-27}\,\text{g}}\,1\,\text{dyn/esE} \cdot 1\,\text{cm} = 10^{-9} \cdot 10^{27}\,\text{cm}^2/\text{s}^2$$

$$\approx 10^{18}\,\text{cm}^2/\text{s}^2. \tag{4.23}$$

Somit beträgt die Endgeschwindigkeit

$$|v_x| \approx 10^9\,\text{cm/s}. \tag{4.24}$$

Bild 4.1 am Anfang des Kapitels zeigt uns, daß diese Geschwindigkeit für viele praktische Zwecke als nichtrelativistisch angesehen werden darf (1 % Genauigkeit). •

[1]) Gl. (4.19) ist eine Vektorgleichung, die sich mit $\mathbf{E} = (E_x, 0, 0)$ und $\mathbf{v}_0 = 0$ auf die drei Komponentengleichungen

$$\frac{dx}{dt} = \frac{e}{m}E_x, \qquad \frac{dy}{dt} = 0, \qquad \frac{dz}{dt} = 0$$

zurückführen läßt.

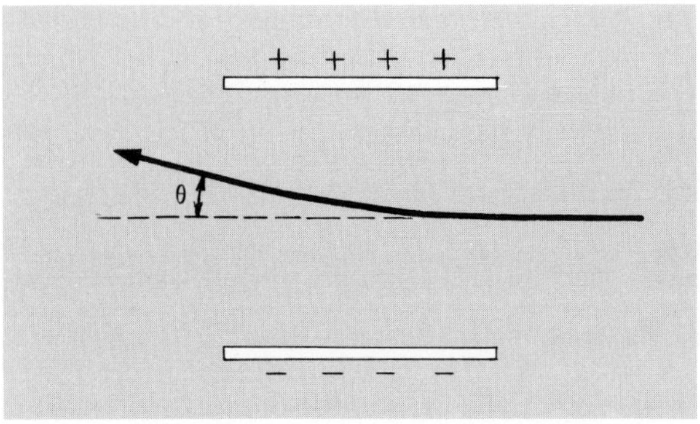

Bild 4.7. Ablenkung eines Elektronenstrahls in einem transversalen elektrischen Feld

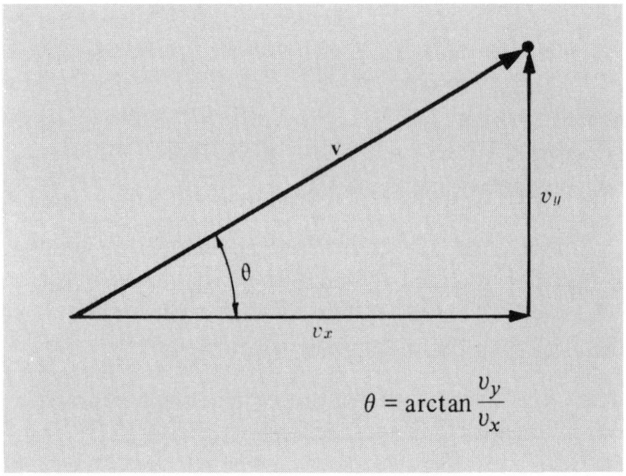

Bild 4.8. Geschwindigkeitsvektor $\mathbf{v} = \hat{\mathbf{x}} v_x + \hat{\mathbf{y}} v_y$

• *3. Transversale Beschleunigung* (Bilder 4.7 und 4.8). Nach dem Verlassen des beschleunigenden Feldes E aus dem Beispiel 2 tritt der Elektronenstrahl in ein Gebiet der Länge $l = 1$ cm ein, in dem ein transversal ablenkendes Feld $E_y = -0{,}1$ dyn/esE wirkt. Unter welchem Winkel zur x-Achse verläßt der Elektronenstrahl das Ablenkgebiet?

Da das Feld keine x-Komponente hat, bleibt die x-Komponente der Geschwindigkeit konstant. Die Zeit τ, in der das Elektron das Ablenkgebiet durchläuft, erhalten wir aus

$$v_x \tau = l \tag{4.25}$$

oder, mit $v_x = 10^9$ cm/s,

$$\tau = \frac{l}{v_x} = \frac{1\text{ cm}}{10^9\text{ cm/s}} = 10^{-9}\text{ s}. \tag{4.26}$$

Die während dieser Zeit erreichte Transversalgeschwindigkeit v_y beträgt

$$v_y = -\frac{e}{m} E_y \tau \approx \frac{5 \cdot 10^{-10}\text{esE}}{10^{-27}\text{g}} \cdot 10^{-1}\text{dyn/esE} \cdot 10^{-9}\text{s}$$
$$= 5 \cdot 10^7\text{cm/s}. \tag{4.27}$$

Den Winkel θ, den der Endgeschwindigkeitsvektor mit der x-Achse bildet, erhalten wir aus $\tan\theta = v_y/v_x$, so daß sich

$$\theta = \arctan\left(\frac{v_y}{v_x}\right) \approx \arctan\left(\frac{5 \cdot 10^7}{10^9}\right) = \arctan 0{,}05 \tag{4.28}$$

ergibt. Für kleine Winkel können wir mit θ im Bogenmaß angenähert

$$\theta \approx \arctan\theta \tag{4.29}$$

schreiben. Aus Gl. (4.28) sehen wir, daß $\theta \approx 0{,}05$ rad beträgt.

Durch Berechnen des nächsten Terms in der Reihenentwicklung von $\arctan\theta$ können wir den in der Näherung Gl. (4.29) gemachten Fehler abschätzen. Mathematische Tafeln geben die Reihenentwicklungen der trigonometrischen Funktionen wieder. So findet man z.B. in Höhere Mathematik griffbereit (Friedr. Vieweg + Sohn, Braunschweig) S. 558 [1])

$$\arctan x = x - \frac{x^3}{3} + \frac{x^5}{5} - \frac{x^7}{7} + \ldots \quad \text{für } x^2 < 1\,. \tag{4.30}$$

Der Ausdruck $x^3/3$ für $x = 0{,}05$ ist um den Faktor $x^2/3 = 0{,}05^2/3 \approx 10^{-3}$ kleiner als das erste Glied x, d.h., der Fehler beträgt nur 0,1 %. Dieser Fehler kann vernachlässigt werden, wenn er kleiner als die Meßungenauigkeit von θ ist. Für kleine Winkel gilt auch $\sin\theta \approx \theta$ und $\cos\theta \approx 1 - \frac{1}{2}\theta^2$. •

4.3. Ein geladenes Teilchen in einem gleichförmigen elektrischen Wechselfeld (Bild 4.9)

Gegeben ist

$$\mathbf{E} = \hat{\mathbf{x}} E_x = \hat{\mathbf{x}} E_x^0 \sin\omega t \tag{4.31}$$

mit der Kreisfrequenz $\omega = 2\pi t$ und der Amplitude des elektrischen Feldvektors E_x^0. Oftmals läßt man den oberen Index (^{0}) bei E weg, wenn dadurch keine Zweideutigkeit eintritt. Die Bewegungsgleichung erhalten wir aus Gl.(4.12) zu

$$\frac{d^2x}{dt^2} = \frac{Q}{m} E_x = \frac{Q}{m} E_x^0 \sin\omega t\,. \tag{4.32}$$

[1]) Empfehlenswert sind auch die „HÜTTE", der „Bronstein" und die „Mathematische Formelsammlung" von *K. Rottmann.* Je eine mathematische und eine physikalische Formelsammlung z.B. Physik griffbereit (Friedr. Vieweg + Sohn, Braunschweig) sowie einen vernünftigen Rechenschieber oder einen preiswerten Kleinrechner sollte jeder Physikstudent zur Verfügung haben.

4.3. Ein geladenes Teilchen in einem gleichförmigen elektrischen Wechselfeld

Eine gute Methode, Differentialgleichungen zu lösen, ist das durch physikalische Intuition unterstützte Raten von Lösungen. Wir suchen eine Lösung der Form [1])

$$x(t) = x_1 \sin \omega t + v_0 t + x_0 ; \quad (4.33)$$

nach zweimaligem Differenzieren von Gl. (4.33) erhalten wir

$$\frac{d^2 x}{dt^2} = -\omega^2 x_1 \sin \omega t . \quad (4.34)$$

Die Ableitungen von Sinus und Cosinus sind durch

$$\frac{d}{d\theta} \sin \theta = \cos \theta ; \quad \frac{d^2}{d\theta^2} \sin \theta = -\sin \theta ;$$

$$\frac{d}{d\theta} \cos \theta = -\sin \theta ; \quad \frac{d^2}{d\theta^2} \cos \theta = -\cos \theta$$

gegeben. Somit ist Gl. (4.33) eine Lösung der Bewegungsgleichung (4.32), vorausgesetzt, daß

$$-\omega^2 x_1 \sin \omega t = \frac{Q}{m} E_x^0 \sin \omega t \quad (4.35)$$

oder

$$x_1 = -\frac{Q E_x^0}{m \omega^2} \quad (4.36)$$

gilt. Durch Einsetzen von Gl. (4.36) in Gl. (4.33) erhalten wir das Ergebnis

$$x(t) = -\frac{Q E_x^0}{m \omega^2} \sin \omega t + v_0 t + x_0 . \quad (4.37)$$

Die Geschwindigkeit beträgt

$$v_x(t) = \frac{dx}{dt} = -\frac{Q E_x^0}{m \omega} \cos \omega t + v_0 ; \quad (4.38)$$

so daß sich für $t = 0$

$$v_x(0) = -\frac{Q E_x^0}{m \omega} + v_0 \quad (4.39)$$

ergibt. Verwechseln Sie nicht $v_x(0)$, die Geschwindigkeit für $t = 0$, mit der Konstanten v_0, die wir so wählen, daß

---

[1]) Wir nehmen teil an einer der üblichen Aufgaben eines Physikers: die Lösung einer Differentialgleichung mit vorgegebenen Anfangsbedingungen zu finden. Hierbei spielt intuitives Probieren eine entscheidende Rolle. Oftmals gibt es genau vorgeschriebene mathematische Lösungswege; allgemein fragt sich der Physiker: „Was könnte geschehen?" oder „Was müssen wir zusätzlich erwarten?" Am Ende wird das Geratene in die ursprüngliche Gleichung eingesetzt, um zu sehen, ob die Lösung gilt. Ist die Vermutung falsch, muß man erneut raten. Überlegtes Raten erspart Zeit, aber selbst falsche Ansätze erhellen das Problem.

Nach Gl. (4.32) muß die Beschleunigung eines geladenen Teilchens einer Sinusfunktion genügen, wenn die aufgebrachte Kraft sinusförmig ist. Daher berücksichtigen wir in Gl. (4.33) einen Term der Form $\sin \omega t$ oder $\cos \omega t$. Wir wählen $\sin \omega t$, da zwei sukzessive Differentiationen einer Sinusfunktion wiederum eine Sinusfunktion ergeben. Der Term x_0 muß als Anfangsauslenkung mit einbezogen werden. Da wir auch eine Anfangsgeschwindigkeit berücksichtigen müssen, addieren wir den Ausdruck $v_0 t$, der für eine beliebige Anfangsgeschwindigkeit ein-

---

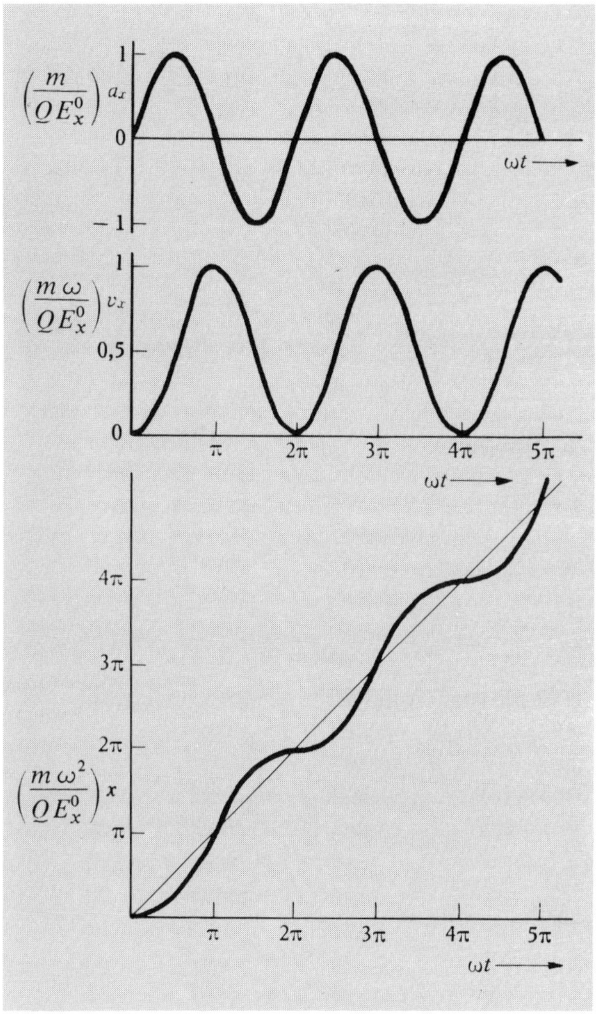

Bild 4.9. Für eine Ladung Q im Feld $\mathbf{E} = E_x^0 \sin \omega t$ gilt

$$a_x = \frac{Q}{m} E_x^0 \sin \omega t; \quad v_x(t) = \int a_x dt = -\frac{Q E_x^0}{m \omega} \cos \omega t + v_0 .$$

Ist $v_x(0) = 0$, so erhalten wir

$$v_0 = \frac{Q E_x^0}{m \omega} \quad \text{oder} \quad v_x(t) = \frac{Q E_x^0}{m \omega} (1 - \cos \omega t), \ldots$$

daraus folgt

$$x(t) = \int v_x(t) dt = \frac{Q E_x^0}{m \omega} \int (1 - \cos \omega t) dt + x(0) .$$

Ist $x(0) = 0$, dann gilt

$$x(t) = -\frac{Q E_x^0}{m \omega^2} \sin \omega t + \frac{Q}{m \omega} E_x^0 t .$$

---

schließlich Null sorgt. Der Term $v_0 t$ bewirkt später eine Überlagerung einer konstanten Geschwindigkeit mit der oszillierenden. Nur die Form $v_0 t$ ist möglich; eine höhere Potenz von t läßt sich nicht mit Gl. (4.32) vereinbaren.

Anmerkung: Wir sehen aus Gl. (4.38) in diesem Beispiel, daß im Gegensatz zu früheren Beispielen v_0 nicht der einzige Geschwindigkeitsanteil zur Zeit $t = 0$ ist.

$v_x(0)$ den geforderten Wert besitzt. Wählen wir die Anfangsgeschwindigkeit zu Null, so erhalten wir

$$v_0 = \frac{QE_x^0}{m\omega}, \qquad (4.40)$$

und durch Einsetzen des Ergebnisses in Gl. (4.37) ergibt sich

$$x(t) = -\frac{QE_x^0}{m\omega^2}\sin\omega t + \frac{QE_x^0}{m\omega}t + x_0 . \qquad (4.41)$$

Dieses Ergebnis ist etwas überraschend: Mit der Randbedingung $v_x = 0$ für $t = 0$ setzt sich die Bewegung aus einer konstanten Driftgeschwindigkeit $QE_x^0/m\omega$ mit einer überlagerten Schwingung zusammen. Das rührt daher, daß das Teilchen in diesem speziellen Problem niemals seine Geschwindigkeitsrichtung umkehrt. Das Teilchen macht stets „Schritte" zur selben Seite. Beachten Sie bitte, daß in dem vorliegenden Problem v_0 *nicht* gleich $v_x(t=0)$, daß aber x_0 gleich $x(t=0)$ ist.

4.4. Geladenes Teilchen in einem konstanten Magnetfeld (Bilder 4.10 bis 4.12)

Für die Bewegungsgleichung eines geladenen Teilchens der Masse m und der Ladung Q in einem konstanten Magnetfeld erhalten wir

$$m\frac{d^2\mathbf{r}}{dt^2} = m\frac{d\mathbf{v}}{dt} = \frac{Q}{c}\mathbf{v}\times\mathbf{B}. \qquad (4.42)$$

Das Magnetfeld wirkt in z-Richtung:

$$\mathbf{B} = \hat{\mathbf{z}}B. \qquad (4.43)$$

Dann gilt nach der Vektorproduktregel

$$[\mathbf{v}\times\mathbf{B}]_x = v_yB; \qquad [\mathbf{v}\times\mathbf{B}]_y = -v_xB;$$
$$[\mathbf{v}\times\mathbf{B}]_z = 0. \qquad (4.44)$$

Somit ergibt sich für Gl. (4.42)

$$\dot{v}_x = \frac{Q}{mc}v_yB; \quad \dot{v}_y = -\frac{Q}{mc}v_xB; \quad \dot{v}_z = 0. \qquad (4.45)$$

Wie wir sehen, ist die Geschwindigkeitskomponente in Richtung des magnetischen Feldes, entlang der z-Achse, konstant.

Wir können eine weitere Bewegungseigenschaft direkt einsehen: Die kinetische Energie

$$W_k = \frac{1}{2}mv^2 = \frac{1}{2}m\mathbf{v}\cdot\mathbf{v} \qquad (4.46)$$

ist konstant wegen

$$\frac{dW_k}{dt} = \frac{1}{2}m(\dot{\mathbf{v}}\cdot\mathbf{v} + \mathbf{v}\cdot\dot{\mathbf{v}}) = m\mathbf{v}\cdot\dot{\mathbf{v}} = -m\mathbf{v}\left(\frac{Q}{mc}\mathbf{v}\times\mathbf{B}\right) \equiv 0, \qquad (4.47)$$

da $\mathbf{v}\times\mathbf{B}$ senkrecht auf $\mathbf{v}$ steht. Somit *bewirkt ein Magnetfeld keine Änderung der kinetischen Energie eines freien Teilchens.*

Wir wollen nach Lösungen [1]) für die Bewegungsgleichungen (4.45) in der Form

$$v_x(t) = v_1\sin\omega t; \qquad v_y(t) = v_1\cos\omega t \qquad (4.48)$$

suchen. Diese Bewegung ist kreisförmig. Weil

$$\frac{dv_x}{dt} = \omega v_1\cos\omega t; \qquad \frac{dv_y}{dt} = -\omega v_1\sin\omega t \qquad (4.49)$$

gilt, können wir Gl. (4.45) als

$$\omega v_1\cos\omega t = \frac{QB}{mc}v_1\cos\omega t;$$
$$-\omega v_1\sin\omega t = -\frac{QB}{mc}v_1\sin\omega t \qquad (4.50)$$

schreiben. Diese Gleichungen sind erfüllt, wenn

$$\boxed{\omega = \frac{QB}{mc} \equiv \omega_c} \qquad (4.51)$$

gilt. Diese Beziehung definiert die *Zyklotron-* oder *Kreiselfrequenz* ω_c als die Frequenz einer Teilchenbewegung in einem Magnetfeld. Jeder beliebige Wert für v_1 genügt Gl. (4.50).

Die Zyklotronfrequenz kann auch aus einer elementaren Schlußfolgerung hergeleitet werden. Die nach innen gerichtete magnetische Kraft $Q/Bv_1/c$ bewirkt die bei einer kreisförmigen Teilchenbewegung auftretende Zentripetalbeschleunigung. Die Zentrifugalbeschleunigung hat wegen $\omega_c r = v_1$ den Betrag v_1^2/r oder $\omega_c^2 r$. Somit gilt

$$\frac{QBv_1}{c} = m\omega_c^2 r \qquad (4.52)$$

und daraus

$$\omega_c = \frac{QB}{mc}.$$

[1]) Gl. (4.47) besagt, daß W_k eine Konstante ist; wir müssen daraus schließen, daß $|\mathbf{v}|$ ebenfalls konstant ist. Auf Grund dieses Resultats suchen wir eine Lösung, die eine gleichförmige Kreisbewegung wiedergibt, in der die x- und y-Geschwindigkeitskomponenten sinusförmig mit der Phasendifferenz $\pi/2$ zueinander sind. Es ist bequem, QB/mc als eine einzige Konstante mit der Dimension einer inversen Zeit anzugeben, wie Sie sich leicht aus Gl. (4.45) überlegen können. Wir erwarten eine Lösung, die eine Rotation beinhaltet, bei der diese Konstante mit der Kreisfrequenz ω in enger Beziehung steht.

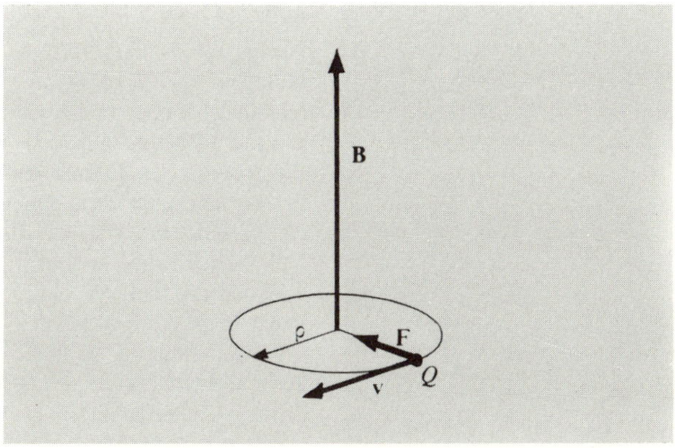

Bild 4.10. Eine positive Ladung Q mit der Anfangsgeschwindigkeit **v** senkrecht zum konstanten Magnetfeld **B** beschreibt mit der konstanten Geschwindigkeit v eine Kreisbahn mit dem Radius $\rho = cmv/QB$.

Wie sieht die Flugbahn aus? Die Bahngleichung erhalten wir durch Integrieren der Gl. (4.48) oder durch Raten, wobei $\omega = \omega_c$ gesetzt ist, zu

$$x(t) = x_0 - \rho \cos \omega_c t\,; \qquad x = x_0 - \frac{v_\perp}{\omega_c} \cos \omega_c t\,; \tag{4.53}$$

$$y(t) = y_0 + \rho \sin \omega_c t\,; \qquad y = y_0 + \frac{v_\perp}{\omega_c} \sin \omega_c t\,; \tag{4.54}$$

$$z(t) = z_0 + v_z t\,. \tag{4.55}$$

Wir sehen, daß die Projektion der Bewegung auf die xy-Ebene einen Kreis um den Punkt x_0, y_0 mit dem Radius

$$\rho = \frac{v_\perp}{\omega_c} = \frac{cmv_\perp}{QB} \tag{4.56}$$

ergibt. Der Radius ρ wird manchmal als *Gyro-* oder *Zyklotronradius* bezeichnet. Die gesamte Teilchenbewegung ist eine Schraubenlinie um die Richtung von **B** als Achse; die Geschwindigkeitskomponente parallel zu **B** ist konstant (Bild 4.11).

Beachten Sie, es gilt

$$\boxed{B\rho = \frac{cmv_\perp}{Q}}\,, \tag{4.57}$$

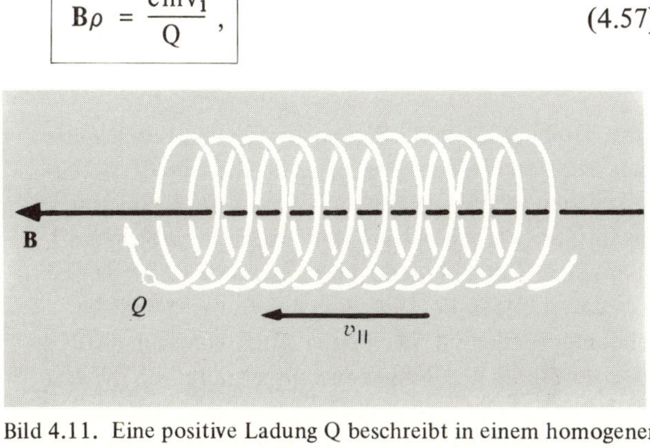

Bild 4.11. Eine positive Ladung Q beschreibt in einem homogenen Magnetfeld **B** eine Spirale mit konstanter Ganghöhe. Die Geschwindigkeitskomponente $\mathbf{v}_{\|}$ parallel zu **B** ist konstant.

mit $mv_\perp$ als Impuls des Teilchens in der Ebene senkrecht auf **B**. Dies ist eine wichtige Beziehung. Wir werden in einem späteren Kapitel sehen, daß auch sie im relativistischen Bereich gilt, wenn wir für $mv_\perp$ den relativistischen Impuls p einsetzen. Die Relation kann daher dazu dienen, den Impuls eines Teilchens mit hoher Energie zu bestimmen.

Dimensionen. Zur Überprüfung eines Resultats sollten Sie sich angewöhnen, die Dimensionen auf beiden Seiten des Endergebnisses zu vergleichen. Dies ist eine einfache Möglichkeit, grobe Fehler aufzudecken. Auf der rechten Seite von Gl. (4.57) steht

$$\left[\frac{cmv_\perp}{Q}\right] = \left[\frac{L}{T}\right][M]\left[\frac{L}{T}\right]\left[\frac{1}{Q}\right] = \left[\frac{ML^2}{QT^2}\right], \tag{4.58}$$

wobei T eine Zeit und L eine Länge wiedergeben. Die eckigen Klammern zeigen an, daß es sich um Dimensionen handelt. Auf der linken Seite von Gl. (4.57) steht

$$[B\rho] = \left[\frac{F}{Q}\right][L] = \left[\frac{ML^2}{QT^2}\right], \tag{4.59}$$

da nach der Gl. (4.9) für die Lorentzkraft B im *Gauß*schen Einheitensystem die Dimension einer Kraft pro Ladung hat. Wir sehen, daß die Dimensionen in Gl. (4.58) mit denen in Gl. (4.59) übereinstimmen.

• **Beispiele**: *1. Gyrofrequenz.* Wie groß ist die Gyrofrequenz in einem Magnetfeld von 10 kG oder 10^4 G? (Ein Feld von 10 ... 15 kG ist für normale Elektromagnete mit Eisenkern typisch.)

Aus Gl. (4.51) erhalten wir

$$\omega_c = \frac{eB}{mc} \approx \frac{5 \cdot 10^{-10}\,\mathrm{esE} \cdot 10^4\,\mathrm{G}}{10^{-27}\,\mathrm{g} \cdot 3 \cdot 10^{10}\,\mathrm{cm/s}} \approx \frac{5 \cdot 10^{-6}}{3 \cdot 10^{-17}}\,\mathrm{s}^{-1} \approx 2 \cdot 10^{11}\,\mathrm{s}^{-1}. \tag{4.60}$$

Die entsprechende Frequenz ν_c ist

$$\nu_c = \frac{\omega_c}{2\pi} \approx 3 \cdot 10^{10}\,\mathrm{Hz}\,, \tag{4.61}$$

das entspricht einer elektromagnetischen Wellenlänge im freien Raum von

$$\lambda_c = \frac{c}{\nu_c} \approx \frac{3 \cdot 10^{10}\,\mathrm{cm/s}}{3 \cdot 10^{10}\,\mathrm{s}^{-1}} = 1\,\mathrm{cm}\,. \tag{4.62}$$

Die Gyrofrequenz $\omega_c(p)$ eines Protons ist in dem gleichen Magnetfeld um den Faktor 1/1836, dem Verhältnis Elektronenmasse zu Protonenmasse, geringer. Für ein Proton erhalten wir in einem Feld von 10 kG:

$$\omega_c(p) = \frac{m}{m_p}\,\omega_c(e) \approx \frac{2 \cdot 10^{11}}{2 \cdot 10^3}\,\mathrm{s}^{-1} = 10^8\,\mathrm{s}^{-1}\,. \tag{4.63}$$

Ein Elektron weist zu einem Proton einen entgegengesetzten Rotationssinn auf, da ihre Ladungen unterschiedliche Vorzeichen haben. •

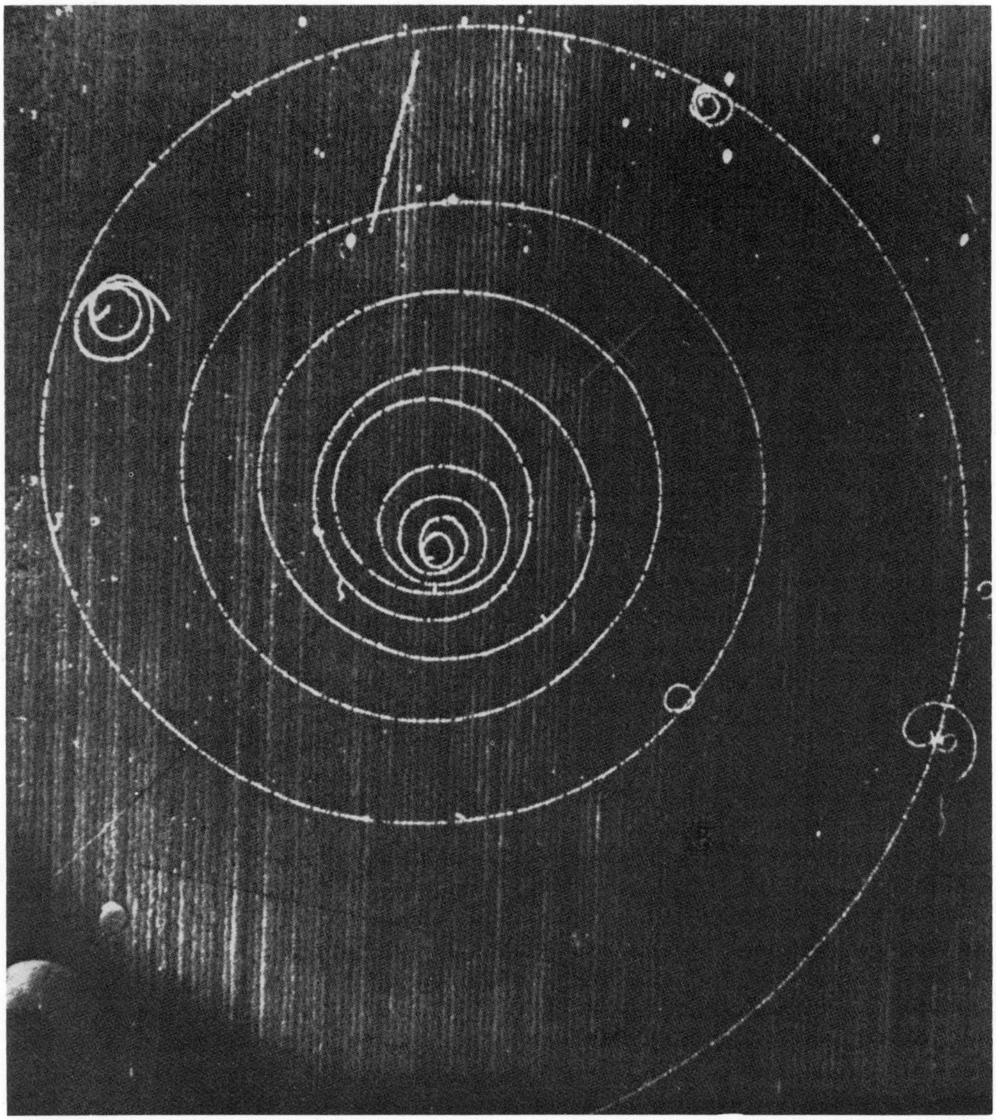

Bild 4.12

Photographie eines schnellen Elektrons in einem Magnetfeld, in der Wasserstoffblasenkammer aufgenommen. Das Elektron tritt unten links ein. Es wird langsamer, da es durch die Ionisation von Wasserstoffmolekülen Energie verliert. Während das Elektron langsamer wird, verringert sich sein Krümmungsradius im Magnetfeld, daher die spiralförmige Umlaufbahn. (*Lawrence Radiation Laboratory*)

• *2. Gyroradius.* Wie groß ist der Radius der Zyklotronumlaufbahn eines Elektrons mit der senkrecht zu **B** gerichteten Geschwindigkeit 10^8 cm/s in einem Feld von 10 kG?

Mit Gl. (4.60) erhalten wir für den Gyroradius

$$\rho = \frac{v_\perp}{\omega_c} \approx \frac{10^8 \text{ cm/s}}{2 \cdot 10^{11} \text{s}^{-1}} = 5 \cdot 10^{-4} \text{cm}. \tag{4.64}$$

Der Gyroradius eines Protons der gleichen Geschwindigkeit ist um das Verhältnis m_p/m größer:

$$\rho \approx 5 \cdot 10^{-4} \text{cm} \cdot 2 \cdot 10^3 = 1 \text{ cm}. \tag{4.65}$$ •

4.5. 180°-magnetische Fokussierung

Ein Strahl geladener Teilchen tritt in den Bereich eines gleichförmigen Magnetfeldes **B** senkrecht zum Strahl ein. Die Teilchen werden mit einem sich aus der Beziehung $B\rho = (c/Q)mv_t$ ergebenden Krümmungsradius abgelenkt, wobei v_t die Geschwindigkeitskomponente in der zu **B** senkrechten Ebene ist. Untersuchen wir den Strahl an irgendeiner Stelle, z.B. nach einer Ablenkung um 180°, so finden wir ihn in der Bahnebene ausgebreitet, da die verschiedenen Teilchen mit ihren verschiedenen Massen und Geschwindigkeiten unterschiedliche Krümmungsradien haben (Bild 4.13).

Diesen Effekt nutzen wir im *Impulsselektor* aus, einer Vorrichtung, die dazu dient, einen Strahl von Teilchen mit nahezu gleichen Impulsen zu erhalten, wenn alle diese Teilchen die gleiche Ladung Q haben. Ein Vorteil in der Anwendung der 180°-Ablenkung liegt darin, daß Teilchen mit gleichem Impuls, die jedoch unter einem geringfügig unterschiedlichen Winkel durch einen Spalt eintreten, nach 180° angenähert fokussiert sind (Bilder 4.14 und 4.15).

Die Genauigkeit der Fokussierung ist ein rein geometrisches Problem. Betrachten Sie eine Flugbahn, die anfangs um den Winkel θ von der idealen Flugbahn abweicht. Die Entfernung zwischen Eingangsspalt und Zielgebiet des Teilchens wird durch die Sehne C des Kreises mit dem Radius ρ bestimmt. Die Längendifferenz zwischen Durchmesser und Sehne beträgt

$$2\rho - C = 2\rho\,(1 - \cos\theta) \approx \rho\theta^2 \,, \tag{4.66}$$

wobei wir für kleine θ die ersten beiden Terme der Cosinusreihenentwicklung

$$\cos\theta = 1 - \frac{\theta^2}{2!} + \frac{\theta^4}{4!} - \cdots \tag{4.67}$$

benutzt haben, wie wir sie in Standard-Tafeln (z.B. Höhere Mathematik griffbereit) finden. Messen wir das Fokussierungsvermögen bezüglich des Winkels durch

$$\frac{2\rho - C}{2\rho} \approx \frac{1}{2}\theta^2 \,, \tag{4.68}$$

so erhalten wir für $\theta = 0{,}1$ den Wert

$$\frac{2\rho - C}{2\rho} \approx 5 \cdot 10^{-3} \,. \tag{4.69}$$

Bild 4.13. Magnetfeld als Impulsselektor

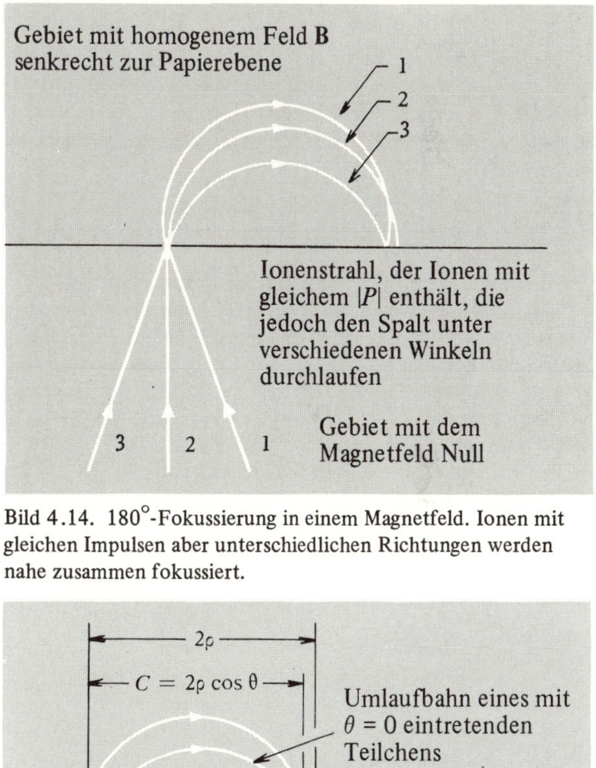

Bild 4.14. 180°-Fokussierung in einem Magnetfeld. Ionen mit gleichen Impulsen aber unterschiedlichen Richtungen werden nahe zusammen fokussiert.

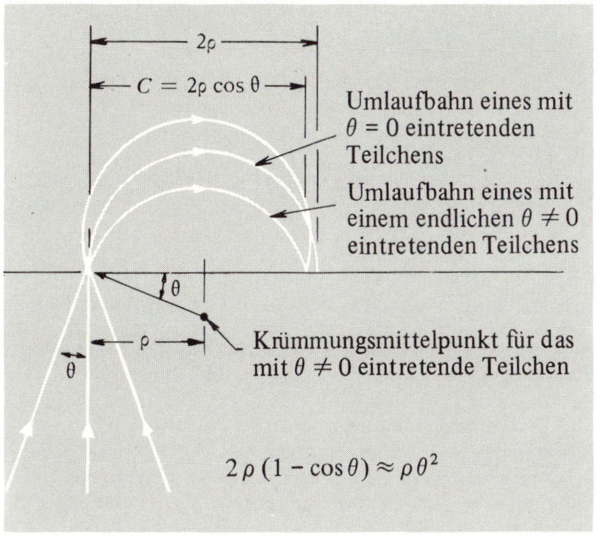

Bild 4.15. Das Bild zeigt die Einzelheiten der Fokussierung im 180°-Geschwindigkeitsfilter.

4.6. Prinzip der Zyklotronbeschleunigung

Geladene Teilchen bewegen sich in einem normalen Zyklotron in einem konstanten Magnetfeld angenähert auf spiralförmigen Umlaufbahnen (Bilder 4.16 und 4.17), wie es in der historischen Anmerkung am Ende des Kapitels beschrieben wird. Die Teilchen werden durch ein elektrisches Wechselfeld nach jedem halben Umlauf (π rad) beschleunigt. Zur periodischen Beschleunigung muß die Frequenz des elektrischen Feldes gleich der Zyklotronfrequenz der Teilchen sein.

Die Zyklotronfrequenz ω_c beträgt für Protonen in einem Magnetfeld von 10 kG

$$\omega_c = \frac{eB}{m_p c} \approx \frac{5 \cdot 10^{-10}\,\mathrm{esE} \cdot 10^4\,\mathrm{G}}{2 \cdot 10^{-24}\,\mathrm{g} \cdot 3 \cdot 10^{10}\,\mathrm{cm/s}} \approx 1 \cdot 10^8\,\mathrm{s}^{-1} \tag{4.70}$$

oder

$$f_c = \frac{\omega_c}{2\pi} \approx 10^7\,\mathrm{Hz} = 10\,\mathrm{MHz} \,.$$

Im Bereich nichtrelativistischer Geschwindigkeiten ist die Frequenz von der Teilchenenergie unabhängig.

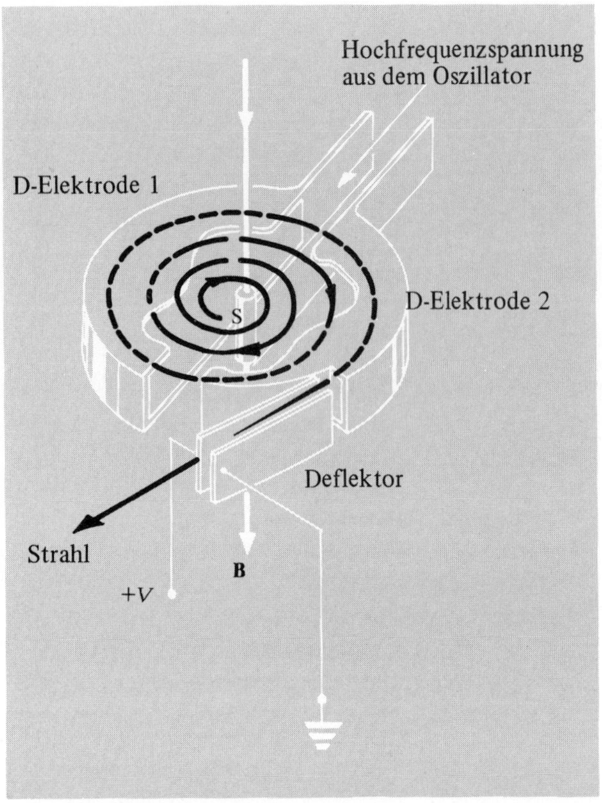

Bild 4.16. Schnittbild eines konventionellen Zyklotrons für niedrige Energien, das aus der Ionenquelle S, den hohlen Beschleunigungselektroden (D-Elektrode 1, D-Elektrode 2) und dem Deflektor besteht. Der gesamge Aufbau befindet sich in einem homogenen vertikalen Magnetfeld B (nach unten gerichtet). Die Ebene der Teilchenumlaufbahn liegt horizontal, sie ist gleich der mittleren Elektrodenebene. Das beschleunigende elektrische HF-Feld ist auf den Spalt zwischen den Elektroden beschränkt.

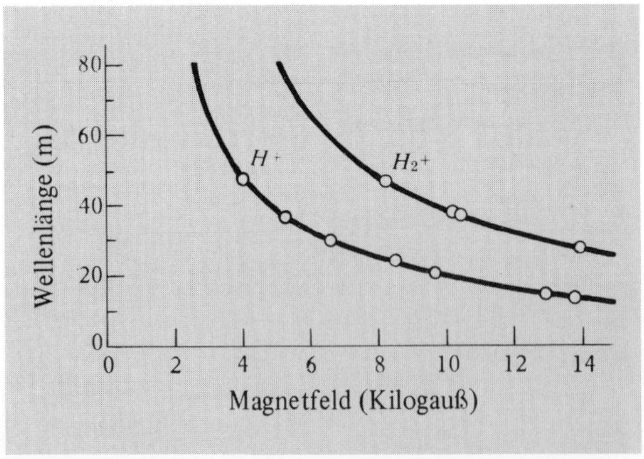

Bild 4.17. Resonanzbedingungen im ersten Zyklotron (mit 11 Zoll Durchmesser). Auf der Vertikalen ist die Wellenlänge der HF-Spannungsversorgung für die beschleunigenden Elektroden (D-Elektroden) aufgetragen. Die Kurven geben den theoretischen Verlauf für H_2^+-Ionen wieder; die Kreise stellen experimentell gemessene Werte dar. (*Lawrence* und *Livingston*, Phys. Rev. **40**, 19, 1932)

Bei jedem Umlauf erfährt das Teilchen aus dem elektrischen Wechselfeld eine Energiezufuhr. Der Radius der Umlaufbahn nimmt wegen

$$r_c = \frac{v}{\omega_c} = \frac{\sqrt{2\,W/m_p}}{\omega_c} \qquad (4.71)$$

mit der Energie W zu. Die Energie eines nichtrelativistischen Protons in einem konstanten Magnetfeld wird durch den Außenradius des Zyklotrons begrenzt:
Für $\omega = 1 \cdot 10^8\,s^{-1}$ und $r_c = 50$ cm erhalten wir $v = \omega_c r_c \approx 5 \cdot 10^9$ cm/s oder

$$W = \frac{1}{2} m_p v^2 \approx 10^{-24}\,g\,(5 \cdot 10^9\,cm/s)^2 = 25 \cdot 10^{-6}\,erg. \qquad (4.72)$$

Diese Geschwindigkeit ist in der Praxis für die Arbeitsweise eines konventionellen Zyklotrons hinreichend nichtrelativistisch.

4.7. Literatur

PSSC, Kapitel 24, 25 und 27. Deutsche Übersetzung
Friedr. Vieweg + Sohn, Braunschweig, 1973.

4.8. Filmliste

„Mass of the Electrons" (18 Minuten) *E. Rogers* (PSSC-MLA 0413). Zeigt die Ablenkung eines Elektrons.

4.9. Übungen

Anmerkung: Geben Sie bei den Lösungen stets die Dimensionen an.

1. *Proton im elektrischen Feld.* Wie groß ist in dyn die Kraft auf ein Proton der Ladung e in einem elektrischen Feld W = 100 dyn/esE?
   Lösung: $4{,}8 \cdot 10^{-8}$ dyn.
2. *Proton im magnetischen Feld.* Welchen Wert (in dyn) und welche Richtung hat unter den folgenden Bedingungen die Kraft auf ein Proton der Ladung e in einem Magnetfeld **B** von 100 G, das in die z-Richtung weist:
   a) Wenn das Proton ruht?
   Lösung: 0 dyn
   b) Wenn sich das Proton entlang der x-Achse mit der Geschwindigkeit $v = 10^8\,\hat{x}$ cm/s bewegt?
   Lösung: $-1{,}6 \cdot 10^{-10}\hat{y}$ dyn.
3. *Kinetische Energie eines Elektrons.*
   a) Welchen Wert haben der Impuls (in g cm/s) und die kinetische Energie (in erg) eines Elektrons mit der Geschwindigkeit $v = 10^8\,\hat{x}$ cm/s? (Die kinetische Energie eines Teilchens der Masse m beträgt $\frac{1}{2}mv^2$).
   b) Ein Elektron wird aus der Ruhelage in einem elektrischen Feld von 0,01 dyn/esE auf einer Länge von 5 cm beschleunigt. Wie groß ist am Ende die kinetische Energie in erg?
   Lösung: $2{,}4 \cdot 10^{-11}$ erg.

4. *Freie Elektronenbewegung.* Zur Zeit t = 0 hat ein Elektron die Geschwindigkeit $\mathbf{v} = 10^6\,\hat{\mathbf{x}}$ cm/s und die Lage $\mathbf{r} = 100\,\hat{\mathbf{y}}$ cm; berechnen Sie den Ortsvektor für t = 0,1 s. Es wirkt kein äußeres Feld.
   Lösung: $(10^5\,\hat{\mathbf{x}} + 10^2\,\hat{\mathbf{y}})$ cm.

5. *Elektron in einem elektrischen Feld – Beschleunigung.* Es gelten für t = 0 die Daten von Übung 4, jedoch wirkt nun ein elektrisches Feld $\mathbf{E} = 10^{-2}\,\hat{\mathbf{x}}$ dyn/esE; berechnen Sie die Lage- und Geschwindigkeitsvektoren für $t = 1 \cdot 10^{-8}$ s.

6. *Elektron in einem Magnetfeld – Beschleunigung.* Es gelten für t = 0 die Daten aus Übung 4, jedoch betragen jetzt $\mathbf{B} = 100\,\hat{\mathbf{z}}$ G und $\mathbf{E} = 0$ dyn.
   a) Berechnen Sie den Ortsvektor für $t = 1 \cdot 10^{-8}$ s.
   b) Ermitteln Sie den Impulsvektor zu den Zeiten t = 0 und $t = 1 \cdot 10^{-8}$ s; geben Sie Betrag und Richtung an.

7. *Elektrisches Feld zur Kompensation der Schwerkraft.* Welche elektrische Feldstärke erteilt einem Elektron eine Beschleunigung von 980 cm/s, gleich der Fallbeschleunigung?
   Lösung: $1{,}86 \cdot 10^{-15}$ dyn/esE.

8. *Verhältnis von elektrischer Kraft zur Gravitationskraft zwischen zwei Elektronen.* Die elektrostatische Kraft zwischen zwei Elektronen beträgt e^2/r^2, die Gravitationskraft Gm^2/r^2 mit $G = 6{,}67 \cdot 10^{-8}$ dyn cm²/g². Von welcher Größenordnung ist das Verhältnis der elektrostatischen Kraft zur Gravitationskraft zwischen zwei Elektronen?
   Lösung: 10^{42}.

9. *Elektrisches und magnetisches Feld stehen senkrecht aufeinander* (siehe weiterführendes Problem 1). Ein geladenes Teilchen bewegt sich in x-Richtung durch ein Gebiet, in dem ein elektrisches Feld E_y und senkrecht dazu ein Magnetfeld B_z wirken. Unter welcher Bedingung ist die resultierende Kraft auf das Teilchen Null? Skizzieren Sie die Vektoren **v**, **E** und **B** in einem Diagramm. Welchen Wert hat v_x für $E_y = 10$ dyn/esE und $B_z = 300$ G?
   Lösung: $v_x = 1 \cdot 10^9$ cm/s.

10. *Ablenkung zwischen zwei Kondensatorplatten* (Bild 4.18). Ein Teilchen der Ladung Q und Masse m tritt mit der Anfangsgeschwindigkeit $v_0\hat{\mathbf{x}}$ in ein elektrisches Feld $-E\hat{\mathbf{y}}$ ein. **E** soll gleichförmig sein, d.h., **E** ist im Gebiet zwischen den Platten der Länge L in allen Punkten konstant (abgesehen von geringen Abweichungen an den Plattenenden, die wir jedoch vernachlässigen werden).
    a) Welche Kräfte wirken in x- und y-Richtung?
    Lösung: $F_x = 0$; $F_y = -Q\,E\hat{\mathbf{y}}$.
    b) Beeinflußt eine Kraft in y-Richtung die x-Geschwindigkeitskomponente?
    c) Berechnen Sie v_x und v_y als Funktion der Zeit und schreiben Sie die gesamte Vektorgleichung für v(t) auf.
    Lösung: $v_0\hat{\mathbf{x}} - \frac{QE}{m}\,t\,\hat{\mathbf{y}}$.
    d) Wählen Sie den Ursprung im Eintrittspunkt und stellen Sie für den Ort des Teilchens in Abhängigkeit von der Zeit – solange es zwischen den Platten ist – die vollständige vektorielle Gleichung auf.

11. *Fortsetzung des vorherigen Problems.* Das Teilchen in Übung 10 ist nun ein Elektron mit der Anfangsenergie 10^{-10} erg; die elektrische Feldstärke hat den Wert 0,01 dyn/esE, ferner ist L = 2 cm. Berechnen Sie hierfür:
    a) den Geschwindigkeitsvektor beim Verlassen des Gebiets zwischen den Platten.
    b) den Winkel zwischen **v** und $\hat{\mathbf{x}}$ beim Verlassen der Platten.
    Lösung: 2,7°.

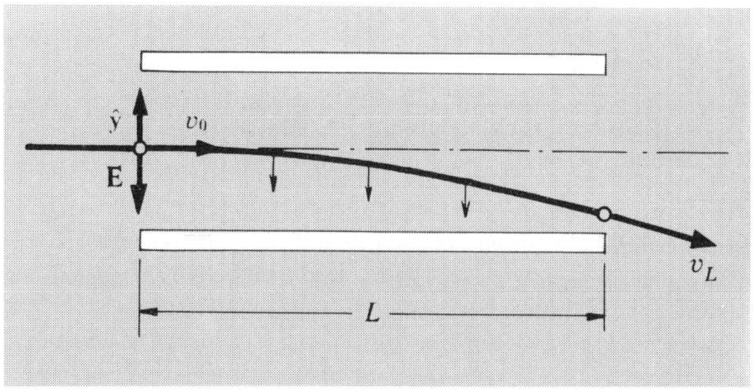

Bild 4.18

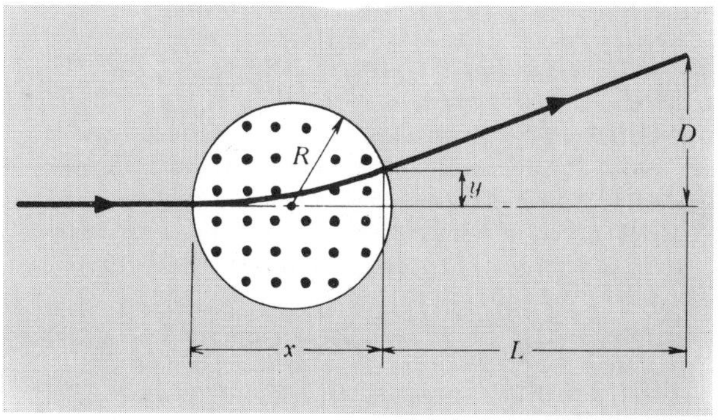

Bild 4.19

    c) den Schnittpunkt zwischen der x-Achse und der Tangente an die Bahnkurve, während das Teilchen das Feld verläßt.
    Lösung: 1,0 cm.

12. *Elektrisches Feld einer Punktladung.* Im Abstand r von einer Punktladung Q hat die elektrische Feldstärke **E** in Gaußschen Einheiten den Betrag Q/r^2. Das Feld ist für positives Q radial nach außen gerichtet, für negatives Q radial nach innen.
    a) Stellen Sie für **E** die Vektorbeziehung auf.
    b) Eine Ladung $Q_x = 2e$, entsprechend der Ladung zweier Protonen, befindet sich im Punkt A (1, 2, 3) [1]. Berechnen Sie die elektrische Feldstärke im Punkt B (4, 5, 10). Die Längeneinheit ist 1 cm.

13. *Ionendurchlaufzeit.* Ein einfach geladenes Cäsiumion Cs^+ wird durch ein elektrisches Feld von 1 dyn/esE über 0,33 cm Strecke aus der Ruhe beschleunigt und bewegt sich dann in $87 \cdot 10^{-9}$ s in einem luftleeren feldfreien Raum 1 mm weiter.
    a) Leiten Sie aus diesen Angaben die Atommasse von Cs^+ her.
    Lösung: $2{,}4 \cdot 10^{-22}$ g.
    Vergleichen Sie das Ergebnis mit Tabellenwerten aus Nachschlagewerken oder Chemiebüchern.
    b) Welche Zeit benötigen Protonen für das Durchlaufen der 1 mm-Strecke?
    Lösung: $7{,}2 \cdot 10^{-9}$ s.
    c) Welche Zeit benötigen Deuteronen? $m_d \approx 3{,}2 \cdot 10^{-24}$ g. Ein Deuteron besteht aus einem Proton und einem Neutron.
    d) Können Sie in dem Experiment zwischen dem Deuteron und einem α-Teilchen unterscheiden? Ein α-Teilchen hat die Ladung 2e.

14. *Geladene Teilchen in einem homogenen Magnetfeld* (Bild 4.19). Ein Elektron und ein Proton werden in einem elektrischen Feld von 1 dyn/esE über 10 cm beschleunigt; danach treten sie in

[1]) Die Bezeichnung A (1, 2, 3) bezieht sich auf einen Punkt A mit den kartesischen Koordinaten 1, 2 und 3.

ein homogenes Magnetfeld von 10 kG ein, das senkrecht zu ihrer Flugebene steht.

a) Wie groß ist die Zyklotronfrequenz jedes Teilchens?

b) Welchen Radius haben die Umlaufbahnen der Teilchen? *Lösung*: $R_e = 1{,}8 \cdot 10^{-2}$ cm; $R_p = 0{,}77$ cm.

15. *Magnetische Monopole.* Magnetische Monopole oder freie Pole – im Gegensatz zu Dipolen – sind bisher (bis zur Niederschrift des Manuskriptes) niemals in Versuchen beobachtet worden. *Dirac* hat gefolgert, daß die Magnetpolstärke (gewöhnlich mit g bezeichnet) ein ganzzahliges Vielfaches von $\frac{1}{2} \cdot \hbar c/e^2$ oder $\frac{137}{2}$ multipliziert mit der elektrischen Elementarladung e sein muß, falls ein derartiger freier Pol überhaupt existiert. Nehmen wir für die ganze Zahl Eins an, so gilt

$$g = \frac{1}{2} \cdot \frac{\hbar c}{e^2} \approx 3{,}3 \cdot 10^{-8} \text{ esE}.$$

Wir glauben, daß gleich viele Nord- und Südmonopole entstehen würden, wenn man Monopole durch Stöße von Elementarteilchen bei hohen Energien erzeugen könnte.

a) Welchen Wert in dyn hat die Kraft **F** = g**B** auf einen ruhenden „*Dirac*-Monopol" in einem Magnetfeld $B = 5 \cdot 10^4$ G? *Lösung*: $1{,}6 \cdot 10^{-2}$ dyn.

b) Vergleichen Sie den Wert mit der elektrischen Kraft **F** = e**E** auf ein ruhendes Proton in einem elektrischen Feld $E = 5 \cdot 10^4$ V/cm. Vergessen Sie nicht, E in dyn/esE umzurechnen ($E \approx 5 \cdot 10^4/300$ dyn/esE $= 5 \cdot 10^4/300$ statvolt/cm). *Lösung*: $8{,}0 \cdot 10^{-8}$ dyn.

16. *Magnetische Ablenkung von Elektronenstrahlen.* Die Ablenkung eines Elektronenstrahls in einer Kathodenstrahlröhre können wir sowohl magnetisch als auch elektrostatisch erreichen. Ein Elektronenstrahl mit der Energie W tritt in ein transversales gleichförmiges Magnetfeld der Stärke B ein. (Vernachlässigen Sie Randeffekte.)

a) Die Strecke zwischen dem Ein- und Austreten des Elektrons im Feld bezeichnen wir mit x (Bild 4.19). Leiten Sie die Gleichung

$$y = r\left[1 - \sqrt{1 - \left(\tfrac{x}{r}\right)^2}\right]$$

her, wobei r der Krümmungsradius der Elektronenbahn im transversalen Magnetfeld sei. Der Krümmungsradius ist der Radius des Kreises, der mit dem gekrümmten Teil der Bahn zusammenfällt.

b) Ist R der Radius des Magnetpols, so gilt $x \approx 2R$ für $r \gg R$. Zeigen Sie mittels der Binomialentwicklung, daß dann $y \approx 2R^2/r$ gilt.

17. *Beschleunigung in einem Zyklotron.* In einem Zyklotron soll $\mathbf{B} = \hat{\mathbf{z}}B$ und

$$E_x = E \cos\omega_c t; \qquad E_y = E \sin\omega_c t; \qquad E_z = 0$$

mit E = const. gelten. (Tatsächlich ist das elektrische Feld in einem Zyklotron nicht gleichförmig.) Der elektrische Feldstärkevektor überstreicht also mit der Kreisfrequenz ω_c eine Kreisbahn. Zeigen Sie, daß wir die Bahn eines Teilchens mit

$$x(t) = \frac{QE}{m\omega_c^2}(\omega_c t \sin\omega_c t + \cos\omega_c t - 1);$$

$$y(t) = \frac{QE}{m\omega_c^2}(\omega_c t \cos\omega_c t - \sin\omega_c t)$$

beschreiben können, wobei das Teilchen für t = 0 im Ursprung ruht. Zeichnen Sie die ersten Umläufe.

4.10. Weiterführende Probleme

1. Ein Proton in zueinander senkrecht stehenden elektrischen und magnetischen Feldern (Bilder 4.20 bis 4.25). Dieses Beispiel ist wichtig und dennoch relativ leicht zu lösen. Es gilt $\mathbf{B} = \hat{\mathbf{z}}B$; da **E** senkrecht zu **B** gerichtet ist, erhalten wir aus der Gleichung für die Lorentzkraft Gl. (4.10) und der Definition für ω_c nach Gl. (4.51) die Bewegungsgleichungen

$$\dot{v}_x = \frac{e}{m_p}E_x + \omega_c v_y; \quad \dot{v}_y = \frac{e}{m_p}E_y - \omega_c v_x;$$
$$\dot{v}_z = 0. \qquad (4.73)$$

Der elektrische Feldvektor liegt in der xy-Ebene, und das Magnetfeld zeigt in z-Richtung. Eine *spezielle Lösung* dieser Gleichungen ist, mit $\omega_c = eB/m_p c$ und $\mathbf{E} = \hat{\mathbf{x}}E$,

$$v_y = -\frac{cE}{B}; \qquad v_x = 0; \qquad v_z = \text{const}. \qquad (4.74)$$

Wir haben diese Lösung dadurch erhalten, daß wir eine Lösung für $\dot{\mathbf{v}} \equiv 0$ suchten. Beachten Sie bitte, daß in diesem Spezialfall das Teilchen nicht beschleunigt wird!
Die senkrecht aufeinander stehenden elektrischen und magnetischen Felder wirken für Teilchen mit der in Gl. (4.74) gegebenen Geschwindigkeit v_y als *Geschwindigkeitsfilter*; derartige Teilchen gehen ablenkungsfrei durch das Gerät. Diese spezielle Lösung legt nahe, für Gl. (4.73) nach einer allgemeinen Lösung der Form

$$v_x(t) = \eta_x(t); \qquad v_y(t) = \eta_y(t) - \frac{cE}{B} \qquad (4.75)$$

zu suchen. Durch Einsetzen von Gl. (4.75) in Gl. (4.73) erhalten wir

$$\dot{\eta}_x = \omega_c \eta_y; \qquad \dot{\eta}_y = -\omega_c \eta_x. \qquad (4.76)$$

Dieser Gleichungssatz stimmt mit Gl. (4.45) überein. Daher gelten

$$v_x(t) = v_1 \sin\omega_c t; \qquad (4.77\text{a})$$

$$v_y(t) = v_1 \cos\omega_c t - \frac{cE}{B}; \qquad (4.77\text{b})$$

$$v_z(t) = \text{const}. \qquad (4.77\text{c})$$

Die durch die Gln. (4.77) beschriebene Bewegung wird einem mit der konstanten Geschwindigkeit

$$\mathbf{V} = \left(0, -\frac{cE}{B}, 0\right) \qquad (4.78)$$

in y-Richtung bewegten Beobachter kreisförmig (oder bei $v_z \neq 0$ spiralförmig) erscheinen. Von diesem bewegten Bezugssystem aus scheint das Proton nur ein magnetisches, kein elektrisches Feld zu sehen. Vergleichen Sie hierzu Gl. (4.78) mit Gl. (4.74).

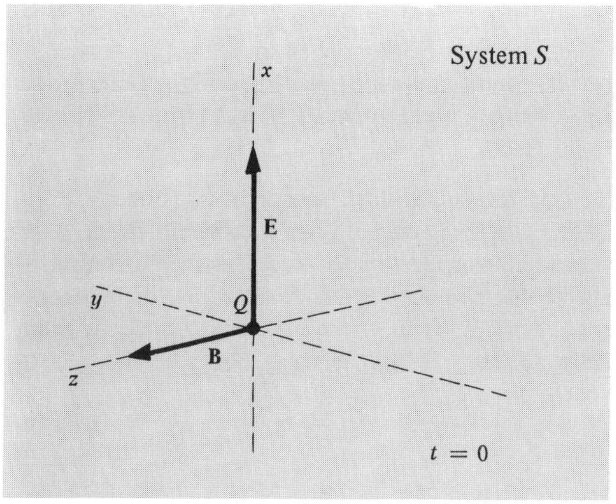

Bild 4.20. Betrachten Sie die im Ursprung ruhende positive Ladung Q in senkrecht aufeinanderstehenden **E**- und **B**-Feldern.

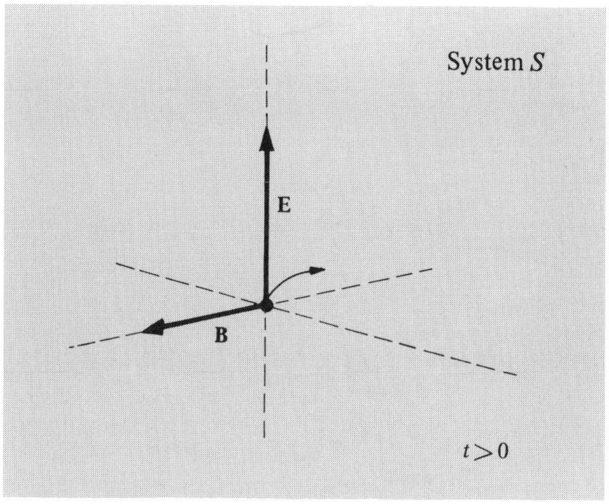

Bild 4.22. Sobald Q Geschwindigkeit in Richtung **E** gewinnt, erfährt die Ladung die Kraft **F** = (Q/c)**v** × **B**. Die Bahn krümmt sich dann in die −y-Richtung ...

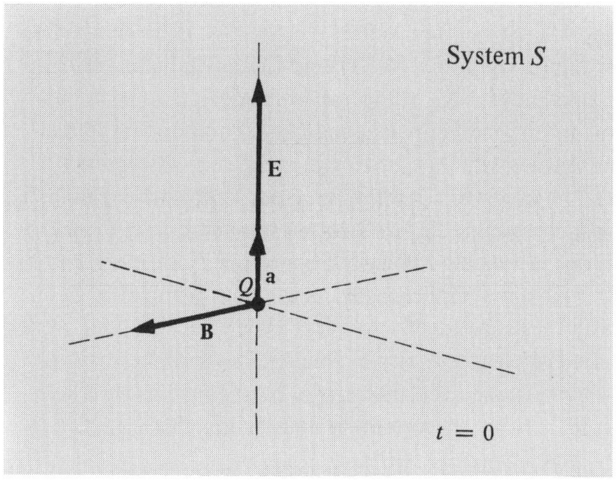

Bild 4.21. Q hat die Anfangsbeschleunigung a = Q E/m

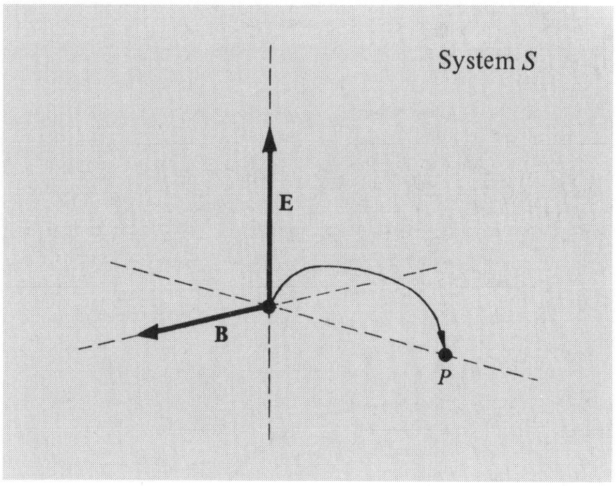

Bild 4.23. ... und Q kommt schließlich in P, einem Punkt auf der y-Achse, zur Ruhe. Danach beginnt ein neuer Bewegungszyklus.

• **Beispiel**: *Analogie zu einer Zykloide* (Bild 4.25). Die Bewegung im Laborbezugssystem ähnelt der eines Punktes auf der Peripherie eines Rades, das in y-Richtung rollt ohne zu gleiten, also einer gewöhnlichen Zykloide, wenn die in einer Periode $(2\pi/\omega_c)$ zurückgelegte Entfernung

$$V\frac{2\pi}{\omega_c} = \left(\frac{cE}{B}\right)\left(\frac{2\pi\,mc}{QB}\right) \tag{4.79}$$

gleich dem Umfang $2\pi\rho$ ist. Mit Gl. (4.57) erhalten wir für den Kreisumfang

$$2\pi\rho = 2\pi\,\frac{cmv_1}{QB}\,. \tag{4.80}$$

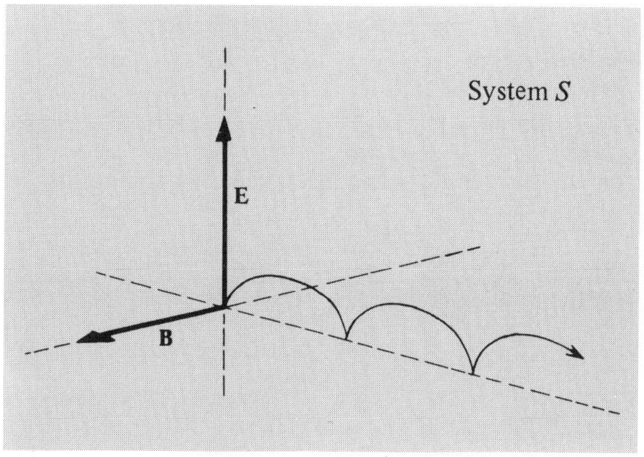

Bild 4.24. Wenn das Teilchen aus der Ruhelage startet, beschreibt die Bahn eine gewöhnliche Zykloide; Q hat nach rechts die durchschnittliche Geschwindigkeit V = cE/B.

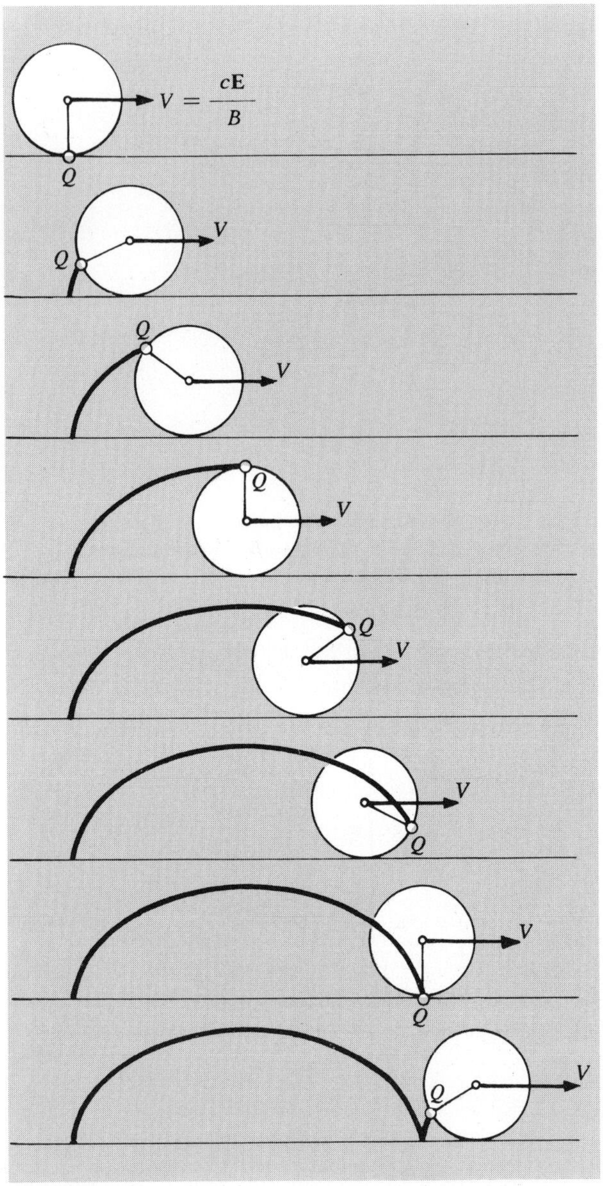

Bild 4.25. Eine gewöhnliche Zykloide: Die von Q auf der Peripherie eines auf einer geraden Linie rollenden Kreises zurückgelegte Kurve.

Setzen wir die rechten Seiten der Gln. (4.79) und (4.80) gleich, so ergibt sich

$$\frac{2\pi c^2 Em}{QB^2} = \frac{2\pi cmv_1}{QB} \tag{4.81}$$

oder

$$\frac{cE}{B} = v_1 \,. \tag{4.82}$$

Wegen $V = cE/B$ können wir für die Bedingung (4.82) $V = v_1$ schreiben. Dies entspricht exakt dem Rollen ohne Gleiten, der Bewegung, die wir für ein aus der Ruhelage startendes Teilchen erhalten. Nur für die spezielle Geschwindigkeit $v_1 = cE/B$ können sowohl $v_x(t)$ als auch $v_y(t)$ gleichzeitig Null sein. Beim Rollen ohne Gleiten ist der Berührungspunkt zwischen Rad und Ebene der einzige ruhende Punkt. •

2. Transformationen des Bezugssystems (Bilder 4.26 bis 4.28). Bei der Berechnung der Protonenflugbahn [1]) in senkrecht aufeinander stehenden elektrischen und magnetischen Feldern sahen wir, daß die Bewegung dann besonders einfach war, wenn wir sie aus dem mit der konstanten Geschwindigkeit

$$\mathbf{V} = \left(0, -\frac{cE}{B}, 0\right) \tag{4.83}$$

relativ zum Labor bewegten Bezugssystem betrachten (siehe Gl. (4.78)). Ein Beobachter in dem neuen Bezugssystem sieht eine spiralförmige Bewegung. Im System mit

$$\mathbf{V} = \left(0, -\frac{cE}{B}, v_z\right) \tag{4.84}$$

dagegen sieht ein Beobachter eine einfache Kreisbewegung. Hier haben wir zu Gl. (4.83) eine Geschwindigkeit entlang der z-Achse (der Richtung von **B**) addiert, die gleich der konstanten Teilchengeschwindigkeitskomponente in dieser Richtung ist. Durch den Übergang zum bewegten System haben wir die Beschreibung der Teilchenbewegung erheblich vereinfacht. Im Laborsystem ergibt die Projektion der Bewegung in die xy-Ebene eine Zykloide – entweder eine gewöhnliche, gestreckte oder gestauchte Zykloide [2]), je nachdem, ob cE/B gleich, kleiner oder größer als die Projektion v_1 der Teilchengeschwindigkeit auf die xy-Ebene ist. Wir diskutieren die Bewegung am natürlichsten in dem Bezugssystem, in dem sie kreisförmig ist.

Die Transformation des Bezugssystems, von dem aus wir einen Vorgang beobachten, ist das weittragendste einzelne Gedankenexperiment, das wir in der Physik kennen. Der physikalische Gehalt und die prinzipielle Einfachheit eines Vorgangs wird häufig erst nach einer geeigneten Transformation (des Bezugssystems) sichtbar. Normalerweise ist diese Transformation völlig unkompliziert. Der Lernende wird nur dann Schwierigkeiten haben, wenn er nicht weiß, ob das Ereignis [3]) oder das Bezugssystem, von dem aus wir das Ereignis beobachten, transformiert werden sollen. Im ersten Teil dieses Buches wird fast immer *das Bezugssystem transformiert*. Der Vorgang oder das

---

[1]) Wir wählten als Teilchen lediglich deshalb ein Proton, um das Vorzeichen der Ladung festzulegen.

[2]) Eine gewöhnliche Zykloide ist die von einem Punkt auf der Peripherie eines auf einer geraden Linie rollenden Kreises beschriebene Kurve; ein Punkt, der außerhalb der Peripherie auf der Verlängerung des Radius liegt, beschreibt eine gestreckte Zykloide; eine gestauchte Zykloide wird von einem Punkt erzeugt, der innerhalb der Peripherie liegt.

Ereignis treten unabhängig vom Bezugssystem auf – nur die *Beschreibung* des Vorgangs relativ zum Bezugssystem wird durch die Transformation des Bezugssystems geändert. Kapitel 3 lieferte uns eine vollständige Beschreibung der notwendigen Annahmen zur Transformation eines Bezugssystems. Wir werden jetzt die Technik zur Durchführung einer einfachen Transformation üben.

Anhand eines Beispiels soll gezeigt werden, wie die Beschreibung eines Vorgangs durch eine Änderung des Bezugssystems verändert wird. Die allgemeine Bewegung eines geladenen Teilchens in senkrecht aufeinander stehenden elektrischen und magnetischen Feldern gibt Gl. (4.77) wieder:

$$v_x(t) = v_1 \sin \omega_c t \; ; \qquad (4.85\,a)$$

$$v_y(t) = v_1 \cos \omega_c t - \frac{cE}{B} \; ; \qquad (4.85b)$$

$$v_z(t) = \text{const.} \equiv v_z \; . \qquad (4.85\,c)$$

Diese Bewegung tritt im *Laborsystem* auf, d.h., in dem System, in dem die Magnete und Kondensatoren ruhen, die die Felder **B** und **E** erzeugen.

Transformieren Sie jetzt das Bezugssystem in ein relativ zum Labor und seinen Geräten mit gleichförmiger Geschwindigkeit bewegtes System. Wir wählen das spezielle System mit der Geschwindigkeit aus Gl. (4.84) relativ zum Labor. In Vektorschreibweise ergibt sich für diese Gleichung

$$\mathbf{V} = -\frac{cE}{B}\hat{\mathbf{y}} + v_z\hat{\mathbf{z}} \; . \qquad (4.86)$$

Wir nehmen $V/c \ll 1$ an, so daß das Problem nichtrelativistischen Charakter hat.

Zunächst benötigen wir eine klare Kennzeichnung, um stets zu wissen, von welchem System die Rede ist. Eine im bewegten System gemessene Größe wollen wir verabredungsgemäß mit einem Strich versehen. Zur Umrechnung der im bewegten System gemessenen Teilchengeschwindigkeit $\mathbf{v}'$ in die im Laborsystem gemessene Geschwindigkeit $\mathbf{v}$ addieren wir $\mathbf{V}$:

$$\mathbf{v}' + \mathbf{V} = \mathbf{v} \; . \qquad (4.87)$$

Wir müssen uns hier über das Vorzeichen von **V** klar werden, was nicht allzu schwierig ist. Nehmen Sie an, das Teilchen ruht im bewegten System; dann gilt $\mathbf{v}' = 0$. Aber vom Laborsystem aus betrachtet hat das Teilchen in Übereinstimmung mit Gl. (4.87) die Geschwindigkeit **V**

[3]) Es ist verhältnismäßig einfach zu erkennen, ob das Ereignis (der Vorgang) transformiert werden soll, z.B. dann, wenn wir sagen „Ändern Sie die Vorzeichen sämtlicher Ladungen, ersetzen Sie e durch −e“, „Ändern Sie die Vorzeichen sämtlicher Magnetfelder, ersetzen Sie **B** durch **−B**“ oder „Ändern Sie die Richtungen sämtlicher Geschwindigkeiten, ersetzen Sie v durch −v“.

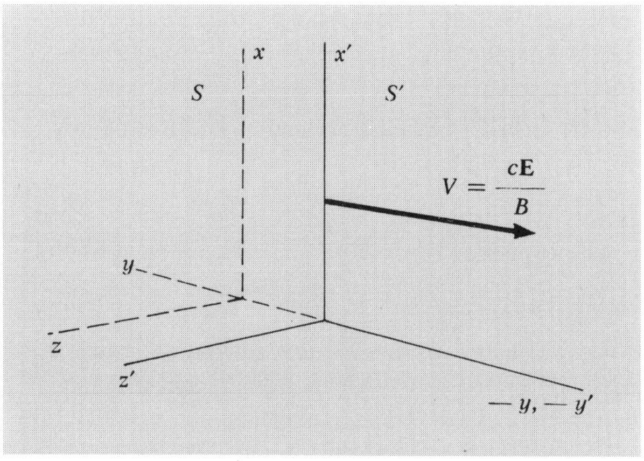

Bild 4.26. Wir wollen Q vom Bezugssystem S' aus beobachten, das wir aus dem System S durch eine Galilei-Transformation erhalten.

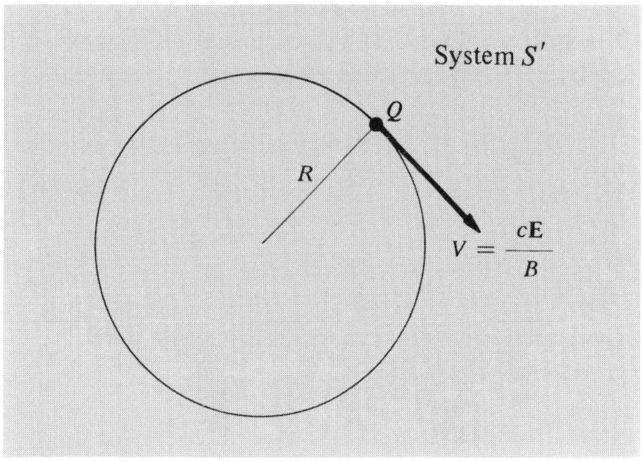

Bild 4.27. In S' beschreibt Q mit der Geschwindigkeit V eine Kreisbahn mit dem Radius R = m Vc/EB.

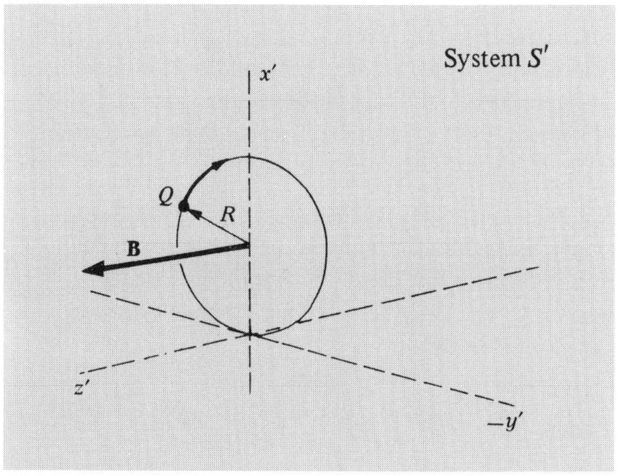

Bild 4.28. Somit ist in S' E = 0; es tritt nur ein Magnetfeld B auf.

des bewegten Systems. Diese Art der Probe ist zur Vorzeichenbestimmung in Transformationsgleichungen sehr nützlich.

Mit der auf Gl. (4.85) angewendeten Transformation der Gl. (4.87) erhalten wir

$$v'_{x'}(t) = v_1 \sin \omega_c t \; ; \tag{4.88a}$$

$$v'_{y'}(t) = v_1 \cos \omega_c t \; ; \tag{4.88b}$$

$$v'_{z'}(t) = 0 \, . \tag{4.88c}$$

Aus Vorsicht haben wir bei $v'_{x'}$ usw. sowohl v als auch x gestrichen. Da die Bezugssysteme jedoch nicht rotieren, verlaufen die x', y', z'-Achsen parallel zu den x, y, z-Achsen. Gln. (4.88) geben eine kreisförmige Bewegung mit der Kreisfrequenz ω_c wieder, genauso als ob im bewegten System nur ein Magnetfeld auf die Teilchen wirkt. In Band 2 werden wir oft auf das Verhalten elektrischer und magnetischer Felder in bewegten Bezugssystemen zurückkommen.

Betrachten Sie zur Vollständigkeit die Ortskoordinaten des Teilchens. Zur Berechnung der Flugbahn im Laborsystem integrieren wir die Gln. (4.85):

$$x(t) = x_0 - \frac{v_1}{\omega_c} \cos \omega_c t \; ; \tag{4.89a}$$

$$y(t) = y_0 + \frac{v_1}{\omega_c} \sin \omega_c t - \frac{cEt}{B} \; ; \tag{4.89b}$$

$$z(t) = z_0 + v_z t \, . \tag{4.89c}$$

Im bewegten System erhalten wir die Flugbahn durch Integration der Gln. (4.88):

$$x'(t) = x'_0 - \frac{v_1}{\omega_c} \cos \omega_c t \; ; \tag{4.90a}$$

$$y'(t) = y'_0 + \frac{v_1}{\omega_c} \sin \omega_c t \; ; \tag{4.90b}$$

$$z'(t) = z'_0 \, . \tag{4.90c}$$

Im gestrichenen System ist die Flugbahn ein Kreis mit dem Radius $\rho = v_1/\omega_c$. Um x'_0, y'_0, z'_0 durch x_0, y_0, z_0 auszudrücken, müssen wir den Abstand der Koordinatenanfangspunkte 0 und 0′ der beiden Bezugssysteme für t = 0 kennen. Fallen die beiden Ursprünge für t = 0 zusammen, so gilt $(x'_0, y'_0, z'_0) = (x_0, y_0, z_0)$.

Wir haben jetzt den gleichen Vorgang in zwei Bezugssystemen betrachtet. Im Laborsystem bewegt sich das Proton unter dem Einfluß der senkrecht aufeinanderstehenden **E**- und **B**-Felder auf einer komplizierten zykloidenförmigen Bahn:

$$m \frac{d^2\mathbf{r}}{dt^2} = e\mathbf{E} + \frac{e}{c} \mathbf{v} \times \mathbf{B} \, . \tag{4.91}$$

In dem einfach gestrichenen System, das bezüglich des Laborsystems die spezielle konstante Geschwindigkeit **V** hat, bewegt sich das Teilchen so, als ob nur das Magnetfeld wirken würde:

$$m \frac{d^2\mathbf{r}'}{dt^2} = \frac{e}{c} \mathbf{v}' \times \mathbf{B}' \, , \tag{4.92}$$

wobei wir für den nichtrelativistischen Bereich $\mathbf{B}' = \mathbf{B}$ annahmen.

4.11. Mathematischer Anhang: Komplexe Zahlen

(Bilder 4.29 bis 4.57)

Die mathematische Behandlung einer Schwingungsbewegung und insbesondere die Analyse eines Wechselstromkreises werden durch Rechnen mit komplexen Zahlen vereinfacht. Eine komplexe Zahl z läßt sich als

$$z = a + ib \tag{4.93}$$

schreiben, wobei a und b reelle Zahlen sind und i die Quadratwurzel aus −1 bezeichnet:

$$i = \sqrt{-1} \; ; \qquad i^2 = -1 \, . \tag{4.94}$$

Den Realteil von z schreiben wir Re(z), er ist gleich a. Mit Im(z) bezeichnen wir den Imaginärteil b von z. Hierbei treffen wir folgende Absprache: Es ist überflüssig, Im(z) = ib zu schreiben, deshalb sagen wir Im(z) = b. Somit gilt z = Re(z) + i Im(z).

Zwei komplexe Zahlen werden folgendermaßen *addiert*:

$$z_1 + z_2 = (a_1 + ib_1) + (a_2 + ib_2) = (a_1 + a_2) + i(b_1 + b_2) \, . \tag{4.95}$$

Zwei komplexe Zahlen werden miteinander so *multipliziert*:

$$z_1 z_2 = (a_1 + ib_1)(a_2 + ib_2) = a_1 a_2 + ia_1 b_2 + ia_2 b_1 + i^2 b_1 b_2 \; ; \tag{4.96}$$

mit $i^2 = -1$ erhalten wir

$$z_1 z_2 = (a_1 a_2 - b_1 b_2) + i(a_1 b_2 + a_2 b_1) \, . \tag{4.97}$$

Zum *Dividieren* formen wir den Quotienten um, damit der Nenner reell wird:

$$\frac{z_1}{z_2} = \frac{a_1 + ib_1}{a_2 + ib_2} = \frac{(a_1 + ib_1)(a_2 - ib_2)}{(a_2 + ib_2)(a_2 - ib_2)} = \frac{(a_1 a_2 + b_1 b_2) + i(a_2 b_1 - a_1 b_2)}{a_2^2 + b_2^2} \, . \tag{4.98}$$

Die *konjugiert komplexe* Zahl z^* einer komplexen Zahl erhalten wir durch Umkehr des Vorzeichens vor dem i. Für z = a + ib gilt definitionsgemäß

$$z^* = a - ib \, . \tag{4.99}$$

Das Produkt aus einer komplexen Zahl und ihrer Konjugierten ist eine positive reelle Zahl:

$$zz^* = a^2 + b^2 \, . \tag{4.100}$$

Wir definieren den *Betrag* von z zu

$$|z| = \sqrt{zz^*} = \sqrt{a^2 + b^2} \, .$$

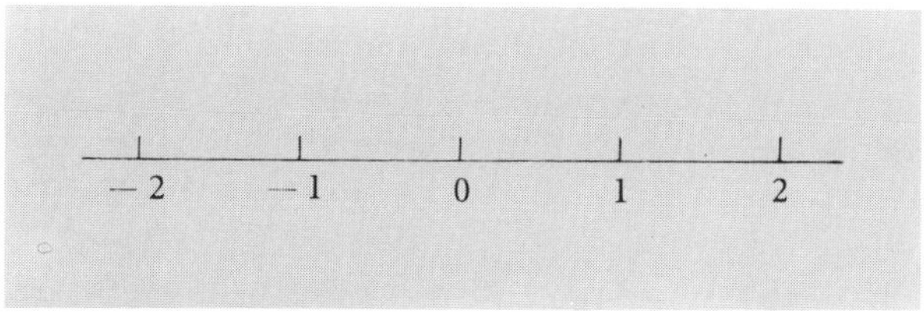

Bild 4.29. Die reellen Zahlen werden durch Punkte auf der horizontalen Achse dargestellt, ...

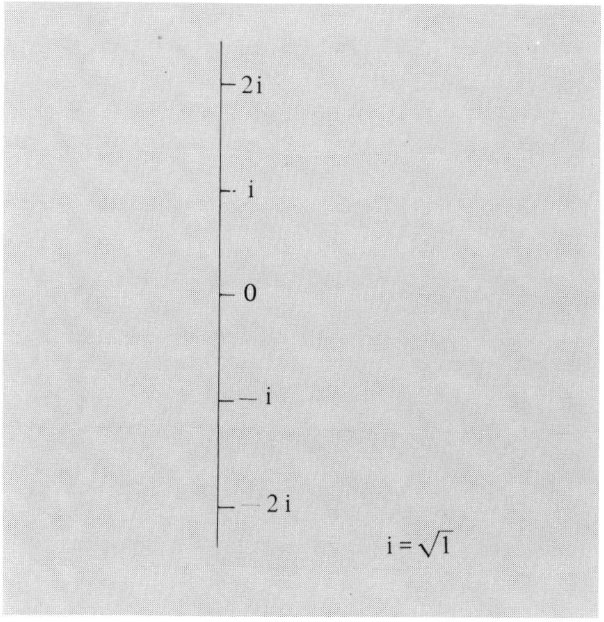

Bild 4.30. ... die imaginären Zahlen durch Punkte auf der vertikalen Achse.

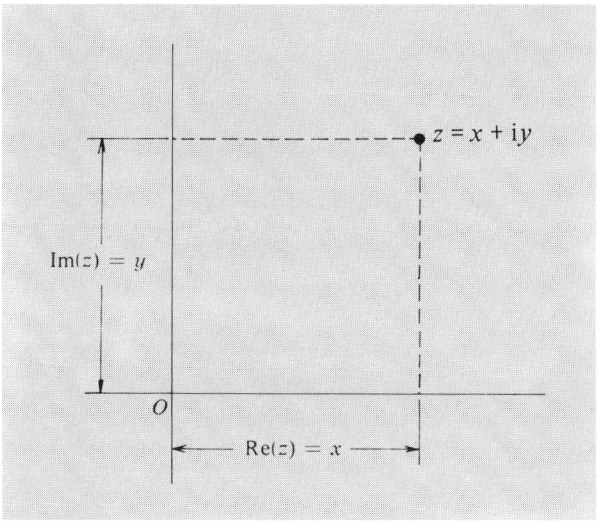

Bild 4.31. Eine *komplexe* Zahl $z = x + iy$ wird durch einen Punkt in der „komplexen" oder z-Ebene dargestellt. Beachten Sie bitte, daß die Zahl $+i$ durch die Strecke $+1$ in y-Richtung wiedergegeben wird.

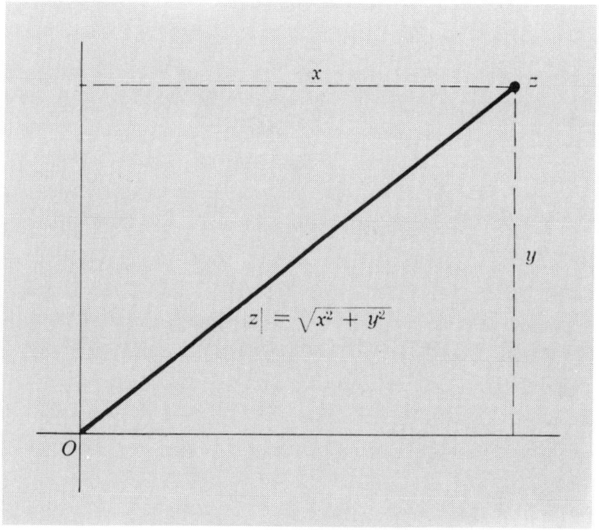

Bild 4.32. Der Absolutwert $|z|$ der Zahl z ist gleich der Strecke vom Ursprung zum Punkt z. Mit dem Satz des *Pythagoras* gilt $|z| = \sqrt{x^2 + y^2}$.

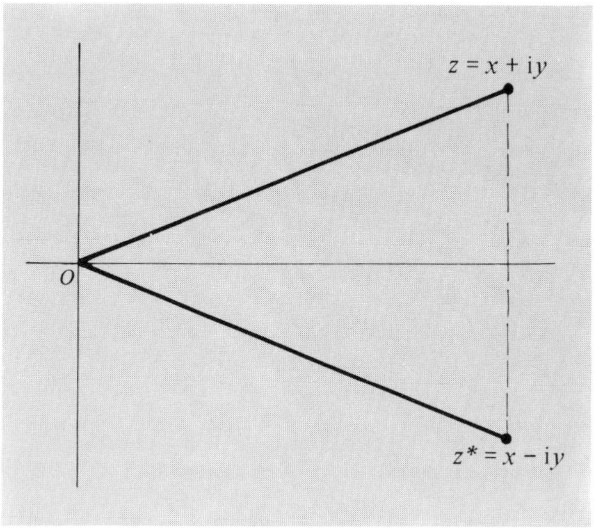

Bild 4.33. Die konjugiert Komplexe von $z = x + iy$ ist $z^* = x - iy$. Augenscheinlich gilt $|z| = |z^*|$.

Diese Definitionen werden anschaulicher, wenn wir die komplexe Zahl $z = x + iy$ geometrisch darstellen (Bilder 4.29 und 4.30). Die x-Achse sei die reelle, die y-Achse die imaginäre Achse. Dann gibt $|z|$ die Entfernung vom Ursprung O bis z wieder, Re(z) und Im(z) sind die Projektionen der Strecke Oz auf die beiden Achsen (Bild 4.31). In der graphischen Darstellung gilt für die Addition komplexer Zahlen das Parallelogrammgesetz; das Ergebnis wird analytisch bestätigt. Komplexe Zahlen haben einige Eigenschaften von Vektoren im zweidimensionalen Raum.

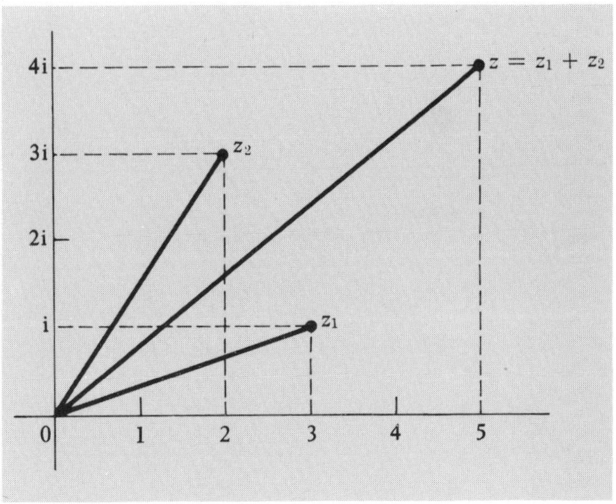

Bild 4.34. Die Addition komplexer Zahlen: Wenn $z_1 = (x_1 + iy_1)$ und $z_2 = (x_2 + iy_2)$ sind, so gilt $z = z_1 + z_2 = (x_1 + x_2) + i(y_1 + y_2)$.

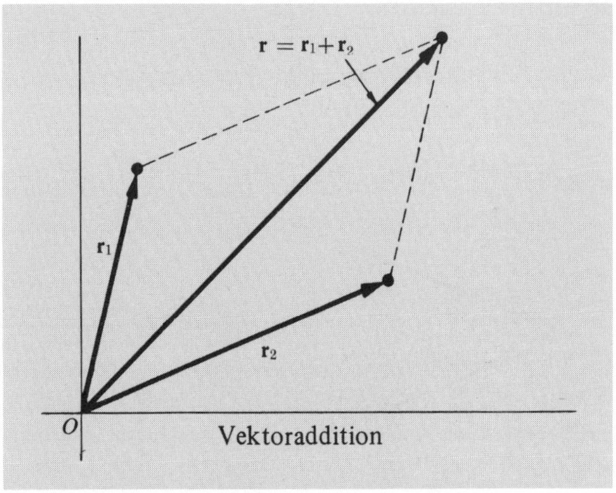

Bild 4.35. Vektoren addieren sich ebenfalls ‚komponentenweise“. Da die Parallelogrammregel für die Vektoraddition gilt, ...

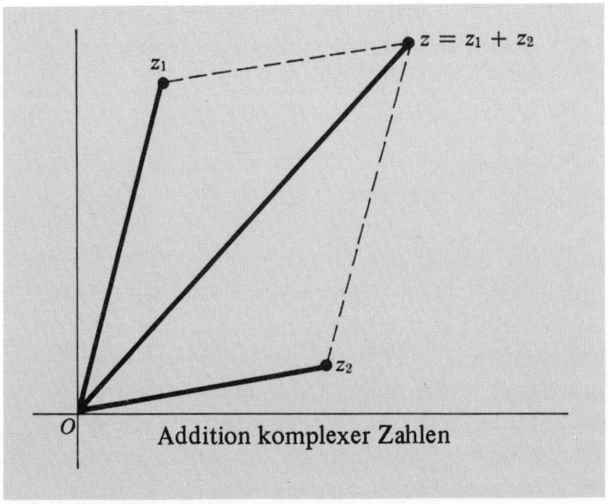

Bild 4.36. ... besitzt sie somit auch für die Addition komplexer Zahlen Gültigkeit.

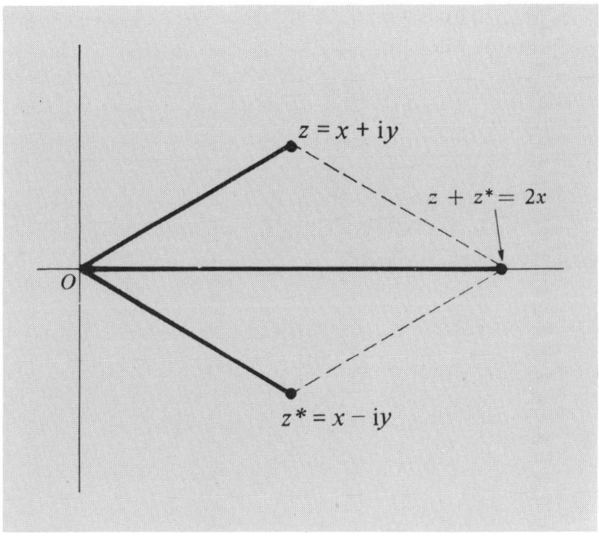

Bild 4.37. Zum Beispiel ist $z + z^* = 2x$ eine reelle Zahl.

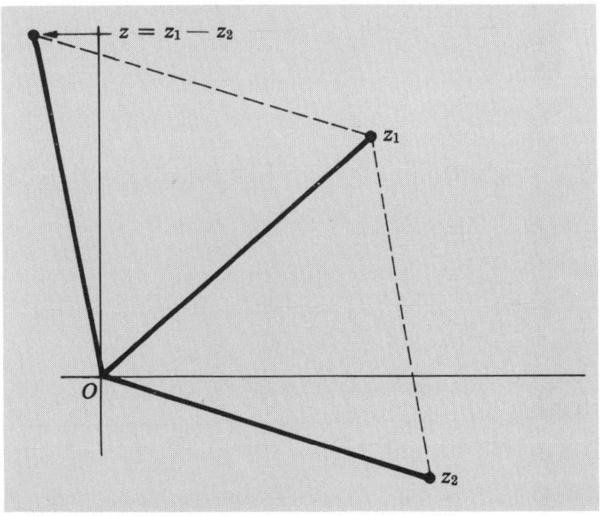

Bild 4.38. Entsprechend läßt sich die Subtraktion leicht nach der Parallelogrammregel durchführen ...

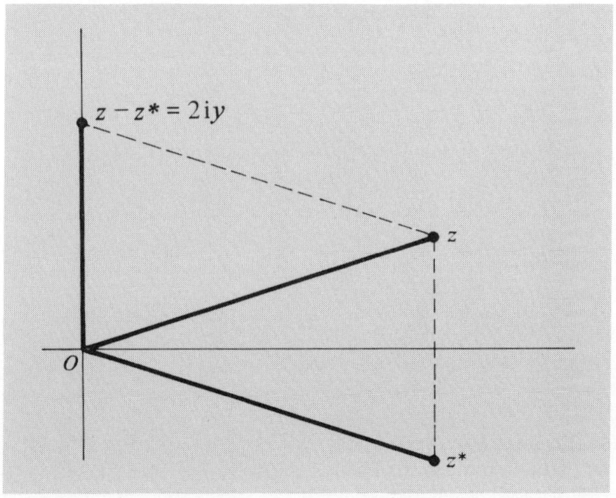

Bild 4.39. ... zum Beispiel ist $z - z^* = 2iy$ eine imaginäre Zahl.

Den Winkel zwischen Oz und reeller Achse nennen wir φ. Dann können wir jede komplexe Zahl $z = x + iy$ in der Form

$$z = |z|\,(\cos\varphi + i\sin\varphi) \qquad (4.101)$$

mit

$$x = |z|\cos\varphi \quad \text{und} \quad y = |z|\sin\varphi \qquad (4.102)$$

schreiben. Wir führen die wichtige Beziehung

$$e^{i\varphi} = \cos\varphi + i\sin\varphi \qquad (4.103)$$

zwischen Exponentialfunktion, Kosinus und Sinus ein, die aus der Reihenentwicklung der drei Ausdrücke folgt, somit können wir Gl. (4.101) als

$$z = |z|\,e^{i\varphi} \qquad (4.104)$$

schreiben. Wir bezeichnen φ als *Argument* und $|z|$ als *Betrag* von z. Diese Form eignet sich besonders gut zur Darstellung von Amplitude und Phasenlage einer Schwingung. Multiplikation und Division komplexer Zahlen vereinfachen sich:

$$z_1 z_2 = |z_1|\,|z_2|\,e^{i(\varphi_1+\varphi_2)}\,; \qquad (4.105)$$

$$\frac{z_1}{z_2} = \frac{|z_1|}{|z_2|}\,e^{i(\varphi_1-\varphi_2)}\,. \qquad (4.106)$$

Diese Formeln sind zur numerischen Rechnung nützlich. In der graphischen Darstellung einer komplexen Zahl als Vektor sehen wir, daß die Multiplikation zweier komplexer Zahlen gleichbedeutend mit einer Drehung und gleichzeitigen Streckung der Vektoren ist (Bild 4.51). Das Ergebnis hängt nicht von der Reihenfolge der Operationen ab.

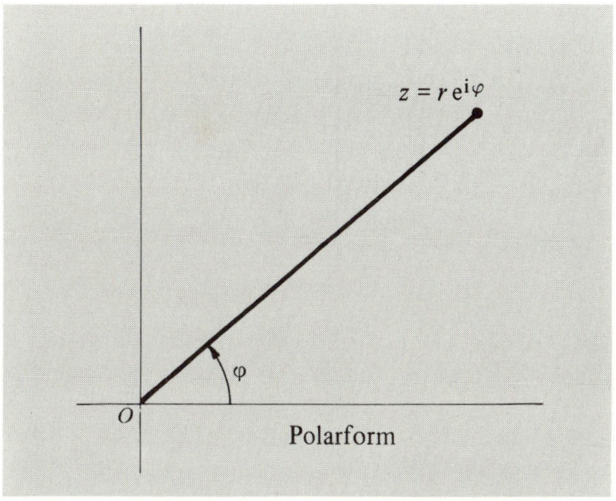

Bild 4.41. ... können wir jede komplexe Zahl in *Polarform* schreiben: $z = re^{i\varphi}$.

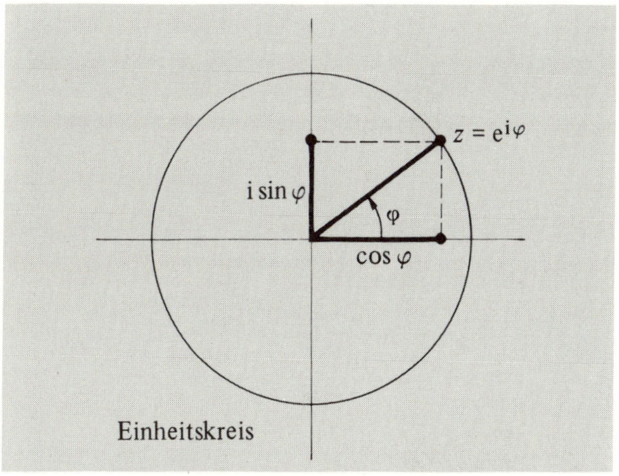

Bild 4.42. Gilt speziell $|z| = r = 1$, so liegen die Zahlen z auf dem Einheitskreis. Die Polarform hat manchen Vorzug ...

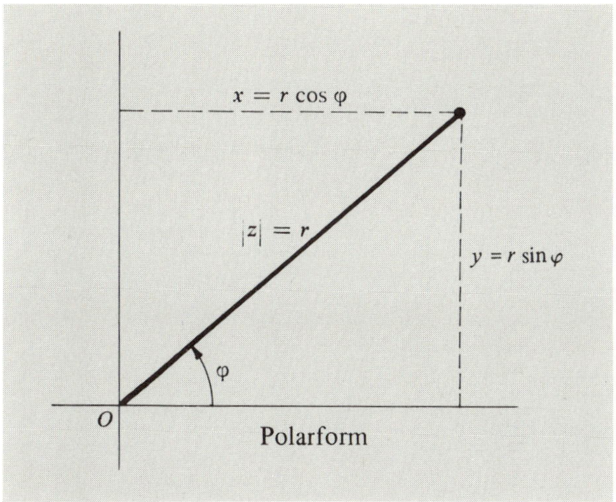

Bild 4.40. Es gilt $z = x + iy = r(\cos\varphi + i\sin\varphi)$. Da $\cos\varphi + i\sin\varphi = e^{i\varphi}$ ist, ...

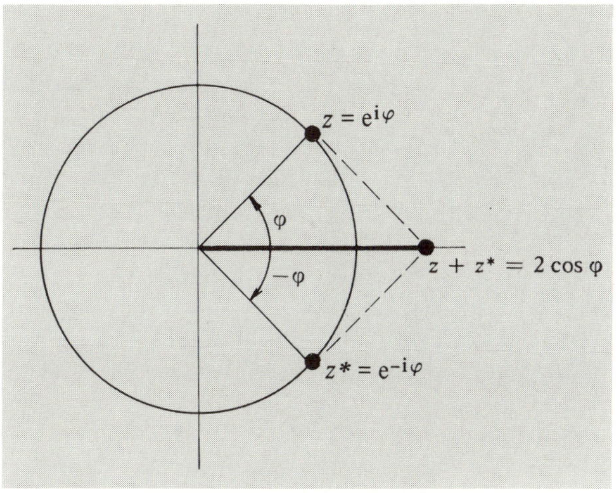

Bild 4.43. ... wie wir vorher gesehen haben, gilt $z + z^* = 2x$. Somit erhalten wir $e^{i\varphi} + e^{-i\varphi} = 2\cos\varphi$ oder

$$\cos\varphi = \frac{e^{i\varphi} + e^{-i\varphi}}{2}$$

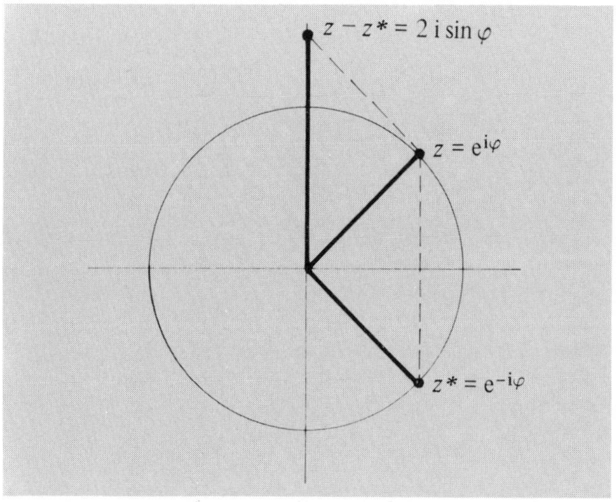

Bild 4.44. Entsprechend folgt aus $z - z^* = 2\,iy$

$$\sin\varphi = \frac{1}{2\,i}\,(e^{i\varphi} - e^{-i\varphi}) \quad .$$

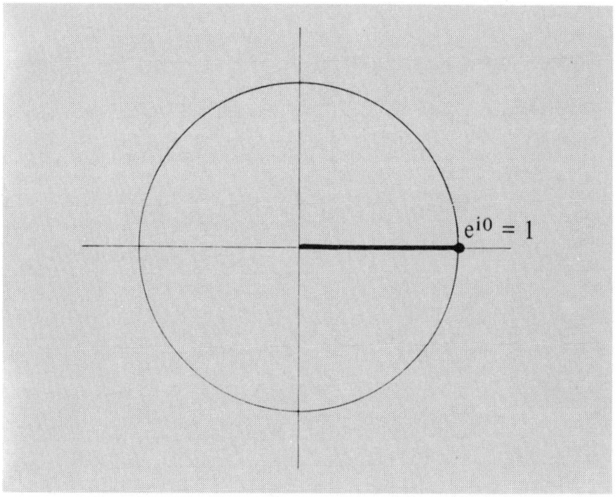

Bild 4.45. Wir betrachten nun die komplexen Zahlen auf dem Einheitskreis. Zuerst $\varphi = 0$, dann ...

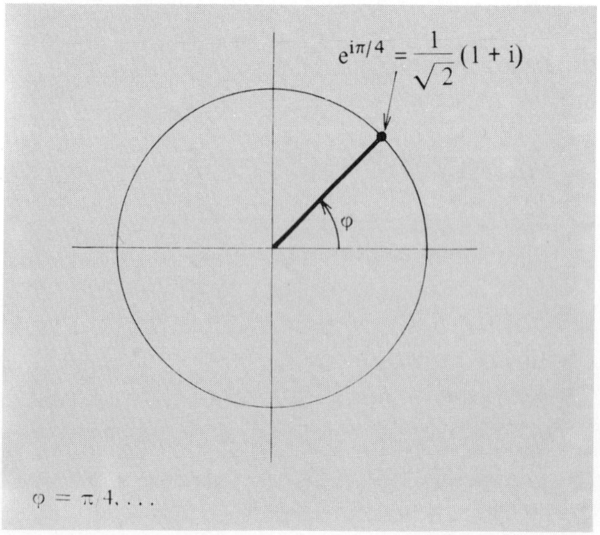

Bild 4.46. ... $\varphi = \frac{\pi}{4}$ ...

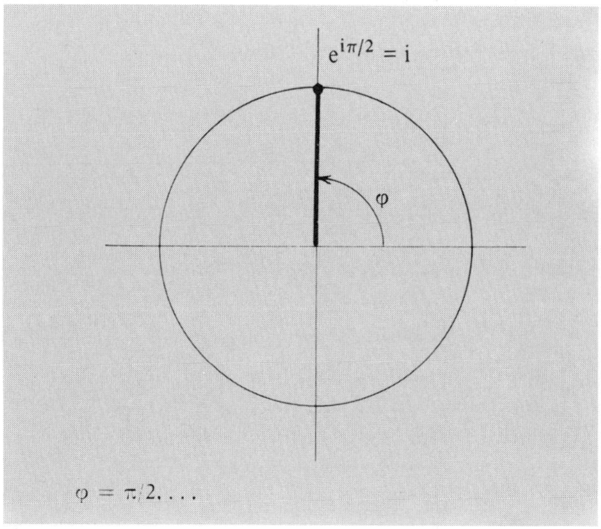

Bild 4.47. ... $\varphi = \frac{\pi}{2}$ ...

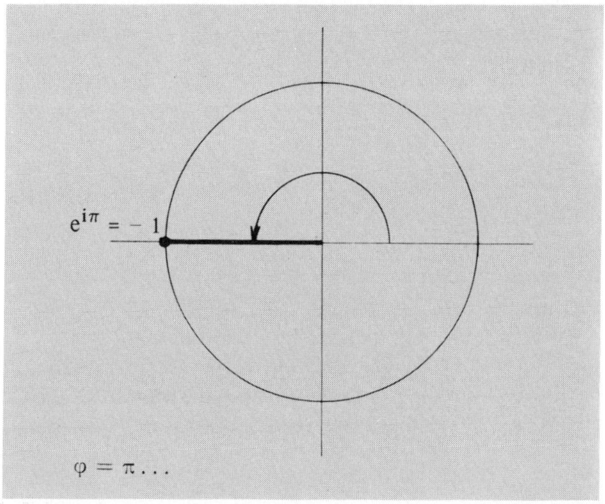

Bild 4.48. ... $\varphi = \pi$ ...

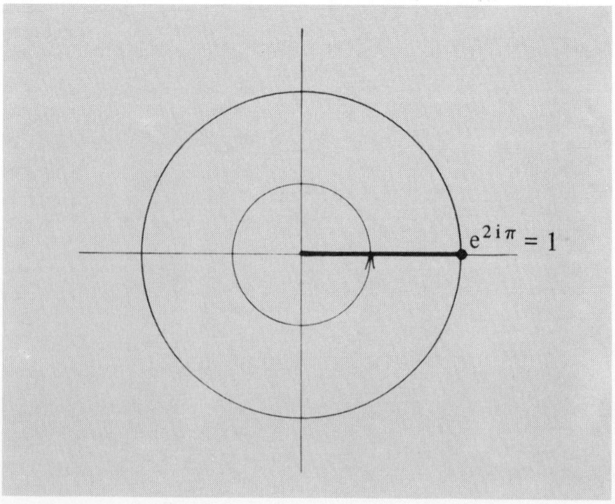

Bild 4.49. ... schließlich $\varphi = 2\,\pi$. Wir sind zum Ausgangspunkt zurückgekehrt.

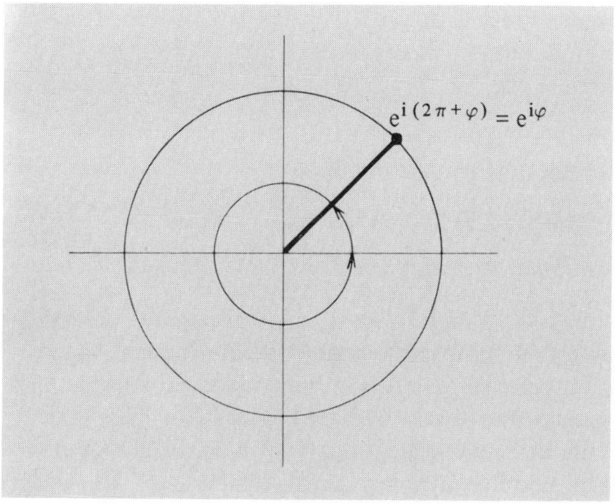

Bild 4.50. Für $\varphi > 2\pi$ gilt wiederum $e^{i(2\pi+\varphi)} = e^{i\varphi}$. Somit ist $e^{i\varphi}$ eine *periodische Funktion mit der Periode* 2π.

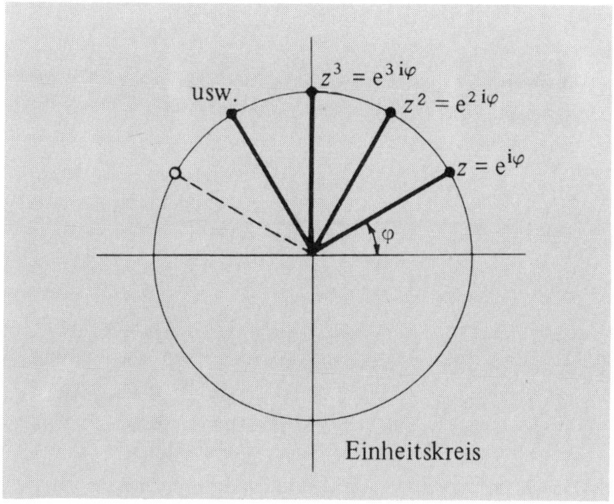

Bild 4.52. Zum Beispiel ergeben sich die Potenzen von $z = e^{i\varphi}$ wie eingezeichnet.

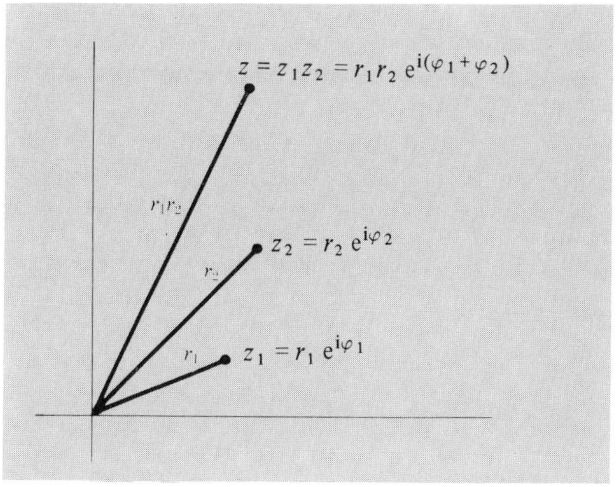

Bild 4.51. Sind $z_1 = r_1\, e^{i\varphi_1}$ und $z_2 = r_2\, e^{i\varphi_2}$ gegeben, dann folgt ihr Produkt zu
$z = z_1 z_2 = r_1 r_2\, e^{i(\varphi_1 + \varphi_2)}$.

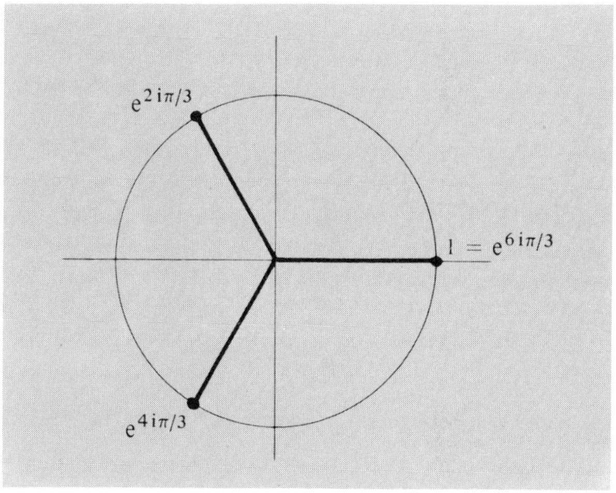

Bild 4.53. Ein anderes Beispiel: Eingetragen sind hier die drei Wurzeln des Polynoms $f(z) = z^3 - 1$ ...

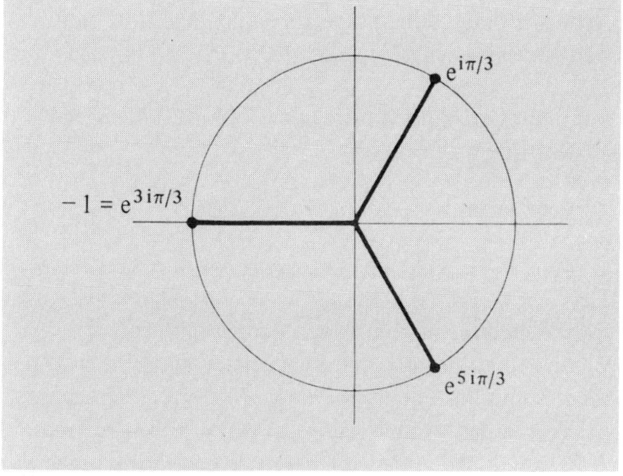

Bild 4.54. ... und in diesem Bild die drei Wurzeln des Polynoms $g(z) = z^3 + 1$. Vollziehen Sie die beiden letzten Beispiele rechnerisch nach!

Die komplexen Zahlen mit dem Betrag $|z| = 1$ liegen auf dem Einheitskreis um den Ursprung der durch $z = x + iy$ definierten komplexen Ebene (Bilder 4.45 und 4.52 bis 4.55). Sie haben die Form der Gl. (4.103). Mit den Gln. (4.103) und (4.105) leiten wir den Satz von *Moivre* ab:

$$(\cos\varphi + i\sin\varphi)^n = (e^{i\varphi})^n = e^{in\varphi} = \cos n\varphi + i\sin n\varphi\,, \tag{4.107}$$

der uns durch getrenntes Gleichsetzen von Real- und Imaginärteil direkt die Gleichungen für den Sinus und Kosinus von n-fachen eines Winkels liefert.

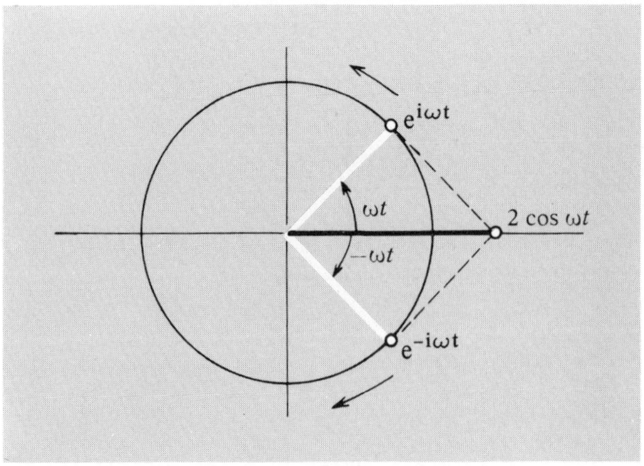

Bild 4.55. Komplexe Zahlen spielen in der Schwingungstheorie eine wichtige Rolle: Eine Schwingung $\cos\omega t$ kann durch eine Linearkombination zweier entgegengesetzt rotierender komplexer Zahlen ausgedrückt werden:

$$\cos\omega t = \frac{e^{i\omega t} + e^{-i\omega t}}{2}$$

• **Beispiel** (Bilder 4.43 und 4.44): Stellen Sie die Gleichung für $\sin 2\varphi$ und $\cos 2\varphi$ auf. Aus der Gleichung von *Moivre* erhalten wir mit $n = 2$

$$(e^{i\varphi})^2 = (\cos\varphi + i\sin\varphi)^2 = e^{2i\varphi} = \cos 2\varphi + i\sin 2\varphi \quad (4.108)$$

oder

$$\cos^2\varphi - \sin^2\varphi + 2i\cos\varphi\sin\varphi = \cos 2\varphi + i\sin 2\varphi\,. \quad (4.109)$$

Durch Gleichsetzen von Real- und Imaginärteil auf beiden Seiten von Gl. (4.109) gelangen wir zum Ergebnis

$$\cos^2\varphi - \sin^2\varphi = \cos 2\varphi\,; \quad (4.110)$$

$$2\cos\varphi\sin\varphi = \sin 2\varphi\,. \quad (4.111)$$

Ein großer Teil der Trigonometrie ergibt sich direkt und einfach aus der Anwendung der Moivreschen Formel.

Zur Übung stellen Sie bitte mit Gl. (4.103) die wichtigen Identitäten

$$\cos\varphi = \frac{e^{i\varphi} + e^{-i\varphi}}{2}\,, \qquad \sin\varphi = \frac{e^{i\varphi} - e^{-i\varphi}}{2i} \quad (4.112)$$

auf. •

Eine Gleichung in komplexen Zahlen muß sowohl durch den Real- als auch den Imaginärteil getrennt erfüllt werden. Somit dürfen wir mit einer wirklichen Schwingung $\psi = \cos\omega t$ in der komplexen Form $\psi = e^{-i\omega t}$ rechnen und nach Beendigung den Realteil herausziehen. Wir können dies völlig unbefangen durchführen, solange keine Produkte von komplexen Zahlen auftreten, d.h., die Gleichungen in den komplexen Zahlen linear sind. Aber *bei Produkten ist große Vorsicht angebracht*: Nehmen Sie an, wir wollen das Produkt x_1x_2 zweier reeller Größen berechnen. Schreiben wir

$$z_1 = x_1 + iy_1\,; \qquad z_2 = x_2 + iy_2\,, \quad (4.113)$$

so ist der Realteil des Produktes

$$\mathrm{Re}(z_1z_2) = x_1x_2 - y_1y_2\,. \quad (4.114)$$

Dies *stimmt nicht* mit dem Produkt der Realteile *überein*:

$$\mathrm{Re}(z_1)\,\mathrm{Re}(z_2) = x_1x_2\,. \quad (4.115)$$

Obwohl die komplexe Schreibweise sehr bequem zur Lösung linearer Differentialgleichungen und zur Analyse linearer Schwingkreise benutzt werden kann, müssen Sie bei der Berechnung bilinearer Größen wie Leistungsaufnahme und Energiefluß vorsichtig sein. Daher machen wir in diesem Band wenig Gebrauch von der komplexen Rechnung. Die Quantenmechanik aber wäre ohne komplexe Zahlen recht schwerfällig.

• **Beispiel** (Bilder 4.56 und 4.57): Berechnen Sie die Resultierende der Schwingungen $\psi_1 = \cos\omega t$ und $\psi_2 = \cos(\omega + \Delta\omega)t$. In komplexer Schreibweise gilt mit der Identität Gl. (4.112)

$$\begin{aligned}\psi_1 + \psi_2 &= e^{-i\omega t} + e^{-i(\omega+\Delta\omega)t} \\ &= (e^{i(\Delta\omega t/2)} + e^{-i(\Delta\omega t/2)})\,e^{-i(\omega+\Delta\omega/2)t} \\ &= 2\cos(\Delta\omega t/2)\,e^{-i(\omega+\Delta\omega/2)t}\,. \end{aligned} \quad (4.116)$$

Somit erhalten wir

$$\begin{aligned}\cos\omega t + \cos(\omega + \Delta\omega)t &= \mathrm{Re}(\psi_1 + \psi_2) \\ &= 2\cos\frac{\Delta\omega t}{2}\cos\left(\omega + \frac{\Delta\omega}{2}\right)t\,. \end{aligned} \quad (4.117)$$

Ist $\Delta\omega/\omega$ klein verglichen mit Eins ($\Delta\omega/\omega \ll 1$), so erzeugt die Überlagerung zweier Schwingungen eine langsame Modulation der Grundfrequenz ω. •

• **Beispiel**: Betrachten Sie die gekoppelten Differentialgleichungen

$$\dot{v}_x = \omega_c v_y\,; \qquad \dot{v}_y = -\,\omega_c v_x\,. \quad (4.118)$$

Sie beschreiben die Bewegung eines geladenen Teilchens in einem homogenen in z-Richtung weisenden Magnetfeld. Durch Multiplikation der zweiten Gleichung mit $-i$ und anschließender Addition zur ersten erhalten Sie:

$$\dot{v}_x - i\dot{v}_y = \omega_c(v_y + iv_x)\,. \quad (4.119)$$

Wir definieren

$$v^+ \equiv v_x + iv_y\,; \qquad v^- \equiv v_x - iv_y\,. \quad (4.120)$$

Somit ergibt sich für Gl. (4.119)

$$\frac{dv^-}{dt} = i\omega_c v^- \quad (4.121)$$

und als Lösung

$$v^- = A e^{i(\omega_c t + \varphi)} \quad (4.122)$$

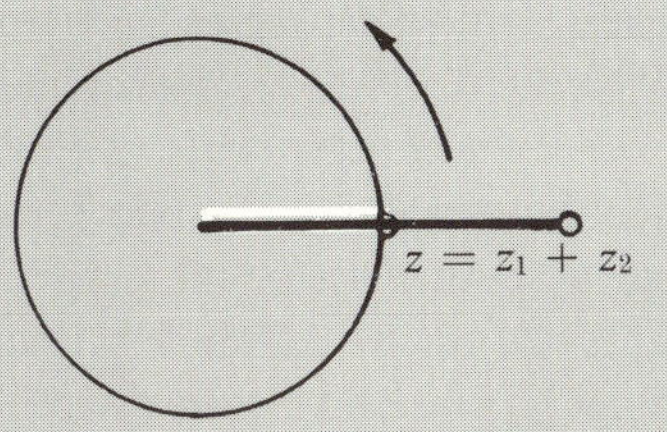

Bild 4.56. Ein weiteres Beispiel: Zwei komplexe Zahlen
$z_1 = e^{i(\omega - \Delta\omega/2)t}$
und
$z_2 = e^{i(\omega + \Delta\omega/2)t}$
sind zur Zeit t = 0 in Phase. z_2 rotiert jedoch schneller als z_1.

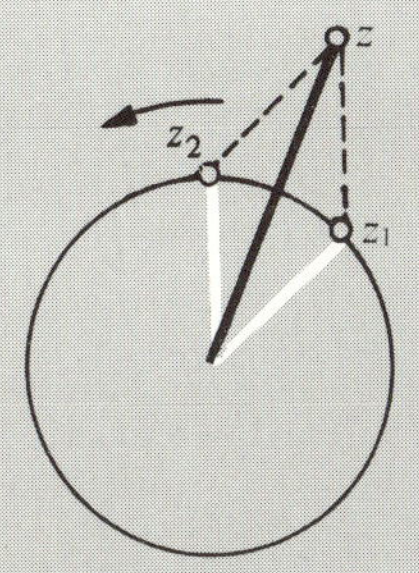

Mit fortschreitender Zeit geraten z_1 und z_2 immer weiter außer Phase. Ihre Resultierende $z = z_1 + z_2$ rotiert mit der Frequenz ω:
$z = z_0 e^{i\omega t}$.

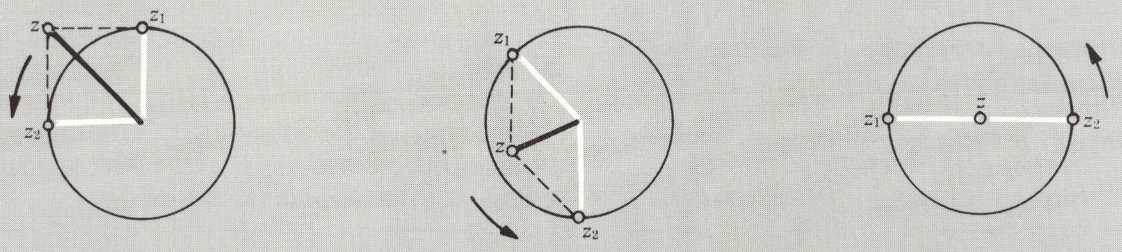

Die reelle Amplitude z_0 ändert sich mit der Zeit t.

Für $\Delta\omega t = \pi$ ist $z_0 = 0$.

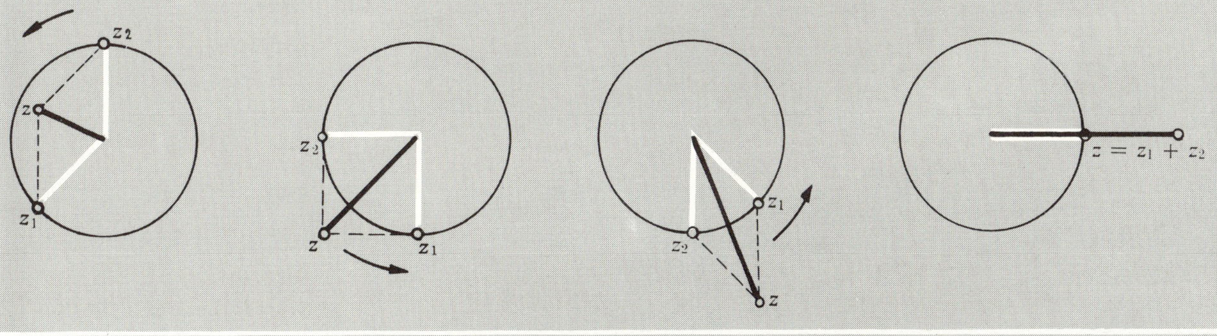

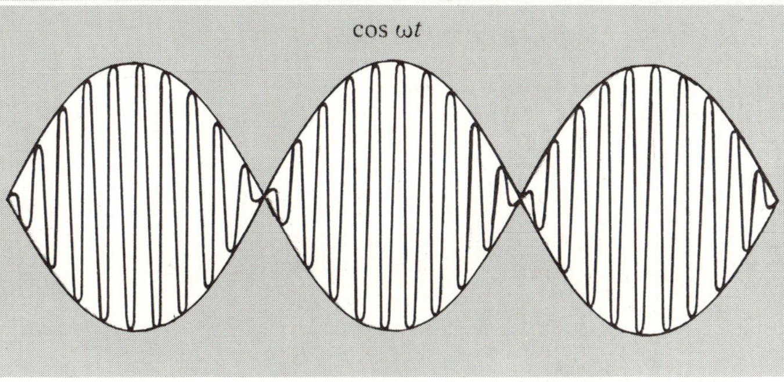

Bild 4.57. Daher erhalten wir mit
$z = z_1 + z_2 = e^{i(\omega + \Delta\omega/2)t} + e^{i(\omega - \Delta\omega/2)t} = 2\left(\cos\frac{\Delta\omega t}{2}\right)e^{i\omega t}$
die reelle Amplitude
$z_0 = 2\left(\cos\frac{\Delta\omega t}{2}\right)$.
Somit ergibt sich im Fall $\omega \gg \Delta\omega$ für $\mathrm{Re}(z) = 2\cos\frac{\Delta\omega}{2}t$ das nebenstehende Bild.

Umhüllende = $2\cos\frac{\Delta\omega}{2}t$

mit den Konstanten A und φ. Durch Trennung von Real- und Imaginärteil erhalten wir

$$v_x = \mathrm{Re}(v^-) = A\cos(\omega_c t + \varphi)\,;$$
$$v_y = -\,\mathrm{Im}(v^-) = -\,A\sin(\omega_c t + \varphi)\,. \qquad (4.123)$$

Übungen zu den komplexen Zahlen

1. a) Geben Sie $z_1 + z_2$ für $z_1 = 5 + 3i$ und $z_2 = 5i$ an.
   b) Was ergibt sich für $z_1 z_2$?
   c) Was ergibt sich für $z_1 + z_1^*$?
   d) Was für $z_1 - z_1^*$?
   e) Für $z_1 z_1^*$?
2. Schreiben Sie alle Lösungen zu Übung 1 in der Polarform $|z|\,e^{i\varphi}$.
3. Zeigen Sie durch Quadrieren beider Seiten, daß $\sqrt{i} = (1 + i)/\sqrt{2}$ gilt.
4. Wie lautet die Quadratwurzel aus $z = 4 + 9i$?

4.12. Historische Anmerkung: Die Erfindung des Zyklotrons (Bild 4.58)

Die meisten der heutigen Hochenergieteilchenbeschleuniger stammen von dem ersten 1 MeV-Protonenzyklotron ab, das *E. O. Lawrence* und *M. S. Livingston* in LeConte Hall in Berkeley bauten. Das Zyklotron wurde von *Lawrence* erdacht; der Entwurf wurde zuerst in einem Aufsatz von *Lawrence* und *Edlefsen* in Science, **72**, 376, 377 (1930) veröffentlicht. 1932 erschienen die ersten Ergebnisse in einem ausgezeichneten Aufsatz im Physical Review, der bedeutendsten physikalischen Zeitschrift der American Physical Society. Obwohl die Zeitschrift verlangt, daß alle Aufsätze einen erklärenden Auszug enthalten, sind nur wenige so klar und informativ gehalten, wie der hier aus dem klassischen Aufsatz von *Lawrence* und *Livingston* wiedergegebene. Wir haben auch zwei Originalzeichnungen übernommen. Professor *Livingston* arbeitet am M.I.T., Professor *Lawrence* verstarb 1958.

Der ursprüngliche 11-Zoll-Magnet war bald für Beschleunigungsanwendungen zu klein; er wurde neu entwickelt und wird noch heute für eine große Anzahl von Forschungsprojekten in LeConte Hall benutzt. Die ersten erfolgreichen Versuche bezüglich der Zyklotronresonanz von Ladungsträgern in Kristallen wurden mit diesem Magneten durchgeführt.

E. O. Lawrence gibt in „The Evolution of the Cyclotron“, *Les Prix Nobel en 1951*, S. 127 bis 140 (Imprimerie Royale, Stockholm, 1962) einen interessanten Überblick über die frühe Geschichte des Zyklotrons.

Bild 4.58
Ein frühes Zyklotron

APRIL 1, 1932 *PHYSICAL REVIEW* *VOLUME 40*

THE PRODUCTION OF HIGH SPEED LIGHT IONS WITHOUT THE USE OF HIGH VOLTAGES

By Ernest O. Lawrence and M. Stanley Livingston
University of California

(Received February 20, 1932)

Abstract

The study of the nucleus would be greatly facilitated by the development of sources of high speed ions, particularly protons and helium ions, having kinetic energies in excess of 1,000,000 volt-electrons; for it appears that such swiftly moving particles are best suited to the task of nuclear excitation. The straightforward method of accelerating ions through the requisite differences of potential presents great experimental difficulties associated with the high electric fields necessarily involved. The present paper reports the development of a method that avoids these difficulties by means of the multiple acceleration of ions to high speeds without the use of high voltages. The method is as follows: Semi-circular hollow plates, not unlike duants of an electrometer, are mounted with their diametral edges adjacent, in a vacuum and in a uniform magnetic field that is normal to the plane of the plates. High frequency oscillations are applied to the plate electrodes producing an oscillating electric field over the diametral region between them. As a result during one half cycle the electric field accelerates ions, formed in the diametral region, into the interior of one of the electrodes, where they are bent around on circular paths by the magnetic field and eventually emerge again into the region between the electrodes. The magnetic field is adjusted so that the time required for traversal of a semi-circular path within the electrodes equals a half period of the oscillations. In consequence, when the ions return to the region between the electrodes, the electric field will have reversed direction, and the ions thus receive second increments of velocity on passing into the other electrode. Because the path radii within the electrodes are proportional to the velocities of the ions, the time required for a traversal of a semi-circular path is independent of their velocities. Hence if the ions take exactly one half cycle on their first semi-circles, they do likewise on all succeeding ones and therefore spiral around in resonance with the oscillating field until they reach the periphery of the apparatus. Their final kinetic energies are as many times greater than that corresponding to the voltage applied to the electrodes as the number of times they have crossed from one electrode to the other. This method is primarily designed for the acceleration of light ions and in the present experiments particular attention has been given to the production of high speed protons because of their presumably unique utility for experimental investigations of the atomic nucleus. Using a magnet with pole faces 11 inches in diameter, a current of 10^{-9} ampere of 1,220,000 volt-protons has been produced in a tube to which the maximum applied voltage was only 4000 volts. There are two features of the developed experimental method which have contributed largely to its success. First there is the focussing action of the electric and magnetic fields which prevents serious loss of ions as they are accelerated. In consequence of this, the magnitudes of the high speed ion currents obtainable in this indirect manner are comparable with those conceivably obtainable by direct high voltage methods. Moreover, the focussing action results in the generation of very narrow beams of ions—less than 1 mm cross-sectional diameter—which are ideal for experimental studies of collision processes. Of hardly less importance is the second feature of the method which is the simple and highly effective means for the correction of the magnetic field along the paths of the ions. This makes it possible, indeed easy, to operate the tube effectively with a very high amplification factor (i.e., ratio of final equivalent voltage of accelerated ions to applied voltage). In consequence, this method in its present stage of development constitutes a highly reliable and experimentally convenient source of high speed ions requiring relatively modest laboratory equipment. Moreover, the present experiments indicate that this indirect method of multiple acceleration now makes practicable the production in the laboratory of protons having kinetic energies in excess of 10,000,000 volt-electrons. With this in mind, a magnet having pole faces 114 cm in diameter is being installed in our laboratory.

Introduction

THE classical experiments of Rutherford and his associates[1] and Pose[2] on artificial disintegration, and of Bothe and Becker[3] on excitation of nuclear radiation, substantiate the view that the nucleus is susceptible to the same general methods of investigation that have been so successful in revealing the extra-nuclear properties of the atom. Especially do the results of their work point to the great fruitfulness of studies of nuclear transitions excited artificially in the laboratory. The development of methods of nuclear excitation on an extensive scale is thus a problem of great interest; its solution is probably the key to a new world of phenomena, the world of the nucleus.

But it is as difficult as it is interesting, for the nucleus resists such experimental attacks with a formidable wall of high binding energies. Nuclear energy levels are widely separated and, in consequence, processes of nuclear excitation involve enormous amounts of energy—millions of volt-electrons.

It is therefore of interest to inquire as to the most promising modes of nuclear excitation. Two general methods present themselves; excitation by absorption of radiation (gamma radiation), and excitation by intimate nuclear collisions of high speed particles.

Of the first it may be said that recent experimental studies [4,5] of the absorption of gamma radiation in matter show, for the heavier elements, variations with atomic number that indicate a quite appreciable nuclear effect. This suggests that nuclear excitation by absorption of radiation is perhaps a not infrequent process, and therefore that the development of an intense artificial source of gamma radiation of various wave-lengths would be of considerable value for nuclear studies. In our laboratory, as elsewhere, this being attempted.

But the collision method appears to be even more promising, in consequence of the researches of Rutherford and others cited above. Their pioneer investigations must always be regarded as really great experimental achievements, for they established definite and important information about nuclear processes of great rarity excited by exceedingly weak beams of bombarding particles—alpha-particles from radioactive sources. Moreover, and this is the point to be emphasized here, their work has shown strikingly the

[1] See Chapter 10 of Radiations from Radioactive Substances by Rutherford, Chadwick and Ellis.

[2] H. Pose, Zeits. f. Physik **64**, 1 (1930).

[3] W. Bothe and H. Becker, Zeits. f. Physik **66**, 1289 (1930).

[4] G. Beck, Naturwiss. **18**, 896 (1930).

[5] C. Y. Chao, Phys. Rev. **36**, 1519 (1930).

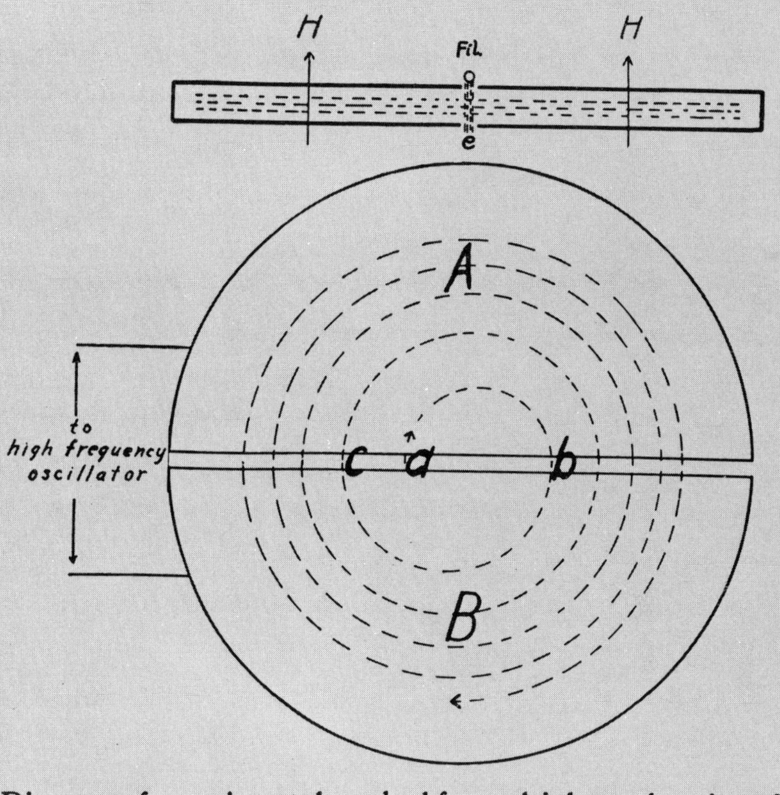

Fig. 1. Diagram of experimental method for multiple acceleration of ions.

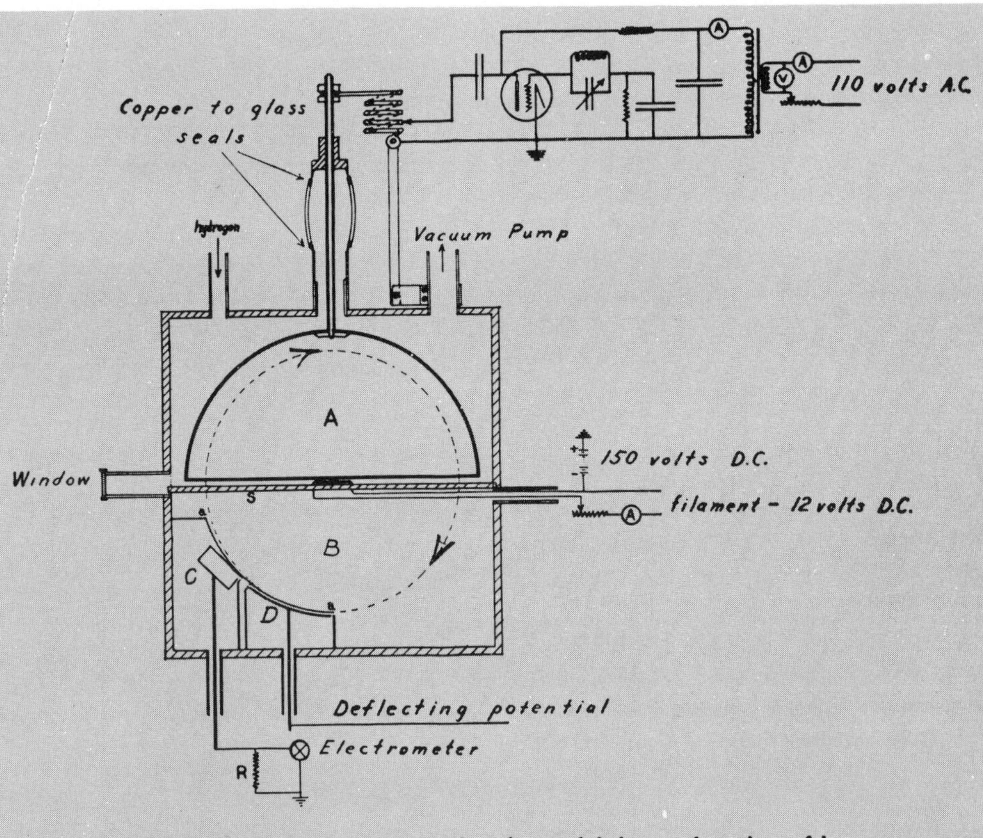

Fig. 2. Diagram of apparatus for the multiple acceleration of ions.

5. Erhaltung der Energie

5.1. Erhaltungssätze in der physikalischen Welt

Es existieren in der physikalischen Welt eine ganze Reihe genauer oder angenähert gültiger Erhaltungssätze. Gewöhnlich folgt ein Erhaltungssatz aus einem ihm zugrunde liegenden Symmetrieprinzip des Universums. Wir kennen Erhaltungssätze für Energie, Impuls, Drehimpuls, Ladung, Baryonenzahl [1]), Strangeness [1]) und verschiedene andere Größen. In diesem Kapitel behandeln wir die Erhaltung der Energie, während die Betrachtung der Impuls- und Drehimpulssätze dem folgenden Kapitel vorbehalten bleibt. Vorläufig beschränken wir uns auf den nichtrelativistischen Bereich, d.h. auf Galileitransformationen, auf Geschwindigkeiten sehr viel kleiner als die Lichtgeschwindigkeit und auf Unabhängigkeit von Masse und Energie. Im Anschluß an eine Diskussion der Lorentztransformation und der speziellen Relativität werden wir in Kapitel 12 entsprechende Formen des Energie- und Impulserhaltungssatzes im relativistischen Bereich angeben.

Sind sämtliche in einer Aufgabe vorkommenden Kräfte bekannt und können wir einen Rechner ausreichender Geschwindigkeit und Speicherkapazität so programmieren, daß er die Bahnen aller im System enthaltenen Teilchen ermittelt, so liefern die Erhaltungssätze keine zusätzliche Information. Dennoch sind sie mächtige Werkzeuge, die der Physiker ständig braucht. Warum?

1. Erhaltungssätze sind unabhängig von den Einzelheiten einer Teilchenbahn und oft auch unabhängig von den Einzelheiten der wirkenden Kräfte. Deshalb sind die Erhaltungssätze der Ausdruck sehr allgemeiner und bedeutsamer Folgerungen aus den Bewegungsgleichungen. Manchmal führt ein Erhaltungssatz auf die negative Aussage, daß eine physikalische Situation unmöglich ist. So verschwenden wir keine Zeit darauf, ein angebliches perpetuum mobile zu analysieren, das lediglich aus einem abgeschlossenen System von mechanischen und elektrischen Komponenten besteht, oder einen Satellitenantriebsmechanismus, bei dem nur innere Massen gegeneinander bewegt werden.

2. Erhaltungssätze werden auch ohne Kenntnis der ursächlichen Kräfte angewendet, insbesondere in der Elementarteilchenphysik [1]).

3. Die Erhaltungssätze sind eng verflochten mit dem Begriff der Invarianz. Bei der Untersuchung neuer, noch nicht verstandener Phänomene sind die Erhaltungssätze oft die augenfälligsten Anhaltspunkte und können auf geeignete Invarianzbegriffe führen. In Kapitel 3 sahen wir, daß die Erhaltung des Impulses als eine direkte Folgerung aus dem Prinzip der Galileiinvarianz gedeutet werden kann.

4. Selbst wenn die auf ein Teilchen wirkende Kraft bekannt ist, kann ein Erhaltungssatz die Berechnung der Bewegung des Teilchens erleichtern. Viele Physiker gehen bei der Lösung unbekannter Probleme ganz routinemäßig vor: Erst benutzen sie alle in Frage kommenden Erhaltungssätze; nur wenn danach die Aufgabe noch nicht gelöst ist, werden Differentialgleichungen, Variations- und Störungsmethoden, Intuition und andere zur Verfügung stehende Mittel angewendet. In entsprechender Weise werden wir in den Kapiteln 7 und 9 die Erhaltung der Energie und des Impulses anwenden.

5. 2. Begriffsbestimmungen

Die Formulierung des Energieerhaltungssatzes erfordert die Begriffe: kinetische Energie, potentielle Energie und Arbeit. Wir werden diese Begriffe, die an einem einfachen Beispiel erläutert werden können, später ausführlicher behandeln. Vorerst betrachten wir Kräfte und Bewegungen in nur einer Dimension, um die Schreibweise zu vereinfachen. Vieles in diesem Kapitel wird zweimal behandelt, aber vielleicht erweist sich gerade die Wiederholung als besonders nützlich.

Betrachten wir ein Teilchen der Masse m, das im intergalaktischen Raum schwebt und frei von äußeren Kräften ist. Wir beobachten das Teilchen von einem Inertialsystem aus. Zur Zeit $t = 0$ wird eine Kraft $\mathbf{F}_{app}$ [2]) auf das Teilchen ausgeübt, deren Betrag und Richtung konstant gehalten werden. (Die Richtung stimmt mit der x-Richtung des Inertialsystems überein.) Unter der Wirkung dieser aufgeprägten Kraft wird das Teilchen beschleunigt. Für Zeiten $t > 0$ wird die Bewegung durch das 2. Newtonsche Gesetz beschrieben:

$$F_{app} = m\ddot{x}\,. \tag{5.1}$$

Die Geschwindigkeit zur Zeit t beträgt

$$v(t) = \int_0^t \ddot{x}\,dt = v_0 + \frac{F_{app}}{m}\,t\,, \tag{5.2}$$

wobei v_0 die Anfangsgeschwindigkeit in x-Richtung ist. Gl. (5.2) kann auch in der Form

$$F_{app}\,t = mv(t) - mv_0 \tag{5.2a}$$

geschrieben werden. Die rechte Seite gibt die Änderung der Bewegungsgröße zwischen 0 und t an. Die linke Seite nennen wir den *Kraftstoß* zwischen denselben Zeiten. Gl. (5.2a) sagt aus, daß ein Kraftstoß einer Masse eine ihm gleich große Impulsänderung erteilt. Ist die Anfangslage

[1]) Siehe z.B. *Ford*, Die Welt der Elementarteilchen, Springer-Verlag, 1966.

[2]) app (applied) = aufgeprägt, einwirkend

des Teilchens x_0, dann ergibt sich die Lage zur Zeit t durch zeitliche Integration von Gl. (5.2) zu

$$x(t) = \int_0^t v(t)\,dt = x_0 + v_0 t + \frac{1}{2}\frac{F_{app}}{m} t^2 . \qquad (5.3)$$

Wir können Gl. (5.2) nach t auflösen:

$$t = \frac{m}{F_{app}}(v - v_0) . \qquad (5.4)$$

Einsetzen von Gl. (5.4) in Gl. (5.3) liefert

$$x - x_0 = \frac{m}{F_{app}}(v v_0 - v_0^2) + \frac{1}{2}\frac{m}{F_{app}}(v^2 - 2 v v_0 + v_0^2)$$

$$= \frac{1}{2}\frac{m}{F_{app}}(v^2 - v_0^2) \qquad (5.5)$$

oder

$$\boxed{\frac{1}{2} m v^2 - \frac{1}{2} m v_0^2 = F_{app} \cdot (x - x_0) .} \qquad (5.6)$$

Definieren wir $\frac{1}{2} mv^2$ als die *kinetische Energie* des Teilchens, dann ist die linke Seite von Gl. (5.6) die Änderung der kinetischen Energie. Die Änderung wird durch das Einwirken von F_{app} längs der Strecke $(x - x_0)$ verursacht. Wir erhalten offensichtlich eine gute Definition des Begriffes *Arbeit*, wenn wir $F_{app}(x - x_0)$ als *die Arbeit auffassen, die von der einwirkenden Kraft am Teilchen ausgeübt wird.* Mit dieser *Definition* sagt Gl. (5.6) aus, daß die von der einwirkenden Kraft ausgeübte Arbeit gleich der Änderung der kinetischen Energie des Teilchens ist. Das alles ist natürlich Definitionssache, doch sind diese Definitionen nützlich und im Einklang mit dem 2. Newtonschen Gesetz. Spricht man von Arbeit, darf die Angabe *durch welche Kraft sie verrichtet wird*, nicht fehlen.

Ist beispielsweise m = 20 g und v = 100 cm/s, dann ist die kinetische Energie

$$E_k = \frac{1}{2} m v^2 = \frac{1}{2} 20\,g \cdot 10^4\,cm^2/s^2$$

$$= 1 \cdot 10^5\,g\,cm^2/s^2 = 1 \cdot 10^5\,erg . \qquad (5.7)$$

Das erg ist die Energieeinheit in CGS-Einheiten. Wirkt eine Kraft von 100 dyn längs einer Strecke von 10^3 cm, so verrichtet sie eine Arbeit von

$$F_{app}(x - x_0) = 10^2\,dyn \cdot 10^3\,cm = 10^5\,dyn\,cm$$

$$= 15^5\ erg . \qquad (5.8)$$

Ein erg ist diejenige Arbeit, die von einer Kraft von 1 dyn längs einer Strecke von 1 cm verrichtet wird. Arbeit hat die Dimensionen

$$[Arbeit] = [Kraft]\,[Länge]$$
$$= [Masse]\,[Beschleunigung]\,[Länge]$$
$$= [M \frac{L}{T^2}] = [ML^2 T^{-2}] = [Energie] .$$

Im SI-System ist das *Joule* die Einheit der Arbeit, definiert als diejenige Arbeit, die eine Kraft von 1 N längs einer Strecke von 1 m verrichtet. Um Newton in dyn umzurechnen, multiplizieren wir die in Newton angegebene Kraft mit 10^5.

Nehmen wir an, das Teilchen befindet sich nicht im intergalaktischen Raum, sondern ruht in einer Höhe h über der Erdoberfläche (x_0 = h, v_0 = 0). Die Gravitationskraft $F_G = -mg$ wirkt dann auf das Teilchen in Richtung des Erdmittelpunktes. Während das Teilchen zur Erdoberfläche herunterfällt, verrichtet die Gravitationskraft eine Arbeit, die gleich dem Zuwachs der kinetischen Energie des Teilchens ist:

$$W\,(\text{durch Gravitation}) = F_G \cdot (x - x_0) \qquad (5.9)$$

oder an der Erdoberfläche (x = 0),

$$W\,(\text{durch Gravitation}) = (-mg)\,(0 - h) = mgh$$

$$= \frac{1}{2} m v^2 - \frac{1}{2} m v_0^2 = \frac{1}{2} m v^2 , \qquad (5.10)$$

wobei v die Geschwindigkeit des Teilchens bei Erreichen der Erdoberfläche und v_0 seine Anfangsgeschwindigkeit ist. (In diesem Beispiel ist v_0 = 0.) Nach Gl. (5.10) liegt es nahe, dem Teilchen in der Höhe h eine *potentielle Energie*, d.h. die Fähigkeit, Arbeit zu verrichten oder an kinetischer Energie zu gewinnen, von der Größe mgh relativ zur Erdoberfläche zuzuschreiben.

Was geschieht mit der potentiellen Energie, wenn ein auf der Erdoberfläche ruhendes Teilchen auf eine Höhe h angehoben wird? Um das Teilchen zu heben, müssen wir eine aufwärts gerichtete Kraft F_{app} $(= -F_G)$ anbringen. Nun ist x = 0 und x = h. Wir wenden hierbei die Arbeit

$$W\,(\text{durch uns}) = F_{app} \cdot (x - x_0) = (mg)(h) = mgh \qquad (5.11)$$

auf, wodurch das Teilchen die potentielle Energie mgh erhält.

Wir stellen fest, daß die Arbeit, die die Gravitationskraft Gl. (5.10) am fallenden Teilchen verrichtet, gleich der Arbeit Gl. (5.11) ist, die wir beim Heben des Teilchens gegen die Schwerkraft aufwenden.

Die Einheiten der potentiellen Energie [F] [L] = [M] $[L^2]/[T^2]$ sind mit denen der kinetischen Energie identisch. Ist $F_{app} = 10^3$ dyn und h = 10^2 cm, dann ist die potentielle Energie (10^3 dyn) (10^2 cm) = 10^5 dyn cm = 10^5 erg. Wir bezeichnen die potentielle Energie mit W_p.

Aus Gl. (5.10) sehen wir, daß die potentielle Energie mgh völlig in kinetische Energie umgewandelt werden kann, da die von F_{app} zum Aufbauen der potentiellen Energie verrichtete Arbeit gleich der in Gl. (5.10) und in Gl. (5.6) entwickelten kinetischen Energie ist (Bilder 5.1 bis 5.5 und 5.6 bis 5.9). Es muß stets der Ort angegeben werden, auf den sich die potentielle Energie bezieht. Eine Änderung der potentiellen Energie hat physikalische Bedeutung, denn sie ist ein Maß für die entwickelte kinetische Energie.

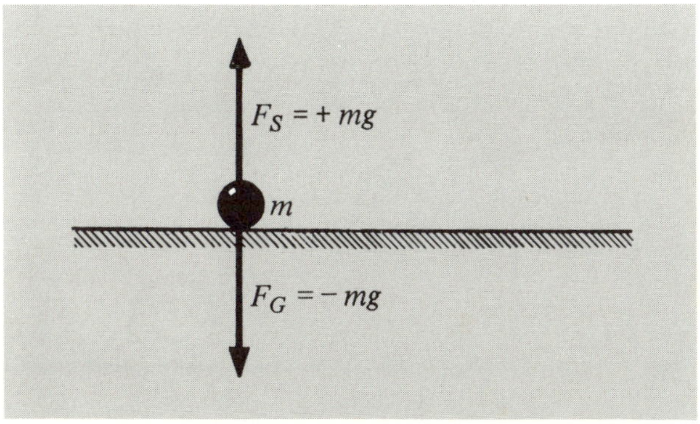

Bild 5.1. Eine auf der Erdoberfläche ruhende Masse m erfährt zwei entgegengesetzt gleich große Kräfte: F_G, die anziehende Schwerkraft; F_S, die von der Unterlage auf m wirkende Kraft.

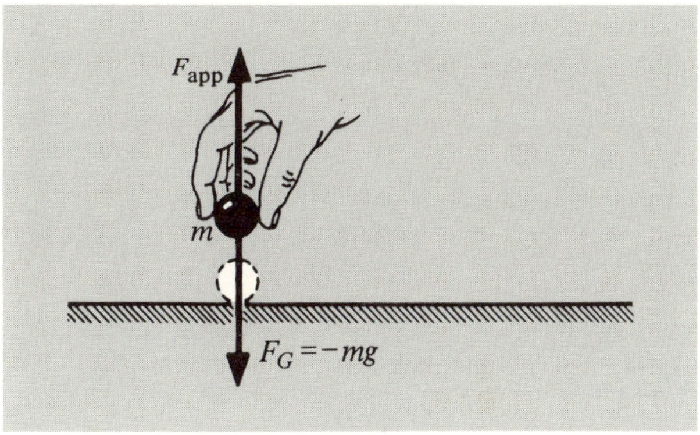

Bild 5.2. Um m mit konstanter Geschwindigkeit zu heben, ist eine Kraft $F_{app} = + mg$ erforderlich.

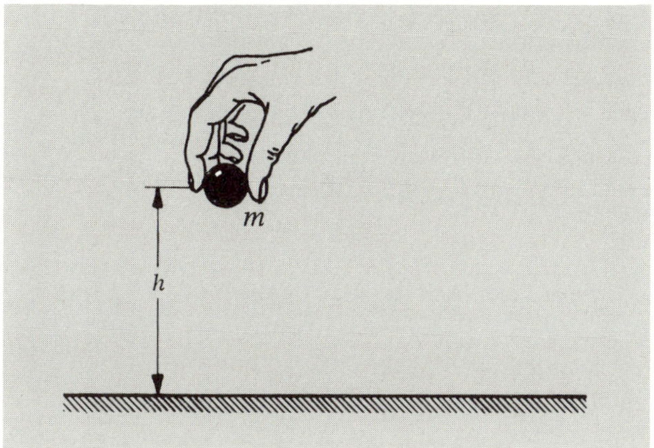

Bild 5.3. Die beim Heben der Masse m auf die Höhe h aufgewendete Arbeit W beträgt

$W = F_{app} \cdot h = + mgh$.

Dabei wird die potentielle Energie W_p der Masse m um den Betrag mgh erhöht.

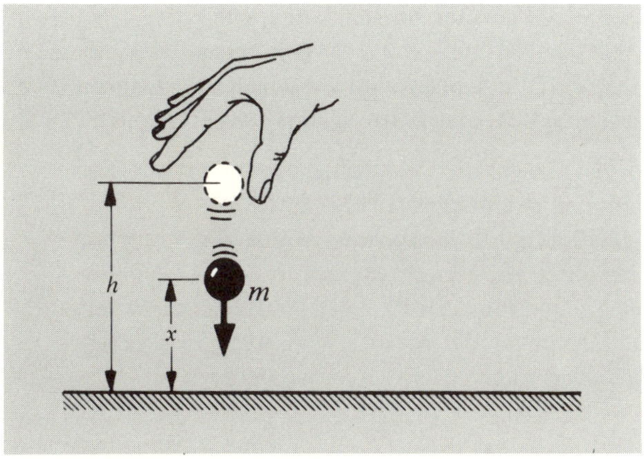

Bild 5.4. Wird die Masse losgelassen, so nimmt die potentielle Energie ab und die kinetische Energie zu, doch bleibt die Summe der beiden Energiearten konstant. In der Höhe x ist

$W_p(x) = mgx$ und $W_k(x) = \frac{1}{2} mv^2(x) = mg(h - x)$.

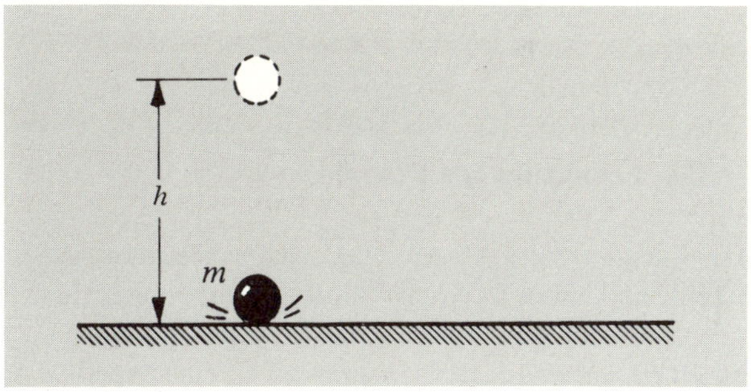

Bild 5.5. Unmittelbar vor Berühren der Erde hat sich die gesamte potentielle Energie, die m bei h besaß, in kinetische Energie umgewandelt.

Bezeichnen wir in Gl. (5.10) mit v nicht die Geschwindigkeit nach Durchfallen der Höhe h, sondern diejenige nach Durchfallen der Höhe (h − x), dann ist analog zu Gl. (5.10)

$$\frac{1}{2} mv^2 = mg(h - x) \qquad (5.12)$$

oder

$$\frac{1}{2} mv^2 + mgx = mgh = W, \qquad (5.13)$$

wobei W eine Konstante mit dem Wert mgh ist. Da W eine Konstante ist, stellt Gl. (5.13) eine Form des *Energieerhaltungssatzes* dar:

$W = W_k + W_p$
= kinetische Energie + potentielle Energie
= const. = Gesamtenergie .

In Gl. (5.13) bedeutet mgx die potentielle Energie, wobei wir W = 0 an der Stelle x = 0 gewählt haben. Die Gesamtenergie wird mit dem Symbol W bezeichnet; in einem isolierten System ändert sie sich mit der Zeit nicht.

Es ist manchmal zweckmäßig, die Summe aus kinetischem und potentiellem Energieanteil, $W = W_k + W_p$, als *Energiefunktion* zu bezeichnen. Während der kinetische Anteil durch $W_k = \frac{1}{2} mv^2$ gegeben ist, hängt die potentielle Energie von der wirkenden Kraft ab. Die wesentliche Eigenschaft der potentiellen Energie ist gegeben durch die Beziehung $-\int F\,dx = W_p$ oder

$$F = -\frac{dW_p}{dx}, \tag{5.14}$$

wobei die auf das Teilchen wirkende Kraft F sich aus vorhandenen Wechselwirkungen, z.B. elektrische oder Gravitationswechselwirkung, ergibt. (Im obigen Beispiel ist $W_p = mgx$, so daß $F = F_G = -mg$ ist.) Wir werden nun diese Überlegungen ausführlicher und in größerer Allgemeinheit diskutieren.

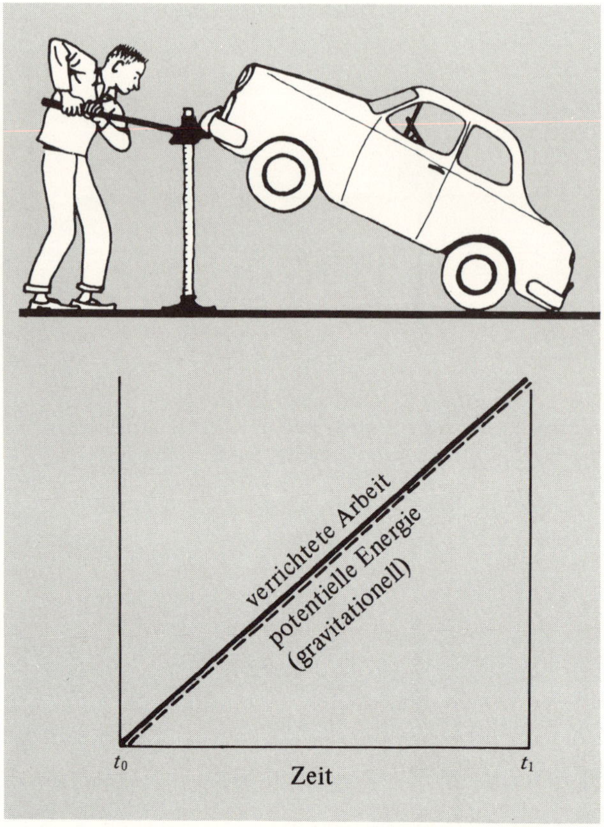

Bild 5.6. Die beim Hochpumpen eines Autos verrichtete Arbeit aufgetragen gegen die Zeit. Hebt man den Schwerpunkt eines 1000 kg schweren Autos um 10 cm, so beträgt die dabei verrichtete Arbeit

$Fh = mgh \approx 10^3 \cdot 10^3 g \cdot 10^3 cm/s^2 \cdot 10\ cm = 10^{10} erg.$

Diese Arbeit ist nun als potentielle Energie der Gravitation gespeichert.

5.3. Die Erhaltung der Energie

Der Energieerhaltungssatz besagt, daß in einem System von Teilchen, dessen Wechselwirkungen nicht explizit [1]) von der Zeit abhängen, *die Gesamtenergie des Systems konstant ist.* Dieses Ergebnis müssen wir als eine experimentell sehr gut gesicherte Tatsache hinnehmen. Spezifischer ausgedrückt: Dieses Gesetz behauptet die Existenz einer skalaren Funktion der Orte und Geschwindigkeiten der Teilchen des Systems (wie beispielsweise die Funktion $\frac{1}{2} mv^2 + mgx$ in Gl. (5.13), die gegenüber Zeitänderungen invariant ist, vorausgesetzt, daß während des betrachteten Zeitintervalls keine explizite Änderung der äußeren Wechselwirkung eintritt. Beispielsweise darf sich die Elementarladung e nicht mit der Zeit ändern. Neben der Energiefunktion gibt es andere Funktionen, die unter den hier angegebenen Bedingungen konstant sind. (Wir behandeln andere Funktionen in Kapitel 6 unter Erhaltung des Impulses und des Drehimpulses.) Die Energie ist eine skalare Konstante der Bewegung. Wir verstehen unter dem Ausdruck *äußere Wechselwirkung* jede Änderung in den Gesetzen der Physik oder in den Werten der Fundamentalkonstanten, z.B. g, e oder m während des betrachteten Zeitintervalls. Beachten Sie, daß der Energieerhaltungssatz keine Information liefert, die nicht schon in den Bewegungsgesetzen **F** = m**a** enthalten ist.

Unsere Hauptaufgabe ist es, einen Ausdruck für die Energiefunktion zu finden, die die gewünschte Zeitinvarianz besitzt und mit **F** = m**a** in Einklang ist. Mit dieser Übereinstimmung meinen wir beispielsweise, daß

$$\frac{d}{dx} W \equiv \frac{d}{dx}(W_k + W_p) = \frac{dW_k}{dx} - F_x = 0$$

mit $F_x = ma_x$ identisch ist. Die Prüfung für Gl. (5.13) ergibt

$$mg = mv\frac{dv}{dx} \equiv m\,\frac{dx}{dt}\frac{dv}{dx} \equiv m\frac{dv}{dt}\ .$$

Dies ist das Grundproblem der klassischen Mechanik; seine formale Lösung kann auf verschiedenen, zum Teil recht eleganten Wegen erfolgen. Insbesondere ist die Hamiltonsche Formulierung der Mechanik besonders gut geeignet, in die Sprache der Quantenmechanik übersetzt

---

[1]) Betrachten Sie ein System, in dem die Teilchen ständig an einem Ort fest bleiben. Dann bezeichnet man eine zeitabhängige Kraft als *explizit* von der Zeit abhängend.

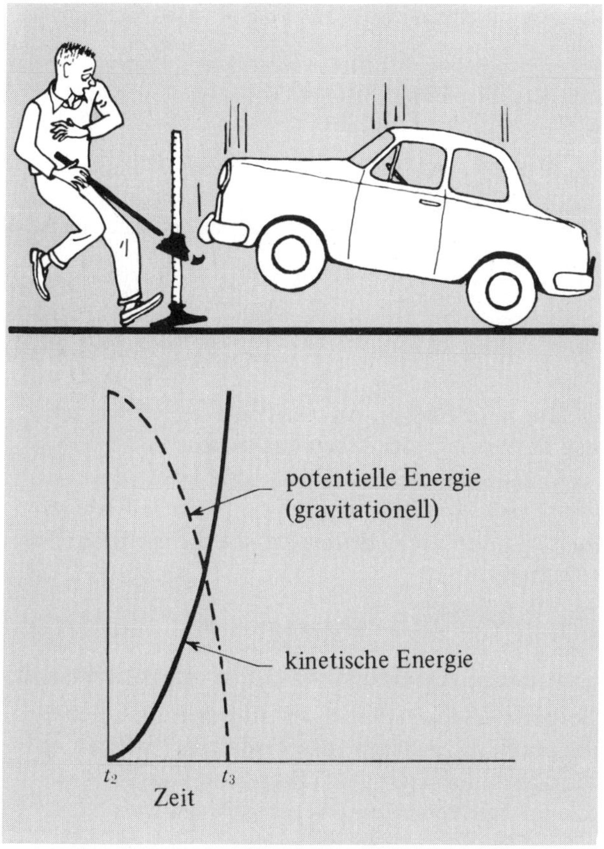

Bild 5.7. Der Wagenheber ist abgerutscht, und der Wagen fällt zurück. Die potentielle Energie wird in kinetische Energie umgewandelt. Nachdem das Auto aufgeschlagen ist, wird die kinetische Energie in den Stoßdämpfern, in der Federung und in den Reifen in Wärme verwandelt.

zu werden. Doch benötigen wir zunächst eher eine einfache, direkte Formulierung als die Allgemeinheit des Hamilton- oder Lagrangeformalismus, die beide gewöhnlich Gegenstand fortgeschrittener Vorlesungen sind.[1])

5.4. Die Arbeit

Wir definieren die von einer konstanten einwirkenden Kraft $\mathbf{F}_{app}$ bei der Verschiebung $\Delta\mathbf{r}$ eines Teilchens verrichtete Arbeit W als

$$W = \mathbf{F}_{app} \cdot \Delta\mathbf{r} = F\,\Delta r \cos(\mathbf{F}_{app}, \Delta\mathbf{r})\,, \qquad (5.15)$$

in Übereinstimmung mit der nach Gl. (5.6) angegebenen Definition.

Wir nehmen an, daß $\mathbf{F}_{app}$ nicht konstant, sondern eine Funktion $\mathbf{F}(\mathbf{r})$ des Ortes ist. Kann die Teilchenbahn in n Geradensegmente aufgeteilt werden, längs derer $\mathbf{F}_{app}(\mathbf{r})$ jeweils konstant ist, dann können wir für

$$W = \mathbf{F}_{app}(\mathbf{r}_1) \cdot \Delta\mathbf{r}_1 + \mathbf{F}_{app}(\mathbf{r}_2) \cdot \Delta\mathbf{r}_2 + \ldots + \mathbf{F}_{app}(\mathbf{r}_n) \cdot \Delta\mathbf{r}_n$$

$$\equiv \sum_{j=1}^{n} \mathbf{F}_{app}(\mathbf{r}_j) \cdot \Delta\mathbf{r}_j \qquad (5.16)$$

schreiben, wobei das Symbol Σ für die obige Summe steht. Genaugenommen ist die Gl. (5.16) nur für den Grenzübergang zu infinitesimalen Verschiebungen $d\mathbf{r}$ gültig, da im

[1]) Die Herleitung der Lagrangeschen Bewegungsgleichungen erfordert einige elementare Ergebnisse der Variationsrechnung; dieser Umstand hindert uns daran, an dieser Stelle weiter darauf einzugehen.

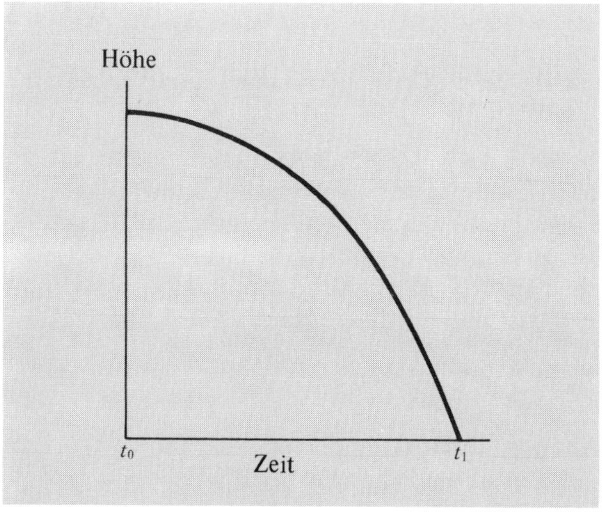

Bild 5.8. Die Höhe eines aus der Ruhelage zur Erde fallenden Körpers, aufgetragen gegen die Zeit.

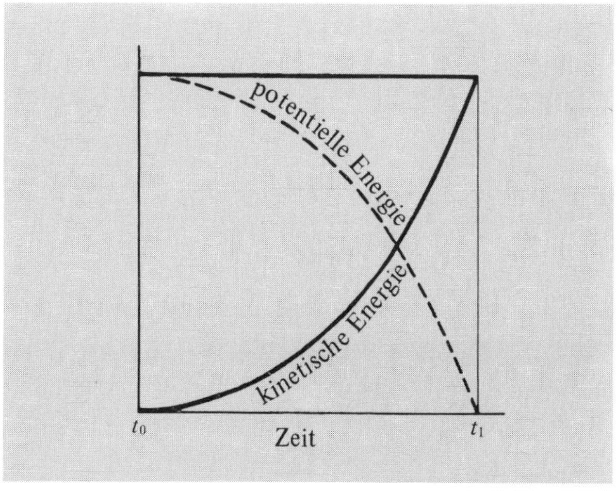

Bild 5.9. Die potentielle und die kinetische Energie des fallenden Körpers als Funktion der Zeit. Die Gesamtenergie, die konstant ist, ergibt sich als Summe aus der kinetischen und der potentiellen Energie.

allgemeinen eine Teilchenbahn nicht genau in eine endliche Anzahl von Geradensegmenten aufgeteilt werden kann.

Der Grenzwert

$$\lim_{\Delta \mathbf{r} \to 0} \sum_j \mathbf{F}_{app}(\mathbf{r}_j)\, \Delta \mathbf{r}_j = \int_{\mathbf{r}_A}^{\mathbf{r}_B} \mathbf{F}_{app}(\mathbf{r}) \cdot d\mathbf{r} \tag{5.17}$$

ist das Integral der Projektion von $\mathbf{f}(\mathbf{r})$ auf den Verschiebungsvektor $d\mathbf{r}$ und wird als *Linienintegral* über $\mathbf{F}_{app}$ von A nach B bezeichnet. Die bei einer Verschiebung durch die einwirkende Kraft verrichtete Arbeit wird als

$$\boxed{W(A \to B) \equiv \int_A^B \mathbf{F}_{app} \cdot d\mathbf{r}} \tag{5.18}$$

definiert.

5.5. Die kinetische Energie

Kehren wir nun zum freien Teilchen im intergalaktischen Raum zurück. Wir wollen die Gl. (5.6)

$$\frac{1}{2} mv^2 - \frac{1}{2} mv_0^2 = F_{app} \cdot (x - x_0)$$

dahingehend verallgemeinern, daß sie auch in Betrag und Richtung für veränderliche Kräfte gilt. Setzen wir in Gl. (5.18) $\mathbf{F}_{app} = m\dot{\mathbf{v}}$ ein, so finden wir für die von $\mathbf{F}_{app}$ verrichtete Arbeit

$$\boxed{W(A \to B) = m \int_A^B \frac{d\mathbf{v}}{dt}\, d\mathbf{r}\ .} \tag{5.19}$$

Mit

$$d\mathbf{r} = \frac{d\mathbf{r}}{dt}\, dt = \mathbf{v}\, dt \tag{5.20}$$

wird

$$W(A \to B) = m \int_A^B \left(\frac{d\mathbf{v}}{dt} \cdot \mathbf{v} \right) dt\ . \tag{5.21}$$

Formen wir den Integranden mit Hilfe von

$$\frac{d}{dt} v^2 = \frac{d}{dt} (\mathbf{v} \cdot \mathbf{v}) = 2 \frac{d\mathbf{v}}{dt} \cdot \mathbf{v} \tag{5.22}$$

um, erhalten wir

$$2 \int_A^B \left(\frac{d\mathbf{v}}{dt} \mathbf{v} \right) dt = \int_A^B \left(\frac{d}{dt} v^2 \right) dt = \int_A^B d(v^2) = v_B^2 - v_A^2 \tag{5.23}$$

und durch Einsetzen in Gl. (5.21) das wichtige Ergebnis

$$\boxed{W(A \to B) = \int_A^B \mathbf{F}_{app} \cdot d\mathbf{r} = \frac{1}{2} mv_B^2 - \frac{1}{2} mv_A^2} \tag{5.24}$$

für ein freies Teilchen. Gl. (5.24) stellt eine Verallgemeinerung von Gl. (5.6) dar.

Die Größe

$$W_k \equiv \frac{1}{2} mv^2 \tag{5.25}$$

heißt *kinetische Energie.* Aus Gl. (5.24) ersehen wir, daß unsere Definitionen der Arbeit und der kinetischen Energie auf folgende Beziehung führen: *Die Arbeit, die eine beliebige einwirkende Kraft an einem freien Teilchen verrichtet, ist gleich der Änderung der kinetischen Energie des Teilchens*

$$W(A \to B) = W_{kB} - W_{kA}\ . \tag{5.25a}$$

• **Beispiele**: *1. Freier Fall.* a) Mit senkrecht zur Erdoberfläche gewählter und nach „oben" weisender x-Richtung ist die Gravitationskraft durch $\mathbf{F}_G = - mg\hat{\mathbf{x}}$ gegeben, wobei die Fallbeschleunigung g den ungefähren Wert 980 cm/s² hat. Berechnen Sie die von der Schwerkraft verrichtete Arbeit, wenn eine Masse von 100 g eine Strecke von 10 cm durchfällt.

Wir setzen

$$\mathbf{r}_A = 0\ ;\ \mathbf{r}_B = - 10\,\hat{\mathbf{x}}\ ;\ \Delta\mathbf{r} = \mathbf{r}_B - \mathbf{r}_A = - 10\,\hat{\mathbf{x}}\ .$$

Aus Gl. (5.15) folgt für die von der Schwerkraft verrichtete Arbeit

$$W = \mathbf{F}_G \cdot \Delta\mathbf{r} = (- mg\hat{\mathbf{x}}) \cdot (- 10\,\hat{\mathbf{x}})$$
$$\approx (10^2\,g)\,(10^3\,g/cm^2)\,(10\,cm)\,\hat{\mathbf{x}} \cdot \hat{\mathbf{x}} \approx 10^6\,erg\ .$$

Wir haben hier die Gravitationskraft als einwirkende Kraft $\mathbf{F}_{app}$ betrachtet.

b) Wenn das Teilchen in Beispiel a) ursprünglich in Ruhe war, wie groß sind dann seine kinetische Energie und seine Beschleunigung nach Durchfallen der 10 cm?

Der Anfangswert der kinetischen Energie W_{kA} ist Null; der Endwert W_{kB} ist nach Gl. (5.25 a) gleich der von der Schwerkraft am Teilchen verrichteten Arbeit, also

$$W_{kB} = \frac{1}{2} mv_B^2 \approx 10^6\,erg\ . \tag{5.26}$$

Daraus folgt $v_B^2 \approx 2(10^6\,erg)/(100\,g) \approx 2 \cdot 10^4\,cm^2/s^2$. Dieser Wert stimmt mit demjenigen überein, den wir aus der elementaren Beziehung $v^2 = 2gh$ für konstante Beschleunigung aus der Ruhelage erhalten:

$$v^2 \approx 2(10^3\,cm/s^2)\,(10\,cm) \approx 2 \cdot 10^4\,cm^2/s^2\ .$$

Dies war ein Beispiel dafür, was wir unter Übereinstimmung des Energieerhaltungssatzes mit den Bewegungsgleichungen verstehen. Die Anwendung des Erhaltungssatzes lieferte den gleichen Wert für v^2 wie die aus der Bewegungsgleichung $\mathbf{F} = ma$ abgeleitete Beziehung $v^2 = 2gh$. •

• *2. Lineare Rückstellkraft* (Bilder 5.10 bis 5.16). Ein Teilchen steht unter dem Einfluß einer in x-Richtung wirkenden Rückstellkraft. Eine lineare Rückstellkraft ist der Auslenkung direkt proportional und wirkt ihr entgegen. Wählen wir die Nullage, so daß in ihr die Rückstellkraft verschwindet, dann erhalten wir zwischen F_x und x die Beziehung

$$\mathbf{F} = -Cx\,\hat{\mathbf{x}} \quad \text{oder} \quad F_x = -Cx\,. \tag{5.27}$$

Der positive Proportionalfaktor C heißt *Federkonstante*. Die als *Hookesches Gesetz* bezeichnete Gl. (5.27) ist genügend gut für hinreichend kleine Auslenkungen einer Feder erfüllt. Bei größeren elastischen Auslenkungen, wie wir sie in Kapitel 7 betrachten wollen, müssen zusätzlich Glieder höherer Potenz von x berücksichtigt werden. Wiederum ist die Rückstellkraft so gerichtet, daß das Teilchen immer zur Nullage hin beschleunigt wird.

a) Wir üben nun auf das Teilchen, das am Ende einer Feder befestigt ist, eine äußere Kraft aus, die es vom Ort x_1 nach x_2 bringen soll. Wie groß ist dabei die von der äußeren Kraft am Teilchen verrichtete Arbeit?

Die auf das Teilchen wirkende Kraft ist hier eine Funktion des Ortes. Unter Benutzung der Definition (Gl. 5.18) und der Beziehung $\mathbf{F}_{app} = -\mathbf{F} = +Cx\,\hat{\mathbf{x}}$ erhalten wir für W die Gleichung

$$W(x_1 \to x_2) = \int_{x_1}^{x_2} \mathbf{F}_{app} \cdot d\mathbf{r} = C \int_{x_1}^{x_2} x\,dx = \frac{1}{2}C(x_2^2 - x_1^2) \tag{5.28}$$

Hierbei bedeutet $\mathbf{F}_{app}$ eine *auf die Feder* ausgeübte Kraft und *nicht* die Kraft, die die Feder selbst auf die Masse ausübt. Die Masse gewinnt nicht an kinetischer Energie, wenn die beiden Kräfte gleich groß und entgegengesetzt sind. Wird die Ausgangslage x_1 als Ursprung gewählt, also $x_1 = 0$, dann vereinfacht sich Gl. (5.28) zu

$$W(0 \to x) = \frac{1}{2}Cx^2\,. \tag{5.29}$$

Dieses bekannte Ergebnis besagt, daß die Arbeit, die eine aufgeprägte Kraft an der Feder verrichtet, dem Quadrat der Verschiebung proportional ist.

b) Ein Teilchen der Masse m wird mit der Anfangsgeschwindigkeit Null aus der Lage x_{max} losgelassen. Wie groß ist seine kinetische Energie beim Erreichen des Ursprungs?

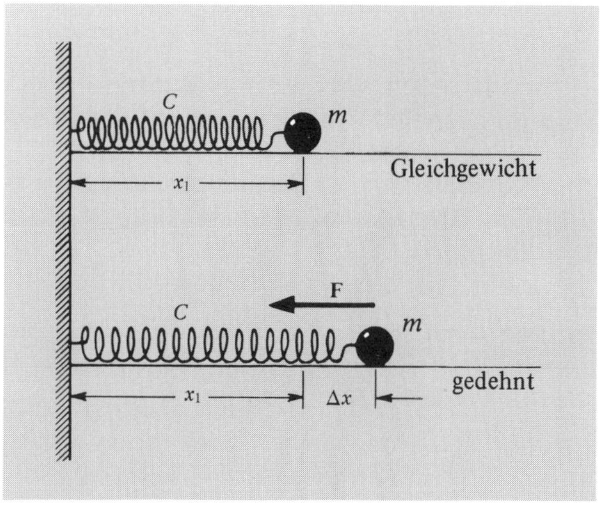

Bild 5.10. Die Masse m ist am Ende einer masselosen Feder befestigt. Lenkt man die Feder um den Betrag Δx aus, so übt sie auf m in der angegebenen Richtung eine Rückstellkraft $F = -C\,\Delta x$ aus. C ist die Kraftkonstante der Feder, kurz Federkonstante genannt.

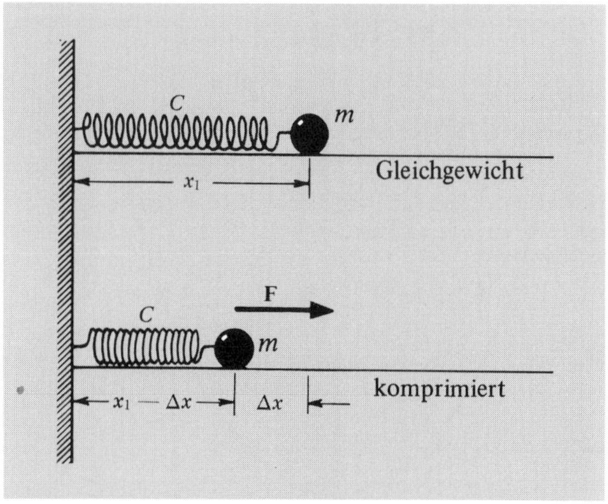

Bild 5.11. Die Feder wird nun um die Strecke $-\Delta x$ komprimiert, wonach sie auf m eine Rückstellkraft $-C(-\Delta x) = C\,\Delta x$ ausübt.

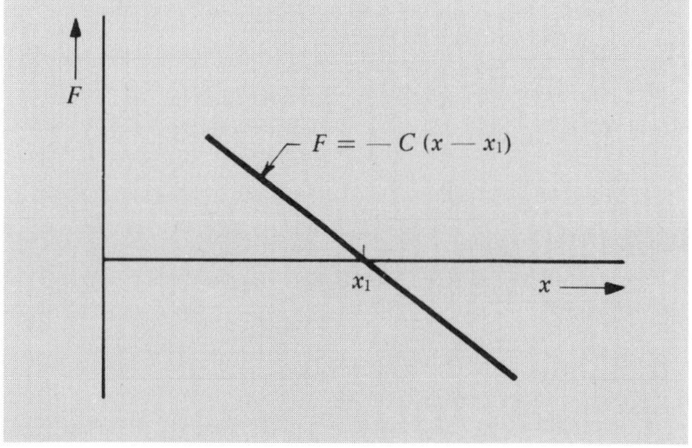

Bild 5.12. Bei kleinen Auslenkungen ist die Rückstellkraft zur Auslenkung proportional.

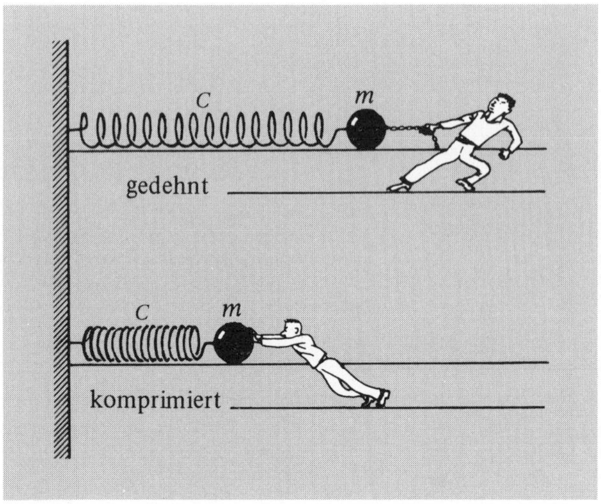

Bild 5.13. Um eine Feder zu dehnen oder zu komprimieren, muß man eine Kraft gegen die Rückstellkraft aufbringen. Wird die Feder dabei um die Strecke Δx aus der Gleichgewichtslage x_1 ausgelenkt, so wird dabei die Arbeit

$$W = \int_{x_1}^{x_1+\Delta x} C(x - x_1)dx = \frac{1}{2} C(\Delta x)^2$$

verrichtet ...

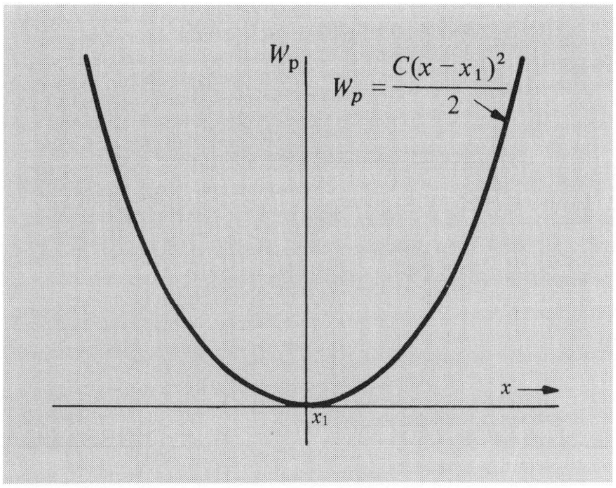

Bild 5.14. ... Dabei wird die potentielle Energie des Feder-Massesystems erhöht. Ein um $\Delta x = x - x_1$ ausgelenktes Feder-Massesystem besitzt eine potentielle Energie $W_p = \frac{1}{2} C(\Delta x)^2 = \frac{1}{2} C(x - x_1)^2$.

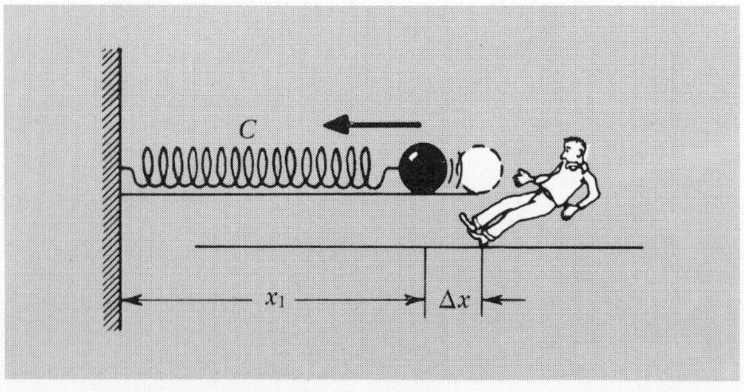

Bild 5.15. Wird ein Feder-Massesystem um Δx gedehnt und dann losgelassen, so wird anfangs W_p abnehmen und W_k wachsen.

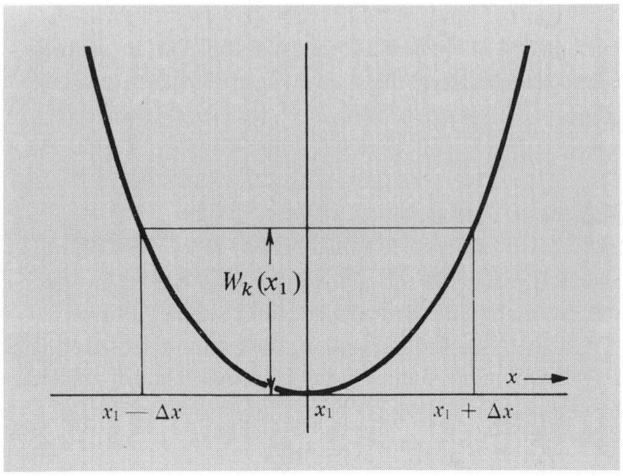

Bild 5.16. An der Stelle $x = x_1$ ist $W_p = 0$ und $W_k(x_1) = \frac{1}{2} C(\Delta x)^2$.

Wir erhalten das Ergebnis unmittelbar aus Gl. (5.24): Auf dem Wege von x_{max} zum Ursprung verrichtet die *Feder* die Arbeit

$$W(x_{max} \to 0) = \frac{1}{2} m v_1^2 , \qquad (5.30)$$

wobei v_1 die Geschwindigkeit der Masse am Ursprung bedeutet. Also ist

$$\frac{1}{2} C x_{max}^2 = \frac{1}{2} m v_1^2 \qquad (5.31)$$

die kinetische Energie am Ursprung $x = 0$.

c) Welche Beziehung besteht zwischen der Geschwindigkeit des Teilchens am Ursprung und der maximalen Auslenkung x_{max}?

Aus Gl. (5.31) folgt

$$v_1^2 = \frac{C}{m} x_{max}^2 \qquad (5.32)$$

oder

$$v_1 = \pm \sqrt{\frac{C}{m}}\, x_{max} . \qquad (5.33)$$

●

5.6. Die Leistung

Die Leistung P ist definiert als die zeitliche Änderung der Energieumwandlung. Wir definierten die Arbeit als das Skalarprodukt aus der Kraft und der Verschiebung:

$$\Delta W = \mathbf{F}_{app} \cdot \Delta \mathbf{r} . \qquad (5.34)$$

Die von der Kraft in der Zeit Δt verrichtete Arbeit ergibt sich somit zu

$$\frac{\Delta W}{\Delta t} = \mathbf{F}_{app} \cdot \frac{\Delta \mathbf{r}}{\Delta t} . \qquad (5.35)$$

Mit $\Delta t \to 0$ erhalten wir für die Leistung P

$$\boxed{P = \frac{dW}{dt} = \mathbf{F}_{app} \cdot \frac{d\mathbf{r}}{dt} = \mathbf{F}_{app} \cdot \mathbf{v}\,.} \qquad (5.36)$$

Die hineingestecke Arbeit $W(t_1 \to t_2)$ bestimmen wir umgekehrt aus dem Integral der Leistung P(t) über die Zeit:

$$W(t_1 \to t_2) = \int_{t_1}^{t_2} P(t)\,dt\,.$$

Im CGS-System messen wir die Leistung in der Einheit $erg \cdot s^{-1}$, im SI-System in Watt ($1\ J\ s^{-1} = 1\ W = 10^7 erg \cdot s^{-1}$; $1\ PS = 736\ W$.)

5.7. Konservative Kräfte

Wir nennen eine Kraft F konservativ, wenn die von F verrichtete Arbeit $W(A \to B)$ unabhängig davon ist, auf welchem Wege F ein Teilchen von A nach B bringt. Aus Gl. (5.24) für die Kraft auf ein freies Teilchen erhalten wir $W(A \to B) = -W(B \to A)$: Die von einer konservativen Kraft bei einem geschlossenen Umlauf verrichtete Arbeit ist Null.

Wir sehen leicht ein, daß eine Zentralkraft konservativ ist. Die von einem Teilchen auf ein anderes ausgeübte *Zentralkraft* wirkt entlang der Verbindungslinie. Der Betrag der Kraft hängt nur vom Abstand der Teilchen ab. Bild 5.17 zeigt eine vom Punkt O fortgerichtete Zentralkraft. Zwei Wege 1 und 2 verbinden die Punkte A und B. Die gestrichelten Kurven stellen zwei Kreisbögen um O dar. Betrachten Sie die Größen $\mathbf{F}_1 \cdot d\mathbf{r}_1$ und $\mathbf{F}_2 \cdot d\mathbf{r}_2$ für die beiden Bahnsegmente zwischen den gestrichelten Kreisen. Die Beträge F_1 und F_2 sind gleich, da die beiden Segmente von O die gleiche Entfernung besitzen. Ebenso stimmen die Projektionen von $d\mathbf{r}_1$ auf $\mathbf{F}_1$ bzw. $d\mathbf{r}_2$ auf $\mathbf{F}_2$ überein. Sie ergeben den Abstand zwischen den konzentrischen Kreisbögen. Damit erhalten wir

$$\mathbf{F}_1 \cdot d\mathbf{r}_1 = \mathbf{F}_2 \cdot d\mathbf{r}_2\,. \qquad (5.37)$$

Die gleiche Überlegung gilt aber für sämtliche derartigen Segmentpaare, so daß

$$\underset{(\text{Weg } 1)}{\int_A^B \mathbf{F} \cdot d\mathbf{r}} = \underset{(\text{Weg } 2)}{\int_A^B \mathbf{F} \cdot d\mathbf{r}} \qquad (5.38)$$

folgt.

Kräfte, deren Wegintegral

$$W(A \to B) = \int_A^B \mathbf{F} \cdot d\mathbf{r} \qquad (5.39)$$

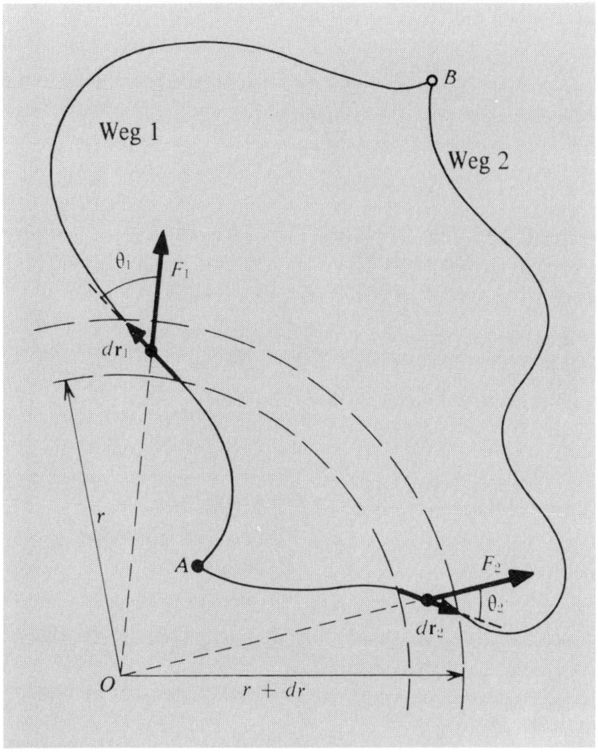

Bild 5.17

vom Weg nicht abhängt, heißen *konservativ.* Für sie gilt, daß die verrichtete Arbeit längs eines geschlossenen Weges Null wird.

Nehmen wir an, daß die Kraft von der Bahngeschwindigkeit des Teilchens abhängt (z.B. ist die Kraft auf ein geladenes Teilchen im Magnetfeld geschwindigkeitsabhängig). Kann eine derartige Kraft konservativ sein? Es stellt sich heraus, daß die fundamentalen geschwindigkeitsabhängigen Kräfte konservativ sind, da sie stets *senkrecht* zur Bewegungsrichtung des Teilchens gerichtet sind, so daß $\mathbf{F} \cdot d\mathbf{r}$ verschwindet. Das trifft zu für die Lorentzkraft aus Kapitel 4; sie ist proportional $\mathbf{v} \times \mathbf{B}$. Reibungskräfte sind ebenfalls geschwindigkeitsabhängig, aber nicht konservativ und damit nicht fundamental.

In allen unseren Überlegungen hatten wir es mit *Kräften zwischen zwei Körpern* zu tun. In den meisten Problemen geht es aber um die Wechselwirkung zwischen vielen Teilchen. Eine Diskussion über die Bedeutung der Zweikörperbedingung finden Sie in Band 2.

Die Messungen ergeben, daß $W(A \to B)$ für Gravitationskräfte und für elektrostatische Kräfte wegunabhängig ist. Das gleiche Ergebnis für die Wechselwirkung zwischen Elementarteilchen folgern wir aus Sternversuchen; für Gravitationskräfte folgt es aus der Genauigkeit, mit der wir die Bewegungen der Planeten und des Mondes vorhersagen können (siehe 4.13. Historische Anmerkung). Wir

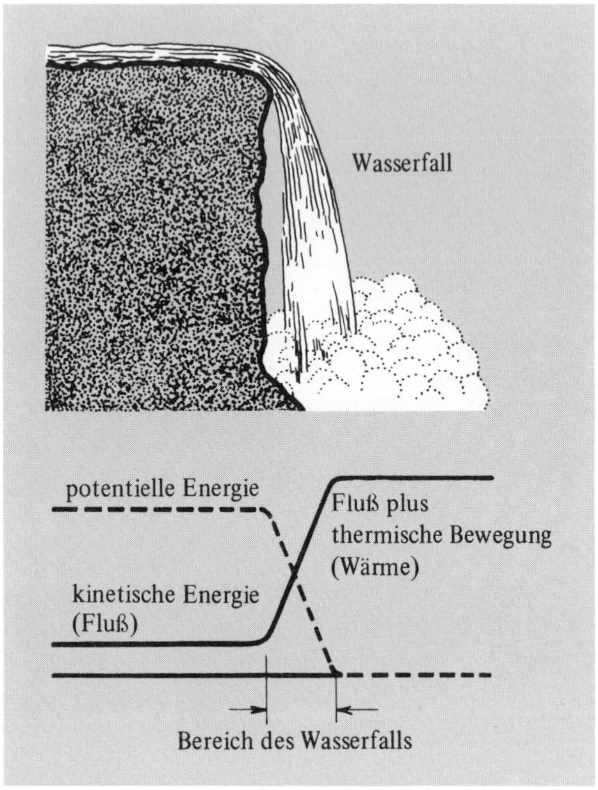

Bild 5.18. Am oberen Ende des Wasserfalls besitzt das Wasser potentielle Energie der Schwere, die beim Fallen in kinetische Energie umgewandelt wird. Eine Wassermenge der Masse m verliert beim Durchfallen der Höhe h die potentielle Energie mgh und gewinnt dabei die kinetische Energie $\frac{1}{2}\,m(v^2 - v_0^2) = mgh$. (Aus dieser Gleichung ergibt sich die Geschwindigkeit v bei bekannter Anfangsgeschwindigkeit v_0.) Die kinetische Energie des fallenden Wassers kann in einem Kraftwerk in kinetische Energie der Rotation einer Turbine umgewandelt werden; andernfalls wird sie am Fuß des Wasserfalls in thermische Energie umgesetzt. Thermische Energie ist einfach die zufällig verteilte Energie der molekularen Bewegung im Wasser. (Bei hohen Temperaturen ist die zufällig verteilte Bewegung der Moleküle heftiger als bei tiefer Temperatur.)

wissen auch aus geologischen Untersuchungen über die Temperatur der Erdoberfläche, daß die Erde bisher ungefähr $4 \cdot 10^9$ Umläufe um die Sonne vollzogen hat, ohne daß sich ihre Entfernung zur Sonne wesentlich geändert hätte. Diese Aussage der Geologie kann allerdings nicht als ganz schlüssig betrachtet werden wegen der großen Anzahl an Faktoren, die auf die Temperatur einen Einfluß haben. Weitere Beispiele finden Sie in der Historischen Anmerkung am Ende des Kapitels.

Über den Unterschied zwischen Zentralkräften und Nichtzentralkräften läßt sich noch einiges sagen. Bei der Betrachtung der Kraft zwischen zwei Teilchen stoßen wir auf zwei Möglichkeiten:

1. Die Teilchen besitzen nur Ortskoordinaten.
2. Eines der Teilchen oder beide haben eine physikalisch ausgezeichnete Achse.

Im ersten Fall kann sich *nur* eine Zentralkraft ergeben; dagegen ist im zweiten Fall die Angabe, das Teilchen wird von A nach B bewegt, unvollständig – wir müssen noch die Richtung der Achse in einem Bezugssystem angeben. So hat z.B. ein Stabmagnet eine physikalisch ausgezeichnete Achse: Bewegen wir ihn in einem gleichförmigen Magnetfeld auf einer geschlossenen Bahn herum, so verrichten wir an ihm Arbeit oder auch nicht. Kehrt er an seinen Ausgangsort mit *gleicher Orientierung* zurück, dann ist keine Arbeit verrichtet worden. Hat sich die Orientierung nach einem Umlauf geändert, dann trifft das Gegenteil zu. (Die verrichtete Arbeit kann ein positives oder negatives Vorzeichen besitzen.)

Reibungskräfte erscheinen in einem eingeschränkten Sinn nichtkonservativ. Zwei Körper können einen unelastischen Stoß ausführen, bei dem kinetische Energie in innere Wärme umgewandelt wird. Sind die *Fundamentalkräfte* konservativ, dann muß natürlich alle Bewegung konservativ sein; wir müssen sie nur detailliert genug analysieren. Reibung ist daher eine Sache der Endabrechnung: Geht ein Teil der Energie in einer für uns nutzlosen Form verloren, nennen wir sie eben Reibung. Bei der Diskussion der Impulserhaltung in Kapitel 3 betrachteten wir den unelastischen Stoß zweier Teilchen. Die kinetische Energie blieb nicht erhalten; doch die Summe aus kinetischer Energie und innerer Anregungsenergie für beide Teilchen, die wir mit Gesamtenergie bezeichneten, war nach unserer Annahme eine Erhaltungsgröße, in Übereinstimmung mit allen bisher bekannten Messungen.

5.8. Die potentielle Energie (Bilder 5.18, 5.19 bis 5.22 und 5.23 bis 5.28)

Wie wir bereits wissen, können wir mit einer geeigneten äußeren Kraft $\mathbf{F}_{app}$ alle anderen auf ein Teilchen wirkenden Kräfte (z.B. Gravitationskraft) kompensieren und dabei das Teilchen sehr langsam aus einer Lage in die andere bringen, ohne daß es kinetische Energie erhält. Wir sagten, daß in einem derartigen Fall die am Teilchen verrichtete Arbeit als potentielle Energie erscheint. Wir definieren die Differenz der potentiellen Energie des Teilchens bei **A** und bei **B** als die von der äußeren Kraft verrichtete Arbeit:

$$W_p(\mathbf{B}) - W_p(\mathbf{A}) = W(\mathbf{A} \to \mathbf{B}) = \int_{\mathbf{A}}^{\mathbf{B}} \mathbf{F}_{app} \cdot d\mathbf{r}\,. \qquad (5.40)$$

Wir wollen hier annehmen, daß die Kräfte konservativ sind; dann ist $W_p(\mathrm{r})$ eine eindeutige Funktion [1]) des Ortes, und $W_p(\mathbf{B}) - W_p(\mathbf{A})$ stimmt mit der kinetischen Energie überein, die das Teilchen *nach Entfernen der Kompensationskraft* F_{app} beim Zurückfallen von **B** nach **A** erhält.

Legen wir den Wert von W_p in irgendeinen Punkt, z.B. in **A** fest, so definiert Gl. (5.40) $W_p(\mathbf{r})$ in jedem anderen Punkt **r**:

$$W_p(\mathbf{r}) = W_p(\mathbf{A}) + \int_{\mathbf{A}}^{\mathbf{r}} \mathbf{F}_{app} \cdot d\mathbf{r} \,. \tag{5.41}$$

Der Wert der Konstanten $W_p(\mathbf{A})$ ist nicht definiert, so daß Gl. (5.41) $W_p(\mathbf{r})$ nur bis auf eine Konstante definiert, die wir nach Belieben vorgeben können. Physikalische Bedeutung hat allein die Differenz $W_p(\mathbf{r}) - W_p(\mathbf{A})$ der potentiellen Energie zwischen zwei Punkten **r** und **A**. In vielen Aufgaben wählt man den Bezugspunkt **A** im Unendlichen und definiert $W_p(\infty) = 0$. Dann gilt

$$W_p(\mathbf{r}) = \int_{\infty}^{\mathbf{r}} \mathbf{F}_{app} \cdot d\mathbf{r} = W(\infty \to \mathbf{r}) \,; \tag{5.42}$$

mit dieser Übereinkunft erhalten wir die potentielle Energie bei **r** *als die von einer äußeren Kraft* $\mathbf{F}_{app}$ *am Teilchen verrichtete Arbeit beim Verschieben des Teilchens von* ∞ *nach* **r**.

Wir haben hier die Kompensationskraft $\mathbf{F}_{app}$ als pädagogisches Hilfsmittel eingeführt, um das Teilchen ohne Erzeugung von kinetischer Energie bewegen zu können. Sie stimmte mit der negativen Summe aller anderen auf das Teilchen wirkenden Kräfte (z.B. Gravitations- oder elektrostatische Kräfte) überein. Diese Summe bezeichnen wir mit **F**, so daß

$$\mathbf{F}_{app} = -\mathbf{F} \,. \tag{5.43}$$

Die Gln. (5.41) und (5.42) können wir dann umschreiben zu

$$W_p(\mathbf{r}) = W_p(\mathbf{A}) - \int_{\mathbf{A}}^{\mathbf{r}} \mathbf{F} \cdot d\mathbf{r} \,; \tag{5.44}$$

$$W_p(\mathbf{r}) = \int_{\mathbf{r}}^{\infty} \mathbf{F} \cdot d\mathbf{r} \,. \tag{5.44a}$$

Wir müssen genau unterscheiden, ob wir von einer im Problem verankerten Kraft **F** sprechen oder von einer Kraft $\mathbf{F}_{app}$, die nur als Überlegungshilfe dient.

Im Eindimensionalen nimmt Gl. (5.44) die Form

$$W_p(x) - W_p(A) = -\int_A^x F\, dx \tag{5.45}$$

an, aus der wir durch Differentiation

$$\frac{dW_p}{dx} = -F \tag{5.46}$$

erhalten.

Dieses Ergebnis prüfen wir durch Einsetzen der Gl. (5.46) in Gl. (5.45):

$$-\int_A^x F\, dx = \int_A^x \frac{dW_p}{dx}\, dx = \int_A^x dW_p = W_p(x) - W_p(A) \,. \tag{5.47}$$

Gl. (5.46) ist ein Sonderfall des allgemeinen Ergebnisses, daß die Kraft gleich dem negativen Raumgradienten der potentiellen Energie ist. Im Dreidimensionalen lautet die zu Gl. (5.46) analoge Beziehung [2])

$$\mathbf{F} = -\hat{\mathbf{x}}\frac{\partial W_p}{\partial x} - \hat{\mathbf{y}}\frac{\partial W_p}{\partial y} - \hat{\mathbf{z}}\frac{\partial W_p}{\partial z} \equiv -\operatorname{grad} W_p \,, \tag{5.48}$$

wo grad den Gradientenoperator bezeichnet, der in kartesischen Koordinaten die Form

$$\operatorname{grad} \equiv \hat{\mathbf{x}}\frac{\partial}{\partial x} + \hat{\mathbf{y}}\frac{\partial}{\partial y} + \hat{\mathbf{z}}\frac{\partial}{\partial z} \tag{5.49}$$

annimmt. Die allgemeinen Eigenschaften des Gradientenoperators behandeln wir in Band 2. Dort wird gezeigt, daß der Gradient eines Skalars ein Vektor in Richtung des steilsten Anstiegs der skalaren Größe ist. Sein Betrag

[1]) Eine Funktion f(x) heißt eindeutig, wenn zu jedem x genau ein Wert f(x) gehört. So ist z.B. sin x eine eindeutige Funktion, der arc sin x dagegen nicht.

[2]) Die mit ∂ statt d geschriebenen Ableitungen heißen partielle Ableitungen. Wollen wir eine Funktion $f(x_1, x_2, \ldots)$ mehrerer Veränderlicher nach einer der Veränderlichen bei Festhalten der anderen ableiten, so sprechen wir von partieller Differentiation. Wir schreiben

$$\frac{\partial W_p}{\partial x} = \left(\frac{\partial W_p}{\partial x}\right)_{y,z} = \lim_{\Delta x \to 0} \frac{W_p(x + \Delta x, y, z) - W_p(x, y, z)}{\Delta x} \,.$$

Die tiefstehenden Indizes an der Klammer bezeichnen die festgehaltenen Variablen y und z.

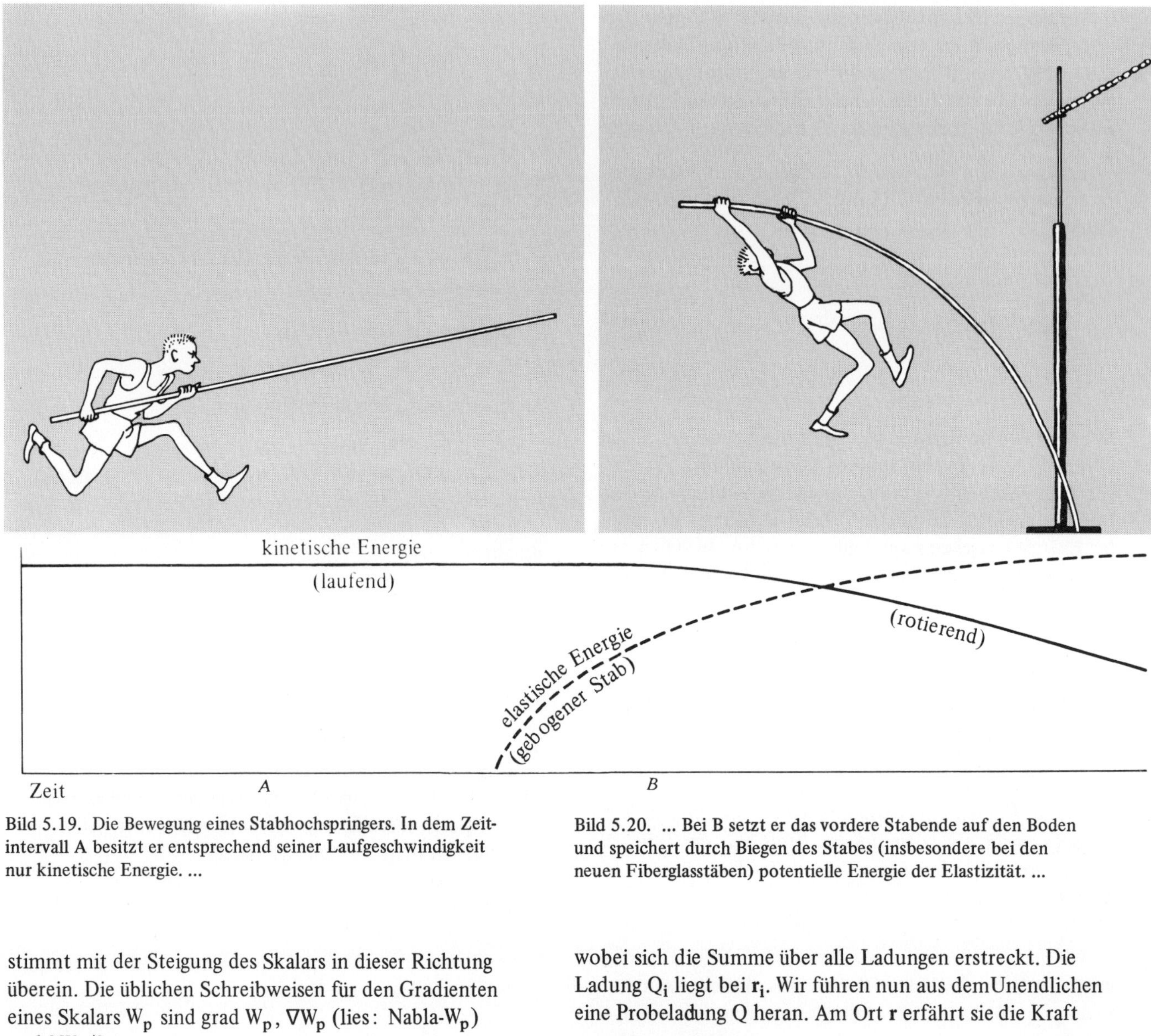

Bild 5.19. Die Bewegung eines Stabhochspringers. In dem Zeitintervall A besitzt er entsprechend seiner Laufgeschwindigkeit nur kinetische Energie. ...

Bild 5.20. ... Bei B setzt er das vordere Stabende auf den Boden und speichert durch Biegen des Stabes (insbesondere bei den neuen Fiberglasstäben) potentielle Energie der Elastizität. ...

stimmt mit der Steigung des Skalars in dieser Richtung überein. Die üblichen Schreibweisen für den Gradienten eines Skalars W_p sind grad W_p, ∇W_p (lies: Nabla-W_p) und $\partial W_p/\partial \mathbf{r}$.

5.9. Potentielle Energie im elektrischen Feld

Wir nehmen an: Die elektrische Feldstärke $\mathbf{E}(\mathbf{r})$ ist im ganzen Raum bekannt. Weiter soll eine Verteilung festgehaltener elektrischer Ladungen das Feld erzeugen. Aus Kapitel 3 wissen wir, daß $\mathbf{E}(\mathbf{r})$ als die Kraft auf eine ruhende Einheitsladung definiert ist, nach dem Coulombschen Gesetz ergibt sich $\mathbf{E}(\mathbf{r})$ zu

$$\mathbf{E}(\mathbf{r}) = \sum_i \frac{Q_i}{|\mathbf{r}-\mathbf{r}_i|^3}\,(\mathbf{r}-\mathbf{r}_i)\,, \tag{5.50}$$

wobei sich die Summe über alle Ladungen erstreckt. Die Ladung Q_i liegt bei $\mathbf{r}_i$. Wir führen nun aus demUnendlichen eine Probeladung Q heran. Am Ort $\mathbf{r}$ erfährt sie die Kraft

$$\mathbf{F}(\mathbf{r}) = Q\,\mathbf{E}(\mathbf{r})\,. \tag{5.51}$$

Die potentielle Energie der Ladung Q im Feld aller anderen Ladungen erhalten wir aus Gl. (5.44a):

$$W_p(\mathbf{r}) = \int_{\mathbf{r}}^{\infty} \mathbf{F}(\mathbf{r}')\cdot d\mathbf{r}' = Q\int_{\mathbf{r}}^{\infty} \mathbf{E}(\mathbf{r}')\cdot d\mathbf{r}'\,. \tag{5.52}$$

Der Strich an der Integrationsvariablen soll sie vom Ort $\mathbf{r}$, an dem wir das Potential suchen, unterscheiden.

Das *elektrostatische Potential* $\varphi(\mathbf{r})$ in $\mathbf{r}$ definieren wir als die *potentielle Energie je positiver Einheitsladung* im Kraftfeld aller anderen Ladungen:

$$\varphi(\mathbf{r}) = \frac{W_p(\mathbf{r})}{Q} = \int_{\mathbf{r}}^{\infty} \mathbf{E}(\mathbf{r})\cdot d\mathbf{r}\,. \tag{5.53}$$

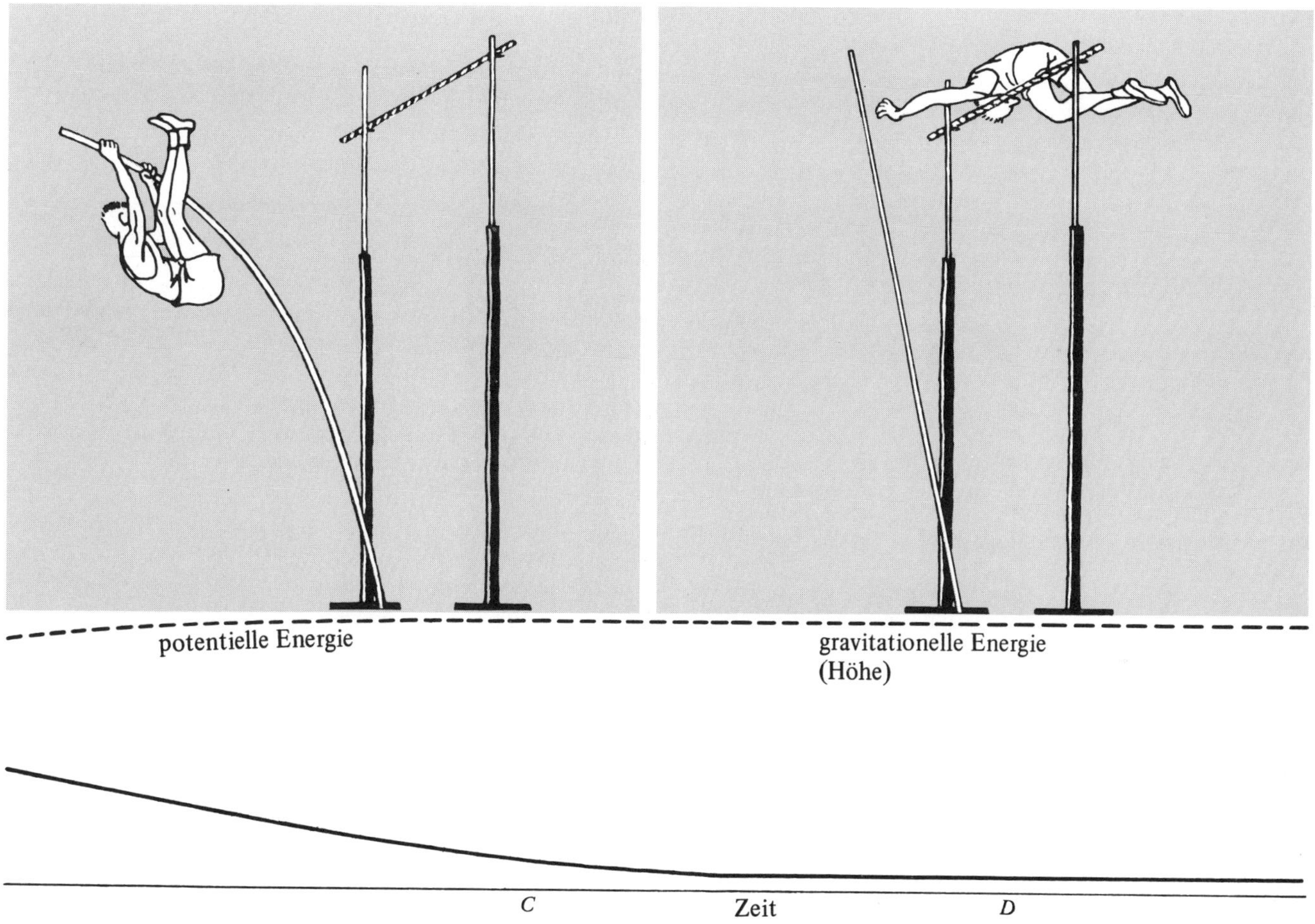

Bild 5.21. ... Im Zeitbereich C steigt der Springer auf; er hat hier, verbunden mit seiner Rotationsgeschwindigkeit um das untere Ende des Stabes, weiterhin eine beträchtliche kinetische Energie; ferner besitzt er potentielle Energie der Gravitation und die noch verbliebene elastische Energie des Stabes. ...

Bild 5.22. ... Im Intervall D, beim Überqueren der Latte, ist die kinetische Energie des Springers aufgrund seiner langsamen Bewegung gering, die potentielle Energie (der Schwere) dagegen groß. Die Gesamtenergie ist während des Stabhochsprunges nicht konstant, denn ein Teil geht durch Reibung verloren; überdies verrichtet der Hochspringer beim Biegen des Stabes Arbeit.

Diese Größe ist sehr nützlich. Wie die potentielle Energie W_p ist sie ein Skalar, doch wir dürfen die beiden nicht verwechseln, wie es leider oft geschieht.

Kennen wir $\mathbf{E}(\mathbf{r})$ an jedem Ort, so können wir auch $\varphi(\mathbf{r})$ bis auf eine willkürliche Konstante überall bestimmen. Es läßt sich einfacher mit $\varphi(\mathbf{r})$ rechnen, da sie im Gegensatz zu $\mathbf{E}(\mathbf{r})$ eine skalare Funktion ist.

Der Spannungsabfall oder die *Potentialdifferenz* P.D. zwischen zwei Punkten $\mathbf{r}_1$ und $\mathbf{r}_2$ definieren wir als

$$\text{P.D.} = \varphi(\mathbf{r}_2) - \varphi(\mathbf{r}_1)\,. \tag{5.54}$$

Sie gibt die Änderung der elektrostatischen potentiellen Energie einer Einheitsladung an, die von $\mathbf{r}_1$ nach $\mathbf{r}_2$ verschoben wird. Für eine Ladung Q gilt entsprechend:

$$W_p(\mathbf{r}_2) - W_p(\mathbf{r}_1) = Q\,[\varphi(\mathbf{r}_2) - \varphi(\mathbf{r}_1)]\,. \tag{5.54a}$$

Die Einheit des elektrostatischen Potentials oder der Potentialdifferenz in CGS-Einheiten leitet sich aus der elektrostatischen Ladungseinheit [1] (esE) ab. (1 el.stat. Spannungseinheit = 1 erg/esE.) Wir sahen in Kapitel 4, daß die Einheit der elektrischen Feldstärke 1 el.stat. Spannungseinheit/cm ist; doch φ unterscheidet sich von $\mathbf{E}$ in der Dimension um eine Länge, und so messen wir φ in esE/cm.

Im SI-System ist die Einheit des elektrostatischen Potentials oder der Potentialdifferenz das *Volt* (V). Es hängt mit der entsprechenden CGS-Einheit nach der Gleichung

$$\frac{c}{10^8} \times \begin{pmatrix}\text{Potentialdifferenz}\\ \text{in esE/cm}\end{pmatrix} = \begin{pmatrix}\text{Potentialdifferenz}\\ \text{in Volt}\end{pmatrix}, \tag{5.54b}$$

[1] 1 esE ist diejenige Ladung, die auf eine gleich große Ladung im Abstand von 1 cm im Vakuum eine Kraft von 1 dyn ausübt: 1 esE = 1 $\text{erg}^{1/2}\,\text{cm}^{1/2}$.

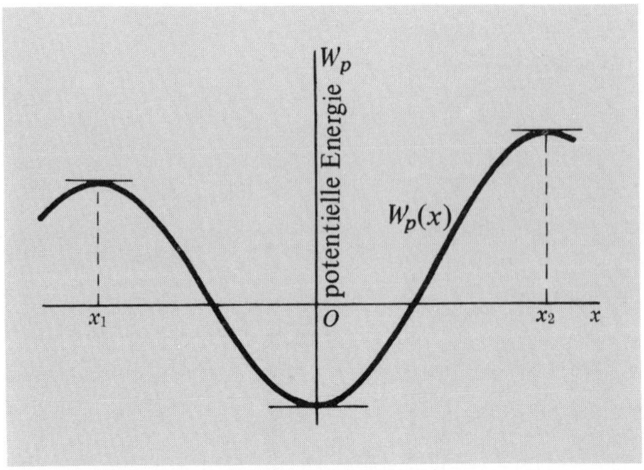

Bild 5.23. Eine eindimensionale Funktion $W_p(x)$ der potentiellen Energie, aufgetragen über x. An den Stellen $x = x_1$, O und x_2 ist $dW_p/dx = 0$, und somit verschwindet dort auch die Kraft F. Diese drei Gleichgewichtslagen sind nicht alle stabil.

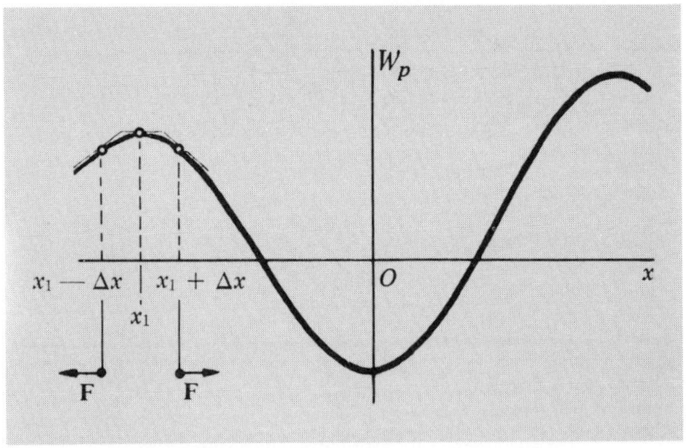

Bild 5.24. Im Punkt $x_1 - \Delta x$ gilt $dW_p/dx > 0$ und damit $F < 0$ (nach links gerichtet). Im Punkt $x_1 + \Delta x$ ist $dW_p/dx < 0$ und damit $F > 0$ (nach rechts gerichtet). Eine geringe Verschiebung aus der Lage x_1 bewirkt somit eine Kraft, die zu einer Vergrößerung der Abweichung führt. Folglich liegt in x_1 ein ***instabiles*** Gleichgewicht vor.

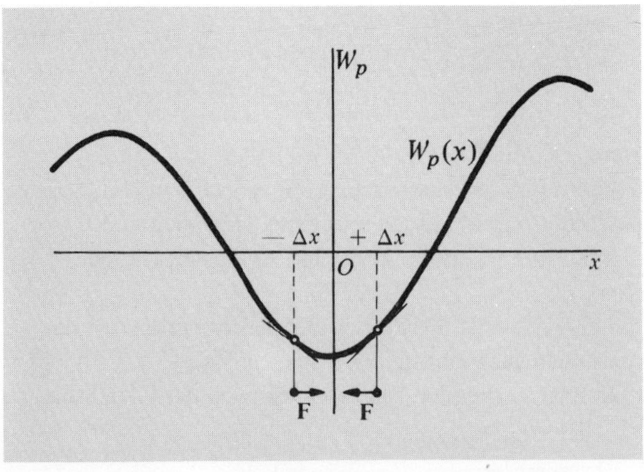

Bild 5.25. Bei $x = -\Delta x$ gilt $dW_p/dx < 0$: F ist nach rechts gerichtet.
Bei $x = +\Delta x$ gilt $dW_p/dx > 0$: F ist nach links gerichtet.
In x = 0 herrscht also ***stabiles*** Gleichgewicht. Was können wir über x_2 aussagen?

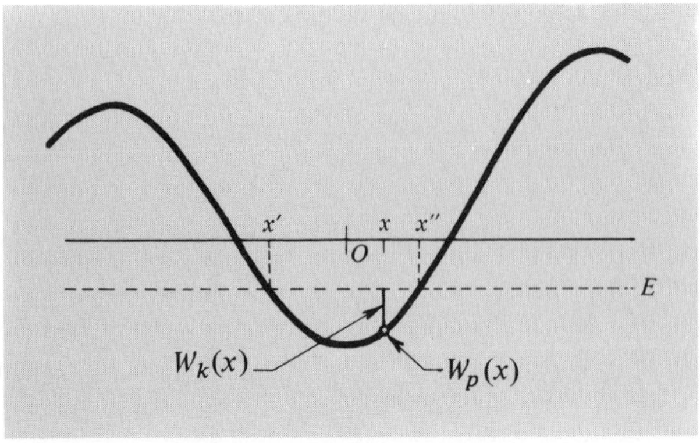

Bild 5.26. Die Gesamtenergie $W = W_k + W_p$ ist konstant. Bei vorgegebenem W bleibt demnach die Bewegung zwischen den „Umkehrpunkten" x' und x'' beschränkt. Dort gilt

$$W_k = \frac{mv^2}{2} = W - W_p \geqslant 0 .$$

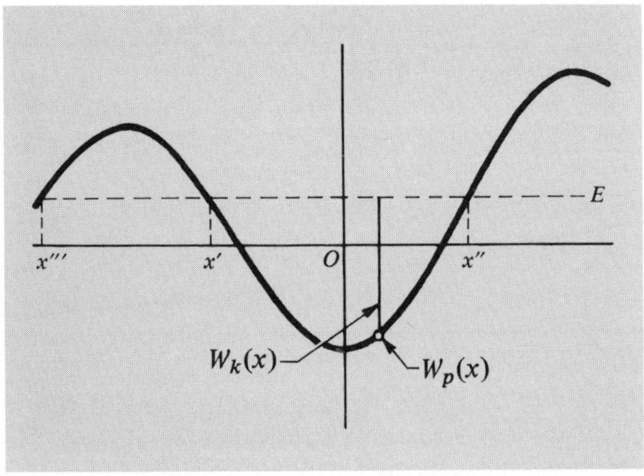

Bild 5.27. Wird W vergrößert, so verschieben sich im allgemeinen die Umkehrpunkte x' und x''.
$W_k(x) = W - W_p(x)$ ist jetzt größer. Die Bewegung kann nun auch links von x''' stattfinden, wenn sie bei x''' beginnt.

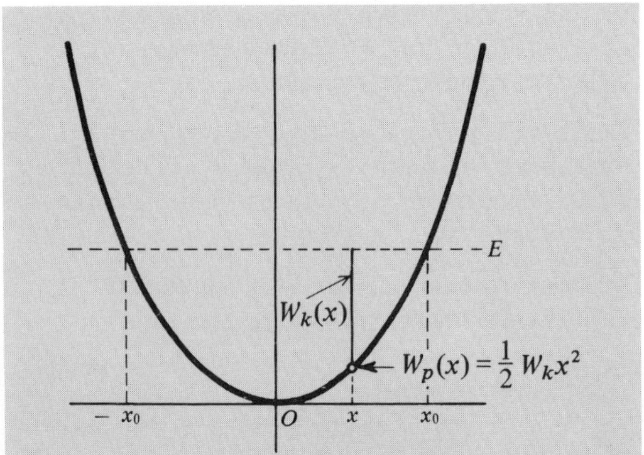

Bild 5.28. Der einfache harmonische Oszillator ist bei x = 0 im stabilen Gleichgewicht. Bei $x = \pm x_0$ verschwindet W_k.

wobei c die Lichtgeschwindigkeit in cm s^{-1} bedeutet. Angenähert gilt

$$300 \times \left(\begin{matrix}\text{Potentialdifferenz}\\ \text{in esE/cm}\end{matrix}\right) \approx \left(\begin{matrix}\text{Potentialdifferenz}\\ \text{in Volt}\end{matrix}\right). \quad (5.54\,c)$$

• **Beispiele**: *1. Elektrostatisches Feld und Potential; Potentialdifferenz; Gebrauch verschiedener Spannungseinheiten.* a) Welche Feldstärke herrscht im Abstand von 10^{-8} cm von einem Proton?

Aus dem *Coulomb*schen Gesetz folgt

$$E = \frac{e}{r^2} \approx \frac{5 \cdot 10^{-10}\,\text{esE}}{(1 \cdot 10^{-8}\,\text{cm})^2} \approx 5 \cdot 10^6\,\text{dyn/esE}$$
$$\approx 300 \cdot 5 \cdot 10^6\,\text{V/cm} \approx 1{,}5 \cdot 10^9\,\text{V/cm}\,.$$

Das Feld ist radial vom Proton fortgerichtet.

b) Wie groß ist in dieser Entfernung das elektrostatische Potential?

Aus Gl. (5.53) erhalten wir, unter der Vereinbarung $W_p = 0$ bei $r = \infty$,

$$\varphi(r) = \int_r^\infty \frac{e}{r^2}\,dr = \frac{e}{r} \approx \frac{5 \cdot 10^{-10}\,\text{esE}}{1 \cdot 10^{-8}\,\text{cm}}$$
$$\approx 5 \cdot 10^{-2}\,\text{esE/cm} \approx 15\ \text{V}\,.$$

c) Welche Potentialdifferenz liegt zwischen zwei Punkten 10^{-8} cm bzw. $2 \cdot 10^{-9}$ cm von einem Proton entfernt?

Das Potential bei $1 \cdot 10^{-8}$ cm beträgt 15 V. Bei $2 \cdot 10^{-9}$ cm ergeben sich 75 V. Die Potentialdifferenz beträgt demnach $75\ \text{V} - 15\ \text{V} = 60\ \text{V}$ oder $60/300$ esE $\text{cm}^{-1} = 0{,}2$ esE cm^{-1}.

d) Zwei Protonen sind in 10^{-8} cm Abstand voneinander fixiert. Das eine löst sich und fliegt fort. Welche kinetische Energie besitzt es in unendlicher Entfernung?

Wegen der Erhaltung der Energie muß die kinetische Energie mit der ursprünglichen potentiellen Energie übereinstimmen, also mit

$$\frac{e^2}{r} \approx \frac{(4{,}8 \cdot 10^{-10}\,\text{esE})^2}{1 \cdot 10^{-8}\,\text{cm}} \approx 23 \cdot 10^{-12}\,\text{erg}\,.$$

Die Endgeschwindigkeit des Protons ergibt sich aus

$$\frac{1}{2}mv^2 \approx 23 \cdot 10^{-12}\,\text{erg}\,;$$
$$v^2 \approx \frac{2 \cdot 23 \cdot 10^{-12}\,\text{erg}}{1{,}67 \cdot 10^{-24}\,\text{g}} \approx 27 \cdot 10^{12}\,(\text{cm/s})^2$$

zu

$$v \approx 5 \cdot 10^6\,\text{cm/s}\,.$$

e) Ein Proton wird aus der Ruhe von einem gleichförmigen elektrischen Feld beschleunigt. Dabei durchfliegt es eine Potentialdifferenz von 100 V. Wie groß ist am Ende seine kinetische Energie? (Beachten Sie, daß $100\ \text{V} \approx 0{,}33$ esE/cm.)

Die kinetische Energie stimmt mit dem Spannungsabfall $e\,\Delta\varphi$ überein. Sie ist also gleich

$$4{,}8 \cdot 10^{-10}\,\text{esE} \cdot 0{,}33\ \text{erg/esE} \approx 1{,}6 \cdot 10^{-10}\,\text{erg}\,. \quad \bullet$$

• *2. Elektronenvolt.* Eine bequeme Energieeinheit in der Atom- und Nuklearphysik stellt das Elektronenvolt (eV) dar. Es ist definiert als die Differenz der potentiellen Energie einer Ladung e zwischen zwei Punkten, deren Potentialdifferenz ein Volt beträgt. Somit gilt

$$1\ \text{eV} \approx 4{,}80 \cdot 10^{-10}\,\text{esE} \cdot \frac{1}{300}\,\frac{\text{dyn cm}}{\text{esE}}$$
$$\approx 1{,}60 \cdot 10^{-12}\,\text{erg}. \quad (5.54\text{d})$$

Ein aus der Ruhe durch eine Potentialdifferenz von 1000 V beschleunigtes α-Teilchen (He^4-Kern oder zweifach ionisiertes Heliumatom) hat die kinetische Energie

$$2\,e \cdot 1000\ \text{V} = 2000\ \text{eV}$$

mit

$$2000\ \text{eV} = 2 \cdot 10^3 \cdot 1{,}60 \cdot 10^{-12}\,\text{erg} = 3{,}2 \cdot 10^{-9}\,\text{erg}\,. \quad \bullet$$

Wir wissen, daß die Differenz der kinetischen Energie eines Teilchens zwischen zwei Punkten ($W_{kB} - W_{kA}$) der Gleichung

$$W_{kB} - W_{kA} = \int_A^B \mathbf{F} \cdot d\mathbf{r} \quad (5.55)$$

mit der auf ein Teilchen wirkenden Kraft **F** genügt. Aber Gl. (5.44) besagte

$$W_{pB} - W_{pA} = -\int_A^B \mathbf{F} \cdot d\mathbf{r}\,, \quad (5.55\,a)$$

so daß wir durch Addition der Gln. (5.55) und (5.55a)

$$(W_{kB} + W_{pB}) - (W_{kA} + W_{pA}) = 0 \quad (5.56)$$

erhalten. *Somit ist die Summe aus kinetischer und potentieller Energie unabhängig von der Zeit und vom Teilchen eine Konstante.* Durch Einsetzen in Gl. (5.56) ergibt sich für ein Einteilchensystem die Energiefunktion

$$W = \frac{1}{2}mv^2(A) + W_p(A) = \frac{1}{2}mv^2(B) + W_p(B)\,. \quad (5.57)$$

Wir nennen die Konstante W Energie oder Gesamtenergie des Systems.

Wir wollen die Verallgemeinerung von Gl. (5.57) auf ein Zweiteilchensystem im Feld eines äußeren Potentials schreiben:

$$W = W_k + W_p$$
$$= \frac{1}{2}m_1 v_1^2 + \frac{1}{2}m_2 v_2^2 + W_{p_1}(\mathbf{r}_1) + W_{p_2}(\mathbf{r}_2) + W_p(\mathbf{r}_1 - \mathbf{r}_2)$$
$$= \text{const}\,. \quad (5.58)$$

Der erste Term gibt die kinetische Energie des Teilchens 1 an; der zweite die kinetische Energie des Teilchens 2; der dritte und vierte Ausdruck beschreiben die durch das äußere Potential bedingte potentielle Energie der Teilchen 1 und 2; der fünfte Term stellt die durch Wechselwirkung zwischen den Teilchen 1 und 2 hervorgerufene potentielle Energie dar. Beachten Sie bitte, daß $W_p(\mathbf{r}_1 - \mathbf{r}_2)$ nur einmal auftritt: Beeinflussen sich zwei Teilchen gegenseitig, so besitzen sie eine gemeinsame Wechselwirkungsenergie!

Befinden sich die Protonen 1 und 2 im Gravitationsfeld der Erde, so beträgt die Energie W nach Gl. (5.58)

$$W = \frac{1}{2} m (v_1^2 + v_2^2) + mg(x_1 + x_2) - \frac{G m^2}{r_{12}} + \frac{e^2}{r_{12}}, \quad (5.59)$$

wobei x positiv nach oben gezählt wird und $r_{12} = |\mathbf{r}_2 - \mathbf{r}_1|$. Der letzte Term beschreibt die Coulombsche Energie der beiden Protonen; der vorletzte ihre Gravitationsenergie. Die Coulombsche Energie stößt ab, die Gravitationsenergie zieht an. Das Verhältnis der letzten beiden Ausdrücke beträgt

$$\frac{G m^2}{e^2} \approx \frac{10^{-7} \cdot 10^{-48}}{10^{-19}} \approx 10^{-36} .$$

Es zeigt uns, daß die Gravitationskräfte zwischen Protonen äußerst gering im Verhältnis zu den elektrostatischen Kräften sind.

• **Beispiele**: *1. Lineare Rückstellkraft.* Berechnen Sie die potentielle Energie $W_p(x)$ für ein Teilchen, auf das eine durch eine Feder hervorgerufene lineare Rückstellkraft $F = -Cx$ wirkt. (Wir behandeln dies als eindimensionales Beispiel.)

Aus Gl. (5.46) erhalten wir $F = -dW_p/dx$ und durch Integration

$$W_p(x_2) - W_p(x_1) = -\int_{x_1}^{x_2} F\,dx = C \int_{x_1}^{x_2} x\,dx$$

$$= \frac{1}{2} C (x_2^2 - x_1^2) \quad (5.60)$$

in Übereinstimmung mit Gl. (5.28). Im vorliegenden Problem ist es vorteilhaft, den Nullpunkt der potentiellen Energie als Ursprung zu wählen; somit gilt

$$W_p(x) = \frac{1}{2} C x^2 . \quad (5.61)$$

Wegen der Erhaltung der Energie W (Gl. (5.57)), als Summe aus potentieller und kinetischer Energie, muß in jedem Punkt x

$$W = \frac{1}{2} m v^2 + \frac{1}{2} C x^2 = \text{const.} \quad (5.62)$$

betragen. Für $x = 0$ ist die gesamte Energie des Oszillators kinetische Energie; an den Enden oder Bewegungsumkehrpunkten beträgt die Geschwindigkeit v null; es liegt reine potentielle Energie vor. Somit beträgt die Gesamtenergie

$$W = \frac{1}{2} C A^2 , \quad (5.63)$$

wenn wir die maximale Auslenkung mit A bezeichnen. Die maximale Geschwindigkeit bestimmen wir aus

$$v_{max}^2 = \frac{2W}{m} = \frac{CA^2}{m} . \quad (5.64)$$ •

• *2. Fluchtgeschwindigkeit* (Bilder 5.29 bis 5.34). Wir berechnen die für ein Teilchen der Masse m erforderliche Anfangsgeschwindigkeit, um a) die Erde und b) das Sonnensystem zu verlassen. (Hierbei vernachlässigen wir die Erdrotation.)

Die Gesamtenergie (kinetische plus potentielle) eines Teilchens mit der Geschwindigkeit v beträgt

$$W = \frac{1}{2} m v^2 - \frac{G m_e m}{R_e} \quad (5.65)$$

mit der Gravitationskonstante G, der Erdmasse m_e und dem Erdradius

$R_e \approx 6{,}4 \cdot 10^8\,\text{cm}$
$G = 6{,}670 \cdot 10^{-8}\,\text{dyn cm}^2/\text{g}^2$
$m_e = 5{,}98 \cdot 10^{27}\,\text{g}$.

Um einen unendlichen Abstand von der Erde mit der geringsten möglichen Geschwindigkeit (null) zu erreichen, muß die Gesamtnergie null sein, da die kinetische Energie und die gravitationelle potentielle Energie den Wert null haben; denn $W_p(r) \to 0$ für $r \to \infty$. Somit muß in Gl. (5.65) W gleich null sein, wenn die Gesamtenergie des Teilchens zwischen Abschuß und Flucht konstant ist, womit die Fluchtgeschwindigkeit v_e durch

$$\frac{1}{2} m v_e^2 = \frac{G m_e m}{R_e}; \quad v_e = \sqrt{\frac{2 G m_e}{R_e}} \quad (5.66)$$

wiedergegeben wird. Die Gravitationsbeschleunigung g auf der Erdoberfläche beträgt $G m_e / R_e^2$, so daß

$$v_e = \sqrt{2 g R_e} \approx (2 \cdot 10^3 \cdot 6 \cdot 10^8)^{\frac{1}{2}}\,\text{cm/s} \approx 10^6\,\text{cm/s} . \quad (5.67)$$

Um aus der Sonnenanziehung für sich zu fliehen, benötigt ein von der Erde abgeschossenes Teilchen (im Abstand R_{es} von der Sonne) die Fluchtgeschwindigkeit

$$v_s = \sqrt{\frac{2 G m_s}{R_{es}}} \approx \left[\frac{2 \cdot 7 \cdot 10^{-8} \cdot 2 \cdot 10^{33}}{1{,}5 \cdot 10^{13}}\right]^{\frac{1}{2}} \text{cm/s}$$

$$\approx 4 \cdot 10^6\,\text{cm/s} \quad (5.68)$$

mit dem Verhältnis $m_s/m_e = 3{,}3 \cdot 10^5$ und dem Wert $R_{es} = 1{,}5 \cdot 10^{13}\,\text{cm}$. Somit ist es für einen von der Erde abgeschossenen Körper einfacher möglich, von der Erde als aus dem Sonnensystem zu fliehen. •

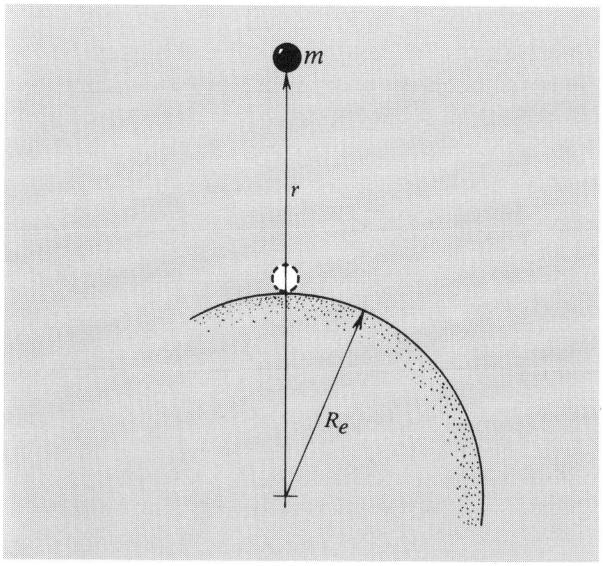

Bild 5.29. Betrachten Sie die Fluchtgeschwindigkeit, die eine Masse m bei einem Start von der Erdoberfläche zum Verlassen des Schwerefeldes der Erde benötigt.

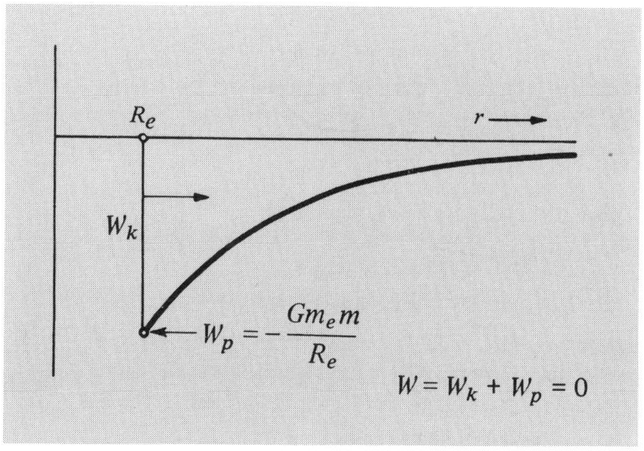

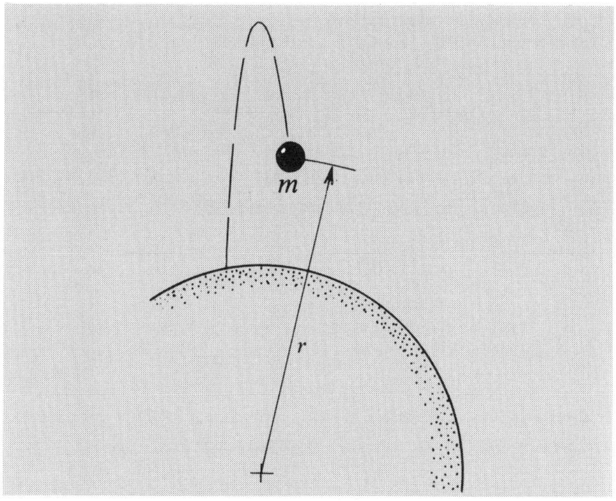

Bild 5.30. Die Flugbahn für den Fall, daß die kinetische Energie nicht ausreicht.

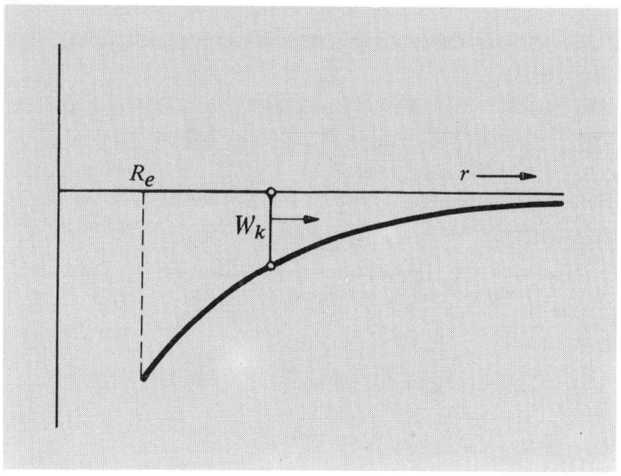

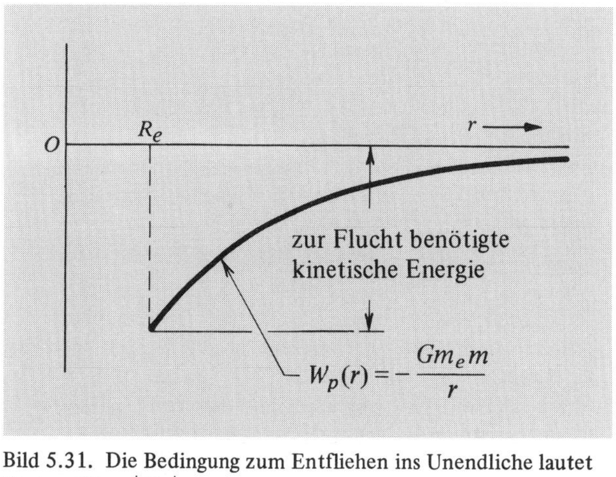

Bild 5.31. Die Bedingung zum Entfliehen ins Unendliche lautet $W_k \geqslant -W_p = |W_p|$.

Bild 5.32. m ist mit der kleinsten zur Flucht ausreichenden kinetischen Energie

$$W_k = \tfrac{1}{2} m v_e^2 = \frac{G m_e m}{R_e}$$

von der Erdoberfläche (Radius R_e) abgeschossen worden. Die Fluchtgeschwindigkeit von der Erde bezeichnen wir mit v_e.

Bild 5.33. Einige Zeit später hat W_p zugenommen und W_k abgenommen, während m sich weiter vom Erdmittelpunkt entfernt.

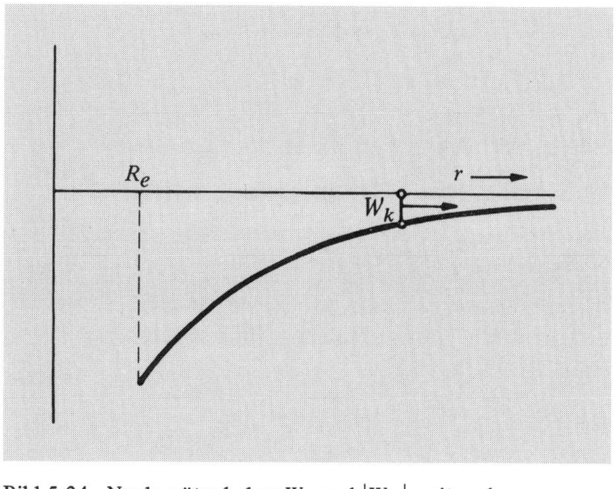

Bild 5.34. Noch später haben W_k und $|W_p|$ weiter abgenommen. Natürlich gilt immer noch $W_k = -W_p$.

• *3. Gravitationspotential in der Nähe der Erdoberfläche.* Die potentielle Energie eines Körpers der Masse m beträgt in einer Entfernung r vom Erdmittelpunkt für $r > R_e$

$$W_p(r) = -\frac{G m m_e}{r} \qquad (5.69)$$

mit der Erdmasse m_e. Wir zeigen, daß

$$W_p \approx mg R_e + mgx \qquad (5.70)$$

mit dem Erdradius R_e und der Höhe x über der Erdoberfläche gilt, wobei $x/R_e \ll 1$. Hier ist $g = Gm_e/R_e^2 \approx 980\,m/s^2$. Aus den Gln. (5.46) und (5.70) erhalten wir für die Gravitationskraft in der Nähe der Erdoberfläche $F_G = -dW_p/dx = -mg$. Das Ergebnis ist uns bekannt.

Aus Gl. (5.69) ergibt sich mit $r = R_e + x$

$$W_p = -G m m_e \frac{1}{(R_e + x)} \,. \qquad (5.71)$$

Dividieren wir Zähler und Nenner durch R_e, so gilt

$$W_p = -\frac{G m m_e}{R_e} \cdot \frac{1}{(1 + x/R_e)} \,. \qquad (5.72)$$

Für $x^2 < 1$ können wir jetzt die wichtige Reihenentwicklung (Dwight 9.04)

$$\frac{1}{1+x} = 1 - x + x^2 - x^3 + \cdots \qquad (5.73)$$

schreiben. Diese Entwicklung ist ein Spezialfall des Binomialausdrucks:

$$(1+x)^n = 1 + nx + \frac{n(n-1)}{2!}x^2 + \frac{n(n-1)(n-2)}{3!}x^3 + \cdots \qquad (5.74)$$

für $n = -1$. Somit können wir Gl. (5.72) in der Form schreiben

$$W_p = -\frac{G m m_e}{R_e}\left(1 - \frac{x}{R_e} + \frac{x^2}{R_e^2} - \cdots\right). \qquad (5.75)$$

Gilt $g = Gm_e/R_e^2$, so beträgt

$$W_p = -mg R_e \left(1 - \frac{x}{R_e} + \frac{x^2}{R_e^2} - \cdots\right). \qquad (5.76)$$

Dieser Ausdruck läßt sich für $x \ll R_e$ auf Gl. (5.70) reduzieren. •

Eine Näherung für Gl. (5.73) mit x in der niedrigsten Ordnung beträgt

$$\frac{1}{1+x} \approx 1 - x \,, \qquad (|x| \ll 1) \,. \qquad (5.77)$$

Wir verwenden sie oft in der Physik, wenn wir x^2 im Vergleich zu x vernachlässigen können. Eine andere übliche und nützliche Näherung ist

$$(1+x)^n \approx 1 + nx, \qquad (|nx| \ll 1)\,, \qquad (5.78)$$

die aus Gl. (5.74) folgt.

Unsere Aussage

kinetische Energie + potentielle Energie = konst. (5.79)

aus dem Gesetz der Energieerhaltung verallgemeinern wir in Kapitel 12, um Vorgänge mit einzubeziehen, in denen ein Teil oder die Gesamtmasse in Energie verwandelt wird. Derartige Prozesse beinhalten meist Kernreaktionen. Die notwendige Verallgemeinerung ergibt sich als eine natürliche Folgerung aus der speziellen Relativitätstheorie. Gl. (5.79) gilt auch, wenn in einem Vorgang Wärme erzeugt wird, denn im mikroskopischen Bereich betrachtet, ist Wärme lediglich kinetische und potentielle Energie der Atome, Elektronen und Moleküle.

5.10. Literaturangaben

PSSC, Kapitel 17.

E. P. Wigner, „Symmetry and conservation laws", Physics Today 17 (3), 34 (1964).

5.11. Filmliste

„Energy and Work" (29 min) *D. Montgomery* (PSSC – MLA 0311). Er behandelt die von konstanten und veränderlichen Kräften verrichtete Arbeit und die Bestimmung der aus dieser Arbeit resultierenden Energie.

„Elastic Collisions and Stored Energy" (28 min). *J. Strickland* (PSSC – MLA 0318). Quantitative Demonstration der Transformation zwischen kinetischer und potentieller Energie bei hochelastischen Stößen.

5.12. Übungen

1. *Potentielle und kinetische Energie fallender Körper:*
   a) Welche potentielle Energie hat eine Masse von 1 kg in 1 km Höhe über der Erdoberfläche? Geben Sie die Lösung in erg an, und beziehen Sie die potentielle Energie auf die Erdoberfläche.
   Lösung: $9{,}8 \cdot 10^{10}$ erg.
   b) Welche kinetische Energie hat eine Masse von 1 kg, die aus einer Höhe von 1 km herabfällt, wenn sie gerade die Erde berührt? Vernachlässigen Sie Reibung.
   Lösung: $9{,}8 \cdot 10^{10}$ erg.
   c) Welche kinetische Energie besitzt die Masse nach Durchfallen der halben Strecke?
   d) Wie groß ist ihre potentielle Energie nach Durchfallen der halben Strecke? Die Summe aus a) und b) sollte gleich der Summe aus c) und d) sein. Warum?

2. *Potentielle Energie außerhalb der Erdkugel:*
   a) Welche potentielle Energie $W_p(R_e)$ hat eine Masse von 1 kg auf der Erdoberfläche bezogen auf die potentielle Energie Null im Unendlichen? (Beachten Sie, daß $W_p(R_e)$ negativ ist.)
   Lösung: $-6{,}23 \cdot 10^{14}$ erg.
   b) Welche potentielle Energie hat eine Masse von 1 kg in einer Entfernung von 10^5 km vom Erdmittelpunkt bezogen auf die potentielle Energie Null im Unendlichen?
   Lösung: $-3{,}98 \cdot 10^{13}$ erg.

c) Welche Arbeit müssen wir aufbringen, um die Masse von der Erdoberfläche auf einen Punkt zu bringen, der 10^5 km vom Erdmittelpunkt entfernt ist?

3. *Elektrostatische potentielle Energie:*
   a) Welche elektrostatische potentielle Energie besitzen ein Elektron und ein Proton in einem Abstand von $1\,\text{Å} \equiv 10^{-8}$ cm bezogen auf die potentielle Energie Null bei unendlich großem Abstand? Geben wir die Ladung in esE an, so erhalten wir das Ergebnis in erg.
   Lösung: $-2{,}3 \cdot 10^{-11}$ erg.
   b) Welche elektrostatische potentielle Energie besitzen zwei Protonen im gleichen Abstand? Achten Sie bei der Lösung besonders auf das Vorzeichen.

4. *Satelliten auf einer kreisförmigen Umlaufbahn:*
   a) Welche Zentrifugalkraft wirkt auf einen Satelliten, der sich auf einer Kreisbahn um die Erde im Abstand r zum Erdmittelpunkt bewegt? Die Geschwindigkeit des Satelliten relativ zum Erdmittelpunkt geben wir mit v, seine Masse mit m an.
   b) Wie groß ist die Gravitationskraft auf den Satelliten?
   c) Drücken Sie v durch r aus, indem Sie die Gravitations- und die Zentrifugalkraft gleichsetzen.

5. *Mond – kinetische Energie:* Welche kinetische Energie hat der Mond relativ zur Erde? Die relevanten Daten finden Sie in den Tafeln auf dem Innendeckel dieses Buches.

6. *Nichtharmonische Feder.* Für eine besondere Feder gilt das Kraftgesetz $F = -Dx^3$.
   a) Wie groß ist die potentielle Energie in x für $W_p = 0$ und $x = 0$?
   Lösung: $\frac{1}{4}\,Dx^4$.
   b) Wieviel Arbeit stecken wir in die Feder hinein, wenn wir sie langsam von 0 bis x dehnen?

7. *Nichtkonservatives Kraftfeld.* Berechnen Sie für das gegebene Kraftfeld
   $F = (y^2 - x^2)\,\hat{x} + 3xy\,\hat{y}$
   das Linienintegral vom Punkt (0,0) nach (x_0, y_0) entlang der Linie, die durch die beiden geraden Abschnitte (0, 0) nach $(x_0, 0)$ und $(x_0, 0)$ nach (x_0, y_0) gegeben ist. Vergleichen Sie Das Ergebnis mit dem Integral längs der beiden anderen Rechteckseiten. Ist die Kraft konservativ?

8. *Maximale Annäherung zweier fliegender Protonen.* Zwei Protonen mit je 500 MeV fliegen kollinear aufeinander zu ($1\,\text{MeV} \equiv 10^6$ eV). Bis auf welchen Abstand nähern sie sich unter der Annahme, daß nur elektrostatische Wechselwirkung e^2/r beteiligt ist? (Streuversuche haben gezeigt, daß in Wirklichkeit der Bereich für Kernwechselwirkungen sich bis zu 10^{-13} erstreckt; der beobachtete Radius des Protons liegt ebenfalls bei 10^{-13} cm, so daß das Verhalten zweier Protonen mit den angegebenen Energien durch elektrostatische Wechselwirkung schlecht beschrieben wird.)
   Lösung: $1{,}4 \cdot 10^{-16}$ cm.

9. *Ein Elektron auf einer geschlossenen Bahn um ein Proton.* Ein Elektron fliegt auf einer Kreisbahn mit dem Radius $R = 2 \cdot 10^{-8}$ cm um ein ruhendes Proton.
   a) Ermitteln Sie die Geschwindigkeit des Elektrons durch Gleichsetzen der Zentrifugal- und elektrostatischen Kräfte.
   b) Wie groß sind die kinetische und die potentielle Energie? Geben Sie die Werte sowohl in erg als auch in eV an.
   Lösung: $W_k = 5{,}7 \cdot 10^{-12}\,\text{erg} = 3{,}6$ eV;
   $W_p = -11{,}4 \cdot 10^{-12}\,\text{erg} = -7{,}2$ eV.

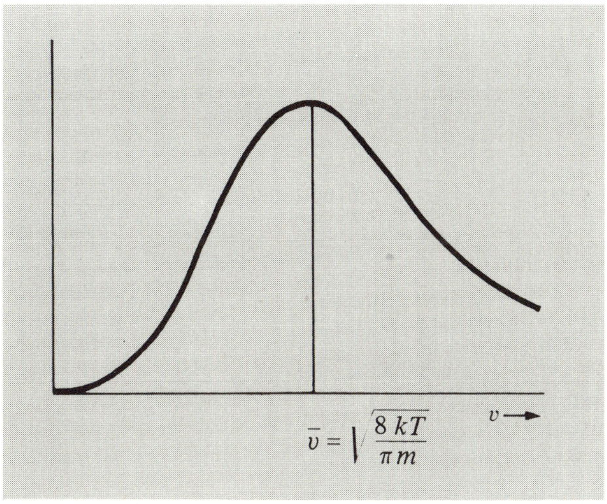

Bild 5.35. Die Geschwindigkeitsverteilung der Moleküle in einem Gas der Temperatur T hat die Form $v^2\,e^{-mv^2/2\,kT}$; k ist die Boltzmannkonstante.

   c) Welche Ionisierungsenergie müssen wir aufbringen, um das Elektron so ins Unendliche zu befördern, daß dort seine kinetische Energie verschwindet? Achten Sie auf das Vorzeichen.

10. *Flucht von Molekülen aus der Atmosphäre* (Bild 5.35). Vergleichen Sie die Fluchtgeschwindigkeit aus der Erdatmosphäre mit dem quadratischen Mittelwert der Geschwindigkeit von Sauerstoffmolekülen. Wir definieren letztere so, daß die kinetische Energie gleich $(\frac{3}{2})$kT wird; ein beträchtlicher Teil der Moleküle ist schneller. Hier bedeutet k die Boltzmannkonstante und T die absolute Temperatur, die wir mit 300 K ansetzen wollen.
    Lösung: $v_M/v_{El} \approx 4{,}10^{-2}$.

11. *Fluchtgeschwindigkeit vom Mond.* Mit $R_M = 1{,}7 \cdot 10^8$ cm und $m_M = 7{,}3 \cdot 10^{25}$ g berechnen Sie
    a) die Gravitationsbeschleunigung an der Mondoberfläche,
    b) die Fluchtgeschwindigkeit vom Mond.

12. *Potentielle Energie gekoppelter Federn.* Zwei Federn mit der Länge a im entspannten Zustand und der Federkonstanten C sind an den Punkten (−a, 0) bzw. (+a, 0) befestigt und in der Mitte verbunden (Bild 5.36). Wir nehmen an, daß sie ohne zu knicken gestaucht und gedehnt werden können.
    a) Leiten Sie als Funktion der Auslenkung (x, y) des Verbindungspunktes den folgenden Ausdruck für die potentielle Energie des Systems ab:
    $$W_p = \frac{C}{2}\left\{\left[(x+a)^2 + y^2\right]^{\frac{1}{2}} - a\right\}^2 + \frac{C}{2}\left\{\left[(a-x)^2 + y^2\right]^{\frac{1}{2}} - a\right\}^2 .$$
    b) Die potentielle Energie hängt hier sowohl von x als auch von y ab; daher müssen wir zur Berechnung der beteiligten Kräfte partiell differenzieren. Wir erinnern an die dazugehörigen Differentiationsregeln
    $$\frac{\partial f(x, y)}{\partial x} = \frac{d}{dx}\, f(x; y = \text{const.})\,;$$
    $$\frac{\partial f(x, y)}{\partial y} = \frac{d}{dy}\, f(x = \text{const.}; y)\,.$$

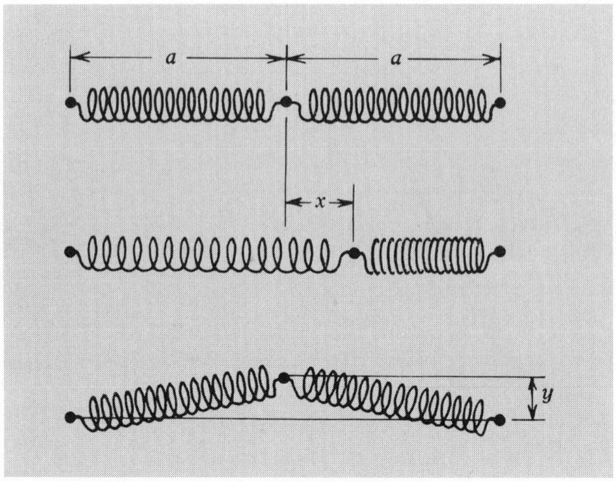

Bild 5.36

Berechnen Sie die Kraftkomponente F_x und zeigen Sie, daß für r = 0 auch F_x verschwindet.

c) Berechnen Sie F_y für x = 0. Achten Sie dabei besonders auf die Vorzeichen.

d) Tragen Sie die potentielle Energie in der xy-Ebene als Funktion von r auf, und ermitteln Sie die Gleichgewichtslage.

13. *Nukleon-Nukleon-Wechselwirkung.* Die Wechselwirkung zwischen Nukleonen (Protonen und Neutronen) ist in guter Näherung durch das Yukawa-Potential

$$W_p(r) = -\left(\frac{r_0}{r}\right) W_{p0}\, e^{-r/r_0}$$

erfaßt, mit $W_{p0} \approx 50$ MeV und $r_0 \approx 1{,}5 \cdot 10^{-13}$cm.

a) Leiten Sie den Ausdruck für die entsprechende Kraft ab.

b) Bei welchem Abstand beträgt die Kraft noch 1 % des Wertes bei $r = r_0$?
Lösung: $6 \cdot 10^{-13}$cm.

14. *Flugzeit-Massenspektrometer.* Die Funktionsweise des Flugzeit-Massenspektrometers beruht auf der Tatsache, daß die Winkelgeschwindigkeit eines Ions auf einer Spiralbahn im gleichförmigen Magnetfeld nicht von der Anfangsgeschwindigkeit des Ions abhängt. In der praktischen Ausführung produziert dieses Gerät einen kurzen Ionenstoß und mißt elektronisch die Flugzeit der Ionen für ein oder zwei Umläufe.

a) Zeigen Sie, daß die Flugzeit t für n Umläufe von Ionen mit der Ladung e sich zu

$$t \approx 650\,\frac{nm}{H}$$

ergibt, wobei t in μs, m in *atomaren Masseneinheiten* und H in G (*Gauß*) angegeben ist.

b) Zeigen Sie, daß der Gyroradius R etwa $R \approx \dfrac{145\sqrt{VM}}{H}$ cm beträgt, wenn die Ionenenergie V in eV gemessen wird.

c) Welche Flugzeit benötigt ein einfach ionisiertes K^{39}-Atom mit der Energie 100 eV in einem Magnetfeld der Stärke 1000 G für sechs Umläufe?
Lösung: 152 μs.

15. *Elektronenstrahl im Oszillographen.* In einer Oszillographenröhre beschleunigt die Potentialdifferenz φ_a Elektronen aus der Ruhe; danach fliegen sie zwischen zwei elektrostatischen Ablenkplatten hindurch. Zwischen den Platten mit der Länge l und dem Abstand d liegt eine Spannung φ_b. Der Schirm hat den Abstand L von der Mitte der Platten. Unter Anwendung der Beziehung $e\,\Delta\varphi = \frac{1}{2} mv^2$ berechnen Sie

a) einen Ausdruck für die lineare Ablenkung D des Leuchtflecks,

b) die lineare Ablenkung D für folgende Zahlenwerte: $\varphi_a = 400$ V, $\varphi_b = 10$ V; $l = 2$ cm; d = 0,5 cm; L = 15 cm. (Vergessen Sie nicht, V in esE/cm umzurechnen.)

5.13. Historische Anmerkung: Die Entdeckung der Planeten Ceres und Neptun

Wir lernen hier ein Beispiel für die Genauigkeit von Vorhersagen im Bereich der klassichen Mechanik kennen.

1. Als erster kleinerer Planet wurde Ceres (Bild 5.37) am 1. Tag des neunzehnten Jahrhunderts, dem 1. Januar 1801, von *Piazzi* in Palermo, Sizilien, entdeckt. *Piazzi* beobachtete seine Bahn einige Wochen, wurde dann krank und verlor die Spur. Mehrere Wissenschaftler berechneten seine Umlaufbahn aus der begrenzten Anzahl der von *Piazzi* beobachteten Positionen, aber einzig die Berechnung von *Gauß* war genau genug, um die Lage des Ceres für das nächste Jahr vorauszusagen. Am 1. Januar 1802 entdeckte *Olbers* den Planeten Ceres wieder mit einer Winkelabweichung von lediglich 30′ von der vorhergesagten Lage. Nach Anhäufung der Beobachtungen verbesserten *Gauß* und andere Charakteristiken der berechneten Umlaufbahn, so daß 1830 die Position des Planeten nur noch 8″ von der vorausgesagten Lage abwich. *Enke* konnte den verbleibenden Fehler auf durchschnittlich 6″ pro Jahr verringern, indem er die durch Jupiter hervorgerufenen Hauptperturbationen der Umlaufbahn des Ceres berücksichtigte. Spätere Berechnungen, die die Störungen der Bahn noch genauer erfaßten, ermöglichten Vorhersagen, die nach 30 Jahren von den Beobachtungen nur etwa 30″ abwichen.

In Band 12 des „Philosophical Magazine" (1802) finden wir Berichte über diese Entdeckung; betrachten Sie hierzu die Arbeiten von *Piazzi* (S. 54), von *Zach* (S. 62), *Tilloch* (S. 80) und *Lalande* (S. 112). Es ist amüsant zu hören, daß am 21. September 1800 in Lilienthal eine Gesellschaft europäischer Astronomen zu dem „ausdrücklichen Zweck, diesen zwischen Mars und Jupiter vermuteten Planeten zu entdecken", gegründet wurde. Die 24 Mitglieder wollten dazu den gesamten Tierkreis unter sich aufteilen. Den Postverzögerungen während des Napoleonischen Krieges ist es zu verdanken, daß *Piazzi* eine Einladung zur Teilnahme an dem Projekt erst erhielt, nachdem

Bild 5.37. Neptun, wie man ihn in dem 120-Zoll-Reflektor im Lick Observatory sieht. Der Pfeil weist auf Triton, einem Satelliten Neptuns. (*Lick Observatory photograph*)

er die Entdeckung gemacht hatte. Weitere Veröffentlichungen zur Entdeckung des Ceres finden Sie im Astronomischen Jahrbuch 1804/1805. Die Berechnungen von *Gauß* stehen im 6. Band seiner Werke, S. 199 bis 211.

Die von dem Abt *Piazzi* in Palermo begründete astronomische Tradition soll über Abt *Pirrone* den Fürsten *Lampedusa* (Held des Romans „Der Leopard") erreicht haben; *Pirrone* war *Lampedusas* geistlicher Ratgeber und astronomischer Assistent.

2. Nachdem in der ersten Hälfte des 19. Jahrhunderts die Beobachtungsgenauigkeit und die Theorie weit genug vorangetrieben worden waren, stellte man fest, daß der Planet Uranus sich nicht auf der Bahn bewegte, die nach den Gesetzen der Gravitation und der Erhaltung der Energie und des Drehimpulses zu erwarten war. Der Planet beschleunigte und verzögerte deutlich meßbar auf eine scheinbar regellose Weise. Für dieses Verhalten gab es auf der Basis der bekannten Eigenschaften des Sonnensystems und der physikalischen Gesetze keine Erklärung. Schließlich entdeckten im Jahre 1846 unabhängig voneinander *Leverrier* und *Adams*, daß die Annahme eines hypothetischen neuen Planeten einer bestimmten Masse und einer bestimmten, jenseits des Uranus liegenden Bahn, die beobachtete anomale [1]) Bewegung vollständig erklären könnte. Sie berechneten aus ihren Gleichungen den Ort dieses unbekannten Himmelskörpers, und nach lediglich einer halben Stunde Suche entdeckte *Galle* den neuen Planeten Neptun nur 1° von dem vorhergesagten Ort entfernt [2]). Heutzutage stimmen die Bahnberechnungen der größeren Planeten bis auf Sekunden genau mit der Beobachtung überein, selbst bei Extrapolationen von vielen Jahren. Die Genauigkeit scheint allein davon abzuhängen, wie vollständig die verschiedenen Störeffekte erfaßt werden.

---

[1]) „Ich bewies, daß es nicht möglich ist, die Beobachtungen des Planeten Uranus mit der universellen Gravitationstheorie zu deuten, falls der Planet allein unter der gemeinsamen Wirkung der Sonne und der bekannten Planeten steht. Jedoch sind sämtliche der beobachteten Anomalien bis in die kleinste Einzelheit erklärt, wenn wir den Einfluß eines neuen (noch nicht entdeckten) Planeten jenseits des Uranus berücksichtigen... Wir sagen [am 31. August 1846] die folgende Lage des neuen Planeten für den 1. Januar 1847 voraus: 326°32′ wahre heliozentrische Länge." *U. J. Le Verrier,* Compt. Rend 23, 428 (1846).

[2]) „Am 18 September schrieb ich an *M. Galle* und bat um seine Mitarbeit; dieser fähige Astronom sah den Planeten noch am gleichen Tag der Ankunft meines Briefes am 23. September 1846 ... 327°24′ beobachtete heliozentrische Länge, reduziert auf den 1. Januar 1847 ... Differenz zwischen Beobachtung und Theorie 0°52′." *Le Verrier*, loc. cit., p. 657.

„M. *Le Verrier* sah den neuen Planeten ohne ein einziges Mal in den Himmel schauen zu müssen; er sah ihn an der Spitze seiner Feder; allein mit der Macht des Kalküls bestimmte er die Lage und die Größe eines Körpers, der weit außerhalb der damals bekannten Grenzen unseres Planetensystems liegt ..." *Arago,* loc. cit., p. 659.

Im gleichen Band der Compt. Rend (Paris) finden Sie auf den Seiten 741 bis 754 eine großartige Kontroverse über diese Entdeckung; siehe auch M. *Grosser*, „Die Entdeckung des Neptun" (Harvard, Cambridge, Mass., 1962).

6. Die Erhaltung des linearen und des Drehimpulses

6.1. Die Erhaltung des linearen Impulses

In Kapitel 3 betrachteten wir Galilei-invariante Systeme und zeigten, daß aus der Galilei-Invarianz und aus der Energieerhaltung eines Systems von wechselwirkenden Teilchen notwendig die Erhaltung des Impulses des Systems folgt, wenn keine äußeren Kräfte angreifen. Das Gesetz der Impulserhaltung ist experimentell sehr genau geprüft und ist, wie schon an früherer Stelle erwähnt, ein wesentliches Werkzeug der klassischen Physik. Wir werden in diesem Kapitel, ausgehend von der Definition des Massenmittelpunkts, Stoßprozesse betrachten, deren Bewegungsgesetze in einem Bezugssystem abgeleitet werden, das mit dem Massenmittelpunkt verbunden ist.

Für Galilei-invariante Systeme nimmt die potentielle Energie eine besondere Form an. Betrachten wir zwei Teilchen in einer Dimension. Ihre Koordinaten sind x_1 und x_2. Die potentielle Energie

$$W_p(x_1, x_2)$$

hängt nur von der Lage der beiden Teilchen ab. Galilei-Invarianz bedeutet, daß W_p bei einer Parallelverschiebung um die Strecke b aller Teilchen unverändert (invariant) bleibt:

$$W_p(x_1, x_2) = W_p(x_1 + b;\ x_2 + b)\ . \tag{6.1}$$

Was bedeutet diese Beziehung? Physikalisch sagt sie aus, daß die potentielle Energie des Systems in der ausgelenkten Lage mit der potentiellen Energie in der ursprünglichen Lage übereinstimmt. Mathematisch bedeutet sie, daß b in der Entwicklung des Ausdrucks auf der rechten Seite der Gl. (6.1) nicht erscheint.

Hat z.B. W_p die Form

$$W_p(x_1, x_2) = (x_1 - x_2)^2\ , \tag{6.2}$$

so folgt, daß

$$W_p(x_1 + b; x_2 + b) = (x_1 + b - x_2 - b)^2 = (x_1 - x_2)^2 = W_p(x_1, x_2) \tag{6.3}$$

unabhängig von b ist. Ein Potential wie in Gl. (6.2) bleibt also bezüglich jeder Translation b unverändert. Allgemein ist jedes $W_p(\mathbf{r}_1, \mathbf{r}_2)$, das eine Funktion allein der Differenz $\mathbf{r}_1 - \mathbf{r}_2$ ist, Galilei-invariant. Das Potential $W_p = x_1$ ist dagegen nicht invariant, denn bei einer Verschiebung b wird $W_p = x_1 + b$. Für $W_p = x_1$ ist also der Impuls keine Erhaltungsgröße.

Wir wissen bereits, daß im eindimensionalen Fall die Kraft gleich der negativen Ableitung des Potentials nach dem Ort ist; folglich ergibt sich für die Kräfte F_1 und F_2 auf die Teilchen 1 und 2

$$F_1 = -\frac{\partial W_p}{\partial x_1}\ ; \qquad F_2 = -\frac{\partial W_p}{\partial x_2}\ . \tag{6.4}$$

Bei der partiellen Differentiation von W_p nach x_1 halten wir x_2 konstant; bei $\partial W_p/\partial x_2$ ist x_1 konstant. Ist W_p allein eine Funktion von

$$w = x_1 - x_2\ , \tag{6.5}$$

so erhalten wir

$$\frac{\partial W_p}{\partial x_1} = \frac{dW_p}{dw}\frac{\partial w}{\partial x_1} = \frac{dW_p}{dw}\ ;$$

$$\frac{\partial W_p}{\partial x_2} = \frac{dW_p}{dw}\frac{\partial w}{\partial x_2} = -\frac{dW_p}{dw}\ , \tag{6.6}$$

so daß

$$\frac{\partial W_p}{\partial x_1} = -\frac{\partial W_p}{\partial x_2} \qquad \text{oder} \qquad F_1 = -F_2\ , \tag{6.7}$$

wie zu erwarten war. Daraus folgt, daß die Gesamtkraft $F_1 + F_2$ auf zwei miteinander wechselwirkende Teilchen verschwindet. Ist die Gesamtkraft null, so ist nach dem Newtonschen Gesetz der Gesamtimpuls konstant.

Dieses Argument können wir leicht auf n Teilchen verallgemeinern. Die potentielle Energie $W_p(\mathbf{r}_1, \dots, \mathbf{r}_n)$ des n-Teilchen-Systems ist translationsinvariant, wenn sie als Funktion der Abstände zwischen den Teilchen allein geschrieben werden kann:

$$W_p(\mathbf{r}_1 - \mathbf{r}_2, \mathbf{r}_1 - \mathbf{r}_3, \dots, \mathbf{r}_1 - \mathbf{r}_n, \mathbf{r}_2 - \mathbf{r}_3, \dots, \mathbf{r}_{n-1} - \mathbf{r}_n) = W_p\,.$$

Sowohl Coulomb- als auch Gravitationswechselwirkungen können so dargestellt werden.

Wir bemerken, daß die *Kraft* translationsinvariant sein kann, ohne daß der Impuls erhalten werden muß. Erforderlich für die Impulserhaltung ist die Invarianz der potentiellen Energie.

Der Massenmittelpunkt (Bilder 6.1 bis 6.4). Bezogen auf einen festen Bezugspunkt O definieren wir die Lage $\mathbf{R}_{M.M.}$ des Massenmittelpunktes (M.M.) eines Systems von N Teilchen zu

$$\mathbf{R}_{M.M.} = \frac{\sum_{n=1}^{N} \mathbf{r}_n m_n}{\sum_{n=1}^{N} m_n}\ . \tag{6.8}$$

Insbesondere gilt für ein 2-Teilchensystem

$$\mathbf{R}_{M.M.} = \frac{\mathbf{r}_1 m_1 + \mathbf{r}_2 m_2}{m_1 + m_2}\,. \tag{6.9}$$

Gl. (6.8) leiten wir nach der Zeit ab:

$$\dot{\mathbf{R}}_{M.M.} = \frac{\sum_n \dot{\mathbf{r}}_n m_n}{\sum_n m_n} = \frac{\sum_n \mathbf{v}_n m_n}{\sum_n m_n}\ . \tag{6.10}$$

Nun ist aber $\sum_n \mathbf{v}_n m_n$ gerade der Gesamtimpuls des Systems. Ohne äußere Kräfte bleibt der Gesamtimpuls konstant und damit auch

$$\dot{\mathbf{R}}_{M.M.} = \text{const.} \tag{6.11}$$

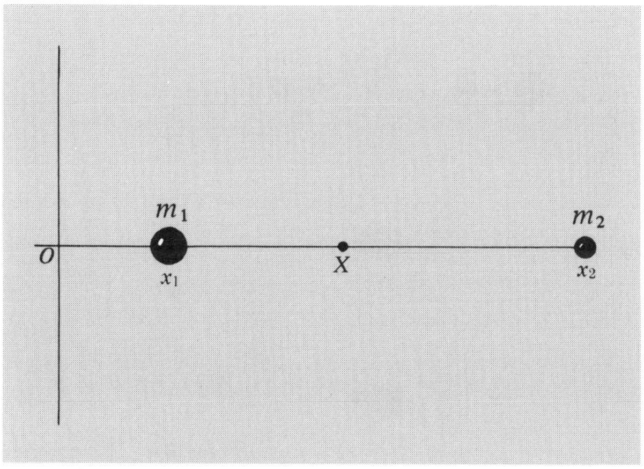

Bild 6.1. Der Massenmittelpunkt X der beiden Massen m_1 und m_2 in den Lagen x_1 bzw. x_2 ergibt sich zu

$$X = \frac{m_1 x_1 + m_2 x_2}{m_1 + m_2}$$

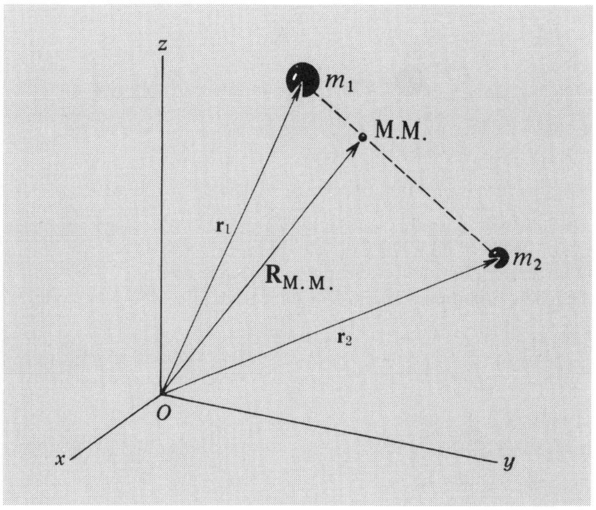

Bild 6.2. Für den Massenmittelpunkt $\mathbf{R}_{M.M.}$ zweier Massen m_1 und m_2 in den Lagen $\mathbf{r}_1$ und $\mathbf{r}_2$ gilt

$$R_{M.M.} = \frac{m_1 \mathbf{r}_1 + m_2 \mathbf{r}_2}{m_1 + m_2} .$$

Wir sehen hier eine bemerkenswerte Eigenschaft des Massenmittelpunktes: *Wirken keine äußeren Kräfte auf ein Teilchensystem, so ist die Geschwindigkeit seines Massenmittelpunktes konstant.* Das trifft z.B. auf einen radioaktiven Kern zu, der im Fluge zerfällt.

Aus Gl. (6.10) können wir leicht ableiten, daß die Beschleunigung des Massenmittelpunktes bestimmt wird durch die Resultierende aller auf das Teilchensystem wirkenden äußeren Kräfte. Bezeichnen wir mit $\mathbf{F}_n$ die auf das Teilchen n wirkende Kraft, so erhalten wir aus Gl. (6.10) durch Differentiation nach der Zeit

$$\left(\sum_n m_n\right)\ddot{\mathbf{R}}_{M.M.} = \sum_n (m_n \dot{\mathbf{v}}_n) = \sum_n \mathbf{F}_n = \mathbf{F}_{ext} , \qquad (6.12)$$

wobei auf der rechten Seite im Fall Newtonscher Wechselwirkung die inneren Kräfte sich in der Summe $\sum_n \mathbf{F}_n$ aufheben. Erinnern wir uns, daß die Newtonschen Kräfte, die zwei Teilchen aufeinander ausüben, gleich groß und entgegengerichtet sind.

Die Nützlichkeit des Massenmittelpunktes werden wir an einigen wichtigen Stoßproblemen verdeutlichen.

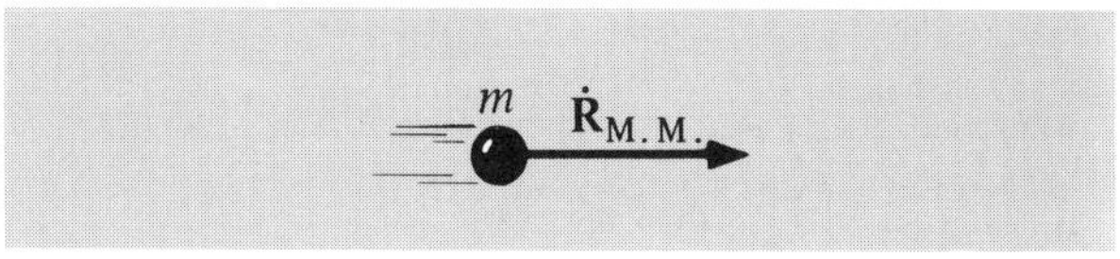

Bild 6.3. Ohne Einwirkung äußerer Kräfte bleibt die Geschwindigkeit des Massenmittelpunktes konstant. Das Bild zeigt einen radioaktiven Kern der Geschwindigkeit $\dot{\mathbf{R}}_{M.M.}$ kurz vor dem Zerfall.

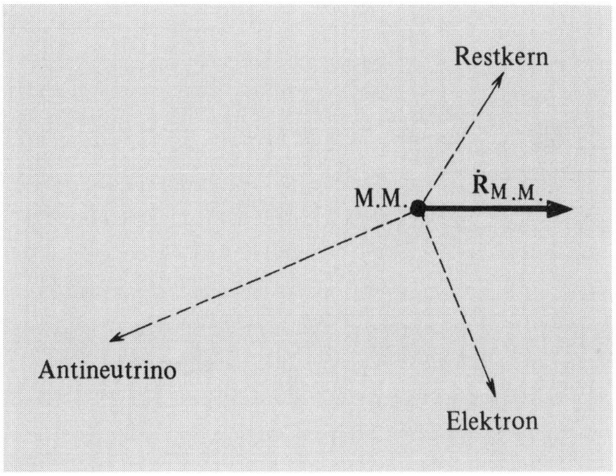

Bild 6.4. Der Kern zerfällt in drei Teilchen, die in verschiedene Richtungen davonfliegen. Jedoch ändert der Massenmittelpunkt der drei Teilchen seine Geschwindigkeit nicht.

● **Beispiele**: *1. Zwei Teilchen, die nach dem Stoß zusammenhaften* (Bilder 6.5 bis 6.8). Betrachten wir die Kollision zweier Teilchen mit den Massen m_1 und m_2, die nach dem Stoß zusammenbleiben. Die Masse m_2 liegt vor dem Stoß ruhend im Ursprung, während die Bewegung des ersten Teilchens vor dem Stoß durch $\mathbf{r}_1 = v_1 t \hat{x}$ gegeben ist.

a) Wir suchen die Bewegungsgleichung von $m = m_1 + m_2$ nach dem Stoß. Der Gesamtimpuls bleibt bei einem Stoßprozeß erhalten, unabhängig davon, ob der Stoß elastisch oder unelastisch erfolgt. Die hier betrachtete Kollision verläuft unelastisch. Die ursprüngliche x-Komponente des

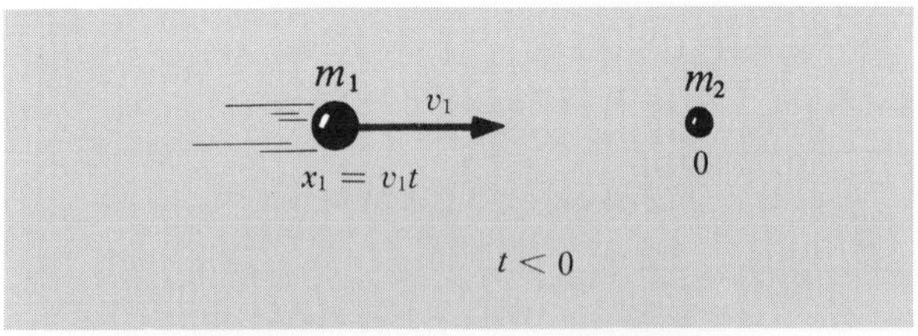

Bild 6.5. Selbst beim unelastischen Stoß bleibt der Impuls erhalten. Betrachten Sie einen Stoß, bei dem die Teilchen zusammenkleben. Vor dem Stoß gilt

$p_x = m_1 v_1$.

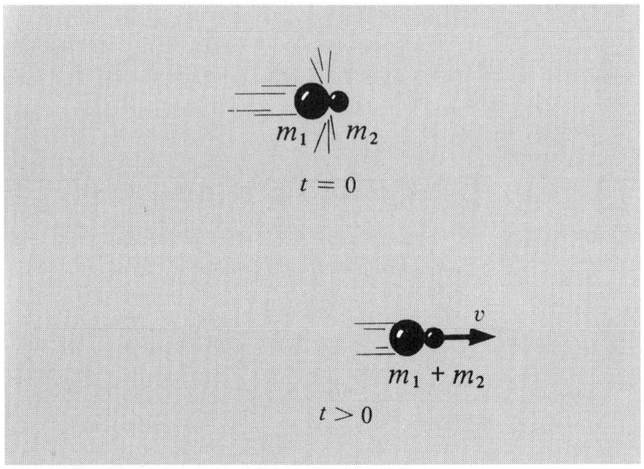

Bild 6.6. Nach dem Stoß haben wir $p_x = m_1 v_1 = (m_1 + m_2)v$, woraus

$$v = \frac{m_1 v_1}{m_1 + m_2} < v_1$$

folgt.

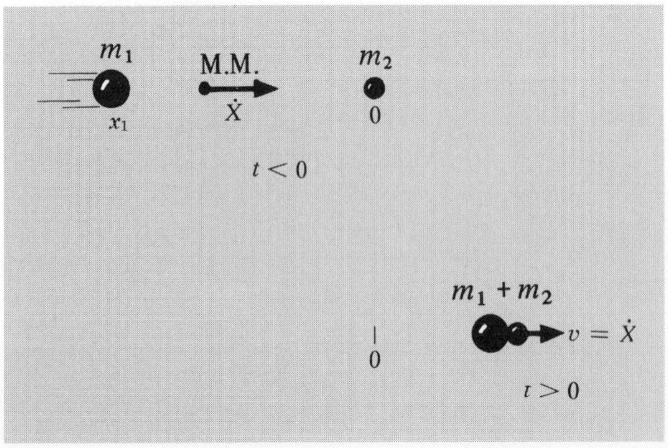

Bild 6.7. $X = \dfrac{m_1 x_1 + m_2 x_2}{m_1 + m_2}$ und damit $\dot{X} = \dfrac{m_1 v_1}{m_1 + m_2}$.

$\dot{X}$ wird durch den Stoß nicht verändert.

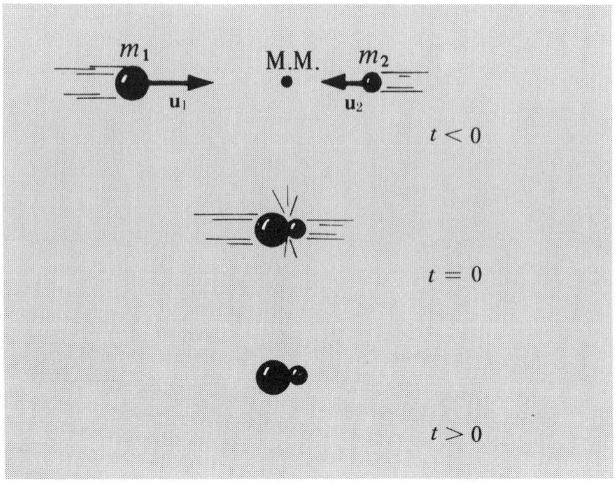

Bild 6.8. Im Bezugssystem des Massenmittelpunktes haben m_1 und m_2 vor dem Stoß die Geschwindigkeiten u_1 bzw. u_2. Nach dem Stoß ruht $(m_1 + m_2)$.

Impulses beträgt $m_1 v_1$; nach dem Stoß beträgt sie $(m_1 + m_2)v$. Die anderen Komponenten sind null. Aus der Impulserhaltung folgt

$$m_1 v_1 = (m_1 + m_2)v \,, \tag{6.13}$$

so daß wir für die Geschwindigkeit v nach dem Stoß

$$v = \frac{m_1}{m_1 + m_2} v_1 \tag{6.14}$$

erhalten. Damit ergibt sich für die Bewegung des Massenmittelpunktes nach dem Stoß

$$\mathbf{R}_{M.M.} = vt\hat{\mathbf{x}} \,, \qquad (t > 0) \,. \tag{6.15}$$

Nach Gl. (6.11) muß Gl. (6.15) die Bewegung des Massenmittelpunktes zu allen Zeiten, vor und nach dem Stoß, beschreiben, so daß sich mit Gl. (6.13)

$$\mathbf{R}_{M.M.} = vt\hat{\mathbf{x}} = \frac{m_1}{m_1 + m_2} v_1 t \hat{\mathbf{x}} \tag{6.16}$$

ergibt.

b) Wie verändert sich die kinetische Energie des Systems durch den Stoß? Nach dem Stoß beträgt sie

$$W_{kf} = \frac{1}{2}(m_1 + m_2)\frac{m_1^2}{(m_1 + m_2)^2} v_1^2 = \frac{m_1^2 v_1^2}{2(m_1 + m_2)} \,. \tag{6.17}$$

Die ursprüngliche kinetische Energie W_{ki} betrug $\frac{1}{2} m_1 v_1^2$, so daß sich

$$\frac{W_{kf}}{W_{ki}} = \frac{m_1}{m_1 + m_2} \tag{6.17a}$$

ergibt. Die Differenz von W_{ki} und W_{kf} erscheint in den inneren angeregten Zuständen des zusammengesetzten

Systems nach dem Stoß. Wenn ein Meteorit m_1 die Erde m_2 trifft und mit ihr gemeinsam weiterfliegt, so wird die kinetische Energie des Meteoriten im wesentlichen in Wärme verwandelt, da $m_1 \ll m_1 + m_2$ ist.

c) Wir beschreiben nun die Bewegung vor und nach dem Stoß in einem mit dem Massenmittelpunkt verbundenen Bezugssystem. (Es ist üblich, die bisher benutzten Koordinaten als Laborkoordinaten zu bezeichnen; dient der Massenmittelpunkt als Bezugspunkt, sprechen wir von einem Massenmittelpunktsystem, das wir abgekürzt mit M.M.-System bezeichnen wollen.)

Aus Gl. (6.9) ergibt sich die Lage des Massenmittelpunktes zu

$$\mathbf{R}_{\text{M.M.}} = \frac{m_1 v_1 t\hat{\mathbf{x}}}{m_1 + m_2}. \qquad (6.18\text{a})$$

Seine Geschwindigkeit beträgt

$$\mathbf{V} = \frac{d}{dt}\mathbf{R}_{\text{M.M.}} = \frac{m_1}{m_1 + m_2} v_1 \hat{\mathbf{x}}. \qquad (6.18\text{b})$$

Im M.M.-System hat Teilchen 1 die ursprüngliche Geschwindigkeit

$$\mathbf{u}_1 = v_1\hat{\mathbf{x}} - \mathbf{V} = \left(1 - \frac{m_1}{m_1 + m_2}\right) v_1 \hat{\mathbf{x}} = \frac{m_2}{m_1 + m_2} v_1 \hat{\mathbf{x}}, \qquad (6.18\text{c})$$

während Teilchen 2 sich vor dem Stoß mit der Geschwindigkeit

$$\mathbf{u}_2 = -\mathbf{V} = -\frac{m_1}{m_1 + m_2} v_1 \hat{\mathbf{x}} \qquad (6.18\text{d})$$

bewegt.

Nach dem Stoß haften die Teilchen aneinander und bilden ein zusammengesetztes Teilchen mit der Masse $m_1 + m_2$, das im M.M.-System in Ruhe sein muß. Das neue Teilchen hat nach Gl. (6.18b) bezogen auf das Laborsystem die Geschwindigkeit **V**, die genau mit der auf andere Weise abgeleiteten, in Gl. (6.14) angegebenen Geschwindigkeit übereinstimmt. •

• 2. *Transversale Impulskomponenten.* Zwei Teilchen gleicher Masse bewegen sich ursprünglich auf Bahnen parallel zur x-Achse und stoßen zusammen. Nach dem Stoß wird ein bestimmter Wert $v_y(1)$ der y-Komponente der Geschwindigkeit beobachtet. Wie groß ist die y-Komponente der Geschwindigkeit des anderen Teilchens nach dem Stoß? Erinnern wir uns, daß jede Komponente des Gesamtimpulses getrennt erhalten bleibt.

Vor dem Stoß besaß keines der beiden Teilchen eine Geschwindigkeit in y-Richtung, so daß die y-Komponente des Gesamtimpulses gleich null war. Wegen der Erhaltung des Impulses darf es auch nach dem Stoß keine y-Komponente des Gesamtimpulses geben, so daß

$$m[v_y(1) + v_y(2)] = 0 \qquad (6.19)$$

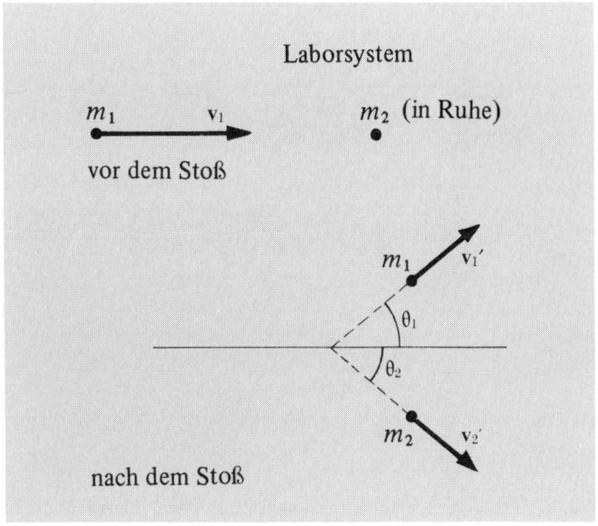

Bild 6.9. Ein Stoß zwischen m_1 und m_2 bleibt nicht unbedingt auf eine Dimension beschränkt. Im Laborsystem ruht m_2 vor dem Stoß.

und damit

$$v_y(2) = -v_y(1). \qquad (6.20)$$

Die Geschwindigkeit $v_y(1)$ selbst können wir erst berechnen, wenn uns die ursprünglichen Bahnen und Einzelheiten über die Kräfteverhältnisse während des Stoßes bekannt sind. •

• 3. *Teilchenstoß mit Anregung innerer Zustände.* Zwei Teilchen gleicher Masse und mit gleich großen, aber entgegengesetzten Geschwindigkeiten $\pm \mathbf{v}_i$ stoßen zusammen. Welche Geschwindigkeiten besitzen sie nach der Kollision?

Da der Massenmittelpunkt vor dem Stoß ruht und auch danach in Ruhe bleiben muß, sind die Endgeschwindigkeiten $\pm \mathbf{v}_f$ ebenfalls gleich groß und entgegengesetzt. Bei elastischem Stoß folgt aus dem Energieerhaltungssatz $v_f = v_i$. Führt der Stoß bei mindestens einem der beiden Teilchen zu einer Anregung innerer Zustände, so ist wegen der Erhaltung der Energie $v_f < v_i$. Der Fall $v_f > v_i$ tritt dann ein, wenn eines oder beide Teilchen vor dem Stoß angeregte innere Zustände besitzt und durch die Kollision innere Energie in kinetische umgewandelt wird. •

• 4. *Ablenkung eines schweren Teilchens durch ein leichtes.* Die folgende Aufgabe ist von großer Bedeutung. Ein Teilchen der Masse m_1 stößt elastisch auf ein Teilchen der Masse m_2, dessen Geschwindigkeit vor dem Stoß in Laborkoordinaten gleich null ist. Die Bahn von m_1 wird durch den Stoß um den Winkel θ_1 abgelenkt (Bild 6.9). Der größtmögliche Wert des Streuwinkels θ_1 ist durch die Erhaltungssätze für Energie und Impuls gegeben, unabhängig von den Einzelheiten der Wechselwirkung zwischen den Teilchen. Wir suchen $(\theta_1)_{max}$. Wir werden sehen, daß

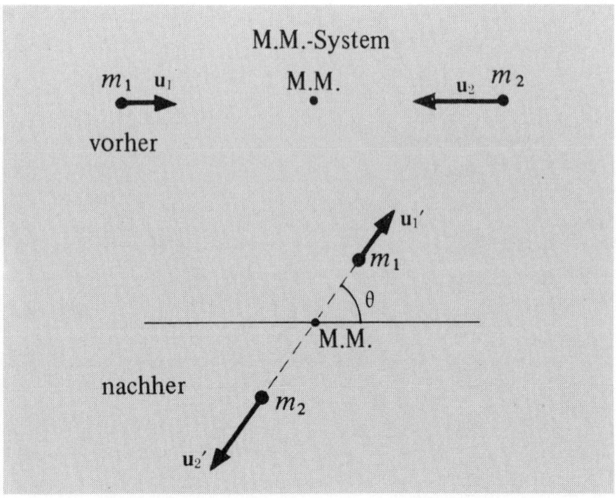

Bild 6.10. Im M.M.-System müssen m_1 und m_2 nach dem Stoß genau entgegengesetzt auseinanderliegen. Jeder Winkel $0 \leqslant \theta \leqslant \pi$ ist möglich; $|\mathbf{u}_1'| = |\mathbf{u}_1|$ und $|\mathbf{u}_2'| = |\mathbf{u}_2|$.

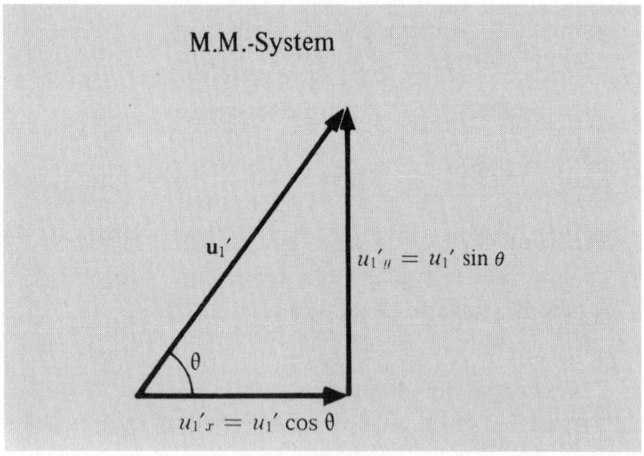

Bild 6.11. Die Geschwindigkeit $\mathbf{u}_1'$ von m_1 nach dem Stoß im M.M.-System ist hier in ihre x- und y-Komponenten zerlegt.

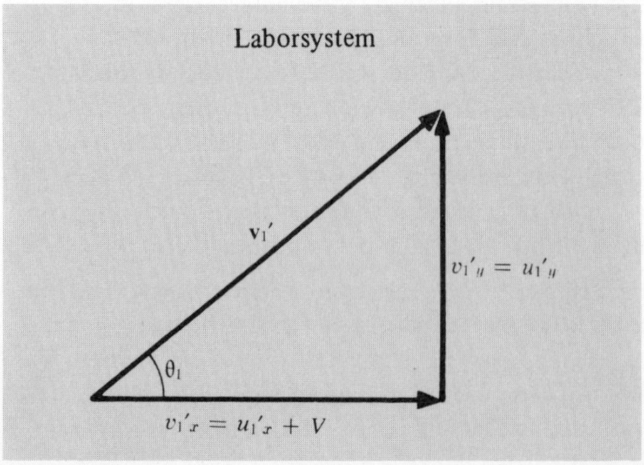

Bild 6.12. Im Laborsystem hat $\mathbf{v}_1'$ die gezeigten x- und y-Komponenten. Es gilt

$$\tan\theta_1 = \frac{\sin\theta}{\cos\theta + V/u_1} = \frac{\sin\theta}{\cos\theta + m_1/m_2}$$

es in einem bestimmten Abschnitt der Rechnung vorteilhaft ist, den Stoß in M.M.-Koordinaten zu beschreiben.

In Laborkoordinaten lauten die ursprünglichen Geschwindigkeiten

$$\mathbf{v}_1 = v_1 \hat{\mathbf{x}}\,; \qquad \mathbf{v}_2 = 0\,; \tag{6.21}$$

die Endgeschwindigkeiten (nach dem Stoß) bezeichnen wir mit $\mathbf{v}_1'$ und $\mathbf{v}_2'$. Der Energieerhaltungssatz fordert, daß bei elastischem Stoß die gesamte kinetische Energie vor der Kollision mit der kinetischen Energie des Systems danach übereinstimmt:

$$\frac{1}{2} m_1 v_1^2 = \frac{1}{2} m_1 v_1'^2 + \frac{1}{2} m_2 v_2'^2 \,. \tag{6.22}$$

Hierbei ist die Anfangsbedingung $v_2 = 0$ schon berücksichtigt. Die Anwendung des Impulserhaltungssatzes auf die x-Komponente des Impulses liefert

$$m_1 v_1 = m_1 v_1' \cos\theta_1 + m_2 v_2' \cos\theta_2 \,. \tag{6.23}$$

Sind nur zwei Teilchen an einem Stoßvorgang beteiligt, so läuft er in einer Ebene ab; wir wenden also den Impulserhaltungssatz noch auf die y-Komponente des Impulses an. Da ursprünglich die y-Komponente null war, gilt

$$0 = m_1 v_1' \sin\theta_1 + m_2 v_2' \sin\theta_2 \,. \tag{6.24}$$

Es ist durchaus möglich, die Gln. (6.22) bis (6.24) simultan für irgendwelche uns interessierenden Größen zu lösen, denn sie geben den gesamten Inhalt der Erhaltungssätze wieder. Doch kann man den Vorgang in M.M.-Koordinaten besser beschreiben. Zuerst ermitteln wir die Geschwindigkeit **V** des Massenmittelpunkts (M.M.) im Laborsystem. Die Lage des M.M. ist durch

$$\mathbf{R}_{\text{M.M.}} = \frac{m_1 \mathbf{r}_1 + m_2 \mathbf{r}_2}{m_1 + m_2} \tag{6.25}$$

gegeben. Für die Geschwindigkeit **V** des M.M. erhalten wir somit

$$\dot{\mathbf{R}}_{\text{M.M.}} = \frac{m_1 \dot{\mathbf{r}}_1 + m_2 \dot{\mathbf{r}}_2}{m_1 + m_2}\;; \qquad \mathbf{V} = \frac{m_1}{m_1 + m_2} \mathbf{v}_1 \,, \tag{6.26}$$

wobei das Ergebnis in Abhängigkeit der Geschwindigkeiten $\mathbf{v}_1$ und $\mathbf{v}_2$ vor dem Stoß mit $\mathbf{v}_2 = 0$ erscheint. Wir bemerken noch, daß Gl. (6.26) mit Gl. (6.18b) in der Form übereinstimmt, aber allgemeiner, nämlich im dreidimensionalen Raum gilt (Bild 6.10).

Bezeichnen wir in einem mit dem Massenmittelpunkt verknüpften System mit $\mathbf{u}_1, \mathbf{u}_2$ die Geschwindigkeiten vor dem Stoß und mit $\mathbf{u}_1', \mathbf{u}_2'$ die Geschwindigkeiten nach dem Stoß, dann gelten folgende Beziehungen zwischen den Geschwindigkeiten in Labor- und in M.M.-Koordinaten (Bilder 6.11 und 6.12):

$$\begin{aligned} \mathbf{v}_1 &= \mathbf{u}_1 + \mathbf{V}\,; \qquad & \mathbf{v}_2 &= \mathbf{u}_2 + \mathbf{V} \\ \mathbf{v}_1' &= \mathbf{u}_1' + \mathbf{V}\,; \qquad & \mathbf{v}_2' &= \mathbf{u}_2' + \mathbf{V}\,. \end{aligned} \tag{6.27}$$

Mit Hilfe einer einfachen Überlegung können wir die Art der Lösung erraten, die durch die Erhaltungssätze bestimmt wird. Zunächst sei angemerkt, daß bei einer Kollision, in der

$$u_1 = u_1' \;;\quad u_2 = u_2' \tag{6.28}$$

gilt, die kinetische Energie erhalten bleibt, da die kinetischen Energien der einzelnen Teilchen sich nicht ändern. Ferner wird der Impuls im M.M.-System erhalten, wenn die Streuwinkel der Teilchen 1 und 2 übereinstimmen, d.h., wenn die Bahnen der Teilchen kollinear sind. Wären diese Streuwinkel (im M.M.-System betrachtet) nicht gleich, dann wäre der Massenmittelpunkt nach dem Stoß nicht in Ruhe. Wir wissen aber, daß er ohne Einwirkung äußerer Kräfte nicht bewegt werden kann.

In M.M.-Koordinaten betrachtet erscheint die Kinematik des Stoßvorgangs erstaunlich einfach. Sämtliche Streuwinkel $\theta_{M.M.}$ sind nach den Erhaltungssätzen erlaubt. Das trifft für θ_1 und θ_2 im Laborsystem nicht zu. Denken wir an ein schweres Teilchen, das auf ein ursprünglich ruhendes leichtes Teilchen auftrifft. Intuitiv wissen wir, daß das schwere Teilchen nach dem Stoß nicht zurückprallen wird. Welche Einschränkungen haben wir also noch nicht berücksichtigt?

Kehren wir zum Laborsystem zurück. Für $\theta_{M.M.}$ schreiben wir einfach θ und bilden dann

$$\tan\theta_1 = \frac{\sin\theta_1}{\cos\theta_1} = \frac{v_1'\sin\theta_1}{v_1'\cos\theta_1} = \frac{u_1'\sin\theta}{u_1'\cos\theta + V}\,, \tag{6.29}$$

worin die Identität der y-Komponenten der Endgeschwindigkeit des Teilchens 1 in den beiden Bezugssystemen bereits enthalten ist. Ferner gilt nach Gl. (6.28) $u_1 = u_1'$, so daß

$$\tan\theta_1 = \frac{\sin\theta}{\cos\theta + V/u_1} \tag{6.30}$$

folgt. Aus den Gln. (6.26) und (6.27) gewinnen wir die Beziehungen

$$V = \frac{m_1}{m_1 + m_2}(u_1 + V)\;;\quad V = \frac{m_1}{m_2}\,u_1\,, \tag{6.31}$$

wonach aus Gl. (6.30)

$$\tan\theta_1 = \frac{\sin\theta}{\cos\theta + m_1/m_2} \tag{6.32}$$

folgt (Bilder 6.13 bis 6.15).

Es interessiert der Wert $(\theta_1)_{max}$. Wir können ihn entweder graphisch oder durch Differentiation aus Gl. (6.32) bestimmen. Offensichtlich kann der Nenner für $m_1 > m_2$ niemals verschwinden, so daß dann $(\theta_1)_{max}$ kleiner als $\pi/2$ sein muß. Gilt $m_1 = m_2$, so folgt $(\theta_1)_{max} = \pi/2$. Mit $m_1 < m_2$ ist jeder Wert für θ_1 möglich. •

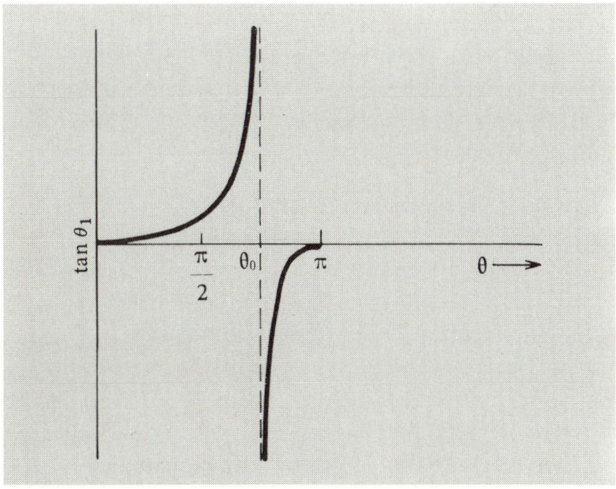

Bild 6.13. Für $m_1 < m_2$ hat $\tan\theta_1 = \dfrac{\sin\theta}{\cos\theta + m_1/m_2}$ bei $\theta = \theta_0 = \arccos(-m_1/m_2)$ eine Unendlichkeitsstelle. Jeder Winkel $0 \leqslant \theta_1 \leqslant \pi$ ist möglich.

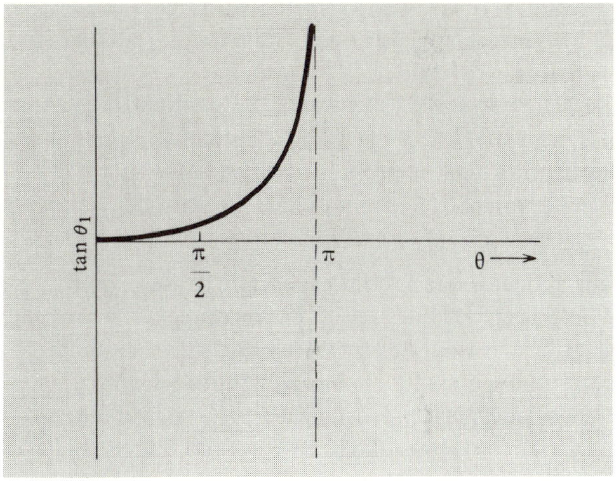

Bild 6.14. Für $m_1 = m_2$ ist $\tan\theta_1$ bei $\theta = \pi$ unendlich. Folglich sind alle Winkel $0 \leqslant \theta_1 \leqslant \pi/2$ mögliche Wurzeln der Gleichung für $\tan\theta_1$.

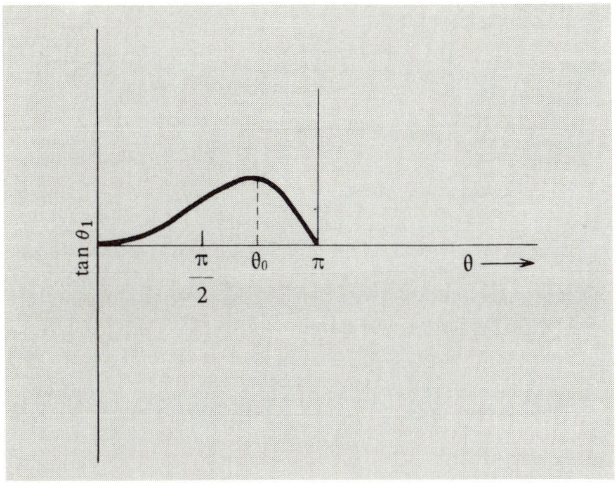

Bild 6.15. Für $m_1 > m_2$ bleibt $\tan\theta_1$ endlich. Somit gilt $0 \leqslant \theta_1 \leqslant \arcsin(m_2/m_1) < \pi/2$.

• *5. Ein Satellitenproblem.* Ein Satellit im kräftefreien Raum nimmt stationären interplanetaren Staub mit der Geschwindigkeit $dm/dt = \alpha v$ auf, wobei m die Masse und v die Geschwindigkeit des Satelliten bedeuten; α ist eine Konstante. Wie groß ist die Verzögerung?

Aus dem 2. Newtonschen Gesetz folgt

$$\mathbf{F} = \frac{d}{dt}(mv) = \dot{m}v + m\dot{v} = 0 \qquad (6.33)$$

oder für eindimensionale Bewegung mit $\dot{m} = \alpha v$

$$\dot{v} = -\frac{\alpha v^2}{m}\ . \qquad (6.34)$$

(Wir haben hier $v \geqslant 0$ vorausgesetzt.) Kann man diese Aufgabe auch anders betrachten? •

• *6. Ein Raumschiffproblem.* Ein Raumschiff stößt Treibstoff mit einer Geschwindigkeit $-\mathbf{V}_0$ relativ zum Fahrzeug aus. Die zeitliche Änderung der Masse ist konstant $\dot{m} = -\alpha$. Stellen Sie unter Vernachlässigung der Schwerkraft die Bewegungsgleichung des Raumschiffs auf und lösen Sie sie.

Bezeichnen wir die Geschwindigkeit des Fahrzeugs zur Zeit t mit **v**, so beträgt die Treibstoffgeschwindigkeit in Laborkoordinaten (in einem Inertialsystem) $-\mathbf{V}_0 + \mathbf{v}$. Wir wollen annehmen, daß $\mathbf{V}_0$ und **v** parallel sind, womit sich das Problem auf eine Dimension reduziert.

Die auf das Fahrzeug wirkende Kraft ist gleich groß und entgegengesetzt der zeitlichen Änderung der Bewegungsgröße des ausgestoßenen Treibstoffs. In Laborkoordinaten erhalten wir für die Bewegungsgröße des ausgestoßenen Treibstoffs pro Zeiteinheit $|\dot{m}|\,(-V_0 + v)$ oder $\alpha(-V_0 + v)$, so daß sich die Kraft F auf das Raumschiff zu

$$F = -\alpha(-V_0 + v) = \alpha(V_0 - v) \qquad (6.35)$$

ergibt, immer noch im Laborsystem betrachtet. Diese Kraft ist gleich $\dot{m}v + m\dot{v}$ für das Raumschiff; somit lautet die Bewegungsgleichung

$$\dot{m}v + m\dot{v} = \alpha(V_0 - v) \qquad (6.36)$$

oder

$$m\dot{v} = \alpha V_0 \qquad (6.37)$$

wobei

$$m(t) = m_0 - \alpha t\ . \qquad (6.38)$$

(Diese letzte Gleichung erfüllt unsere Annahme $\dot{m} = -\alpha$.) Aus Gl. (6.36) erhalten wir dann

$$-\alpha v + (m_0 - \alpha t)\frac{dv}{dt} = \alpha(V_0 - v) \qquad (6.39)$$

und durch Umformung

$$dv = \frac{(\alpha V_0/m_0)}{1 - (\alpha t/m_0)}\,dt\ . \qquad (6.39\text{a})$$

Integration von 0 bis t und von der Anfangsgeschwindigkeit v_0 bis v ergibt

$$v = -V_0 \log\left(1 - \frac{\alpha t}{m_0}\right) + v_0\ . \qquad (6.40)$$

Die Geschwindigkeitsänderung in der Zeitspanne t beträgt also

$$v - v_0 = -V_0 \log\left(1 - \frac{t}{t_0}\right) = V_0 \log\frac{t_0}{t_0 - t}\ . \qquad (6.41)$$

Hier bedeutet

$$t_0 \equiv \frac{m_0}{\alpha} \qquad (6.42)$$

die Zeit, die bis zum Ausstoßen der gesamten Fahrzeugmasse verstreicht. Natürlich besteht das Raumschiff nicht nur aus Treibstoff. Das Antriebsaggregat hat eine Brenndauer, die gewöhnlich bei $0{,}85 \ldots 0{,}9\ t_0$ liegt, d.h., $85 \ldots 90\,\%$ der ursprünglichen Masse des Fahrzeugs ist Treibstoff. Aus Gl. (6.41) erkennt man den Vorteil hoher Ausstoßgeschwindigkeit (hohes V_0). Hiernach bestünde der wirksamste Treibstoff aus Photonen, für die $V_0 = c$ ist. Zeichnen Sie Gl. (6.41) in dimensionsloser Form unter Verwendung der Variablen $(v - v_0)/V_0$ und t/t_0. Welches Koordinatenpapier ist dafür am besten geeignet? •

6.2. Die Erhaltung des Drehimpulses

Der Drehimpuls oder Drall **L** eines einzelnen Teilchens, bezogen auf einen beliebigen festen Punkt eines Inertialsystems als Koordinatenursprung, ist durch

$$\boxed{\mathbf{L} \equiv \mathbf{r} \times \mathbf{p} \equiv \mathbf{r} \times m\mathbf{v}} \qquad (6.43)$$

definiert, mit **p** als Teilchenimpuls (Bilder 6.16 und 6.17). Der Drehimpuls besitzt die Einheit $g\,cm^2/s$ oder erg s [1]). Unter dem Drehimpuls des Teilchens um eine bestimmte Achse durch den Koordinatenursprung versteht man die Projektion von **L** auf diese Achse.

Entsprechend definiert ist das Drehmoment **M** des Teilchens um denselben festen Punkt:

$$\boxed{\mathbf{M} \equiv \mathbf{r} \times \mathbf{F}}\ , \qquad (6.44)$$

wobei **F** die auf das Teilchen wirkende Kraft bedeutet. Das Drehmoment hat die Einheit dyn cm [2]). Differenzieren wir Gl. (6.43), so ergibt sich

$$\frac{d\mathbf{L}}{dt} = \frac{d}{dt}(\mathbf{r} \times \mathbf{p}) = \frac{d\mathbf{r}}{dt} \times \mathbf{p} + \mathbf{r} \times \frac{d\mathbf{p}}{dt}\ . \qquad (6.45)$$

[1]) Als SI-Einheit des Drehimpulses ist vorgesehen Nsm.

[2]) Die SI-Einheiten sind Nm und J wobei gilt 1 Nm = 1 J.

Nun ist aber

$$\frac{d\mathbf{r}}{dt} \times \mathbf{p} = \mathbf{v} \times m\mathbf{v} = 0 \quad , \tag{6.46}$$

und in einem Inertialsystem gilt nach dem 2. Newtonschen Gesetz

$$\mathbf{r} \times \frac{d\mathbf{p}}{dt} = \mathbf{r} \times \mathbf{F} = \mathbf{M} \quad . \tag{6.47}$$

Damit erhalten wir das wichtige Ergebnis

$$\boxed{\frac{d\mathbf{L}}{dt} = \mathbf{M}} \quad . \tag{6.48}$$

In Worten: Die zeitliche Änderung des Drehimpulses ist gleich dem Drehmoment.

Wenn $\mathbf{M} = 0$, gilt $\mathbf{L}$ = const. *In Abwesenheit eines äußeren Drehmoments*[1] *) bleibt der Drehimpuls erhalten.* Der *Drehimpulserhaltungssatz* bezieht sich aber nicht nur auf Teilchen mit geschlossener Bahn; er gilt ebenso für offene Bahnen und für Stoßprozesse.

Betrachten wir ein Teilchen unter Einwirkung einer Zentralkraft der Form

$$\mathbf{F} = \hat{\mathbf{r}}\, f(r) \, . \tag{6.49}$$

Eine Zentralkraft ist überall genau auf einen bestimmten Punkt oder weg von ihm gerichtet. Das dazugehörige Drehmoment (Bilder 6.18 und 6.19) ergibt sich zu

$$\mathbf{M} = \mathbf{r} \times \mathbf{F} = \mathbf{r} \times \hat{\mathbf{r}}\, f(r) = 0 \, , \tag{6.50}$$

so daß für Zentralkräfte

$$\frac{d\mathbf{L}}{dt} = 0 \tag{6.51}$$

gilt und damit *der Drehimpuls erhalten bleibt.* Im folgenden Abschnitt zeigen wir, daß dieses Ergebnis als unmittelbare Folge der Invarianz der Potentialfunktion $W_p(\mathbf{r})$ gegenüber Drehung des Bezugssystems gewonnen werden kann. Jedoch vorerst betrachten wir die Erweiterung der Drehmomentengleichung auf ein System von N wechselwirkenden Teilchen.

Bezogen auf einen beliebigen festen Punkt in einem Inertialsystem als Koordinatenursprung beträgt der Gesamtdrehimpuls $\mathbf{L}$ eines Teilchensystems

$$\mathbf{L} = \sum_{n=1}^{N} m_n \mathbf{r}_n \times \mathbf{v}_n \quad . \tag{6.52}$$

Wie beim einzelnen Teilchen hängt der Wert von $\mathbf{L}$ vom gewählten Koordinatenursprung O ab. Mit $\mathbf{R}_{M.M.}$ als

[1]) Ein äußeres Drehmoment wird durch eine auf einen Körper wirkende äußere Kraft erzeugt. Ein inneres Drehmoment entsteht aus einer Kraft, die von einem Teil des Körpers auf einen anderen wirkt.

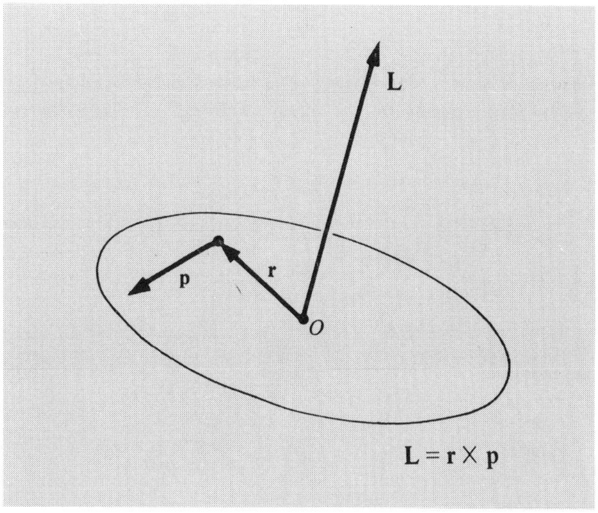

Bild 6.16. Darstellung des Drehimpulses oder Dralls **L** bezogen auf O.

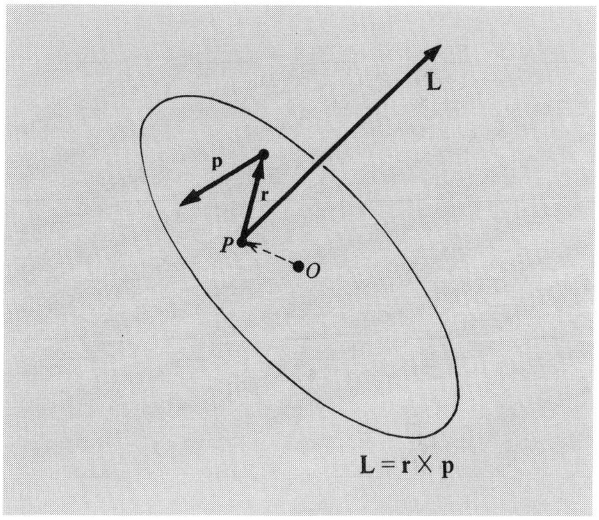

Bild 6.17. Der *auf einen anderen Punkt P bezogene Drehimpuls* ist selbst für das *gleiche* Teilchen mit *gleichem* Impuls **p** verschieden.

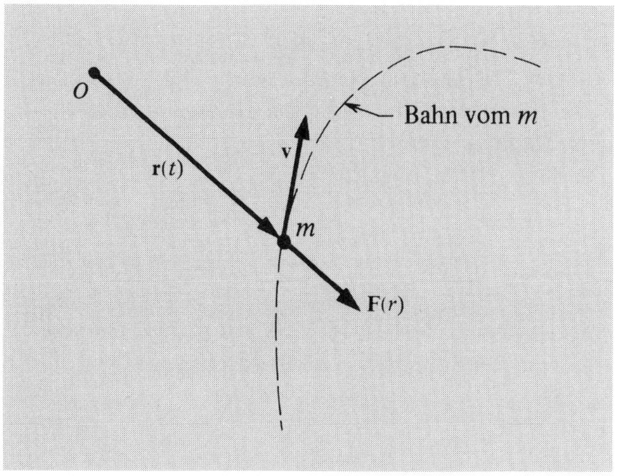

Bild 6.18. Auf das Teilchen m wirkt die abstoßende Zentralkraft **F** (**r**). (Die Kraftquelle liegt in O.) Wegen **M** = **r** × **F** = 0 ist **L** konstant.

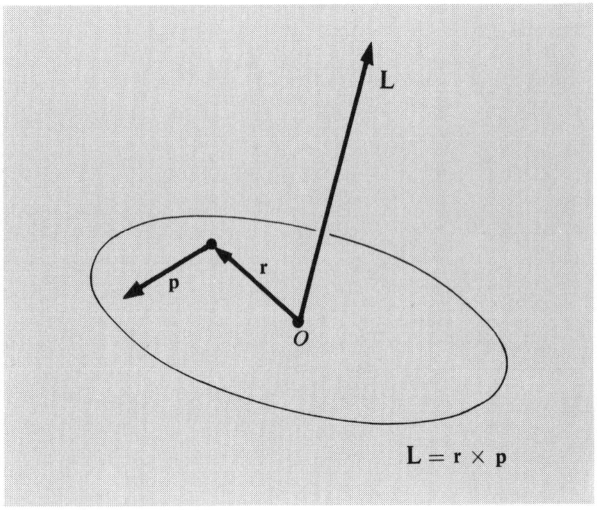

Bild 6.19. Da **L** für Zentralkräfte konstant ist, bleibt eine Zentralbewegung auf eine Ebene beschränkt.

Vektor vom Ursprung zur Lage des Massenmittelpunktes schreiben wir **L** in die wichtigere Form

$$\mathbf{L} = \sum_{n=1}^{N} m_n(\mathbf{r}_n - \mathbf{R}_{M.M.}) \times \mathbf{v}_n + \sum_{n=1}^{N} m_n \mathbf{R}_{M.M.} \times \mathbf{v}_n$$

$$= \mathbf{L}_{M.M.} + \mathbf{R}_{M.M.} \times \mathbf{p} \ . \qquad (6.53)$$

um, wobei $\mathbf{L}_{M.M.}$ der Drehimpuls um den M.M. und $\mathbf{p} \equiv \Sigma\, m_n \mathbf{v}_n$ der Gesamtimpuls ist. Im Summanden $\mathbf{R}_{M.M.} \times \mathbf{p}$ haben wir den Drehimpuls des M.M. um den Ursprung erfaßt. Dieser Term hängt von der Wahl des Koordinatenursprungs ab, $\mathbf{L}_{M.M.}$ dagegen nicht. Es ist zuweilen zweckvoll, das $\mathbf{L}_{M.M.}$ eines *Einzelteilchens* als seinen *Spin* zu bezeichnen.

● **Beispiel**: *Innere Drehmomente.* Mögliche Wechselwirkungen zwischen den Teilchen selbst führen zu inneren Drehmomenten. Zeigen Sie, daß *die Summe aller inneren Drehmomente verschwindet.*

Das Gesamtdrehmoment **M** ist durch

$$\mathbf{M} = \sum_{n=1}^{N} \mathbf{r}_n \times \mathbf{F}_n \qquad (6.54)$$

gegeben, wobei die auf das i-te Teilchen wirkende innere Kraft $\mathbf{F}_i$ aus der Summe aller Kräfte $\mathbf{F}_{ij}$ besteht:

$$\mathbf{F}_i = \sum_{j=1}^{N}{}' \mathbf{F}_{ij} \ . \qquad (6.55)$$

($\mathbf{F}_{ij}$ ist die von Teilchen j auf Teilchen i ausgeübte Kraft. Der Strich am Summationszeichen bedeutet Weglassen des Terms mit j = i.) Damit ergibt sich das innere Drehmoment $\mathbf{M}_{int}$ zu

$$\mathbf{M}_{int} = \sum_i \mathbf{r}_i \times \mathbf{F}_i = \sum_i \sum_j{}' \mathbf{r}_i \times \mathbf{F}_{ij} \ . \qquad (6.56)$$

Vertauschen wir die ohnehin willkürliche Bennenung der Indizes i und j, dann erhalten wir die Identität

$$\sum_i \sum_j{}' \mathbf{r}_i \times \mathbf{F}_{ij} \equiv \sum_j \sum_i{}' \mathbf{r}_j \times \mathbf{F}_{ji} \ , \qquad (6.57)$$

so daß

$$\mathbf{M}_{int} = \frac{1}{2} \sum_i \sum_j{}' (\mathbf{r}_i \times \mathbf{F}_{ij} + \mathbf{r}_j \times \mathbf{F}_{ji}) \qquad (6.58)$$

wird. Nehmen wir Newtonsche Wechselwirkung an, also $\mathbf{F}_{ji} = -\mathbf{F}_{ij}$, dann ergibt sich

$$\mathbf{M}_{int} = \frac{1}{2} \sum_i \sum_j{}' (\mathbf{r}_i - \mathbf{r}_j) \times \mathbf{F}_{ij} \ . \qquad (6.59)$$

Für Zentralkräfte gilt, daß $\mathbf{F}_{ij}$ und $\mathbf{r}_i - \mathbf{r}_j$ parallel sind, womit natürlich das Vektorprodukt $(\mathbf{r}_i - \mathbf{r}_j) \times \mathbf{F}_{ij}$ verschwindet, und folglich gilt

$$\mathbf{M}_{int} = 0 \ . \qquad (6.60)$$

(Das gleiche Ergebnis trifft für nichtzentrale innere Kräfte zu. Diejenigen statischen nichtzentralen Kräfte, die in der Physik von Bedeutung sind, können in den meisten Fällen durch Kräfte simuliert werden, die von einer räumlichen Anordnung von Massenpunkten herrühren, wobei jeder Massenpunkt ein Zentralkraftfeld beiträgt.) ●

Unter der Annahme $\mathbf{M}_{int} = 0$ erhalten wir aus den Gln. (6.51), (6.53) und (6.60)

$$\frac{d}{dt} \mathbf{L}_{total} = \mathbf{M}_{ext} \ ; \qquad (6.61)$$

$$\mathbf{L}_{total} = \mathbf{L}_{M.M.} + \mathbf{R}_{M.M.} \times \mathbf{p} \ . \qquad (6.62)$$

Hier ist $\mathbf{L}_{M.M.}$ der Drehimpuls um den Massenmittelpunkt und $\mathbf{R}_{M.M.} \times \mathbf{p}$ der Drehimpuls des M.M. um den beliebigen Koordinatenursprung. Gewöhnlich wählt man als Koordinatenursprung den M.M. selbst, wonach sich Gl. (6.61) zu

$$\frac{d}{dt} \mathbf{L}_{M.M.} = \mathbf{M}_{ext} \qquad (6.63)$$

vereinfacht. Wirken keine äußeren Kräfte, dann verschwindet $\mathbf{M}_{ext}$, und $\mathbf{L}_{M.M.}$ ist konstant.

Mit Gl. (6.12) stellten wir fest, daß die Bewegung des M.M. eines Körpers oder Systems durch die gesamte äußere auf das System wirkende Kraft bestimmt wird. Nun sehen wir, daß ganz entsprechend die Drehung um den M.M. allein vom resultierenden äußeren Drehmoment abhängt.

Die geometrische Bedeutung des Drehimpulses eines auf geschlossener Bahn um den Ursprung fliegenden Teilchens entnehmen wir Bild 6.20. Die Vektorfläche $\Delta\mathbf{S}$ des Dreiecks ist durch

$$\Delta\mathbf{S} = \frac{1}{2}\mathbf{r} \times \Delta\mathbf{r} \qquad (6.64)$$

gegeben, woraus

$$\frac{d\mathbf{S}}{dt} = \frac{1}{2}\mathbf{r} \times \mathbf{v} = \frac{1}{2m}\mathbf{r} \times \mathbf{p} = \frac{1}{2m}\mathbf{L} \qquad (6.65)$$

folgt. Wir wissen, daß bei geeigneter Wahl des Koordinatenursprungs $\mathbf{L}$ = const. für Zentralkräfte gilt.

Wählen wir in einer Planetenaufgabe die Sonne als Ursprung, dann ist der Drehimpuls eines Planeten konstant (Bild 6.21), abgesehen von Störungen (Perturbationen) durch andere Planeten. Für Zentralkräfte können wir aus den Gln. (6.64) und (6.65) folgern, daß

1. die Bahn in einer Ebene liegt,
2. $\mathbf{r}$ in gleichen Zeiten gleiche Flächen überstreicht.

Dies ist eines der drei Keplerschen Gesetze, die wir in Kapitel 9 besprechen werden. Das erste Ergebnis folgt daraus, daß $\mathbf{r}$ und $\Delta\mathbf{r}$ in einer Ebene senkrecht zu $\mathbf{L}$ liegen, und für ein Zentralkraftfeld ist der Vektor $\mathbf{L}$ konstant.

Bei kreisförmiger Bewegung steht die Geschwindigkeit $\mathbf{v}$ senkrecht auf $\mathbf{r}$, so daß

$$\mathbf{L} = mvr = m\omega r^2 \qquad (6.66)$$

ist.

Die Planeten bewegen sich auf elliptischen Bahnen um die Sonne als Brennpunkt. Aus der Erhaltung des Drehimpulses folgt, daß jeder Planet im Punkte größter Annäherung an die Sonne sich schneller bewegen muß als im Punkte größter Entfernung. In diesen Punkten sind $\mathbf{v}$ und $\mathbf{r}$ senkrecht zueinander, so daß der Betrag des Drehimpulses durch mvr gegeben ist. Wegen der Konstanz des Dralls sind die Werte von mvr in den beiden Punkten gleich, so daß ein kleineres r ein größeres v bedingt.

• **Beispiel**: *Protonenstreuung an einem schweren Kern.* Ein Proton nähert sich einem sehr schweren Kern der Ladung Ze. In unendlicher Entfernung vom Kern besitzt es die kinetische Energie $\frac{1}{2}m_p v_0^2$. Eine an die Flugbahn in großer Entfernung angelegte Tangente hat einen minimalen Abstand b vom Kern (Bild 6.22), der als *Stoßparameter* bezeichnet wird.

Welchen geringsten Abstand vom Kern besitzt die tatsächliche Flugbahn? Die Kernmasse wird so groß angenommen, daß die kinetische Energie des Kernrückpralls vernachlässigt werden kann. (Das gesamte Streuproblem ist in der geschichtlichen Anmerkung zu Kapitel 15 zu finden.)

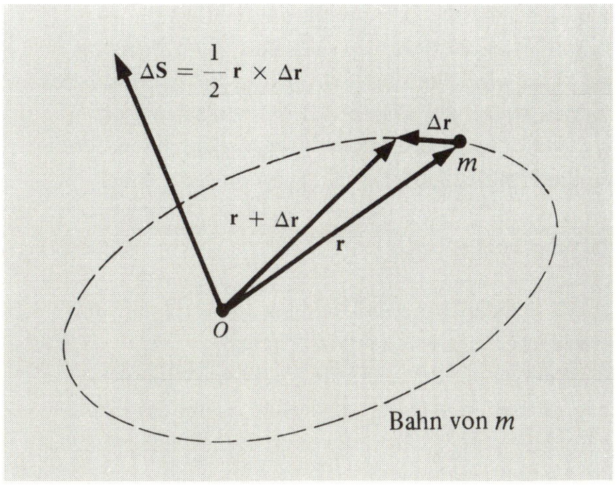

Bild 6.20.

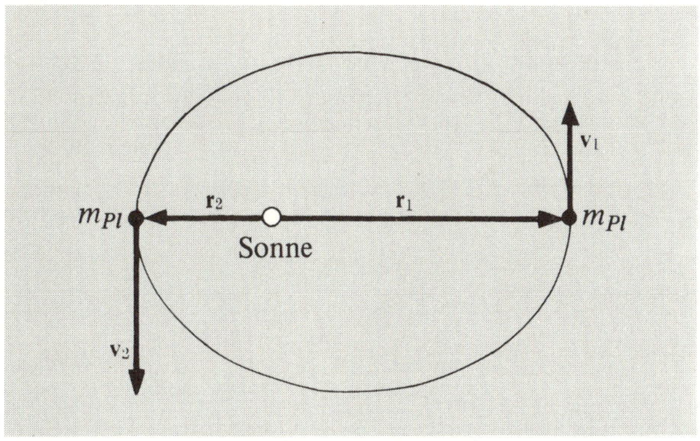

Bild 6.21. Der Planet m besitzt einen konstanten Drehimpuls um die Sonne. Also gilt $mr_2v_2 = mr_1v_1$, wobei r_1 der größte und r_2 der kleinste Abstand von der Sonne sind. Die Planetenbahnen sind in Wirklichkeit viel weniger exzentrisch als hier gezeigt. Die Zeichnung wurde zum besseren Verständnis übertrieben.

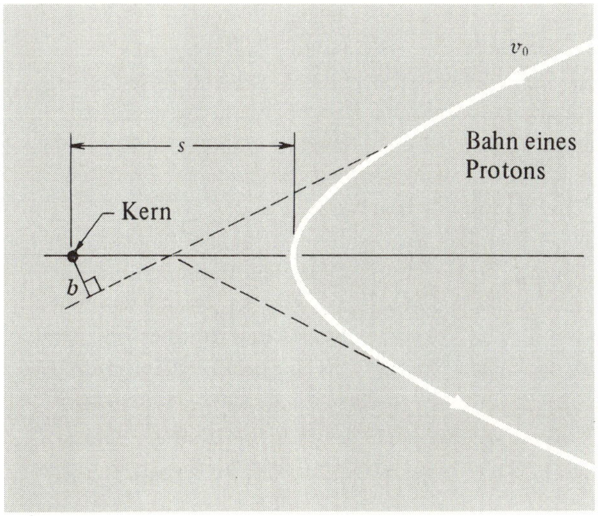

Bild 6.22. Die Bewegung eines Protons im Coulombfeld eines schweren Kerns. Die Bahn ist eine Hyperbel (s. Kapitel 9). Den geringsten Abstand vom Kern bezeichnen wir mit s. Das Lot vom Kern auf die gerade Bahn, auf der das Proton ohne Einfluß des Kerns fliegen würde, bezeichnen wir als Stoßparameter b.

Der ursprüngliche Drehimpuls des Protons um den Kern beträgt $m_p v_0 b$, wenn v_0 der Betrag der ursprünglichen Geschwindigkeit des Protons ist. Bei Erreichen des geringsten Abstandes s hat der Drehimpuls den Wert $m_p v_s s$, wobei v_s den Betrag der Protonengeschwindigkeit in diesem Punkt angibt. Die Kraft ist zentral; daher gilt

$$m_p v_0 b = m_p v_s s\,; \quad v_s = \frac{v_0 b}{s}\,. \tag{6.66a}$$

Beachten Sie, daß wir eine Drehimpulsübertragung auf den schweren Kern vernachlässigt haben.

Die Energie des Protons bleibt bei dem Streuprozeß ebenfalls erhalten. Am Anfang besitzt es nur die kinetische Energie $\frac{1}{2} m_p v_0^2$. Im Punkte größter Annäherung hat es eine Gesamtenergie von

$$\frac{1}{2} m_p v_s^2 + \frac{Ze^2}{s}\,; \tag{6.66b}$$

der erste Summand gibt die kinetische, der zweite die potentielle Energie an. Vom Energieerhaltungssatz wissen wir, daß

$$\frac{1}{2} m_p v_s^2 + \frac{Ze^2}{s} = \frac{1}{2} m_p v_0^2 \tag{6.66c}$$

oder mit Gl. (6.66a)

$$\frac{Ze^2}{s} = \frac{1}{2} m_p v_0^2 \,[1 - (\frac{b}{s})^2] \tag{6.66d}$$

gilt. Diese Gleichung können Sie nach s auflösen. Unter Anwendung der Erhaltungssätze haben wir bemerkenswert viel über den Streuvorgang erfahren.

Rotationsinvarianz. Die Erhaltung des Drehimpulses folgt aus der Invarianz der potentiellen Energie gegenüber Drehung des Bezugssystems. Existiert ein äußeres Drehmoment, so müssen wir im allgemeinen Arbeit verrichten, wenn wir das System gegen dieses Drehmoment rotieren lassen wollen. Wenden wir aber Arbeit auf, so verändern wir damit die potentielle Energie. Bleibt die potentielle Energie W_p durch die Drehung unverändert, so liegt auch kein äußeres Drehmoment vor. Das bedeutet aber, daß der Drehimpuls erhalten bleibt.

Analytisch können wir dieses Argument in genauer Analogie zu dem vorherigen für die Impulserhaltung wie in den Gln. (6.1) bis (6.7) wiederholen. Dazu bezeichnen wir mit $\Omega\mathbf{r}$ den Vektor, den wir durch Rotation von $\mathbf{r}$ um einen beliebigen Winkel θ um eine beliebige Achse erhalten [1]). Die Längen von $\Omega\mathbf{r}$ und $\mathbf{r}$ stimmen überein. Wir behaupten, daß *die Drehimpulserhaltung aus der durch*

$$W_p(\mathbf{r}_1, \mathbf{r}_2, \ldots, \mathbf{r}_n) = W_p(\Omega\mathbf{r}_1, \Omega\mathbf{r}_2, \ldots, \Omega\mathbf{r}_n) \tag{6.67}$$

definierten Rotationsinvarianz folgt.

Was bedeutet diese Beziehung hinsichtlich der Abhängigkeit von W_p vom Funktionsargument bei zwei Teilchen? Sehen wir uns die spezielle Form

$$W_p = W_p(\mathbf{r}_1 - \mathbf{r}_2) \tag{6.68}$$

an. Wird $\mathbf{r}$ durch den gedrehten Vektor $\Omega\mathbf{r}$ ersetzt, so ändert sich die Richtung von $\mathbf{r}_1 - \mathbf{r}_2$, aber nicht der Betrag. Soll die potentielle Energie W_p invariant sein, so kann sie nur vom Betrag $|\mathbf{r}_1 - \mathbf{r}_2|$ des Abstandes zwischen den Teilchen abhängen, d.h.

$$W_p(\mathbf{r}_1, \mathbf{r}_2) \equiv W_p(|\mathbf{r}_1 - \mathbf{r}_2|)\,. \tag{6.69}$$

Für ein solches Potential ist die Kraft $\mathbf{F}_{12} = -\mathbf{F}_{21}$ automatisch kollinear mit $\mathbf{r}_2 - \mathbf{r}_1$ und damit zentral. Folglich verschwindet nach Gl. (6.50) das Drehmoment.

Die Rotationsinvarianz eines n-Teilchensystems ist dann gegeben, wenn W_p nur von den Abstandsbeträgen zwischen den Teilchen abhängt.

Ein einzelnes Elektron oder Ion in einem Kristall befindet sich nicht in einem rotationsinvarianten Potential, da das von den anderen Kristallionen herrührende elektrische Feld sehr ungleichförmig oder inhomogen ist. Daher können wir im allgemeinen nicht erwarten, daß für den Drehimpuls der Elektronenschalen eines Ions in einem Kristall ein Erhaltungssatz gilt, wie es für das gleiche Ion im freien Raum der Fall ist. Die Nichterhaltung des Elektronendrehimpulses von Ionen in Kristallen ist bei der Untersuchung paramagnetischer Kristallionen beobachtet worden. Dieser Effekt wird als Auslöschung der Bahndrehimpulse bezeichnet.

Der Drehimpuls $\mathbf{L}$ der Erde, bezogen auf die Sonne als Koordinatenursprung, bleibt erhalten, da für jeden Massenpunkt der Erde $\mathbf{r} \times \mathbf{F} = 0$ gilt, wobei $\mathbf{F}$ die zwischen Sonne und Massenpunkt wirkende Schwerkraft ist.

• **Beispiel**: *Kontraktion und Winkelbeschleunigung.* Ein Teilchen der Masse m am Ende eines Fadens mit der Länge r_0 rotiert mit der Geschwindigkeit v_0 (Bild 6.23). Welche Arbeit W wird verrichtet, um den Faden auf die Länge r zu verkürzen?

Der Faden übt auf das Teilchen eine radiale Kraft aus, so daß bei der Verkürzung das *Drehmoment gleich Null* ist. Der Drehimpuls muß daher konstant bleiben:

$$m v_0 r_0 = m v r\,. \tag{6.70}$$

Bei r_0 beträgt die kinetische Energie $\frac{1}{2} m v_0^2$; sie erhöht sich bei r auf

$$\frac{1}{2} m v^2 = \frac{1}{2} m v_0^2 \left(\frac{r_0}{r}\right)^2\,, \tag{6.71}$$

da aus Gl. (6.70) $v = v_0 r_0 / r$ folgt. Also wird bei Verkürzung des Fadens von r_0 auf r die Arbeit

$$W = \frac{1}{2} m v_0^2 \left[\left(\frac{r_0}{r}\right)^2 - 1\right] \tag{6.72}$$

---

[1]) Wir lassen hier $\mathbf{r}$ rotieren und nicht das Bezugssystem, da unser Argument dadurch einfacher erscheint. Die Größe Ω ist nicht eine einfache Zahl, sondern ein sogenannter Operator. Operatoren behandeln wir in Band 4.

aufgebracht. Wir sehen, daß der Drehimpuls auf die Radialbewegung wie eine abstoßende potentielle Energie wirkt: Wir müssen am Teilchen *zusätzliche* Arbeit verrichten, um es an das Drehzentrum heranzuziehen, *wenn* wir bei dem Vorgang den Drehimpuls erhalten wollen.

Vergleichen Sie dieses Verhalten mit dem eines Teilchens, das am Ende eines Fadens sich frei an einem glatten Pfahl heraufwindet. Warum bleibt dabei die kinetische Energie konstant? •

Die Form einer Galaxis. Das Ergebnis des vorangegangenen Beispiels führt uns auf eine mögliche Deutung der Entstehung der Form einer Galaxis. Wir betrachten eine sehr große Gasmasse m, die ursprünglich einen bestimmten Drehimpuls [1]) besaß. Das Gas zieht sich unter der Wirkung der Gravitation zusammen. Während das vom Gas eingenommene Volumen allmählich kleiner wird, muß nach dem Impulserhaltungssatz die Winkelgeschwindigkeit ständig wachsen. Wir haben aber gerade gesehen, daß zur Erhöhung der Winkelgeschwindigkeit Arbeit verrichtet werden muß. Woher kommt die kinetische Energie?

Eine in den äußeren Bereichen der Galaxis befindliche Masse m_1 besitzt wegen der Schwerewechselwirkung mit der Galaxis eine potentielle Energie in der Größenordnung

$$\frac{-Gm_1m}{r}, \qquad (6.73)$$

wobei r den Abstand von der Galaxismitte und m die Galaxismasse bezeichnen (Bild 6.24). Die mit dem Drehimpuls zusammenhängende effektive potentielle Energie hängt von r wie in Gl. (6.72) ab.

Die Summe aus den Gln. (6.72) und (6.73) hat dort einen Extremwert, wo

$$\left(\frac{d}{dr}\right)\left[-\frac{Gm_1m}{r}+\frac{1}{2}m_1v_0^2\left(\frac{r_0}{r}\right)^2\right]=0 \qquad (6.74)$$

oder

$$\frac{Gm_1m}{r^2}-m_1v_0^2\frac{r_0^2}{r^3}=0\,;\quad r=\frac{v_0^2r_0^2}{Gm}=\frac{v^2r^2}{Gm} \qquad (6.75)$$

gilt. Das ist eine notwendige Gleichgewichtsbedingung. Bei kleineren Werten von r als in Gl. (6.75) reicht die Gravitation nicht mehr aus, um die Kontraktion aufrechtzuerhalten. Gl. (6.75) besagt, daß für $r = r_0$ die anziehende Kraft Gm_1m/r^2 gleich der Zentrifugalkraft m_1v^2/r ist.

Parallel zur Achse des Gesamtdrehimpulses kann sich jedoch das Gas oder die Sternenwolke zusammenziehen, ohne dabei den Drall zu verändern (Bilder 6.25 bis 6.27). Die Kontraktion wird von der Gravitationskraft bewirkt. Die dabei gewonnene Energie muß auf irgendeine Weise verbraucht werden; vermutlich wird sie abgestrahlt.

[1]) Beim gegenwärtigen Stand des Wissens kann man nicht sagen, woher das Gas ursprünglich gekommen ist oder warum eine gegebene Gasmasse einen Drehimpuls haben sollte. Massen ohne Drehmoment ziehen sich zu Gaskugeln zusammen.

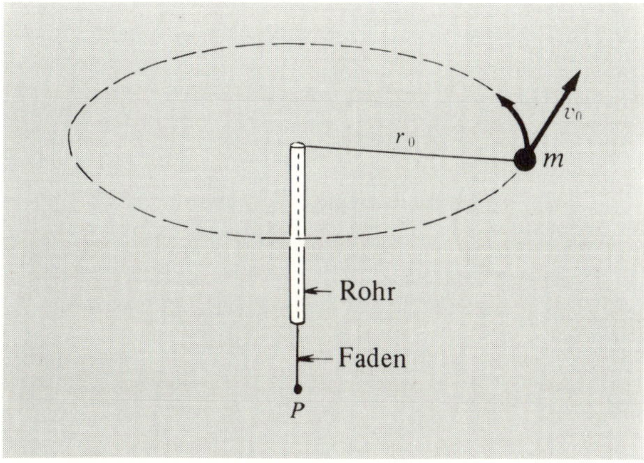

Bild 6.23. Die Masse m beschreibt eine Kreisbewegung vom Radius r_0 und der Geschwindigkeit v_0. Sie wird von einem durch das Rohr geführten Faden gehalten. Der Radius kann durch Ziehen am Faden bei P verkürzt werden.

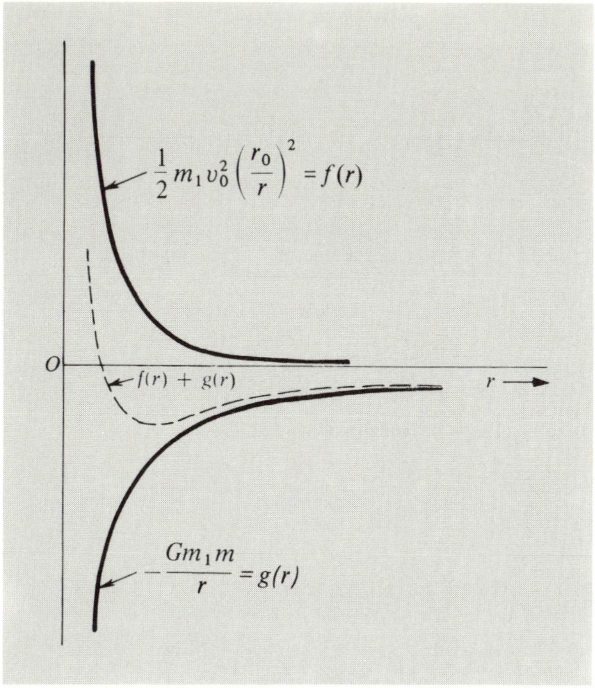

Bild 6.24. Die Kontraktion der Galaxis in der zu **L** senkrechten Ebene ist begrenzt, da die zentrifugale potentielle Energie sehr schnell für $r \to 0$ wächst. Somit hat $f(r) + g(r)$ ein Minimum bei einem endlichen Wert von r, wie im Bild ersichtlich.

Parallel zu **L** fällt die Wolke also fast vollständig zusammen, während die Kontraktion in der Äquatorialebene begrenzt ist. Dieses Modell der galaktischen Evolution stammt von *Hubble*; einige Forscher halten es heute für zu sehr vereinfacht.

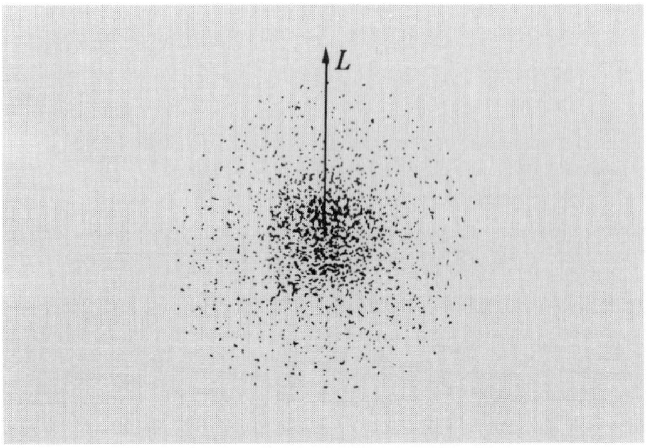

Bild 6.25. Ursprünglich eine sphärische Gaswolke, ...

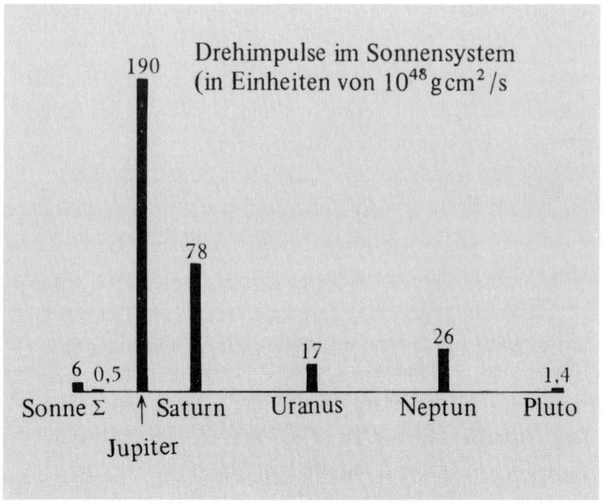

Bild 6.28. Die Verteilung des Drehimpulses im Sonnensystem, bezogen auf die Sonnenmitte. Mit Σ ist die Summe der vier Planeten Merkur, Venus, Erde und Mars bezeichnet. Beachten Sie den relativ geringen Beitrag der Eigenrotation der Sonne.

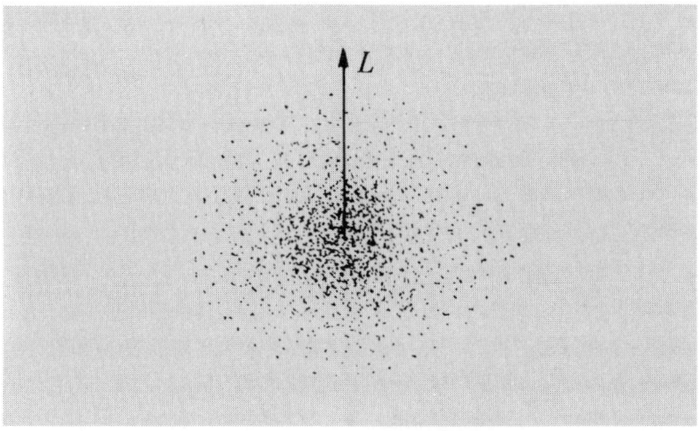

Bild 6.26. ... flacht die Galaxis allmählich ab, ...

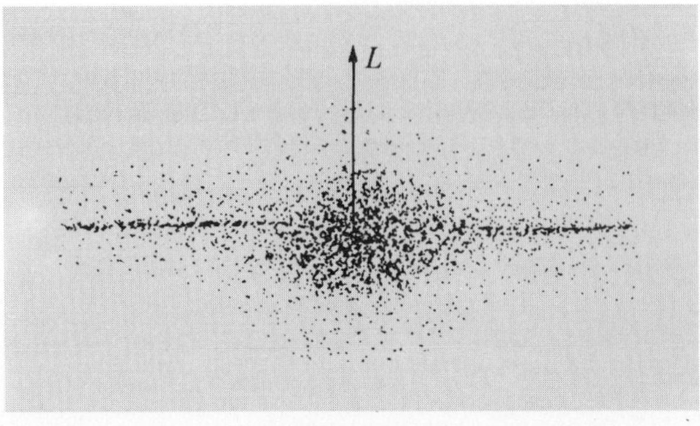

Bild 6.27. ... bis sie schließlich die Form eines Pfannkuchens annimmt, mit einem mehr oder weniger sphärischen Zentrum.

Unsere Galaxis hat einen Durchmesser von ungefähr $3 \cdot 10^4$ parsek oder 10^{23} cm (1 parsek = $3{,}084 \cdot 10^{18}$ cm). Ihre Dicke in der Nähe unserer Sonne hängt selbstverständlich von der Definition der Dicke ab, doch die überwiegende Mehrheit der Sterne ballt sich in einer Schicht von einigen hundert parsek um die Medianebene zusammen. Unsere Galaxis ist also sehr flach. Ihre Masse schätzt man auf das $2 \cdot 10^{11}$-fache der Sonnenmasse und damit auf ungefähr

$$(2 \cdot 10^{11})(2 \cdot 10^{33})\text{g} = 4 \cdot 10^{44}\text{g} .$$

Wir können einen Näherungswert für die Masse aus Gl. (6.75) durch Einsetzen der bekannten Werte v und r der Sonne erhalten. Die Sonne liegt am äußeren Rand der Galaxis, etwa 10^4 parsek $\approx 3 \cdot 10^{22}$ cm von der Mitte entfernt und besitzt eine Umlaufgeschwindigkeit von ca. $3 \cdot 10^7\,\text{cm}\,\text{s}^{-1}$. Damit ergibt sich der Schätzwert der Galaxismasse zu

$$m = \frac{v^2 r}{G} \approx \frac{10^{15} \cdot 3 \cdot 10^{22}}{7 \cdot 10^{-8}}\,\text{g} \approx 4 \cdot 10^{44}\,\text{g} . \tag{6.76}$$

Den Einfluß der jenseits unserer Sonne liegenden Masse haben wir vernachlässigt.

Der Drehimpuls des Sonnensystems. Bild 6.28 zeigt die Verteilung des Gesamtdrehimpulses auf die einzelnen Komponenten des Sonnensystems. Wir wollen zunächst einen dieser Werte selbst schätzen. Betrachten wir den Planeten Neptun, dessen Bahn fast kreisförmig ist. Sein mittlerer Abstand von der Sonne wird in Nachschlagewerken mit $2{,}8 \cdot 10^9$ Meilen $\approx 5 \cdot 10^9$ km $= 5 \cdot 10^{14}$ cm angegeben. Die Umlaufzeit um die Sonne beträgt

165 Jahre $\approx 5 \cdot 10^9$ s. Seine Masse ist größenordnungsmäßig 10^{29} g. Aus diesen Angaben erhalten wir für den Drehimpuls L des Planeten Neptun

$$L = mvr = m\frac{2\pi r}{T}r \approx \frac{10^{29} \cdot 6 \cdot 25 \cdot 10^{28}}{5 \cdot 10^9} \text{ g cm}^2/\text{s}$$

$$= 30 \cdot 10^{48} \text{ g cm}^2/\text{s}, \quad (6.77)$$

der mit dem in Bild 6.28 genannten Wert $26 \cdot 10^{48}\,\text{g cm}^2\,\text{s}^{-1}$ ungefähr übereinstimmt. Richtungsmäßig stimmen die Drehimpulse der Hauptplaneten grob überein.

Der Drehimpuls des Neptun *um seine eigene Achse* ist viel kleiner. Eine rotierende Kugel mit der Rotationsgeschwindigkeit v und dem Radius R besitzt einen Drall in der Größenordnung mvR. Dieser Wert wird aber nur erreicht, wenn die gesamte Masse m im Abstand R von der Drehachse konzentriert ist. Für eine homogene Kugel ergibt sich ein um den Faktor $\frac{2}{5}$ kleinerer Drall (s. Kapitel 8):

$$L_{M.M.} = \frac{2}{5}\frac{2\pi m R^2}{T} \quad (6.78)$$

mit $T \equiv 2\pi R/v$ als Eigenrotationsperiode des Planeten. Setzen wir in Gl. (6.78) die für Neptun gültigen Zahlen

$$T \approx 16\text{ h} \approx 6 \cdot 10^4 \text{ s}$$

und

$$R \approx 1{,}5 \cdot 10^4 \text{ Meilen} \approx 2{,}4 \cdot 10^9 \text{ cm}$$

ein, so folgt der Eigendrehimpuls des Planeten zu

$$L_{M.M.} \approx \frac{0{,}4 \cdot 6 \cdot 10^{29} \cdot 6 \cdot 10^{18}}{6 \cdot 10^4} \text{ g cm}^2/\text{s}$$

$$\approx 2 \cdot 10^{43} \text{ g cm}^2/\text{s}, \quad (6.79)$$

der gegenüber dem in Gl. (6.77) berechneten Bahndrehimpuls um die Sonne vernachlässigbar ist.

Den Eigendrehimpuls $L_{M.M.S}$ der Sonne bestimmen wir entsprechend zu $6 \cdot 10^{48}\,\text{g cm}^2\,\text{s}^{-1}$. Die Rotation der Sonne um eine Achse durch ihren Massenmittelpunkt trägt nur 2 % zum Gesamtdrehimpuls des Sonnensystems bei. Der Drall eines typischen heißeren Sterns kann etwa das hundertfache von $L_{M.M.S}$ betragen. So scheint die Bildung eines Planetensystems ein geeigneter Mechanismus zu sein, um den Drehimpuls eines sich abkühlenden Sterns zu vermindern. Wenn jeder Stern unserer Galaxis im Lauf seiner Geschichte einen unserer Sonne ähnlichen Zustand durchlebt und dabei Planeten bildet, dann existieren möglicherweise mehr als 10^{10} von Planeten umkreiste Sterne.

Das Eigendrehmoment der Elementarteilchen. Wir wissen aus Experimenten, die ausführlich in Band 4 besprochen werden, daß Elementarteilchen einen Eigendrehimpuls $L_{M.M.}$ besitzen. Man bezeichnet ihn üblicherweise als *Spin S* und gibt ihn in der Einheit

$$\hbar = \frac{\text{Plancksche Konstante}}{2\pi} = 1{,}0542 \cdot 10^{-27} \text{ erg s}$$

an. Beachten Sie bitte, daß die Dimensionen von ħ und mvr übereinstimmen. In der folgenden Tabelle haben wir die Spins einiger Elementarteilchen aufgezählt:

Teilchen	*Spin S*
Elektron	$\frac{1}{2}$
Photon	1
Nukleon (Proton oder Neutron)	$\frac{1}{2}$
Neutrino	$\frac{1}{2}$
$\mu^{\pm}$-Meson	$\frac{1}{2}$
$\pi^{\pm}$-, π^0-Meson	0
Λ^0 (Hyperon)	$\frac{1}{2}$
$K^{\pm}$-, K^0-Meson	0

6.3. Übungen

1. *Drehimpuls eines Satelliten*
   a) Berechnen Sie den auf den Bahnmittelpunkt bezogenen Drehimpuls eines Satelliten der Masse m_s, der die Erde auf einer Kreisbahn mit Radius r umläuft. Das Ergebnis soll allein von r, G, m_s und m_e (Erdmasse) abhängen.
   Lösung: $L = (Gm_e m_s^2 r)^{1/2}$.
   b) Welchen Wert in CGS-Einheiten besitzt L für einen 100 kg schweren Satelliten, dessen Bahnradius gleich dem doppelten Erdradius ist?
2. *Reibungseffekte auf Satellitenbewegung*
   a) Welche Wirkung hat die atmosphärische Reibung auf einen Satelliten mit kreisförmiger oder fast kreisförmiger Bahn? Warum erhöht die Reibung die Geschwindigkeit des Satelliten?
   b) Erhöht oder vermindert die Reibung den Drall des Satelliten bezogen auf den Erdmittelpunkt. Warum?
3. *Die Beziehung zwischen Energie und Drehimpuls eines Satelliten.* Schreiben Sie die kinetische, potentielle und Gesamtenergie eines Satelliten mit der Masse m und dem Kreisbahnradius r als Funktion seines Dralls L.
   Lösung: $W_k = L^2/2mr^2$; $W_p = -L^2/mr^2$; $W = -L^2/2mr^2$.
4. *Elektron und Proton.* Ein Elektron bewegt sich um ein Proton auf einer Kreisbahn mit einem Radius von 0,5 Å = $0{,}5 \cdot 10^{-8}$ cm.
   a) Wie groß ist der Bahndrehimpuls des Elektrons um das Proton?
   Lösung: $1 \cdot 10^{-27}$ erg s.
   b) Welchen Wert in erg und eV hat die Gesamtenergie?
5. *Die verschwindende Summe der inneren Drehmomente.* Betrachten Sie das isolierte System von drei Teilchen, 1, 2, 3 in Bild 6.29. Sie wirken aufeinander mit den *Zentral*kräften F_{12} = 1 dyn, F_{13} = 0,6 dyn und F_{23} = 0,75 dyn, wobei F_{ij} die von Teilchen j auf Teilchen i ausgeübte Kraft angibt.
   a) Zeigen Sie ausführlich, indem Sie alle Kräfte in einem geeigneten Koordinatensystem in Komponentenform darstellen, daß die Summe $\mathbf{M}_{int}$ der inneren Drehmomente verschwindet:
   $$\mathbf{M}_{int} = \sum_{i=1}^{3}\sum_{j\neq 1}^{3} \mathbf{r}_i \times \mathbf{F}_{ij} = 0\,.$$
   b) Zeigen Sie, daß wir das gleiche Ergebnis durch Vertauschen der Scheinindizes und Summierung der $\mathbf{r}_j \times \mathbf{F}_{ji}$ erhalten.

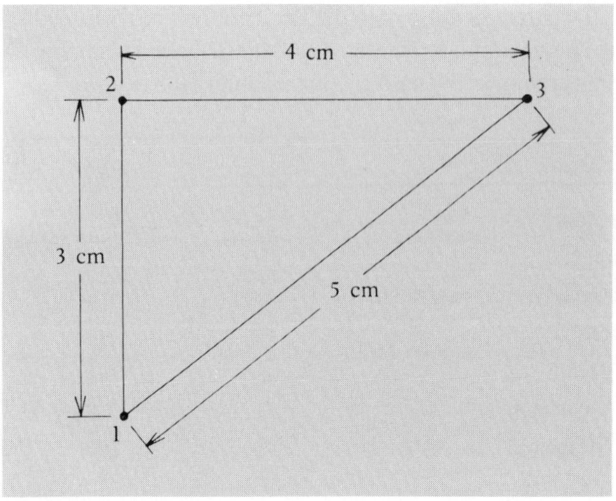

Bild 6.29

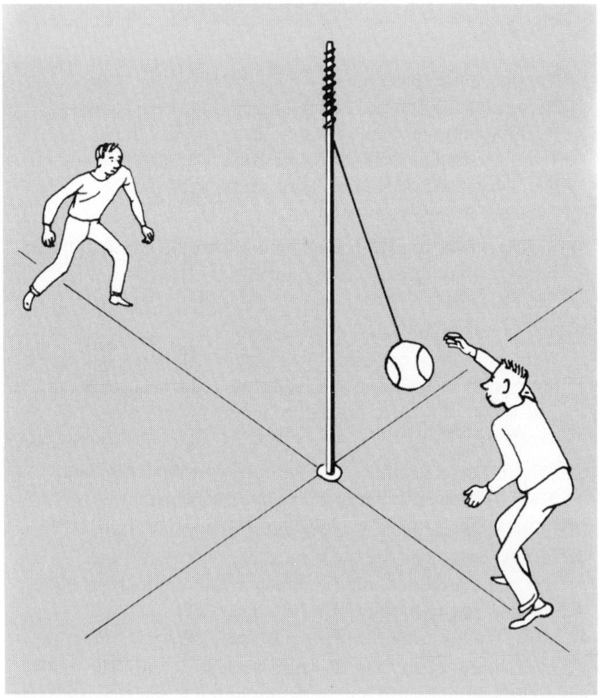

Bild 6.30

6. *Auf eine Leiter wirkende Kräfte.* Eine 20 kg schwere und 10 m lange Leiter lehnt in einem Winkel von 30° zur Senkrechten gegen eine rutschige senkrechte Wand. Die gleichmäßig gebaute Leiter kann wegen der Bodenhaftreibung nicht abgleiten. Welche Kraft in dyn übt die Leiter auf die Wand aus? (*Hinweis*: Die Summe aller Drehmomente auf eine ruhende Leiter muß verschwinden.)
Lösung: $5{,}6 \cdot 10^6$ dyn.

7. *Kinetische Energie der Rotation.* Wie groß ist die kinetische Energie der Rotation eines dünnen Reifens mit Radius 1 m und linearer Dichte 1 g/cm, der sich mit 100 Umdrehungen/Sekunde um eine Achse dreht, die senkrecht zur Reifenebene durch den Reifenmittelpunkt geht?

8. *Der Drehimpuls des Mondes.* Vergleichen Sie den Wert des Bahndrehimpulses des Mondes um die Erde mit seinem Eigendrehimpuls $\frac{2}{5} m\omega R_m^2$.

9. *Neutron und Proton.* Ein Neutron der Energie 1 MeV besitzt beim Vorbeiflug an einem Proton diesem gegenüber einen Drehimpuls von etwa 10^{-26} erg s. Berechnen Sie unter Vernachlässigung der Wechselwirkungsenergie den geringsten Abstand zwischen den Teilchen.
Lösung: $4 \cdot 10^{-12}$ cm.

10. *Drehimpuls bei linearer Bewegung.* Ein Teilchen m fliegt mit der Geschwindigkeit $\mathbf{v}_1 = v\hat{\mathbf{x}}$ entlang der Geraden $y = y_1$. Zur Zeit $t = 0$ befindet es sich am Ort $(0, y_1)$.
    a) Berechnen Sie den Drehimpuls des Teilchens um den Ursprung.
    Lösung: $-mvy_1\hat{\mathbf{z}}$.
    b) Berechnen Sie den Gesamtdrehimpuls um den Punkt $(0, y_2)$ mit $y_2 < y_1$.

11. *Teilchen-Hantel-Stoß.* Zwei gleiche Massen m sind durch einen masselosen, starren Stab der Länge a verbunden. Im schwerefreien Raum ist der Massenmittelpunkt dieses hantelähnlichen Systems stationär. Die mit der Winkelgeschwindigkeit ω um den Massenmittelpunkt rotierende Hantel trifft mit einem Ende unelastisch auf eine dritte stationäre Masse m, die an der Hantel haften bleibt.
    a) Bestimmen Sie die Lage des Massenmittelpunkts des Dreimassensystems unmittelbar vor dem Stoß. Welche Geschwindigkeit besitzt er?
    b) Wie groß ist der Drall des Dreimassensystems um den Massenmittelpunkt unmittelbar vor (nach) dem Stoß?
    c) Welche Winkelgeschwindigkeit um den Massenmittelpunkt besitzt das System nach dem Stoß?
    d) Berechnen Sie die kinetische Energie vor und nach dem Stoß.

12. *Der Drehimpuls des Seilballs.* Beim Seilball versucht der Spieler den Ball so hart zu schlagen, daß sich das Seil vollständig um die senkrechte Stange windet, bevor der Gegner es im anderen Umlaufsinn abwickeln kann (Bild 6.30). Das Spiel ist aufregend, und die Kinematik des Balls ist äußerst kompliziert. Wir betrachten hier einen einfachen Sonderfall der Bewegung, bei dem der Ball in einer horizontalen Ebene auf einer Spirale mit abnehmendem Radius um die Stange kreist. Die Bewegung wird durch einen einzigen Schlag eingeleitet, der dem Ball die Anfangsgeschwindigkeit v_0 verleiht. Der Radius der Stange a ist hier viel kleiner als die Länge l des Seils.
    a) Wo liegt das momentane Rotationszentrum?
    b) Existiert ein Drehmoment um die Stablängsachse? Bleibt der Drehimpuls erhalten?
    c) Berechnen Sie die Ballgeschwindigkeit als Funktion der Zeit unter der Annahme, daß die kinetische Energie erhalten bleibt.
    d) Wie groß ist die Winkelgeschwindigkeit nach fünf vollen Umdrehungen?
    Lösung: $\omega = (l - 10\pi a)\, v_0/[a^2 + (l - 10\pi a)^2]$.

13. *Effektive potentielle Energie der Rotation.* Zur Beschreibung einer ebenen Rotationsbewegung verwenden wir am günstigsten Polarkoordinaten r und φ.
    a) Zeigen Sie, daß die Geschwindigkeit in Polarkoordinaten die Form
    $\mathbf{v} = v_r\hat{\mathbf{r}} + v_\varphi\hat{\boldsymbol{\varphi}}$
    besitzt, wobei $v_r = dr/dt$ und $v_\varphi = r\, d\varphi/dt$ bedeuten.
    b) Zeigen Sie, daß mit $\omega = d\varphi/dt$ die kinetische Energie W_k eines Teilchens in diesem Koordinatensystem durch
    $W_k = \frac{1}{2} m(\dot{r}^2 + \omega^2 r^2)$
    gegeben ist.

c) Zeigen Sie, daß die Gesamtenergie die Form

$$W = W_p(r) + \frac{1}{2}m\dot{r}^2 + \frac{L^2}{2mr^2}$$

annimmt. L ist das Drehmoment des Teilchens um die feste, zur Bewegungsebene senkrechte Rotationsachse.
Hinweis: Gl. (6.72).

d) Auf das Teilchen wirkt nur eine Zentralkraft. Da sie kein Drehmoment erzeugt, ist L eine Konstante der Bewegung. Den Ausdruck $L^2/2mr^2$ nennt man auch die zentrifugale potentielle Energie. Zeigen Sie, daß die zentrifugale potentielle Energie mit einer radial nach außen gerichteten Kraft L^2/mr^3 verknüpft ist.

e) Zeigen Sie, daß für $W_p(r) = \frac{1}{2}Cr^2$ die potentielle Energie W_p eine nach innen gerichtete Radialkraft $-Cr$ bewirkt.

f) Schließen Sie aus d) und e), daß ein Gleichgewicht dieser Kräfte auf die Bedingung $\omega^2 = C/m$ führt.

14. *Beziehung zwischen Drall und Drehmoment.* Es mögen **L** und **M** auf den Massenmittelpunkt eines Systems bezogen sein. Zeigen Sie, daß $d\mathbf{L}/dt = \mathbf{M}$ auch dann gilt, wenn der Massenmittelpunkt eine in einem beliebigen Inertialsystem gemessene veränderliche Geschwindigkeit **v**(t) besitzt

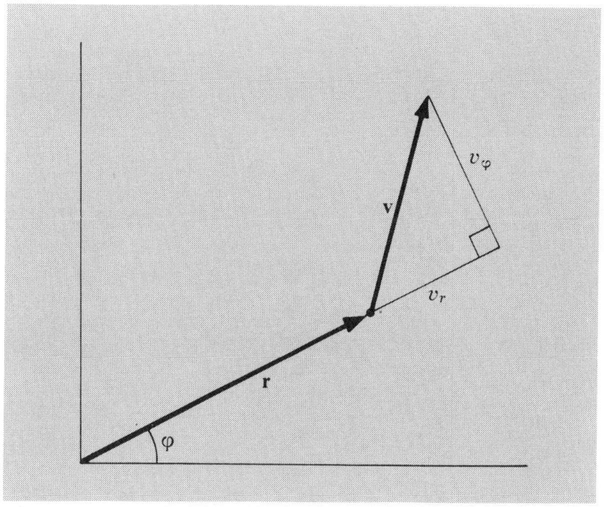

Bild 6.31

6.4. Weiterführendes Problem: Eintritt eines Meteoriten in die Erdatmosphäre

Meteorite sind kleine im interplanetaren Raum um die Sonne kreisende Körper. Sie stoßen gelegentlich mit der Erde zusammen und erzeugen dabei sichtbare Sternschnuppen. Beim Eintauchen in die Atmosphäre wird ein Meteorit wegen des Impulsaustausches zwischen ihm und den aufprallenden Luftmolekülen abgebremst. Ist die durchschnittliche Entfernung (mittlere freie Weglänge), die ein Molekül zwischen zwei aufeinanderfolgenden Zusammenstößen mit anderen Molekülen zurücklegt, groß im Vergleich zu den Abmessungen des Meteoriten, so können wir das Bremsproblem anders als in der klassischen Hydrodynamik als eine schnelle Folge von einzelnen Kollisionen der Luftmoleküle mit dem Meteoriten betrachten.

a) Leiten Sie einen Ausdruck für die Bremsverzögerung als Funktion der Masse m, der Geschwindigkeit v und des effektiven Querschnitts [1]) S des Meteoriten ab unter der Annahme, daß die ursprünglichen Luftteilchengeschwindigkeiten klein im Vergleich zu v sind. Das ist sinnvoll, denn wesentlich schnellere Moleküle würden die Atmosphäre verlassen. Zeigen Sie, daß

$$\frac{dv}{dt} = -\frac{\Gamma S \rho v^2}{m}$$

gilt, wobei ρ die Dichte der Atmosphäre bedeutet und Γ eine bei eins liegende Proportionalitätskonstante ist. Der Wert von Γ richtet sich nach dem Grad der Elastizität der Stöße. Nehmen Sie an, daß die Stöße unelastisch sind, so daß die Moleküle am Meteoriten haften bleiben, und betrachten Sie dabei den Meteoriten als Würfel, dessen Front senkrecht zur Bewegungsrichtung steht.

b) Ein Massenverlust des Meteoriten kann entweder durch Abbröckeln oder durch Verdampfung eintreten. Leiten Sie unter Anwendung des Energieerhaltungssatzes einen Ausdruck für den zeitlichen Massenverlust als Funktion der Geschwindigkeit, der Masse und der Dichte des Meteoriten und der Luftdichte ab. Die bei einem beliebigen Prozeß zur Abtrennung von einem Gramm Masse erforderliche Energie bezeichnen wir mit ζ; die Konstante Λ gibt den Wirkungsgrad des Energieaustausches zwischen den Luftmolekülen und dem Meteoriten an. Vernachlässigen Sie bei der Rechnung die durch das Abbremsen verlorene kinetische Energie. Eine Näherungslösung unter der ungenauen Annahme $S \equiv (m/\rho_m)^{2/3}$ lautet

$$\frac{dm}{dt} = -\frac{\Lambda m^{2/3} \rho v^3}{2\zeta \rho_m^{2/3}},$$

wobei ρ_m die Meteoritendichte bedeutet.

c) Schätzen Sie aus a) die Größenordnung von dv/dt durch Einsetzen von plausiblen Werten für die beteiligten Größen. Benutzen Sie dabei den zur Höhe 100 km gehörigen Schätzwert $\rho = 8 \cdot 10^{-10}\,\text{g cm}^{-3}$. In dieser Höhe beträgt die mittlere freie Weglänge eines Stickstoffmoleküls ungefähr 10 cm, wie Standardnachschlagewerken zu entnehmen ist.

[1]) Unter dem effektiven Querschnitt verstehen wir folgendes: Bei einer Flugstrecke x trifft der Meteorit auf ebenso viele Moleküle, wie im Volumen Sx vorhanden sind.

Bild 6.32. Ein 95-pfündiger Brocken des Canyon Diablo Meteoriten. Das Stück hat etwa einen Fuß Durchmesser. (*Brookhaven National Laboratory photograph*)

7. Der harmonische Oszillator

Der harmonische Oszillator stellt einen besonders wichtigen Fall einer periodischen Bewegung dar. Er dient als genaues oder ungefähres Modell für viele Probleme sowohl der klassischen als auch der Quantenphysik. Zu den klassischen Realisierungen des harmonischen Oszillators gehört jedes stabile System, das nur wenig aus seiner Gleichgewichtslage ausgelenkt wird, z.B.

1. ein einfaches Pendel im Grenzfall kleiner Schwingungsamplitude,
2. ein Federpendel bei kleinen Schwingungsamplituden,
3. ein elektrischer Schwingkreis bei genügend kleinen Strömen oder Spannungen, so daß sich die Elemente des Schwingkreises linear verhalten.

Ein Element eines elektrischen oder mechanischen Oszillators heißt dann linear, wenn seine Reaktion direkt proportional der erregenden Kraft ist. Betrachten wir einen hinreichend kleinen Bereich, so verhalten sich fast alle Phänomene der Physik linear, so wie viele Kurven in einem genügend kleinen Intervall angenähert linear verlaufen.

Zu den wichtigsten Eigenschaften des harmonischen Oszillators zählen die folgenden:

1. Die Frequenz der Bewegung ist unabhängig von der Schwingungsamplitude.
2. Die Wirkungen mehrerer Erregungskräfte überlagern sich linear.

Diese Eigenschaften des harmonischen Oszillators wollen wir nun behandeln. Wir befassen uns mit freien und erzwungenen Schwingungen sowie mit den Wirkungen der Reibung und dem Einfluß kleiner anharmonischer oder nichtlinearer Wechselwirkungen auf ein lineares Schwingungssystem. Schließlich interessiert uns, wie sich ein System im nichtlinearen Bereich verhält.

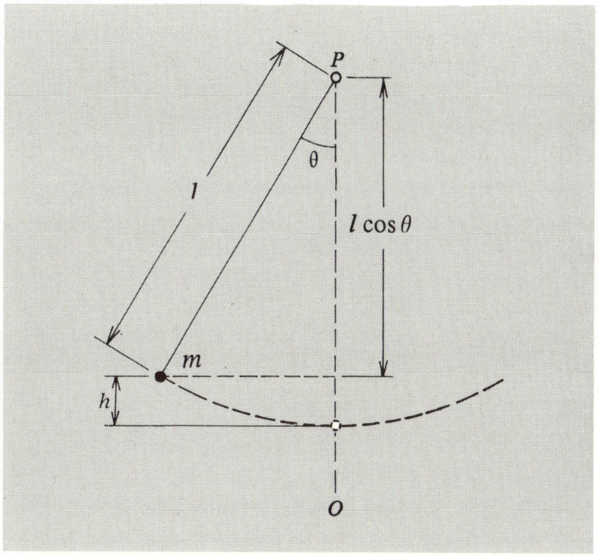

Bild 7.1. Das einfache Pendel besteht aus einer Punktmasse m am Ende eines masselos gedachten Stabes l. Das Pendel schwingt um eine Achse durch P, die senkrecht auf der Papierebene steht. Die Linie $\overline{OP}$ bildet die Vertikale.

7.1. Das einfache Pendel

Das einfache oder mathematische Pendel besteht aus einem Massenpunkt am unteren Ende eines masselosen Stabes der Länge l, der an seinem oberen Ende frei drehbar aufgehängt ist. Wir berechnen nun die Eigenfrequenz des Pendels. Das geschieht am einfachsten, indem wir die Gleichung **F** = ma für das Pendel aufstellen (siehe Übung 6). Wir wählen hier einen anderen Weg, über den Energieerhaltungssatz. Einen dritten Ansatz, über den Drehimpulserhaltungssatz, geben wir in den Gln. (7.18) bis (7.22) an.

Bei einer Auslenkung des Pendels um den Winkel θ aus der Vertikalen wandert der Massenpunkt um

$$h = l - l\cos\theta \qquad (7.1)$$

nach oben (Bild 7.1). Die potentielle Energie W_p der Masse m im Schwerefeld der Erde beträgt

$$W_p(h) = mgh\,, \qquad (7.2)$$

bezogen auf die senkrechte Lage des Pendels. Einsetzen von Gl. (7.1) in Gl. (7.2) ergibt

$$W_p(\theta) = mgl\,(1 - \cos\theta)\;;\quad W_p(0) = 0\,. \qquad (7.3)$$

Die kinetische Energie W_k des Pendels beträgt

$$W_k = \frac{1}{2}mv^2 = \frac{1}{2}ml^2\dot{\theta}^2\,, \qquad (7.4)$$

wobei $v = l\dot{\theta}$ ist. Für die Gesamtenergie W erhalten wir

$$W = W_k + W_p = \frac{1}{2}ml^2\dot{\theta}^2 + mgl\,(1 - \cos\theta)\,. \qquad (7.5)$$

Der Energieerhaltungssatz besagt, daß W konstant ist. Das führt uns auf eine Lösung für die Frequenz der Bewegung. (Mancher Leser wird den Ansatz in den Gln. (7.18) bis (7.22) vorziehen.) Nun gilt für nicht zu große Winkel θ (Bild 7.2)

$$\cos\theta \approx 1 - \frac{1}{2}\theta^2\;; \qquad (7.6)$$

wir können somit für $\theta \ll 1$ Gl. (7.5) durch die Näherung

$$W = \frac{1}{2}ml^2\dot{\theta}^2 + \frac{1}{2}mgl\theta^2 \qquad (7.7)$$

ersetzen. Gl. (7.7) lösen wir nach $\dot{\theta}$ auf und erhalten

$$\frac{d\theta}{dt} = \left(\frac{2W - mgl\theta^2}{ml^2}\right)^{1/2} = \left(\frac{g}{l}\right)^{1/2}\left(\frac{2W}{mgl} - \theta^2\right)^{1/2}. \qquad (7.8)$$

Die Umkehrpunkte der Bewegung bezeichnen wir mit θ_0 bzw. $-\theta_0$ und sprechen dann von einer Schwingungsamplitude θ_0 (Bild 7.3). In den Umkehrpunkten befindet

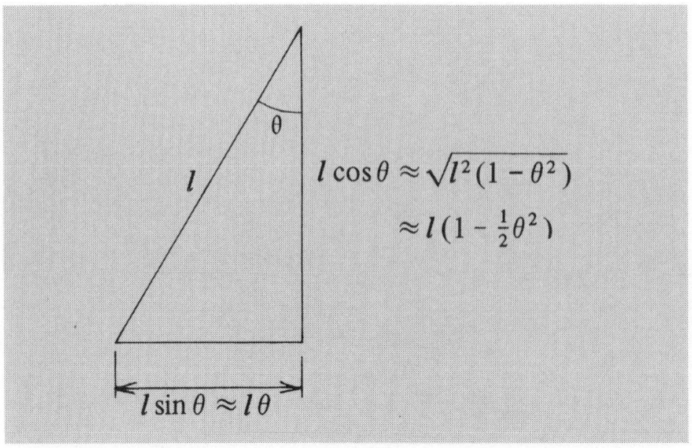

Bild 7.2. Der Lehrsatz des Pythagoras zeigt in Zusammenhang mit der Binomialentwicklung, warum $\cos\theta \approx 1 - \frac{1}{2}\theta^2$ für $\theta \ll 1$ gilt.

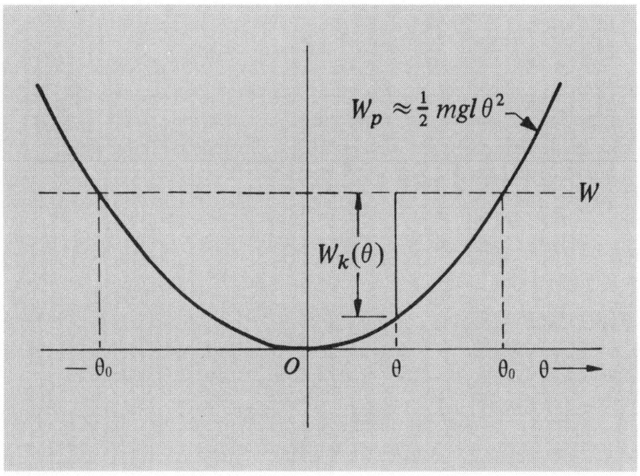

Bild 7.3. Das Pendel schwingt in den Grenzen θ_0 und $-\theta_0$. An diesen „Umkehrpunkten" ist $W_k = 0$ und $W_p = W$, bei $\theta = 0$ dagegen $W_p = 0$ und $W_k = W$. Für $\theta \ll 1$ wird $W_p \approx \frac{1}{2}\,mgl\,\theta^2$.

sich das Pendel momentan in Ruhe, d.h., die kinetische Energie verschwindet dort. Für $\dot{\theta} = 0$ erhalten wir aus Gl. (7.7)

$$W = \frac{1}{2}\,mgl\,\theta_0^2\ ; \quad \theta_0^2 = \frac{2W}{mgl} \quad . \tag{7.9}$$

Einsetzen von Gl. (7.9) in Gl. (7.8) ergibt

$$\frac{d\theta}{dt} = \left(\frac{g}{l}\right)^{1/2} (\theta_0^2 - \theta^2)^{1/2} \,, \tag{7.10}$$

oder

$$\frac{d\theta}{(\theta_0^2 - \theta^2)^{1/2}} = \left(\frac{g}{l}\right)^{1/2} dt \,. \tag{7.11}$$

Zur Zeit $t = 0$ sei $\theta = \theta_1$. Dann folgt

$$\int_{\theta_1}^{\theta} \frac{d\theta}{(\theta_0^2 - \theta^2)^{1/2}} = \left(\frac{g}{l}\right)^{1/2} \int_0^t dt \,. \tag{7.12}$$

Das linke Integral können wir einer Integraltabelle entnehmen (z.B. Höhere Mathematik griffbereit, S. 399 und 768).

$$\int_{\theta_1}^{\theta} \frac{d\theta}{(\theta_0^2 - \theta^2)^{1/2}} = \arcsin \frac{\theta}{\theta_0}\Bigg|_{\theta_1}^{\theta} = \arcsin\frac{\theta}{\theta_0} - \arcsin\frac{\theta_1}{\theta_0} = \left(\frac{g}{l}\right)^{1/2} t \,. \tag{7.13}$$

Mit sin arc sin θ/θ_0 erhalten wir aus Gl. (7.13)

$$\frac{\theta}{\theta_0} = \sin\left[\left(\frac{g}{l}\right)^{1/2} t + \arcsin\frac{\theta_1}{\theta_0}\right] \tag{7.14}$$

oder

$$\theta = \theta_0 \sin(\omega_0 t + \varphi) \,, \tag{7.15}$$

wobei wir mit

$$\omega_0 = \left(\frac{g}{l}\right)^{1/2} \quad \text{und} \quad \varphi = \arcsin\frac{\theta_1}{\theta_0} \tag{7.16}$$

die Kreisfrequenz bzw. die Phase der Schwingung bezeichnen (Bild 7.4).

Hierbei ist φ eine Konstante der Bewegung, die man klar von den Winkeln θ_0 und θ_1 unterscheiden muß:

1. θ_0 ist die Maximalamplitude der Schwingung.
2. θ_1 ist der Winkel, um den das Pendel zur Zeit $t = 0$ ausgelenkt war. Die Schwingung kann entweder damit beginnen, daß wir das Pendel bei $\theta = \theta_1$ einfach loslassen oder zusätzlich anstoßen, so daß es eine von Null verschiedene Anfangsgeschwindigkeit besitzt. θ_0 hängt von θ_1 und der anfänglichen Winkelgeschwindigkeit ab.
3. Im allgemeinen ist φ nicht ein Winkel, der anschauliche Bedeutung besitzt. Er wird aus θ_0 und θ_1 abgeleitet und korrigiert sozusagen die Beziehung $\theta = \theta_0 \sin\omega_0 t$ für den Fall, daß die Bewegung nicht mit $\theta_1 = 0$ beginnt. Der Wert der Konstanten φ ist durch die Anfangsbedingungen festgelegt.

Die Kreisfrequenz eines frei schwingenden Systems bezeichnet man üblicherweise mit dem Symbol ω_0. Der Index Null hat nichts mit $t = 0$ zu tun.

ω_0 [1]) ist der Frequenz f_0 des frei schwingenden Pendels proportional:

$$f_0 = \frac{\omega_0}{2\pi} = \frac{(g/l)^{1/2}}{2\pi} \quad . \tag{7.17}$$

[1]) Wir werden fortan, wenn keine Verwechslungsmöglichkeit besteht, auch die Kreisfrequenz einfach mit Frequenz bezeichnen. In Gleichungen wird fast ausnahmslos das Symbol ω für die Kreisfrequenz und das Symbol f (oder ν) für die Frequenz verwendet. Beide haben die gleiche Dimension s^{-1}. Die Einheit der Frequenz f ist 1 Hz (Hertz) = 1 Schwingung/s (oder 1 Umdrehung/s); die Einheit der Kreisfrequenz ist 1 rad (Radian)/s.

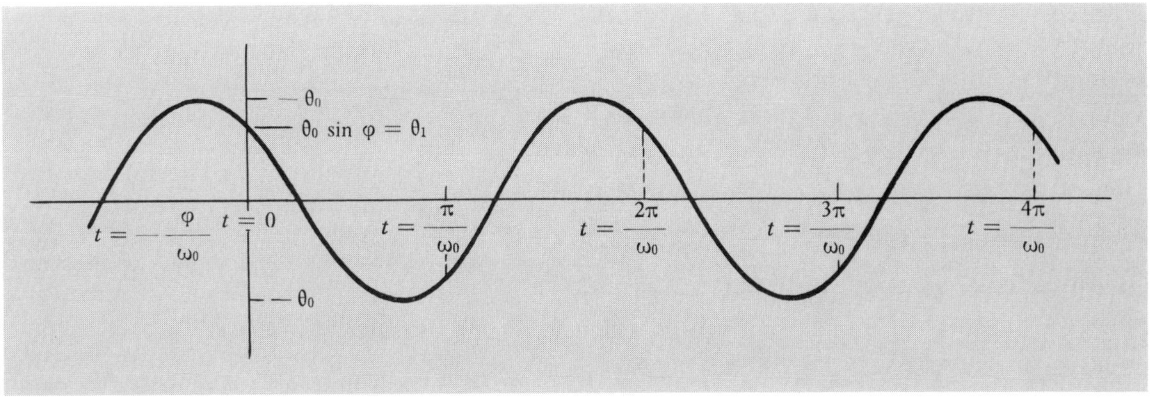

Bild 7.4. Die Funktion $\theta = \theta_0 \sin(\omega_0 t + \varphi)$, aufgetragen über der Zeit t. Nach einer vollen Periode $2\pi/\omega_0$ wiederholt sich die Funktion jeweils. Der Wert von θ zur Zeit t = 0 ist mit θ_1 bezeichnet und ist gleich $\theta_0 \cdot \sin\varphi$; d.h., φ wird so gewählt, daß sich der gewünschte Wert von θ_1 einstellt. Wir nennen θ_0 die *Amplitude* und φ die *Phase* der Bewegung.

Für ein Pendel von 100 cm Länge erhalten wir somit $\omega_0 \approx (980/100)^{1/2} \approx 3$ rad/s. Diese Frequenz ist unabhängig von der Masse m und der Amplitude θ_0, vorausgesetzt, daß $\theta_0 \ll 1$.

Wir können das Problem des mathematischen Pendels auch dadurch lösen, daß wir mit seiner Bewegungsgleichung beginnen. Zum Aufstellen der Gl. (7.10) verwendeten wir den Energieerhaltungssatz in Form von Gl. (7.5). Beachten Sie bitte, daß Gl. (7.10) eine Differentialgleichung erster Ordnung darstellt; wir mußten nur einmal integrieren, um zum Ergebnis Gl. (7.14) zu kommen. Die Bewegungsgleichung dagegen ist, wie wir gleich sehen werden, eine Differentialgleichung zweiter Ordnung; zu ihrer Lösung müssen wir zweimal nach der Zeit integrieren. Der explizite Gebrauch des Energieerhaltungssatzes erspart uns also eine Integration.

Wir wählen die x-Achse senkrecht zur Bewegungsebene (Bild 7.5). Das von der Schwerkraft F = mg erzeugte Drehmoment M_x beträgt

$$M_x = (\mathbf{r} \times \mathbf{F})_x = l mg \sin\theta \,, \qquad (7.18)$$

bezogen auf den Aufhängepunkt des Pendels. Für den Drehimpuls L_x um denselben Punkt ergibt sich

$$L_x = (\mathbf{r} \times \mathbf{p})_x = -ml^2\dot{\theta} \qquad (7.19)$$

mit dem linearen Impuls $p = ml\dot{\theta}$.

Aus Kapitel 6 wissen wir, daß das Drehmoment gleich der zeitlichen Änderung des Drehimpulses ist:

$$ml^2\ddot{\theta} = -l mg \sin\theta \,. \qquad (7.20)$$

Die Bewegungsgleichung des Pendels lautet folglich

$$\ddot{\theta} + \frac{g}{l}\sin\theta = 0 \,. \qquad (7.21)$$

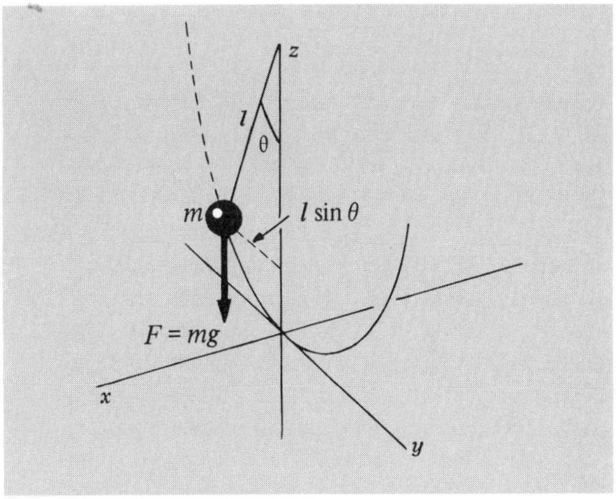

Bild 7.5. Das Pendel schwingt in der yz-Ebene. Die auf m in negativer z-Richtung wirkende Schwerkraft F = mg erzeugt ein Drehmoment $M_x = mgl \sin\theta$ in der positiven x-Richtung.

Für kleine Auslenkungen $\theta \ll 1$ können wir näherungsweise $\sin\theta$ durch θ ersetzen:

$$\boxed{\ddot{\theta} + \frac{g}{l}\theta = 0 \,.} \qquad (7.22)$$

Das ist die Bewegungsgleichung eines *harmonischen Oszillators* mit der Eigenfrequenz

$$\omega_0 = \left(\frac{g}{l}\right)^{1/2} \,. \qquad (7.23)$$

Zum Beweis beachten Sie einfach, daß Gl. (7.15) oder allgemein jede Linearkombination von $\sin\omega_0 t$ und $\cos\omega_0 t$ eine Lösung von Gl. (7.22) darstellt. So ergibt sich aus Gl. (7.15):

$$\theta = \theta_0 \sin(\omega_0 t + \varphi)\,; \qquad (7.24)$$

$$\dot\theta = \omega_0\theta_0 \cos(\omega_0 t + \varphi)\,; \qquad (7.25)$$

$$\ddot\theta = -\,\omega_0^2\theta_0 \sin(\omega_0 t + \varphi)\,. \qquad (7.26)$$

Wir setzen die Gln. (7.24) und (7.26) in Gl. (7.22) ein und erhalten

$$-\,\omega_0^2\theta_0 \sin(\omega_0 t + \varphi) + \frac{g}{l}\theta_0 \sin(\omega_0 t + \varphi) = 0\,, \qquad (7.27)$$

in Übereinstimmung mit Gl. (7.23)

Die Rechnung vereinfacht sich etwas, wenn wir den komplexen Ansatz

$$\theta = \theta_0 e^{i(\omega_0 t + \varphi)} \qquad (7.28)$$

verwenden. Aus ihm folgt

$$\dot\theta = i\omega_0\theta_0 e^{i(\omega_0 t + \varphi)} = i\omega_0\theta \qquad (7.29)$$

und

$$\ddot\theta = i\omega_0\dot\theta = (i\omega_0)^2\theta = -\,\omega_0^2\theta\,. \qquad (7.30)$$

Wir erkennen sofort, daß für $\omega_0^2 = g/l$ die Gln. (7.30) und (7.22) übereinstimmen. Daraus sehen wir, daß sowohl Ansatz (7.24) als auch (7.28) die Bewegungsgleichung (7.22) erfüllen. Welches ist die wahre Lösung? Die Antwort darauf heißt: Gl. (7.24) liefert die korrekte physikalische Lösung; sie gibt den Winkel, den das Pendel mit der Senkrechten bildet, als Funktion der Zeit an. Gl. (7.28) hat insofern einen nichtphysikalischen Aspekt, als sie die imaginäre Einheit i enthält. Benutzen wir für die Bewegungsgleichung einen Ansatz mit komplexem Argument, was oft die Rechnung vereinfacht, so müssen wir beachten, daß letzten Endes *entweder* der Real- *oder* der Imaginärteil die physikalische Lösung wiedergibt. In unserem Fall stimmt Gl. (7.24) mit dem Imaginärteil von Gl. (7.28) überein; Gl. (7.28) *enthält* also die korrekte Lösung.

• **Beispiel:** *Nichtlineare Effekte.* Wir betrachten nun ein Pendel mit so großer Schwingungsamplitude, daß der Term θ^3 bei der Entwicklung von $\sin\theta$ nicht mehr wie oben in Gl. (7.22) vernachlässigt werden darf. Wie beeinflußt der Anteil θ^3 die Bewegung des Pendels? Wir haben hier ein elementares Beispiel für einen anharmonischen Oszillator. Anharmonische oder nichtlineare Probleme sind gewöhnlich (außer mit Hilfe von Computern) sehr schwer genau zu lösen, doch läßt sich das Geschehen oft mit einer Näherungslösung verdeutlichen.

Die Entwicklung von $\sin\theta$ bis zu Termen der Ordnung θ^3 – gewöhnlich als „Entwicklung bis zum Glied 3. Ordnung" bezeichnet – lautet hier

$$\sin\theta = \theta - \frac{1}{6}\theta^3 + \cdots\,, \qquad (7.31)$$

so daß für Gl. (7.21) bis zu diesem Glied

$$\frac{d^2\theta}{dt^2} + \omega_0^2\theta - \frac{\omega_0^2}{6}\theta^3 = 0 \qquad (7.32)$$

folgt, wobei ω_0^2 wieder für g/l steht. Das ist die Bewegungsgleichung eines *anharmonischen Oszillators.*

Wir versuchen es mit einer Näherungslösung der Form

$$\theta = \theta_0 \sin\omega t + \epsilon\cdot\theta_0 \sin 3\omega t\,, \qquad (7.33)$$

wobei ϵ eine dimensionslose Größe ist, die vermutlich für $\theta \ll 1$ ebenfalls sehr viel kleiner als 1 sein wird.

Wir wollen also sehen, ob sich die Bewegung exakt oder wenigstens näherungsweise als Überlagerung zweier verschiedener Bewegungsanteile $\sin\omega t$ und $\sin 3\omega t$ darstellen läßt. Dieser Ansatz wird nahegelegt durch die trigonometrische Identität (siehe z.B. *Bronstein,* S. 157)

$$\sin^3 x \equiv \frac{3}{4}\sin x - \frac{1}{4}\sin 3x\,. \qquad (7.34)$$

So ergibt sich aus dem Term θ^3 der Differentialgleichung (7.32) über $\sin^3\omega t$ ein Term $\sin 3\omega t$. Um Gl. (7.32) zu befriedigen, müssen wir zu $\sin\omega t$ einen Term $\epsilon\sin 3\omega t$ addieren, der den aus θ^3 resultierenden Ausdruck $\sin 3\omega t$ kompensiert. Führen wir dieses Verfahren weiter, so wird der neue Term $\epsilon\sin 3\omega t$ – in die dritte Potenz erhoben – einen Ausdruck der Form $\epsilon^3\sin 9\omega t$ erzeugen usw.. Es gibt zwar keinen offensichtlichen Grund, warum der Prozeß zu einem Ende kommen sollte; andererseits konvergiert das Verfahren für $\epsilon \ll 1$ sehr schnell, da in die Terme höherer Ordnung die entsprechend hohen Potenzen von ϵ als Faktoren eingehen. Gl. (7.33) ist also bestenfalls eine Näherungslösung. Uns bleibt jetzt, ϵ und ω zu bestimmen; ω wird für kleine Schwingungsamplituden gleich ω_0, weicht bei großen jedoch von diesem Wert ab. Der Einfachheit halber nehmen wir an, daß zum Zeitpunkt $t = 0$ auch $\theta = 0$ ist.

Eine derartige Näherungslösung für eine Differentialgleichung heißt *Perturbationslösung*, da der nichtlineare Term in der Differentialgleichung die sich sonst ergebende harmonische Bewegung „stört" (perturbiert). Wie Sie sahen, sind wir zu Gl. (7.33) durch gezieltes Raten vorgestoßen. Es ist ja einfach, zunächst mehrere Ansätze zu versuchen und dann die unbrauchbaren auszuscheiden.

Aus Gl. (7.33) erhalten wir

$$\begin{aligned} \ddot\theta &= -\,\omega^2\theta_0\sin\omega t - 9\,\omega^2\epsilon\theta_0\sin 3\omega t\,; \\ \theta^3 &= \theta_0^3(\sin^3\omega t + 3\,\epsilon\sin^2\omega t\,\sin 3\omega t + \cdots)\,. \end{aligned} \qquad (7.35)$$

Die Terme der Ordnung ϵ^2 und ϵ^3 haben wir ausgelassen wegen unserer Annahme, eine Lösung mit $\epsilon \ll 1$ zu finden.

Mit Hilfe der trigonometrischen Identität aus Gl. (7.34) erhalten wir dann für die Terme der Gl. (7.32)

$$\begin{aligned} \ddot{\theta} &= -\omega^2\theta_0 \sin\omega t - 9\omega^2\epsilon\theta_0 \sin 3\omega t ;\\ \omega_0^2\theta &= +\omega_0^2\theta_0 \sin\omega t + \omega_0^2\epsilon\theta_0 \sin 3\omega t ;\\ -\frac{1}{6}\omega_0^2\theta^3 &= -\frac{3\omega_0^2}{24}\theta_0^3 \sin\omega t + \frac{\omega_0^2}{24}\theta_0^3 \sin 3\omega t - \\ &\quad -\frac{\omega_0^2}{2}\theta_0^3\,\epsilon \sin^2\omega t \sin 3\omega t . \end{aligned} \tag{7.36}$$

Diese Gleichungen addieren wir nun. Nach Gl. (7.32) ist die linke Summe gleich Null. Wenn Gl. (7.33) eine Näherungslösung für Gl. (7.32) darstellen soll, müssen rechts die Summen der Koeffizienten von $\sin\omega t$ und von $\sin 3\omega t$ je für sich verschwinden. Wäre das nicht so, erhielten wir einen Ausdruck der Form $A \sin\omega t + B \sin 3\omega t = 0$, wobei A und B Konstanten sind. Diese Beziehung kann aber *niemals* für alle t erfüllt sein, ohne daß A und B gleichzeitig verschwinden. In unserem Ansatz Gl. (7.33) hatten wir bei $3\omega t$ abgebrochen; damit sind also von den auftretenden Frequenzen zwar nicht alle, aber doch die wichtigsten in die Lösung einbezogen.

Da die Koeffizientensumme von $\sin\omega t$ in der Gl. (7.36) verschwinden muß, folgt

$$-\omega^2 + \omega_0^2 - \frac{3}{24}\omega_0^2\theta_0^2 = 0 \tag{7.37}$$

oder

$$\omega^2 = \omega_0^2\left(1 - \frac{1}{8}\theta_0^2\right) \quad \text{bzw.}\ \omega \approx \omega_0\left(1 - \frac{\theta_0^2}{16}\right) \tag{7.38}$$

mit der Näherungsformel $\sqrt{1-x} \approx 1 - \frac{1}{2}x$. Gl. (7.38) zeigt, wie ω von θ_0 abhängt. Für $\theta_0 \to 0$, also für kleine Amplituden, ergibt sich ω_0 als Grenzwert der Frequenz. Bei $\theta_0 = 0{,}3$ rad beträgt die relative Frequenzabweichung $\Delta\omega/\omega = (\omega - \omega_0)/\omega$ etwa -10^{-2}. Die Pendelfrequenz hängt also bei großen Ausschlägen von der Amplitude ab.

Der Lösungsansatz Gl. (7.33) enthält auch ein Glied mit $\sin 3\omega t$. Der Quotient ϵ aus den Amplituden der beiden Terme $\sin\omega t$ und $\sin 3\omega t$ läßt sich bestimmen aus der Bedingung, daß die Koeffizientensumme von $\sin 3\omega t$ in Gl. (7.36) verschwinden muß:

$$-9\omega^2\epsilon + \omega_0^2\epsilon + \frac{\omega_0^2}{24}\theta_0^2 = 0 . \tag{7.39}$$

Setzen wir näherungsweise $\omega^2 \approx \omega_0^2$, so folgt aus Gl. (7.39)

$$\epsilon \approx \frac{\theta_0^2}{192} . \tag{7.40}$$

Die Größe ϵ gibt etwa den Anteil des Ausdrucks $\sin 3\omega t$ an der primär durch den Term $\sin\omega t$ bestimmten Lösung an. Für $\theta_0 = 0{,}3$ rad erhalten wir $\epsilon \approx 10^{-3}$, also eine sehr kleine Größe. Den Term mit $\sin^2\omega t \sin 3\omega t$ in Gl. (7.36) haben wir in unserer Näherungslösung vernachlässigt, denn der Koeffizient dieses Ausdrucks ist – verglichen mit den bisher betrachteten Termen – von der Größenordnung $O(\epsilon)$ oder $O(\theta_0^2)$.

Warum enthält der Ansatz Gl. (7.33) keinen Ausdruck der Form $\sin 2\omega t$? Versuchen Sie selbst eine Lösung der Form

$$\theta = \theta_0 \sin\omega t + \eta\theta_0 \sin 2\omega t , \tag{7.41}$$

und sehen Sie, was geschieht. Es wird sich $\eta = 0$ ergeben. Das Pendel erzeugt also hauptsächlich dritte Harmonische (Terme von $\sin 3\omega t$), aber nicht Schwingungen der Frequenz 2ω. Die Situation wäre natürlich anders, wenn schon die Bewegungsgleichung einen Term in θ^2 enthielte.

Mit welcher Frequenz schwingt nun das Pendel bei großen Amplituden? Wir erhalten nicht mehr eine einzige sondern viele Frequenzen. Wir haben gesehen, daß $\sin\omega t$ die wichtigste Komponente ist und bezeichnen ω daher als *Grundfrequenz* des Pendels. Als Näherungslösung für ω hatten wir Gl. (7.38) gefunden. Der Term in $\sin 3\omega t$ heißt *dritte Harmonische* dieser Grundfrequenz. Aus Gl. (7.33) hatten wir gefolgert, daß in Wirklichkeit der exakte Bewegungsablauf unendlich viele Harmonische enthält, daß jedoch die Anteile der meisten sehr klein sind. Die Amplitude der Grundschwingung nach Ansatz Gl. (7.33) ist θ_0, die der dritten Harmonischen $\epsilon\theta_0$. •

7.2. Das Federpendel

In Kapitel 5 betrachteten wir eine Feder, die dem Hookeschen Gesetz genügt:

$$F_x = -Cx , \tag{7.42}$$

wobei x die Koordinate des Federendes bedeutet. Wir denken uns dort eine Masse m und betrachten die Feder selbst als masselos (Bild 7.6). Die Bewegungsgleichung für das System lautet dann

$$m\ddot{x} = -Cx ; \qquad \ddot{x} + \frac{C}{m}x = 0 . \tag{7.43}$$

Ihre Lösung folgt der von Gl. (7.22) und ist somit von der Form [1])

$$x = A \sin(\omega_0 t + \varphi) , \tag{7.44}$$

wobei A und φ die Amplituden- bzw. Phasenkonstante bedeuten. Wir bilden wieder die Ableitungen

$$\dot{x} = \omega_0 A \cos(\omega_0 t + \varphi) ; \quad \ddot{x} = -\omega_0^2 A \sin(\omega_0 t + \varphi) . \tag{7.45}$$

Aus den Gln. (7.44) und (7.45) folgt dann

$$\ddot{x} - \omega_0^2 x = 0 . \tag{7.46}$$

Durch Koeffizientenvergleich mit Gl. (7.43) erhalten wir

$$\omega_0 = \left(\frac{C}{m}\right)^{1/2} . \tag{7.47}$$

[1]) Wir könnten genau so gut Lösungen der Form $x = A\cos(\omega_0 t + \varphi)$ oder $x = B\cos\omega_0 t + D\sin\omega_0 t$ verwenden. Die Wahl der Form ist gewöhnlich eine Sache der Zweckmäßigkeit.

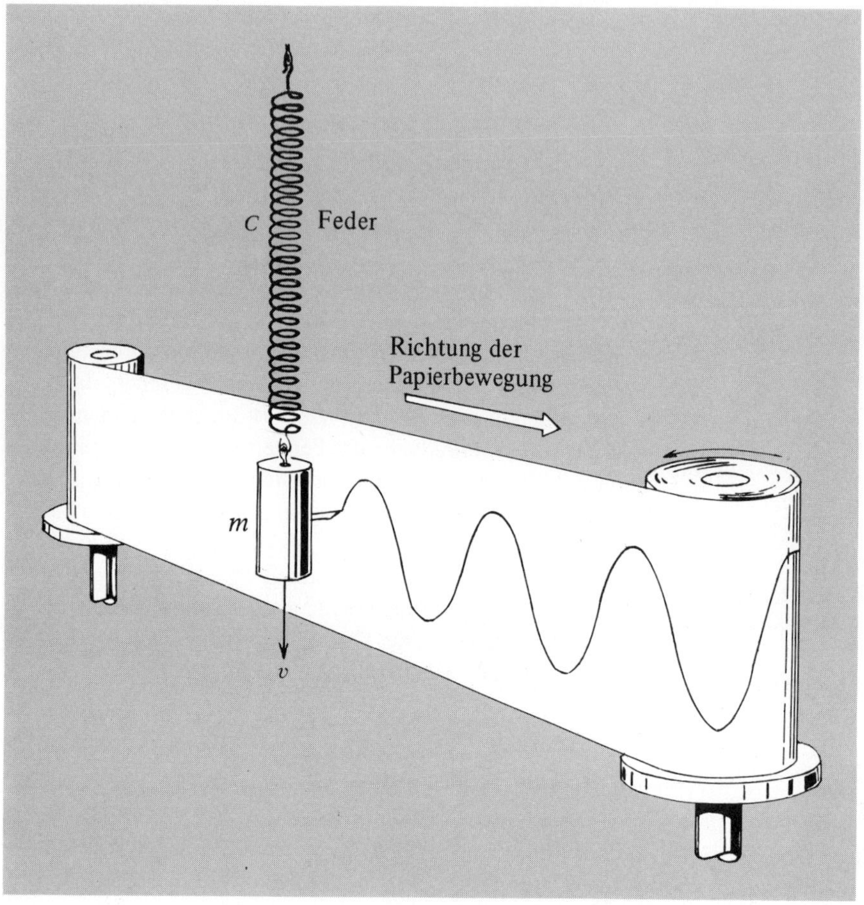

Bild 7.6. Das Bild zeigt einen einfachen harmonischen Oszillator mit der Masse m an einer gewichtslos gedachten Feder mit der Federkonstanten C. Ein an der Masse m befestigter Schreibstift zeichnet auf eine Papierrolle, die mit konstanter Geschwindigkeit an ihm vorbeigezogen wird, eine Sinuskurve.

Es handelt sich wieder um eine harmonische Schwingung mit der Eigenfrequenz ω_0. Die Amplitude heißt hier A. Die Phase φ ist bestimmt durch die Werte von x und $\dot{x}$ zur Zeit t = 0. Die Gln. (7.44) und (7.45) liefern für sie die Beziehungen

$$x_0 = A \sin\varphi \quad \text{und} \quad v_0 = \omega_0 A \cos\varphi,$$

die wir nach A und φ auflösen können. Für $\varphi = \pi/2$ erhalten wir

$$x = A \sin\left(\omega_0 t + \frac{\pi}{2}\right) = A \cos\omega_0 t\,, \qquad (7.48)$$

denn Sinus und Cosinus unterscheiden sich nur durch eine Phasenverschiebung von $\pi/2$. Besitzt zum Zeitpunkt t = 0 die Feder ihre maximale Auslenkung A, dann ersehen wir aus Gl. (7.44), daß $\varphi = \pi/2$ ist.

- **Beispiel**: *Mittlere kinetische und potentielle Energie.* Berechnen Sie das zeitliche Mittel der kinetischen und potentiellen Energie eines harmonischen Oszillators.

Mit Gl. (7.45) ergibt sich die kinetische Energie W_k zu

$$W_k = \frac{1}{2} m\dot{x}^2 = \frac{1}{2} m\left[\omega_0 A \cos(\omega_0 t + \varphi)\right]^2\,. \qquad (7.49)$$

Das zeitliche Mittel [1]) der kinetischen Energie $\langle W_k\rangle$ über eine Bewegungsperiode T beträgt:

$$\langle W_k\rangle = \frac{\int_0^T W_k\,dt}{T} = \frac{1}{2} m\omega_0^2 A^2 \frac{\int_0^{2\pi/\omega_0} \cos^2(\omega_0 t + \varphi)\,dt}{2\pi/\omega_0}\,, \qquad (7.50)$$

wobei $2\pi/\omega_0$ die Periode ist. Da sich das Integral über eine volle Periode erstreckt, geht der Wert der Phase nicht ein, und wir können einfach $\varphi = 0$ setzen. Mit der Sub-

[1]) Wir benutzen die Klammer $\langle\cdots\rangle$ zur Bezeichnung des zeitlichen Mittels, das hier wie folgt definiert ist:

$$\langle x\rangle = \lim_{t\to\infty} \frac{1}{t}\int_0^t x(t)\,dt\,.$$

Für eine periodische Funktion q(t) mit der Schwingungsdauer T gilt dann einfacher

$$\langle q\rangle = \frac{1}{T}\int_0^T q(t)\,dt\,.$$

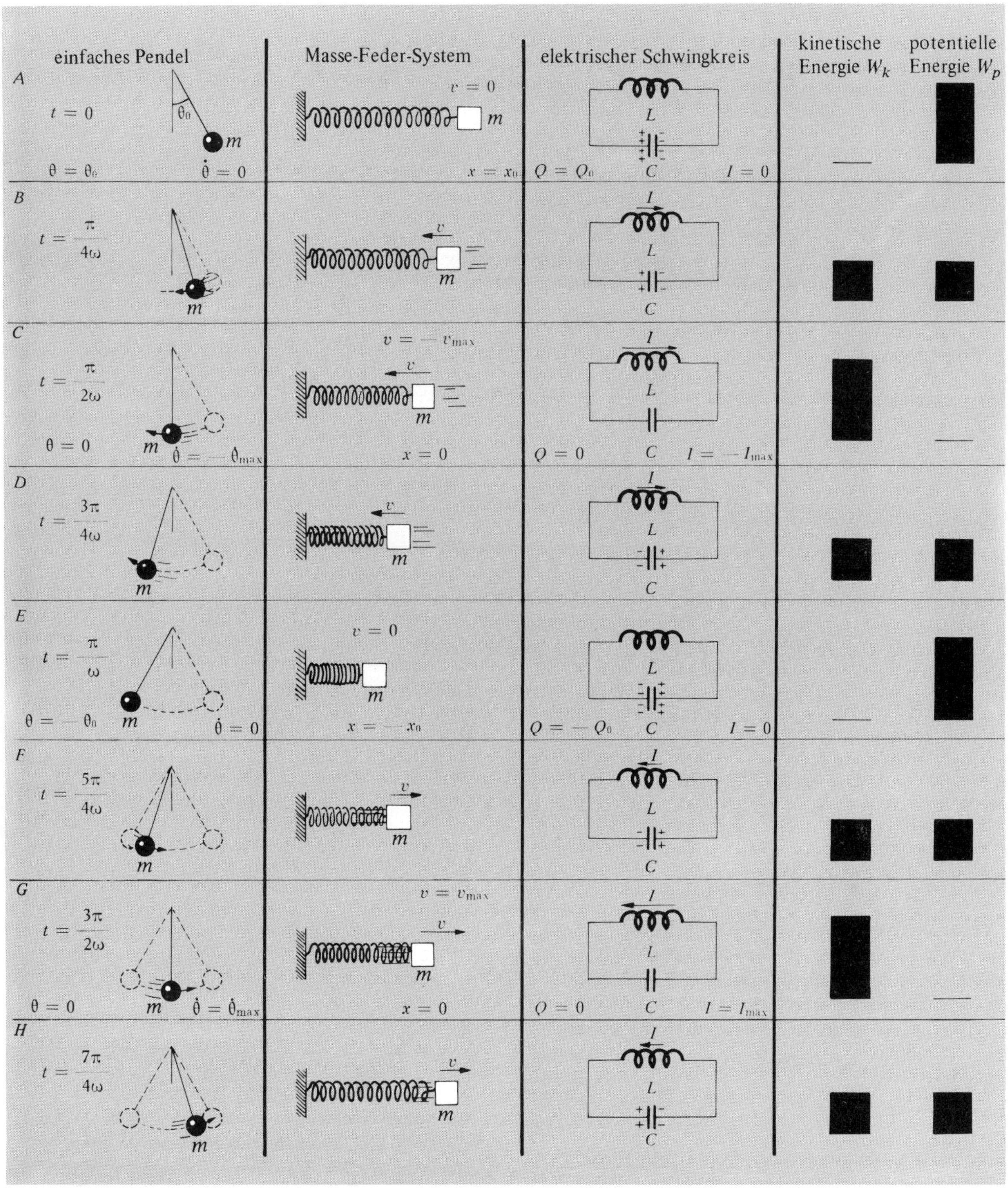

Bild 7.7. Drei verschiedene harmonische Schwingungssysteme mit gleicher Schwingungsdauer: ein einfaches Pendel, ein Masse-Feder-System und ein elektrischer Schwingkreis. Die Zeit steigt von Stellung A bis H an; die nächste Periode beginnt dann wieder mit A.

stitution $y = \omega_0 t$ erhalten wir dann unter Benutzung der Identität $\cos^2 y = \frac{1}{2}(1 + \cos 2y)$

$$\frac{\omega_0}{2\pi}\int_0^{2\pi/\omega_0} \cos^2 \omega_0 t\, dt = \frac{1}{2\pi}\int_0^{2\pi} \cos^2 y\, dy = \frac{1}{2}\,, \tag{7.51}$$

denn das Integral des Terms mit $\cos 2y$ verschwindet. Gl. (7.51) ergibt für den zeitlichen Mittelwert des quadrierten Kosinus den Wert $\frac{1}{2}$. Das ist ein wichtiges Ergebnis. Dasselbe gilt für das Mittel des Sinusquadrats [1]). Aus den Gln. (7.50) und (7.51) erhalten wir für die mittlere kinetische Energie

$$\langle W_k \rangle = \frac{1}{4} m \omega_0^2 A^2 \,. \tag{7.52}$$

Die potentielle Energie W_p ergibt sich mit $x = A \sin \omega_0 t$ zu

$$W_p = \frac{1}{2} Cx^2 = \frac{1}{2} C A^2 \sin^2 \omega_0 t \,. \tag{7.53}$$

Da der Mittelwert des quadrierten Sinus

$$\frac{\omega_0}{2\pi}\int_0^{2\pi/\omega_0} \sin^2 \omega_0 t\, dt = \frac{1}{2} \tag{7.54}$$

beträgt, erhalten wir schließlich mit $\omega_0^2 = C/m$ und dem Ergebnis aus Gl. (7.53)

$$\langle W_p \rangle = \frac{1}{4} C A^2 = \frac{1}{4} m\omega_0^2 A^2 \,. \tag{7.55}$$

Somit gilt $\langle W_p \rangle = \langle W_k \rangle$, und die Gesamtenergie des harmonischen Oszillators beträgt

$$\boxed{W = \langle W_k \rangle + \langle W_p \rangle = \frac{1}{2} m\omega_0^2 A^2 \,.} \tag{7.56}$$

Beachten Sie, daß $W = \langle W \rangle$, da die Gesamtenergie bei der Bewegung erhalten bleibt. Die Gleichheit von mittlerer kinetischer und potentieller Energie ist eine besondere Eigenschaft des harmonischen Oszillators. Diese Eigenschaft gilt im allgemeinen nicht für anharmonische Oszillatoren, jedoch – wie wir später zeigen werden – noch für schwach gedämpfte. •

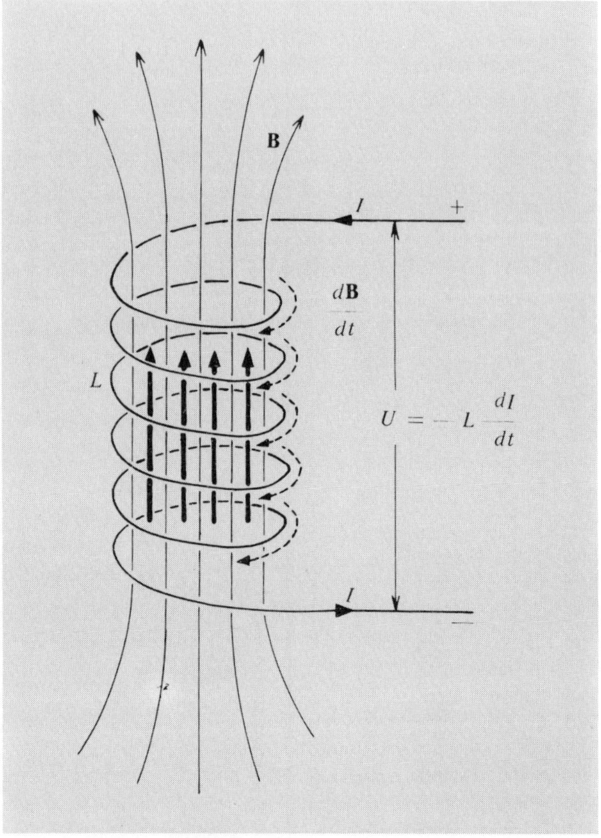

Bild 7.8. Eine vom Strom I durchflossene Spule mit der Induktivität L. Wenn I steigt, steigt auch **B** An. Die Richtung von **dB**/dt zeigen die dicken Pfeile. Nach dem Faradayschen Gesetz wird in der Spule durch Änderung des *magnetischen* Feldes ein *elektrisches* Feld erzeugt. Die Richtung des elektrischen Feldes zeigen die gestrichelten Pfeile. Die Gesamtspannung über der Spule ist $U = \int \mathbf{E} \cdot d\mathbf{L}$. Da U gegenüber dI/dt gegensinnig ansteigt, gilt $U = -L(dI/dt)$, mit L als Proportionalitätsfaktor.

7.3. Der elektrische Schwingkreis

Wir nehmen hier einiges aus der Elektrizitätslehre vorweg, die in Band 2 behandelt wird. (Diesen Abschnitt sowie die Übungen 8 und 9 können Sie übergehen, wenn ihnen die entsprechenden Vorkenntnisse aus der Elektrizitätslehre fehlen.) Wir betrachten einen widerstandslosen elektrischen Reihenschwingkreis aus einer Induktivität L (Bild 7.8), einer Kapazität C und einer angelegten Spannung U. Wir wissen, daß die Spannung über der Induktivität

$$U_L = -L \frac{dI}{dt}\,, \tag{7.57}$$

[1]) Diese Ergebnisse kann man leicht aus der trigonometrischen Identität $\sin^2\varphi + \cos^2\varphi \equiv 1$ ableiten. Nehmen wir nämlich das Mittel über eine Periode $2\pi/\omega$, erhalten wir die Beziehung $\langle\sin^2\varphi\rangle + \langle\cos^2\varphi\rangle = 1$. Da der einzige Unterschied zwischen $\sin\varphi$ und $\cos\varphi$ in der Phasenverschiebung von $\pi/2$ besteht, folgt sofort $\langle\sin^2\varphi\rangle = \langle\cos^2\varphi\rangle = \frac{1}{2}$. Nach der gleichen Methode läßt sich der mittlere Wert von $\langle x^2\rangle$ über eine Kugeloberfläche berechnen. Aus der Beziehung $x^2 + y^2 + z^2 = r^2$ folgt $\langle x^2\rangle + \langle y^2\rangle + \langle z^2\rangle = r^2$. Da die Kugel symmetrisch bezüglich x, y, z ist, muß gelten $\langle x^2\rangle = \langle y^2\rangle = \langle z^2\rangle = \frac{1}{3} r^2$. Dieses Ergebnis können Sie durch direkte Berechnung bestätigen.

beträgt, wobei I die Stromstärke ist. Für die Spannung über dem Kondensator C gilt

$$U_C = \frac{Q}{C} = -\frac{1}{C}\int I\,dt\,, \qquad (7.58)$$

mit Q als Ladung; sie ist gleich dem zeitlichen Integral über den Strom. Das Vorzeichen ist eine Frage der Konvention.

Die Summe aller Spannungen im Schwingkreis muß Null werden (2. Kirchhoffsches Gesetz). Also gilt $U + U_L + U_C = 0$ oder

$$L\frac{dI}{dt} + \frac{1}{C}\int I\,dt = U \qquad (7.59)$$

oder mit $Q = -\int I\,dt$

$$L\frac{d^2Q}{dt^2} + \frac{1}{C}Q = -U\,. \qquad (7.60)$$

Wir können Gl. (7.60) vergleichen mit der Bewegungsgleichung $m\ddot{x} + C_{Feder}\,x = F$ einer Masse an einer Feder, die durch eine Kraft F ausgelenkt wird, und erkennen sofort, daß die folgenden Größen einander entsprechen:

$$Q \longleftrightarrow x\,; \quad -U \longleftrightarrow F\,; \quad L \longleftrightarrow m\,; \quad \frac{1}{C} = C_{Feder}\,. \qquad (7.61)$$

Für U = 0 ergeben sich die Lösungen der Gl. (7.60) in Analogie zur Federgleichung zu

$$I = I_0 \sin\omega_0 t\,; \qquad \omega_0 = \left(\frac{1}{LC}\right)^{1/2}\,. \qquad (7.62)$$

Aus den Gln. (7.57) und (7.62) folgt für die Spannung über der Induktivität

$$U_L = -L\dot{I} = -L\omega_0 \cos\omega_0 t\,. \qquad (7.63)$$

Die Spannung über der Kapazität beträgt

$$U_C = -\frac{1}{C}\int I\,dt = \frac{1}{\omega_0 C}\cos\omega_0 t\,. \qquad (7.64)$$

Aus der Definition von ω_0 in Gl. (7.62) sehen wir, daß U_L und U_C gleiche Amplituden haben.

7.4. Reibung

Bis jetzt haben wir Dämpfungseffekte auf den harmonischen Oszillator nicht berücksichtigt. Reibung dämpft die freie Bewegung des harmonischen Oszillators. Wenn wir die Reibung zusätzlich in die Bewegungsgleichung einführen, erhalten wir realistischere Lösungen. Wie führen wir aber den Einfluß der Reibung in die Bewegungsgleichung $m\ddot{x} = 0$ eines freien Teilchens ein? Reibung wirkt als verzögernde Kraft; ist sie die einzige auf das Teilchen wirkende Kraft, so lautet das 2. Newtonsche Gesetz

$$m\ddot{x} = F_r\,. \qquad (7.65)$$

Die Reibungskraft wirkt offenbar der Geschwindigkeit des Teilchens entgegen und ist in ihrer einfachsten Form der Geschwindigkeit direkt proportional. (Diese nicht ohne weiteres einsichtige Annahme wird weiter unten in Beispielen diskutiert.) Nehmen wir zunächst

$$F_r = -\gamma\dot{x} \qquad (7.66)$$

an, wobei γ der positive Dämpfungskoeffizient ist. Dann ergibt sich für ein Teilchen, das sich unter alleiniger Einwirkung der Reibung bewegt, die Gleichung

$$m\ddot{x} + \gamma\dot{x} = 0\,. \qquad (7.67)$$

Manchmal ist es sinnvoll, eine Konstante τ die sogenannte *Relaxationszeit*, durch folgende Beziehung zu definieren:

$$\gamma \equiv \frac{m}{\tau} \qquad (7.68)$$

denn dann erhalten wir mit Gl. (7.67)

$$m\left(\frac{d^2x}{dt^2} + \frac{1}{\tau}\frac{dx}{dt}\right) = 0\,. \qquad (7.69)$$

Wir sehen, daß τ die Dimension einer Zeit hat.

Mit $v \equiv \dot{x}$ läßt sich Gl. (7.69) zu

$$\dot{v} + \frac{1}{\tau}v = 0 \qquad (7.70)$$

umformen. Dies ist eine sehr wichtige Differentialgleichung. Durch Umschreiben erhalten wir

$$\frac{dv}{v} = -\frac{dt}{\tau} \quad \text{oder} \quad \int_{v_0}^{v}\frac{dv}{v} = -\frac{1}{\tau}\int_0^t dt\,, \qquad (7.71)$$

wobei v_0 die Geschwindigkeit zum Zeitpunkt t = 0 ist. Die Integration liefert

$$\ln v - \ln v_0 = -\frac{t}{\tau} \quad \text{oder} \quad \ln\frac{v}{v_0} = -\frac{t}{\tau} \qquad (7.72)$$

oder, wenn wir beide Seiten als Potenzen von e schreiben,

$$v(t) = v_0 e^{-t/\tau}\,. \qquad (7.73)$$

Die Geschwindigkeit fällt exponentiell mit der Zeit ab (Bild 7.9), wir sagen auch, die Geschwindigkeit ist mit der Zeitkonstanten τ gedämpft.

Der Abfall der kinetischen Energie W_k eines freien Teilchens folgt aus Gl. (7.73) zu

$$W_k = \frac{1}{2}mv^2 = \frac{1}{2}mv_0^2 e^{-2t/\tau} = W_{k0}e^{-2t/\tau}\,. \qquad (7.74)$$

Durch Differentiation erhalten wir

$$\dot{W}_k = -\frac{2}{\tau}W_k\,. \qquad (7.75)$$

Die effektive Relaxationszeit der kinetischen Energie ist halb so groß wie die der Geschwindigkeit.

Es stellt sich die Frage, welche Vorgänge gerade zu einer Dämpfungskraft in der Form der Gl. (7.66) führen. Dieser

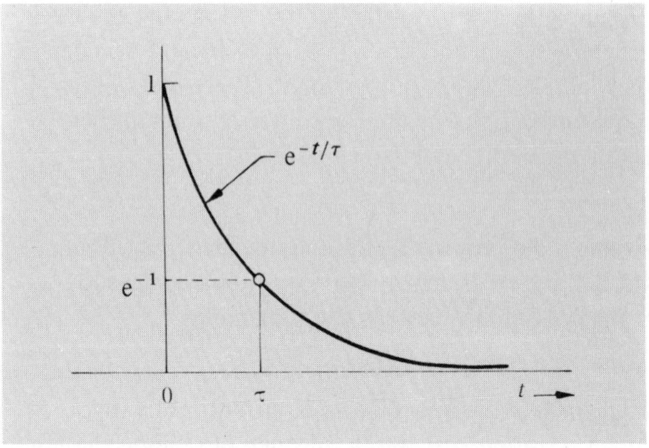

Bild 7.9. Das Bild zeigt $e^{-t/\tau}$ als Funktion der Zeit t

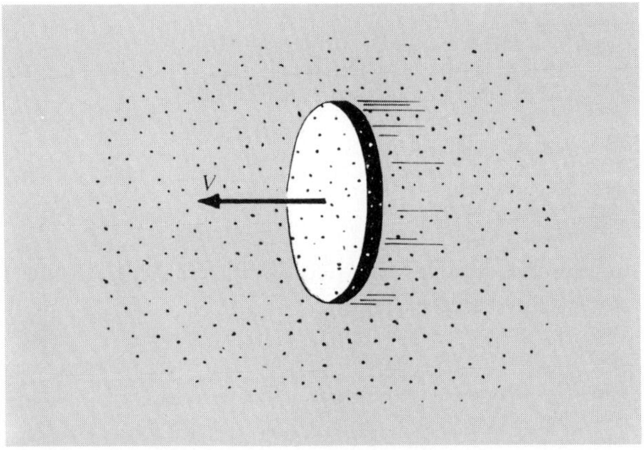

Bild 7.10. Eine flache Scheibe, die senkrecht zu ihrer Ebene durch ein Gas geringen Drucks bewegt wird, erfährt eine hemmende Kraft proportional zu ihrer Geschwindigkeit V. Voraussetzung: V ist sehr viel kleiner als die mittlere Geschwindigkeit der Gasmoleküle.

Ansatz ist sicher eine Idealisierung, die aber unter bestimmten Umständen der Wirklichkeit entspricht. Z.B. stellt der Ohmsche Widerstand ein Dämpfungselement von genau der Form der Gl. (7.66) dar. Der Spannungsabfall U_R über einem idealen Widerstand ergibt sich aus dem Ohmschen Gesetz zu

$$U_R = IR . \tag{7.76}$$

Aus den Gln. (7.76) und (7.57) folgt für die Schwingungsgleichung eines LR-Kreises ohne äußere Spannung

$$L\dot{I} + RI = 0 \tag{7.77}$$

in derselben Form wie Gl. (7.70) mit $\tau = L/R$. Welche Vorgänge im mikroskopischen Bereich zum Ohmschen Gesetz führen, wird in Band 2 erläutert.

Ein gutes Beispiel für eine Dämpfungskraft $F_r = -\gamma\dot{x}$ bietet eine flache Platte, die sich senkrecht zu ihrer Frontfläche durch ein Gas geringen Drucks bewegt (Bild 7.10). Dabei setzen wir voraus, daß die Geschwindigkeit V der Platte wesentlich geringer ist [1]) als die mittlere Geschwindigkeit v der Gasmoleküle. Die Einschränkung geringen Druckes müssen wir machen, um die Zusammenstöße der Moleküle untereinander vernachlässigen zu können. Die Anzahl der Moleküle, die je Zeiteinheit auf die Fläche stoßen, ist proportional zur Relativgeschwindigkeit zwischen den auftretenden Molekülen und der Platte. Nehmen wir an, die Moleküle und die Platte bewegen sich alle in einer Richtung. Dann beträgt die Relativgeschwindigkeit auf der einen Seite der Platte v + V, auf der anderen Seite v − V. Der Druck ist proportional zum Produkt aus der Anzahl der Moleküle, die je Zeiteinheit auftreffen, und dem mittleren Impuls, den sie abgeben. Dieser ist selbst wieder proportional zur Relativgeschwindigkeit, so daß wir für die Drücke p_1, p_2 auf beiden Seiten der Platte

$$p_1 \sim (v + V)^2 \; ; \quad p_2 \sim (v - V)^2 \tag{7.78}$$

erhalten. Der resultierende Druck ergibt sich als Differenz der Drücke auf den beiden Flächen zu

$$p = p_1 - p_2 \sim 4vV . \tag{7.79}$$

Die Bremskraft (die resultierende Kraft auf die sich bewegende Platte) ist damit der Geschwindigkeit v der Platte direkt proportional und wirkt ihrer Bewegung entgegen.

7.5. Der gedämpfte harmonische Oszillator

Berücksichtigen wir die Dämpfungskraft auf einen (eindimensionalen) freien harmonischen Oszillator (Bild 7.11), so erhalten wir für die Gesamtkraft die Summe

$$F_{Feder} + F_{Reibung} = -Cx - \gamma\dot{x} . \tag{7.80}$$

Wir setzen dies gleich $m\ddot{x}$ und erhalten eine neue Bewegungsgleichung

$$m\ddot{x} + \gamma\dot{x} + Cx = 0 , \tag{7.81}$$

die immer noch linear ist. Sie läßt sich umschreiben zu

$$\boxed{\ddot{x} + \frac{1}{\tau}\dot{x} + \omega_0^2 x = 0 ,} \tag{7.82}$$

mit

$$\frac{1}{\tau} = \frac{\gamma}{m} \; ; \quad \omega_0^2 = \frac{C}{m} . \tag{7.83}$$

[1]) Den Fall, daß die Geschwindigkeit eines Flugkörpers im Vergleich zu den Molekülgeschwindigkeiten groß ist, haben wir bereits am Ende des Kapitels 6 am Beispiel des Meteoriten betrachtet. In beiden Fällen nehmen wir der Einfachheit halber an, daß die mittlere freie Weglänge der Moleküle groß ist im Vergleich zu den Abmessungen des Körpers.

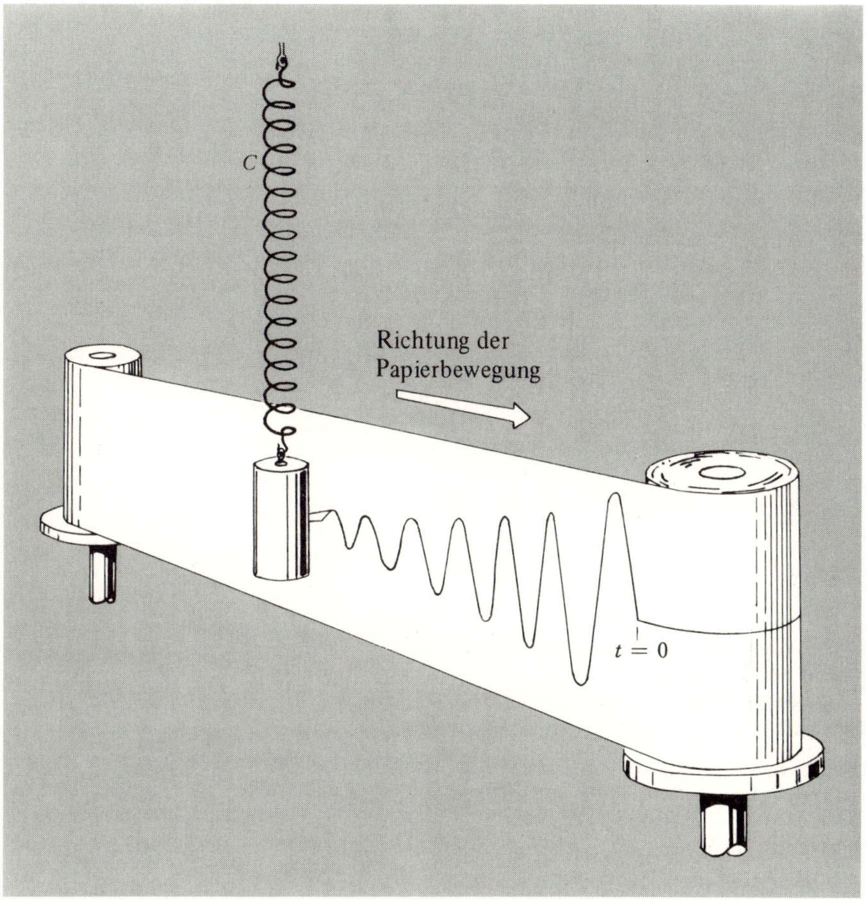

Bild 7.11. Alle wirklichen harmonischen Schwingungssysteme erfahren dämpfende Reibungskräfte wie z.B. durch den Luftwiderstand. Ein Masse-Feder-System mit schwacher Dämpfung würde eine derartige Kurve auf eine mit konstanter Geschwindigkeit vorbeiziehende Papierbahn schreiben, wenn die Masse zum Zeitpunkt t = 0 erstmalig in Schwingung versetzt wurde.

Wir suchen nach Lösungen der Gl. (7.82) von der Form gedämpfter sinusförmiger Schwingungen

$$x = x_0 e^{-\beta t} \sin \omega t \,, \tag{7.84}$$

wobei β und ω bestimmt werden müssen. Diese Lösung bietet sich an, wenn man die Gln. (7.44) und (7.73) kombiniert. Wir hätten natürlich ebenso gut $x = x_0 e^{-\beta t} \cos \omega t$ nehmen können. Differentiation der Gl. (7.84) liefert

$$\frac{dx}{dt} = -\beta x_0 e^{-\beta t} \sin \omega t + \omega x_0 e^{-\beta t} \cos \omega t \,; \tag{7.85}$$

$$\frac{d^2x}{dt^2} = \beta^2 x_0 e^{-\beta t} \sin \omega t - 2\,\omega\beta\, x_0 e^{-\beta t} \cos \omega t - \omega^2 x_0 e^{\beta t} \sin \omega t \,. \tag{7.86}$$

Nach Einsetzen in die Differentialgleichung (7.82) folgt

$$\left(\beta^2 - \omega^2 + \omega_0^2 - \frac{\beta}{\tau}\right) x_0 e^{-\beta t} \sin \omega t + {}$$

$$+ \left(-2\,\omega\beta + \frac{\omega}{\tau}\right) x_0 e^{-\beta t} \cos \omega t = 0 \,. \tag{7.87}$$

Betrachten wir den Koeffizienten des Ausdrucks in $\cos \omega t$. Er wird Null, falls

$$\beta = \frac{1}{2\tau} \tag{7.88}$$

gilt. Entsprechend verschwindet der Koeffizient des Ausdrucks in $\sin \omega t$, falls

$$\omega^2 = \omega_0^2 + \beta^2 - \frac{\beta}{\tau} = \omega_0^2 - \left(\frac{1}{2\tau}\right)^2 \tag{7.89}$$

oder

$$\omega = \left[\omega_0^2 - \left(\frac{1}{2\tau}\right)^2\right]^{1/2} = \omega_0 \left[1 - \left(\frac{1}{2\omega_0\tau}\right)^2\right]^{1/2} , \tag{7.90}$$

d.h., Reibung vermindert die Frequenz. Nur für den Fall unendlich großer Relaxationszeit (keine Dämpfung) ist die Frequenz ω gleich ω_0.

Sind β und ω mit den Gln. (7.88) und (7.90) gegeben, dann befriedigt Gl. (7.84) die Bewegungsgleichung (7.81), und die Lösung lautet somit

$$x = x_0 e^{-t/2\tau} \sin \left\{ \omega_0 t \left[1 - \left(\frac{1}{2\omega_0\tau}\right)^2\right]^{1/2} \right\} . \tag{7.91}$$

Für den Fall $\omega_0 \tau \gg 1$ erhalten wir den Grenzfall *schwacher Dämpfung*, für den wir Gl. (7.91) durch

$$x \approx x_0 e^{-t/2\tau} \sin \omega_0 t \tag{7.92}$$

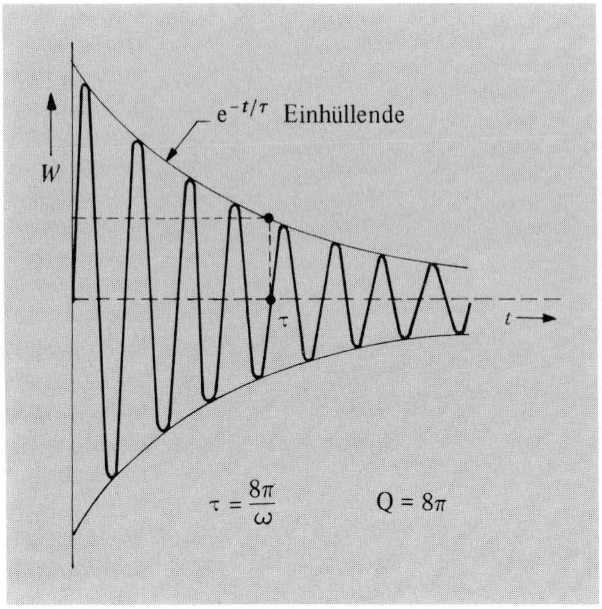

Bild 7.12. Die potentielle Energie eines Schwingers mit der Güte $Q = 8\,\pi$ in Abhängigkeit von t.
In der Zeit τ, in der vier Schwingungen ablaufen, fällt die Einhüllende der Schwingung auf den e-ten Teil ihres Anfangswertes ab.

annähern können. ω_0 ist hier wieder die Eigenfrequenz des ungedämpften Oszillators.

• **Beispiel**: *Leistungsverlust.* Wir berechnen den Energieverlust eines gedämpften harmonischen Oszillators für den Bereich schwacher Dämpfung mit $\omega_0\tau \gg 1$, so daß $\omega \approx \omega_0$.

Die kinetische Energie ist durch $W_k = \frac{1}{2}\,m\dot{x}^2$ gegeben. Aus der Näherungslösung Gl. (7.92) folgt

$$\frac{dx}{dt} = -\frac{1}{2\tau}\,x_0 e^{-t/2\tau}\sin\omega_0 t + \omega_0 x_0 e^{-t/2\tau}\cos\omega_0 t\,. \tag{7.93}$$

Für $\dot{x}^2$ erhalten wir dann

$$\left(\frac{dx}{dt}\right)^2 = \left(\frac{1}{2\tau}\right)^2 x_0^2 e^{-t/\tau}\sin^2\omega_0 t + \omega_0^2 x_0^2 e^{-t/\tau}\cos^2\omega_0 t - \left(\frac{\omega_0}{\tau}\right) x_0^2 e^{-t/\tau}\sin\omega_0 t\cos\omega_0 t\,. \tag{7.94}$$

Die bei der Mittelung über die Zeit entstehenden Integrale der Gl. (7.94) finden wir z.B. in Höhere Mathematik griffbereit, S. 765 ff. Für $\omega_0\tau \gg 1$ können Sie in guter Näherung den Faktor $e^{-t/\tau}$ vor das Integral ziehen. Wir können das mit hinreichender Genauigkeit tun, solange die Schwingungsamplitude $x_0 e^{-t/2\tau}$ sich während einer Periode kaum ändert. Folglich bleiben noch die Mittel

$$\langle\cos^2\theta\rangle = \langle\sin^2\theta\rangle = \frac{1}{2}\,; \qquad \langle\cos\theta\,\sin\theta\rangle = 0\,. \tag{7.95}$$

Der letzte Mittelwert

$$\langle\cos\theta\,\sin\theta\rangle = \langle\tfrac{1}{2}\sin 2\theta\rangle = 0 \tag{7.96}$$

ist für uns sehr wichtig; er folgt daraus, daß der zeitliche Mittelwert eines beliebigen Sinus oder Kosinus verschwindet. Damit erhalten wir für die kinetische Energie, gemittelt über eine Periode:

$$\begin{aligned}\langle W_k\rangle &\approx \frac{1}{2}m\left[\left(\frac{1}{2\tau}\right)^2\langle\sin^2\omega_0 t\rangle + \omega_0^2\langle\cos^2\omega_0 t\rangle - \frac{\omega_0^2}{\tau}\langle\cos\omega_0 t\,\sin\omega_0 t\rangle\right]x_0^2 e^{-t/\tau}\\ &\approx \frac{1}{4}m\left[\left(\frac{1}{2\tau}\right)^2 + \omega_0^2\right]x_0^2 e^{-t/\tau}\,.\end{aligned} \tag{7.97}$$

Die Größe $(1/2\tau)^2$ ist aber nach unserer Annahme vernachlässigbar klein gegenüber ω_0^2; damit reduziert sich Gl. (7.97) auf

$$\langle W_k\rangle \approx \frac{1}{4}m\,\omega_0^2 x_0^2 e^{-t/\tau}\,. \tag{7.98}$$

Die mittlere kinetische Energie klingt also exponentiell ab. Für die mittlere potentielle Energie ergibt sich

$$\langle W_p\rangle = \frac{1}{2}m\omega_0^2 x_0^2\,\langle e^{-t/\tau}\sin^2\omega_0 t\rangle \approx \frac{1}{4}m\omega_0^2 x_0^2 e^{-t/\tau}\,. \tag{7.99}$$

Der mittlere Leistungsverlust $\langle P\rangle$ ist gleich der negativen zeitlichen Energieänderung, also

$$-\langle P\rangle = \frac{d}{dt}\langle W\rangle \approx \frac{d}{dt}(\langle W_k\rangle + \langle W_p\rangle) \approx -\frac{1}{\tau}\left(\frac{1}{2}m\omega_0^2 x_0^2 e^{-t/\tau}\right)$$

oder

$$\langle P(t)\rangle = \frac{\langle W(t)\rangle}{\tau}\,. \tag{7.100}$$

Es mag überraschen, daß die Mittelwerte in den Gln. (7.98) und (7.99) noch die Zeit t enthalten, obwohl es sich um zeitliche Mittelwerte handelt. Der Grund liegt darin, daß wir die Bewegung eines gedämpften Oszillators über viele Perioden betrachten. Was wir hier erhalten haben, ist die mittlere (kinetische oder potentielle) Energie *über eine Periode ungefähr zur Zeit t.* Da die Energie sich allmählich in Wärme umsetzt, müssen wir erwarten, daß ihr Mittelwert über eine Periode mit der Zahl der durchlaufenen Zyklen stetig abnimmt.

Man sollte vermuten, daß die Verlustleistung übereinstimmt mit der negativen mittleren Leistung, die die Reibungskraft $F_r = -\gamma\dot{x} = -(m/\tau)\dot{x}$ aufbringt. Mit Hilfe von Gl. (7.93) und unter der Annahme $\omega_0\tau \gg 1$, so daß $e^{-t/\tau}$ wieder vor das Integral gezogen werden kann, erhalten wir für die Leistung der Reibungskraft

$$\begin{aligned}\langle F_r v\rangle &\approx -\frac{m}{\tau}\,\omega_0^2 x_0^2 e^{-t/\tau}\langle\cos^2\omega_0 t\rangle\\ &\approx -\frac{1}{2\tau}m\omega_0^2 x_0^2 e^{-t/\tau} \approx -\frac{W(t)}{\tau}\,,\end{aligned} \tag{7.101}$$

in Übereinstimmung mit Gl. (7.100). •

7.6. Der Gütefaktor oder die Güte Q

Die *Güte* Q ist ein oft benutzter Begriff (vgl. Bild 7.12). Wir definieren sie als das 2π-fache des Quotienten aus gespeicherter Energie und mittlerem Energieverlust je Periode:

$$Q = 2\pi \frac{\text{gespeicherte Energie}}{\langle \text{Energieverlust in einer Periode} \rangle} = \frac{2\pi W}{P/\nu} = \frac{W}{P/\omega}, \quad (7.102)$$

da $1/\nu$ die Periodendauer wiedergibt und $2\pi\nu = \omega$ gilt. Beachten Sie, daß Q dimensionslos ist.

Für den schwach gedämpften Oszillator ($\omega_0 \tau \gg 1$) erhalten wir aus den Gln. (7.98), (7.99) und (7.100)

$$Q \approx \frac{W}{\dot{W}/\omega\tau} \approx \omega_0 \tau \,. \quad (7.103)$$

Wir erkennen, daß der Wert von $\omega_0\tau$ tatsächlich ein gutes Maß für den Grad der Dämpfung eines Oszillators ist. Hohes $\omega_0\tau$ oder hohes Q bedeuten schwache Dämpfung des Oszillators. Wir merken uns aus den Gln. (7.98) und (7.99), daß die Energie eines Oszillators in der Zeit τ auf den e-ten Teil seines Anfangswertes abfällt; während dieser Zeit durchläuft der Oszillator $\omega_0\tau/2\pi$ Perioden. In Tabelle 7.1 sind die Q-Werte einiger Oszillatoren aufgeführt.

Tabelle 7.1: Verschiedene typische Werte für Q
(*Die Werte streuen stark*)

Die Erde bei einer Erdbebenwelle	250 ... 1400
Mikrowellen-Hohlraumresonator (Cu)	10^4
Klavier- oder Violinsaite	10^3
Angeregtes Atom	10^7
Angeregter Atomkern (Fe^{57})	$3 \cdot 10^{12}$

7.7. Die erzwungene harmonische Schwingung

Wir betrachten nun im einzelnen die erzwungene Bewegung eines gedämpften harmonsichen Oszillators. Bei diesem *wichtigen Fall* wirkt außer der Reibungskraft noch eine äußere Kraft F(t) auf den Oszillator, für den die allgemeinere Bewegungsgleichung

$$m\ddot{x} + \gamma\dot{x} + Cx = F(t) \quad (7.104)$$

gilt. Mit $\tau \equiv m/\gamma$ und $\omega_0^2 \equiv C/m$ können wir Gl. (7.104) zu

$$\ddot{x} + \frac{1}{\tau}\dot{x} + \omega_0^2 x = \frac{F(t)}{m} \quad (7.105)$$

umformen. Hierbei ist ω_0 die *natürliche Frequenz* des Systems ohne den Einfluß der Reibung oder einer erregenden Kraft. Wird das System mit einer von ω_0 verschiedenen Frequenz ω angetrieben, so reagiert es mit der Frequenz ω und *nicht* mit der Eigenfrequenz. Nach plötzlichem Abschalten der treibenden Kraft kehrt jedoch das System zu einer gedämpften Schwingung mit ungefähr der Frequenz ω_0 zurück (falls $\omega_0\tau \gg 1$). Nehmen wir an, es handle sich in Gl. (7.105) um eine periodische Kraft

$$\frac{F(t)}{m} = \frac{F_0 \sin \omega t}{m} \equiv \alpha_0 \sin \omega t\,; \quad \alpha_0 \equiv \frac{F_0}{m} \quad (7.106)$$

mit der Frequenz ω. Die zweite Beziehung definiert die Größe α_0, die wir zur Abkürzung einführen.

Im stationären Zustand, also nach Abklingen aller Einschwingvorgänge, erfolgt die Antwort des Systems ganz genau mit der Frequenz der treibenden Kraft. Andernfalls würde sich die relative Phase zwischen treibender Kraft und Antwort mit der Zeit ändern. Dies ist ein sehr wichtiges Nebenergebnis der Erkenntnis: Die Antwort eines harmonischen Oszillators (sogar mit Dämpfung) im eingeschwungenen Zustand erfolgt stets mit der Frequenz der *erregenden Kraft* und nicht mit der Resonanzfrequenz ω_0. Nur die Frequenz ω ergibt eine Lösung der Bewegungsgleichung. Unter „Antwort des Systems" können wir entweder die Auslenkung x oder die Geschwindigkeit $\dot{x}$ verstehen. Wir wollen uns hier für x entscheiden.

Versuchen wir für Gl. (7.105) den Ansatz

$$x = x_0 \sin(\omega t + \varphi)\,, \quad (7.107)$$

so daß wir zur Lösung der Bewegungsgleichung die Werte der Amplitude x_0 und des Phasenwinkels φ [1]) finden müssen. In Gl. (7.107) ist ω die Frequenz der treibenden Kraft, *nicht* die Resonanzfrequenz des Oszillators; φ bezeichnet den Phasenwinkel zwischen treibender Kraft und der Auslenkung des Oszillators. φ hat also eine völlig andere Bedeutung als im Fall des freien, ungedämpften harmonischen Oszillators, wo φ sich auf die Anfangsbedingungen bezog. Für die erzwungene Schwingung sind die Anfangsbedingungen nicht relevant, solange nur der stationäre Zustand betrachtet wird.

Wir wollen nun genauer definieren, was wir mit der Phase zwischen Auslenkung und treibender Kraft meinen. Beide, die treibende Kraft und die Auslenkung, schwingen in einfacher harmonischer Bewegung. Ein Zyklus von Maximum zu Maximum beträgt bei beiden 360° oder 2π rad. *Die Phase bezeichnet dann den Winkel, um den*

[1]) Wir müssen eine Phasenabweichung um den Winkel φ (Phasenwinkel von x bezogen auf die treibende Kraft F) verschieden von Null gestatten. Wenn wir φ weglassen, erhalten wir keine Lösung. Überhaupt sollten wir – wenn wir von einem Phasenwinkel sprechen – jeweils dazusagen, zwischen welchen zwei Größen diese Phasenverschiebung bestehen soll. In der Elektrotechnik ist es üblich, von der Phase des Stroms bezogen auf die Spannung zu sprechen. Hier meinen wir die Phase der Auslenkung x gegenüber der treibenden Kraft F. Die beiden Phasen sind nicht äquivalent, denn das Analogon zum Strom ist dx/dt und nicht x.

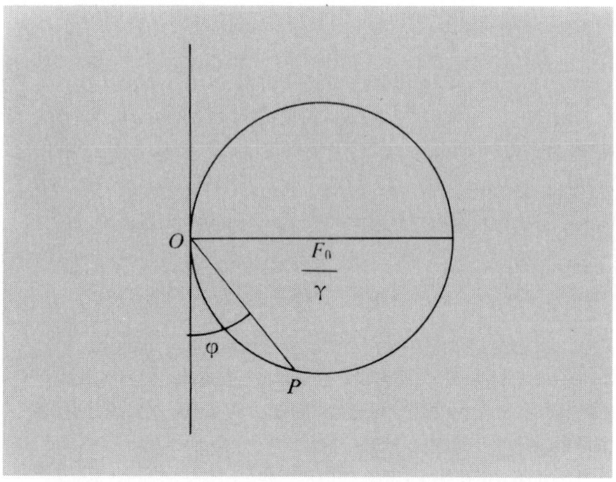

Bild 7.13. Das „Kreisdiagramm' ist eine einfache graphische Darstellung für den erregten harmonischen Oszillator: Man zeichnet einen Kreis mit dem Durchmesser F_0/γ und eine Sehne $\overline{OP}$, die mit der Ordinate den Winkel φ bildet.

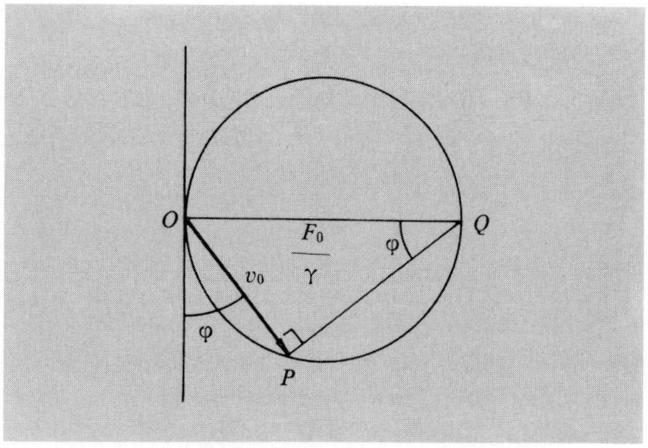

Bild 7.14. Für beliebiges φ erhalten wir ein rechtwinkliges Dreieck OPQ. Folglich gilt $\overline{OP} = -(F_0/\gamma)\sin\varphi$. Aus den Gln. (7.115), (7.116) und (7.117) geht hervor, daß die Sehne $\overline{OP}$ sich zu $\overline{OP} = \omega x_0 = v_0$ ergibt; v_0 ist die Amplitude der Geschwindigkeit.

die Auslenkung ihr Maximum früher erreicht als die treibende Kraft. Nehmen wir z.B. an, die treibende Kraft erreicht ihren Maximalwert zu dem Zeitpunkt, in dem die Auslenkung gerade Null ist und in positiver Richtung anzusteigen beginnt. Dann bleibt die Auslenkung hinter der treibenden Kraft um den Winkel $\pi/2$ zurück. Da aber φ definiert ist als der Winkel, um den x gegenüber F *vorauseilt*, beträgt φ in diesem Beispiel $-\pi/2$.

Wir bilden nun die Ableitungen

$$\frac{dx}{dt} = \omega x_0 \cos(\omega t + \varphi)\,;\quad \frac{d^2x}{dt^2} = -\omega^2 x_0 \sin(\omega t + \varphi). \tag{7.108}$$

Dann ergibt sich durch Einsetzen in die Bewegungsgleichung (7.105)

$$(\omega_0^2 - \omega^2)x_0 \sin(\omega t + \varphi) + \frac{\omega}{\tau} x_0 \cos(\omega t + \varphi) = \alpha_0 \sin\omega t\,. \tag{7.109}$$

Wir vereinfachen Gl. (7.109) mit Hilfe der trigonometrischen Beziehungen

$$\sin(\omega t + \varphi) = \sin\omega t \cos\varphi + \cos\omega t \sin\varphi \tag{7.110}$$

$$\cos(\omega t + \varphi) = \cos\omega t \cos\varphi - \sin\omega t \sin\varphi \tag{7.111}$$

und erhalten

$$\left[(\omega_0^2 - \omega^2)\cos\varphi - \frac{\omega}{\tau}\sin\varphi\right] x_0 \sin\omega t + \left[(\omega_0^2 - \omega^2)\sin\varphi + \frac{\omega}{\tau}\cos\varphi\right] x_0 \cos\omega t = \alpha_0 \sin\omega t\,. \tag{7.112}$$

Gl. (7.112) ist nur erfüllt, wenn der Koeffizient von $\cos\omega t$ gleich Null ist. Das führt auf die Bedingung

$$\tan\varphi = \frac{\sin\varphi}{\cos\varphi} = -\frac{\omega/\tau}{\omega_0^2 - \omega^2}\,. \tag{7.113}$$

Ebenso muß der Koeffizient von $\sin\omega t$ verschwinden:

$$x_0 = \frac{\alpha_0}{(\omega_0^2 - \omega^2)\cos\varphi - (\omega/\tau)\sin\varphi}\,. \tag{7.114}$$

Aus Gl. (7.113) folgt

$$\cos\varphi = \frac{\omega_0^2 - \omega^2}{[(\omega_0^2 - \omega^2)^2 + (\omega/\tau)^2]^{1/2}}\,;\qquad \sin\varphi = \frac{-\omega\tau}{[(\omega_0^2 - \omega^2)^2 + (\omega/\tau)^2]^{1/2}}\,, \tag{7.115}$$

während Gl. (7.114) auf

$$\boxed{x_0 = \frac{\alpha_0}{[(\omega_0^2 - \omega^2)^2 + (\omega/\tau)^2]^{1/2}}} \tag{7.116}$$

führt. Dies ist die Amplitude der Bewegung.

Die Gln. (7.115) und (7.116) geben uns die gewünschte Lösung (Bilder 7.13 und 7.14). Wir kennen nun die Amplitude x_0 und die Phase φ der Antwort des Systems unter Einwirkung der treibenden Kraft $F = m\alpha_0 \sin\omega t$:

$$x = \frac{\alpha_0}{[(\omega_0^2 - \omega^2)^2 + (\omega/\tau)^2]^{1/2}} \sin\left(\omega t + \arctan\frac{\omega/\tau}{\omega^2 - \omega_0^2}\right). \tag{7.117}$$

Ein besseres Gefühl für diese Lösung kann uns die Betrachtung von Grenzfällen vermitteln. Hierbei setzen wir stets ein schwach gedämpftes System voraus, so daß $\omega_0\tau \gg 1$ gilt.

Niedrige Erregerfrequenz, $\omega \ll \omega_0$ (Bild 7.15). Für diesen Fall folgt aus Gl. (7.115)

$$\cos\varphi \to 1\,; \qquad \sin\varphi \to -0\,, \tag{7.118}$$

also $\varphi \to 0$, d.h., die Antwort bei niedriger Frequenz ist in *Phase* mit der treibenden Kraft. Aus Gl. (7.116) entnehmen wir

$$x_0 \to \frac{\alpha_0}{\omega_0^2} = \frac{m\alpha_0}{C} = \frac{F_0}{C}\,; \tag{7.119}$$

mithin ist das Verhalten des Systems in diesem Grenzfall allein durch die *Elastizität bestimmt,* unbeeinflußt von Masse und Dämpfung.

Der Resonanzfall, $\omega = \omega_0$ (Bilder 7.16 und 7.17). Im Resonanzfall kann die Amplitude der Antwort des Systems sehr groß sein. Bei vielen Anwendungen macht man von dieser Eigenschaft Gebrauch; deshalb wollen wir diesen Fall ausführlich behandeln. Für $\omega = \omega_0$ stimmen die Frequenz der treibenden Kraft und die Eigenfrequenz des ungedämpften Systems überein. Wir erhalten aus Gl. (7.115)

$$\cos\varphi \to \pm 0\,; \quad \sin\varphi \to -1\,; \quad \varphi \to -\frac{\pi}{2}. \tag{7.120}$$

Die Amplitude nimmt bei $\omega = \omega_0$ den Wert

$$x_0 = \frac{\alpha_0 \tau}{\omega_0} \tag{7.121}$$

an. τ und x_0 wachsen mit abnehmender Dämpfung. Bei konstanter äußerer Kraft F_0 ergibt sich das Verhältnis der Amplitude bei Resonanz zur Amplitude bei Frequenz Null aus den Gln. (7.119) und (7.120) zu

$$\frac{x_0(\omega = \omega_0)}{x_0(\omega = 0)} = \frac{\alpha_0 \tau/\omega_0}{\alpha_0/\omega_0^2} = \omega_0 \tau = Q\,, \tag{7.122}$$

mit dem Faktor Q wie oben in Gl. (7.103) definiert. Q kann sehr groß werden, oft 10^4 oder mehr! Die Antwort des Systems wird also im Resonanzfall wesentlich von der Dämpfung bestimmt.

Die maximale Amplitude x_0 tritt nicht exakt bei $\omega = \omega_0$ auf. Wir stellen fest, daß die Ableitung des Nenners aus Gl. (7.116) für

$$\frac{d}{d\omega}\left[(\omega_0^2 - \omega^2)^2 + \left(\frac{\omega}{\tau}\right)^2\right] = 2(\omega_0^2 - \omega^2)(-2\omega) + \frac{2\omega}{\tau^2} = 0 \tag{7.123}$$

oder

$$\omega^2 = \omega_0^2 - \frac{1}{2\tau^2} \tag{7.124}$$

verschwindet. Damit ist die genaue Lage des Maximums von x_0 als Funktion von ω bestimmt. Für $\omega_0 \tau \gg 1$ liegt das Maximum sehr dicht bei $\omega = \omega_0$.

Es mag seltsam erscheinen, daß die maximale Systemantwort bei einem Phasenwinkel von $-\pi/2$ eintritt, d.h., wenn die erregende Kraft und die Auslenkung genau um

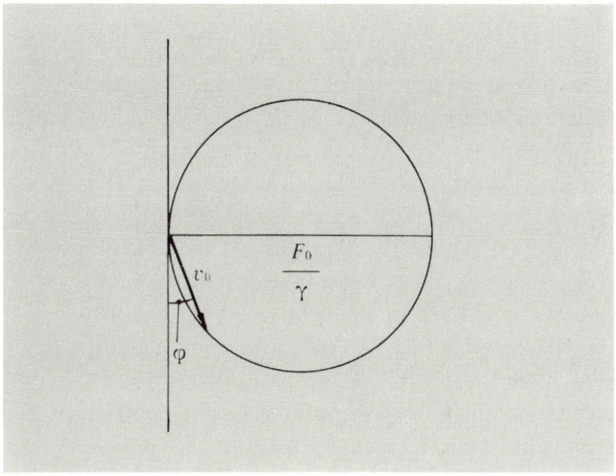

Bild 7.15. Für $\omega \ll \omega_0$ gilt $\varphi \approx 0$ und damit $v_0 \ll F_0/\gamma$. Die Antwort des Systems ist in diesem Frequenzbereich sehr klein.

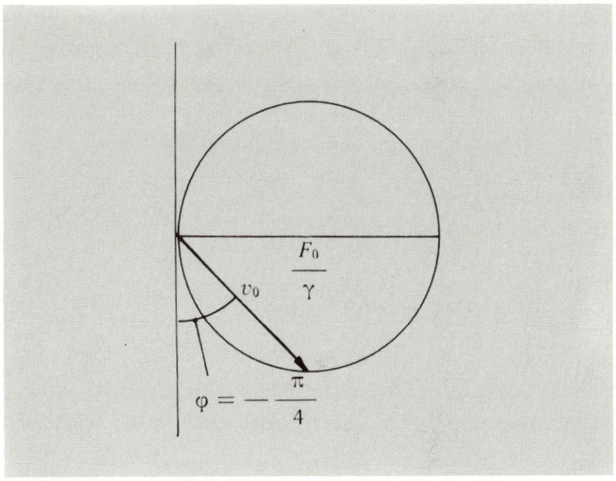

Bild 7.16. Mit wachsendem ω wächst auch $|\varphi|$ und ebenso v_0. Bei $\varphi = -\pi/4$ haben wir $v_0 = F_0/\sqrt{2}\gamma$.

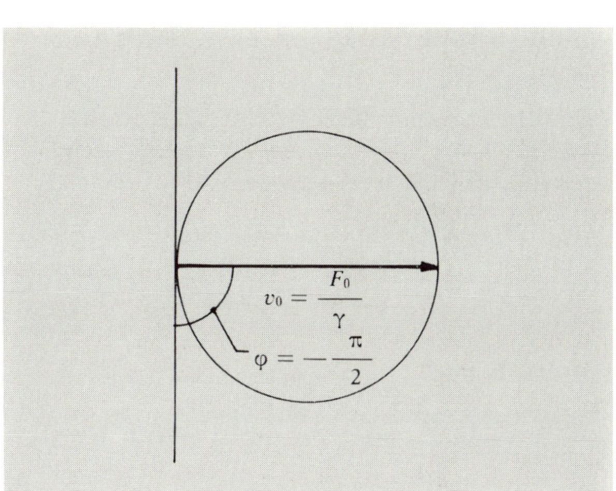

Bild 7.17. Bei $\varphi = -\pi/2$ gilt $\omega = \omega_0$ und $v_0 = F_0/\gamma$. Die Amplitude der Geschwindigkeit hat bei *Resonanz* ihr *Maximum.*

90° außer Phase sind. Man könnte meinen, $\varphi = 0$, nicht $\varphi = -\pi/2$ sei der logisch zu erwartende Wert. Jedoch hängt die vom Oszillator absorbierte Leistung nicht direkt von der Phase zwischen treibender Kraft und Auslenkung, sondern vielmehr von der Phase zwischen treibender Kraft und *Geschwindigkeit* ab. Es bedarf einer kurzen Überlegung, um einzusehen, daß wir die stärksten Ausschläge bei Gleichphasigkeit von Erregungskraft und Geschwindigkeit erhalten. Auf diese Weise wird die Federmasse gerade zur „rechten Zeit am rechten Ort" angestoßen: Bei Auslenkung Null ist die Geschwindigkeit am größten, und auch die Kraft sollte gerade jetzt ihren größten Wert erreichen, um die Bewegung optimal zu unterstützen. Ebenso sollte die Kraft an den Umkehrpunkten, wo die Geschwindigkeit ihre Richtung ändert, gleichsinnig ihre Richtung ändern, falls wir Resonanz wünschen. So betrachtet gewinnt der Resonanzfall beträchtlich an Durchsichtigkeit. Wir wissen, daß die Geschwindigkeit eines Oszillators seiner Auslenkung um genau 90° vorauseilt. So muß im Resonanzfall – bei Gleichphasigkeit von Kraft und Geschwindigkeit – die treibende Kraft ebenfalls der Auslenkung um 90° vorauseilen, also $\varphi = -\pi/2$.

Hohe Erregerfrequenz, $\omega \gg \omega_0$ (Bilder 7.18 und 7.19). Hier gelten

$$\cos\varphi \to -1\,; \qquad \sin\varphi \to 0\,; \qquad \varphi \to -\pi \tag{7.125}$$

und

$$x_0 \to \frac{\alpha_0}{\omega^2} = \frac{m\alpha_0}{m\omega^2} = \frac{F_0}{m\omega^2}\,. \tag{7.126}$$

In diesem Grenzfall fällt die Amplitude wie $1/\omega^2$ ab, und das Systemverhalten wird nun maßgebend von der Massenträgheit bestimmt.

Beachten Sie, daß die Phase φ der Auslenkung x gegenüber der treibenden Kraft F bei Null beginnt ($\omega \ll \omega_0$), mit wachsendem ω steigt, bis sie bei Resonanz durch $-\pi/2$ geht und bei hohen Frequenzen schließlich $-\pi$ erreicht. *Die Auslenkung bleibt stets hinter der treibenden Kraft zurück.*

Leistungsabsorption (Bilder 7.20 bis 7.22). Die mittlere am Schwingungssystem von der Erregerkraft verrichtete Arbeit je Zeiteinheit folgt aus den Gln. (7.106) und (7.107) zu

$$P = \langle F \cdot \dot{x} \rangle = \frac{m\alpha_0^2\omega}{[(\omega_0^2-\omega^2)^2 + (\omega/\tau)^2]^{1/2}} \langle \sin\omega t \cos(\omega t+\varphi)\rangle\,. \tag{7.127}$$

Mit der Identität

$$\cos(\omega t + \varphi) = \cos\omega t \cos\varphi - \sin\omega t \sin\varphi$$

erhalten wir

$$\langle \sin\omega t\,[\cos\omega t\cos\varphi - \sin\omega t \sin\varphi]\rangle = -\sin\varphi\langle \sin^2\omega t\rangle = -\frac{1}{2}\sin\varphi\,, \tag{7.128}$$

da $\langle \sin\omega t \cos\omega t\rangle = 0$ gilt. Wir sehen, daß es hier auf die Phase ankommt. Mit Gl. (7.115) für $\sin\varphi$ können wir Gl. (7.127) zu

$$\boxed{P = \frac{1}{2} m\alpha_0^2 \frac{\omega^2/\tau}{(\omega_0^2-\omega^2)^2 + (\omega/\tau)^2}} \tag{7.129}$$

umformen. Das ist ein sehr wichtiges Ergebnis.

Die Leistungsabsorption im Resonanzfall ($\omega = \omega_0$) beträgt

$$P_{res} = \frac{1}{2} m\alpha_0^2 \tau\,. \tag{7.130}$$

Nach Gl. (7.129) reduziert sie sich auf die Hälfte des Wertes bei Resonanz, wenn wir ω um $\pm(\Delta\omega)_{1/2}$ verändern, so daß $(\Delta\omega)_{1/2}$ durch

$$\frac{\omega}{\tau} = \omega_0^2 - \omega^2 \equiv (\omega_0+\omega)(\omega_0-\omega) \approx 2\omega_0(\Delta\omega)_{1/2} \tag{7.131}$$

gegeben ist. Damit ergibt sich die volle Bandbreite $2(\Delta\omega)_{1/2}$ des Frequenzbereichs, in dem mindestens $\frac{1}{2}P_{res}$ absorbiert wird, zu $1/\tau$. Unter Benutzung der Gl. (7.103) sehen wir, daß dann für Q gilt:

$$Q = \omega_0\tau = \frac{\omega_0}{2(\Delta\omega)_{1/2}} = \frac{\text{Resonanzfrequenz}}{\text{volle Bandbreite mit mindestens halber Maximalabsorption}}\,. \tag{7.132}$$

Also ist Q ein Maß für die Resonanzschärfe oder Resonanzüberhöhung.

• **Beispiel**: *Ein Rechenbeispiel für einen harmonischen Oszillator.* Gegeben ist die Masse m = 1 g, die Federkonstante $C = 10^4$ dyn/cm und die Relaxationszeit $\tau = \frac{1}{2}$ s. Daraus ergibt sich mit Gl. (7.82)

$$\omega_0 = \left(\frac{C}{m}\right)^{1/2} = 10^2\,s^{-1}\,,$$

und aus Gl. (7.100) erhalten wir für die Frequenz des freien Oszillators

$$\left[\omega_0^2 - \left(\frac{1}{2\tau}\right)^2\right]^{1/2} = [10^4 - 1]^{1/2}\,s^{-1} \approx 10^2\,s^{-1}\,.$$

Die Güte Q des Systems folgt aus Gl. (7.103) zu

$$Q \approx \omega_0\tau = (10^2)\cdot\left(\frac{1}{2}\right) = 50\,.$$

Die Zeit, nach der die Amplitude eines frei schwingenden Systems auf den e-ten Teil ihres Anfangswertes abgesunken ist, beträgt nach Gl. (7.91)

$$2\tau = 1\,s\,.$$

Die Dämpfungskonstante $\gamma = m/\tau$ ist gleich 2 g/s.

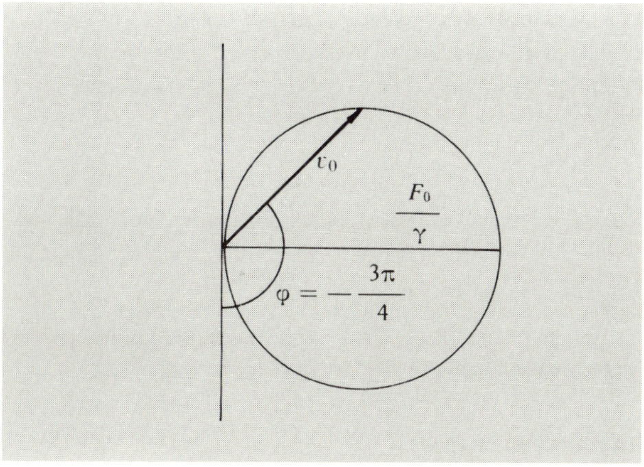

Bild 7.18. Für $\omega > \omega_0$ fällt v_0 wieder ab. Bei $\varphi = -3\pi/4$ erhalten wir wieder $v_0 = F_0/\sqrt{2}\,\gamma$.

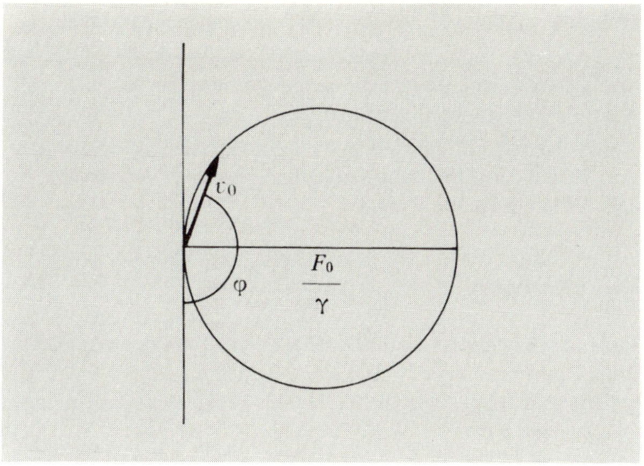

Bild 7.19. Für $\omega \gg \omega_0$ ergibt sich wieder $v_0 \ll F_0/\gamma$ und $\varphi \approx -\pi$.

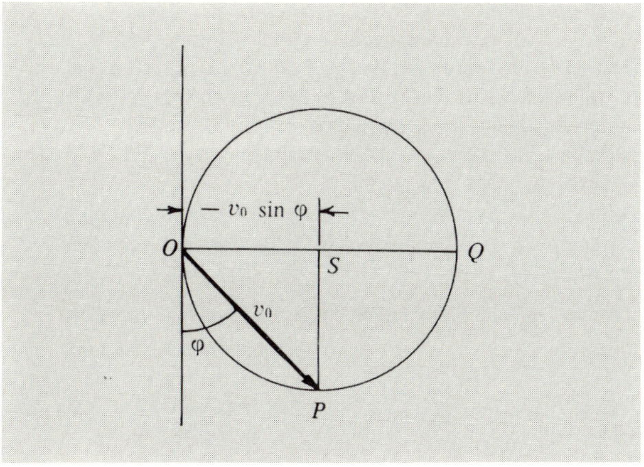

Bild 7.20. Das Bild zeigt die Sehne $\overline{OS} = -v_0 \sin\varphi$. Aus den Gln. (7.127), (7.128) und (7.129) folgt, daß die aufgenommene Leistung proportional zu $-v_0 \sin\varphi$ bzw. zur Sehne $\overline{OS}$ ist.

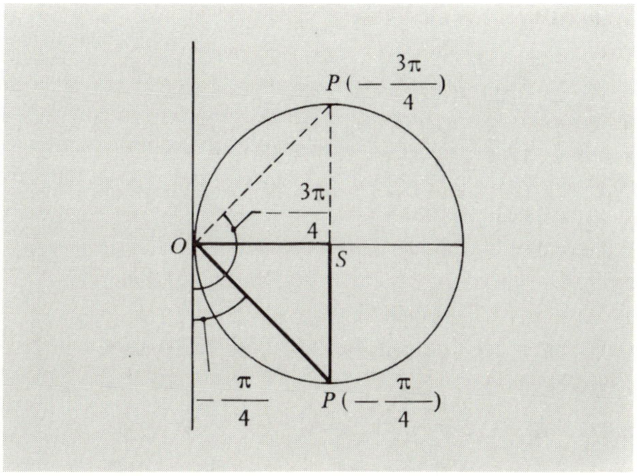

Bild 7.21. Bei den Phasenwinkeln $\varphi = -\pi/4$ und $\varphi = -3\pi/4$ hat die Sehne $\overline{OS}$ den Wert $\frac{1}{2}\,\overline{OS}_{max}$. Dies sind also die Phasen bei *halber* Leistungsabsorption. Die *maximale* Leistungsabsorption erhalten wir natürlich bei $\varphi = -\pi/2$ (Resonanzfall).

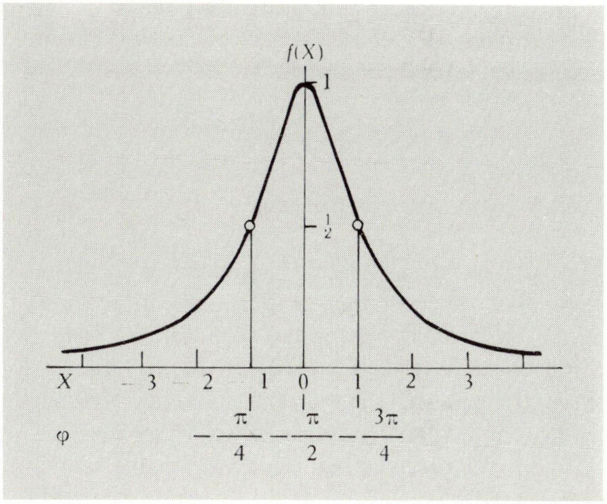

Bild 7.22. Die Leistungsabsorption ist proportional $f(X) = 1/(1+X^2)$, wobei nach Gl. (7.129)

$$X = \frac{-(\omega_0^2 - \omega^2)}{\omega/\tau} = \cot\varphi$$

gilt. Für $\varphi \approx -0$ ist $X = \cot\varphi$ groß und negativ. Für $\varphi = -\pi/2$ ist $X = \cot\varphi = 0$ und die Leistungsabsorption maximal. Die Punkte halber Leistungsabsorption $X = \pm 1$ sind ebenfalls angegeben. Die Funktion $f(X) = 1/(1 + X^2)$ ist als Lorentz-Funktion bekannt.

Das System wird nun mit einer Kraft

$$F = m\alpha_0 \sin\omega t = 10 \sin 90 t \text{ dyn}$$

angetrieben. Damit ergibt sich $\alpha_0 = F_0/m = 10$ dyn/g, und für die Frequenz ω der erregenden Kraft haben wir $\omega = 90\ s^{-1}$. Aus Gl. (7.116) folgt die Amplitude

$$x_0 \approx \frac{10}{(4 \cdot 10^6 + 4 \cdot 10^4)^{1/2}} \approx 5 \cdot 10^{-3}\,\text{cm}$$

und aus Gl. (7.113) die Phase

$$\tan\varphi \approx -\frac{180}{1{,}9 \cdot 10^3} \approx -0{,}1$$

oder $\varphi \approx -0{,}1$ rad $\approx -6^\circ$. Damit erfolgt in jedem Zyklus die maximale Auslenkung um 0,1 rad/(90 rad je s) $\approx 10^{-3}$ s nach dem Maximum der Kraft.

Wir können die oben erhaltene Amplitude mit derjenigen im Grenzfall $\omega \to 0$ sowie im Resonanzfall vergleichen. Aus Gl. (7.119) erhalten wir $x_0(\omega = 0) = \alpha_0/\omega_0^2 = 10/10^4\,\text{cm} = 10^{-3}\,\text{cm}$. Im Resonanzfall folgt aus Gl. (7.122)

$$x_0(\omega = \omega_0) = Qx_0(\omega = 0) = 50 \cdot 10^{-3}\,\text{cm} = 5 \cdot 10^{-2}\,\text{cm}.$$

Die volle Breite der Resonanzkurve zwischen den Punkten der halben Leistungsaufnahme beträgt

$$2(\Delta\omega)_{1/2} = \frac{\omega_0}{Q} = \frac{100}{50}\,\text{s}^{-1} = 2\,\text{s}^{-1}.$$

Beachten Sie, daß wir in diesem Beispiel überall das Wort Frequenz im Sinne von Kreisfrequenz benutzt haben. Um die gewöhnliche Frequenz in Schwingungen je Sekunde zu erhalten, müssen wir noch durch 2π dividieren. •

7.8. Das Superpositionsprinzip

Eine wichtige Eigenschaft des harmonischen Oszillators besteht darin, daß sich Lösungen additiv zusammensetzen lassen: $x_1(t)$ ist die Bewegung unter dem Einfluß einer erregenden Kraft $F_1(t)$ und $x_2(t)$ die Bewegung durch eine Kraft $F_2(t)$; dann ist $x_1(t) + x_2(t)$ die Gesamtbewegung unter dem Einfluß beider gleichzeitig wirkender Kräfte $F_1(t)$ und $F_2(t)$; m.a.W., wenn wir die Bewegung x_1 infolge $F_1(t)$ allein kennen, ebenso die Bewegung x_2 unter $F_2(t)$ allein, dann erhalten wir die Gesamtbewegung unter Einfluß beider Kräfte, indem wir die Einzelauslenkungen x_1 und x_2 addieren. Diese Eigenschaft folgt direkt aus der Bewegungsgleichung:

$$\begin{aligned} &\left(\frac{d^2}{dt^2} + \frac{1}{\tau}\frac{d}{dt} + \omega_0^2\right)(x_1 + x_2) \\ &= \left(\frac{d^2}{dt^2} + \frac{1}{\tau}\frac{d}{dt} + \omega_0^2\right)x_1 + \left(\frac{d^2}{dt^2} + \frac{1}{\tau}\frac{d}{dt} + \omega_0^2\right)x_2 \\ &= F_1 + F_2\,. \end{aligned} \tag{7.133}$$

Die Gültigkeit des Superpositionsprinzips für die Lösung der Bewegungsgleichung eines harmonischen Oszillators folgt aus der Linearität der Gleichung; x geht nur linear ein. Das Bild ändert sich völlig, wenn wir anharmonische Terme mit einbeziehen. So können wir zeigen, daß ein Term x^2 in der Bewegungsgleichung bei zwei gleichzeitig wirkenden Frequenzen ω_1 und ω_2 nicht nur zusätzlich deren Vielfache und damit einen vollen Bereich harmonischer Frequenzen $(2\omega_1, 3\omega_1, \ldots, 2\omega_2, 3\omega_2, \ldots)$, sondern außerdem noch Kombinations- oder „Seitenband"-Frequenzen $(\omega_1 + \omega_2; \omega_1 - \omega_2; \omega_1 - 2\omega_2$ usw.) erzeugt.

7.9. Literatur

Y. Rocard, General dynamics of vibrations (Ungar, New York, 1960). Ein einfaches Buch, das viele Anwendungsbereiche berücksichtigt.

B. L. Walsh, „Parametric amplification", International Science and Technology, Nr. 17, S. 75 (Mai 1963). Eine elementare Abhandlung über parametrische Verstärker und besonderer Berücksichtigung ihrer Rauscharmut.

Deutschsprachige Literatur:

PSSC, Kapitel 6.

Martin Kulp, Elektronenröhren und ihre Schaltungen, Vandenhoek & Ruprecht, Göttingen, 1961. Ein Buch für den Praktiker.

Kurt Magnus, Schwingungen. Eine Einführung in die theoretische Behandlung von Schwingungsproblemen. B. G. Teubner Verlagsgesellschaft, Stuttgart 1961. In diesem Buch ist auf gelungene Weise die Vielfalt der Schwingungserscheinungen dargestellt.

Horst Lippmann, Schwingungslehre, BI Mannheim 1968. Mathematisch orientiert. Sehr empfehlenswert für den theoretisch interessierten Studenten.

Karl Willy Wagner, Einführung in die Lehre von den Schwingungen und Wellen. Dieterich'sche Verlagsbuchhandlung, Wiesbaden 1947. Ein klassisches Werk.

7.10. Übungen

1. *Das einfache Pendel.* Gegeben sei ein Pendel aus einem masselosen Draht der Länge $l = 100$ cm und einer Masse $m = 1 \cdot 10^3$g.
   a) Wie groß ist die Periode des Pendels bei kleinen Auslenkungen? *Lösung*: 2,0 s.
   b) Wie würde sich dieser Wert bei einer Anfangsauslenkung von 60° ändern? *Lösung*: Neue Periodendauer 2,1 s.
2. *Das Federpendel.* Eine Masse von $1 \cdot 10^3$g hängt senkrecht an einer Feder mit der Federkonstanten $C = 1 \cdot 10^6$dyn/cm und einem Dämpfungsfaktor $\gamma = 50$ dyn s/cm. Die Feder wird durch eine äußere Kraft $F = F_0 \sin\omega t$ erregt, wobei $F_0 = 2{,}5 \cdot 10^5$dyn beträgt und ω gleich der doppelten Eigenfrequenz des Systems ist. Wie groß ist die Amplitude der resultierenden Bewegung? Welcher Phasenwinkel (in rad) besteht zwischen Auslenkung und erregender Kraft? Bedenken Sie, daß α_0 im Text definiert war als F_0/m. *Lösung*: $8{,}3 \cdot 10^{-2}$cm; $-179{,}9°$.
3. *Das Federpendel – Daten.* Die folgenden Daten wurden durch Beobachtung der Bewegung einer Masse am Ende einer Feder ermittelt:

Tabelle 7.2. Die Schwingungsdauer als Funktion der Masse

Masse (g)	*Beobachtete Periode* (s)
50	0,72
100	0,85
150	0,96
200	1,06
250	1,16
300	1,23

Tabelle 7.3. Der zeitliche Verlauf einer Schwingungsamplitude für eine Masse von 150 g

Zeit (s)	*Amplitude* (cm)
0	4,5
30	4,0
80	3,5
125	3,0
180	2,5
235	2,0
340	1,5
455	1,0

a) Tragen Sie das Quadrat der Schwingungsperiode als Funktion der Masse auf. Die tabellierten Werte enthalten nicht die Masse der Feder. Bestimmen Sie die effektive Masse der Feder durch geeignete Extrapolation der Kurve.

b) Bestimmen Sie die Federkonstante C.

c) Zeichnen Sie den natürlichen Logarithmus der Amplitude als Funktion der Zeit und bestimmen Sie die Relaxationszeit.

d) Berechnen Sie den Dämpfungsfaktor γ.

4. *Das Federpendel – Energie.* Wir verwenden die Daten aus Tabelle 7.3 der Übung 3.
   a) Wie groß ist die mittlere gesamte Energie bei t = 100 s?
   b) Welchen Wert hat die mittlere Energieverlustrate bei t = 100 s?
   c) Wie groß ist der Energieverlust in einer Periode bei t = 100 s, innerhalb eines Radians der Bewegung?
   d) Geben Sie die Güte Q des Systems an.

5. *Das Federpendel – Zeitintervalle.* Betrachten Sie die Bewegung einer Masse m = 5 g am Ende einer senkrechten Feder mit der Federkonstanten C = 20 dyn/cm. Die Ausgangslage liegt 5 cm über der Ruhelage, die Anfangsgeschwindigkeit beträgt 2 cm/s abwärts.
   a) Zeigen Sie, daß sich die Geschwindigkeit des Teilchens im ersten Intervall nach dem Loslassen um

$$\Delta v_1 = -\frac{C}{m} x_0 \Delta t$$

   ändert.
   b) Zeigen Sie, daß die entsprechende Lageänderung gleich

$$\Delta x_1 = v_0 \Delta t$$

   ist.
   c) Wiederholen Sie das Verfahren in Zeitintervallen von 0,2 s über eine Gesamtzeit von 4 s und tragen Sie die Lage und die Geschwindigkeit als Funktion der Zeit in einer Tabelle ein, am besten in folgender Weise:

t (s)	x (cm	Δv (cm/s)	v (cm/s)	Δx (cm)
0	5,00	-4,00	-2,00	-0,40
0,2	4,60	-3,68	-6,00	-1,20
0,4	3,40	–	–	–
–	–	–	–	–

   Zeichnen Sie danach den genauen Verlauf von x(t).
   d) Die Lösung können wir in der Form

$$x(t) = \frac{v_0}{\omega} \sin\omega t + x_0 \cos\omega t$$

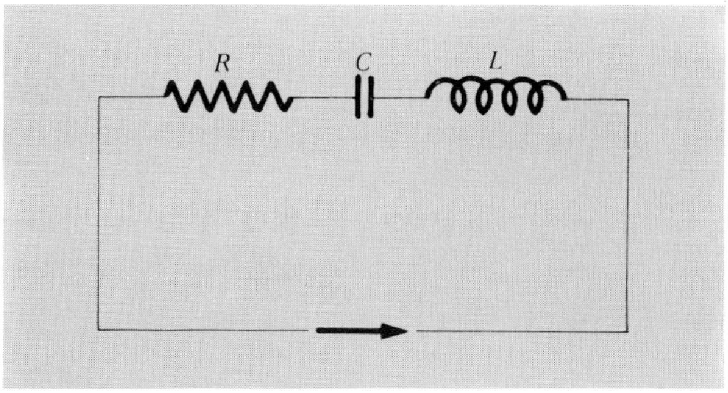

Bild 7.23

schreiben. Unter den besonderen Annahmen in dieser Aufgabe erhalten wir

$$x(t) = \sin 2t + 5 \cos 2t\,.$$

Zeichnen Sie dieses Ergebnis in dieselbe Zeichnung ein wie die numerische Berechnung des Aufgabenteils c).

6. *Die Differentialgleichung eines einfachen Pendels.* Stellen Sie die Differentialgleichung für die Bewegung eines einfachen Pendels auf, ausgehend vom 2. Newtonschen Gesetz **F** = m**a**. Arbeiten Sie mit der Komponente der Gravitationskraft, die senkrecht zum Pendelstab steht.

7. *Die Geschwindigkeit eines in zäher Flüssigkeit sinkenden Objektes.* Ein Gegenstand, der in einem zähen Medium sinkt, erfährt eine Verzögerungskraft $-\gamma v$. So fällt z.B. im Öltropfenexperiment von *Millikan* ein Öltropfen der Masse m und der Ladung Q unter dem Einfluß eines elektrischen Feldes E und der Gravitation g. Das Teilchen erreicht schnell eine Endgeschwindigkeit v_{End}. Stellen Sie die Bewegungsgleichung auf und bestimmen Sie die Geschwindigkeit des Teilchens als Funktion der Zeit. (*Hinweis:* Setzen Sie eine Lösung der Form $v = A + Be^{-\alpha t}$ an und bestimmen Sie α, A und B aus der Gleichung, ebenso die Werte von v zum Zeitpunkt t = 0 und für $t = \infty$). Zeigen Sie, daß man für den Grenzfall $t \to \infty$ die Endgeschwindigkeit

$$v_{End} = \left(\frac{Q}{m}\tau\right) E + g\tau$$

erhält, mit der Relaxationszeit $\tau \equiv m/\gamma$. In der Messung der Endgeschwindigkeit als Funktion des elektrischen Feldes haben Sie ein gutes Mittel, die Relaxationszeit τ und daraus den Dämpfungsfaktor γ zu bestimmen. In einem typischen Experiment sind zwei parallele Platten im Abstand von 0,7 cm auf eine Spannung von 840 V aufgeladen. [Die elektrische Feldstärke in elektrostatischen Einheiten beträgt dann (840/0,7)/300 erg/esE.] Berechnen Sie die Relaxationszeit τ für ein einfach geladenes Teilchen der Masse $2 \cdot 10^{-12}$ g, dessen Endgeschwindigkeit 0,01 cm/s beträgt. Hierbei weisen die elektrische Feldstärke und die Gravitationskraft in dieselbe Richtung.
Lösung: $\tau = 5 \cdot 10^{-6}$ s.

8. *Der einfache Serienschwingkreis* (Bild 7.23). Für einen einfachen Serienschwingkreis aus Widerstand R, Kapazität C und Induktivität L gilt dieselbe Differentialgleichung wie für eine freischwingende, gedämpfte Feder. Die Gleichung für den Strom I ist

$$L\frac{d^2 I}{dt^2} + R\frac{dI}{dt} + \frac{1}{C} I = 0\,.$$

In Analogie zur Feder bestimmen Sie die Relaxationszeit τ und die Eigenfrequenz ω_0 als Funktionen von L, R und C.

9. *Der Reihenschwingkreis mit erzwungener Schwingung.* Der Reihenschwingkreis aus Übung 8 wird nun von einer Wechselspannung $U_t = U_0 \sin \omega t$ angetrieben. Die Differentialgleichung lautet dann

$$L \frac{d^2 I}{dt^2} + R \frac{dI}{dt} + \frac{1}{C} I = \omega U_0 \cos \omega t .$$

Setzen Sie eine Lösung der Form $I = I_0 \cos(\omega t + \varphi)$ an und bestimmen Sie I_0 und φ in Abhängigkeit von X_L, X_C und R, mit $X_L = \omega L$ und $X_C = 1/\omega C$.

10. *Der gedämpfte harmonische Oszillator mit erregender Kraft.* Diskutieren Sie die folgenden Grenzfälle eines gedämpften harmonischen Oszillators mit erregender Kraft. Geben Sie für jedes Beispiel in Worten eine *physikalische Beschreibung* des von Ihnen erwarteten Systemverhaltens und vergleichen Sie diese mit dem entsprechenden Grenzwert der Lösungen Gl. (7.117) und Gl. (7.129) des vollständigen Problems.
    a) $m \to 0$, die anderen Größen F_0, ω, τ, C endlich.
    b) $C \to 0$, die anderen Werte endlich.
    c) $\tau \to \infty$, die anderen Werte endlich.
    d) $m \to 0$, $C \to 0$, die anderen Werte endlich.
    e) $m \to 0$, $\tau \to \infty$, die anderen Werte endlich.

11. *Die Messung des Erdgravitationsfeldes.* Wir können die Stärke des Gravitationsfeldes der Erde durch die Messung der Periode eines Präzisionspendels bestimmen. Die gleiche Anordnung können wir zur Bestimmung der Vertikalbeschleunigung eines Objektes benutzen. Zum Beispiel sei die Länge eines Pendels gerade so gewählt, daß wir für einen Ort mit g = 980 cm/s die Schwingungsdauer 1 s erhalten. Beim gleichen Pendel wird eine Schwingungsdauer von 1,025 s in einem gleichförmig beschleunigten Fahrstuhl gemessen.
    a) Zeigen Sie, daß die im Fahrstuhl gemessene Schwingungsdauer T sich durch

    $$T \approx T_0 \left(1 - \frac{1}{2}\frac{a}{g}\right)$$

    ausdrücken läßt, wobei a positiv nach oben gezählt wird. I_0 bezeichnet die Schwingungsdauer des nicht beschleunigten Pendels.
    b) Wie groß ist die Beschleunigung des Fahrstuhls?

12. *Die Torsionsaufhängung.* Die Torsionsaufhängung wurde in vielen Instrumenten angewendet. *Coulomb* und *Cavendish* haben sie in ihren berühmten Experimenten benutzt. Noch heute finden wir sie in manchen Typen von Elektro- und Magnetometern wie auch im *Wood-Anderson* Torsionsseismometer. Das Drehmoment M des Aufhängefadens ist dem Torsionswinkel φ proportional, also gilt $M = -W_k \varphi$. Am Faden hängt ein Objekt mit dem Trägheitsmoment I, wobei I den Drehimpuls **L** mit der Winkelgeschwindigkeit $\boldsymbol{\omega}$ des Objektes entsprechend $\mathbf{L} = I\boldsymbol{\omega}$ verknüpft, wie in Kapitel 8 definiert.
    a) Zeigen Sie, daß die Bewegungsgleichung für kleine Winkel φ in der gleichen Form wie für ein Federpendel geschrieben werden kann.
    b) Bestimmen Sie aus der Bewegungsgleichung die Frequenz der Drehschwingung.

13. *Die Antwort eines Oszillators in dimensionsloser Form.* Schwingungsamplitude und Phasenverschiebung hängen von der Frequenz der erregenden Kraft ab. Diese Ausdrücke lassen sich leicht in dimensionsloser Form schreiben und sind damit bequem anwendbar auf *jede* Art eines harmonischen Oszillators mit erregender Kraft. Zeigen Sie, daß

$$\tan\varphi = \frac{\theta/\theta_0}{\theta^2 - 1} \quad \text{und} \quad \frac{\omega_0^2 x_0}{\alpha_0} = \frac{1}{[(1-\theta^2)^2 + (\theta/\theta_0)^2]^{1/2}}$$

gilt, wobei

$$\theta = \frac{\omega}{\omega_0} \quad \text{und} \quad \theta_0 = \omega_0 \tau$$

bedeuten.

14. *Die Güte Q.* Nach Definition gilt für die Güte Q eines harmonischen Oszillators mit äußerer Erregung:

$$Q = \frac{2\pi \langle \text{gespeicherte Energie} \rangle}{\langle \text{Energieverlust je Zyklus} \rangle} = \frac{\langle W \rangle \omega}{P} .$$

    a) Zeigen Sie, daß sich für den angetriebenen Oszillator die gesamte mittlere Energie $\langle W \rangle$ zu

    $$\langle W \rangle = \langle W_k + W_p \rangle = \langle W_k \rangle + \langle W_p \rangle = \frac{1}{4} m\omega^2 x_0^2 + \frac{1}{4} m\omega_0^2 x_0^2$$

    ergibt.
    b) Leiten Sie unter Benutzung der obigen Gleichung den Gütefaktor

    $$Q = \frac{1}{2}\left[1 + \left(\frac{\omega_0}{\omega}\right)^2\right](\omega\tau)$$

    ab.

15. *Das Federpendel unter dem Einfluß der Schwerkraft.* Gegeben ist eine Masse m, senkrecht aufgehängt an einer Feder mit der Federkonstanten C. Zeigen Sie, daß die an m angreifende Schwerkraft nicht die Schwingungsperiode ändert, sondern nur das Schwingungszentrum verschiebt.

16. *Komplexe Variable.* Die Gl. (7.82) soll nun mit einem komplexen Ansatz gelöst werden. Bestimmen Sie eine Lösung der Form $x = x_0 e^{i\omega t}$, wobei ω komplex sein darf. Zeigen Sie, daß dann ω durch den Ausdruck

$$\omega = \left[\omega_0^2 - \left(\frac{1}{2\tau}\right)^2\right]^{1/2} + \frac{i}{2\tau}$$

gegeben ist. Spalten wir ω in Real- und Imaginärteil auf, also $\omega = \omega_R + i\omega_I$, dann wird deutlich, daß

$$x_0 e^{i\omega t} = x_0 e^{-\omega_I t} e^{i\omega_R t}$$

eine gedämpfte Schwingung darstellt.

17. *Viskosität.* Nach dem Stokeschen Gesetz, das bei genügend kleinen Geschwindigkeiten gültig ist, ergibt sich der Dämpfungskoeffizient γ einer Kugel mit dem Radius R in einer Flüssigkeit der Viskosität η aus der Formel $\gamma = 6\pi R\eta$.
    a) Ziehen Sie ein entsprechendes Buch zu Rate und geben Sie eine Definition der *Viskosität*. Diskutieren Sie diesen Begriff.
    b) Welche Dimension hat die Viskosität?
    c) Wie heißt die CGS-Einheit der Viskosität?
    d) Was ist der Wert der Viskosität von Wasser bei 30 °C?
    e) Berechnen Sie γ für eine Kugel mit dem Radius 10 cm in einem Medium der Viskosität $2 \cdot 10^{-2}$ P.
    Lösung: Ungefähr 4 g/s.

7.11. Weiterführende Probleme

1. Exakte Lösung des einfachen Pendels. Die Energie des einfachen Pendels ist

$$W = \frac{1}{2} m l^2 \dot{\theta}^2 + mgl(1 - \cos\theta) \qquad (7.134)$$

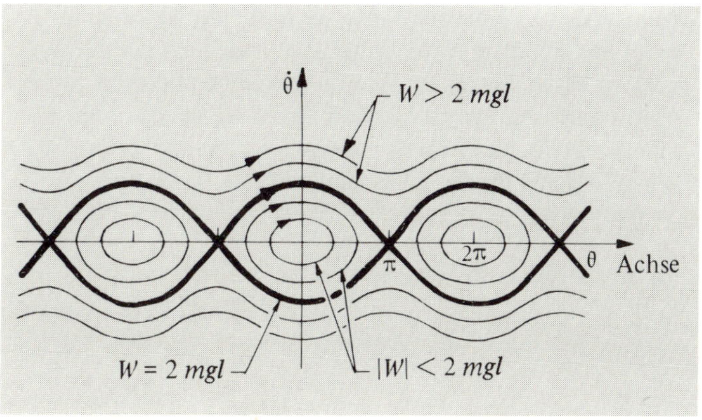

Bild 7.24

oder umgeformt

$$\dot{\theta}^2 = 2\,\omega_0^2 \cos\theta + C\,, \qquad (7.135)$$

wobei

$$\omega_0^2 = \frac{g}{l}\,; \quad C = \left(\frac{2W}{ml^2} - \frac{2g}{l}\right) \qquad (7.136)$$

bedeuten. Das Pendel wird aus der Ruhe bei einem Anfangswinkel $-\pi < \theta_0 < \pi$ losgelassen. Unter Vernachlässigung der Reibung können wir eine periodische, aber nicht einfach harmonische Bewegung erwarten mit $\dot{\theta} = 0$ an den Umkehrpunkten $\theta = \pm\,\theta_0$. Setzen wir das Pendel jedoch durch einen ausreichend starken Stoß in Bewegung, so wird es weiter in einer Richtung rotieren. Die Bewegung wiederholt sich periodisch, aber $\dot{\theta}$ wird nie gleich Null und $\theta(t)$ steigt ständig weiter an.

Diese Fälle können wir klar unterscheiden, wenn wir das *Phasendiagramm* der Pendelbewegung untersuchen. Im Phasendiagramm wird θ gegen $\dot{\theta}$ aufgetragen. Die Phasenebene spielt eine wichtige Rolle bei der Lösung nichtlinearer Differentialgleichungen. Für feste Werte von ω_0^2 und C beschreibt Gl. (7.135) natürlich eine Kurve in der Phasenebene. Für verschiedene Werte dieser Konstanten erhalten wir die Kurvenfamilien des Bildes 7.24. Die *geschlossenen* Kurven um den Punkt $\theta = 0$, $\dot{\theta} = 0$ erhalten wir bei Werten von ω_0^2 und C, die periodischen Pendelbewegungen vor- und rückwärts durch den Ruhepunkt entsprechen. Für andere Werte dieser Konstanten rotiert das Pendel nur in einer Richtung, und wir erhalten die offenen Kurven. Die Familien geschlossener Kurven um die Punkte $(2n\pi, 0)$ besitzen keine zusätzlichen physikalische Bedeutung. Aus physikalischen Überlegungen gilt $C \geqslant -2\,\omega_0^2$, denn die Gesamtenergie kann nicht negativ sein. Im Grenzfall W = 0 wird $C = -2\,\omega_0^2$; das Pendel bleibt in Ruhe und seine Spur in der Phasenebene ist der Punkt (0,0). Die geschlossenen Kurven entsprechen Werten von C im Bereich $-2\omega_0^2 < C \leqslant 2\omega_0^2$. Das folgt aus der Bedingung $2mgl \geqslant W$, die für diesen Bewegungsfall gelten muß. Der Maximalausschlag θ_0 ist bei $\dot{\theta} = 0$ erreicht, also gilt

$$\cos\theta_0 = -\frac{C}{2\,\omega_0^2}\,. \qquad (7.137)$$

Die Periode T ist viermal so groß wie die Zeit, die für die Bewegung von $\theta = 0$ zu $\theta = \theta_0$ benötigt wird. Aus Gl. (7.135) erhalten wir

$$\frac{d\theta}{dt} = \dot{\theta} = (2\,\omega_0^2 \cos\theta + C)^{1/2}\,. \qquad (7.138)$$

Die Periode folgt damit aus

$$T = 4\int_0^{\theta_0} \frac{d\theta}{(2\,\omega_0^2 \cos\theta + C)^{1/2}}$$

$$= \frac{4}{(2\,\omega_0^2)^{1/2}} \int_0^{\theta_0} \frac{d\theta}{(\cos\theta - \cos\theta_0)^{1/2}}\,. \qquad (7.139)$$

Wir formen dieses Integral um in eine Standardform durch Einführung einer neuen Variablen ψ, die wir folgendermaßen definieren:

$$\sin\psi = \frac{\sin(\theta/2)}{\sin(\theta_0/2)}\,. \qquad (7.140)$$

a) Zeigen Sie, daß die Transformation auf

$$T = \frac{4}{\omega_0} \int_0^{\pi/2} \frac{d\psi}{[1 - \sin^2(\theta_0/2)\sin^2\psi]^{1/2}} = \frac{2\pi}{\omega} \qquad (7.141)$$

führt. Das Integral

$$\int_0^{\pi/2} \frac{d\psi}{(1 - K^2 \sin^2\psi)^{1/2}}$$

heißt ein ***vollständiges elliptisches Integral erster Gattung.*** Für die Werte dieses Integrals in Abhängigkeit von K existieren umfangreiche Tabellen (siehe z.B. *Bronstein,* S. 63 f). In unserem Fall ist K nur eine Konstante.

Die Lösung des elliptischen Integrals durch Reihenentwicklung ergibt

$$\int_0^{\pi/2} \frac{d\psi}{(1 - K^2 \sin\psi)^{1/2}} = \frac{\pi}{2}\left\{1 + \sum_{n=1}^{\infty}\left[\frac{1\cdot 3\cdot 5\ldots(2n-1)}{2\cdot 4\cdot 6\ldots(2n)}\right]^2 K^{2n}\right\}. \qquad (7.142)$$

Wenn wir die ersten Glieder der Gl. (7.142) ausschreiben, erhalten wir

$$\omega = \omega_0 \left[\left(1 + \frac{1}{4}\sin^2\left(\frac{\theta_0}{2}\right)\right) + \left(\frac{9}{64}\sin^4\left(\frac{\theta_0}{2}\right)\right) + \ldots\right]^{-1}$$

$$\approx \omega_0 \left(1 - \frac{1}{16}\theta_0^2 + \ldots\right), \qquad (7.143)$$

in Übereinstimmung mit Gl. (7.38).

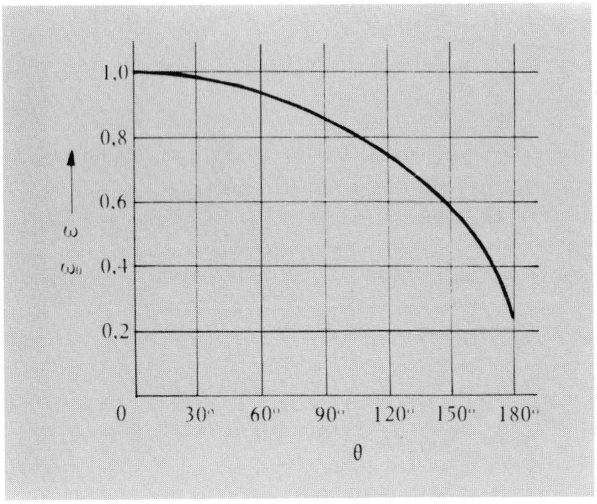

Bild 7.25

b) Zeigen Sie, daß wir für $\theta_2 = \pi/2$ den Wert $\omega = 0{,}847\,\omega_0$ erhalten.

2. Der anharmonische Oszillator. Es gibt keinen physikalischen Grund, warum eine wirkliche Feder nicht einen x^2- oder x^3-Term in der Kraftgleichung oder – was gleichbedeutend ist – einen x^3- oder x^4-Term in der Gleichung für die potentielle Energie enthalten sollte. Die Funktion der potentiellen Energie einer wirklichen Feder muß nicht notwendigerweise genau symmetrisch zur Gleichgewichtslage sein. Wenn für die potentielle Energie der Feder

$$W_p(x) = \frac{1}{2} C x^2 - \frac{1}{3} s C x^3 \qquad (7.144)$$

gilt, wobei s ein Maß für die Anharmonizität darstellt, so ergibt sich die Federkraft [1])

$$F_x = -\frac{dW_p}{dx} = -Cx + sCx^2 \,. \qquad (7.145)$$

Das Minuszeichen in Gl. (7.144) haben wir eingeführt, um einer allgemeinen physikalischen Situation zu entsprechen, daß die Kraft für große positive x schwächer wird. Die Bewegungsgleichung ist nichtlinear:

$$m\ddot{x} + Cx - sCx^2 = 0; \qquad \ddot{x} + \omega_0^2 x - s\omega_0^2 x^2 = 0 \,. \qquad (7.146)$$

Der x^2-Term macht die Gleichung nichtlinear.

Wir suchen nach einer Lösung der Form

$$x = A(\cos\omega t + q\cos 2\omega t) + x_1 \,, \qquad (7.147)$$

[1]) Die Kraft verschwindet hier sowohl für x = 0 als auch für x = 1/s. Wir nehmen an, daß die Amplitude der Bewegung klein ist im Vergleich zu 1/s, so daß sich das Teilchen in der Nähe des Minimums der potentiellen Energie bei x = 0 bewegt.

wobei q und x_1 Konstante sind, die bestimmt werden müssen. Für die Wahl von $\cos\omega t$ lag kein besonderer Grund vor, wir hätten ebensogut jede Linearkombination von $\cos\omega t$ und $\sin\omega t$ verwenden können. Aber wenn wir uns einmal so entschieden haben, müssen wir aus mathematischen Gründen für das 2. Glied auch $\cos 2\omega t$ benutzen.

Wir bilden

$$\ddot{x} = -\omega^2 A(\cos\omega t + 4q\cos 2\omega t) \,; \qquad (7.148)$$

$$x^2 = A^2(\cos^2\omega t + \ldots) = \frac{1}{2}A^2 + \frac{1}{2}A^2\cos 2\omega t + \ldots \qquad (7.149)$$

mit Hilfe der Identätit $\cos^2\omega t \equiv \frac{1}{2}(1 + \cos 2\omega t)$. Im Ausdruck x^2 vernachlässigen wir Terme in q und x_1, da x^2 mit dem Faktor s in die Bewegungsgleichung eingeht. Wir nehmen $sA \ll 1$ an. Einsetzen von x, $\ddot{x}$ und x^2 in die Differentialgleichung (7.146) führt auf

$$-\omega^2 A(\cos\omega t + 4q\cos 2\omega t) + \omega_0^2 A(\cos\omega t + q\cos 2\omega t) + + \omega_0^2 x_1 - \frac{1}{2}s\omega_0^2 A^2 - \frac{1}{2}s\omega_0^2 A^2\cos 2\omega t + \ldots = 0. \qquad (7.150)$$

Die Bedingung für das Verschwinden des Koeffizienten von $\cos\omega t$ in Gl. (7.150) lautet

$$-\omega^2 + \omega_0^2 = 0 \,. \qquad (7.151)$$

Wir erhalten bei dieser Näherung also keine Frequenzverschiebung. Die Bedingung für das Verschwinden des Koeffizienten von $\cos 2\omega t$ lautet

$$-3q - \frac{1}{2}sA = 0; \qquad q = -\frac{1}{6}sA \,. \qquad (7.152)$$

Die Auslenkung x_1 folgt aus Gl. (7.150):

$$x_1 - \frac{1}{2}sA^2 = 0; \qquad x_1 = \frac{1}{2}sA^2 \,. \qquad (7.153)$$

Für den zeitlichen Mittelwert der Auslenkung erhalten wir aus Gl. (7.147)

$$\langle x\rangle = A(\langle\cos\omega t\rangle + q\langle\cos 2\omega t\rangle + x_1 \qquad (7.154)$$

und daraus wegen $\langle\cos\omega t\rangle = 0$ und $\langle\cos 2\omega t\rangle = 0$

$$\langle x\rangle = x_1 = \frac{1}{2}sA^2 \,. \qquad (7.155)$$

Im elektrischen Analogon zu diesem Problem würde das Anlegen einer Wechselspannung eine gleichgerichtete Spannungskomponente in der Antwort eines nichtlinearen Schwingkreises hervorrufen. Welche Arten nichtlinearer Elemente einer elektrischen Schaltung können Sie sich vorstellen?

Aus Gl. (7.145) erkennen wir, daß die Rückstellkraft für negative Auslenkungen stärker ist als für positive. Es überrascht also nicht, eine Verschiebung der durchschnittlichen Lage des schwingenden Teilchens in positive x-Richtung zu finden (Gl. (7.155)), denn diese Seite ist

„weicher“. Die Verschiebung ist proportional zur anharmonischen Konstanten s und zum Quadrat der Schwingungsamplitude. Aus früheren Ergebnissen wissen wir, daß die Energie eines harmonischen Oszillators proportional A^2 ist. Aus der statistischen Physik (siehe Band 5) ist andererseits bekannt, daß die mittlere Energie eines klassischen harmonischen Oszillators im thermischen Gleichgewicht gleich kT [1]) ist, wobei k die Boltzmann-Konstante und T die absolute Temperatur bedeuten. Aus der Verknüpfung beider Ergebnisse erhalten wir näherungsweise

$$\langle x \rangle \sim A^2 \sim T\,. \qquad (7.156)$$

In diesem Ergebnis liegt die Wärmeausdehnung fester Körper [2]) begründet. Versuchsergebnisse für einen Kaliumchloridkristall enthält Bild 7.26.

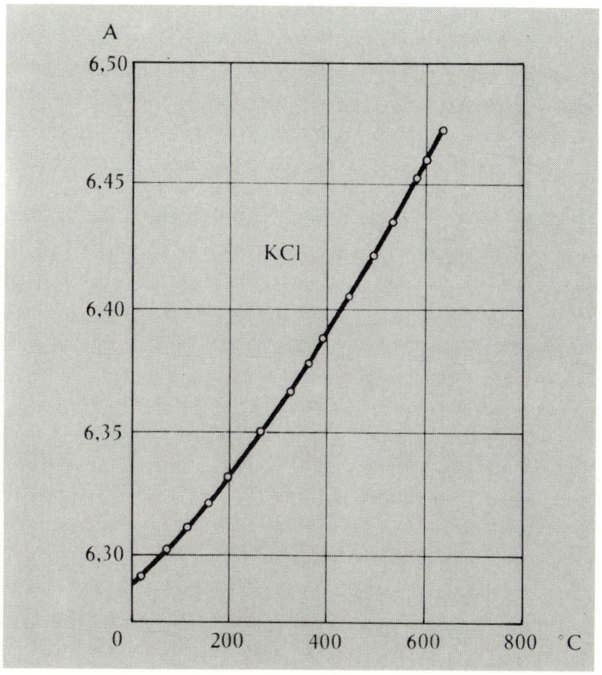

Bild 7.26. Die Kantenlänge des Einheitswürfels eines Kalium-Chlorid-Kristalls als Funktion der Temperatur in °C (nach *R. E. Glover*)

3. Modulation der Parameter eines Oszillators (parametrische Verstärkung). Wir betrachten jetzt ein ebenso bemerkenswertes wie wichtiges Phänomen: Die *parametrische Verstärkung* oder die Erzeugung von Subharmonischen durch Modulation eines physikalischen Parameters eines Oszillators. So können wir in einem Reihenschwingkreis, dessen physikalische Parameter R, L und C sind, irgendeinen der Parameterwerte modulieren oder variieren, beispielsweise in einem Schwingkreis ohne äußere Spannung die Kapazität durch Veränderung des Plattenabstandes [3]). Hierbei ist der Fall von besonderem Interesse, in dem die Modulation harmonisch mit der doppelten Resonanzfrequenz $2\omega_0$ erfolgt. Wir nehmen an, die Dämpfungskonstante ist klein.

Wir schreiben die Schwingungsgleichung in der Form

$$\ddot{x} + \frac{1}{\tau}\dot{x} + \omega_0^2[1 - \epsilon \sin 2\omega_0 t]x = 0\,, \qquad (7.157)$$

wobei $\epsilon \ll 1$ sein soll. Der Term in ϵ repräsentiert die Modulation der Rückstellkraft des Oszillators mit der Frequenz $2\omega_0$. Wir wollen nach Lösungen mit der Frequenz ω_0, also der Resonanzfrequenz bzw. der halben Modulationsfrequenz, suchen:

$$x = e^{\beta t} \sin \omega_0 t\,. \qquad (7.158)$$

Den exponentiellen Faktor $e^{\beta t}$ haben wir mitgenommen, weil einerseits bei Nullmodulation die Amplitude abfällt; andererseits ist es möglich, daß bei genügend starker Modulationsamplitude ϵ eine exponentiell ansteigende Lösung auftritt, d.h., die Modulation könnte das System zu immer größeren Schwingungen anfachen. Setzen wir Gl. (7.158) in Gl. (7.157) ein, so erhalten wir für die einzelnen Summanden

$$\begin{aligned} \ddot{x} &= -\omega_0^2 e^{\beta t} \sin \omega_0 t + 2\beta\omega_0 e^{\beta t} \cos \omega_0 t + \\ &\quad + \beta^2 e^{\beta t} \sin \omega_0 t\,; \\ \frac{1}{\tau}\dot{x} &= \frac{\beta}{\tau} e^{\beta t} \sin \omega_0 t + \frac{\omega_0}{\tau} e^{\beta t} \cos \omega_0 t\,; \\ \omega_0^2 x &= \omega_0^2 e^{\beta t} \sin \omega_0 t\,; \qquad (7.159) \\ -\epsilon\omega_0^2 x \sin 2\omega_0 t &= -\frac{1}{2}\epsilon\omega_0^2 e^{\beta t}(\cos \omega_0 t - \cos 3\omega_0 t)\,. \end{aligned}$$

In der letzten Zeile haben wir von der Identität

$$2(\sin 2\omega_0 t)\sin \omega_0 t = \cos \omega_0 t - \cos 3\omega_0 t \qquad (7.160)$$

Gebrauch gemacht.

[1]) Für fast alle Festkörper gilt das Gesetz, daß die Wärmeenergie der Temperatur proportional ist, jedenfalls bei Raumtemperatur und darüber. Bei tiefen Temperaturen versagt es wegen des Auftretens von Quanteneffekten (siehe Band 4).

[2]) Zwischen zwei Atomen wirkt die potentielle Energie für negatives x gewöhnlich stark abstoßend, so daß s und $\langle x \rangle$ positiv werden, was einer Dehnung bei Erhöhung der Temperatur entspricht. Die wenigen bekannten Fälle von thermaler Kontraktion fester Körper lassen sich im wesentlichen auf magnetische Wirkungen der Elektronenspins zurückführen. Bei Legierungen, die sich schwach ausdehnen, wie z.B. Invar-Stahl, gleichen sich beide Effekte (Gitterdehnung und magnetische Kontraktion), über einen interessierenden Temperaturbereich aus.

[3]) Diese Methode ist zwar zulässig, aber doch etwas grob. Bei Mikrowellenempfängern pflegt man die Kapazität einer Halbleiterdiode durch Änderung der Diodenspannung zu variieren. Dieser Diodenmodulator, auch Varaktor genannt, wird viel verwendet. Der Modulation der Kapazität entspricht die Modulation der Federsteifigkeit. Auch hier könnte man, wenigstens prinzipiell, die Federsteifigkeit durch abwechselndes Aufheizen und Abkühlen ändern, vorausgesetzt der Wert von C ist überhaupt temperaturabhängig.

Wir nehmen weiter an, daß der Ausdruck $O(\beta^2)$ (lies: in der Größenordnung von β^2) klein ist im Vergleich zu den Ausdrücken $O(\beta\omega_0)$ und $O(\omega_0^2)$, was gleichbedeutend ist mit $\beta \ll \omega_0$. Das verträgt sich mit der endgültigen Lösung. Dann verschwindet die Summe der Koeffizienten von $\sin\omega_0 t$. Die Bedingung für das Verschwinden der Terme in $\cos\omega_0 t$ lautet

$$2\beta\omega_0 + \frac{\omega_0}{\tau} - \frac{1}{2}\epsilon\omega_0^2 = 0 \qquad (7.161)$$

oder

$$\beta = \frac{1}{4}\epsilon\omega_0 - \frac{1}{2\tau} \; . \qquad (7.162)$$

β wird also positiv, und die Amplitude von x steigt exponentiell mit der Zeit an, falls

$$\epsilon > \frac{2}{\omega_0\tau} \qquad (7.163)$$

gilt. Das ist zugleich die Bedingung dafür, daß ein Schwingkreis in der Subharmonischen ω_0 der Modulationsfrequenz $2\omega_0$ schwingt. Wir haben *nicht* gezeigt, daß ω_0 die einzige Frequenz im System ist.

Erinnern wir uns, daß wir unterhalb Gl. (7.160) $\beta \ll \omega_0$ gefordert hatten. Damit folgt aus Gl. (7.162)

$$\epsilon \ll 4 + \frac{2}{\omega_0\tau} \; . \qquad (7.164)$$

Offensichtlich können wir ϵ so wählen, daß die Gln. (7.164) und (7.163) gleichzeitig befriedigt werden, wenn nur $2/\omega_0\tau \ll 4$, d.h., wenn $Q = \omega_0\tau \gg \frac{1}{2}$ erfüllt ist.

Was ist mit dem Anteil von $\cos 3\omega_0 t$? In unsere jetzige Näherung können wir diesen Ausdruck nicht einbeziehen. Wir können aus der bisherigen Betrachtung nicht einmal schließen, wie wichtig dieser Term sein könnte. Es ist aber möglich, für Gl. (7.157) exakte Lösungen von der Form sogenannter Mathieuscher Funktionen zu bestimmen. Diese Funktionen sind tabelliert, und wir können feststellen, daß unsere Näherungslösung gut mit ihnen übereinstimmt. (Die Theorie der Mathieuschen Funktionen ist nicht ganz elementar.) Wir können uns auf einfachere Weise davon überzeugen, daß eine parametrische Verstärkung wirklich stattfindet, indem wir die sinusförmige Modulation durch eine Rechteckmodulation ersetzen. Dazu ersetzen Sie Gl. (7.157) durch

$$\ddot{x} + \frac{1}{\tau}\dot{x} + \omega_0^2(1 \pm \epsilon)x = 0 \, , \qquad (7.165)$$

wobei $-\epsilon$ im Zeitintervall 0 bis $\pi/2\omega_0$ und $+\epsilon$ im Intervall $\pi/2\omega_0$ bis π/ω_0 usw. gilt. Innerhalb jedes Zeitintervalls stellt die Bewegungsgleichung (7.165) einen einfachen harmonischen Oszillator dar, und die Gleichung kann in einfacher Weise exakt gelöst werden. Die Eigenfrequenzen sind natürlich in zwei benachbarten Intervallen verschieden. Sie erhalten die vollständige exakte Lösung, indem Sie geeignete Randbedingungen an den Endpunkten der Intervalle erfüllen. Die Randbedingungen müssen so gewählt werden, daß x und $\dot{x}$ überall stetig sind.

7.12. Mathematischer Anhang: Komplexe Zahlen und die erzwungene harmonische Schwingung

Wir zeigen nun eine elegantere Lösung des Problems der erzwungenen harmonsichen Schwingung bei periodischer Erregung. Wir benutzen dazu die Algebra komplexer Zahlen, wie wir sie am Ende des Kapitels 4 entwickelt haben. Die Bewegungsgleichung (7.105) lautet, wenn wir zweckmäßigerweise $\cos\omega t$ statt $\sin\omega t$ verwenden:

$$\ddot{x} + \frac{1}{\tau}\dot{x} + \omega_0^2 x = \alpha_0\cos\omega t \; . \qquad (7.166)$$

Wir ersetzen jetzt den Ausdruck für die Kraft durch

$$\alpha_0 e^{i\omega t} \equiv \alpha_0(\cos\omega t + i\sin\omega t) \; . \qquad (7.167)$$

Am Ende der Berechnung gilt als Antwort des Systems der Realteil von x, wenn $\alpha_0\cos\omega t$ (α_0 reell) die treibende Kraft ist.

Wir suchen nach einer Lösung für Gl. (7.166) der Form

$$x = X_0 e^{i\omega t} \, , \qquad (7.168)$$

wobei X_0 komplex sein darf. Einsetzen in Gl. (7.166) ergibt

$$\left(-\omega^2 - \frac{i\omega}{\tau} + \omega_0^2\right) X_0 e^{i\omega t} = \alpha_0 e^{i\omega t} \, , \qquad (7.169)$$

woraus

$$X_0 = \frac{\alpha_0}{\omega_0^2 - \omega^2 + i(\omega/\tau)} \qquad (7.170)$$

folgt. Es ist nützlich, den Real- und Imaginärteil von X_0 getrennt zu betrachten. Wir erhalten

$$X_0 = \frac{\alpha_0}{\omega_0^2 - \omega^2 + i(\omega/\tau)} \cdot \frac{\omega_0^2 - \omega^2 - i(\omega/\tau)}{\omega_0^2 - \omega^2 - i(\omega/\tau)}$$

$$= \alpha_0 \frac{\omega_0^2 - \omega^2 - i(\omega/\tau)}{(\omega_0^2 - \omega^2)^2 + (\omega/\tau)^2} \qquad (7.171)$$

und daraus

$$\mathrm{Re}(X_0) = \frac{(\omega_0^2 - \omega^2)\alpha_0}{(\omega_0^2 - \omega^2)^2 + (\omega/\tau)^2} \; ;$$

$$\mathrm{Im}(X_0) = \frac{-(\omega/\tau)\alpha_0}{(\omega_0^2 - \omega^2)^2 + (\omega/\tau)^2} \; . \qquad (7.172)$$

Im Grenzfall $|\omega_0^2 - \omega^2| \gg \omega/\tau$ erhalten wir

$$\mathrm{Re}(X_0) \approx \frac{\alpha_0}{\omega_0^2 - \omega^2} \; ; \quad \mathrm{Im}(X_0) \approx 0 \; . \qquad (7.173)$$

Diese Bedingung heißt *Resonanzferne*; hierbei ist der Realteil von X_0 viel wichtiger als der Imaginärteil. Im Grenzfall $|\omega_0^2 - \omega^2| \ll \omega/\tau$ sprechen wir von *Resonanznähe*, und für den Fall $\omega_0 = \omega$ sind wir *in Resonanz* oder im Zentrum der Resonanz. Für $\omega_0 = \omega$ folgt

$$\mathrm{Re}(X_0) = 0 \, ,$$

$$\mathrm{Im}(X_0) = \alpha_0 \frac{\tau}{\omega} \; . \qquad (7.174)$$

Je größer τ, desto schwächer die Dämpfung und desto größer der Imaginärteil der Systemantwort bei Resonanz.

Wir wollen X_0 in der Form $\rho \cdot e^{i\varphi}$ schreiben, wie am Ende von Kapitel 4. Dann erhalten wir aus Gl. (7.170) für die Amplitude der Systemantwort

$$\rho(X_0 X_0^*)^{1/2} = \frac{\alpha_0}{[(\omega_0^2 - \omega^2)^2 + (\omega/\tau)^2]^{1/2}} \quad . \tag{7.175}$$

Hier bedeutet X_0^* die konjugiert komplexe Zahl zu X_0, so daß $X_0 X_0^*$ wieder reell ist. Aus Gl. (7.171) ergibt sich für den Phasenwinkel von x, bezogen auf F,

$$\tan\varphi = -\frac{\omega/\tau}{\omega_0^2 - \omega^2} \quad . \tag{7.176}$$

Die mittlere Leistungsabsorption ist durch

$$\begin{aligned}\langle P\rangle &= \langle F\dot{x}\rangle = \langle \mathrm{Re}(F)\,\mathrm{Re}(\dot{x})\rangle \\ &= \langle [m\alpha_0 \cos\omega t]\,[-\rho\,\omega \sin(\omega t + \varphi)]\rangle\end{aligned} \tag{7.177}$$

gegeben. Wir haben den Realteil von x genommen, um der physikalischen Realität für den Fall zu entsprechen, daß auch der Realteil von F die wirkliche physikalische Kraft darstellt. Es gibt noch weitere gültige Formen für das zeitliche Mittel – es kommt nur darauf an, den Teil von x zu nehmen, der in Phase mit F ist. Mit Gl. (7.172) und der Beziehung $\rho \sin\varphi = \mathrm{Im}(X_0)$ erhalten wir aus Gl. (7.177)

$$\begin{aligned}\langle P\rangle &= -m\alpha_0\rho\omega\,\langle \cos^2\omega t\rangle \sin\varphi \\ &= -\frac{1}{2} m\alpha_0\omega\,\mathrm{Im}(X_0) \\ &= \frac{1}{2} m\alpha_0^2\,\frac{\omega^2/\tau}{(\omega_0^2 - \omega^2)^2 + (\omega/\tau)^2} \quad .\end{aligned} \tag{7.178}$$

Dieses Ergebnis ist identisch mit dem früheren Ergebnis Gl. (7.129).

8. Elementare Dynamik starrer Körper

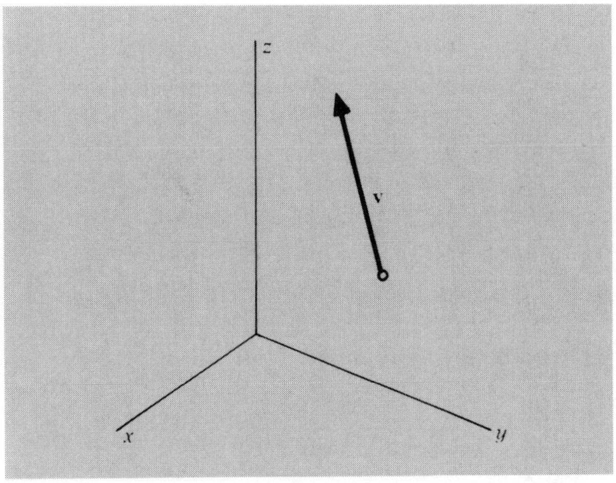

Bild 8.1. Ein sich ohne Zwangsbedingungen bewegendes Teilchen hat drei Freiheitsgrade (f = 3).

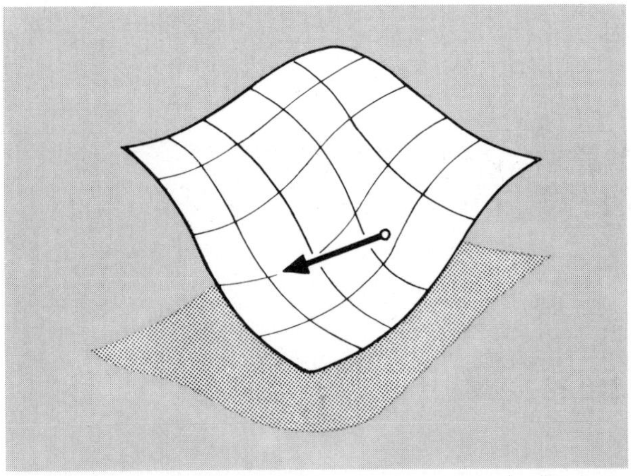

Bild 8.2. Ein sich zwangsläufig auf einer Fläche bewegendes Teilchen hat nur zwei Freiheitsgrade (f = 2).

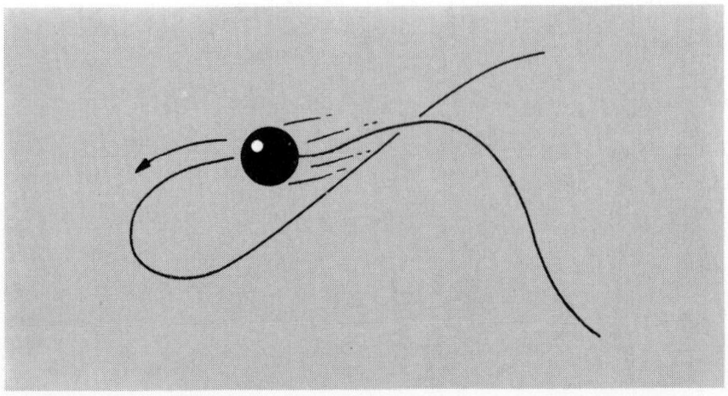

Bild 8.3. Eine zwangsläufig auf einem Draht rutschende Perle hat nur einen Freiheitsgrad (f = 1).

Das schwierige Gebiet der Dynamik starrer Körper wird oft als Höhepunkt der klassischen Mechanik betrachtet (Bilder 8.1 bis 8.13). (*Beim ersten Durcharbeiten dieses Buches können Sie dieses Kapitel überspringen* [1]). Das Problem des starren Körpers bereitet Schwierigkeiten, weil wir im allgemeinen die Lösung dreier simultaner Differentialgleichungen in den Winkelgeschwindigkeitskomponenten finden müssen. Wir müssen die Ergebnisse sowohl in einem im rotierenden Körper festen Bezugssystem als auch in einem Inertialsystem betrachten, in dem der Massenmittelpunkt des Körpers ruht. Der Kreisel ist ein Musterbeispiel für alle in der Dynamik starrer Körper auftretenden Probleme. *F. Klein* und *A. Sommerfeld* haben darüber ihre vierbändige Abhandlung „Theorie des Kreisels" geschrieben.

In diesem Kapitel sollen lediglich die Bewegungsgleichungen für starre Körper aufgestellt werden, damit Sie die wesentlichen Punkte in etwa erfassen können. Hierzu besitzen wir bereits die Grundlagen. Unter einem starren Körper wollen wir ein Teilchensystem verstehen, in dem die Abstände der einzelnen Massenpunkte unverändert bleiben. Hierbei lassen wir die Probleme außer acht, in denen die Körper auf Grund der Rotation schwingen oder sich ausdehnen. Wir werden einige elementare Probleme behandeln, darunter einen einfachen Kreisel, sowie die Elektronen- oder Kernspinresonanz in einem magnetischen Feld.

8.1. Bewegungsgleichungen des rotierenden Körpers (Bilder 8.14 bis 8.19)

Wir sahen in Kapitel 6, daß die Rotationsbewegung einer Teilchenansammlung durch die Gleichung

$$\frac{d\mathbf{L}}{dt} = \mathbf{M} \tag{8.1}$$

beschrieben werden kann. Hierbei ist **L** der Drall und **M** das Drehmoment. Sowohl **L** als auch **M** müssen sich auf einen geeigneten gemeinsamen Ursprung beziehen, normalerweise (aber nicht immer) ist es der Massenmittelpunkt. Somit gilt

$$\mathbf{L} = \sum m_n \mathbf{r}_n \times \mathbf{v}_n \;; \qquad \mathbf{M} = \sum \mathbf{r}_n \times \mathbf{F}_n \;; \tag{8.2}$$

wobei $\mathbf{F}_n$ die äußere Kraft auf das n-te Teilchen ist.

Den wesentlichen physikalischen Gehalt dieses Kapitels veranschaulichen wir durch ein einfaches Beispiel: Ein dünner Reifen mit Radius R rotiert in der Körperebene um den Reifenmittelpunkt. Dann haben alle Massenpunkte m

[1]) Wir schlagen vor, daß Sie beim ersten Mal bis Gl. (8.6) lesen, beim zweiten Durcharbeiten könnte es Ihr Wunsch sein, nach Gl. (8.47) aufzuhören. Der nachfolgende Stoff ist ungewöhnlich schwierig und erfordert viel Zeit und Ausdauer.

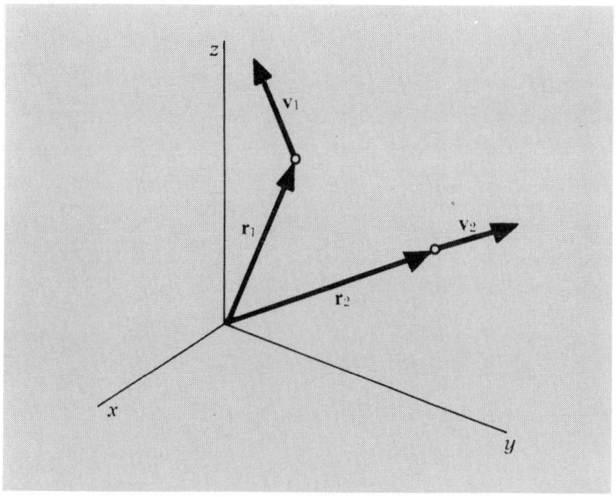

Bild 8.4. Ein System von zwei freien Teilchen hat f = 2 · 3 = 6 Freiheitsgrade.

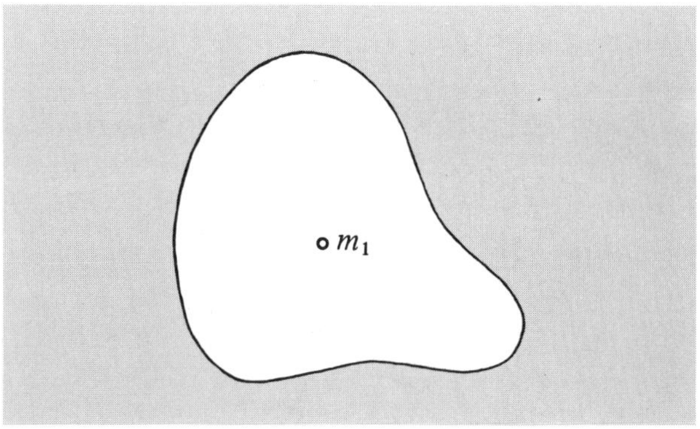

Bild 8.7. Angenommen, wir haben ein Teilchen m_1 aus dem Körper gewählt. Es hat drei Freiheitsgrade

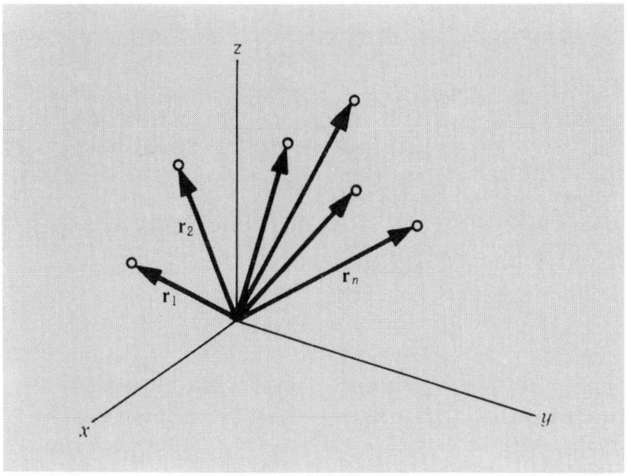

Bild 8.5. Ein System von n freien Teilchen hat f = 3 n Freiheitsgrade.

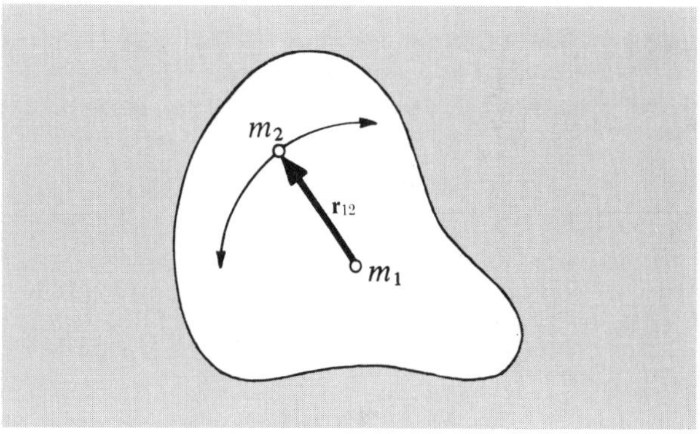

Bild 8.8. Wählen wir ein System, in dem m_1 fest ist, so hat m_2 nur zwei Freiheitsgrade, da es sich auf einer Kugeloberfläche mit dem Radius $\mathbf{r}_{12}$ bewegen muß.

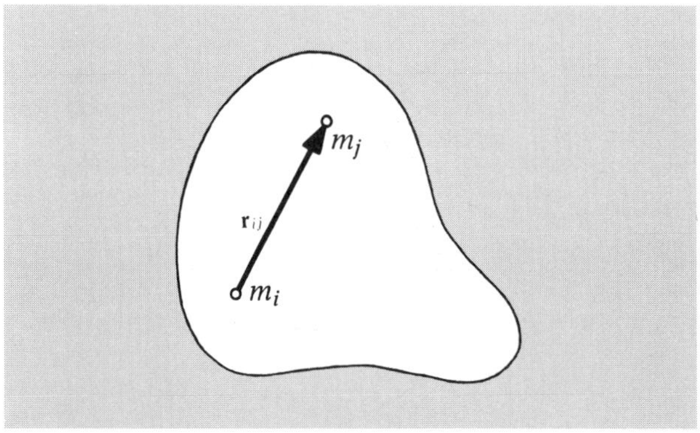

Bild 8.6. Ein starrer Körper besteht aus vielen Teilchen, hat aber auch viele Zwangsbedingungen. Der Vektor $\mathbf{r}_{ij}$ zwischen den beiden Teilchen m_i und m_j liegt fest. Somit gilt $f \ll 3$ n.

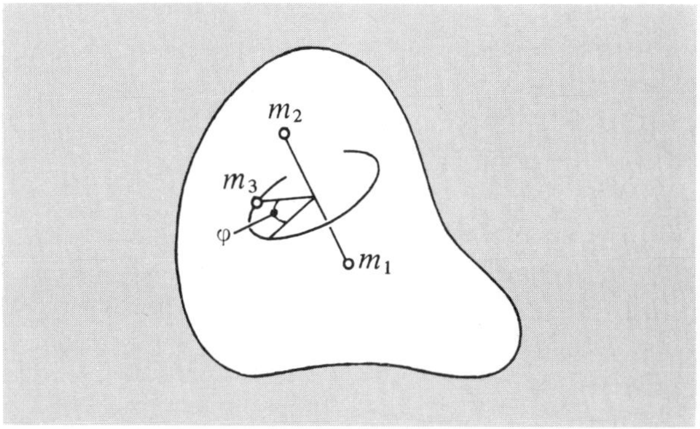

Bild 8.9. Wählen wir ein System, in dem m_1 und m_2 fest sind, so hat irgendein Teilchen m_3 in dem Körper nur einen Freiheitsgrad, da es sich auf der gezeichneten Kreislinie bewegen muß. Somit gilt für einen starren Körper f = 6.

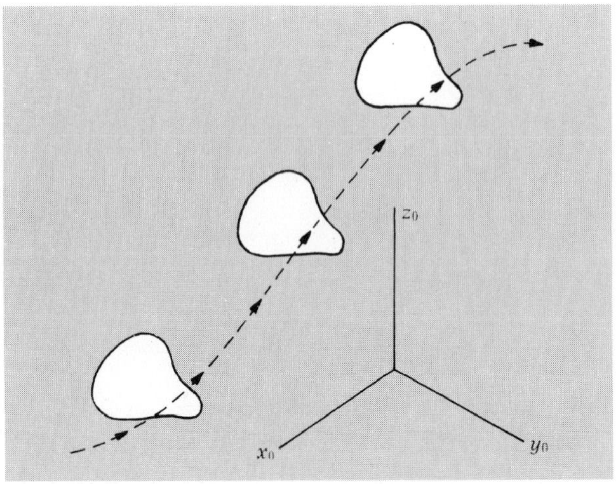

Bild 8.10. Eine andere Betrachtensweise. Unser starrer Körper kann sich ohne Rotation relativ zum Inertialsystem (x_0, y_0, z_0) ausbreiten. Es gibt drei Translationsfreiheitsgrade.

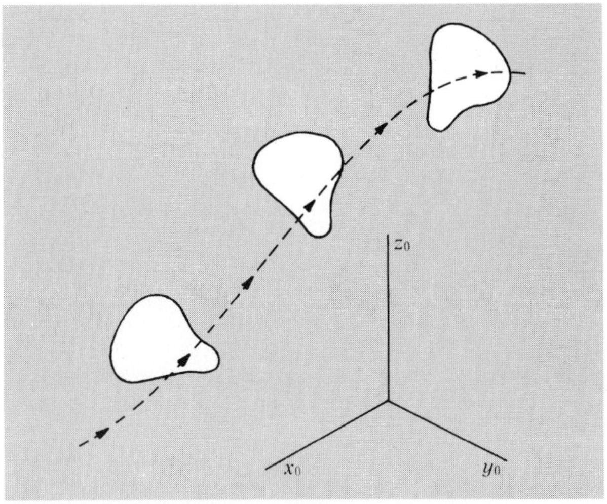

Bild 8.11. Zusätzlich kann er rotieren. Es gibt drei Rotationsfreiheitsgrade, so daß f = 3 + 3 = 6 ist

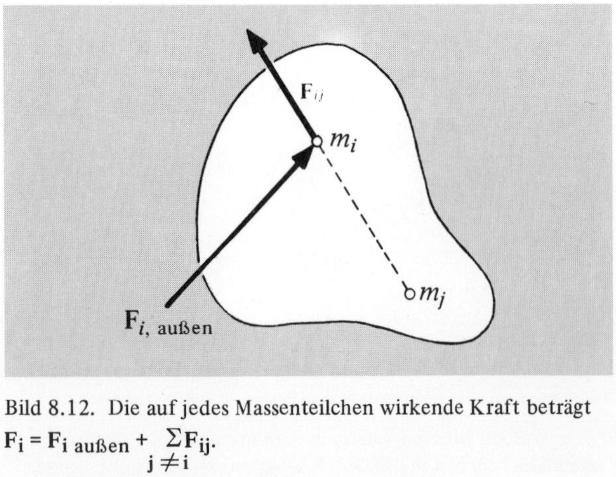

Bild 8.12. Die auf jedes Massenteilchen wirkende Kraft beträgt $\mathbf{F_i} = \mathbf{F_{i\ außen}} + \sum_{j \neq i} \mathbf{F_{ij}}$.

Wenn aber für die inneren Kräfte das dritte Newtonsche Gesetz gilt, kompensieren sie sich paarweise. So daß ...

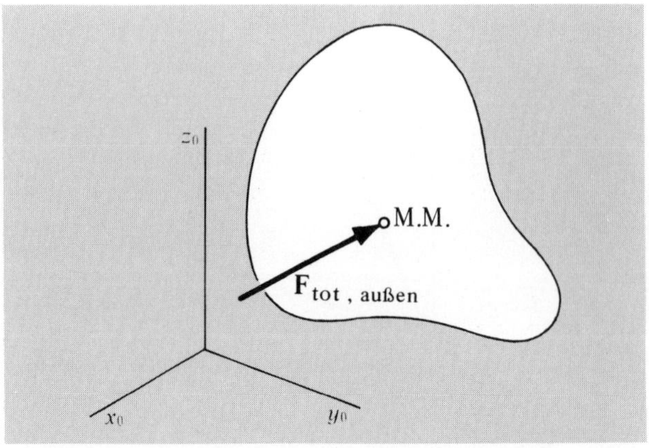

Bild 8.13. ... $\mathbf{F}_{außen} = M \cdot a_{M.M.}$. Der Massenmittelpunkt breitet sich aus, als ob die gesamten äußeren Kräfte auf *ihn* wirken und die Gesamtmasse im Massenmittelpunkt konzentriert ist.

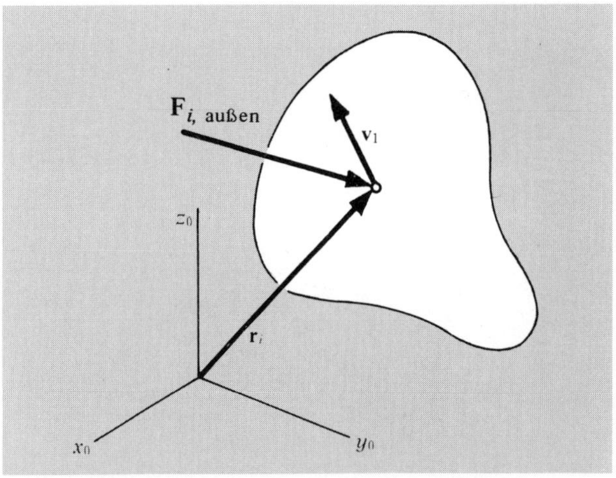

Bild 8.14. Wie rotiert der Körper? *Relativ zum Ursprung des Inertialsystems* $dL_{tot}/dt = M_{tot,\ außen}$, wenn die inneren Kräfte zentral gerichtet sind und dem dritten Gesetz gehorchen.

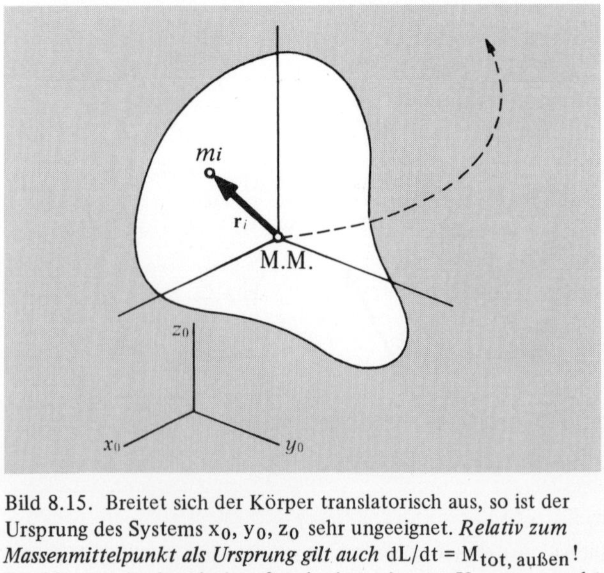

Bild 8.15. Breitet sich der Körper translatorisch aus, so ist der Ursprung des Systems x_0, y_0, z_0 sehr ungeeignet. *Relativ zum Massenmittelpunkt als Ursprung gilt auch* $dL/dt = M_{tot,\ außen}$! Der Massenmittelpunkt ist oftmals ein geeigneter Ursprungspunkt zur Diskussion von Rotationen.

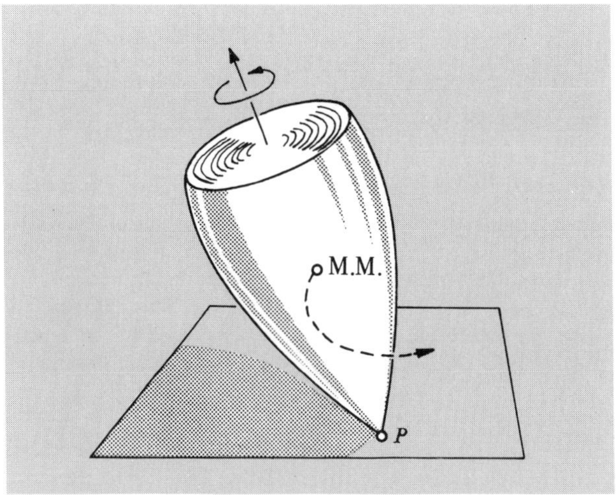

Bild 8.16. Befindet sich ein Punkt P in Ruhe (selbst wenn sich der Massenmittelpunkt wie im Fall dieses Kreisels bewegt), dann ist P (und nicht der Massenmittelpunkt) der geeignete Koordinatenursprung.

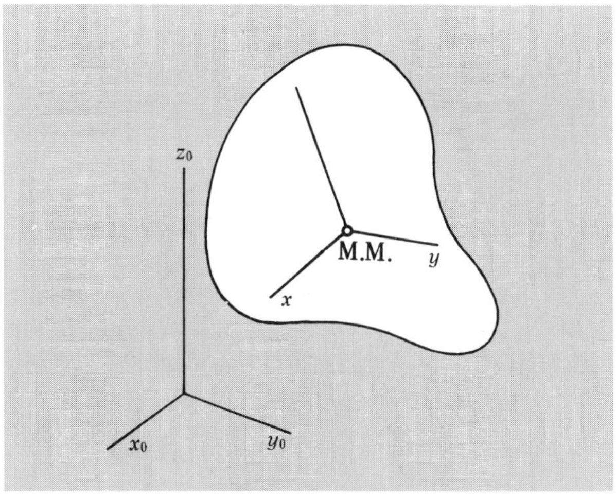

Bild 8.17. Durch Wahl des Massenmittelpunktes als Ursprung können wir ein im Körper festes Bezugssystem (x, y, z) konstruieren. Das Bezugssystem (x_0, y_0, z_0) ist ein Inertialsystem und darf nicht mit (x, y, z) verwechselt werden.

des Ringes gleichen Abstand von der Achse, so daß der Drall **L** die Größe

$$L = mRv = mR^2\omega \tag{8.3}$$

besitzt. Hier haben wir von der Tatsache Gebrauch gemacht, daß sich alle Punkte auf dem Ring mit der gleichen Geschwindigkeit $R\omega$ bewegen. Am Ergebnis von Gl. (8.3) sehen wir, daß mR^2 eine Eigenschaft des Reifens ist. Diese als *Trägheitsmoment* bezeichnete Größe

$$I = mR^2 \tag{8.4}$$

hängt von der Lage der Rotationsachse ab. Dann gilt hier $L = I\omega$ und sogar die Vektorgleichung

$$\mathbf{L} = I\boldsymbol{\omega} \ , \tag{8.5}$$

da in unserem Beispiel die Vektoren **L** und $\boldsymbol{\omega}$ parallel sind. In den folgenden Abschnitten werden wir die Definition des Trägheitsmoments auf Körper von beliebigem Aufbau und willkürlicher Massenverteilung verallgemeinern.

Hat der Ring den Radius R = 100 cm und die Masse m = 1 kg, so gilt $I = 10^3\,g \cdot (10^2\,cm)^2 = 10^7\,g\,cm^2$. Der Drall L bei einer Winkelgeschwindigkeit $\omega = 100\ s^{-1}$ beträgt $10^9\,g\,cm^2\,s^{-1} = 10^9$ ergs. Wirkt auf einen Reifen eine Kraft von 10^4 dyn parallel zur Rotationsachse, so entsteht dabei ein Drehmoment $M = 10^2\,cm \cdot 10^4\,dyn = 10^6$ dyncm. Das Drehmoment $\mathbf{r} \times \mathbf{F}$ und die Rotationsachse stehen somit senkrecht aufeinander.

Wirkt das Drehmoment nur während des kurzen Zeitintervalls Δt, dann ändert sich der Drehimpuls nach Gl. (8.1) um $\Delta\mathbf{L} = \mathbf{M}\,\Delta t$. Beachten Sie jedoch, daß $\Delta\mathbf{L}$ nicht in Richtung der Kraft weist, sondern senkrecht zu ihr steht. Dies ist eine bemerkenswerte Eigenschaft eines rotierenden Systems. Unsere Überlegung ist nur für $\Delta L \ll L$ sinnvoll,

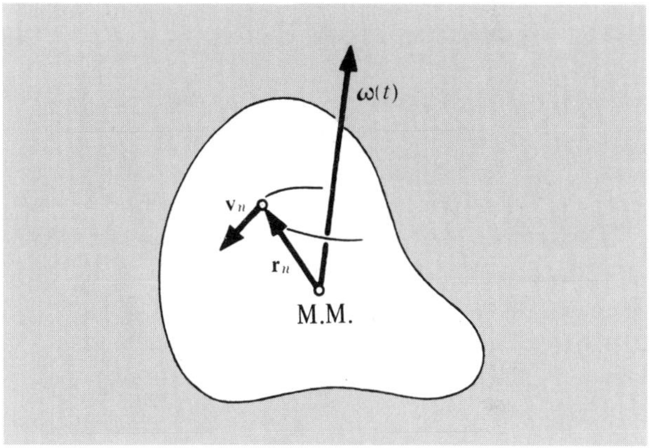

Bild 8.18. Die Teilchen des Körpers können zu einem bestimmten Zeitpunkt die Winkelgeschwindigkeit ω um den Massenmittelpunkt haben. Hier verwenden wir Körperachsen.

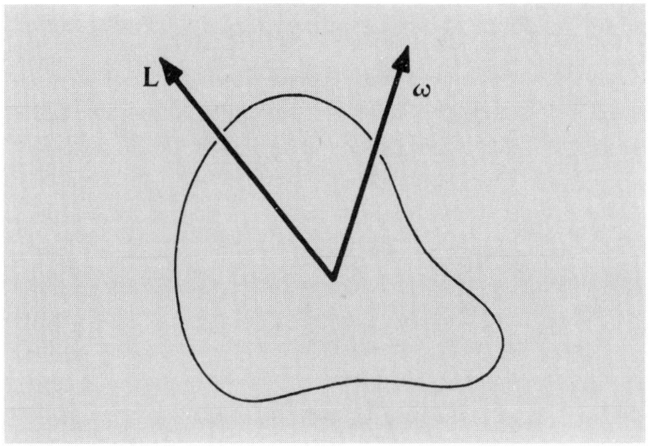

Bild 8.19. Da relativ zu den Körperachsen $\mathbf{L} = \omega\ \Sigma m_n r_n^2 - \Sigma m_n(\mathbf{r}_n \cdot \omega)\mathbf{r}_n$ beträgt, brauchen **L** und ω nicht parallel zueinander gerichtet zu sein.

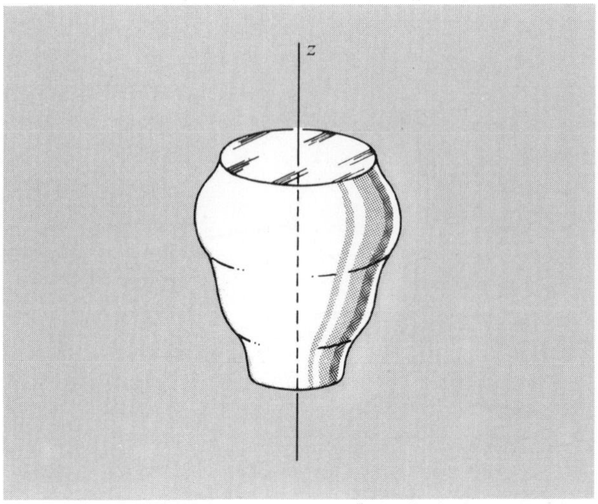

Bild 8.20. Stellen Sie sich bitte einen (z.B. bezüglich der z-Achse) axialsymmetrischen Körper vor. Dann gilt $I_{xy} = 0$, da es für jedes m_n bei x_n, y_n ein korrespondierendes m_n bei $-x_n$, y_n gibt.

somit muß der Körper anfangs rotieren. Für die oben angegebenen Zahlenwerte ist $\Delta t = 10$ s ein angemessen kurzes Zeitintervall, denn hierfür beträgt $M\,\Delta t = 10^6$ dyncm·10s $= 10^7$ erg s; dieser Wert ist klein verglichen mit $L = 10^9$ ergs.

Wir müssen uns über die Wahl des Ursprungs und des Inertialsystems im Klaren sein. Beträgt die Summe der Kräfte ($\Sigma \mathbf{F}_n$) Null, so ist der geeignete Ursprung die Massenmittelpunktslage

$$\mathbf{R}_{MM} = \frac{\Sigma m_n \mathbf{r}_n}{\Sigma m_n}, \tag{8.6}$$

da es stets ein Inertialsystem gibt, in dem der Massenmittelpunkt des Teilchensystems ruht, vorausgesetzt, daß die Gesamtkraft verschwindet. Im allgemeinen wird der Körper um eine durch diesen Ursprung gehende Achse rotieren.

$\boldsymbol{\omega}$ sei die momentane Winkelgeschwindigkeit des Körpers um eine durch den Ursprung führende Achse. Die Geschwindigkeit des n-ten Teilchens bezüglich des Ursprungs ergab sich aus Kapitel 3 zu

$$\mathbf{v}_n = \boldsymbol{\omega} \times \mathbf{r}_n, \tag{8.7}$$

so daß aus Gl. (8.2)

$$\mathbf{L} = \sum m_n \mathbf{r}_n \times \mathbf{v}_n = \sum m_n \mathbf{r}_n \times (\boldsymbol{\omega} \times \mathbf{r}_n) \tag{8.8}$$

folgt.

Für diese Vektorbeziehung zwischen dem Drall **L** und der Winkelgeschwindigkeit $\boldsymbol{\omega}$ wollen wir jetzt eine Kurzschreibweise finden. Durch die Vektoridentität

$$\mathbf{A} \times (\mathbf{B} \times \mathbf{C}) = \mathbf{B}(\mathbf{A} \cdot \mathbf{C}) - \mathbf{C}(\mathbf{A} \cdot \mathbf{B}) \tag{8.9}$$

erhalten wir mit $\mathbf{A} \to \mathbf{r}_n$; $\mathbf{B} \to \boldsymbol{\omega}$; $\mathbf{C} \to \mathbf{r}_n$ die Beziehung

$$\mathbf{r}_n \times (\boldsymbol{\omega} \times \mathbf{r}_n) = \boldsymbol{\omega}\, r_n^2 - \mathbf{r}_n (\mathbf{r}_n \cdot \boldsymbol{\omega}). \tag{8.10}$$

Wir setzen Gl. (8.10) in Gl. (8.8) ein und erhalten

$$\mathbf{L} = \sum m_n [\boldsymbol{\omega}\, r_n^2 - \mathbf{r}_n (\mathbf{r}_n \cdot \boldsymbol{\omega})]. \tag{8.11}$$

Alle Teilchen haben das gleiche $\boldsymbol{\omega}$, so daß wir Gl. (8.11) durch drei Gleichungen in den Komponenten für $\boldsymbol{\omega}$ ersetzen können. Jede Komponente wird mit einer bestimmten Summe über Massen und Orte der Teilchen multipliziert. Z.B. lautet die x-Komponente von Gl. (8.11)

$$L_x = \omega_x \sum m_n r_n^2 - \sum x_n (\mathbf{r}_n \cdot \boldsymbol{\omega}). \tag{8.12}$$

Mit

$$\mathbf{r}_n \cdot \boldsymbol{\omega} = x_n \omega_x + y_n \omega_y + z_n \omega_z$$

erhalten wir

$$L_x = \omega_x \sum m_n r_n^2 - \omega_x \sum m_n x_n^2 - \omega_y \sum m_n x_n y_n - \omega_z \sum m_n x_n z_n. \tag{8.13}$$

Für die y- und z-Komponenten erhält man aus Gl. (8.11) entsprechende Beziehungen.

Die Trägheitskoeffizienten (Bild 8.20). Wir sehen, daß Gl. (8.13) für L_x drei Größen verbindet:

$$\sum m_n (r_n^2 - x_n^2); \quad -\sum m_n x_n y_n; \quad -\sum m_n x_n z_n.$$

Diese Größen hängen von der Massenverteilung im Körper und der Momentanlage des Körpers im x,y,z-Koordinatensystem ab, das wir vorerst als fest in einem Inertialsystem betrachten. Somit sind sie zeitabhängig. Wir nennen diese Größen die *Trägheitskoeffizienten* oder *Trägheitsmomente*:

$$I_{xx} \equiv \sum m_n (r_n^2 - x_n^2); \quad I_{xy} \equiv -\sum m_n x_n y_n; \quad I_{xz} \equiv -\sum m_n x_n z_n. \tag{8.14}$$

Entsprechendes gilt für die sich auf L_y und L_z beziehenden Größen. Wir können dann die drei Komponentengleichungen aus Gl. (8.11) in der Form

$$\begin{aligned} L_x &= I_{xx}\omega_x + I_{xy}\omega_y + I_{xz}\omega_z; \\ L_y &= I_{yx}\omega_x + I_{yy}\omega_y + I_{yz}\omega_z \\ L_z &= I_{zx}\omega_x + I_{zy}\omega_y + I_{zz}\omega_z \end{aligned} \tag{8.15}$$

schreiben. Für einen Körper beliebiger Form und Massenverteilung ist also der Drall **L** nicht einfach durch das Produkt eines Skalars mit der Winkelgeschwindigkeit $\boldsymbol{\omega}$ gegeben, d.h., **L** und $\boldsymbol{\omega}$ sind im allgemeinen nicht parallel.

Dieser Umstand bewirkt das komplexe Verhalten rotierender Körper. Der am einfachsten zu behandelnde rotierende Körper ist die Kugel; für sie liegen, wie wir sehen werden, **L** und $\boldsymbol{\omega}$ stets parallel. Ohne Drehmoment ist **L** räumlich konstant, wobei für einen allgemeinen Körper der Vektor $\boldsymbol{\omega}$ um **L** präzediert.

I_{xx}, I_{yy}, I_{zz} heißen Diagonalterme der Matrix

$$\begin{pmatrix} I_{xx} & I_{yx} & I_{zx} \\ I_{xy} & I_{yy} & I_{zy} \\ I_{xz} & I_{yz} & I_{zz} \end{pmatrix} ;$$

die anderen bezeichnen wir als nichtdiagonale Elemente. Beachten Sie bitte, daß ein Diagonalterm (z.B. I_{xx}), definiert als

$$\sum m_n (r_n^2 - x_n^2) = \sum m_n (y_n^2 + z_n^2) ,$$

die Summe aus den Produkten der Masse jedes Teilchens multipliziert mit dem Entfernungsquadrat von der x-Achse ist, daher die Bezeichnung „Trägheitsmoment um die x-Achse". Ist $\rho(\mathbf{r})$ die Dichte am Ort **r**, können wir die Ausdrücke I in Integralform als

$$I_{xx} = \int \rho(\mathbf{r})(r^2 - x^2)\, dV ; \quad I_{xy} = -\int \rho(\mathbf{r})\, xy\, dV, \text{ usw.} \tag{8.16}$$

schreiben mit dV als Volumelement bei **r**. Wir können die Umwandlung von der Summation Σ über Massenpunkte zum Integral einsehen, wenn wir $\int \rho(\mathbf{r}) dV$ als Masse des Volumelements erkennen, über das integriert wird.

Wir erhalten die Summe der Diagonalterme

$$I_{xx} + I_{yy} + I_{zz} = 2 \sum m_n r_n^2 = 2 \int \rho(\mathbf{r}) r^2\, dV \tag{8.17}$$

aus den Gln. (8.14) oder (8.16) für I_x und den entsprechenden Ausdrücken für I_{yy} und I_{zz}. Die Summe in Gl. (8.17) ist isotrop, d.h., sie ist unabhängig von der Orientierung des Körpers relativ zu den Koordinatenachsen. Beachten Sie ferner, daß die nichtdiagonalen Terme symmetrisch sind:

$$I_{xy} = I_{yx}; \quad I_{xz} = I_{zx}; \quad I_{yz} = I_{zy} . \tag{8.18}$$

• **Beispiele**: *1.* **L** *ist zu* $\boldsymbol{\omega}$ *nicht immer parallel.* Ein masseloser Stab von 50 cm Länge verbindet zwei Massen von 200 g und 300 g. Der Massenmittelpunkt des Systems bildet den Ursprung eines kartesischen Koordinatensystems. Der Stab liegt in der xy-Ebene unter einem Winkel von 20° mit der y-Achse. Wir suchen die Trägheiiskoeffizienten I_{xx} und I_{xy}.

Zuerst bestimmen wir den Abstand des Massenmittelpunktes von der 200-g-Masse. Mit Gl. (8.6) erhalten wir

$$R_{M.M.} = \frac{200 \cdot 0\ \text{cm}^2 + 300 \cdot 50\ \text{cm}^2}{200\ \text{cm} + 300\ \text{cm}} = 30\ \text{cm} .$$

Die kartesischen Koordinaten der 200-g-Masse m_1 bezogen auf den Massenmittelpunkt als Ursprung lauten

$$x_1 = 30\ \text{cm} \cdot \sin 20° = 30\ \text{cm} \cdot 0{,}342 \approx 10{,}3\ \text{cm} ;$$
$$y_1 = 30\ \text{cm} \cdot \cos 20° = 30\ \text{cm} \cdot 0{,}940 \approx 28{,}2\ \text{cm} ;$$
$$z_1 = 0 .$$

Die 300-g-Masse m_2 hat die kartesischen Koordinaten

$$x_2 = -20\ \text{cm} \cdot \sin 20° \approx -\ 6{,}8\ \text{cm} ;$$
$$y_2 = -20\ \text{cm} \cdot \cos 20° \approx -18{,}8\ \text{cm} ;$$
$$z_2 = 0 .$$

Mit diesen Werten berechnen wir nach Gl. (8.14) die Trägheitskoeffizienten:

$$\begin{aligned} I_{xx} &= m_1(r_1^2 - x_1^2) + m_2(r_2^2 - x_2^2) \\ &= 200\ \text{g}\,[(30\ \text{cm})^2 - (10{,}3\ \text{cm})^2] \\ &\quad + 300\ \text{g}\,[(20\ \text{cm})^2 - (-6{,}8\ \text{cm})^2] \\ &= 2{,}65 \cdot 10^5\ \text{g cm}^2 ; \end{aligned}$$

$$\begin{aligned} I_{xy} &= -m_1 x_1 y_1 - m_2 x_2 y_2 \\ &= -200\ \text{g} \cdot 28{,}2\ \text{cm} \cdot 10{,}3\ \text{cm} \\ &\quad - 300\ \text{g}\,(-6{,}8\ \text{cm}) \cdot (-18{,}8\ \text{cm}) \\ &= -0{,}96 \cdot 10^5\ \text{g cm}^2 . \end{aligned}$$

Rotiert der Stab beispielsweise mit der Winkelgeschwindigkeit ω um die x-Achse, so vereinfachen sich die Drehimpulskomponenten aus Gl. (8.15) zu

$$L_x = I_{xx}\,\omega ; \quad L_y = I_{xy}\,\omega ; \quad L_z = 0 ,$$

denn in der angenommenen Lage ist $I_{zx} = 0$, da $z_1 = z_2 = 0$. Dann folgt

$$\frac{L_y}{L_x} = \frac{I_{xy}}{I_{xx}} = \frac{-0{,}96 \cdot 10^5\ \text{g cm}^2}{2{,}65 \cdot 10^5\ \text{g cm}^2} = -0{,}363 .$$

Im gleichen Moment, in dem der Stab in der xy-Ebene liegt, befindet sich der Drallvektor ebenfalls unter einem Winkel von $\varphi = \arctan(-0{,}363) \approx -20°$ zur x-Achse in der xy-Ebene. Daher rotiert **L** um die x-Achse und liegt nicht parallel zu $\boldsymbol{\omega}$ sondern senkrecht zum Stab.

Wie können wir dieses Ergebnis verstehen? Der Stab hat ja um seine Längsachse (unter unserer Annahme von Punktmassen) das Trägheitsmoment Null. Somit hat eine zum Stab parallele $\boldsymbol{\omega}$-Komponente keine entsprechende **L**-Komponente. •

• *2. Das Trägheitsmoment einer Kugelschale* (Bild 8.21). Berechnen Sie bezüglich einer Achse durch die Kugelmitte die Trägheitskoeffizienten einer dünnen homogenen Kugelschale mit der Massendichte σ pro Flächeneinheit.

Aus Symmetriegründen sind alle nichtdiagonalen Koeffizienten $I_{xy}, I_{yx}, I_{xz}, I_{zx}, I_{yz}, I_{zy}$ in Gl. (8.16) für eine um den Ursprung kugelförmige Verteilung Null, denn zu jedem Beitrag xy zur Summe oder zum Integral gibt es

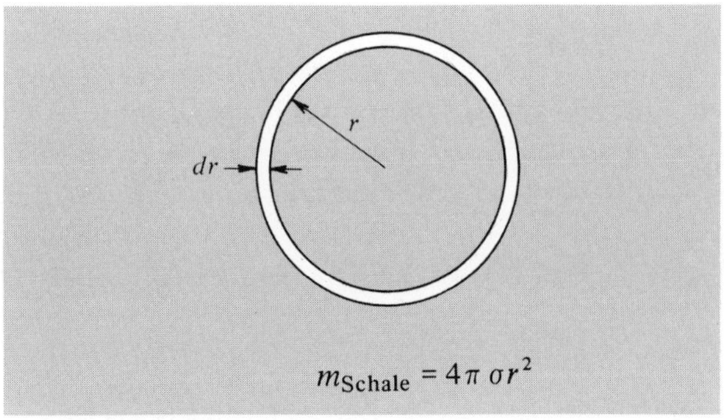

Bild 8.21. Eine gleichmäßige Kugelschale ist um x, y, z axialsymmetrisch, so daß

$I_{xy} = I_{xz} = I_{yz} = 0.$

Also folgt aus der Symmetrie

$I = I_{xx} = I_{yy} = I_{zz} = \frac{2}{3}\,r^2\,m_{Schale}\,.$

Somit beträgt $I = (8\pi/3)\,\sigma r^4\,dr$, wobei σ die Masse pro Flächeneinheit der Schale ist.

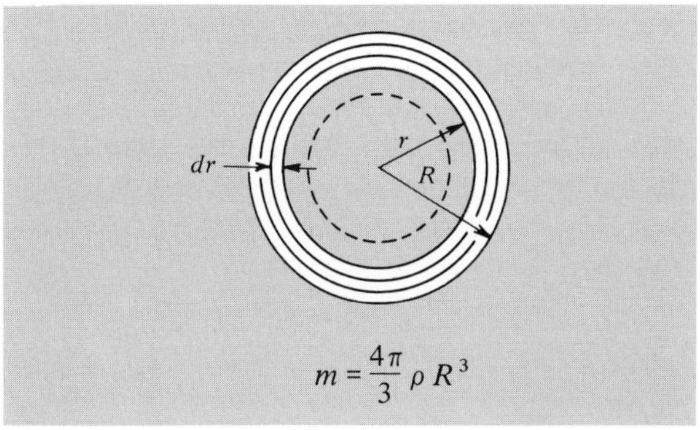

Bild 8.22. Um I für eine gleichmäßige massive Kugel zu finden, unterteilen wir die Kugel in konzentrische Schalen und integrieren:

$I = \frac{8\pi}{3}\,\rho \int_0^R r^4\,dr = \frac{8\pi}{15}\,\rho\,R^5 = \frac{2}{5}\,mR^2.$

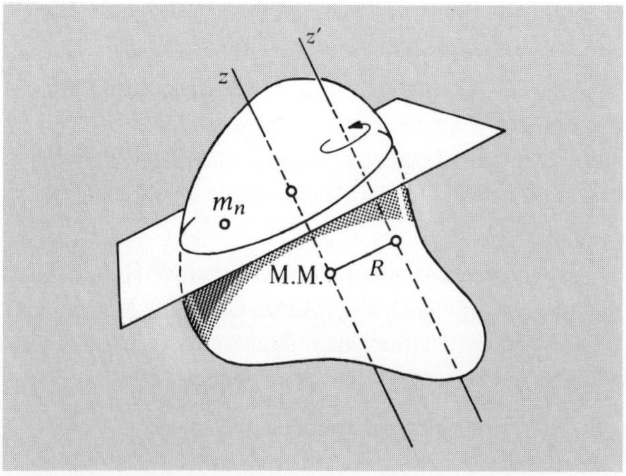

Bild 8.23. Wie können wir $I_{z'z'}$ mit der Achse z' parallel zu z berechnen?

einen gleich großen negativen Anteil $(-x)y$, d.h., der Mittelwert $\langle xy\rangle$ über eine kugelförmige Oberfläche verschwindet.

Wegen $r^2 = x^2 + y^2 + z^2$ genügen die Mittelwerte über eine Kugelschale der Beziehung

$$\langle x^2\rangle = \frac{1}{3}\langle r^2\rangle\,. \tag{8.19}$$

Somit sind alle diagonalen Koeffizienten I_{xx}, I_{yy}, I_{zz} gleich. Da ihre Summe $2\,\Sigma m_n r_n^2$ beträgt, muß jeder für sich gleich $\frac{2}{3}\,\Sigma m_n r_n^2$ sein:

$$I = I_{xx} = I_{yy} = I_{zz} = \frac{2}{3}\sum m_n r_n^2 = \frac{2}{3}\,r^2 \sum m_n = \frac{2}{3}\,4\pi\sigma\,r^4\,. \tag{8.20}$$

Beachten Sie, daß die Masse der Schale gleich $4\pi\sigma\,r^2$ ist, mit σ als Masse pro Flächeneinheit der Schale. •

• *3. Das Trägheitsmoment einer Kugel* (Bild 8.22). Berechnen Sie I für eine Kugel mit der gleichmäßigen Dichte ρ um eine Achse durch die Kugelmitte.

Wir können uns die Kugel aus Kugelschalen mit der Wanddicke dr und der Massendichte $\sigma = \rho\,dr$ pro Flächeneinheit zusammengesetzt denken. Dann erhalten wir aus Gl. (8.20) für die Kugel

$$I \equiv I_{xx} = I_{yy} = I_{zz} = \frac{2}{3}\int_0^R 4\pi r^4 \rho\,dr$$

$$= \frac{8\pi\rho}{3}\int_0^R r^4\,dr = \frac{8\pi}{15}\,\rho\,R^5 = \frac{2}{5}\,m R^2\,, \tag{8.21}$$

dabei ist $m = (4\pi/3)\rho R^3$ die Masse und R der Radius der Kugel.

Wir sehen, daß sich für eine Kugel oder Kugelschale die Drallkomponenten in Gl. (8.15) zu $\mathbf{L} = I\boldsymbol{\omega}$ vereinfachen. Somit liegt für diesen geometrischen Aufbau der Drall stets parallel zur Winkelgeschwindigkeit. •

• *4. Der Steinersche Satz* (Bilder 8.23 bis 8.30). Berechnen Sie I_{xx} für einen allgemeinen Körper um eine zu $\hat{x}$ parallele Achse, die in y-Richtung vom Massenmittelpunkt den Abstand a hat.

In Gl. (8.14) substituieren wir alle y_n durch $y_n + a$, x_n und z_n bleiben unverändert. Dann gilt

$$\sum m_n r_n^2 \rightarrow \sum m_n (r_n^2 + 2 y_n a + a^2)\,, \tag{8.22}$$

aber wegen der Wahl des Massenmittelpunktes gilt $\Sigma m_n y_m = 0$. Somit hat I_{xx} den neuen Wert

$$I_{xx} = \sum m_n (r_n^2 + a^2 - x_n^2) = I_{xx}^0 + a^2 \sum m_n\,, \tag{8.23}$$

mit $I_{xx}^0 = \Sigma m_n (r_n^2 - x_n^2)$ als Trägheitsmoment bezogen auf eine durch den Massenmittelpunkt gehende Achse. Das

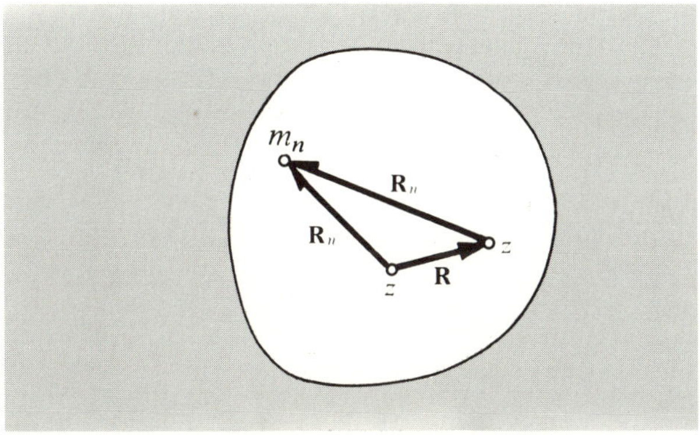

Bild 8.24. Zu jedem beliebigen Massenpunkt m_n können wir die Flächennormale auf den zz'-Achsen konstruieren und durch m_n laufen lassen (siehe Bild 8.23). Dann gilt $R_n^2 = x_n^2 + y_n^2$, so daß ...

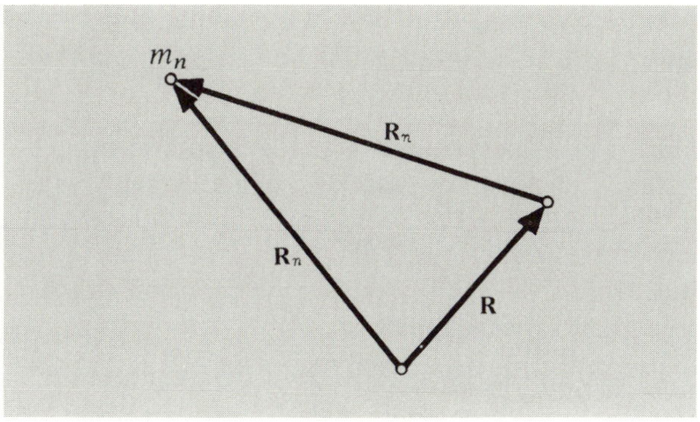

Bild 8.25. ... $I_{z'z'} = \Sigma m_n R_n'^2 = \Sigma m_n(\mathbf{R}_n - \mathbf{R})^2$
$= \Sigma m_n R_n^2 + R^2 \Sigma m_n - 2 \Sigma m_n(\mathbf{R}_n \cdot \mathbf{R})$.
Da $\Sigma m_n \cdot \mathbf{R}_n = 0$, erhalten wir $I_{z'z'} = mR^2 + I_{zz}$, den Steinerschen Satz. Hierbei ist $m = \Sigma m_n$ die Gesamtmasse.

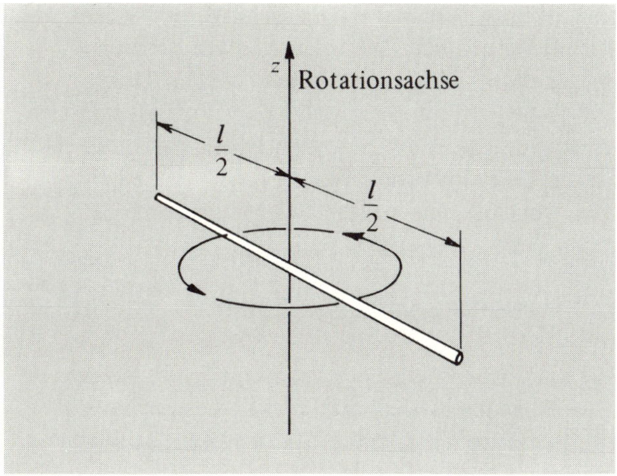

Bild 8.26. Ein dünner starrer Stab: $I_{zz} = 2 \cdot \int_0^{l/2} x^2(m/l)\,dx$, wobei m die Gesamtmasse des Stabes ist. Somit gilt $I_{zz} = ml^2/12$.

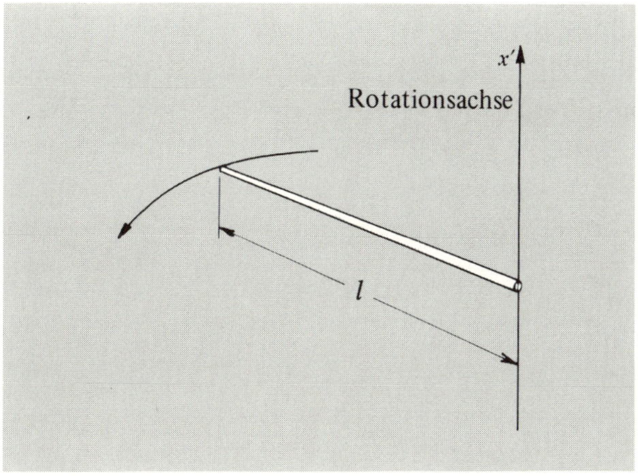

Bild 8.27. Hier gilt $I_{z'z'} = \int_0^l x^2\,(m/l)\,dx = ml^2/3$; aber $ml^2/3 = ml^2/12 + m\,(l/2)^2$, eine Bestätigung des Steinerschen Satzes.

Trägheitsmoment um eine gegebene Achse setzt sich somit aus dem Trägheitsmoment um eine durch den Massenmittelpunkt laufende parallele Achse und dem Trägheitsmoment um die gegebene Achse zusammen, das wir erhalten würden, wenn wir uns die gesamte Masse des Körpers im Massenmittelpunkt konzentriert denken. Dies Ergebnis ist für die Behandlung rollender Körper nützlich. Da mR^2 das durch den Mittelpunkt gehende und senkrecht auf der Fläche stehende Trägheitsmoment eines Reifens ist, ergibt sich für das Trägheitsmoment um eine parallele Achse auf dem Reifenrand $2mR^2$.

Wir erhalten aus den Gln. (8.21) und (8.23) für das Trägheitsmoment einer homogenen Kugel um eine tangential zur Oberfläche verlaufende Achse

$$I_{xx} = \frac{2}{5}mR^2 + mR^2 = \frac{7}{5}mR^2\ . \qquad (8.24)\ \bullet$$

Die Summationskonvention. Die Gln. (8.14), (8.15) und (8.16) können wir mit der in dem mathematischen Anhang des 2. Kapitels eingeführten Summationskonvention [1]) in kompakter Form schreiben. Wir wiederholen die Spielregeln:

1. Alle in einem Produkt zweimal auftretenden griechischen Indizes werden über x, y, z aufsummiert:

$$I_{\mu\nu}\,\omega_\nu \equiv I_{\mu x}\,\omega_x + I_{\mu y}\omega_y + I_{\mu z}\omega_z\ . \qquad (8.25)$$

2. Ein in einem Produkt nur einmal auftretender Index kann für x, y oder z stehen. Somit ist die Gleichung

$$L_\mu = I_{\mu\nu} \cdot \omega_\nu \qquad (8.26)$$

[1]) Manchmal als Einsteinsche Summationskonvention bezeichnet.

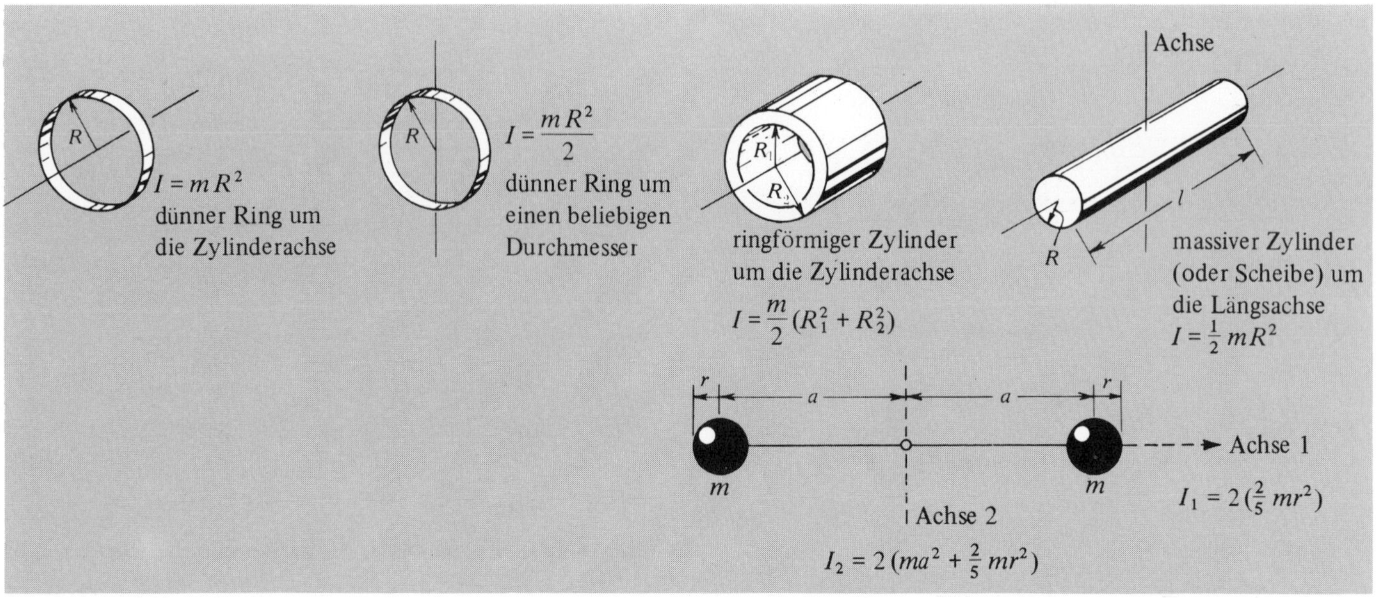

Bild 8.28. Beispiele zu Trägheitsmomenten bezogen auf die angegebenen Achsen.

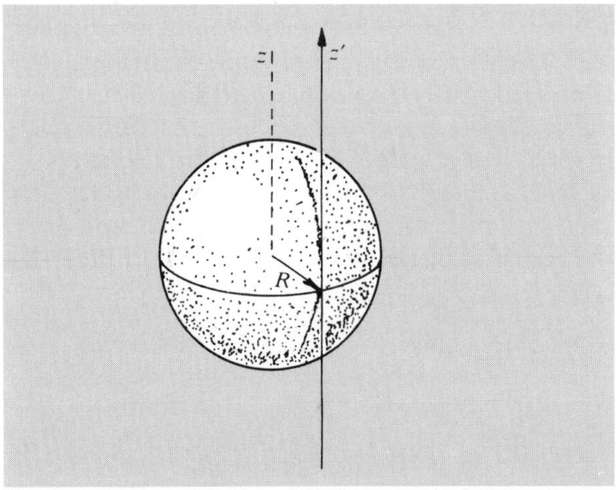

Bild 8.29. Eine gleichmäßige Kugel: $I_{z'z'}$ für eine tangential zur Oberfläche verlaufende Achse beträgt $I_{z'z'} = \frac{2}{5}\,mR^2 + mR^2 = \frac{7}{5}\,mR^2$.

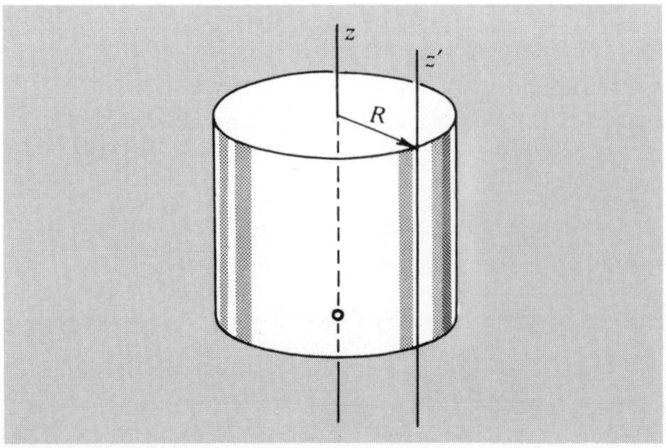

Bild 8.30. Ein gleichmäßiger Zylinder:

$$I_{zz} = \frac{1}{R^2}\,2\int_0^R m r^3 dr = \frac{mR^2}{2}\,, \quad I_{z'z'} = mR^2 + \frac{mR^2}{2} = \frac{3}{2}\,mR^2.$$

dem gesamten Gleichungssatz in Gl. (8.15) äquivalent. Z.B. steht μ zuerst für x; damit wird Gl. (8.26) zu

$$L_x = I_{x\nu}\,\omega_\nu \equiv I_{xx}\,\omega_x + I_{xy}\,\omega_y + I_{xz}\,\omega_z\,. \tag{8.27}$$

Es ist wesentlich übersichtlicher, statt der drei Gln. (8.15) die eine Gl. (8.26) zu schreiben.

3. x_μ bedeutet entweder x, y oder z. Tritt der Index μ im Produkt $x_\mu x_\mu$ zweimal auf, so gilt

$$x_\mu x_\mu \equiv x^2 + y^2 + z^2 = r^2\,. \tag{8.28}$$

Aber in $x_\mu x_\nu$ erscheint kein griechischer Index zweimal, so daß $x_\mu x_\nu$ für xx, xy, yz usw. stehen kann. Mit der Summierungsvorschrift nimmt Gl. (8.16) die Form

$$I_{\mu\nu} = \int \rho(\mathbf{r})\,(x_\alpha x_\alpha\,\delta_{\mu\nu} - x_\mu x_\nu)\,dV \tag{8.29}$$

an. $\delta_{\mu\nu}$ ist das Kroneckersymbol, es hat für $\mu \neq \nu$ den Wert Null, für $\mu = \nu$ den Wert 1. Stellen Sie sich vor, wir interessieren uns für I_{xx}; somit lesen wir den Term $x_\alpha x_\alpha\,\delta_{\mu\nu}$ in Gl. (8.29) als r^2 und $x_\mu x_\nu$ als x^2. Sie kommen genau so gut ohne Summationskonvention durch. Sie sollten sie aber *nur* dann zur Ersparnis von Schreibarbeit benutzen, wenn Sie sich über die Anwendung klar sind.

8.2. Kinetische Energie der Rotation

Die kinetische Energie eines starren Körpers bezogen auf den ruhenden Massenmittelpunkt bezeichnen wir als Rotationsenergie des Körpers (Bild 8.31). Sie ist gegeben durch

$$W_k = \frac{1}{2}\sum m_n v_n^2 = \frac{1}{2}\sum m_n\,(\boldsymbol{\omega} \times \mathbf{r}_n)^2 = \frac{1}{2}\int \rho(\mathbf{r})(\boldsymbol{\omega} \times \mathbf{r})^2\,dV \tag{8.30}$$

mit $\mathbf{v}_n = \boldsymbol{\omega} \times \mathbf{r}_n$. Hierbei ist

$$(\boldsymbol{\omega} \times \mathbf{r}_n)^2 \equiv (\boldsymbol{\omega} \times \mathbf{r}_n) \cdot (\boldsymbol{\omega} \times \mathbf{r}_n) .$$

Betrachten Sie zunächst die Rotationsenergie einer Kugel mit konstanter Dichte. $\boldsymbol{\omega}$ soll parallel zur z-Achse gerichtet sein. Dann gilt

$$(\boldsymbol{\omega} \times \mathbf{r})^2 = \omega^2 (x^2 + y^2) ; \tag{8.31}$$

und das Trägheitsmoment einer Kugel der gleichmäßigen Dichte ρ ergibt sich aus Gl. (8.16) zu

$$I = I_{zz} = \rho \int (x^2 + y^2) dV , \tag{8.32}$$

so daß Gl. (8.30) sich zu

$$W_k = \frac{1}{2} \rho \int (\boldsymbol{\omega} \times \mathbf{r})^2 dV = \frac{1}{2} \omega^2 \rho \int (x^2 + y^2) dV = \frac{1}{2} I \omega^2 \tag{8.33}$$

vereinfacht.

Wir wollen jetzt die kinetische Energie der Rotation eines starren Körpers beliebiger Form bestimmen. Das Ergebnis wird

$$W_k = \frac{1}{2} (\omega_x^2 I_{xx} + \omega_y^2 I_{yy} + \omega_z^2 I_{zz} + 2\omega_x \omega_y I_{xy} + 2\omega_y \omega_z I_{yz} + 2\omega_z \omega_x I_{zx}) \tag{8.34}$$

sein. Mit Hilfe der Vektorbeziehung

$$(\mathbf{A} \times \mathbf{B}) \cdot (\mathbf{C} \times \mathbf{D}) = (\mathbf{A} \cdot \mathbf{C})(\mathbf{B} \cdot \mathbf{D}) - (\mathbf{A} \cdot \mathbf{D})(\mathbf{B} \cdot \mathbf{C}) \tag{8.35}$$

erhalten wir

$$(\boldsymbol{\omega} \times \mathbf{r})^2 = \omega^2 r^2 - (\boldsymbol{\omega} \cdot \mathbf{r})^2 . \tag{8.36}$$

Laut Summationskonvention können wir Gl. (8.36) auch in der Form

$$(\boldsymbol{\omega} \times \mathbf{r})^2 = \omega_\mu \omega_\mu x_\nu x_\nu - \omega_\mu x_\mu \omega_\nu x_\nu = \omega_\mu \omega_\nu (x_\alpha x_\alpha \delta_{\mu\nu} - x_\mu x_\nu) \tag{8.37}$$

schreiben [1]). [Diese Beziehung hätten wir ohne Gl. (8.36) direkt hinschreiben können, wenn wir von dem in dem mathematischen Anhang 2, Kapitel 2 definierten Symbol $\boldsymbol{\epsilon}_{\lambda\mu\nu}$ Gebrauch gemacht hätten.] Erreichen Ausdrücke diesen Schwierigkeitsgrad, wird die Anwendung der Summationskonvention übersichtlicher als die Vektorschreibweise.

Setzen wir Gl. (8.37) in Gl. (8.30) ein, so erhalten wir unter Benutzung von Gl. (8.29) für die kinetische Energie

$$W_k = \frac{1}{2} \omega_\mu \omega_\nu \int \rho(\mathbf{r}) (x_\alpha x_\alpha \delta_{\mu\nu} - x_\mu x_\nu) dV = \frac{1}{2} I_{\mu\nu} \omega_\mu \omega_\nu . \tag{8.38}$$

[1]) Um eventuelle Zweifel über das Lesen von Gl. (8.37) auszuschalten, schreiben wir sie mit den explizit aufgeführten Summen:

$$(\boldsymbol{\omega} \times \mathbf{r})^2 = (\sum_\mu \omega_\mu^2)(\sum_\nu x_\nu^2) - (\sum_\mu \omega_\mu x_\mu)(\sum_\nu \omega_\nu x_\nu)$$

wobei wir für μ und ν nacheinander x, y, z einsetzen. Beachten Sie bitte, daß $\Sigma x_\nu^2 = r^2$ ist.

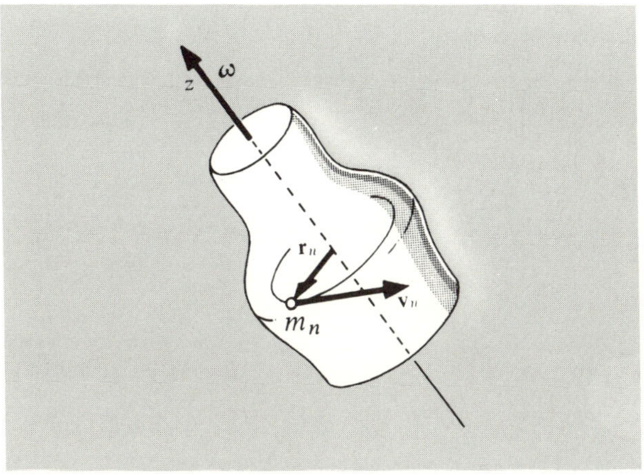

Bild 8.31. Die kinetische Energie eines um die Symmetrieachse rotierenden axialsymmetrischen Körpers beträgt $W_k = \frac{1}{2} I_{zz} \omega^2$.

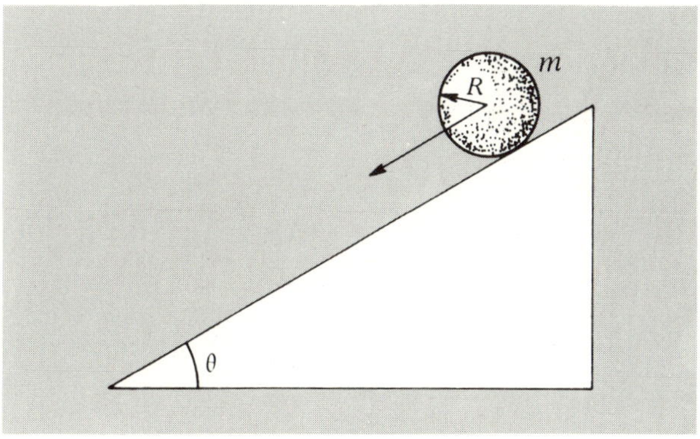

Bild 8.32. Eine Kugel rollt die schiefe Ebene hinab.

Sie entspricht Gl. (8.34) [1]).

Für eine Kugel mit $I_{xx} = I_{yy} = I_{zz} = I$ vereinfacht sich Gl. (8.38) zu

$$W_k = \frac{1}{2} I (\omega_x^2 + \omega_y^2 + \omega_z^2) = \frac{1}{2} I \omega^2 . \tag{8.39}$$

Gl. (8.38) stimmt mit Gl. (8.33) überein. Die Trägheitskoeffizienten sind in der Beschreibung sowohl des Dralles als auch der Rotationsenergie eines starren Körpers nützlich.

- **Beispiel**: *Die rollende Kugel* (Bild 8.32). Eine Kugel mit dem Radius R und der Masse m rollt ohne zu gleiten eine Ebene der Länge *l* hinunter, die bezüglich der Horizontalen den Neigungswinkel θ hat. Wie groß ist die Geschwindigkeit des Massenmittelpunktes am Fußpunkt der Ebene?

[1]) Man sollte sich darüber im klaren sein, daß für einen starren Körper $L_\nu = \partial W_k / \partial \omega_\nu$ gilt. Wir können dies durch einen Vergleich der Gln. (8.26) und (8.38), sowie Gln. (8.15) und (8.34) sehen.

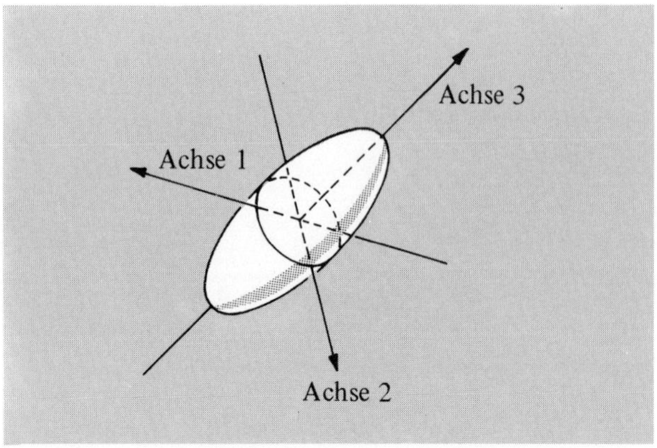

Bild 8.33. Für einen *allgemeinen* starren Körper gilt $W_k = \frac{1}{2} I_{\mu\nu} \omega_\mu \omega_\nu$. Die Oberfläche $\frac{1}{2} I_{\mu\nu} \omega_\mu \omega_\nu$ = const ist ein Ellipsoid im $\omega_x \omega_y \omega_z$-Raum. Die Hauptachsen 1, 2, 3 des Ellipsoids sind eingezeichnet.

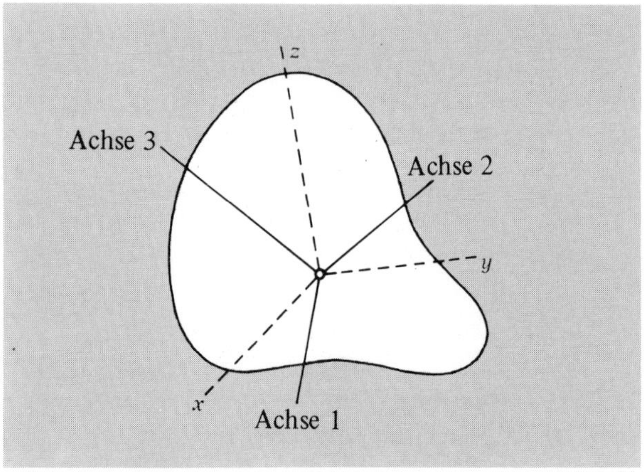

Bild 8.34. Lassen wir Körperachsen x, y, z in geeigneter Weise rotieren, stimmen sie mit den Hauptachsen des Ellipsoids überein. Von jetzt an betrachten wir Hauptkörperachsen.

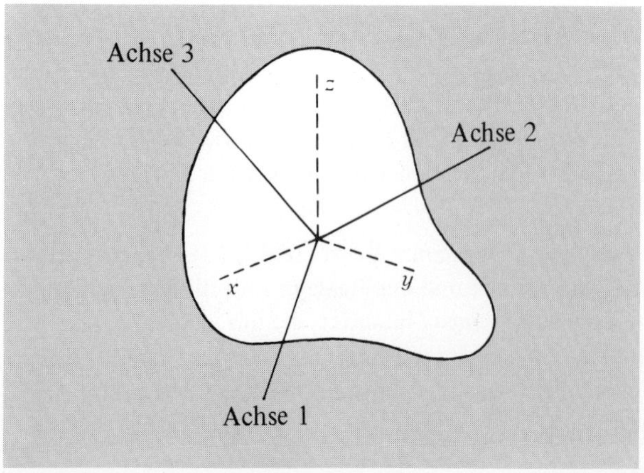

Bild 8.35. Mit den Hauptachsen 1, 2, 3 beträgt $W_k = \frac{1}{2} I_1 \omega_1^2 + \frac{1}{2} I_2 \omega_2^2 + \frac{1}{2} I_3 \omega_3^2$ und $L = I_1 \omega_1 + I_2 \omega_2 + I_3 \omega_3$. Alle Kreuzterme verschwinden!

Dies ist das Musterbeispiel eines Lehrbuchproblems. Wir können zur Lösung die potentielle Energie am oberen Ende der Ebene

$$W_p = mgh = mgl \sin\theta \qquad (8.40)$$

mit der kinetischen Energie am Fußpunkt gleichsetzen:

$$W_k = \frac{1}{2} mv^2 + \frac{1}{2} I\omega^2 . \qquad (8.41)$$

Gl. (8.41) gibt die Summe aus translatorischer und rotatorischer kinetischer Energie wieder. Die zwei in Gl. (8.41) auftretenden Terme sind völlig unabhängig voneinander. Der erste Ausdruck beschreibt die durch die Massenmittelpunktsbewegung bedingte translatorische kinetische Energie; der zweite Term gibt die durch die Rotation des Körpers *um* den Massenmittelpunkt entstandene kinetische Energie wieder. Die Unabhängigkeit der beiden Ausdrücke ist leicht einzusehen, da die Kugel einmal die Ebene ohne zu rotieren auf einem Berührungspunkt hinuntergleiten kann, während sie andererseits um ihren ruhenden Massenmittelpunkt rotieren kann. Jede Kombination dieser beiden unabhängigen Anteile ist für die auf einer Ebene sich abwärts bewegende Kugel möglich.

Hierbei ist eine bestimmte Kombination in den meisten Fällen von besonderem Interesse. Sie wird mit Rollen ohne Gleiten bezeichnet. Rollen ohne Gleiten definieren wir als die Bewegung, bei der der Berührungspunkt mit der Ebene momentan in Ruhe ist. Für diesen Fall muß die Geschwindigkeit des Massenmittelpunktes gleich $R\omega$ sein. Somit können wir Gl. (8.41) als

$$W_k = \frac{1}{2} mv^2 + \frac{1}{2} I \left(\frac{v}{R}\right)^2 = \frac{1}{2} mv^2 + \frac{1}{2} \cdot \frac{2}{5} mv^2 = \frac{7}{10} mv^2 \qquad (8.42)$$

schreiben, wobei wir von der Beziehung $I = \frac{2}{5} mR^2$ (gültig für eine homogene Kugel) Gebrauch gemacht haben. Durch Einsetzen von Gl. (8.40) in Gl. (8.42) erhalten wir für den Fußpunkt

$$v^2 = \frac{10}{7} gl \sin\theta . \qquad (8.43)$$

Wir können das gleiche Problem auf eine andere Art lösen. Dabei gehen wir von der Tatsache aus, daß ein rollender Körper zu jedem Zeitpunkt als um den Berührungspunkt rotierend angesehen werden kann. Der Berührungspunkt eines rollenden Körpers befindet sich stets in Ruhe. So betrachtet ist die gesamte kinetische Energie reine Rotationsenergie um den Berührungspunkt mit $I = \frac{7}{5} mR^2$, wie wir aus Gl. (8.24) für die Rotation um eine tangential zur Oberfläche gerichtete Achse wissen. Dann gilt

$$W_k = \frac{1}{2} \cdot \frac{7}{5} mR^2 \omega^2 = \frac{7}{10} mv^2 \qquad (8.44)$$

in Übereinstimmung mit Gl. (8.42). •

Die Hauptachsen (Bilder 8.33 bis 8.35). Rufen Sie sich den komplizierten allgemeinen Ausdruck Gl. (8.34) für die kinetische Energie der Rotation ins Gedächtnis zurück. Dieser, für willkürliche kartesische Achsen gültige Ausdruck kann stets auf drei Terme vereinfacht werden. Der Trick (für die meisten regelmäßigen Körper einfach) besteht in der geeigneten Wahl der Achsenanordnung. In diesem bevorzugten Achsensystem, *Hauptachsensystem* genannt, treten nur die drei Diagonalkoeffizienten $I_{xx} \equiv I_1$; $I_{yy} \equiv I_2$; $I_{zz} \equiv I_3$ auf. Die nichtdiagonalen Koeffizienten verschwinden, so daß die kinetische Energie der Rotation

$$W_k = \frac{1}{2} I_1 \omega_1^2 + \frac{1}{2} I_2 \omega_2^2 + \frac{1}{2} I_3 \omega_3^2 \tag{8.45}$$

beträgt. (Für einen Zylinder würden wir als Hauptachsen seine Längsachse und zwei von ihr ausgehende Achsen wählen, die zueinander und zur Längsachse senkrecht stehen.) Die $\mathbf{L}$ und $\boldsymbol{\omega}$ miteinander verknüpfenden Gln. (8.15) vereinfachen sich zu

$$L_1 = I_1 \omega_1; \quad L_2 = I_2 \omega_2; \quad L_3 = I_3 \omega_3, \tag{8.46}$$

so daß sich die Rotationsenergie Gl. (8.45) als

$$W_k = \frac{1}{2I_1} L_1^2 + \frac{1}{2I_2} L_2^2 + \frac{1}{2I_3} L_3^2 \tag{8.47}$$

schreiben läßt. Beachten Sie, daß $\mathbf{L}$ und $\boldsymbol{\omega}$ parallel zueinander sind, wenn der Körper um eine Hauptachse rotiert.

8.3. Die Eulerschen Gleichungen

Die Bewegungsgleichung

$$\frac{d}{dt} \mathbf{L} = \mathbf{M} \tag{8.48}$$

gilt in einem Inertialbezugssystem. Die Trägheitskoeffizienten $I_{\mu\nu}$ sind besonders einfach definiert für Koordinatenachsen, die in dem rotierenden Körper ruhen. Das damit gegebene Bezugssystem ist kein Inertialsystem. (Bisher brauchten wir noch nicht zu spezifizieren, ob die Achsen ruhen oder nicht.) Durch den Beweis aus Kapitel 3 können wir einen Vektor von einem Inertialsystem in ein rotierendes System transformieren:

$$\left(\frac{d\mathbf{L}}{dt}\right)_I = \frac{d\mathbf{L}}{dt} + \boldsymbol{\omega} \times \mathbf{L} . \tag{8.49}$$

Hierbei ist ω die Winkelgeschwindigkeit des rotierenden Systems. Alle anderen Größen auf der rechten Seite gelten für das rotierende System. Somit ändert sich Gl. (8.48) für das vom rotierenden System aus betrachtete $\mathbf{L}$ zu

$$\frac{d\mathbf{L}}{dt} + \boldsymbol{\omega} \times \mathbf{L} = \mathbf{M} . \tag{8.50}$$

Wir nehmen an, daß die kartesischen Achsen im rotierenden System entlang den Hauptachsen 1, 2, 3 liegen. Die Komponente entlang der Hauptachse 1 ergibt sich mit Gl. (8.46) aus Gl. (8.50) zu

$$\left(\frac{d\mathbf{L}}{dt}\right)_1 + (\boldsymbol{\omega} \times \mathbf{L})_1 = \frac{dL_1}{dt} + \omega_2 L_3 - \omega_3 L_2$$

$$= I_1 \frac{d\omega_1}{dt} + \omega_2 I_3 \omega_3 - \omega_3 I_2 \omega_2 = M_1 . \tag{8.51}$$

Durch Ordnen von Gl. (8.51) und Bilden der Komponenten entlang der Achsen 2 und 3 erhalten wir aus Gl. (8.50)

$$I_1 \frac{d\omega_1}{dt} + (I_3 - I_2)\, \omega_2 \omega_3 = M_1 ; \tag{8.52a}$$

$$I_2 \frac{d\omega_2}{dt} + (I_1 - I_3)\, \omega_1 \omega_3 = M_2 ; \tag{8.52b}$$

$$I_3 \frac{d\omega_3}{dt} + (I_2 - I_1)\, \omega_1 \omega_2 = M_3 . \tag{8.52c}$$

Diese Gleichungen bezeichnen wir als *Eulersche Gleichungen*. Sie bilden eine gute Ausgangsbasis für die Behandlung rotierender Körper. Denken Sie beim Rechnen mit den Eulerschen Gleichungen immer daran, daß die Hauptachsen 1, 2, 3 im Körper fest sind.

• **Beispiele**: *1. Die Rotation einer Kugel ohne äußeres Drehmoment.* Die Eulerschen Gleichungen vereinfachen sich für eine homogene Kugel mit $I_1 = I_2 = I_3$ zu

$$I\dot{\omega}_1 = M_1; \; I\dot{\omega}_2 = M_2; \; I\dot{\omega}_3 = M_3 . \tag{8.53}$$

Bei kräftefreier Bewegung gilt $\mathbf{M} = 0$, und Gl. (8.53) sagt aus, $\boldsymbol{\omega}$ = const. Das Ergebnis $\boldsymbol{\omega}$ = const ist eine Besonderheit einer frei rotierenden Kugel. •

• *2. Der symmetrische Kreisel* (Bilder 8.36 bis 8.41). Für einen symmetrischen Kreisel gilt $I_1 = I_2 \neq I_3$. Wir sehen aus Gl. (8.52), daß ω_3 (und nur ω_3) konstant ist, solange kein Drehmoment wirkt. Die Gln. (8.52a) und (8.52b) werden wegen $I_1 = I_2$ zu

$$\dot{\omega}_1 + \Omega \omega_2 = 0; \quad \dot{\omega}_2 - \Omega \omega_1 = 0 \tag{8.54}$$

mit

$$\Omega = \frac{I_3 - I_1}{I_1} \omega_3 . \tag{8.55}$$

Eine Lösung von Gl. (8.54) ist durch

$$\omega_1 = A \cdot \cos \Omega t; \quad \omega_2 = A \cdot \sin \Omega t \tag{8.56}$$

mit A = const. gegeben. Wir sehen, daß die Winkelgeschwindigkeitskomponente ω senkrecht zur Figurenachse (Achse 3) des Kreisels mit der konstanten Winkelgeschwindigkeit Ω rotiert. Die Winkelgeschwindigkeitskomponente ω_3 entlang der Figurenachse ist konstant. Daher rotiert der Vektor $\boldsymbol{\omega}$ gleichmäßig mit der Winkelgeschwindigkeit Ω um die Figurenachse des Kreisels. Mit anderen Worten: Ein sich im kräftefreien Raum mit der Winkelgeschwindigkeit ω_3 um seine Figurenachse drehender Kreisel torkelt mit der Frequenz Ω (Gl. (8.55)).

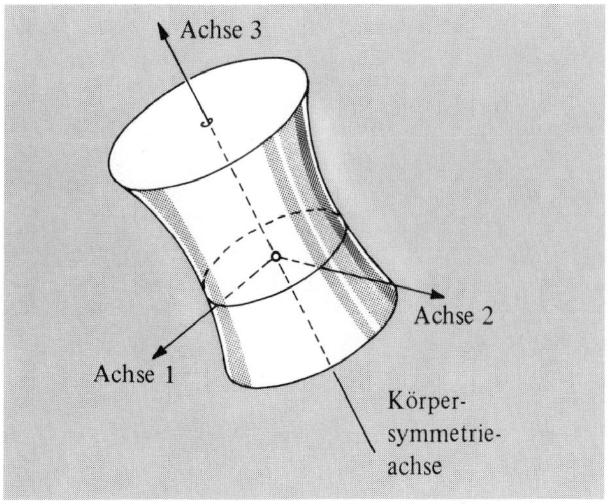

Bild 8.36. Betrachten Sie die „freie" Rotation (M = 0) eines (z.B. bezüglich der z-Achse) axialsymmetrischen Körpers. Dann gilt $I_1 = I_2$ und daher ω_3 = const.

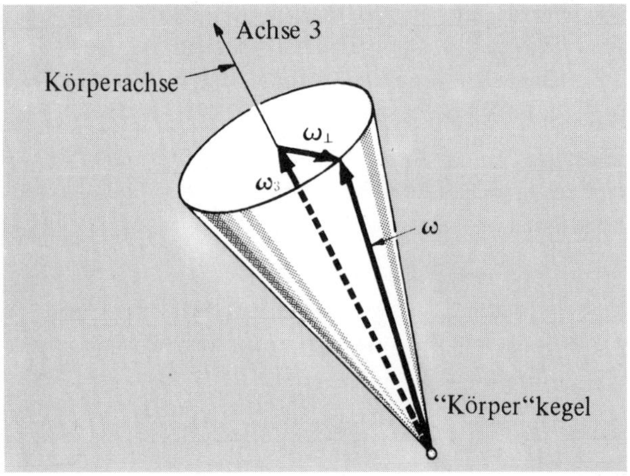

Bild 8.37. Unter diesen Bedingungen gilt $|\omega|$ = const. Der Vektor ω präzediert mit konstanter Geschwindigkeit um die Symmetrieachse.

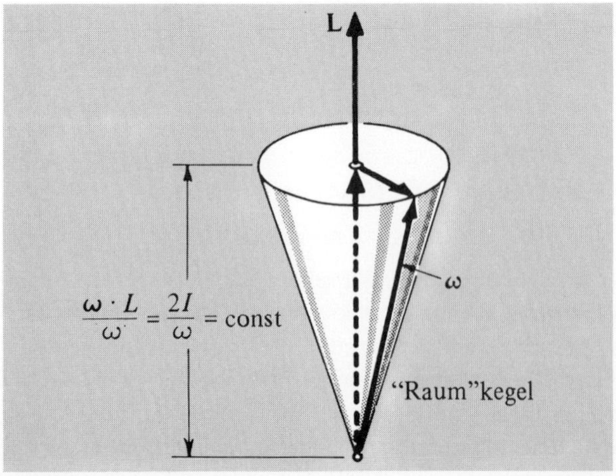

Bild 8.38. Wegen M = 0 ist **L** im Raum fest. Die Projektion von ω auf **L** ist eine Konstante $[W_K = \frac{1}{2} I_1 (\omega_1^2 + \omega_2^2) + \frac{1}{2} I_3 \omega_3^2$ mit $\omega_1^2 + \omega_2^2 = \text{const}]$. Daher präzediert ω mit konstanter Geschwindigkeit um **L**.

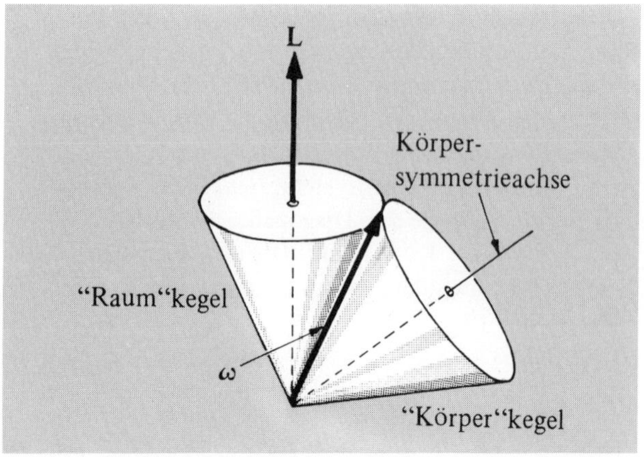

Bild 8.39. Somit rollt der Körperkegel auf dem Raumkegel (ohne zu gleiten) für den Fall der „freien" Rotation eines axialsymmetrischen Körpers ab.

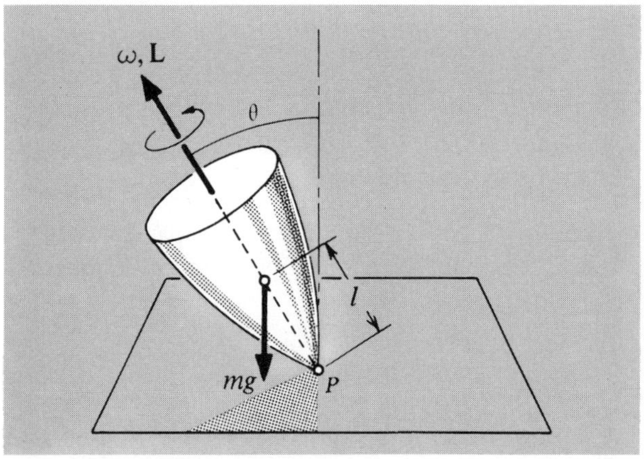

Bild 8.40. Ein anderes Problem: Der symmetrische Kreisel. Diesmal gilt $|d\mathbf{L}/dt| = |\mathbf{M}| = mgl \sin\theta \neq 0$.
Dreht sich der Kreisel schnell, fallen ω und **L** angenähert mit der Figurenachse zusammen.

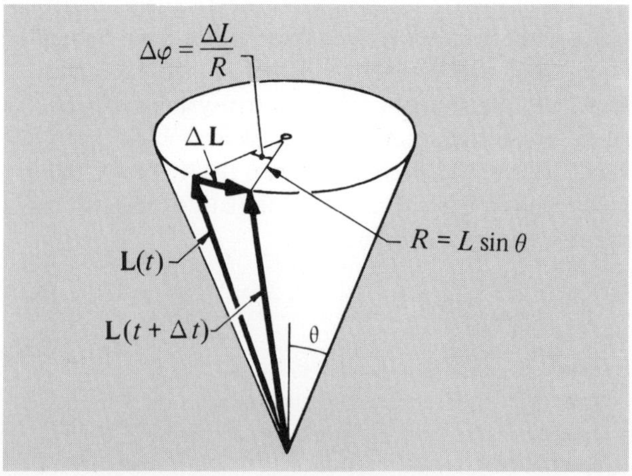

Bild 8.41. Da $\mathbf{M} \perp \mathbf{L}$, steht $\Delta\mathbf{L} = \mathbf{M}\,\Delta t$ senkrecht auf **L**. Somit ist $|\mathbf{L}|$ = const, aber **L** präzediert um die vertikale Achse. Die Präzessionsfrequenz beträgt

$$\Omega = \frac{\Delta\varphi}{\Delta t} = \frac{\Delta L}{\Delta t}\,\frac{1}{L \sin\theta} = \frac{mgl \sin\theta}{L \sin\theta} = \frac{mgl}{L}\,.$$

Für die Erde gilt $I_3 = I_1$ nicht exakt, da sie nicht genau kugelförmig ist. Das Torkeln der Gl. (8.56) läßt sich tatsächlich sehr gut beobachten, es bewirkt die sogenannte Breitenabweichung. Es ist von so großem Interesse, daß der International Latitude Service eine Anzahl von Observatorien zu dem einzigen Zweck unterhält, das Torkeln zu messen. Ein solches Observatorium steht in Ukiah in Nord-Californien. Gl. (8.55) sagt für die Erde eine Periodendauer von 305 Tagen voraus. Die beobachtete Bewegung hat eine jährliche Komponente (als erzwungene Schwingung mit meteorologischer Ursache) und eine freie Periode von 420 Tagen. Man wertete es als großen Erfolg, als *Newcomb* am Ende des 19. Jahrhunderts die Ausdehnung der Periode von 305 auf 420 Tage als Wirkung der Erddeformation bedingt durch den Richtungswechsel der Zentrifugalkraft erklärte. Dies lieferte eine der ersten Abschätzungen der Starrheit der Erde.

Das gesamte Gebiet ist äußerst interessant [1]). Die freie Bewegungskomponente erscheint gedämpft mit einer Dämpfungszeit von 30 Jahren oder weniger. Das liefert uns Angaben über die nichtelastischen Eigenschaften der Erde. Bis heute ist es jedoch noch niemandem gelungen, die Aufrechterhaltung der Bewegung zu erklären. •

Gl. (8.50) oder die Eulerschen Gleichungen besagen, daß die Winkelgeschwindigkeitskomponenten und damit die Drallkomponenten (bezüglich der körperfesten Achsen) selbst für das Drehmoment Null nicht konstant sind. Wenn aber kein Drehmoment auftritt, ist die *Größe* des Dralles konstant:

$$L_1^2 + L_2^2 + L_3^2 = \text{const.} \tag{8.57}$$

Zur Überprüfung des Resultats betrachten wir Gl. (8.50) für $\mathbf{M} = 0$:

$$\dot{\mathbf{L}} = -\boldsymbol{\omega} \times \mathbf{L}\,. \tag{8.58}$$

Mit diesem Ergebnis erhalten wir

$$\frac{d}{dt}(\mathbf{L} \cdot \mathbf{L}) = 2\,\mathbf{L} \cdot \dot{\mathbf{L}} = -2\,\mathbf{L} \cdot \boldsymbol{\omega} \times \mathbf{L} = 0\,, \tag{8.59}$$

da $\boldsymbol{\omega} \times \mathbf{L}$ senkrecht auf $\mathbf{L}$ steht. Somit gilt

$$\mathbf{L} \cdot \mathbf{L} = \text{const.} = L_1^2 + L_2^2 + L_3^2 \quad \text{q.e.d.} \tag{8.60}$$

8.4. Spinpräzession in einem konstanten Magnetfeld (Bild 8.42)

Unter Spin verstehen wir den Drall eines Teilchens um seinen Massenmittelpunkt. Die Präzession des Drallvektors in einem Magnetfeld ist in der Atom- und Festkörperphysik sowie Chemie, Biologie und Geologie von großer Bedeutung. Wir machen zwei Annahmen:

[1]) *W. Munk* und *G. F. MacDonald*, „The Rotation of the Earth" (Cambridge University Press, New York, 1961).

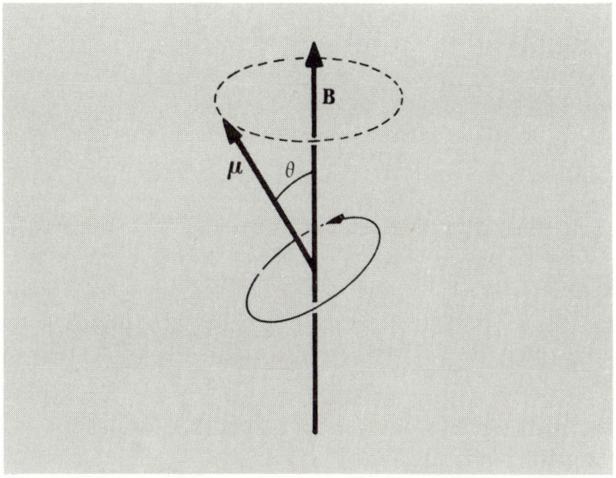

Bild 8.42. Ein ähnliches Problem: Ein magnetisches Moment $\mu = \gamma\mathbf{L}$ steht in einem Magnetfeld, in dem das Drehmoment $M = \mu \times \mathbf{B}$ beträgt, senkrecht auf $\mathbf{L}$. Die Präzessionsfrequenz ist $\omega = \gamma\mathbf{B}$, wiederum unabhängig von θ.

1. Das magnetische Moment $\boldsymbol{\mu}$ eines Elementarteilchens ist proportional zum Drall $\mathbf{L}$:

$$\boldsymbol{\mu} = \gamma \cdot \mathbf{L}\,. \tag{8.61}$$

Die Konstante γ heißt gyromagnetisches Verhältnis und beträgt für ein freies Elektron $\gamma \approx e/mc$.

2. Das Drehmoment auf das magnetische Moment ist in einem Magnetfeld $\mathbf{B}$ gleich $\mu \times \mathbf{B}$. Das Ergebnis wird in Band 2 hergeleitet, aber es ist eine allgemeine Erfahrungstatsache, daß ein Magnetfeld einen Drall auf einen Stabmagneten oder eine Stromschleife ausübt.

Somit gilt im Laborbezugssystem wegen $\dot{\mathbf{L}} = \mathbf{M}$ die Gleichung

$$\boxed{\dot{\mathbf{L}} = \mu \times \mathbf{B} = \gamma\mathbf{L} \times \mathbf{B}\,.} \tag{8.62}$$

Nehmen wir $\mathbf{B} = B\hat{\mathbf{z}}$ an, dann ändert sich Gl. (8.62) zu

$$\dot{L}_x = \gamma L_y B\,; \quad \dot{L}_y = -\gamma L_x B\,; \quad \dot{L}_z = 0\,. \tag{8.63}$$

Diese Gleichung ähnelt Gl. (8.54). Eine Lösung von Gl. (8.63) ist

$$L_x = A \cdot \sin \Omega t\,; \quad L_y = A \cos \Omega t\,; \quad L_z = \text{const.} \tag{8.64}$$

mit einer Konstanten A und

$$\Omega = \gamma B\,. \tag{8.65}$$

Wir bezeichnen Ω als Frequenz der freien Präzession.

Die Spinresonanz. Wir betrachten jetzt die Bewegung des Spins in einem Magnetfeld mit konstanter z-Komponente B und schwacher, sich mit der Frequenz ω ändernder x-Komponente H_1. Die Summe dieser beiden Felder ist

$$\mathbf{B} = H_1 \cdot \sin \omega t\,\hat{\mathbf{x}} + B\hat{\mathbf{z}}\,. \tag{8.66}$$

Die drei Komponenten der Bewegungsgleichung (8.62) betragen somit

$$\begin{aligned} \dot{L}_x &= \Omega L_y\,; \\ \dot{L}_y &= -\Omega L_x + \gamma L_z H_1 \cdot \sin\omega t\,; \\ \dot{L}_z &= -\gamma L_y H_1 \cdot \sin\omega t\,. \end{aligned} \tag{8.67}$$

Obwohl diese Gleichungen exakt gelöst werden können, ist eine Näherung einfacher. Wir nehmen an $L_y \ll L_z$, das entspricht einem kleinen Winkel des Spins zur z-Achse. Dann können wir schreiben $\dot{L}_z \approx 0$, somit ist $L_z = L$ eine Konstante.

Wir suchen jetzt Lösungen für L_x und L_y, die die gleiche Zeitabhängigkeit wie das magnetische Wechselfeld Gl. (8.66) haben:

$$L_x = A \cdot \sin\omega t\,; \qquad L_y = C \cdot \cos\omega t \tag{8.68}$$

mit den Konstanten A und C. Die Sinus- und Kosinusbeziehungen vermuten wir aufgrund unserer Vorstellung, daß die Bewegung von **L** eine Rotation um die z-Achse sei. Durch Einsetzen von Gl. (8.68) in Gl. (8.67) erhalten wir

$$\begin{aligned} \omega A\cos\omega t &= \Omega C\cos\omega t - \omega C\sin\omega t \\ &= -\Omega A\sin\omega t + \gamma L H_1 \sin\omega t\,. \end{aligned} \tag{8.69}$$

Hieraus folgt, daß

$$\omega A = \Omega C\,; \quad -\omega C = -\Omega A + \gamma L H_1 \tag{8.70}$$

oder

$$C = \frac{\gamma\omega L}{\omega^2 - \Omega^2} H_1 \tag{8.71}$$

ist. Somit ergibt sich für Gl. (8.68)

$$L_x = \frac{\gamma\Omega L}{\omega^2 - \Omega^2} H_1 \sin\omega t\,; \quad L_y = \frac{\gamma\omega L}{\omega^2 - \Omega^2} H_1 \cos\omega t\,. \tag{8.72}$$

Das Ergebnis sagt ein Resonanzmaximum für $\omega = \Omega \equiv \gamma B$ voraus. [Die Singularität tritt in der exakten Lösung von Gl. (8.67), in der $\dot{L}_z$ nicht vernachlässigt ist, nicht auf.] Somit spricht das System sowohl in x- als auch in y-Richtung auf ein sich in x-Richtung änderndes Magnetfeld an.

Die Phänomene der Elektronen- und Kernspinresonanz finden vielfältige Anwendung. Die erste offensichtliche Anwendung in der Kernphysik ist die Bestimmung des Wertes des gyromagnetischen Verhältnisses $\gamma = \mu/L$ für einen Kern. Hierzu messen wir die Frequenz und die magnetische Feldstärke, bei denen Resonanz auftritt, da diese mit

$$\omega = \gamma B \tag{8.73}$$

zusammenhängen.

8.5. Der Elementarkreisel (Bilder 8.43 bis 8.46)

Betrachten Sie die Gravitationsbewegung eines symmetrischen Kreisels, der sich (in unserem speziellen Fall) mit der Winkelgeschwindigkeit ω_3 um die horizontale Achse dreht. Der Kreisel ist mit einem Ende reibungsfrei in einem Drehpunkt gelagert. Die Gravitationskraft bewirkt um den Drehpunkt ein konstantes Drehmoment M. **M** steht auf der Achse des Kreisels und der Vertikalen senkrecht. Wir erklären, warum der Kreisel stabil ist, wenn seine Achse eine horizontale Richtung hat. Wir wollen die Präzessionsgeschwindigkeit Ω der Achse bestimmen, mit der sie langsam die Horizontalebene überstreicht. ω_3 ist in erster Näherung unabhängig von der Präzessionswinkelgeschwindigkeit und konstant. Dies ist eine gute Näherung in dem Grenzfall, in dem der Kreisel sich sehr schnell verglichen mit der Präzessionsfrequenz dreht.

L bedeutet $I_3\omega_3$. Nach dieser Annahme ist die Größe von L konstant. Das Drehmoment liegt in der Horizontalebene und senkrecht zur Kreiselachse. φ gibt den Winkel der Projektion der Kreiselachse in der Horizontalebene an. Dann gilt $\mathbf{M} = M\hat{\boldsymbol{\varphi}}$ und die Bewegungsgleichung $\dot{\mathbf{L}} = \mathbf{M}$ vereinfacht sich zu

$$\dot{\mathbf{L}} = M\hat{\boldsymbol{\varphi}}\,. \tag{8.74}$$

Ist, wie wir annahmen, die Größe **L** konstant, so bildet

$$\dot{\mathbf{L}} = L\dot{\varphi}\hat{\boldsymbol{\varphi}} = L\Omega\hat{\boldsymbol{\varphi}} \tag{8.75}$$

eine Lösung von Gl. (8.74). Hierin bezeichnet Ω die Präzessionsfrequenz, die gleich der Kreisfrequenz ist, mit der sich die Rotationsachse des Kreisels um die vertikale Achse dreht. Durch Kombination von Gl. (8.74) und Gl. (8.75) erhalten wir

$$\Omega = \frac{M}{L} = \frac{M}{I_3\omega_3}\,. \tag{8.76}$$

Die Richtungsstabilität eines rotierenden starren Körpers oder Kreisels sehen Sie am besten, wenn Sie sein Verhalten mit dem eines nichtrotierenden Körpers vergleichen. Nehmen Sie an, beide befinden sich im kräftefreien Raum. Vorübergehend wirkt ein schwaches Drehmoment auf beide Körper. Der nichtrotierende Körper fängt an sich zu drehen, sobald das Drehmoment wirkt, und die Rotation wird nach Entfernung des Momentes beliebig lange fortdauern. Der Kreisel weicht während des Wirkens des Drehmomentes leicht ab, aber die Abweichung wird nach dem Entfernen des Momentes aufhören. Das liegt daran, daß (wegen $\dot{\mathbf{L}} = \mathbf{M}$) ein dauerndes Drehmoment notwendig ist, um eine dauernde Änderung des Drallvektors hervorzurufen. Mit anderen Worten: Erscheint eine kleine Änderung des Dralles $\Delta\mathbf{L} = \mathbf{M}\cdot\Delta t$ groß, verglichen mit Null, so bewirkt sie eine ständige Rotation eines ursprünglich nicht rotierenden Körpers um eine feste Achse. Addiert man aber das gleiche $\Delta\mathbf{L}$ zu einem großen ursprünglichen

Bild 8.43. Im täglichen Leben treten viele Beispiele der Kreisbewegung auf, z.B. beim Fahrradfahren. Hier ein Fahrrad bei Geradeausfahrt.

Bild 8.45. Um nach links abzubiegen, bringt der Fahrer das eingezeichnete Trägheitsmoment auf. (Indem er sich nach links neigt.) Das Trägheitsmoment weist in Richtung Fahrradende, ...

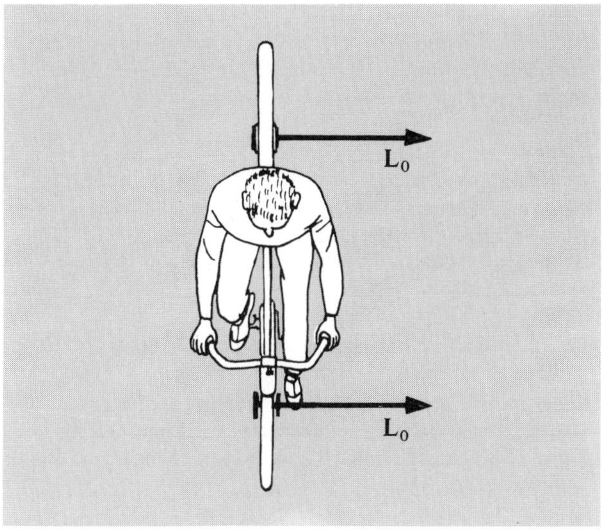

Bild 8.44. Eine Draufsicht zeigt die Richtung der den Rädern zugeordneten Drehimpulse.

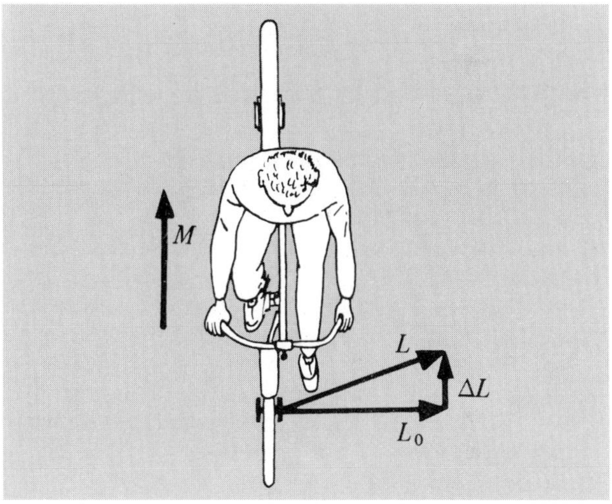

Bild 8.46. ... genauso muß die Richtung von $\Delta \mathbf{L}$ verlaufen. Das neue **L** liegt wie eingezeichnet und das Rad dreht vom Fahrer betrachtet nach links ab.

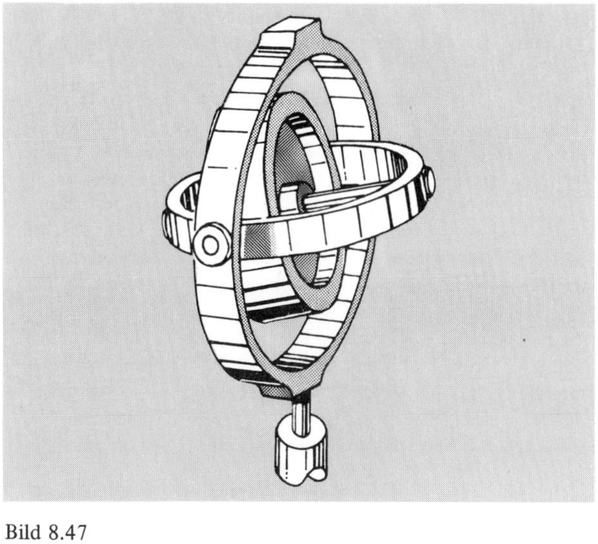

Bild 8.47

L des Kreisels, so ruft es höchstens eine Winkeländerung $\Delta L/L$ der Richtung der Kreiselachse hervor. Diese Erscheinung wird in Trägheitsnavigationssystemen ausgenutzt.

Ein Kreisel in einer kardanischen Aufhängung (wie in Bild 8.47 dargestellt) erfährt kein Drehmoment durch die Erdrotation oder irgendeine Bewegung des Fahrzeuges, an dem der Aufbau befestigt ist. Somit wird die Achse des rotierenden Körpers stets in eine feste räumliche Richtung weisen. In einem Gyroskop wird stets ein symmetrischer rotierender Körper benutzt, damit die Rotationsachse mit der Drallrichtung zusammenfallen kann.

Im *Kreiselkompaß* verwendet man eine andere Aufhängung. Die Erdrotation übt auf einen rotierenden Körper ein Drehmoment aus, wenn die Rotationsachse des Körpers nicht exakt nach Norden zeigt.

8.6. Filmliste

„Angular Momentum, A Vector Quantity" (27 min) *A. Lemonick* (ESI film). Der Film zeigt, daß der Drall sich vektoriell addiert und daß ein Drehmoment, das auf ein System mit Drall ausgeübt wird, eine Präzession des Dralles hervorruft.

8.7. Übungen

1. *Rotierender Ring.* Ein kreisförmiger Metallring mit der Masse $m = 10^3$g und dem Radius R = 20 cm rotiert um seinen Mittelpunkt mit 10 Umdrehungen/s oder $2\pi \cdot 10\ s^{-1}$. Die Rotationsachse steht auf der Ringebene senkrecht.
   a) Zeigen Sie, daß das Trägheitsmoment um diese Achse $4 \cdot 10^5$ g cm^2 beträgt.
   b) Zeigen Sie, daß der Drall um die gleiche Achse $2{,}5 \cdot 10^2$ erg s beträgt.
   c) Der Drall um die gleiche Achse soll um $1 \cdot 10^7$ erg s erhöht werden. Zeigen Sie, daß das benötigte Drehmoment (es soll 10 s wirken) $M = 1 \cdot 10^6$ dyn cm ist.
   d) Nehmen Sie an, das Drehmoment wird durch eine tangential zur Ringkante wirkende Kraft aufgebracht. Zeigen Sie, daß der Wert dieser Kraft $5 \cdot 10^4$ dyn beträgt.
2. *Rad eines Fahrrades.*
   a) Schätzen Sie die Größenordnung des Dralles eines mit 30 km/h rollenden Rades (normale Größe). (Wandeln Sie erst die Geschwindigkeit in cm/s um.)
   Lösung: $\approx 10^8$ g cm^2/s.
   b) Wie groß ist das benötigte Drehmoment, um die Lenkstange in 0,1 s um 1 Radian zu drehen? (2π rad $\hat{=}$ 360°).
   Lösung: $\approx 10^9$ g cm^2/s.
3. *Compton-Wellenlänge.* Nehmen Sie an, ein Elektron mit der Masse $m \approx 1 \cdot 10^{-27}$g bewegt sich auf einer kreisförmigen Umlaufbahn mit dem Radius $R \approx 4 \cdot 10^{-11}$ cm. (Dieser Radius ist der angenäherte Wert der Größe $h/2\pi mc$ oder $\hbar/mc$, die als fundamentale Länge in der Atomphysik als *Compton-Wellenlänge* bekannt ist.) Mit welcher Geschwindigkeit (in cm/s) muß sich das Elektron bewegen, um den beobachteten Wert des Dralles wiederzugeben, der $\frac{1}{2}\hbar \approx \frac{1}{2} \cdot 10^{-27}$ erg s beträgt? Hierbei ist $\hbar$ = Plancksches Wirkungsquantum. Es ist nützlich, beim Aufstellen des Ausdrucks für v vor dem Einsetzen der Zahlen zu kürzen, d.h. mit dem Drall $mR^2\omega = \frac{1}{2}\hbar$ zu beginnen und dann nach der Geschwindigkeit $v = R\omega = \hbar/2mR$ aufzulösen.
   Lösung: $1{,}5 \cdot 10^{10}$ cm/s.
4. *Trägheitsmoment einer Hantel.* An einem masselosen Stab der Länge l = 200 cm befinden sich an jedem Ende die Massen $m = 1 \cdot 10^3$g. Betrachten Sie bei den folgenden Abschätzungen die Massen als Punktmasse.
   a) Bestimmen Sie die Massenmittelpunktslage.
   b) Wie groß ist das Trägheitsmoment um eine senkrecht auf dem Stab stehende und durch den Massenmittelpunkt gehende Achse?
   c) Nehmen Sie an, der Stab liegt in der xy-Ebene eines kartesischen Koordinatensystems unter einem Winkel von 45° zur x-Achse. Berechnen Sie die Inertialkoeffizienten I_{xx}, I_{yy}, I_{zz} um einen Ursprung in der Mitte des Stabes.
   d) Berechnen Sie für die gleiche Anordnung I_{xy}, I_{xz}, I_{yz}.
5. *Trägheitsmoment eines gleichförmigen Stabes.* Berechnen Sie das Trägheitsmoment eines gleichförmigen dünnen Stabes der Masse m und der Länge l
   a) um eine senkrecht zum Stab im Massenmittelpunkt befindliche Achse,
   b) um eine senkrecht zum Stab an einem Ende sich befindende Achse.
6. *Trägheitsmoment eines Zylinders.* Zeigen Sie, daß man für das Trägheitsmoment, berechnet um die Längsachse eines gleichmäßigen massiven kreisförmigen Zylinders (oder einer Scheibe) der Länge l, des Radius R und der Masse m, erhält $I = \frac{1}{2} mR^2$. (*Hinweis*: Berechnen Sie zuerst das Trägheitsmoment eines dünnen Hohlzylinders mit der Dichte ρ, dem Radius r und der Dicke Δr. Danach integrieren Sie, um das Ergebnis für einen massiven Zylinder zu erhalten.)
7. *Rollender Zylinder.* Wie groß ist für einen massiven Zylinder, der eine Ebene ohne zu gleiten herunterrollt, das Verhältnis der kinetischen Rotations- zur kinetischen Translationsbewegung?
   Lösung: $\frac{1}{2}$.
8. *Rollender Zylinder.* Ein massiver Zylinder der Masse m rollt ohne zu gleiten eine Ebene mit der Länge l und dem Neigungswinkel θ zur Horizontale herab.
   a) Wie groß ist die Geschwindigkeit des Zylinderschwerpunktes am Fußpunkt der Ebene?
   Lösung: $(2/\sqrt{3})(gl \sin\theta)^{1/2}$.
   b) Wie groß ist die Endgeschwindigkeit, wenn der Zylinder ohne zu rollen die Ebene hinabgleitet?
9. *Summationskonvention.* Zur Beantwortung der folgenden Fragen verweisen wir Sie auf den mathematischen Anhang 2, Kapitel 2 und die in Kapitel 8 durchgeführte Behandlung der Summationskonvention.
   a) Drücken Sie die Vektoren **A** und **B** in geschlossener Form in Komponentenschreibweise mit dem Einheitsvektor $\hat{e}_\mu$ aus.
   b) Schreiben Sie durch Auflösen der Doppelsumme $\delta_{\mu\nu}A_\mu A_\nu$ jeden Term explizit. Zeigen Sie, daß dies auf die Auflösung des Ausdrucks $A_\mu A_\mu$ zurückführt.
   c) Benutzen Sie die Ergebnisse aus a) und b) und die Eigenschaften des Einheitsvektors, um zu zeigen, daß $\mathbf{A} \cdot \mathbf{B} = A_\mu B_\mu$. Dabei sollten das Kroneckersymbol und die Summationskonvention angewendet werden.
   d) Unter Benutzung des Symbols $\epsilon_{\mu\nu\lambda}$ und der Summationskonvention drücken Sie **A** × **B** durch die Komponentenschreibweise für A und B aus.
   Lösung: $\epsilon_{\mu\nu\lambda} A_\nu B_\lambda \hat{e}_\mu$.

10. *Gyroskopstabilisierung.* Ein Schiff mit der Masse 10^7 kg wird durch eine gleichmäßige kreisförmige mit 18 Umdr/s rotierende Scheibe mit der Masse $5 \cdot 10^4$ kg und dem Radius 2 m gyrostabilisiert.
   a) Wie groß ist der Drall des Stabilisators?
   Die Schiffsbreite beträgt 20 m, wir können 10 m als effektiven Querschnittsradius veranschlagen. Die Schlingzeit (-20° bis $+ 20^\circ$) betrage 12 s.
   b) Bestimmen Sie den Drall des Schiffes während eines derartigen Schlingerns.
   c) Bei welcher Größe vermuten Sie, daß der Gyrostabilisierer dazu beitragen würde, den Schlingwinkel zu verkleinern?

11. *Rotation der DNS Moleküle.* Die Masse eines Moleküls DNS von T 2 Bakteriophagen hat das Molekulargewicht $1{,}2 \cdot 10^8$. Das Molekül ist eine Doppelspirale mit $1{,}2 \cdot 10^4$ Umdrehungen. Der Elektronenhüllenradius der Spirale beträgt 6,7 Å.
   a) Wie groß ist das Trägheitsmoment um die Spiralachse?
   Lösung: $I \approx 5 \cdot 10^{-31}$ g cm^2.
   b) Wie groß ist die Rotationskreisfrequenz ω, wenn die Rotationsenergie $\frac{1}{2} I\omega^2$ um die Spiralachse gleich der thermischen Energie $\frac{1}{2}$ kT bei 300 K ist?
   Lösung: $3 \cdot 10^8$ 1/s.
   c) Wie lange würde es dauern, die Doppelspirale mit $3 \cdot 10^8 s^{-1}$ zu separaten Strängen abzuwickeln? [Das tatsächliche Abwickeln in einer Lösung geht wegen der stochastischen Bombardierung der Spirale durch Wassermoleküle stärker zufallsbedingt vor sich, so daß unser errechneter Wert wesentlich kleiner ist als die tatsächliche Abwickelzeit.]

9. $(1/r^2)$-Kraftgesetz

Elektrostatische Kräfte und Gravitationskräfte zwischen zwei ruhenden punktförmigen Teilchen haben die Größe

$$F = \frac{C}{r^2}, \tag{9.1a}$$

wobei C eine Konstante ist. Solche Kräfte werden *Zentralkräfte* genannt. Das Wort *zentral* bedeutet, daß die Kraft in Richtung der Verbindungslinie der beiden Partikel wirkt. Befindet sich ein Teilchen im Ursprung des Koordinatensystems und das zweite am Ort **r**, so ist die Kraft auf das zweite Teilchen gegeben durch

$$\mathbf{F} = \frac{C}{r^2}\hat{\mathbf{r}}. \tag{9.1b}$$

Für die Gravitationskraft zwischen zwei Punktmassen m_1 und m_2 ist

$$C = -\gamma m_1 m_2, \quad \gamma = 6{,}67 \cdot 10^{-8}\,\mathrm{cm^3/g \cdot s^2}, \tag{9.2}$$

für die elektrostatische Kraft zwischen zwei Punktladungen Q_1, Q_2 ist

$$C = Q_1 Q_2, \tag{9.3}$$

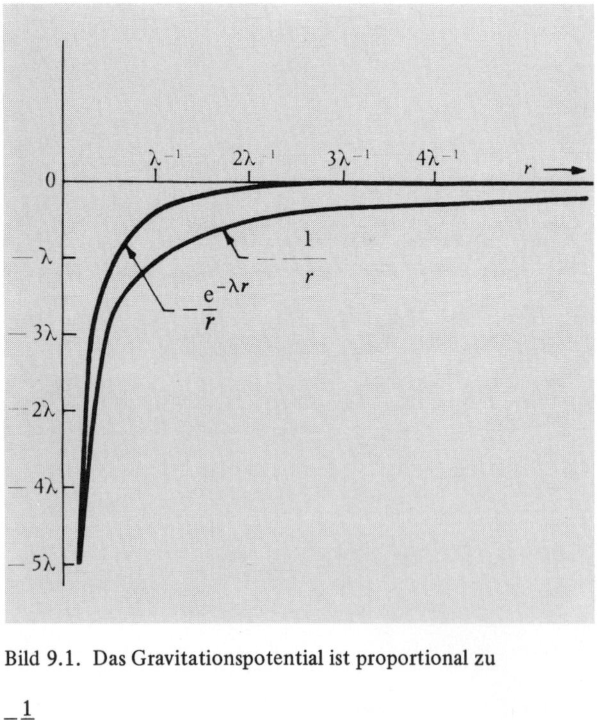

Bild 9.1. Das Gravitationspotential ist proportional zu

$$-\frac{1}{r},$$

wie das elektrostatische Potential bei Anziehung. Die Funktion nimmt für große Entfernungen langsam ab. Die Gravitationskraft ist daher eine langreichweitige Kraft. Das Potential der Kernkräfte ist proportional zu

$$-\frac{e^{-\lambda r}}{r}$$

und geht für große Entfernungen schnell gegen Null.

wobei die Ladungen in CGS-Einheiten gemessen werden (wie in Kapitel 4). Gravitationskräfte haben immer anziehende Wirkungen. Die elektrostatische (*Coulomb*-) Kraft ist anziehend, wenn Q_1 und Q_2 unterschiedliches Vorzeichen haben, und abstoßend, wenn Q_1 und Q_2 gleiches Vorzeichen aufweisen.

Aus Experimenten wissen wir sehr genau, daß der Exponent von r in Gl. (9.1a) den Wert 2,000... hat, der für elektrostatische Kräfte mindestens bis zu Entfernungen von 10^{-13} cm herab gültig bleibt. Es gibt eine große Anzahl von Versuchen, mit deren Hilfe selbst außerordentlich geringe Abweichungen vom exakten $(1/r^2)$-Gesetz nachweisbar sind. Die wichtigsten Experimente werden in Band 2 erörtert, wobei besonders auf die elektrostatischen Kräfte eingegangen wird. Zur experimentellen Bestätigung der Gravitationskräfte verweisen wir insbesondere auf die ausgezeichnete Übereinstimmung von vorausgesagten und beobachteten Planetenbahnen im Sonnensystem.

Außer dem $(1/r^2)$-Gesetz der Kraft läßt sich auch für die potentielle Energie ein Abstandsgesetz angeben. Wie wir in Kapitel 5 gesehen haben, ist $F = -\partial W_p/\partial r$. Mit Gl. (9.1a) erhalten wir dann

$$F = -\frac{\partial W_p}{\partial r} = \frac{C}{r^2} \tag{9.4a}$$

und

$$W_p(r) = \frac{C}{r} + \mathrm{const.} \tag{9.4b}$$

Wenn wir annehmen, daß $W_p(r)$ Null wird, wenn die Teilchen unendlich weit voneinander entfernt sind, dann erhalten wir

$$W_p(r) = \frac{C}{r}, \tag{9.4c}$$

wobei C für Gravitationskräfte durch Gl. (9.2) und für elektrostatische Kräfte durch Gl. (9.3) gegeben ist. Damit wird

$$W_p(r) = -\frac{\gamma m_1 m_2}{r} \quad \text{bzw.} \quad W_p(r) = \frac{Q_1 Q_2}{r}. \tag{9.4d}$$

Aus Streuexperimenten wissen wir, daß das Anziehungsgesetz für Nukleonen (Protonen oder Neutronen) bei Entfernungen, die sehr viel kleiner als die Abmessungen eines Atoms sind, stark vom Coulombgesetz e^2/r abweicht. Die nukleare Wechselwirkung läßt sich grob durch eine potentielle Energie der Form

$$W_{p\,\mathrm{nuklear}}(r) = -D\,\frac{e^{-(r/r_0)}}{r} \tag{9.5}$$

beschreiben. r_0 ist eine Konstante mit der Dimension einer Länge und dem Wert $r_0 \approx 2 \cdot 10^{-13}$ cm. Die Konstante D hat etwa die Größe 10^{-18} erg · cm. Zwischen zwei Protonen kommt eine Coulomb-Abstoßung hinzu, aber für $r \lesssim r_0$ überwiegt die nukleare Wechselwirkung. Wir weisen darauf hin, daß der Exponent in Gl. (9.5) die Reichweite der nuklearen Wechselwirkung bestimmt. Bei einer Entfernung von $2 \cdot 10^{-10}$ cm $\hat{=}$ $10^3 \cdot r_0$ erhalten wir als Verhältnis von nuklearer potentieller Energie Gl. (9.5) und elektrostatischer potentieller Energie e^2/r den Wert $(D/e^2) \cdot \exp(-10^3) \approx 10^{-400}$, also eine sehr kleine Zahl. Für Kräfte zwischen zwei Elektronen gilt bis zu den kleinsten bekannten Entfernungen exakt das Coulombgesetz, allerdings weisen Elektronen zusätzlich zu ihrer Ladung ein magnetisches Dipolmoment auf, das auf ein nichtzentrales $(1/r^3)$-Kraftgesetz führt (Band 2).

Welche Folgerungen ergeben sich aus einem $(1/r^2)$-Kraftgesetz? Inwieweit gilt für das Universum das $(1/r^2)$-Gesetz? Wir wenden uns jetzt diesen wichtigen Fragen zu. Wir werden uns von nun an häufiger mit der potentiellen Energie als mit der Kraft beschäftigen. Bei der Lösung von Potential- oder Kraft-Problemen ist es fast immer einfacher, zunächst die potentielle Energie zu ermitteln und anschließend die Kraft bzw. ihre Komponenten durch Differentiation zu gewinnen (siehe Kapitel 5). Die potentielle Energie ist ein Skalar, die Kraft dagegen ein Vektor. Es ist daher einfacher, einen Skalar zu ermitteln als drei Vektorkomponenten.

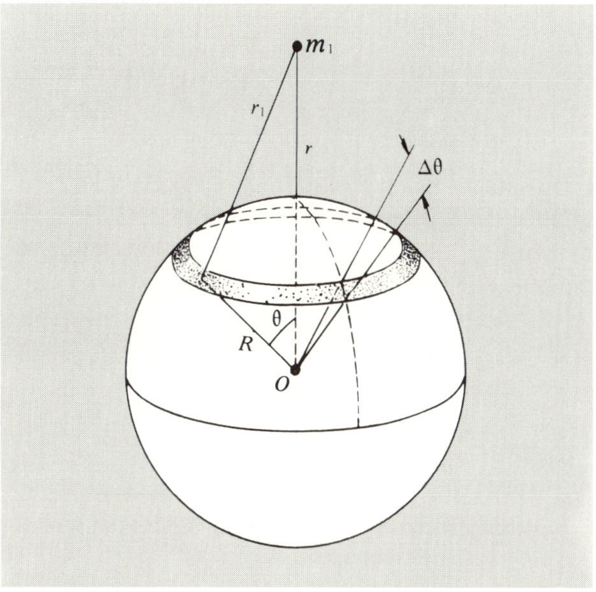

Bild 9.2. Perspektivische Darstellung einer Kugelschale. Sie zeigt die Zerlegung in Ringe.

9.1. Die Kraft zwischen einer Punktmasse und einer Kugelschale (Bild 9.4)

Es folgt aus dem $(1/r^2)$-Kraftgesetz, daß die Kraft, die eine gleichmäßig dünne Kugelschale vom Radius R auf eine Punktmasse m ausübt, die sich im Abstand r vom Mittelpunkt außerhalb der Kugelschale befindet $(r > R)$, die gleiche Größe hat, als ob die gesamte Masse der Kugelschale in ihrem Mittelpunkt konzentriert ist. Eine weitere Folge ist, daß auf einen Massenpunkt im Inneren der Kugelschale $(r < R)$ *keine* Kraft wirkt. Diese Folgerungen sind so wichtig, daß wir sie in allen Einzelheiten herleiten wollen. Wir wenden vorteilhaft eine Lösungsmethode an, die durch die geometrische Symmetrie des Problems nahegelegt wird.

Wir betrachten zunächst eine ringförmige Zone der Kugelschale mit der Breite $R\Delta\theta$, wie sie Bild 9.2 zeigt. σ sei die Masse der Kugelschale je Flächeneinheit. Die Kugelzone hat überall den Abstand r_1 von der Masse m. Ihr Radius ist $R \cdot \sin\theta$ und ihr Umfang $2\pi R \cdot \sin\theta$. Für die Fläche des Ringes erhält man (Bild 9.3)

$$(2\pi R \cdot \sin\theta)(R \cdot \Delta\theta) = 2\pi R^2 \sin\theta \cdot \Delta\theta \, . \tag{9.6}$$

Die Masse ergibt sich als Produkt aus der Fläche und der Flächendichte σ:

$$M_R = (2\pi R^2 \sin\theta \, \Delta\theta)\sigma \, . \tag{9.7}$$

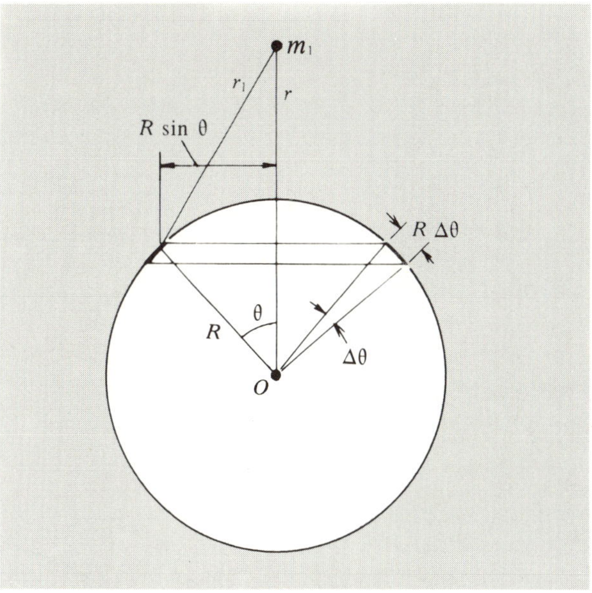

Bild 9.3. Schnittzeichnung derselben Kugel. Der Ring hat die Fläche $2\pi R^2 \sin\theta \, \Delta\theta$.

Die potentielle Energie W_{pR} des Massenpunktes m_1 im Gravitationsfeld des Ringes hat mit Gl. (9.7) und der Beziehung $W_{pR} = -\gamma m_1 M_R/r_1$ für die potentielle Energie der Gravitation zwischen zwei Massen die Größe

$$W_{pR} = -\frac{\gamma m_1 (2\pi R^2 \sin\theta \, \Delta\theta)\sigma}{r_1} \, . \tag{9.8}$$

Alle Masseteilchen des Ringes sind gleich weit von der Punktmasse entfernt. Anwendung des Cosinussatzes (Gl. (2.35)) auf das Dreieck R, r, r_1 (Bild 9.3) ergibt

$$r_1^2 = r^2 + R^2 - 2rR\cos\theta\ . \qquad (9.9)$$

Für den betrachteten Ring sind R und r konstant, da R der Radius der Kugelschale ist und r der Abstand der Punktmasse m_1 vom Kugelmittelpunkt. Mit diesen Voraussetzungen gilt für das Differential von (9.9)

$$2r_1\,dr_1 = -2rR\,d(\cos\theta) = 2rR\sin\theta\,d\theta\ . \qquad (9.10)$$

Hiermit läßt sich Gl. (9.8) schreiben:

$$W_{pR} = -\frac{\gamma m_1(2\pi R\Delta r_1)\sigma}{r}\ . \qquad (9.11)$$

Beachten Sie, daß im Nenner der Abstand r der Punktmasse vom Kugelmittelpunkt auftritt.

Die gesamte potentielle Energie W_{pS} der Punktmasse im Gravitationsfeld der Kugelschale erhalten wir als Summe der Energien W_{pR} aller Ringe der Schale. Wir haben lediglich über Δr_1 zu summieren. Liegt die Punktmasse außerhalb der Kugelschale, so nimmt r_1 alle Werte zwischen r − R und r + R an, so daß

$$\sum \Delta r_1 = (r+R) - (r-R) = 2R \qquad (9.12)$$

ist. Das Problem läßt sich glücklicherweise auf eine derart einfache Summation reduzieren. Mit Gl. (9.12) erhalten wir als Summe über Gl. (9.11)

$$W_{pS} = \sum W_{pR} = -\frac{\gamma m_1 2\pi R\sigma}{r}\sum \Delta r_1 = -\frac{\gamma m_1 4\pi R^2\sigma}{r}\ . \qquad (9.13)$$

Die Oberfläche der Kugelschale hat die Größe $4\pi R^2$ und ihre Masse beträgt $M_S = 4\pi R^2\sigma$, so daß wir Gl. (9.13) schreiben können als

$$W_{pS} = -\frac{\gamma m_1 M_S}{r} \qquad (r > R)\ , \qquad (9.14)$$

wobei r der Abstand der Punktmasse vom Kugelmittelpunkt ist. Damit haben wir gezeigt, daß die Kugelschale auf Punkte, die außerhalb liegen, in gleicher Weise wirkt,

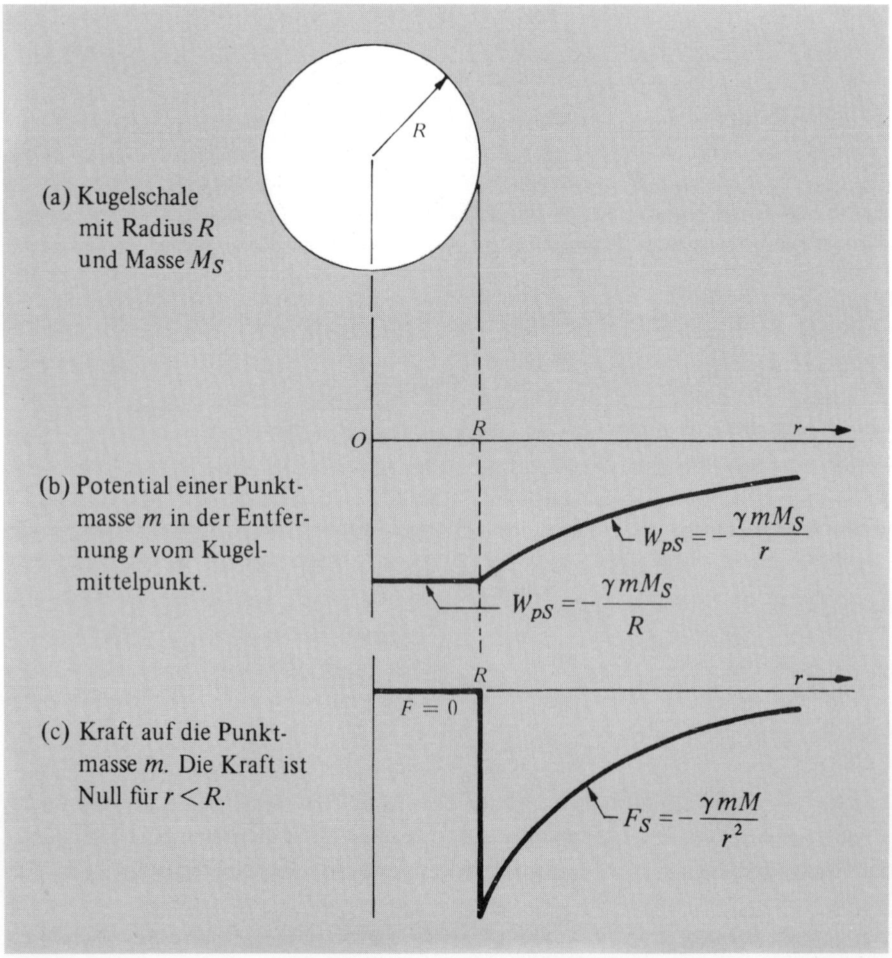

R
(a) Kugelschale mit Radius *R* und Masse M_S
O
R
r
(b) Potential einer Punktmasse *m* in der Entfernung *r* vom Kugelmittelpunkt.
$W_{pS} = -\frac{\gamma m M_S}{r}$
$W_{pS} = -\frac{\gamma m M_S}{R}$
R
r
F = 0
(c) Kraft auf die Punktmasse *m*. Die Kraft ist Null für $r < R$.
$F_S = -\frac{\gamma m M}{r^2}$

Bild 9.4

als ob ihre Masse M_S im Mittelpunkt der Kugelschale konzentriert ist.

Wenn der Massenpunkt irgendwo *im Innern* der Schale liegt, erstreckt sich die Summation von Δr_1 in ΣW_{pR} von $R - r$ bis $R + r$, so daß

$$\sum \Delta r_1 = (R + r) - (R - r) = 2r \tag{9.15}$$

ist. Mit Gl. (9.15) erhalten wir als Summe über Gl. (9.11)

$$\begin{aligned} W_{pS} &= \sum W_{pR} = -\frac{\gamma m_1 2\pi R\sigma}{r} \sum \Delta r_1 \\ &= -\gamma m_1 4\pi R\sigma = -\frac{\gamma m_1 4\pi R^2 \sigma}{R} \\ &= -\frac{\gamma m_1 M_S}{R} \qquad (r < R). \end{aligned} \tag{9.16}$$

Das Potential Gl. (9.16) ist im Innern der Schale überall konstant. Sein Wert ergibt sich aus Gl. (9.14), wenn wir r durch R ersetzen.

Wie wir oben sahen, hat die Kraft F auf die Punktmasse m_1 den Wert $-\partial W_p/\partial r$, da die Kraft nur in radialer Richtung wirkt. Aus den Gln. (9.14) und (9.16) ergibt sich als Kraft zwischen Punktmasse und Kugelschale

$$F = -\frac{\partial W_p}{\partial r} = \begin{cases} -\dfrac{\gamma m_1 M_S}{r^2} & (r > R) \\ 0 & (r < R) \end{cases} \tag{9.17}$$

Innerhalb der Kugelschale wirkt also keine Kraft auf die Punktmasse. Das ist eine spezielle Eigenschaft des $(1/r^2)$-Kraftgesetzes. Außerhalb der Kugelschale nimmt die Kraft mit $1/r^2$ ab, wobei r vom Kugelmittelpunkt aus gemessen wird.

9.2. Die Kraft zwischen einer Punktmasse und einer massiven Kugel (Bild 9.5)

Wir können uns eine massive Kugel mit dem Radius R_0 und der Masse M_K aus konzentrischen Kugelschalen aufgebaut denken. Wir erhalten für Abstände r außerhalb der Kugel unter Benutzung von Gl. (9.14) folgendes Ergebnis für

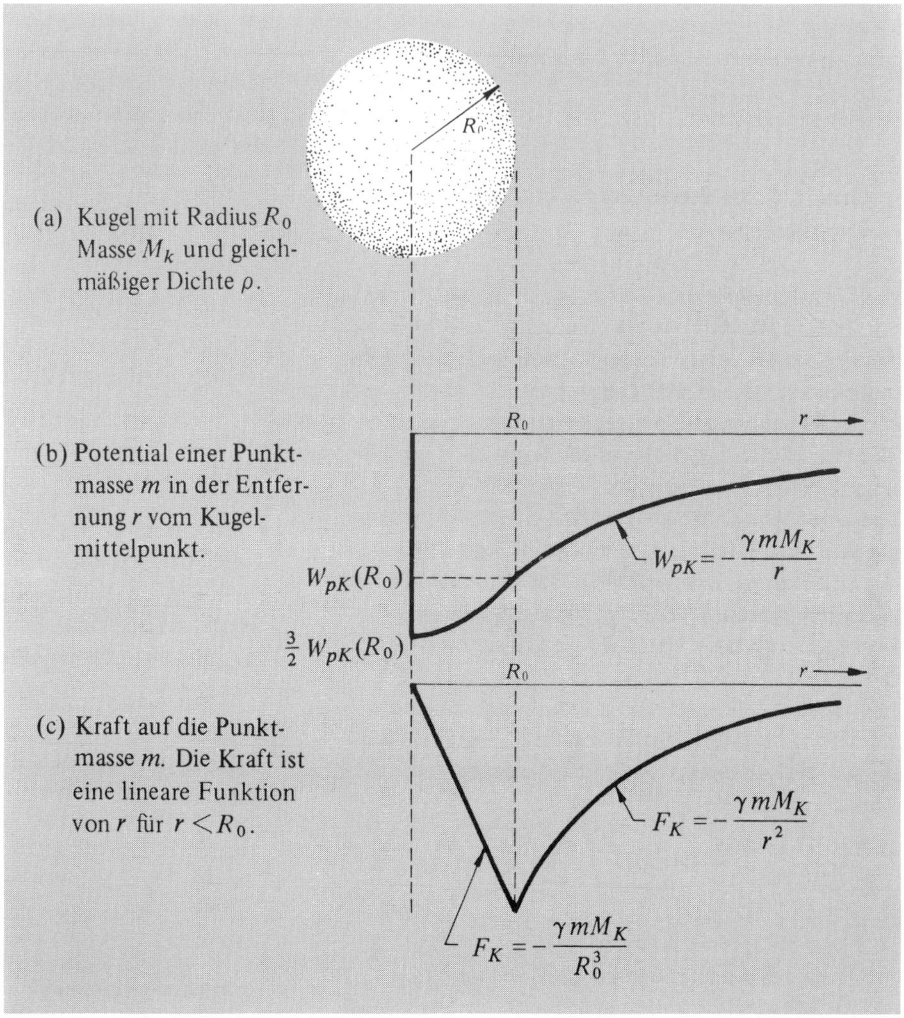

(a) Kugel mit Radius R_0 Masse M_k und gleichmäßiger Dichte ρ.
R_0
(b) Potential einer Punktmasse m in der Entfernung r vom Kugelmittelpunkt.
R_0
r
$W_{pK} = -\frac{\gamma m M_K}{r}$
$W_{pK}(R_0)$
$\frac{3}{2} W_{pK}(R_0)$
(c) Kraft auf die Punktmasse m. Die Kraft ist eine lineare Funktion von r für $r < R_0$.
R_0
r
$F_K = -\frac{\gamma m M_K}{r^2}$
$F_K = -\frac{\gamma m M_K}{R_0^3}$

Bild 9.5

die potentielle Energie der Punktmasse m im Gravitationsfeld der Kugel:

$$W_{pK} = \sum W_{pS} = -\frac{\gamma m}{r}\sum M_S = -\frac{\gamma m M_K}{r}, \qquad (9.18)$$

wobei r wieder die Entfernung der Punktmasse vom Kugelmittelpunkt ist.

Die Größe der Kraft auf die Masse m ergibt sich für $r > R_0$ zu

$$\boxed{F = -\frac{\partial W_p}{\partial r} = -\frac{\gamma m M_K}{r^2}} \quad . \qquad (9.19)$$

Dies ist das fundamentale Ergebnis unserer Analyse. Wir hätten es auch durch direkte Integration der Kraftkomponenten über die Kugelschale erhalten können, aber dann wäre die Rechnung komplizierter geworden. Durch eine einfache Erweiterung von Gl. (9.19) erkennen wir, daß die Kraft zwischen zwei homogenen Kugeln mit den Massen m_1 und m_2 ebenso groß ist wie die Kraft zwischen zwei Punktmassen m_1, m_2, die sich an den Orten der Massenmittelpunkte befinden. Sowie wir die eine Kugel durch eine Punktmasse ersetzt haben, können wir es auch mit der zweiten tun. Auf diese Weise lassen sich viele Rechnungen vereinfachen.

9.3. Gravitations-Eigenenergie und elektrostatische Eigenenergie

Die Eigenenergie eines Körpers ist definiert durch die Arbeit, die aufgewendet werden muß, um den Körper aus infinitesimalen Bausteinen zusammenzufügen, die anfangs unendlich weit voneinander entfernt sind.

Wir wollen zunächst die Eigenenergie der Gravitation betrachten; sie besitzt ein negatives Vorzeichen, weil die Gravitationskraft anziehend ist. (Wir müssen positive Arbeit gegen die Gravitation verrichten, um die Atome eines Sterns zu trennen und ins Unendliche zu bringen.)

Die Gravitations-Eigenenergie ist für stellare und galaktische Probleme von Bedeutung. Die elektrostatische Eigenenergie interessiert bei Kristallen, Isolatoren und Metallen.

Die potentielle Energie von n diskreten Atomen aufgrund der gegenseitigen Anziehung durch die Gravitation ergibt sich als Summe der potentiellen Energien aller Atompaare:

$$W_p = -\gamma \sum_{i \neq j} \frac{m_i m_j}{r_{ij}} = -\gamma \sum_{i > j}^{n} \sum_{j=1}^{n} \frac{m_i m_j}{r_{ij}} \quad . \qquad (9.20)$$

Wir haben das Ergebnis auf zwei Arten geschrieben. Die erste Schreibweise deutet an, daß die Summation über alle Paare von Atomen i und j ausgeführt wird, wobei der Fall

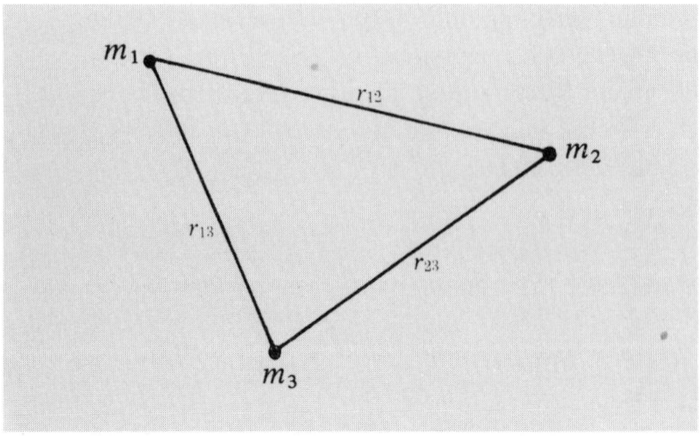

Bild 9.6. Gravitationspotential von drei Atomen mit den Massen m_1, m_2, m_3 ist

$$W_p = -\gamma\left(\frac{m_1 m_2}{r_{12}} + \frac{m_1 m_3}{r_{13}} + \frac{m_2 m_3}{r_{23}}\right)$$

$i = j$ ausgeschlossen werden soll, da es sich hierbei nicht um ein Paar handelt (Bild 9.6). Der Fall $i = j$ könnte sich allenfalls auf die Gravitations-Eigenenergie eines einzelnen Atoms beziehen, die wir aber vernachlässigen wollen, weil wir glauben, daß sie sich beim Einbau eines Atoms in einen Stern nicht ändert. Die zweite Schreibweise stellt eine andere Möglichkeit dar, um anzugeben, daß wir jedes Paar nur einmal zählen wollen: In diesem Fall zählen wir 4, 3 und nicht 3, 4. Wir können ebensogut schreiben:

$$W_p = -\frac{1}{2}\gamma \sum_{i=1}^{n}{}' \sum_{j=1}^{n} \frac{m_i m_j}{r_{ij}} \quad . \qquad (9.21)$$

In diesem Fall zählen wir jedes Paar zweimal, z.B. einmal als 3, 4 und das andere Mal als 4, 3. Der Faktor $\frac{1}{2}$ korrigiert die Doppelzählung. (Er ist typisch für Eigenenergie-Probleme.) Der Strich am linken Summationszeichen soll den Leser daran erinnern, die Terme mit $i = j$ von der Summierung auszuschließen.

• **Beispiele**: *1. Die Gravitationsenergie der Galaxis.* Wir wollen die Gravitationsenergie der Galaxis abschätzen. Wenn wir von der Berechnung der Gravitations-Eigenenergie der einzelnen Sterne absehen, brauchen wir nur den Wert abzuschätzen, der sich aus der Gl. (9.21) ergibt.

Wenn wir als grobe Näherung annehmen, daß die Galaxis aus n Sternen mit der Masse m besteht und jeweils zwei Sterne den Abstand R voneinander haben, dann vereinfacht sich Gl. (9.21) zu

$$W_p \approx -\frac{1}{2}\gamma (n-1) n \frac{m^2}{R} \quad . \qquad (9.22)$$

(Es treten n gleiche Terme in der Summe $\sum_{j=1}^{n}$ und $(n-1)$ Terme in der Summe $\sum_{i=1}^{n}{}'$ auf.)

Unter den Annahmen $n \approx 1{,}6 \cdot 10^{11}$, $R \approx 10^{23}$ cm und $m \approx 2 \cdot 10^{33}$ g (Sonnenmasse) ergibt sich die Gravitationsenergie der Galaxis zu

$$W_p \approx -\frac{1}{2}(7 \cdot 10^{-8})(1{,}6 \cdot 10^{11})^2(2 \cdot 10^{33})^2/10^{23}\,\text{erg}$$

$$\approx -4 \cdot 10^{58}\,\text{erg}\,. \qquad (9.23)\ \bullet$$

● *2. Die Gravitationsenergie einer homogenen Kugel.* Es ist nicht schwierig, die Eigenenergie einer homogenen Kugel mit dem Radius R und der Masse m zu ermitteln. Wir ersetzen die Doppelsumme in Gl. (9.21) durch Integrale und führen die verschiedenen Integrationen aus. Aber lassen Sie uns zunächst versuchen, das Ergebnis zu erraten. Wie könnte es aussehen?
Das Ergebnis muß γ, m und R dimensionsrichtig enthalten, also versuchen wir es mit

$$W_p \approx -\frac{\gamma m^2}{R}\,. \qquad (9.24)$$

Dieser Ansatz ist tatsächlich bis auf einen Zahlenfaktor richtig, der etwa die Größe Eins hat. ●

Wenn wir die Rechnung exakt durchführen, erhalten wir für die homogene Kugel

$$\boxed{W_p = -\frac{3}{5}\frac{\gamma m^2}{R}}\,, \qquad (9.25)$$

also eine recht gute Übereinstimmung mit unserer Abschätzung Gl. (9.24). Um den Faktor $\frac{3}{5}$ zu erhalten, bauen wir die Kugel in besonderer Weise auf. Wir ermitteln zunächst die Wechselwirkungsenergie zwischen einer massiven Kugel mit dem Radius r und einer sie umgebenden Kugelschale der Dicke dr (Bild 9.7). Mit der Dichte ρ ist die Masse der Kugel $(4\pi/3)r^3\rho$ und die Masse der Kugelschale $4\pi r^2\rho\,dr$. Daraus erhalten wir mit Gl. (9.14) das Gravitationspotential der Kugelschale in Gegenwart der Kugel:

$$-\frac{\gamma\left(\frac{4\pi}{3}r^3\rho\right)(4\pi r^2\rho\,dr)}{r} = -\frac{1}{3}\gamma(4\pi\rho)^2 r^4\,dr\,. \qquad (9.26)$$

Die Eigenenergie der Kugel (mit dem Radius R) ergibt sich durch Integration von Gl. (9.26) zwischen r = 0 und r = R. Durch die Integration werden nach und nach Kugelschalen um den Kern hinzugefügt, bis der Kern den Radius R besitzt, wobei der Kern anfangs den Radius Null hat. Wenn wir Gl. (9.26) integrieren, erhalten wir als Ergebnis

$$W_p = -\frac{1}{3}\gamma(4\pi\rho)^2 \cdot \frac{1}{5}R^5 = -\frac{3}{5}\gamma\left(\frac{4\pi}{3}\rho R^3\right)^2 \cdot \frac{1}{R}$$

$$= -\frac{3}{5}\frac{\gamma m^2}{R}\,, \qquad (9.27)$$

wobei wir berücksichtigt haben, daß

$$m = \frac{4\pi}{3}\rho R^3 \qquad (9.28)$$

ist.

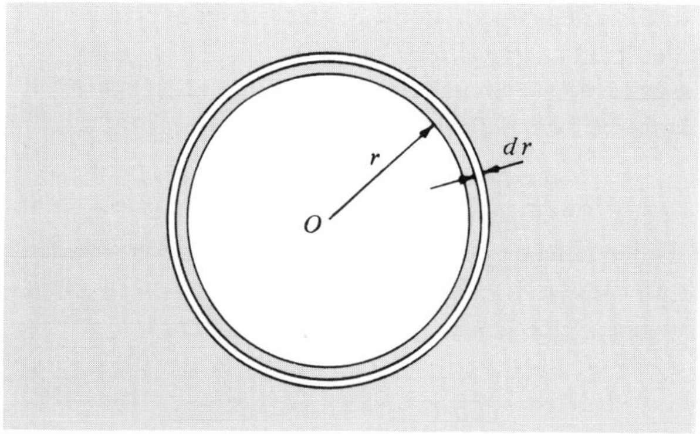

Bild 9.7. Fester Kugelkern mit Radius r umgeben von einer Kugelschale der Dicke dr. Die Kugelschale hat die Oberfläche $4\pi r^2$ und das Volumen $4\pi r^2\,dr$.

Die Gravitations-Eigenenergie der Sonne ergibt sich mit $m_S \approx 2 \cdot 10^{33}$ g und $R_S \approx 7 \cdot 10^{10}$ cm aus Gl. (9.27) zu

$$W_p \approx -\frac{3 \cdot 7 \cdot 10^{-8} \cdot (2 \cdot 10^{33})^2}{5 \cdot 7 \cdot 10^{10}}\,\text{erg} \approx 2 \cdot 10^{48}\,\text{erg}. \qquad (9.29)$$

Diese Energie ist gewaltig! Die Sonne wird ihre Entwicklung als dichter weißer Zwergstern mit einem Zehntel ihres gegenwärtigen Durchmessers abschließen und es ist augenscheinlich, daß ein großer Teil der Gravitationsenergie während der Kontraktion freigesetzt wird.

Die elektrostatische Eigenenergie einer Ladung, die homogen in einer Kugel mit dem Radius R verteilt ist, erhalten wir aus Gl. (9.25), wenn wir $-\gamma m^2$ durch e^2 ersetzen:

$$W_p = \frac{3}{5} \cdot \frac{e^2}{R}\,. \qquad (9.30)$$

Um die elektrostatische Eigenenergie eines Elektrons abschätzen zu können, müssen wir seinen Radius R kennen. Da wir keine fundamentale Theorie über das Elektron haben, bleibt uns nur der Rückschluß von der Energie des Elektrons auf seinen Radius übrig.

Die berühmte Beziehung von *Einstein* verknüpft die Masse m mit der Energie W durch die Gleichung

$$W = mc^2\,, \qquad (9.31)$$

wobei c die Lichtgeschwindigkeit bedeutet. (Wir werden sie in Kapitel 12 herleiten.) Wenn die Energie des Elektrons vollständig aus der elektrostatischen Energie einer gleichmäßig verteilten Ladung besteht, dann könnten wir aus der Beziehung

$$W_p = \frac{3e^2}{5R} = mc^2 \qquad (9.32)$$

den Radius des Elektrons ermitteln. Aber wir kennen die genaue Struktur des Elektrons nicht. Unsere Modellvorstellung kann nicht ganz befriedigen, denn wodurch soll die

Ladung im Elektron zusammengehalten werden? Warum fliegt es nicht aufgrund der Coulomb-Abstoßung gleichnamiger Ladungen auseinander? Im Augenblick haben wir keine Theorie dafür, warum es ein Elektron gibt.

Lassen wir also den Faktor $\frac{3}{5}$ in Gl. (9.32) fort. Es wäre anmaßend, den Faktor beizubehalten, weil dadurch der Eindruck entstehen könnte, daß wir sehr genau über das Elektron Bescheid wüßten. Das ist jedoch nicht der Fall. Es ist üblich, eine Länge r_0 durch die Gleichung

$$\frac{e^2}{r_0} \equiv mc^2 ; \quad r_0 \equiv \frac{e^2}{mc^2} = 2{,}82 \cdot 10^{-13}\,\text{cm} \qquad (9.33)$$

zu definieren. Diese Länge wird *klassischer Radius des Elektrons* genannt. Sie hat etwas mit dem Elektron zu tun, aber wir wissen nicht genau, in welcher Weise! Trotzdem wird sie als eine fundamentale Größe angesehen. Wir wollen jetzt ähnliche Größen in der Physik diskutieren.

9.4. Fundamentale Längen und Zahlengrößen

Zahlen spielen in der Physik eine wichtige Rolle. Wenn wir erkennen, daß Konstanten, die etwas mit einem bestimmten Problem zu tun haben (so wie e, m und c für den Elektromagnetismus und das Elektron von Bedeutung sind), zusammengefügt eine Länge ergeben, dann können wir uns fragen, was diese Länge bedeutet, sofern sie überhaupt von Bedeutung ist. Diese Fragestellung kann zu interessanten Ergebnissen führen. Einige dieser fundamentalen Größen haben eine augenscheinliche Bedeutung, andere dagegen nicht.

Dimensionslose Zahlen sind von besonderem Interesse. Sie stimmen uns nachdenklich. In der Hydrodynamik gibt es eine dimensionslose Größe, die *Reynoldsche Zahl*. Ist sie groß, beobachten wir in strömenden Flüssigkeiten oftmals Turbulenz, ist sie dagegen klein, dann ist die Strömung laminar. In der Atomphysik gibt es eine wichtige dimensionslose Größe, die aus e, h und c gebildet wird. h ist die *Plancksche Konstante*. Wir werden häufig $\hbar = h/2\pi$ benutzen. Die Plancksche Konstante ist durch die Beziehung $W = h\nu$ für Lichtwellen definiert. Sie gibt den Zusammenhang zwischen der Frequenz ν und der Energie W eines Photons an. h (und $\hbar$) hat daher die Dimension Energie mal Zeit. Wie wir wissen, ist e^2/r_0 eine Energie, so daß e^2 die Dimension Energie mal Länge hat.

Dividieren wir e^2 durch $\hbar$, erhalten wir eine Größe, die die Dimension Länge/Zeit, also die Dimension einer Geschwindigkeit aufweist. Eine sehr wichtige Geschwindigkeit ist die Lichtgeschwindigkeit c. Dividieren wir $e^2/\hbar$ durch c, dann erhalten wir eine dimensionslose Größe, die wir mit α bezeichnen wollen:

$$\alpha \equiv \frac{e^2}{\hbar c} = \frac{1}{137{,}04} \,. \qquad (9.34)$$

α wird *Feinstrukturkonstante* genannt. Diese Bezeichnungsweise ist historischen Ursprungs und hängt mit der Aufspaltung der Spektrallinien zusammen. Wir wissen nicht, warum $e^2/\hbar c$ diesen speziellen Wert hat, und wir wissen auch nicht, ob er jemals durch irgendeine Theorie erklärt werden kann. Wir werden das in Band 4 erörtern.

Man kann eine große Anzahl von wichtigen fundamentalen Längen herleiten, wenn man den klassischen Elektronenradius durch Potenzen von α dividiert. Eine bedeutungsvolle Länge, die man oft in der Quantenphysik findet, ist die *Compton-Wellenlänge* $\lambdabar_C$ eines Elektrons:

$$\lambdabar_C = \frac{r_0}{\alpha} = \frac{\hbar c}{e^2} \cdot \frac{e^2}{mc^2} = \frac{\hbar}{mc} = 3{,}86 \cdot 10^{-11}\,\text{cm} \,. \quad (9.35)$$

Oft wird die Compton-Wellenlänge eines Elektrons auch als $\lambda_C = 2\pi \lambdabar_C$ definiert.

Eine andere wichtige Länge ist der *Bohrsche Radius des Wasserstoffatoms im Grundzustand:*

$$a_0 = \frac{r_0}{\alpha^2} = \frac{\lambdabar_C}{\alpha} = \frac{\hbar c}{e^2} \cdot \frac{\hbar}{mc} = \frac{\hbar^2}{e^2 m} = 5{,}29 \cdot 10^{-8}\,\text{cm} \,. \qquad (9.36)$$

Wenn wir annehmen, daß a_0 den Abstand zwischen dem Proton und dem Elektron eines H-Atoms angibt, dann läßt sich abschätzen, daß die Bindungsenergie (Ionisationsenergie) aufgrund der elektrostatischen Wechselwirkung von der Größenordnung e^2/a_0 sein muß (27 eV). Aus Experimenten und einer genauen Berechnung ergibt sich die Bindungsenergie zu $e^2/2a_0$.

Je länger wir uns mit Physik, Technik, Astronomie oder Chemie befassen, desto wichtiger werden wir physikalische Konstanten einschätzen. So liegt es beispielsweise nahe, die Länge zu ermitteln, die sich ergibt, wenn man die Gravitations-Eigenenergie eines Körpers gleich mc^2 setzt:

$$\frac{\gamma m^2}{R_0} = mc^2 , \qquad R_0 = \frac{\gamma m}{c^2} \,. \qquad (9.37)$$

Wir wollen R_0 die *Gravitationslänge* nennen. Hat sie irgendeine Bedeutung?

In der Tabelle auf der Innenseite des Buchumschlages wird die Anzahl der Nukleonen (Protonen und Neutronen) des Universums mit 10^{80} abgeschätzt. Die Masse eines Nukleons ist etwa 10^{-24} g, so daß das Universum ungefähr die Masse 10^{56} g hat. Aus Gl. (9.37) ergibt sich

$$R_0 \approx \frac{10^{-7} \cdot 10^{56}}{(3 \cdot 10^{10})^2} \approx 10^{28}\,\text{cm} \,. \qquad (9.38)$$

Dieser Wert stimmt mit dem in der Tabelle angegebenen Radius des Universums überein. Die Übereinstimmung könnte dadurch erklärt werden, daß derjenige, der als erster die Masse des Universums abgeschätzt hat, dieselbe Beziehung benutzt hat (der Radius läßt sich unabhängig abschätzen). Es gibt jedoch Methoden, aus Beobachtungen die untere und obere Grenze für die Masse des Universums abzuschätzen. Wir nehmen an, daß 10^{56} g dem wahren Wert am nächsten kommt. (Aus der allgemeinen Relativitätstheorie folgt, daß die Beziehung, durch die wir R_0 definiert haben, eine fundamentale Bedeutung hat. Es stellt sich nämlich heraus, daß Lichtsignale (Photonen) nicht aus den Oberflächen von Körpern austreten können, deren Radius R *kleiner* als R_0 ist. Daher kann ein Körper mit $R \leqslant R_0$ nicht leuchten und bleibt daher unsichtbar.)

Wenn wir für m die Masse der Sonne einsetzen, erhalten wir

$$R_0 \approx \frac{7 \cdot 10^{-8} \cdot 2 \cdot 10^{33}}{(3 \cdot 10^{10})^2} \approx 10^5\,\text{cm}\,, \tag{9.39}$$

also einen Wert, der sehr viel kleiner als der Radius der Sonne ist ($R = 7 \cdot 10^{10}$ cm). Nun ist der Radius R_0 aber nur dann von Bedeutung, wenn er vergleichsweise groß ist und nicht, wenn er verhältnismäßig klein ist. (Er wäre Null, wenn $\gamma = 0$ wäre.) Da aber der Sonnenradius R groß gegen R_0 ist, ergibt sich keine Auswirkung auf die Sonne, zumindestens nicht in ihrem augenblicklichen Stadium. Später, wenn die Sonne nahezu ausgebrannt und kontrahiert ist, kann R_0 Bedeutung erlangen. Ein weißer Zwergstern kann eine Masse von der Größe der Sonnenmasse und einen Radius von der Größe des Erdradius ($6 \cdot 10^8$ cm) aufweisen. Wir sehen aber aus Gl. (9.39), daß auch noch für einen weißen Zwerg die Gravitationslänge sehr klein ist, verglichen mit seinem Radius. Die Astronomen vermuten allerdings in neuerer Zeit, daß es keine Sterne gibt, deren Radius mit ihrer Gravitationslänge vergleichbar ist (Neutronensterne).

Wir können noch andere fundamentale Größen mit der Dimension einer Zeit (oder Frequenz), Masse, Geschwindigkeit usw. bilden. Die Bildung und Berechnung von fundamentalen Größen, die möglicherweise in einem speziellen Wissenschaftsgebiet von Bedeutung sein könnten, bieten einen vorzüglichen Zugang für die Lösung von Problemen. Sie können nützliche Warnsignale gegen die Vernachlässigung von Wirkungen sein, die in einem Bereich unbedeutend sein können, in einem anderen Gebiet jedoch von großem Einfluß sind. Die Konstrukteure von Brücken und Flugzeugen haben katastrophale Folgen kennengelernt, die durch Vernachlässigung von Wirkungen entstanden sind, deren ungefähre Größe sie auf der Rückseite eines Briefumschlags hätten ausrechnen können.

9.5. $(1/r^2)$-Kraftgesetz und statisches Gleichgewicht

In Band 2 werden wir zeigen, daß es kein stabiles *statisches* Gleichgewicht für eine Gruppe von freien Massenpunkten (oder Punktladungen) geben kann, zwischen denen Kräfte wirken, für die ein $(1/r^2)$-Gesetz gilt. Statisch bedeutet, daß sich alle Massen in Ruhe befinden. Dieses Ergebnis wird plausibel, wenn wir die Bilder 9.8 und 9.9 betrachten, die die Potentialfelder von zwei bzw. vier gleich großen ruhenden Massen zeigen, wobei Orte mit gleichen Werten der Potentialfunktion durch Linien verbunden sind (Äquipotentiallinien). Eine Masse, die in die Mitte des Diagramms gebracht wird, bewegt sich stets auf irgendeine der Massen zu.

9.6. Umlaufbahnen

Wir betrachten jetzt das Kepler-Problem. Wir wollen die Bahnen von zwei Teilchen ermitteln, die mit $(1/r^2)$-Kräften aufeinander wirken. Das klassische Beispiel hierfür ist das Sonnensystem. Andere wichtige Beispiele sind die Bewegungen von Satelliten um Planeten und von Doppelsternen umeinander. Das Bewegungsgesetz $\mathbf{F} = m \cdot \mathbf{a}$ des i-ten Teilchens eines Systems von n Teilchen lautet

$$m_i \frac{d^2 \mathbf{r}_i}{dt^2} = -\gamma m_i \sum_{j=1}^{n}{}' \frac{m_j}{r_{ij}^2} \hat{\mathbf{r}}_{ij}\,. \tag{9.40}$$

Der Strich am Summationszeichen gibt an, daß der Term für j = i von der Summation ausgeschlossen werden soll. In Gl. (9.40) ist

$$\mathbf{r}_{ij} \equiv \mathbf{r}_i - \mathbf{r}_j \tag{9.41}$$

der Vektor vom Teilchen j zum Teilchen i. Die Terme auf der rechten Seite von Gl. (9.40) sind die Gravitationskräfte, die auf das i-te Teilchen von den übrigen $(n - 1)$ Teilchen ausgeübt werden. Die Gleichung ist in Vektorform geschrieben und enthält drei getrennte Gleichungen für die drei Komponenten von $\mathbf{r}_i$. Für n Teilchen müssen wir 3n Gleichungen simultan lösen, wobei das Ergebnis von 6n Anfangsbedingungen abhängt, nämlich von 3n Ortskoordinaten und 3n Geschwindigkeitskoordinaten. Das klingt nicht gerade einfach.

Wenn die Anzahl der Teilchen klein ist, lassen sich die Gleichungen leicht durch numerische Methoden lösen, entweder mit einer Tischrechenmaschine oder mit einer elektronischen Rechenmaschine. Numerische Methoden sind bei der Lösung von Bahnproblemen für mehr als zwei Teilchen vorteilhaft. Die Lösung für zwei Teilchen mit Kugelgestalt läßt sich in analytischer Form angeben, und wir werden die vollständige analytische Lösung des Zwei-Körper-Problems herleiten. Exakte analytische Lösungen sind elegant aber selten in der Physik und haben im Grunde genommen keinen größeren Wert als numerische Lösungen. Die einfachheit und Leistungsfähigkeit von numerischen Methoden und Computern sollte nicht gering geschätzt werden. Im weiterführenden Problem 2 am Schluß dieses Kapitels ist ein Beispiel für eine numerische Berechnung wiedergegeben.

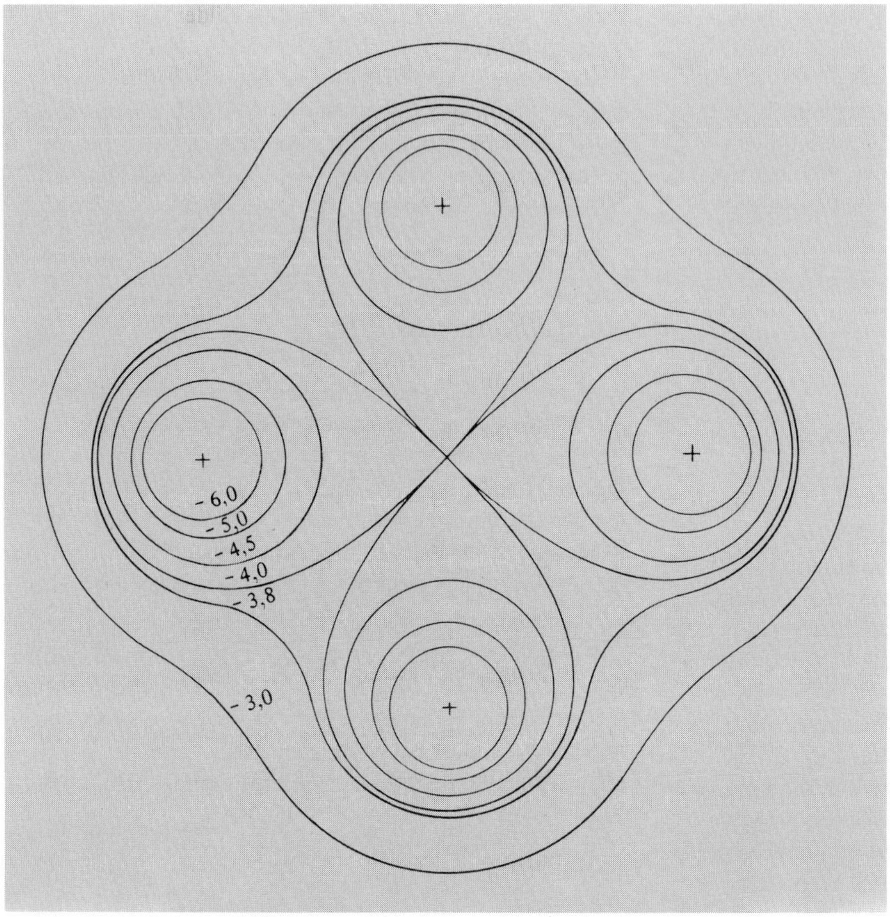

Bild 9.8
Äquipotentiallinien für vier gleichgroße Massen

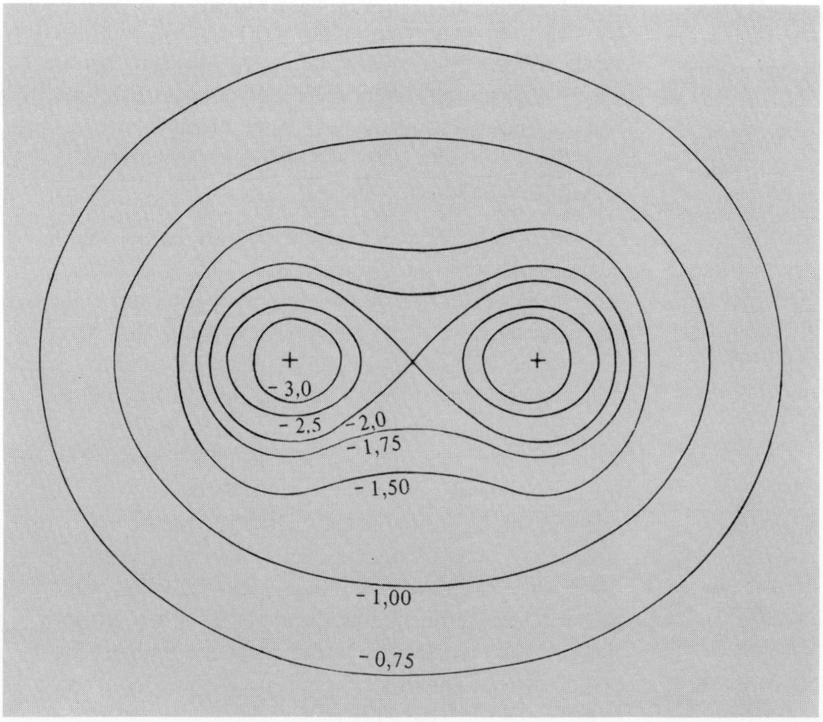

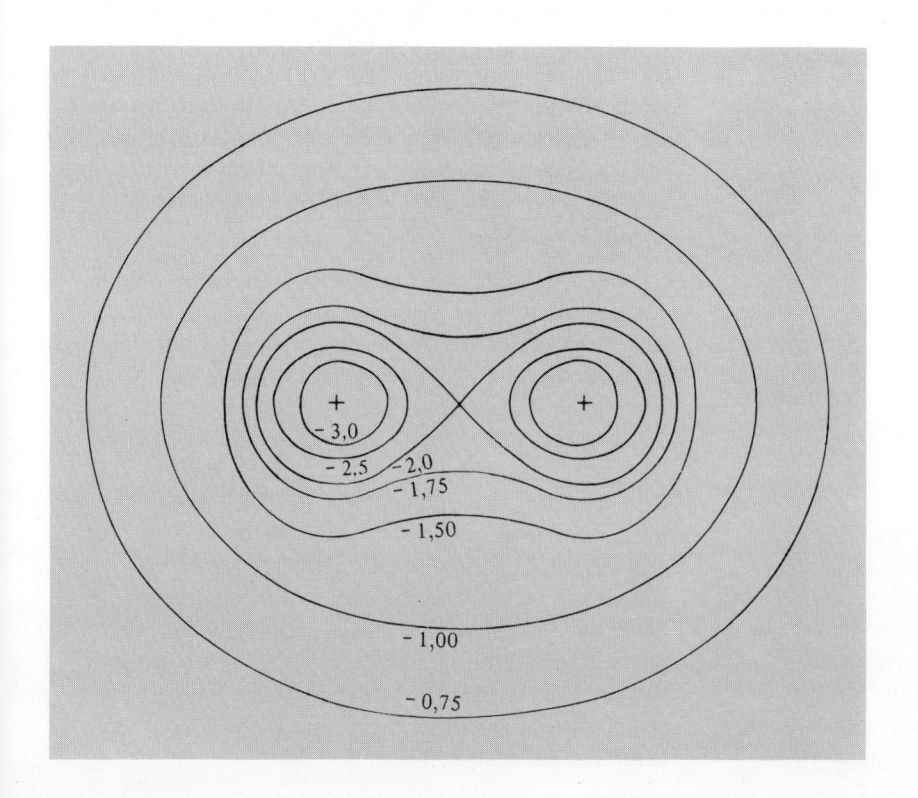

Bild 9.9
Äquipotentiallinien für zwei gleichgroße Massen

Das Zwei-Körper-Problem und die reduzierte Masse (Bild 9.10). Zwei-Körper-Probleme können immer auf die Gestalt eines Ein-Körper-Problems zurückgeführt werden. Das bedeutet eine große Vereinfachung. Obwohl die Ermittlung der Bahnen eine größere Anzahl von Rechenschritten notwendig macht, ist die Beweisführung nicht schwierig. Die Bewegungsgleichungen (in einem gemeinsamen Bezugssystem) für zwei homogene Körper mit Kugelgestalt, die sich gegenseitig durch Gravitation anziehen, lauten:

$$m_1 \frac{d^2\mathbf{r}_1}{dt^2} = -\gamma \frac{m_1 m_2}{r^2} \hat{\mathbf{r}}, \quad m_2 \frac{d^2\mathbf{r}_2}{dt^2} = \gamma \frac{m_1 m_2}{r^2} \hat{\mathbf{r}}. \quad (9.42)$$

Hierbei ist $\mathbf{r} = \mathbf{r}_1 - \mathbf{r}_2$. Die Summe beider Gln. (9.42) ist

$$m_1 \ddot{\mathbf{r}}_1 + m_2 \ddot{\mathbf{r}}_2 = 0. \quad (9.43)$$

Diese Gleichung besagt, daß der Impuls des Systems erhalten bleibt, denn die Integration über die Zeit ergibt

$$m_1 \dot{\mathbf{r}}_1 + m_2 \dot{\mathbf{r}}_2 = \text{const.} \quad (9.44)$$

Die linke Seite gibt den Gesamtimpuls wieder.

Der Ort des Schwerpunktes beider Körper ist gegeben durch

$$\mathbf{r}_S = \frac{m_1 \mathbf{r}_1 + m_2 \mathbf{r}_2}{m_1 + m_2}. \quad (9.45)$$

Durch Differentiation beider Seiten von Gl. (9.45) nach der Zeit erhalten wir

$$\dot{\mathbf{r}}_S = \frac{m_1 \dot{\mathbf{r}}_1 + m_2 \dot{\mathbf{r}}_2}{m_1 + m_2} \quad (9.46)$$

und daraus folgt mit Gl. (9.44), daß $\dot{\mathbf{r}}_S$ = const ist. Der Schwerpunkt bewegt sich also mit konstanter Geschwindigkeit. Wir können diese Geschwindigkeit zu Null machen, wenn wir ein geeignetes Inertial–Bezugssystem wählen.

Die Bewegungsgleichungen (9.42) können wir in die folgende Gestalt bringen:

$$\frac{d^2\mathbf{r}_1}{dt^2} = -\frac{1}{m_1} \gamma \frac{m_1 m_2}{r^2} \hat{\mathbf{r}}, \quad \frac{d^2\mathbf{r}_2}{dt^2} = \frac{1}{m_2} \gamma \frac{m_1 m_2}{r^2} \hat{\mathbf{r}}. \quad (9.47)$$

Wenn wir beide Gleichungen voneinander abziehen, erhalten wir

$$\frac{d^2(\mathbf{r}_1 - \mathbf{r}_2)}{dt^2} = \frac{d^2\mathbf{r}}{dt^2} = -\left(\frac{1}{m_1} + \frac{1}{m_2}\right) \gamma \frac{m_1 m_2}{r^2} \hat{\mathbf{r}}. \quad (9.48)$$

Diese Gleichung enthält als einzigen Vektor $\mathbf{r} = \mathbf{r}_1 - \mathbf{r}_2$. Wir können Gl. (9.48) vereinfachen, indem wir die *reduzierte Masse* μ einführen

$$\boxed{\frac{1}{\mu} \equiv \frac{1}{m_1} + \frac{1}{m_2}}. \quad (9.49)$$

Dann erhält Gl. (9.48) die Form

$$\boxed{\mu \frac{d^2\mathbf{r}}{dt^2} = -\gamma \frac{m_1 m_2}{r^2} \hat{\mathbf{r}}}. \quad (9.50)$$

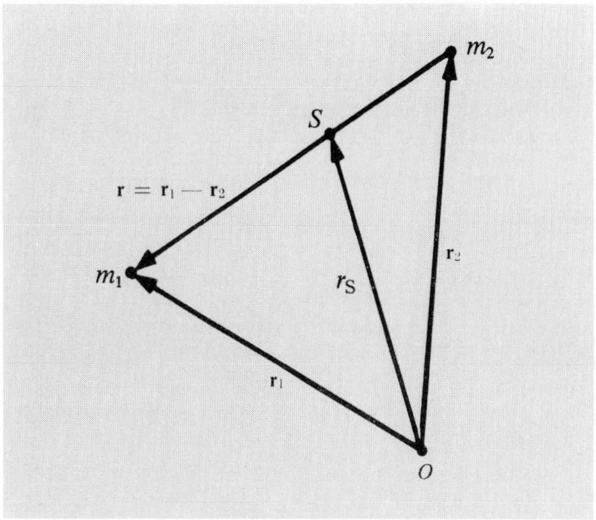

Bild 9.10. Schwerpunkt S zweier Massen m_1 und m_2. $\mathbf{r}_1$, $\mathbf{r}_2$ sind die Ortsvektoren der Massen, $\mathbf{r}_S$ Ortsvektor des Schwerpunkts.

Diese Gleichung kennzeichnet ein *Ein-Körper-Problem.* Wir brauchen lediglich die Änderung eines einzigen Vektors **r** als Funktion der Zeit zu ermitteln. Das ursprüngliche Zwei-Körper-Problem in Gl. (9.42) enthielt zwei Vektoren $\mathbf{r}_1$ und $\mathbf{r}_2$.

Wir erinnern uns daran, daß **r** der Vektor von m_2 nach m_1 ist. Mit Gl. (9.50) können wir die Bewegung von m_1 relativ zu m_2 bestimmen, als wäre m_2 der Ursprung des Inertialsystems, abgesehen davon, daß wir μ statt m_1 als Masse ansetzen müssen. Beachten Sie bitte, daß die Kraft in Gl. (9.50) *nicht* die Größe $\gamma\mu m_2/r^2$ hat! Um die Bahnen des Zwei-Körper-Problems zu finden, brauchen wir also nur das Ein-Körper-Problem (9.50) zu lösen. Die Zurückführung eines Zwei-Körper-Problems auf ein Ein-Körper-Problem läßt sich in der gleichen Weise für jede beliebige Zentralkraft vollziehen. Dabei tritt in jedem Fall eine reduzierte Masse auf.

Die reduzierte Masse hat stets einen Wert, der kleiner ist als der kleinste Werte der Massen m_1 und m_2. Für den Fall $m_1 = m_2 = m$ erhält man

$$\frac{1}{\mu} = \frac{2}{m}, \quad \mu = \frac{1}{2} m. \quad (9.51)$$

Wenn $m_1 \ll m_2$ ist, ergibt sich aus Gl. (9.49)

$$\mu = \frac{m_1 m_2}{m_1 + m_2} = m_1 \frac{1}{1 + m_1/m_2} \approx m_1 \left(1 - \frac{m_1}{m_2}\right). \quad (9.52)$$

Wir haben dabei den Quotienten nach dem Binomial-Theorem in eine Reihe entwickelt und nur den Term der niedrigsten Ordnung in (m_1/m_2) berücksichtigt. Wenn man für m_1 die Elektronenmasse m_e und für m_2 die Protonenmasse m_p einsetzt, ergibt sich als reduzierte Masse

$$\mu \approx m_e \left(1 - \frac{1}{1836}\right). \quad (9.53)$$

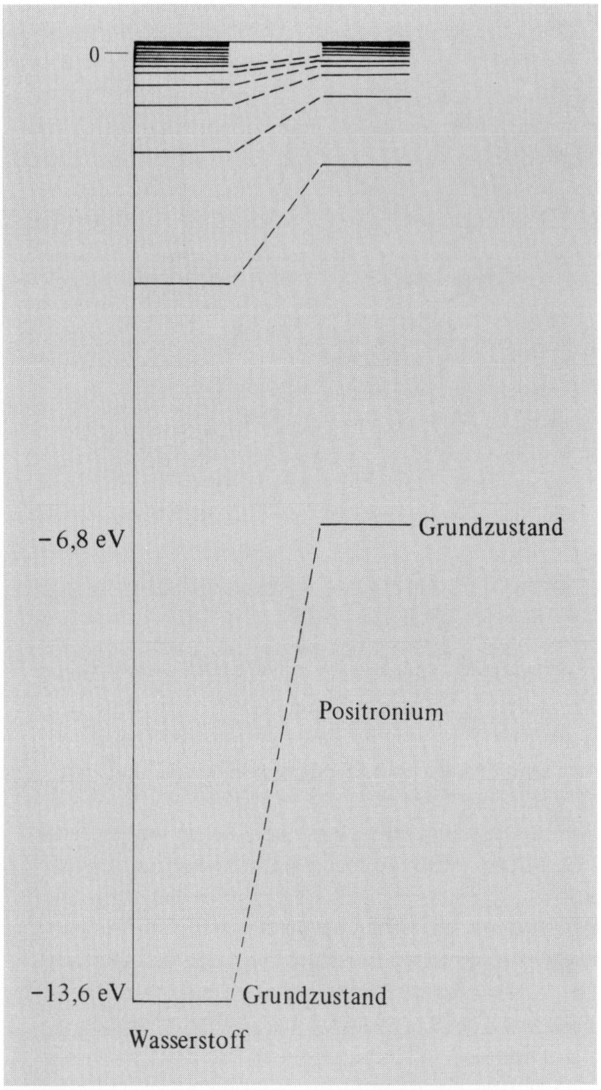

Bild 9.11. Energieniveauschema des Wasserstoffatoms und des Positroniumatoms. Die reduzierte Masse des Wasserstoffs ist

$$\mu = \frac{m_e}{1 + 1/1836} \approx m_e \, .$$

Die reduzierte Masse des Positroniums ist

$$\mu = \frac{1}{2}\, m_e \, .$$

Dadurch unterscheiden sich die Energiewerte um den Faktor 2.

Die leichtere der beiden Massen bestimmt im wesentlichen den Wert der reduzierten Masse. Die Abweichung von μ und m läßt sich leicht aus dem Spektrum des Wasserstoff-Atoms erkennen (Bild 9.11).

Das Positronium ist ein wasserstoffähnliches Atom, das aus einem Positron und einem Elektron besteht, aber kein Proton aufweist. Ein Positron ist ein Teilchen, das die Masse eines Elektrons und eine positive Ladung e besitzt. Das Ergebnis Gl. (9.51) läßt vermuten, daß eine Ähnlichkeit zwischen den Spektren des Wasserstoffs und des Positroniums besteht, vorausgesetzt, daß wir die Masse des Positroniums gleich der halben Masse des Wasserstoffatoms setzen. Die Coulomb-Wechselwirkung zwischen einem Elektron und einem Positron besitzt dieselbe Form wie die Wechselwirkung zwischen einem Elektron und einem Proton.

• **Beispiel**: *Schwingungen eines zweiatomigen Moleküls.* Zwei Atome, die ein stabiles Molekül bilden, haben eine potentielle Energie, die eine quadratische Funktion der Differenz $\mathbf{r} - \mathbf{r}_0$ ihres Abstandes $\mathbf{r}$ vom Gleichgewichtsabstand $\mathbf{r}_0$ ist:

$$W_p(r) = \frac{1}{2} C\,(r - r_0)^2 \tag{9.53a}$$

sofern $(r - r_0)/r_0 \ll 1$ ist. Die Kraft in Richtung der Verbindungslinie der Atome ist für den Fall, daß das Molekül *nicht* rotiert, gegeben durch

$$F = -\frac{dW_p}{d(r - r_0)} = -C\,(r - r_0)\,. \tag{9.53b}$$

Hierdurch wird ein harmonischer Oszillator mit der Richtgröße C beschrieben. Die Massen der Atome sind m_1 und m_2. Welchen Wert hat dann die Schwingungsfrequenz?

Bei freier Schwingung bewegen sich beide Atome so, daß der gemeinsame Schwerpunkt in Ruhe bleibt. Die Bewegungsgleichung ist durch Gl. (9.50) gegeben. Wenn wir die Gravitationskraft durch Gl. (9.53b) ersetzen, erhalten wir:

$$\mu \frac{d^2\mathbf{r}}{dt^2} = -C\,(r - r_0)\,\hat{\mathbf{r}}\,. \tag{9.53c}$$

Rotiert das Molekül nicht, bleibt die Richtung von $\mathbf{r}$ erhalten und es gilt

$$\frac{d^2\mathbf{r}}{dt^2} = \frac{d^2 r}{dt^2}\,\hat{\mathbf{r}}\,. \tag{9.53d}$$

(Die zeitliche Ableitung von r nimmt eine kompliziertere Gestalt an, wenn sich die Richtung von r ändert. Vgl. Gl. (9.58).) Mit Gl. (9.53d) ergibt sich aus Gl. (9.53c)

$$\mu \frac{d^2 r}{dt^2} = -C\,(r - r_0)\,. \tag{9.53e}$$

Dies ist die Bewegungsgleichung eines einfachen harmonischen Oszillators mit der Kreisfrequenz

$$\omega_0 = \left(\frac{C}{\mu}\right)^{1/2} \,. \tag{9.53f}$$

Man kennt aus spektroskopischen Messungen die Frequenzen der Grundschwingungen der Moleküle HF und HCl:

$$\omega_0\,(\mathrm{HF}) = 7{,}55 \cdot 10^{14}\,\mathrm{s}^{-1}\,,$$
$$\omega_0\,(\mathrm{HCl}) = 5{,}47 \cdot 10^{14}\,\mathrm{s}^{-1}\,.$$

Wir wollen diese Werte zum Vergleich der Richtgrößen C_{HF} und C_{HCl} heranziehen. Die reduzierten Massen errechnen sich zu

$$\frac{1}{\mu_{HF}} \approx \frac{1}{1} + \frac{1}{19} = \frac{20}{19}, \qquad \mu_{HF} \approx 0{,}950$$

und

$$\frac{1}{\mu_{HCl}} \approx \frac{1}{1} + \frac{1}{35} = \frac{36}{35}, \qquad \mu_{HCl} \approx 0{,}973 .$$

(Wir haben hierbei die Masse des häufigsten Chlor-Isotops Cl^{35} benutzt.) Beachten Sie, daß die Werte der reduzierten Massen dicht beieinander liegen. Das liegt daran, daß der Wasserstoff als leichtestes Atom den größeren Beitrag zur Oszillation liefert.

Wir erhalten aus Gl. (9.53f) für das Verhältnis der Richtgrößen

$$\frac{C_{HF}}{C_{HCl}} = \frac{(\mu\omega_0^2)_{HF}}{(\mu\omega_0^2)_{HCl}} \approx \frac{54{,}0 \cdot 10^{28}}{29{,}0 \cdot 10^{28}} \approx 1{,}86 \qquad (9.53g)$$

und für eine der beiden Richtgrößen

$$C_{HF} \approx 54 \cdot 10^{28} \cdot 1{,}66 \cdot 10^{-24} \approx 9{,}0 \cdot 10^5 \,\text{dyn/cm}\,, \qquad (9.53h)$$

wobei wir das Ergebnis von atomaren Masseneinheiten in Gramm umgerechnet haben.

Hätten wir diesen Wert erwarten können? Nehmen wir einmal an, wir würden das Molekül, das eine Länge von $1\,Å = 10^{-8}$ cm besitzt, um 0,5 Å strecken. Die Arbeit, die wir dazu aufwenden müßten, würde vermutlich nahezu ausreichen, um die Bindung zwischen H und F aufzubrechen. Nach Gl. (9.53a) hat sie den Wert

$$\frac{1}{2} C (r - r_0)^2 \approx \frac{1}{2} \cdot 9 \cdot 10^5 (0{,}5 \cdot 10^{-8})^2 \,\text{erg} \approx 1 \cdot 10^{11} \,\text{erg}$$

oder

$$\approx (1 \cdot 10^{-11}/1{,}6 \cdot 10^{-12})\,\text{eV} \approx 6 \,\text{eV}\,.$$

Dieser Energieaufwand ist nicht ungewöhnlich für die Zerlegung in getrennte Atome. Mit dieser Abschätzung haben wir jedoch den Gültigkeitsbereich von Gl. (9.53e) überschritten. Der tatsächliche Verlauf der molekularen potentiellen Energie ist qualitativ in Bild 9.12 dargestellt. •

Das Ein-Körper-Problem (Bilder 9.13 bis 9.24). Wir könnten die Lösung des Zwei-Körper-Problems für homogene Kugeln oder für punktförmige Teilchen zurückführen auf die Lösung des Ein-Körper-Problems, das durch Gl. (9.50) gegeben war:

$$\mu \frac{d^2\mathbf{r}}{dt^2} = -\gamma \frac{m_1 m_2}{r^2} \hat{\mathbf{r}}\,. \qquad (9.54)$$

r ist der Verbindungsvektor der beiden Teilchen. Die Bewegung des Schwerpunkts kann durch irgendeine von außen angreifende Kraft beeinflußt werden, ohne dabei die Kräfteverhältnisse zwischen den Teilchen zu stören.

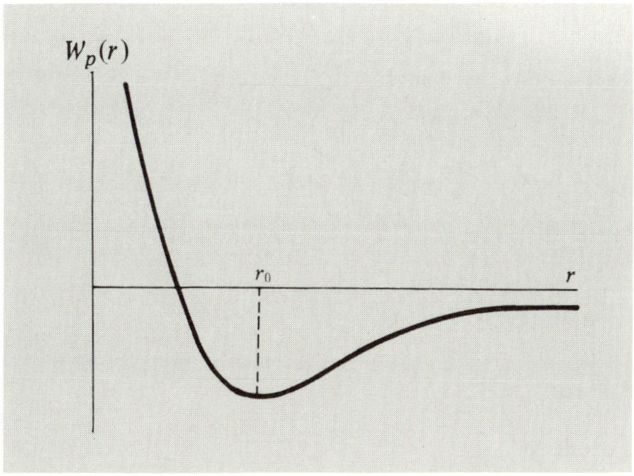

Bild 9.12. Potentielle Energie als Funktion des Abstandes zwischen zwei Atomen eines Moleküls. r_0 ist der Gleichgewichtsabstand.

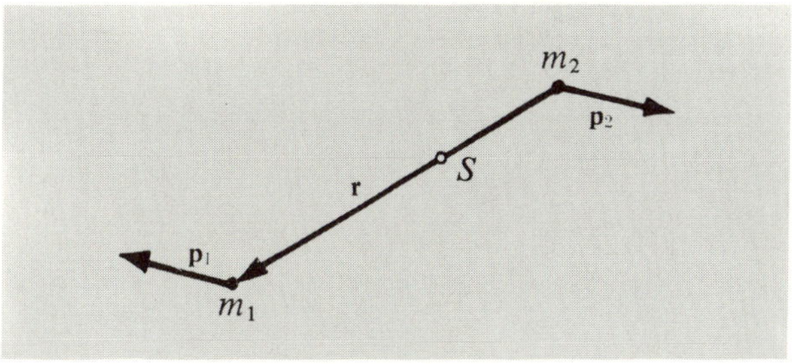

Bild 9.13. In einem Inertialsystem, in dem der Schwerpunkt ruht, ist $p_1 = - p_2$. Die Summe der Drehimpulse von m_1 und m_2 um den Schwerpunkt ist konstant und gleich dem Gesamtimpuls L.

Wir wollen uns jetzt mit der Bewegung der beiden Teilchen relativ zueinander befassen, die durch Gl. (9.54) beschrieben wird. Es handelt sich hierbei um das wichtigste Problem der klassischen Mechanik. Zu seiner Lösung benötigen wir alles, was wir bereits wissen und zusätzlich noch ein paar Kunstgriffe.

Aus Kapitel 6 ist bekannt, daß der Drehimpuls eines Teilchens, das sich um ein ruhendes Kraftzentrum bewegt, einen konstanten Wert hat. Daher muß auch der Drehimpuls

$$\mathbf{L} = \mathbf{r} \times \mu \dot{\mathbf{r}} \qquad (9.55)$$

in unserem Ein-Körper-Problem erhalten bleiben. Er ist konstant in Richtung und Größe. Dadurch vereinfacht sich die Lösung von Gl. (9.54) wesentlich. Wir können zeigen, daß **L** in Gl. (9.55) mit der üblichen Darstellung

$$\mathbf{L} = \mathbf{r}_1 \times m_1 \dot{\mathbf{r}}_1 + \mathbf{r}_2 \times m_2 \dot{\mathbf{r}}_2$$

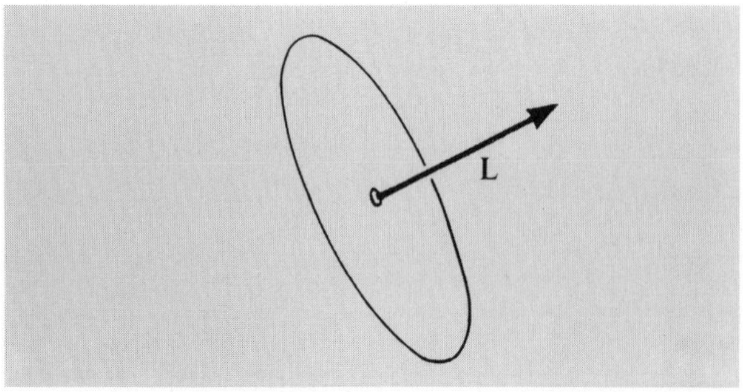

Bild 9.14. Wenn **L** konstant ist, verläuft die Zentralbewegung in einer Ebene.

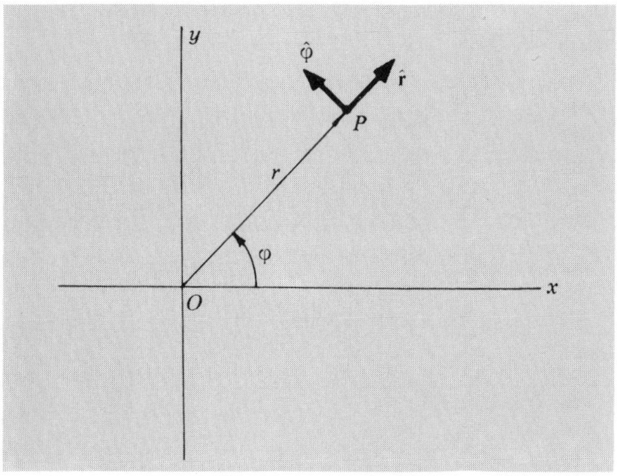

Bild 9.15. Einheitsvektoren $\hat{\mathbf{r}}$ und $\hat{\varphi}$ im Polarkoordinatensystem.

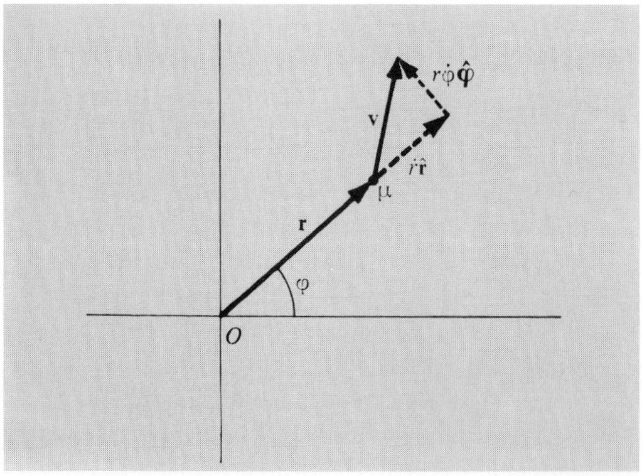

Bild 9.16. Zerlegung der Bahngeschwindigkeit v in eine Radial- und eine Winkelkomponente.
Kinetische Energie:

$$W_K = \frac{1}{2}\mu v^2 = \frac{1}{2}\mu(\dot{r}^2 + r^2\dot{\varphi}^2).$$

Gesamtenergie:

$$W = W_K + W_P = \frac{1}{2}\mu\dot{r}^2 + \frac{\mu r^2}{2}\dot{\varphi}^2 + W_P.$$

übereinstimmt, wobei jetzt $\mathbf{r}_1$ und $\mathbf{r}_2$ auf den Schwerpunkt $\mathbf{r}_S$ als Ursprung bezogen sind. Wir können Gl. (9.55) in die Form

$$\mathbf{L} = \frac{m_1 m_2}{m_1 + m_2}(\mathbf{r}_1 - \mathbf{r}_2) \times (\dot{\mathbf{r}}_1 - \dot{\mathbf{r}}_2) \tag{9.55a}$$

bringen und die Beziehungen verwenden, die aus Gl. (9.46) für $\mathbf{r}_S = 0$ folgen, nämlich

$$\dot{\mathbf{r}}_1 = -\frac{m_2}{m_1}\dot{\mathbf{r}}_2 \qquad \text{und} \qquad \dot{\mathbf{r}}_2 = -\frac{m_1}{m_2}\dot{\mathbf{r}}_1 .$$

Wir erkennen aus Gl. (9.55), daß die Bewegung in einer Ebene verlaufen muß, da die Richtung von $\mathbf{r} \times \dot{\mathbf{r}}$ konstant bleiben muß, wenn **L** seine Richtung nicht ändert. Zur Beschreibung des Ortes eines Teilchens in einer Ebene benötigt man nur zwei Koordinaten; wir wählen $\hat{\mathbf{r}}$ und $\hat{\boldsymbol{\varphi}}$. $\hat{\mathbf{r}}$ ist der Einheitsvektor, der von einem festen Ursprung in die Richtung des Teilchens weist, $\hat{\boldsymbol{\varphi}}$ ist ein Einheitsvektor, der in der Ebene liegt und senkrecht auf $\hat{\mathbf{r}}$ steht (Bild 9.15). Die Geschwindigkeit $\dot{\mathbf{r}}$ weist eine Komponente in Richtung von $\hat{\mathbf{r}}$ und eine Komponente in Richtung von $\hat{\boldsymbol{\varphi}}$ auf:

$$\dot{\mathbf{r}} = \dot{r}\hat{\mathbf{r}} + r\dot{\varphi}\hat{\boldsymbol{\varphi}} = \dot{r}\,\hat{\mathbf{r}} + r\omega\hat{\boldsymbol{\varphi}} \tag{9.56}$$

wobei $\dot{\varphi} \equiv \omega$ gesetzt ist. Hiermit kann der Drehimpuls Gl. (9.55) auf die Form

$$\mathbf{L} = \mathbf{r} \times \mu(\dot{r}\,\hat{\mathbf{r}} + r\omega\hat{\boldsymbol{\varphi}}) = \mu r^2\omega\hat{\mathbf{z}} \tag{9.57}$$

gebracht werden, wobei $\hat{\mathbf{z}}$ der Einheitsvektor ist, der senkrecht auf der Bewegungsebene steht. Wir haben hierbei von der Tatsache Gebrauch gemacht, daß $\mathbf{r} \times \hat{\mathbf{r}} = 0$ ist.

Wir wollen jetzt die Gleichung für $\ddot{r}$ entwickeln. Aus Kapitel 3 wissen wir, daß in einem rotierenden Koordinatensystem Zentrifugalkräfte von der Größe $\mu\omega^2 r$ auftreten, die radial nach außen gerichtet sind. Die Bewegungsgleichung in einem rotierenden Koordinatensystem lautet:

$$\mu\ddot{r} = \text{Gravitationskraft} + \text{Zentrifugalkraft} \tag{9.58}$$

oder

$$\mu\ddot{r} = -\gamma\frac{m_1 m_2}{r^2} + \mu\omega^2 r . \tag{9.59}$$

In dieser Gleichung kann sich sowohl r als auch ω mit der Zeit ändern.

Aus Gl. (9.57) folgt, daß

$$\omega^2 = \frac{L^2}{\mu^2 r^4} \tag{9.60}$$

ist und damit können wir Gl. (9.59) schreiben als

$$\mu\ddot{r} = -\gamma\frac{m_1 m_2}{r^2} + \frac{L^2}{\mu r^3}, \tag{9.61}$$

wobei nur noch r von der Zeit abhängt, da der Drehimpuls konstant ist. Die Lösung der Gl. (9.61) hat in der Geschichte der Himmelsmechanik klassische Bedeutung. Sie bestimmt die Bewegung der Planeten, Doppelsterne und Satelliten.

Es ist üblich, Gl. (9.61) für r als Funktion $r(\varphi)$ zu lösen. Wenn wir Gl. (9.57) berücksichtigen, erhalten wir

$$\frac{dr}{dt} = \frac{dr}{d\varphi} \cdot \frac{d\varphi}{dt} = \frac{dr}{d\varphi} \cdot \omega = \frac{dr}{d\varphi} \cdot \frac{L}{\mu r^2} \; . \qquad (9.62)$$

Bei nochmaliger Differentiation ergibt sich unter Verwendung der Gln. (9.57) und (9.62):

$$\frac{d^2 r}{dt^2} = \frac{d^2 r}{d\varphi^2} \cdot \left(\frac{L}{\mu r^2}\right)^2 + \frac{dr}{d\varphi} \cdot \frac{L}{\mu} \frac{d}{dt}\left(\frac{1}{r^2}\right)$$

$$= \frac{d^2 r}{d\varphi^2} \cdot \left(\frac{L}{\mu r^2}\right)^2 - \frac{2}{r^3} \cdot \frac{L}{\mu}\left(\frac{dr}{d\varphi}\right)^2 \cdot \frac{L}{\mu r^2} \; . \qquad (9.63)$$

Wir wollen eine Funktion $\omega(\varphi)$ durch die Definition

$$\omega(\varphi) = \frac{1}{r(\varphi)} \qquad (9.64)$$

einführen, da sich herausgestellt hat, daß sie auf eine wesentlich einfachere Differentialgleichung führt als r. Durch Differentiation von Gl. (9.64) erhalten wir

$$\frac{d\omega}{d\varphi} = -\frac{1}{r^2}\frac{dr}{d\varphi}, \quad \frac{d^2\omega}{d\varphi^2} = -\frac{1}{r^2}\frac{d^2 r}{d\varphi^2} + \frac{2}{r^3}\left(\frac{dr}{d\varphi}\right)^2 . \qquad (9.65)$$

Ein Vergleich von Gl. (9.65) mit Gl. (9.63) führt zu

$$\frac{d^2 r}{dt^2} = -\frac{1}{r^2}\left(\frac{L}{\mu}\right)^2 \frac{d^2\omega}{d\varphi^2} \; , \qquad (9.66)$$

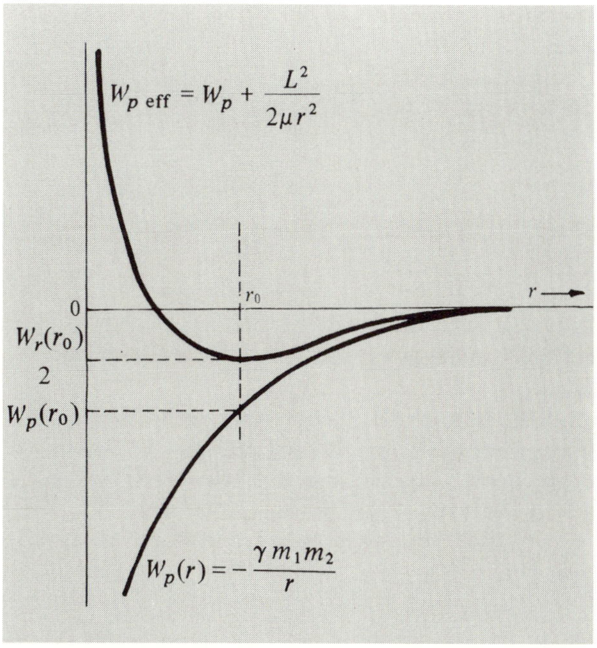

Bild 9.18. $W_{p\,eff}$ besitzt ein Minimum bei r_0. An diesem Punkt ist $W_{p\,eff} = \frac{1}{2} W_p$.

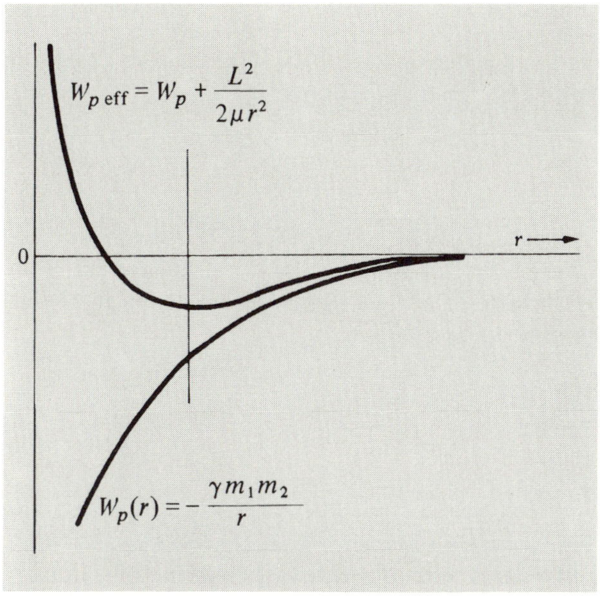

Bild 9.17. Die effektive Kraft der rechten Seite von Gl. (9.61) läßt sich als Ableitung $\partial W_{p\,eff}/\partial r$ aus einem effektiven Potential

$$W_{p\,eff}(r) = W_p(r) + \frac{L^2}{2\mu r^2}$$

gewinnen. Wenn der Drehimpuls konstant bleibt, tritt bei kleinen Abständen Abstoßung auf.

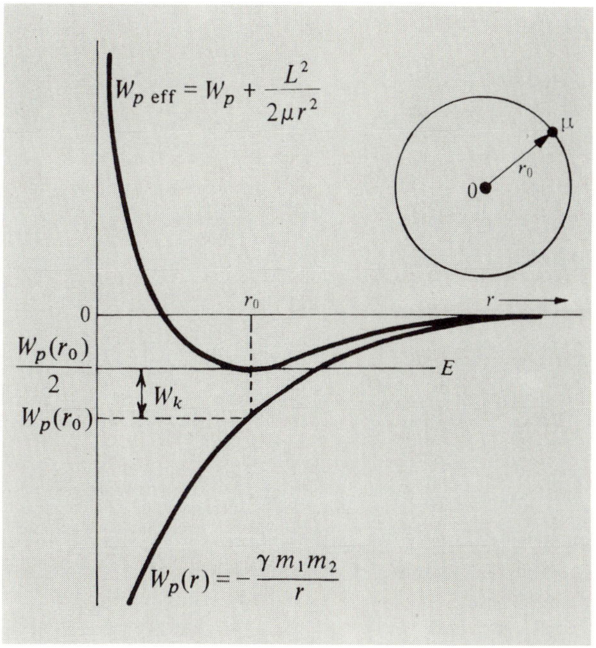

Bild 9.19. Die Gesamtenergie W kann nicht kleiner werden als das Minimum von $W_{p\,eff}$. Für den Fall $W_{p\,eff} = W$ ist $\mu\, \dot{r}^2/2 = 0$ und $r = r_0$. Es liegt eine Kreisbewegung vor mit

$$W_k = W - W_p = -\frac{W_p(r_0)}{2} = \gamma \frac{m_1 m_2}{2 r_0} \; .$$

so daß die Bewegungsgleichung (9.61) geschrieben werden kann als

$$-\omega^2 \frac{L^2}{\mu} \frac{d^2\omega}{d\varphi^2} = -\omega^2 \gamma\, m_1 m_2 + \omega^3 \frac{L^2}{\mu} \qquad (9.67)$$

oder

$$\boxed{\frac{d^2\omega}{d\varphi^2} + \omega = \gamma \frac{\mu m_1 m_2}{L^2}}\,. \qquad (9.68)$$

Beachten Sie bitte, daß auf der rechten Seite eine Konstante steht, wodurch wir eine sehr einfache Gleichung erhalten.

Die linke Seite der Gl. (9.68) erinnert an die Bewegungsgleichung des harmonischen Oszillators. Wir erkennen, daß $\omega = A \cdot \cos\varphi$ für jeden beliebigen Wert der Konstanten A eine Lösung der Gleichung

$$\frac{d^2\omega}{d\varphi^2} + \omega = 0 \qquad (9.69)$$

ist. Wenn wir zu ω die Konstante $\gamma\mu m_1 m_2/L^2$ addieren, erhalten wir die Lösung der Gl. (9.68):

$$\omega = A\cos\varphi + \gamma \frac{\mu m_1 m_2}{L^2}\,. \qquad (9.70)$$

Probieren Sie es einmal aus!

Gl. (9.70) ist nichts weiter als die Darstellung eines Kegelschnitts (Ellipse, Kreis, Parabel, Hyperbel) in Polarkoordinaten. Sie erinnern sich vielleicht daran, daß man in der analytischen Geometrie die allgemeine Gleichung eines Kegelschnittes in der Form

$$\frac{1}{r} = \frac{1}{se}(1 - e\cos\varphi) \qquad (9.71)$$

darstellen kann (Bilder 9.20 und 9.21). Man nennt die Konstante e die *Exzentrizität.* Die Konstante s ist ein Maßstabsfaktor. Durch Gl. (9.71) werden vier mögliche Kurvenformen beschrieben:

Hyperbel	$e > 1$
Parabel	$e = 1$
Ellipse	$0 < e < 1$
Kreis	$e = 0$

Ein zwar nicht eleganter, aber doch wirkungsvoller Weg, sich davon zu überzeugen, daß diese Gleichung eine Kurve ergibt, die wie eine Ellipse aussieht, ist, r für eine Reihe von Werten φ auszurechnen. Die Werte trägt man zweckmäßigerweise in Polarkoordinatenpapier ein. Dieses Koordinatenpapier enthält Linien für konstante Radien und Winkel. Wir haben unsere groben Berechnungen mit Gl. (9.71) für den Fall s = 1 und $e = \frac{1}{2}$ in einer Tabelle zusammengefaßt.

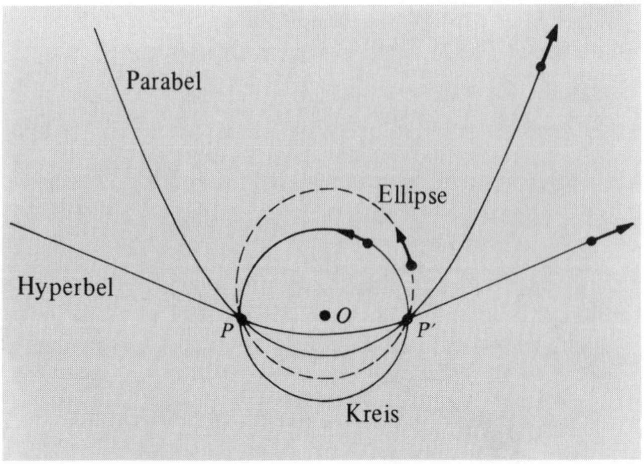

Bild 9.21. Bahnen von Teilchen gleicher reduzierter Masse und gleichem Drehimpuls L, aber mit verschiedenen Energien W um ein festes Kraftzentrum 0. Alle Bahnen verlaufen durch P und P′

Kreis	$e = 0$	$W < 0$
Ellipse	$e = \frac{1}{3}$	$W < 0$
Parabel	$e = 1$	$W = 0$
Hyperbel	$e = 3$	$W > 0$

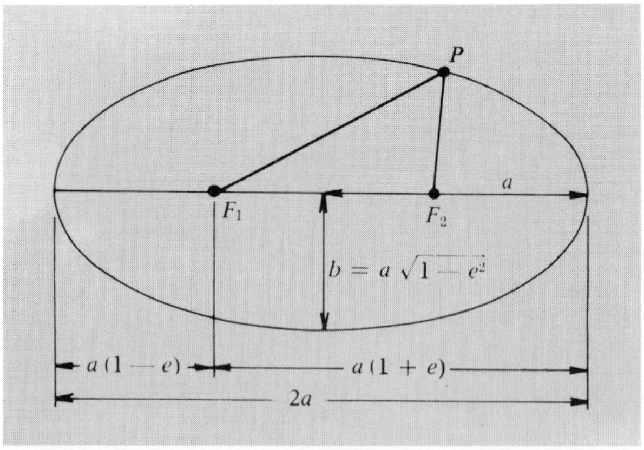

Bild 9.20. Eigenschaften einer Ellipse:
Für alle Ellipsenpunkte P ist $F_1P + F_2P = \text{const} = 2a$.
Ellipsengleichung:

$$r = \frac{a(1-e^2)}{(1-e\cos\varphi)}, \qquad 0 < e < 1$$

Kleine Halbachse:
$b = a\sqrt{1-e^2}$
Fläche:
πab.

Tabelle 9.1

φ	$\cos\varphi$	$2(1-\frac{1}{2}\cos\varphi)$	r
0°	1,00	1,00	1,00
20°	0,94	1,06	0,94
40°	0,77	1,23	0,81
60°	0,50	1,50	0,67
80°	0,17	1,83	0,55
90°	0,00	2,00	0,50
100°	– 0,17	2,17	0,46
120°	– 0,50	2,50	0,40
140°	– 0,77	2,77	0,36
160°	– 0,94	2,94	0,34
180°	– 1,00	3,00	0,33

Führen Sie ähnliche Rechnungen für s = 1 und e = 2 durch. Diese Kurve stellt eine Hyperbel dar.

Durch Vergleich von Gl. (9.70) mit Gl. (9.71) ergibt sich:

$$\frac{1}{se} = \gamma \frac{\mu m_1 m_2}{L^2}; \qquad \frac{1}{s} = -A. \tag{9.72}$$

Wir wollen jetzt e bzw. s durch die Gesamtenergie W des Systems ausdrücken. (Die Energie W ist eine weitere Erhaltungsgröße der Bewegung.) Dazu berechnen wir die Energie für den besonders einfachen Fall, daß die Entfernung des Teilchens ihr Minimum bzw. Maximum vom Ursprung erreicht. In diesen Fällen steht der Geschwindigkeitsvektor senkrecht auf **r**. Die kinetische Energie nimmt an diesen Orten (dort ist $\dot{r} = 0$) unter Verwendung der Gln. (9.56) und (9.57) eine einfache Form an:

$$W_k = \frac{1}{2}\mu\dot{\mathbf{r}}\cdot\dot{\mathbf{r}} = \frac{1}{2}\mu r^2\dot{\varphi}^2 = \frac{1}{2}\mu\left(\frac{L}{\mu r}\right)^2. \tag{9.73}$$

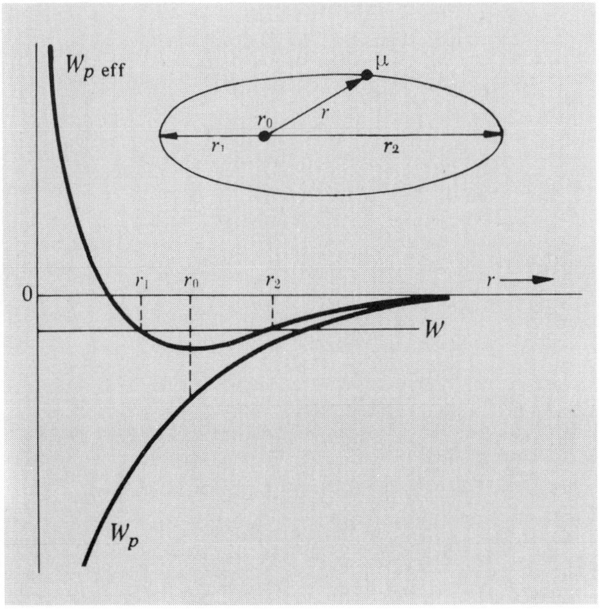

Bild 9.22. Für $0 > W > W_{p\,eff}(r)$ erhält man eine Ellipsenbahn mit einem Brennpunkt bei r_0.

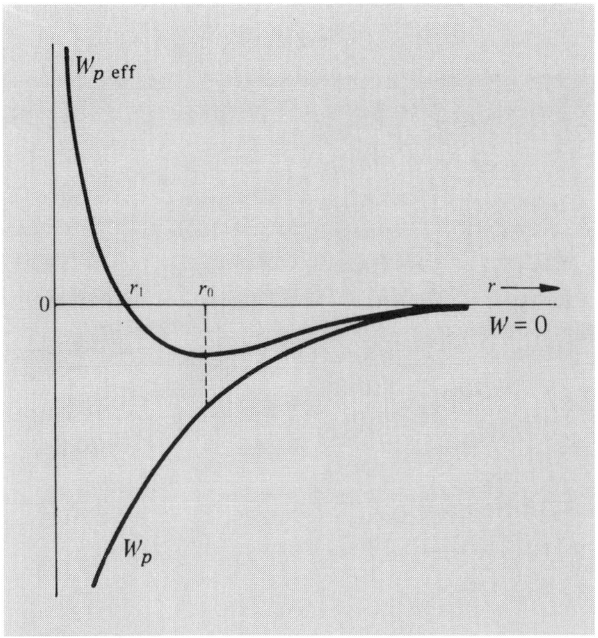

Bild 9.23. Für W = 0 ist $r_2 = \infty$ und e = 1 (Parabelbahn).

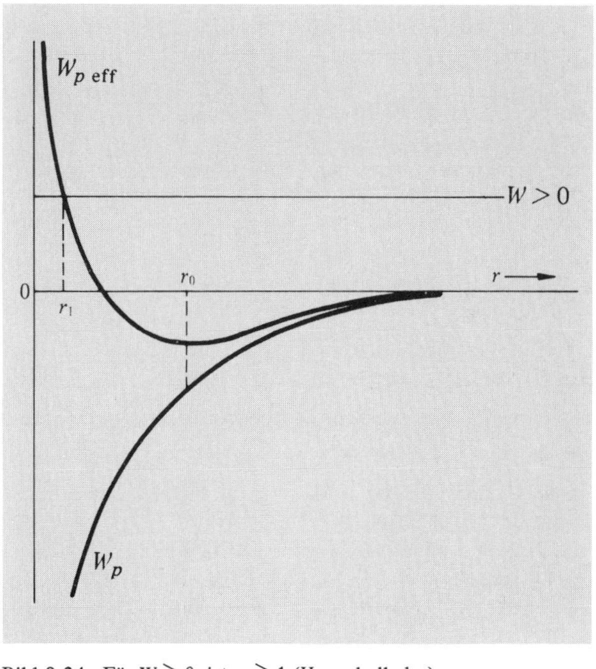

Bild 9.24. Für W > 0 ist e > 1 (Hyperbelbahn).

(An allen anderen Orten enthält die kinetische Energie einen Beitrag von $\dot{r}^2$.) Aus Gl. (9.73) erhalten wir für r_{min} und r_{max} die Beziehung

$$W = W_k + W_p = \frac{L^2}{2\mu}\left(\frac{1}{r_{min}}\right)^2 - \gamma\frac{m_1 m_2}{r_{min}}$$
$$= \frac{L^2}{2\mu}\left(\frac{1}{r_{max}}\right)^2 - \gamma\frac{m_1 m_2}{r_{max}}. \tag{9.74}$$

Setzen wir in Gl. (9.71) $\varphi = \pi$ bzw. $\varphi = 0$, dann ergibt sich

$$\left.\begin{aligned} \frac{1}{r_{min}} &= \frac{1}{se}(1+e) \\ \text{und} & \\ \frac{1}{r_{max}} &= \frac{1}{se}(1-e)\,. \end{aligned}\right\} \qquad (9.75)$$

Wenn wir Gl. (9.75) in Gl. (9.74) einsetzen und Gl. (9.72) berücksichtigen, erhalten wir nach einiger Rechnung das Ergebnis

$$e = \left(1 + \frac{2WL^2}{\mu\gamma^2 m_1^2 m_2^2}\right)^{1/2}, \quad W = -\gamma\frac{\mu m_1^2 m_2^2}{2L^2}(1-e^2)\,. \qquad (9.76)$$

Aus Gl. (9.75) folgt

$$e = \frac{r_{max} - r_{min}}{r_{max} + r_{min}}\,. \qquad (9.77)$$

Dieses ist die gebräuchlichste Art, sich die Exzentrizität einer Ellipse zu merken.

• **Beispiel**: *Die Kreisbahn.* Welcher Zusammenhang besteht zwischen der Gesamtenergie und dem Drehimpuls bei einer Kreisbahn?

Für eine Kreisbahn ist e = 0, so daß aus Gl. (9.76) folgt:

$$W = -\frac{\mu\gamma^2 m_1^2 m_2^2}{2L^2}\,. \qquad (9.78)$$

Die Gesamtenergie ist negativ, wenn man $W_p(\infty) = 0$ setzt. Es liegt Bindung vor. •

Manche Leser neigen zu der Vorstellung, daß alle geschlossenen Bahnen kreisförmig sein müßten. Um ein Gefühl für elliptische Bahnen zu bekommen, betrachten Sie bitte Bild 9.25. Dort ist eine Schar von Bahnkurven eines Teilchens zu sehen, auf das eine Kraft in Richtung des Ursprungs O wirkt (durch ein Kreuz gekennzeichnet), für die das $(1/r^2)$-Kraftgesetz gilt. Die Schar wurde so gewählt, daß alle Kurven durch einen gemeinsamen Punkt P laufen, in dem die Richtung der Geschwindigkeit senkrecht auf der Verbindungslinie von O und P steht. Die verschiedenen Bahnen sind durch verschiedene Werte

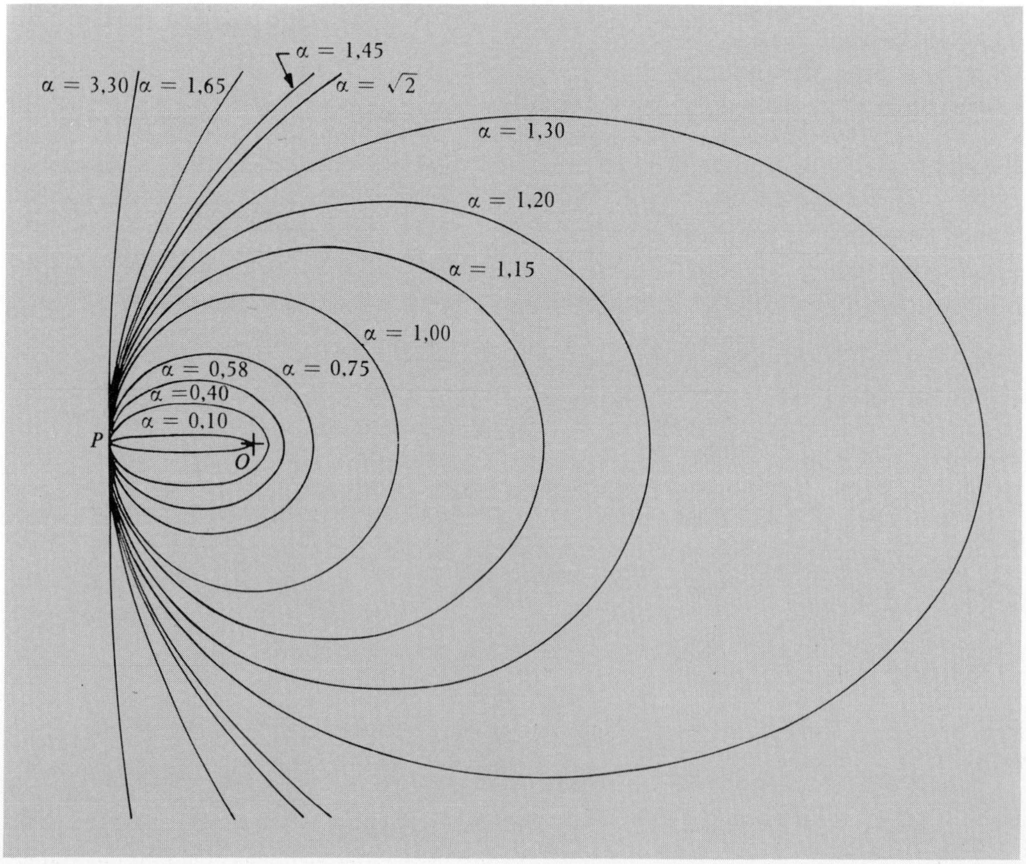

Bild 9.25. Bahnen durch einen gemeinsamen Punkt P für verschiedene Werte $\alpha = v_P/v_0$. Die Bahnen verlaufen in P senkrecht zu OP.

der Geschwindigkeit im Punkt P gekennzeichnet. Statt der Geschwindigkeit v_P wird meistens das Verhältnis

$$\alpha \equiv \frac{v_P}{v_0} \tag{9.79}$$

angegeben, wobei v_0 die Geschwindigkeit auf der Kreisbahn ist, die durch P verläuft und deren Mittelpunkt in O liegt. Für $\alpha = 1$ ergibt sich eine Kreisbahn, für $\alpha < \sqrt{2}$ eine Ellipsenbahn, für $\alpha = \sqrt{2}$ eine Parabelbahn und für $\alpha > \sqrt{2}$ eine Hyperbelbahn (siehe Gl. (9.83)).

Durch Berechnung der Energie können wir nachweisen, daß der Übergang von geschlossener und offener Bahn bei $\alpha = \sqrt{2}$ eintritt. Am Punkt P kann die Gesamtenergie beschrieben werden als

$$\begin{aligned} W &= \frac{1}{2}\mu v_P^2 - \frac{B}{r_0} = \frac{1}{2}\mu\alpha^2 v_0^2 - \frac{B}{r_0} \\ &= \frac{1}{2}(\alpha^2 - 1)\mu v_0^2 + \frac{1}{2}\mu v_0^2 - \frac{B}{r_0} = W_0 + \frac{1}{2}(\alpha^2 - 1)\mu v_0^2 , \end{aligned} \tag{9.80}$$

wobei W_0 und v_0 die Energie bzw. die Geschwindigkeit in der Kreisbahn angeben. B ist eine Abkürzung für $\gamma m_1 m_2$, und r_0 ist die Entfernung zwischen O und P. In der Kreisbahn gilt

$$\frac{\mu v_0^2}{r_0} = \frac{B}{r_0^2} . \tag{9.81}$$

Auf der linken Seite steht das Produkt aus Masse und Zentripetalbeschleunigung und auf der rechten Seite die Gravitationskraft. Mit diesem Zusammenhang erhalten wir für die Energie der Kreisbahn

$$W_0 = \frac{1}{2}\mu v_0^2 - \frac{B}{r_0} = \frac{1}{2}\mu v_0^2 - \mu v_0^2 = -\frac{1}{2}\mu v_0^2 \tag{9.82}$$

und Gl. (.80) kann geschrieben werden als

$$W = W_0 - (\alpha^2 - 1)W_0 = (2 - \alpha^2)W_0 = (\alpha^2 - 2)|W_0| . \tag{9.83}$$

Wenn $\alpha^2 > 2$ ist, hat die Gesamtenergie einen positiven Wert und die Bahnkurve ist offen. Für den Fall $\alpha^2 < 2$ ist die Gesamtenergie negativ und die Bahn geschlossen, d.h. das Teilchen kann nicht ins Unendliche entweichen.

Die Keplerschen Gesetze. *Keplers* Nachweis, daß die Bahnen der Planeten um die Sonne Ellipsen sind, ist eine der größten Entdeckungen der Menschheit. Mit seiner Formulierung der empirischen Gesetze der Planetenbewegung lieferte *Kepler* den ersten experimentellen Beweis für die Newtonschen Gesetze der Mechanik und für die Theorie der Gravitation. *Kepler* stellte drei Gesetze auf:

1. Alle Planeten bewegen sich auf Ellipsenbahnen, in deren einem Brennpunkt sich die Sonne befindet.
2. Die Strecke Sonne–Planet überstreicht in gleichen Zeiten gleiche Flächen.
3. Die Quadrate der Umlaufzeiten der Planeten um die Sonne sind proportional zur dritten Potenz der großen Halbachsen der Ellipsen. (Diese Formulierung ist allgemeiner als die ursprünglich von *Kepler* angegebene.) In unserer gesamten Erörterung wollen wir die Effekte vernachlässigen, die durch die Wechselwirkung der Planeten untereinander entstehen.

Wir haben oben gezeigt, daß geschlossene Bahnen elliptisch sind. Das zweite Keplersche Gesetz folgt einfach aus der Erhaltung des Drehimpulses (Gl. (6.65)).

Wir wollen jetzt das dritte Keplersche Gesetz ableiten. Wenn dA die Fläche ist, die in der Zeit dt vom Radiusvektor überstrichen wird, der von der Sonne zum Planeten gerichtet ist, dann ergibt sich

$$\frac{dA}{dt} = \frac{L}{2\mu} = \text{const.} , \tag{9.84}$$

wobei L der Drehimpuls und μ die reduzierte Masse ist. Integration über eine Periode T der Bewegung ergibt

$$A = \frac{LT}{2\mu}$$

oder

$$T = \frac{2A\mu}{L} = \frac{2\pi ab\mu}{L} . \tag{9.85}$$

$A = \pi ab$ ist die Fläche einer Ellipse mit der großen Halbachse a und der kleinen Halbachse b.

Bei einer Ellipse ist $2a = r_{max} + r_{min}$ und wir erhalten daher mit Gl. (9.75)

$$2a = \frac{se}{1+e} + \frac{se}{1-e} = \frac{2se}{1-e^2} . \tag{9.86}$$

Mit Gl. (9.72) geht dieser Ausdruck über in

$$2a = \frac{2}{1-e^2} \cdot \frac{L^2}{\gamma m_1 m_2 \mu} . \tag{9.87}$$

Quadrierung von Gl. (9.85) und Ersetzen von L^2 durch Gl. (9.87) ergibt

$$T^2 = \frac{(2\pi ab\mu)^2}{a\gamma m_1 m_2 \mu(1-e^2)} = \frac{4\pi^2 ab^2 \mu}{\gamma m_1 m_2 (1-e^2)} . \tag{9.88}$$

Ferner gilt

$$b^2 = a^2(1-e^2) \tag{9.89}$$

und damit geht Gl. (9.88) über in

$$\boxed{T^2 = \frac{4\pi^2 a^3}{\gamma(m_1 + m_2)}} . \tag{9.90}$$

Gl. (9.90) kann sehr einfach für eine Kreisbahn verifiziert werden, da dort das Kräftegleichgewicht auf die Gleichung $\mu\omega^2 r = \gamma m_1 m_2/r^2$ führt. Daraus folgt, daß $\omega^2 r^3$ konstant ist.

Tabelle 9.2

Planet	große Halbachse A.E.	Periode s	Exzentrizität	Inklination	Masse γ
Merkur	0,387	$7{,}60 \cdot 10^6$	0,205	7° 00	$3{,}28 \cdot 10^{26}$
Venus	0,723	$1{,}94 \cdot 10^7$	0,006	$3^\circ\ 23'$	$4{,}83 \cdot 10^{27}$
Erde	1,000	$3{,}16 \cdot 10^7$	0,016	...	$5{,}98 \cdot 10^{27}$
Mars	1,523	$5{,}94 \cdot 10^7$	0,093	$1^\circ\ 51'$	$6{,}37 \cdot 10^{26}$
Jupiter	5,202	$3{,}74 \cdot 10^8$	0,048	$1^\circ\ 18'$	$1{,}90 \cdot 10^{30}$
Saturn	9,554	$9{,}30 \cdot 10^8$	0,055	$2^\circ\ 29'$	$5{,}67 \cdot 10^{29}$
Uranus	19,218	$2{,}66 \cdot 10^9$	0,046	$0^\circ\ 46'$	$8{,}80 \cdot 10^{28}$
Neptun	30,109	$5{,}20 \cdot 10^9$	0,008	$1^\circ\ 46'$	$1{,}03 \cdot 10^{29}$
Pluto	39,60	$7{,}82 \cdot 10^9$	0,246	$17^\circ\ 7'$	$5{,}4\ \cdot 10^{27}$

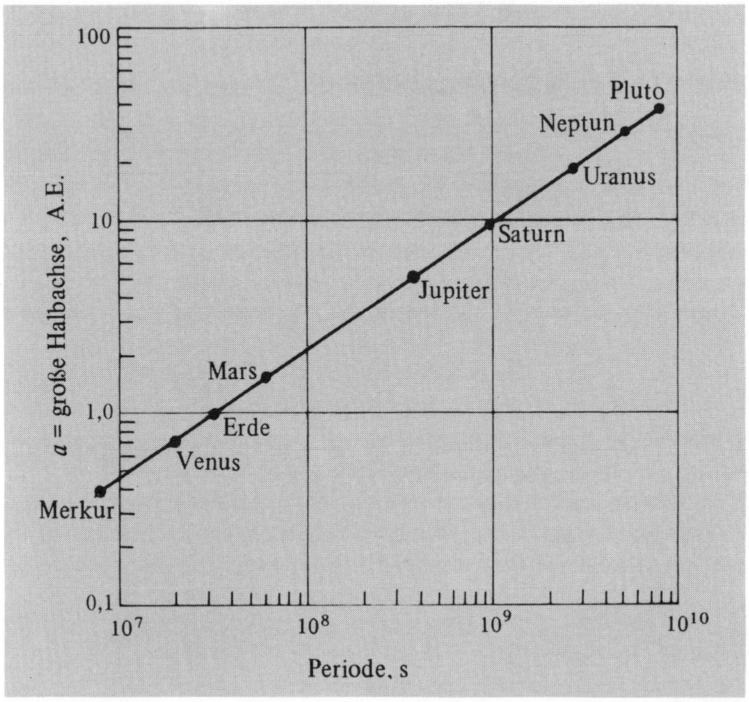

Bild 9.26. Doppelt-logarithmische Darstellung des Zusammenhangs $T \sim a^{3/2}$ für die Planeten des Sonnensystems.

Tabelle 9.2 gibt einen Überblick über die Bahnen der größeren Planeten. Es ist leicht zu erkennen, daß die Erdbahn nahezu kreisförmig ist. Eine *Astronomische Längeneinheit* (A.E.) ist als Mittelwert des größten und kleinsten Abstandes der Erde von der Sonne definiert:

$$1\ \text{A.E.} = 1{,}495 \cdot 10^{13}\,\text{cm} = 1{,}495 \cdot 10^{11}\,\text{m}\ .$$

Verwechseln Sie diese Einheit nicht mit dem *Parsek.* 1 Parsek ist die Entfernung, in der 1 A.E. unter dem Winkel 1 s gesehen wird:

$$1\ \text{Parsek} = 3{,}084 \cdot 10^{18}\,\text{cm} = 3{,}084 \cdot 10^{16}\,\text{m}\ .$$

Die Entfernung des nächsten Sterns von der Sonne beträgt 1,31 Parsek. Die Inklination, die ebenfalls in der Tabelle aufgeführt wird, ist der Winkel zwischen der Bahnebene eines Planeten und der Bahnebene der Erde (Ekliptik).

Wir wollen das dritte Keplersche Gesetz nachprüfen, indem wir die Bahn des Uranus mit der Erdbahn vergleichen. Die dritte Potenz der Längenverhältnisse der großen Halbachsen ist

$$\left(\frac{19{,}22}{1}\right)^3 \approx 71{,}0 \cdot 10^2\ (\text{A.E.})^2\ . \tag{9.91}$$

Das Quadrat des Verhältnisses der Umlaufzeiten beträgt

$$(84{,}2)^2 \approx 70{,}9 \cdot 10^2\ (\text{A.E.})^2\ . \tag{9.92}$$

Die Werte der Gln. (9.91) und (9.92) stimmen weitgehend überein. In Bild 9.26 haben wir die Umlaufzeiten und die großen Halbachsen für alle Planeten doppelt-logarithmisch aufgetragen. Ein Potenzgesetz erscheint in doppelt-logarithmischer Darstellung als Gerade. Die Steigung der Geraden gibt den Exponenten des Potenzgesetzes an. Prüfen Sie das nach!

Newton prüfte das dritte Keplersche Gesetz anhand der beobachteten Umlaufbahnen der vier größten Jupitermonde nach und fand eine sehr gute Übereinstimmung.

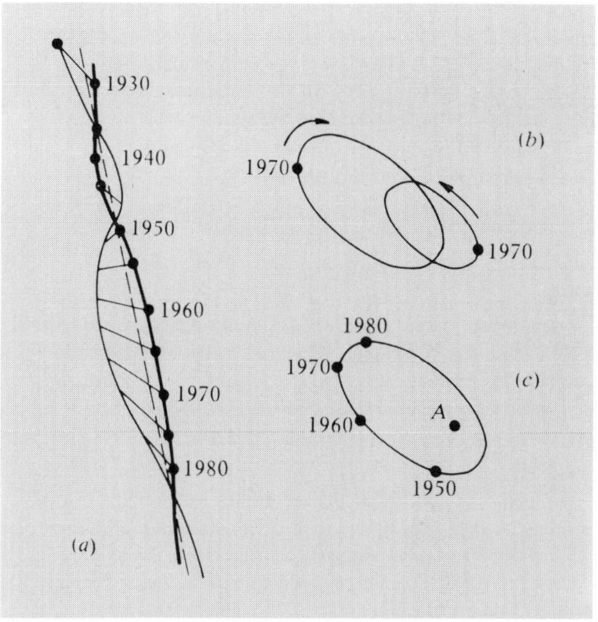

Bild 9.27

(a) Bahn des Sirius (dicke Kurve) und seines Begleiters Sirius B (dünne Kurve). Bahn des gemeinsamen Schwerpunkts (gestrichelte Kurve).

(b) Bahnen der beiden Sterne um den gemeinsamen Schwerpunkt.

(c) Bahn des Sirius B um den Sirius.

(Nach *Struve, Lynds* und *Pillans*)

9.7. Übungen

1. *Reduzierte Masse.* Die Frequenz der Grundschwingung eines zweiatomigen Moleküls ist

$$\omega = \left(\frac{C}{\mu}\right)^{1/2},$$

wobei C die Richtgröße bedeutet (analog zur makroskopischen Feder definiert) und μ die reduzierte Masse beider Atome ist. Die Schwingungsfrequenz des Kohlenmonoxids CO hat den Wert $\omega \approx 0{,}6 \cdot 10^{15}\ \mathrm{s}^{-1}$.

   a) Berechnen Sie μ in Gramm aus den Atommassen.
   Lösung: $1 \cdot 10^{-23}$ g.

   b) Berechnen Sie die Direktionskonstante C.
   Lösung: $4 \cdot 10^6$ dyn/cm.

2. *Gravitationskraft zwischen Punktmasse und unendlich ausgedehnter Linienmasse.* Zeigen Sie, daß eine unendlich lange linienförmige Masse der Liniendichte ρ auf eine Masse m im Abstand R eine Gravitationskraft der Größe $2\,\gamma\rho m/R$ ausübt.

3. *Gravitationskraft zwischen Punktmasse und endlich ausgedehnter Linienmasse.* Eine Punktmasse m befindet sich auf der Mittelsenkrechten einer Geraden der Länge 2 l und der Masse M. Der Abstand der Punktmasse von der Geraden ist x.

   a) Finden Sie einen Ausdruck für die potentielle Energie unter der Annahme, daß $W_p = 0$ ist für $x = \infty$.
   Lösung: $-(\gamma M m/l) \ln\{[l + (x^2 + l^2)^{1/2}]/x\}$.

   b) Bestimmen Sie die Gravitationskraft zwischen beiden Massen. Welche Richtung hat die Kraft?

   c) Zeigen Sie, daß sich die Lösung a) vereinfacht zu $W_p \approx -\gamma Mm/x$, wenn $x \gg l$ ist.
   Betrachten Sie einen dünnen Draht der Länge 2 m und der Liniendichte 2 g/cm.

   d) Welchen Wert hat die Gravitationskraft (in dyn), die vom Draht auf eine Punktmasse m = 0,5 g ausgeübt wird, die sich auf der Verlängerung der Drahtachse in 3 m Entfernung vom Zentrum des Drahtes befindet?

4. $(1/r^{2,1})$-*Kraftgesetz.* Bestimmen Sie die potentielle Energie eines Teilchens m_1, das sich innerhalb einer Kugelschale mit dem Radius R in einer Entfernung r vom Kugelmittelpunkt befindet. Die Masse der Kugelschale sei $4\,\pi\sigma R^2$. Man nehme an, daß die Kraft zwischen zwei Massen m_1 und m_2 durch

$$F = -\gamma \frac{m_1 m_2}{r^{2,1}}$$

gegeben ist, wobei γ eine Konstante ist. Ein solches Kraftgesetz ist in der Physik nicht bekannt. Man beachte die Auswirkung der Abweichung des Exponenten von r vom Wert 2,0 auf das Ergebnis.

5. *Gravitationspotential einer Sternanordnung.* Errechnen Sie das Gravitationspotential eines Systems von acht Sternen, die sich an den Eckpunkten eines Würfels mit der Kantenlänge 1 Parsek befinden. Jeder der acht Sterne habe eine Masse von der Größe der Sonnenmasse. Die Eigenenergie der Sterne sei vernachlässigt.
Lösung: $2 \cdot 10^{42}\,\mathrm{g} \cdot \mathrm{cm}^2/\mathrm{s}^2$.

6. *Gravitationsbeschleunigung an der Oberfläche eines weißen Zwergsterns.* Ein weißer Zwergstern hat die Masse der Sonne und den 0,02-fachen Sonnenradius. Diese Werte entsprechen denen des Syrius B. Er ist der bekannteste weiße Zwerg. Er ist der Begleiter des Sirius, des hellsten Sterms am Himmel. Man nimmt an, daß die weißen Zwerge den Endzustand einer stellaren Entwicklungsphase darstellen.

   a) Welchen Wert hat die Gravitationsbeschleunigung g an der Oberfläche des Sirius B?

   b) Welche Dichte weist der Sirius B auf?
   Lösung: $2 \cdot 10^5\ \mathrm{g/cm}^3$.

7. *Bahnbewegung von Doppelsternen.* Der Stern mit der größten Masse, der im Augenblick bekannt ist, ist der *J. S. Plaskettsche Stern.* Er ist ein Doppelstern, d.h. er besteht aus zwei Sternen, die durch Gravitation aneinander gebunden sind. Aus spektroskopischen Befunden weiß man folgendes:

   a) Die Umlaufzeit um den gemeinsamen Schwerpunkt beträgt 14,4 Tage ($1{,}2 \cdot 10^6$ s).

   b) Die Geschwindigkeit jedes Einzelsterns beträgt 220 km/s. Da beide Sterne nahezu gleich große, aber entgegengesetzte Geschwindigkeiten besitzen, können wir schließen, daß sie nahezu gleich weit vom Schwerpunkt entfernt sind und daß daher auch ihre Massen nahezu gleich groß sind.

   c) Die Bahn ist nahezu kreisförmig.

Aus diesen Angaben berechnen Sie die reduzierte Masse und den gegenseitigen Abstand der Sterne.
Lösung: $\mu \approx 0{,}6 \cdot 10^{35}$ g, Abstand $\approx 0{,}8 \cdot 10^{13}$ cm.

8. *Bewegung in einer Galaxis.* Eine kugelförmige Galaxis hat den Radius R_0 und die Masse M und besteht aus gleichmäßig verteilten Sternen. Ein Stern der Masse m in einer Entfernung $r < R_0$ vom Mittelpunkt bewegt sich unter dem Einfluß einer Zentralkraft, deren Stärke von der Masse abhängt, die von einer Kugel mit dem Radius r eingeschlossen wird.
   a) Wie groß ist die Kraft im Abstand r?
   b) Wie groß ist die Bahngeschwindigkeit des Sterns, wenn er sich auf einer Kreisbahn um das Zentrum bewegt?

9. *Zusammenhänge bei Ellipsenbahnen.*
   a) Zeigen Sie, daß der Drehimpuls eines Planeten auf einer elliptischen Bahn, die durch den Punkt P verläuft, der wie im Text vor Gl. (9.79) definiert sei, durch die Beziehung $L = \alpha L_0$ gegeben ist, wobei sich L_0 auf eine Kreisbahn durch P bezieht und α durch Gl. (9.79) definiert sei.
   b) Zeigen Sie, daß die Exzentrizität den Wert $e = |\alpha^2 - 1|$ besitzt.

10. *Bewegung einer Zwerggalaxis.* Man hat kürzlich herausgefunden, daß unsere Galaxis von einigen (mindestens sechs) sehr kleinen Zwerggalaxien umgeben ist. Ihre Nähe, ihre geringe Masse und ihre kleine Relativgeschwindigkeit, verglichen mit unserer Galaxis (die Geschwindigkeiten, die gemessen wurden, waren geringer als 10^7 cm/s), lassen vermuten, daß sie durch Gravitation an unser Sternsystem gebunden sind. Wir wollen eines dieser Sternsysteme, das sogenannte Skulptor-System betrachten. Sein Abstand vom Zentrum unserer Galaxis beträgt $2 \cdot 10^{23}$ cm. Seine Gesamtmasse wird aus Helligkeitsmessungen auf das $3 \cdot 10^6$-fache der Sonnenmasse geschätzt. Die Masse unserer Galaxis beträgt aufgrund von Abschätzungen etwa das $4 \cdot 10^{11}$-fache der Sonnenmasse. Man nehme an, daß das Skulptor-System sich auf einer Kreisbahn um unsere Galaxis bewegt.
    a) Berechnen Sie die Umlaufzeit.
    b) Bestimmen Sie die Bahngeschwindigkeit.
    c) Errechnen Sie die Relativbeschleunigung der Zwerggalaxis.

11. *Bahnen von Meteoriten.* Meteoriten sind kleine Körper im interplanetaren Raum, die sich in geschlossenen Bahnen um die Sonne bewegen. Manchmal treffen sie auf die Erdatmosphäre und erscheinen als Meteore, die mit Geschwindigkeiten im Bereich zwischen $1{,}1 \cdot 10^6$ cm/s und $7{,}5 \cdot 10^6$ cm/s beobachtet wurden und Höhen bis zu 10^7 cm über der Erdoberfläche aufwiesen. Die Bahn ist geschlossen, solange die Bahngeschwindigkeit den Wert der Fluchtgeschwindigkeit für den betreffenden Abstand von der Sonne

$$v_{max} = \left(\frac{2\gamma M_S}{R}\right)^{1/2}$$

nicht überschreiten. Wir wollen Reibung und Erdanziehung auf den Meteoriten vernachlässigen. Wie groß ist dann der Wert von v_{max} auf der Erdbahn?

12. *Gravitationsdruck im Erdmittelpunkt.* Betrachten Sie eine homogene kugelförmige Masse im hydrostatischen Gleichgewicht mit der Masse M und der Dichte ρ.
    a) Zeigen Sie, daß der Druck in einer Entfernung r vom Mittelpunkt die Größe

$$p = \frac{2\pi}{3}\rho^2\gamma(R^2 - r^2)$$

hat.
    b) Nehmen Sie für die Erde einen Radius $R = 6{,}3 \cdot 10^8$ cm und eine Dicht $\rho = 5{,}5$ g/cm^3 an und berechnen Sie den Druck im Erdmittelpunkt.
    Lösung: $1{,}7 \cdot 10^{12}$ dyn/cm^2.

13. *Messung von γ.* Sehr empfindliche Messungen können mit Quarzfäden durchgeführt werden. Die Zugfestigkeit eines Fadens hängt vom Quadrat des Radius, die Torsionskonstante dagegen von der vierten Potenz des Radius ab. Es ist daher vorteilhaft, mit kleinen Radien zu arbeiten, wenn man auf eine große Empfindlichkeit Wert legt, die durch kleine Werte der Torsionskonstanten erreicht wird. Die Torsionskonstante K ist definiert als Drehmoment je Winkeleinheit, als $M = -K\varphi$, wenn M das Drehmoment bezeichnet. Es ist nicht ungewöhnlich, mit Fäden zu arbeiten, deren K-Wert im Bereich 0,01 ... 1 dyncm/rad liegt. Spiegel und elektronische Hilfsmittel ermöglichen unter außergewöhnlichen Bedingungen Messungen bis herab zu 10^{-8} rad. Überlegen Sie sich unter Berücksichtigung der genannten Größenordnungen eine einfache Versuchsanordnung zur Messung der Gravitationskonstanten. (Dabei erwarten Sie aber nicht, einen Winkel von 10^{-8} rad messen zu können!) Der Wert der Torsionskonstanten für einen Faden mit dem Radius R und der Länge l (beide in cm gemessen) ist etwa

$$K \approx \frac{10^{11} R^4}{l} \text{ dyn cm/rad}.$$

14. *Stellare Energiequellen.* Die gesamte Energieerzeugung der Sonne, $4 \cdot 10^{33}$ erg/s, ist aus dem Anteil der Energie bekannt, der abgestrahlt wird. Angenommen, die Sonne hat seit dem Zeitpunkt ihrer Kondensation diesen Anteil über y Jahre abgestrahlt. Die Hälfte der Gravitationsenergie der Sonne ist in kinetische Energie umgewandelt worden (gemäß dem Virialsatz) und die andere Hälfte wurde abgestrahlt. Zeigen Sie, daß $y \approx 3 \cdot 10^7$ Jahre beträgt. Das Ergebnis für y ist viel zu klein. Wir wissen nämlich, daß die Sonne etwa $5 \cdot 10^9$ Jahre alt ist. (Man nimmt an, daß die Sonne mindestens so alt ist wie die Erde.) Die Leuchtkraft der Sonne kann nicht mit der Gravitationsenergie erklärt werden, sondern muß auf Kernenergie zurückgeführt werden.

15. *Plancksche Länge.* Zeigen Sie, daß mit der Gravitationskonstanten γ, der Lichtgeschwindigkeit c und der Planckschen Konstanten h (Energie mal Zeit) eine Größe gebildet werden kann, die die Dimension einer Länge besitzt. Sie wird manchmal Plancksche Länge genannt. Ihre Bedeutung ist noch nicht vollständig erkannt.

16. *Kugelsternhaufen.* Ein Kugelsternhaufen besteht aus etwa 10^5 Sternen, die kugelförmig verteilt sind (Bild 9.28). Der lineare Durchmesser eines Sternhaufens hat etwa die Größe von 40 Parsek.
    a) Wieviel Sterne sind in einem Kubik-Parsek enthalten, wenn wir eine gleichmäßige Verteilung der Sterne in dem Sternhaufen voraussetzen?
    b) Welche Größe hat die Gravitations-Eigenenergie eines Kugelsternhaufens? Nehmen Sie an, daß die mittlere Sternmasse von der Größe der Sonnenmasse ist. (Die Gravitationseigenenergie der einzelnen Sterne wird vernachlässigt.)

17. *Form der Wasseroberfläche für eine Erde mit exakter Kugelgestalt.* Eine Erde von gleichmäßiger Kugelgestalt ist mit Wasser der Dichte ρ bedeckt. Die Wasseroberfläche nimmt die Form eines Geoids an (abgeplattete Kugel), wenn sich die Erde mit der Winkelgeschwindigkeit ω dreht. Finden Sie eine Näherung für den Unterschied der Wassertiefen am Pol und am Äquator unter der Annahmen, daß die Wasseroberfläche eine Äquipotentialfläche darstellt. (Warum ist diese Annahme plausibel?) Vernachlässigen Sie die Gravitationskräfte der Wassermoleküle untereinander.

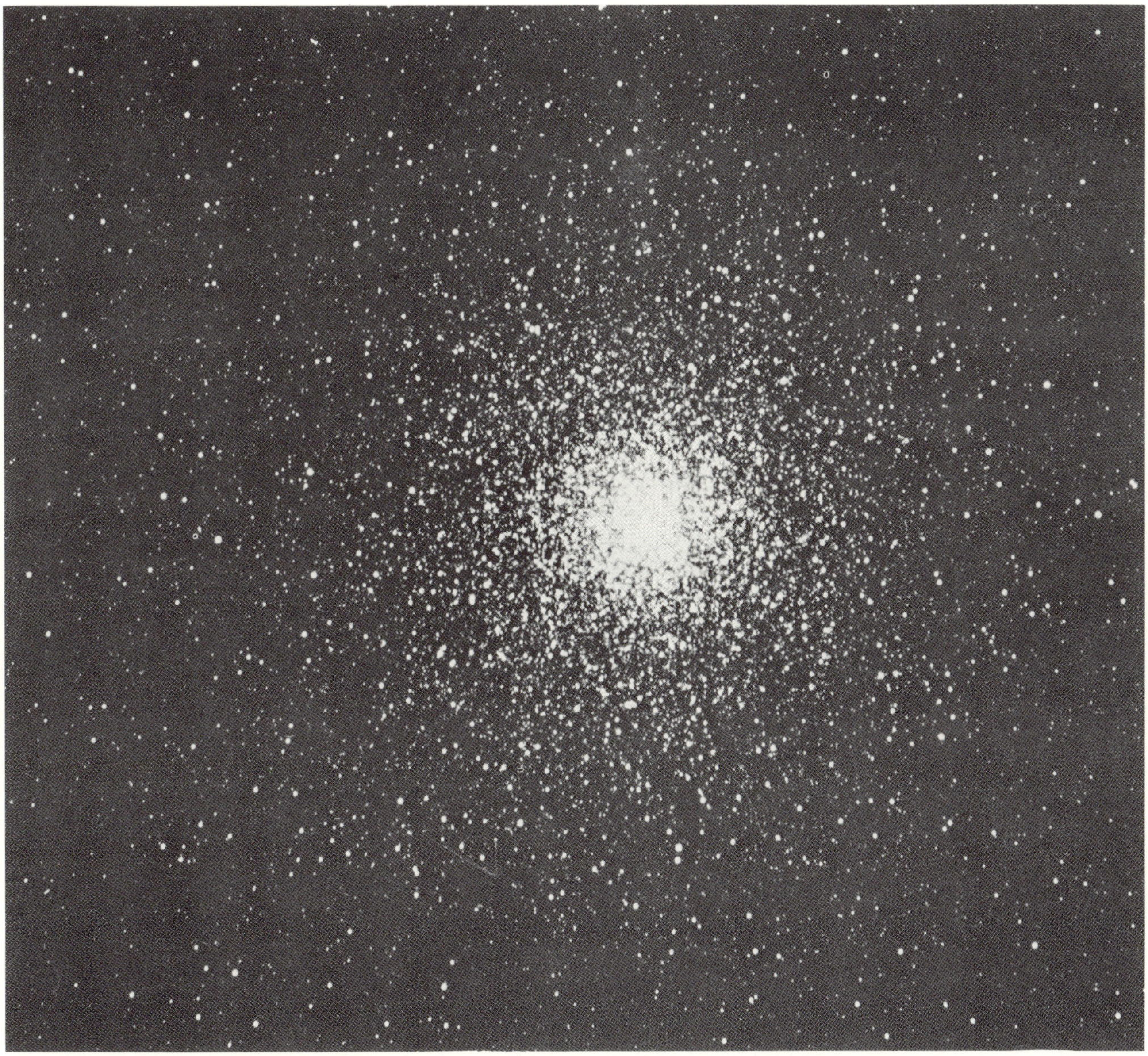

Bild 9.28. Kugelsternhaufen M 3 (*Aufnahme: Lick Observatorium*)

Hinweis: Bei gleichen Abständen r hat die Gravitationskraft auf eine Masseneinheit am Pol und am Äquator den gleichen Wert, aber am Äquator wirkt zusätzlich die Zentrifugalkraft $\omega^2 r$. Für die Kräfte gilt die Gleichung

$$F_{\text{Äqu.}}(r) = F_{\text{Pol}}(r) + \omega^2 r.$$

Die potentielle Energie einer Masseneinheit auf der rotierenden Erde ist

$$W_{p\,\text{Äqu.}}(r) = W_{p\,\text{Pol}}(r) + \frac{1}{2}\,\omega^2 r^2 ,$$

wenn die potentielle Energie im Erdmittelpunkt zu Null angesetzt wird. $D_{\text{Äqu.}}$ und D_{Pol} sind die Abweichungen von der Kugelgestalt. Zeigen Sie, daß

$$g\,(D_{\text{Äqu.}} - D_{\text{Pol}}) \approx \frac{1}{2}\,\omega^2 R_E^2$$

ist, wenn $W_{p\,\text{Äqu.}}$ für $R_E + D_{\text{Äqu.}}$ und $W_{p\,\text{Pol}}$ für $R_E + D_{\text{Pol}}$ gleich groß sind. (R_E ist der Erdradius und g die Erdbeschleunigung.) Daraus folgt

$$\frac{D_{\text{Äqu.}} - D_{\text{Pol}}}{R_E} \approx \frac{\omega^2 R_E}{g} \approx \frac{3{,}4}{980} \approx \frac{1}{288}.$$

Der gemessene Wert unter Berücksichtigung der wahren Gestalt der Erde beträgt 1/298,4.

18. *Die Entstehung der Gezeiten.* Erörtern Sie die Entstehung der Gezeiten unter der Annahme, daß die Kraft, die auf das Wasser einwirkt, im wesentlichen aus der Differenz zwischen der Anziehungskraft des Mondes und der Erde besteht. Falls Interesse an einer detaillierten Erklärung besteht, lesen Sie in

einer guten Enzyklopädie oder in einem Einführungswerk der Astronomie nach. Beantworten Sie in der Erörterung sorgfältig folgende Frage: Warum treten gleichzeitig auf der mondzugewandten und auf der mondabgewandten Seite der Erde Gezeiten auf, d.h. warum gibt es zwei Gezeiten am Tag (und nicht nur eine)?

9.8. Weiterführende Probleme

1. Der Virialsatz. Wir haben weiter oben ein wichtiges Ergebnis ohne Beweis angegeben: Es gibt kein stabiles Gleichgewicht für Teilchen, für deren Wechselwirkungskräfte das $(1/r^2)$-Kraftgesetz gilt. Das bedeutet, daß in einem solchen System kein Zustand stabil sein kann, für den die kinetische Energie des Systems verschwindet. Dieses Ergebnis gilt gleichermaßen für die Elektronen in einem Atom, für die Atome eines Sterns und für die Sterne in einer Galaxis. Das Universum muß daher bei jeglicher Beobachtung aus Körpern zusammengesetzt sein, die sich bewegen und lediglich bei einer Mittelung können wir irgendeinen Teil der natürlichen Welt als bewegungslos betrachten. Wir können einen stabilen Zustand haben, in dem bei (geeigneter) Mittelung keine großen Änderungen auftreten, aber es gibt keinen statischen Zustand ohne Bewegung.

Die Anwendung des Virialsatzes [1]) liefert den Mittelwert der kinetischen Energie (über lange Zeiten) für Teilchen, die durch Kräfte gebunden sind, die dem Entfernungsquadratgesetz gehorchen

$$\langle \text{Kinetische Energie} \rangle = -\frac{1}{2} \langle \text{Potentielle Energie} \rangle . \tag{9.93}$$

Die Klammern kennzeichnen den Mittelwert über sehr lange Zeiten. (Es dürfte klar sein, was „sehr lang" in einem speziellen Fall bedeutet.) Die potentielle Energie soll Null sein, wenn alle Teilchen unendlich weit voneinander entfernt sind.

Wir wollen jetzt den Virialsatz für Kräfte beweisen, die mit dem Entfernungsquadrat abnehmen. Dazu betrachten wir die Bewegung eines Teilchens in einem Zentralfeld, das durch das Potential

$$W_p(r) = \frac{C}{r} \tag{9.94}$$

beschrieben werden kann, wobei C eine Konstante ist. Die Bewegungsgleichung für Geschwindigkeiten im nichtrelativistischen Bereich lautet

$$\mathbf{F} = \frac{C}{r^2}\hat{\mathbf{r}} = m\dot{\mathbf{v}} . \tag{9.95}$$

[1]) Der Virialsatz ist nicht auf Kräfte beschränkt, die mit dem Quadrat der Entfernung abnehmen. Der Faktor $-\frac{1}{2}$ in Gl. (9.93) ist allerdings nur für solche Kräfte gültig.

Skalare Multiplikation mit **r** führt Gl. (9.95) über in

$$\mathbf{r} \cdot \mathbf{F} = \frac{C}{r} = m\mathbf{r} \cdot \dot{\mathbf{v}} = W_p(r) . \tag{9.96}$$

Ferner gilt

$$m\frac{d}{dt}(\mathbf{r} \cdot \mathbf{v}) = m\dot{\mathbf{r}} \cdot \mathbf{v} + m\mathbf{r} \cdot \dot{\mathbf{v}} = m\mathbf{v} \cdot \mathbf{v} + m\mathbf{r} \cdot \dot{\mathbf{v}} . \tag{9.97}$$

Durch Kombination der Gln. (9.96) und (9.97) erhalten wir

$$m\frac{d}{dt}(\mathbf{r} \cdot \mathbf{v}) = 2W_k + W_p . \tag{9.98}$$

(Hierbei ist $W_k = \frac{1}{2}mv^2$ die kinetische Energie.) Oder

$$\frac{1}{2}m\frac{d}{dt}(\mathbf{r} \cdot \mathbf{v}) = \frac{1}{2}mv^2 + \frac{C}{2r} = \frac{1}{2}mv^2 + \frac{1}{2}W_p(r) . \tag{9.99}$$

Falls das Potential anziehend ist, ist C negativ und ein gebundener Zustand ist möglich, wobei das Teilchen irgendwo in einem endlichen Volumen um das Kraftzentrum bleibt. In einem gebundenen Zustand muß das Teilchen früher oder später seine Bewegungsrichtung umkehren und $\mathbf{r} \cdot \mathbf{v}$ muß eine obere Grenze besitzen. Diese Größe nimmt im Mittel so oft zu, wie sie abnimmt. Daher muß der zeitliche Mittelwert von $d(\mathbf{r} \cdot \mathbf{v})/dt$ in einem gebundenen Zustand Null sein, wenn wir die Mittelung über viele Bewegungsperioden erstrecken. Der zeitliche Mittelwert von Gl. (9.99) ergibt daher für einen gebundenen Zustand

$$\frac{1}{2}m\langle v^2 \rangle = -\frac{1}{2}\langle W_p \rangle \tag{9.100}$$

oder

> Für ein Teilchen, das durch eine Anziehung nach dem $(1/r^2)$-Gesetz gebunden ist, ist der Mittelwert der kinetischen Energie gleich dem negativen halben Mittelwert der potentiellen Energie.

Gl. (9.100) wird *Virialtheorem* genannt. Dieses Theorem sagt nicht aus, daß kinetische und potentielle Energie zu jedem Zeitpunkt durch Gl. (9.100) verknüpft sind, sondern es sagt etwas über die Mittelwerte über lange Zeiten aus.

Das Theorem bleibt auch für eine beliebige Anzahl von Teilchen gültig, die durch gegenseitige Anziehung nach dem $(1/r^2)$-Gesetz in einem endlichen Volumen gehalten werden, sogar wenn nicht alle Massen gleich groß sind, und auch noch, wenn einige der Kräfte abstoßend sind (z.B. für Elektronen und Nukleonen, die ein Molekül bilden). Um dieses zu beweisen, betrachten wir n Teilchen mit den Massen $m_1, m_2, \ldots, m_n$. Die potentielle Energie zwischen dem i-ten und dem j-ten Teilchen schreiben wir in der Form

$$W_{p\,ij} = \frac{C_{ij}}{r_{ij}} . \tag{9.101}$$

wobei C_{ij} eine positive oder negative Konstante ist und $\mathbf{r}_{ij} = \mathbf{r}_i - \mathbf{r}_j$. Definitionsgemäß ist

$$C_{ji} = C_{ij} \,. \tag{9.102}$$

Die gesamte potentielle Energie hat den Wert

$$W_p = \frac{1}{2} \sum_{i=1}^{n}{}' \sum_{j=1}^{n} \frac{C_{ij}}{r_{ij}} \,, \tag{9.103}$$

wobei der Faktor $\frac{1}{2}$ erscheint, weil jedes Paar in der Doppelsumme zweifach gezählt wird. Der Strich an dem einen Summationszeichen weist darauf hin, daß die Terme mit i = j von der Summation ausgeschlossen werden sollen.

Wir beweisen nun das verallgemeinerte Virialtheorem, indem wir mit den n Bewegungsgleichungen (eine für jedes Teilchen) beginnen:

$$m_i \dot{\mathbf{v}}_i = \sum_{j=1}^{n}{}' \frac{C_{ij}}{r_{ij}^3} (\mathbf{r}_i - \mathbf{r}_j) \,. \tag{9.104}$$

Wir bilden zuerst das Skalarprodukt beider Seiten mit $\mathbf{r}_i$ und summieren über alle Teilchen:

$$\sum_{i=1}^{n} m_i (\mathbf{r}_i \cdot \mathbf{v}_i) = \sum_{i=1}^{n}{}' \sum_{j=1}^{n} \frac{C_{ij}}{r_{ij}^3} (\mathbf{r}_i - \mathbf{r}_j) \cdot \mathbf{r}_i \,. \tag{9.105}$$

Jeder Term der linken Seite kann in der Art von Gl. (9.97) ausgedrückt werden, so daß die linke Seite von Gl. (1.05) geschrieben werden kann als

$$L = -\sum_{i=1}^{n} m_i v_i^2 + \frac{d}{dt} \sum_{i=1}^{n} m_i (\mathbf{r}_i \cdot \mathbf{v}_i) \tag{9.106}$$

oder

$$L = -2\,(\text{kin. Energie}) + \frac{1}{2} \frac{d^2}{dt^2} \sum_{i=1}^{n} m_i r_i^2 \,. \tag{9.106a}$$

In der letzten Gleichung haben wir von der Identität

$$\frac{d}{dt} \mathbf{r} \cdot \mathbf{r} \equiv 2 \mathbf{r} \cdot \dot{\mathbf{r}} \equiv 2 \mathbf{r} \cdot \mathbf{v}$$

Gebrauch gemacht.

Die rechte Seite von Gl. (9.105) lautet

$$R = \sum_i{}' \sum_j \frac{C_{ij} (\mathbf{r}_i - \mathbf{r}_j) \cdot \mathbf{r}_i}{r_{ij}^3} \,. \tag{9.107}$$

Hierbei sind i und j Scheinindizes, die wir durch andere Symbole ersetzen können, ohne den Wert von *R* zu ändern. Wir können also auch schreiben:

$$R = \sum_i{}' \sum_j \frac{C_{ji} (\mathbf{r}_j - \mathbf{r}_i) \cdot \mathbf{r}_j}{r_{ji}^3} \,. \tag{9.108}$$

Es ist aber $r_{ij} = r_{ji}$ und wegen Gl. (9.102) auch $C_{ij} = C_{ji}$, so daß sich Gl. (9.108) darstellen läßt als

$$R = -\sum_i{}' \sum_j \frac{C_{ij}}{r_{ij}^3} (\mathbf{r}_i - \mathbf{r}_j) \cdot \mathbf{r}_j \,. \tag{9.109}$$

Wenn wir die Hälfte von Gl. (9.107) zu der Hälfte von Gl. (9.109) addieren und berücksichtigen, daß $(\mathbf{r}_i - \mathbf{r}_j)(\mathbf{r}_i - \mathbf{r}_j) = r_{ij}^2$ ist, erhalten wir

$$R = \frac{1}{2} \sum_i{}' \sum_j \frac{C_{ij}}{r_{ij}} = W_p \,, \tag{9.110}$$

also die gleiche potentielle Energie wie in Gl. (9.103). Gleichsetzen von *L* und *R* aus den Gln. (9.106a) und (9.110) ergibt

$$-\frac{1}{2} \frac{d}{dt} \left(\sum m_i \mathbf{r}_i \cdot \mathbf{v}_i \right) + \left(\begin{array}{c} \text{gesamte} \\ \text{kin. Energie} \end{array} \right) = -\frac{1}{2} \left(\begin{array}{c} \text{gesamte} \\ \text{pot. Energie} \end{array} \right) . \tag{9.111}$$

Der Langzeit-Mittelwert des ersten Terms der linken Seite von Gl. (9.111) ist Null, wenn die Teilchen für unbestimmte Zeit in einem endlichen Volumen bleiben. Wir behalten daher für Teilchen, die durch Gravitationskräfte (oder elektrostatische Kräfte) *gebunden* sind, folgende Gleichung übrig:

$$\boxed{\langle \text{gesamte kin. Energie} \rangle = -\frac{1}{2} \langle \text{gesamte pot. Energie} \rangle} \tag{9.112}$$

Wenn die Teilchen in einem Behälter eingeschlossen sind, üben die Wände des Behälters zusätzliche Kräfte aus, die in der Ableitung nicht berücksichtigt worden sind und die Gl. (9.112) manchmal ziemlich komplizieren können. Gl. (9.112) bleibt auch dann noch gültig, wenn zur Beschreibung des Verhaltens der Teilchen quantentheoretische Korrekturen angebracht werden müssen. Wir können das Virialtheorem bei der Beschreibung von Elektronen und Nukleonen in Molekülen und Kristallen anwenden und ebensogut auf die in einem Stern gebundenen Atome oder auf die in einer Galaxis gebundenen Sterne.

Aus dem allgemeinen Virialtheorem Gl. (9.112) folgt nicht nur, daß kinetische Energie vorhanden sein muß, wenn Teilchen durch Kräfte nach dem $(1/r^2)$-Gesetz aneinander gebunden sind, sondern auch, daß kinetische und potentielle Energien stets vergleichbare Werte besitzen. Selbst wenn eine Anzahl von Teilchen anfangs in Ruhe ist, werden die Teilchen durch die $(1/r^2)$-Kräfte zueinander gezogen. Der Betrag der kinetischen Energie wächst dabei und der Betrag der potentiellen Energie nimmt ab, bis schließlich der Mittelwert der kinetischen Energie halb so groß ist wie der Mittelwert der potentiellen Energie. In dem unten aufgeführten Beispiel benutzen wir das Virialtheorem, um die Temperatur in der Sonne abzuschätzen, die wie fast alle Sterne aus einer Masse dichter heißer Gase besteht.

Das Virialtheorem liefert den Schlüssel für die innere Struktur aller Materie, in der Kohäsionskräfte nach dem $(1/r^2)$-Gesetz die entscheidende Rolle spielen. Der mittlere Abstand zwischen Atomen und Kernen in einem normalen Stern ist vermutlich stets größer als 10^{-10} cm für Dichten kleiner als $10^7\,g/cm^3$. Die starken nuklearen Kräfte haben eine zu geringe Reichweite ($\approx 10^{-13}$cm) um bei derartigen Entfernungen noch wirksam zu sein. Daher ist es die Gravitationskraft, die die Sterne zusammenhält.

• **Beispiele**: *1. Die Innentemperatur der Sonne.* Wir wollen die mittlere Temperatur im Sonneninneren abschätzen. Die Gravitations-Eigenenergie W_p eines homogenen Sterns mit der Masse M_S und dem Radius R_S ist (s.o.)

$$W_p = -\frac{3\gamma M_S^2}{5 R_S} . \tag{9.113}$$

Die mittlere kinetische Energie eines einzelnen Atoms in einem Stern ist proportional zur absoluten Temperatur T [1]):

$$\langle W_k \text{ des Teilchens} \rangle = \frac{3}{2} kT . \tag{9.114}$$

k ist die Boltzmann-Konstante:

$$k = 1{,}38 \cdot 10^{-16} \text{erg/K} . \tag{9.115}$$

Die gesamte kinetische Energie in einem Stern hat den Wert $\frac{3}{2} knT_m$, wobei T_m die mittlere Temperatur im Sterninneren ist und n die Anzahl der Atome im Stern bedeutet. Aus Gl. (9.113) ergibt sich bei Anwendung des Virialtheorems:

$$\begin{aligned} \frac{3}{2} nkT_m &= \langle W_k \text{ aller Atome} \rangle \\ &= -\frac{1}{2} \langle W_p \text{ der Sonne} \rangle \approx \frac{3\gamma M_S^2}{10 R_S} \end{aligned} \tag{9.116}$$

Daraus folgt

$$T_m \approx \frac{\gamma M_S^2}{5 R_S\, nk} = \frac{\gamma M_S m}{5 R_S k} , \tag{9.117}$$

wobei $m = M_S/n$ die mittlere Masse eines Atoms im Stern ist. In einem Stern sind Wasserstoff und Helium normalerweise am häufigsten vertreten.

Die Sonnenmasse beträgt $2 \cdot 10^{33}$g und der Sonnenradius ungefähr $7 \cdot 10^{10}$cm. Wir wollen m mit $3 \cdot 10^{-24}$g ansetzen, also als zweifache Protonenmasse [2]). Dann errechnen wir

$$T_m \approx \frac{7 \cdot 10^{-8} \cdot 2 \cdot 10^{33} \cdot 3 \cdot 10^{-24}}{5 \cdot 7 \cdot 10^{10} \cdot 1 \cdot 10^{-16}} \text{K} \approx 10^7 \text{K} . \tag{9.118}$$

Dieser Temperatur entspricht eine Energie von der Größenordnung 10^3eV. Sie reicht aus, um Atome mit niedriger Ordnungszahl vollständig zu ionisieren. Da der Wasserstoff und das Helium ionisiert sind, vergrößert sich die Zahl der Teilchen um die Zahl der Elektronen und daher verringert sich die Temperatur, wie wir aus Gl. (9.117) erkennen, auf vielleicht die Hälfte oder auf ein Drittel des Wertes der Gl. (9.118). Man nimmt an, daß die Sonne nicht überall im Volumen die gleiche Temperatur besitzt. Der von uns errechnete Wert stimmt etwa mit dem Wert überein, der sich aus sorgfältigen Rechnungen für die Temperatur des Sonnenkerns ergibt. Die Oberflächentemperatur ist sehr viel niedriger. Aus dem Strahlungsfluß der Sonne kann man den Wert der Oberflächentemperatur auf etwa 6 000 K abschätzen. Unser Ergebnis Gl. (9.118) für die mittlere Temperatur der Sonne ist also mehr als 1000-fach größer als die optisch ermittelte Oberflächentemperatur.

Dieses bemerkenswerte Resultat haben wir mit ein wenig Theorie und mit wenigen experimentellen Daten gefunden, ohne daß wir die Erde verlassen mußten. Wir können nicht in das Innere der Sonne sehen und trotzdem konnten wir mit einiger Sicherheit die thermischen Bedingungen berechnen, die dort herrschen. (Die Strahlungsleistung der Sonne hängt von der Verbrennungsrate der Atome im Kern ab und ermöglicht eine unabhängige Abschätzung der Kerntemperatur.) •

• *2. Kondensation von Galaxien.* Nehmen wir an, wir haben eine Wolke von Teilchen, die sich paarweise mit Gravitationskräften anziehen und auf die sich eine abschätzbare Energie verteilt. Unter welchen Bedingungen kann die Wolke expandieren oder kontrahieren, und unter welchen Bedingungen behält sie ihre mittlere Größe bei?

Aus der Energieerhaltung folgt, daß kinetische und potentielle Energien miteinander verknüpft sind durch

$$W = W_k + W_p . \tag{9.119}$$

Das Verhalten der Wolke hängt ab von dem Verhältnis der Anfangswerte für die kinetische Energie und für die stets negative potentielle Energie:

a) Wenn $W_k > |W_p|$ ist, wird die Gesamtenergie positiv und die Wolke (oder zumindestens ein Teil von ihr) expandiert ins Unendliche. Wir zeigen dieses, indem wir nachweisen, daß sonst ein Widerspruch zum Virialtheorem entsteht.
Bleibt die Wolke in einem endlichen Volumen, so sind die Voraussetzungen für die Gültigkeit des Virialtheorems erfüllt. Danach ist $\langle W_p \rangle = -2 \langle W_k \rangle$, so daß

$$\langle W \rangle = \langle W_k \rangle + \langle W_p \rangle = -\langle W_k \rangle \leqslant 0 \tag{9.120}$$

ist, wobei die Klammern die Mittelwertbildung symbolisieren. W ist aber zeitunabhängig, so daß $\langle W \rangle = W$ ist und nach Gl. (9.12) $W \leqslant 0$ wird. Das Ergebnis widerspricht der Annahme, daß $W_k > |W_p|$ sein soll und

1) Diese Gesetzmäßigkeit wird auch als Gleichverteilung der Energie bezeichnet. Wir werden sie in Band 5 erörtern. Sie gilt nicht mehr (aufgrund von Quanteneffekten) bei sehr hohen Dichten, aber sie reicht aus für die Verhältnisse, die in den meisten heißen Sternen vorliegen.

2) Die relative Häufigkeit des Wasserstoffs in der Sonne wird auf etwa 60 Massenprozent geschätzt. Der Rest besteht größtenteils aus Helium, aus wenig Sauerstoff und aus Spuren anderer Elemente.

darum kann die Wolke nicht in einem endlichen Volumen bleiben; sie muß expandieren.

b) Wenn $W_k < |W_p|$ ist, wird $W < 0$ und die Teilchenmasse in der Wolke kann nicht ins Unendliche expandieren. Bei unendlich großen Abständen würde die potentielle Energie verschwinden und die gesamte Energie bestünde aus kinetischer Energie und wäre daher positiv. Da die Anfangsenergie W negativ war, kann dieser Endzustand nicht von allen Teilchen erreicht werden, obwohl es möglich ist, daß einige Teilchen aufgrund ihrer Anfangsbedingungen ins Unendliche entweichen können. Im allgemeinen können wir erwarten, daß solch eine Teilchenwolke zusammenhält, da das Virialtheorem für zeitliche Mittelwerte gelten muß. Wir werden weiter unten zeigen, daß eine hinreichend große Gaswolke mit $W < 0$ letztlich zu einem Stern kondensiert. Dieser Schluß stellt keinen sicheren Beweis dafür dar, daß die Sterne in dieser Weise entstanden sind, sondern er macht lediglich plausibel, daß sie so entstanden sein könnten. •

Auswirkung von Energieverlusten durch Strahlung. Heiße Körper geben Energie in Form elektromagnetischer Strahlung ab. Wenn die Temperatur des Körpers absinkt, nimmt die Strahlungsleistung ab, sie verschwindet aber erst, wenn die Temperatur den absoluten Nullpunkt erreicht. Die Temperatur einer Gaswolke, die durch Gravitation zusammengehalten wird, kann aber nicht Null sein. In Wirklichkeit nimmt die Temperatur der Wolke zu, wenn sie Energie abstrahlt.

Dieses paradox klingende Ergebnis folgt direkt aus dem Virialtheorem und dem Äquipartitionsprinzip. Nach Gl. (9.120) ist die Gesamtenergie W mit dem zeitlichen Mittelwert der kinetischen Energie durch die Beziehung

$$W = -\langle W_k \rangle \qquad (9.121)$$

verknüpft und wir erhalten nach dem Äquipartitionsprinzip Gl. (9.114) für n Punktmassen, die im thermischen Gleichgewicht mit der Temperatur T stehen:

$$\langle W_k \rangle = \frac{3}{2} nkT \quad . \qquad (9.122)$$

Daraus folgt

$$W = -\frac{3}{2} nkT, \qquad T = -\frac{2}{3\,nk} W \, . \qquad (9.123)$$

Eine Änderung der Energie W um ΔW bewirkt eine Temperaturänderung ΔT, die nach Gl. (9.123) die Größe

$$\Delta T = -\frac{2}{3\,nk} \Delta W \qquad (9.124)$$

hat. Wenn also ΔW aufgrund der Strahlungsverluste negativ ist, muß ΔT positiv sein. Ferner müssen nach dem Virialtheorem die Mittelwerte $\langle W_k \rangle$ und $|\langle W_p \rangle|$ wachsen, wenn W kleiner wird. Die Zunahme von $|\langle W_p \rangle|$ bedeutet, daß die Bindung durch Gravitation stärker wird, so daß die Wolke zusammenschrumpft. In der gleichen Weise vergrößert ein Satellit, der durch Reibung an Höhe verliert, seine kinetische Energie.

Dadurch, daß Energie abgestrahlt wird, schrumpft die Wolke und wird heißer. In dem Maße, wie sie heißer wird, verstärkt sich sowohl die Energieabstrahlung als auch die Schrumpfung, so daß die mittlere Temperatur steil anwächst. Gl. (9.117) gibt an, wie sich der Radius verringert, wenn die mittlere Temperatur zunimmt. Schließlich wird die Temperatur so groß, daß Kernreaktionen stattfinden können.[1]) Der Schrumpfungsprozeß wird abgebremst oder beendet, wenn die Kernreaktionen zur Hauptenergiequelle geworden sind, da der wachsende Strahlungsdruck eine weitere Kontraktion des Sterns verhindert. In diesem Stadium befindet sich gegenwärtig unsere Sonne. In etwa $7 \cdot 10^9$ Jahren, wenn der Wasserstoff der Sonne nahezu vollständig zu Helium verbrannt sein wird, beginnt die Schrumpfung erneut und die mittlere Temperatur im Innern der Sonne fängt wieder an zu wachsen.[2])

Aus jeder hinreichend großen Gaswolke, die durch Gravitationskräfte zusammengehalten wird, entsteht zwangsläufig ein Stern (oder mehrere). Dies ist eine notwenige Folge der $(1/r^2)$-Anziehung.

Wir wollen jetzt einen spekulativen Versuch machen, unser Verständnis für die Natur der Gravitationsanziehung auf die Frage anzuwenden, warum die Sterne Galaxien (Bild 9.29) bilden. Eine typische Galaxis besteht aus ungefähr $10^9 \dots 10^{11}$ Sternen. Wir begeben uns jetzt in ein weit weniger gesichertes Gebiet als im vorigen Abschnitt. Wir wollen versuchen, ein bewährtes und widerspruchsloses Modell, nämlich die Entwicklung eines Sterns, auszuweiten auf die Entstehung einer Galaxis, die weit weniger gut verständlich ist. Diese Erweiterung ist etwas gewagt und voreilig, aber typisch für den ersten Versuch, Erscheinungen, die man noch nicht versteht, durch bekannte Gesetze der Physik zu erklären. (Ein großer Teil der wegbereitenden Arbeit in den exakten Wissenschaften zeichnet sich durch kühne Näherungen, Vereinfachungen und Erweiterungen aus.)

[1]) Zu einer Kernreaktion kann es nur dann kommen, wenn zwei Kerne sich für einen Augenblick auf eine Entfernung von weniger als 10^{-13} cm nähern. Die hierbei auftretende Coulomb-Abstoßung kann erst bei Temperaturen $T > 10^7$ K für Protonen und bei $T > 10^8$ K für Heliumkerne überwunden werden. Man kann diese Reaktionstemperaturen mit Hilfe der Quantentheorie abschätzen.

[2]) In einigen Entwicklungsstadien eines Sterns ist Gl. (9.114) nicht erfüllt, so daß unsere qualitativen Betrachtungen nicht mehr richtig sind. Wie bei normalen Festkörpern und Flüssigkeiten können auch bei einer Teilchenmenge, die durch Anziehungskräfte gebunden ist, Strahlung und Schrumpfung aufhören, wenn quantenmechanische Betrachtungen eine Rolle spielen. In den Bänden 4 und 5 werden wir die Natur von Quanteneffekten und ihre Wichtigkeit in verschiedenen Situationen abzuschätzen lernen.

Bild 9.29. Spiralgalaxis M 81 *(Aufnahme: Lick Observatorium)*

Aus der Tatsache, daß eine Gasmasse kontrahiert, wenn die potentielle Energie merklich größer als die kinetische Energie ist, können wir schließen, daß jede hinreichend große Gasmasse mit gleichmäßiger Dichte und Temperatur instabil ist. Einzelne Teile der Masse bilden unabhängig voneinander große Klumpen, wenn der Betrag ihrer potentiellen Energie größer als der zweifache Wert der kinetischen Energie ist. Der Radius eines solchen Klumpens ergibt sich aus Gl. (9.117):

$$\frac{\gamma m^2}{5R} \gtrsim nkT\,, \qquad (9.125)$$

wobei n die Teilchenzahl und m die Masse des Klumpens angibt. Das Ungleichheitszeichen in Gl. (9.125) gilt für den Fall, daß der Klumpen sich im Verdichtungsprozeß befindet und nicht im stabilen Zustand, den das Virialtheorem ins Auge faßt. Wenn wir annehmen, daß das Gas aus Wasserstoffatomen der Masse m_H besteht, dann ist $M = n \cdot m_H$ oder $M = (\frac{4}{3})\pi/R^3 N m_H$, wobei N die Konzentration der H-Atome angibt. Damit erhält Gl. (9.125) die Form

$$R^2 > \frac{kT}{\gamma N m_H^2}\,, \qquad (9.126)$$

wenn wir Zahlenfaktoren, die etwa den Wert Eins haben, in Hinblick auf die Ungenauigkeit der Abschätzung fortlassen.

Aus Gl. (9.126) läßt sich ein bemerkenswertes Ergebnis ablesen: Gleichmäßig verteiltes Wasserstoffgas mit einer Dichte, wie man sie für den intergalaktischen Raum ansetzt, würde von sich aus Wolken bilden, deren Masse mit der von Galaxien vergleichbar ist. Abschätzungen der Konzentration und Temperatur des intergalaktischen Wasserstoffs ergeben $n \approx 10^{-5}\,\mathrm{cm}^{-3}$ und $T \approx 10^4\,\mathrm{K}$. Damit ein Teil der Wolke kontrahieren kann, muß der Radius R der Bedingung

$$R^2 > \frac{10^{-16} \cdot 10^4}{10^{-7} \cdot 10^{-5} \cdot 10^{-48}}\,\mathrm{cm}^2 = 10^{48}\,\mathrm{cm}^2 \qquad (9.127)$$

genügen. Daraus folgt, daß $R > 10^{24}$ cm sein muß. Die Masse einer Wolke mit diesem Radius beträgt

$$m \approx (10^{24})^3 \cdot 10^{-5} \cdot 10^{-24}\,\mathrm{g} = 10^{43}\,\mathrm{g}\,. \qquad (9.128)$$

Wir wissen aus Beobachtungen, daß der Abstand zwischen Galaxien etwa $3 \cdot 10^{24}$ cm beträgt. Er liegt also in der Größenordnung des Anfangsradius, den wir mit Gl. (9.127) abgeschätzt haben. Der Radius unserer Galaxis beträgt etwa 10^{23} cm. Die Sonnenmasse hat die Größe $2 \cdot 10^{33}$ g, so daß die minimale Masse einer Gaswolke, die zur selbständigen Kontraktion ausreicht, etwa $5 \cdot 10^9$ Sonnenmassen beträgt. Die Masse der Galaxis wird aufgrund von Beobachtungen, insbesondere Helligkeitsmessungen, auf $10^9 \ldots 10^{11}$ Sonnenmassen geschätzt. Dies ist eine brauchbare Übereinstimmung mit der Annahme, daß Galaxien durch selbständige Kondensation entstanden sind, hervorgerufen durch langreichweitige Gravitationskräfte in einem Gas, das ähnliche Eigenschaften aufwies wie das Gas, das möglicherweise noch im intergalaktischen Raum vorhanden ist. Voraussetzungen in dem galaktischen Gas, über die wir nur Mutmaßungen anstellen können, mögen dazu geführt haben, daß sich in einer Galaxis durch einen Mechanismus Sterne gebildet haben, der sich nicht sehr von dem unterschieden haben mag, der zur Entstehung der Galaxis selbst führte.

Wir wollten keine detaillierte und widerspruchsfreie dynamische Theorie der Entstehung von Galaxien geben. Wir haben nur eine suggestive Abschätzung gemacht, die auf Werte für die Massen von Galaxien und intergalaktische Entfernungen führte, die nicht unverträglich sind mit astrophysikalischen Beobachtungsergebnissen. Aus der Übereinstimmung der Größenordnungen können wir schließen, daß die physikalischen Voraussetzungen unserer Abschätzung im wesentlichen richtig waren oder daß wir Opfer einer zufälligen Übereinstimmung geworden sind. Wir haben keine Erklärung für den Ursprung der gleichmäßigen Verteilung eines Gases gegeben. Ferner lassen sich unsere Schlüsse nicht notwendig auf ein expandierendes Universum anwenden, weil die kinetische Energie der Expansion eine Kondensation verhindern könnte.

2. Numerische Berechnung von Planetenbahnen.[1]) Wir wollen die Bahnkurve eines Planeten um die Sonne numerisch berechnen. Wir wissen, daß die Bahnkurve in einer Ebene verläuft, in der der Mittelpunkt der Sonne liegt. Zur Beschreibung der Planetenbahn sind daher zwei Koordinaten nötig. Wir wählen rechtwinklige Koordinaten x und y mit dem Koordinatenursprung in der Sonne (Bild 9.30). Die Gravitationskraft F läßt sich in zwei Komponenten F_x und F_y zerlegen. Aus Bild 9.30 entnimmt man folgende Beziehungen:

$$\frac{F_x}{|F|} = -\frac{x}{r}, \qquad \frac{F_y}{|F|} = -\frac{y}{r}.$$

|F| ergibt sich aus dem Gravitationsgesetz zu

$$|F| = \gamma \frac{Mm}{r^2}.$$

[1]) Dieses Beispiel wurde entnommen aus *R.P. Feynman, R.B. Leighton* und *M. Sands, The Feynman lectures of physics,* vol. I, sec. 9–7 (Addison-Wesley, Reading, Mass., 1963) mit freundlicher Genehmigung der Autoren und des Verlages.

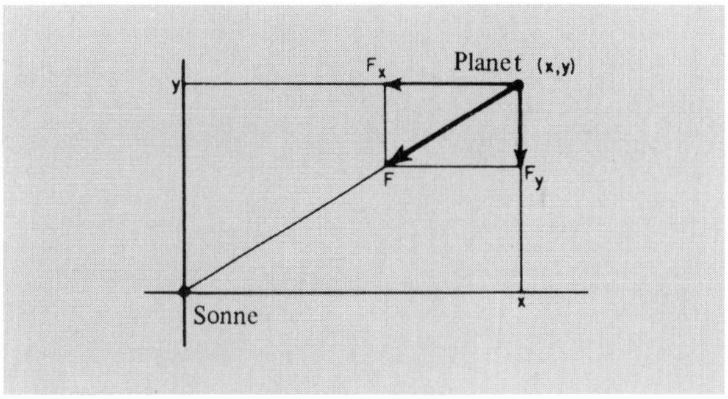

Bild 9.30. Zerlegung der Gravitationskraft F in Komponenten F_x und F_y.

M ist die Sonnenmasse, m die Planetenmasse und r der Abstand des Planeten von der Sonne. Man erhält dann:

$$F_x = -|F| \frac{x}{r} = -\gamma \frac{Mmx}{r^3}$$

$$F_y = -|F| \frac{y}{r} = -\gamma \frac{Mmy}{r^3}.$$

Anwendung des zweiten Newtonschen Gesetzes

$$\mathbf{F} = m \frac{dv}{dt}$$

auf die Komponenten ergibt

$$m \frac{dv_x}{dt} = -\gamma \frac{Mmx}{r^3}$$

$$m \frac{dv_y}{dt} = -\gamma \frac{Mmy}{r^3} \qquad (9.129)$$

$$r = \sqrt{x^2 + y^2}.$$

v_x und v_y sind die Komponenten der Bahngeschwindigkeit v des Planeten. Um die numerische Lösung des Gleichungssystems (9.129) zu vereinfachen, nehmen wir die willkürliche Normierung $\gamma M \equiv 1$ vor.

Die Beschleunigungskomponenten ergeben sich für $\gamma M = 1$ aus Gl. (9.129) zu

$$a_x = \frac{dv_x}{dt} = -\frac{x}{r^3}$$

$$a_y = \frac{dv_y}{dt} = -\frac{y}{r^3}.$$

Für infinitesimale zeitliche Änderung dt gilt:

$$x(t+dt) = x(t) + v_x(t)dt$$
$$y(t+dt) = y(t) + v_y(t)dt$$
$$v_x(t+dt) = v_x(t) + a_x(t)dt$$
$$v_y(t+dt) = v_y(t) + a_y(t)dt.$$

Für endliche zeitliche Änderungen Δt gelten diese Beziehungen nur angenähert und zwar um so besser, je

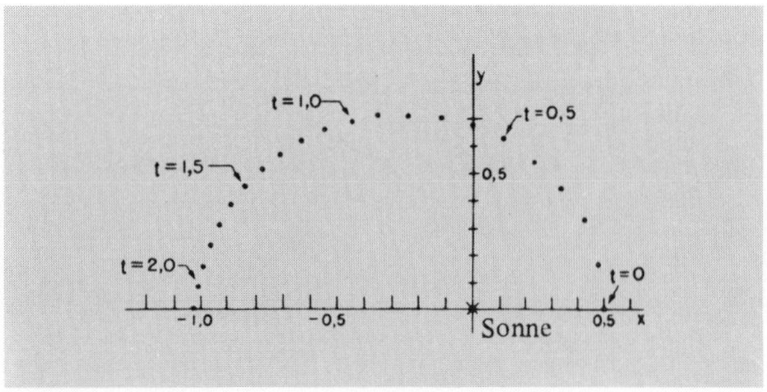

Bild 9.31. Berechnete Bahn eines Planeten um die Sonne.

kleiner Δt gewählt wird. Gleichzeitig vergrößert sich die Anzahl der Rechenschritte, die nötig ist, um eine Umlauf des Planeten um die Sonne sukzessiv zu errechnen.

Wir geben folgende Anfangsbedingungen vor:

$$x(0) = 0{,}5$$
$$y(0) = 0$$
$$v_x(0) = 0$$
$$v_y(0) = 1{,}63\,.$$

Daraus folgt:

$$r(0) = 0{,}5$$
$$1/r^3(0) = 8$$
$$a_x(0) = -\frac{x(0)}{r^3(0)} = -4$$
$$a_y(0) = -\frac{y(0)}{r^3(0)} = 0\,.$$

Wir rechnen jetzt nacheinander den Ort des Planeten für zeitliche Abstände $\Delta t = 0{,}1$ aus, also $x(0{,}1)$, $y(0{,}1)$; $x(0{,}2)$, $y(0{,}2)$; usw. Wir nehmen als Näherung an, daß im Zeitintervall $(t, t + dt)$ die Ortsänderung hinreichend genau beschrieben wird durch

$$x = v_x\left(t + \frac{\Delta t}{2}\right) \cdot \Delta t$$
$$y = v_y\left(t + \frac{\Delta t}{2}\right) \cdot \Delta t\,.$$

Unsere Rechnung sieht folgendermaßen aus:

$$v_x(0{,}05) = 0{,}000 - 4{,}000 \cdot 0{,}050 = -0{,}200$$
$$v_y(0{,}05) = 1{,}630 + 0{,}000 \cdot 0{,}100 = 1{,}630$$
$$x(0{,}1) = 0{,}500 - 0{,}200 \cdot 0{,}100 = 0{,}480$$
$$y(0{,}1) = 0{,}000 + 1{,}630 \cdot 0{,}100 = 0{,}163$$
$$r = \sqrt{0{,}480^2 + 0{,}163^2} = 0{,}507$$
$$1/r^3 = 7{,}67$$
$$a_x(0{,}1) = 0{,}480 \cdot 7{,}67 = -3{,}680$$
$$a_y(0{,}1) = -0{,}163 \cdot 7{,}70 = -1{,}256$$
$$v_x(0{,}15) = -0{,}200 - 3{,}680 \cdot 0{,}100 = -0{,}568$$
$$v_y(0{,}15) = 1{,}630 - 1{,}260 \cdot 0{,}100 = 1{,}505$$
$$x(0{,}2) = 0{,}480 - 0{,}568 \cdot 0{,}100 = 0{,}423$$
$$y(0{,}2) = 0{,}163 + 1{,}500 \cdot 0{,}100 = 0{,}313$$

usw.

Diese Rechenschritte sind für einen halben Umlauf des Planeten in der Tabelle 9.3 zusammengefaßt. Die Ergebnisse zeigt Bild 9.31. Man sieht, daß der Planet zu Beginn der Halbperiode eine größere Geschwindigkeit hat als am Ende der Halbperiode. (Der Abstand der Punkte verringert sich.)

Wollen wir die Bahnen der Planeten des Sonnensystems berechnen, so haben wir das Gleichungssystem

$$m_i \frac{dv_{ix}}{dt} = -\sum_{j=1}^{n} \gamma \frac{m_i m_j (x_i - x_j)}{r_{ij}^3}$$
$$m_i \frac{dv_{iy}}{dt} = -\sum_{j=1}^{n} \gamma \frac{m_i m_j (y_i - y_j)}{r_{ij}^3} \qquad (9.130)$$
$$m_i \frac{dv_{iz}}{dt} = -\sum_{j=1}^{n} \gamma \frac{m_i m_j (z_i - z_j)}{r_{ij}^3}$$

zu lösen. Hierbei ist die gegenseitige Wechselwirkung der Himmelskörper berücksichtigt worden. $i = 1$ kann die Sonne, $i = 2$ den Planeten Merkur, $i = 3$ den Planeten Venus repräsentieren, usw. Bei der Summation wird jeweils der Fall $i = j$ ausgeschlossen. r_{ij} ist der Abstand zwischen den beiden Himmelskörpern i und j:

$$r_{ij} = \sqrt{(x_i - x_j)^2 + (y_i - y_j)^2 + (z_i - z_j)^2}\,. \qquad (9.131)$$

Wenn uns alle Anfangspositionen und Anfangsgeschwindigkeiten bekannt sind, können wir das Gleichungssystem (9.130) numerisch in gleicher Weise lösen, wie das Gleichungssystem (9.129). Allerdings ist die Anzahl der Rechenschritte für einen Zyklus beträchtlich angewachsen. Um in angemessener Zeit zu einer numerischen Lösung zu gelangen, werden elektronische Rechenmaschinen eingesetzt.

Wollen wir die Abweichungen der errechneten von den wirklichen Bahnen verringern, dann müssen wir das Zeitintervall Δt verkleinern. Wir können zeigen, daß sich dadurch der Fehler quadratisch mit Δt verringert. Um eine Genauigkeit von 10^{-9} zu erhalten, benötigen wir für einen vollen Planetenumlauf etwa $4 \cdot 10^5$ Rechenzyklen. Eine gute elektronische Rechenmaschine braucht für eine Addition etwa 1 μs und für eine Multiplikation etwa 10 μs. Sind für einen Rechenzyklus unseres Problems 30 Multiplikationen erforderlich, so dauert er 300 μs. Je Sekunde können daher etwa 3 000 Zyklen bewältigt werden. Für die von uns geforderte Genauigkeit von 10^{-9} braucht die elektronische Rechenmaschine also eine Rechenzeit von etwa zwei Minuten.

Tabelle 9.3. Numerische Lösung des Gleichungssystems: $dv_x/dt = -x/r^3$, $dv_y/dt = -y/r^3$, $r = \sqrt{x^2 + y^2}$

Zeitintervall: t = 0,100

Anfangsbedingungen: $v_y = 1{,}63$; $v_x = 0$; $x = 0{,}5$; $y = 0$

t	x	v_z	a_z	y	v_y	a_y	r	$1/r^3$
0,0	0,500		−4,00	0,000		0,00	0,500	8,000
		−0,200			1,630			
0,1	0,480		−3,68	0,163		−1,25	0,507	7,675
		−0,568			1,505			
0,2	0,423		−2,91	0,313		−2,15	0,526	6,873
		−0,859			1,290			
0,3	0,337		−1,96	0,442		−2,57	0,556	5,824
		−1,055			1,033			
0,4	0,232		−1,11	0,545		−2,62	0,592	4,81
		−1,166			0,771			
0,5	0,115		−0,453	0,622		−2,45	0,633	3,942
		−1,211			0,526			
0,6	−0,006		+0,020	0,675		−2,20	0,675	3,252
		−1,209			0,306			
0,7	−0,127		+0,344	0,706		−1,91	0,717	2,712
		−1,175			0,115			
0,8	−0,245		+0,562	0,718		−1,64	0,758	2,296
		−1,119			−0,049			
0,9	−0,357		+0,705	0,713		−1,41	0,797	1,975
		−1,048			−0,190			
1,0	−0,462		+0,796	0,694		−1,20	0,834	1,723
		−0,968			−0,310			
1,1	−0,559		+0,858	0,663		−1,02	0,867	1,535
		−0,882			−0,412			
1,2	−0,647		+0,90	0,622		−0,86	0,897	1,385
		−0,792			−0,499			
1,3	−0,726		+0,92	0,572		−0,72	0,924	1,267
		−0,700			−0,570			
1,4	−0,796		+0,93	0,515		−0,60	0,948	1,173
		−0,607			−0,630			
1,5	−0,857		+0,94	0,452		−0,50	0,969	1,099
		−0,513			−0,680			
1,6	−0,908		+0,95	0,384		−0,40	0,986	1,043
		−0,418			−0,720			
1,7	−0,950		+0,95	0,312		−0,31	1,000	1,000
		−0,323			−0,751			
1,8	−0,982		+0,95	0,237		−0,23	1,010	0,970
		−0,228			−0,773			
1,9	−1,005		+0,95	0,160		−0,15	1,018	0,948
		−0,113			−0,778			
2,0	−1,018		+0,96	0,081		−0,08	1,021	0,939
		−0,037			−0,796			
2,1	−1,022		+0,95	0,001		0,00	1,022	0,936
		+0,058			−0,796			
2,2	−1,016		+0,96	−0,079		+0,07	1,019	0,945
					−0,789			
2,3								

Schnittpunkt mit x-Achse für t = 2,101 s:
x = − 1,022
Periode: 4,202 s
$v_x = 0$ für t = 2,086 s
$v_y = 0{,}796$ für t = 2,086 s
Große Halbachse: (1,022 + 0,500)/2 = 0,761

10. Die Lichtgeschwindigkeit

10.1. c als Fundamentalkonstante der Natur

Die Lichtgeschwindigkeit [1] im Vakuum c ist eine der Fundamentalkonstanten der Physik:

1. Sie ist die Geschwindigkeit, mit der sich jede elektromagnetische Strahlung im freien Raum unabhängig von der Strahlungsfrequenz ausbreitet.
2. Ein Signal kann weder im Vakuum noch in Materie mit einer Geschwindigkeit größer als c übertragen werden.
3. Die Lichtgeschwindigkeit im freien Raum ist unabhängig vom Bezugssystem eines Beobachters. Ergibt die Messung der Geschwindigkeit eines Lichtsignals in einem Galileisystem den Wert $c = 2{,}99793 \cdot 10^{10}$ cm/s, so beobachten wir in einem zweiten Galileisystem, das sich gegenüber dem ersten parallel zum Signal mit der konstanten Geschwindigkeit V bewegt, den gleichen Wert c (und nicht c + V oder c − V).
4. Sowohl in den Maxwellgleichungen der Elektrodynamik als auch in der Gleichung für die Lorentzkraft tritt die Lichtgeschwindigkeit auf. Das wird deutlich, wenn wir sie im CGS-System schreiben.
5. In der dimensionslosen Konstanten

   $$\frac{\hbar c}{e^2} \approx 137{,}04$$

   (die den Kehrwert der Sommerfeldschen Feinstrukturkonstanten darstellt,) kommt ebenfalls die Lichtgeschwindigkeit vor.

   $2\pi\hbar$ bedeutet das Plancksche Wirkungsquantum und e die Protonenladung. Diese Konstante spielt in der Atomphysik eine wichtige Rolle und wird in Band 4 behandelt. Es gibt bisher keine Theorie, die den Wert der Feinstrukturkonstanten vorhersagt.

In diesem Kapitel befassen wir uns hauptsächlich mit Experimenten und ihren Ergebnissen. Wir behandeln die Messung der Lichtgeschwindigkeit, ferner überzeugen wir uns von der Invarianz der Lichtgeschwindigkeit in einem Inertialsystem mit beliebiger Geschwindigkeit. Fragen bezüglich der elektromagnetischen Natur des Lichtes und der Ausbreitung in lichtbrechenden und dispergierenden Medien behalten wir Band 3 vor. (In einem lichtbrechenden Medium ist der Brechungsindex nicht genau gleich Eins. In einem dispergierenden Stoff ist der Brechungsindex eine Funktion der Frequenz.)

[1] Falls nicht anders vermerkt, wollen wir unter dem Begriff *Lichtgeschwindigkeit* die Lichtgeschwindigkeit c im freien Raum verstehen. Die Lichtgeschwindigkeit in einem stofferfüllten Raum ist somit kleiner als c und kann sogar kleiner als die eines geladenen Teilchens im gleichen Medium sein (*Čerenkoveffekt*).

10.2. Die Messung der Lichtgeschwindigkeit

Von den vielen Methoden, die zur Bestimmung der Lichtgeschwindigkeit verwendet wurden, wollen wir hier einige im Prinzip wiedergeben [1].

Die Laufzeit des Lichtes längs eines Durchmessers der Erdumlaufbahn (Bilder 10.1 bis 10.3). Bereits mehrere Jahrhunderte vor dem ersten experimentellen Nachweis glaubte man an die Endlichkeit der Lichtgeschwindigkeit. Diesen lieferte *O. Roemer* im Jahre 1676. Er beobachtete, daß die Bewegung des innersten Jupitermondes M nicht einer genau periodischen Zeittafel folgte, denn die zeitlichen Abstände zwischen den Eklipsen von M mit Jupiter sind nicht konstant. Die aufsummierten Abweichungen während einer Beobachtungsdauer von einem halben Jahr betrugen etwa 20 min. Das entspricht der Laufzeit des Lichtes entlang eines Erdbahndurchmessers. Zum Durchlaufen eines mittleren Durchmessers D der Erdumlaufbahn benötigt ein Lichtsignal die Zeit

$$T = \frac{D}{c} \approx \frac{3 \cdot 10^{13}\,\text{cm}}{3 \cdot 10^{10}\,\text{cm/s}} = 1000\,\text{s} \approx 17\,\text{min}\,. \qquad (10.1)$$

Dieses Ergebnis stimmt gut mit der Laufzeit von 16,6 min überein, wie es aus modernen photometrischen Beobachtungen der gleichen Eklipsen gewonnen wird. Bei unserer Schätzung benutzten wir für die Lichtgeschwindigkeit den Wert $3 \cdot 10^{10}$ cm/s.

Roemer erhielt aus seinen Messungen eine Laufzeit von 22 min. Aus anderen Quellen entnahm er einen recht ungenauen Wert für den Durchmesser der Erdumlaufbahn und errechnete somit die Lichtgeschwindigkeit zu

$$c = 214\,300\,\text{km/s}\,. \qquad (10.2)$$

Da die Umlaufzeit des Jupiters um die Sonne das Zwölffache der Umlaufzeit der Erde beträgt, geht der Durchmesser der Erdbahn wesentlich stärker in die Berechnung der Lichtgeschwindigkeit ein als der Durchmesser der Umlaufbahn des Jupiters. Das Verfahren von *Roemer* ist nicht sehr genau, doch zeigte es den Astronomen seiner Zeit, daß zur Ermittlung der wirklichen Bewegung eines Planeten aus seiner Beobachtung die Laufzeit des Lichtsignals berücksichtigt werden muß.

Die Aberration des Sternenlichtes. Im Jahre 1725 begann *James Bradley* eine Reihe genauer Beobachtungen einer scheinbaren jahreszeitlich bedingten Veränderung

[1] Eine ausgezeichnete Übersicht über die Messungen der Lichtgeschwindigkeit bietet der Artikel von *E. Bergstrand* im Handbuch der Physik, S. Flügge (Herausg.), Band 24, S. 1 bis 43 (Springer-Verlag OHG., Berlin, 1956). Die von uns zitierten Werte für c sind diesem Artikel entnommen. Siehe auch *J. F. Mulligan* und *D. F. McDonald,* Am. J. Phys. **25**, 180 (1957).

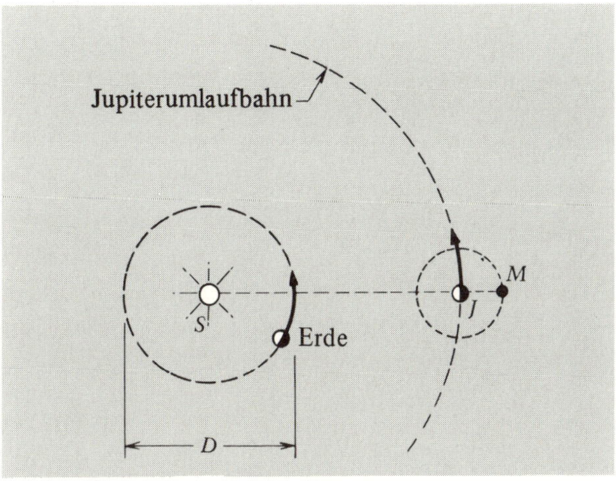

Bild 10.1. Die Eklipse des Jupitermondes M tritt auf, wenn J zwischen S und M liegt. Diese Erscheinung wiederholt sich ungefähr alle 42 Stunden, da M sich um J dreht.

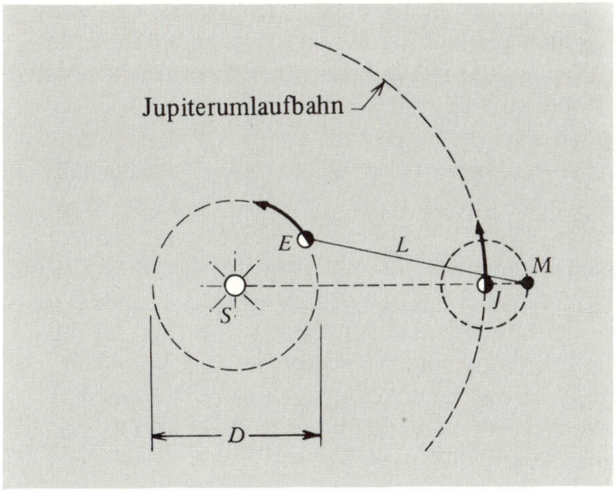

Bild 10.2. Auf der Erde E beobachten wir die Eklipse um das Zeitintervall $\Delta t = L/c$ wegen der endlichen Geschwindigkeit von c später.

der Lage einiger Sterne, insbesondere des Sterns γ-Draconis. Er beobachtete, daß (nach Berücksichtigung aller notwendigen Korrekturen) ein im Zenit stehender Stern innerhalb eines Jahres eine fast kreisförmige Bahn mit einem Öffnungswinkel von etwa 40,5″ zu durchlaufen schien. Ferner beobachtete er, daß anders stehende Sterne sich ähnlich bewegten, im allgemeinen auf elliptischen Bahnen.

Das von *Bradley* beobachtete Phänomen ist als *Aberration* bekannt. Mit der wirklichen Bewegung des Sterns hat es nichts zu tun; es resultiert aus der Endlichkeit der Lichtgeschwindigkeit und aus der Bahngeschwindigkeit der Erde. Aus diesem direkten Experiment ging erstmalig hervor, daß die Sonne ein besseres Inertialsystem als die Erde ist – d.h., es ist wirklichkeitsnaher, sich die Erde als um die Sonne kreisend vorzustellen, anstatt anzunehmen,

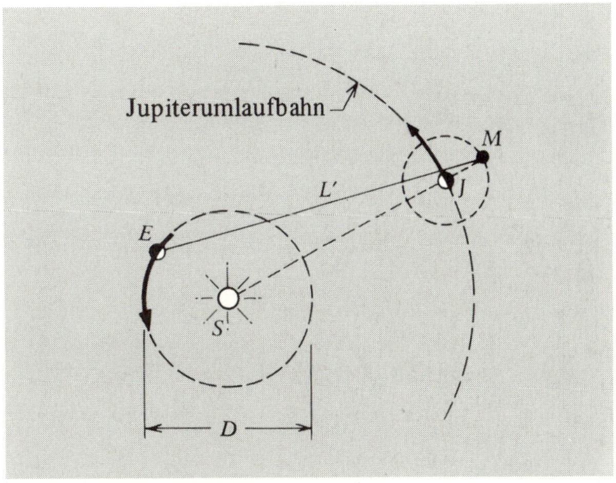

Bild 10.3. Eine auf der Erde nach ungefähr 6 Monaten beobachtete Eklipse. Die Länge beträgt jetzt $L' \approx L + D$, so daß gilt

$$\Delta t' \approx \frac{L}{c} + \frac{D}{c} = \Delta t + \frac{D}{c}.$$

1667 maß *Roemer* die Zeit $\Delta t' - \Delta t$ und mit Hilfe des damals gültigen Wertes für D bestimmte er c.

daß die Sonne um die Erde kreist; denn dieses Experiment zeigt direkt die jährliche Richtungsänderung der Erdgeschwindigkeit relativ zu den Sternen.

Die einfachste Erklärung der Aberration können wir durch einen Vergleich der Lichtausbreitung mit dem Fallen von Regentropfen geben (Bilder 10.4 und 10.5). Solange kein Wind weht, fallen die Regentropfen vertikal. Ein auf einer Stelle stehender Mann wird nicht naß, wenn er direkt über seinem Kopf einen Regenschirm aufgespannt hat. Läuft der Mann jedoch und hält den Schirm weiterhin direkt über seinem Kopf, so wird die Vorderseite seines Mantels naß. Relativ zur sich bewegenden Person fallen die Regentropfen nicht genau vertikal.

Wir zitieren aus einem unterhaltsamen Bericht [1]), wie *Bradley* auf die Erklärung seiner Beobachtungen stieß: „Als er schon verzweifelt war, das von ihm beobachtete Phänomen nicht erklären zu können, ergab sich eine befriedigende Definition von selbst, als er gar nicht danach suchte [2]). Er nahm an einer Vergnügungsfahrt in einem Segelboot auf der Themse teil. Auf der Spitze des Bootsmastes war eine Wetterfahne befestigt. Es wehte eine

[1]) *T. Thomson,* „History of the Royal Society“, S. 346 (London 1812).

[2]) Viele Erfindungen und Entdeckungen werden gemacht, wenn der Wissenschaftler nach anfänglichen Fehlschlägen sich bereits von dem Problem abgewendet hat. Ein ausgezeichneter Mathematiker beschreibt diesen Effekt in einem fesselnden und wichtigen kleinen Buch: *J. Hadamard,* „An essay on the psychology of invention in the mathematical field“ (Princeton Univ. Press, Princeton, N.J., 1945); neue Auflage (Dover, New York, 1954).

Bild 10.4. Ein vertrautes Beispiel der Aberration: Dieser Mann wird von Regen überrascht, der senkrecht nach unten fällt. Bleibt der Mann stehen, wird er nicht naß. Aber sobald er losläuft, ...

Bild 10.5. ... wird er naß. In seinem neuen Bezugssystem hat der Regen eine Horizontalgeschwindikgeit −v, dabei ist v die Geschwindigkeit des Mannes relativ zum Boden.

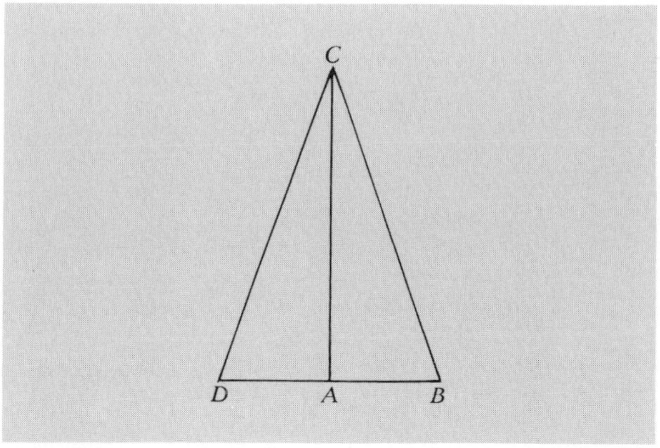

Bild 10.6

leichte Brise, und die Gesellschaft segelte einige Zeit auf dem Fluß auf und ab. Dr. *Bradley* bemerkte, daß sich die Fahne auf der Spitze des Bootsmastes jedesmal ein wenig drehte, sobald das Boot wendete, geradeso, als ob die Windrichtung sich geändert hätte. Er beobachtete dies drei- oder viermal, ohne ein Wort zu sagen; schließlich wandte er sich an die Segler und verlieh seinem Erstaunen darüber Ausdruck, daß der Wind sich so regelmäßig mit dem Wenden des Bootes drehen sollte. Die Segler erklärten ihm, daß der Wind sich nicht gedreht hatte, sondern daß die augenscheinliche Änderung durch den Richtungswechsel des Bootes hervorgerufen wurde. Sie versicherten ihm, daß die gleiche Erscheinung in jedem Falle auftrat. Diese zufällige Beobachtung führte Dr. *Bradley* zu dem Schluß, daß das ihn bisher so verwirrende Phänomen durch die kombinierte Licht- und Erdbewegung hervorgerufen werde."

Bradley erklärte die Aberration folgendermaßen [1]: „Ich betrachtete diese Sache wie folgt: Ich stellte mir $\overline{CA}$ (Bild 10.6) als senkrecht auf die Strecke $\overline{BD}$ fallenden Lichtstrahl vor; ruht das Auge in A, muß das Objekt in $\overline{AC}$-Richtung erscheinen, egal ob sich das Licht über eine gewisse Zeit oder momentan ausbreitet. Bewegt sich das Auge jedoch von B in Richtung A, und breitet sich das Licht mit endlicher Geschwindigkeit aus, die sich zur Geschwindigkeit des Auges wie $\overline{CA}$ zu $\overline{BA}$ verhält, dann gilt folgendes: Ein Lichtteilchen, das sich von C nach A bewegt, während das Auge von B nach A wandert und durch das das Objekt erkannt wird, während das Auge in A ankommt, ist in C, wenn das Auge in B ist. Die Punkte B und C verbindend dachte ich mir die Linie $\overline{CB}$ als einen Schlauch (der mit der Linie $\overline{BD}$ den Winkel DBC einschließt) mit so geringem Durchmesser, daß er nur ein Lichtteilchen hindurchläßt. Danach war es leicht einzusehen, daß das Lichtteilchen bei C (durch das das Objekt gesehen werden muß, wenn das Auge, während es sich

[1]) *J. Bradley*, Phil. Trans. Roy. Soc. London **35**, 637 (1728).

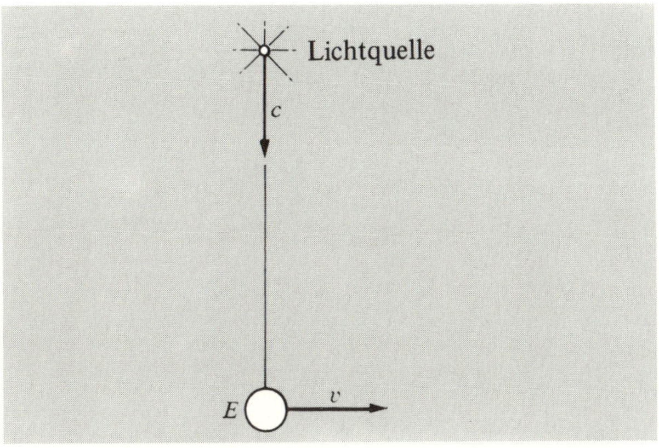

Bild 10.7. *Bradley* benutzte 1725 das Phänomen der Aberration zur Bestimmung von c. Stellen Sie sich vor, das Licht einer entfernten Quelle trifft auf das Objekt E, das senkrecht zum einfallenden Licht die Geschwindigkeit v hat.

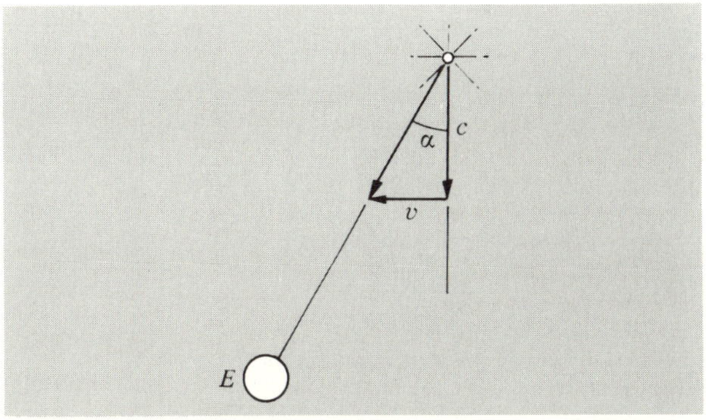

Bild 10.8. Für einen Beobachter in E hat das Licht sowohl die horizontale Komponente v als auch die vertikale Komponente c. Somit erscheint der Lichtstrahl aus der Quelle unter dem Winkel α mit $\tan\alpha = v/c$.

bewegt, in A ankommt) durch den Schlauch $\overline{BC}$ wandert, wenn es mit $\overline{BD}$ den Winkel DBC bildet und das Auge bei seiner Bewegung von B nach A begleitet. Und ferner war es einsichtig, daß es das Auge hinter einem solchen Schlauch nicht erreichen konnte, wenn es irgendeine andere Neigung zur Linie $\overline{BD}$ gehabt hätte."

Ein im Zenit stehender Stern hat die maximale Aberration, wenn die Erdgeschwindigkeit senkrecht zur Beobachtungslinie gerichtet ist (Bilder 10.7 bis 10.9). Der Neigungswinkel oder die Aberration des Fernrohres wird von den Abbildungen aus betrachtet durch

$$\tan\alpha = \frac{v_e}{c} \qquad (10.3)$$

(mit der Erdgeschwindigkeit v_e) wiedergegeben. Die Umlaufgeschwindigkeit der Erde um die Sonne beträgt $3{,}0 \cdot 10^6$ cm/s; die Rotationsgeschwindigkeit um die eigene Achse, die ungefähr 100 mal langsamer ist, wollen wir hier vernachlässigen. Somit gilt wegen $\alpha \approx \tan\alpha$ für kleine Winkel α

$$\tan\alpha \approx \frac{3{,}0 \cdot 10^6\,\text{cm/s}}{3{,}0 \cdot 10^{10}\,\text{cm/s}} = 1{,}0 \cdot 10^{-4}\ \text{Radian} \approx \alpha. \qquad (10.4)$$

Gemessen in Bogensekunden erhalten wir:

$$\alpha = 20{,}5''. \qquad (10.5)$$

Den zweifachen Wert oder 41″ können wir mit dem Wert 40,5″ vergleichen, den *Bradley* als Öffnungswinkel der scheinbaren Sternenumlaufbahn beobachtete.

Bild 10.10 zeigt Bradleys Teleskop. Es war ungefähr 3,5 m lang und hauptsächlich zur genauen Beobachtung von Sternen in der Nähe des Zenit entwickelt worden. Die Übereinstimmung seiner Beobachtungen bezüglich des γ-Draconis mit seiner Hypothese geben wir in der nebenstehenden Tafel aus seinen Originalaufzeichnungen wieder.

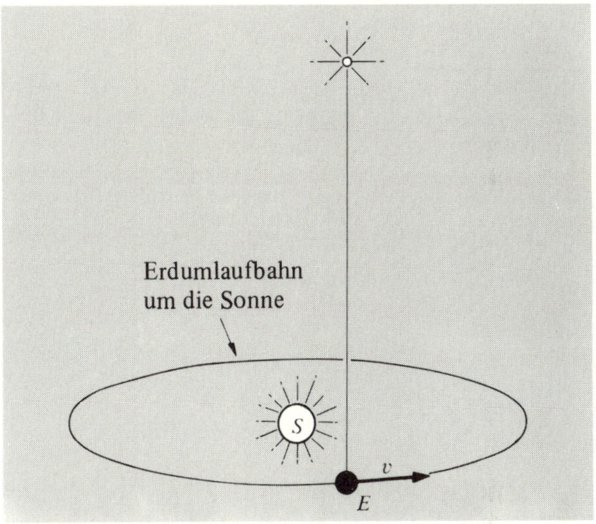

Bild 10.9. *Bradley* benutzte das Licht eines entfernten im Zenit stehenden Sterns und die bekannte Erdgeschwindigkeit (v_c = 30 km/s) zur Bestimmung von c aus Messungen des Winkels α: $\tan\alpha = v_e/c$.

Beobachtungstag	Beobachtete Abweichungsdifferenz in Bogensekunden	Berechnete Abweichungsdifferenz in Bogensekunden
1727 20. Oktober	$4\frac{1}{2}$	$4\frac{1}{2}$
17. November	$11\frac{1}{2}$	12
6. Dezember	$17\frac{1}{2}$	$18\frac{1}{2}$
28. Dezember	25	26
1728 24. Januar	34	34
10. Februar	38	37
7. März	39	39
24. März	37	38
6. April	36	$36\frac{1}{2}$
6. Mai	$28\frac{1}{2}$	$29\frac{1}{2}$
5. Juni	$18\frac{1}{2}$	20
15. Juni	$17\frac{1}{2}$	17
3. Juli	$11\frac{1}{2}$	$11\frac{1}{2}$
2. August	4	4
6. September	0	0

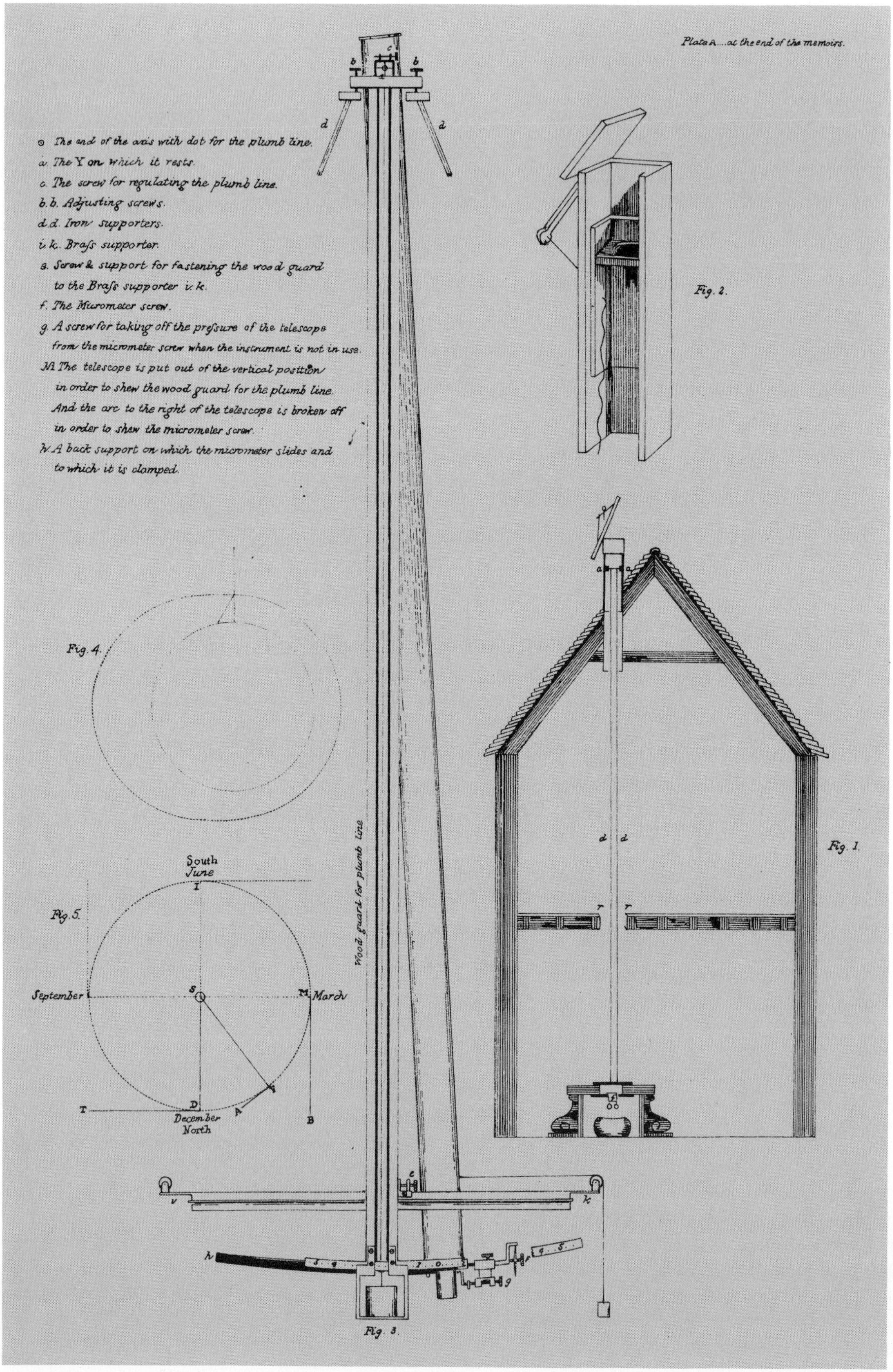
Plate A....at the end of the memoirs.
ʘ The and of the axis with dot for the plumb line.
a. The Y on which it rests.
c. The screw for regulating the plumb line.
b.b. Adjusting screws.
d.d. Iron supporters.
i.k. Braſs supporter.
e. Screw & support for fastening the wood guard to the Braſs supporter i.k.
f. The Micrometer screw.
g. A screw for taking off the preſsure of the telescope from the micrometer screw when the instrument is not in use.
N.B. The telescope is put out of the vertical position in order to shew the wood guard for the plumb line. And the arc to the right of the telescope is broken off in order to shew the micrometer screw.
h. A back support on which the micrometer slides and to which it is clamped.
Fig. 2.
Fig. 4.
Fig. 1.
South
June
Fig. 5.
September
March
December
North
Wood guard for plumb line
Fig. 3.

Bild 10.10

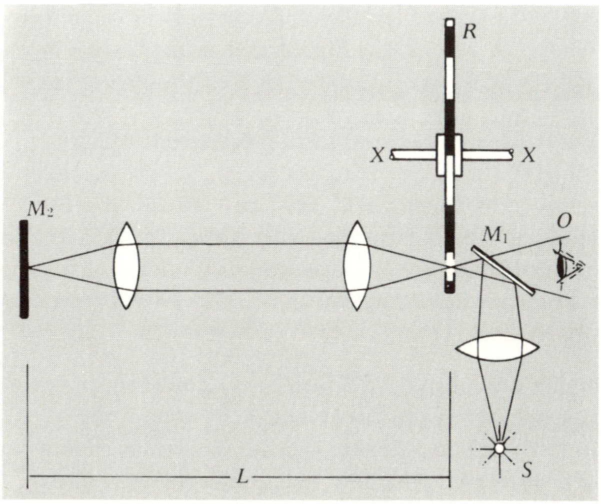

Bild 10.11. Fizeaus Zahnradgerät, 1849. Das Licht aus der Punktquelle S wird von dem semipermeablen Spiegel M_1 durch das um die Achse X – X rotierende Zahnrad R reflektiert. Das Licht erreicht M_2 und kehrt durch R und M_1 zum Beobachter O zurück.

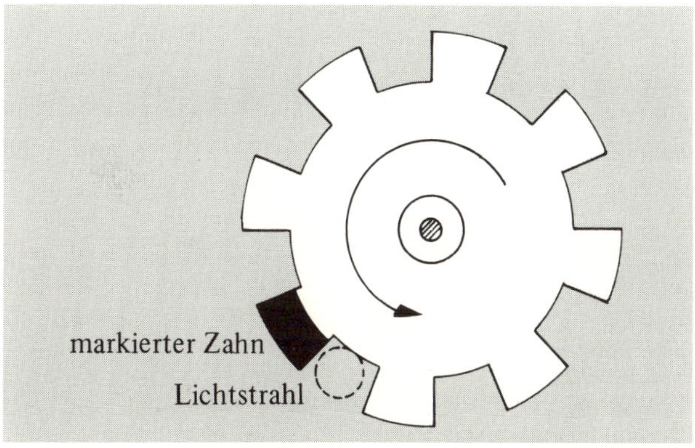

Bild 10.12. Lichtstrahl und Zahnrad, wie der Beobachter O sie sieht. Durch die Rotation von R wird der von SM_1 kommende Lichtstrahl in kurze Impulse zerhackt. (Das Licht kann nur von M_1 nach M_2 gelangen, wenn kein Zahn dazwischen liegt.)

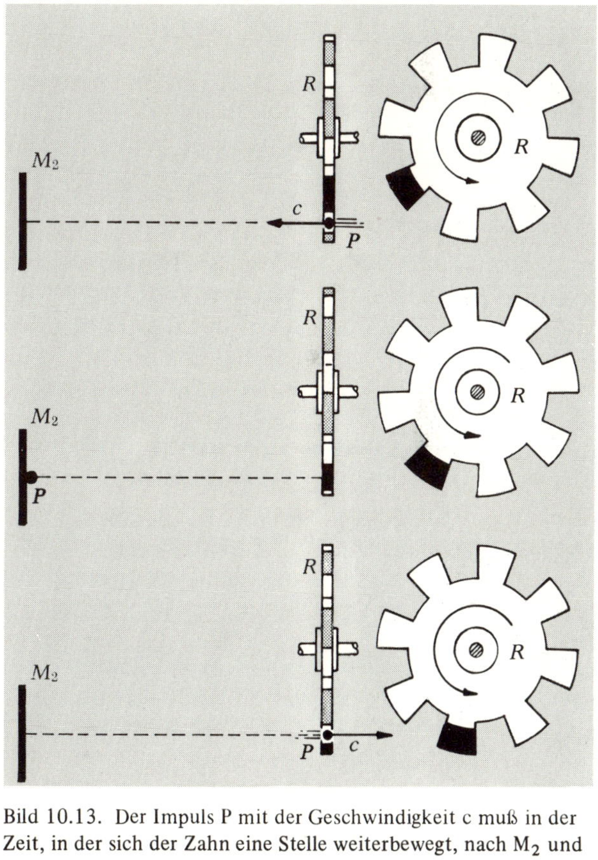

Bild 10.13. Der Impuls P mit der Geschwindigkeit c muß in der Zeit, in der sich der Zahn eine Stelle weiterbewegt, nach M_2 und zurück nach R (Gesamtentfernung 2 L) gelangen, um nach O durchgelassen zu werden.

In Kapitel 11 werden wir das Experiment von *Bradley* unter dem Gesichtspunkt der speziellen Relativitätstheorie betrachten und Gl. (10.3) bis auf eine Genauigkeit von der Ordnung α bestätigen. (Oftmals sehen wir, daß zur ersten Ordnung von v/c berechnete Größen nicht durch die Relativität beeinflußt werden. Das ist jedoch nicht immer so.)

Die Fizeausche Zahnradmethode (Bilder 10.11 bis 10.13). *Fizeau* führte 1849 die erste terrestrische Bestimmung der Lichtgeschwindigkeit durch. Er erhielt für die Lichtgeschwindigkeit in Luft [1])

$$c = (315\,300 \pm 500)\ \text{km/s}\,.$$

Er benutzte ein rotierendes Zahnrad als Lichtschalter zur Bestimmung der Durchgangsdauer eines Lichtblitzes über eine Strecke von $2 \cdot 8\,633$ m.

Die Drehspiegelmethode. Der Zahnradaufbau wurde bald durch die Anordnung eines rotierendes Spiegels verdrängt, der stärkeres Licht und bessere Fokussierung gewährleistete. Die Wirkungsweise des von *Foucault* 1850 benutzten Geräts wird in den Bildern10.14 bis 10.16 veranschaulicht. Sein genauester Wert (gemessen im Jahr 1862) betrug für die Lichtgeschwindigkeit in Luft

$$c = (298\,000 \pm 500)\ \text{km/s}\,.$$

Michelson benutzte 1927 eine Weiterentwicklung des Gerätes mit rotierendem Spiegel über eine Länge von 22 Meilen zwischen Mt. Wilson und Mt. San Antonio in Kalifornien. Hierbei lag die Lichtquelle im Brennpunkt einer Linse, so daß sie über eine lange Strecke paralleles Licht lieferte. Er errechnete

$$c = (299\,796 \pm 4)\ \text{km/s}\,.$$

[1]) Die errechnete Lichtgeschwindigkeit im Vakuum ist um 91 km/s größer als in Luft.

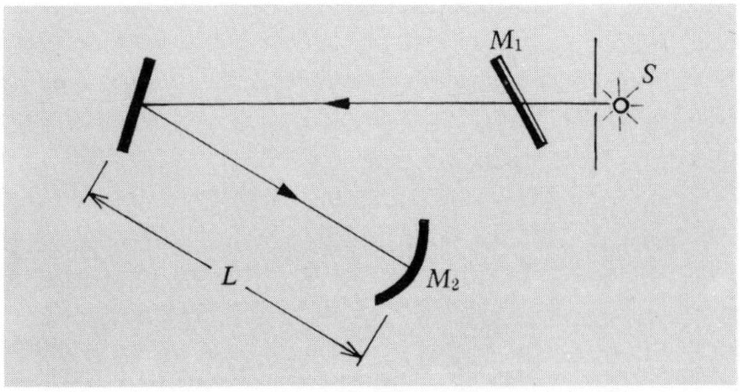

Bild 10.14. Foucaults rotierender Spiegelapparat, 1850, der aus einem Spalt mit dahinter befindlicher Quelle S, einem semipermeablen Spiegel M_1, einem rotierenden Spiegel R (die Rotationsachse steht senkrecht auf der Zeichenebene) und einem Kugelspiegel M_2 bestand. Eingezeichnet ist der Lichtweg von S nach M_2.

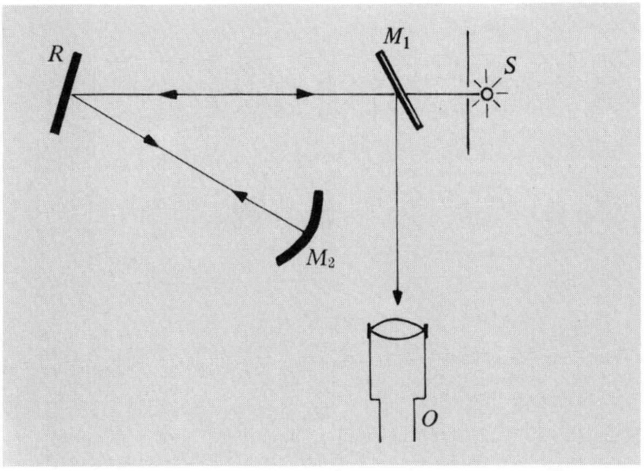

Bild 10.15. Steht R fest, so wird der Lichtstrahl von M_1 über R nach M_2 entlang des gleichen Weges nach M_1 reflektiert und in O beobachtet.

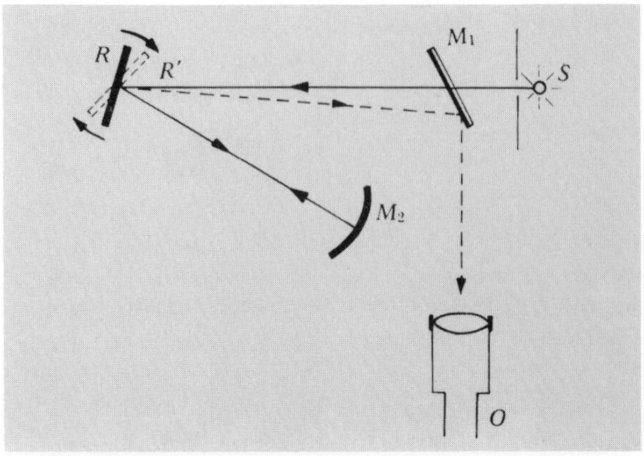

Bild 10.16. Bei einem rotierenden Spiegel R kehrt das Licht aus S über R nach M_2 zurück, wenn der rotierende Spiegel die neue Lage R′ einnimmt. Somit sieht O ein verschobenes Bild auf M_1. *Foucault* bestimmte c aus L, der Bildpunktverschiebung und der Winkelgeschwindigkeit des Spiegels.

Dieser Wert ist gegenüber allen früheren Meßwerten der bei weitem genaueste. Weitere Einzelheiten behandeln wir in Übung 3.

Der Hohlraumresonator. Es ist möglich, mit großer Genauigkeit die Frequenz zu bestimmen, bei der ein Hohlraumresonator bekannter Abmessungen (ein Metallkasten) eine bekannte Anzahl Halbwellenlängen elektromagnetischer Strahlung enthält. Die Lichtgeschwindigkeit kann dann aus der theoretischen Beziehung

$$c = \lambda \nu \tag{10.6}$$

bestimmt werden, die die Wellenlänge λ und Frequenz ν miteinander verbindet. Der Hohlraum ist normalerweise evakuiert. Die Innenabmessungen des Hohlraums müssen um die geringe Eindringtiefe [1]) des elektromagnetischen Feldes in die Metalloberfläche korrigiert werden. *Essen* führte seine Versuche 1950 mit Frequenzen von 5 960MHz, 9 000 MHz und 9 500 MHz durch und erhielt

$$c = (299\,792{,}5 \pm 1)\ \mathrm{km/s}\,.$$

Shoran [2]). Die Shoranmethode arbeitet mit einer Radarbacke. Eine Radarbacke oder Impulsübertrager sendet bei Empfang eines Radarimpulses sofort einen anderen Impuls. Das Gerät ist in seiner Arbeitsweise mit einem richtwirkungsfreien Spiegel vergleichbar, jedoch verstärkt dieser Spiegel das Eingangssignal vor der Wiederabstrahlung.

Zur Messung der Lichtgeschwindigkeit werden Radarbacken in den Punkten A und B errichtet. Ein auf der Verbindungslinie zwischen den beiden Punkten aufgestellter Radarsender strahlt Impulse elektromagnetischer Energie ab, und ein am gleichen Ort stehender Empfänger mißt die Zeit, die ein abgestrahlter Impuls benötigt, um eine der Backen zu erreichen und zurückzukehren. Die Strecke zwischen Sender und Radarbacke kann sehr genau mit Standardvermessungsmethoden bestimmt werden. Für Entfernungen von 10^7 cm (100 km) beträgt der Fehler nur ungefähr 10 cm. Auch kurze Zeitintervalle von 10^{-9} s lassen sich mit Quarzuhren sehr genau messen.

Bezeichnen wir mit t_A die Zeit, die ein Impuls benötigt, um vom Sender zur Backe in A zu gelangen, so beträgt die gemessene Zeitfolge

$$T_A = 2\,t_A + \delta_A \tag{10.7}$$

mit der Verzugszeit δ_A, die zwischen Empfang und Abstrahlung von der Backe verstreicht. Die Verzugszeit läßt sich leicht in einer gesonderten Messung bestimmen. Wir

[1]) Die Eindringtiefe bezeichnen wir mit *Skintiefe.* Sie ist für Kupfer bei 10^{10} Hz von der Größenordnung 1 μm (1 μm = 10^{-4} cm) bei Raumtemperatur. Es müssen auch noch andere Korrekturen vorgenommen werden.

[2]) Shoran ist die Abkürzung für **Sh**ort **Ran**ge **N**avigation = Nahortung.

könnten die Lichtgeschwindigkeit messen, indem wir den Sender im Punkt B aufstellen und c aus der Beziehung

$$c = \frac{2\,l_{AB}}{2\,t_A} \tag{10.8}$$

mit l_{AB} als Entfernung zwischen A und B berechnen. Aber wir können mehr Meßdaten ansammeln und eine längere Blicklinie ausnutzen, indem wir den Impulssender in einem in großer Höhe fliegenden Flugzeug aufstellen und die Verzögerungszeit der von beiden Impulsübertragern in A und B kommenden Signale messen. Das Flugzeug fliegt auf der Verbindungslinie. Auf diese Art erhielt *Aslakson*

$$c = (299\,794{,}2 \pm 1{,}9)\ \text{km/s}\,.$$

Die Genauigkeit der Methode wird durch die Messung der Bodenentfernung und durch atmosphärische Bedingungen begrenzt, aber der für c erhaltene Wert ist sehr gut. Die Arbeit enthüllte systematische Fehler bei früheren Messungen.

Der modulierte Lichtdetektor (Bilder 10.17 und 10.18). Ein Spiegel M reflektiert Licht von einer Quelle S auf einen Photozellen-Detektor D. Die Intensität der Quelle wird durch einen Oszillator mit Hochfrequenz moduliert, der auch die Empfindlichkeit der Photozelle mit der gleichen Frequenz moduliert. Das Ansprechvermögen ist maximal, wenn das Licht mit maximaler Intensität die Photozelle zu einem Zeitpunkt maximaler Empfindlichkeit erreicht. Hierzu muß die Zeit, die das Licht zum Zurücklegen der Strecke $\overline{SD}$ benötigt, gleich einem ganzzahligen Vielfachen der Perioden n der modulierenden Hochfrequenz ν sein. Somit beträgt die verstrichene Zeit n/ν, woraus wir

$$c = \frac{2\,l\nu}{n} \tag{10.9}$$

erhalten, wenn l die Entfernung von S und D zum Spiegel ist. Die Weglängen liegen in der Größenordnung von 10 km.

Mit dieser Methode hat *Bergstrand*

$$c = (299\,793{,}1 \pm 0{,}3)\ \text{km/s}$$

gemessen. Beachten Sie, daß der veranschlagte Fehler sehr gering ist. Die selbe Anordnung wird (zusammen mit einem Standardwert für c) zur Bestimmung geodätischer Längen bis zu einer Entfernung von 40 km benutzt; in diesem Zusammenhang spricht man von einem *Geodimeter.*

Zwei Fehlerquellen sind bei einem derartigen Experiment von besonderem Interesse. Erstens beinhaltet das gemessene Zeitintervall nicht nur die Laufzeit des Lichtes, sondern auch die Elektronenlaufzeit zur Übertragung des Signals zwischen den Elektroden im Photozellendetektor. Die Elektronenlaufzeit hängt von der Abbildungslage der Lichtquelle auf der Photokathode ab. Eine Abbildungsabweichung von wenigen Millimetern bewirkt eine Laufzeitänderung von etwa 10^{-9} s. In früheren Experimenten dieser Art wurden die Zeitintervalle zweier Lichtstrahlen miteinander verglichen. Die Weglänge eines Strahls war fest, die des anderen wurde verändert. Aber es war nicht möglich, übereinstimmende Abbilder beider Strahlen auf der Photokathode zu fokussieren. Da *Bergstrand* nur einen Lichtstrahl verwendet, trat nur ein Abbild auf. Somit konnte er durch geeignete Fokussierung die Laufzeit als Gerätekonstante betrachten. Zweitens sind die Bedingungen für maximales und minimales Photozellenansprechvermögen ziemlich unkritisch, da eine Sinuswelle keine scharf ausgeprägte Spitze hat. Daher verwendet man eine zweite Modulationsfrequenz, um das Ansprechvermögen schärfer zu definieren.

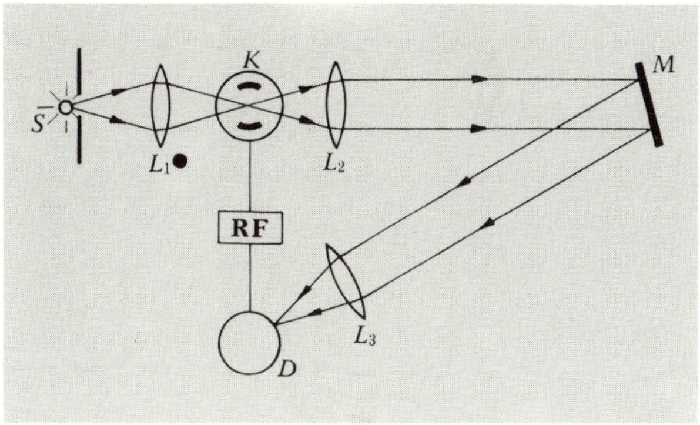

Bild 10.17. Eine moderne Methode zur Bestimmung von c. Aus der Quelle S kommendes Licht wird in der Kerrzelle K amplitudenmoduliert und gelangt durch die Linsen $L_{2,\,3}$ zum Spiegel M und dem photoelektrischen Detektor D. Die Lichtempfindlichkeit des Photodetektors und der Kerrzelle werden durch den modulierenden HF-Spannungsgenerator RF synchronisiert.

Hunderte von Messungen von c sind in den vergangenen hundert Jahren mit diesen und über einem Dutzend anderen Methoden durchgeführt worden. Der zur Zeit akzeptierte Wert beträgt

$$\boxed{c = (2{,}997\,925 \pm 0{,}000\,003) \cdot 10^{10}\ \text{cm/s}\,.} \tag{10.10}$$

Er vertritt die zuverlässigsten letzten Messungen aus verschiedenen Methoden, in denen elektromagnetische Wellen im Bereich 10^8 Hz (Hochfrequenz) bis 10^{22} Hz (γ-Strahlen) untersucht wurden. Die Genauigkeit bei höchsten Frequenzen ist nicht so groß wie bei Hoch- oder optischen Frequenzen; doch gibt es zur Zeit keinen Grund anzunehmen, daß c mit der Strahlungsfrequenz variiert.

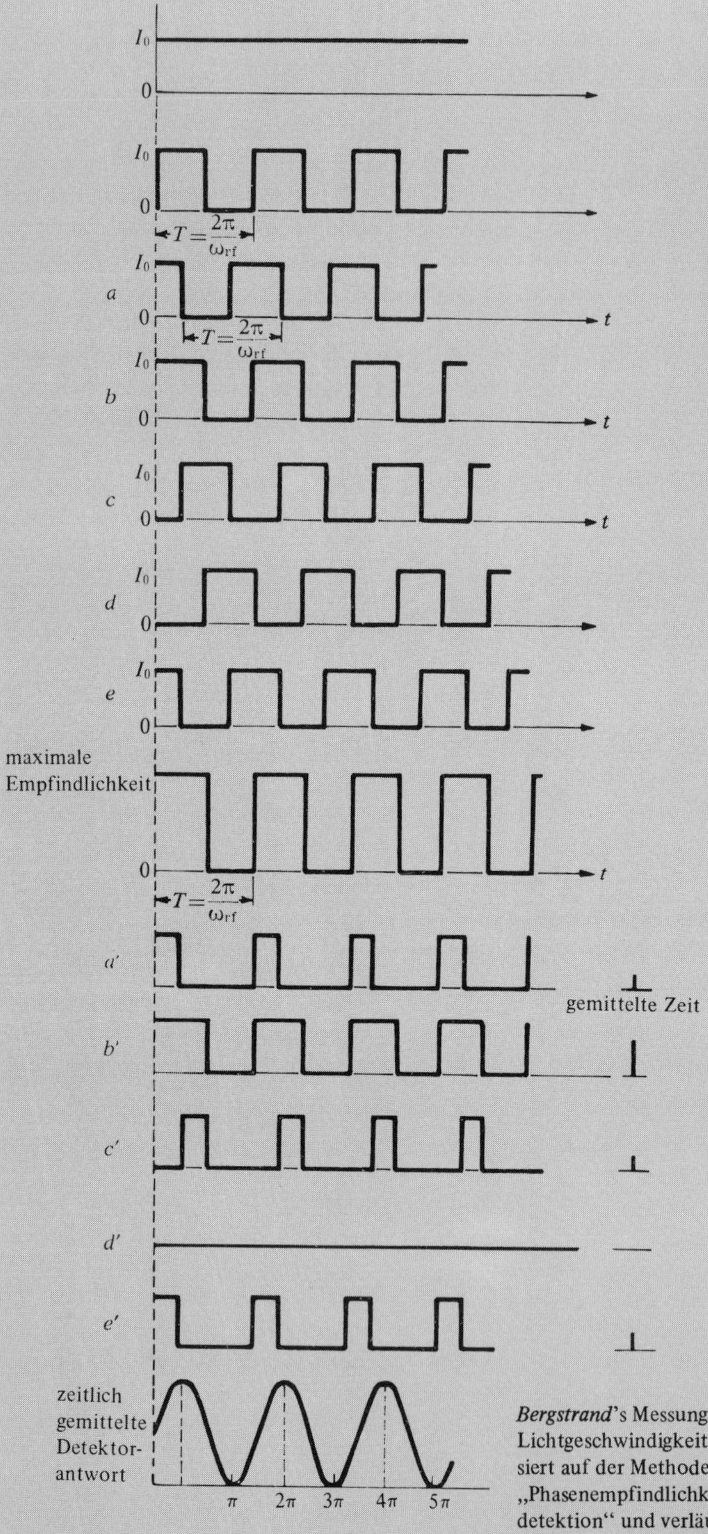

Bergstrand's Messung der Lichtgeschwindigkeit c basiert auf der Methode der „Phasenempfindlichkeitsdetektion" und verläuft ähnlich wie das hier beschriebene Experiment.

Bild 10.18.

Das in die Kerrzelle eintretende Licht hat eine konstante Intensität, ...

aber das die Kerrzelle verlassende Licht ist moduliert. Die Übertragungszeit des Lichtes von K nach D kann durch Bewegen von M verändert werden. M kann so justiert werden, daß das Licht in D wie eingezeichnet ankommt.

Wird M nach außen bewegt, kommt das Licht später an, ...

durch stärkeres Abrücken von M kommt das Licht noch später an, ...

durch weiteres Verändern von M nach außen kommt das Licht noch später an, ...

durch weiteres Abrücken von M kommt das Licht noch später an, ...

Nehmen Sie jetzt bitte an, die Empfindlichkeit des Detektors ist wie hier eingezeichnet moduliert.

Der Detektor antwortet nur, wenn Licht ankommt, während er angeregt ist.

Somit haben wir für a die Detektorantwort.

Für b erhalten wir folgendes: Das einfallende Licht und die Detektorempfindlichkeit sind in Phase.

c ergibt dieses Bild.

Bei d sind das einfallende Licht und die Detektorempfindlichkeit um 180° phasenverschoben, es liegt keine Antwort vor.

e ergibt dieses Bild.

Kontinuierliches Verändern der Lage von M liefert die durchschnittliche Detektorantwort.

Die Entfernung zweier aufeinanderfolgender Maxima dieser Kurve entsprechen einer durch die Verschiebung von M hervorgerufenen Lichtwegveränderung $2\Delta l$:

$$\frac{2\Delta l}{c} = \frac{1}{\nu_{rh}}; \qquad c = 2\Delta l\,\nu_{rh}.$$

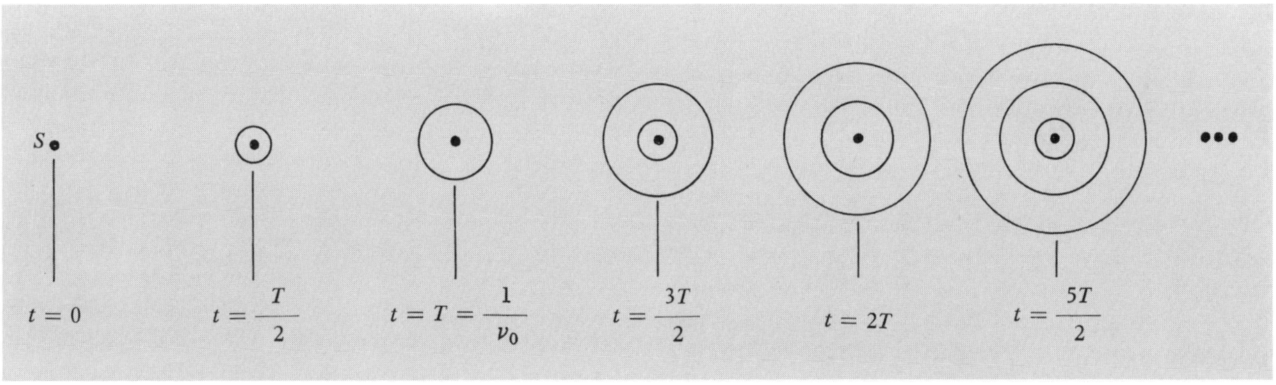

Bild 10.19. Von einer festen Quelle erzeugte Schallwellen: S emittiert kugelförmige Schallwellen der Wellenlänge λ_0, der Frequenz ν_0 und der Geschwindigkeit $v_s = \nu_0\lambda_0$.

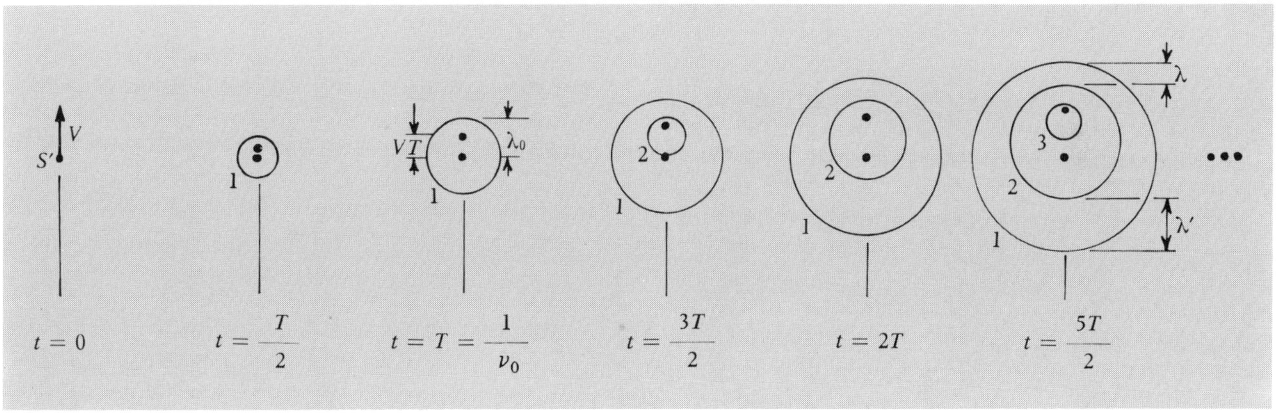

Bild 10.20. Doppler-Effekt: Die Quelle S' emittiert Wellen mit der Frequenz ν_0. Sie hat relativ zum Medium die Geschwindigkeit $\dot{y} = V$. Ist S' bei $y = 0$, wird die Wellenfront 1 emittiert und breitet sich von hier radial nach außen aus. Wellenfront 2 wird emittiert, wenn S' sich bei $y = VT$ befindet, und breitet sich von hier radial nach außen aus, usw.

10.3. Der Dopplereffekt

Dies ist der geeignete Zeitpunkt, eine nichtrelativistische Erklärung des Dopplereffektes zu geben. Der Dopplereffekt bringt die gemessene Frequenz einer Welle in Beziehung zu den Relativgeschwindigkeiten des Senders, des Mediums und des Empfängers. Es ist vorteilhaft, die Diskussion mit Schallwellen zu beginnen, die sich in einer Flüssigkeit oder in einem Gas ausbreiten, da die Bedeutung des Mediums für Schallwellen klar ist. Wir wissen, daß Schallwellen für ihre Ausbreitung ein Medium brauchen. Experimente haben dagegen gezeigt, daß für die Ausbreitung von Lichtwellen kein Medium erforderlich ist.

Die Quelle bewegt sich im Medium; der Empfänger ruht (Bilder 10.19 bis 10.25). Der Sender soll fest im Ursprung eines Galilei-Bezugssystems T liegen, das sich relativ zum Empfänger bewegt, der sich im Ursprung eines anderen Galilei-Bezugssystems R befindet. Wir nehmen zum gegenwärtigen Zeitpunkt an, daß das Ausbreitungsmedium M bezüglich R ruht, so daß die Systeme R und M identisch sind. Das Sendersystem T breitet sich relativ zu R (und M) mit einer Geschwindigkeit

$$\mathbf{V} = V\hat{\mathbf{x}} \qquad (10.11)$$

aus. Für positives V bewegt sich der Sender von links in Richtung Empfänger.

Die Schallgeschwindigkeit *relativ* zum Medium hängt nur von den mechanischen Eigenschaften des Mediums und keineswegs von der Geschwindigkeit der Quelle relativ zum Medium ab. Zum Verständnis betrachten wir Gegenstände, die wir auf ein Förderband geworfen haben. Unabhängig davon, wie schnell Sie neben dem Band herlaufen, sobald der Gegenstand auf dem Band liegt (und liegen bleibt), hat er die gleiche Geschwindigkeit wie das Band selbst. Genauso ist die Schallgeschwindigkeit in

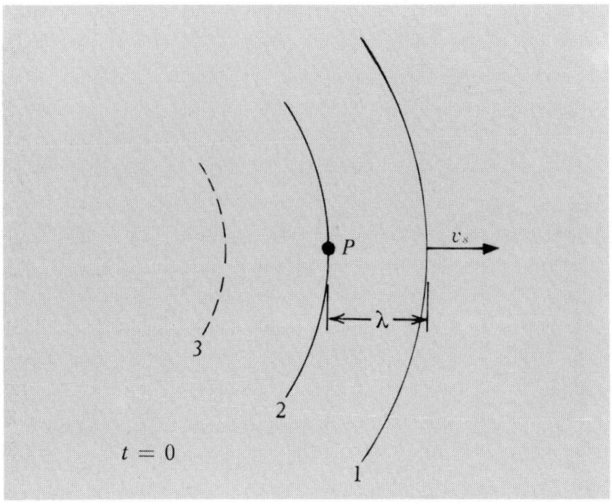

Bild 10.21. Ein im Medium im Punkt P fester *Beobachter* sieht Wellen mit der Wellenlänge λ.

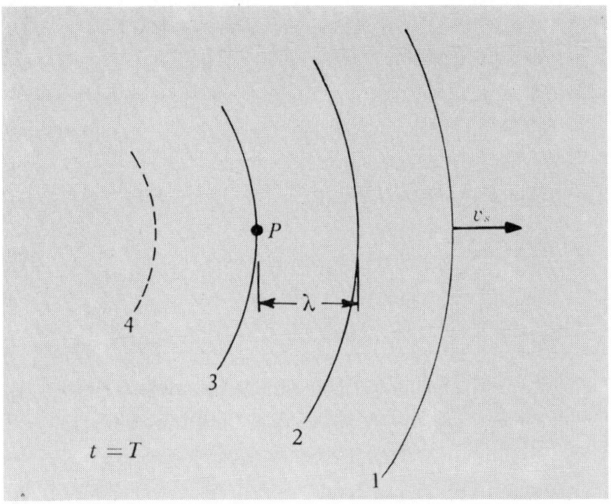

Bild 10.22. Die Frequenz dieser Wellen beträgt $\nu = v_s/\lambda$ für den Beobachter in P.

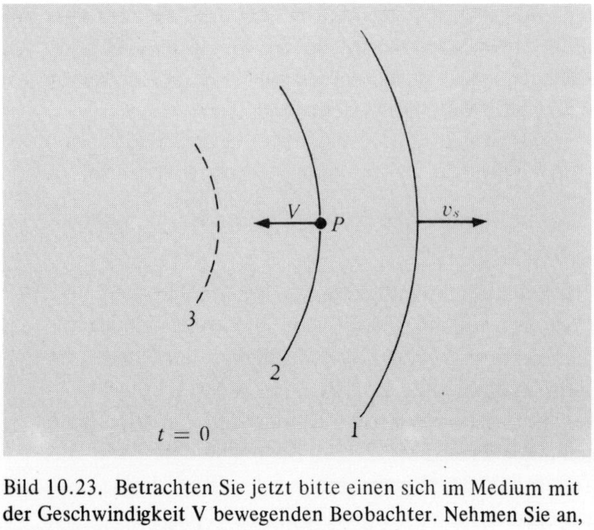

Bild 10.23. Betrachten Sie jetzt bitte einen sich im Medium mit der Geschwindigkeit V bewegenden Beobachter. Nehmen Sie an, die Wellenfront 2 erreicht P zur Zeit t = 0. ...

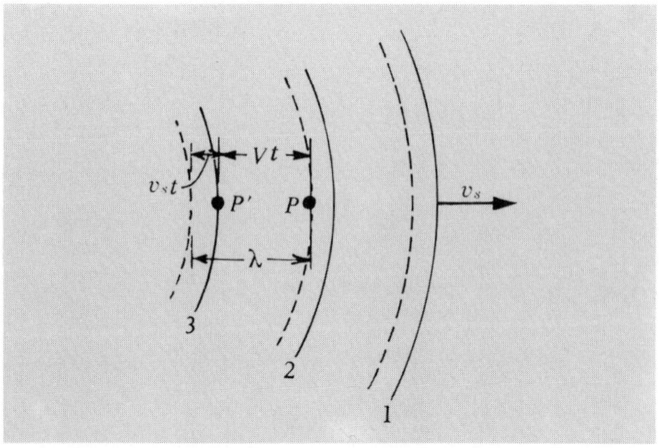

Bild 10.24. ... Dann erreicht der Beobachter die nächste Wellenfront, wenn $(v_s + V)\,t = \lambda$. Somit beträgt die Frequenz für den sich bewegenden Beobachter

$$\nu_R = \nu\left(1 + \frac{V}{v_s}\right).$$

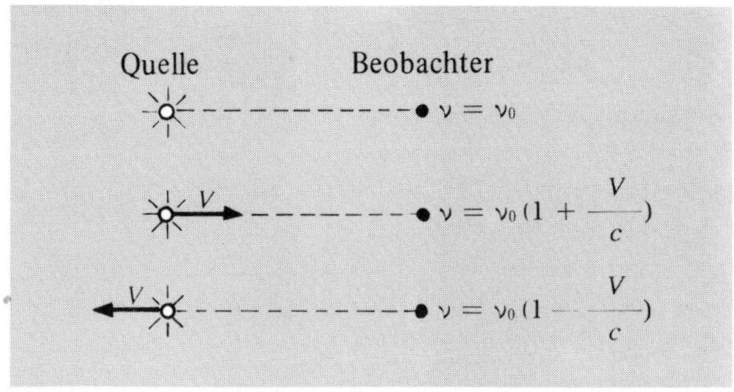

Bild 10.25. Für Lichtwellen gilt diese Beziehung noch angenähert mit $V \ll c$, aber wir können nicht länger fragen, ob die Quelle oder der Beobachter sich bewegen.

einem bestimmten Medium festgelegt. Wir erhalten folgende Beziehung zwischen Wellenlänge, Frequenz und Geschwindigkeit der Welle:

$$\lambda_R\,\nu_R = v_s\,. \qquad (10.12)$$

Da ν_R die Anzahl der pro Sekunde an einem Punkt vorbeistreichenden Perioden und λ_R lediglich die Länge dieser Perioden (z.B. in cm) ist, liegt diese Beziehung auf der Hand, vorausgesetzt, v_s ist eine Konstante. Somit wird die Anzahl der Zentimeter, die den Punkt pro Sekunde passieren, durch $\lambda_R\nu_R$ wiedergegeben. Dichte und Elastizitätskonstante des Mediums bestimmen die Geschwindigkeit der Schallwelle. Erzeugen wir eine Frequenz ν_R, so ist die Wellenlänge eindeutig durch Gl. (10.12) bestimmt. (Elastische Wellen behandeln wir in Band 3.)

Nehmen Sie an, der Sender emittiert in $+\hat{\mathbf{x}}$-Richtung in der Zeit t einen Wellenzug von n Wellen. (Unter einer Welle verstehen wir eine vollständige Wellenlänge.) Die erste Welle legt in dieser Zeit im Medium die Strecke $v_s t$ zurück; die letzte Welle hat am Ende der Zeit gerade den Sender verlassen, der Sender hat bezüglich des Mediums die Entfernung Vt zurückgelegt. Der Abstand zwischen dem Anfang und dem Ende des Wellenzuges beträgt $(v_s - V)t$, in dieser Strecke liegen n Wellen. Somit beträgt die Wellenlänge

$$\lambda_R = \frac{(v_s - V)t}{n}, \qquad (10.13)$$

und die im Medium gemessene oder in R empfangene Frequenz ist

$$\nu_R = \frac{v_s}{\lambda_R} = \frac{n}{t}\,\frac{v_s}{v_s - V}. \qquad (10.14)$$

Der Sender emittiert jedoch n Wellen in t Sekunden, somit beträgt die Frequenz in seinem eigenen Bezugssystem

$$\nu_T = \frac{n}{t}. \qquad (10.15)$$

Setzen wir Gl. (10.15) in Gl. (10.14) ein, so erhalten wir

$$\boxed{\nu_R = \frac{\nu_T}{1 - V/v_s}}. \qquad (10.16)$$

Bei positivem V (Sender bewegt sich in Richtung auf den Empfänger) ist somit die vom Empfänger aufgenommene Frequenz höher als die gesendete. Bei negativem V (der Sender entfernt sich vom Empfänger) ist die Empfangsfrequenz niedriger als die Sendefrequenz. Die Frequenzverschiebung ist als *Dopplereffekt* bekannt. Für ein Flugzeug hat V die gleiche Größenordnung wie die Schallgeschwindigkeit in Luft, daher ist der Dopplereffekt ziemlich groß. Für $V/v_s \ll 1$ können wir Gl. (10.16) näherungsweise als

$$\nu_R \approx \nu_T\left(1 + \frac{V}{v_s}\right) \qquad (10.17)$$

von der Ordnung V/v_s schreiben.

Ruhende Quelle; Empfänger bewegt sich im Medium. Der Sender T ruht in M und der Empfänger R bewegt sich von rechts in Richtung T mit der Geschwindigkeit $\mathbf{V} = -V\hat{\mathbf{x}}$, V hat einen positiven Zahlenwert. Der in der Zeit t emittierte Wellenzug aus n Wellen belegt im Medium die Strecke $v_s t$. Die Schallgeschwindigkeit beträgt relativ zum Empfänger $v_s + V$, so daß der Empfänger die n Wellen in einer Zeit

$$\frac{v_s t}{v_s + V}$$

aufnimmt. Die von R empfangene Frequenz beträgt daher

$$\nu_R = \frac{n}{v_s t/(v_s + V)} = \frac{n}{t}\cdot\frac{v_s + V}{v_s}. \qquad (10.18)$$

Es gilt $\nu_T = n/t$ und somit

$$\nu_R = \nu_T\left(1 + \frac{V}{v_s}\right). \qquad (10.19)$$

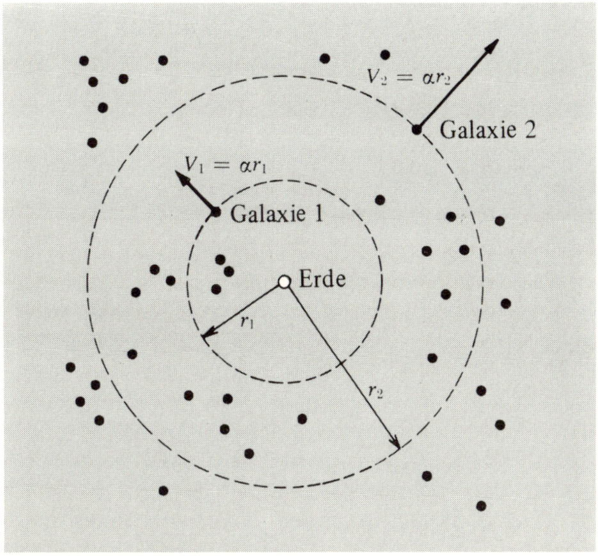

Bild 10.26. Der im Licht von entfernten Sternen beobachtete Doppler-Effekt zeigt, daß die Galaxien sich mit einer Geschwindigkeit proportional zu ihrem Erdabstand entfernen.

Das Ergebnis stimmt nicht exakt mit dem Resultat aus Gl. (10.16) für unser vorheriges Problem überein, aber wir sehen durch einen Vergleich der Gln. (10.17) und (10.19), daß die beiden Ergebnisse für den Ausdruck V/v_s in erster Ordnung identisch sind. Wir werden in Kapitel 11 erfahren, daß die Gln. (10.16) und (10.19) auch für Lichtwellen im freien Raum zur ersten Ordnung von V/c gültig sind. Für Schallwellen sind die Ausdrücke zweiter Ordnung von V/c in Gl. (10.17) und Gl. (10.19) unterschiedlich, daher können wir experimentell aussagen, ob sich Sender oder Empfänger relativ zum Medium bewegen. Das Medium ist für die Ausbreitung von Schallwellen wesentlich. Bei der Behandlung von Lichtwellen werden wir sehen, daß die Ausdrücke zweiter Ordnung gleich sind.

Quelle und Empfänger bewegen sich gleichzeitig. Nehmen Sie an, sowohl Quelle als auch Empfänger bewegen sich relativ zum Medium mit der Geschwindigkeit V. Es gilt $\nu_R = \nu_T$, da Impulse, die mit einer Zeitdifferenz $T = 1/\nu_T$ emittiert werden, mit der gleichen Zeitdifferenz T empfangen werden. Oder wir kombinieren Gl. (10.16) und Gl. (10.19) mit den entsprechenden Vorzeichen bezüglich der Bewegung des Senders und Empfängers:

$$\nu_R = \frac{1}{1 \pm V/v_s}\cdot\left(1 \pm \frac{V}{v_s}\right)\nu_T = \nu_T. \qquad (10.19a)$$

Die Frequenz bleibt somit gleich; natürlich hat sich die scheinbare Ausbreitungsgeschwindigkeit durch die Mediumbewegung geändert.

- **Beispiel**: *Die rezessionelle Rotverschiebung* (Bilder 10.26 und 10.27). Spektrographische Analysen des aus entfernten Galaxien empfangenen Lichts zeigen, daß be-

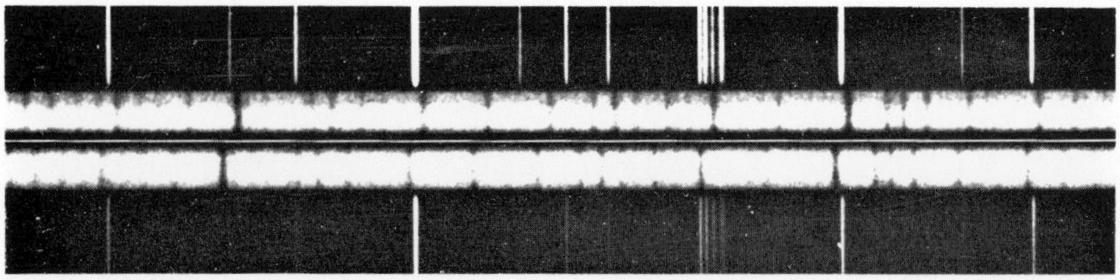

Bild 10.27. Zwei (zu verschiedenen Zeiten aufgenommene) Spektrogramme des Doppelsterns α^1-Geminorum. Nur einer der beiden Sterne emittiert genügend Licht, um aufgenommen zu werden. Beachten Sie bitte, daß die Spektrallinien des Sterns relativ zu den Laborbezugslinien in verschiedene Richtungen verschoben sind, entsprechend den beiden Bewegungsphasen des Sterns. Während einr Phase bewegt sich der Stern auf die Erde zu, die Lichtfrequenz ist größer; in der anderen Phase entfernt sich der Stern von der Erde, die Frequenz nimmt ab. (*Photographie des Lick Observatory*)

stimmte hervortretende Spektrallinien im sichtbaren Spektrum sehr deutlich zum roten Ende, bzw. zum Gebiet mit niedriger Frequenz verschoben sind. Diese Verschiebung kann als Dopplereffekt interpretiert werden, bedingt durch die Rezessionsgeschwindigkeit der Quelle. Wir wissen ferner, daß die Verschiebungsgrößen $\Delta\nu/\nu$ oder $\Delta\lambda/\lambda$ der Entfernung der Quelle direkt proportional sind, vorausgesetzt, die Verschiebung ist $\ll 1$. Die einfachste nichtrelativistische Erklärung der Entfernungs-Geschwindigkeits-Beziehung ist unter der „big-bang"-Theorie (Großer Knall) bekannt, nach der das Weltall vor etwa 10^{10} Jahren durch eine Explosion entstand. Die sich am schnellsten bewegenden Explosionsprodukte bilden heute die Außengebiete des Universums. Somit ist die Materie um so weiter entfernt und hat eine um so größere Rotverschiebung, desto höher ihre Radialgeschwindigkeit (relativ zu uns) ist. Es gibt auch kompliziertere Erklärungen der rezessionellen Rotverschiebung. Keine konnte bewiesen werden.

Ein paar leicht erkennbare Absorptionslinien im Kaliumspektrum (die K- und H-Linie) treten in den Spektren vieler Sterne hervor. In Erdlaboratorien beobachten wir die Linien nahe der Wellenlänge 3 950 Å = 39 500 nm. Wir nehmen an, daß Laborbeobachter, die sich im Ruhesystem irgendeines Sterns bewegen, die gleiche Wellenlänge messen würden. Wir beobachten die gleichen Linien im Licht, das aus dem Nebel des Sternbildes Boötes kommt, bei einer Wellenlänge von 4 470 Å. Somit tritt eine Verschiebung zum Roten von 4 470 Å − 3 950 Å = 520 Å auf. Die relative Verschiebung beträgt

$$\frac{\Delta\lambda}{\lambda} = \frac{520}{3\,950} = 0{,}13\,. \qquad (10.20)$$

Indem wir Gl. (10.16) mit v_s gleich c (wie in Kapitel 11 für Lichtwellen gezeigt wird) anwenden und $\nu = c/\lambda$ mit c = const. differenzieren [1]), erhalten wir

$$\frac{\Delta\nu}{\nu} = -\frac{\Delta\lambda}{\lambda} \quad \text{oder} \quad \frac{\Delta\lambda}{\lambda} \approx -\frac{V}{c}\,, \qquad (10.21)$$

wobei wir Gl. (10.17) mit v_s gleich c benutzt haben, wie in Kapitel 11 für Lichtwellen bestätigt wird. Wir folgern aus Gl. (10.21), daß sich der Nebel mit der großen relativen Geschwindigkeit $|V| \approx 0{,}13\,c$ von uns entfernt. Für *größere Geschwindigkeiten* benötigen wir die eine oder andere Beziehung für die Dopplerverschiebung, wie sie durch die Theorie des relativistischen Weltallmodells gefordert wird [2]).

Ähnliche Beobachtungen einer großen Anzahl von Galaxien können mit unabhängigen Entfernungsberechnungen kombiniert werden, um zu einem erstaunlichen Erfahrungsergebnis zu gelangen: Die Relativgeschwindigkeit einer Galaxie im Abstand r kann durch die Gleichung

$$V = \alpha\, r \qquad (10.22)$$

wiedergegeben werden mit einer empirisch bestimmten Konstante $\alpha = 3 \cdot 10^{-18}\,s^{-1}$. (Die Abschätzung der Galaxienentfernung ist ein komplexes Thema, zu dem ein Astronomiebuch zu Rate gezogen werden muß.) Der reziproke Wert von α hat die Dimension einer Zeit:

$$\frac{1}{\alpha} \approx 3 \cdot 10^{17}\,s \approx 10^{10}\,a\,. \qquad (10.23)$$

[1]) Achten Sie auf folgenden kleinen Rechentrick: Wir nehmen $y = Ax^n$ an mit den Konstanten A und n und wollen dy/y mit dx/x bestimmen. Wir bilden den natürlichen Logarithmus auf beiden Seiten und erhalten $\ln y = \ln A + n \ln x$. Danach differenzieren wir beide Seiten, um $dy/y = n\,dx/x$ zu erhalten. Wir haben hier von der Beziehung $d/dx\,(\ln x) = 1/x$ Gebrauch gemacht.

[2]) Siehe *G. C. McVitties*, Physics Today, S. 70 (Juli 1964).

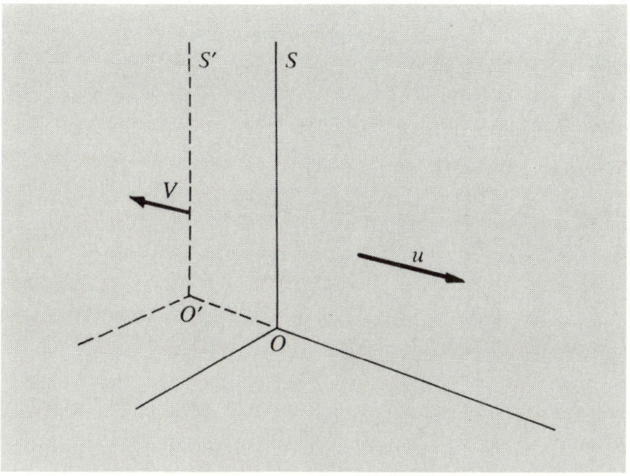

Bild 10.28. Ist u eine im Inertialsystem S beobachtete normale Geschwindigkeit auf der Erde, so besagt die Galilei-Transformation, daß ...

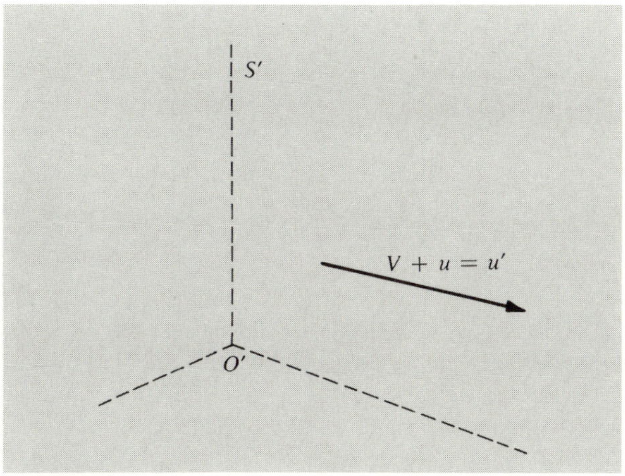

Bild 10.29. ... wir im Inertialsystem S' u' = V + u beobachten.

Multiplizieren wir $1/\alpha$ mit c, erhalten wir eine Länge:

$$\frac{c}{\alpha} \approx (3 \cdot 10^{10}\,\text{cm/s})(3 \cdot 10^{17}\,\text{s}) \approx 10^{28}\,\text{cm}\,. \qquad (10.24)$$

Die Zeit in Gl. (10.23) wird als „Alter des Universums" bezeichnet; die Länge in Gl. (10.24) nennen wir „Radius des Weltalls". Die wirkliche Tragweite dieser Größen ist bis heute unbekannt, obwohl viele verschiedene kosmologische Modelle vorgeschlagen wurden, um die Form der Gl. (10.22) zu erklären. •

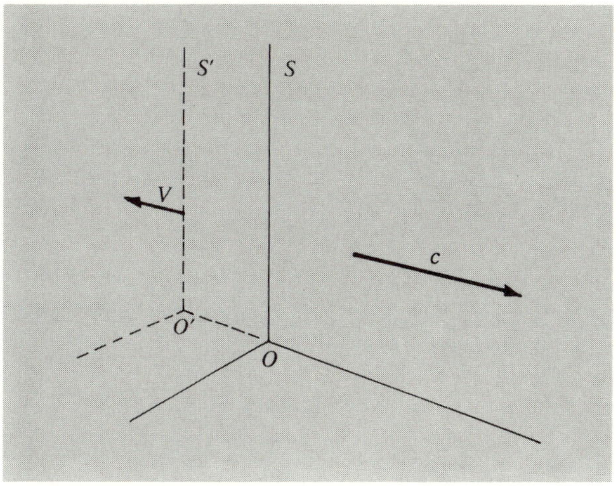

Bild 10.30. Jedoch zeigen Experimente, daß ein sich mit der Geschwindigkeit c in S bewegendes Objekt ...

10.4. Die Lichtgeschwindigkeit in relativ zueinander bewegten Inertialsystemen
(Bilder 10.28 bis 10.32)

Die elementare Anwendung der Galilei-Transformation auf das Problem eines sich bewegenden Empfängers fordert, daß die Lichtgeschwindigkeit im Empfängersystem von c verschieden ist. Wir erwarten für die Lichtgeschwindigkeit c_R relativ zum sich bewegenden Empfänger

$$c_R = c \pm V \qquad (10.25)$$

mit V als der Geschwindigkeit des Empfängers, der sich zur Quelle hin (+) oder von ihr weg (−) bewegt. Dies scheint eine vernünftige Art der Geschwindigkeitsaddition zu sein. Die gleiche Beziehung müßte gelten, wenn die Quelle und der Empfänger ruhen und das Medium sich mit der Geschwindigkeit V ausbreitet. Die Gl. (10.25) wird augenscheinlich in unzähligen Alltagsexperimenten erfüllt, zumindest solange Licht keine Rolle spielt. Sie gilt für Schallwellen, wenn wir v_s für c schreiben. Aber sie *gilt nicht*, selbst nicht angenähert, für Lichtwellen im freien Raum. Experimentell erhält man

$$c_R = c \qquad (10.26)$$

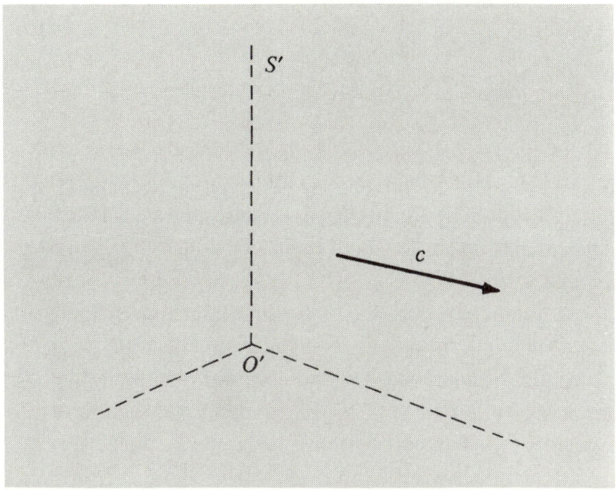

Bild 10.31. ... in S' ebenfalls die Geschwindigkeit c hat.

Bild 10.32. Ein Präzisionsapparat zu einem relativistischen optischen Versuch mit zwei Gaslasern. Der Apparat befindet sich in einem ehemaligen Weinkeller in Round Hill, Massachusetts. Die beiden Männer sind *Charles H. Townes* und *Ali Javan*.

für ein beliebiges System *unabhängig von seiner Geschwindigkeit* und unabhängig von der Geschwindigkeit relativ zu einem gedachten Ausbreitungsmedium. Diese Tatsache beruht auf der relativistischen Formulierung der physikalischen Gesetze.

Wir untersuchen jetzt die experimentelle Grundlage der Gl. (10.26). Von den vielen verschiedenen Experimenten, die die spezielle Relativitätstheorie stützen, bieten die unmittelbar zu Gl. (10.26) führenden einen bequemen Ausgangspunkt. Wir betrachten Experimente, die zeigen, daß die Lichtgeschwindigkeit unabhängig von der Erdbahngeschwindigkeit $3 \cdot 10^6$ cm/s ist.

Nehmen wir zuerst an, wie es die Physiker des neunzehnten Jahrhunderts taten, daß sich das Licht als Welle in einem Medium ausbreitet, so wie dies für den Schall als Welle in einer Flüssigkeit, einem festen Körper oder einem Gas gilt. Das Medium, in dem sich die Lichtwellen im freien Raum ausbreiten, nannte man *Äther*.

Was ist Äther? Heute betrachten wir Äther lediglich als anderes Wort für Vakuum. Aber *Maxwell* und viele andere konnten sich ein Feld nicht als eine sich selbsttragende im freien Raum ausbreitende Anordnung vorstellen. *Maxwell* folgerte: „Aber in allen Theorien stellt sich natürlich die Frage: – Wenn etwas von einem Teilchen zu einem anderen entfernten übertragen wird, welchen Zustand hat es nach Verlassen des einen Teilchens und vor Erreichen des anderen? Ist dieses Etwas die potentielle Energie zweier Teilchen, wie in Neumanns Theorie? Wie können wir uns diese Energie als in einem Raumpunkt existent vorstellen, wenn sie sich weder mit dem einen noch dem anderen Teilchen deckt? Wenn auch immer Energie von einem Körper zu einem anderen in einer Zeit übertragen wird, muß es tatsächlich ein Medium oder eine Substanz geben, in dem die Energie nach Verlassen des einen Körpers und vor Erreichen des anderen Körpers existiert; denn Energie ist, wie *Toricelli* bemerkt, ‚eine Quintessenz so subtiler Natur, daß sie nicht in einem Schiff gelagert werden kann außer in der innersten Substanz materieller Dinge'. Deshalb führen alle Theorien zu der Annahme eines Mediums, in dem die Ausbreitung stattfindet, und wenn wir dieses Medium als Hypothese zulassen, glaube ich, daß es einen derartig hervorstechenden Platz in unseren Erforschungen einnehmen wird, daß wir uns bemühen sollten, ein geistiges Modell aller Einzelheiten seines Verhaltens zu konstruieren und daß dies mein beständiges Ziel in dieser Abhandlung gewesen ist."

Das selbstverständliche direkte Experiment zur Prüfung der möglichen Abhängigkeit der Lichtgeschwindigkeit von der Erdbewegung besteht darin, die Laufzeit eines Lichtimpulses in einer Richtung über eine gemessene Strecke zu bestimmen. Man würde dies getrennt voneinander in beiden Richtungen auf einer Nordsüd- und danach auf einer Ostwestverbindungslinie durchführen und schließlich nach sechs Monaten wiederholen, wenn die Erdgeschwindigkeit um die Sonne eine entgegengesetzte Richtung hat. Seit der Entwicklung des Lasers gibt es hinreichend genaue Uhren, die ein derartiges direktes Experiment ermöglichen; gegenwärtig bildet die Anstiegszeit des Impulses den begrenzenden technischen Faktor. Für 10^{-9} s ergibt sich hierdurch ein effektiver Fehler von $10^{-9}\,\text{s} \cdot c = 30$ cm in der Weglänge. Die Uhren für ein derartiges Experiment müßten am gleichen Ort synchronisiert und dann langsam getrennt in ihre Endlage gebracht werden.

Man hat viele Experimente zur Prüfung von Gl. (10.25) durchgeführt, d.h. Äthershift nachzuweisen. Mit keinem Experiment ist es gelungen, eine Bewegung der Erde durch den Äther zu zeigen; die Experimente von *Michelson* und *Morley* waren ausschlaggebend.

Das Michelson-Morley-Experiment. Zwei aus einer gemeinsamen monochromatischen Quelle stammende Lichtwellenscharen können je nach ihrer relativen Phasenlage in einem Punkt konstruktiv oder destruktiv interferieren. Die relative Phase kann durch eine unterschiedliche Weglänge der beiden Wellenzüge verändert werden. *Michelson* und *Morley* konstruierten ein kompliziertes Interferometer, dessen wesentliche Teile in den Bildern 10.33 bis 10.42 enthalten sind. Ein Lichtstrahl aus einer

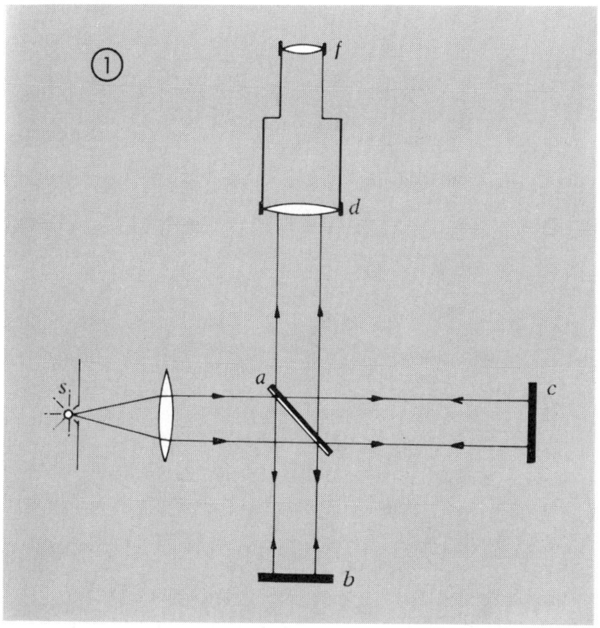

Bild 10.33. Das *Michelson-Morley-Interferometer* besteht aus einer Lichtquelle s, einem semipermeablen Spiegel a, den Spiegeln b und c und dem Teleskopdetektor d; f gibt den Brennpunkt des Teleskops wieder. Ruht das Interferometer im Äther, so kann ein Interferenzmuster zwischen den Strahlen aba und aca ...

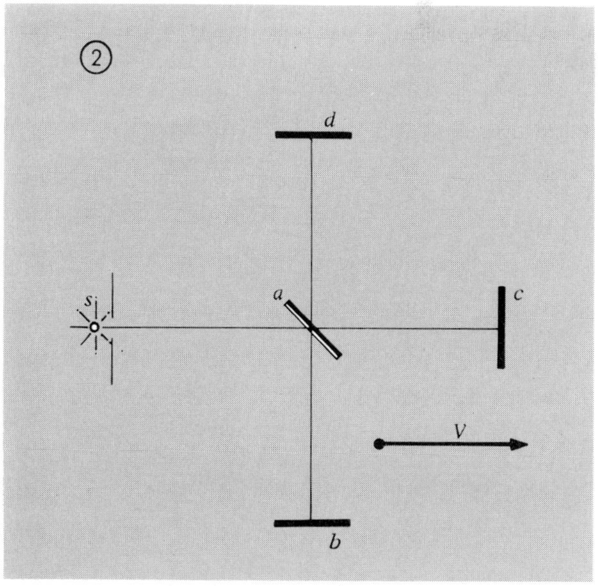

Bild 10.34. ... in d beobachtet werden. Haben der Apparat (und die Erde) relativ zum hypothetischen Äther die Geschwindigkeit V, müssen wir eine Änderung des Interferenzmusters in d erwarten, da sich jetzt die Zeiten für die Strecken aba und aca um verschiedene Summen ändern würden. Um das zu sehen ...

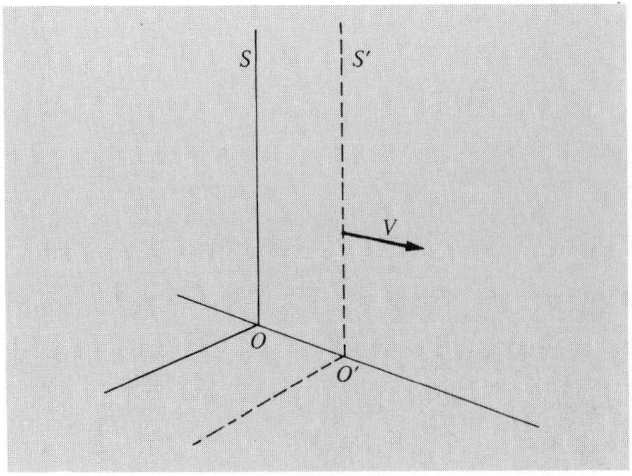

Bild 10.35. ... betrachten wir ein sich mit der Erde und dem Interferometer bewegendes Galilei-System S′. S ist ein im Äther ruhendes Galilei-System.

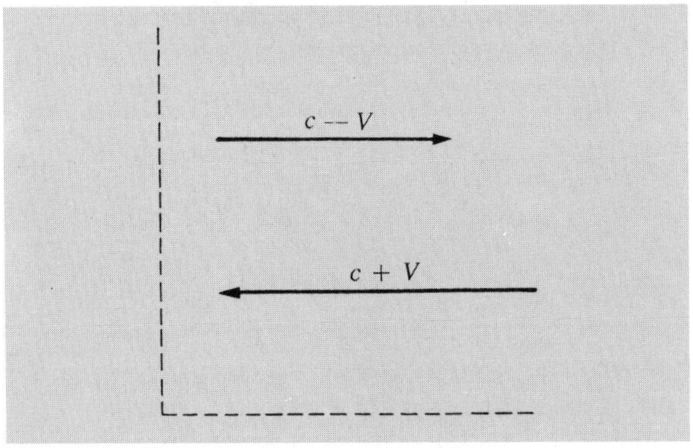

Bild 10.36. In Übereinstimmung mit der Galilei-Transformation hat sich nach rechts bewegendes Licht in S′ die Geschwindigkeit c − V; sich nach links bewegendes Licht in S′ die Geschwindigkeit c + V.

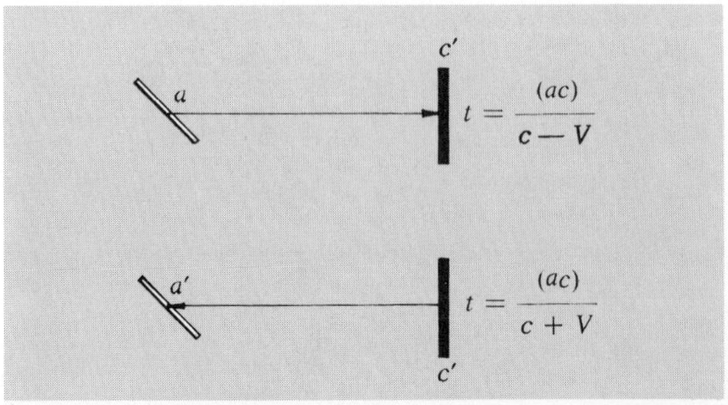

Bild 10.37. Somit beträgt die Zeit, um von a nach c′ und zurück nach a′ zu gelangen,

$$\Delta t\,(ac'a') = \frac{(ac')}{c - V} + \frac{(ac')}{c + V}$$

mit der Entfernung (ac′) zwischen a und c′.

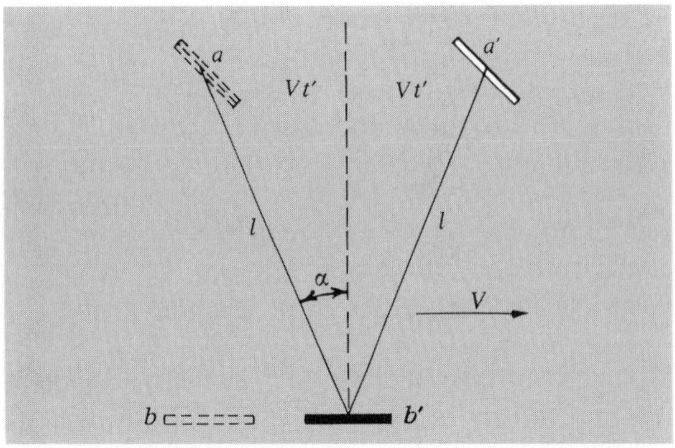

Bild 10.38. Welche Zeit $\Delta t\,(ab'a') = 2\,t'$ verstreicht, um von a nach b und zurück nach a′ zu gelangen? Im Galilei-System S ist die Geschwindigkeit V des Interferometers nach rechts gerichtet; Licht hat die Geschwindigkeit c.

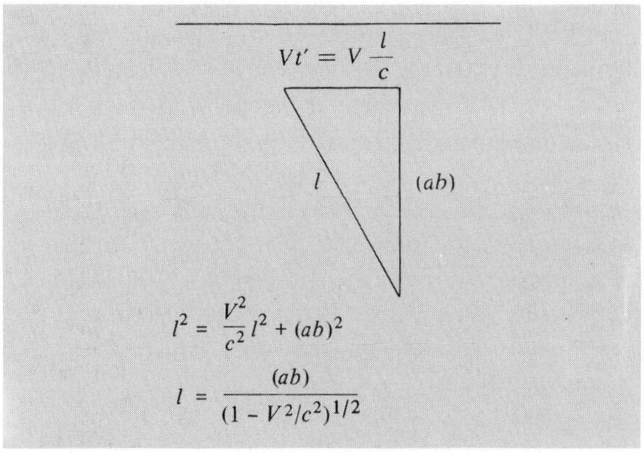

Bild 10.39. $\Delta t\,(ab'a') = 2\,t' = 2\,(ab)/\sqrt{c^2 - V^2}$. Selbst wenn (ab) = (ac), läßt uns die Galilei-Transformation erwarten, ...

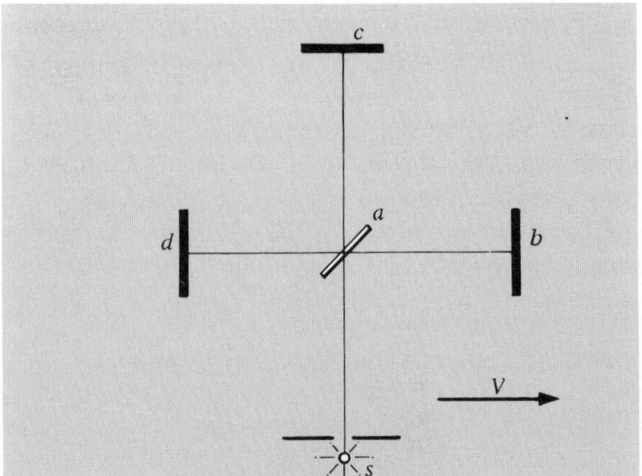

Bild 10.40. ... daß sich das Interferenzmuster ändert, wenn das Interferometer relativ zum Äther eine andere Geschwindigkeit einnimmt. Es wurde nichts dergleichen beobachtet.

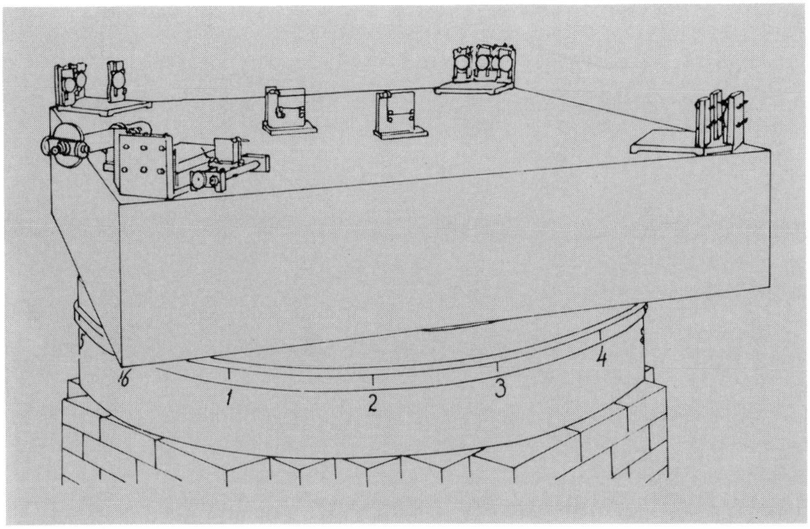

Bild 10.41. Perspektivische Darstellung des von *Michelson* und *Morley* in ihrem 1887 veröffentlichten Aufsatzes beschriebenen Apparates.

singularen Quelle s wurde durch einen semipermeablen Spiegel in a aufgespalten. Wir setzen die Beschreibung des Experiments im wesentlichen in den Worten und Aufzeichnungen von *Michelson* und *Morley* fort [1]: „sa (Bild 10.33) sei ein Lichtstrahl, der teils in ab reflektiert und teils in ac durchgelassen wird, der nach der Reflexion an den Spiegeln b und c entlang ba und ca zurückkehrt. ba wird zum Teil entlang ad durchgelassen und ca wird zum Teil entlang ad reflektiert. Sind die Wege ab und ac gleich, so interferieren die beiden Strahlen entlang ad. Angenommen, der Äther ruht und der gesamte Aufbau bewegt sich in Richtung sc mit der Bahngeschwindigkeit der Erde; die Richtungen der Strahlen und die zurückgelegten Strecken ändern sich wie folgt: – Der Strahl sa wird entlang ab′ (Bilder 10.34 und 10.38) reflektiert; der Winkel ab′a′ ist gleich der Aberration α, der Strahl kehrt entlang b′a′ zurück (ab′a′ = 2α) und geht durch die Teleskoplinse, deren Richtung unverändert geblieben ist. Der durchgelassene Strahl geht entlang ac′, kehrt entlang c′a′ zurück, wird in a′ reflektiert, bildet den Winkel c′a′d′ gleich $90° - \alpha$ und fällt deshalb noch mit dem ersten Strahl zusammen. Es muß bemerkt werden, daß die Strahlen b′a′ und c′a′ jetzt nicht exakt im selben Punkt a′ zusammentreffen, allerdings ist der Unterschied zweiten Grades; dies hat keinen Einfluß auf die Gültigkeit der Begründung.

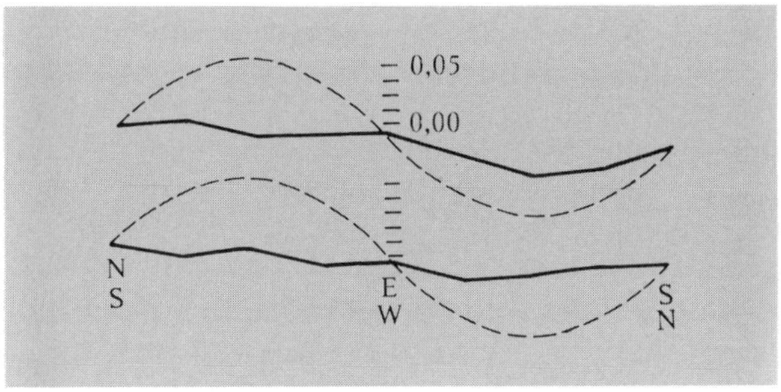

Bild 10.42. „Die Ergebnisse unserer Beobachtungen haben wir graphisch dargestellt. Die obere Kurve ermittelten wir aus unseren Beobachtungen um die Mittagszeit, die untere am Abend. Die gestrichelten Kurven zeigen ***ein Achtel*** der theoretisch zu erwartenden Abweichung. Man kann aus der Zeichnung schließen, daß eine durch die relative Bewegung der Erde und des Äthers bedingte Abweichung, sofern sie existiert, nicht viel größer als das 0,01fache des Linienabstandes sein kann.“ (*Michelson* und *Morley*, aus ihrem Aufsatz.) Die vertikale Achse gibt die Abweichung der Linien wieder; die horizontale Achse bezieht sich auf die Lage des Interferometers relativ zu einer Ost-West-Linie.

Jetzt soll die Differenz der beiden Bahnen ab′a′ und ac′a′ gefunden werden.

Es bezeichnet

c Lichtgeschwindigkeit,
V Bahngeschwindigkeit der Erde
D Entfernung ab oder ac (Bild 10.33),
T Zeit, die das Licht für die Strecke ac′ benötigt,
T′ Zeit, die das Licht für die Strecke c′a′ benötigt (Bild 10.34).

[1]) *A. A. Michelson* und *E. W. Morley*, Am. J. Sci. **34**, 333 (1887). Dies war eines der bemerkenswertesten Experimente des neunzehnten Jahrhunderts. Einfach im Prinzip rief das Experiment eine wissenschaftliche Revolution mit weitreichenden Konsequenzen hervor. Bedenken Sie, daß das Verhältnis aus Erdbahngeschwindigkeit und Lichtgeschwindigkeit etwa 10^{-4} beträgt. Beim Abdruck des Auszuges haben wir anstelle von V das Formelzeichen c und V anstelle von v geschrieben; von uns eingeführte Ergänzungen stehen in Klammern.

Dann gilt

$$T = \frac{D}{c - V}, \quad T' = \frac{D}{c + V}. \tag{10.27a}$$

Die Gesamtzeit von Hin- und Rücklauf beträgt

$$T + T' = 2D \frac{c}{c^2 - V^2}, \tag{10.27b}$$

und der in dieser Zeit zurückgelegte Weg ist

$$2D \frac{c^2}{c^2 - V^2} \approx 2D \left(1 + \frac{V^2}{c^2}\right), \tag{10.27c}$$

unter Vernachlässigung der Größen vierten Grades. Die Länge der anderen Bahn beträgt offensichtlich

$$2D \sqrt{1 + \frac{V^2}{c^2}} \tag{10.27d}$$

oder mit der gleichen Genauigkeit

$$2D \left(1 + \frac{V^2}{c^2}\right). \tag{10.27e}$$

Somit erhalten wir für die Differenz

$$D \frac{V^2}{c^2}. \tag{10.27f}$$

Drehen wir jetzt den gesamten Aufbau um 90°, so wird die Differenz entgegengesetzte Richtung haben. Somit sollte die Abweichung der Interferenzstreifen $2D(V^2/c^2)$ betragen. Berücksichtigt man lediglich die Bahngeschwindigkeit der Erde, so ergibt sich $2D \cdot 10^{-8}$. Erhält man, wie es im ersten Experiment der Fall war, für $D = 2 \cdot 10^6$ gelbe Lichtwellen, so würde die erwartete Abweichung das 0,04fache der Entfernung zwischen den Interferenzstreifen betragen.

„Im ersten Experiment bestand eine der Hauptschwierigkeiten darin, den Apparat zu drehen ohne Verzerrungen zu erzeugen; eine andere lag in der extremen Vibrationsempfindlichkeit. Diese war so groß, daß es bei Arbeiten in der Stadt, selbst um zwei Uhr morgens, bis auf kurze Intervalle unmöglich war, die Interferenzstreifen zu sehen. Schließlich könnte auch, wie schon erwähnt wurde, die zu beobachtende Größe, nämlich eine Abweichung von etwas weniger als einem Zwanzigstel des Abstandes zwischen den Interferenzstreifen, zu klein gewesen sein, um abgelesen zu werden, wenn sie von Versuchsfehlern verdeckt wird. Die zuerst genannten Schwierigkeiten wurden vollständig (im zweiten Experiment) beseitigt, indem wir den Apparat auf einem in Quecksilber schwimmenden massiven Stein befestigten; und die zweite Schwierigkeit schalteten wir aus, indem wir durch wiederholte Reflexion die Länge des Lichtweges gegenüber dem früheren Wert verzehnfachten.

... Betrachtet man lediglich die Bahngeschwindigkeit der Erde, sollte man die Abweichung

$$2D \frac{V^2}{c^2} = 2D \cdot 10^{-8}$$

erhalten. Die Entfernung D betrug ungefähr 11 m oder $2 \cdot 10^7$ Wellenlängen des gelben Lichtes, somit wäre die zu erwartende Abweichung das 0,4fache des Streifens (wenn sich die Erde durch einen Äther bewegt). Die tatsächliche Abweichung war bestimmt geringer als der 20. Teil hiervon, und wahrscheinlich geringer als der 40. Teil. Aber da die Abweichung dem Geschwindigkeitsquadrat proportional ist, beträgt die relative Geschwindigkeit von Erde und Äther zueinander wahrscheinlich weniger als ein Sechstel und mit Bestimmtheit weniger als ein Viertel der Bahngeschwindigkeit der Erde."

Michelsons und *Morleys* experimentelle Ergebnisse widersprechen dem, was wir aufgrund der Galilei-Transformation erwarten würden. Die Experimente sind seitdem über eine Zeit von mehr als 80 Jahren (mit Abwandlungen) mit anderen Lichtwellenlängen, mit Sternenlicht, mit extrem monochromatischem Licht aus einem modernen Laser, in großer Höhe, unter Tage, in verschiedenen Kontinenten und zu verschiedenen Jahreszeiten wiederholt worden. Wir können feststellen, die Ätherdrift ist Null mit einer Genauigkeit, die am besten verdeutlicht wird, wenn wir sagen, daß die Lichtgeschwindigkeit hin und zurück bis auf weniger als 10^3 cm/s gleich sei oder bis auf ein Tausendstel der Erdbahngeschwindigkeit um die Sonne.

Die Invarianz von c. Das negative Ergebnis des Versuchs von *Michelson* und *Morley* läßt vermuten, daß die Einflüsse des Äthers nicht nachweisbar sind. Das heißt, bei der Betrachtung des Dopplereffektes in der Lichtausbreitung sollte das Ergebnis nur die Relativbewegung zweier Systeme und nicht die Absolutgeschwindigkeit relativ zu irgendeinem festen Äther beinhalten [1]). Das Ergebnis läßt ferner vermuten, daß die Lichtgeschwindigkeit nicht von der Bewegung der Quelle oder des Beobachters abhängt. Der experimentelle Beweis der letzten Aussage ist gut, könnte aber noch verbessert werden. Der in Kapitel 11 zitierte Aufsatz von *Sadeh* zeigt, daß die Geschwindigkeit der γ-Quanten bis auf $\pm 10\%$, unabhängig von der Geschwindigkeit der Quelle, genau ist, solange die Geschwindigkeit der Quelle in der Größenordnung $\frac{1}{2}$ c liegt. Wir schließen aus dem experimentellen Beweis,

[1]) Beachten Sie bitte, daß unter diesem Gesichtspunkt die Lichtausbreitung ein anderes Verhalten als die Schallausbreitung zeigt. Bei der Behandlung des Schall-Dopplereffektes mußten wir die Geschwindigkeit des Mediums relativ zum Sender und Empfänger kennen. Der Versuch von *Michelson* und *Morley* sagt aus, daß wir bezüglich der Lichtausbreitung im freien Raum den Äther vergessen müssen.

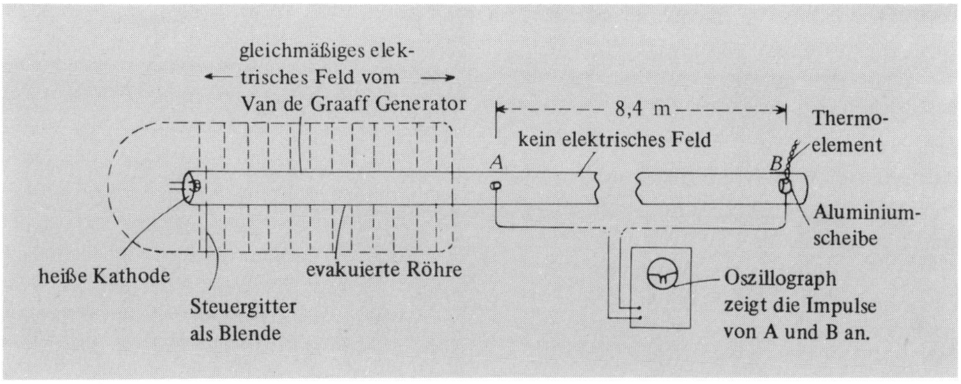

Bild 10.43. Die allgemeine Anordnung des Experiments zur Endgeschwindigkeit. Die Elektronen werden in einem gleichförmigen Feld auf der linken Seite beschleunigt, und ihre Flugzeit wird zwischen A und B mit der Kathodenstrahlröhre gemessen.

daß *eine von einer Punktquelle in einem Inertialsystem emittierte kugelförmige Lichtwellenfront einem Beobachter in einem anderen Inertialsystem kugelförmig erscheint.*

Aus einem früheren Abschnitt wissen wir, daß die Geschwindigkeit elektromagnetischer Wellen im Bereich 10^8 Hz ... 10^{22} Hz von der Frequenz unabhängig ist. Genaue Messungen zeigen, daß c nicht von der Lichtintensität und dem Auftreten anderer elektrischer und magnetischer Felder abhängt. Wir beschränkten unsere Erörterungen gänzlich auf sich im freien Raum bewegende elektromagnetische Wellen.

Die Lichtgeschwindigkeit als Grenzgeschwindigkeit (Bilder 10.43 und 10.44). Wir haben gesehen, daß elektromagnetische Wellen sich im freien Raum nur mit der Geschwindigkeit c ausbreiten. Kann irgend etwas eine höhere Geschwindigkeit haben als c?

Betrachten Sie die Bewegung geladener Teilchen in einem Beschleuniger. Können Teilchen bis zu einer Geschwindigkeit größer als c beschleunigt werden? Bis jetzt sind wir in diesem Band noch auf kein Prinzip gestoßen, daß die Beschleunigung geladener Teilchen bis zu beliebig hohen Geschwindigkeiten verhindert.

Das folgende Experiment [1]) verdeutlicht nun den Lehrsatz, daß ein Teilchen nicht auf eine Geschwindigkeit größer als c beschleunigt werden kann. Elektronen werden im *Van de Graaff*-Beschleuniger durch sukzessiv größere elektrostatische Felder beschleunigt, danach driften die Elektronen mit konstanter Geschwindigkeit durch ein feldfreies Gebiet. Ihre Flugzeit und somit ihre Geschwindigkeit über eine gemessene Entfernung $\overline{AB}$ werden direkt bestimmt, ihre kinetische Energie (die am Ende der Strecke in Wärme umgewandelt wird), messen wir mit einem geeichten Thermoelement.

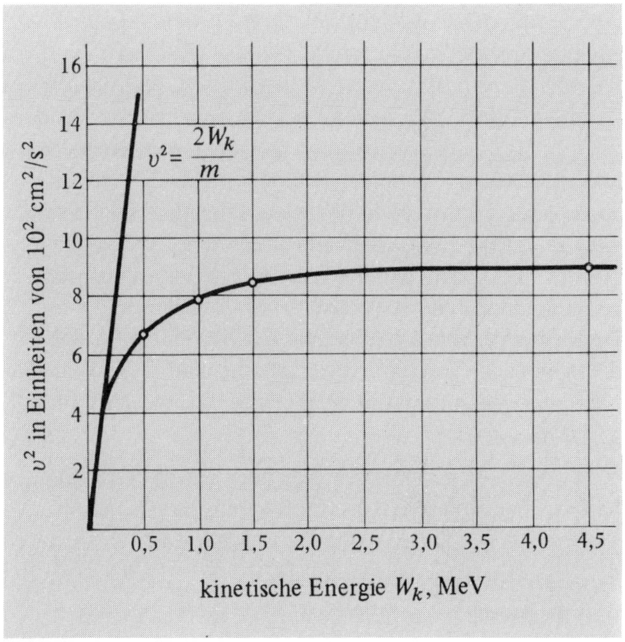

Bild 10.44

Das beschleunigende Potential φ können wir in diesem Experiment mit großer Genauigkeit bestimmen. Die kinetische Energie eines Elektrons beträgt

$$W_k = e E l = e\varphi ,$$

wobei wir mit l die Strecke bezeichnen, in der die Beschleunigung vorgenommen wird, $\varphi = El$ ist die Differenz des elektrischen Potentials am Anfang und am Ende der Beschleunigungsstrecke. Wählen wir $\varphi = 10^6$ V, so hat das Elektron nach der Beschleunigung eine Energie von $1 \cdot 10^6$ eV (1 MeV). Da

$$10^6\,\text{V} \approx \frac{10^6}{300}\,\text{erg/esE} ,$$

[1]) *W. Bertozzi* führte dieses Experiment in Verbindung mit dem PSSC Film „The Ultimate Speed" durch. Unser Bericht stammt direkt aus Kapitel A-3 des PSSC Advanced Topics Program. Sehen Sie hierzu bitte „Am. J. Phys." **32**, 551 (1964) ein.

beträgt die kinetische Energie für ein Elektron

$$\frac{4{,}80 \cdot 10^{-10}\,\text{esE} \cdot 10^{6}\,\text{dyn cm/esE}}{300} \approx 1{,}60 \cdot 10^{-6}\,\text{erg} =$$

$$= 1{,}60 \cdot 10^{-13}\,\text{J} . \quad (10.28)$$

Bewegen sich im Strahl n Elektronen pro Sekunde, so beträgt die an die Aluminiumschicht abgegebene Leistung am Ende des Strahls $1{,}6 \cdot 10^{-6}$ n erg/s. Dies stimmt genau mit der direkt durch das Thermoelement wiedergegebenen Leistungsaufnahme der Schicht überein. Das Elektron gibt also die während der Beschleunigung aufgenommene kinetische Energie an die Schicht ab. Ferner erwarten wir auf der Grundlage der nichtrelativistischen Mechanik

$$W_k = \frac{1}{2} m v^2 , \quad (10.29)$$

so daß der Graph von v^2 in Abhängigkeit von W_k eine Gerade sein sollte. Bei höheren Energien als etwa 10^5 eV gilt experimentell die lineare Beziehung zwischen v^2 und W_k *nicht* länger. Stattdessen stellen wir fest, daß sich die Geschwindigkeit zu höheren Energien dem begrenzenden Wert $3 \cdot 10^{10}$ cm/s asymptotisch annähert. Wir fassen die experimentellen Ergebnisse zusammen: Die Elektronen absorbieren die erwartete Energie aus dem Beschleunigungsfeld, aber ihre Geschwindigkeit wächst nicht unbegrenzt. Eine Anzahl anderer Experimente lassen ebenfalls vermuten, daß c die obere Grenze der Teilchengeschwindigkeit bildet. Somit glauben wir mit Bestimmtheit, daß c die maximale Übertragungsgeschwindigkeit für ein Teilchen oder eine elektromagnetische Welle angibt: c *ist die Grenzgeschwindigkeit.*

Wir besitzen nun mit den folgenden aus Experimenten gewonnenen Erkenntnissen das Rüstzeug zum Studium der speziellen Relativitätstheorie in Kapitel 11:

1. c ist in Inertialsystemen invariant.
2. c ist die maximale Übertragungsgeschwindigkeit.
3. Für die Lichtausbreitung haben nur Relativgeschwindigkeiten von Inertialsystemen Bedeutung.
4. Die Galilei-Invarianz ist bei hohen Relativgeschwindigkeiten *unzulänglich*, da Messungen der Länge und kinetischen Energie in Inertialsystemen den Resultaten 1 und 2 genügen müssen.
5. Da v^2 bei hohen Geschwindigkeiten nicht proportional mit der kinetischen Energie zunimmt, dürfen wir erwarten, daß sich die träge Masse mit der Geschwindigkeit ändert.

Wir haben nur einen Bruchteil der Experimente wiedergegeben, die die inzwischen scharf umrissene spezielle Relativitätstheorie unterstützen. Physiker verlassen sich auf diese Theorie wie auf irgendeinen anderen Teil der Physik. Unser Bestreben soll es jetzt sein, die Theorie präzise zu formulieren und einige ihrer Hauptkonsequenzen zu verstehen.

10.5. Literatur

A. A. Michelson, „Studies in optics“ (University of Chicago Press, Chicago, 1927; Paperback Neuauflage, 1962).

10.6. Filmliste

„Speed of Light“ (21 min) *W. Siebert* (PSSC-MLA). Die Lichtgeschwindigkeit wird durch die Flugdauer eines Lichtimpulses und durch die Methode des rotierenden Spiegels bestimmt.

„Dopplereffekt of Waves“ (4 min) (ESJ-Film). Eine anschauliche Demonstration. Sie ist Teil eines Satzes aus neun Demonstrationen der in einer Wellenwanne fotografierten Wellenphänomene.

„The Ultimate Speed“ (37,5 min) *W. Bertozzi* (ESJ-Film). Die Beziehung zwischen der kinetischen Energie der Elektronen und ihrer Geschwindigkeit; mit der Durchflugzeit und kalorimetrischen Techniken untersucht. Die Ergebnisse geben in Übereinstimmung mit der speziellen Relativitätstheorie eine Endgeschwindigkeit gleich c an.

10.7. Übungen

1. *Dopplereffekt.* Ein Raumfahrtnavigator will seine Anfluggeschwindigkeit bestimmen, während er sich dem Mond nähert. Er sendet ein Radiosignal mit der Frequenz $\nu = 5\,000$ MHz aus und vergleicht diese Frequenz mit ihrem Echo. Dabei stellt er einen Unterschied von 86 kHz fest. Berechnen Sie die Geschwindigkeit des Raumschiffes relativ zum Mond. (Der nichtrelativistische Ausdruck für den Dopplereffekt ist für viele Zwecke hinreichend genau.)
   Lösung: $2{,}6 \cdot 10^5$ cm/s.
2. *Rezessionelle Rotverschiebung.* Eine Spektrallinie, die im Labor bei der Wellenlänge von 5 000 Å erscheint, wird im Spektrum eines von einer entfernten Galaxie kommenden Lichts bei 5 200 Å beobachtet.
   a) Mit welcher Geschwindigkeit entfernt sich die Galaxie?
   Lösung: $1{,}2 \cdot 10^9$ cm/s.
   b) Wie weit ist die Galaxie entfernt?
   Lösung: $4 \cdot 10^{26}$ cm.
3. *Lichtgeschwindigkeit. Michelson* ließ zur Messung der Lichtgeschwindigkeit ein oktagonales Reflexionsprisma um die Prismenachse rotieren. Es reflektierte den aus einer entfernten Lichtquelle einfallenden Lichtstrahl zu einem Beobachter in der Nähe der Quelle. Die Einstellung bewirkt, daß die Übertragungszeit des Lichts ein Achtel der Rotationsperiodendauer des oktagonalen Prismas beträgt. Die einfache Entfernung war $l = 35{,}410 \pm 0{,}003$ km und die Rotationsfrequenz des Prismas betrug $\nu = 529$ Hz mit einer Genauigkeit von $3 \cdot 10^{-5}$ Hz.
   a) Berechnen Sie aus diesen Angaben die Lichtgeschwindigkeit; (eine relative Korrektur von der Ordnung 10^{-5} mußte wegen atmosphärischer Einflüsse vorgenommen werden).
   b) Der Winkel zwischen zwei benachbarten Prismen-Stirnseiten betrug $135^\circ \pm 0{,}1''$. Bestimmen Sie die Gesamtgenauigkeit der Messung von c.
4. *Eklipsen von* J_0. Der Jupitermond J_0 bewegt sich mit der durchschnittlichen Periodendauer von 42,5 Stunden auf einer Umlaufbahn mit dem Radius $4{,}21 \cdot 10^{10}$ cm. *Roemer* beobachtete, daß sich die Umlaufzeit regelmäßig während des Jahres änderte, wobei die Variationsperiode etwa ein Jahr betrug.

Die maximale Abweichung der Periode vom Mittelwert ergab sich zu 15 s und trat etwa alle sechs Monate auf. Vernachlässigen Sie die Bewegung des Jupiters auf der Umlaufbahn.

a) Schätzen Sie die Entfernung, die die Erde während einer Periode der J_0-Bewegung um den Jupiter zurücklegt.
Lösung: $4{,}5 \cdot 10^{11}$ cm.

b) Wann erscheint die J_0-Periode am größten?

c) Berechnen Sie mit dem vorherigen Ergebnis und den angegebenen Daten die Lichtgeschwindigkeit.

d) Schätzen Sie die in den sechs Monaten angehäufte Verzögerung, die auf den Zeitpunkt der Verzögerung Null folgt, wenn der Jupiter der Erde am nächsten ist.

e) Betrachten Sie das J_0-Jupiter-System als eine mit der Frequenz
$$\frac{1}{42{,}5}\ \frac{\text{Perioden}}{\text{Stunde}}$$
modulierte Lichtquelle. Behandeln Sie die beobachtete Periodenänderung als Dopplereffekt und berechnen Sie dementsprechend die Lichtgeschwindigkeit.

5. *Stellare Parallaxe. Aristarchus von Samos* (ungefähr 200 v. Chr.) sagte die stellare Parallaxe voraus; sie wurde schließlich von *Bessel* 1838 mit Sicherheit beobachtet. *Bradley* hatte es ohne Erfolg versucht, statt dessen entdeckte er die Aberration des Sternenlichts. Während eines Jahres verschiebt sich die scheinbare Stellung eines Sterns bedingt durch die Aberration zwischen zwei angenähert 40 Bogensekunden auseinanderliegenden Extrema.

a) Wie groß ist die Entfernung eines Sterns in Parsek, der eine Parallaxe von 20″ aufweist? Der nächste bekannte Stern ist der α-Centauri mit einem Abstand von etwa 1,3 Parsek.
Lösung: 0,05 Parsek.

b) Zeigen Sie, daß die scheinbare jährliche durch die Aberration bedingte Bewegung der Sterne in der Nähe der Sonnenbahn eine gerade Linie bildet, deren Enden einen Winkel von 40″ einschalten.

6. *Galaxienrotation.* Bevor die ungeheuren Entfernungen der Nebel (Galaxien) bekannt waren, wurde 1916 über die Spirale M 101 berichtet, daß sie wie ein fester Körper mit einer Periodendauer von 85 000 Jahren rotiert. Der beobachtete Winkeldurchmesser betrug 22′. Berechnen Sie den maximal möglichen Abstand des Nebels, wenn obige Periodendauer korrekt ist; nehmen Sie an, daß die äußeren Enden des Nebels keine größere Geschwindigkeit als c haben. (Neuere Messungen der Sterne im M 101 geben seine Entfernung mit $8{,}5 \cdot 10^{24}$ cm an. Es ist offensichtlich, daß die 1916 angegebene Rotation zu hoch veranschlagt wurde.)

7. *Pulsierende Sterne.* Das 200-Zoll-Teleskop auf Mt. Palomar kann individuelle Sterne in Galaxien in einer Entfernung von $3 \cdot 10^{25}$ cm unterscheiden. Eine Methode zur Eichung von Entfernungen dieser Größenordnung benutzt die Beobachtung der Perioden in der Helligkeit gewisser pulsierender Sterne vom Typ der Cepheiden. Ein solcher Stern hat eine instabile Gravitation; er weist periodische Schwingungen auf, während derer sein Radius sich um vielleicht 5 ... 10 % ändern kann. Die Temperatur des Sterns ändert sich mit der gleichen Frequenz wie der Radius, so daß wir eine periodische Helligkeitsänderung beobachten. Es sind Perioden von wenigen Stunden entdeckt worden. Ein Cepheid, dessen eigentliche Helligkeit den $2 \cdot 10^4$-fachen Wert der Sonne beträgt, hat in unserer Galaxie eine Periode von 50 Tagen.

a) Bestimmen Sie aus der Beziehung zwischen Entfernung und Geschwindigkeit die Radialgeschwindigkeit für eine Galaxie in einer Entfernung von $3 \cdot 10^{25}$ cm.

b) Was würden wir für die Periode dieses Cepheids in einer Galaxie in der oben angeführten Entfernung erwarten?

8. *Novae.* Gelegentlich beobachten wir bei einem Stern eine Explosion, durch die ein Teil der äußeren Schichten mit hoher Geschwindigkeit herausgeschleudert wird. Einen derartigen Stern nennen wir *Nova.* Bei einer neu entstandenen Nova beobachtete man nach der Explosion eine sie umgebende Schale. Der Winkeldurchmesser der Schale nahm jährlich um 0,3″ zu. Das Spektrum einer Nova sieht aus wie ein normales Sternspektrum mit breiten überlagerten Emissionslinien, deren Breite (in der Wellenlänge) um 10 Å (in der Nähe einer Wellenlänge von 5 000 Å) konstant bleibt, obwohl die Linien dunkler werden. Die Breite müssen wir als Maß des Dopplereffektes zwischen den sich auf uns zubewegenden und den sich von uns entfernenden Schalenteilchen interpretieren. Schätzen Sie die Entferung der Nova für eine optisch dünne Schale (so daß wir von der entfernten Hemisphäre genau so viel Licht empfangen wie von der nahegelegenen).
Lösung: $1{,}2 \cdot 10^{21}$ cm.

9. *Galaxiengeschwindigkeiten.* Die gemessenen Radialgeschwindigkeiten der Galaxien relativ zur Erde sind nicht isotrop über den Himmel verteilt. Die Anisotropie ergibt sich durch die Sonnenbewegung (Bahngeschwindigkeit) in Bezug auf das Zentrum unserer Galaxie und der eigenen Bewegung unserer Galaxie bezüglich der örtlichen außergalaktischen Bezugsruhe. Wir wollen alle Galaxien in einer bestimmten Entfernung, sagen wir bei $3{,}26 \cdot 10^7$ Lichtjahren, untersuchen.

a) Wie groß ist die mittlere Radialgeschwindigkeit dieser Galaxien?

b) Wo befinder sich in ihrem Spektrum die durchschnittliche Lage der Hα-Linien des Wasserstoffs? (Im Labor beträgt $\lambda_{H\alpha} = 6{,}563 \cdot 10^{-5}$ cm.)
In unserem Beispiel finden wir, daß die Geschwindigkeiten in einer bestimmten Richtung 300 km/s höher sind als der durchschnittliche Wert; in genau entgegengesetzter Richtung sind sie um diesen Betrag kleiner.

c) Welche Geschwindigkeit hat die Sonne in diesem Bezugssystem?

d) Ist diese Geschwindigkeit notwendigerweise gleich der Bahngeschwindigkeit der Sonne um den Mittelpunkt unserer Galaxie?

e) Wir nehmen an, sie ist die Bahngeschwindigkeit. Schätzen Sie die Masse unserer Galaxie; denken Sie sich hierzu alle Massen im jeweiligen Mittelpunkt konzentriert und die Umlaufbahn der Sonne kreisförmig (der Abstand zum Mittelpunkt der Galaxie beträgt 3 500 Lichtjahre). Vergleichen Sie ihren Wert mit den in Tabellen angegebenen Werten von $8 \cdot 10^{44}$ g für die Masse der Galaxie. Erklären Sie den Unterschied.

Lösung:

a) Die mit der Geschwindigkeits-Entfernungs-Beziehung berechnete mittlere Geschwindigkeit der Galaxien beträgt 930 km/s.

b) Die Hα-Linie finden wir im Durchschnitt bei $6{,}584 \cdot 10^{-5}$ cm.

c) 300 km/s.

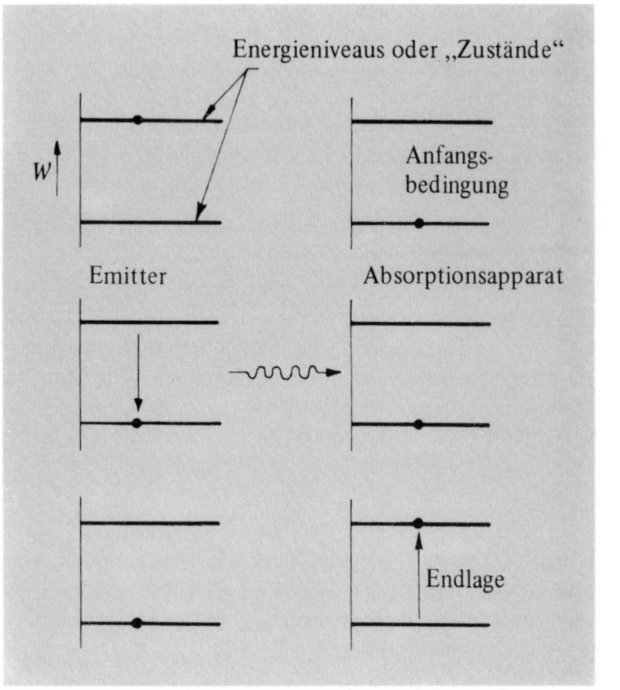

Bild 10.45

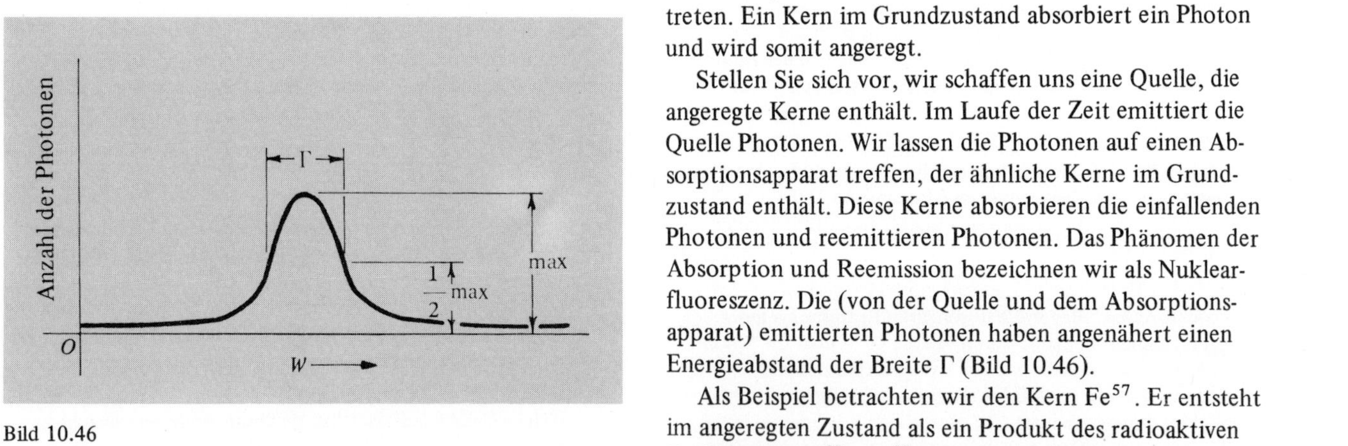

Bild 10.46

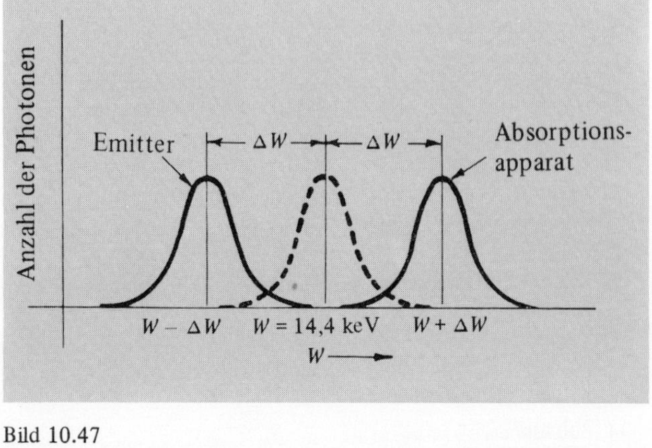

Bild 10.47

d) Nein, sie kann in diesem Bezugssystem jede Bewegung unserer Galaxie als Ganzes beinhalten.

e) $4{,}5 \cdot 10^{43}$g. Dieser Wert ist kleiner als der normalerweise angegebene, weil ein großer Teil der Masse unserer Galaxie außerhalb des Mittelpunktes liegt – in der Tat befindet sich viel Masse außerhalb zur Sonne dort, wo sie nicht die Sonnenbewegung beeinflußt oder auf diese Weise ermittelt werden kann.

10. *Sternrotation.* Aus der Oberflächenbeschaffenheit der Sonne schließt man auf eine langsame Rotation der Sonne mit einer Periodendauer von 25 Tagen am Äquator. Einige Sterne rotieren jedoch schneller. Wie können wir dies feststellen im Hinblick auf die Tatsache, daß die Sterne so weit entfernt sind, daß wir sie nur als Lichtpunkt sehen?

10.8. Weiterführendes Problem: Die rückstoßfreie Emission von γ-Quanten

(Bilder 10.45 bis 10.47)

Ein Kern im angeregten Energiezustand kann ein Photon (γ-Quant) emittieren, indem er in seinen Grundzustand übergeht. Es kann auch der umgekehrte Ablauf auftreten. Ein Kern im Grundzustand absorbiert ein Photon und wird somit angeregt.

Stellen Sie sich vor, wir schaffen uns eine Quelle, die angeregte Kerne enthält. Im Laufe der Zeit emittiert die Quelle Photonen. Wir lassen die Photonen auf einen Absorptionsapparat treffen, der ähnliche Kerne im Grundzustand enthält. Diese Kerne absorbieren die einfallenden Photonen und reemittieren Photonen. Das Phänomen der Absorption und Reemission bezeichnen wir als Nuklearfluoreszenz. Die (von der Quelle und dem Absorptionsapparat) emittierten Photonen haben angenähert einen Energieabstand der Breite Γ (Bild 10.46).

Als Beispiel betrachten wir den Kern Fe^{57}. Er entsteht im angeregten Zustand als ein Produkt des radioaktiven Zerfalls von Co^{57}. Fe^{57} emittiert im angeregten Zustand ein Photon mit der Energie 14,4 keV und gelangt somit in den Grundzustand.

Betrachten Sie einen Fe^{57}-Kern im angeregten Zustand, und stellen Sie sich den Kern als anfangs im freien Raum ruhend vor. Nachdem das Photon emittiert wird, stößt der Kern in die entgegengesetzte Richtung des Photons zurück.

a) Welche Frequenz ν hat ein Photon der Energie 14,4 keV? Erinnern Sie sich, daß $W = h\nu$ gilt mit der Planckschen Konstante h und der Energie W.
Lösung: $3{,}5 \cdot 10^{18}$ Hz.

b) Der Impuls eines Photons beträgt $h\nu/c$. Wie groß ist der Rückstoßimpuls des Kerns?
Lösung: $7{,}7 \cdot 10^{-19}$ gcm/s.

c) Zeigen Sie, daß die Rückstoßenergie W_R des Kerns

$$W_R = \frac{W^2}{2mc^2}$$

beträgt mit der Kernmasse m und der Photonenenergie W. Berechnen Sie W_R in eV für Fe^{57}.
Lösung: $2 \cdot 10^{-3}$ eV.

Die Kernenergieniveaus sind nicht scharf ausgeprägt, sondern haben nach der Heisenbergschen Unschärferelation eine Breite

$$\Gamma\tau \approx \hbar$$

mit der mittleren Zustandslebensdauer τ. Bei γ-Quanten mit niedriger Energie (wie jene des Fe^{57}) kann der Streubereich des Kernenergieniveaus wesentlich geringer als die Rückstoßenergie W_R sein. In diesem Fall kann das γ-Quant normalerweise nicht von einem Kern im Grundzustand reabsorbiert werden, da die Frequenz nicht stimmt.

Eine Methode, die Emitter- und Absorptionsfrequenzen aufeinander abzustimmen, besteht darin, die Quelle relativ zum Absorptionsapparat zu bewegen.

d) Welche Geschwindigkeit ist bei Fe^{57} erforderlich?

e) *Mössbauer* beobachtete bei einigen Emissionen von bestimmten Kristallen, daß der Rückstoßimpuls nicht von dem einzelnen Kern, sondern von dem gesamten Kristall aufgenommen wird. Bei Raumtemperatur sind fast 70 % der Photonen aus einem Fe-Kristall in diesem Sinne rückstoßfrei. Berechnen Sie W_R für ein rückstoßfreies Photon, wenn das Fe-Kristall die Masse 1 g hat.
Lösung: $2 \cdot 10^{-25}$ eV; diesen Wert können wir vernachlässigen.

11. Die Lorentz-Transformation der Länge und der Zeit

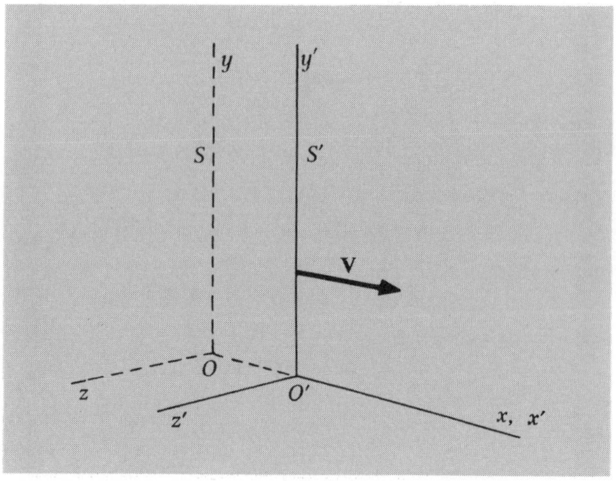

Bild 11.1. S und S′ sind zwei Inertialsysteme. S′ bewegt sich bezüglich S mit der Geschwindigkeit V.

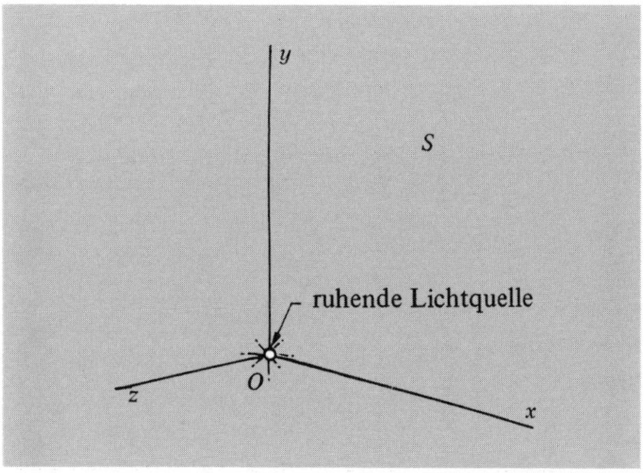

Bild 11.2. Stellen Sie sich eine im Ursprung von S ruhende Lichtquelle vor.

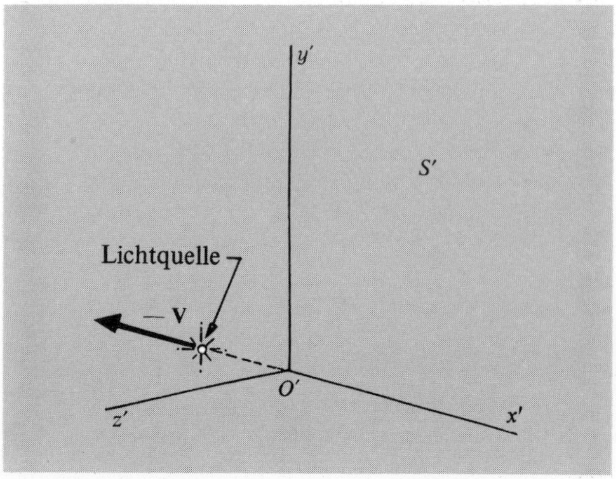

Bild 11.3. Die Quelle hat in S′ die Geschwindigkeit −V.

Das negative Ergebnis des Versuchs von *Michelson* und *Morley*, die Drift der Erde im Äther nachzuweisen, können wir nur durch eine grundlegende Umstellung unseres Denkens verstehen; das erforderliche neue Postulat ist einfach und klar:

> Die Lichtgeschwindigkeit hängt nicht von der Bewegung der Lichtquelle oder des Empfängers ab.

Das heißt, die Lichtgeschwindigkeit ist in allen gleichförmig zur Quelle bewegten Bezugssystemen gleich. Alle Konsequenzen der speziellen Relativitätstheorie ergeben sich aus dieser einzigen neuen Voraussetzung, die hinzukommt zu unseren früheren Forderungen nach Isotropie und Gleichförmigkeit des Raumes und nach der Identität der fundamentalen Gesetze der Physik für zwei beliebige Beobachter, die sich gleichförmig zueinander bewegen.

Nicht nur elektromagnetische Wellen oder Photonen haben eine von der Bewegung der Quelle unabhängige Geschwindigkeit. Wir sind der Ansicht, daß jedes Teilchen der Ruhmasse Null unabhängig von der Bewegung der Quelle die Geschwindigkeit c hat; insbesondere gilt dies für Neutrinos und Antineutrinos. Wir werden hier über Photonen sprechen, da Versuche mit Photonen einfacher sind als solche mit Neutrinos.

Stellen Sie sich zunächst eine von einer punktförmigen Quelle ausgehende Lichtwelle vor. Die Wellenfront (Fläche gleicher Phase) ist eine Kugel, wenn wir sie in dem Bezugssystem betrachten, in dem die Quelle ruht. Doch auf Grund unseres neuen Postulates muß die Wellenfront ebenfalls eine Kugel sein, wenn wir von einem Bezugssystem ausgehen, das sich gleichförmig zur Quelle bewegt; andernfalls könnten wir aus der Form der Wellenfront schließen, daß sich die Quelle bewegt. Die fundamentale Annahme, daß die Lichtgeschwindigkeit nicht von der Bewegung der Quelle abhängt, fordert jedoch, daß es uns nicht möglich sein soll, aus der Form der Wellenfront auf eine gleichförmige Bewegung der Quelle zu schließen.

11.1. Die Lorentz-Transformation (Bilder 11.1 bis 11.8)

Wir suchen eine Transformation, die die Lichtgeschwindigkeit unabhängig von der Bewegung der Lichtquelle oder des Empfängers läßt. Das System, in dem die Quelle ruht, ist das ungestrichene Bezugssystem S. Orts- und Zeitmessungen, die ein Beobachter in diesem System ausführt, werden durch die ungestrichenen Symbole x, y, z, t angegeben. Befindet sich eine Lichtquelle im Ursprung des Systems S und wird eine Wellenfront zum Zeitpunkt $t = 0$ ausgesendet, so lautet die Gleichung für die kugelförmige Wellenfront

$$x^2 + y^2 + z^2 = c^2 t^2 \,. \qquad (11.1)$$

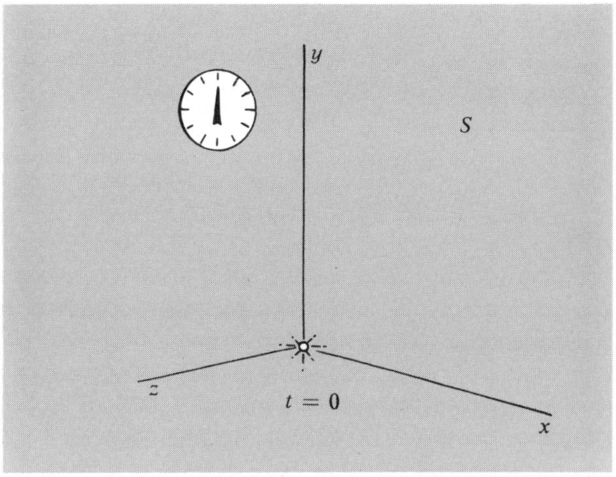

Bild 11.4. Stellen Sie sich vor, die Quelle emittiert zur Zeit t = 0 einen Lichtimpuls. Die Zeit wird von einer in S ruhenden Uhr abgelesen.

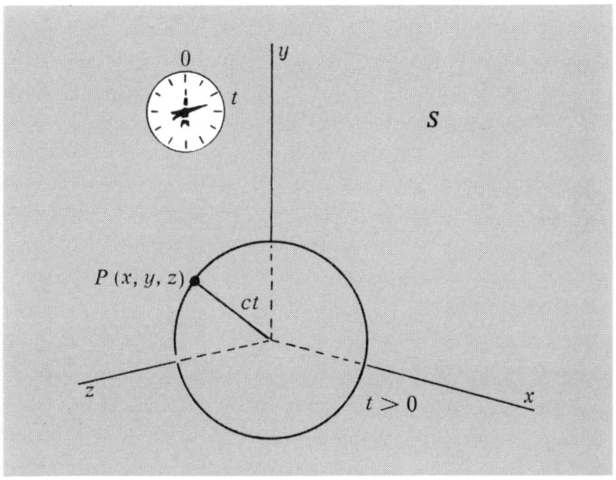

Bild 11.5. Die kugelförmige Wellenfront erreicht den Punkt P(x, y, z) zur Zeit

$$t = \frac{(x^2 + y^2 + z^2)^{1/2}}{c}$$

c ist die Geschwindigkeit der Wellenfront.

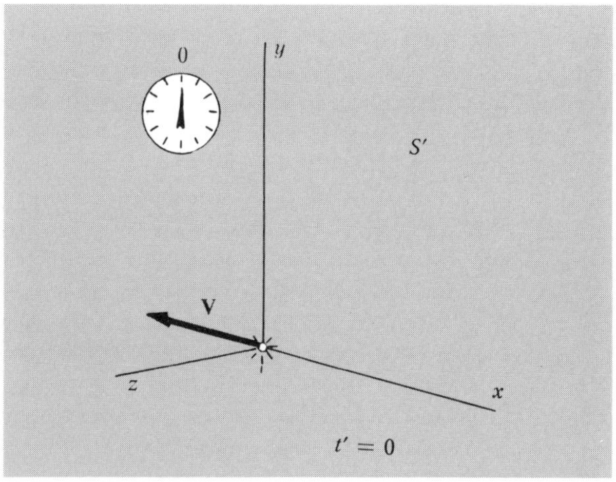

Bild 11.6. Ebenso können wir die Quelle von S' beobachten. Wir können eine in S' ruhende Uhr so stellen, daß sie zur Zeit der Impulsemission Null anzeigt.

Die Galilei-Transformation sagt voraus, daß wir in S' eine symmetrisch um den Ursprung O in S gelegene kugelförmige Wellenfront beobachten. Tatsächlich beobachten wir in S' eine kugelförmige Wellenfront mit dem Ursprung O' als Zentrum. Der gleiche Punkt P (jetzt bezeichnet durch die Koordinaten x', y', z') wird zum Zeitpunkt

$$t' = \frac{x'^2 + y'^2 + z'^2)^{1/2}}{c}$$

erreicht.

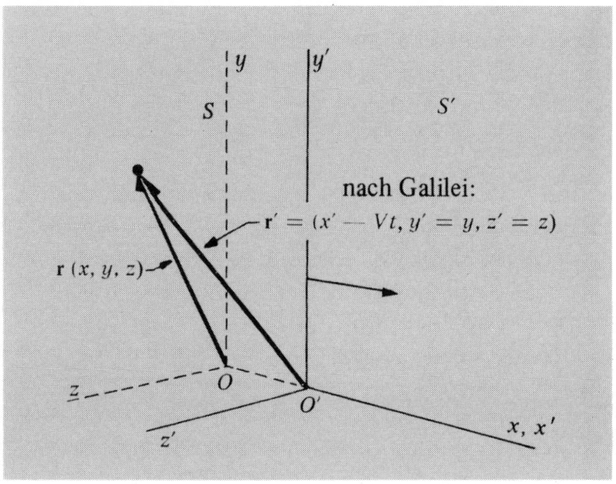

Bild 11.7. Offensichtlich liegt das Problem darin, daß die Galilei-Transformation den Forderungen der speziellen Relativitätstheorie widerspricht. Wir benötigen eine neue Transformation. Vielleicht gilt dabei $t' \neq t$.

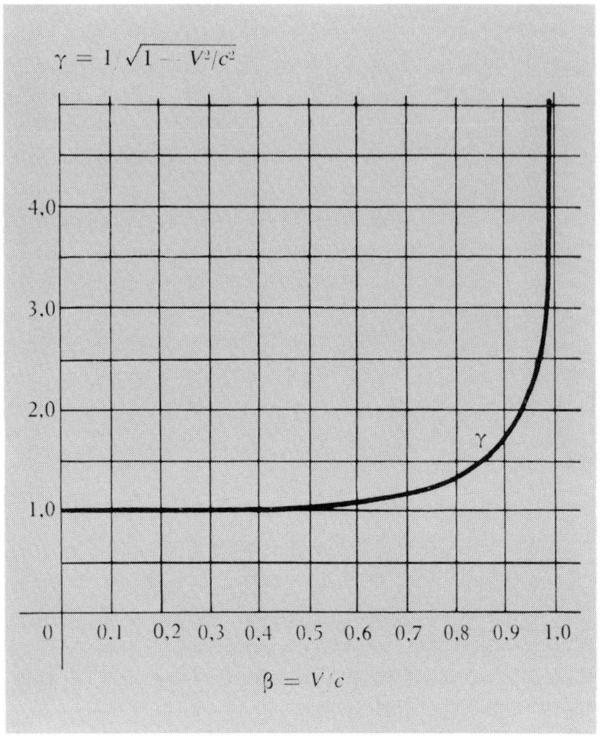

Bild 11.8. Für $V \ll c$ ist $\gamma \approx 1$. In diesem Geschwindigkeitsbereich ist die Galilei-Transformation eine gute Näherung.

Gl. (11.1) beschreibt die Oberfläche einer Kugel, deren Radius sich mit der Lichtgeschwindigkeit c vergrößert.

Mit S' bezeichnen wir das bewegte Bezugssystem. Orte und Zeiten, die ein Beobachter in diesem System mißt, werden durch die gestrichenen Symbole x', y', z', t' bezeichnet. Zur Vereinfachung nehmen wir an, daß $t' = 0$ mit $t = 0$ zusammenfällt und daß der Ursprung von x', y', z' mit der Lage der Lichtquelle in S zum Zeitpunkt $t = 0$ übereinstimmt. Dann muß für einen Beobachter in S' die Gleichung der kugelförmigen Wellenfront lauten:

$$x'^2 + y'^2 + z'^2 = c^2 t'^2 \quad . \qquad (11.2)$$

Hierbei soll die Lichtgeschwindigkeit den gleichen Wert c wie im System S haben.

Wir nehmen an, daß sich das System S' bezüglich S mit konstanter Geschwindigkeit V in positiver x-Richtung bewegt. Die Galilei-Transformation (Kapitel 3) verbindet Messungen in den beiden Systemen nach den Gleichungen

$$x' = x - Vt; \quad y' = y; \quad z' = z; \quad t' = t . \qquad (11.3)$$

Setzen wir Gl. (11.3) in Gl. (11.2) ein, so erhalten wir die Beziehung

$$x^2 - 2xVt + V^2t^2 + y^2 + z^2 = c^2t^2 \quad , \qquad (11.4)$$

die offensichtlich nicht mit Gl. (11.1) übereinstimmt. Somit versagt die Galilei-Transformation. Wenn das Postulat der Konstanz der Lichtgeschwindigkeit gültig ist, so muß es eine Transformation geben, die für $V/c \to 0$ in die Galilei-Transformation übergeht und die die Gleichung

$$x'^2 + y'^2 + z'^2 = c^2t'^2 \quad \text{in} \quad x^2 + y^2 + z^2 = c^2t^2$$

überführt.

Wir vermuten, daß die neue Transformation für y' und z' trivial sein muß, weil die Ausdrücke y'^2 und z'^2 in Gl. (11.2) sich direkt in y^2 und z^2 in Gl. (11.1) transformieren. Wir benötigen eine Transformation, die in x und t *linear* ist, da wir eine sich gleichmäßig ausdehnende Kugel erhalten wollen. Es hat keinen Sinn, es mit $x' = \sqrt{x}\sqrt{t}$ oder $x' = \sin x$ oder anderen nichtlinearen Funktionen zu versuchen. Aus Gl. (11.4) ersehen wir sofort, daß wir auch die Transformation $t' = t$ verändern müssen; damit die unerwünschten Summanden $-2xVt + V^2t^2$ verschwinden, *muß sicherlich ein Ausdruck addiert werden.*

Versuchen wir als nächstes eine Transformation der Form

$$x' = x - Vt; \quad y' = y; \quad z' = z; \quad t' = t + fx , \qquad (11.5)$$

wobei f eine noch zu bestimmende Konstante ist. Dann folgt aus Gl. (11.2)

$$x^2 - 2xVt + V^2t^2 + y^2 + z^2 = c^2t^2 + 2c^2ftx + c^2f^2x^2 . \qquad (11.6)$$

Beachten Sie bitte, daß der Ausdruck proportional zu xt herausfällt, wenn wir $f = -V/c^2$ und damit

$$t' = t - \frac{Vx}{c^2} \qquad (11.7)$$

setzen. Mit diesem Wert für f können wir Gl. (11.6) in

$$x^2\left(1 - \frac{V^2}{c^2}\right) + y^2 + z^2 = c^2t^2\left(1 - \frac{V^2}{c^2}\right) \qquad (11.8)$$

umformen. Dies kommt Gl. (11.1) näher, wenngleich der unerwünschte Faktor $(1 - V^2/c^2)$ verbleibt, mit dem x^2 und t^2 multipliziert werden.

Dieser Faktor verschwindet, wenn wir den Ansatz benutzen

$$\boxed{\begin{aligned} x' &= \frac{x - Vt}{(1 - V^2/c^2)^{1/2}} \; ; \quad y' = y; \quad z' = z; \\ t' &= \frac{t - (V/c^2)x}{(1 - V^2/c^2)^{1/2}} \; . \end{aligned}} \qquad (11.9)$$

Dies ist die *Lorentz-Transformation.* [1]) Sie ist in x und t linear, und läßt sich auf die Galilei-Transformation für

[1]) Diese Transformation hat eine lange Geschichte. Sie wurde zum ersten Mal von *J. Larmor* in seinem Werk „Aether and matter", S. 174 bis 176 (Cambridge University Press, New York, 1900), benutzt, um das negative Ergebnis des Versuchs von *Michelson* und *Morley* zu erklären. Nach *Larmor* ist sie nur eine Näherung mit einem Fehler der Ordnung V^2/c^2; tatsächlich sind seine Ergebnisse aber exakt richtig.

V/c → 0 zurückführen (Bilder 11.9 bis 11.11). Eingesetzt in Gl. (11.2) ergibt sie exakt den gewünschten Ausdruck

$$x^2 + y^2 + z^2 = c^2 t^2 \, , \tag{11.10}$$

d.h.,

$$x'^2 + y'^2 + z'^2 = c^2 t'^2 \tag{11.11}$$

ist unter einer Lorentz-Transformation *invariant.* Die Form der Gleichung zur Beschreibung der Wellenfront ist dieselbe in allen mit gleichförmiger relativer Geschwindigkeit zueinander bewegten Bezugssystemen. Gl. (11.9) ist die eindeutige Lösung unseres Problems. Die Lorentz-Transformation sollten Sie auswendig lernen.

Nun folgt die Ausbreitung einer elektromagnetischen Welle aus den Gleichungen der Elektrodynamik. Es überrascht daher nicht, daß die Invarianz der Gl. (11.11) grundlegenden Einfluß auf die Form der elektromagnetischen Gleichungen hat. Eine nähere Untersuchung dieser Folgerungen nehmen wir im Band 2 vor, in dem wir mit Hilfe der Lorentz-Transformation Gl. (11.9) die elektromagnetischen Gleichungen herleiten.

Es ist sinnvoll, einige Standardbezeichnungen einzuführen. Wir definieren

$$\boxed{\beta \equiv \frac{V}{c}} \, . \tag{11.12}$$

Das heißt, β ist die in einem natürlichen Einheitensystem mit c = 1 gemessene Geschwindigkeit. Weiter führen wir die Abkürzung

$$\boxed{\begin{aligned} \gamma &\equiv \frac{1}{(1-\beta^2)^{1/2}} \\ &\equiv \frac{1}{(1-V^2/c^2)^{1/2}} \end{aligned}} \tag{11.13}$$

ein, wobei $\gamma \geqslant 1$. In extrem relativistischen Problemen gilt $1 - \beta \ll 1$ und damit die Näherung

$$1 - \beta^2 = (1-\beta)(1+\beta) \approx 2(1-\beta) \, .$$

Für die Lorentz-Transformation Gl. (11.9) ergibt sich somit

$$x' = \gamma(x - \beta ct); \quad y' = y; \quad z' = z; \quad t' = \gamma\left(t - \frac{\beta x}{c}\right) , \tag{11.14}$$

und als Umkehrung erhalten wir sofort

$$x = \gamma(x' + \beta ct'); \quad y = y'; \quad z = z'; \quad t = \gamma\left(t' + \frac{\beta x'}{c}\right) . \tag{11.15}$$

Dies nachzurechnen überlassen wir dem Leser in Übung 2.

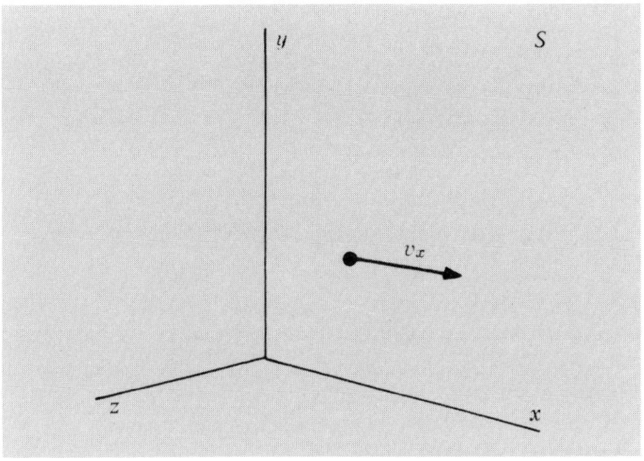

Bild 11.9. Stellen Sie sich vor, ein Teilchen hat in S die Geschwindigkeit von v_x.

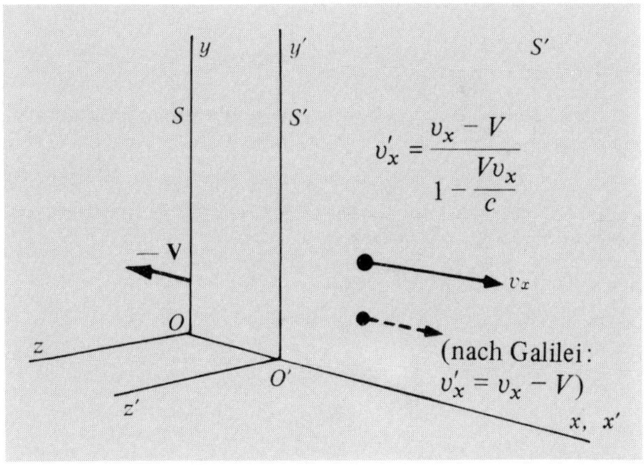

Bild 11.10. Dann besagt die Lorentz-Transformation für S'

$$v'_x = \frac{(v_x - V)}{(1 - v_x V/c^2)} \, .$$

Die Galilei-Transformation ergibt $v'_x = v_x - V$.

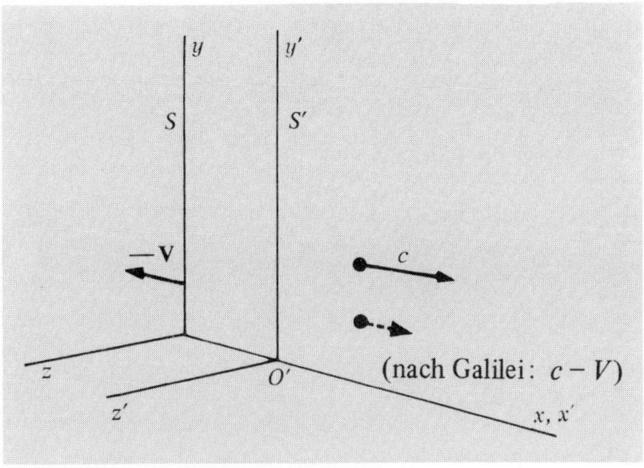

Bild 11.11. Nach der Lorentz-Transformation ist für $v_x = c$ auch $v'_x = c$. *Dies* haben wir von Anfang an in unsere Theorie eingebaut.

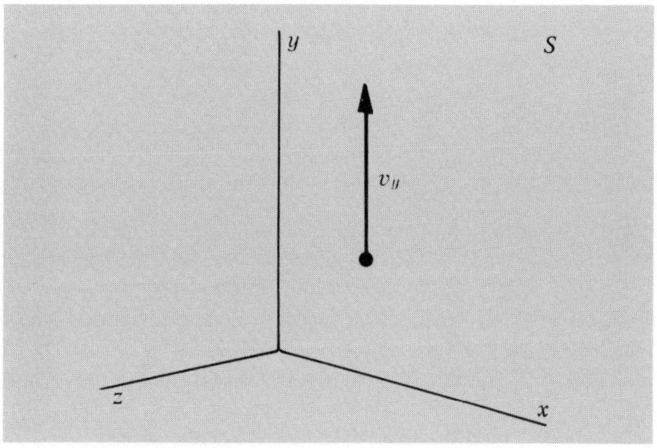

Bild 11.12. Hat das Teilchen in S in der y-Richtung die Geschwindigkeit v_y, ...

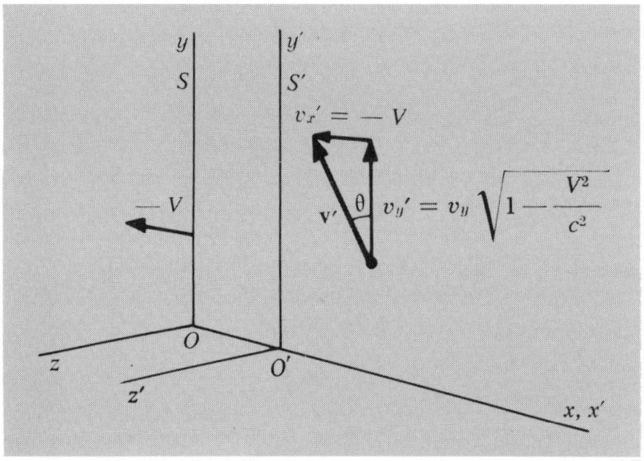

Bild 11.13. . . . so hat es nach der Lorentz-Transformation in S' die gezeigten Komponenten.

$$|\tan\theta| = \frac{V}{v_y\sqrt{1 = V^2/c^2}}$$

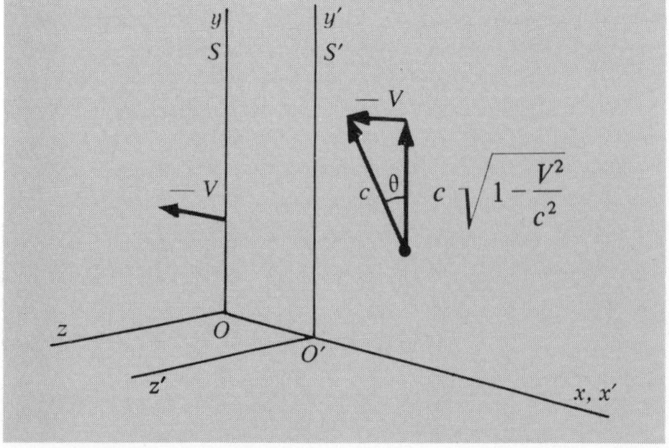

Bild 11.14. Ist insbesondere $v_y = c$ so hat die Resultierende die Größe c in S'. Somit gilt

$$|\tan\theta| = \frac{V}{c\sqrt{1-V^2/c^2}}$$

Dies ist die relativistische Theorie der Aberration des Lichtes.

• **Beispiele**: *1. Aberration des Lichtes* (Bilder 11.12 bis 11.14). Wir sahen in Gl. (10.3), daß für einen direkt über uns stehenden Stern (die Erdgeschwindigkeit v_e steht dann senkrecht zur Beobachtungsrichtung) der Neigungswinkel oder die Aberration des Fernrohrs durch

$$\tan\alpha = \frac{v_e}{c} \tag{11.16}$$

gegeben ist. Dieses Ergebnis leiteten wir nichtrelativistisch ab. Betrachten wir das Problem einmal relativistisch als einfache Übung zum Gebrauch der Lorentz-Transformation.

Wir wählen ein mit dem Stern fest verbundenes Bezugssystem S und beobachten ein Signal entlang der z-Achse mit x = y = 0. Das Bezugssystem S', in dem die Erde ruht, bewegt sich mit der Geschwindigkeit v_e in x-Richtung. Die Bahn des Lichtsignals folgt dann unmittelbar aus Gl. (11.14) mit x = 0:

$$x' = -\gamma\beta ct; \quad z' = z = ct; \quad ct' = \gamma ct. \tag{11.17}$$

Somit ergibt sich der Neigungswinkel aus

$$\tan\alpha = \frac{(-x')}{z'} = \gamma\beta = \frac{v_e/c}{(1-v_e^2/c^2)^{1/2}}. \tag{11.18}$$

Das Ergebnis aus Gl. (11.18) stimmt mit dem nichtrelativistischen aus Gl. (11.16) im Rahmen der Meßgenauigkeit überein, da für die Erde $v_e/c \approx 10^{-4}$ beträgt. Gl. (11.18) liefert das exakte Ergebnis. •

• *2. Addition von Geschwindigkeiten* (Bilder 11.9 bis 11.14). Das Bezugssystem S' bewegt sich mit der gleichförmigen Geschwindigkeit $V\hat{x}$ relativ zum Bezugssystem S. Ein Teilchen bewegt sich mit gleichförmigen Geschwindigkeitskomponenten v_x', v_y', v_z' relativ zum System S'. Wie lauten die Geschwindigkeitskomponenten v_x, v_y, v_z des Teilchens relativ zum System S?

Aus Gl. (11.15) erhalten wir mit $\beta = V/c$

$$x = \gamma x' + \gamma\beta ct'; \quad t = \gamma t' + \frac{\gamma\beta x'}{c}, \tag{11.19}$$

woraus sich

$$dx = \gamma\, dx' + \gamma\beta c\, dt'; \quad dt = \gamma\, dt' + \frac{\gamma\beta\, dx'}{c} \tag{11.19a}$$

ergibt.

Somit gilt

$$v_x = \frac{dx}{dt} = \frac{\gamma\, dx' + \gamma\beta c\, dt'}{\gamma\, dt' + \gamma\beta\, dx'/c} = \frac{v_x' + \beta c}{1 + v_x'\beta/c} \tag{11.20}$$

oder

$$\boxed{v_x = \frac{v_x' + V}{1 + v_x' V/c^2}.} \tag{11.20a}$$

Dieses Resultat können wir mit dem Galilei-Ergebnis $v_x = v'_x + V$ aus Kapitel 3 vergleichen. Entsprechend gilt wegen $y = y'$ und $z = z'$

$$v_y = \frac{dy}{dt} = \frac{dy'}{\gamma\, dt' + \frac{\gamma\beta\, dx'}{c}} = \frac{v'_y}{1 + v'_x V/c^2}\left(1 - \frac{V^2}{c^2}\right)^{1/2} \qquad (11.20b)$$

und

$$v_z = \frac{v'_z}{1 + v'_x V/c^2}\left(1 - \frac{V^2}{c^2}\right)^{1/2} . \qquad (11.20c)$$

Die inversen Transformationen folgen aus Gl. (11.14), oder durch Auflösen der Gln. (11.20a), (11.20b), (11.20c) nach den gestrichenen Geschwindigkeitskomponenten:

$$v'_x = \frac{v_x - V}{1 - v_x V/c^2} ; \quad v'_y = \frac{v_y}{1 - v_x V/c^2}\left(1 - \frac{V^2}{c^2}\right)^{1/2} ; \quad v'_z = \frac{v_z}{1 - v_x V/c^2}\left(1 - \frac{V^2}{c^2}\right)^{1/2} . \qquad (11.20d)$$

Nehmen wir an, es handelt sich bei dem Teilchen um ein Photon mit $v'_x = c$ in S'. Aus Gl. (11.20a) ersehen wir, daß

$$v_x = \frac{c + V}{1 + cV/c^2} = c \qquad (11.20e)$$

beträgt. Das Photon bewegt sich somit auch im System S mit der Geschwindigkeit c. Die Lorentz-Transformation sollte dies von ihrer Konstruktion her leisten; das Ergebnis c in beiden Bezugssystemen bestätigt die Richtigkeit der Transformation.

Ist $v_y = c$ und $v_x = 0$, so gilt $v'_x = -V$ und $v'_y = c\,(1 - V^2/c^2)^{1/2}$, und somit

$$\frac{v'_x}{v'_y} = -\frac{V}{c\,(1 - V^2/c^2)^{1/2}} , \qquad (11.20f)$$

entsprechend Gl. (11.18). •

• *3. Geschwindigkeitsaddition.* Wir wollen annehmen, daß sich für einen Beobachter im System S' zwei Teilchen entgegengesetzt zueinander mit der Geschwindigkeit $v'_x = \pm 0{,}9$ c bewegen. Wie groß ist die relative Geschwindigkeit der beiden Teilchen? Zur Lösung dieses Problems bezeichnen wir mit S das Bezugssystem, in dem das (−0,9 c)-Teilchen ruht. Dann ist V = 0,9 c die Geschwindigkeit von S' relativ zu S, so daß das Teilchen, das sich in S' mit der Geschwindigkeit $v'_x = +0{,}9$ c bewegt, in S die Geschwindigkeit

$$v_x = \frac{v'_x + V}{1 + v'_x V/c^2} \approx \frac{1{,}8\,c}{1 + 0{,}9^2} = \frac{1{,}80}{1{,}81}\,c = 0{,}994\,c \qquad (11.21)$$

hat. Beachten Sie bitte, daß die Relativgeschwindigkeit der beiden Teilchen kleiner als c ist. •

• *4. Geschwindigkeitsaddition.* Bewegt sich ein Photon mit der Geschwindigkeit +c in S', und breitet sich S' relativ zu S mit der Geschwindigkeit +c aus, so bewegt sich das Photon für einen Betrachter in S nur mit der Geschwindigkeit +c und nicht mit +2 c. Dieses Resultat ist in Gl. (11.21) enthalten. Die Existenz einer Grenzgeschwindigkeit folgt aus der Struktur der Gleichung zur Geschwindigkeitsaddition, die wir aus der Lorentz-Transformation hergeleitet haben. Beachten Sie bitte weiter, daß es *kein* System gibt, in dem ein Photon (Lichtquant) ruht. •

In einem schönen Experiment zeigte *D. Sadeh* [1]), daß γ-Strahlen unabhängig von der Geschwindigkeit ihrer Quelle eine konstante Geschwindigkeit (±10%) haben. Dies gilt für eine Quelle mit einer Geschwindigkeit nahe $\frac{1}{2}$c verglichen mit einer ruhenden Quelle. Wir zitieren aus seiner Arbeit:

„In unseren Experimenten benutzten wir die Vernichtung von Positronen im Flug. Bei der Vernichtung bewegt sich das M.M.-System des Positrons und Elektrons mit einer Geschwindigkeit nahe $\frac{1}{2}$c; dabei werden zwei γ-Quanten emittiert. Im Fall der Vernichtung in Ruhe werden die beiden γ-Quanten mit der Geschwindigkeit c unter einem Winkel von 180° ausgesandt. Im Falle der Vernichtung im Flug ist der Winkel kleiner als 180° und hängt von der Energie der Positronen ab. Addiert man die Geschwindigkeit des γ-Quants zur Geschwindigkeit des Schwerpunktes im Sinne der klassischen Vektoraddition und nicht nach der Lorentz-Transformation, dann hat das γ-Quant mit einer Bewegungskomponente in Richtung der Positronen-Flugbahn eine Geschwindigkeit größer c; das γ-Quant mit einer Komponente in entgegengesetzter Richtung hat eine Geschwindigkeit kleiner c. Erreichen die beiden γ-Quanten die Zähler zur gleichen Zeit bei gleichen Entfernungen zwischen Zählern und Vernichtungsort, so beweist dies, daß sich die beiden γ-Quanten selbst bei einer bewegten Quelle mit gleicher Geschwindigkeit ausbreiten."

Längenmessung senkrecht zur Relativgeschwindigkeit (Bilder 11.15 bis 11.19). Nach der Lorentz-Transformation gilt

$$y' = y ; \quad z' = z . \qquad (11.22)$$

[1]) *D. Sadeh,* Phys. Rev. Letters **10**, 271 (1963).

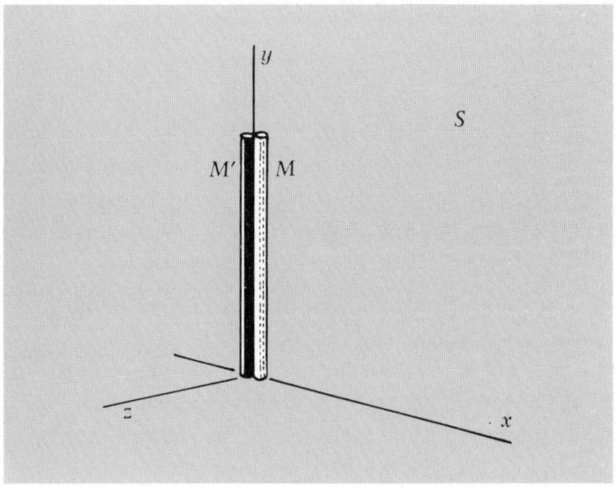

Bild 11.15. Stellen Sie sich vor, wir haben zwei in S ruhende identische Stäbe M′ und M.

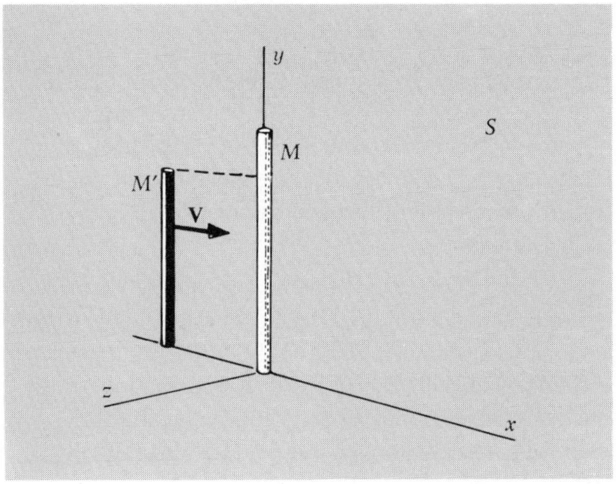

Bild 11.16. Nehmen Sie an, M′ erscheint einem Beobachter in S kürzer, wenn der Stab sich relativ zu S bewegt.

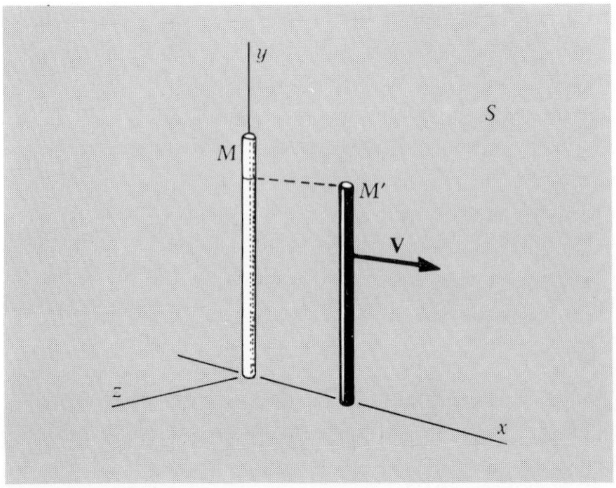

Bild 11.17. Dann können wir es so einrichten, daß das Ende von M′ auf M einen Strich hinterläßt. Dieser Strich ist das physikalische Ergebnis eines Experiments und ...

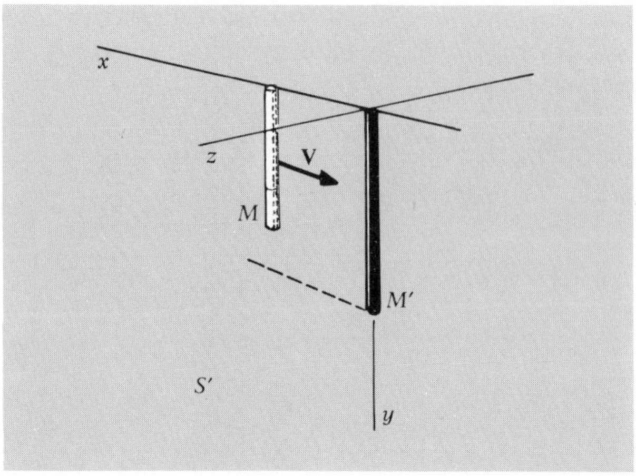

Bild 11.18. ... muß auch in einem anderen System beobachtet werden können, z.B. auf dem Kopf stehend im System, in dem M′ ruht. Aber jetzt muß M *kürzer* als M′ erscheinen, da M sich bewegt und M′ ruht.

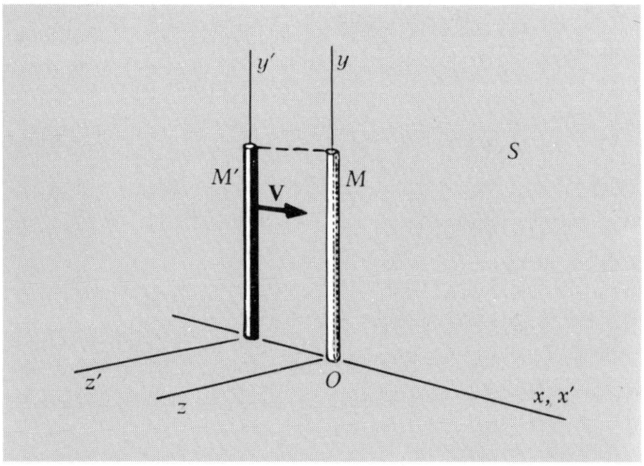

Bild 11.19. Somit haben wir einen Widerspruch, der sich nur dadurch lösen läßt, daß M′ und M die gleiche Länge haben, auch wenn sich einer der Stäbe bewegt. Somit gilt $y' = y$ und entsprechend $z' = z$.

Diese Beziehungen sind gleichwertig mit der Behauptung, daß die Längenmessung eines Meßstabes unabhängig von seiner Geschwindigkeit ist, *falls* er sich senkrecht zu seiner Längsrichtung bewegt.

Wie können wir diese Behauptung experimentell beweisen? Wir nehmen einen Meßstab und bewegen ihn mit gleichförmiger Geschwindigkeit an einem ruhenden Meßstab vorbei. Dabei bereitet es gedanklich keine Schwierigkeiten, die Ursprünge beider Meßstäbe sich exakt kreuzen zu lassen. Dann kreuzen sich ebenso die 1-m-Marke jedes Stabes, oder wir richten es so ein, daß die 1-m-Marke des kürzeren Stabes einen Strich auf dem längeren Stab hinterläßt, falls die Bewegung die Länge ändern sollte. Dies liefert eine eindeutige physikalische Längenregistrierung.

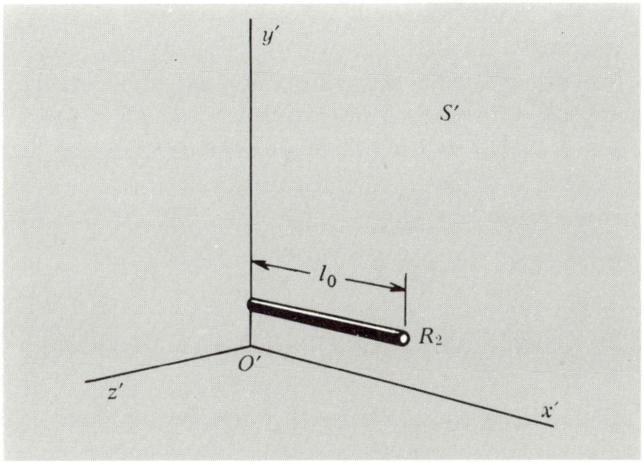

Bild 11.20. Betrachten Sie einen Stab R_2 mit der Länge l_0 im Ruhesystem S'.

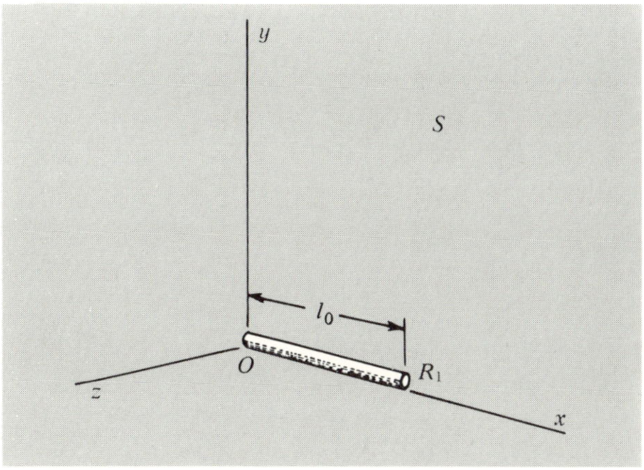

Bild 11.21. Ein ähnlicher starrer Stab R_1 der Länge l_0 ruht im System S.

S ist nun das Ruhesystem des einen Meßstabes und S' das Ruhesystem des anderen Stabes. Nehmen wir an, durch die Bewegung ändere sich die scheinbare Länge, dann muß der Stab, der einem Beobachter in S kürzer erscheint, einem Beobachter in S' länger erscheinen, wenn die Gesetze der Physik sowohl in S als auch in S' übereinstimmen. Aber diese Rollenvertauschung widerspricht unserer physikalischen Feststellung, daß ein Meßstab länger ist als der andere. Daher müssen die Längen, von S oder S' aus betrachtet, gleich sein. Diese Diskussion bestätigt lediglich Gl. (11.22).

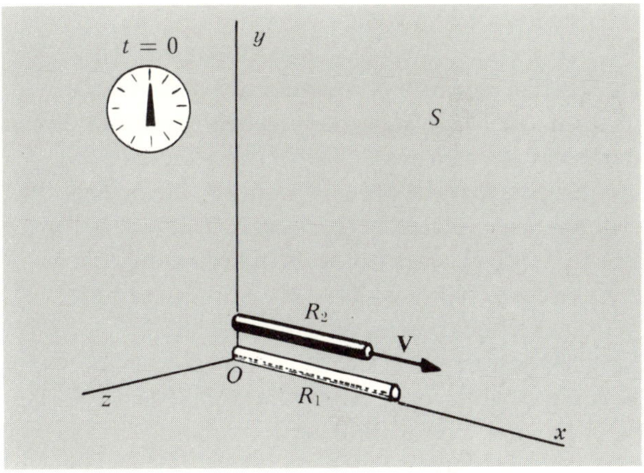

Bild 11.22. Die Lorentz-Transformation besagt, daß für R_2 in S die Länge

$l = l_0 \cdot \sqrt{1 - V^2/c^2}$

gemessen wird. Dies ist die bekannte Lorentz-Kontraktion bewegter Objekte.

11.2. Die Längenkontraktion (Bilder 11.20 bis 11.23)

Stellen Sie sich einen Stab vor, der entlang der x-Achse liegt und im Bezugssystem S ruht. Da sich der Stab in Ruhe befindet, sind die Endkoordinaten x_1 und x_2 unabhängig von der Zeit t in S. Somit beträgt die Ruhelänge des Stabes

$$l_0 = x_2 - x_1 \ . \tag{11.23}$$

Betrachten Sie jetzt den Stab vom Bezugssystem S' aus, das sich mit der Geschwindigkeit $V\hat{x}$ bezüglich des in S ruhenden Stabes bewegt. Wir erhalten die Länge des Stabes, von S' betrachtet, indem wir zu einem gegebenen Zeitpunkt t' die mit den Enden des Stabes zusammenfallenden Koordinaten x_1' und x_2' bestimmen. Die Strecke zwischen den Punkten x_1' und x_2' in S', die (in S') mit den Endpunkten des Stabes *gleichzeitig* zusammentreffen, bietet sich als natürliche Definition der Länge l in dem bewegten System S' an:

$$x_2'(t') - x_1'(t') = l \ . \tag{11.24}$$

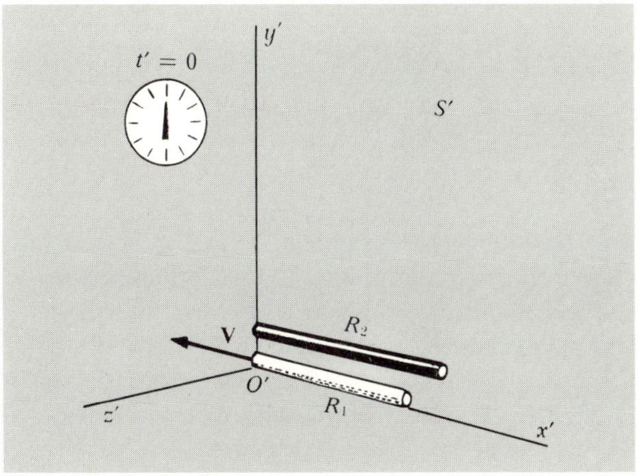

Bild 11.23. In S' ruht R_2, R_1 hat die Geschwindigkeit V und wird in S' zusammengezogen.

Aus der Lorentz-Transformation Gl. (11.15) erhalten wir

$$x_2 = x_2'(t')\gamma + ct'\beta\gamma; \quad x_1 = x_1'(t')\gamma + ct'\beta\gamma, \quad (11.25)$$

oder

$$x_2 - x_1 = l_0 = [x_2'(t') - x_1'(t)]\gamma = l\gamma. \quad (11.26)$$

Folglich gilt

$$\boxed{l = \frac{l_0}{\gamma} = l_0(1-\beta^2)^{1/2},} \quad (11.27)$$

unter Verwendung unserer Definition $\gamma = (1-\beta^2)^{-1/2}$. Gl. (11.27) ist bekannt als *Lorentz-Fitzgerald-Kontraktion* eines parallel zu seiner Länge bewegten Stabes.

Für eine Diskussion der Gestalt schnell bewegter Objekte, wie sie mit einer Kamera festgehalten wird, verweisen wir auf den Aufsatz von *Weisskopf* [1]). Darin wird z.B. durch die Berechnung von Trajektorien gezeigt, daß eine sich bewegende Kugel als eine Kugel und nicht als ein Ellipsoid abgebildet wird.

Wir haben gesehen, daß ein Unterschied zwischen einem Meßstab parallel zur y-Achse und einem Meßstab parallel zur x-Achse besteht. Das Ergebnis aus Gl. (11.22) stimmt nicht mit dem aus Gl. (11.27) überein. Bei der Behandlung des Meßstabes parallel zur y-Achse brauchten wir uns keine Gedanken über Fragen der Gleichzeitigkeit beim Vergleich eines bewegten mit einem ruhenden Stab zu machen. Beim Stab parallel zur x-Achse ist die Frage nach der Gleichzeitigkeit entscheidend.

Dies läßt sich an einem anderen Beispiel verdeutlichen. Es ist leicht möglich, eine Anzahl Uhren in S, dem System, in dem der Meßstab ruht, zu synchronisieren. Lassen Sie die Uhren bei $x = 0$ und $x = l_0$ (den Endmarken des Meßstabes) zur Zeit $t = 0$ einen Lichtstrahl in y-Richtung aussenden. Zwei aus einer Reihe entlang der x'-Achse angeordneter Zählwerke empfangen diese beiden Blitze. Wie weit sind diese beiden getriggerten Zählwerke voneinander entfernt? Aus Gl. (11.14) erhalten wir für ihre Lage

$$x_1' = 0\cdot\gamma - c\cdot 0\cdot\beta\gamma = 0; \quad (11.28)$$

$$x_2' = l_0\cdot\gamma - c\cdot 0\cdot\beta\gamma = l_0\gamma, \quad (11.29)$$

so daß ihre Entfernung zueinander

$$x_2' - x_1' = l_0\gamma = \frac{l_0}{(1-\beta^2)^{1/2}} \quad (11.30)$$

beträgt. Das stimmt aber nicht mit Gl. (11.27) überein! Wir haben ein *anderes* Experiment ausgeführt und ein *anderes* Ergebnis erhalten. Unser erstes Experiment basierte auf der natürlichen Längendefinition in S'. Hierbei wurde in S' Gleichzeitigkeit gefordert. Das erste Experiment verglich $\Delta x'$ mit Δx für $\Delta t' = 0$, wohingegen das zweite Experiment $\Delta x'$ mit Δx für $\Delta t = 0$ verglich.

[1]) *V. F. Weisskopf*, Physics Today **13**, 24–27 (Sept. 1960).

Indirekt wissen wir aus dem Ergebnis des zweiten Experiments (Gl. (11.30)), daß zwei in S gleichzeitige Ereignisse im allgemeinen in S' nicht simultan ablaufen. Somit sehen wir aus Gl. (11.14), daß zwei Ereignisse, die *gleichzeitig* in S ablaufen ($\Delta t = 0$) und räumlich durch Δx getrennt sind, in S' sowohl räumlich als auch zeitlich getrennt sind:

$$\Delta x' = \gamma\,\Delta x; \quad c\,\Delta t' = -\beta\gamma\,\Delta x.$$

11.3. Zeitdilatation bewegter Uhren (Bilder 11.24 bis 11.34)

Allgemein bedeutet *Dilatation* „Vergrößerung über die normale Größe hinaus"; in Verbindung mit einer Uhr bedeutet Dilatation die Dehnung eines Zeitintervalles. Wir betrachten eine im Bezugssystem S ruhende Uhr. Das Ergebnis einer Zeitintervall-Messung in einem System, in dem die Uhr *ruht*, wird stets durch τ ausgedrückt und als *Eigenzeitintervall* bezeichnet. Wir nehmen an, daß die Uhr sich in S im Ursprung $x = 0$ befindet. Die Lorentz-Transformation Gl. (11.14), berechnet für konstantes x, ergibt das von einer Uhr gemessene Zeitintervall

$$\boxed{t' = \tau\gamma = \frac{\tau}{(1-\beta^2)^{1/2}}} \quad (11.31)$$

im Bezugssystem S', das sich mit der Geschwindigkeit $V\hat{x}$ bezüglich des Systems S der ursprünglichen Uhr bewegt. Das im bewegten System S' gemessene Zeitintervall ist *länger* als das im System S.

Dieser Effekt wird *Zeitdehnung* oder *Zeitdilatation* genannt. Bewegte Uhren scheinen langsamer zu gehen als Uhren in Ruhe. (Dies ist anschaulich nicht leicht zu begreifen. Die Ursache des scheinbaren Widerspruchs liegt in der Invarianz von c.) Der Effekt muß bei jeder Uhrenart auftreten. Ist insbesondere τ die Halbwertszeit von Mesonen oder radioaktiven Stoffen, gemessen im Ruhesystem S der Teilchen, dann ergibt sich

$$t' = \frac{\tau}{(1-\beta^2)^{1/2}} \quad (11.32)$$

als beobachtete Halbwertszeit in einem System S', in dem sich die Teilchen mit der Geschwindigkeit β bewegen.

• **Beispiel**: *Lebensdauer der π^+-Mesonen* (Bilder 11.28 bis 11.34). Es ist bekannt, daß ein π^+-Meson in ein μ^+-Meson und ein Neutrino zerfällt. Das π^+-Meson hat in einem System, in dem es sich in Ruhe befindet, vor dem Zerfall eine mittlere Lebensdauer von ungefähr $2{,}5\cdot 10^{-8}$ s. (Die Behandlung der mittleren Lebensdauer folgt in Kapitel 15.) Wie groß ist im Laborsystem die Lebensdauer von π^+-Mesonen, die mit einer Geschwindigkeit von $\beta \approx 0{,}9$ erzeugt werden? Ein π^+-Meson ist ein positiv geladenes instabiles Teilchen mit der Masse 273 m, wobei m die Masse eines Elektrons ist. Das μ^+-Meson hat eine Masse von ungefähr 215 m, das Neutrino die Ruhmasse Null.

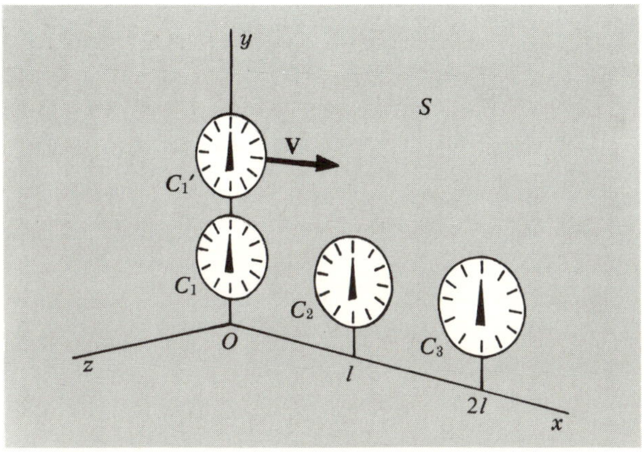

Bild 11.24. Die in S ruhenden synchronen Uhren C_1, C_2 und C_3 sind in gleichen Abständen entlang der x-Achse aufgestellt. Die Uhr C'_1 hat bezüglich S die Geschwindigkeit V. Wie angegeben, soll $t' = 0$ für $t = 0$ sein.

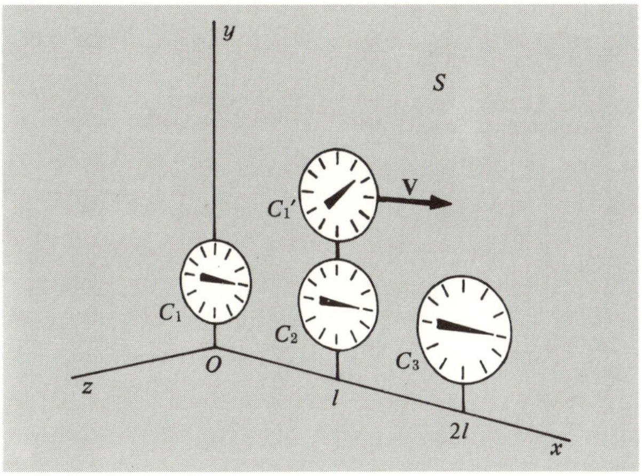

Bild 11.25. Die Lorentz-Transformation ergibt

$t' = (t - xV/c^2)\gamma = t\,\sqrt{1 - V^2/c^2}$,

da $x = l = Vt$ ist.
Für einen Beobachter in S geht die bewegte Uhr C'_1 nach.

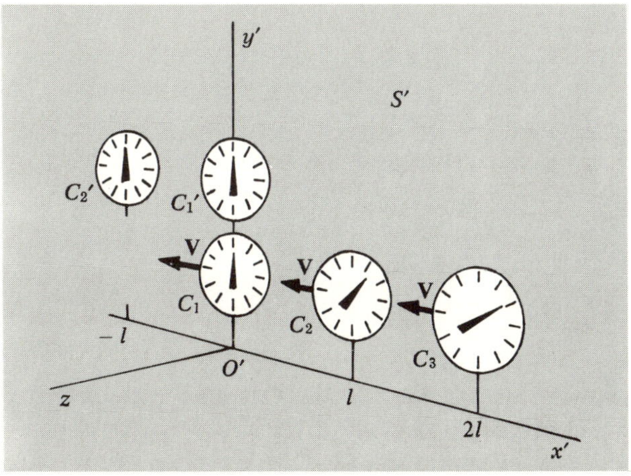

Bild 11.26. In S' ruhen die synchronisierten, im Abstand l voneinander aufgestellten Uhren C'_1, C'_2, usw. Einem Beobachter in S' erscheinen die Uhren C_1, C_2, C_3 *nicht synchron*! Was zeigen sie an?

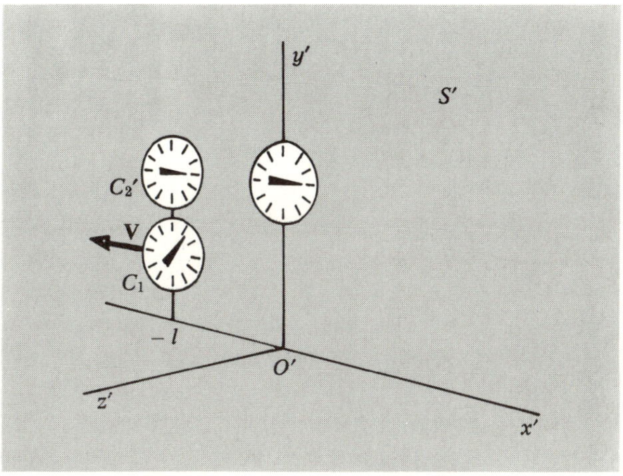

Bild 11.27. Für einen Beobachter in S' geht die *bewegte* Uhr C_1 nach! Wo sind die Uhren C_2, C_3 und was zeigen sie in diesem Augenblick an?

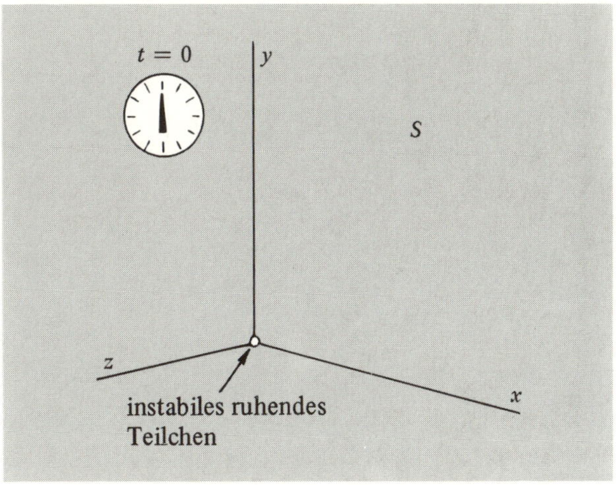

Bild 11.28. Ein anderes Beispiel für die Zeitdilation: Ein instabiles Teilchen ruht in S. Wir beobachten es vom Zeitpunkt t = 0 an.

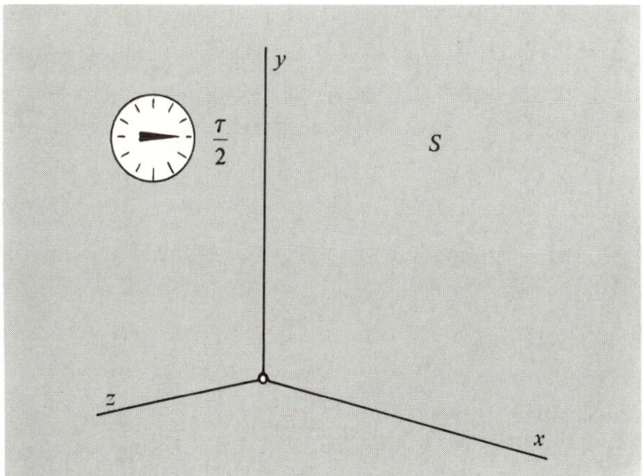

Bild 11.29. Die Zeit verstreicht ...

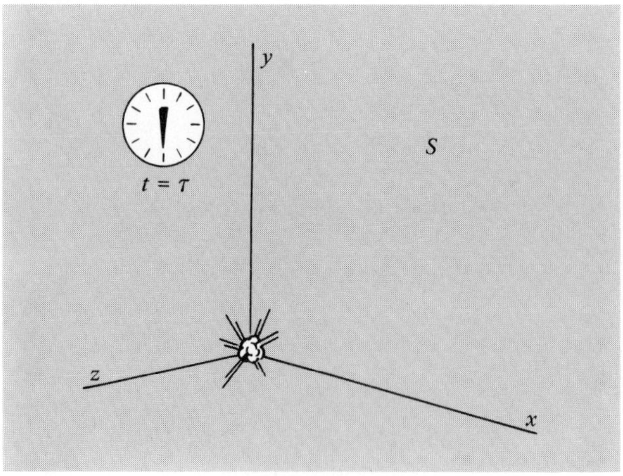

Bild 11.30. ... und das Teilchen zerfällt zur Zeit t = τ.

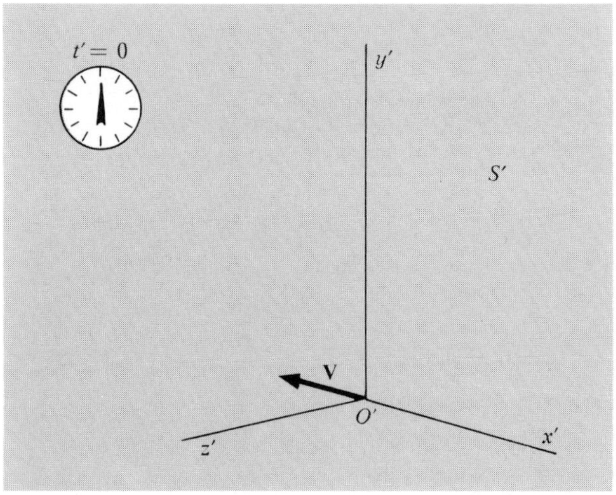

Bild 11.31. Nun der gleiche Vorgang von S′ beobachtet: Jetzt hat das Teilchen die Geschwindigkeit V. Wir beobachten es vom Zeitpunkt t′ = 0 = t an.

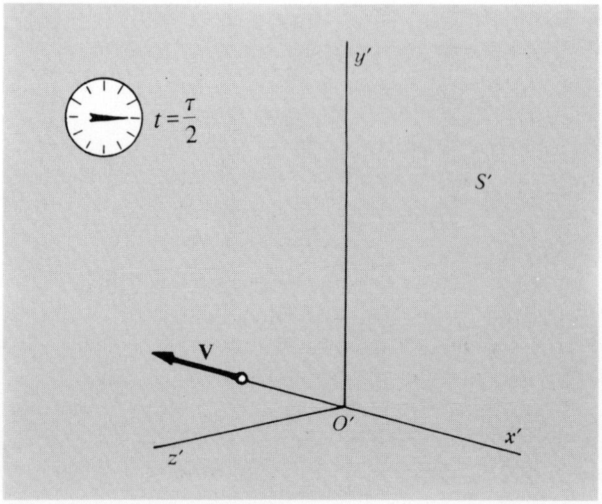

Bild 11.32. Die Zeit verstreicht ...

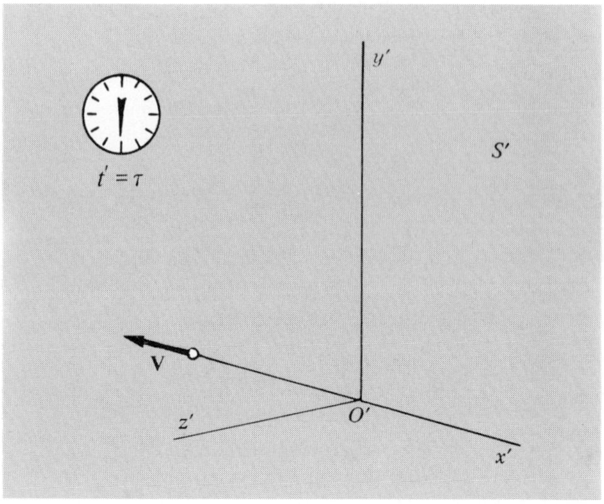

Bild 11.33. ... Aber bei t′ = τ ist das Teilchen noch nicht zerfallen!

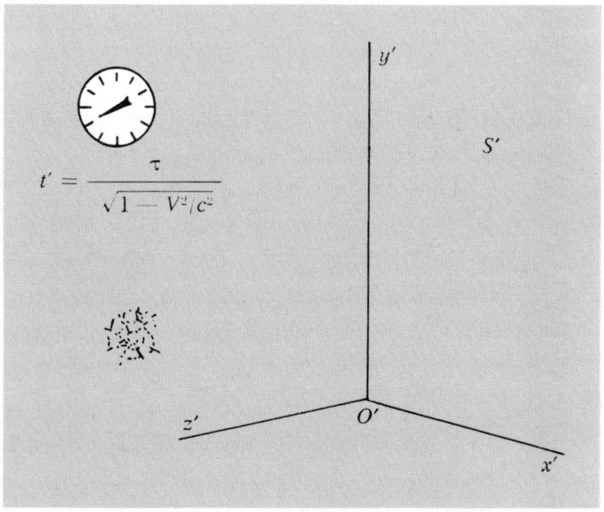

Bild 11.34. Das Teilchen zerfällt für einen Beobachter in S′ nach $t' = \tau\,(1 - V^2/c^2)^{-1/2}$.

Die mittlere Lebensdauer im Ruhesystem τ eines π^+-Mesons beträgt $2{,}5 \cdot 10^{-8}$ s. Wenn $\beta \approx 0{,}90$ ist, so gilt $\beta^2 \approx 0{,}81$, und die erwartete Lebensdauer im Laborsystem beträgt nach Gl. (11.31)

$$t' \approx \frac{2{,}5 \cdot 10^{-8}\,\mathrm{s}}{(1 - 0{,}81)^{1/2}} \approx 5{,}7 \cdot 10^{-8}\,\mathrm{s}\,.$$

Somit wird ein Teilchen vor dem Zerfall sich durchschnittlich mehr als doppelt soweit bewegen, wie wir es nichtrelativistisch aus dem Produkt Geschwindigkeit mal Lebensdauer erwarten würden.

Versuche, in denen die Lebensdauer von π^+-Mesonen (positiven Pionen) untersucht wurde, haben *R. P. Durbin,*

H. H. Loar und *W. W. Havens* jr. in „Phys. Rev.“ 88, 179 (1952) beschrieben. Die Ergebnisse stimmen gut mit der vorausgesagten Zeitdehnung für die entsprechende Geschwindigkeit überein. π^+-Mesonenstrahlen sind mit

$$\beta = 1 - (5 \cdot 10^{-5})$$

erzeugt worden; ihre mittlere Lebensdauer beträgt im Strahl $2{,}5 \cdot 10^{-6}$ s oder das 100fache der Lebensdauer von ruhenden π^+-Mesonen.

Stellen Sie sich einen Strahl von π^+-Mesonen vor, die sich mit einer Geschwindigkeit nahe c bewegen. Existierte der relativistische Zeitdehnungseffekt nicht, würden sie vor dem Zerfall eine durchschnittliche Entfernung von $2{,}5 \cdot 10^{-8}\,\mathrm{s} \cdot 3 \cdot 10^{10}\,\mathrm{cm/s} \approx 700$ cm zurücklegen. Tatsächlich bewegen sie sich auf Grund der Zeitdehnung wesentlich weiter. Die Wasserstoffblasenkammer im Lawrence Radiation Laboratory ist etwa 100 m von der Pionenquelle im Bevatron entfernt. Die Strecke, die die Pionen vor dem Zerfall zurücklegen, liegt in der Größenordnung von $2{,}5 \cdot 10^{-6}\,\mathrm{s} \cdot 3 \cdot 10^{10}\,\mathrm{cm/s} \approx 10^5$ cm; sie ist also etwa 100mal so groß wie die Entfernung, die sie ohne Zeitdehnungseffekt vor dem Zerfall zurücklegen würde. Beim Entwurf von Geräten für Hochenergieversuche in der Teilchenphysik wird der Vorteil der relativistisch verlängerten Zerfallstrecke ausgenutzt. Es wird oft gesagt, daß fast jeder Hochenergie-Physiker täglich die spezielle Relativitätstheorie prüft. Er benutzt die Lorentz-Transformation mit dem gleichen Vertrauen, mit dem die Physiker des neunzehnten Jahrhunderts die Newtonschen Gesetze anwendeten. •

Wir erläutern jetzt einfach und anschaulich, wie die konstante Lichtgeschwindigkeit die Zeitdilatation erzwingt. Dazu führen wir eine Normaluhr im Bezugssystem S ein. Die Uhr kann zur Messung der Zeit τ verwendet werden, die ein Lichtimpuls benötigt, um eine vorgegebene Strecke l von einer ruhenden Quelle zu einem ruhenden Spiegel und zurück zur Quelle zu durchlaufen. Der Lichtweg verläuft parallel zur y-Achse. Somit gilt

$$\tau = \frac{2\,l}{c}\,. \qquad (11.33)$$

Diese Zeit kann auf einem Zifferblatt abgelesen oder auf Papier ausgedruckt werden. Beobachter in irgendeinem System können die gedruckten Werte der Flugzeit des Lichtimpulses ablesen, und sie werden übereinstimmend feststellen, daß eine Uhr im ruhenden System S die Zeit τ registriert hat. Aber was zeigen ihre eigenen Uhren an, die sich nicht in S befinden? Wir betrachten die Situation mit l in der y-Richtung.

Ein Beobachter in einem System S′ (das sich gleichförmig in x-Richtung bezüglich S bewegt) kann ebenfalls das Experiment der Lichtreflexion sehen, während es in S durchgeführt wird. Der Beobachter in S′ wird zur Messung einen Satz in S′ ruhender synchroner Uhren benutzen. Wir starten zwei in S′ ruhende Uhren zum gleichen Zeitpunkt (synchronisiert), indem wir eine in der Mitte zwischen beiden Uhren befindliche Lichtquelle aufblitzen lassen; jede Uhr läuft in dem Zeitpunkt von Null los, in dem der Lichtimpuls sie erreicht. Dieses Verfahren läßt sich auf weitere Uhren ausdehnen. Außerdem können wir eine beliebige Anzahl Uhren in einem Bezugssystem synchronisieren, indem wir sie räumlich gesehen nahe beieinander aufstellen, sie synchronisieren und dann langsam in die gewünschte Position bringen.

Wir können irgendeine Uhr in S′ ablesen und sicher sein, daß alle anderen in S′ ruhenden Uhren die gleiche Zeit anzeigen. Insbesondere lesen wir in S′ die Uhr ab, die sich räumlich am nächsten zu der einen Uhr in S befindet, mit der wir das Reflexionsexperiment durchführen. Eine der Uhren in S′ wird am nächsten sein und abgelesen werden, wenn der Lichtimpuls in S ausgesendet wird; eine andere Uhr in S′ wird am nächsten sein und abgelesen werden, wenn der Lichtimpuls zurückkehrt und von der Uhr in S registriert wird.

In S legt das Licht die Strecke $2\,l$ zurück. Von S′ betrachtet erscheint die Entfernung größer, da sich das Gerät in S relativ zu S′ um $V \cdot \frac{1}{2} t'$ entlang der x-Achse fortbewegt hat, während der Lichtimpuls von der Quelle zum Spiegel hin gelaufen ist. Das Gerät bewegt sich um eine weitere Strecke $V \cdot \frac{1}{2} t'$ während des zurücklaufenden Impulses fort. Dabei ist t' die in S′ beobachtete Zeit. Der Impuls legt somit in S′ die Strecke

$$2\left[l^2 + \left(\frac{1}{2}\,Vt'\right)^2\right]^{1/2}$$

zurück; da der Impuls sich stets mit Lichtgeschwindigkeit c ausbreitet, muß die Entfernung gleich ct' sein. Somit gilt

$$(ct')^2 = 4\,l^2 + (Vt')^2 \qquad (11.34)$$

oder

$$t' = \frac{2\,l}{(c^2 - V^2)^{1/2}} = \frac{2\,l}{c}\,\frac{1}{(1-\beta^2)^{1/2}} \qquad (11.35)$$

oder

$$t' = \frac{\tau}{(1-\beta^2)^{1/2}}\,, \qquad (11.36)$$

was genau Gl. (11.31) entspricht. Somit scheint für den Zeitnehmer in S′ die Uhr in S nachzugehen, da die Uhr in S eine Zeit τ ausgedruckt hat, die kleiner ist als die Zeit t'.

Wir sehen, daß die Zeitdilation nicht durch geheimnisvolle Vorgänge im Innern der Atome sondern durch den Meßprozeß verursacht wird. Die ruhende Uhr in S gibt die Eigenzeit τ für einen in S ruhenden Beobachter an; eine identische ruhende Uhr in S′ wird einem in S′ ruhenden Beobachter ebenfalls τ anzeigen. Betrachten wir jedoch von S′ ein Zeitintervall τ in S, so sehen wir wegen des größeren Lichtweges eine längere Zeit t'. Jede Art von Uhren wird sich ebenso verhalten.

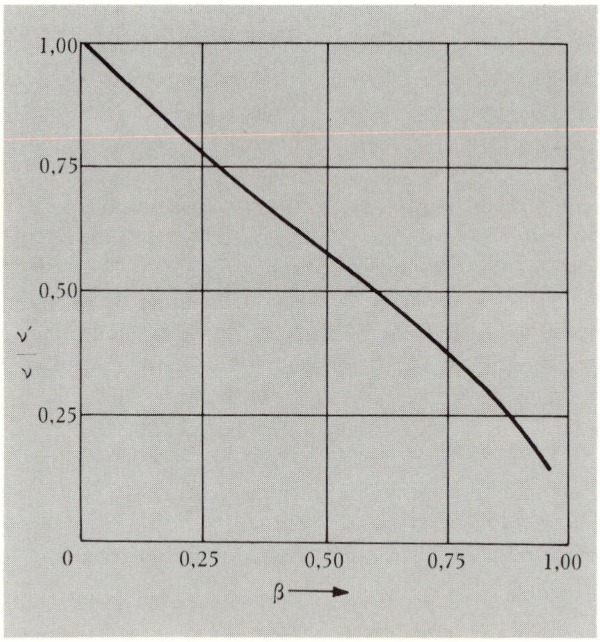

Bild 11.35. Relativistischer longitudinaler Dopplereffekt; ν' ist die Frequenz, die ein sich von der Quelle mit der Geschwindigkeit $\beta = V/c$ fortbewegender Beobachter empfängt. Die Quelle sendet die Frequenz ν.

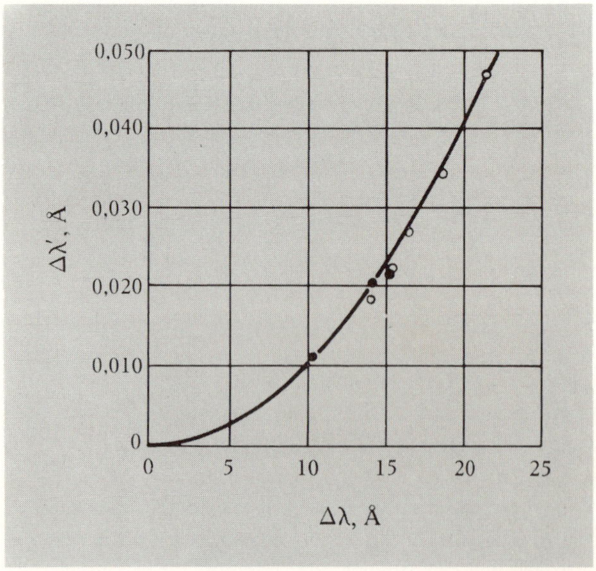

Bild 11.36. Nach *Ives* und *Stilwell*: Berechnete und beobachtete Verschiebung $\Delta\lambda'$ von zweiter Ordnung, aufgetragen auf der vertikalen Achse über der (Doppler-)Verschiebung $\Delta\lambda$ erster Ordnung auf der horizontalen Achse. Schwarze Kreise beziehen sich auf Beobachtungen an der einen spektroskopischen Linie und weiße Kreise beziehen sich auf Beobachtungen an einer anderen spektroskopischen Linie.

Wir wiederholen, daß diese Uhren nichts Geheimnisvolles an sich haben. Wenn es irgend etwas Geheimnisvolles in der speziellen Relativitätstheorie gibt, so ist es die Konstanz der Lichtgeschwindigkeit. Alles weitere ergibt sich direkt und verhältnismäßig einfach. Jede neue Situation muß jedoch sorgfältig analysiert werden. Das Gebiet ist reich an scheinbaren Widersprüchen. Der vielleicht bekannteste ist das Zwillingsparadoxon. Am Ende des Kapitels werden klare Formulierungen und Auflösungen des Zwillingsparadoxons gegeben.

• **Beispiel**: *Longitudinaler Dopplereffekt* (Bilder 11.35 und 11.36). Stellen Sie sich zwei Lichtimpulse vor, die von einem im Bezugssystem S bei $x = 0$ ruhenden Sender nacheinander zu den Zeiten $t = 0$ und $t = \tau$ ausgestrahlt werden. Das Bezugssystem S′ bewegt sich relativ zu S mit der Geschwindigkeit $V\hat{x}$. Der erste Impuls wird in S′ bei $x' = 0$ und zur Zeit $t' = 0$ empfangen. Der Punkt in S′, der mit $x = 0$ zur Zeit $t = \tau$ zusammenfällt, wird durch die Lorentz-Transformation Gl. (11.14) zu

$$x' = \frac{x - Vt}{(1-\beta^2)^{1/2}} = \frac{-V\tau}{(1-\beta^2)^{1/2}} \qquad (11.37)$$

bestimmt, indem man $x = 0$ setzt. Die korrespondierende Zeit in S′ ist

$$t' = \frac{t - Vx/c^2}{(1-\beta^2)^{1/2}} = \frac{\tau}{(1-\beta^2)^{1/2}} \quad . \qquad (11.38)$$

Der zweite Impuls benötigt, um in S′ vom Ort $-V\tau/(1-\beta^2)^{1/2}$ zum Ursprung zu gelangen, die Zeit

$$\Delta t' = \frac{\tau V/c}{(1-\beta^2)^{1/2}} \; , \qquad (11.39)$$

so daß die zwischen dem Empfang der beiden Impulse bei $x' = 0$ in S′ verstrichene Zeit

$$t' + \Delta t' = \tau \frac{1 + V/c}{(1-\beta^2)^{1/2}} = \tau \sqrt{\frac{1+\beta}{1-\beta}} \; . \qquad (11.40)$$

beträgt.

Die Zeit zwischen beiden Signalen kann ebensogut als der zwischen zwei aufeinanderfolgenden Knoten einer Lichtwelle verstrichene Zeitraum interpretiert werden. Die Frequenz ist der reziproke Wert der Periodendauer der Welle, so daß gilt

$$\boxed{\nu' = \nu \sqrt{\frac{1-\beta}{1+\beta}} \; .} \qquad (11.41)$$

Hierbei ist ν' die in S′ empfangene und ν die in S gesendete Frequenz. Wenn sich der Empfänger von der Quelle entfernt, dann ist $\beta = V/c$ positiv und ν' kleiner als ν. Nähert sich der Empfänger der Quelle, so wird β negativ und ν' größer als ν. Für die Wellenlängen gilt $\lambda = c/\nu$ und $\lambda' = c/\nu'$, so daß

$$\lambda' = \lambda \sqrt{\frac{1+\beta}{1-\beta}} \; . \qquad (11.42)$$

Gl. (11.41) beschreibt den relativistischen longitudinalen Dopplereffekt für Lichtwellen im Vakuum. Die Frequenzverschiebung stimmt bis zur Ordnung β mit dem in Kapitel 10 hergeleiteten nichtrelativistischen Resultat überein. Der Ausdruck von der Ordnung β^2 in der Reihenentwicklung von ν' aus Gl. (11.41) ist experimentell von *Ives* und *Stilwell* bestätigt worden.

H. E. Ives und *G. R. Stilwell* (J. Opt. Soc. Am. 28, 215 (1938), **31**, 369 (1941) haben an Wasserstoff-Atomstrahlen in angeregten Elektronenzuständen spektroskopische Experimente durchgeführt. Die Atome wurden als molekulare Wasserstoff-Ionen H_2^+ und H_3^+ in einem starken elektrischen Feld beschleunigt. Atomarer Wasserstoff bildet sich als Ionen-Zerfallsprodukt. Die Geschwindigkeit der Atome lag in der Größenordnung $\beta = 0{,}005$. *Ives* und *Stilwell* suchten nach einer Verschiebung der *mittleren* Wellenlänge einer von den Wasserstoff-Atomen emittierten speziellen Spektrallinie. Das Mittel wurde über die Vorwärts- und Rückwärtsrichtung bezüglich der Flugbahn der Atome gebildet. Aus Gl. (11.42) erhalten wir unter Verwendung der Beziehung $\beta_{\text{vorwärts}} = -\beta_{\text{rückwärts}}$ die durchschnittliche Wellenlänge

$$\frac{1}{2}(\lambda_{\text{vorwärts}} + \lambda_{\text{rückwärts}}) = \frac{1}{2}\lambda_0\left(\sqrt{\frac{1-\beta}{1+\beta}} + \sqrt{\frac{1+\beta}{1-\beta}}\right) = \frac{\lambda_0}{(1-\beta^2)^{1/2}} . \qquad (11.43)$$

Bezogen auf die von einem ruhenden Atom ausgesandte Wellenlänge λ_0 sind die Linien also im Mittel um die Größenordnung β^2 verschoben. In ihrem 1941 veröffentlichten Aufsatz berichten *Ives* und *Stilwell* über eine in der mittleren Wellenlänge beobachtete Verschiebung von 0,074 Å, vergleichbar mit dem Wert 0,072 Å, der sich für einen aus dem auf die ursprünglichen Ionen angewendeten beschleunigenden Potential abgeleiteten Wert β aus Gl. (11.43) berechnen läßt. Dies ist eine ausgezeichnete Bestätigung der Theorie des relativistischen Dopplereffekts.

Der *transversale* Dopplereffekt bezieht sich auf die rechtwinklig zur Bewegungsrichtung der Lichtquelle, normalerweise eines Atoms, gemachten Beobachtungen. In der nichtrelativistischen Näherung gritt kein transversaler Dopplereffekt auf. Die Relativitätstheorie sagt einen transversalen Dopplereffekt vorher; die Frequenzen müssen sich umgekehrt wie die Zeiten in Gl. (11.31) verhalten, somit gilt

$$\nu' = \nu(1-\beta^2)^{1/2} , \qquad (11.44)$$

wobei ν die Frequenz in dem System ist, in dem das Atom ruht. ν' ist die Frequenz, die in dem bezüglich des Atoms mit der Geschwindigkeit $V (= \beta c)$ bewegten System beobachtet wird.

11.4. Beschleunigte Uhren

Die spezielle Relativitätstheorie beschreibt vom detaillierten Aufbau realer Körper unabhängige Messungen und bringt sie in Beziehung zueinander. Sie sagt nichts über dynamische Effekte der Beschleunigung, z.B. Deformationen, aus. Falls solche Deformationen nicht auftreten oder vernachlässigt werden können, liefert uns die Theorie eine eindeutige Beschreibung der Wirkung der Beschleunigung auf die Uhrengeschwindigkeit. Als Ergebnis scheint eine beschleunigte Uhr zu jedem Zeitpunkt eine andere Ganggeschwindigkeit zu haben, die sich mit der entsprechenden Momentangeschwindigkeit aus Gl. (11.31) berechnen läßt.

Gilt diese Vorhersage, so ergeben sich daraus Konsequenzen:

1. Bleibt die Geschwindigkeit konstant und ändert sich nur die Richtung, so gilt Gl. (11.31) unverändert. Die Uhr befindet sich nicht in einem Inertialsystem.
2. Ist die Geschwindigkeit außer für kurze Beschleunigungs- oder Verzögerungszeiten konstant (diese Zeiten sollen im Vergleich zur Gesamtzeit vernachlässigbar klein sein), dann beschreibt Gl. (11.31) weiterhin exakt die Beziehung zwischen der Eigenzeit und der stationären Laborzeit.

Ein schnelles geladenes Teilchen erfährt in einem konstanten Magnetfeld eine senkrecht zu seiner Bewegung gerichtete Beschleunigung, ohne daß sich die Geschwindigkeit ändert. Bei einem instabilen Teilchen sollte die gemessene Halbwertszeit exakt mit der eines sich mit der gleichen Geschwindigkeit in gerader Linie ohne Magnetfeld bewegenden Teilchens übereinstimmen. Diese Hypothese wird durch Experimente mit μ^--Mesonen beobachtet, die sich frei oder in einem Magnetfeld spiralenförmig bewegen oder zur Ruhe kommen können. Man nimmt an, daß die spezielle Relativitätstheorie eine gute Beschreibung der kreisförmigen (beschleunigten) Teilchenbewegung im Magnetfeld liefert.

11.5. Literatur

M. Born, „Die Relativitätstheorie Einsteins“ (Springer, Berlin, 1920, vierte deutsche Auflage 1964). Eine verständliche, vollständige und klare Diskussion der speziellen Theorie.

H. A. Lorentz, A. Einstein, H. Minkowski, H. Weyl, „The principle of relativity: A collection of original memoirs“, übersetzt von *W. Perrett* und *G. B. Jeffery* (Methuen, London, 1923, neue Auflage Dover, New York, 1958).

W. H. McCrea, „Relativity physics“, 4. Auflage (Wiley, New York, 1954). Eine verständliche und kurze Einführung.

E. P. Ney, „Electromagnetism and relativity“ (Harper and Row, New York, 1962). Eine gute, knappe Abhandlung mit Betonung der elektromagnetischen Auswirkungen.

W. Pauli, „Relativitätstheorie" (B. G. Teubner, Leipzig, 1921). Eine ausgezeichnete Monographie. Teil I ist leicht verständlich.

R. S. Shankland, „Conversations with Albert Einstein", Am. J. Phys. **31**, 47 (1963). „Special relativity theory", ausgewählte Neudrucke, veröffentlicht für A.A.P.T. (American Institute of Physics, 335 East 45 St, New York 17, New York, 1962). Dieses Buch enthält ausgzeichnete Abhandlungen des berühmten Zwillingsparadoxons. Besonders hervorzuheben sind die Aufsätze von *Darwin*, *Crawford* und *McMillan.*

J. W. Wheeler und *E. F. Taylor*, „Space-time physics – an introduction" (Freeman, San Francisco, 1965). Sehr empfehlenswert.

E. Whittaker, „History of the theories of aether and electricity", 2 Bände (Harper and Row, New York, Taschenbuchneudruck 1960).

11.6. Filmliste

„Time, Dilation, An Experiment with μ-mesons", *F. Friedman, D. Frisch, J. Smith* (ESI film). Die Zeitdilatation wird mit Hilfe des radioaktiven Zerfalls von kosmischen μ-Mesonenstrahlen in einem Experiment auf Mt.Washington, N.H. (1616,5 m) und in Cambrigde, Mass. (in Meereshöhe) gezeigt.
Eine ausführliche Beschreibung dieses Experiments erschien in Am. J. Phys. **31**, 342 (1963).

11.7. Übungen

1. *Lorentz-Invarianz.* Verifizieren Sie mit Gl. (11.14) $x^2 - c^2t^2 = x'^2 - c^2t'^2$. Beachten Sie bitte, daß sich für $x_1 \equiv x$ und $x_4 \equiv ict$ $x^2 - c^2t^2 \equiv x_1^2 + x_4^2$ ergibt, mit $i = \sqrt{-1}$.
2. *Lorentz-Transformation.* Es wird Gl. (11.14) vorgegeben; leiten Sie Gl. (11.15) her.
3. *Volumenänderung.* l_0^3 ist das Volumen eines Würfels im Ruhsystem. Zeigen Sie, daß sich von einem Bezugssystem aus gesehen, das sich gleichförmig mit der Geschwindigkeit β in eine Richtung parallel zu einer Würfelkante bewegt, als Volumen des Würfels $l_0^3\,(1 - \beta^2)^{1/2}$ ergibt.
4. *Gleichzeitigkeit.* Zeigen Sie mit Hilfe der Lorentz-Transformation, daß zwei im Bezugssystem S gleichzeitige ($t_1 = t_2$), aber örtlich getrennte ($x_1 \neq x_2$) Ereignisse im allgemeinen im System S' nicht gleichzeitig sind.
5. *Addition von Geschwindigkeiten.* Zeigen Sie, daß im System S
   $v_x^2 + v_y^2 = c^2$
   gilt, wenn in dem gegenüber S mit der Geschwindigkeit $V\hat{x}$ bewegten System S' die Geschwindigkeitskomponenten durch $v_y' = c \sin\varphi$ und $v_x' = c \cos\varphi$ gegeben sind.
6. *π^+-Mesonen.*
   a) Wie groß ist die mittlere Lebensdauer eines Schwarms sich mit $\beta = 0{,}73$ fortbewegender π^+-Mesonen? (Die mittlere Lebensdauer τ beträgt $2{,}5 \cdot 10^{-8}$ s im Ruhsystem.)
   Lösung: $3{,}6 \cdot 10^{-8}$ s.
   b) Welche Entfernung hat der Schwarm für $\beta = 0{,}73$ während der mittleren Lebensdauer zurückgelegt?
   Lösung: 800 cm.
   c) Welche Strecke hätte er ohne relativistischen Effekt zurückgelegt?
   Lösung: 500 cm.
   d) Lösen Sie a), b) und c) erneut für $\beta = 0{,}99$.
7. μ-Mesonen. Die mittlere Lebensdauer der μ-Mesonen beträgt angenähert $2 \cdot 10^{-6}$ s im Ruhsystem. Stellen Sie sich einen hoch in der Atmosphäre entstandenen großen Schwarm von μ-Mesonen vor, der sich mit $v = 0{,}99\,c$ erdwärts bewegt. Die Anzahl der Stöße in der Atmosphäre auf dem Weg abwärts ist gering. Bestimmen Sie die Entstehungshöhe, wenn 1 % aus dem Ursprungsschwarm überlebt und die Erdoberfläche erreicht. (In dem bezüglich der μ-Mesonen ruhenden System beträgt die Anzahl der zum Zeitpunkt t überlebenden Teilchen $n(t) = n(0)\,e^{-t/\tau}$.)
   Lösung: $2 \cdot 10^6$ cm.
8. *Zwei Ereignisse.* Stellen Sie sich zwei Inertialsysteme S und S' vor. S' bewege sich relativ zu S mit der Geschwindigkeit $V\hat{x}$. Ein erstes Ereignis findet zur Zeit t_1' im Punkt x_1' statt, ein zweites zur Zeit t_2' im Punkt x_2'. Beide Systeme haben zur Zeit $t = t' = 0$ den gleichen Ursprung. Berechnen Sie die entsprechenden Zeiten und Entfernungen in S.
9. *π^+-Mesonen.* Ein Schwarm mit 10^4 π^+-Mesonen bewegt sich mit der Geschwindigkeit $\beta = 0{,}99\,c$ auf einer kreisförmigen Bahn mit dem Radius $r = 20$ m. Die mittlere Lebensdauer der π^+-Mesonen beträgt $2{,}5 \cdot 10^{-8}$ s im Ruhsystem.
   a) Wie viele Mesonen überleben, wenn der Schwarm zum Ausgangspunkt zurückkehrt?
   b) Wie viele Mesonen würden in einem Schwarm übrig bleiben, der die gleiche Zeitspanne im Ursprung ruhte?
10. *Entfernungsgeschwindigkeit eines Spiralnebels.* Wir stellten im Kapitel 10 fest, daß Meßwerte über die Rotverschiebung von entfernten Galaxien im nichtrelativistischen Gebiet eine zur Entfernung proportionale Fluchtgeschwindigkeit anzeigen:
    $V = \alpha r;\quad \alpha \approx 3 \cdot 10^{-18}\,s^{-1}$.
    Berechnen Sie die Fluchtgeschwindigkeit eines Spiralnebels in einer Entfernung von $3 \cdot 10^9$ Lichtjahren. Ist diese Geschwindigkeit relativistisch?
    Lösung: $8{,}5 \cdot 10^9$ cm/s.
11. *Galaktische Geschwindigkeiten.* Wir beobachten eine sich in einer bestimmten Richtung mit der Geschwindigkeit $V = 0{,}3\,c$ entfernende Galaxis und eine zweite sich in entgegengesetzte Richtung mit gleicher Geschwindigkeit bewegende. Welche Relativgeschwindigkeit würde ein Beobachter in einer Galaxis für die andere Galaxis messen?
12. *Gleichzeitigkeit* (Bild 11.37). Die Quellen zweier Ereignisse sollen in den Punkten A und B mit gleicher Entfernung zum Beobachter O ruhend im System S liegen. Nehmen Sie an, zu dem Zeitpunkt (gemessen vom Beobachter O in S), in dem die beiden Ereignisse auftreten, fielen ein zweiter Beobachter O' und sein dazugehöriges, relativ zu S mit der Geschwindigkeit $V\hat{x}$ bewegtes Bezugssystem S' mit O und seinem System S bezüglich der x- und t-Koordinaten zusammen.
    a) Es sei $V/c = 1/3$. Skizzieren Sie die Lage der beiden Systeme und der Punkte A, A', B, B', wenn das von B' kommende Signal den Beobachter O' erreicht. Ist dieses Signal auch beim Beobachter O angekommen? Warum?
    b) Skizzieren Sie die Lage von S und S', wenn beide Signale bei O ankommen.
    c) Skizzieren Sie die Lage von S und S', wenn das Signal von A' bei O' ankommt.

d) Stellen Sie sich vor, die beiden Ereignisse werden z.B. auf Photoplatten in den Punkten A′ und B′ physikalisch festgehalten. Zeigen Sie unter Annahme dieser Bedingungen die Gleichheit der Strecken $\overline{A'O'}$ und $\overline{B'O'}$.

e) Zeigen Sie, daß die beiden Ereignisse für O′ nicht gleichzeitig sind. Die Konstanz der Lichtgeschwindigkeit unter allen Umständen wird stillschweigend in der Definition der Gleichzeitigkeit vorausgesetzt. Um sich diesen Zusammenhang klarzumachen, betrachten Sie bitte folgendes: Die beiden Ereignisse in A und B sollen von O als gleichzeitige Abstrahlung von Schallimpulsen beobachtet werden. O ruht bezüglich des Mediums, in dem sich der Schall ausbreitet. O′ ist ein mit einer Geschwindigkeit V, die ein Drittel der Schallgeschwindigkeit beträgt, bewegter Beobachter.

f) Benutzen Sie die Galilei-Transformation, um zu zeigen, daß die Geschwindigkeit der Schallimpulse von A′ und B′ in Richtung O′ nicht mit der von O′ beobachteten übereinstimmt.

g) Zeigen Sie, daß durch die Tatsache, daß die Impulse sich mit verschiedenen Geschwindigkeiten ausgebreitet haben, sogar dem Beobachter O′ die zwei Signale gleichzeitig erscheinen, obwohl sie in O′ zu verschiedenen Zeiten ankommen.

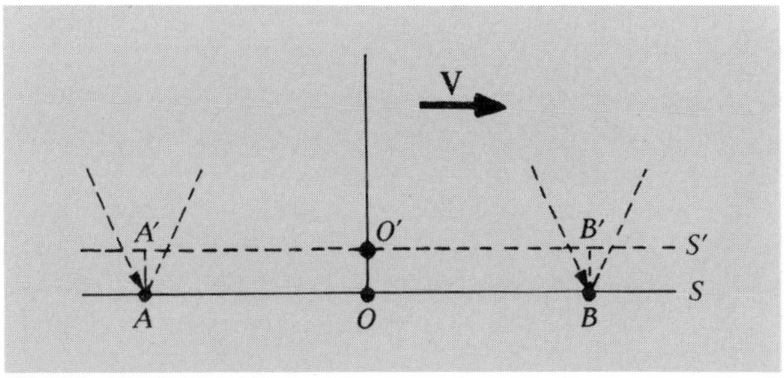

Bild 11.37

13. *Relativistische Dopplerverschiebung.* Protonen werden in einem 20 kV-Potential beschleunigt, danach driften sie mit konstanter Geschwindigkeit durch ein Gebiet, in dem Neutralisation zu H-Atomen und die damit verbundene Lichtemission stattfindet. Die H_β-Emission (λ = 4861,33 Å für ein ruhendes Atom) wird mit einem Spektrometer beobachtet. Die optische Achse des Spektrometers liegt parallel zur Ionenbewegung. Das Spektrum ist wegen der Ionenbewegung in Richtung der beobachteten Emission dopplerverschoben. Außerdem enthält das Gerät einen Spiegel, der durch seine Lage eine Superposition des in die entgegengesetzte Richtung emittierten Lichtspektrums ermöglicht.

a) Wie groß ist die Geschwindigkeit der Protonen nach der Beschleunigung?
Lösung: $2 \cdot 10^8$ cm/s.

b) Berechnen Sie die von v/c abhängige Dopplerverschiebung erster Ordnung, sowohl in Vorwärts- als auch in Rückwärtsrichtung und zeichnen Sie in einem Diagramm den hier wichtigen Teil des Spektrums.

c) Betrachten Sie jetzt den durch die relativistische Behandlung sich ergebenden Effekt zweiter Ordnung(v^2/c^2-Effekt). Zeigen Sie, daß die Verschiebung zweiter Ordnung = $1/2\ \lambda\ (v^2/c^2)$ ist, und berechnen Sie diesen Ausdruck für unser Problem numerisch. Beachten Sie bitte, daß die Resultate für positives und negatives v gleich sind.
Lösung: 0,10 Å.

11.8. Mathematische Anmerkung: Das vierdimensionale Raum-Zeit-Kontinuum (Bilder 11.38 bis 11.54)

Nach Veröffentlichung der speziellen Relativitätstheorie führte *H. Minkowski* 1908 die Raum-Zeit ein, eine mathematische Sprache, in der sich die spezielle Relativitätstheorie besonders einfach und elegant formulieren läßt. Obwohl sie keine neuen Ergebnisse bringt, die nicht auch aus unseren früheren Überlegungen folgen würden, liefert sie diejenige mathematische Gestalt der Theorie, die sich am unmittelbarsten zur allgemeinen Relativitätstheorie verallgemeinern läßt. *Minkowski* schrieb hierzu folgende Einleitung:

> „Die Raum- und Zeitauffassungen, die ich vor Ihnen darlegen möchte, haben ihren Ursprung in der Experimentalphysik, und darin liegt ihre Stärke. Sie sind revolutionär. Von nun an sind der Raum und die Zeit für sich betrachtet dazu verurteilt, ein Schattendasein zu führen, nur eine Art Vereinigung der beiden wird eine unabhängige Wirklichkeit bewahren."

J. A. Wheeler sagte dazu treffend: „Zeit ist in Wirklichkeit kein unabhängiger Begriff, sondern eine Länge. Um die Falschheit der gewöhnlichen Unterscheidung von Raum und Zeit klarzustellen, denken Sie bitte an die inkonsequente Anwendung von Fuß zur Messung der Breite eines Highways und von Meilen zur Bestimmung seiner Länge. Ebenso inkonsequent ist es, Raum-Zeit-Intervalle in einer Richtung in Sekunden und in den drei übrigen Richtungen in Zentimetern anzugeben. Dabei ist die Lichtgeschwindigkeit – numerisch $3 \cdot 10^{10}$ – der Umwandlungsfaktor, um eine Längenmaßeinheit (cm) in den „Raum"-richtungen in ein anderes Längenmaß (s) in der „Zeit"-richtung umzuwandeln. Und dieser Faktor ist genauso historisch, ja zufällig in seiner Beschaffenheit wie der Fuß in Meilen umwandelnde Faktor 5280! Man braucht $3 \cdot 10^{10}$ nicht tiefer zu „begründen" als 5280!"

Der Raum hat drei Dimensionen: Die Lage eines Teilchens oder eines Ereignisses wird durch die drei Koordinaten x, y, z bestimmt. Wir kennen bereits die Vektorsprache, in der wir Aussagen über Beziehungen zwischen Punkten und Geraden in einer Weise schreiben können, die nicht von einem speziellen Koordinatensystem abhängig ist. Können wir eine analoge Sprache finden, die es uns erlaubt, die physikalischen Gesetze der speziellen Relativitätstheorie in einer vom Bezugssystem unabhängigen Art wiederzugeben? Formuliert man ein Gesetz, ohne dabei ein besonderes Bezugssystem einzuführen, so ist es automatisch bezüglich der Lorentz-Transformation invariant, die von einem Bezugssystem zum anderen transformiert.

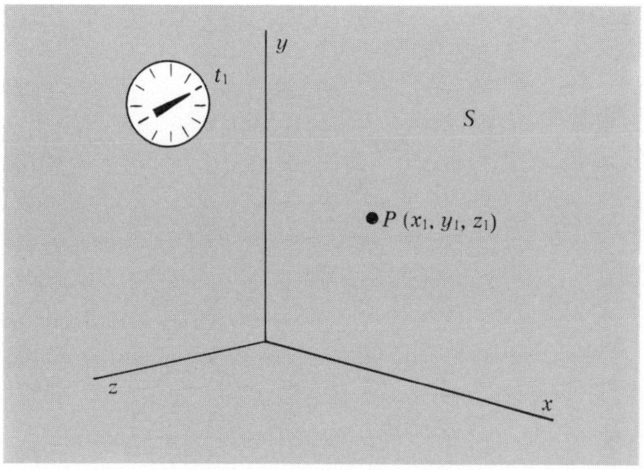

Bild 11.41. Das im System S' beschriebene Intervall zwischen den Ereignissen 1 und 2 ist s', wobei gilt
$s'^2 = c^2\,(t'_2 - t'_1)^2 - (x'_2 - x'_1)^2 - (y'_2 - y'_1)^2 - (z'_2 - z'_1)$.

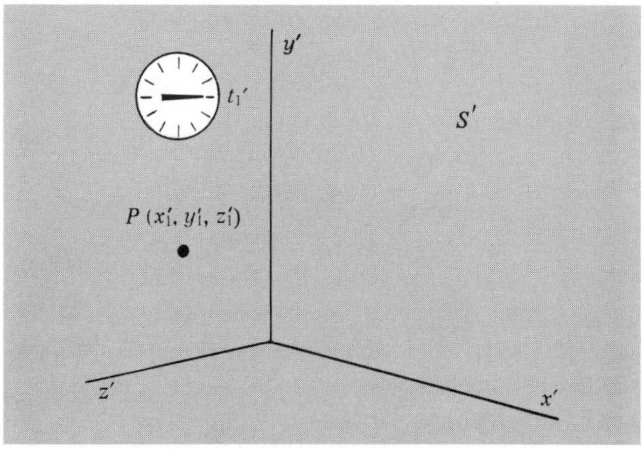

Bild 11.39. Das gleiche Ereignis können wir natürlich auch mit anderen Koordinaten (x'_1, y'_1, z'_1, t'_1) in einem anderen Inertialsystem S' beschreiben.

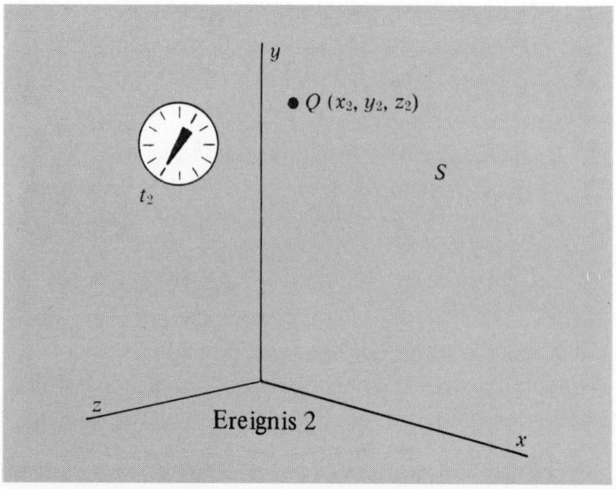

Bild 11.40. In S definieren wir das zwischen den Ereignissen 1 und 2 liegende ***Intervall*** mit s, wobei gilt
$s^2 = c^2\,(t_2 - t_1)^2 - (x_2 - x_1)^2 - (y_2 - y_1)^2 - (z_2 - z_1)^2$.

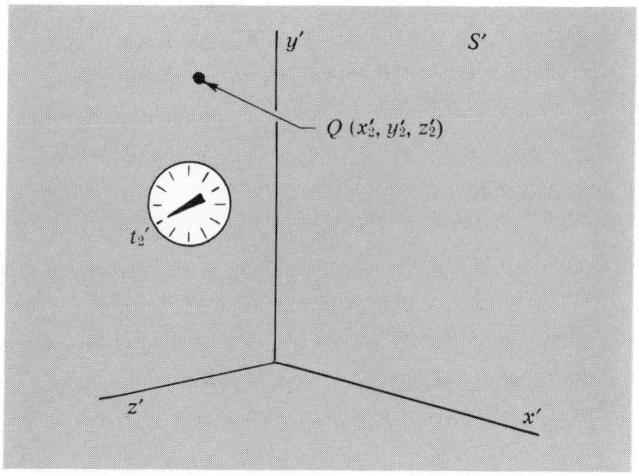

Bild 11.38. Um weiter fortzufahren, müssen wir ein Ereignis definieren: Ein ***Ereignis*** wird bestimmt durch den Punkt im Raum $P(x_1, y_1, z_1)$ und die Zeit t_1, zu der es auftritt.

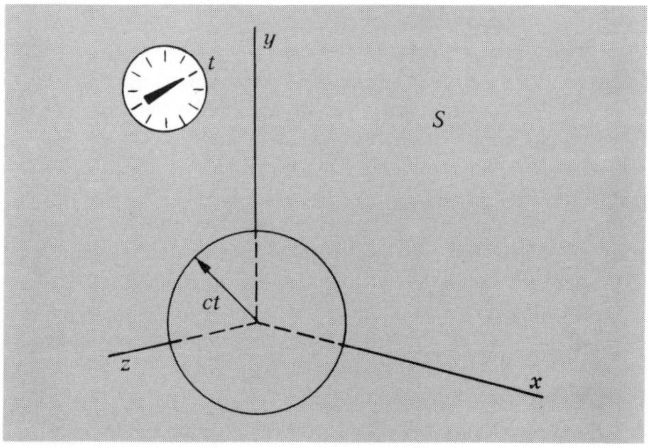

Bild 11.42. Das Intervall zwischen der Emission eines Lichtimpulses (zur Zeit t = 0) und dem Empfang an einem beliebigen Punkt (x, y, z) ist s = 0:
$s^2 = c^2t^2 - (x^2 + y^2 + z^2)$
$= c^2t^2 - c^2t^2 = 0.$

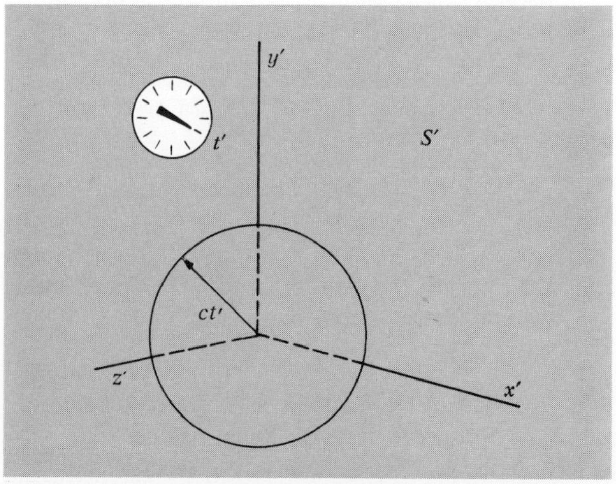

Bild 11.43. In S' ist ebenfalls das zwischen den Ereignissen der Emission eines Lichtimpulses und des Empfangs des Impulses liegende Intervall s' = 0. Somit ist in diesem Fall s = s'.

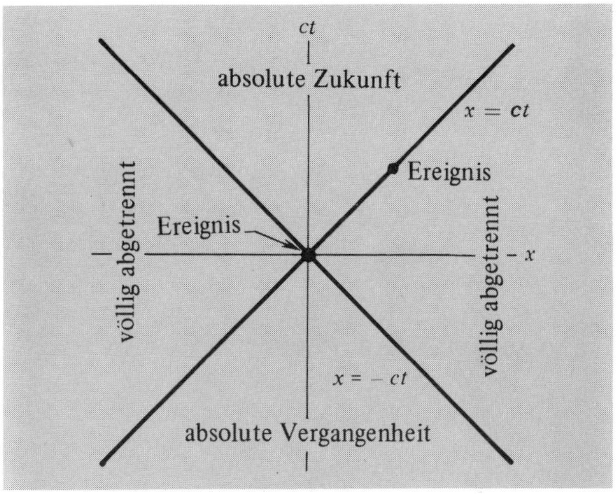

Bild 11.44. Ein Lichtkegeldiagramm.
x repräsentiert die räumlichen Koordinaten, t die Zeit. Alle vom Ereignis x = 0, t = 0 durch Nullintervalle abgetrennten Ereignisse liegen auf den Geraden $x = \pm ct$.

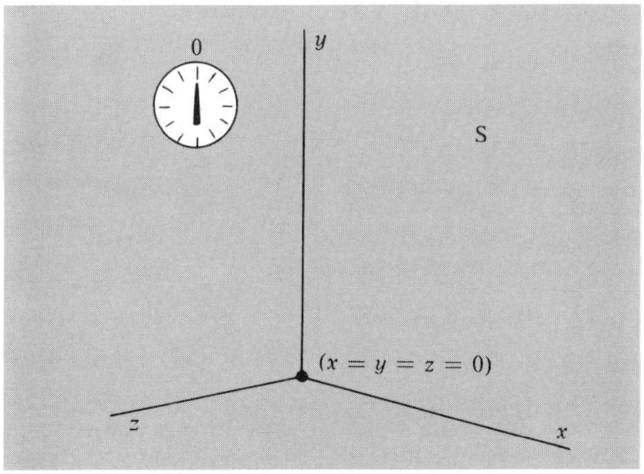

Bild 11.45. Nicht alle Intervalle sind Null. Hier liegt ein Ereignis (x = y = z = t = 0) vor.

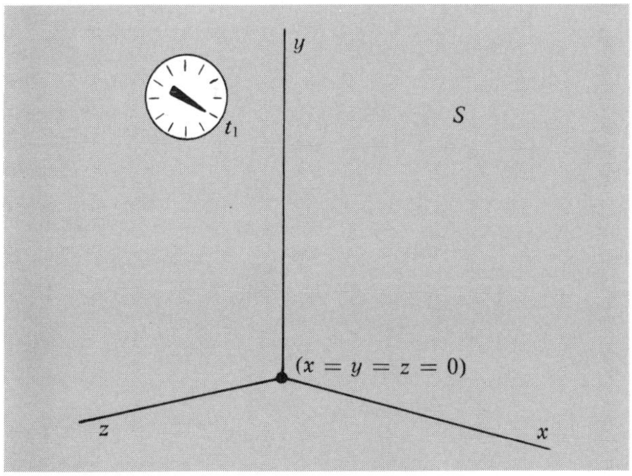

Bild 11.46. Hier liegt ein anderes Ereignis ($x = y = z = 0$, $t = t_1$) vor. Das Intervall zwischen diesen beiden Ereignissen ist s mit $s^2 = c^2 t_1^2 > 0$.
Intervalle, für die $s^2 > 0$ gilt, nennen wir ***zeitartig***.

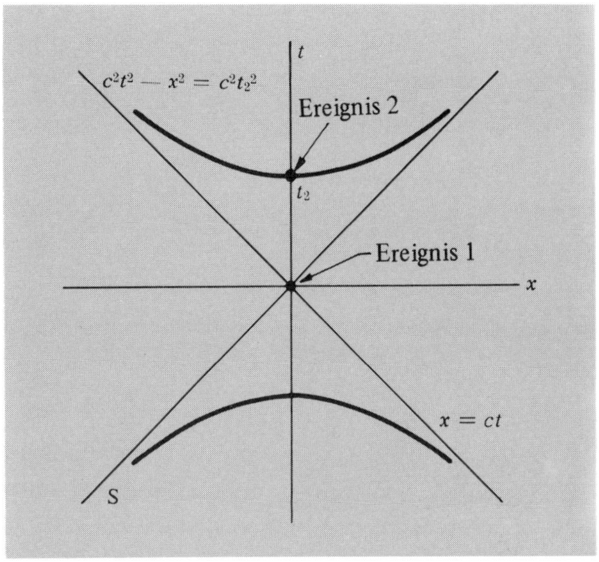

Bild 11.47. Alle zeitartigen, vom Ereignis 1 durch das gleiche Intervall s mit $s^2 = c^2 t_2^2$ getrennten Ereignisse liegen auf der eingezeichneten Hyperbel.

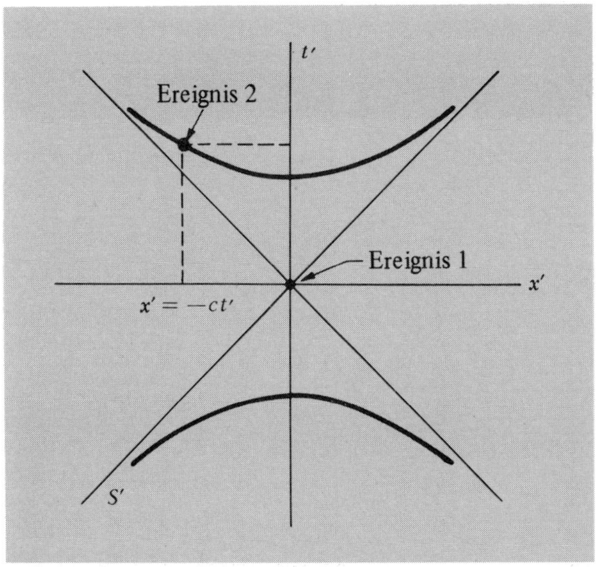

Bild 11.48. Da das Quadrat des Intervalls s^2 eine Invariante bezüglich der Lorentz-Transformation darstellt, liegt die gleiche Hyperbel im Lichtkegeldiagramm von S'. Aber Ereignis 2 befindet sich an einer anderen Stelle. Warum?

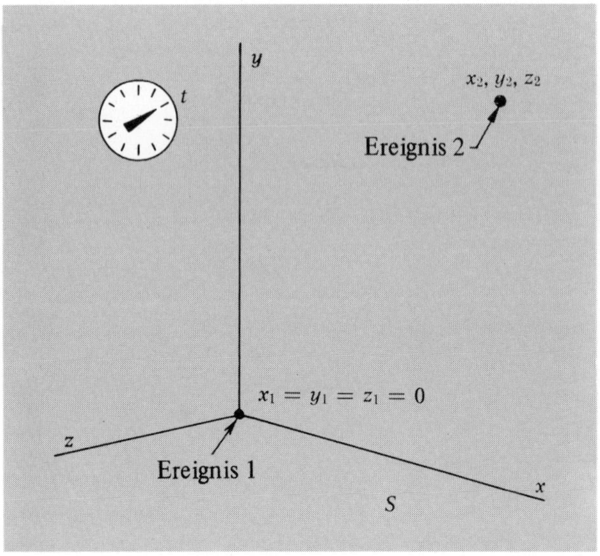

Bild 11.49. Ein weiteres Beispiel: Zwei Ereignisse mit unterschiedlichen räumlichen Koordinaten, aber mit gleicher Zeit. Hier ist

$$s^2 = -(x_2 - x_1)^2 - (y_2 - y_1)^2 - (z_2 - z_1)^2 < 0.$$

Intervalle mit $s < 0$ heißen *raumartig*.

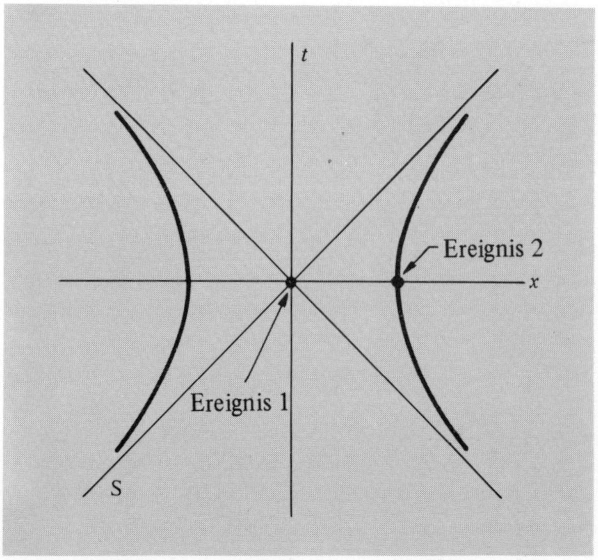

Bild 11.50. Alle vom Ereignis 1 durch das gleiche Intervall wie Ereignis 2 getrennte Ereignisse liegen auf der gezeichneten Hyperbel.

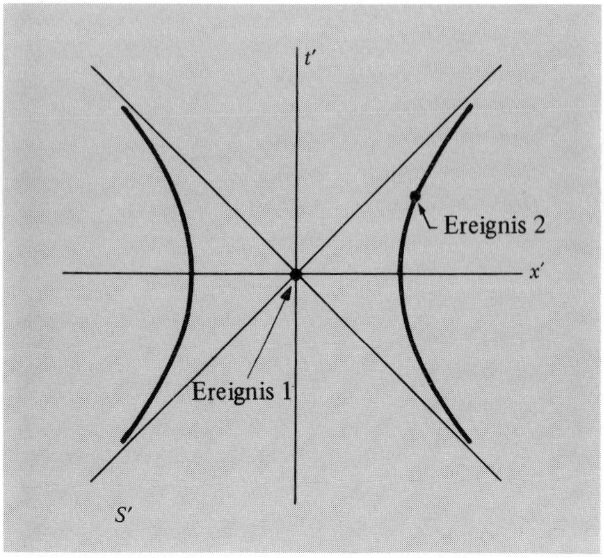

Bild 11.51. Da das Intervall s invariant ist, erhalten wir im S′-Diagramm die gleiche Hyperbel. Wiederum befindet sich Ereignis 2 nicht länger an der gleichen Stelle wie in S.

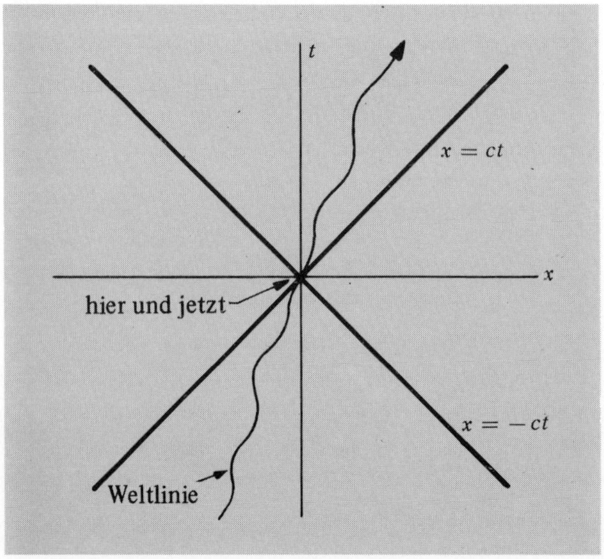

Bild 11.52. Die „Weltlinie" ist eine Reihe von Ereignissen, deren spätere zu den früheren in einem kausalen Zusammenhang stehen. Sie muß daher innerhalb des Lichtkegels liegen.

Physikalische Gesetze beschreiben die Bewegungen von Teilchen von einem Ort zu einem anderen. Beschleunigung, Stöße und radioaktiver Zerfall sind Beispiele für Erscheinungen, deren Beschreibung sowohl räumliche als auch zeitliche Koordinaten erfordert. Zur graphischen Darstellung dieser Gesetze denken wir uns ein Koordinatensystem mit drei räumlichen Koordinaten x, y, z und einer vierten senkrecht auf den drei anderen stehenden Achse, der Zeit t. Dies können wir uns kaum vorstellen, aber mathematisch ist es nicht schwieriger zu handhaben als ein dreidimensionales System. Bildlich können wir dieses Koordinatensystem äußerst einfach darstellen, indem wir nur eine Raumachse x und die Zeitachse t zeichnen. Die drei Raumachsen und die eine Zeitachse definieren ein sogenanntes vierdimensionales *Raum-Zeit-Kontinuum.* Ein in der Raum-Zeit gegebener Punkt x_0, y_0, z_0, t_0 heißt *Ereignis*. Die vier Koordinaten geben Ort und Zeit an. Als typisches Ereignis können wir den Stoß eines Teilchenpaares ansehen. In der vorrelativistischen Welt war die Zeit t_0 eines Ereignisses für alle Beobachter gleich. Durch die Transformation von einem Inertialsystem S in ein anderes S′ blieb die Zeitkoordinate t_0 unverändert: $t_0 = t'_0$. In der vorrelativistischen Welt existierten sowohl Raum *als auch* Zeit.

Aber in der Relativitätstheorie verbindet die Lorentz-Transformation Zeit- und Raumkoordinaten, wenn wir von einem Bezugssystem auf ein anderes transformieren:

$$x' = \frac{x - Vt}{(1 - V^2/c^2)^{1/2}}\,; \qquad y' = y\,; \quad z' = z\,;$$

$$t' = \frac{t - (V/c^2)x}{(1 - V^2/c^2)^{1/2}}\,. \tag{11.45}$$

Es ist eine faszinierende Vorstellung, Raum und Zeit zu einem einzigen vierdimensionalen Gebilde, der Raum-Zeit, zu verbinden, bei dem alle vier Dimensionen in gewissem Sinne äquivalent sind. Gewöhnliche Rotationen mischen nur die räumlichen Koordinaten. Für eine Rotation um den Winkel θ um die z-Achse gilt

$$x' = x\cos\theta + y\sin\theta\,; \quad y' = -x\sin\theta + y\cos\theta\,; \quad z' = z\,; \quad t' = t\,. \tag{11.46}$$

Hier wurden x und y gemischt, um x′ und y′ zu bestimmen. Bei der Lorentz-Transformation mischen sich x und t. Da sich kein Signal schneller als mit Lichtgeschwindigkeit ausbreitet, haben zwei Ereignisse, die wechselseitig außerhalb ihrer Lichtkegel liegen, keinen Einfluß aufeinander. Die Eigenschaft, sich außerhalb des anderen Lichtkegels zu befinden, hängt nicht von der Geschwindigkeit des Bezugssystems ab. Wir wissen, daß $x^2 - (ct)^2$ und $(\Delta x)^2 - (c\,\Delta t)^2$ bezüglich einer Lorentz-Transformation

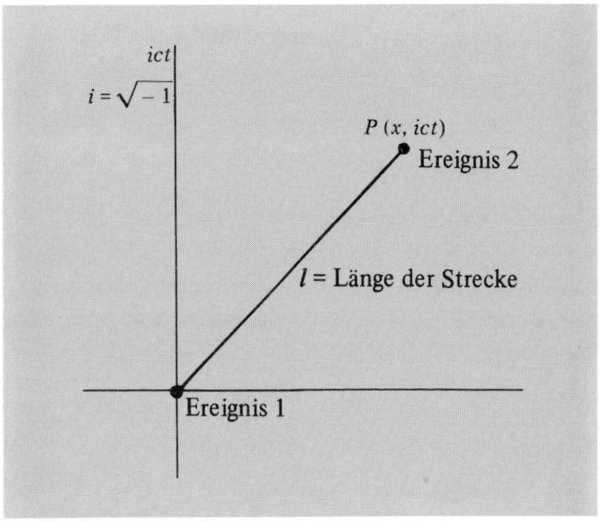

Bild 11.53. Eine Möglichkeit, die Lorentz-Transformation darzustellen, ist, eine Achse ict und eine Achse x einzuführen. Es gilt $l^2 = x^2 - c^2t^2$.
Somit ist $l^2 = -s^2$ eine Invariante der Transformation zwischen x′, t′ und x, t.

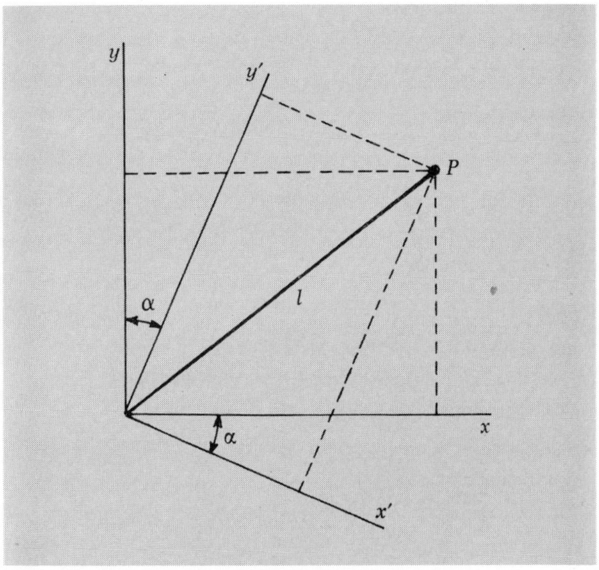

Bild 11.54. Wann ist bei einer linearen Transformation, x, y → x′, y′ für normale Koordinaten der Abstand zweier Punkte eine Invariante? *Falls die Transformation eine Rotation ist!*

invariant sind. Sie haben in allen gleichförmig zueinander bewegten Systemen denselben numerischen Wert:

$$(c\,\Delta t)^2 - (\Delta x)^2 = (c\,\Delta t')^2 - (\Delta x')^2 \equiv (\Delta s)^2\,. \tag{11.47}$$

Hierbei bedeuten Δx und Δt die in S gemessenen Differenzen der Raum- und Zeitkoordinaten zweier Ereignisse; $\Delta t'$ und $\Delta x'$ sind die gleichen, aber in S′ gemessenen Differenzen. Liegen zwei Ereignisse in S außerhalb des jeweilig anderen Lichtkegels, so gilt

$$|c\,\Delta t| < |\Delta x|$$

und

$$(c\,\Delta t)^2 - (\Delta x)^2 < 0\,. \qquad (11.48)$$

Da dieser Ausdruck eine Lorentz-Invariante ist, muß die Ungleichung in sämtlichen Bezugssystemen gelten. Befinden sich zwei Ereignisse in S auf dem jeweilig anderen Lichtkegel, so gilt $(\Delta s)^2 \equiv 0$ sowohl in S als auch in S′.

Stellen Sie sich vor, Ereignis 2 liegt in S innerhalb des Lichtkegels von 1, da $|c\,\Delta t| > |\Delta x|$ für $\Delta t = t_2 - t_1$ und $\Delta x = x_2 - x_1$. Dann ist auch in S′

$$(c\,\Delta t')^2 - (\Delta x')^2 > 0\,, \qquad (11.49)$$

und Ereignis 2 liegt stets innerhalb des zukünftigen Lichtkegels von 1. Es kann nun ein Signal von 1 gleichzeitig mit oder vor dem Ereignis 2 den Punkt x_2 erreichen. Was bei 1 geschieht, kann ein Ereignis 2 beeinflussen, und die beiden Ereignisse können in einem kausalen Zusammenhang stehen. Das, was in 1 geschieht, kann ein Ereignis 2 hervorrufen oder verändern.

Wir bezeichnen die Größe Δs als *Intervall* zwischen zwei Ereignissen. Liegen zwei Ereignisse außerhalb des jeweilig anderen Lichtkegels, dann ist

$$c^2(\Delta t)^2 < (\Delta x)^2 \qquad (11.50)$$

und die Invariante

$$(\Delta s)^2 < 0\,. \qquad (11.51)$$

In diesem Fall nennen wir das Intervall *raumartig.* Befinden sich zwei Ereignisse innerhalb des jeweilig anderen Lichtkegels, dann ist

$$(\Delta s)^2 > 0\,; \qquad (11.52)$$

wir bezeichnen das Intervall als *zeitartig.* In dem besonderen Fall, daß wir die beiden Ereignisse durch ein Lichtsignal verbinden können, gilt

$$(\Delta s)^2 = 0\,, \qquad (11.53)$$

und das Intervall ist *lichtartig.*

$c\,\Delta t < \|\Delta x\|$	$(\Delta s)^2 < 0$	raumartig	kein kausaler Zusammenhang,
$c\,\Delta t > \|\Delta x\|$	$(\Delta s)^2 > 0$	zeitartig	ein kausaler Zusammenhang kann vorliegen,
$c\,\Delta t = \|\Delta x\|$	$\Delta s = 0$	lichtartig	Verbindung durch ein Lichtsignal ist möglich.

Obwohl der Begriff der Gleichzeitigkeit in der Relativität keine präzise Bedeutung hat, gibt es eine invariante, in allen Bezugssystemen gleiche Definition der Zukunft und der Vergangenheit. Die *Vergangenheit* besteht aus allen Ereignissen, die möglicherweise Einfluß auf uns hier und heute gehabt haben könnten. Diese Ereignisse liegen im Vergangenheitslichtkegel. Die *Zukunft* besteht aus allen Ereignissen, auf die wir durch unser Handeln hier und heute Einfluß nehmen können. Diese Ereignisse liegen im Zukunftslichtkegel. Alle Ereignisse außerhalb der beiden Lichtkegel befinden sich im raumartigen Gebiet und können weder durch unser Handeln hier und heute beeinflußt werden, noch einen Einfluß auf unser Handeln hier und heute haben.

Unsere *Weltlinie* ist unsere Bahn in der Raum-Zeit; sie gibt gleichzeitig Lage und Zeit an. Da wir niemals die Lichtgeschwindigkeit überschreiten können, liegen alle in unserem Leben bereits aufgetretenen Ereignisse in unserem Vergangenheitskegel und alle, die noch vorkommen werden, in unserem Zukunftskegel.

Hätten wir statt einer räumlichen Dimension drei berücksichtigt, so wäre das Intervall Δs auch eine Invariante gewesen. Da nämlich für Lorentz-Transformationen mit der Relativgeschwindigkeit V in x-Richtung $y = y'$ und $z = z'$ gilt, erhalten wir in S

$$(\Delta s)^2 = (c\,\Delta t)^2 - (\Delta x)^2 - (\Delta y)^2 - (\Delta z)^2 \qquad (11.54)$$

und ebenso in irgendeinem anderen System S′

$$(\Delta s)^2 = (c\,\Delta t')^2 - (\Delta x')^2 - (\Delta y')^2 - (\Delta z')^2\,. \qquad (11.55)$$

Bis auf die negativen Vorzeichen hat $(\Delta s)^2$ die gleiche Form wie das Entfernungsquadrat in kartesischen Koordinaten zweier Punkte eines euklidischen Raums. Und wieder abgesehen von den negativen Vorzeichen sieht Gl. (11.55) wie dasselbe Entfernungsquadrat in den Koordinaten eines bezüglich des ersteren gedrehten Koordinatensystems aus. Diese Analogie kann im einzelnen so weit geführt werden, daß wir die Lorentz-Transformation als eine Art Rotation im Raum-Zeit-Kontinuum behandeln können.

Wir führen die Koordinaten

$$x_1 \equiv x,\; x_2 \equiv y,\; x_3 \equiv z \;\text{ und }\; x_4 \equiv ict \qquad (11.56)$$

in Analogie zu den kartesischen Koordinaten eines vierdimensionalen euklidischen Raumes an. Hierbei ist $i = (-1)^{1/2}$. Die Entfernung vom Ursprung zu einem Punkt beträgt

$$x_1^2 + x_2^2 + x_3^2 + x_4^2 \equiv x^2 + y^2 + z^2 - c^2t^2\,. \qquad (11.57)$$

Eine Rotation um die $x_3 \equiv z$-Achse ändert die Koordinaten eines festen Punktes (eines Vektors) wie in Gl. (11.46) beschrieben. Drücken wir den Sinus und Cosinus des Rotationswinkels als Längenverhältnis der Seiten a und b eines rechtwinkligen Dreiecks aus, so ergibt sich für Gl. (11.46)

$$x_1' = \frac{ax_1 + bx_2}{(a^2+b^2)^{1/2}}\,;\quad x_2' = \frac{ax_2 - bx_1}{(a^2+b^2)^{1/2}}\,. \qquad (11.58)$$

Die Form von Gl. (11.58) bestätigt, daß $x^2 + y^2 = x'^2 + y'^2$:

$$(x_1')^2 + (x_2')^2 = \frac{(a^2+b^2)(x_1)^2 + (a^2+b^2)(x_2)^2}{(a^2+b^2)} = = (x_1)^2 + (x_2)^2 . \qquad (11.59)$$

Dies bleibt selbst für $b \to ib$ und $b^2 \to -b^2$ formal richtig. In der Tat kann die Lorentz-Transformation Gl. (11.9) geschrieben werden als

$$x_1' = \frac{ax_1 + ibx_4}{(a^2-b^2)^{1/2}} ; \quad x_4' = \frac{ax_4 - ibx_1}{(a^2-b^2)^{1/2}} . \qquad (11.60)$$

Bis auf das i vor dem b stimmt Gl. (11.60) mit der Beziehung für die räumliche Rotation, Gl. (11.46), überein. In diesem Sinne sind die Lorentz-Transformationen Rotationen im Raum-Zeit-Kontinuum.

Die Verbindungslinie vom Ursprung O zum Punkt P(x, y) definiert einen Vektor: In einem gedrehten Koordinatensystem ändern sich die Koordinaten des Endpunktes in der Weise, daß der Vektor **OP** im Raum fest bleibt. Ähnlich definieren wir die vier Komponenten $x_1 \equiv x$, $x_2 \equiv y$, $x_3 \equiv z$, $x_4 \equiv ict$ als einen Vektor bezüglich Lorentz-Transformationen. Diese vier Größen bezeichnet man normalerweise als *Vierervektor*. Ähnlich bilden irgendwelche vier Größen mit genau den gleichen Transformationseigenschaften einen Vierervektor bezüglich Lorentz-Transformationen; somit bilden die vier Zahlen

$$p_1 \equiv p_x, \ p_2 \equiv p_y, \ p_3 \equiv p_z, \ p_4 \equiv \frac{iW}{c}$$

ebenfalls einen Vierervektor. Hierbei bezeichnen p den Impuls und W die Energie.

Die Ableitung eines Vektors nach einem Skalar ist ein Vektor. Wir werden in Kapitel 12 sehen, daß wir für die μ-te Komponente des Impulses

$$p_\mu = m \frac{dx_\mu}{d\tau} , \qquad \mu = 1, 2, 3, 4 \qquad (11.61)$$

schreiben können; τ ist die invariante Eigenzeit des Teilchens. Das infinitesimale Eigenzeitintervall $\Delta\tau$ steht zum Intervall Δs in der Beziehung $(\Delta s)^2 = (c\,\Delta\tau)^2$, so daß wir Gl. (11.61) auch als

$$p_\mu = mc \frac{dx_\mu}{ds} , \qquad \mu = 1, 2, 3, 4 \qquad (11.62)$$

schreiben können.

Der Begriff des Vierervektors bezüglich Lorentz-Transformationen und die entsprechende Schreibweise sind sehr nützlich. Wir können ohne Nachdenken Gleichungen hinschreiben, die nicht von irgendeinem speziellen nichtbeschleunigten Bezugssystem abhängen. Solche Gleichungen erfüllen automatisch das Relativitätspostulat, daß allgemeine physikalische Gesetze in allen Inertialsystemen gleich sind. Mit normalen Vektoren geschrieben ist die Gleichung **a** = **b** unabhängig vom Koordinatensystem. In Komponentenschreibweise gilt $a_i = b_i$ mit i = 1, 2, 3. In einem anderen Koordinatensystem, in dem a_i' die Komponenten von **a** und b_i' die Komponenten von **b** sind, gilt immer noch $a_i' = b_i'$.

Stets können wir skalare Invarianten bilden:

$$\mathbf{a} \cdot \mathbf{a} = \sum_{i=1}^{3} a_i a_i = \sum_{i=1}^{3} a_i' a_i' \qquad (11.63)$$

oder

$$\mathbf{a} \cdot \mathbf{b} = \sum_{i=1}^{3} a_i b_i = \sum_{i=1}^{3} a_i' b_i' . \qquad (11.64)$$

Entsprechend gilt mit Vierervektoren die Gleichung

$$p_\mu^{(1)} + p_\mu^{(2)} = p_\mu^{(3)} + p_\mu^{(4)} , \quad \mu = 1, 2, 3, 4 \qquad (11.65)$$

in allen Inertialsystemen. Sie gilt für alle μ und entspricht daher vier Gleichungen. Sie besagt die Erhaltung des relativistischen Impulses und der Masse bzw. Energie in einer Reaktion, bei der zwei anfängliche Teilchen 1 und 2 sich in zwei Teilchen 3 und 4 umwandeln. Der Betrag des Vierervektors ist ein bezüglich der Lorentz-Transformation invarianter Skalar:

$$\sum_{\mu=1}^{4} p_\mu p_\mu = \mathbf{p} \cdot \mathbf{p} - \frac{W^2}{c^2} \equiv -(mc)^2 . \qquad (11.66)$$

Diese Beziehung wird in Kapitel 12 hergeleitet. Ähnlich ist

$$\sum_{\mu=1}^{4} x_\mu x_\mu = x^2 + y^2 + z^2 - (ct)^2 \equiv -s^2 \qquad (11.67)$$

ein Skalar, wie auch

$$\sum_{\mu=1}^{4} x_\mu p_\mu = xp_x + yp_y + zp_z - tW . \qquad (11.68)$$

Die Summe zweier oder mehrerer Vektoren ist ein Vektor: $P_\mu \equiv p_\mu^{(1)} + p_\mu^{(2)}$ ist ein Vektor, so daß sich aus Gl. (11.66) ein weiterer Skalar ergibt

$$\sum_{\mu=1}^{4} P_\mu P_\mu = \sum_{\mu=1}^{4} (p_\mu^{(1)} + p_\mu^{(2)})^2 = (\mathbf{p}^{(1)} + \mathbf{p}^{(2)})^2 - \frac{1}{c^2}(W^{(1)} + W^{(2)})^2 = 2\left[\mathbf{p}^{(1)} \cdot \mathbf{p}^{(2)} - \frac{W^{(1)}W^{(2)}}{c^2}\right] - (m^{(1)}c)^2 - (m^{(2)}c)^2 . \qquad (11.69)$$

In Kapitel 12 gelangen wir zu den Resultaten aus Gl. (11.65) und Gl. (11.69) ohne explizit an die Vorstellung vom Vierervektor im Raum-Zeit-Kontinuum anzuknüpfen. Aus der Kenntnis des Raum-Zeit-Kontinuums haben wir einen zusätzlichen Einblick und eine einfache und elegante Schreibweise Lorentz-invarianter Gleichungen erhalten. Diese Methode bietet Verallgemeinerungen zu abstrakteren und mathematisch komplizierteren Beschreibungen an, wie sie in der relativistischen Quantentheorie und Einsteins allgemeiner Relativitätstheorie auftreten. Daß wir Lorentz-invariante Gleichungen schreiben können, ohne sie auf ihre Invarianz prüfen zu müssen, gibt uns die Möglichkeit, auch komplizierte Probleme zu behandeln.

Lorentz-Transformationen entsprechen Rotationen des Raum-Zeit-Koordinatensystems. Nur unter dieser Transformationsart sind die Gesetze der Physik in der speziellen Relativitätstheorie invariant. Gewöhnliche Vektoren bieten eine Schreibweise, Relationen ohne Bezug auf irgendein Koordinatensystem im normalen dreidimensionalen Raum zu schreiben. Die Lorentz-Transformation selbst und die einfache Raum-Zeit-Geometrie hat *Einstein* in einer schönen und bemerkenswerten Entdeckung verallgemeinert. *Einstein* nutzte in der allgemeinen Relativitätstheorie die Möglichkeit aus, physikalische Gesetze in einer von *allen* Transformationen im Raum-Zeit-Kontinuum, nicht nur von einem nichtbeschleunigten Bezugssystem in ein anderes, unabhängigen Form zu schreiben. Die Geometrie des Raum-Zeit-Kontinuums braucht nicht länger euklidisch, sondern kann gekrümmt sein.

11.9. Historische Anmerkung: Gleichzeitigkeit in der speziellen Relativitätstheorie

Wir geben den Anfang des ersten Aufsatzes von *Einstein* über die spezielle Relativitätstheorie wieder. Die hier gegebene Diskussion der Gleichzeitigkeit ist von zentraler Bedeutung.

Zur Elektrodynamik bewegter Körper [1])

Daß die Elektrodynamik *Maxwells* – wie dieselbe gegenwärtig aufgefaßt zu werden pflegt – in ihrer Anwendung auf bewegte Körper zu Asymmetrien führt, welche den Phänomenen nicht anzuhaften scheinen, ist bekannt. Man denke z.B. an die elektrodynamische Wechselwirkung zwischen einem Magneten und einem Leiter. Das beobachtbare Phänomen hängt hier nur ab von der Relativbewegung von Leiter und Magnet, während nach der üblichen Auffassung die beiden Fälle, daß der eine oder der andere dieser Körper der bewegte sei, streng voneinander zu trennen sind. Bewegt sich nämlich der Magnet und ruht der Leiter, so entsteht in der Umgebung des Magneten ein elektrisches Feld von gewissem Energiewerte, welches an den Orten, wo sich Teile des Leiters befinden, einen Strom erzeugt. Ruht aber der Magnet und bewegt sich der Leiter, so entsteht in der Umgebung des Magneten kein elektrisches Feld, dagegen im Leiter eine elektromotorische Kraft, welcher an sich keine Energie entspricht, die aber – Gleichheit der Relativbewegung bei den beiden ins Auge gefaßten Fällen vorausgesetzt – zu elektrischen Strömen von derselben Größe und demselben Verlaufe Veranlassung gibt, wie im ersten Falle die elektrischen Kräfte.

Beispiele ähnlicher Art, sowie die mißlungenen Versuche, eine Bewegung der Erde relativ zum „Lichtmedium" zu konstatieren, führen zu der Vermutung, daß dem Begriffe der absoluten Ruhe nicht nur in der Mechanik, sondern auch in der Elektrodynamik keine Eigenschaften der Erscheinungen entsprechen, sondern daß vielmehr für alle Koordinatensysteme, für die die mechanischen Gleichungen gelten, auch die gleichen elektrodynamischen und optischen Gesetze gültig sind, wie dies für die Größen erster Ordnung bereits erwiesen ist.[1]) Wir wollen diese Vermutung (deren Inhalt im folgenden „Prinzip der Relativität" genannt werden wird) zur Voraussetzung erheben und außerdem die mit ihm nur scheinbar unverträgliche Voraussetzung einführen, daß sich das Licht im leeren Raume stets mit einer bestimmten, vom Bewegungszustande des emittierenden Körpers unabhängigen Geschwindigkeit c ausbreite. Diese beiden Voraussetzungen genügen, um zu einer einfachen und widerspruchsfreien Elektrodynamik bewegter Körper unter Zugrundelegung der Maxwellschen Theorie für ruhende Körper zu gelangen. Die Einführung eines „Lichtäthers" wird sich insofern als überflüssig erweisen, als nach der zu entwickelnden Auffassung weder ein mit besonderen Eigenschaften ausgestatteter „absolut ruhender Raum" eingeführt, noch einem Punkte des leeren Raumes, in welchem elektromagnetische Prozesse stattfinden, ein Geschwindigkeitsvektor zugeordnet wird.

Die zu entwickelnde Theorie stützt sich – wie jede andere Elektrodynamik – auf die Kinematik des starren Körpers, da die Aussagen einer jeden Theorie Beziehungen zwischen starren Körpern (Koordinatensystemen), Uhren und elektromagnetischen Prozessen betreffen. Die nicht genügende Berücksichtigung dieses Umstandes ist die Wurzel der Schwierigkeiten, mit denen die Elektrodynamik bewegter Körper gegenwärtig zu kämpfen hat.

I. Kinematischer Teil

§ 1. Definition der Gleichzeitigkeit

Es liege ein Koordinatensystem vor, in dem die Newtonschen mechanischen Gleichungen gelten.[2]) Wir nennen dieses Koordinatensystem zur sprachlichen Unterschei-

[1]) Auszug aus *A. Einstein* „Zur Elektrodynamik bewegter Körper", Ann. Physik 17, 891–921 (1905).

[1]) Der vorangehende Bericht von *Lorentz* war dem Autor zu diesem Zeitpunkt unbekannt.

[2]) d.h. in der ersten Näherung.

dung von später einzuführenden Koordinatensystemen und zur Präzisierung der Vorstellung das „ruhende System“.

Ruht ein materieller Punkt relativ zu diesem Koordinatensystem, so kann seine Lage relativ zu letzterem durch starre Maßstäbe unter Benutzung der Methoden der euklidischen Geometrie bestimmt und in kartesischen Koordinaten ausgedrückt werden.

Wollen wir die *Bewegung* eines materiellen Punktes beschreiben, so geben wir die Werte seiner Koordinaten als Funktion der Zeit an. Es ist nun wohl im Auge zu behalten, daß eine derartige mathematische Beschreibung erst dann einen physikalischen Sinn hat, wenn man sich vorher darüber klar geworden ist, was hier unter „Zeit“ verstanden wird. Wir haben zu berücksichtigen, daß alle unsere Urteile, in denen die Zeit eine Rolle spielt, immer Urteile über *gleichzeitige Ereignisse* sind. Wenn ich z.B. sage: „Jener Zug kommt hier um 7 Uhr an,“ so heißt dies etwa: „Das Zeigen des kleinen Zeigers auf meiner Uhr auf 7 und das Ankommen des Zuges sind gleichzeitige Ereignisse.“ [1])

Es könnte scheinen, daß alle die Definitionen der „Zeit“ betreffenden Schwierigkeiten dadurch überwunden werden könnten, daß ich an Stelle der „Zeit“ die „Stellung des kleinen Zeigers meiner Uhr“ setze. Eine solche Definition genügt in der Tat, wenn es sich darum handelt, eine Zeit ausschließlich für den Ort zu definieren, an dem sich die Uhr eben befindet, die Definition genügt aber nicht mehr, sobald es sich darum handelt, an verschiedenen Orten stattfindende Ereignisreihen miteinander zeitlich zu verknüpfen, oder – was auf dasselbe hinausläuft – Ereignisse zeitlich zu werten, die in von der Uhr entfernten Orten stattfinden.

Wir könnten uns allerdings damit begnügen, die Ereignisse dadurch zeitlich zu werten, daß ein samt der Uhr im Koordinatenursprung befindlicher Beobachter jedem von einem zu wertenden Ereignis Zeugnis gebenden, durch den leeren Raum zu ihm gelangenden Lichtzeichen die entsprechende Uhrzeigerstellung zuordnet. Eine solche Zuordnung bringt aber den Übelstand mit sich, daß sie vom Standpunkte des mit der Uhr versehenen Beobachters nicht unabhängig ist, wie wir durch die Erfahrung wissen. Zu einer weit praktischeren Feststellung gelangen wir durch folgende Betrachtung.

Befindet sich im Punkte A des Raumes eine Uhr, so kann ein in A befindlicher Beobachter die Ereignisse in der unmittelbaren Umgebung von A zeitlich werten durch Aufsuchen der mit diesen Ereignissen gleichzeitigen Uhrzeigerstellungen. Befindet sich auch im Punkte B des Raumes eine Uhr – wir wollen hinzufügen, „eine Uhr von genau derselben Beschaffenheit wie die in A befindliche“ – so ist auch eine zeitliche Wertung der Ereignisse in der unmittelbaren Umgebung von B durch einen in B befindlichen Beobachter möglich. Es ist aber ohne weitere Festsetzung nicht möglich, ein Ereignis in A mit einem Ereignis in B zeitlich zu vergleichen, wir haben bisher nur eine „A-Zeit“ und eine „B-Zeit“, aber keine für A und B gemeinsame „Zeit“ definiert. Die letztere Zeit kann nun definiert werden, indem man *durch Definition* festsetzt, daß die „Zeit“, die das Licht braucht, um von A nach B zu gelangen, gleich ist der „Zeit“, die es braucht, um von B nach A zu gelangen. Es gehe nämlich ein Lichtstrahl zur „A-Zeit“ t_A von A nach B ab, werde zur „B-Zeit“ t_B in B gegen A zu reflektiert und gelange zur „A-Zeit“ t'_A nach A zurück.

Die beiden Uhren laufen definitionsgemäß synchron, wenn

$$t_B - t_A = t'_A - t_B.$$

Wir nehmen an, daß diese Definition des Synchronismus in widerspruchsfreier Weise möglich sei, und zwar für beliebig viele Punkte, daß also allgemein die Beziehungen gelten:

1. Wenn die Uhr in B synchron mit der Uhr in A läuft, so läuft die Uhr in A synchron mit der Uhr in B.
2. Wenn die Uhr in A sowohl mit der Uhr in B als auch mit der Uhr in C synchron läuft, so laufen auch die Uhren in B und C synchron relativ zueinander.

Wir haben so unter Zuhilfenahme gewisser (gedachter) physikalischer Erfahrungen festgelegt, was unter synchron laufenden, an verschiedenen Orten befindlichen, ruhenden Uhren zu verstehen ist, und damit offenbar eine Definition von „gleichzeitig“ und „Zeit“ gewonnen. Die „Zeit“ eines Ereignisses ist die mit dem Ereignis gleichzeitige Angabe einer am Orte des Ereignisses befindlichen, ruhenden Uhr, die mit einer bestimmten, ruhenden Uhr, und zwar für alle Zeitbestimmungen mit der nämlichen Uhr, synchron läuft.

Wir setzen noch der Erfahrung gemäß fest, daß die Größe

$$\frac{2\,\overline{AB}}{t'_A - t_A} = c$$

eine universelle Konstante (die Lichtgeschwindigkeit im leeren Raume) sei.

Wesentlich ist, daß wir die Zeit mittels im ruhenden System ruhender Uhren definiert haben, wir nennen die eben definierte Zeit wegen dieser Zugehörigkeit zum ruhenden System „die Zeit des ruhenden Systems“.

[1]) Die Ungenauigkeit, die in dem Begriffe der Gleichzeitigkeit zweier Ereignisse an (annähernd) demselben Orte steckt und gleichfalls durch eine Abstraktion überbrückt werden muß, soll hier nicht erörtert werden. (Annalen der Physik, IV. Folge, 17.)

§ 2. Über die Relativität von Längen und Zeiten

Die folgenden Überlegungen stützen sich auf das Relativitätsprinzip und auf das Prinzip der Konstanz der Lichtgeschwindigkeit. Diese beiden Prinzipien definieren wir folgendermaßen:

1. Die Gesetze, nach denen sich die Zustände der physikalischen Systeme ändern, sind unabhängig davon, auf welches von zwei relativ zueinander in gleichförmiger Translationsbewegung befindlichen Koordinatensystemen diese Zustandsänderungen bezogen werden.
2. Jeder Lichtstrahl bewegt sich im „ruhenden" Koordinatensystem mit der bestimmten Geschwindigkeit c, unabhängig davon, ob dieser Lichtstrahl von einem ruhenden oder bewegten Körper emittiert ist. Hierbei ist

$$\text{Geschwindigkeit} = \frac{\text{Lichtweg}}{\text{Zeitdauer}},$$

wobei „Zeitdauer" im Sinne der Definition des § 1 aufzufassen ist.

Es sei ein ruhender starrer Stab gegeben, dieser besitze, mit einem ebenfalls ruhenden Meßstab gemessen, die Länge *l*. Wir denken uns nun die Stabachse in die x-Achse des ruhenden Koordinatensystems gelegt und dem Stabe hierauf eine gleichförmige Paralleltranslationsbewegung (Geschwindigkeit v) längs der x-Achse im Sinne der wachsenden x erteilt. Wir fragen nun nach der Länge des *bewegten* Stabes, die wir uns durch folgende zwei Operationen ermittelt denken:

a) Der Beobachter bewegt sich samt dem vorher genannten Meßstabe mit dem auszumessenden Stabe und mißt direkt durch Anlegen des Meßstabes die Länge des Stabes, ebenso, wie wenn sich auszumessender Stab, Beobachter und Meßstab in Ruhe befänden.

b) Der Beobachter ermittelt mittels im ruhenden Systeme aufgestellter, gemäß § 1 synchroner, ruhender Uhren, in welchen Punkten des ruhenden Systems sich Anfang und Ende des auszumessenden Stabes zu einer bestimmten Zeit t befinden. Die Entfernung dieser beiden Punkte, gemessen mit dem schon benutzten, in diesem Falle ruhenden Meßstabe ist ebenfalls eine Länge, die man als „Länge des Stabes" bezeichnen kann.

Nach dem Relativitätsprinzip muß die bei der Operation a) zu findende Länge, die wir „die Länge des Stabes im bewegten System" nennen wollen, gleich der Länge *l* des ruhenden Stabes sein.

Die bei der Operation b) zu findende Länge, die wir „die Länge des (bewegten) Stabes im ruhenden System" nennen wollen, werden wir unter Zugrundelegung unserer beiden Prinzipien bestimmen und finden, daß sie von *l* verschieden ist.

Die allgemeine gebrauchte Kinematik nimmt stillschweigend an, daß die durch die beiden erwähnten Operationen bestimmten Längen einander genau gleich seien, oder mit anderen Worten, daß ein bewegter starrer Körper in der Zeitepoche t in geometrischer Beziehung vollständig durch *denselben* Körper, wenn er in bestimmter Lage *ruht*, ersetzbar sei.

Wir denken uns ferner an den beiden Stabenden (A und B) Uhren angebracht, die mit den Uhren des ruhenden Systems synchron sind, d.h., deren Angaben jeweils der „Zeit des ruhenden Systems" an den Orten, an denen sie sich gerade befinden, entsprechen, diese Uhren sind also „synchron im ruhenden System".

Wir denken uns ferner, daß sich bei jeder Uhr ein mit ihr bewegter Beobachter befinde, und daß diese Beobachter auf die beiden Uhren das im § 1 aufgestellte Kriterium für den synchronen Gang zweier Uhren anwenden. Zur Zeit [1]) t_A gehe ein Lichtstrahl von A aus, werde zur Zeit t_B in B reflektiert und gelange zur Zeit t'_A nach A zurück. Unter Berücksichtigung des Prinzips von der Konstanz der Lichtgeschwindigkeit finden wir:

$$t_B - t_A = \frac{r_{AB}}{V - v}$$

und

$$t'_A - t_B = \frac{r_{AB}}{V + v},$$

wobei r_{AB} die Länge des bewegten Stabes – im ruhenden System gemessen – bedeutet. Mit dem bewegten Stabe bewegte Beobachter würden also die beiden Uhren nicht synchron gehend finden, während im ruhenden System befindliche Beobachter die Uhren als synchron laufend erklären würden.

Wir sehen also, daß wir dem Begriffe der Gleichzeitigkeit keine *absolute* Bedeutung beimessen dürfen, sondern daß zwei Ereignisse, von einem Koordinatensystem aus betrachtet, gleichzeitig sind, von einem relativ zu diesem System bewegten System aus betrachtet, nicht mehr als gleichzeitige Ereignisse aufzufassen sind.

---

[1]) „Zeit" bedeutet hier „Zeit des ruhenden Systems" und zugleich „Zeigerstellung der bewegten Uhr, welche sich an dem Orte, von dem die Rede ist, befindet".

12. Relativistische Dynamik: Impuls und Energie

Die grundlegende Änderung unserer Vorstellungen von Raum und Zeit, die in der Lorentz-Transformation ihren Ausdruck finden, beeinflußt die gesamte Physik. Wir müssen nun die für niedrige Geschwindigkeiten ($v \ll c$) entwickelten und gesicherten Gesetze der Physik mit der Relativitätstheorie in Einklang bringen. Das heißt, die Form dieser Gesetze wird sich bei der Erweiterung ihres Anwendungsbereiches ändern, und zwar so, daß wir bei niedrigen Geschwindigkeiten die Newtonschen Formen zurückerhalten, die bekanntlich für den Grenzfall niedriger Geschwindigkeiten experimentell bestätigt sind.

Wie in Kapitel 3 akzeptieren wir als mögliche physikalische Gesetze nur solche, die in allen unbeschleunigten Bezugssystemen identische Form besitzen. Nur tritt an die Stelle der Galilei-Transformation die Lorentz-Transformation, um ein Gesetz von einem Bezugssystem in ein anderes zu übersetzen. Die Lorentz-Transformation geht bei $v/c \to 0$ in die Galilei-Transformation über. Statt auf Invarianz der physikalischen Gesetze unter der Galilei-Transformation zu bestehen, fordern wir nunmehr ihre Invarianz bezüglich der Lorentz-Transformation.

Zwei Beobachter in verschiedenen Bezugssystemen S und S′ stellen physikalische Gesetze auf. Jeder der beiden formuliert sie in Längen, Zeiten, Geschwindigkeiten, Beschleunigungen usw., so wie er sie in seinem System mißt. Die in S-Variablen geschriebenen Gesetze müssen mit den in S′-Variablen geschriebenen übereinstimmen. Wir fordern also, daß bei der Lorentz-Transformation von x, y, z, t in S nach x′, y′, z′, t′ in S′ jedes in S abgeleitete physikalische Gesetz in die Sprache des Systems S′ ohne Änderung seiner Form übersetzt wird. Was das heißt, wollen wir an einigen speziellen Beispielen zeigen.

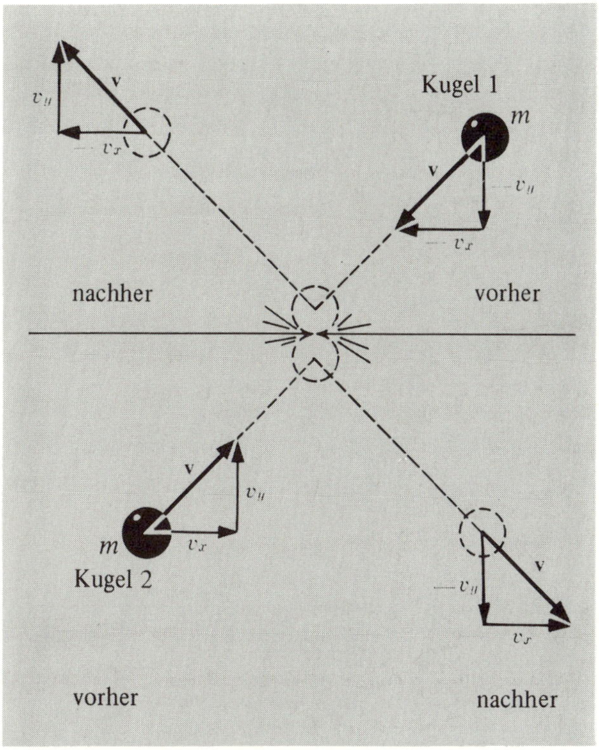

Bild 12.1. Stoß zweier Kugeln der Masse m in der xy-Ebene. Die Geschwindigkeitskomponenten in x- und in y-Richtung und nach dem Stoß sind dargestellt.

12.1. Die Erhaltung des Impulses

Wir möchten den Impuls **p** so definieren, daß er sich im Fall $v/c \ll 1$ auf $m\mathbf{v}$ reduziert, wobei m die Ruhmasse[1]) bedeutet. Gleichzeitig muß gewährleistet sein, daß bei Stoßprozessen mit beliebigen Teilchengeschwindigkeiten unabhängig von der Wahl des Bezugssystems der Impulssatz gilt. Dazu wollen wir einen besonderen Stoßprozeß betrachten. Zunächst zeigen wir, daß der Newtonsche (nichtrelativistische) Impuls $m\mathbf{v}$ bei Stoßprozessen im *relativistischen* Geschwindigkeitsbereich nicht erhalten bleibt.

Die Bilder 12.1 bis 12.5 beschreiben einen Stoß zwischen Teilchen *gleicher Masse.* Wir wählen ein Bezugssystem S so, daß die beiden Massen darin mit gleich großen, genau entgegengesetzten Geschwindigkeiten aufeinander zufliegen: Die y-Komponente der Geschwindigkeit des

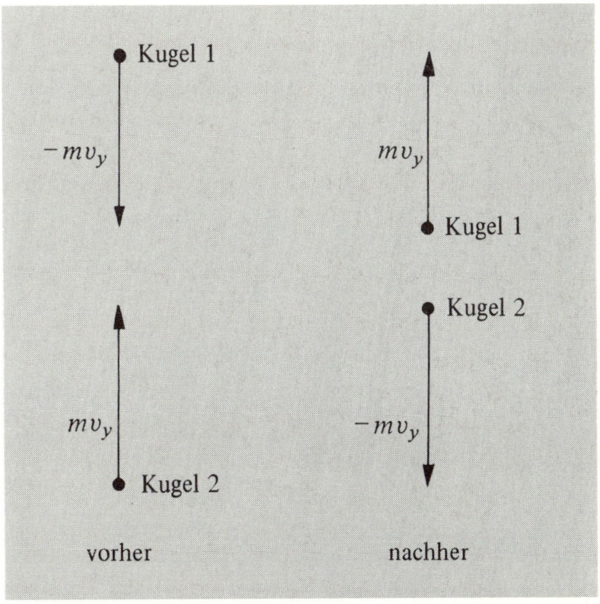

Bild 12.2. Die jeweiligen nichtrelativistischen Impulse in y-Richtung. Der *Gesamt*impuls in y-Richtung ist Null sowohl vor als auch nach dem Stoß.

[1]) Die Ruhmasse ist definiert als die träge Masse im nichtrelativistischen Grenzfall $v/c \ll 1$.

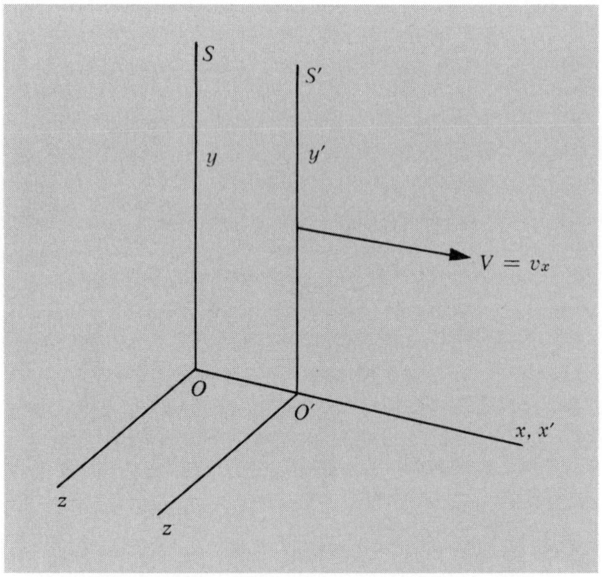

Bild 12.3. Wir haben den Stoß im System S betrachten. Was geschieht, wenn wir ihn nur im System S', das gegenüber S die Geschwindigkeit $V = v_x$ hat, betrachten?

Teilchens 1 beträgt vor dem Stoß $-v_y$, danach $+v_y$. Der Massenmittelpunkt ruht in diesem System. Die y-Komponente des Gesamtimpulses muß aus Symmetriegründen sowohl vor als auch nach dem Stoß Null sein, sofern der ansonsten beliebig definierte Impuls für $\pm v_y$ entgegengesetzte Vorzeichen hat. Die Newtonsche Definition bringt uns bisher noch nicht in Schwierigkeiten: Die Änderung von p_y des Teilchens 1 beträgt $+2\,mv_y$ und die Änderung von p_y des Teilchens 2 ist $-2\,mv_y$, so daß die Gesamtänderung der y-Komponente des Newtonschen Impulses verschwindet.

Ein gestrichenes Bezugssystem S' bewegt sich gegenüber S mit der Geschwindigkeit $\mathbf{V} = v_x\hat{\mathbf{x}}$; v_x ist hier die x-Komponente der Geschwindigkeit des Teilchens 2 vor dem Stoß. Wir wissen aus der Gl. (11.20d) für die relativistische Geschwindigkeitsaddition, daß die von einem in S ruhenden Beobachter gemessene Geschwindigkeitskomponente v_y von einem in S' ruhenden Beobachter zu

$$v_y' = \frac{v_y}{1 - v_x V/c^2}\left(1 - \frac{V^2}{c^2}\right)^{1/2} \qquad (12.1)$$

gemessen wird. Daraus folgt, daß die y-Komponenten der Geschwindigkeiten von Teilchen 1 und 2 in S' verschieden sind, obwohl sie in S übereinstimmen. Wir erkennen dies nach Einsetzen von $V = v_x$ (des Teilchens 2) in Gl. (12.1):

$$-v_y'(1) = -\frac{v_y}{1 + v_x^2/c^2}\left(1 - \frac{v_x^2}{c^2}\right)^{1/2}; \qquad (12.2)$$

$$v_y'(2) = \frac{v_y}{1 - v_x^2/c^2}\left(1 - \frac{v_x^2}{c^2}\right)^{1/2}. \qquad (12.3)$$

Die Beträge dieser Geschwindigkeitskomponenten sind nun ungleich. Da die x-Komponenten der Geschwindigkeiten von 1 und 2 in S nicht übereinstimmen (sie haben entgegengesetzte Vorzeichen), folgt aus Gl. (12.1) die Ungleichheit der y-Komponenten in jedem gegen S in x-Richtung bewegten Bezugssystem. Die Beträge der Impulsänderungen $2\,mv_y'(2)$ und $2\,mv_y'(1)$ sind demnach ebenfalls ungleich. Wir sehen also, daß die Newtonsche Definition des geschwindigkeitsproportionalen Impulses nicht die Impulserhaltung in sämtlichen Bezugssystemen gewährleistet. Entweder ist die Erhaltung des Impulses unvereinbar mit der Lorentz-Invarianz oder es gibt noch eine andere Definition des Impulses, so daß er in allen gleichförmig zueinander bewegten Bezugssystemen erhalten bleibt.

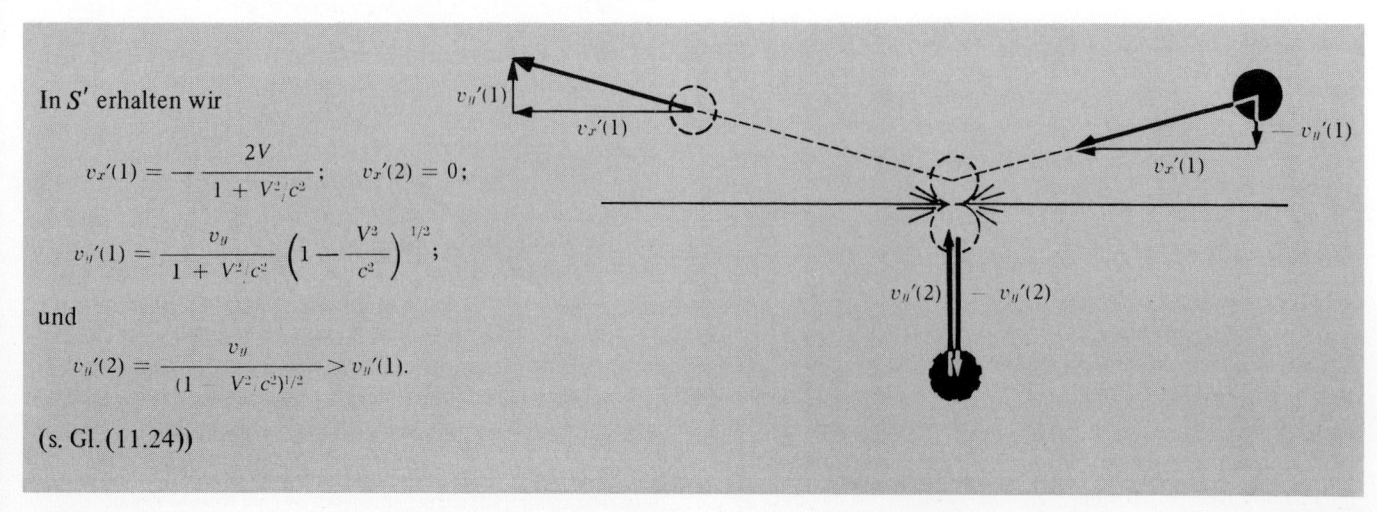

In S' erhalten wir

$$v_x'(1) = -\frac{2V}{1 + V^2/c^2}; \quad v_x'(2) = 0;$$

$$v_y'(1) = \frac{v_y}{1 + V^2/c^2}\left(1 - \frac{V^2}{c^2}\right)^{1/2};$$

und

$$v_y'(2) = \frac{v_y}{(1 - V^2/c^2)^{1/2}} > v_y'(1).$$

(s. Gl. (11.24))

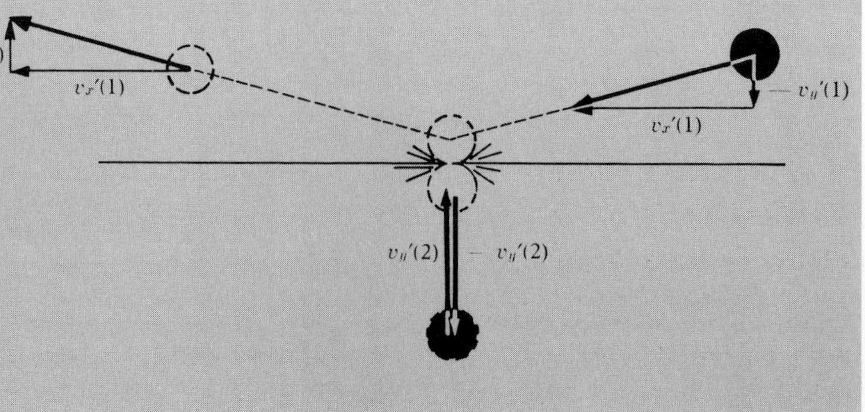

Bild 12.4

Versuchen wir, eine Lorentz-invariante Definition des Impulses zu finden, die die y-Komponente eines Teilchenimpulses unabhängig von der x-Komponente des Bezugssystems läßt, in dem der Stoß beobachtet wird (Bilder 12.6 und 12.7). Eine solche Definition gewährleistet die Erhaltung der y-Komponente des Impulses in allen gleichförmig bewegten Bezugssystemen, sofern dies für ein bestimmtes Bezugssystem gezeigt ist. Wir wissen, daß die Verschiebung Δy in y-Richtung unter der Lorentz-Transformation in allen Bezugssystemen übereinstimmt. Dagegen hängt die beim Durchfliegen der Strecke Δy verstrichene Zeit Δt vom Bezugssystem ab und damit auch die Geschwindigkeitskomponente $v_y = \Delta y/\Delta t$. Anstatt eine laborfeste Uhr zur Messung von Δt zu nehmen, können wir uns auf eine vom Teilchen mitgeführte Uhr beziehen, die das Eigenzeitintervall $\Delta\tau$ des Teilchens mißt. *Alle Beobachter errechnen den gleichen Wert* $\Delta\tau$. Die Größe $\Delta y/\Delta\tau$ stimmt also in allen Bezugssystemen überein.

Wir wissen bereits aus Gl. (11.31), daß sich Δt und $\Delta\tau$ um den Zeitdilatationsfaktor unterscheiden:

$$\Delta\tau = \Delta t \left(1 - \frac{v^2}{c^2}\right)^{1/2} . \qquad (12.4)$$

Daraus folgt

$$\frac{\Delta y}{\Delta\tau} = \frac{\Delta y}{\Delta t} \cdot \frac{\Delta t}{\Delta\tau} = \frac{\Delta y}{\Delta t} \frac{1}{(1 - v^2/c^2)^{1/2}} . \qquad (12.5)$$

Aus Gl. (12.5) erkennen wir, daß die y-Komponente von $v/(1 - v^2/c^2)^{1/2}$ in allen sich nur in der x-Komponente ihrer Relativgeschwindigkeit unterscheidenden Bezugssystemen den gleichen Wert hat. *Definieren* wir den relativistischen Impuls zu

$$\boxed{p \equiv \frac{mv}{(1 - v^2/c^2)^{1/2}}} , \qquad (12.6)$$

dann gilt die Erhaltung der y-Komponente des Impulses in jedem Bezugssystem, das gegenüber dem Ruhsystem eine konstante Geschwindigkeit in x-Richtung besitzt. Beachten Sie bitte, daß

$$p = mc\beta\gamma \qquad (12.7)$$

aus den in Kapitel 11 eingeführten Definitionen $\beta = v/c$ und $\gamma = (1 - v^2/c^2)^{1/2}$ folgt.

Zur Vereinfachung haben wir die Koordinatenachsen so gewählt, daß bei dem betrachteten Stoß die x-Komponenten der Geschwindigkeiten beider Teilchen unverändert bleiben. Damit folgt automatisch die Erhaltung der x-Komponente des in Gl. (12.6) definierten Impulses. Der relativistische Impuls ist also beim Stoß zweier identischer Teilchen eine Erhaltungsgröße. Dem Leser bleibt überlassen, die Gültigkeit der obigen Argumentation auch für

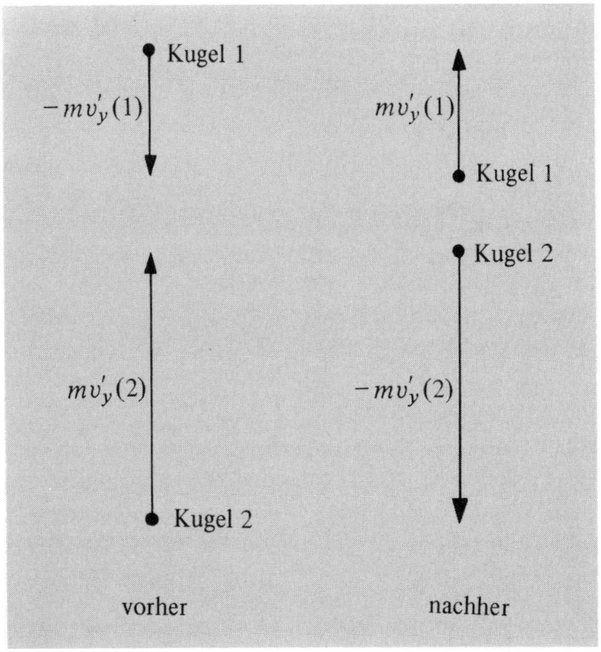

Bild 12.5. Im neuen System S′ bleibt der nichtrelativistische Impuls in y′-Richtung vor und nach dem Stoß *nicht* gleich. Insgesamt ist die y-Komponente des nichtrelativistischen Impulses gewachsen.

Teilchen unterschiedlicher Masse zu zeigen und damit ein vollständiges relativistisches Gesetz der Impulserhaltung herzuleiten. Für $v/c \to 0$ geht der relativistische Impuls in die Newtonsche Form $\mathbf{p} = m\mathbf{v}$ über. Alle bisherigen Versuche bestätigen die Erhaltung des in Gl. (12.6) definierten relativistischen Impulses.

Wir können Gl. (12.6) auch in der Form

$$\mathbf{p} = m(v)\mathbf{v} \qquad (12.8)$$

schreiben und die Masse geschwindigkeitsabhängig interpretieren:

$$m(v) \equiv \frac{m}{(1 - v^2/c^2)^{1/2}} = m\gamma . \qquad (12.9)$$

m(v) bezeichnen wir als die relativistische Masse eines Teilchens der Ruhmasse m und Geschwindigkeit v. Mit $v \to c$ wächst $m(v)/m$ über alle Grenzen. Die relativistische Massenzunahme ist in verschiedenen Versuchen zur Elektronenablenkung bestätigt worden; indirekt wird sie beim Betrieb jedes Hochenergieteilchenbeschleunigers nachgewiesen. Die im folgenden angegebene Alternative zu Gl. (12.9) hebt die Beziehung zwischen relativistischer Energie und relativistischem Impuls hervor; sie ist gegenüber Gl. (12.9) oft einfacher anzuwenden.

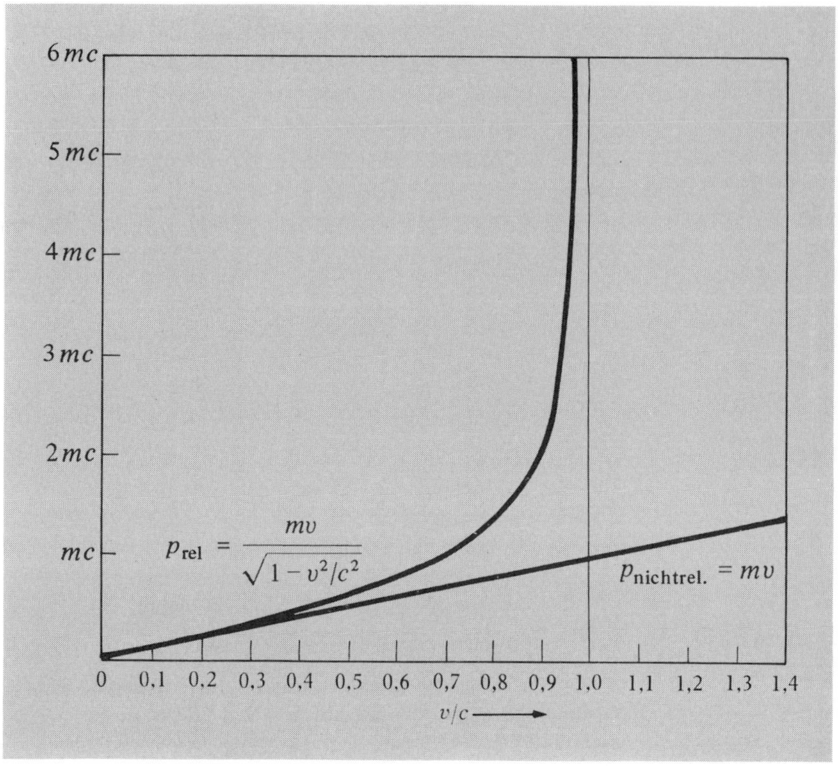

Bild 12.6. Damit die Impulserhaltung in allen Systemen gewährleistet ist, definieren wir **p** neu wie folgt: Für ein Teilchen der Geschwindigkeit v und der Ruhmasse m gilt

$$p = \frac{mv}{\sqrt{1-v^2/c^2}} .$$

Die Beträge des relativistischen und des nichtrelativistischen Impulses sind in Abhängigkeit von v/c dargestellt.

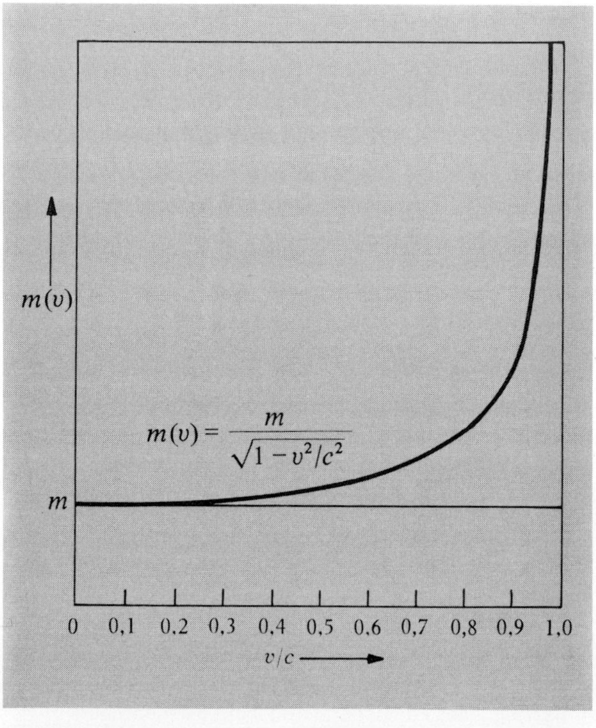

Bild 12.7. Die neue Definition des Impulses führt zu folgendem Verhalten der Masse:

$$m(v) = \frac{m}{\sqrt{1-v^2/c^2}} .$$

12.2. Die relativistische Energie (Bild 12.8)

Wir betrachten vorerst die relativistische Energie von einem formalen Standpunkt. Das Quadrat des relativistischen Impulses erhalten wir aus Gl. (12.7) zu

$$p^2 = m^2c^2\beta^2\gamma^2 . \qquad (12.10)$$

Die Identität

$$\frac{1}{1-v^2/c^2} - \frac{v^2/c^2}{1-v^2/c^2} = 1 \qquad (12.11)$$

oder

$$\gamma^2 - \beta^2\gamma^2 = 1 \qquad (12.11a)$$

ist bereits eine Lorentz-Invariante, denn 1 ist eine Konstante. Wir multiplizieren Gl. (12.11a) mit m^2c^4, um eine weitere Lorentz-Invariante,

$$m^2c^4(\gamma^2 - \beta^2\gamma^2) = m^2c^4 \qquad (12.12)$$

zu bilden. Da die *Ruhmasse* m und die Lichtgeschwindigkeit c Konstanten sind, stellt Gl. (12.12) tatsächlich eine Lorentz-Invariante dar, die wir mit Gl. (12.10) in die Form

$$m^2c^4\gamma^2 - p^2c^2 = m^2c^4 \qquad (12.12a)$$

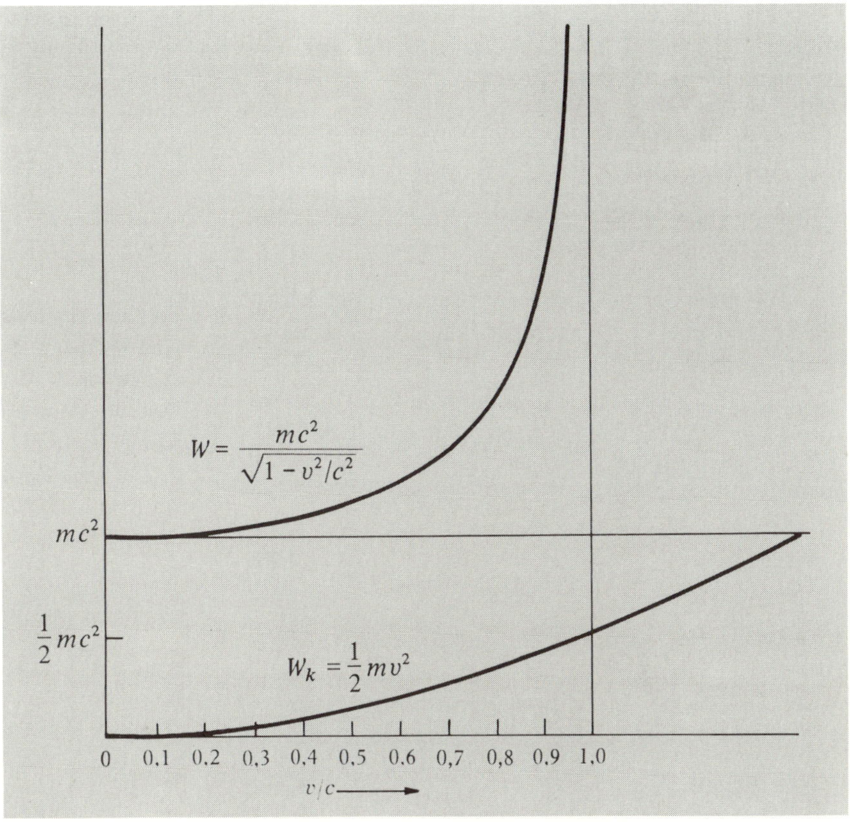

Bild 12.8. Hier sind die relativistische Energie

$$W = \frac{mc^2}{(1 - v^2/c^2)^{1/2}}$$

und die nichtrelativistische kinetische Energie

$$W_k = \frac{1}{2} mv^2$$

über v/c aufgetragen. Solange $v/c \ll 1$ gilt, sind die Funktionsverläufe von W und von W_k fast identisch in der Form, da

$$\frac{mc^2}{(1 - v^2/c^2)^{1/2}} \approx mc^2 + \frac{1}{2} mv^2$$

ist. Für $v/c \to 1$ wächst W viel schneller als W_k.

bringen können. Welche Rolle spielt hier der Term $m^2c^4\gamma^2$?

Betrachten wir die Größen

$$mc^2\gamma = mc^2 \frac{1}{(1 - \beta^2)^{1/2}} . \qquad (12.13)$$

Für $\beta \ll 1$ gilt die Näherung

$$mc^2\gamma \approx mc^2\left(1 + \frac{1}{2}\beta^2\right) = mc^2 + \frac{1}{2}mv^2 . \qquad (12.14)$$

Wir erkennen in $\frac{1}{2}mv^2$ die kinetische Energie W_k im nichtrelativistischen Grenzfall. Definieren wir versuchsweise die *relativistische Gesamtenergie* W eines freien Teilchens zu

$$\boxed{W \equiv mc^2\gamma \equiv \frac{mc^2}{(1 - v^2/c^2)^{1/2}}} \quad ; \qquad (12.15)$$

dann folgt aus Gl. (12.12a), daß

$$\boxed{W^2 - p^2c^2 = m^2c^4} \qquad (12.16)$$

Lorentz-invariant ist. Die Invarianz der Gl. (12.16) bedeutet, daß bei der Transformation von einem Bezugssystem in ein anderes mit $p \to p'$ und $W \to W'$ die Gleichung

$$W'^2 - p'^2c^2 = W^2 - p^2c^2 = m^2c^4 \qquad (12.17)$$

gilt. Wir betonen nochmals die Zahleninvarianz der Ruhmasse m des Teilchens bezüglich der Lorentz-Transformation.

12.3. Die Transformation des Impulses und der Energie

Aus den Gln. (12.4) und (12.6) erhalten wir die Impulskomponenten

$$p_x = m\frac{dx}{d\tau}; \quad p_y = m\frac{dy}{d\tau}; \quad p_z = m\frac{dz}{d\tau} . \qquad (12.18)$$

Die Gln. (12.4) und (12.15) führen auf

$$W = mc^2 \frac{dt}{d\tau} . \qquad (12.19)$$

Da m und τ Lorentz-invariant sind, folgt aus den Gln. (12.18) und (12.19), daß p_x, p_y, p_z und W/c^2 sich wie x, y, z und t transformieren. Mit den bereits in Kapitel 11 gegebenen Transformationen für die letzteren gewinnen wir leicht die *Transformationsbeziehungen* für Impuls und Energie:

$$\boxed{\begin{aligned} &p'_x = \gamma\left(p_x - \frac{\beta W}{c}\right); \quad p'_y = p_y; \quad p'_z = p_z ; \\ &W' = \gamma(W - p_x c\beta) . \end{aligned}} \qquad (12.20)$$

Die inversen Transformationen erhalten wir durch Ersetzen von $-\beta$ mit $+\beta$ und durch Vertauschen der gestrichenen und ungestrichenen Größen:

$$p_x = \gamma\left(p'_x + \frac{\beta W'}{c}\right); \quad p_y = p'_y; \quad p_z = p'_z;$$
$$W = \gamma\,(W' + p'_x c\beta)\,. \tag{12.20a}$$

Wir können die Geschwindigkeit des Teilchens mit den Gln. (12.18) und (12.19) aus seinem Impuls und seiner Energie bestimmen:

$$v_x = \frac{dx}{dt} = \frac{dx}{d\tau}\cdot\frac{d\tau}{dt} = \frac{p_x}{m}\cdot\frac{mc^2}{W} = \frac{c^2 p_x}{W} \tag{12.21}$$

oder

$$\mathbf{p} = \mathbf{v}\,\frac{W}{c^2}\,. \tag{12.21a}$$

● **Beispiel:** *Der unlastische Stoß.* Zwei identische Teilchen stoßen zusammen, haften aneinander, und bilden ein drittes Teilchen. Im Bezugssystem S ist der Massenmittelpunkt in Ruhe, so daß definitionsgemäß

$$\mathbf{p}_1 + \mathbf{p}_2 = 0 \tag{12.22}$$

gilt. Das produzierte Teilchen ruht also in S. In einem zweiten Bezugssystem S′ haben wir

$$\mathbf{p}'_1 + \mathbf{p}'_2 = \mathbf{p}'_3\,. \tag{12.23}$$

Wir können Gl. (12.23) mittels der Transformation Gl. (12.20) in Beobachtungsgrößen aus S ausdrücken:

$$p'_{x1} + p'_{x2} = \gamma\,(p_{x1} + p_{x2}) - \frac{\gamma\beta(W_1 + W_2)}{c}$$
$$= p'_{x3} = \gamma\,p_{x3} - \frac{\gamma\beta W_3}{c}\,. \tag{12.24}$$

Hier bedeuten W_1 und W_2 die in S gemessenen Energien der ursprünglichen Teilchen; W_3 ist die in S gemessene Energie des produzierten Teilchens. Da p_{x3} sowie $p_{x1} + p_{x2}$ verschwinden, vereinfacht sich Gl. (12.24) zu

$$W_3 = W_1 + W_2\,. \tag{12.25}$$

Dieses Ergebnis zeigt, daß die relativistische Energie beim Stoß erhalten bleibt. Das Gesagte wird Sie an unsere Diskussion der Energie- und Impulserhaltung aus Kapitel 3 erinnern.

Nun gilt wegen der Identität der Teilchen $W_1 = W_2$. Mit Gl. (12.15) für W_1 und W_3 erhalten wir aus Gl. (12.25)

$$m_3c^2 = \frac{2\,mc^2}{(1 - v^2/c^2)^{1/2}}\,. \tag{12.26}$$

Hierbei ist m_3 die *Ruh*masse des erzeugten Teilchens; **v** bedeutet die ursprüngliche Geschwindigkeit des Teilchens 1 oder 2, in S gemessen. In diesem Beispiel ist die Ruhmasse m_3 größer als die Summe 2 m der Ruhmassen der ursprünglichen Teilchen. Die vor dem Stoß vorhandene kinetische Energie hat sich in zusätzliche Ruhmasse des erzeugten Teilchens verwandelt.

Bei der Betrachtung allgemeinster Stoßprozesse ergibt sich, daß der Impuls nur dann erhalten bleibt, wenn die Summe

$$\sum_i \frac{m_i c^2}{(1 - v_i^2/c^2)^{1/2}} = \sum_i W_i \tag{12.26a}$$

über alle kollidierenden Teilchen der entsprechenden Summe über alle produzierten Teilchen gleich ist.[1]) Das bedeutet, der Impuls bleibt bei einem relativistischen Stoß nur dann erhalten, wenn dasselbe für die relativistische Energie gilt.

Die neue Ruhmasse m_3 ist größer als die Summe 2 m der ursprünglichen Ruhmassen. Für $\beta \ll 1$ können wir diesen Zuwachs teilweise nichtrelativistisch deuten. Mit

$$\frac{1}{(1 - v^2/c^2)^{1/2}} \approx 1 + \frac{v^2}{2\,c^2} \tag{12.27}$$

folgt aus Gl. (12.26)

$$m_3 \approx 2\left(m + \frac{1}{2}\,m\,\frac{v^2}{c^2}\right)$$
$$= 2\left(m + \frac{\text{kinetische Energie}}{c^2}\right)\,. \tag{12.28}$$

Die Ruhmasse m_3 besteht also nicht nur aus der Summe der Ruhmassen der ursprünglichen Teilchen, sondern auch aus einem der kinetischen Energie der beiden proportionalen Anteil. In diesem Beispiel eines unelastischen Stoßes zeigt Gl. (12.28), daß eine Umwandlung von kinetischer Energie in Masse stattgefunden hat. [Die hier getroffene Annahme $\beta \ll 1$ sollte lediglich die Betrachtung vereinfachen. Der Effekt ist für hohe β sogar noch ausgeprägter.] Gl. (12.28) zeigt den Zusammenhang zwischen dem Massenzuwachs

$$\Delta m = m_3 - 2\,m \tag{12.29}$$

und der verschwundenen kinetischen Energie

$$W_k = c^2\,\Delta m\,. \tag{12.30}$$ ●

12.4. Die Äquivalenz von Masse und Energie

Albert Einstein betrachtete die Möglichkeit einer Umwandlung zwischen Ruhmasse und Energie wie auch die quantitative Beziehung zwischen ihnen als den bedeutendsten Beitrag zur Relativitätstheorie. Solange ein Teilchen

[1]) Wenn Photonen am Stoßprozeß beteiligt sind, können wir Gl. (12.26a) nicht direkt anwenden, da für ein Photon v = c gilt. Die Behandlung des Stoßproblems für Photonen und für andere Teilchen mit Ruhmasse Null folgt in den Gln. (12.54) und (12.55).

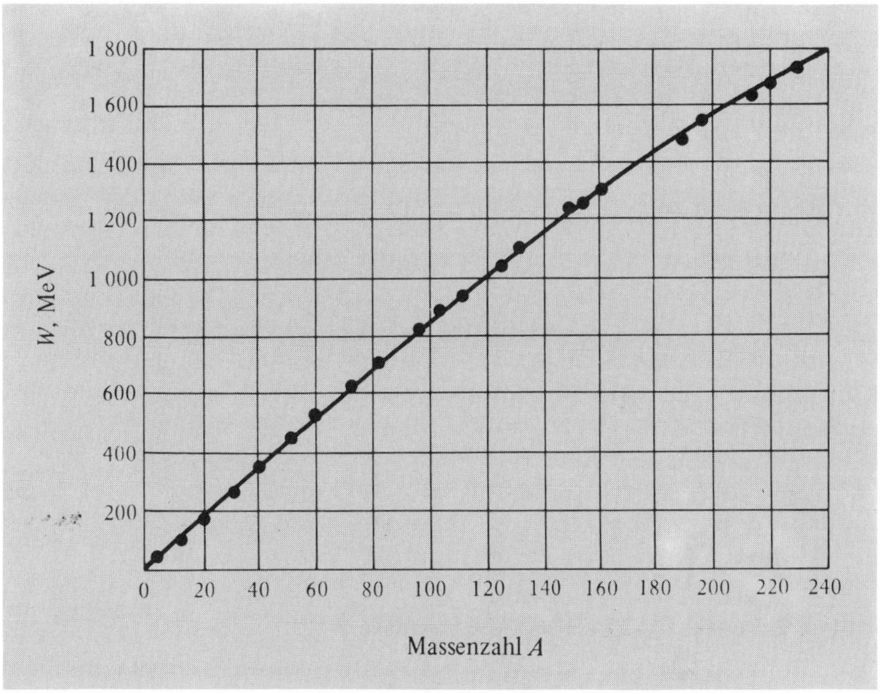

Bild 12.9. Die Bindungsenergie der Kerne in MeV, als Funktion der Massenzahl A des Kerns. 1 MeV ist bekanntlich einer Masse $1{,}76 \cdot 10^{-27}$ g äquivalent. Nicht alle Kerne sind im Bild berücksichtigt.

sich im Geschwindigkeitsbereich $v \ll c$ befindet, dürfen wir die nichtrelativistische Definition der kinetischen Energie verwenden. Aus dieser folgt, daß bei einem Mehrteilchenstoß – selbst wenn die Anzahlen der zusammenprallenden und der fortfliegenden Teilchen ungleich sind – ein Nettomassenverlust oder -gewinn mit dem c^{-2}-fachen Nettogewinn oder -verlust an kinetischer Energie übereinstimmt. Umgekehrt gilt für einen beobachteten Verlust an kinetischer Energie bei einem unelastischen Stoß, daß die Ruhmassenbilanz positiv sein muß.

Die Gln. (12.9) und (12.15) führen auf die Schreibweise $W = m(v)c^2$. Wenn Gl. (12.30) für die Gesamtenergie und ohne Beschränkung auf $v/c \ll 1$ gelten soll, so stellt W die natürliche Definition der Energie in der Relativitätstheorie dar, also

$$\Delta W = \Delta m c^2 \ . \qquad (12.31)$$

(Eine genaue Herleitung finden Sie in der historischen Anmerkung am Ende des Kapitels.) Die mit der Verwandlung von kinetischer Energie in Ruhmasse verknüpfte Massenänderung Δm bleibt uns bei den Ereignissen des Alltags verborgen, da die Lichtgeschwindigkeit c gewöhnliche Geschwindigkeiten um Größenordnungen übertrifft.

Da Masse und Energie äquivalent sind, gehört zu einem System mit einer relativisitschen Gesamtnergie W stets eine träge Masse $m = W/c^2$. Betrachten wir eine masselose Schachtel, die n ruhende Teilchen der Masse m enthält. Ihre träge Masse ist nm. Erteilen wir ihr die Geschwindigkeit **V**, so besitzt sie den Impuls nm**V**. Hat aber jedes Teilchen in der Schachtel eine Geschwindigkeit v und eine kinetische Energie $\frac{1}{2}mv^2$, dann ist die träge Masse der Schachtel gleich $n(m + mv^2/2c^2)$, und der Impuls beträgt $nV(m + mv^2/2c^2)$. Wir haben in diesem Beispiel angenommen, daß V und v beide klein gegen c sind.

Entsprechend besitzt eine zusammengedrückte Feder eine größere Masse als eine entspannte. Die Differenz ergibt sich aus der durch c^2 geteilten Kompressionsarbeit. Lösen wir die komprimierte Feder vollständig in Säure auf, so ist die Masse der Reaktionsprodukte geringfügig größer als im Fall, daß sie entspannt aufgelöst wird.

• **Beispiele**: *1. Masse-Energie-Umwandlungen* (Bilder 12.9 bis 12.11). a) Zwei Teilchen von je 1 g Masse stoßen mit gleich großer, aber entgegengesetzt gerichteter Geschwindigkeit $10^5\,\mathrm{cm\,s^{-1}}$ zusammen. Für die zusätzliche Ruhmasse Δm des erzeugten Doppelteilchens erhalten wir

$$\Delta m = \frac{\Delta W}{c^2} \approx 2 \cdot \frac{1}{2} m \frac{v^2}{c^2} \approx 1 \cdot 10^{-11}\,\mathrm{g} \ . \qquad (12.32)$$

Das liegt unter der Meßgenauigkeit, mit der eine Masse von 1 g gemessen werden kann.

b) Ein Wasserstoffatom besteht aus einem Proton und einem Elektron. Seine Ruhmasse m_H ist geringer als die Summe der Ruhmassen m_e des freien Elektrons und m_p des Protons. Der Massenüberschuß der freien Teilchen ergibt sich aus der Bindungsenergie geteilt durch c^2. Die Masse m_H eines Wasserstoffatoms beträgt $1{,}67338 \cdot 10^{-24}$ g. Die Bindungsenergie des Elektrons an das Proton ergibt sich aus der Theorie zu 13,6 eV oder $22 \cdot 10^{-12}$ erg. Daraus folgt

$$m_p + m_e - m_H = \frac{22 \cdot 10^{-12}}{c^2} \approx 2{,}4 \cdot 10^{-32}\,\mathrm{g} \ . \qquad (12.33)$$

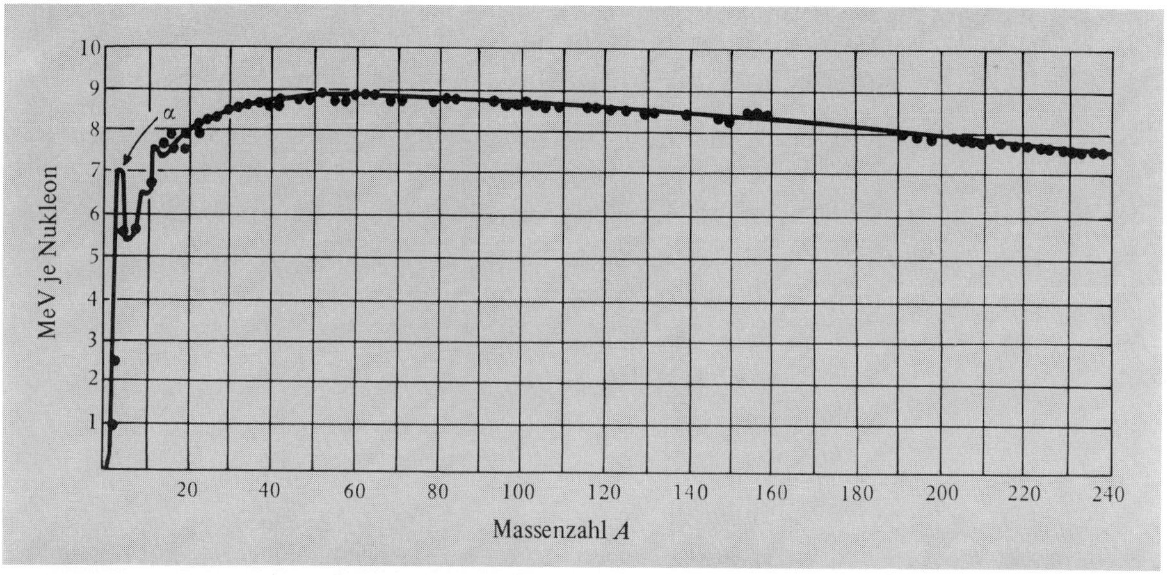

Bild 12.10. Die Bindungsenergie je Nukleon in MeV je Nukleon, als Funktion der Massenzahl A. Der mit α bezeichnete Punkt entspricht He^4, das eine relativ hohe Bindungsenergie besitzt.

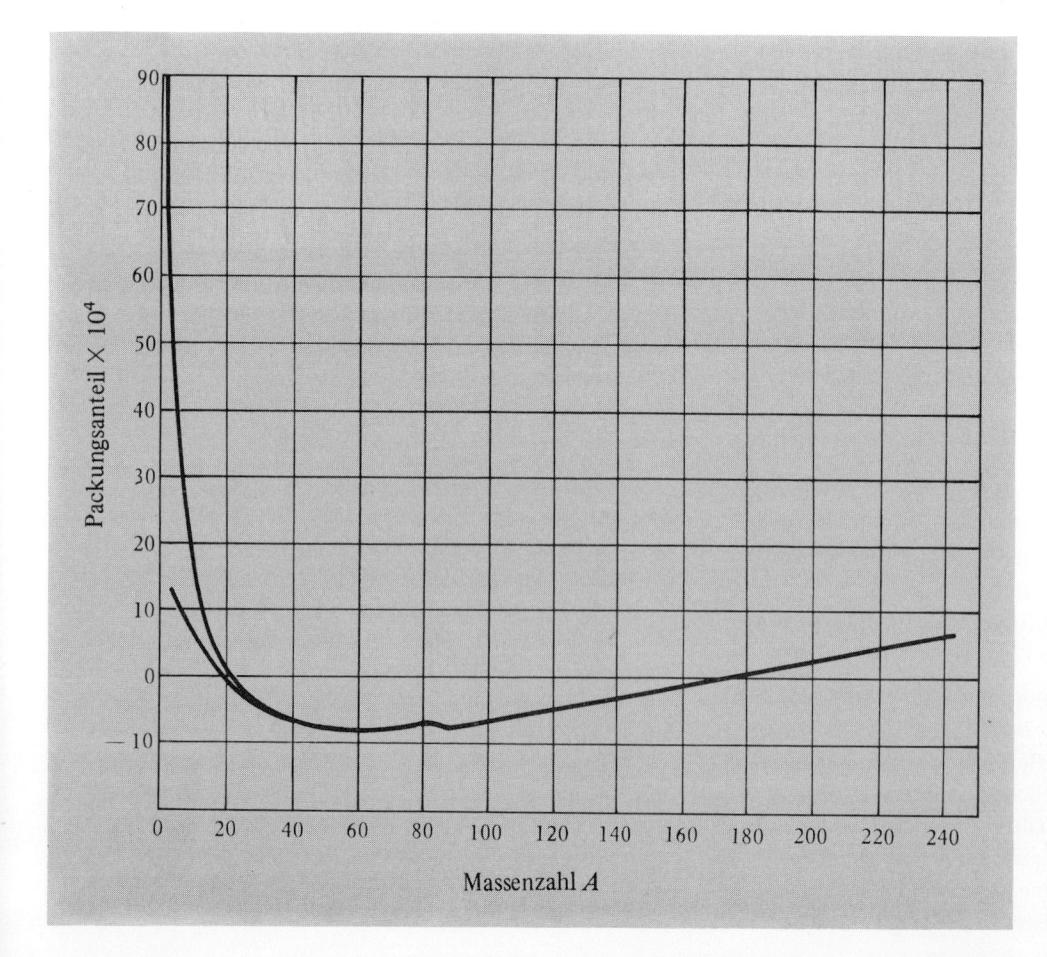

Bild 12.11. Die Packungsanteilkurve. Definitionsgemäß ist der Massendefekt Δ die Differenz zwischen der Atommasse M eines Isotops und seiner Massenzahl A: Δ = M − A. Den Quotienten

$$F = \frac{\Delta}{A} = \frac{M - A}{A}$$

bezeichnen wir als Packungsanteil F.

Das ist nur der 10^8-te Teil von m_H. Dieser Wert ist wieder zu klein, um gemessen zu werden.

c) Die Summe der Ruhmassen eines Protons und eines Neutrons beträgt

$$m_p + m_n = (1{,}6725 + 1{,}6748) \cdot 10^{-24}\,g = 3{,}3473 \cdot 10^{-24}\,g\,. \qquad (12.34)$$

Gegenüber einem freien Proton und einem freien Neutron besitzt das Deuteron die Bindungsenergie 2,226 MeV, übereinstimmend mit

$$\frac{2{,}226}{0{,}511}\, m_e c^2 \approx 4{,}36\, m_e c^2\,. \qquad (12.35)$$

$m_e = 0{,}911 \cdot 10^{-27}\,g$ bezeichnet die Ruhmasse des Elektrons. Dieser Wert für ΔW deckt sich recht gut mit dem Wert 4,4 mc^2, den wir mit Hilfe der gemessenen Deuteronenmasse $m_d = 3{,}343\,34 \cdot 10^{-24}\,g$ berechnen:

$$\Delta m = m_p + m_n - m_d = (3{,}3473 - 3{,}3433) \cdot 10^{-24} = 4{,}0 \cdot 10^{-27}\,g \qquad (12.36)$$

oder

$$\Delta m \approx 4{,}4\, m_e; \quad \Delta mc^2 = 4{,}4\, m_e c^2\,. \qquad (12.37)$$

Um dem Leser ein Gefühl für die beteiligten Größenordnungen zu vermitteln, haben wir das Resultat als Vielfaches der Elekgronenmasse angegeben.

Diese Daten dienen zur bisher genauesten Bestimmung der Neutronenmasse.

d) Tabelle 12.1 vergleicht für mehrere Kernreaktionen die beobachtete Energieabgabe ΔW mit der gemessenen Massenänderung Δm. Eine atomare Masseneinheit u ist gleich einem Zwölftel der Masse eines C^{12}-Atoms.

Tabelle 12.1. Vergleich der berechneten und beobachteten Zerfallsenergien [1])

	Massendefekt u	freigewordene Energie in MeV	
		Δmc^2	ΔW
$Be^9 + H^1 \to Li^6 + He^4$	0,00242	2,25	2,28
$Li^6 + H^2 \to He^4 + He^4$	0,02381	22,17	22,20
$B^{10} + H^2 \to C^{11} + n^1$	0,00685	6,38	6,08
$N^{14} + H^2 \to C^{12} + He^4$	0,01436	13,37	13,40
$N^{14} + He^4 \to O^{12} + H^1$	−0,00124	−1,15	−1,16
$Si^{28} + He^4 \to P^{31} + H^1$	−0,00242	−2,25	−2,23

•

• *2. Kernreaktionen in Sternen* (Bild 12.12). Der größte Teil der Energie unserer Sonne und der meisten anderen Sterne stammt aus der nuklearen Verbrennung von Protonen zur Bildung von Helium.

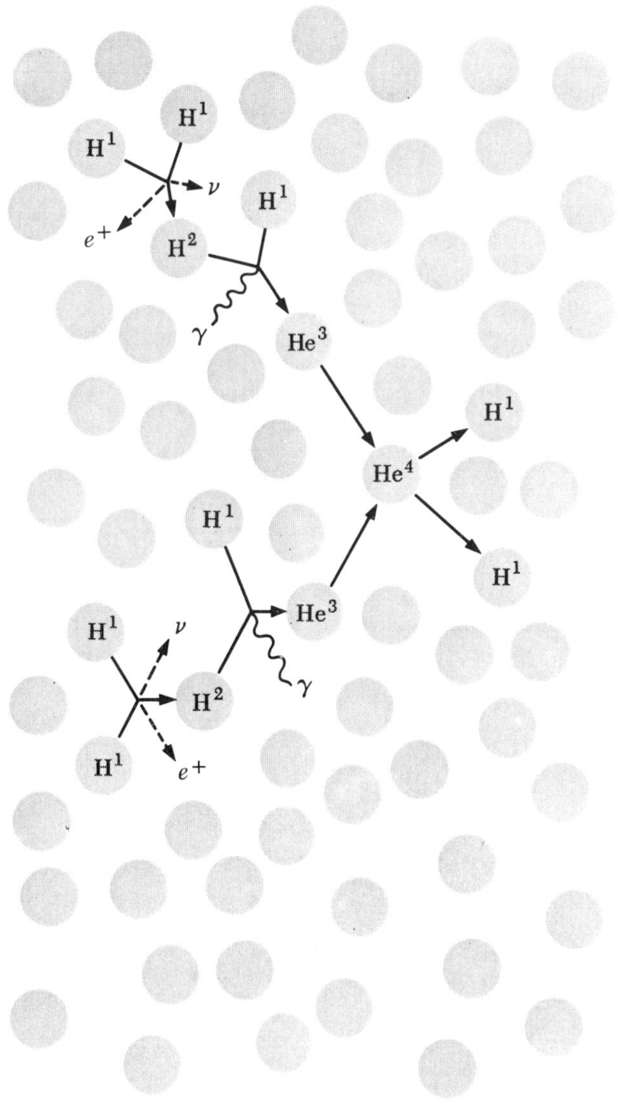

Endbilanz:

4 Wasserstoffkerne → Heliumkern

freigewordene Energie = 10^7 kWh je lb (Masseneinheit ≙ 1 Pfund)

Bild 12.12. Schematische Darstellung der Fusion von Wasserstoff zu Helium in der p-p-Kette, die in Sternen einer solaren Masse oder kleiner vorkommt. Dichte: $10^2\,g/cm^3$. Temperatur: 10^7 K. (Nach *W. A. Fowler*)

Die für jedes entstandene Heliumatom freigesetzte Energie bestimmen wir aus der Massenbilanz der Reaktion:

$$4m_p + 2m_e - m(He^4) = 4(1{,}6725 \cdot 10^{-24})g + 2(0{,}911 \cdot 10^{-27})g - 6{,}647 \cdot 10^{-24}\,g \approx 0{,}045 \cdot 10^{-24}\,g \approx 50\, m_e\,, \qquad (12.38)$$

[1]) *S. Dushman*, General Electric Review **47**, 6–13 (Oktober 1944)

wobei m_e wieder die Elektronenmasse bezeichnet. Das Ergebnis entspricht einer Energie von 50 · 0,511 MeV oder ungefähr 25 MeV. Die in der Reaktion berücksichtigten zwei Elektronen kompensieren die zwei zu einem Heliumatom gehörigen Elektronen. Tabellierte atomare Massen enthalten gewöhnlich die Masse der zum neutralen Atom gehörigen Elektronen. In Gl. (12.38) steht auch die Protonenmasse m_p, die von der des Wasserstoffatoms m_H um eine Elektronenmasse abweicht.

Die Temperatur der Sonnenmitte liegt bei $2 \cdot 10^7$ K. Man nimmt an, daß bei solchen Temperaturen folgende Kette von Kernreaktionen die dort ablaufenden Kernprozesse beherrscht:

$$\begin{aligned} H^1 + p &= H^2 + e^+ + \text{Neutrino}; \\ H^2 + p &= He^3 + \gamma; \\ He^3 + He^3 &= He^4 + 2H^1. \end{aligned}$$

Im Endeffekt wird Wasserstoff zur Erzeugung von He^4 verbrannt. Beachten Sie, daß nach dem ersten Schritt ein Neutrino (ein masseloses neutrales Teilchen) erscheint; die Sonne ist also eine starke Neutrinoquelle. Neutrinos haben nur sehr schwache Wechselwirkungen mit Materie, so daß fast alle in den Sternen erzeugte Neutrinos in den Weltraum entweichen. Dabei führen sie bis zu 10 % der gesamten abgestrahlten Energie mit sich.

Eine ausgezeichnete Abhandlung über die Entstehung der Elemente finden Sie bei *William A. Fowler*, Proc. Nat. Acad. Sci **52**, 524 bis 528 (1964). •

12.5. Arbeit und Energie

Für die in Gl. (12.15) gegebene Definition der relativistischen Energie wollen wir eine uns geläufigere Betrachtung anschließen. In Kapitel 5 definierten wir die Leistung einer auf ein Teilchen wirkenden Kraft zu

$$\frac{dP}{dt} = \mathbf{F} \cdot \mathbf{v} = \frac{d\mathbf{p}}{dt} \cdot \mathbf{v}. \tag{12.39}$$

Für den relativistischen Impuls gilt

$$\frac{d\mathbf{p}}{dt} = \frac{d}{dt} \frac{m\mathbf{v}}{(1 - v^2/c^2)^{1/2}} \tag{12.39a}$$

mit konstanter Ruhmasse m. Eine natürliche Verallgemeinerung der Gl. (12.39) in den relativistischen Bereich führt auf die Gleichung

$$\frac{dP}{dt} = m\mathbf{v} \cdot \frac{d}{dt} \frac{\mathbf{v}}{(1 - v^2/c^2)^{1/2}}. \tag{12.40}$$

Aus $\mathbf{v} \cdot \dot{\mathbf{v}} = v\dot{v}$ mit $\dot{\mathbf{v}} \equiv d\mathbf{v}/dt$ folgt

$$\mathbf{v} \cdot \frac{d}{dt} \frac{\mathbf{v}}{(1 - v^2/c^2)^{1/2}} = \mathbf{v} \cdot \left\{ \frac{\dot{\mathbf{v}}}{(1 - v^2/c^2)^{1/2}} + \frac{\mathbf{v}(\dot{v}v/c^2)}{(1 - v^2/c^2)^{3/2}} \right\} = \frac{1 - (v^2/c^2) + (v^2/c^2)}{(1 - v^2/c^2)^{3/2}} v\dot{v} = \frac{d}{dt} \frac{c^2}{(1 - v^2/c^2)^{1/2}} \tag{12.41}$$

Die in der Zeiteinheit am Teilchen verrichtete Arbeit ergibt sich damit zu

$$\frac{dP}{dt} = \frac{d}{dt} \frac{mc^2}{(1 - v^2/c^2)^{1/2}}. \tag{12.42}$$

Es liegt nahe, die an einem freien Teilchen verrichtete Arbeit dem Zuwachs seiner kinetischen Energie gleichzusetzen. Integration der Gl. (12.42) liefert

$$P = \frac{mc^2}{(1 - v^2/c^2)^{1/2}} + P_0. \tag{12.43}$$

Wir erkennen in P die kinetische Energie W_k, vorausgesetzt, daß P für v = 0 verschwindet. Somit ist die Integrationskonstante P_0 zu $-mc^2$ bestimmt. Die Gleichung für die relativistische kinetische Energie W_k lautet also

$$W_k = \frac{mc^2}{(1 - v^2/c^2)^{1/2}} - mc^2 = mc^2 (\gamma - 1). \tag{12.44}$$

Nach Gl. (12.44) läßt sich die Gesamtenergie aus Gl. (12.15) auch als

$$W = mc^2 + W_k \tag{12.45}$$

schreiben. Die relativistische Energie eines freien Teilchens setzt sich damit aus einem mit der Ruhmasse verknüpften Anteil und der relativistischen kinetischen Energie zusammen. Für $v/c \ll 1$ gilt die Näherung

$$\frac{1}{(1 - v^2/c^2)^{1/2}} \approx 1 + \frac{v^2}{2c^2}; \tag{12.46}$$

ähnlich wie in Gl. (12.28) für die Masse erhalten wir mit Gl. (12.46) für die relativistische kinetische Energie W_k näherungsweise

$$W_k \approx mc^2 \left(1 + \frac{v^2}{2c^2}\right) - mc^2 = \frac{1}{2} mv^2, \tag{12.47}$$

was sich mit der nichtrelativistischen Form deckt.

Wir definieren wieder wie in Gl. (12.15) die relativistische Gesamtenergie eines freien Teilchens zu

$$W = \frac{mc^2}{(1 - v^2/c^2)^{1/2}}. \tag{12.48}$$

Wir haben bereits gesehen, daß W und auch der Impuls **p** bei einem relativistischen Stoß erhalten bleiben. Im nichtrelativistischen Grenzfall ergibt sich für W die Näherung

$$W \approx mc^2 + \frac{1}{2} mv^2. \tag{12.49}$$

Aus Gl. (12.16) wissen wir, daß

$$W^2 = p^2 c^2 + m^2 c^4 \tag{12.50}$$

gilt. Hier sind W und p ohne Auftreten der Geschwindigkeit miteinander verknüpft. Ein Teil der Energie bezieht sich auf die Ruhmasse, der andere auf den Impuls. Die Wurzel aus Gl. (12.50)

$$W = (p^2 c^2 + m^2 c^4)^{1/2} = mc^2 \left[1 + \left(\frac{p^2}{m^2 c^2}\right)\right]^{1/2} \quad (12.51)$$

stellt die relativistische Verallgemeinerung von $W = mc^2 + \frac{1}{2} mv^2$ dar.

Gl. (12.26a) verwendete den Energieerhaltungssatz in der Form

$$\sum_{i=1}^{n} W_i = \text{const.} \quad (12.52)$$

vor und nach einem Mehrteilchenstoß, wobei W_i die relativistische Energie des i-ten Teilchens darstellt. Die Erhaltung der relativistischen Energie gilt sogar für unelastische Stöße, da die verlorene kinetische Energie – die in innere Anregungszustände der Teilchen verwandelt wird – als Masseninkrement wieder erscheint. Der Impulserhaltungssatz besagt, daß die Summe

$$\sum_{i=1}^{n} \mathbf{p}_i = \text{const.} \quad (12.53)$$

vor dem Stoß mit der entsprechenden Summe nach dem Stoß übereinstimmt.

12.6. Teilchen mit der Ruhmasse Null

Für $m \equiv 0$ erhalten wir aus Gl. (12.50)

$$W = pc\,, \quad (12.54)$$

so daß sich Gl. (12.21a) zu

$$v = c \quad (12.55)$$

vereinfacht. Ein Teilchen mit der Ruhmasse Null bewegt sich also stets mit Lichtgeschwindigkeit. Es besitzt für jeden Beobachter die Geschwindigkeit c und die Ruhmasse Null. Wenn wir auch nicht immer an Licht als Teilchen denken, so hat doch ein Lichtpuls gerade die Eigenschaft $v \equiv c$. Bei vielen Phänomenen, in denen die Quantennatur des Lichtes sichtbar wird, stellen wir fest, daß Licht sich wie ein Strahl von Teilchen verhält, die wir *Photonen* oder *Lichtquanten* nennen. Ein Photon hat die Ruhmasse Null; es ist nicht das einzige Teilchen ohne Ruhmasse (s. Kapitel 15). Alle Teilchen mit Ruhmasse Null besitzen die besonders einfache Eigenschaft $W = pc$. Die Energie eines Photons steht in Beziehung zu seiner Frequenz ν nach $W = h\nu$, wobei h das *Plancksche Wirkungsquantum* bezeichnet. Aus $W = h\nu = pc$ erhalten wir $p = h\nu/c$.

Mit einem Photon der Energie W ist immer der Impuls W/c verknüpft. Absorbiert ein Atom dieses Photon, so übernimmt das Atom den Impuls W/c. Wird das Photon am Atom reflektiert (genauer gesagt: erst absorbiert und dann in entgegengesetzter Richtung emittiert), so verdoppelt sich der übertragene Impuls auf 2 W/c.

Wir wollen nun den Strahlungsdruck in einem viele Photonen enthaltenden Würfel der Kantenlänge l berechnen. Die Lichtteilchen besitzen die Gesamtstrahlungsenergie je Volumeneinheit U. Wir nehmen an, daß die Bewegungsrichtungen der Photonen zufällig verteilt sind, so daß im Mittel ein Drittel von ihnen parallel zu einer herausgegriffenen Würfelkante verläuft. Im Durchschnitt kollidiert ein Photon demnach $c/6l$-mal je Zeiteinheit mit einer gegebenen Würfelfront. Die Impulsübertragung je Stoß beträgt 2 W/c, woraus sich die im zeitlichen Mittel auf die Front wirkende Kraft F zu

F = (Anzahl der Stöße je Zeiteinheit) × (Impulsübertragung je Stoß)

$$= N\left(\frac{c}{6l}\right)\left(\frac{2W}{c}\right) = N\frac{W}{3l} \quad (12.56)$$

ergibt. N bezeichnet die Gesamtzahl der Photonen im Würfel. Mit n als Anzahl der Lichtteilchen je Volumeneinheit erhalten wir wegen $N = nl^3$

$$F = nl^2 \frac{W}{3} \quad \text{oder} \quad P = \frac{1}{3} U \quad (12.57)$$

für den Strahlungsdruck P, wobei $P = F/l^2$ und $U = nW$ gilt.

Das Sonnenlicht trifft die Erde mit einer Energiedichte von ungefähr $10^6 \text{erg cm}^{-2} \text{s}^{-1}$. Unter der Annahme, daß die gesamte Energie absorbiert wird, ergibt sich ein Druck von $(10^6/c)$ dyn $\text{cm}^{-2} \approx 3 \cdot 10^{-5}$ dyn cm^{-2}. Der Druck verdoppelt sich, wenn die gesamte Strahlung reflektiert wird. Auch so hat er eine völlig vernachlässigbare Wirkung auf die Erdbewegung. Der kumulative Effekt des Lichtdrucks auf den diffusen Schweif eines Kometen (oder auf einen Echosatelliten) könnte dagegen noch merklich sein, da hier das Verhältnis Oberfläche/Masse viel größer als im Fall der Erde ist. Vermutlich üben jedoch die von der Sonne ausgeschleuderten Materieteilchen einen wesentlichen Druck auf den Kometenschweif (Bild 12.13) aus. Innerhalb eines sehr heißen Sterns niedriger Dichte kann der Strahlungsdruck eine entscheidende Rolle spielen.

Für jedes Teilchen mit genügend hoher Energie $W \gg mc^2$ gelten angenähert die gleichen Impuls- und Energiebeziehungen wie für das Photon. Doch ein Unterschied besteht: Für ein Materieteilchen können wir immer ein Bezugssystem finden, in dem das Teilchen ruht. Das Photon dagegen hat in jedem Bezugssystem genau die Geschwindigkeit $v = c = W/p$, wenn auch Energie und Impuls von einem System zum anderen unterschiedliche Meßwerte ergeben können.

Bild 12.13. Der Komet Mrkos, am 27. August 1957. (*Photographie: Mount Wilson and Palomar Observatories*)

Wir betrachten ein ruhendes Wasserstoffatom, dessen Elektron sich in angeregtem Zustand befindet. Das Atom emittiert ein Lichtquant mit der Energie W und dem Impuls $(W/c)\hat{x}$ und erfährt dabei den Rückstoß $-(W/c)\hat{x}$. Folglich kann der Massenmittelpunkt des Systems (Atom plus Lichtquant) nicht in Ruhe bleiben, ohne daß wir dem Photon eine Masse m_γ zuschreiben. Diese Masse erhalten wir aus Gl. (12.58):

$$\dot{R}_{M.M.} \equiv \frac{m_H \dot{r}_H + m_\gamma \dot{r}_\gamma}{m_H + m_\gamma} = 0 . \qquad (12.58)$$

Weiter gilt $m_H \dot{r}_H = -(W/c)\hat{x}$ und $\dot{r}_\gamma = c\hat{x}$, so daß

$$-\frac{W}{c} + m_\gamma c = 0 ; \quad m_\gamma = \frac{W}{c^2} \qquad (12.59)$$

folgt. Diese Masse folgt auch aus der Einsteinschen Relation. Die Photonenmasse ist nicht eine Ruhmasse, sondern das Massenäquivalent der Energie W. Die Ruhmasse selbst ist Null.

12.7. Die Transformation der zeitlichen Impulsänderung

Differentiation des Impulses eines Teilchens nach der Zeit ergibt

$$\frac{d\mathbf{p}}{dt} = m \frac{d}{dt} \frac{\mathbf{v}}{(1 - v^2/c^2)^{1/2}} , \qquad (12.60)$$

wobei m die Ruhmasse bezeichnet. In einem anderen Bezugssystem S′ interessiert uns die Größe

$$\frac{d\mathbf{p}'}{dt'} .$$

Wir vermeiden die Bezeichnung „relativistische Kraft", da sich $d\mathbf{p}/dt$ nicht wie der entsprechende Teil eines Vierervektors verhält.

Nehmen wir an, daß das Teilchen im System S′ momentan ruht. Gegenüber dem Ausgangssystem S hat S′ die Geschwindigkeit $v\hat{x}$. Aus den Lorentz-Transformationen für **p** und W wissen wir, daß

$$\Delta p_y = \Delta p'_y ; \quad \Delta p_z = \Delta p'_z \qquad (12.61)$$

gilt. Das Zeitintervall $\Delta t'$ in S′ stimmt mit dem Eigenzeitintervall $\Delta\tau$ überein. Wir erhalten somit

$$\Delta t' = \Delta\tau = \left(1 - \frac{v^2}{c^2}\right)^{1/2} \Delta t . \qquad (12.62)$$

Daraus folgt

$$\frac{\Delta p_y}{\Delta t} = \left(1 - \frac{v^2}{c^2}\right)^{1/2} \frac{\Delta p'_y}{\Delta t'} = \left(1 - \frac{v^2}{c^2}\right)^{1/2} \frac{\Delta p'_y}{\Delta\tau} \qquad (12.63)$$

und das entsprechende für $\Delta p_z/\Delta t$, also insgesamt

$$\boxed{\frac{dp_y}{dt} = \left(1 - \frac{v^2}{c^2}\right)^{1/2} \frac{dp'_y}{d\tau} ; \quad \frac{dp_z}{dt} = \left(1 - \frac{v^2}{c^2}\right)^{1/2} \frac{dp'_z}{d\tau} .} \qquad (12.64)$$

Die x-Komponenten transformieren sich anders. Aus Gl. (12.20a) wissen wir, daß

$$p_x = \frac{p'_x + vW'/c^2}{(1 - v^2/c^2)^{1/2}} \qquad (12.65)$$

oder

$$\Delta p_x = \frac{\Delta p'_x + v\,\Delta W'/c^2}{(1 - v^2/c^2)^{1/2}} \qquad (12.66)$$

gilt. Aus

$$W' = (m^2 c^4 + p'^2 c^2)^{1/2} \qquad (12.67)$$

folgt

$$\Delta W' = \frac{p'_x \Delta p'_x c^2}{(m^2 c^4 + p'^2 c^2)^{1/2}} . \qquad (12.68)$$

In S′ verschwindet aber p'_x im betrachteten Zeitpunkt, so daß Gl. (12.66) sich zu

$$\Delta p_x \approx \frac{\Delta p'_x}{(1 - v^2/c^2)^{1/2}} \qquad (12.69)$$

vereinfacht. Mit Gl. (12.62) erhalten wir

$$\frac{\Delta p_x}{\Delta t} \approx \frac{\Delta p'_x}{\Delta t'} = \frac{\Delta p'_x}{\Delta\tau} \qquad (12.70)$$

und für $\Delta t \to 0$

$$\boxed{\frac{dp_x}{dt} = \frac{dp'_x}{d\tau} .} \qquad (12.71)$$

Die Transformationsgleichungen (12.64) und (12.71) spielen in der Entwicklung der Elektrodynamik in Band 2 eine wichtige Rolle.

12.8. Die Konstanz der Ladung

Das Bewegungsgesetz $Q\mathbf{E} = \dot{\mathbf{p}}$ eines Teilchens der Ladung Q im elektrischen Feld **E** bedarf einer Vervollständigung. Es fehlt noch die Abhängigkeit der Ladung von der Geschwindigkeit und Beschleunigung des Teilchens. Den besten experimentellen Beleg für die Konstanz der Ladung eines Protons oder Elektrons liefert der folgende Versuch: Ein Teilchenstrahl aus Wasserstoffatomen oder Molekülen wird durch ein gleichförmiges, zur Flugbahn senkrecht stehendes elektrisches Feld geschickt. Dabei beobachten wir keine Ablenkung des Strahls. Das Wasserstoffatom besteht aus einem Elektron (e) und einem

Proton (p), das H^2-Molekül aus jeweils zwei Elektronen und Protonen. Selbst wenn die Protonen sehr langsam fliegen, besitzen die kreisenden Elektronen noch eine mittlere Geschwindigkeit von ungefähr 10^{-2} c. Ein nichtabgelenktes Molekül (Atom) besitzt konstanten Impuls, so daß $\dot{p}_p + \dot{p}_e = 0 = (e_p + e_e)E$ gilt. Aus dem Versuch folgt also, daß im Atom oder Molekül $e_e = -e_p$ ist, trotz der hohen Elektronengeschwindigkeit. Auch die unterschiedliche Bahngeschwindigkeit des Elektrons im Atom und im Molekül führt zu keiner Veränderung der Ladung. Zahlenmäßig sind die Konstanz der Elektronenladung und ihre Übereinstimmung mit der Protonenladung bei Elektronengeschwindigkeit bis zu 10^{-2} c mit einer relativen Genauigkeit von 10^{-9} nachgewiesen.

Die Meßanordnung wird in Band 2 eingehend erörtert. Wir betonen noch einmal das Versuchsergebnis, daß die Ladung unabhängig von der Teilchen- oder Beobachtergeschwindigkeit ist. Ladung und Masse besitzen also ungleiche Transformationseigenschaften.

12.9. Übungen

1. *Relativistischer Impuls.* Welchen Impuls hat ein Proton mit der kinetischen Energie 1 MeV? (Geben Sie den Impuls in MeV c^{-1} an!)
Lösung: 1,7 MeV c^{-1}.

2. *Relativistischer Impuls.* Berechnen Sie den Impuls eines Elektrons mit der kinetischen Energie 1 GeV.
Lösung: 1,0005 GeVc^{-1}.

3. *Impuls des Photons.* Vergleichen Sie den Impuls eines Photons der kinetischen Energie 1 GeV mit dem Impuls eines Protons (Elektrons) gleicher kinetischer Energie.

4. *Energie und Impuls eines schnellen Protons.* Für ein Proton wird in Laborkoordinaten $\beta = 0{,}995$ gemessen; welche relativistische Energie und welchen Impuls besitzt es?

5. *Kosmische Strahlung.* Es ist bekannt, daß Teilchen kosmischer Strahlung Energien bis zu 10^{19} eV und vielleicht darüber haben. Wie groß ist ungefähr
   a) die äquivalente Masse eines dieser Teilchen?
   Lösung: $1{,}8 \cdot 10^{-14}$ g;
   b) der Impuls?
   Lösung: $5 \cdot 10^{-4}$ g cm s^{-1}.

6. *Transformation von Energie und Impuls.* Ein Proton besitzt, in Laborkoordinaten gemessen, die Geschwindigkeit v = 0,999 c. Bestimmen Sie Energie und Impuls in einem System, das sich gegenüber dem Labor mit $\beta = 0{,}990$ richtungsgleich mit dem Proton bewegt.

7. *Energie eines schnellen Elektrons.* Berechnen Sie die kinetische Energie eines Elektrons mit $\beta = 0{,}99$.
Lösung: 3,1 MeV

8. *Rückstoß bei γ-Emission.* Ein Fe^{57}-Kern strahlt ein 14 keV-Photon ab. Welchen Rückstoß erfährt er, in Laborkoordinaten gemessen?
Lösung: $7{,}5 \cdot 10^{-19}$ g cm s^{-1}.

9. *Rückstoß eines Protons.* Ein γ-Quant der Energie W_γ trifft ein im Laborsystem ruhendes Proton.
   a) Welchen Impuls hat das γ-Quant in Laborkoordinaten?
   b) Zeigen Sie, daß der Massenmittelpunkt im Laborsystem die Geschwindigkeit
   $$V = \frac{c W_\gamma}{W_\gamma + m_p c^2} \quad \text{besitzt.}$$

10. *Neutronenzerfall.* Benutzen Sie in Kapitel 12 gegebene Zahlenwerte, um die beim Neutronenzerfall (in ein Proton und ein Elektron) frei werdende Energie zu berechnen.
Lösung: 0,79 MeV.

11. *Lorentz-Invarianz bei einem Zwei-Teilchen-System.* Gesamtimpuls und Gesamtenergie eines Zwei-Teilchen-Systems sind durch $\mathbf{p} = \mathbf{p}_1 + \mathbf{p}_2$ bzw. $W = W_1 + W_2$ gegeben. Zeigen Sie, daß die auf **p** und W angewendeten Lorentz-Transformationen mit der Invarianz des Ausdrucks $W^2 - p^2c^2$ in Einklang stehen.

12. *Transformation von einem Massenmittelpunktsystem in ein Ruhesystem.* Zwei Protonen fliegen in entgegengesetzten Richtungen von einem gemeinsamen Punkt jeweils mit der Geschwindigkeit v = 0,5 c auseinander.
   a) Wie groß sind Energie und Impuls eines Protons, bezogen auf den gemeinsamen Punkt?
   b) Unter Anwendung der Lorentz-Transformation berechnen Sie Energie und Impuls eines Protons im Ruhesystem des anderen. (In Aufgaben dieser Art ist es gewöhnlich vorteilhaft, die Energie als ein Vielfaches irgendeiner Ruhmassenenergie auszudrücken.)

13. *Massenäquivalent der von einem Radiosender ausgestrahlten Energie.* Eine Antenne strahlt 24 h lang mit einer Leistung von 1000 W. (1 W = 10^7 erg s^{-1}.) Welches Massenäquivalent besitzt die abgestrahlte Radioenergie?

14. *Sonnenenergie.* Unter der Solarkonstante verstehen wir den Fluß der Sonnenenergie je cm^2 je Sekunde im Erdabstand von der Sonne. Ihre Messung ergibt den Wert $1{,}4 \cdot 10^6$ erg s^{-1} cm^{-2}.
   a) Zeigen Sie, daß die Gesamtleistung der Sonne ungefähr $4 \cdot 10^{33}$ erg s^{-1} beträgt.
   b) Zeigen Sie, daß 1 g Sonnenmaterie eine Leistung von etwa 2 erg s^{-1} oder $6 \cdot 10^7$ erg/a erzeugt.
   c) Berechnen Sie mit Gl. (12.38) das Energieäquivalent eines Gramms Wasserstoff zur Erzeugung von He^4.
   Lösung: $6 \cdot 10^{18}$ erg.
   d) Berechnen Sie die Strahlungsdauer der Sonne unter den Annahmen, daß sie mit der jetzigen Leistung weiterstrahlt und der jetzige Kernverbrennungsprozeß aufrechterhalten bleibt. Zur Zeit besteht die Sonne ungefähr zu einem Drittel aus Wasserstoff.
   Lösung: $3 \cdot 10^{10}$ a.

15. *Lichtantrieb.* Eine mögliche Antriebsform im Weltraum könnte das „Segeln" mit einer großen reflektierenden Metallfolie bieten, die an einem kleinen Raumfahrzeug befestigt wird. Schätzen Sie die vom Lichtdruck erzeugte Beschleunigung für ein Raumfahrzeug kleiner Masse, das $10^{13} \ldots 10^{14}$ cm von der Sonne entfernt ist.

16. *Impuls eines Laserstrahls.* Ein großer Laser kann einen Lichtstoß mit einer Energie von 2000 J (1 J = 10^7 erg) erzeugen.
   a) Zeigen Sie, daß der Impuls des Lichtstoßes in der Größenordnung von 1 g cm s^{-1} liegt.
   b) Schlagen Sie einen Versuch zur Messung dieses Impulses vor. Die Stoßdauer beträgt ungefähr 1 ms (10^{-3} s).

12.10. Historische Anmerkung: Die Beziehung zwischen Masse und Energie

Einsteins erste Veröffentlichung zur spreziellen Relativitätstheorie erschien 1905 unter dem Titel „Über die Elektrodynamik bewegter Körper" in den Annalen der Physik **17**, 891 bis 921. Dieser Band der Annalen enthält drei klassische Arbeiten von *Einstein*: eine zur Quanteninterpretation des photoelektrischen Effeks (S. 132 bis 148), eine zur Theorie der Brownschen Bewegung (S. 549 bis 560) und drittens die oben zitierte Arbeit, deren Ergebnisse zum Teil schon von *Larmor, Lorentz* und anderen vorweggenommen waren. Im selben Jahr erschien in Band 18, S. 639 bis 641 ein kurzer Aufsatz von *Einstein* unter dem Titel „Hängt die Trägheit eines Körpers von seinem Energieinhalt ab?" Wir geben hier *Einsteins* Gedankengang wieder:

Betrachten Sie (wie in *Einsteins* Abhandlung zur Elektrodynamik) ein Paket oder eine Gruppe ebener Lichtwellen. Das Paket besitzt die Energie ϵ und bewegt sich in positiver x-Richtung im Bezugssystem S. Vom Bezugssystem S' gesehen, das sich gegenüber S mit der Geschwindigkeit $V\hat{x}$ bewegt, besitzt das Wellenpaket die Energie

$$\epsilon' = \epsilon\left(\frac{1-\beta}{1+\beta}\right)^{1/2} \quad ; \quad \beta = \frac{V}{c}\,. \tag{12.72}$$

Dieses Ergebnis leitete *Einstein* in seiner Arbeit zur Elektrodynamik ohne Bezugnahme auf den Begriff des Photons ab. Es folgt unmittelbar aus einem anderen Argument: Wir entnehmen der Gl. (11.41) zum longitudinalen Doppler-Effekt, daß die von S und S' aus beobachteten Frequenzen ν und ν' durch

$$\nu' = \nu\left(\frac{1-\beta}{1+\beta}\right)^{1/2} \tag{12.73}$$

verknüpft sind. Nach der Quantenvorstellung können wir uns einen Lichtstoß aus einer ganzzahligen Anzahl von Lichtquanten oder Photonen zusammengestellt denken, jedes mit der Energie $h\nu$ (von S aus betrachtet), wobei h das Plancksche Wirkungsquantum bezeichnet. Von S' aus gesehen bleibt zwar die Anzahl der Photonen unverändert, doch die Energie eines Lichtquants beträgt dann $h\nu'$. (Wir nehmen dabei an, daß der Wert von h unverändert bleibt.) Aus $\epsilon' = h\nu'$ folgt also Gl. (12.72).

Wir betrachten nun einen in S ruhenden Körper, dessen Anfangsenergie W_0 bzw. W_0' in S bzw. S' betrage. Wir nehmen an, daß er in positive x-Richtung einen Lichtstoß der Energie $\frac{1}{2}\,\epsilon$ und in negative x-Richtung einen Lichtstoß der gleichen Energie emittiert. Der Körper bleibt dabei in S in Ruhe. Wir bezeichnen mit W_1 bzw. W_1' die Energie des Körpers in S bzw. S' nach der Emission. Dann gilt nach dem Energieerhaltungssatz

$$W_0 = W_1 + \frac{1}{2}\,\epsilon + \frac{1}{2}\,\epsilon\,;$$

$$W_0' = W_1' + \frac{1}{2}\,\epsilon\left(\frac{1-\beta}{1+\beta}\right)^{1/2} + \frac{1}{2}\,\epsilon\left(\frac{1+\beta}{1-\beta}\right)^{1/2} \tag{12.74}$$

$$= W_1' + \frac{\epsilon}{(1-\beta^2)^{1/2}}\,, \tag{12.75}$$

woraus sich durch Subtraktion

$$W_0 - W_0' = W_1 - W_1' + \epsilon - \frac{\epsilon}{(1-\beta^2)^{1/2}} \tag{12.76}$$

ergibt. Nun muß die Energiedifferenz $W_0' - W_0$ gerade gleich der anfänglichen kinetischen Energie W_{k0} des Körpers in S' sein, da der Körper ursprünglich in S ruht. Entsprechend ist $W_1' - W_1$ die kinetische Energie W_{k1} des Körpers nach der Emission, in S' betrachtet. Wir können demnach Gl. (12.76) in der Form

$$W_{k0} - W_{k1} = \epsilon\left(\frac{1}{(1-\beta^2)^{1/2}} - 1\right) \tag{12.77}$$

schreiben und erkennen daraus, daß die kinetische Energie des Körpers aufgrund der Lichtemission abnimmt. Der Betrag der Abnahme hängt von den besonderen Eigenschaften des Körpers nicht ab. Ist $\beta \ll 1$, dann gilt näherungsweise

$$W_{k0} - W_{k1} \approx \frac{1}{2}\,\epsilon\beta^2 = \frac{1}{2}\,\frac{\epsilon}{c^2}\,V^2\,, \tag{12.78}$$

so daß die Ruhmasse des Körpers um

$$\Delta m = \frac{\epsilon}{c^2} \tag{12.79}$$

abnimmt.

Aus dieser Beziehung schloß *Einstein*:

„Gibt ein Körper in Form von Strahlung die Energie ϵ ab, so verringert sich seine Masse um den Betrag ϵ/c^2. Die Tatsache, daß die dem Körper entzogene Energie Strahlungsenergie geworden ist, spielt offensichtlich keine Rolle, so daß wir zu dem allgemeineren Schluß gelangen, daß die Masse eines Körpers ein Maß seines Energiegehalts ist; ändert sich die Energie um ϵ, so ändert sich die Masse ebenso um $\epsilon/(9 \cdot 10^{20})$, wobei die Energie in erg und die Masse in g gemessen wird.

Es ist nicht ausgeschlossen, daß mit Stoffen, dessen Energieinhalt in hohem Grade variiert (z.B. mit Radiumsalzen), die Theorie erfolgreich nachgeprüft werden kann.

Sollte die Theorie mit den Tatsachen übereinstimmen, dann überträgt Strahlung Trägheit vom emittierenden zum absorbierenden Körper."

13. Einfache Probleme der relativistischen Dynamik

In Kapitel 4 behandelten wir eine Anzahl von Aufgaben zur nichtrelativistischen Bewegung von Teilchen in elektrischen und magnetischen Feldern. In Kapitel 3 wie in Kapitel 6 befaßten wir uns mit elastischen und unelastischen Stößen zwischen zwei nichtrelativistischen Teilchen. Nun wollen wir einige der früheren Aufgaben relativistisch betrachten. Die neuen Ergebnisse bereiten uns bei ihrer Herleitung meist keine besonderen Schwierigkeiten; manche von ihnen besitzen in der Hochenergieteilchenphysik und in der Astrophysik größte Bedeutung.

Die Tatsache, daß der Impuls eines beschleunigten relativistischen Teilchens über alle Grenzen wächst, wenn nur seine Geschwindigkeit der Lichtgeschwindigkeit genügend nahe gebracht wird, bildet die Grundlage der großen Beschleuniger und der Impulsanalyse durch magnetische Ablenkung hochenergetischer Teilchen. Die Methode der Ablenkung mittels magnetischer Felder ist in der Erforschung kosmischer Strahlen und anderer Teilchen hoher Energie weit verbreitet.

Die zur Auslösung einer relativistischen Teilchenreaktion erforderliche Schwellenenergie liegt im Laborsystem weit höher als im Massenmittelpunktsystem. Dieser Effekt stellt ein wesentliches Hindernis in der Elementarteilchenforschung dar.

Wir wollen nun die Ablenkung eines relativistischen Teilchens durch ein elektrisches Feld betrachten, um uns mit einigen immer wiederkehrenden Rechenmethoden vertraut zu machen.

13.1. Beschleunigung eines geladenen Teilchens durch ein konstantes longitudinales elektrisches Feld (Bild 13.1)

Die Bewegungsgleichung eines Teilchens der Ladung Q und der Ruhmasse m in einem konstanten elektrischen Feld $E\hat{x}$ lautet

$$\dot{p}\hat{x} = QE\hat{x} \tag{13.1}$$

oder mit $p = mv(1 - v^2/c^2)^{1/2}$

$$m \frac{d}{dt} \frac{v}{(1 - v^2/c^2)^{1/2}} = QE\,, \tag{13.2}$$

unter der Annahme $v_y = v_z = 0$, wie sie für eine Beschleunigung aus der Ruhe in x-Richtung zutrifft. Integration der Gl. (13.2) über die Zeit ergibt

$$m \frac{v}{(1 - v^2/c^2)^{1/2}} = QEt \tag{12.3}$$

wobei v(0) = 0. Wir quadrieren Gl. (13.3) und lösen sie nach v^2 auf:

$$v^2 = \frac{(QEt/mc)^2}{1 + (QEt/mc)^2} \cdot c^2\,. \tag{13.4}$$

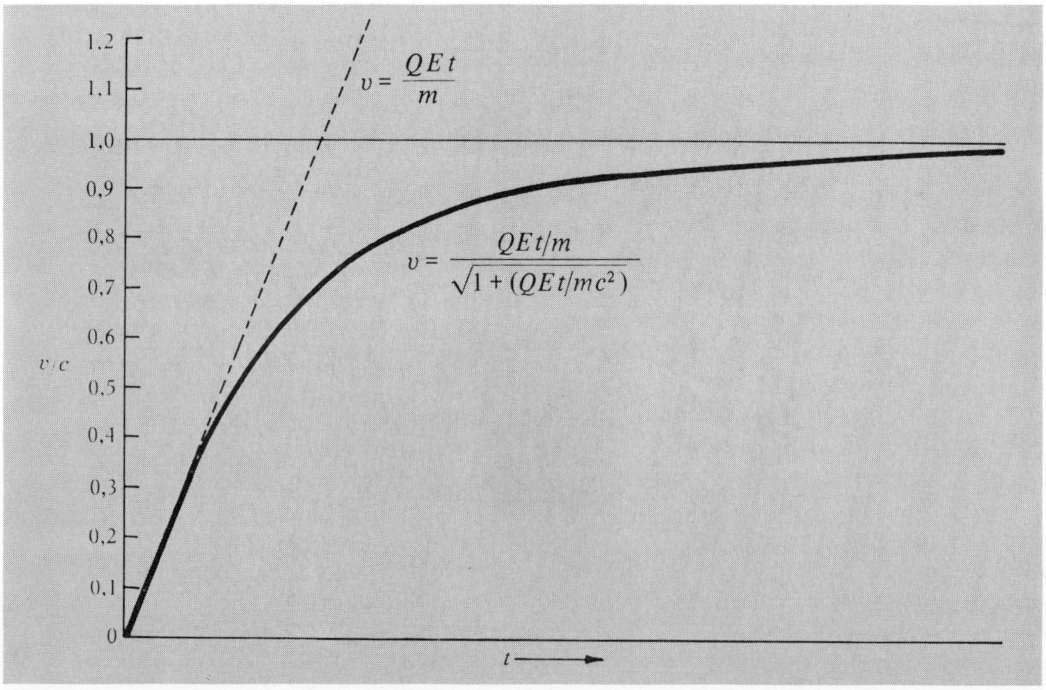

Bild 13.1. Die Geschwindigkeit v einer Ladung Q der Ruhmasse m, die in einem gleichförmigen elektrischen Feld E aus der Ruhe beschleunigt wird, ist als Funktion der Zeit dargestellt. Im Grenzfall $t \gg 0$ strebt v gegen c. Die gestrichelte Linie gibt die nach der nichtrelativistischen Mechanik erwartete Geschwindigkeit an.

Für kurze Zeiten [1]) $t < mc/QE$ können wir den Nenner in Gl. (13.4) durch Eins ersetzen und erhalten die Näherung

$$v^2 \approx \left(\frac{QE}{m} t\right)^2 , \qquad (13.5)$$

in Übereinstimmung mit der nichtrelativistischen Näherung aus Kapitel 4.

Für große Flugzeiten $t \gg mc/QE$ gilt die relativistische Approximation

$$v^2 \approx \left[1 - \left(\frac{mc}{QEt}\right)^2\right] c^2 , \qquad (13.6)$$

aus der wir c als Grenzgeschwindigkeit für $t \to \infty$ entnehmen. Wir erhalten also bei hoher Flugdauer

$$\frac{v^2}{c^2} \approx 1 - \left(\frac{mc}{QEt}\right)^2 , \qquad (13.7)$$

und mit $\beta \equiv v/c$

$$\frac{1}{(1-\beta^2)^{1/2}} \approx \frac{QEt}{mc} . \qquad (13.8)$$

Setzen wir Gl. (13.8) in den Ausdruck für die relativistische Energie W (s. Gl. (12.15)) ein, so folgt die Näherung

$$W = \frac{mc^2}{(1-\beta^2)^{1/2}} \approx QEct , \qquad (13.9)$$

wieder für den Fall $t \gg mc/QE$. Das ist nichts anderes als das Produkt aus der Kraft und der im Zeitintervall t mit Lichtgeschwindigkeit durchflogenen Strecke ct. Für den Impuls p nach langer Flugdauer ergibt sich entsprechend

$$p \approx \frac{mc}{(1-\beta^2)^{1/2}} \approx QEt . \qquad (13.10)$$

Beachten Sie, daß im relativistischen Fall der Impuls auch dann noch linear wächst, nachdem bereits die Geschwindigkeit sich c asymptotisch genähert hat.

Schreiben wir dx/dt für v und s für QE/mc, so erhalten wir durch Radizieren der Gl. (13.4)

$$dx = \frac{cst}{(1+s^2t^2)^{1/2}} dt \qquad (13.11)$$

und durch Integration von 0 nach t die Flugstrecke x zu

$$x = \frac{mc^2}{QE}\left\{\left[1 + \left(\frac{QEt}{mc}\right)^2\right]^{1/2} - 1\right\} \qquad (13.12)$$

mit den Anfangsbedingungen $x(0) = 0$ und $v(0) = 0$. Für lange Flugzeiten gilt angenähert $x \approx ct$. Das Teilchen bewegt sich fast mit Lichtgeschwindigkeit.

[1]) Für ein Elektron ergibt sich bei E = 1 dyn/esE

$$\frac{m_e c}{eE} \approx \frac{10^{-27} \cdot 3 \cdot 10^{10}}{5 \cdot 10^{10}} \, s \approx 10^{-7} \, s .$$

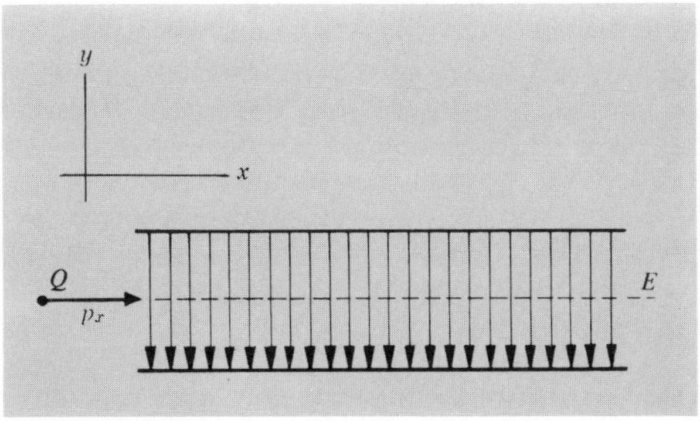

Bild 13.2. Eine Ladung Q mit dem Anfangsimpuls p_x tritt in ein transversales Feld E ein.

• **Beispiel:** *Die Beschleunigung eines geladenen Teilchens durch ein transversales elektrisches Feld.* Wir betrachten ein in x-Richtung fliegendes, hochenergetisches geladenes Teilchen mit dem Impuls p_0, das in ein transversales elektrisches Feld $E\hat{y}$ der Länge *l* einmündet (Bild 13.2) und fragen nach dem Winkel, durch den das Teilchen im elektrischen Feld abgelenkt wird.

Die Bewegungsgleichungen lauten

$$\frac{dp_x}{dt} = 0 ; \quad \frac{dp_y}{dt} = QE , \qquad (13.13)$$

woraus

$$p_x = p_0 ; \quad p_y = QEt \qquad (13.14)$$

folgt (Bilder 13.3 und 13.4). Zuerst benötigen wir die Geschwindigkeit v. Dazu berechnen wir die Energie W; dann folgt die Geschwindigkeit aus der in Kapitel 12 abgeleiteten Beziehung $\mathbf{v} = \mathbf{p}c^2/W$.

Die Energie W erhalten wir aus

$$W^2 = m^2c^4 + p^2c^2 = m^2c^4 + p_0^2c^2 + (QEtc)^2$$
$$= W_0^2 + (QEtc)^2 , \qquad (13.15)$$

wobei W_0 die Anfangsenergie bezeichnet. Aus Gl. (13.14) und der Geschwindigkeit-Impuls-Beziehung ergibt sich

$$v_x = \frac{p_0c^2}{[W_0^2 + (QEtc)^2]^{1/2}} ; \qquad (13.16)$$

$$v_y = \frac{QEtc^2}{[W_0^2 + (QEtc)^2]^{1/2}} . \qquad (13.17)$$

Beachten Sie, daß v_x mit wachsendem t abnimmt. Desgleichen stellen wir fest, daß v_y stets kleiner als der nichtrelativistische Wert QEt/m bleibt. Zur Zeit t bildet die Flugbahn den Winkel θ mit der x-Achse:

$$\tan\theta(t) = \frac{v_y}{v_x} = \frac{QEtc^2}{p_0c^2} = \frac{QEt}{p_0} . \qquad (13.18)$$

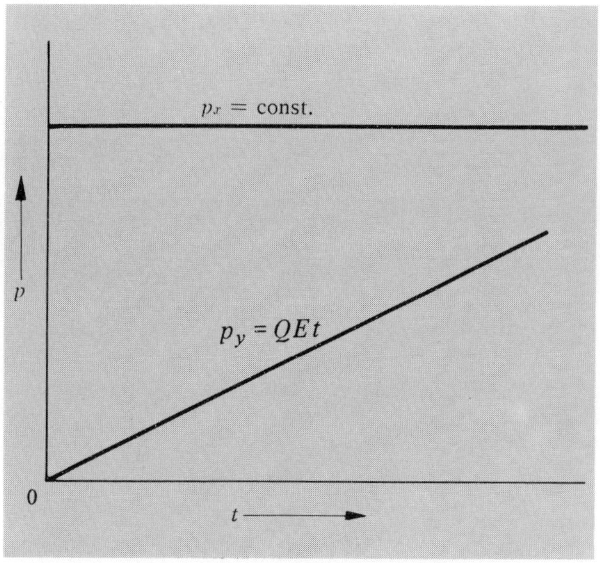

Bild 13.3. In y-Richtung wirkt die Kraft QE, so daß $p_y = QEt$ gilt, während p_x konstant bleibt. Die Energie $W = c\sqrt{(p_x^2 + p_y^2) + m^2c^2}$ wächst.

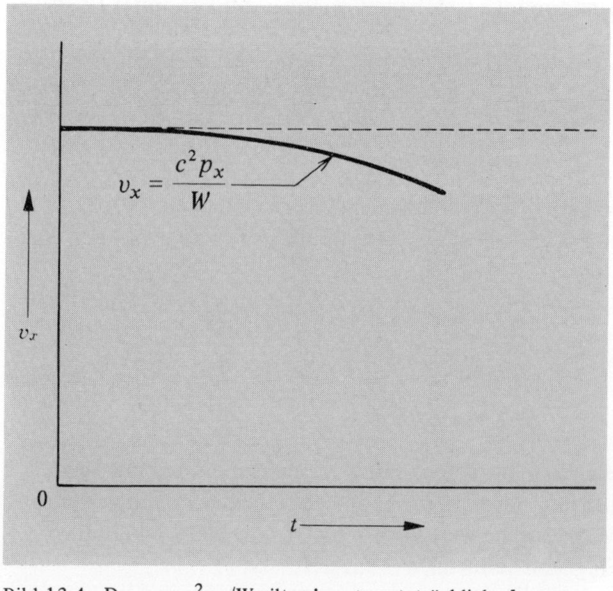

Bild 13.4. Da $v_x = c^2 p_x/W$ gilt, ***nimmt*** v_x tatsächlich ***ab***, wenn das Teilchen in y-Richtung beschleunigt wird. Die nichtrelativistische Mechanik würde natürlich v_x = const. ergeben.

Die zum Durchfliegen der Strecke l benötigte Zeit t_l finden wir, indem wir Gl. (13.16) nach dx auflösen und integrieren:

$$\int_0^l dx = p_0 c^2 \int_0^{t_l} \frac{dt}{[W_0^2 + (QEtc)^2]^{1/2}} \tag{13.19}$$

oder

$$l = \frac{p_0 c}{QE} \sinh^{-1}\left(\frac{QEt_l c}{W_0}\right), \tag{13.20}$$

so daß

$$t_l = \frac{W_0}{QEc} \sinh \frac{QEl}{p_0 c} \tag{13.20a}$$

folgt. ●

13.2. Geladenes Teilchen im Magnetfeld

Ein wichtiges Beispiel aus der Praxis ist die Bewegung eines Teilchens der Ladung Q in einem gleichförmigen konstanten Magnetfeld **B**. Die Bewegungsgleichung lautet

$$\frac{d\mathbf{p}}{dt} = \frac{Q}{c}\mathbf{v} \times \mathbf{B} \tag{13.21}$$

Wie im nichtrelativistischen Problem (Kapitel 4) gilt $dp^2/dt = 0$, da

$$\frac{d}{dt}p^2 = 2\mathbf{p} \cdot \frac{d\mathbf{p}}{dt} = 2\frac{Q}{c}\mathbf{p} \cdot \mathbf{v} \times \mathbf{B}; \tag{13.22}$$

p ist aber stets parallel zu **v**, so daß das Spatprodukt verschwindet. Folglich bleiben der Betrag des Impulses und damit der Betrag der Geschwindigkeit des Teilchens durch ein konstantes magnetisches Feld unverändert. Wird aber nur die Richtung durch das Feld geändert, so muß der Faktor

$$\frac{m}{(1 - v^2/c^2)^{1/2}} \tag{13.23}$$

konstant sein.

Für die Bewegungsgleichung (13.21) können wir nun

$$\frac{d\mathbf{p}}{dt} = \frac{m}{(1 - v^2/c^2)^{1/2}} \frac{d\mathbf{v}}{dt} = \frac{Q}{c}\mathbf{v} \times \mathbf{B} \tag{13.24}$$

schreiben. Wegen der Konstanz von Gl. (13.23) liefert Gl. (13.24) Lösungen, bei denen das Teilchen Kreisbahnen durchläuft (Bild 13.5). Wir bezeichnen den Radius einer Kreisbahn mit ρ und die Kreisfrequenz der Bewegung mit ω_c. Setzen wir in Gl. (13.24) die Zentripetalbeschleunigung $\omega_c^2 \rho$ für dv/dt und $\omega_c \rho$ für v ein, so erhalten wir

$$\frac{m}{(1 - v^2/c^2)^{1/2}} \omega_c^2 \rho = \frac{Q}{c} \omega_c \rho B, \tag{13.25}$$

woraus

$$\omega_c = \frac{QB(1 - v^2/c^2)^{1/2}}{mc} \qquad (13.26)$$

folgt.

Wir erkennen, daß die Frequenz der Bewegung bei schnellen Teilchen niedriger ist als bei langsamen. Ein Zyklotron kann also Teilchen nur dann bis zu relativistischen Energien beschleunigen, wenn die Frequenz des beschleunigenden elektrischen Wechselfeldes (oder der magnetischen Feldstärke) so moduliert wird, daß sie bei wachsender Energie der Teilchen synchron mit ω_c aus Gl. (13.26) bleibt (Bild 13.6). Für nichtrelativistische Teilchen können wir die Abhängigkeit der Frequenz von der Geschwindigkeit vernachlässigen.

Aus Gl. (13.26) errechnete Werte für ω_c sind experimentell in Hochenergiebeschleunigern gut bestätigt worden, so z.B. für Elektronen, die im Synchroton ein Verhältnis $1/(1-\beta)^{1/2} \approx 2000$ erreichen, deren scheinbare Masse also das 2000-fache ihrer Ruhmasse beträgt. In diesem Zusammenhang interessiert auch die Differenz c − v. Es gilt

$$1 - \beta^2 = (1+\beta)(1-\beta) \approx 2(1-\beta) \approx 2000^{-2}. \qquad (13.27)$$

Hierbei haben wir $1 + \beta \approx 2$ angenommen. Aus Gl. (13.27) erhalten wir

$$1 - \beta = \frac{c - v}{c} \approx 10^{-7}; \quad c - v \approx 3 \cdot 10^3 \,\text{cm/s}. \qquad (13.28)$$

Messungen haben mit einiger Wahrscheinlichkeit ergeben, daß Protonen in kosmischer Strahlung Werte von $c - v = 10^{-12}$ cm/s erreichen; hier werden die Werte für β indirekt aus der Energie abgeleitet, die bei Stoßprozessen in der Atmosphäre abgegeben wird.

Mit Gl. (13.26) erhalten wir für den Bahnradius ρ eines relativistischen Teilchens in einem Magnetfeld B

$$\rho = \frac{v}{\omega_c} = \frac{cmv}{QB(1-\beta^2)^{1/2}}. \qquad (13.29)$$

Die rechte Seite enthält den Impuls p, so daß

$$B\rho = \frac{cp}{Q} \qquad (13.30)$$

folgt. Der Radius ρ des vom geladenen Teilchen beschriebenen Kreises ist also ein unmittelbares Maß für den relativistischen Impuls. Diese Beziehung stellt die Basis der wichtigsten Methode zur Messung des Impulses geladener relativistischer Teilchen dar. Sie wird zur Auswertung von Blasenkammeraufnahmen, wie in Kapitel 15 gezeigt, verwendet.

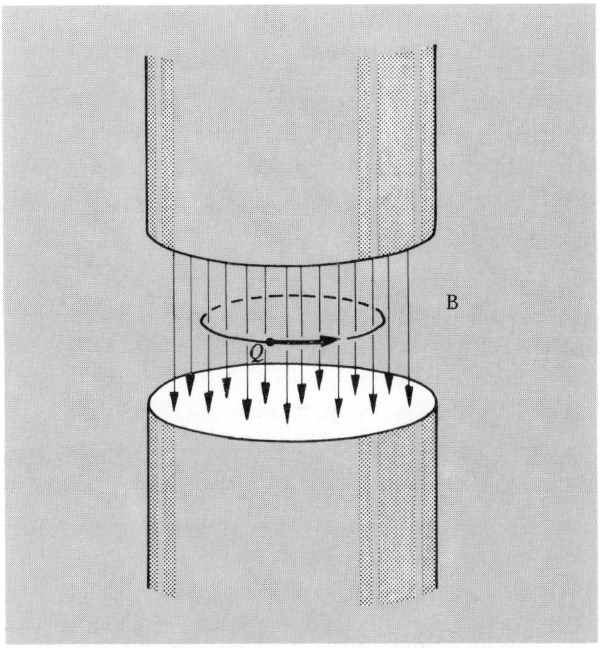

Bild 13.5. Ein Teilchen der Geschwindigkeit v senkrecht zu einem gleichförmigen Magnetfeld beschreibt einen Kreis vom Radius $\rho = pc/qB$.

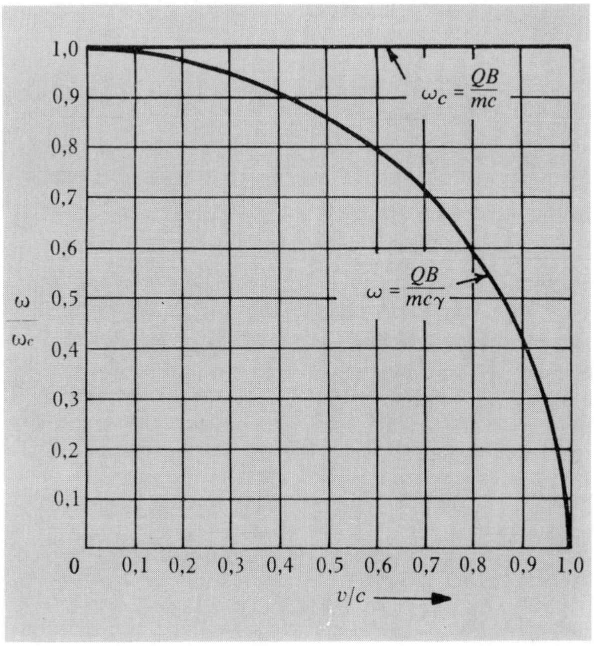

Bild 13.6. Die Zyklotronfrequenz ω einer Ladung Q der Ruhmasse m bei einer Kreisbewegung in einer Ebene senkrecht zu einem gleichförmigen Magnetfeld B, ω ist als Funktion des Geschwindigkeitsquotienten v/c aufgetragen. Die nichtrelativistische Zyklotronfrequenz ω_c ist mit der horizontalen Linie dargestellt.

13.3. Die Energieschwelle bei der Teilchenerzeugung im Massenmittelpunktsystem

Der Energieerhaltungssatz zeigt eine allgemeine Beschränkung der möglichen Kernreaktionen bei einem Zwei-Teilchen-Stoß auf. Beispielsweise kann ein hochenergetisches Photon (γ-Teilchen) nur dann ein Elektron-Positron-Paar nach der Reaktion

$$\gamma \to e^- + e^+ \tag{13.31}$$

erzeugen, wenn die Energie des γ-Teilchens das Energieäquivalent der Ruhmassen des Elektrons und des Positrons übertrifft. So fordert bereits die Erhaltung der Energie allein, daß die Energieschwelle oder Minimalenergie zur Erzeugung eines Elektron-Positron-Paares

$$W_\gamma = 2\,mc^2 \approx 1{,}02 \cdot 10^6\,\text{eV} \tag{13.32}$$

beträgt. Wir erinnern uns, daß die Ruhmassen des Elektrons und des Positrons übereinstimmen.

Diese Reaktion ist jedoch im freien Raum bei keiner noch so großen Energie möglich, da sie den Impulserhaltungssatz verletzt. Wir wissen aus Kapitel 12, daß der Impuls p_γ eines Photons W_γ/c beträgt. Wir wollen nun die Reaktion in einem Bezugssystem betrachten, in dem der Massenmittelpunkt des Elektron-Positron-Paares ruht. Hier muß die Summe aus den Impulsen des Elektrons und des Positrons verschwinden:

$$\mathbf{p}_{e^-} + \mathbf{p}_{e^+} = 0\,. \tag{13.33}$$

Doch in diesem System ist der Impuls des Photons nicht Null, wie es *kein* Bezugssystem gibt, in dem man den Impuls eines Photons zum Verschwinden bringen könnte.[1]) Im Massenmittelpunktsystem gilt also

$$\mathbf{p}_\gamma \neq \mathbf{p}_{e^-} + \mathbf{p}_{e^+} = 0\,. \tag{13.34}$$

Somit stimmt die Reaktion (13.31) nicht; sie kann nicht stattfinden, da der Impuls nicht erhalten bleibt. Folglich kann sie in keinem Bezugssystem geschehen.

In der Nähe eines anderen Teilchens, wie z.B. eines Atomkerns, ist die Reaktion möglich, denn jetzt nimmt der Kern die Impulsänderung auf. Er absorbiert den Impuls, indem er mit seinem Coulombfeld die geladenen Teilchen „schiebt“. Wir erhalten eine Impulsbilanz in der Form

$$\mathbf{p}_\gamma + \mathbf{p}_{nuc} = \mathbf{p}'_{nuc} + \mathbf{p}_{e^-} + \mathbf{p}_{e^+}\,. \tag{13.35}$$

Der Impuls des Kerns wird durch die Reaktion geändert: ansonsten bleibt der Kern unverändert und spielt nur die Rolle eines Katalysators. Sein ursprünglicher Impuls kann Null sein.

Ein schweres Teilchen oder ein schwerer Kern eignet sich besonders gut zum Absorbieren überschüssigen Impulses, ohne dabei viel Energie zu schlucken. Das können wir aus der Gleichung für die nichtrelativistische kinetische Energie W_k ablesen:

$$W_k = \frac{1}{2}mv^2 = \frac{p^2}{2\,m}\,, \tag{13.36}$$

denn je größer die Masse m, desto kleiner die mit einem gegebenen Impuls verknüpfte kinetische Energie.

• **Beispiel**: *Gammarückstoß.* Ein Kern der Masse m emittiert ein γ-Quant der Energie W. Der Kern war ursprünglich in Ruhe. Wie groß ist nach der Emission seine Rückstoßenergie?

Aus der Impulserhaltung folgt

$$0 = \mathbf{p}_\gamma + \mathbf{p}_{nuc}\,, \tag{13.37}$$

wobei $p_\gamma = W_\gamma/c$. Das Rückstoßmoment $\mathbf{p}_{nuc}$ ergibt sich somit betragsmäßig zu

$$|\mathbf{p}_{nuc}| = \frac{W_\gamma}{c}\,. \tag{13.38}$$

Die Rückstoßenergie $W_{k\,nuc}$ beträgt

$$W_{k\,nuc} = \frac{p_{nuc}^2}{2\,m} = \frac{W_\gamma^2}{2\,mc^2}\,. \tag{13.39}$$

Wir haben angenommen, daß die Rückstoßgeschwindigkeit als nichtrelativistisch behandelt werden kann. •

Bei Stoßprozessen, in denen neue Teilchen entstehen, verbietet es gewöhnlich der Impulserhaltungssatz, daß die gesamte, im Laborsystem gemessene ursprüngliche kinetische Energie in Ruhmasse der neuen erzeugten Teilchen verwandelt wird. Besteht vor der Kollision ein nicht verschwindender Gesamtimpuls, so muß dieser auch nach dem Stoß vorhanden sein. Daher können nicht alle nach dem Stoßprozeß übriggebliebenen Teilchen in Ruhe sein; ein Teil der ursprünglichen kinetischen Energie verwandelt sich demnach in kinetische Energie der Restteilchen.

Die einzige Situation, in der die *gesamte* kinetische Energie für die Reaktion zur Verfügung steht, liegt vor, wenn der Impuls vor dem Stoß verschwindet. Das ist stets dann der Fall, wenn wir die Kollision vom Massenmittelpunktsystem aus betrachten.

• **Beispiel**: *Die verwertbare Energie eines bewegten Teilchens.* Wieviel der kinetischen Energie eines bewegten Protons steht beim Stoß mit einem ruhenden Proton zur Erzeugung neuer Teilchen bereit?

Nehmen wir vorerst an, daß die kinetische Energie des aufprallenden Protons sehr viel geringer als $m_p c^2$ ist, so daß der Stoß nichtrelativistisch behandelt werden kann. Besitzt das einfliegende Proton im Laborsystem die Geschwindigkeit $\mathbf{v}$, so beträgt seine kinetische Energie

$$W_{k\,lab} = \frac{1}{2}m_p v^2\,. \tag{13.40}$$

Im Massenmittelpunktssystem besitzt ein Proton die Geschwindigkeit $\frac{1}{2}\,\mathbf{v}$ und das andere die Geschwindigkeit

[1]) Wir ändern zwar die Frequenz eines Photons beim Wechseln des Bezugssystems, doch können wir es dadurch nicht zum Verschwinden oder zur Ruhe bringen.

$-\frac{1}{2}$ v. In diesem System steht die gesamte kinetische Energie für die Erzeugung weiterer Teilchen zur Verfügung; sie ergibt sich zu

$$W_{k\ M.M.} = \frac{1}{2} m_p \left(\frac{1}{2} v\right)^2 + \frac{1}{2} m_p \left(\frac{1}{2} v\right)^2 = \frac{1}{4} m_p v^2 . \tag{13.41}$$

Aus den Gln. (13.40) und (13.41) erhalten wir das nichtrelativistische Ergebnis

$$\frac{W_{k\,M.M.}}{W_{k\,Lab}} = \frac{1}{2} . \tag{13.42}$$

Folglich kann maximal die Hälfte der Energie im Laborsystem verwertet werden. Beschleunigen wir ein Proton auf 200 MeV, so können höchstens 100 MeV bei einem Stoß zur Erzeugung neuer Teilchen verbraucht werden.

Im relativistischen Bereich ist der Wirkungsgrad noch niedriger. Um das einzusehen, wollen wir die Rechnung im extrem relativistischen Bereich ausführen, in dem die kinetische Energie eines Protons selbst im Massenmittelpunktsystem wesentlicher höher liegt als die Ruhenergie $m_p c^2$.

Wir erhalten die Beziehung zwischen der gesamten relativistischen Energie im Laborsystem und im Massenmittelpunktsystem durch Anwendung der Invarianzeigenschaft Gl. (12.16) auf das Zwei-Protonen-System:

$$\underbrace{(W_1 + W_2)^2 - (\mathbf{p}_1 + \mathbf{p}_2)^2 c^2}_{\text{Lab}} = \underbrace{(W_1 + W_2)^2 - (\mathbf{p}_1 + \mathbf{p}_2)^2 c^2}_{\text{M.M.}} . \tag{13.43}$$

Definitionsgemäß gilt $(\mathbf{p}_1 + \mathbf{p}_2)_{M.M.} = 0$. Ruht Proton 2 im Laborsystem, so folgt $W_{2\,Lab} = m_p c^2$ und $\mathbf{p}_{2\,Lab} = 0$. Mit

$$W_{1\,Lab}^2 - \mathbf{p}_{1\,Lab}^2 c^2 = m_p^2 c^4$$

vereinfacht sich Gl. (13.43) zu

$$2\,W_{1\,Lab}\, m_p c^2 + 2\, m_p^2 c^4 = W_{tot\,M.M.}^2 \tag{13.44}$$

wobei $W_{tot\,M.M.}$ die Summe $W_1 + W_2$ im Massenmittelpunktsystem bezeichnet. Mit $W_{tot\,Lab}$ als Gesamtenergie $W_1 + m_p c^2$ im Laborsystem erhalten wir aus Gl. (13.44)

$$2\,W_{tot\,Lab}\, m_p c^2 = W_{tot\,M.M.}^2 \tag{13.45}$$

oder

$$\boxed{\frac{W_{tot\,M.M.}}{W_{tot\,Lab}} = \frac{2\, m_p c^2}{W_{tot\,M.M.}}} . \tag{13.46}$$

Dies ist ein Maß für den „Wirkungsgrad". Um eine Gesamtenergie von $20 \cdot 10^9$ eV im Massenmittelpunktsystem zu erhalten, benötigen wir bei $m_p c^2 \approx 10^9$ eV im Labor

$$W_{tot\,Lab} = \frac{W_{tot\,M.M.}}{2\, m_p c^2} \approx 200 \cdot 10^9\,\text{eV} . \tag{13.47}$$

Der Wirkungsgrad zum Erzeugen neuer Teilchen beträgt also nur 10%. Es wird deshalb erwogen, Beschleuniger zu bauen, in denen zwei Teilchenstrahlen aus entgegengesetzten Richtungen aufeinandertreffen, so daß Labor- und Massenmittelpunktsystem übereinstimmen. •

Antiprotonschwelle. Das Bevatron bei *Berkeley* wurde so konstruiert, daß die in ihm erreichten Energien zur Erzeugung von Antiprotonen (mit $\bar{p}$ bezeichnet) ausreichen. Zu dem Zweck werden hochenergetische Protonen auf ruhende Protonen geschossen. Als entsprechende Reaktion gilt

$$p + p \rightarrow p + p + (p + \bar{p}) , \tag{13.48}$$

so daß ein Proton-Antiproton-Paar entsteht. Die Ladung bleibt dabei erhalten, denn ein Antiproton trägt die Ladung $-e$. Welche Energieschwelle muß für diese Reaktion überschritten werden?

Die Ruhenergie eines Proton-Antiproton-Paares beträgt $2\, m_p c^2$, da die Ruhmassen der beiden Teilchen übereinstimmen. Im Massenmittelpunktsystem muß die kinetische Energie also mindestens $2\, m_p c^2$ betragen ($m_p c^2$ für jedes der ursprünglichen Protonen). Hierzu müssen wir die Ruhenergie $m_p c^2$ jedes der ursprünglichen Protonen hinzufügen, so daß sich die minimale Gesamtenergie im Massenmittelpunktsystem auf

$$W_{tot\,M.M.} = 4\, m_p c^2 \tag{13.49}$$

beläuft. Die entsprechende Energie im Laborsystem ergibt sich aus Gl. (13.46) zu

$$W_{tot\,Lab} = \frac{W_{tot\,M.M.}^2}{2\, m_p c^2} = \frac{16}{2}\, m_p c^2 , \tag{13.50}$$

wobei $2\, m_p c^2$ auf die Ruhenergie der beiden Protonen und $6\, m_p c^2$ auf die kinetische Energie entfallen. Die Energieschwelle beträgt somit

$$6\, m_p c^2 = 6 \cdot 0{,}938 \cdot 10^9\,\text{eV} \approx 5{,}63 \cdot 10^9\,\text{eV} . \tag{13.51}$$

Prallt das einfliegende Proton auf ein Kernproton, so liegt die Energieschwelle niedriger, da das Target-Proton gebunden ist. Die Begründung überlassen wir dem Leser. Der bei Erzeugung von Antiprotonen beobachtete Schwellenwert der Energie liegt bei $4{,}4 \cdot 10^9$ eV, also $1{,}2 \cdot 10^9$ eV niedriger als der für freie ruhende Target-Protonen berechnete Wert. Diese Schwelle gibt die minimale kinetische Energie des einfliegenden Protons an (im Laborsystem betrachtet), bei der die Reaktion noch möglich ist.

13.4. Relativistische Raketengleichung

Wir betrachten eine Rakete in einem System S′, in dem sie bei momentaner Ruhe die Beschleunigung a′ besitzt. Aus Kapitel 11 wissen wir, daß der Geschwindigkeitszuwachs $\Delta v'$ in S' mit dem Zuwachs Δv in einem Inertialsystem S nach der Gleichung

$$\Delta v = \left(1 - \frac{v^2}{c^2}\right) \Delta v' \tag{13.52}$$

verknüpft ist, wobei v die Geschwindigkeit von S' gegenüber S bezeichnet. Das System S kann z.B. die Erde sein. Aus Gl. (13.52) erhalten wir mit $a' = dv'/dt'$

$$\frac{\Delta v}{1 - v^2/c^2} = \frac{dv'}{dt'} \Delta t' = a' \Delta t' , \tag{13.53}$$

wobei $\Delta t'$ ein im Raketensystem S' gemessenes Zeitintervall angibt. Startet die Rakete zur Zeit $t' = 0$ aus der Ruhe bezogen auf S, so ergibt sich durch Integration der Gl. (13.53)

$$c^2 \int_0^v \frac{dv}{c^2 - v^2} = a' \int_0^{t'} dt' \tag{13.54}$$

und weiter

$$c \tanh^{-1} \left(\frac{v}{c}\right) = a't' ; \quad \frac{v}{c} = \tanh \frac{a't'}{c} . \tag{13.55}$$

Die gesamte in S gemessene Verschiebung x der Rakete folgt zu

$$x = \int_0^t v\, dt = \int_0^{t'} v \frac{dt'}{(1 - v^2/c^2)^{1/2}} . \tag{13.56}$$

Aus Gl. (13.53) erhalten wir

$$dt' = \frac{1}{a'} \frac{c^2 dv}{c^2 - v^2} ; \tag{13.57}$$

einsetzen von Gl. (13.57) in Gl. (13.56) liefert

$$x = \frac{c^3}{a'} \int_0^v \frac{v}{(c^2 - v^2)^{3/2}} dv = \frac{c^3}{a'} \left[\frac{1}{(c^2 - v^2)^{1/2}} - \frac{1}{c}\right] . \tag{13.58}$$

Wegen Gl. (11.18) und Gl. (11.20) erhalten wir aus Gl. (13.55)

$$\cosh \frac{a't'}{c} = \frac{1}{(1 - v^2/c^2)^{1/2}} , \tag{13.59}$$

so daß sich schließlich die Verschiebung x zu

$$x = \frac{c^2}{a'} \left(\cosh \frac{a't}{c} - 1\right) \tag{13.60}$$

ergibt. Aus Gl. (13.60) können wir errechnen, daß ein Mann, der 21 Jahre lang – gemessen in *seinem* Bezugssystem S' – in einer Rakete mit der konstanten Beschleunigung 1 g durch den Raum fliegt, eine Strecke von $1{,}2 \cdot 10^9$ *Lichtjahren* zurücklegt – gemessen im Bezugssystem S. Wie weit wäre der Mann geflogen, wenn c unendlich wäre, d.h. bei Gültigkeit der Galilei-Transformation?

13.5. Übungen

1. Berechnen Sie den Gyroradius und die Gyrofrequenz eines Protons mit einer gesamten relativistischen Energie 10^{10}G.
   Lösung: $\omega_c = 9 \cdot 10^6 \text{rad s}^{-1}$.
2. Wie groß ist die Rückstoßenergie in erg (in eV) eines Kerns der Masse 10^{-23}g nach der Emission eines γ-Quants der Energie 1 MeV?
   Lösung: $1{,}4 \cdot 10^{-10}$erg; 90 eV.
3. Ein Elektron der Energie 10^{10}eV kollidiert mit einem ruhenden Proton.
   a) Wie groß ist die Geschwindigkeit des Massenmittelpunktsystems?
   b) Welche Energie steht zur Erzeugung neuer Teilchen zur Verfügung? (Drücken Sie diese als Vielfaches von m_pc^2 aus.)
4. Bei hohen Energien hängt die Zyklotronfrequenz von der Geschwindigkeit des beschleunigten Teilchens ab. Um das kreisende Teilchen mit dem alternierenden elektrischen Beschleunigungsfeld synchron zu halten, müssen die angewendete Hochfrequenz oder das Magnetfeld (oder beide) bei fortschreitender Beschleunigung moduliert werden. Zeigen Sie, daß ω proportional zu B/E ist, wobei ω die Hochfrequenz, B das Magnetfeld und W die Gesamtenergie des Teilchens bedeuten. (Benutzen Sie Gl. (13.26).)
5. In einem früheren Entwicklungsstadium arbeitete das Berkeley-184-Zoll-Synchrotron bei einem konstanten magnetischen Feld von ungefähr 15 000 G.
   a) Berechnen Sie die nichtrelativistische Zyklotronfrequenz eines Protons in diesem Feld.
   Lösung: $1{,}4 \cdot 10^8 \text{rad s}^{-1}$.
   b) Berechnen Sie die für eine kinetische Energie von 300 MeV angemessene Frequenz.
6. Beim relativistischen Raketenproblem erhielten wir in Gl. (13.59)
   $$\gamma = \frac{1}{(1 - v^2/c^2)^{1/2}} = \cosh \frac{a't'}{c} .$$
   a) Berechnen Sie γ für $a' = 10^3 \text{cm s}^{-2}$ und $t' = 10\text{ a} \approx 3 \cdot 10^8$s.
   b) Beträgt die Ruhmasse der Rakete nach dieser Zeit 1 000 kg, wie groß ist dann die in S beobachtete Masse?
   Lösung: $1 \cdot 10^7$kg.
   c) Wie groß ist die kinetische Energie in S? Ist es denkbar, daß diese Energiemenge von einem Raketenantrieb aufgebracht wird?
   Lösung: $1 \cdot 10^{31}$ erg.
7. a) Zeigen Sie, daß ein im Vakuum fliegendes freies Elektron nicht ein einzelnes Lichtquant emittieren kann; d.h., zeigen Sie, daß ein derartiger Emissionsprozeß die Erhaltungssätze verletzen würde.
   b) Ein angeregtes Wasserstoffatom kann ein Lichtquant emittieren. Zeigen Sie, daß dabei die Erhaltungssätze erfüllt bleiben. Worin unterscheiden sich die Fälle a) und b)?
8. Berechnen Sie für die folgenden Fälle den Impuls, die Gesamtenergie und die kinetische Energie eines Protons mit $\beta \equiv v/c = 0{,}99$.
   a) Im Laborsystem.
   Lösung: $6{,}58 \cdot 10^9$ eV/c;
   $6{,}63 \cdot 10^9$ eV; $5{,}69 \cdot 10^9$ eV.
   b) In einem ans Teilchen geheftete System.
   c) Im Massenmittelpunktsystem des Protons und eines ruhenden Heliumkerns ($m_{He} \approx 4\, m_p$)

9. Berechnen Sie den Radius der Bahn eines Teilchens mit der Ladung e und der Energie 10^{19} eV in einem Magnetfeld von 10^{-6} G. (Magnetfelder dieser Größenordnung sind in unserer Galaxis nicht selten.) Vergleichen Sie den Radius mit dem Durchmesser unserer Galaxis. (Teilchen, die „Ereignisse" von so hoher Energie erzeugen, sind in der kosmischen Strahlung entdeckt worden; sie lösen ausgedehnte Luftschauer von Elektronen, Positronen, γ-Strahlen und Mesonen aus.)

10. a) Berechnen Sie den Krümmungsradius der Bahn eines Protons mit der kinetischen Energie 10^9 eV in einem transversalen Magnetfeld von 20 000 G.
Lösung: 284 cm.

b) Welches transversale elektrische Feld erzeugt ungefähr den gleichen Krümmungsradius? Der Krümmungsradius ρ einer Kurve y(x) ist mit $\rho = [1 + (dy/dx)^2]^{3/2}/(dy^2/dx^2)$ gegeben.
Lösung: $1{,}75 \cdot 10^4$ dyn/esE.

c) Betrachten Sie die Größe des elektrischen Feldes in b) und entscheiden Sie über die Zweckmäßigkeit der Anwendung elektrischer Felder zum Ablenken relativistischer Teilchen.

11. Betrachten Sie eine Kernreaktion, in der ein Proton der kinetischen Energie W_{Kp} ein ruhendes Deuteron trifft und nach der Formel

$$p + d \rightarrow p + p + n$$

spaltet. In der Nähe der unteren Energieschwelle bewegen sich die beiden Protonen und das Neutron mit ungefähr gleicher Geschwindigkeit in einem ungebundenen Cluster. Schreiben Sie die nichtrelativistischen Ausdrücke für Impuls und Energie und zeigen Sie, daß die Schwelle der kinetischen Energie des einfallenden Protons

$$W^0_{Kp} = \frac{3}{2} W_B$$

beträgt, wobei W_B (≈ 2 MeV) die Bindungsenergie des Deuterons bezeichnet (gegenüber einem freien Neutron und Proton).

12. Wir haben gezeigt, daß es bei der Berechnung der Energieschwelle einer hochenergetischen Wechselwirkung von Vorteil ist, die Reaktion im Massenmittelpunktsystem zu beschreiben. Betrachten Sie die Reaktion

$$\gamma + p \rightarrow p + \pi^0,$$

bei der ein Photon γ auf ein ruhendes Proton trifft und ein π^0-Meson produziert.

a) Zeigen Sie, daß die Energieschwelle W_γ des Photons

$$W_\gamma = m_\pi \left(1 + \frac{m_\pi}{2\, m_p}\right) c^2$$

beträgt.

b) Nicht die gesamte ursprüngliche Energie des Photons wird in Ruhmasseenergie des neutralen Mesons verwandelt. Wieviel bleibt unverwandelt? Was geschieht mit diesem Teil?

13.6. Historische Anmerkung: Das Synchrotron

Das Synchrotronprinzip findet in allen Hochenergiebeschleunigern im Bereich über 10^9 eV seine Anwendung mit Ausnahme der linearen Elektronenbeschleuniger wie der in Stanford. Das Synchrotron ist ein Gerät zur Beschleunigung von Teilchen auf hohe Energien. Im wesentlichen ist es ein Zyklotron, in dem entweder das magnetische Feld oder die Hochfrequenz während der Beschleu-

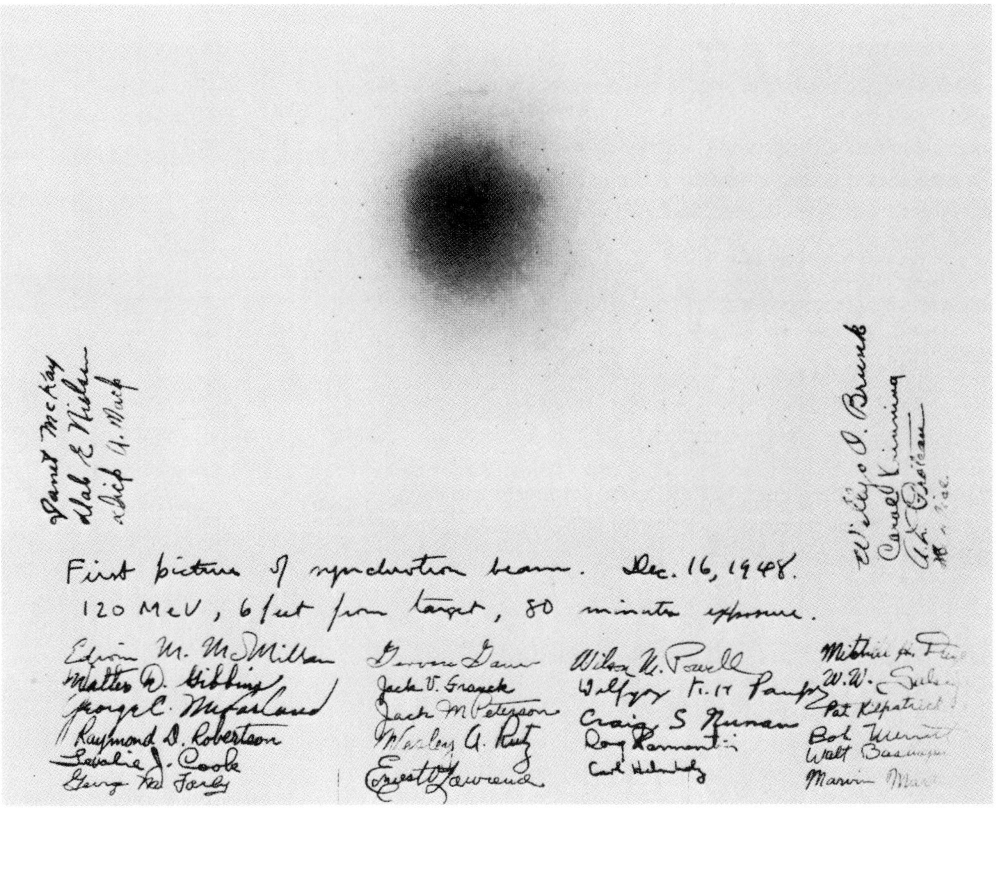

Bild 13.7
Die erste Abbildung des Synchrotronstrahls (*Photographie Lawrence Radiation Laboratory*)

nigung variiert werden und in dem die Phase der Teilchen relativ zum beschleunigenden elektrischen Wechselfeld sich automatisch auf den optimalen Wert für die Beschleunigung einregelt. Der Gedanke der Frequenz- oder Feldmodulation war damals nicht neu; das Neue bestand darin, daß die Teilchenbahnen während der Modulation stabilisiert werden konnten. Das Synchrotronprinzip wurde von *V. Veksler* in Moskau entdeckt und unabhängig von ihm etwas später von *E. M. McMillan* in Berkeley. Ein vollständiger Bericht über *Vekslers* Arbeit erschien im Journal of Physics (UdSSR) **9**, 153 bis 158 (1945). *McMillans* Arbeit erschien im Physical Review **68**, 143 (1945). Wir geben hier *McMillans* Veröffentlichung im Original wieder.

The Synchrotron—A Proposed High Energy Particle Accelerator

EDWIN M. MCMILLAN
University of California, Berkeley, California
September, 5, 1945

ONE of the most successful methods for accelerating charged particles to very high energies involves the repeated application of an oscillating electric field, as in the cyclotron. If a very large number of individual accelerations is required, there may be difficulty in keeping the particles in step with the electric field. In the case of the cyclotron this difficulty appears when the relativistic mass change causes an appreciable variation in the angular velocity of the particles.

The device proposed here makes use of a "phase stability" possessed by certain orbits in a cyclotron. Consider, for example, a particle whose energy is such that its angular velocity is just right to match the frequency of the electric

Bild 13.8.
Das erste Elektronensynchrotron
(*Photographie Lawrence Radiation Laboratory*)

field. This will be called the equilibrium energy. Suppose further that the particle crosses the accelerating gaps just as the electric field passes through zero, changing in such a sense that an earlier arrival of the particle would result in an acceleration. This orbit is obviously stationary. To show that it is stable, suppose that a displacement in phase is made such that the particle arrives at the gaps too early. It is then accelerated; the increase in energy causes a decrease in angular velocity, which makes the time of arrival tend to become later. A similar argument shows that a change of energy from the equilibrium value tends to correct itself. These displaced orbits will continue to oscillate, with both phase and energy varying about their equilibrium values.

In order to accelerate the particles it is now necessary to change the value of the equilibrium energy, which can be done by varying either the magnetic field or the frequency. While the equilibrium energy is changing, the phase of the motion will shift ahead just enough to provide the necessary accelerating force; the similarity of this behavior to that of a synchronous motor suggested the name of the device.

The equations describing the phase and energy variations have been derived by taking into account time variation of both magnetic field and frequency, acceleration by the "betatron effect" (rate of change of flux), variation of the latter with orbit radius during the oscillations, and energy losses by ionization or radiation. It was assumed that the period of the phase oscillations is long compared to the period of orbital motion. The charge was taken to be one electronic charge. Equation (1) defines the equilibrium energy; (2) gives the instantaneous energy in terms of the equilibrium value and the phase variation, and (3) is the "equation of motion" for the phase. Equation (4) determines the radius of the orbit.

$$E_0 = (300cH)/(2\pi f), \tag{1}$$

$$E = E_0[1-(d\phi)/(d\theta)], \tag{2}$$

$$2\pi\frac{d}{d\theta}\left(E_0\frac{d\phi}{d\theta}\right) + V\sin\phi = \left[\frac{1}{f}\frac{dE_0}{dt} - \frac{300}{c}\frac{dF_0}{dt} + L\right] + \left[\frac{E_0}{f^2}\frac{df}{dt}\right]\frac{d\phi}{d\theta}, \tag{3}$$

$$R = (E^2 - E_r^2)^{\frac{1}{2}}/300H. \tag{4}$$

The symbols are:

E = total energy of particle (kinetic plus rest energy),
E_0 = equilibrium value of E,
E_r = rest energy,
V = energy gain per turn from electric field, at most favorable phase for acceleration,
L = loss of energy per turn from ionization and radiation,
H = magnetic field at orbit,
F_0 = magnetic flux through equilibrium orbit,
ϕ = phase of particle (angular position with respect to gap when electric field = 0),
θ = angular displacement of particle,
f = frequency of electric field,
c = light velocity,
R = radius of orbit.

(Energies are in electron volts, magnetic quantities in e.m.u., angles in radians, other quantities in c.g.s. units.)

Equation (3) is seen to be identical with the equation of motion of a pendulum of unrestricted amplitude, the terms on the right representing a constant torque and a damping force. The phase variation is, therefore, oscillatory so long as the amplitude is not too great, the allowable amplitude being $\pm\pi$ when the first bracket on the right is zero, and vanishing when that bracket is equal to V. According to the adiabatic theorem, the amplitude will diminish as the inverse fourth root of E_0, since E_0 occupies the role of a slowly varying mass in the first term of the equation; if the frequency is diminished, the last term on the right furnishes additional damping.

The application of the method will depend on the type of particles to be accelerated, since the initial energy will in any case be near the rest energy. In the case of electrons, E_0 will vary during the acceleration by a large factor. It is not practical at present to vary the frequency by such a large factor, so one would choose to vary H, which has the additional advantage that the orbit approaches a constant radius. In the case of heavy particles E_0 will vary much less; for example, in the acceleration of protons to 300 Mev it changes by 30 percent. Thus it may be practical to vary the frequency for heavy particle acceleration.

A possible design for a 300 Mev electron accelerator is outlined below:

peak H = 10,000 gauss,
final radius of orbit = 100 cm,
frequency = 48 megacycles/sec.,
injection energy = 300 kv,
initial radius of orbit = 78 cm.

Since the radius expands 22 cm during the acceleration, the magnetic field needs to cover only a ring of this width, with of course some additional width to shape the field properly. The field should decrease with radius slightly in order to give radial and axial stability to the orbits. The total magnetic flux is about $\frac{1}{4}$ of what would be needed to satisfy the betatron flux condition for the same final energy.

The voltage needed on the accelerating electrodes depends on the rate of change of the magnetic field. If the magnet is excited at 60 cycles, the peak value of $(1/f)(dE_0/dt)$ is 2300 volts. (The betatron term containing dF_0/dt is about $\frac{1}{5}$ of this and will be neglected.) If we let V = 10,000 volts, the greatest phase shift will be 13°. The number of turns per phase oscillation will vary from 22 to 440 during the acceleration. The relative variation of E_0 during one period of the phase oscillation will be 6.3 percent at the time of injection, and will then diminish. Therefore, the assumptions of slow variation during a period used in deriving the equations are valid. The energy loss by radiation is discussed in the letter following this, and is shown not to be serious in the above case.

The application to heavy particles will not be discussed in detail, but it seems probable that the best method will be the variation of frequency. Since this variation does not have to be extremely rapid, it could be accomplished by means of motor-driven mechanical turning devices.

The synchrotron offers the possibility of reaching energies in the billion-volt range with either electrons or heavy particles; in the former case, it will accomplish this end at a smaller cost in materials and power than the betatron; in the latter, it lacks the relativistic energy limit of the cyclotron.

Construction of a 300-Mev electron accelerator using the above principle at the Radiation Laboratory of the University of California at Berkeley is now being planned.

14. Das Äquivalenzprinzip

14.1. Träge und schwere Masse

Wir können die Masse eines Körpers bestimmen, indem wir die Beschleunigung messen, die dieser durch eine bekannte Kraft erfährt:

$$m_i = \frac{F}{a} \,. \tag{14.1}$$

Die so bestimmte Masse heißt *träge Masse* m_i. Wir können die Masse eines Körpers auch dadurch bestimmen, daß wir die Gravitationskraft messen, die ein anderer Körper, z.B. die Erde, auf ihn ausübt:

$$\frac{G m_g m_E}{r^2} = F \,;$$

$$m_g = \frac{F r^2}{G m_E} \,. \tag{14.2}$$

Die so bestimmte Masse heißt *schwere Masse* m_g. In Gl. (14.2) bedeutet m_E die Masse der Erde.

Es ist eine bemerkenswerte Tatsache, daß die träge Masse aller Körper innerhalb der Meßgenauigkeit ihrer schweren Masse proportional ist. (Durch eine geeignete Wahl des Faktors G läßt sich erreichen, daß m_i und m_g numerisch gleich sind.) Am einfachsten prüfen wir dies durch Vergleich der Fallbeschleunigung verschiedener Körper. In der Nähe der Erdoberfläche gilt für einen Körper 1

$$m_i(1)\, a(1) = \frac{G m_E m_g(1)}{R_E^2} \,; \tag{14.3}$$

und für einen Körper 2

$$m_i(2)\, a(2) = \frac{G m_E m_g(2)}{R_E^2} \,. \tag{14.4}$$

Wir teilen Gl. (14.3) durch Gl. (14.4) und erhalten

$$\frac{m_i(1)\, a(1)}{m_i(2)\, a(2)} = \frac{m_g(1)}{m_g(2)} \,;$$

$$\frac{m_i(1)}{m_g(1)} = \frac{m_i(2)}{m_g(2)} \cdot \frac{a(2)}{a(1)} \,. \tag{14.5}$$

Da der Versuch ergibt, daß verschiedene Körper im Vakuum mit der gleichen Fallbeschleunigung fallen, also innerhalb der Meßgenauigkeit $a(2) = a(1)$, erhalten wir für das Verhältnis von träger zu schwerer Masse

$$\frac{m_i(1)}{m_g(1)} = \frac{m_i(2)}{m_g(2)} \,. \tag{14.6}$$

Solange dieses Massenverhältnis konstant bleibt, können wir immer den Wert der Quotienten in Gl. (14.6) durch geeignete Wahl von G zu Eins machen. Es ist eine experimentelle Aufgabe festzustellen, ob Schwankungen des Verhältnisses m_i/m_g für verschiedene Teilchen, Stoffarten oder Objekte möglich sind.

Eine klassische Bestimmungsmethode stammt von *Newton,* der ein Pendel wie in Übung 1 verwendete. Zu anderen berühmten Bestimmungen gehört auch die von *Eötvös*, die um 1890 begann und etwa 25 Jahre lang fortsetzte. Zum Verständnis seiner geistreichen Methode wollen wir ein Pendel auf der Erdoberfläche bei 45° nördlicher Breite betrachten (Bild 14.1). Auf das Pendel wirkt die Schwerkraft $m_g g$ in Richtung des Erdmittelpunkts. Ferner wirkt die Zentrifugalkraft $m_i \omega^2 R_E/\sqrt{2}$ auf das Pendel, wobei der Faktor $1/\sqrt{2}$ als $\cos 45°$ eingeht; $R_E/\sqrt{2}$ ist der senkrechte Abstand des Pendels von der Rotationsachse der Erde. Die Zentrifugalkraft steht senkrecht zur Rotationsachse. Die Resultierende der beiden Kräfte bildet einen Winkel

$$\theta \approx \frac{m_i \omega^2 R_E/2}{m_g g - \frac{1}{2} m_i \omega^2 R_E} \approx \frac{m_i \omega^2 R_E}{2\, m_g g} \tag{14.7}$$

mit dem Lot zur Erdoberfläche. Wir haben hier die Tatsache benutzt, daß $m_i \omega^2 R_E/m_g g$ sehr klein ist. Setzen wir die am Anfang des Kapitels 3 angegebenen Daten ein, so erhalten wir für diesen Quotienten einen Wert von ungefähr 0,003.

Bild 14.2 zeigt uns eine Torsionsaufhängung. Die beiden Kugeln bestehen aus unterschiedlichem Material, haben aber gleiche schwere Massen, so daß $m_g(1) = m_g(2)$. Sind $m_i(1)$ und $m_i(2)$ ungleich, so wird der Aufhängefaden wegen der ungleichen Zentrifugalkräfte tordiert. Die Apparatur wird sodann um 180° gedreht und die Messung wiederholt. Dadurch läßt sich die Nullage der Waage bestimmen. Dieses Experiment ist ein gutes Beispiel für einen Kompensationsweg: Ein Effekt wird nur dann beobachtet, wenn $m_i(1) \neq m_i(2)$ (Bilder 14.3 und 14.4). *Eötvös* verglich acht verschiedene Stoffe mit Platin (Pt) als Eichstoff. Er stellte fest, daß der relative Fehler der Proportionalgleichung

$$\frac{m_i(1)}{m_g(1)} = \frac{m_i(\mathrm{Pt})}{m_g(\mathrm{Pt})} \tag{14.8}$$

kleiner als 10^{-8} ist. Neuere Experimente von *Dicke* ergaben einen relativen Fehler kleiner als 10^{-10}.

Die gegenwärtige experimentelle Situation läßt sich wie folgt zusammenfassen:

Bezeichnen wir das Massenverhältnis m_g/m_i mit Q, so ist

a) der Q-Wert eines Elektrons plus eines Protons bis auf eine Genauigkeit von 10^{-7} gleich dem Q-Wert eines Neutrons. (Dieser Vergleich folgt unmittelbar aus einem Vergleich leichter und schwerer Elemente aus dem Periodischen System; schwere Elemente haben einen größeren Anteil an Neutronen als leichte.)

b) der Q-Wert des mit der Bindungsenergie verknüpften Teils der Kernmasse bis auf 10^{-5} gleich den obigen Q-Werten.

c) der Q-Wert des mit der Bindung der Bahnelektronen verknüpften Teils der Atommasse bis auf 1/200 gleich den obigen Q-Werten.

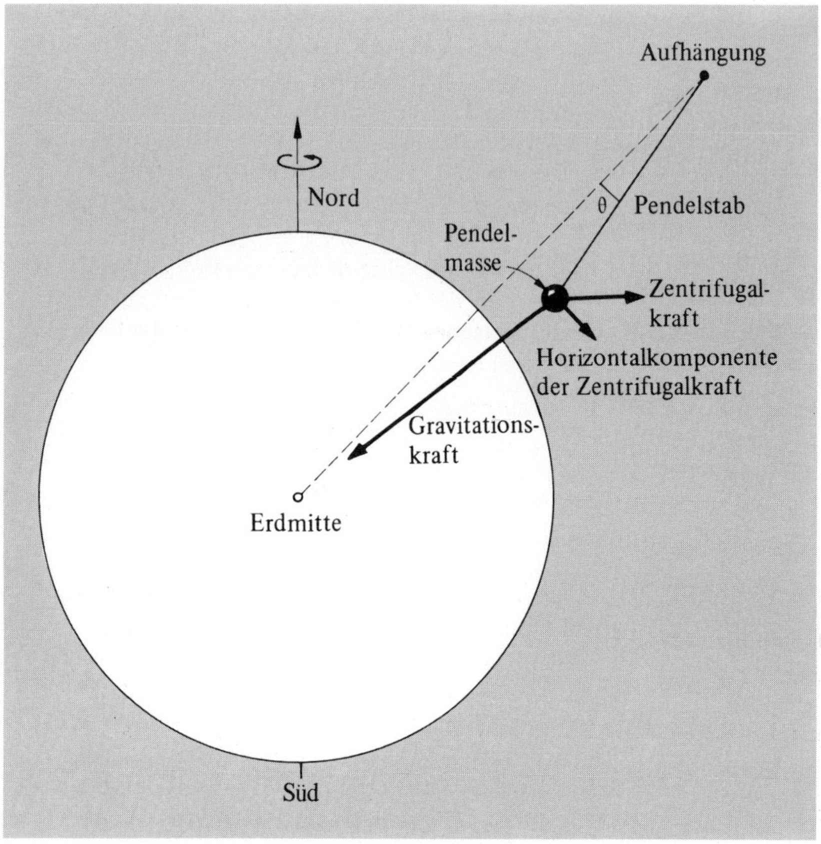

Bild 14.1. Darstellung der Ablenkung eines Pendels aus der Vertikalen um einen kleinen Winkel θ aufgrund der Zentrifugalkraft, die von der Erddrehung herrührt.

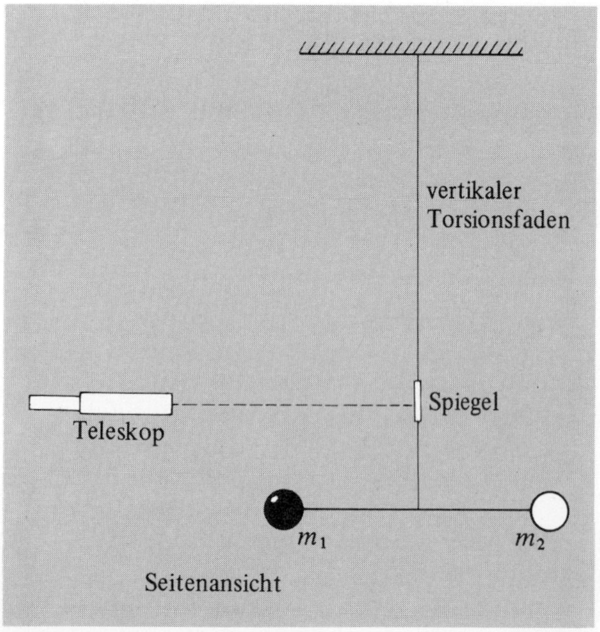

Bild 14.2. Seitenansicht einer Apparatur ähnlich der Eötvösschen Torsionswaage zur Bestimmung des Verhältnisses von träger zu schwerer Masse. m_1 und m_2 sind ungleiche Gegenstände mit gleicher schwerer Masse.

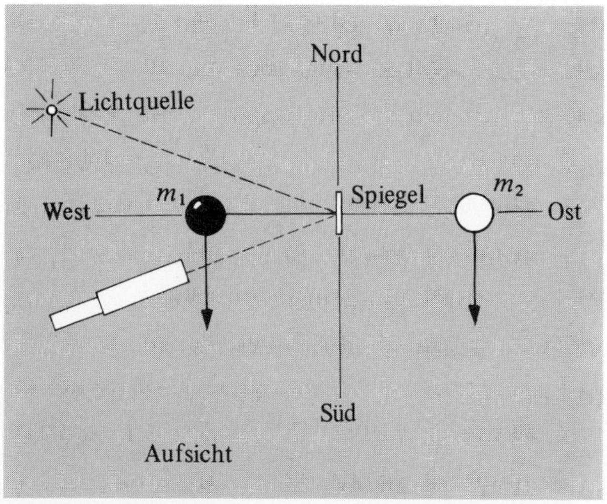

Bild 14.3. Sind die trägen Massen m_1 und m_2 gleich, so sind die Horizontalkomponenten der Zentrifugalkraft gleich, so daß die gesamte auf den Faden wirkende Torsion verschwindet.

14.2. Die schwere Masse der Photonen

Aus Kapitel 12 wissen wir, daß ein Photon mit der Energie $h\nu$, wobei ν die Frequenz bedeutet, eine träge Masse vom Betrag $h\nu/c^2$ besitzen muß. Hat das Photon auch schwere Masse? Experimentelle Ergebnisse lassen stark vermuten, daß das Photon Schwere besitzt und einen Q-Wert hat, der den obigen Werten entspricht. (Die Ruhmasse des Photons ist natürlich Null.)

Betrachten wir ein Photon, das in der Höhe l über der Erdoberfläche die Frequenz ν und somit die Energie $h\nu$ besitzt (Bild 14.5). Die Energie des Photons wird beim Durchfallen der Höhe l um $m_g l$ vergrößert. Seine neue Energie ist $h\nu'$ entsprechend der Gleichung

$$h\nu' \approx h\nu + \frac{h\nu}{c^2} gl . \qquad (14.9)$$

(Wir haben hier angenommen, daß die Masse $h\nu/c^2$ des Photons während des Falls praktisch konstant bleibt, da ν und ν' sich kaum unterscheiden.) Aus Gl. (14.9) ergibt sich für die Frequenz ν' des Photons *nach* dem Fall

$$\nu' \approx \nu \left(1 + \frac{gl}{c^2}\right). \qquad (14.10)$$

Für $l = 20$ m folgt eine relative Frequenzverschiebung von

$$\frac{\Delta\nu}{\nu} = \frac{gl}{c^2} \approx \frac{10^3 \cdot 2 \cdot 10^3}{(3 \cdot 10^{10})^2} \approx 2 \cdot 10^{-15} . \qquad (14.11)$$

Dieser unglaublich kleine Effekt wurde tatsächlich von *Pound* und *Rebka* [1]) unter Verwendung einer γ-Strahlquelle beobachtet. Mit $\Delta\nu = \nu' - \nu$ erhielten sie

$$\frac{\Delta\nu_{\text{erwartet}}}{\Delta\nu_{\text{gerechnet}}} = 1{,}05 \pm 0{,}10 , \qquad (14.12)$$

wobei der gerechnete Wert aus Gl. (14.10) folgt.

Ein Photon, das von einer unendlich fernen Quelle mit der Frequenz ν emittiert wird, hat nach Erreichen der Erdoberfläche die Frequenz ν', die sich aus einer naheliegenden Verallgemeinerung der Gln. (14.9) und (14.10) ergibt:

$$\nu' \approx \nu \left(1 + \frac{Gm_E}{R_E c^2}\right). \qquad (14.13)$$

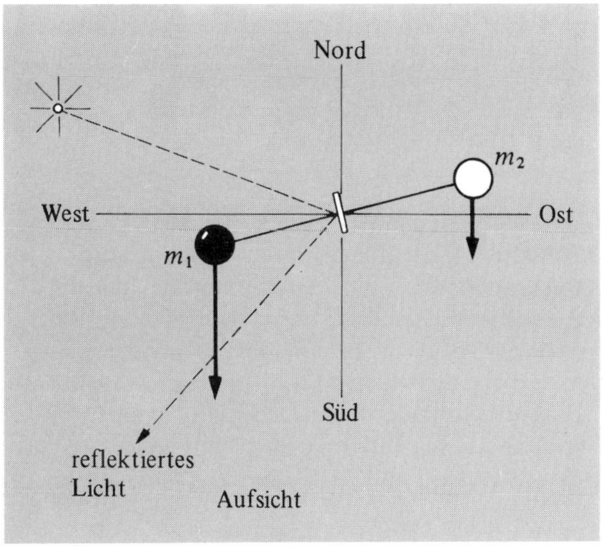

Bild 14.4. Ist die träge Masse m_1 größer als m_2, so wird der Faden verdrillt und der am Faden befestigte Spiegel gedreht.

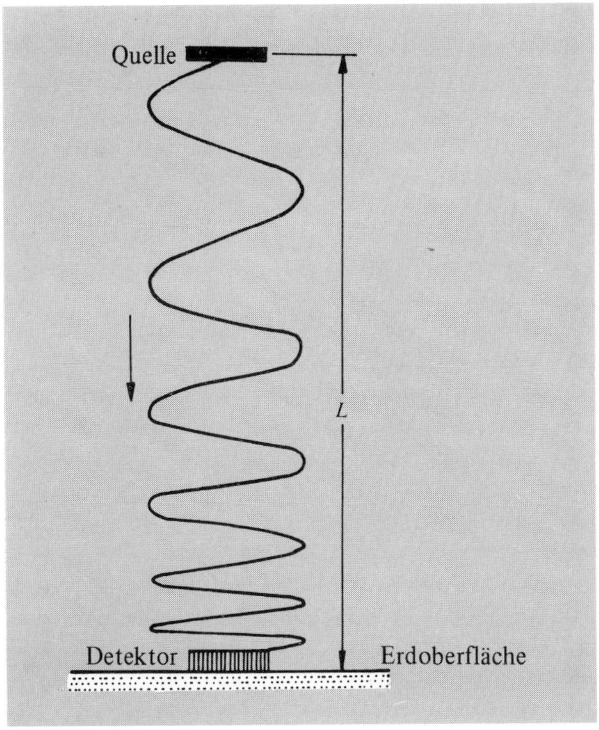

Bild 14.5. Schematische Darstellung des Experiments zur Bestimmung der Rotverschiebung durch Gravitation. Ein Photon der Frequenz ν, das von der Quelle in Richtung Erdmitte emittiert wird, verliert die „potentielle Energie" $\Delta W_p = (h\nu/c^2)gl$ und gewinnt beim Durchfallen der Strecke l den gleichen Betrag an kinetischer Energie. Die Photonenfrequenz ν' am Detektor ist $\nu' = \nu(1 + gl/c^2)$.

1) *R. V. Pound* und *G. A. Rebka*, Jr., Phys. Rev. Letters **4**, 337 (1960). Beachten Sie, daß die Frequenzverschiebung das Verhältnis der „gravitationellen Länge" Gm_E/c^2 der Erde (wie in Kapitel 9 definiert) zum Radius R_E der Erde enthält. Dieses Verhältnis hat den Wert $6 \cdot 10^{-10}$. Der größere Effekt ist hier von der gleichen Art wie er in Gl. (14.11) betrachtet wurde, aber nun ist die Lichtquelle viel weiter von der Erde entfernt.

Die gravitationelle Rotverschiebung. Ein Photon der Frequenz ν, das einen Stern verläßt, wird in unendlicher Entfernung von diesem Stern eine Frequenz

$$\nu' \approx \nu \left(1 - \frac{Gm_s}{R_s c^2}\right) \qquad (14.14)$$

besitzen, wobei m_s die Masse und R_s den Radius des Sterns bedeuten. Das Minuszeichen zeigt an, daß das Photon beim Verlassen des Sternschwerefeldes „kinetische" Energie verloren hat. So wird die Frequenz eines Photons aus dem blauen Bereich des sichtbaren Spektrums in Richtung des roten Endes verschoben. Die Rotverschiebung durch Gravitation darf nicht mit der Dopplerverschiebung weit entfernter Sterne verwechselt werden. Wie bereits in Kapitel 10 besprochen, nimmt man an, daß ihre Ursache in der hohen Geschwindigkeit liegt, mit der sich diese Sterne radial von der Erde entfernen.

Weiße Zwerge besitzen ein großes Verhältnis m_s/R_s und erzeugen eine entsprechend große Rotverschiebung durch Gravitation. Die für Sirius B berechnete relative Verschiebung $\Delta\nu/\nu$ beträgt

$$\frac{\Delta\nu}{\nu} \approx -5{,}9 \cdot 10^{-5}\ ; \qquad (14.15)$$

der beobachtete Wert beträgt $-6{,}6 \cdot 10^{-5}$. Die Diskrepanz liegt innerhalb der Unsicherheit bei der Bestimmung von m_s und R_s.

• **Beispiel**: *Ablenkung von Photonen durch die Sonne* (Bild 14.8). Wie groß ist die Ablenkung eines Lichtstrahls oder eines Photons, das die Sonne randnah passiert?

Bild 14.6. Das untere Ende der Apparatur von *Pound* an der Harvard-Universität. Das Bild zeigt *G. A. Rebka*, jr. bei der Annahme von Instruktionen aus dem Kontrollzentrum zum Justieren der Photomultiplier. In einer späteren Version des Experiments sind die Temperaturen der Quelle und des Absorbers regelbar. Die gesamte gemessene Schwereverschiebung beträgt nur etwa 1/500 der Linienbreite. Eine derart genaue Messung ist nur mit Hilfe einiger besonderer Tricks möglich. *(Mit freundlicher Genehmigung von R. V. Pound)*

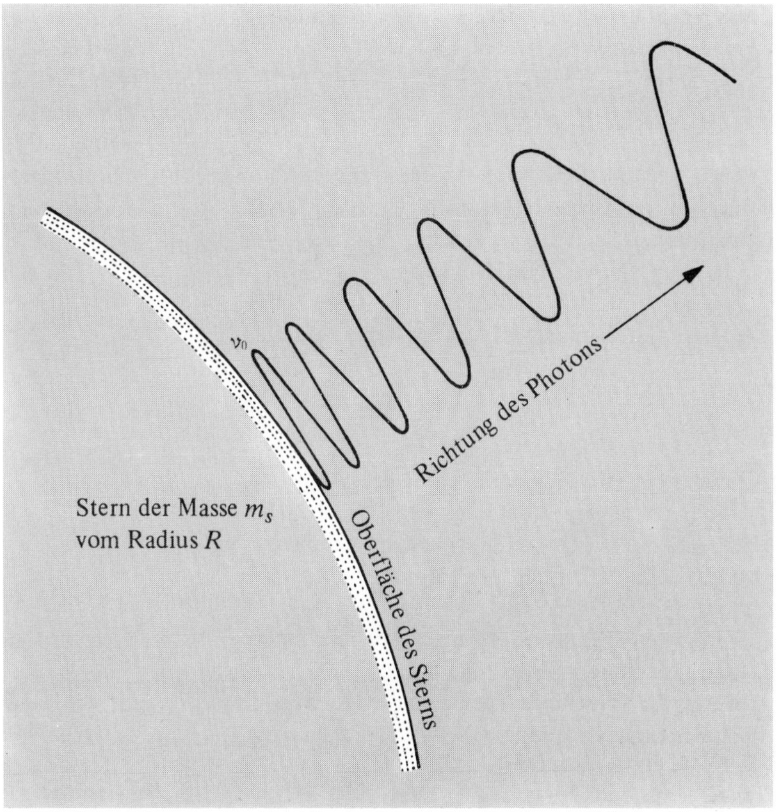

Bild 14.7. Ein Photon, das die Oberfläche eines Sterns nach außen verläßt, gewinnt soviel an „potentieller Energie" wie es an „kinetischer Energie" einbüßt. Ist die Photonenfrequenz an der Oberfläche gleich ν, so beträgt sie in unendlichem Abstand des Photons vom Stern $\nu' = \nu (1 - Gm_s/R_s c^2)$.

Das richtige Ergebnis erhalten wir nur unter Berücksichtigung der speziellen Relativitätstheorie; doch die Größenordnung des genauen Resultats liefert bereits eine einfache Rechnung.

Wir nehmen einmal an, daß das Photon eine Masse m_L besitzt; es wird sich herausstellen, daß m_L bei der Berechnung der Ablenkung wieder herausfällt; daher brauchen wir m_L nicht zu kennen. Lassen wir den Lichtstrahl die Sonne mit einem kleinsten Abstand r_0 von der Sonnenmitte passieren. Wir setzen voraus, daß sich die Ablenkung als sehr klein herausstellen wird, so daß sich r_0 durch die Ablenkung nur unwesentlich ändert. In der Lage (r_0, y) wirkt auf das Photon die transversale Kraft F_x mit

$$F_x = -Gm_s m_L \frac{r_0}{(r_0^2 + y^2)^{3/2}} ; \qquad (14.16)$$

das Koordinatensystem ist dem Bild 14.8 zu entnehmen.

Der Endwert der transversalen Geschwindigkeitskomponente v_x des Photons ist durch

$$m_L v_x = \int F_x dt = \int F_x \frac{d_y}{v_y} \approx \frac{1}{2} \int F_x \, dy \qquad (14.17)$$

gegeben, so daß

$$v_x \approx -\frac{2Gm_s r_0}{c} \int_0^\infty \frac{dy}{(r_0^2 + y^2)^{3/2}} \approx -\frac{2Gm_s}{c\, r_0} \qquad (14.18)$$

wird.

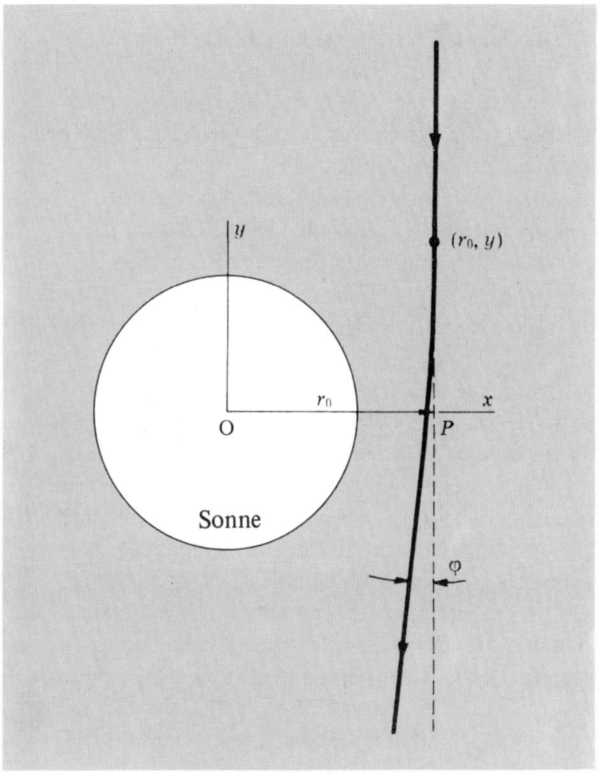

Bild 14.8. Ablenkung eines Photons durch das Schwerefeld der Sonne.

Ist r_0 gleich dem Radius R_s der Sonne, so ergibt sich die Winkelablenkung φ zu

$$\varphi \approx \frac{|v_x|}{c} \approx \frac{2\,Gm_s}{R_s c^2} \text{ Radian.} \qquad (14.19)$$

Numerisch erhalten wir $\varphi = 0{,}87''$. Eine genauere Untersuchung [1]) unter Anwendung sowohl der speziellen Relativitätstheorie als auch des Äquivalenzprinzips führt zu der Vorhersage eines Wertes, der zweimal so groß ist wie der hier abgeleitete, also $1{,}75''$. Dieser Wert ist experimentell bestätigt worden, wobei der relative Fehler der Beobachtung etwa 20 % beträgt. (Die verwendeten Daten werden von manchen Physikern noch nicht vorbehaltlos anerkannt.)

Wenn wir ein Stoßproblem lösen, indem wir bei der Berechnung der aufgeprägten Kraft eines Teilchens annehmen, daß dieses sich geradlinig bewegt, dann erhalten wir lediglich eine Näherung, eine sogenannte *Impulsapproximation.* Die Beziehung zwischen $\int F_x\,dt$ und der x-Komponente der Impulsänderung wurde in Kapitel 5 behandelt. Die Impulsapproximation ist oft sehr nützlich, vorausgesetzt, daß die wirkliche Bahn des Teilchens nicht sehr von der Geraden abweicht, die das Teilchen ohne Wechselwirkung verfolgen würde. •

14.3. Das Äquivalenzprinzip

Die in diesem Kapitel angeführten experimentellen Befunde deuten darauf hin, daß in einem bestimmten Sinne Gravitation und Beschleunigung äquivalent sind. Betrachten wir einen Beobachter in einem Fahrstuhl, der frei mit der Beschleunigung g fällt.

Das Äquivalenzprinzip besagt, daß für einen Beobachter in einem frei fallenden Fahrstuhl die Gesetze der Physik dieselben sind wie in den Inertialsystemen der speziellen Relativitätstheorie (zumindest in der unmittelbaren Nachbarschaft des Fahrstuhlmittelpunktes). *Die durch die beschleunigte Bewegung und die von den Gravitationskräften verursachten Wirkungen heben sich gegenseitig auf.* Ein Beobachter, der in einem geschlossenen Fahrstuhl sitzt und scheinbare Schwerkräfte mißt, kann nicht entscheiden, welcher Anteil dieser Kräfte auf eine Beschleunigungsursache und welcher auf eine tatsächliche Gravitationsursache zurückgeht. Wenn außer der Gravitationskraft keine anderen Kräfte am Fahrstuhl angreifen, so wird er überhaupt keine Auflagerkräfte spüren. Insbesondere fordert das postulierte Äquivalenzprinzip für den Quotienten aus träger und schwerer Masse, daß $m_i/m_g \equiv 1$. Die „Gewichtslosigkeit" eines Astronauten in einem Satelliten mit abgestelltem Triebwerk ist eine Konsequenz des Äquivalenzprinzips.

[1]) z.B. *L. I. Schiff,* Am. J. Phys. **28**, 340 (1961).

Die Entwicklung der mathematischen Folgerungen aus dem Äquivalenzprinzip führt zur allgemeinen Relativitätstheorie; am Ende des Kapitels 11 finden Sie eine Liste weiterführender Literatur. Die klassischen experimentellen Nachprüfungen der allgemeinen Relativitätstheorie werden sehr sorgfältig im ersten Kapitel des Buches von *L. Witten,* „Gravitation: An introduction to current research" (John Wiley and Sons, New York, 1962) erörtert.

14.4. Übungen

1. Zeigen Sie, daß die Frequenz ν eines mathematischen Pendels durch
$$\nu = \frac{\omega}{2\pi} = \frac{1}{2\pi}\left(\frac{m_g}{m_i}\,\frac{g}{l}\right)^{1/2}$$
gegeben ist, wobei m_g und m_i die schwere bzw. die träge Masse bedeuten. (*Bessel* führte seinerzeit sehr sorgfältige Pendelversuche aus und wies nach, daß m_g bis auf $6 \cdot 10^{-4}$ mit m_i übereinstimmte.)
2. Stellen Sie einen Ausdruck für die Rotverschiebung infolge der Gravitation auf, wobei Sie nicht die Annahme $\Delta\nu/\nu \ll 1$ verwenden. (Vernachlässigen Sie Raumkrümmungseffekte.) Beginnen Sie mit $h\Delta\nu = -(h\nu/c^2)(m_s G/r^2)\Delta r$ und integrieren Sie über r von R_s nach ∞ und über f von ν nach ν'.
Lösung: $\nu' = \nu\, e^{-Gm_s/R_s c^2}$.
3. Schätzen Sie die Rotverschiebung durch Gravitation von Licht, das das Zentrum unserer Galaxis verlassen hat, weit außerhalb der Galaxis. (Betrachten Sie die Massenverteilung als homogen innerhalb einer Kugel mit einem Radius von 10 000 Parsek. Die Masse der Galaxis ist $\approx 8 \cdot 10^{44}$ g.
Lösung: $\Delta\nu/\nu = -3 \cdot 10^{-6}$.
4. Im Jahre 1962 wurde eine intensive extraterrestrische Radioquelle optisch als ein sternähnliches Objekt mit einem Winkelradius von etwa $\frac{1}{2}$ Bogensekunde identifiziert. Zuerst hielt man sie für einen Radiowellen emittierenden Stern unserer Galaxis. Später wurde ihr Spektrum vermessen, und die Spektrallinien erwiesen sich als beträchtlich rotverschoben. Beispielsweise wurde eine atomare Sauerstofflinie mit einer gewöhnlichen Wellenlänge $\lambda = 3{,}727 \cdot 10^{-5}$ cm bei $\lambda = 5{,}097 \cdot 10^{-5}$ cm identifiziert. Bei einem Deutungsversuch nahm man an, daß hier ein extrem schwerer Stern vorliegt mit einem *gravitationell rotverschobenen* Spektrum. Ist dieser hypothetische Radiostern noch innerhalb unserer Galaxis, so kann sein Abstand von der Erde maximal 10^{22} cm betragen.
   a) Berechnen Sie aus dem Winkeldurchmesser und der Rotverschiebung die Masse und die mittlere Dichte des Sterns unter obiger Hypothese und unter der Annahme, daß der Abstand 10^{22} cm beträgt. Ist das Ergebnis noch vernünftig?
   b) Ein anderer Vorschlag ging dahin, daß die Quelle eine besondere „Radiogalaxis" sein muß, mit einer Dopplerrotverschiebung, wie sie in Kapitel 10 angegeben wird. Berechnen Sie den Abstand der Galaxis von der Erde unter dieser Hypothese.
   c) Führt das Ergebnis von b) auf einen vernünftigen Radius für die Galaxis?

Lösungen:

a) Die Masse ergibt sich zu $8{,}7 \cdot 10^{43}$g, die mittlere Dichte zu $1{,}6 \cdot 10^{-6}$ g/cm^3. Dies erscheint nicht vernünftig, da die Masse etwa 10 % der Gesamtmasse unserer Galaxis ausmacht.

b) $3 \cdot 10^9$ Lichtjahre ($3 \cdot 10^{27}$ cm).

c) Ja; es ergibt sich ein Radius von etwa 10^{22} cm, ein normaler Wert für Radien von Galaxien.

(Weitere Einzelheiten finden Sie bei *J. L. Greenstein,* „Quasistellar radio sources", Sci. American **209**, 54 (1963). Siehe auch „High Energy Astrophysics", Vol. II, Les Houches 1966, Herausgeber *C. de Witt, E. Schatzmann* und *P. Veron.*)

14.5. Historische Anmerkung: Die Pendel von Newton

Aus Newtons Principia zitieren wir einen Teil seines Berichts über Pendelversuche. Sie sollten mögliche Schwankungen in dem Verhältnis von schwerer zu träger Masse aufdecken.

„Aber es ist schon vor langer Zeit von anderen beobachtet worden, daß (unter Berücksichtigung der geringen Luftreibung) alle Körper in gleichen Zeiten durch gleiche Strecken fallen; und mit der Hilfe von Pendeln läßt sich diese Gleichheit der Fallzeiten sehr genau feststellen.

Ich versuchte die Sache mit Gold, Silber, Blei, Glas, Sand, gewöhnlichem Salz, Holz, Wasser und Weizen. Ich benutzte zwei gleiche Holzkästen. Ich füllte den einen mit Holz und befestigte die gleiche Gewichtsmenge Gold im Oszillationszentrum des anderen, so genau ich es konnte. An gleichen Fäden von 11 Fuß Länge aufgehängt, bildeten die beiden Kästen zwei nach Gewicht und Form völlig gleiche Pendel, mit gleichem Luftwiderstand: Ich beobachtete ihr gemeinsames Bewegungsspiel lange Zeit; sie schwangen gemeinsam. Und deshalb (aufgrund von Cor. I und VI, Prop. XXIV, Buch II) verhält sich die Menge von Materie im Gold zur Menge Materie im Holz wie die Wirkung der Bewegungskraft auf das gesamte Gold zur Wirkung derselben auf das gesamte Holz; i.e., wie das Gewicht des einen zum Gewicht des anderen.

Und mit diesen Experimenten hätte ich bei Körpern gleichen Gewichtes einen Materieunterschied geringer als ein tausendstel des Ganzen feststellen können."

15. Die moderne Elementarteilchenphysik

15.1. Stabile und instabile Teilchen

Alle bekannte Materie besteht aus Teilchen. Vielleicht die wichtigste Entdeckung überhaupt, die Physiker gemacht haben, ist die Tatsache, daß Materie aus bestimmten kleinsten Bausteinen besteht. Sie ist der Schlüssel für Gestalt und Verhalten von Gasen, Flüssigkeiten und Festkörpern, für chemische Reaktionen und für Modelle, die die Physik sowohl im subatomaren und atomaren, als auch im makroskopischen Bereich erklären können. Schon 1756 war sich *Franklin* der Teilchenstruktur elektrisch geladener Materie bewußt. Nach Beschäftigung mit dem Phänomen der Influenz schrieb er mit bewundernswerter Einsicht: „Die Elektrizität besteht aus extrem winzigen Teilchen, da sie gewöhnliche Materie, auch die dichteste, mit einer solchen Freiheit und Leichtigkeit durchdringen kann, als ob sie keinen merklichen Widerstand verspürt." 1897 bewies *J. J. Thomson*, daß Kathodenstrahlen durch elektrostatische und magnetische Felder abgelenkt werden (Bild 15.1). Er berechnete die Masse der Teilchen (Elektronen) dieser Strahlen und fand, daß sie in der Größenordnung von 10^{-3} der Masse eines Wasserstoffatoms liegt. Diese Arbeit, zusammen mit der Entdeckung des *Zeemann-Effekts* (Aufspalten der Spektrallinien durch ein Magnetfeld), belegt die weitgehende Annahme des elektrischen Aufbaus der Materie. Die Entdeckung des Atomkerns durch *Rutherford* erfolgte 1911 bis 1913. *Rutherford* wies nach, daß die Atome aus einem positiv geladenen Kern bestehen, umgeben von einem System von Elektronen, die durch anziehende Coulombkräfte des Kerns zusammengehalten werden. Es wurde auch gezeigt, daß die gesamte negative Ladung der Elektronen eines Atoms betragsmäßig gleich der positiven Ladung des Kerns ist. Der Kern enthält den größten Teil der Masse eines Atoms; die Größe des Kerns ist verschwindend klein gegenüber der Größe des ganzen Atoms. *Bohr* sagte 1913: „Diesem Atommodell muß große Aufmerksamkeit gezollt werden."

Nach der Entwicklung des *Bohr-Rutherfordschen Atommodells* 1913 kannte man als Elementarteilchen das Elektron, das Proton und etwa 95 verschiedene Kerne. (Ein Elementarteilchen ist praktisch jedes Teilchen, das man nicht leicht als Kombination von anderen Teilchen beschreiben kann.) Nach der Entdeckung des Neutrons (ein neutrales Teilchen mit einer wenig größeren Masse als die des Protons (Bild 15.3)) im Jahre 1932, verstand man unter einem Atomkern eine Kombination von Neutronen und Protonen. Damals kannte man vier Elementarteilchen: das Neutron (n), das Proton (p), das Elektron (e) und das Photon (γ). Seitdem ist die Anzahl der bekannten Elementarteilchen ständig gestiegen. Das Positron (e^+), das positiv geladene Gegenstück zum Elektron, wurde 1932 entdeckt. Die Existenz von Neutrinos (ν), neutralen masselosen Teilchen mit sehr schwacher Wechselwirkung, wurde in den 30er Jahren ziemlich gut gesichert. Positiv oder negativ geladene Teilchen oder Müonen (μ^+, μ^-), die etwa 208mal schwerer sind als Elektronen, entdeckte man 1936. Dann folgten die Entdeckungen schneller aufeinander: 1947 ein anderes Paar geladener Teilchen (π^+ und π^-, genannt Pionen oder π-Mesonen [1]), 1950 ein neutrales Gegenstück dazu (π^0), 1955 das negativ geladene Gegenstück zum Proton (Antiproton $\bar{p}$), das Antineutron ($\bar{n}$), eine neue Familie von geladenen und neutralen Mesonen (K^+, K^0, K^-) und schwerere Teilchen (Λ^0, Σ^+, Σ^0, Σ^-, Ξ^0, Ξ^-) Antiteilchen zu diesen, zehn sehr kurzlebige ($< 10^{-20}$ s) Mesonen und schwere Teilchen; und sogar noch eine andere Familie von Neutrinos.

Können das alles wirklich Elementarteilchen sein? Sind einige oder vielleicht alle von ihnen als Kombinationen anderer Teilchen zu verstehen, als Bindungszustände von zwei oder mehreren anderen Teilchen? Könnten sie Anregungszustände eines Teilchens sein, genau wie das Wasserstoffatom viele Anregungszustände hat? Es ist sehr wahrscheinlich, daß die große Anzahl der Elementarteilchen nur unsere gegenwärtige Unwissenheit über die Antworten auf diese Fragen widerspiegelt.

Nur zwei der geladenen Teilchen, das Elektron und das Proton, sind stabil – zumindest in unserem Teil des Universums. In einem Universum der Antiteilchen wären das Positron und das Antiproton stabil. Alle anderen geladenen Teilchen zerfallen entweder schnell oder spontan (i.a. viel schneller als 10^{-6} s), oder sie werden fast momentan vernichtet (Positronen, Antiprotonen), wenn sie

[1]) *Meson* bedeutet wörtlich „dazwischenliegend" und bezieht sich auf die Tatsache, daß die Masse des Mesons zwischen der des Elektrons und der des Protons liegt.

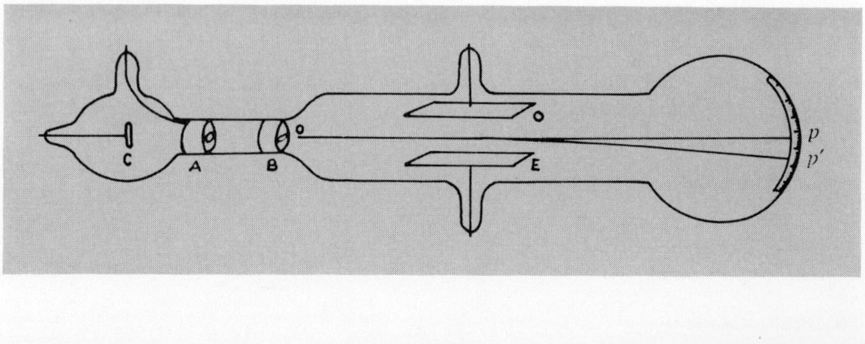

Bild 15.1. *J. J. Thomsons* Apparatur (1897) zur e/m-Bestimmung

Bild 15.2. Das Cavendish Laboratorium an der Cambridge Universität. Hier wurde von *J. J. Thomson* das Elektron entdeckt und von *Rutherford* die erste künstliche Kernumwandlung beobachtet. *(Photographie British Information Services)*

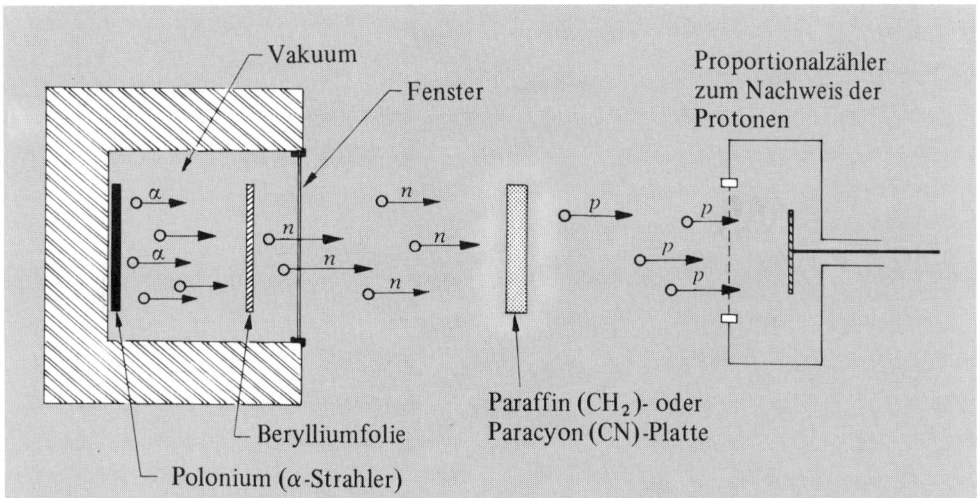

Bild 15.3. Schema der von *Chadwick* benutzten Apparatur zur Beobachtung von Neutronen (1932). In diesem Experiment treffen α-Strahlen des Poloniums auf eine Beryllium-Folie. Die Kernreaktion

$${}_2\alpha^4 + {}_4Be^9 \rightarrow {}_6C^{13} \rightarrow {}_6C^{12} + n$$

setzt Neutronen frei, die ihrerseits auf eine Paraffinplatte treffen. Die Neutronen geben in elastischen Stößen ihre Energie an Protonen ab; diese werden mit einem Proportionalzähler registriert. Es war auch möglich, Stickstoffkerne mit dem Proportionalzähler festzustellen, wenn man CN statt CH_2 verwandte. Mit diesem Experiment wurde festgestellt, daß die Masse des Neutrons etwa der des Protons entspricht.

Bild 15.4. Pic du Midi Observatorium in den französischen Pyrenäen. Höhe etwa 2800 m. Die linke Kuppel enthält einen Coronographen. Das Höhenstrahlungslabor befindet sich hinter der Kuppel. Am Horizont verläuft die Grenze nach Spanien.

Bild 15.5. Luftaufnahme des europäischen Kernforschungsinstituts CERN in Genf. Links das in die Erde eingelassene 28 GeV-Protonensynchroton von 200 m Durchmesser. Hier werden Protonen bis zur 0,9994-fachen Lichtgeschwindigkeit beschleunigt. Diese Maschine ist ein Gemeinschaftsprojekt der 14 europäischen Mitgliedsstaaten von CERN. *(CERN)*

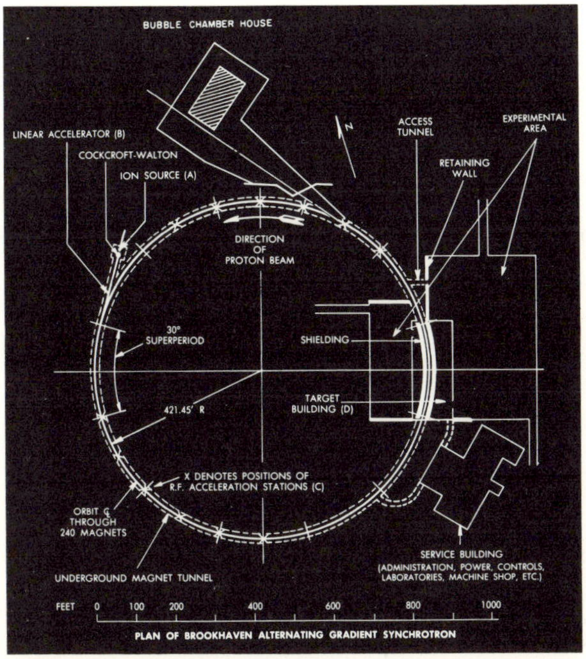

Bild 15.6. Plan des 33 GeV-Protonensynchrotons des Brookhaven National Laboratory. Die Hochenergie-Teilchenbeschleuniger in Brookhaven, Genf, Dubna und Berkeley gehören zu den eindrucksvollsten wissenschaftlichen Einrichtungen der Welt. Weitere große Beschleuniger befinden sich in Bau.

mit normaler Materie in Berührung kommen. Unter den neutralen (ungeladenen) Teilchen zerfallen nur das Photon und die Neutrinos nicht spontan. Freie Neutronen zerfallen nach $n = p + e + \bar{\nu}$ mit einer mittleren Lebensdauer von 15 min (Bild 15.8), aber in einem Kern gebundene Neutronen brauchen nicht unbedingt zu zerfallen. Gebundene Neutronen und Protonen können stabile Kerne bilden.

Trotz der großen Anzahl von Elementarteilchen spielen also nur wenige eine auffallende Rolle in der Struktur normaler Materie. Neutronen und Protonen werden gebunden und bilden geladene Kerne. Um den Kern bewegt sich eine Elektronenwolke; zusammen bilden sie ein Atom. Atome verbinden sich zu Molekülen. Riesige Vereinigungen von Molekülen bilden die makroskopische Form der Materie: Gase, Flüssigkeiten, Kristalle usw. Beschleunigte Elektronen emittieren oder absorbieren Photonen. Die Untersuchung der Übergänge zwischen atomaren Energieniveaus nennt man Spektroskopie, die zusammen mit der Elektronen- und Kernresonanz das wichtigste experimentelle Mittel zur Erforschung von Atom- und Molekülstrukturen darstellt.

Mit Ausnahme der vier Teilchen p, n, e und γ hat die Natur die Rolle aller anderen Teilchen in der Struktur der normalen stabilen Materie verborgen. Wir wissen, daß Protonen und Neutronen nicht einfache punktförmige

Bild 15.7. Luftaufnahme des Synchrotrons in Brookhaven und der zugehörigen Gebäude. Rechts vom Magnetring ist das Gebäude mit der 80-Zoll-Flüssigwasserstoff-Blasenkammer; oben links das Cosmotron-Gebäude; unten links das Gebäude des Graphit-Forschungsreaktors. *(Brookhaven National Laboratory)*

Teilchen sind, sondern eine gewisse Ausdehnung und eine Struktur haben. Andere Elementarteilchen sind an ihrem Aufbau beteiligt, aber die Bestandteile sind so fest gebunden (die Bindungsenergien sind vergleichbar mit ihrer Ruhmasse multipliziert mit c^2), daß verhältnismäßig große Energien notwendig sind, um ein Proton (oder ein Neutron) zu spalten. Um ein Proton zu spalten, müssen wir genug Energie aufbringen, um die Ruhmasse und die kinetische Energie der entstehenden Teilchen zu erzeugen.

Bei einem Neutron-Proton-Zusammenstoß können wir neutrale π^0-Mesonen herstellen:

$$n + p \rightarrow n + p + \pi^0,$$

vorausgesetzt, daß die kinetische Energie des auftreffenden Neutrons groß genug ist. Sie muß mindestens so groß sein wie die Summe der kinetischen Energien der n, p und π^0 plus der Ruhenergie des π^0-Mesons:

$$m_{\pi^0} \cdot c^2 \approx 140\,\text{MeV}.$$

Vom Standpunkt der Energie- und Impulserhaltung aus gesehen entstand das π^0 bei diesem Stoß. Es hat auf keinen Fall schon vor dem Stoß existiert. Das Neutron und das Proton lieferten Energie und Impuls, um die Bildung des π^0-Mesons zu katalysieren. Das π^0-Meson kann als aus dem Vakuum entstanden betrachtet werden, ähnlich wie aus γ-Strahlen Elektronen-Positronen-Paare gebildet werden. Eine genaue Beschreibung des Mechanismus solcher Prozesse kann nur mit Begriffen der relativistischen Quantentheorie gegeben werden. Die Wechselwirkung zwischen Pionen (π-Mesonen) und Nukleonen (Protonen oder Neutronen) ist derart, daß wir die Anwesenheit eines π^0-Mesons feststellen könnten, wenn wir in ein Nukleon mit einem idealen Mikroskop (das sehr kleine Wellenlängen benutzt) hineinsehen könnten. Sollten wir jedoch ein solches Meson aus dem Proton oder Neutron herausschlagen, so würde der Verlust schnell durch die Erzeugung eines neuen Mesons in dem Nukleon korrigiert. Das Proton oder Neutron wäre dann in keiner Hinsicht von einem Nukleon zu unterscheiden, das nicht an der Erzeugung eines Mesons beteiligt war; denn das Nettoergebnis ist die Erzeugung eines freien Mesons (nämlich das, welches aus dem Nukleon herausgeschlagen wurde), und der Energieerhaltungssatz fordert, daß die gesamte der Masse des Mesons entsprechende Energie in der Reaktion aufgebracht werden muß.

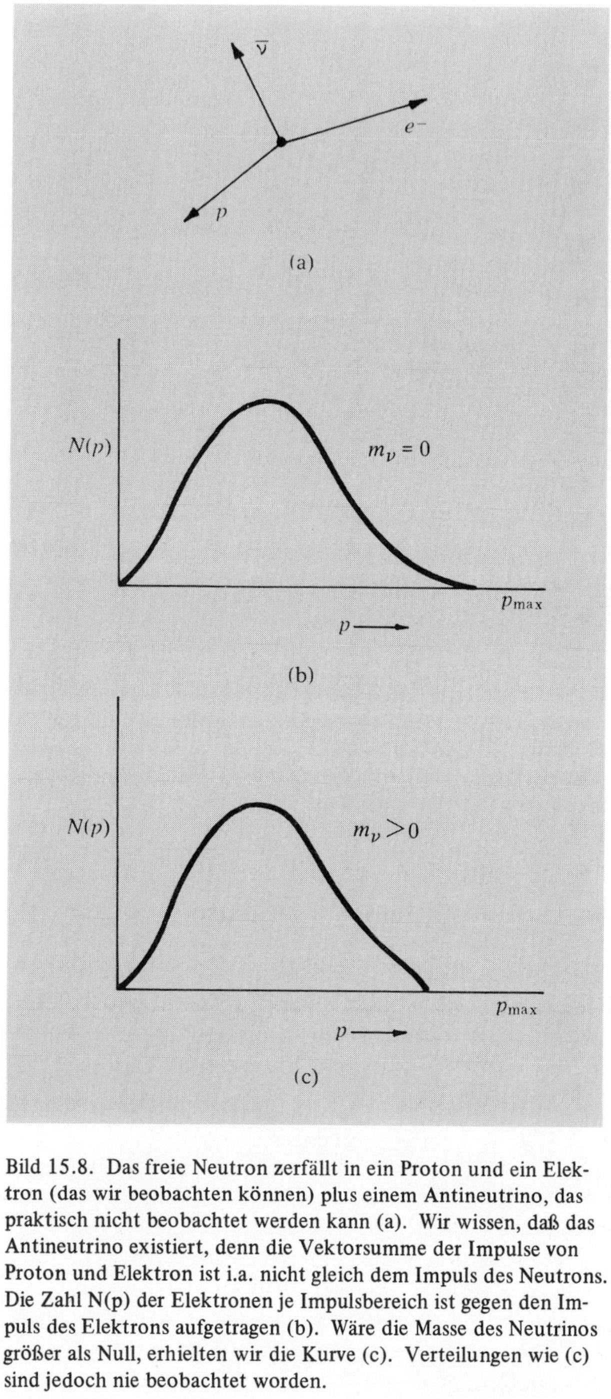

Bild 15.8. Das freie Neutron zerfällt in ein Proton und ein Elektron (das wir beobachten können) plus einem Antineutrino, das praktisch nicht beobachtet werden kann (a). Wir wissen, daß das Antineutrino existiert, denn die Vektorsumme der Impulse von Proton und Elektron ist i.a. nicht gleich dem Impuls des Neutrons. Die Zahl N(p) der Elektronen je Impulsbereich ist gegen den Impuls des Elektrons aufgetragen (b). Wäre die Masse des Neutrinos größer als Null, erhielten wir die Kurve (c). Verteilungen wie (c) sind jedoch nie beobachtet worden.

Um die meisten Elementarteilchen untersuchen zu können (außer den wenigen stabilen: Elektronen, Protonen, in Kernen gebundene Neutronen, Photonen), müssen sie durch Stöße erzeugt werden. Auch dann können die Teilchen so schnell wieder zerfallen, daß man sie dauernd nachproduzieren muß, um ihre Eigenschaften zu untersuchen. Vor 1949, ehe die großen Teilchenbeschleuniger zur Verfügung standen, konnte die Erzeugung von instabilen Teilchen nur bei Stößen der hochenergetischen kosmischen Strahlung (i.a. Protonen oder Atomkerne) mit den Kernen in der Atmosphäre oder in irgendeinem dichten Material, das als Target diente, beobachtet werden. Leider machten es die geringe Anzahl und die unkontrollierbaren Energien der vorkommenden Teilchen äußerst schwer, genaue Daten über ihre Eigenschaften zu erlangen. Trotzdem sind bereits viele bedeutende Daten aus Experimenten mit kosmischer Strahlung gewonnen worden.

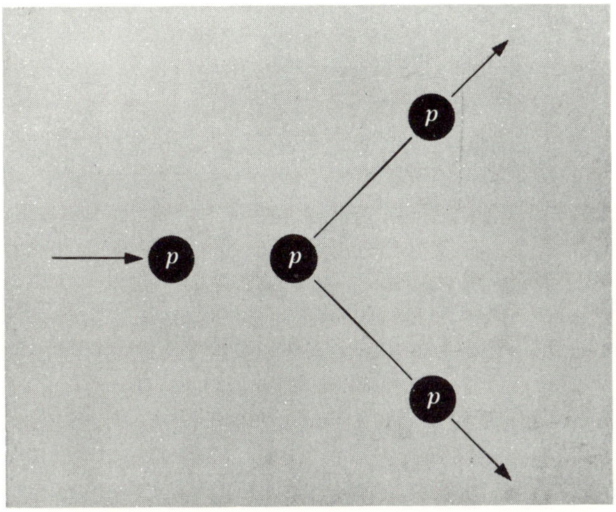

Bild 15.9. Niederenergetische Stöße von zwei Protonen führen nur zu elastischer Streuung. Die beiden Protonen verhalten sich fast wie Billardkugeln.

Um ein Elementarteilchen der Masse m zu erzeugen, braucht man eine Energie, die mindestens so groß ist wie die Ruhenergie mc^2 dieses Teilchens. Das ist nicht sehr viel; die schwersten heute bekannten Elementarteilchen sind nur 4000mal so schwer wie ein Elektron, so daß ihre Ruhenergie höchstens einige Tausendstel erg beträgt. Eine Blitzlichtbatterie liefert genügend Energie, um Tausende von Teilchen je Sekunde zu erzeugen. Das Problem ist, diese Energie räumlich stark zu konzentrieren, sie in das sehr kleine Volumen ($\approx 10^{-40}\,cm^3$) zu bringen, das von einem einzelnen Teilchen eingenommen wird. Man erreicht dieses mit einem großen Beschleuniger, der einen Stoß herbeiführt, bei dem ein einzelnes beschleunigtes Teilchen ausreichend Energie transportiert, um eine gewünschte Reaktion hervorzurufen oder ein oder mehrere Elementarteilchen zu erzeugen (Bild 15.9). Die Hochenergiebeschleuniger werden hauptsächlich dazu benutzt, Protonen zu beschleunigen (Bild 15.10). Die hochenergetischen Elektronenbeschleuniger (Bild 15.11) von heute werden eingesetzt, wenn es darum geht, die Struktur des Protons oder Neutrons zu untersuchen.

Die Welt der Elementarteilchenphysik ist weitgehend von den Physikern geschaffen worden, die sie erforscht haben. Bei der Untersuchung eines instabilen Teilchens muß dieses schnell registriert werden, und die relevanten Messungen müssen aufgezeichnet sein, ehe es wieder zerfällt oder absorbiert wird. In Tabelle 15.1 geben wir eine Zusammenstellung (teilweise aufgestellt von *W. H. Barkas* und *A. H. Rosenfeld*) der Massen und mittleren Lebensdauer vieler der stabileren Elementarteilchen.

Tabelle 15.1. Massen und mittlere Lebensdauer von Teilchen

(Die Antiteilchen haben, so weit wir wissen, denselben Spin, dieselbe Masse und Lebensdauer wie die aufgeführten Teilchen, jedoch entgegengesetzte Ladung.)

Teilchen	Spin	Masse MeV	mittlere Lebensdauer s
Photone			
γ	1	0	stabil
Leptonen			
ν (2 Arten)	$\frac{1}{2}$	0	stabil
$e^{\mp}$	$\frac{1}{2}$	0,511 006 ± 0,000 005	stabil
$\mu^{\mp}$	$\frac{1}{2}$	105,655 ± 0,010	$2{,}212 \cdot 10^{-6}$
Mesonen			
π^{+}	0	139,59 ± 0,05	$2{,}55 \cdot 10^{-8}$
π^{0}	0	135,00 ± 0,05	$(2{,}2 \pm 0{,}8) \cdot 10^{-16}$
$K^{\pm}$	0	493,9 ± 0,2	$1{,}22 \cdot 10^{-8}$
K^{0}			50% K_1, 50% K_2
K_1	0	497,8 ± 0,6	$1{,}00 \cdot 10^{-10}$
K_2			$6 \cdot 10^{-8}$
Baryonen			
p	$\frac{1}{2}$	938,256 ± 0,015	stabil
n	$\frac{1}{2}$	939,550 ± 0,015	$1{,}01 \cdot 10^{3}$
Λ	$\frac{1}{2}$	1115,36 ± 0,14	$2{,}5 \cdot 10^{-10}$
Σ^{+}	$\frac{1}{2}$	1189,40 ± 0,20	$0{,}8 \cdot 10^{-10}$
Σ^{-}	$\frac{1}{2}$	1197,4 ± 0,30	$1{,}6 \cdot 10^{-10}$
Σ^{0}	$\frac{1}{2}$	1193,0 ± 0,5	$<0{,}1 \cdot 10^{-10}$
Ξ^{-}	?	1318,4 ± 1,2	$1{,}3 \cdot 10^{-10}$
Ξ^{0}	?	1311 ± 8	$1{,}5 \cdot 10^{-10}$
Ω^{-}		1676	(1 Ereignis)

15.2. Die Massen der Elementarteilchen

Ein Elementarteilchen hat immer die gleiche Ruhmasse [1]). Wenn zwei Teilchen unterschiedliche Ruhmassen besitzen, betrachten wir sie als verschiedene Teilchen. Die Größe der Ruhmasse dient zur eindeutigen Identifizierung des Teilchens. Sie erlaubt uns, ohne direkte Beobachtungen auf die Existenz eines Teilchens zu schließen, allein von der Bedingung der Energie- und Impulserhaltung her. Geladene Teilchen hinterlassen Spuren in geeigneten Materialien (Nebelkammern, Blasenkammern, photographische Platten, Zähler). Mit Hilfe eines Magnetfeldes

[1]) Exakt stimmt das nur für stabile Teilchen. Das Experiment bestätigt die Aussage der Quantentheorie, daß bei instabilen Teilchen die Masse m eine Unschärfe Δm besitzt, gegeben durch $\Delta m \cdot c^2 \approx h/2\pi \cdot \tau$ mit der mittleren Lebensdauer τ und dem Planckschen Wirkungsquantum h. Für das Neutron ist $\tau \approx 15$ min und $\Delta m/m \approx 10^{-27}$; für das π^0-Meson ist $\tau \approx 10^{-16}$ und $\Delta m/m \approx 10^{-7}$. Für sehr kurzlebige Teilchen mit $\tau \ll 10^{-16}$ s ist die Massenunschärfe nicht mehr klein.

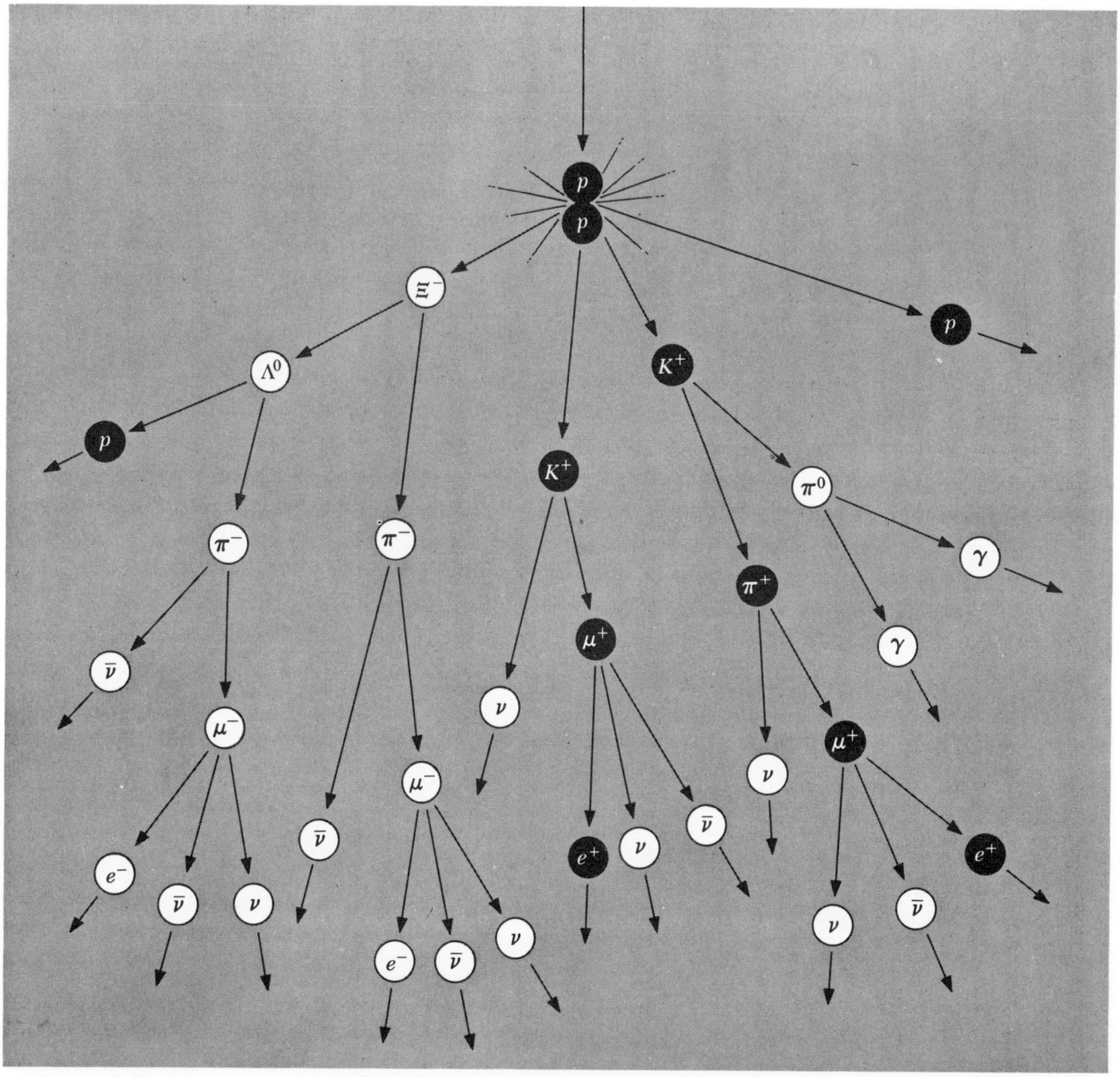

Bild 15.10. Hochenergetische Stöße von zwei Protonen erzeugen eine Lawine von Teilchen. Eines der ursprünglichen Protonen fliegt unverändert weg (oben rechts). Das andere zerfällt in eine ΞHyperon und in zwei K^+-Mesonen. Diese Teilchen sind instabil und zerfallen in andere Teilchen, die teilweise wieder zerfallen. Am Ende bleiben nur stabile Teilchen übrig. Es sind in diesem Beispiel mehr als zwanzig. *(S. B. Treiman,* "The weak Interactions", Sci. American **200**, S. 77, März (1959)

können wir den Impuls und folglich die Energie eines Teilchens vor und nach dem Stoß messen.

Betrachten wir beispielsweise den Stoß eines energiereichen Elektrons gegen ein ruhendes Proton. Das Proton könnte sich in einem Wasserstoffmolekül in einem Target aus flüssigem Wasserstoff befinden. Bei den meisten Stoßprozessen bilden das auftreffende Elektron und ein bestimmtes Proton ein nahezu isoliertes System, und nur ein sehr kleiner Impuls oder wenig Energie wird an irgendein anderes Teilchen abgegeben. Die ungestrichenen Größen sollen sich auf die Teilchen vor dem Stoß und die gestrichenen auf die Teilchen nach dem Stoß beziehen. Dann ist

$$\mathbf{p}_1 + \mathbf{p}_2 - \mathbf{p}_1' - \mathbf{p}_2' \equiv \Delta\mathbf{p} = 0 \qquad (15.1)$$

und

$$[p_1^2 c^2 + m^2 c^4]^{1/2} + [p_2^2 c^2 + m_p^2 c^4]^{1/2} - [p_1'^2 c^2 + m_e^2 c^4]^{1/2} - [p_2'^2 c^2 + m_p^2 c^4]^{1/2} \equiv \Delta W = 0\,. \qquad (15.2)$$

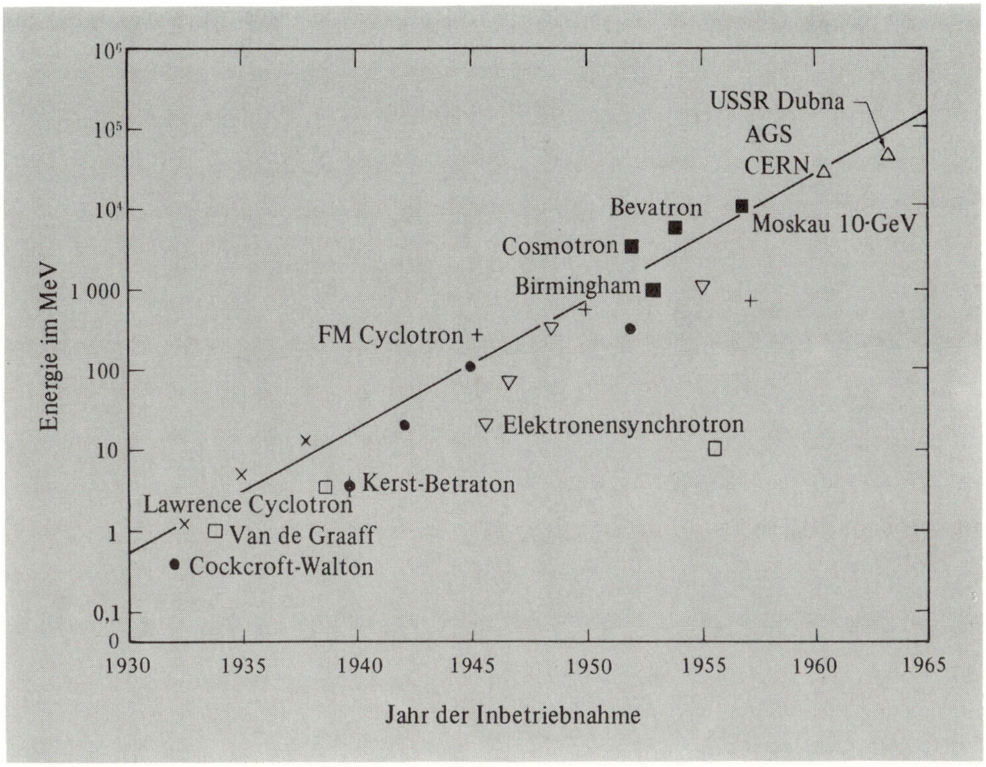

Bild 15.11. Die Energien der Hochenergie-Teilchenbeschleuniger sind seit 1932 alle fünf Jahre etwa um den Faktor 10 gestiegen. Jeder größere Sprung wurde durch irgendeine grundlegende neue Idee für die Konstruktion eines Beschleunigers ausgelöst. Das erste Festfrequenz-Cyclotron war das Lawrence-Cyclotron im Jahre 1932; das erste frequenzmodulierte Cyclotron war 1946 die 184-Zoll-Maschine in Berkeley; das erste Protonen-Synchrotron mit schwacher Fokussierung war das Cosmotron im Jahre 1952; das Protonen-Synchrotron mit der sog. alternating-gradient-Fokussierung entstand bei CERN und in Brookhaven 1959 und 1960 (nach *R. D. Hill,* "Tracking Down Particles", W. A. Benjamin, Inc., New York, 1963).

x Festfrequenz-Cyclotron
+ FM-Cyclotron
▪ Protonen-Synchrotron mit schwacher Fokussierung
△ Synchrotron mit alternating-gradient-Fokussierung
• Betatron

Hierbei sind m_p die Ruhmasse des Protons und m_e die Ruhmasse des Elektrons. Bei etwa 1 % der Stöße jedoch können wir beobachten, daß ΔW und Δp nicht Null sind. Das würden wir auch erwarten, wenn bei diesen Elektron-Proton-Stößen ein ungeladenes Teilchen erzeugt wird (das keine sichtbaren Anzeichen für seine Bahn hinterläßt). Aber wenn Impuls und Energie nicht immer erhalten blieben, hätten wir eine ähnliche Situation. Wie können wir diese beiden möglichen Fälle unterscheiden?

Ein hierfür bedeutendes experimentelles Ergebnis lautet, daß bei allen Stößen, unabhängig von den Beträgen und Richtungen von $\mathbf{p}_1'$ und $\mathbf{p}_2'$, die fehlende Energie immer positiv ist. Sollte sie jemals negativ auftreten, könnten wir die Vermutung nicht aufrecht erhalten, daß die fehlende Energie in Ruhmasse und kinetische Energie nichtbeobachteter Teilchen umgesetzt worden ist. Und noch wichtiger, solange nur ein einziges unsichtbares (neutrales) Teilchen der Masse m erzeugt wird, das ΔW und $\Delta \mathbf{p}$ wegträgt, muß für die beiden Größen stets die Beziehung

$$(\Delta W)^2 - c^2 (\Delta \mathbf{p})^2 = m^2 c^4 \geqslant 0 \qquad (15.3)$$

gelten. Die Ruhmasse m des neutralen Teilchens muß unabhängig sein von $\mathbf{p}_1$, $\mathbf{p}_1'$, $\mathbf{p}_2$ und $\Delta \mathbf{p}$. Bei den Millionen bisher analysierten unelastischen Stößen hat man fehlende Beträge von Energie und Impuls immer erfolgreich durch die Erzeugung eines oder mehrerer der bekannten Elementarteilchen erklären können. Dieser Umstand liefert vielleicht den stärksten Beweis für die Erhaltung des relativistischen Impulses und der Energie.

Solange die kinetische Energie des auftreffenden Protons bei Elektron-Proton-Stößen kleiner als 140 MeV ist, liefern fast alle unelastischen Stöße

$$(\Delta W)^2 - c^2 (\Delta \mathbf{p})^2 = 0 \,. \qquad (15.4)$$

Ein Vergleich mit Gl. (15.3) zeigt, daß das beim Stoß entstandene Teilchen die Ruhmasse Null besitzt. Das Teilchen ist ein Photon γ, so daß die Reaktion

$$e + p \rightarrow e + p + \gamma \qquad (15.5)$$

lautet. In dem Bereich unter 140 MeV können wir die Fälle, in denen $(\Delta W)^2 > c^2 (\Delta p)^2$ ist, stets als mehrfache γ-Erzeugungsprozesse interpretieren, wie

$$e + p \rightarrow e + p + \gamma + \gamma .$$

Niemals sind Stöße beobachtet worden, bei denen $(\Delta W)^2 < c^2 (\Delta p)^2$ ist.

In dem Bereich oberhalb etwa 140 MeV tritt ein anderer Mechanismus des Energie-Impulsverlustes auf. Hier beobachtet man bei unelastischen Stößen, daß

$$(\Delta W)^2 - c^2 (\Delta p)^2 = (135 \text{ MeV})^2 \qquad (15.6)$$

ist. Wir deuten diesen Energie-Impuls-Fehlbetrag als Erzeugung eines Teilchens der Ruhmasse 135 MeV. Die mit Gl. (15.6) gegebene Differenz wird auf ein neutrales π^0-Meson der Ruhmasse 264 m_e übertragen, wobei m_e die Masse des Elektrons bedeutet. Der Prozeß ist

$$e + p \rightarrow e + p + \pi^0 .$$

Diese Reaktion wurde durch die Beobachtung der Zerfallsprodukte des instabilen π^0 bestätigt, das gemäß

$$\pi^0 \rightarrow \gamma + \gamma$$

zerfällt. Auf diese Weise wurde das neutrale Pion zuerst entdeckt. Jedoch genügt die wiederholte Verwirklichung von Gl. (15.6) mit verschiedenen Energien des auftreffenden Elektrons bereits, um die Existenz eines Mesons der Ruhmasse 264 m_e zu sichern. Das π^0-Meson entsteht auch bei hochenergetischen Stößen anderer Teilchen, z.B. bei den Prozessen

$$\gamma + p \rightarrow p + \pi^0, \quad n + p \rightarrow n + p + \pi^0 . \qquad (15.7)$$

Entsprechend basiert die Entdeckung und die Sicherung der Existenz anderer Elementarteilchen oft auf der Anwendung der Erhaltungssätze für Energie und Impuls.

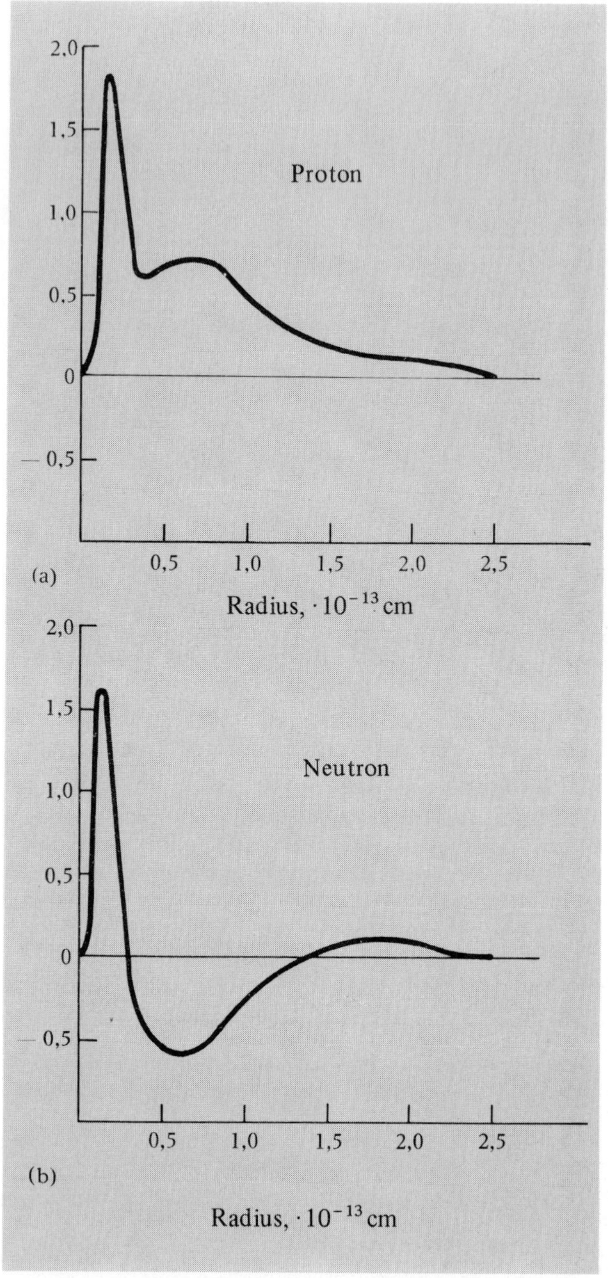

Bild 15.12. Ladungsverteilung im Proton und im Neutron als Funktion des Radius innerhalb des Teilchens. Die Ordinate ist proportional zur Ladung einer dünnen Kugelschale mit dem Radius r. Die Fläche unter der Proton-Kurve ist gleich der Ladung des Protons. Die Fläche unter der Neutron-Kurve ist Null. Die Daten wurden aus hochenergetischen Elektronenstreuexperimenten gewonnen.

15.3. Die Ladung der Elementarteilchen (Bild 15.12)

Alle bereits bekannten Elementarteilchen haben innerhalb der Meßgenauigkeit die Ladung +e, −e oder Null. Außerdem wurde bisher nie von einem Stoßprozeß berichtet, bei dem die Gesamtladung innerhalb der experimentellen Genauigkeit nicht erhalten geblieben ist. Z.B. weiß man, da ein Neutronenstrahl in einem homogenen elektrischen Feld nicht abgelenkt wird, daß die Ladung des Neutrons Null ist, mit einer Abweichung von höchstens dem 10^{-17}-ten Teil der Elektronenladung.

Wenn wir das Prinzip der Erhaltung der Ladung auf die Reaktionen

$$n + p \rightarrow p + p + \pi^-, \quad n + p \rightarrow n + n + \pi^+ \qquad (15.8)$$

anwenden, so ist die Ladung der π^-- und π^+-Mesonen zu −e bzw. +e bestimmt. Andere Teilchen werden in Paaren von positiven und negativen Teilchen erzeugt, wie bei der Reaktion

$$n + p \rightarrow n + p + K^- + K^+ . \qquad (15.9)$$

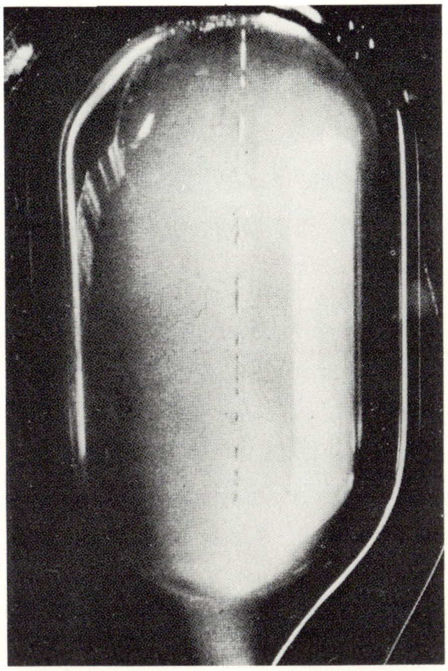

Bild 15.13. Eine der ersten Blasenkammern. Sie zeigt die Spuren von Teilchen der kosmischen Strahlung in Diäthyläther. Diese Kammer wurde an der Universität von Michigan konstruiert. (*Mit freundlicher Genehmigung von D. Glaser*)

Hier bedeutet die Erhaltung der Ladung, daß K^- und K^+ den gleichen Betrag der Ladung, jedoch mit entgegengesetztem Vorzeichen, besitzen.

Wir glauben, daß die Ladungen aller Elementarteilchen ziemlich genau $\pm e$ oder Null sind. Ein unabhängiger Beweis für die Ladungserhaltung und Quantisierung der Ladungen von Elementarteilchen resultiert indirekt aus der Tatsache, daß der Wert der Ladung Q in die Bestimmung des Impulses p eines Teilchens eingeht. Die Berechnung basiert auf der Messung des Radius ρ der Kreisbahn, die ein Teilchen in dem Magnetfeld **H** beschreibt:

$$H\rho = \frac{cp}{Q} . \qquad (15.10)$$

Diese Beziehung wurde in Kapitel 13 relativistisch hergeleitet. Solche Messungen stellen die wichtigste Methode zur Bestimmung des Impulses und zur Verifizierung der Energie-Impuls-Relation in Gl. (15.3) dar. Abweichungen in der Ladung eines Teilchens von dem vermuteten Wert $\pm e$ würden den errechneten Impuls und die Energie des Teilchens ändern. Das wiederum würde bei Reaktionen zu einer scheinbaren Verletzung von Energie- und Impulserhaltung führen. I.A. jedoch gilt Gl. (15.3) nicht mit sehr großer Genauigkeit bei Stößen, die instabile Teilchen erzeugen, denn Impulse können mit Krümmungsmessungen

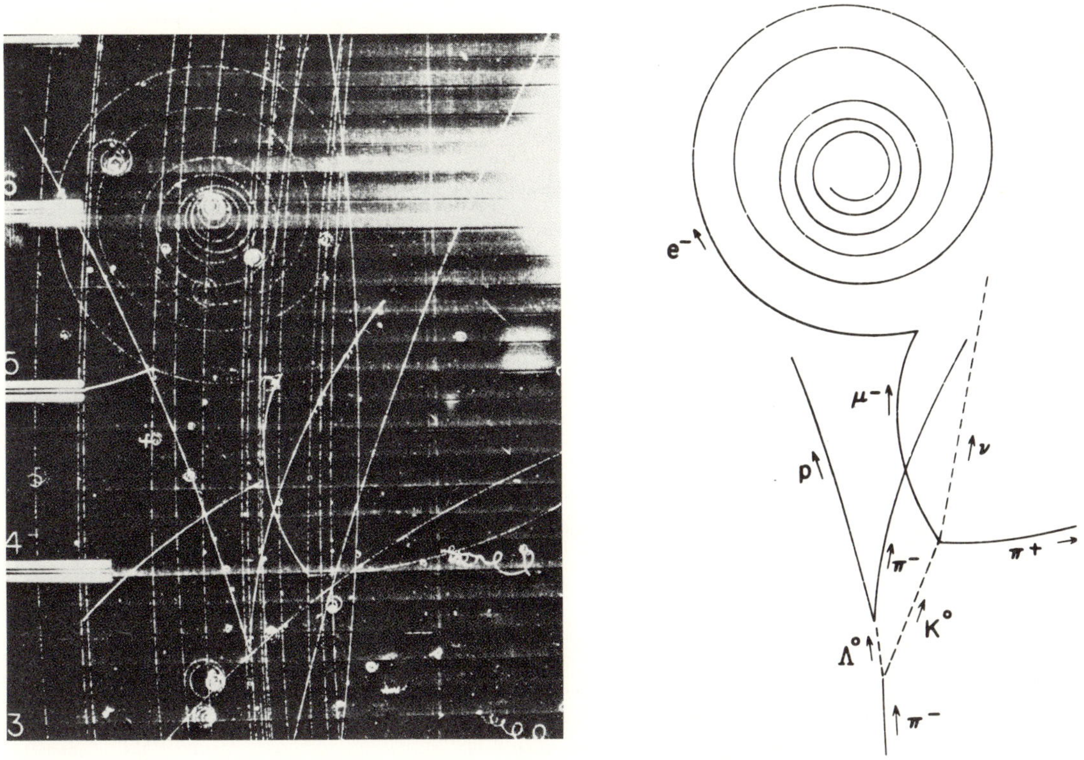

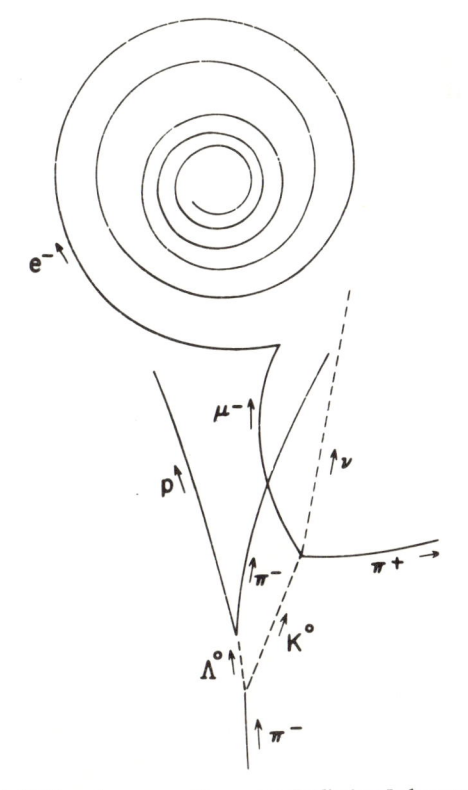

Bild 15.14. Mesonen und Begleitteilchen („friends") in einer Wasserstoff-Blasenkammer. (*Lawrence Radiation Laboratory*)

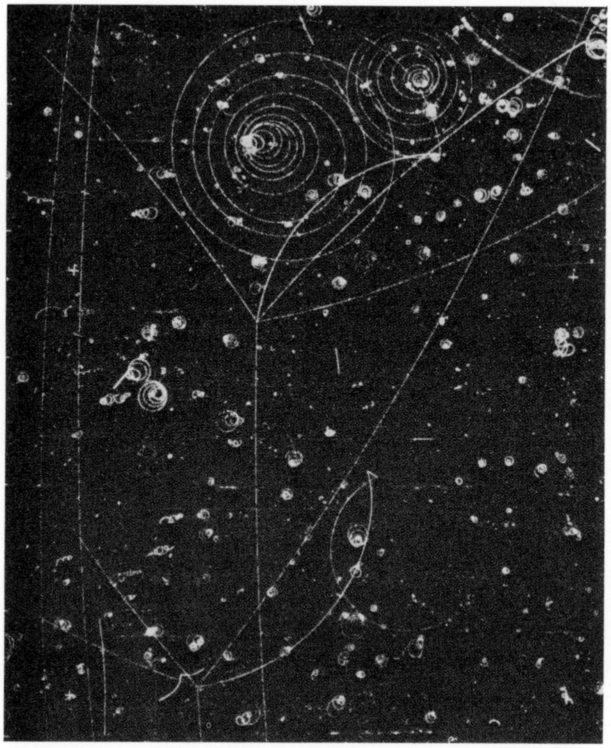

Bild 15.15. Teilchenspuren in einer Flüssigwasserstoff-Blasenkammer. Wir haben zwei Antiprotonen herausgezeichnet, die von unten in die Blasenkammer eindringen. Beide rekombinieren in der Kammer mit Protonen. ...

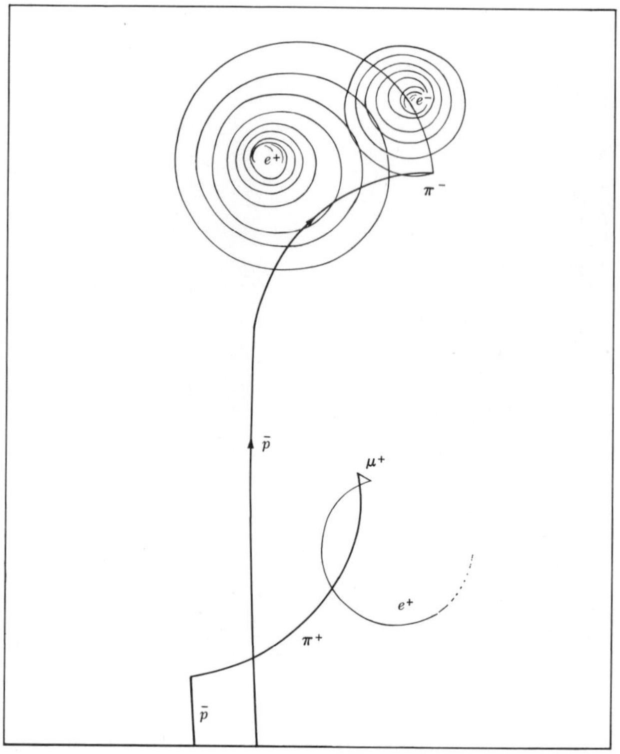

Bild 15.16. ... Auch einige Reaktionsprodukte sind bezeichnet. Beachten Sie die Spiralen, die von Elektronen und Positronen hervorgerufen werden. (*Lawrence Radiation Laboratory*)

Bild 15.17. Eine repräsentative Auswahl der Wissenschaftler, die an der Beobachtung des Ω^--Teilchens beteiligt waren. Es wurde in der 80-Zoll-Blasenkammer in Brookhaven fotografiert. Von links nach rechts: *Jack E. Jensen, Nicholas P. Samios, William A. Tuttle, Ralph P. Shutt, Medford S. Webster, William B. Fowler, Donald P. Brown. (Brookhaven National Laboratory)*

kaum besser als auf 1 % genau bestimmt werden. Nur für die stabilen Elementarteilchen – Proton, Neutron, Elektron, Photon und Neutrino – gibt es eine sehr präzise direkte Bestätigung der Annahme, daß ihre Ladungen $\pm e$ oder Null sind, mit einem Fehler kleiner als 10^{-15} e.

15.4. Die Lebensdauer

Der Zerfall eines instabilen Teilchens unterscheidet sich sehr vom Ableben der Dinge, die wir um uns herum sehen. Es ist wahrscheinlicher, daß ein alter Mensch innerhalb der nächsten Stunde stirbt als ein junger. Eine Bakterie wird sich nicht sofort nach ihrer Geburt teilen, sondern erst nach einer gewissen Zeit. Bei einem alten Auto ist die Wahrscheinlichkeit, daß es seinen Dienst versagt, größer als bei einem neuen. In diesen Fällen hängt die Wahrscheinlichkeit des Vergehens eines Objekts auch von seiner Vorgeschichte ab: Die Dinge, die schon am längsten existieren, unterliegen am ehesten einem Zerfallsprozeß. Es ist jedoch eine experimentell bestätigte Tatsache, daß die Zerfallswahrscheinlichkeit von Elementarteilchen, radioaktiven Kernen oder angeregten Atomen oder Molekülen nicht von der Zeit abhängt, die das Teilchen schon existiert. Ein freies Neutron ist instabil, aber ein schon längere Zeit freies Neutron unterscheidet sich in keiner Weise von einem, das erst kurze Zeit in diesem Zustand ist. Wir können unmöglich voraussagen, wann ein instabiles Teilchen zerfallen wird. Nur der Begriff einer *mittleren* Lebensdauer für eine große Teilchenanzahl hat eine reproduzierbare Bedeutung.

Die Wahrscheinlichkeit $P_{\Delta t}$, daß ein zur Zeit t existierendes Teilchen in dem folgenden kurzen Zeitintervall Δt zerfallen wird, ist gleich dem Produkt Δt mal einer Konstanten $1/\tau$, die charakteristisch für das Teilchen, nicht aber für seine Vorgeschichte ist:

$$P_{\Delta t} = \frac{\Delta t}{\tau}. \qquad (15.11)$$

Unter einem kurzen Zeitintervall verstehen wir $\Delta t \ll \tau$. Für eine große Teilchenanzahl n ist die Anzahl der in Δt zerfallenden Teilchen $n \cdot P_{\Delta t}$. Dieser Zerfall ändert die Teilchenanzahl um $-\Delta t \cdot (dn/dt)$.

Mit Gl. (15.11) erhalten wir

$$nP_{\Delta t} = \frac{n \cdot \Delta t}{\tau} = -\Delta t \frac{dn}{dt}; \qquad \frac{dn}{dt} = -\frac{n}{\tau}. \qquad (15.12)$$

Die Lösung der Gl. (15.12) lautet

$$n(t) = n_0 e^{-t/\tau}, \qquad (15.13)$$

wobei n_0 die Teilchenanzahl zur Zeit t = 0 ist.

Die Größe τ bezeichnen wir als *mittlere Lebensdauer* eines instabilen Teilchens. Sie wird vereinbarungsgemäß im System des ruhenden Teilchens definiert. Der Wahrscheinlichkeitscharakter von Zerfallsprozessen, wie sie durch Gl. (15.13) beschrieben werden, steht in Übereinstimmung sowohl mit dem Experiment als auch mit den theoretischen Erklärungen der Quantenmechanik.

Viele instabile Teilchen haben mehr als eine Zerfallsmöglichkeit. Wir betrachten die beiden Zerfallsarten eines Λ-Hyperons (neutral):

$$\text{Zerfallsart (A):} \quad \Lambda \to p + \pi^- \qquad (15.14)$$

$$\text{Zerfallsart (B):} \quad \Lambda \to n + \pi^0. \qquad (15.15)$$

Die Gesamtwahrscheinlichkeit für einen Zerfall innerhalb des nächsten Zeitintervalls Δt ist die Summe der Wahrscheinlichkeiten für die Zerfallsarten (A) und (B):

$$P = P_A + P_B; \quad P_A = \frac{1}{\tau_A}\Delta t; \quad P_B = \frac{1}{\tau_B}\Delta t. \qquad (15.16)$$

Hier gilt

$$-\Delta t \frac{dn}{dt} = Pn \qquad (15.17)$$

oder

$$\frac{dn}{dt} = -\frac{1}{\tau} n \qquad (15.18)$$

mit

$$\frac{1}{\tau} = \frac{1}{\tau_A} + \frac{1}{\tau_B}. \qquad (15.19)$$

Wir sehen, daß die Anzahl der zur Zeit t zurückbleibenden unzerfallenen Λ-Hyperonen wieder durch einen einfachen Exponentialausdruck wie in Gl. (15.13) gegeben ist. Könnten wir nur die aus einem Λ-Vorrat emittierten π^--Mesonen nachweisen, erhielten wir $P_A n$ π^--Mesonen in der Zeit Δt. Dann ist die Emissionsrate R^- von π^--Mesonen gegeben durch

$$R^- = \frac{n_0}{\tau_A} e^{-t/\tau}. \qquad (15.20)$$

Entsprechend beträgt die Rate der π^0-Mesonen

$$R^0 = \frac{n_0}{\tau_B} e^{-t/\tau}. \qquad (15.21)$$

Die gesamte Zerfallsrate ist dann

$$R = R^- + R^0 = \frac{n_0}{\tau} e^{-t/\tau}, \qquad (15.22)$$

wobei wir Gl. (15.19) verwandt haben. Unabhängig davon, welche Zerfallsart betrachtet wird, bleibt die Exponentialfunktion die gleiche. Ein Teilchen hat eine einzige mittlere Lebensdauer, ganz gleich, auf wie vielen Wegen es zerfallen kann und welchen Zerfallsmodus wir benutzen, um den exponentiellen Abfall zu messen.

Mit Ausnahme der elektrostatischen Wechselwirkung zwischen geladenen Teilchen sind die Kräfte zwischen Elementarteilchen klein, wenn ihr Abstand $2 \cdot 10^{-13}$ cm überschreitet. Deshalb dauert es i.a. ungefähr $2 \cdot 10^{-13}$ cm/c $\approx 10^{-23}$ s, ehe ein Zerfall als unwiderruflich und vollständig angesehen werden kann, auch wenn sich die Zerfallsprodukte des instabilen Teilchens mit Lichtgeschwindigkeit bewegen.

Ein Teilchen, das größenordnungsmäßig nach 10^{-23} s zerfällt, können wir kaum als Teilchen bezeichnen. Zerfallsprodukte brauchten schon so lange, um sich zu trennen, selbst wenn sie nie zu einem Teilchen gebunden waren. Dieses Zeitintervall von 10^{-23} s liefert einen Standard, anhand dessen wir sagen können, ob ein Zerfall schnell oder langsam erfolgt. Aus der Tabelle 15.1 sehen wir, daß alle aufgeführten Zerfälle (außer π^0 und Σ^0, bei denen nur die Emission eines Photons vorkommen kann) im Vergleich zu 10^{-23} s äußerst langsam sind, mit mittleren Lebensdauern zwischen 17 min beim Neutron und 10^{-10} s bei Λ und $\Sigma^{\pm}$. Allgemein können wir sagen, daß der Zerfall um so schneller vor sich geht, je mehr Energie für die Zerfallsprodukte zur Verfügung steht. Sogar ein „langlebiges“ Teilchen von 10^{-10} s existiert nur sehr kurz im Vergleich zu den Zeiten, die bequeme Labormessungen zulassen, so daß die Untersuchung der Eigenschaften dieser instabilen Elementarteilchen besondere Methoden, Geräte und Findigkeit erfordert.

15.5. Weitere Eigenschaften

Mit der Kenntnis von Masse, Ladung und mittlerer Lebensdauer sind die meßbaren Eigenschaften der Elementarteilchen keineswegs erschöpft, genauso wenig wie diese Größen ein gewöhnliches makroskopisches Objekt beschreiben. Sie sind jedoch meist die ersten Eigenschaften, die gemessen werden, und dienen als eindeutiges Erkennungsmerkmal für ein Elementarteilchen.

Die meisten Elementarteilchen können in bestimmte Gruppen eingeteilt werden (Multipletts). Z.B. gibt es drei Pionen: π^+, π^0, π^-, die fast die gleiche Masse (s. Tabelle 15.1) und auffällig ähnliche Eigenschaften (außer der Ladung) haben. Aber es gibt keine π^{++} oder π^{--}, usw. Die Pionen treten als Tripletts auf. Nukleonen kommen hingegen in Dubletts vor: p und n (bzw. in einem Dublettpaar aufgrund der Existenz von Antiproton $\bar{p}$ und Antineutron $\bar{n}$). Es gibt auch kein mehrfach geladenes Nukleon. Ähnlich tritt das Ξ-Teilchen auch in einem Dublettpaar auf, ebenso wie die K-Mesonen. Das Λ-Teilchen ist ein Singulett und Σ^+, Σ^0, Σ^- bilden ein Triplett.

Teilchen der Masse eines Müons und leichtere (μ, e, ν) werden *Leptonen* (leichte Teilchen) genannt. Teilchen mit mittleren Massen zwischen Leptonen und Nukleonen (π, K) nennt man *Mesonen* (Zwischen-Teilchen) und die Nukleonen und schweren Teilchen (p, n, Λ, Σ^+, Σ^0, Σ^-, Ξ^0, Ξ^-, Ω^-) bezeichnet man als *Baryonen* (schwere Teilchen). Diese grobe Klassifikation erleichtert die Betrachtung der Wechselwirkungen zwischen Elementarteilchen. (Z.B. bleibt in *allen* Reaktionen die Anzahl der Baryonen *minus* der Anzahl der Antibaryonen konstant. Das trifft für Mesonen nicht zu, stimmt aber offensichtlich wieder für Leptonen.)

Viele Elementarteilchen haben einen Spin, analog zu dem der Erde um ihre Achse, jedoch mit gewissen Unterschieden, die aus der Tatsache resultieren, daß die Rotationsbewegung der Elementarteilchen quantenmechanisch beschrieben werden muß. Hier wollen wir nur ein Ergebnis zusammenfassen: Alle Leptonen und langlebigen Baryonen scheinen den gleichen Spin von $\frac{1}{2}\hbar$ zu haben, während langlebige Mesonen überhaupt keinen besitzen.

Im zeitlichen Mittel ist die Ladung eines Elementarteilchens in dem ganzen Teilchen verteilt. In einem Experiment, das das Teilchen nicht selbst zerstört, kann nur dieses Zeitmittel gemessen werden, weil die Meßzeit nicht unendlich kurz sein kann. (Auch hier setzt die Quantenmechanik die Grenzen für die Beschreibbarkeit der Struktur eines Elementarteilchens.) Die experimentelle Bestimmung dieser Ladungsverteilung im Proton, Neutron und Elektron liefert einen wichtigen Beleg für die Vorstellung, daß das Elektron eine Punktladung ist (Radius höchstens 10^{-14} cm), während Proton und Neutron als kompliziertere Strukturen erscheinen, mit einer Ladungsverteilung in einer Kugel etwa vom Radius 10^{-13} cm (Bild 15.12). Bei den Leptonen wächst das magnetische Moment (das in Band 2 definiert wird) mit abnehmender Masse, mit der Ausnahme, daß ν und γ kein erkennbares magnetisches Eigenmoment haben. Nicht nur die Größe des magnetischen Feldes, sondern auch die genaue Verteilung der Ströme, die es erzeugen, können im Prinzip gemessen werden. Eine der größten Leistungen der relativistischen Quantentheorie ist die richtige Voraussage des beobachteten Eigenmagnetfeldes des Elektrons mit einem Fehler von 10^{-5}. Das ist weniger als die augenblickliche experimentelle Ungenauigkeit.

15.6. Die vier Grundkräfte der Natur

Wir kennen nur vier grundlegende Arten, in der Materie wechselwirken kann. Das bedeutet, daß es vier fundamentale Wechselwirkungen gibt, die der Grund für alle bekannten Kräfte im Universum sind:

Gravitationswechselwirkung,
elektromagnetische Wechselwirkung,
starke Wechselwirkung,
schwache Wechselwirkung.

Die Gravitationswechselwirkung, die die schwächste von allen ist, hält die Erde zusammen, bindet Sonne und Planeten an das Sonnensystem und hält Sterne in ihren Galaxien. Sie ist für das großräumige Geschehen im Universum verantwortlich.

Die elektromagnetische Wechselwirkung bindet Elektronen an Atome und kettet Atome zu Molekülen und Kristallen zusammen. Sie ist die für die Chemie und Biologie signifikante Wechselwirkung.

Die starke Wechselwirkung zwischen den Nukleonen verbindet Neutronen und Protonen zu den Atomkernen aller Elemente. Sie ist die stärkste in der Natur bekannte Kraft. Sie hat nur eine ganz kurze Reichweite. In der hochenergetischen Kernphysik ist sie die dominierende Wechselwirkung.

Die schwache Wechselwirkung spielt bei den leichten Teilchen (den Leptonen: Elektronen, Neutrinos und Müonen) und zwischen leichten und schweren Teilchen eine Rolle. Die schwache Wechselwirkung, die mit dem β-Zerfall radioaktiver Kerne verbunden ist, hat eine sehr geringe Reichweite. Sie kann keine stabilen Materiezustände in einem Sinne hervorrufen, wie die Gravitationskraft ein Sonnensystem zusammenhalten kann.

In Band 4 werden die Elementarteilchen detaillierter besprochen.

15.7. Literatur

K. W. Ford, Die Welt der Elementarteilchen, Heidelberger Taschenbücher, Springer-Verlag, Berlin, Heidelberg, New York, 1966.

P. Morrison, Neutrino Astronomy, Sci. American **207**, 90, August 1962.

C. N. Yang, Elementary Particles (Princeton Univ. Press, Princeton, N.J., 1961).

15.8. Übungen

1. Ein α-Teilchen ($m_\alpha \approx 4 \cdot m_p$, Ladung 2e) mit der kinetischen Energie 6 MeV wird von einer radioaktiven Quelle emittiert. Das Teilchen soll genau auf das Zentrum eines Goldkerns mit der Ladung 79 e zufliegen. Die Kernladung sei als punktförmig angenommen, der Rückstoß des Kerns ist zu vernachlässigen.
   a) Wie dicht kommt das α-Teilchen an das Zentrum heran?
   b) Was geschieht mit dem α-Teilchen **nach** Erreichen dieses Punktes der dichtesten Annäherung?

2. Vor *Rutherford* glaubte man, daß sich die Ladung eines Kerns über die ganze Größe eines Atoms ($\approx 10^{-8}$ cm) verteile. Wir wollen einfach die Wirkung der Atomelektronen vernachlässigen und lassen das α-Teilchen mit einer Verteilung der positiven Ladung 79 e wechselwirken, die in einer Kugel mit dem Radius 10^{-8} cm mit gleichmäßiger Dichte verteilt ist. Wie groß ist die höchste Energie, die ein α-Teilchen haben kann, daß es gerade noch von einem solchen Goldkern zurückgestreut wird? (Benutzen Sie die Methode aus Kapitel 9; Sie müssen einen Ausdruck für die potentielle Energie im Zentrum einer gleichmäßig geladenen Kugel finden.)
   Lösung: 3 400 eV.

15.9. Historische Anmerkungen

1. Die Rutherford-Streuung und der Atomkern. Über die Entdeckung des Atomkerns berichtete *Rutherford* in den klassischen Aufsatz, den wir ab S. 306 auszugsweise wiedergeben. (*E. Rutherford,* Phil. Mag. **21**, S. 669 (1911)). Die Herleitung der Streuwahrscheinlichkeit bei großen Winkeln ist sehr direkt; aber sie verwendet trigonometrische Beziehungen recht freizügig. Das Ergebnis, daß die Exzentrizität der Hyperbel sec θ beträgt (wie in Bild 15.19 definiert), folgt direkt aus unserer Gl. (9.71), wenn wir $1 - e \cdot \cos\varphi$ in unserer Bezeichnungsweise gleich Null setzen. Erinnern Sie sich daran, daß ein α-Teilchen ein He^4-Kern und ein β-Teilchen ein Elektron ist.

2. Die Blasenkammer. Wir können einen Eindruck von moderner experimenteller Forschung gewinnen, wenn wir die Arbeitsweise einer Blasenkammer und der zur Auswertung nötigen Rechenanlagen betrachten, die bei der Entdeckung vieler instabiler Teilchen benutzt wurden. Dieser Abschnitt bezieht sich auf unveröffentlichte Teile eines Manuskripts über „Stark wechselwirkende Teilchen", 1963 geschrieben von *Geoffrey F. Chew, Murray Gell-Mann* und *A. H. Rosenfeld.*

Die Blasenkammer kann die Spur eines elektrisch geladenen Teilchens bis auf 10^{-3} cm sichtbar machen. Sie wurde 1952 von *Donald Glaser* erfunden und arbeitet folgendermaßen: Wenn ein Teilchen Materie durchdringt, ionisiert es einige Atome in der Nähe und überträgt etwas kinetische Energie auf die Rückstoßelektronen. Während die Elektronen abgebremst werden, heizt die kinetische Energie die Flüssigkeit lokal auf. Wenn die Flüssigkeit bereits überhitzt ist und nur Siedekeime fehlen, wird sie an diesen lokal heißen Punkten anfangen zu sieden. Die Blasen läßt man einige Millisekunden wachsen. Dann beleuchtet man einmal mit einem Blitzlicht und fotografiert die Blasen gleichzeitig aus verschiedenen Blickwinkeln, so daß man ihre Position räumlich registrieren kann.

In den ersten Blasenkammern bestand die Flüssigkeit aus einigen Kubikzentimetern eines Kohlenwasserstoffs, der bei normalen Temperaturen und Drücken siedete. Aber Teilchenphysiker wollen Wechselwirkungen mit dem einfachsten möglichen Target, einem einzelnen Nukleon, untersuchen. Deshalb schickten sie die Strahlung in große Mengen flüssigen Wasserstoffs und studierten die Wechselwirkungen mit einzelnen Protonen. 1955 hatten Physiker in verschiedenen Laboratorien Wasserstoff-Blasenkammern von Litergröße entwickelt, und es war klar, daß noch größere gebaut werden könnten.

Als nächstes tauchte das Problem der Deutung und Vermessung der Bahnen auf. Der Wasserstoff mit seinem isolierenden Vakuumsystem befindet sich immer in einem starken magnetischen Feld, das die geladenen Teilchen ablenkt. Durch Messung der Bahnkrümmung kann der Impuls des Teilchens ermittelt werden. Aber die stärksten erreichbaren magnetischen Felder lenken hochenergetische Teilchen größenordnungsmäßig nur um 10° ab. Um eine brauchbare Impulsauflösung (und damit auch Energieauflösung) zu erhalten, müssen diese schwachen Krümmungen bis auf wenige Prozent genau ausgemessen werden. Das bedeutet, daß die Lage eines Punktes bis auf einige μm genau auf einer Fotografie von einigen Zentimetern Größe gemessen werden muß. Wir brauchen eine Genauigkeit von 10^{-4}. Die Messungen müssen schnell und zuverlässig ausgeführt werden, denn eine einzige Blasenkammer mit einem Durchmesser von etwa einem Meter kann 100 000 interessierende Vorgänge im Jahr sichtbar machen. Für jeden Vorgang sind etwa fünf Spuraufnahmen aus je zwei bis drei Richtungen nötig. Das bedeutet 1 000 000 Bahnvermessungen im Jahr. Das altmodische Mikroskop muß automatisiert und schneller werden.

Am intensivsten hat sich *L. W. Alvarez* mit seiner Gruppe am Lawrence Radiation Laboratory in Berkeley darum bemüht, große Wasserstoff-Blasenkammern und dazu Datenverarbeitungssysteme zu entwickeln, die mit ihnen Schritt halten konnten. Das von dieser Arbeitsgruppe erfolgreich angewendete System projiziert die Photoplatten, auf denen die Vorgänge festgehalten werden, so daß der Wissenschaftler das Ereignis sehen kann. Mit den Fadenkreuzen der Projektionsoptiken wird die Bahn des Teilchens anvisiert. Mit Hilfe der Servoeinrichtung „fährt" der Wissenschaftler automatisch die Bahn entlang (so leicht, wie ein Lokomotivführer einen Zug fährt). Währenddessen werden die Koordinaten automatisch auf IBM-Lochkarten oder Lochstreifen übertragen. Bei einer Betriebszeit von 120 Stunden je Woche mißt dieses Gerät etwa 30 000 Vorgänge im Jahr.

Die Rechenprogramme für die Auswertung der Messungen wurden von Physikern verschiedener Universitäten ausgearbeitet. Die Analyse vollzieht sich in drei Phasen: Räumliche Rekonstruktion der einzelnen Bahnen, kinematische Analyse der Bahnen und des gesamten beobachteten Ereignisses und schließlich statistisch die des ganzen Experiments. Die Bahnrekonstruktion besteht in der direkten Anwendung von stereoskopischen Techniken. Dieses Rechenprogramm berechnet Richtung und Impuls jedes Teilchens und die Unsicherheiten und Korrelationen dieser Größen. Das Rechenprogramm für die kinematische Bahnanalyse („Kick") ist maßgeschneidert für die Teilchen-Physiker.

Probiert man mehrere Hypothesen für eine Teilchenreaktion, so kann dieses Programm sie nach Brauchbarkeit sortieren oder wenigstens die Anzahl der Unsicherheiten weitgehend vermindern. Die Bahnrekonstruktions- und kinematischen Analysenprogramme enthalten etwa 10 000 Maschinenbefehle und sind für die IBM-Computerserien 704, 709, 7090 etc. ausgearbeitet worden. Mit

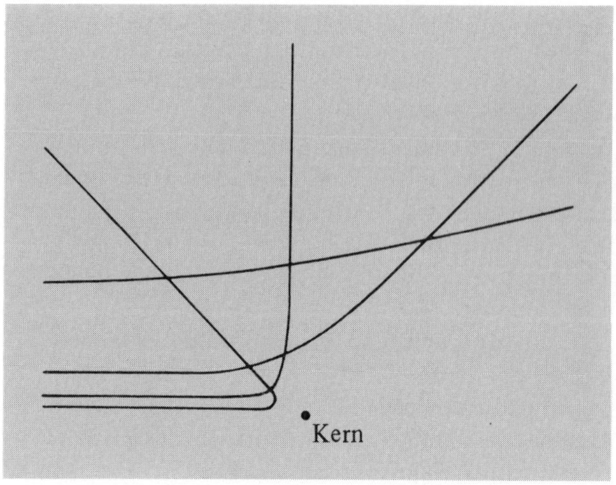

Bild 15.18. Die berechneten Bahnen von α-Teilchen, die sich einem Atomkern nähern. Sie wurden unter der Annahme einer $1/r^2$-Abstoßungskraft berechnet. (*Aus PSSC, "Physics", D. C. Heath and Company, Boston 1960, deutsche Übersetzung Friedr. Vieweg + Sohn, Braunschweig, 1973*)

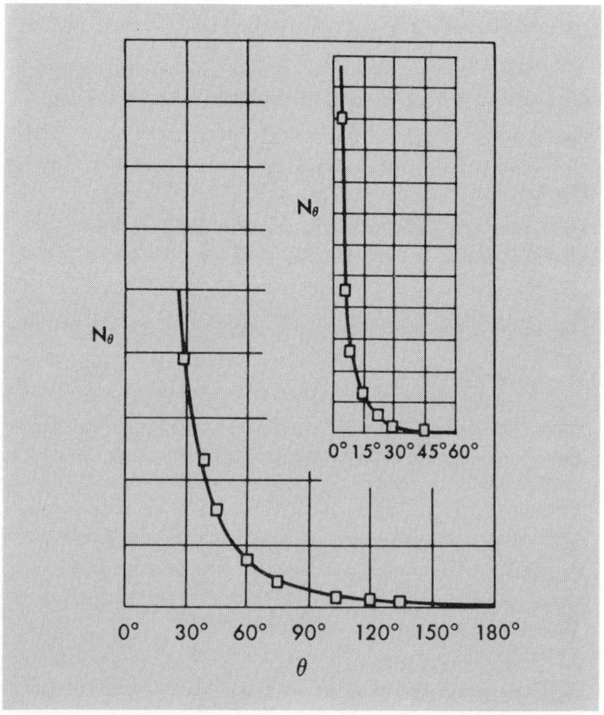

Bild 15.19. Graphische Darstellung von N_θ (Zahl der Teilchen, die mit einem Winkel größer als θ gestreut werden) als Funktion von θ. Die Kurve zeigt ein Ergebnis, das wir bei Coulombkräften erwarten würden. Die eingezeichneten Werte repräsentieren die Daten, die *Geiger* und *Marsden* bei ihren Streuexperimenten gewonnen haben. Die eingeschobene Abbildung zeigt die Kurve für kleine Winkel θ in einem anderen Maßstab. (*Aus PSSC, "Physics", D. C. Heath and Company, Boston 1960, deutsche Übersetzung Friedr. Vieweg + Sohn, Braunschweig 1972*)

ihnen wird auf einer 7090 ein typisches Ereignis in ungefähr vier Sekunden bearbeitet. Die Auswertung von Blasenkammer-Daten nimmt heute mehrere solcher Computer in den USA und Europa in Anspruch. Die Miete einer dieser Rechenanlagen kosten etwa $ 1 000 000 im Jahr.

Zwischen 1955 und 1959 nahm die Größe der in der ganzen Welt benutzten Blasenkammern rasch zu. 1959 wurde im Bevatron in Berkeley eine Kammer von 72 Zoll Länge in Betrieb genommen. Anfang 1960 betrug dort die Meßrate: ein Ereignis alle paar Minuten, und die Auswertungsprogramme arbeiteten schließlich genau so schnell. Man konnte die anfallenden Experimente und zusätzlich noch davor gemachte Versuche analysieren.

Blasenkammersysteme arbeiten heute bei allen großen Beschleunigern und haben zwischen 1961 und 1963 ungefähr ein Dutzend neuer Teilchen zum Vorschein gebracht. Für mehr als die Hälfte von ihnen kannte man 1963 bereits alle Quantenzahlen; andere befanden sich in verschiedenen Stadien der Identifikation. Bis auf ein Teilchen sind alle instabil. Aber es ist bemerkenswert, daß 1961 noch ein stabiles Meson, das η-Singulett, entdeckt wurde, als Physiker an der John Hopkins/North Western einen Film vom Bevatron untersuchten. Ende 1963 wurde die Berkeley 72-Zoll-Kammer von einer 80-Zoll-Kammer im Brookhaven National Laboratory übertroffen.

Der ganze Entwicklungsprozeß, von der Erfindung der Blasenkammer (1952) bis zur fließbandartigen Entdekkung von Teilchen (1961), hat fast zehn Jahre gedauert. Das macht die Komplexität der Teilchenphysik deutlich. Ebenso hing die Entdeckung des Antiprotons 1955 am Bevatron von der Entscheidung 1948 an, das Bevatron zu bauen, das der erste Beschleuniger war, der Protonen genügend Energie verleihen konnte, um Antiprotonen künstlich herzustellen. Wir sehen, daß zehn Jahre keine lange Zeit für ein großes technologisches Projekt sind.

LXXIX. *The Scattering of α and β Particles by Matter and the Structure of the Atom.* *By* Professor E. RUTHERFORD, *F.R.S., University of Manchester* *.

§ 1. IT is well known that the α and β particles suffer deflexions from their rectilinear paths by encounters with atoms of matter. This scattering is far more marked for the β than for the α particle on account of the much smaller momentum and energy of the former particle. There seems to be no doubt that such swiftly moving particles pass through the atoms in their path, and that the deflexions observed are due to the strong electric field traversed within the atomic system. It has generally been supposed that the scattering of a pencil of α or β rays in passing through a thin plate of matter is the result of a multitude of small scatterings by the atoms of matter traversed. The observations, however, of Geiger and Marsden † on the scattering of α rays indicate that some of the α particles must suffer a deflexion of more than a right angle at a single encounter. They found, for example, that a small fraction of the incident α particles, about 1 in 20,000, were turned through an average angle of 90° in passing through a layer of gold-foil about ·00004 cm. thick, which was equivalent in stopping-power of the α particle to 1·6 millimetres of air. Geiger ‡ showed later that the most probable angle of deflexion for a pencil of α particles traversing a gold-foil of this thickness was about 0°·87. A simple calculation based on the theory of probability shows that the chance of an α particle being deflected through 90° is vanishingly small. In addition, it will be seen later that the distribution of the α particles for various angles of large deflexion does not follow the probability law to be expected if such large deflexions are made up of a large number of small deviations. It seems reasonable to suppose that the deflexion through a large angle is due to a single atomic encounter, for the chance of a second encounter of a kind to produce a large deflexion must in most cases be exceedingly small. A simple calculation shows that the atom must be a seat of an intense electric field in order to produce such a large deflexion at a single encounter.

Recently Sir J. J. Thomson § has put forward a theory to

* Communicated by the Author. A brief account of this paper was communicated to the Manchester Literary and Philosophical Society in February, 1911.

† Proc. Roy. Soc. lxxxii. p. 495 (1909).

‡ Proc. Roy. Soc. lxxxiii. p. 492 (1910).

§ Camb. Lit. & Phil. Soc. xv. pt. 5 (1910).

explain the scattering of electrified particles in passing through small thicknesses of matter. The atom is supposed to consist of a number N of negatively charged corpuscles, accompanied by an equal quantity of positive electricity uniformly distributed throughout a sphere. The deflexion of a negatively electrified particle in passing through the atom is ascribed to two causes—(1) the repulsion of the corpuscles distributed through the atom, and (2) the attraction of the positive electricity in the atom. The deflexion of the particle in passing through the atom is supposed to be small, while the average deflexion after a large number m of encounters was taken as $\sqrt{m} . \theta$, where θ is the average deflexion due to a single atom. It was shown that the number N of the electrons within the atom could be deduced from observations of the scattering of electrified particles. The accuracy of this theory of compound scattering was examined experimentally by Crowther * in a later paper. His results apparently confirmed the main conclusions of the theory, and he deduced, on the assumption that the positive electricity was continuous, that the number of electrons in an atom was about three times its atomic weight.

The theory of Sir J. J. Thomson is based on the assumption that the scattering due to a single atomic encounter is small, and the particular structure assumed for the atom does not admit of a very large deflexion of an α particle in traversing a single atom, unless it be supposed that the diameter of the sphere of positive electricity is minute compared with the diameter of the sphere of influence of the atom.

Since the α and β particles traverse the atom, it should be possible from a close study of the nature of the deflexion to form some idea of the constitution of the atom to produce the effects observed. In fact, the scattering of high-speed charged particles by the atoms of matter is one of the most promising methods of attack of this problem. The development of the scintillation method of counting single α particles affords unusual advantages of investigation, and the researches of H. Geiger by this method have already added much to our knowledge of the scattering of α rays by matter.

§ 2. We shall first examine theoretically the single encounters † with an atom of simple structure, which is able to

* Crowther, Proc. Roy. Soc. lxxxiv. p. 226 (1910).

† The deviation of a particle throughout a considerable angle from an encounter with a single atom will in this paper be called "single" scattering. The deviation of a particle resulting from a multitude of small deviations will be termed "compound" scattering.

produce large deflexions of an α particle, and then compare the deductions from the theory with the experimental data available.

Consider an atom which contains a charge $\pm Ne$ at its centre surrounded by a sphere of electrification containing a charge $\mp Ne$ supposed uniformly distributed throughout a sphere of radius R. e is the fundamental unit of charge, which in this paper is taken as $4{\cdot}65 \times 10^{-10}$ E.S. unit. We shall suppose that for distances less than 10^{-12} cm. the central charge and also the charge on the α particle may be supposed to be concentrated at a point. It will be shown that the main deductions from the theory are independent of whether the central charge is supposed to be positive or negative. For convenience, the sign will be assumed to be positive. The question of the stability of the atom proposed need not be considered at this stage, for this will obviously depend upon the minute structure of the atom, and on the motion of the constituent charged parts.

In order to form some idea of the forces required to deflect an α particle through a large angle, consider an atom containing a positive charge Ne at its centre, and surrounded by a distribution of negative electricity Ne uniformly distributed within a sphere of radius R. The electric force X and the potential V at a distance r from the centre of an atom for a point inside the atom, are given by

$$X = Ne\left(\frac{1}{r^2} - \frac{r}{R^3}\right)$$

$$V = Ne\left(\frac{1}{r} - \frac{3}{2R} + \frac{r^2}{2R^3}\right).$$

Suppose an α particle of mass m and velocity u and charge E shot directly towards the centre of the atom. It will be brought to rest at a distance b from the centre given by

$$\tfrac{1}{2}mu^2 = NeE\left(\frac{1}{b} - \frac{3}{2R} + \frac{b^2}{2R^3}\right).$$

It will be seen that b is an important quantity in later calculations. Assuming that the central charge is $100\,e$, it can be calculated that the value of b for an α particle of velocity $2{\cdot}09 \times 10^9$ cms. per second is about $3{\cdot}4 \times 10^{-12}$ cm. In this calculation b is supposed to be very small compared with R. Since R is supposed to be of the order of the radius of the atom, viz. 10^{-8} cm., it is obvious that the α particle before being turned back penetrates so close to the central charge, that the field due to the uniform distribution of negative electricity may be neglected. In general, a simple calculation shows that for all deflexions greater than a degree, we may without sensible error suppose the deflexion due to the field of the central charge alone. Possible single deviations due to the negative electricity, if distributed in the form of corpuscles, are not taken into account at this stage of the theory. It will be shown later that its effect is in general small compared with that due to the central field.

Consider the passage of a positive electrified particle close to the centre of an atom. Supposing that the velocity of the particle is not appreciably changed by its passage through the atom, the path of the particle under the influence of a repulsive force varying inversely as the square of the distance will be an hyperbola with the centre of the atom S as the external focus. Suppose the particle to enter the atom in the direction PO (fig. 1), and that the direction of motion

Fig. 1.

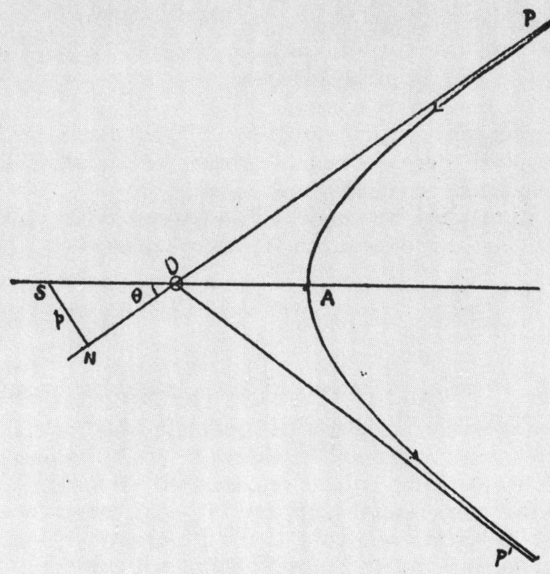

on escaping the atom is OP′. OP and OP′ make equal angles with the line SA, where A is the apse of the hyperbola. p=SN=perpendicular distance from centre on direction of initial motion of particle.

Let angle $POA=\theta$.

Let V=velocity of particle on entering the atom, v its velocity at A, then from consideration of angular momentum

$$pV=SA\,.\,v.$$

From conservation of energy

$$\tfrac{1}{2}mV^2=\tfrac{1}{2}mv^2-\frac{NeE}{SA},$$

$$v^2=V^2\left(1-\frac{b}{SA}\right).$$

Since the eccentricity is $\sec\theta$,

$$SA=SO+OA=p\operatorname{cosec}\theta(1+\cos\theta)$$
$$=p\cot\theta/2,$$
$$p^2=SA(SA-b)=p\cot\theta/2(p\cot\theta/2-b),$$
$$\therefore\quad b=2p\cot\theta.$$

The angle of deviation ϕ of the particle is $\pi-2\theta$ and

$$\cot\phi/2=\frac{2p}{b}\,^{*}\ \ldots\ldots\quad (1)$$

This gives the angle of deviation of the particle in terms of b, and the perpendicular distance of the direction of projection from the centre of the atom.

For illustration, the angle of deviation ϕ for different values of p/b are shown in the following table :—

p/b	10	5	2	1	·5	·25	·125
ϕ......	5°·7	11°·4	28°	53°	90°	127°	152°

§ 3. *Probability of single deflexion through any angle.*

Suppose a pencil of electrified particles to fall normally on a thin screen of matter of thickness t. With the exception of the few particles which are scattered through a large angle, the particles are supposed to pass nearly normally through the plate with only a small change of velocity. Let n=number of atoms in unit volume of material. Then the number of collisions of the particle with the atom of radius R is πR^2nt in the thickness t.

* A simple consideration shows that the deflexion is unaltered if the forces are attractive instead of repulsive.

The probabilty m of entering an atom within a distance p of its centre is given by

$$m = \pi p^2 nt.$$

Chance dm of striking within radii p and $p + dp$ is given by

$$dm = 2\pi pnt \,.\, dp = \frac{\pi}{4} ntb^2 \cot\phi/2 \operatorname{cosec}^2 \phi/2 \, d\phi, \quad . \quad (2)$$

since $\qquad \cot\phi/2 = 2p/b.$

The value of dm gives the *fraction* of the total number of particles which are deviated between the angles ϕ and $\phi + d\phi$.

The fraction ρ of the total number of particles which are deflected through an angle greater than ϕ is given by

$$\rho = \frac{\pi}{4} ntb^2 \cot^2 \phi/2. \quad . \quad . \quad . \quad . \quad . \quad (3)$$

The fraction ρ which is deflected between the angles ϕ_1 and ϕ_2 is given by

$$\rho = \frac{\pi}{4} ntb^2 \left(\cot^2 \frac{\phi_1}{2} - \cot^2 \frac{\phi_2}{2}\right). \quad . \quad . \quad . \quad (4)$$

It is convenient to express the equation (2) in another form for comparison with experiment. In the case of the α rays, the number of scintillations appearing on a *constant* area of a zinc sulphide screen are counted for different angles with the direction of incidence of the particles. Let r = distance from point of incidence of α rays on scattering material, then if Q be the total number of particles falling on the scattering material, the number y of α particles falling on unit area which are deflected through an angle ϕ is given by

$$y = \frac{Qdm}{2\pi r^2 \sin\phi \,.\, d\phi} = \frac{ntb^2 \,.\, Q \,.\, \operatorname{cosec}^4 \phi/2}{16 r^2}. \quad . \quad . \quad (5)$$

Since $b = \dfrac{2NeE}{mu^2}$, we see from this equation that the number of α particles (scintillations) per unit area of zinc sulphide screen at a given distance r from the point of incidence of the rays is proportional to

(1) $\operatorname{cosec}^4 \phi/2$ or $1/\phi^4$ if ϕ be small;

(2) thickness of scattering material t provided this is small;

(3) magnitude of central charge Ne;

(4) and is inversely proportional to $(mu^2)^2$, or to the fourth power of the velocity if m be constant.

In these calculations, it is assumed that the α particles scattered through a large angle suffer only one large deflexion. For this to hold, it is essential that the thickness of the scattering material should be so small that the chance of a second encounter involving another large deflexion is very small. If, for example, the probability of a single deflexion ϕ in passing through a thickness t is 1/1000, the probability of two successive deflexions each of value ϕ is $1/10^6$, and is negligibly small.

The angular distribution of the α particles scattered from a thin metal sheet affords one of the simplest methods of testing the general correctness of this theory of single scattering. This has been done recently for α rays by Dr. Geiger *, who found that the distribution for particles deflected between 30° and 150° from a thin gold-foil was in substantial agreement with the theory. A more detailed account of these and other experiments to test the validity of the theory will be published later.

* * *

§ 6. *Comparison of Theory with Experiments.*

On the present theory, the value of the central charge Ne is an important constant, and it is desirable to determine its value for different atoms. This can be most simply done by determining the small fraction of α or β particles of known velocity falling on a thin metal screen, which are scattered between ϕ and $\phi+d\phi$ where ϕ is the angle of deflexion. The influence of compound scattering should be small when this fraction is small.

Experiments in these directions are in progress, but it is desirable at this stage to discuss in the light of the present theory the data already published on scattering of α and β particles.

* Manch. Lit. & Phil. Soc. 1910.

* * *

(*b*) In their experiments on this subject, Geiger and Marsden gave the relative number of α particles diffusely reflected from thick layers of different metals, under similar conditions. The numbers obtained by them are given in the table below, where z represents the relative number of scattered particles, measured by the number of scintillations per minute on a zinc sulphide screen.

Metal.	Atomic weight.	z.	$z/A^{3/2}$.
Lead	207	62	208
Gold	197	67	242
Platinum	195	63	232
Tin	119	34	226
Silver	108	27	241
Copper	64	14·5	225
Iron	56	10·2	250
Aluminium ...	27	3·4	243
		Average	233

On the theory of single scattering, the fraction of the total number of α particles scattered through any given angle in passing through a thickness t is proportional to $n.A^2t$, assuming that the central charge is proportional to the atomic weight A. In the present case, the thickness of matter from which the scattered α particles are able to emerge and affect the zinc sulphide screen depends on the metal. Since Bragg has shown that the stopping power of an atom for an α particle is proportional to the square root of its atomic weight, the value of nt for different elements is proportional to $1/\sqrt{A}$. In this case t represents the greatest depth from which the scattered α particles emerge. The number z of α particles scattered back from a thick layer is consequently proportional to $A^{3/2}$ or $z/A^{3/2}$ should be a constant.

To compare this deduction with experiment, the relative values of the latter quotient are given in the last column. Considering the difficulty of the experiments, the agreement between theory and experiment is reasonably good *.

* The effect of change of velocity in an atomic encounter is neglected in this calculation.

Sachwortverzeichnis

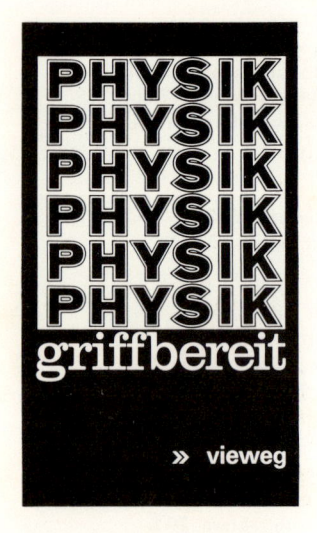

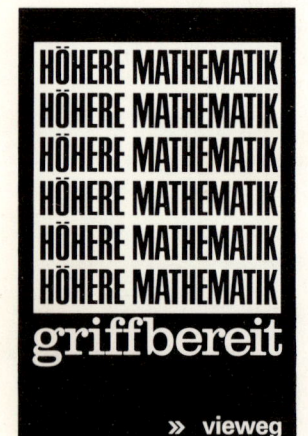